Excel 2019应用大全

视频教学版

徐宁生 韦余靖 编著

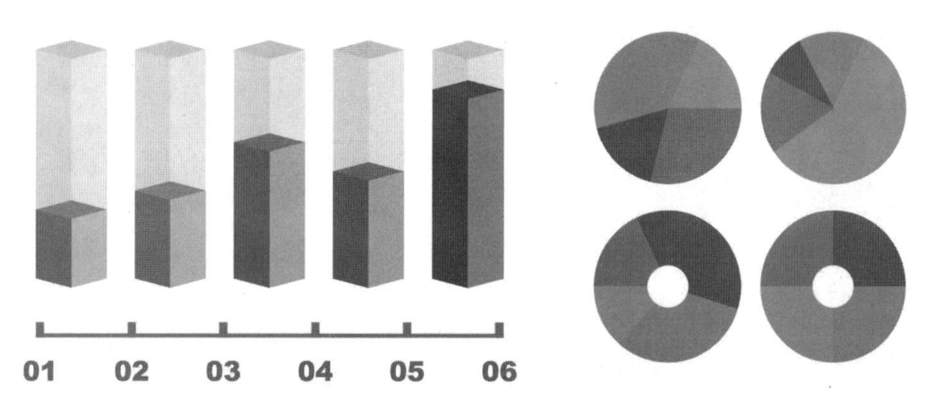

清華大学出版社
北京

内 容 简 介

《Excel 2019 应用大全（视频教学版）》不但是学习和提高 Excel 办公技巧的系统手册，而且也是一本 Excel 办公疑难问题解答用书。无论何时、无论何地，翻开本书就会找到你需要的内容。

本书共 18 章，分别讲解 Excel 2019 的基础操作、表格数据的录入和导入技巧、数据验证、表格格式处理、数据筛选和排序、分类汇总统计功能、公式与函数基础知识、常用类型函数介绍和应用实例、图表分析数据、数据透视表分析，以及 Microsoft 365 云办公等内容。

本书内容全面、结构清晰、语言简练，全程配以视频教学来辅助用户学习和掌握。全书的实例都经逐一精选，以实用为主，既不累赘，也不忽略重点，是目前职场办公人士的首选。

图书在版编目（CIP）数据

Excel 2019 应用大全：视频教学版 / 徐宁生，韦余靖编著. —北京：清华大学出版社，2021.5
ISBN 978-7-302-57988-5

Ⅰ. ①E… Ⅱ. ①徐… ②韦… Ⅲ. ①表处理软件 Ⅳ. ①TP391.13

中国版本图书馆 CIP 数据核字（2021）第 069003 号

责任编辑： 王金柱
封面设计： 王 翔
责任校对： 闫秀华
责任印制： 丛怀宇

出版发行： 清华大学出版社
网 址： http://www.tup.com.cn，http://www.wqbook.com
地 址： 北京清华大学学研大厦 A 座　　**邮 编：** 100084
社 总 机： 010-62770175　　**邮 购：** 010-62786544
投稿与读者服务： 010-62776969，c-service@tup.tsinghua.edu.cn
质量反馈： 010-62772015，zhiliang@tup.tsinghua.edu.cn
印 装 者： 三河市铭诚印务有限公司
经 销： 全国新华书店
开 本： 190mm×260mm　　**印 张：** 30.75　　**字 数：** 813 千字
版 次： 2021 年 6 月第 1 版　　**印 次：** 2021 年 6 月第 1 次印刷
定 价： 109.00 元

产品编号：089867-01

前　　言

Excel 2019 相对于 Excel 2016 版本来说，添加了一些实用的新功能，用户可以在 Windows 10 系统中安装 Office 2019 程序。通过本书的学习，可以更好地掌握数据的输入技巧、数据分析方法、常用函数应用、图表以及数据透视表分析数据等。

一、新增的实用功能

1．新增函数：IF、MAXIFS、MINIFS

之前的版本中都是实用多层嵌套的 IF 函数对满足条件的数据进行判断，新增的 IFS 函数可以帮助用户在指定的顺序下设置条件，避免多层嵌套条件设置的繁杂。同样地，返回一个区域内满足一个或多个条件的最大数字，可以使用 MAXIFS。返回区域内满足一个或多个条件的最小数字，可以使用 MINIFS。

2．更易于共享

插入新链接、查看和还原共享工作簿中的更改、快速保存到最近访问的文件夹。

3．数据透视表：自动时间分组

它可代表用户在数据透视表中自动检测与时间相关的字段（年、季度、月）并进行分组，从而有助于以更有力的方式使用这些字段。组合在一起之后，只需通过一次操作将组拖动到数据透视表，便可立即开始使用向下钻取功能对跨不同级别的时间进行分析。

二、这本书写给谁看

1．初入职场

大学生初涉职场，很多人对于 Office 操作不是那么熟悉，但是日常办公、财务、行政、人力资源管理等都离不开熟练的 Excel 表格操作。数据输入和筛选排序以及分类汇总帮助汇总财务、销售管理数据；图表将数据分析结果展示更加直观，函数公式让数据计算更加方便有针对性，Microsoft 365 云办公让团队办公更便捷高效。

2．自学人员

有时间、有理想、有热情的 Office 爱好者以及大学生的入门手册。

3．想提升的职场人

有一定 Office 职场办公基础，但是苦于找不到更实用省时的 Excel 数据管理技巧的手册。

三、源文件下载

本书所有源文件必须扫描右边的二维码获得。如果有疑问，请联系 booksaga@126.com，邮件主题为“Excel 2019 应用大全（视频教学版）”。

四、此书的创作团队

本书由赛贝尔资讯策划与组织编写，参与编写的人员有：徐宁生、吴祖珍、陈媛、姜楠、王莹莹、汪洋慧、周倩倩、章红、项春燕、韦余靖、邹县芳、许艳、曹正松、陈伟、张万红、张发凌等，在此对他们表示感谢！

编　者

2021 年 4 月

目　　录

第 1 章 Excel 2019 基本操作

学习导读

初次学习 Office 2019 需要安装 Windows 10 系统，本章介绍启动与退出 Excel 2019 的方式，工作簿和工作表以及单元格的一些基本操作技巧。

学习要点

- 启动 Excel 2019。
- 工作表、工作簿与单元格的基本操作技巧。

1.1 Excel 2019 的启动与退出及工作界面

用户在计算机中升级系统为 Windows 10 后，即可安装 Office 2019 程序包。Excel 2019 整体布局和 Excel 2016 版本基本相同，但是也有一些细节上的差别，Excel 2019 新增了一些图表和函数，让文件更易于共享，并增强了数据透视表的功能，在本书后面相应章节都会逐一介绍。

本节将介绍如何启动与退出 Excel 2019，并通过图示详细介绍 Excel 2019 的工作界面。

1.1.1 启动 Excel 2019

在计算机中安装了 Excel 2019 程序之后，就可以启动 Excel 2019 进行数据编辑，编辑完成后可以将表格保存并关闭程序。启动 Excel 2019 的方式很简单，用户可以在“开始”菜单中找到程序图标并单击，也可以创建新工作簿并双击图标来启动程序。

❶ 单击 Windows 桌面左下角的“⊞”按钮，在弹出的“开始”菜单中找到“X≡”图标并单击（见图 1-1），即可打开 Excel 2019 界面。

❷ 在打开的界面右侧单击“空白工作簿”（见图 1-2），即可打开 Excel 2019 空白工作簿，如图 1-3 所示。

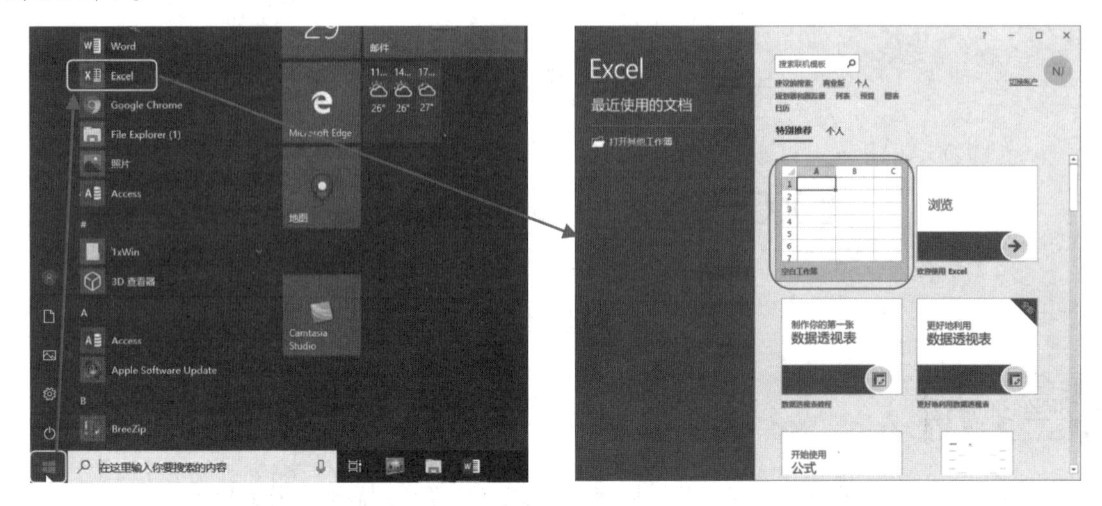

图 1-1　　　　图 1-2

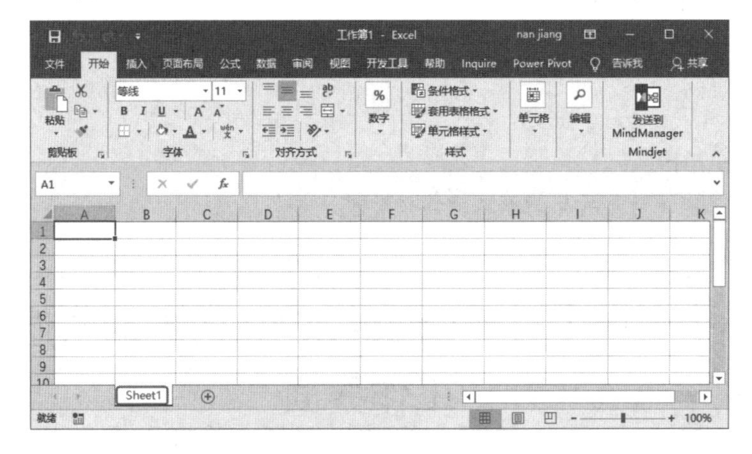

图 1-3

知识扩展

套用其他工作簿

创建新工作簿时，在 Excel 创建界面中包含多种系统内置的工作簿模板（见图 1-2），比如“流程图”“学生课程安排”等，用户可以直接单击这些模板来创建已经设计好的表格，从而节省自己设计表格的时间，提高工作效率。另外，还可以使用这些设计好的表格稍微改动并另存为自己的专用表格模板。

1.1.2 熟悉 Excel 2019 工作界面

打开 Excel 2019 工作界面后，默认的工作簿名称为“工作簿 1”，默认的工作表名称为“Sheet1”。在标题栏下方为选项卡，选项卡下方对应选项组和各个功能

按钮（这些按钮可以在表格中根据需要实现数据分析），公式编辑栏用于编辑数据、文字和公式，如图 1-4 所示为 Excel 2019 的工作界面。

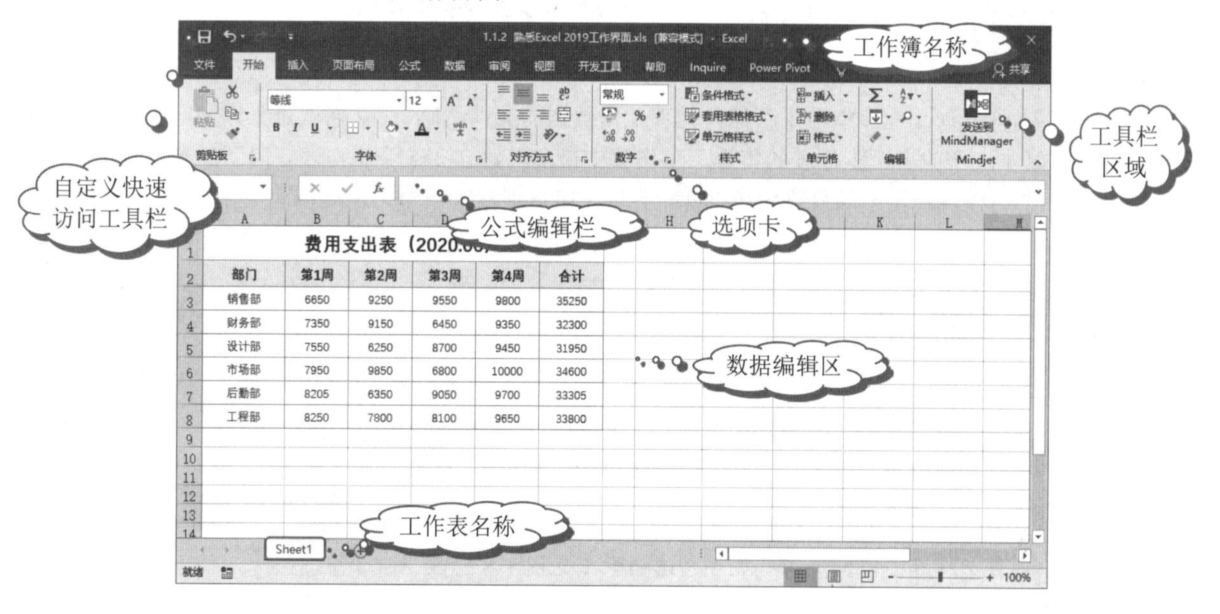

图 1-4

1.1.3 退出 Excel 2019

在 Excel 2019 编辑好数据并保存之后，可以按照下面介绍的方法关闭、退出 Excel 2019。

编辑好表格数据后，依次执行“文件”选项卡→ “关闭”命令（见图 1-5），即可退出 Excel 2019。另外，可以单击工作簿界面右上角的“关闭”按钮（见图 1-6），或者在标题栏右击，在弹出的快捷菜单中单击“关闭”命令（见图 1-7），也可以退出 Excel 2019。

图 1-5

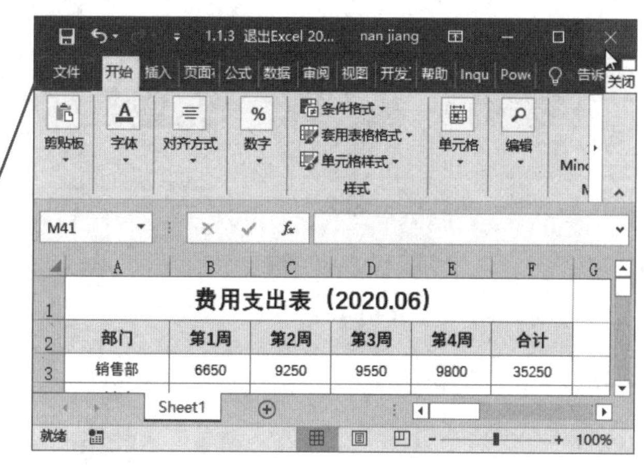

图 1-6

图 1-7

1.2 工作簿的基本操作

工作簿是指 Excel 程序中用来存储并处理工作数据的文件，Excel 文档就是工作簿。工作簿是 Excel 工作区中一个或多个工作表的集合，工作簿中最多可建立 255 个工作表。除了新建空白的工作簿之外，还可以选择指定的表格模板创建工作簿。用户根据工作学习需要创建工作簿后，最重要的一个步骤就是将工作簿保存到指定文件夹中并设置工作簿名称，方便后期对工作簿的管理。

1.2.1 创建新工作簿

在 1.1 节中已经介绍了启动 Excel 2019 并创建空白新工作簿的方法，在工作簿编辑好数据内容之后，如果想要新建另一个工作簿，可以在打开的工作簿中执行“新建工作簿”命令。创建新工作簿时，可以新建空白工作簿也可以选择已有的工作簿模板进行创建。

图 1-8

❶ 编辑好工作簿，依次执行“文件”选项卡（见图 1-8），进入文件选项界面。

❷ 依次执行“新建”→“空白工作簿”命令（见图 1-9），即可新建空白工作簿。

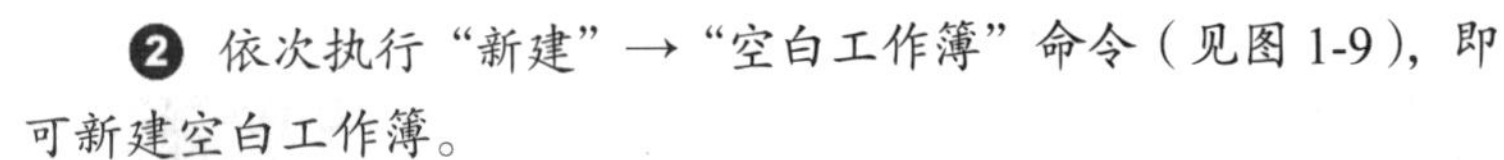

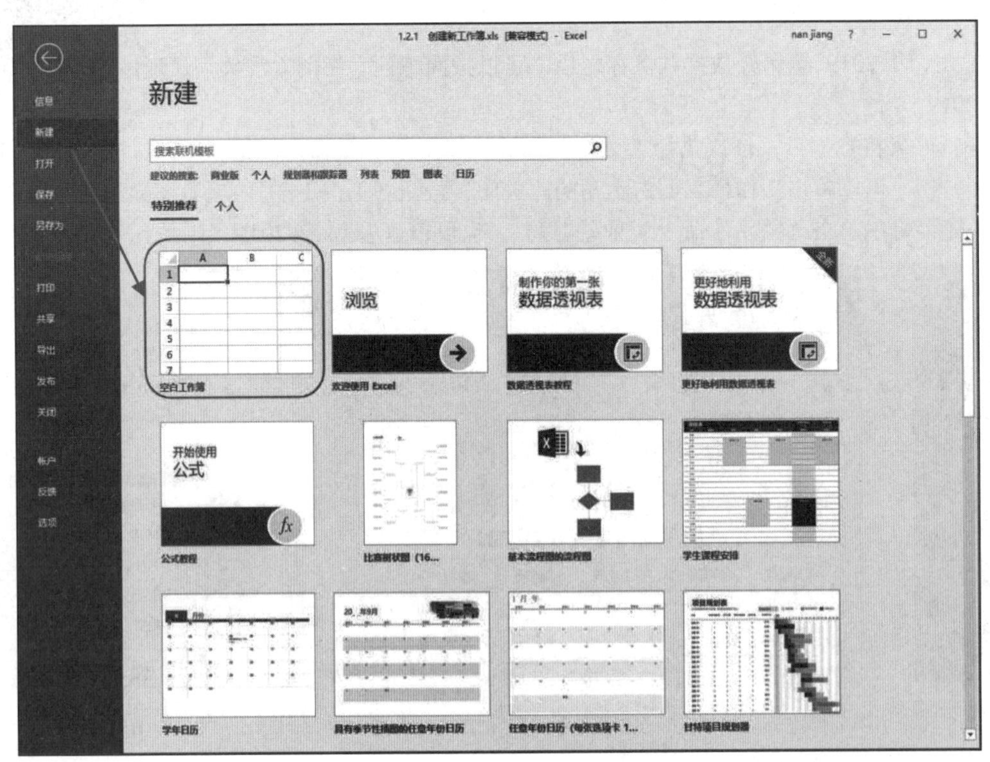

图 1-9

提示注意

使用组合键 Ctrl+N 可以快速创建新的空白工作簿。

知识扩展

搜索套用工作簿模板

在“新建”标签下方的搜索栏中可以输入想要的模板类型，比如：财务，即可在下方界面获得相应的表格模板直接套用，如图 1-10 所示。

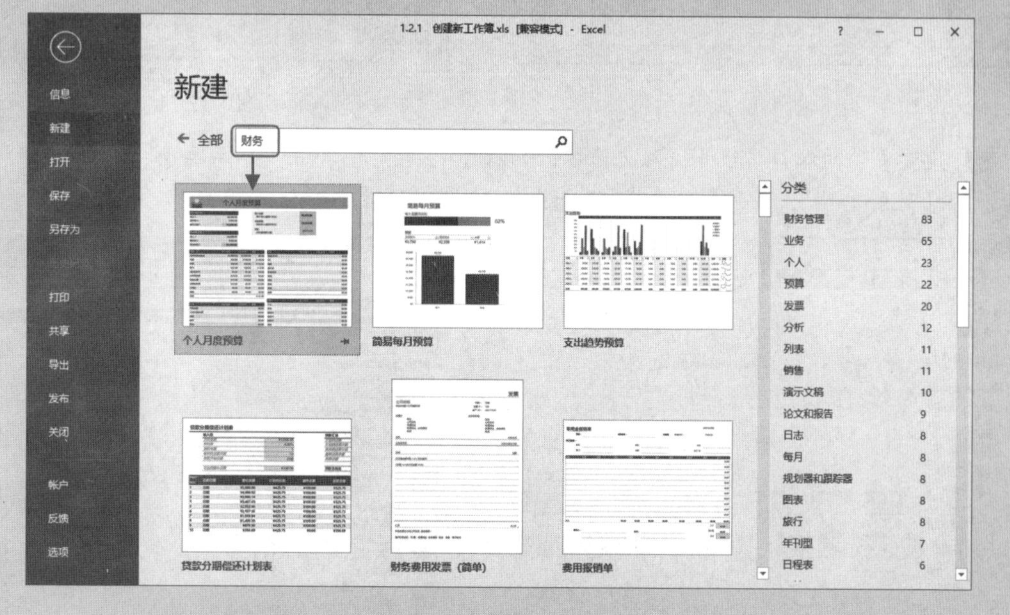

图 1-10

1.2.2 工作簿保存到新的位置或使用新文件名

创建空白工作簿并输入数据之后，为了方便对众多文件的管理，需要将工作簿保存到指定文件夹中并设置工作簿名称和保存的文件格式。用户可以事先在计算机中建立文件夹，比如“月财务报表”“销售报表”“学生成绩管理”等，然后将工作簿保存在相应的文件夹内，默认的工作簿保存格式为“Excel 工作簿”。如果希望工作簿能够在任意版本的 Excel 程序中打开，可以将文件保存为“Excel 97-2003 工作簿（*.xls）”格式。

1. 自定义保存工作簿

❶ 打开编辑好的工作簿文件，执行“文件”选项卡（见图 1-11），进入文件选项界面。依次执行“另存为”→“浏览”命令（见图 1-12），打开“另存为”对话框。

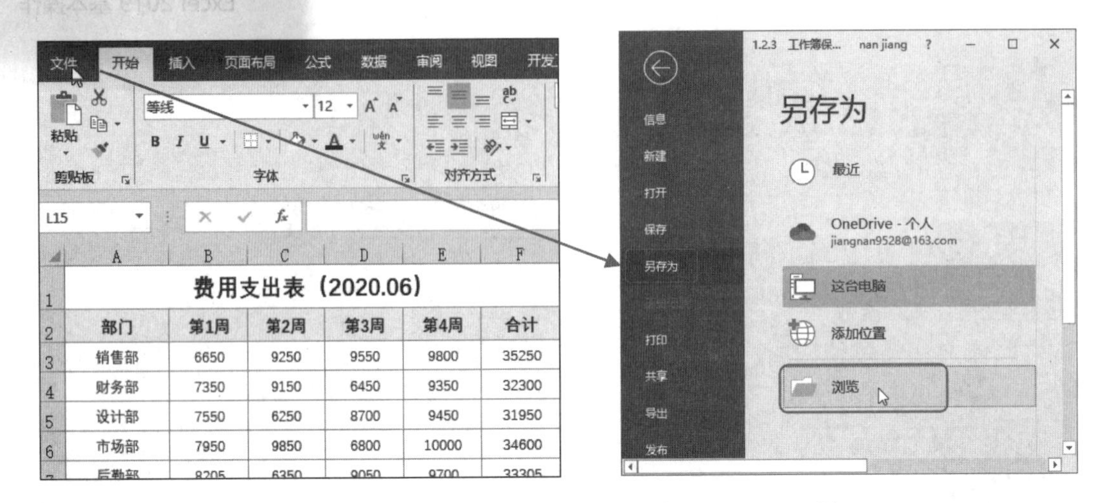

图 1-11　　　　图 1-12

❷ 设置文件的保存路径并输入文件名，如图 1-13 所示。单击“保存类型”右侧的向下箭头打开列表（见图 1-14），在列表中选择“Excel 97-2003 工作簿（*.xls）”格式。

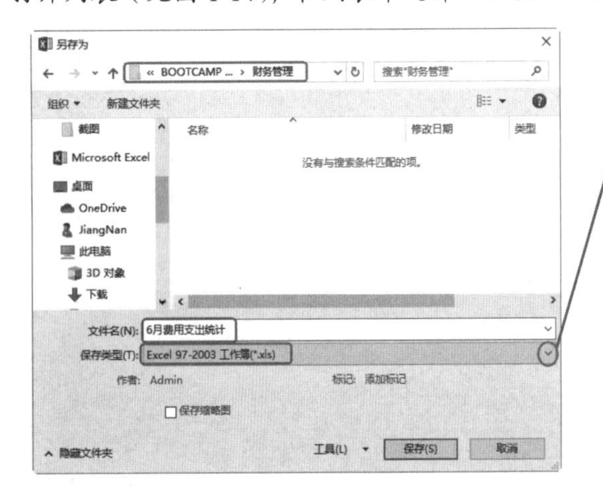

图 1-13

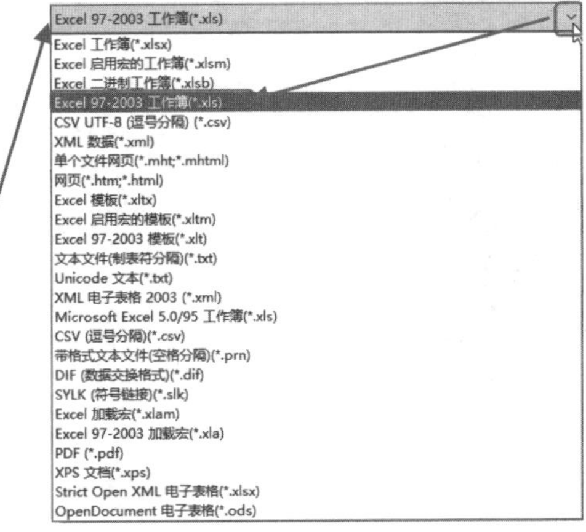

图 1-14

❸ 继续单击“保存”按钮即可将工作簿保存到新的位置并使用了新的文件名，如图 1-15 所示。

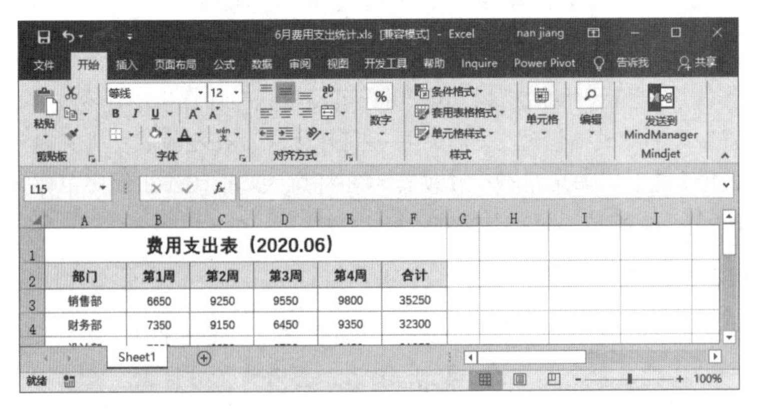

图 1-15

提示注意

如果是第一次创建新工作簿，可以逐步输入文件名和指定保存路径以及保存格式，当再次打开该工作簿时直接单击“快速访问”工具栏中的“保存”按钮或者按 Ctrl+S 组合键直接保存该文件。

知识扩展

修改文件保存路径

如果要更改工作簿的名称和保存路径，可以再次按照前面的方法打开“另存为”对话框，重新更改文件名并设置保存路径即可。

2. 设置默认保存路径

如果要统一将所有的表格文件保存在同一文件夹中，可以在“Excel 选项”对话框中设置文件的默认保存路径。

❶ 编辑好工作簿，然后执行“文件”选项卡，进入文件选项界面，继续执行“选项”命令（见图 1-16），打开“Excel 选项”对话框。

❷ 单击“保存”分类，在“保存工作簿”栏下勾选“默认情况下保存到计算机”复选框，并在下方的“默认本地文件位置”文本框中设置默认的工作簿保存位置，如图 1-17 所示。

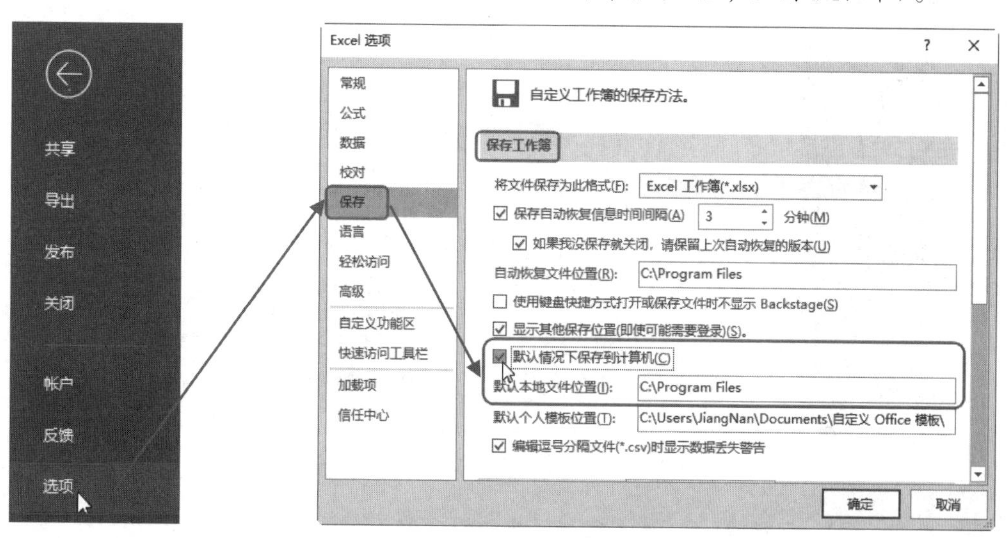

图 1-16　　图 1-17

❸ 单击“确定”按钮即可完成默认保存路径的设置。当再次对工作簿执行保存时，可以看到“另存为”对话框中的默认文件夹路径。

提示注意

取消勾选“默认情况下保存到计算机”复选框，即可取消默认保存路径的设置。

知识扩展

默认模板保存路径

在“保存工作簿”栏下的“默认个人模板位置”文本框中显示的是工作簿模板文件的默认保存路径，用户可以根据需要在这里重新自定义设置模板的保存路径。

1.2.3 自动保存

在编辑工作簿的过程中，为了防止网络和计算机发生意外导致编辑好的内容未及时保存而丢失，此时可以为工作簿设置自动保存，实现每隔几分钟就将编辑的内容自动保存。

❶ 编辑好工作簿，然后执行“文件”选项卡，进入文件选项界面，继续执行“选项”命令（见图 1-18），打开“Excel 选项”对话框。

❷ 单击“保存”分类，在“保存工作簿”栏下的“保存自动恢复信息时间间隔”数值框中可以设置时间，也可以在“自动恢复文件位置”文本框中设置文件恢复的保存路径，如图 1-19 所示。

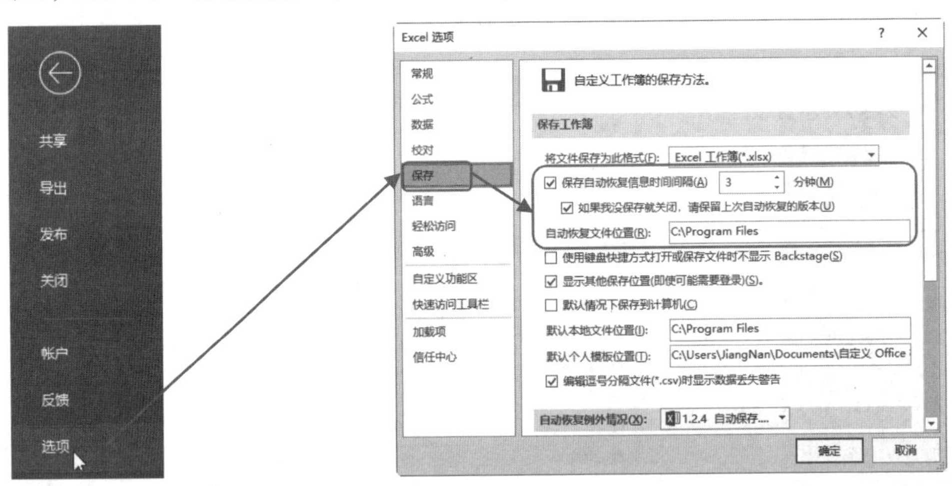

图 1-18　　　　图 1-19

❸ 单击“确定”按钮即可完成自动保存文件的设置。

1.2.4 打开保存的工作簿

打开工作簿的方式有很多种，选择合适的打开方式可以大大提高工作效率。快速打开工作簿的前提就是要事先建立合适的文件夹，不仅方便文件的管理同时还方便查找。

1. 进入文件夹打开工作簿

如果用户事先在计算机中根据工作情况建立了各种文件夹，那么后期创建工作簿并保存后，可以直接打开指定文件夹来打开指定工作簿，比如“6 月费用支出统计”工作簿被保存在 C 盘的“财务管理”文件夹中，可以按照下面介绍的方法快速打开“6 月费用支出统计”工作簿。

打开计算机，并依次打开“此计算机”→“C:”→“财务管理”文件夹。右击工作簿“6 月费用支出统计”，在弹出的快捷菜单中单击“打开”命令（见图 1-20），即可打开指定文件夹内的指定工作簿文件。

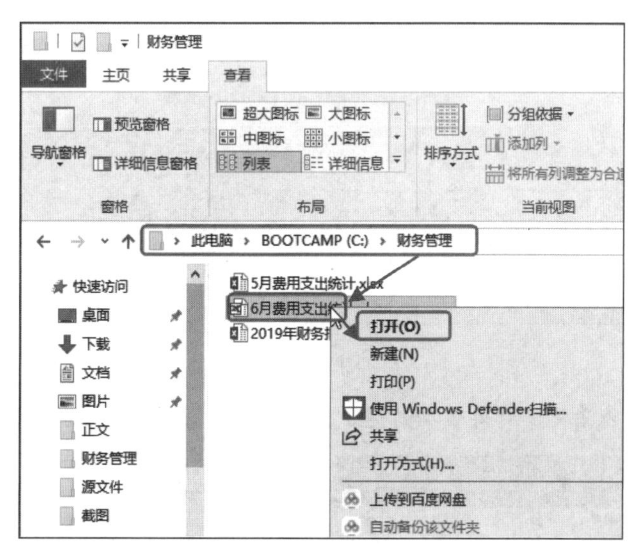

图 1-20

2. 以副本方式打开工作簿

如果在修改文档时不想替换原文件，则可以以副本方式打开。以副本方式打开工作簿后，会自动在该文件夹中新建一个副本文件。

❶ 编辑好工作簿，然后执行“文件”选项卡（见图 1-21），进入文件选项界面。继续执行“打开”→“浏览”命令（见图 1-22），弹出“打开”对话框。

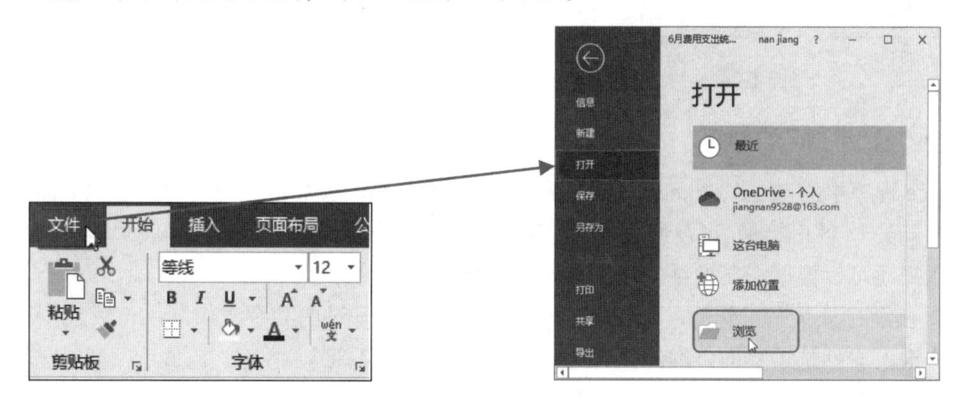

图 1-21

图 1-22

❷ 单击“打开”按钮右侧的向下箭头，在列表中设置打开方式为“以副本方式打开”（见图 1-23），即可打开“副本（1）6 月费用支出统计”工作簿，效果如图 1-24 所示。

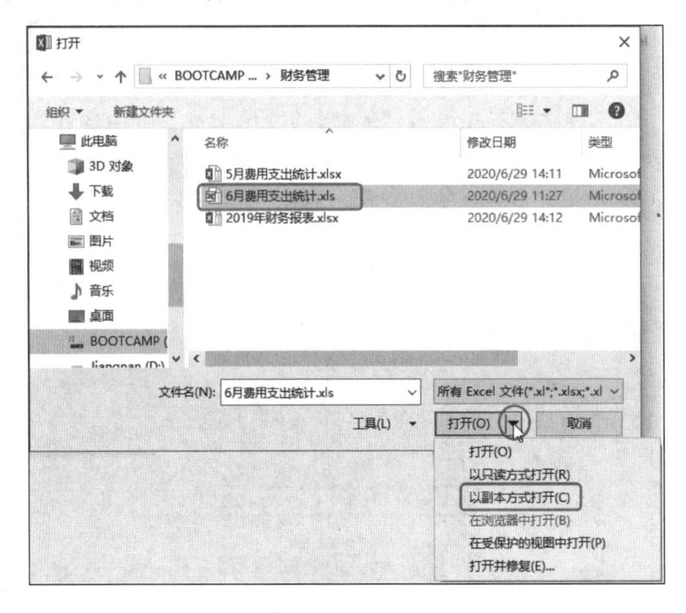

图 1-23

❸ 返回文件夹可以看到工作簿自动新建了“副本（1）”，如图 1-25 所示。

费用支出表（2020.06）					
部门	第1周	第2周	第3周	第4周	合计
销售部	6650	9250	9550	9800	35250
财务部	7350	9150	6450	9350	32300
设计部	7550	6250	8700	9450	31950
市场部	7950	9850	6800	10000	34600
后勤部	8205	6350	9050	9700	33305
工程部	8250	7800	8100	9650	33800

图 1-24

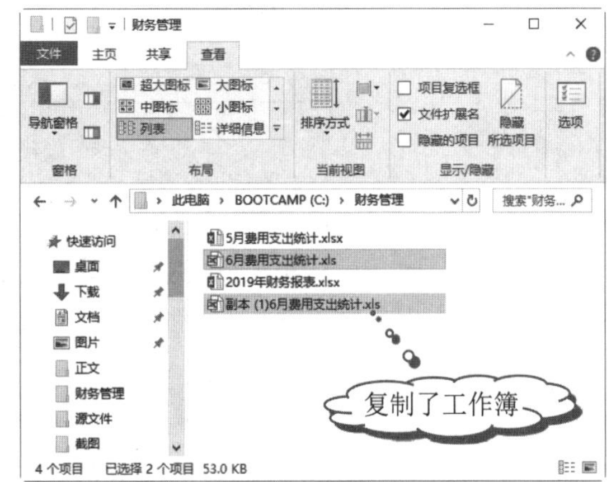

图 1-25

3. 最近使用的文档列表

Office 程序中的 Word、Excel、PowerPoint 软件都具有保存最近使用文件的功能，如果最近经常需要打开某一个工作簿，可以通过“最近使用的文档”列表快速找到最近一段时间打开的所有工作簿，用户还可以根据需要设置文档显示的列表数量。

如果已经打开某个工作簿，后期想要重新打开最近打开过的某个工作簿，可以执行“文件”选项卡，进入文件选项界面。继续执行“打开”→“最近”命令（见图 1-26），可以在右侧看到最近打开的所有工作簿，直接单击即可打开最近使用过的工作簿。

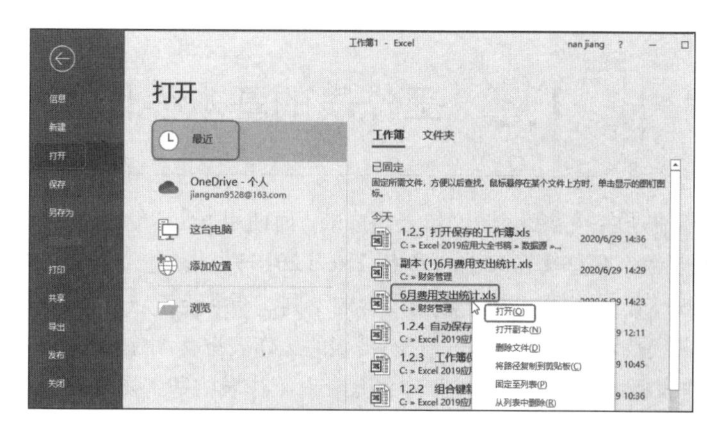

图 1-26

提示注意

如果不想打开工作簿时显示最近使用的文档列表，可以单击“文件”→“选项”在“选项”对话框中重新设置显示数目（设置为 0 即可），也可以根据需要设置指定数目，比如“10”，如图 1-27 所示。

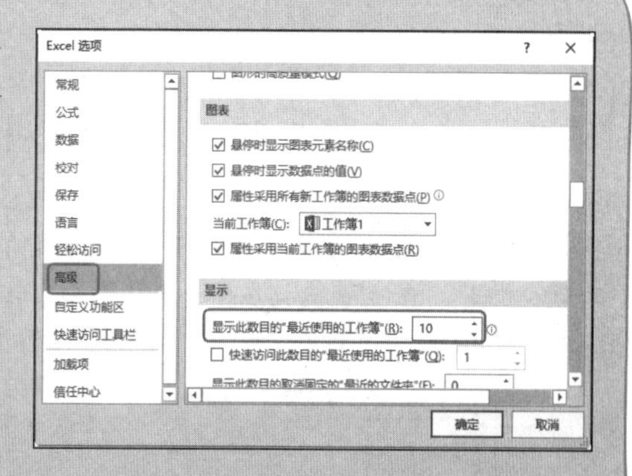

图 1-27

知识扩展

固定经常要打开的工作簿

如果每天都要打开某一个固定的工作簿，可以单击该工作簿右侧的“将此项目固定至列表”图标（见图 1-28），即可置顶该工作簿，如图 1-29 所示。再次单击“已固定”列表工作簿右侧的“在列表中取消对此项目的固定”图标，即可取消固定设置。

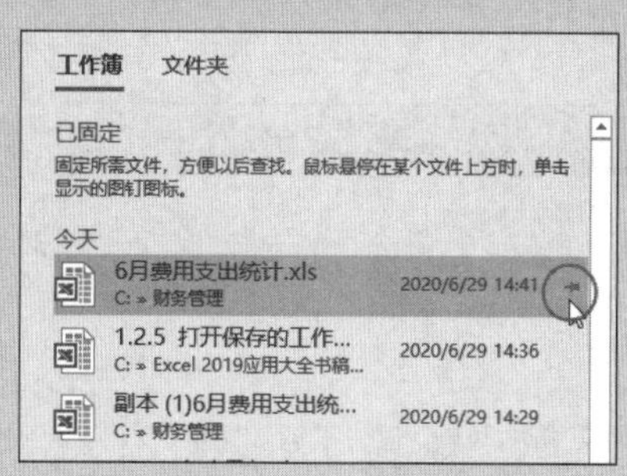

图 1-28

图 1-29

1.3 工作表的基本操作

前面介绍的工作簿是由一张或多张工作表组成的，而使用 Excel 创建、编辑表格都需要在工作表中进行，工作表是显示在工作簿窗口中的表格，Excel 2019 默认新建一个工作簿只有一张工作表，其默认名称为“Sheet1”，用户可以根据数据内容的不同，通常会建立多表编辑与管理数据，在指定位置插入、移动或者复制某一张工作表；对不需要的工作表进行删除操作等，同时还可以更改工作表的名称以及工作表标签的颜色。这些操作都是针对工作表的基本操作。

1.3.1 选取工作表

如果创建的工作簿中包含多张工作表，想要准确选取某张工作表只需要在该工作表标签上单击一次即可。另外，还可以同时选取多张工作表，这种操作实际就是将多张工作表创建为一个工作组，当在这个工作组中的某张工作表中进行操作时，它将应用于所有选中的工作表。比如本例想要在 3 张工作表中快速输入相同格式以及文本的表格列标识信息。

❶ 打开包含 3 张工作表的工作簿，按住键盘上的 Ctrl 键不放，用鼠标指针指向各工作表标签（1 店、2 店、3 店），依次单击即可一次性将它们选中，如图 1-30 所示。

❷ 松开 Ctrl 键，直接在任意表格中输入数据并设置格式调整列宽、再设置边框底纹等，如图 1-31 所示。

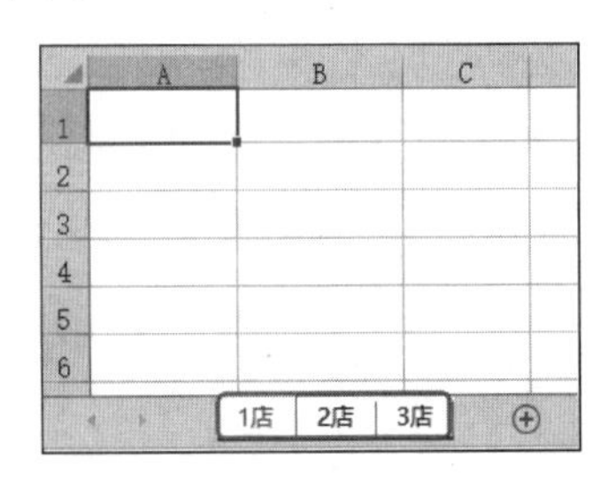

图 1-30

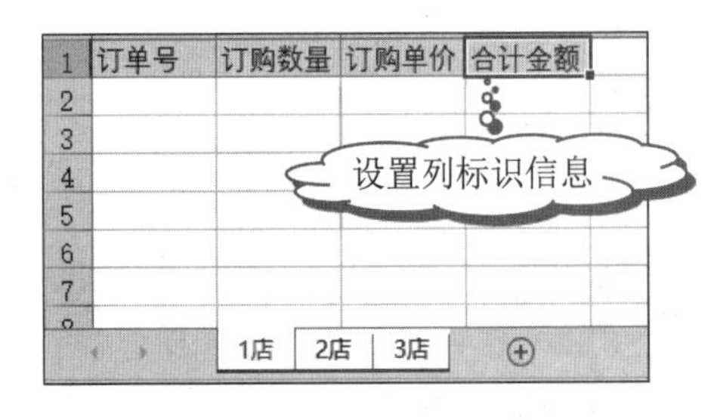

图 1-31

❸ 进行了❷步的操作后，单击“2 店”工作表标签切换到“2 店”工作表，可以看到显示了与“1 店”工作表完全相同的内容，如图 1-32 所示；再单击“3 店”工作表标签切换到“3 店”工作表，也可以看到如图 1-33 所示相同的内容。

	A	B	C	D
1	订单号	订购数量	订购单价	合计金额
2				
3				
4				
5				
6				
7				
8				

1店　2店　3店

图 1-32

	A	B	C	D
1	订单号	订购数量	订购单价	合计金额
2				
3				
4				
5				
6				
7				
8				

1店　2店　3店

图 1-33

1.3.2 重命名工作表

启动 Excel 2019 创建工作簿之后，默认只有一张工作表且默认名称为“Sheet1”，为了更好地分辨工作表的内容，可以重命名工作表。

❶ 打开工作簿，双击需要重命名的工作表标签（如“Sheet1”），即可进入文字编辑状态，如图 1-34 所示。

❷ 输入新名称为“图书销售记录”，再按 Enter 键即可完成工作表的重命名，效果如图 1-35 所示。

	A	B	C	D	E
1	订单号	日期	销售人员	商品类别	数量
2	NL_001	2020/1/18	陈苒欣	图书	60
3	NL_002	2020/1/26	崔丽	图书	27
4	NL_003	2020/3/18	张文娜	图书	16
5	NL_004	2020/3/5	崔丽	图书	96
6	NL_005	2020/3/22	崔丽	图书	98
7	NL_006	2020/3/27	崔丽	图书	11
8	NL_007	2020/3/28	陈苒欣	图书	28
9	NL_008	2020/4/22	江梅子	图书	60
10	NL_009	2020/4/23	陈苒欣	图书	60
11	NL_010	2020/4/29	张文娜	图书	78

Sheet1

图 1-34

5	NL_004	2020/3/5	崔丽
6	NL_005	2020/3/22	崔丽
7	NL_006	2020/3/27	崔丽
8	NL_007	2020/3/28	陈苒欣
9	NL_008	2020/4/22	江梅子
10	NL_009	2020/4/23	陈苒欣
11	NL_010	2020/4/29	张文娜

图书销售记录

图 1-35

知识扩展

使用快捷菜单

也可以在需要重命名的工作表标签上右击，在弹出的快捷菜单中单击“重命名”命令即可进入工作表名称的编辑状态，如图 1-36 所示。

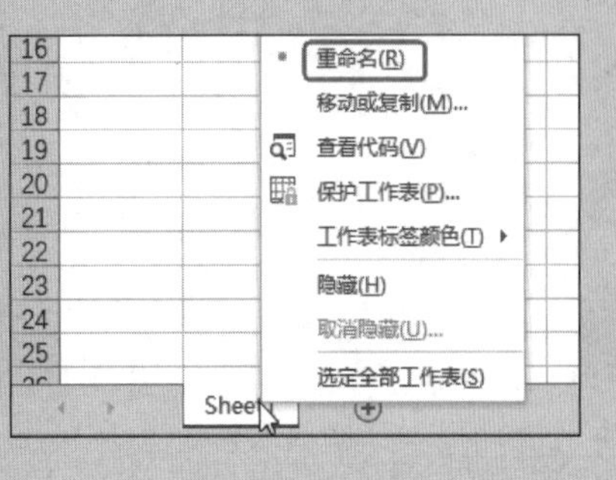

图 1-36

1.3.3 添加与删除工作表

新建的工作簿默认只包含一张工作表，为了满足实际工作需要，用户可以在任意位置添加任意数量的新工作表，也可以将不再使用的工作表删除。

1. 添加新工作表

❶ 在指定的工作表标签上（本例想要在“2020 年图书销售”前新建工作表）右击，在弹出的快捷菜单中单击“插入”命令，如图 1-37 所示，打开“插入”对话框。

❷ 单击“工作表”图标，如图 1-38 所示。

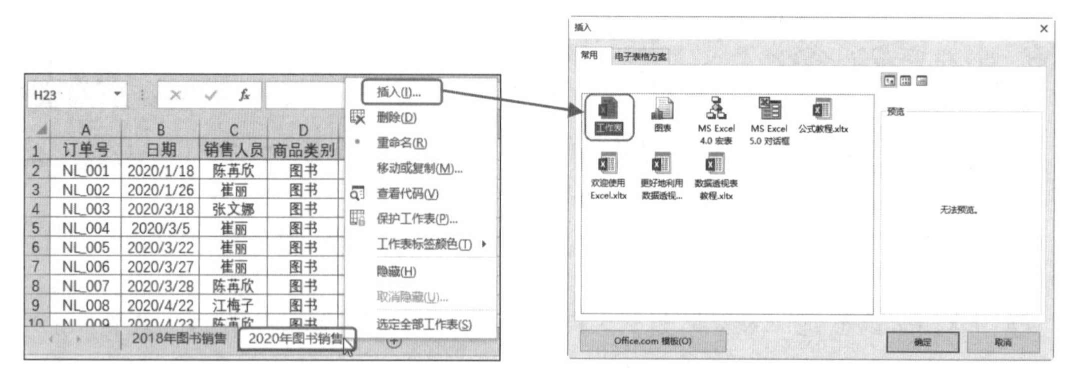

图 1-37　　　　图 1-38

❸ 单击“确定”按钮即可在指定的工作表（本例为“2020年图书销售”工作表）前插入新工作表（默认名称为“Sheet3”），如图 1-39 所示。

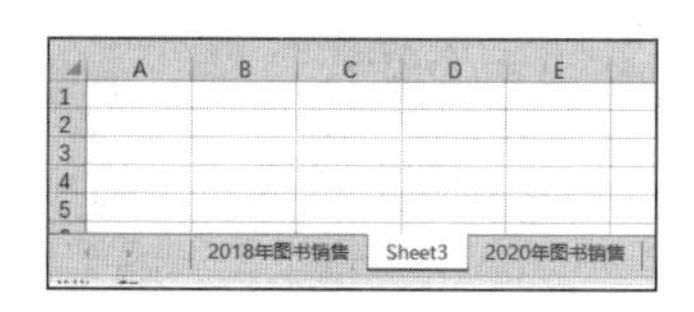

图 1-39

提示注意

选中哪一张工作表标签，即可在该工作表的左侧插入一张新的空白工作表。如果要连续插入多张工作表，可以按 Ctrl 键依次选中多个工作表标签后右击，在弹出的快捷菜单中单击“插入”命令即可，如图 1-40 所示。

图 1-40

知识扩展

快速添加新工作表

打开工作簿后可以看到“Sheet1”工作表标签右侧有一个“⊕”按钮，如图 1-41 所示，此按钮就是用于创建新工作表的，只要单击此按钮即可在当前所有工作表的最后创建一张新工作表（空白工作表），如图 1-42 所示。如果使用此办法插入新工作表后，可以使用移动功能将其移动到任意指定位置，即可间接实现在任意指定位置添加新工作表。

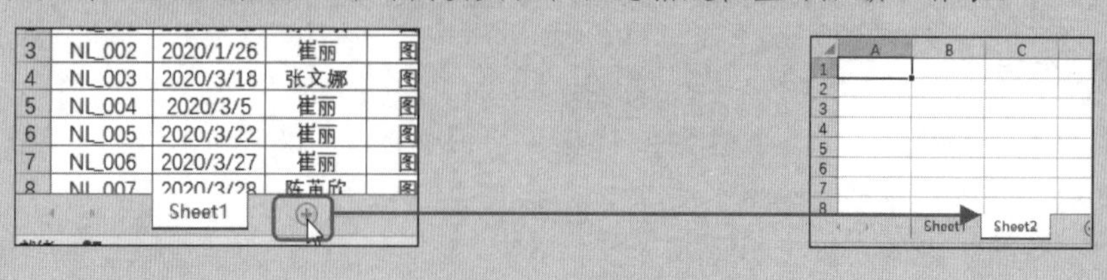

图 1-41　　　　图 1-42

2. 删除工作表

在要删除的工作表标签上右击，在弹出的快捷菜单中单击“删除”命令，如图 1-43 所示，即可将该工作表删除。

图 1-43

提示注意

删除的工作表将无法进行撤销恢复操作，所以当要删除某工作表时，一定要考虑好再执行操作。

知识扩展

删除多张工作表

如果要想快速删除多张工作表，可以按 Ctrl 键依次选中多张工作表标签后右击，在弹出的快捷菜单中单击“删除”命令即可。

1.3.4 复制与移动工作表

创建多张工作表后，它们的显示位置是可以调整的，要移动工作表的位置，快捷的方法是利用鼠标拖动移动。如果是跨工作簿移动工作表，就需要在“移动或复制工作表”对话框中设置。同样，除了可以使用鼠标拖动的方式在同一工作簿快速复制指定工作表，也可以通过设置实现跨工作簿的工作表复制。

1. 移动工作表的位置

如果只有少量的工作表，利用鼠标拖动的方法移动工作表是快捷的方法，但如果工作表数量较多，显示标签的位置就会被占满，这时利用鼠标拖动的方式可能会不太方便了。下面介绍快速在多张工作表中移动指定工作表的技巧。

❶ 在“3 月支出”工作表标签上右击，在弹出的快捷菜单中单击“移动或复制”命令，如图 1-44 所示，打开“移动或复制工作表”对话框。

❷ 在该对话框的“下列选定工作表之前”列表框中选择要将工作表移动到的位置（如“4 月支出”工作表），如图 1-45 所示。

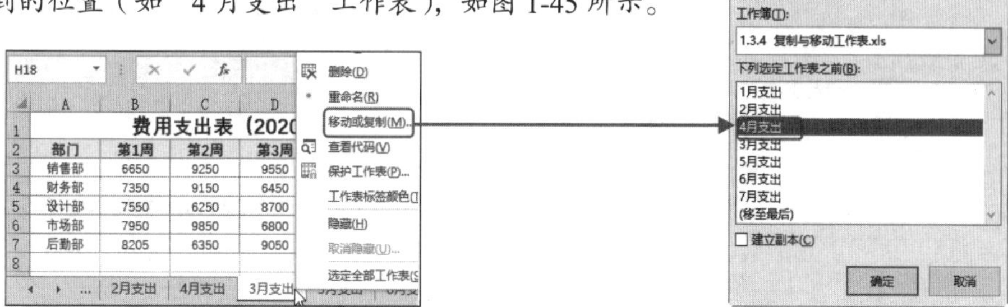

图 1-44

图 1-45

❸ 单击“确定”按钮即可实现将工作表移到指定的位置上，如图 1-46 所示。

费用支出表（2020.03）					
部门	第1周	第2周	第3周	第4周	合计
销售部	6650	9250	9550	9800	35250
财务部	7350	9150	6450	9350	32300
设计部	7550	6250	8700	9450	31950
市场部	7950	9850	6800	10000	34600
后勤部	8205	6350	9050	9700	33305

图 1-46

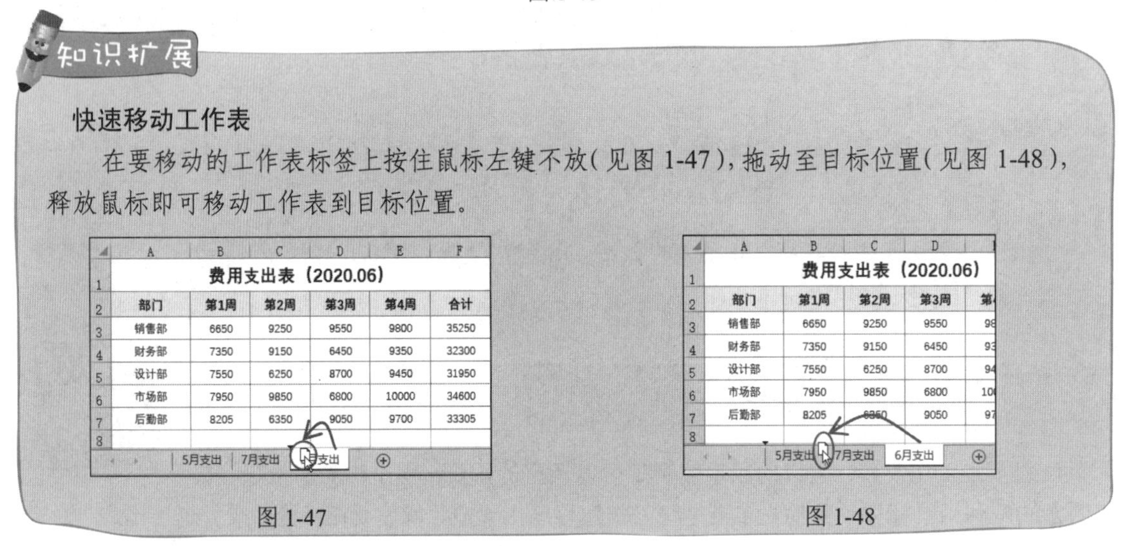

知识扩展

快速移动工作表

在要移动的工作表标签上按住鼠标左键不放（见图 1-47），拖动至目标位置（见图 1-48），释放鼠标即可移动工作表到目标位置。

费用支出表（2020.06）					
部门	第1周	第2周	第3周	第4周	合计
销售部	6650	9250	9550	9800	35250
财务部	7350	9150	6450	9350	32300
设计部	7550	6250	8700	9450	31950
市场部	7950	9850	6800	10000	34600
后勤部	8205	6350	9050	9700	33305

图 1-47

费用支出表（2020.06）			
部门	第1周	第2周	第3周
销售部	6650	9250	9550
财务部	7350	9150	6450
设计部	7550	6250	8700
市场部	7950	9850	6800
后勤部	8205	6350	9050

图 1-48

2. 同一工作簿内的复制

工作表的复制经常发生在同一工作簿中，如果需要在本工作簿中建立一张和已有工作表相同格式的表格，可以直接把这张表格复制过来更换数据即可。如果要更换工作簿内多张工作表的位置，可以使用“移动或复制”命令。

❶ 在要复制的工作表的名称标签上右击，在弹出的快捷菜单中单击“移动或复制”命令，如图 1-49 所示，打开“移动或复制工作表”对话框。

❷ 在该对话框中的“下列选定工作表之前”列表框中选择要将工作表复制到的位置，勾选“建立副本”复选框，如图 1-50 所示。

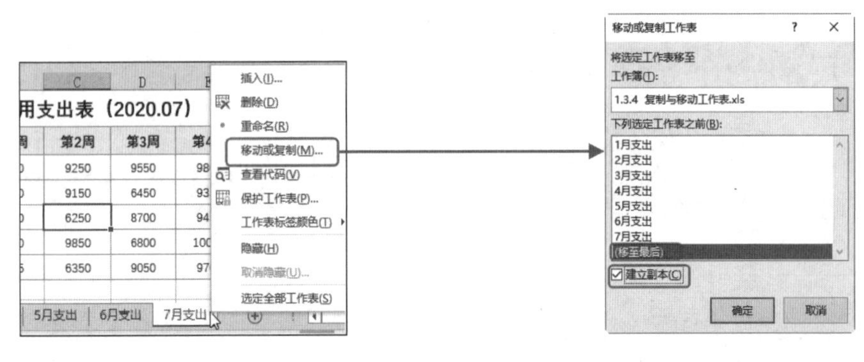

图 1-49　　图 1-50

❸ 单击“确定”按钮即可在指定位置生成一个“*(2)”的工作表（重新更改工作表名称即可），如图 1-51 所示。

5	设计部	7550	6250	8700	9450	31950
6	市场部	7950	9850	6800	10000	34600
7	后勤部	8205	6350	9050	9700	33305
8						

... | 6月支出 | 7月支出 | 7月支出 (2)

图 1-51

提示注意

在“移动或复制工作表”对话框中勾选“建立副本”复选框，就能实现工作表的复制，而不会移动工作表，这也是移动和复制工作表操作的一个重要的区别。

知识扩展

用鼠标拖动的方法复制工作表

使用鼠标拖动的方法也可以方便快捷地复制工作表。在要复制的工作表标签上单击鼠标左键，然后按住 Ctrl 键不放，再按住鼠标左键拖动到希望其显示的位置上，此时可以看到书页样式的图标上有一个“+”号（见图 1-52），表示是复制工作表（无加号表示移动）。释放鼠标即可实现工作表复制。

图 1-52

3. 跨工作簿复制工作表

如果要复制工作表到其他工作簿，只要在“移动或复制工作表”对话框中多进行一项设置即可。例如下面要将“费用支出”工作簿中的“2020 年 1 季度费用支出合计”工作表复制到“财务报表”工作簿中。

❶ 同时打开“费用支出”和“财务报表”两张工作簿。

❷ 在“费用支出”工作簿中，在“2020 年 1 季度费用支出合计”工作表标签上右击，在弹出的快捷菜单中单击“移动或复制”命令（见图 1-53），打开“移动或复制工作表”对话框。

❸ 首先单击“工作簿”下拉列表框右侧的向下箭头，在列表中选择要复制到哪个工作簿（列表中会包含所有打开的工作簿的名称，这里选择“财务报表”），在“下列选定工作表之前”列表框选择“移至最后”，最后勾选“建立副本”复选框，如图 1-54 所示。

提示注意

如果要在更多工作簿间复制工作表，则将它们全部打开，当工作簿和要复制的工作表比较多时，需要仔细核对工作簿和工作表的名称，以免操作失误导致表格管理混乱。

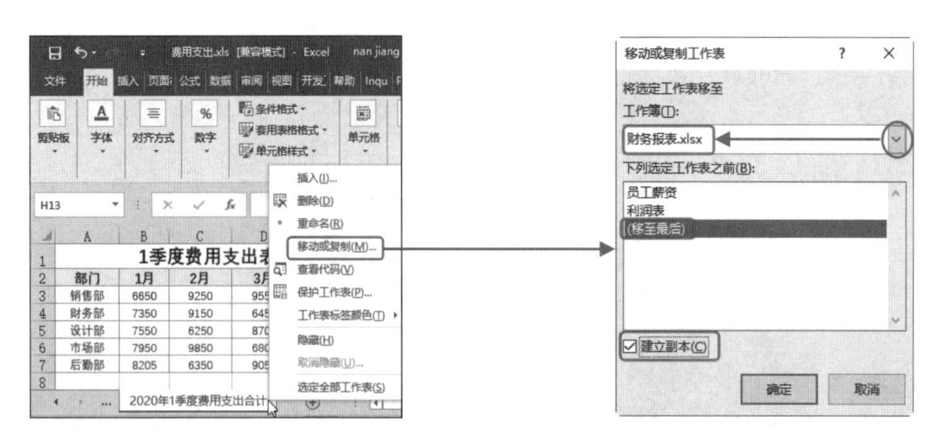

图 1-53　　　　　　　　　　　　　　图 1-54

❹ 单击“确定”按钮即可将指定工作表复制到“财务报表”工作簿中，如图 1-55 所示（注意看图中工作簿名称）。

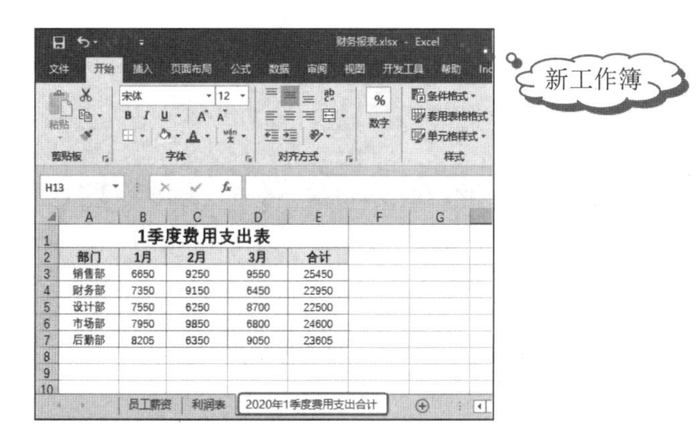

图 1-55

1.3.5 设置工作表标签颜色

默认工作表标签的颜色是白色，如果要更好地区分不同工作表，可以为某个工作表标签设置不同的颜色。

打开工作簿，在要设置颜色的工作表标签上右击，在弹出的快捷菜单中单击“工作表标签颜色”命令，打开颜色列表并单击“黄色”，如图 1-56 所示，返回工作表后，可以看到设置为黄色标签颜色的工作表效果，如图 1-57 所示。

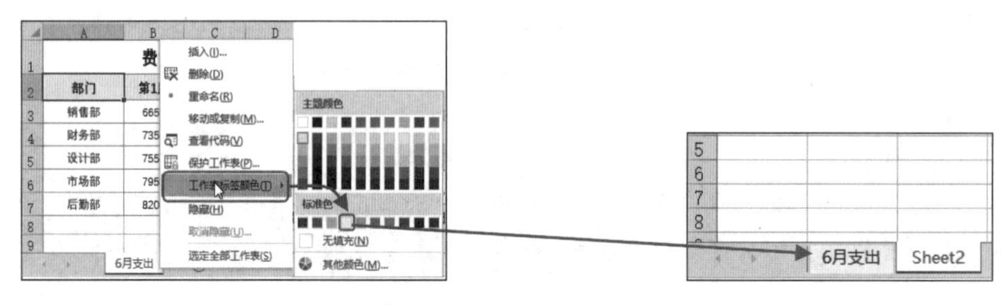

图 1-56　　　　　　　　　　　　　　图 1-57

1.4 单元格的基本操作

工作表中行和列交叉处称为单元格，用列标和行号进行标识，如 A1、B2 等。

单元格是组成工作表的元素，对工作表的操作实际就是对单元格的操作。本节中主要介绍单元格的选取、插入与删除等基本操作。在后面的章节中将会介绍如何在单元格中编辑数据、设置单元格格式以及数据处理等。

1.4.1 选取单元格

在工作表中输入内容之后，下一步会根据需要对单个或多个指定单元格执行进一步操作，这时就需要使用鼠标准确选取单元格。单个单元格的选取很简单，只要在单元格上单击即可。下面介绍多单元格的选取。

❶ 首先单击一次鼠标选取一个单元格，不要移走指针，如图 1-58 所示，按住鼠标左键不放拖动到目标位置，如图 1-59 所示，然后释放鼠标就可以选取这一块区域了。

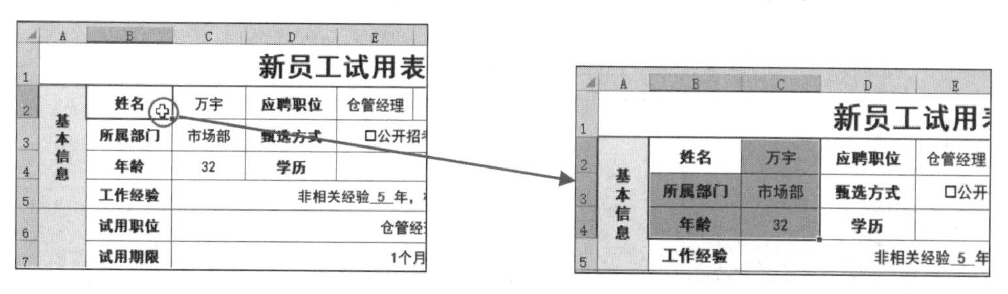

图 1-58

图 1-59

❷ 如果选择的单元格区域不是连续的，那么就先选取第一个单元格或第一个区域（如果是区域就按❶步方法操作），按住 Ctrl 键不放，接着再选取第二个区域，依次可选取多个区域，如图 1-60 所示。

图 1-60

1.4.2 插入单元格

Excel 报表在编辑过程中需要不断地更改，如规划好框架后发现漏掉一个元素，此时需要插入单元格，下面将介绍插入单个单元格的操作技巧。后面章节还会介绍插入多行、多列的技巧。

❶ 打开工作表，选取要在其前面或上面插入单元格的单元格，如选中 D2:D4 单元格区域，单击“开始”→“单元格”选项组中的“插入”向下箭头，在展开的下拉菜单中选择“插入单元格”命令，如图 1-61 所示，弹出“插入”对话框。

❷ 在该对话框中选择“活动单元格右移”单选按钮，如图 1-62 所示。

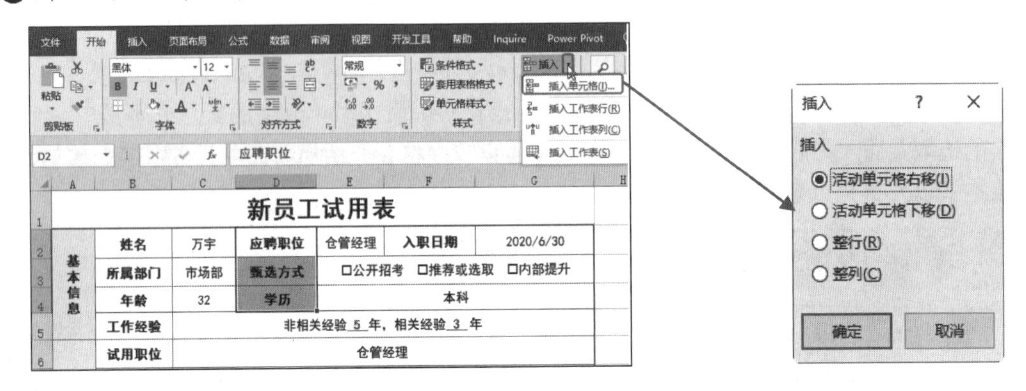

图 1-61　　　　　　图 1-62

❸ 单击“确定”按钮，即可在选中的单元格前面插入单元格，如图 1-63 所示。

新员工试用表						
基本信息	姓名	万宇		应聘职位	仓管经理	入职日期
	所属部门	市场部		甄选方式	□公开招考	□推荐或选取
	年龄	32		学历	本科	

图 1-63

提示注意

如果只想插入一个单元格，可以在执行“插入单元格”操作之前只选中一个单元格即可。

1.4.3 复制与剪切单元格

如果要在表格的其他位置使用某个单元格数据，可以直接将单元格数据复制或者剪切，再粘贴到合适的位置即可。

1. 复制单元格

本例需要将指定数据单元格复制粘贴到其他两个单元格内，可以使用快捷菜单实现。

❶ 在 C12 单元格右击，在弹出的快捷菜单中单击“复制”命令，如图 1-64 所示。

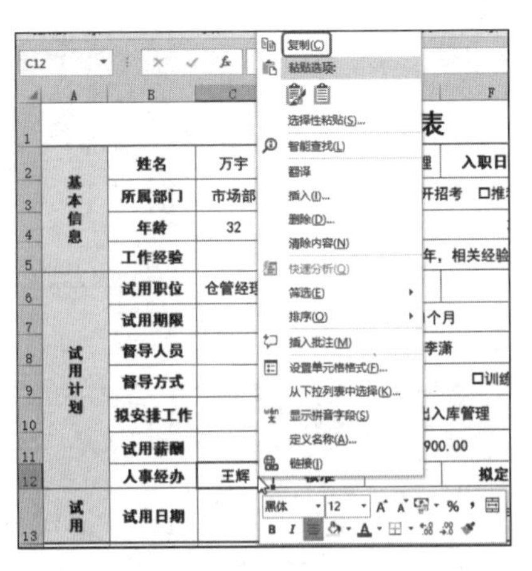

图 1-64

❷ 再选中粘贴位置的 E12 和 G12 单元格并右击，在弹出的快捷菜单中，单击“粘贴选项”栏下的“值”命令即可，如图 1-65 所示。

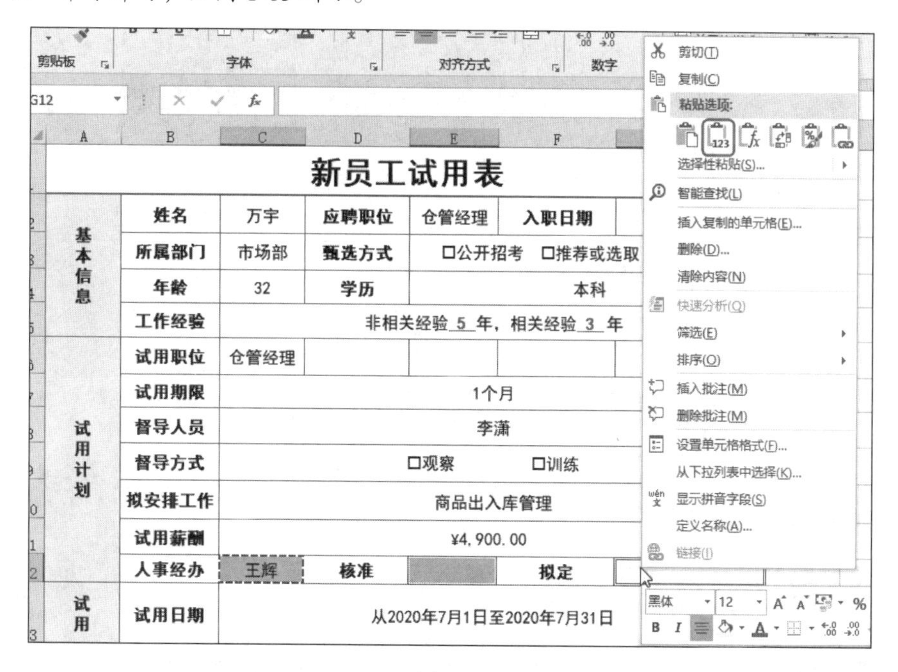

图 1-65

❸ 返回表格中，即可看到单元格数据复制的结果，如图 1-66 所示。

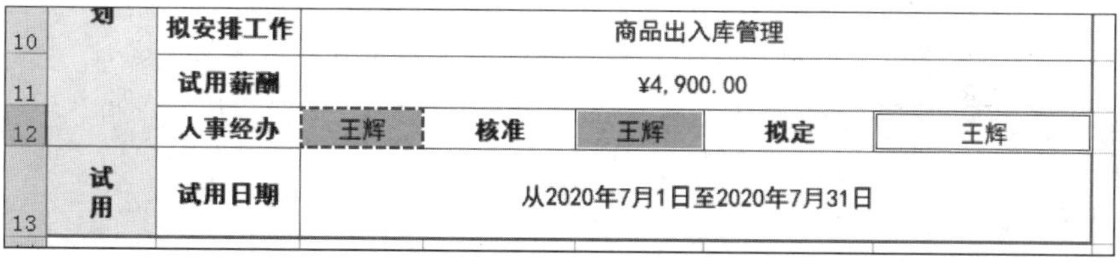

10	划	拟安排工作	商品出入库管理				
11		试用薪酬	¥4, 900. 00				
12		人事经办	王辉	核准	王辉	拟定	王辉
13	试用	试用日期	从2020年7月1日至2020年7月31日				

图 1-66

知识扩展

复制粘贴快捷键

如果要复制单元格，可以使用 Ctrl+C 组合键，粘贴内容时使用 Ctrl+V 组合键。

2. 剪切单元格

如果要将指定单元格的数据剪切并粘贴到其他位置，可以按照下面的方法设置。

❶ 在选中要剪切的单元格右击，在弹出的快捷菜单中单击“剪切”命令，如图 1-67 所示。

❷ 再选中粘贴位置的 E3 单元格并右击，在弹出的快捷菜单中单击“粘贴选项”栏下的“粘贴”命令即可，如图 1-68 所示。

❸ 返回表格中，即可看到单元格数据剪切粘贴的结果，如图 1-69 所示。

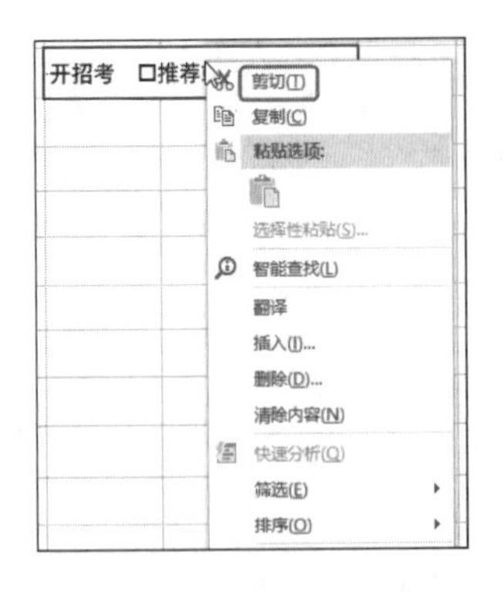

图 1-67

图 1-68

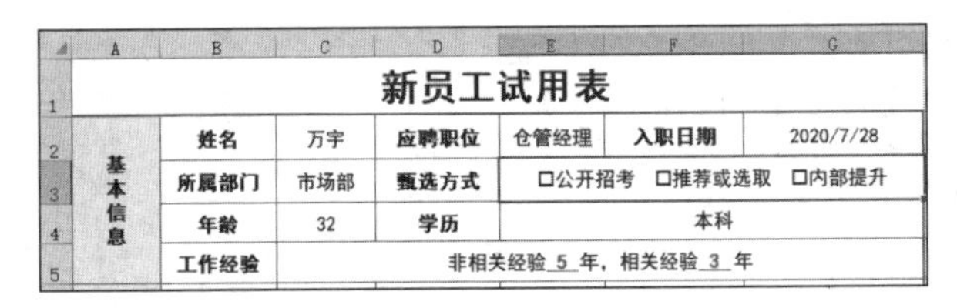

	新员工试用表					
基本信息	姓名	万宇	应聘职位	仓管经理	入职日期	2020/7/28
	所属部门	市场部	甄选方式	□公开招考 □推荐或选取 □内部提升		
	年龄	32	学历	本科		
	工作经验	非相关经验 5 年，相关经验 3 年				

图 1-69

1.4.4 删除单元格

如果不再需要某个单元格，可以直接将其删除，下面介绍删除单元格的技巧。

❶ 选中要删除的单元格区域右击，在弹出的快捷菜单中单击“删除”命令（见图 1-70），打开“删除”对话框。

❷ 在该对话框中单击“右侧单元格左移”单选按钮，如图 1-71 所示。

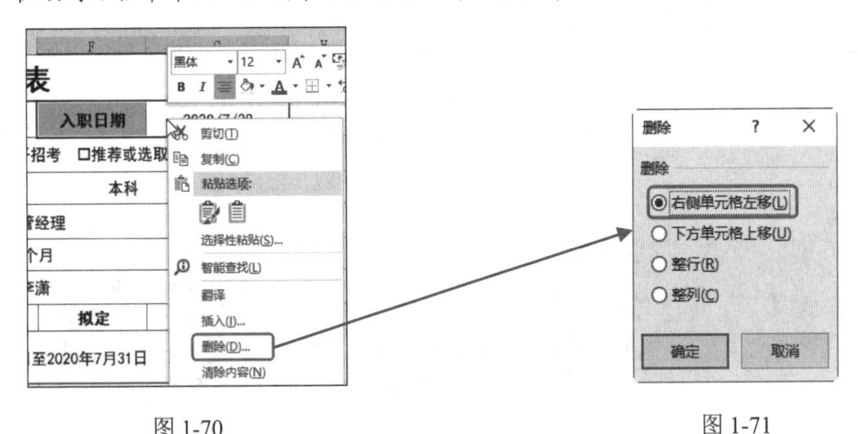

图 1-70

图 1-71

❸ 单击“确定”按钮返回表格，即可看到指定单元格区域被删除，如图 1-72 所示。

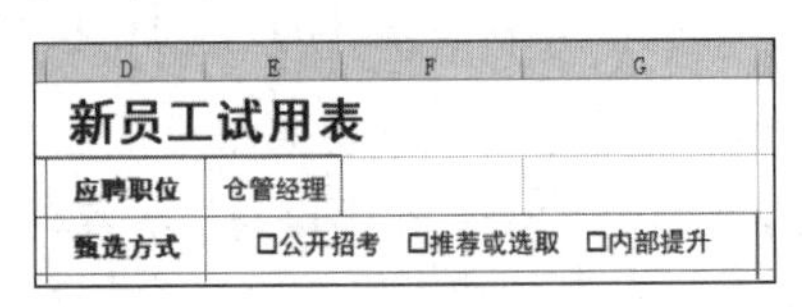

新员工试用表		
应聘职位	仓管经理	
甄选方式	□公开招考 □推荐或选取 □内部提升	

图 1-72

第 2 章
表格的格式化处理

学习导读

了解 Excel 2019 的一些基本操作之后，下一步需要对创建的表格进行格式化处理，比如单元格的各类操作（行列、字体、底纹边框等设置），单元格合并、数据对齐方式、表格样式设置以及图形图片在表格中的修饰技巧等。

学习要点

- 单元格的基本操作（行高列宽、边框底纹、对齐方式、合并拆分等）。
- 单元格字体格式的设置。
- 设置表格样式与清除格式。
- 使用图形、图片修饰表格。

2.1 插入整行或整列

在对表格进行格式化处理之前，有时需要对表格的结构进行调整。

如果表格中的行列不够用，可以根据需要在指定位置插入单行或单列，也可以插入指定数量的列数和行数。

2.1.1 插入单行或多行

❶ 选中要在其上面插入行的单元格（如本列中选中 B5），单击“开始”→“单元格”选项组中单击“插入”向下箭头，在展开的下拉菜单中单击“插入工作表行”命令（见图 2-1），即可在选中单元格的上面插入一整行，如图 2-2 所示。

❷ 选中要在其上面插入行的多行，选中多行的方法是将鼠标指针指向行号，按住鼠标左键不放拖动，即可选中连续的几行。选中后右击，在弹出的快捷菜单中单击“插入”命令，如图 2-3 所示。

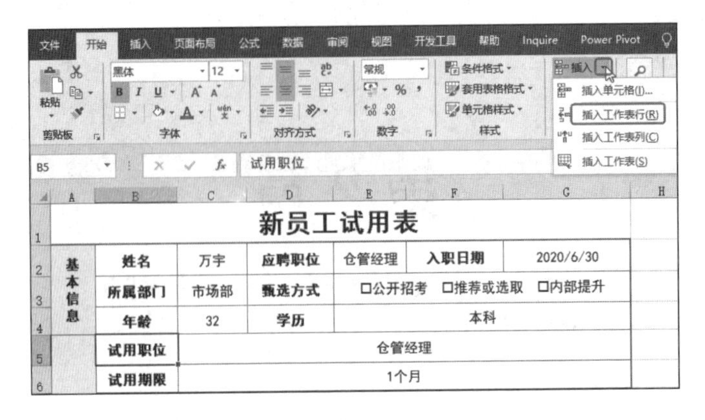

图 2-1

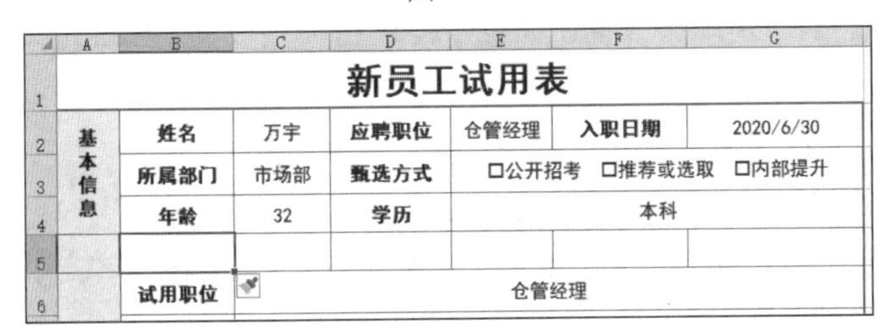

图 2-2

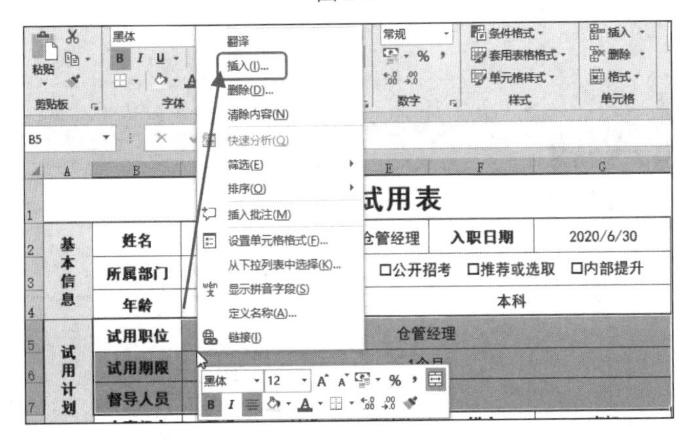

图 2-3

❸ 执行命令后，可以看到在原选中行的上方插入了 3 行（之前选中了 3 行），如图 2-4 所示。

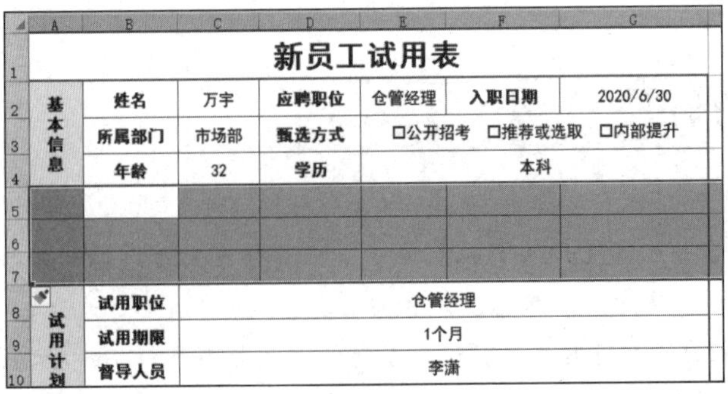

新员工试用表						
基本信息	姓名	万宇	应聘职位	仓管经理	入职日期	2020/6/30
	所属部门	市场部	甄选方式	□公开招考 □推荐或选取 □内部提升		
	年龄	32	学历	本科		
试用计划	试用职位	仓管经理				
	试用期限	1个月				
	督导人员	李潇				

图 2-4

提示注意

在插入行时，选中目标行中的任意单元格，执行“插入工作表行”命令时都可得到相同的结果，如本例可选中原第 3 行中的任意单元格；在插入列时，选中目标列中的任意单元格，执行“插入工作表列”命令时即可得到相同的结果。

2.1.2 插入单列或多列

如果想一次性插入单列或多列，其操作方法与插入单行或多行相似，只是在插入前要选择多行或多列，例如想一次性插入 3 行，那么则需要先选取 3 行，再执行插入操作。

如果要插入列，例如选中 B3 单元格，单击“开始”→“单元格”选项组中的“插入”向下箭头，在展开的下拉菜单中单击“插入工作表列”命令（见图 2-5），即可在选中单元格的前面插入一整列，如图 2-6 所示 B 列为新插入的列。

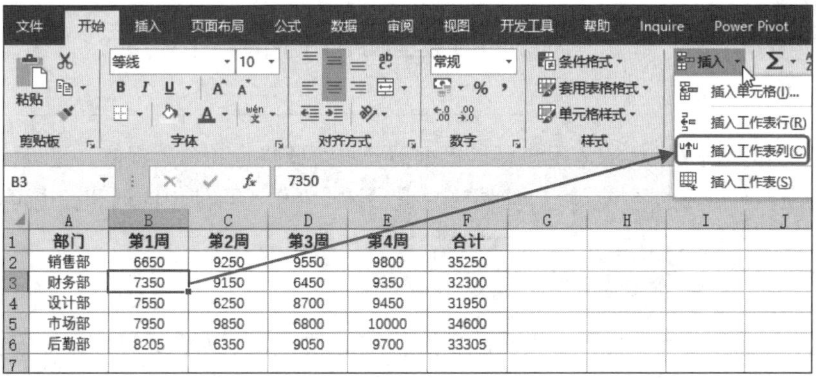

	A	B	C	D	E	F	G	H	I	J
1	部门	第1周	第2周	第3周	第4周	合计				
2	销售部	6650	9250	9550	9800	35250				
3	财务部	7350	9150	6450	9350	32300				
4	设计部	7550	6250	8700	9450	31950				
5	市场部	7950	9850	6800	10000	34600				
6	后勤部	8205	6350	9050	9700	33305				
7										

图 2-5

	A	B	C	D	E
1	部门		第1周	第2周	第3周
2	销售部		6650	9250	9550
3	财务部		7350	9150	6450
4	设计部		7550	6250	8700
5	市场部		7950	9850	6800
6	后勤部		8205	6350	9050
7					

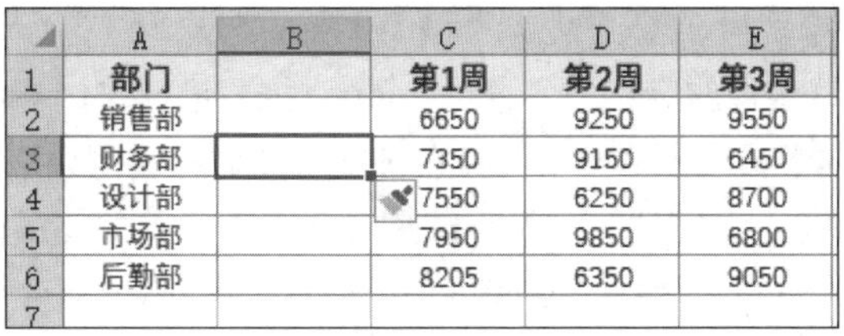

图 2-6

提示注意

要一次性插入多列，可以将鼠标指针指向列标，按住鼠标左键不放并拖动，即可选中连续的几列，然后右击，在弹出的快捷菜单中执行“插入”命令即可。

另外，在快捷菜单中除了“插入”命令外，还有“删除”命令，显然这是为删除行列而设计的。只要准确选中目标行或目标列，执行“删除”命令即可进行删除行或列的操作。

知识扩展

选中行标或列标快速插入行列

在插入行或列时，可以先选中目标行标或列标，通过快捷菜单中的命令快速插入。

例中在 C 列的列标上右击，在弹出的快捷菜单中单击“插入”命令即可达到同样的目的，如图 2-7 所示。

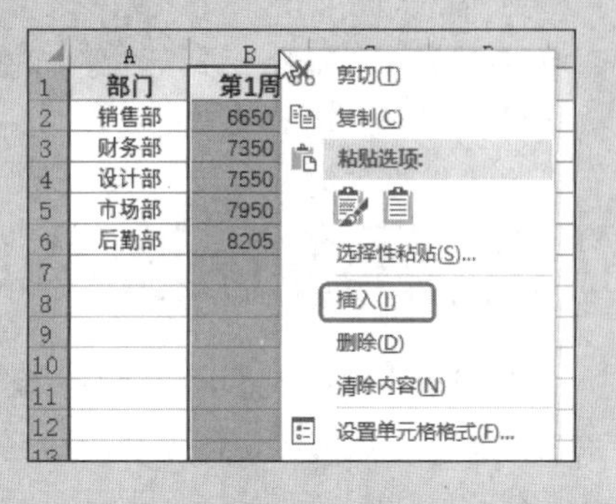

图 2-7

2.2 调整表格行高与列宽

表格的行高和列宽是默认的，用户可以根据需要重新调整行高和列宽值，也可以设置让行高和列宽自动适应单元格内的数据长度自动调整大小。另外，对于不再使用的列和行也可以直接删除。

2.2.1 拖动鼠标直接调整

如果表格内输入的文本不能完整显示，或者达不到预期的设计效果，可以直接手动调整行高和列宽。

1. 调整单行、单列

首先将光标移到需要调整行的行标上（见图 2-8），按住鼠标左键不放并使鼠标变成双向箭头形状，此时拖动鼠标左键向下移动，再释放鼠标左键即可完成行高的调整。如果要调整列宽，可以将光标移到需要调整列的列标上（见图 2-9），按住鼠标左键不放并使鼠标变成双向箭头形状，然后拖动鼠标左键向右移动，再释放鼠标左键即可完成列宽的调整。

图 2-8

图 2-9

2. 一次性调整多行、多列

如果要调整多行行高，按住 Ctrl 键依次选中多行（见图 2-10），按住鼠标左键不放并使鼠标变成双向箭头形状（可以看到上方显示的尺寸），然后拖动鼠标左键向下移动，再释放鼠标左键即可完成多行的调整。

同样的方法按住 Ctrl 键依次选中多列（见图 2-11），按住鼠标左键不放并使用鼠标变成双向箭头形状，然后拖动鼠标左键向右移动（可以看到上方显示的尺寸），再释放鼠标左键即可完成多列的调整。

图 2-10

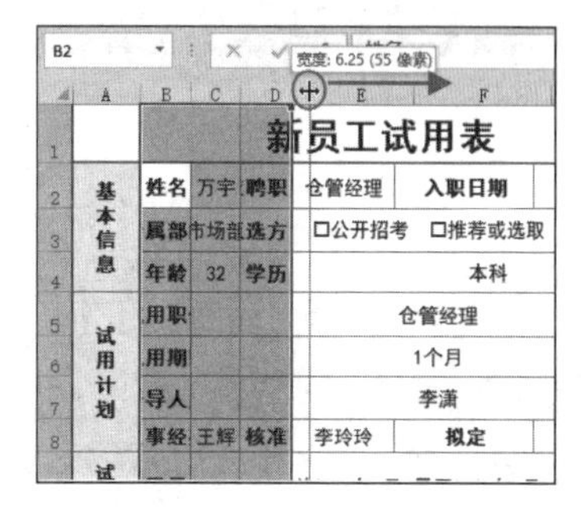

图 2-11

2.2.2 让行高、列宽与数据高度和长度自动调整

如果希望表格的行高和列宽能够自动根据输入的文本的长度自动调整，可以直接使用“自动调整行高”和“自动调整列宽”命令。

打开工作表，选中需要自动调整单元格行高的单元格区域，单击“开始”→“单元格”选项组中的“格式”向下箭头，在展开的下拉菜单中依次选择“自动调整行高”命令，即可自动调整行高以显示完整内容。选中需要自动调整单元格列宽的单元格区域，单击“开始”→“单元格”选项组中的“格式”向下箭头，在展开的下拉菜单中依次选择“自动调整列宽”命令，如图 2-12 所示，即可自动调整列宽以显示完整内容。

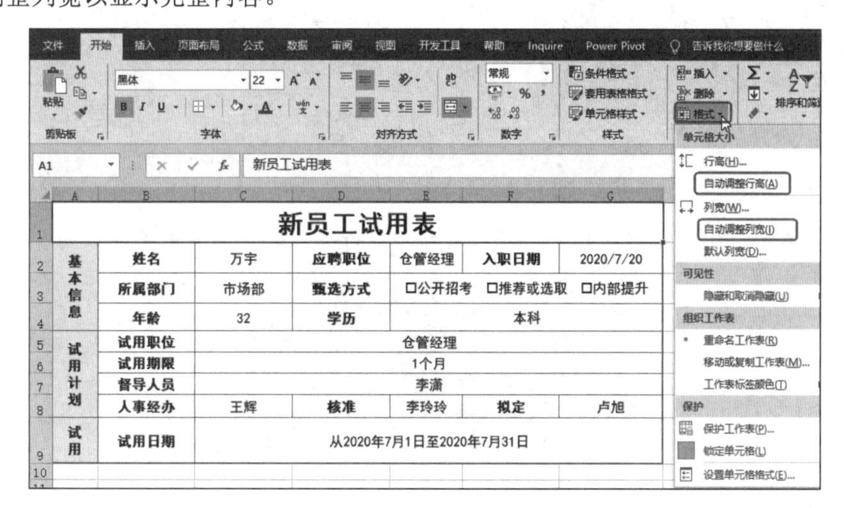

图 2-12

2.2.3 精确指定行高、列宽

使用“行高”和“列宽”对话框可以精确调整表格的行高和列宽，让表格显示更加规范美观，同时也可以让数据长度和单元格尺寸更合适。

❶ 打开工作表，选中单元格区域，单击“开始”→“单元格”选项组中的“格式”向下箭头，在展开的下拉菜单中选择“行高”命令（见图 2-13），弹出“行高”对话框。

❷ 在行高文本框中输入“16”，如图 2-14 所示。单击“确定”按钮即可更改行高值。

图 2-13　　　　图 2-14

❸ 继续单击“开始”→“单元格”选项组中的“格式”下拉按钮，在展开的下拉菜单中选择“列宽”命令（见图 2-15），弹出“列宽”对话框。

❹ 在列宽文本框中输入“6”，如图 2-16 所示。

图 2-15　　　　图 2-16

❺ 单击“确定”按钮返回工作表，可以看到指定行高、列宽后的效果，如图 2-17 所示。

部门	第1周	第2周	第3周	第4周	合计
销售部	6650	9250	9550	9800	35250
财务部	7350	9150	6450	9350	32300
设计部	7550	6250	8700	9450	31950
市场部	7950	9850	6800	10000	34600
后勤部	8205	6350	9050	9700	33305

图 2-17

2.2.4 删除单行或单列

删除单行或单列的方法非常简单，只需要使用快捷菜单中的“删除”命令即可。

如果要删除单行，可以直接右击行号（如 6），单击快捷菜单中的“删除”命令即可，如图 2-18 所示。选中要删除的列（如 F 列），那么直接在列标上右击，在弹出的快捷菜单中单击“删除”命令即可，如图 2-19 所示。

图 2-18

图 2-19

知识扩展

删除多行或多列

如果要删除多行或多列，可以按住 Ctrl 键依次选中多行行号或多列列标并右击，在弹出的快捷菜单中选择“删除”命令即可快速删除。

2.2.5 一次性删除不连续的空行

如果要删除的空行数量不多，可以配合 Ctrl 键选中这些多行或多列，再使用快捷菜单中的“删除”命令即可。如果要删除的不连续空行非常多，会影响我们使用公式、筛选、排序、数据透视表等功能对数据进行分析，可以使用下面的操作方法快速删除。

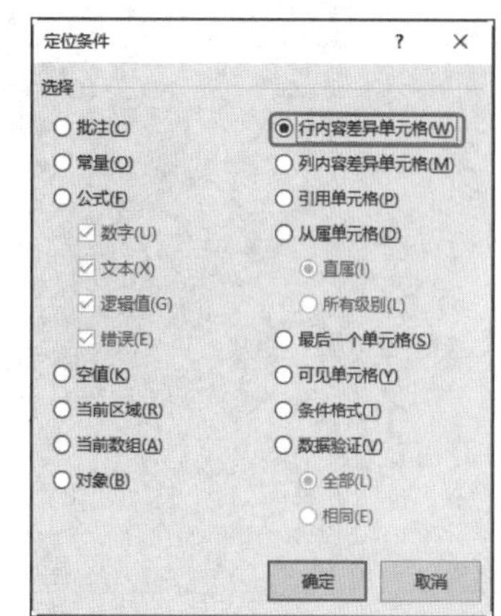

图 2-20

❶ 选中所有数据单元格区域，按 Ctrl+G 组合键，打开“定位条件”对话框。在该对话框中，单击“行内容差异单元格”单选按钮，如图 2-20 所示。

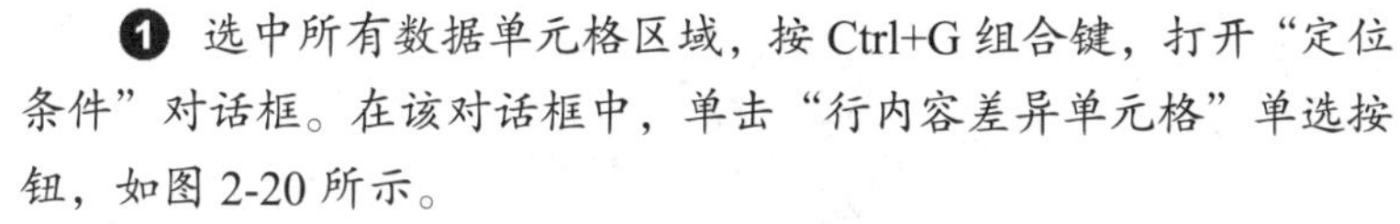

❷ 单击“确定”按钮，即可选定所有非空行，切换至“开始”→“单元格”选项组中的“格式”向下箭头，在展开的下拉菜单中依次单击“隐藏和取消隐藏”→“隐藏行”命令（见图 2-21），将所有非空数据行隐藏，如图 2-22 所示。

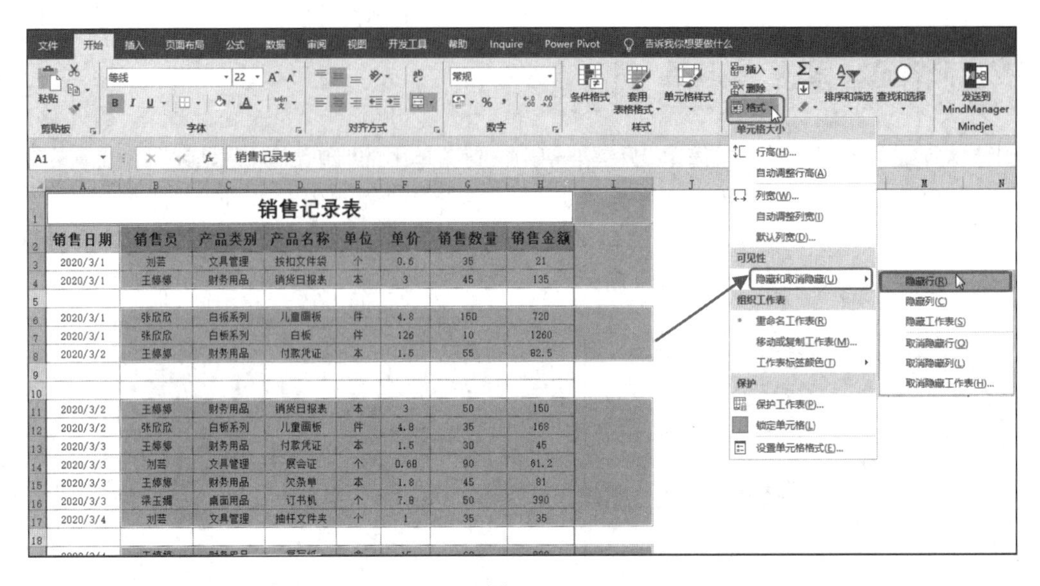

图 2-21

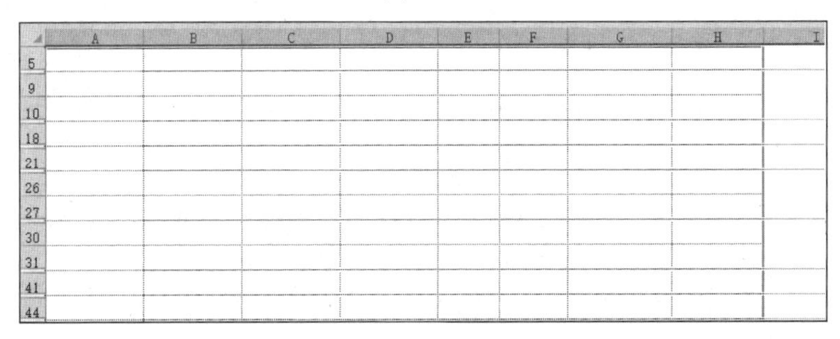

图 2-22

❸ 选中未隐藏单元格区域，打开“定位条件”对话框，单击“可见单元格”单选按钮（见图 2-23），单击“确定”按钮，然后在列标上右击，在弹出的快捷菜单中单击“删除”命令（见图 2-24），打开“删除”对话框。

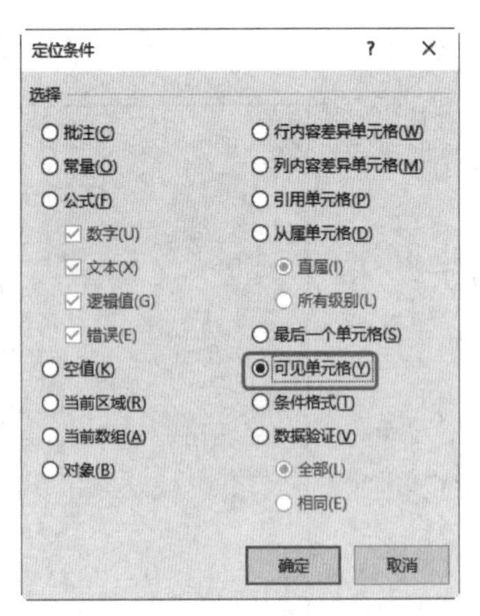

图 2-23

图 2-24

❹ 在该对话框中单击“整行”单选按钮（见图2-25），单击“确定”按钮即可删除所有空行。继续选中被隐藏的所有行并右击，在弹出的快捷菜单中单击“取消隐藏”命令，如图2-26所示。

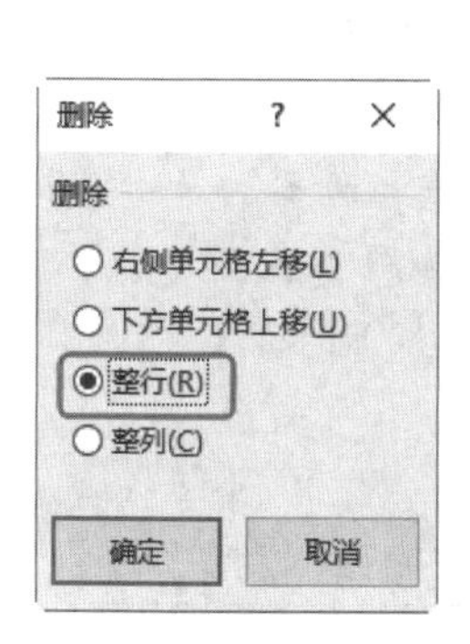

图 2-25

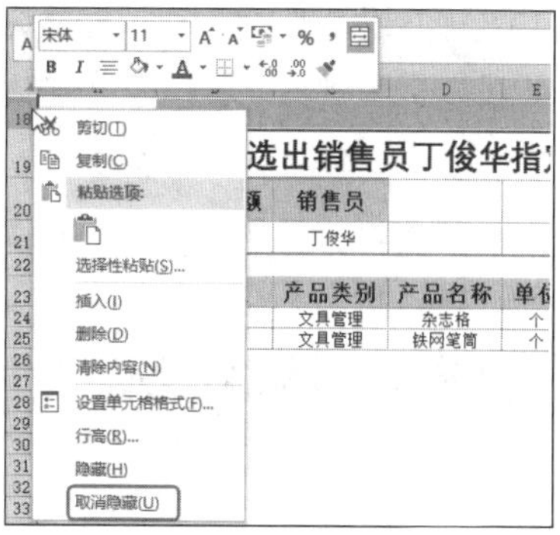

图 2-26

❺ 返回工作表中，即可看到所有不连续空行的表格已被删除了，如图2-27所示。

销售记录表

销售日期	销售员	产品类别	产品名称	单位	单价	销售数量	销售金额
2020/3/1	刘芸	文具管理	按扣文件袋	个	0.6	35	21
2020/3/1	王婷婷	财务用品	销货日报表	本	3	45	135
2020/3/24	廖笑	纸张制品	软面抄	本	3	45	135
2020/3/24	吴莉莉	财务用品	请假条	本	2.2	70	154
2020/3/24	陆羽	书写工具	中性笔	只	3.5	70	245
2020/3/25	陆羽	书写工具	记号笔	个	0.8	25	20
2020/3/25	丁俊华	文具管理	杂志格	个	8.88	60	532.8
2020/3/26	陆羽	书写工具	橡皮	个	1	15	15
2020/3/26	吴莉莉	财务用品	付款凭证	本	1.5	45	67.5
2020/3/26	陆羽	书写工具	削笔器	个	20	60	1200
2020/3/27	廖笑	纸张制品	华丽活页芯	本	7	40	280
2020/3/27	刘军	白板系列	优质白板	件	268	15	4020
2020/3/28	丁俊华	文具管理	展会证	个	0.68	30	20.4
2020/3/28	张华	桌面用品	订书机	个	7.8	8	62.4
2020/3/28	吴莉莉	财务用品	账本	本	8.8	80	704

图 2-27

知识扩展

列内容差异单元格

如果要删除不连续的空列，可以在“定位条件”对话框中单击“列内容差异单元格”单选按钮，再依次执行上面相同的操作即可。

2.3 设置字体格式

表格中的文本一般包括标题、行列标识，以及数字和表格内部的文本，默认的表格字体大小为“11”号、字体颜色为“黑色”，为了让表格中的文本看起来更加美观协调，可以加大、加粗标题的字号，或者将字体颜色设置为彩色，以便和表格其他部分的文本有所区分。

2.3.1 设置字号

本例中为了区分标题文字和单元格内容，可以将这部分文字字号加大、设置加粗字形，也可以更改颜色或者换成其他特殊字体格式。

❶ 打开工作表并选中需要更改字号的单元格，即 A1，单击“开始”→“字体”选项组中的“字号”按钮右侧的向下箭头，在展开的下拉列表选择“22”，如图 2-28 所示。

❷ 单击后即可直接更改单元格内文字的字号，效果如图 2-29 所示。

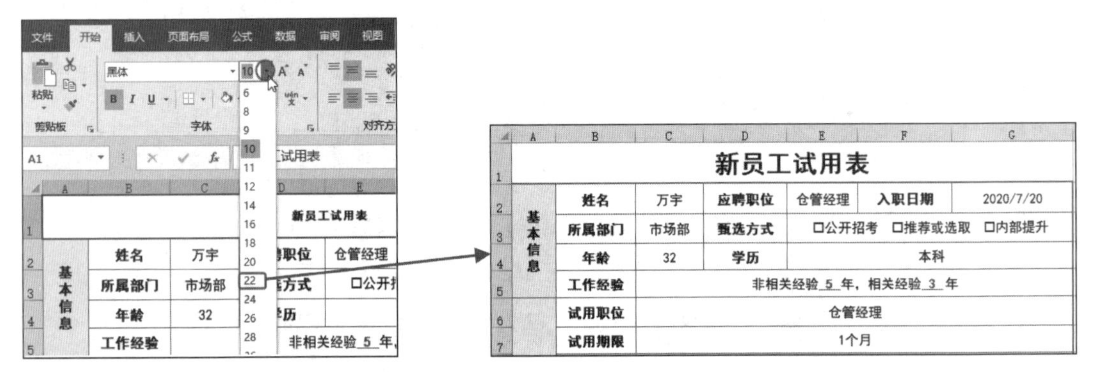

图 2-28　　　　　　　　　　　　图 2-29

❸ 选中需要加粗的单元格，然后单击“开始”→“字体”选项组中的“加粗”按钮。

❹ 选中需要设置字体颜色的单元格，然后单击“开始”→“字体”选项组中的“字体颜色”按钮右侧的向下箭头，在展开的下拉列表中选择字体颜色即可。

2.3.2 自定义特大字号

除了在字号列表中选择内置的字体大小，还可以根据特殊需要（比如设计大字海报）直接修改文字字号至特大字号格式。

打开工作表选中需要更改字号的单元格，即 A1，单击“开始”→“字体”选项组中的“字号”文本框，直接输入“200”按 Enter 键即可，如图 2-30 所示。

图 2-30

2.3.3 增大、减小字号

“字体”组中可以通过单击“增大字号”和“减小字号”按钮，直接修改文字的大小。

打开工作表，选中需要修改字体大小的单元格，单击“开始”→“字体”选项组中的“增大字号”按钮，即可逐步加大字号；单击“减小字号”按钮，即可逐步减小字号，如图 2-31 所示。

图 2-31

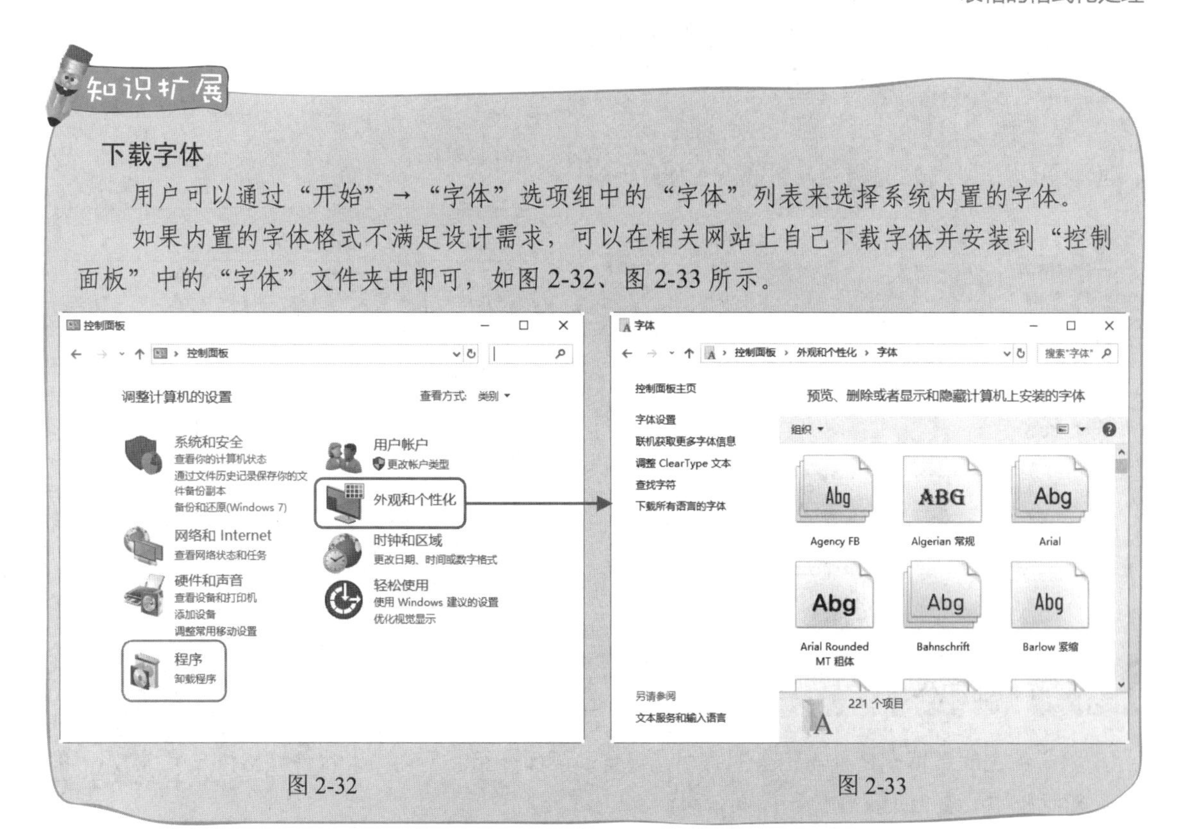

下载字体

用户可以通过“开始”→“字体”选项组中的“字体”列表来选择系统内置的字体。

如果内置的字体格式不满足设计需求，可以在相关网站上自己下载字体并安装到“控制面板”中的“字体”文件夹中即可，如图 2-32、图 2-33 所示。

图 2-32　　图 2-33

2.4 填充单元格底纹颜色

为表格设置底纹的目的主要是为了突出数据可以让表格内容更有层次感，方便读者快速看到自己想要的内容，另一个目的是为了对单调的表格进行美化。我们在为表格设计底纹时，需要设计出来的表格底纹美观大方而且实用，所以不建议使用过多的颜色和过于绚丽的底纹效果。

2.4.1 添加纯色底纹

为了突出表格中的行、列标题，或者突出某些数据，可以为这些单元格设置纯色底纹填充。

❶ 打开工作表后按住 Ctrl 键依次选中单元格区域，单击“开始”→“字体”选项组中的“填充颜色”按钮右侧的向下箭头，在展开的下拉菜单中选择 “白色，背景 1，深色 15%”，如图 2-34 所示。

❷ 单击后，即可为选中的单元格区域填充为指定颜色，效果如图 2-35 所示。

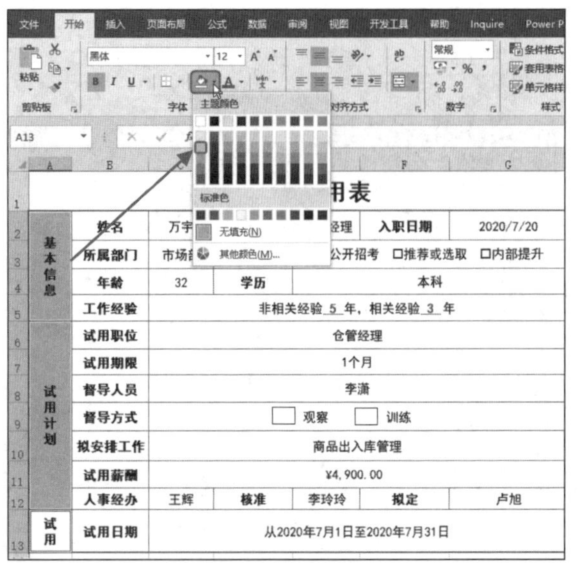

图 2-34

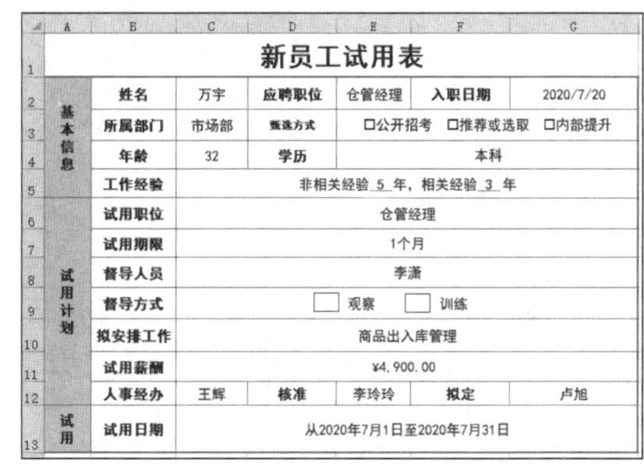

图 2-35

2.4.2 自定义底纹

除了纯色底纹填充之外，还有图案填充设置，下面介绍如何在“设置单元格格式”对话框中设置自定义颜色和图案效果。

❶ 打开工作表后按住 Ctrl 键依次选中单元格区域并右击，在弹出的快捷菜单中单击“设置单元格格式”命令（见图 2-36），打开“设置单元格格式”对话框的“填充”选项卡。

❷ 设置图案颜色为“茶色、背景 2，深色 25%”，再设置图案样式为“细，逆对角线，条纹”，如图 2-37 所示。

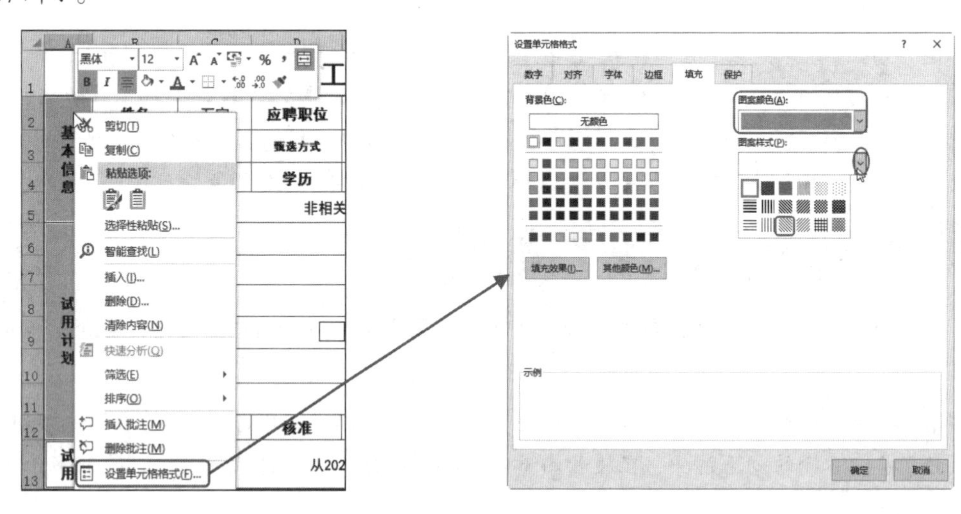

图 2-36　　图 2-37

❸ 单击“确定”按钮返回工作表，此时可以看到单元格区域显示为指定图案底纹填充效果，如图 2-38 所示。

	新员工试用表					
基本信息	姓名	万宇	应聘职位	仓管经理	入职日期	2020/7/20
	所属部门	市场部	甄选方式	□公开招考	□推荐或选取	□内部提升
	年龄	32	学历	本科		
	工作经验	非相关经验 5 年，相关经验 3 年				
试用计划	试用职位	仓管经理				
	试用期限	1个月				
	督导人员	李潇				
	督导方式	□ 观察 □ 训练				
	拟安排工作	商品出入库管理				
	试用薪酬	¥4,900.00				
	人事经办	王辉	核准	李玲玲	拟定	卢旭
试用	试用日期	从2020年7月1日至2020年7月31日				

图 2-38

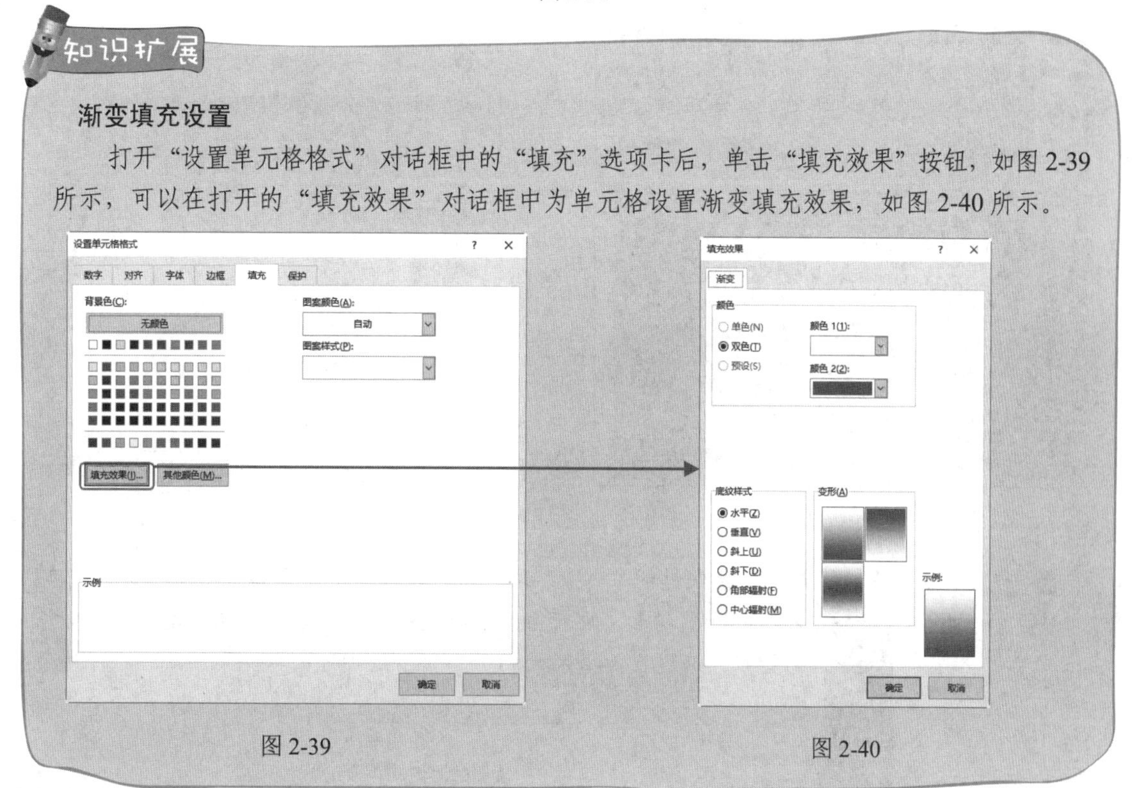

渐变填充设置

打开“设置单元格格式”对话框中的“填充”选项卡后，单击“填充效果”按钮，如图 2-39 所示，可以在打开的“填充效果”对话框中为单元格设置渐变填充效果，如图 2-40 所示。

图 2-39

图 2-40

2.5 添加边框线条

边框是组成单元格的四条线段，表格的边框分为外边框和内边框，边框线又分为左框线、右框线和上框线、下框线。根据不同的表格设计需求，可以任意隐藏和显示某一个边框线条，比如只显示所有横向框线或者只显示所有竖向框线。而边框的设计方法多种多样，比如将外部边框设置为粗线条或者双线效果，将内部边框线条设置为磅值更小的单层效果。为表格设置边框线后可以在打印时将表格框线打印出来，让数据呈现的更清晰。

2.5.1 添加简单边框线条

表格中默认的横向和竖向线条只是为了辅助输入数据，是无法被打印出来的，需要为表格设置边框线才能打印出来。下面介绍简单边框线条的添加技巧。

❶ 打开工作表选中所有单元格区域（除标题行之外）右击，在弹出的快捷菜单中单击“设置单元格格式”命令，如图 2-41 所示，打开“设置单元格格式”对话框。

❷ 单击“边框”选项卡并设置线型以及颜色，单击“预置”栏下的“外边框”和“内部”按钮，如图 2-42 所示。

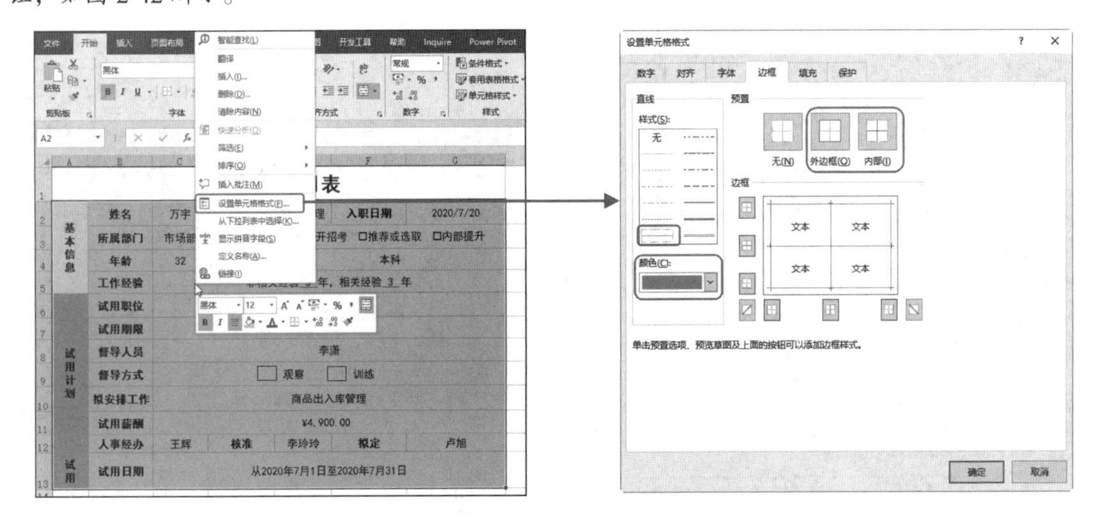

图 2-41　　　　　　　　图 2-42

❸ 设置完成后单击“确定”按钮返回工作表，即可看到表格添加指定格式的边框效果。单击“文件”→“打印”命令进入打印预览界面，即可看到边框线的打印效果，如图 2-43 所示。

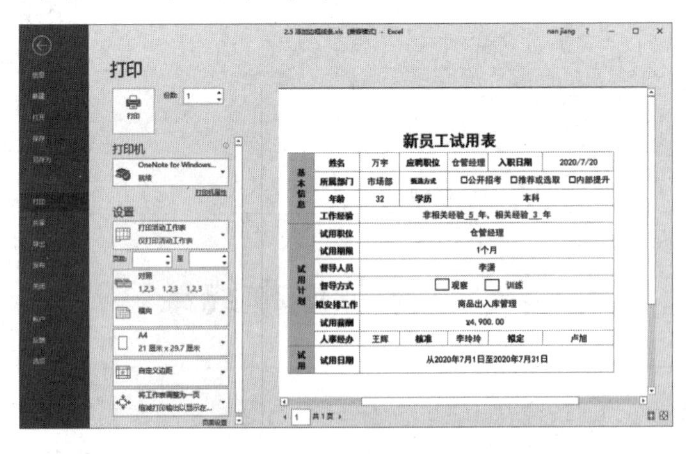

图 2-43

知识扩展

取消边框线效果

如果要清除设置好的边框线，可以选择单元格区域后，在“设置单元格格式”对话框的“边框”选项卡的“预置”栏下单击“无”按钮即可。另外，也可以在“边框”下拉列表中直接单击“无框线”即可，如图 2-44 所示。

图 2-44

2.5.2 添加复杂边框线条

本例中需要单独为表格的外部边框和内部边框设置不同的边框线条格式，比如要为外部边框设置粗线条，内部边框设置虚线细边框效果。

❶ 打开工作表选中所有单元格区域（除标题行之外）并右击，在弹出的快捷菜单中单击“设置单元格格式”命令，打开“设置单元格格式”对话框。

❷ 单击“边框”选项卡，设置粗线模式以及颜色，再单击“预置”栏下的“外边框”按钮，如图 2-45 所示。

❸ 继续设置虚线样式以及颜色，再单击“预置”栏下的“内部”按钮，如图 2-46 所示。

❹ 设置完成后单击“确定”按钮返回工作表，即可看到表格添加指定格式的内部和外部边框的效果，如图 2-47 所示。

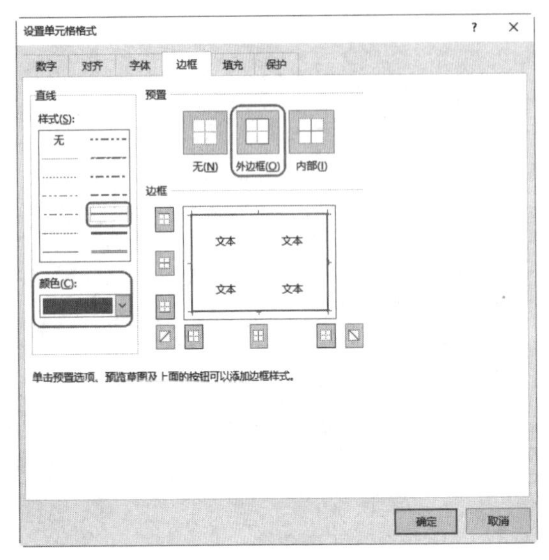

图 2-45

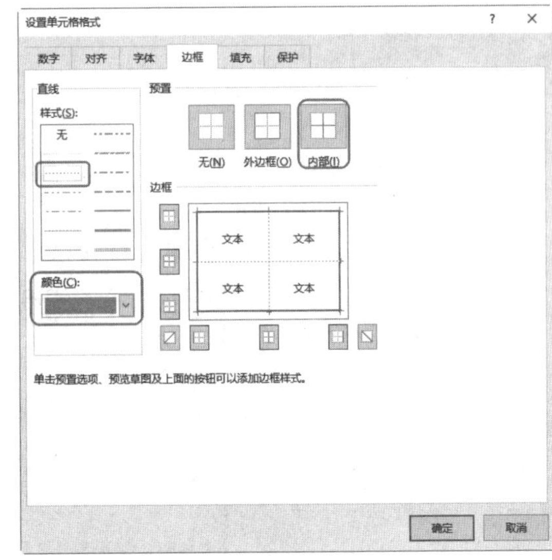

图 2-46

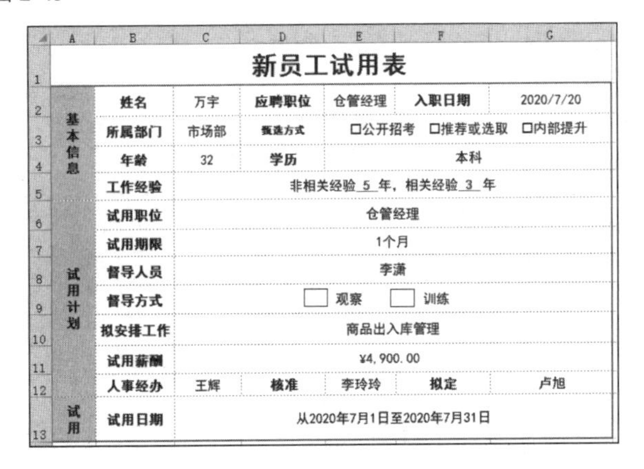

新员工试用表						
基本信息	姓名	万宇	应聘职位	仓管经理	入职日期	2020/7/20
	所属部门	市场部	甄选方式	□公开招考 □推荐或选取 □内部提升		
	年龄	32	学历	本科		
	工作经验	非相关经验 5 年，相关经验 3 年				
试用计划	试用职位	仓管经理				
	试用期限	1个月				
	督导人员	李潇				
	督导方式	□观察 □训练				
	拟安排工作	商品出入库管理				
	试用薪酬	¥4,900.00				
	人事经办	王辉	核准	李玲玲	拟定	卢旭
试用	试用日期	从2020年7月1日至2020年7月31日				

图 2-47

2.6 添加下划线

为了突出表格标题，可以为标题文本设置单下划线或者双下划线效果。

2.6.1 添加单下划线

单下划线可以起到美化表格标题的效果，用户可以使用“下划线”功能来设置。

❶ 打开工作表选中要添加下划线的单元格，即 A1，单击“开始”→“字体”选项组中的“下划线”按钮右侧的向下箭头，在下拉列表中单击“下划线”命令，如图 2-48 所示。

❷ 单击后，即可看到标题文本添加了下划线效果，如图 2-49 所示。

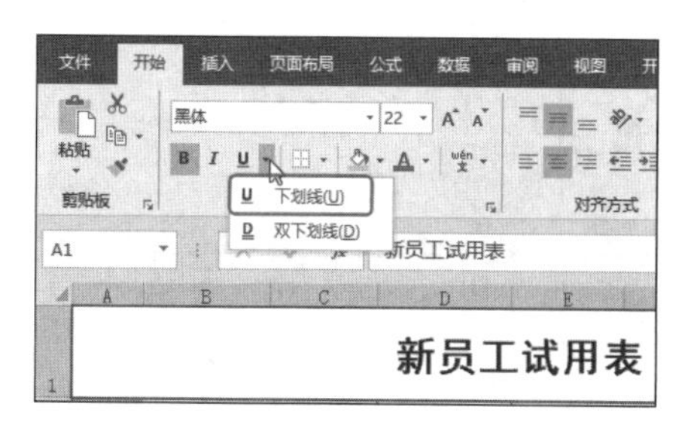

图 2-48

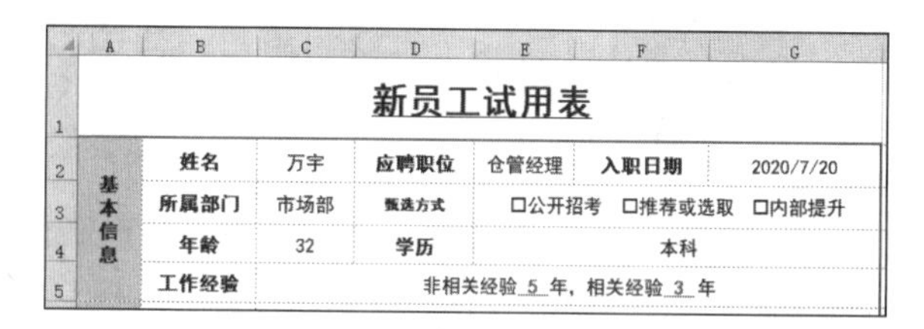

	A	B	C	D	E	F	G
1	新员工试用表						
2	基本信息	姓名	万宇	应聘职位	仓管经理	入职日期	2020/7/20
3		所属部门	市场部	甄选方式	□公开招考	□推荐或选取	□内部提升
4		年龄	32	学历	本科		
5		工作经验	非相关经验 5 年，相关经验 3 年				

图 2-49

2.6.2 添加双下划线

双下划线效果有“双下划线”和“会计用双下划线”两种形式，下面介绍“会计用双下划线”效果的设置。

❶ 打开工作表选中要添加下划线的单元格，即A1，单击“开始”→“字体”选项组中的“字体格式”按钮（见图2-50），打开“设置单元格格式”对话框。

❷ 单击“下划线”下拉按钮，在下拉列表中单击“会计用双下划线”选项，如图2-51所示。

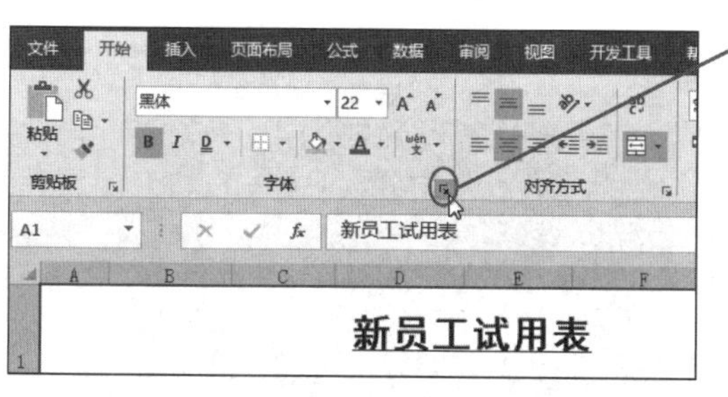

图 2-50

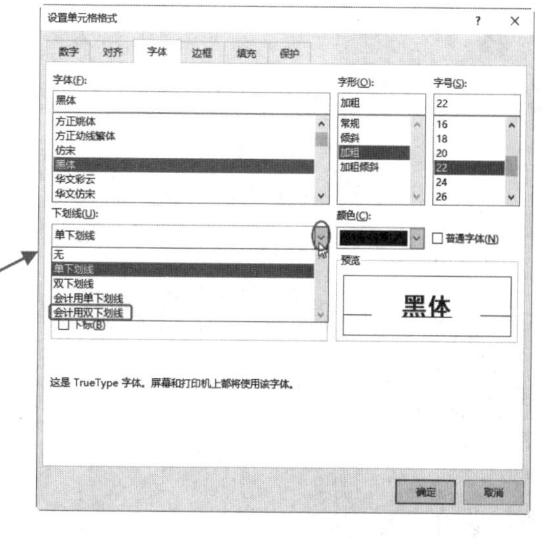

图 2-51

❸ 设置完成后单击“确定”按钮返回工作表，即可看到添加双下划线的标题效果，如图2-52所示。

	A	B	C	D	E	F	G
1	新员工试用表						
2	基本信息	姓名	万宇	应聘职位	仓管经理	入职日期	2020/7/20
3		所属部门	市场部	甄选方式	□公开招考	□推荐或选取	□内部提升
4		年龄	32	学历	本科		
5		工作经验	非相关经验 5 年，相关经验 3 年				
6		试用职位	仓管经理				
7		试用期限	1个月				

图 2-52

2.7 设置对齐方式

一般在表格中输入文本之后，都会将文本统一设置为单元格内居中对齐显示，如果有特殊需求，可以将文本设置为其他对齐方式。在单元格输入文本后，默认文本为“左对齐”方式；数字为“右对齐”方式，为了让表格看起来更加美观，让所有文本显示更加规范，可以重新调整任意单元格内的文本对齐方式。文本对齐方式有“左对齐”“右对齐”“居中”“垂直居中”“顶端对齐”“底端对齐”等几种。

2.7.1 设置单元格数据水平居中对齐

在表格中输入文本之后，下面需要将所有文本设置为水平居中对齐方式。

❶ 打开工作表并选中所有单元格区域，单击“开始”→“对齐方式”选项组中的“垂直居中”和“居中”按钮，如图 2-53 所示。

❷ 单击后返回工作表，可以看到所有文本水平居中对齐的效果，如图 2-54 所示。

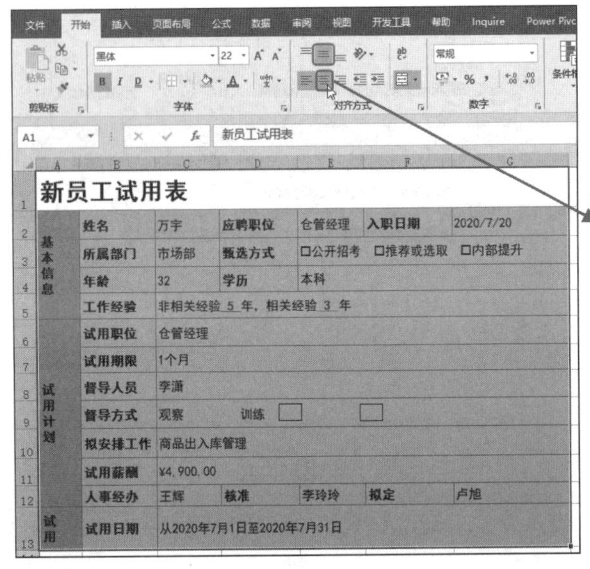

图 2-53

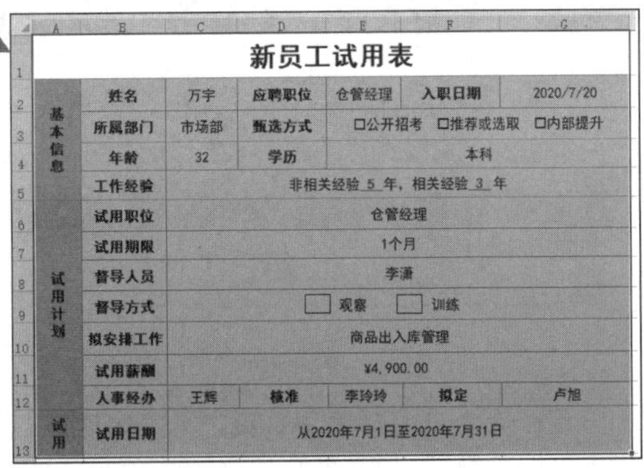

图 2-54

2.7.2 设置单元格数据分散对齐

为了让数据在单元格中左右两边分散对齐，可以按照下述步骤进行设置：

❶ 打开工作表并选中 A1 单元格，单击“开始”→“对齐方式”选项组中的“对齐设置”按钮，如图 2-55 所示，打开“设置单元格格式”对话框。

❷ 在该对话框中的“对齐”选项卡的“文本对齐方式”栏下设置水平对齐和垂直对齐方式为“分散对齐”，如图 2-56 所示。

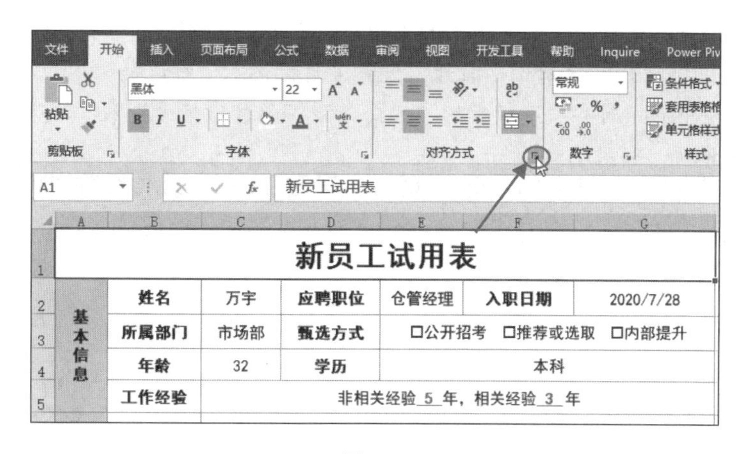

图 2-55

❸ 设置完成后单击“确定”按钮返回工作表，即可看到标题显示为分散对齐的效果，如图 2-57 所示。

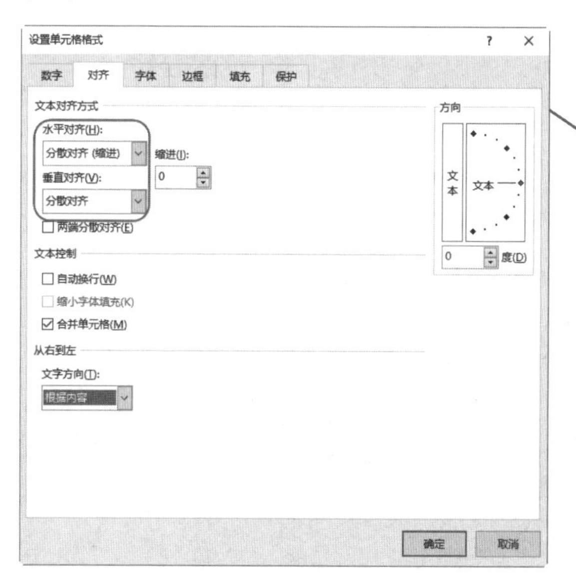

图 2-56

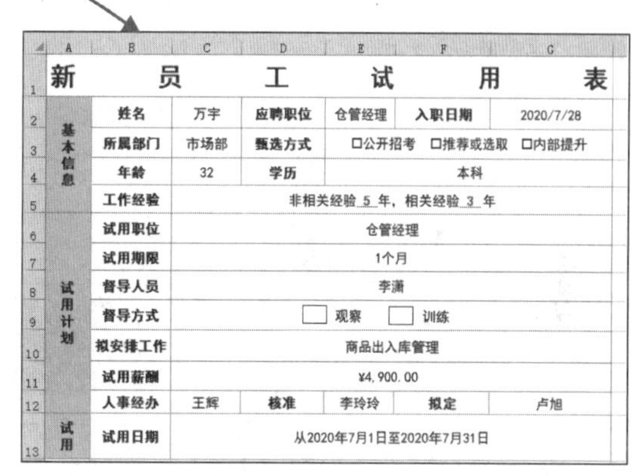

图 2-57

2.8 设置数据的显示方向

表格中输入的数据默认是横向显示的，用户可以根据表格设计需求来更改文本的显示方向为自定义旋转文字角度或竖排。

2.8.1 自定义旋转文字角度

在“设置单元格格式”对话框中，可以手动调整或精确调整文字的旋转角度。

❶ 打开工作表并选中要更改显示方向的单元格，单击“开始”→“对齐方式”选项组右下角的“对齐设置”按钮，如图 2-58 所示，打开“设置单元格格式”对话框。

❷ 在该对话框中的“对齐”选项卡的“方向”栏下的数值框中输入“-45”度，或者直接手动调整上方的角度按钮，如图 2-59 所示。

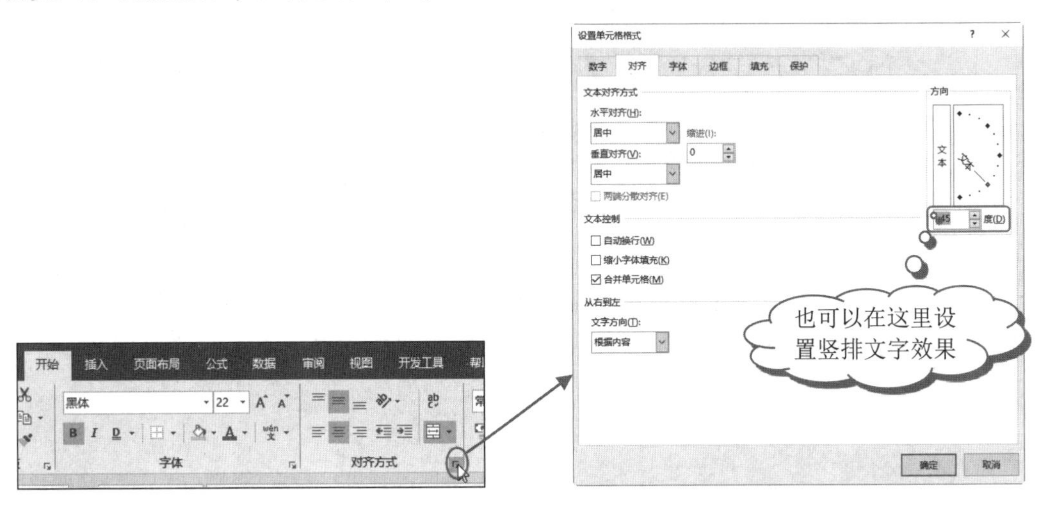

图 2-58　　　　　　　　　　　　图 2-59

❸ 完成设置后单击“确定”按钮返回工作表，可以看到自定义旋转角度后的文本格式效果，如图 2-60 所示。

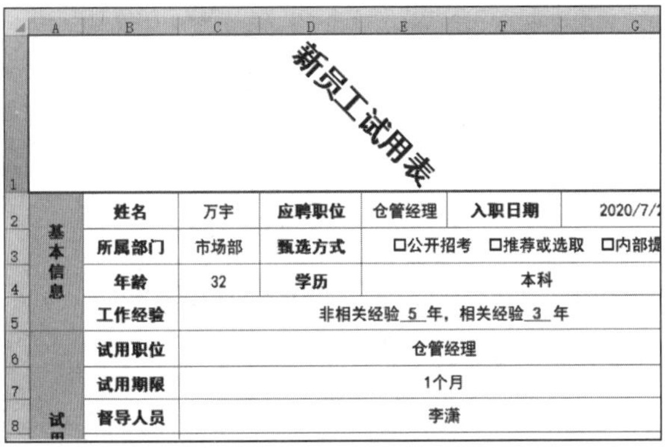

	A	B	C	D	E	F	G
1	新员工试用表						
2	基本信息	姓名	万宇	应聘职位	仓管经理	入职日期	2020/7/
3		所属部门	市场部	甄选方式	□公开招考	□推荐或选取	□内部提
4		年龄	32	学历	本科		
5		工作经验	非相关经验 5 年，相关经验 3 年				
6		试用职位	仓管经理				
7		试用期限	1个月				
8	试	督导人员	李潇				

图 2-60

2.8.2 竖排文字

默认的数据排列方式为“横向”，本例中需要为指定行标题单元格中的文本更改为“竖排”显示方式，既可以在选项组中设置也可以在“设置单元格格式”对话框中设置。

❶ 打开工作表并选中需要竖排的单元格区域，单击“开始”→“对齐方式”选项组中的“方向”按钮，在打开的下拉列表中单击“竖排文字”，如图 2-61 所示。

❷ 单击后返回工作表，即可看到选中单元格中的文本呈竖排显示效果，如图 2-62 所示。

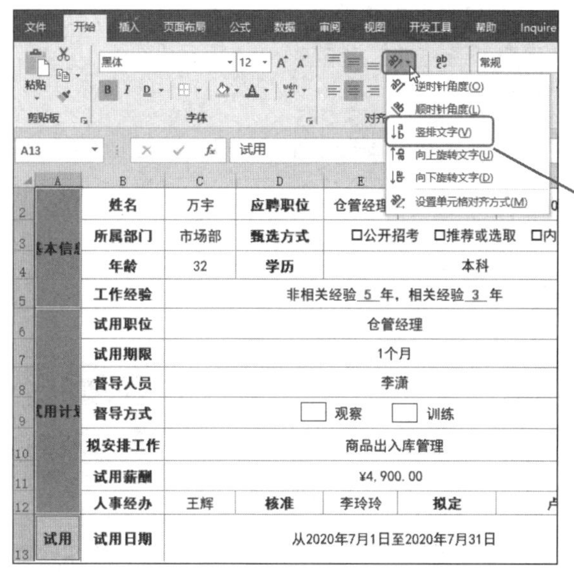

图 2-61

图 2-62

2.9 合并单元格

单元格合并是编辑表格过程中经常用到的一项功能，比如新员工试用表中需要列出试用计划，就需要使用该功能来表达一对多的关系，让表格的逻辑表达更清晰。

2.9.1 合并居中

在创建好表格之后，一般需要将表格标题所在的多个单元格区域合并为一个单元格，可以使用“合并单元格”功能。

❶ 选中要合并居中的单元格区域，单击“开始”→“对齐方式”选项组中“合并后居中”按钮的向下箭头，在打开的下拉列表中单击“合并后居中”命令，如图 2-63 所示。

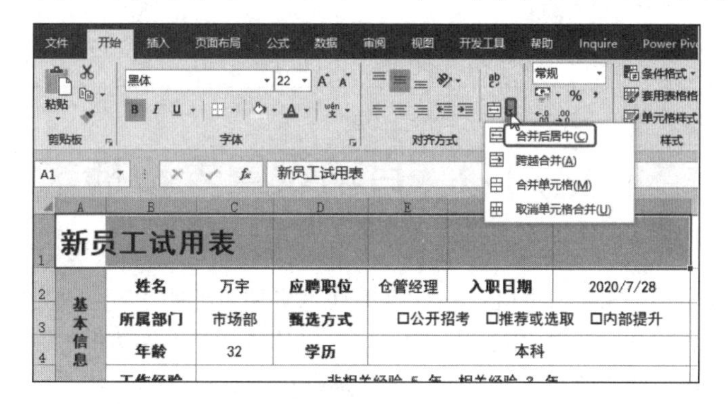

图 2-63

❷ 单击后，即可得到如图 2-64 所示标题文本合并后居中的效果。

新员工试用表						
基本信息	姓名	万宇	应聘职位	仓管经理	入职日期	2020/7/28
	所属部门	市场部	甄选方式	□公开招考 □推荐或选取 □内部提升		
	年龄	32	学历	本科		
	工作经验	非相关经验 5 年，相关经验 3 年				
	试用职位	仓管经理				
	试用期限	1个月				

图 2-64

2.9.2 简单合并

在“员工试用表”中有多处单元格需要合并，可以使用 Ctrl 键依次选中单元格后，再执行合并单元格即可。

❶ 按住 Ctrl 键依次选中要合并居中的单元格区域，单击“开始”→“对齐方式”选项组中“合并后居中”按钮，如图 2-65 所示。

❷ 单击后，即可得到如图 2-66 所示所有不连续单元格区域文本合并后居中的效果。

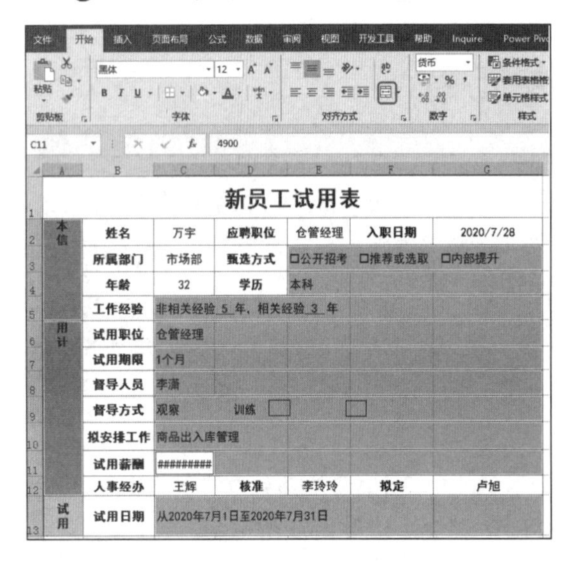

新员工试用表						
本信	姓名	万宇	应聘职位	仓管经理	入职日期	2020/7/28
	所属部门	市场部	甄选方式	□公开招考	□推荐或选取	□内部提升
	年龄	32	学历	本科		
	工作经验	非相关经验 5 年，相关经验 3 年				
用计	试用职位	仓管经理				
	试用期限	1个月				
	督导人员	李潇				
	督导方式	观察	训练 □		□	
	拟安排工作	商品出入库管理				
	试用薪酬	#########				
	人事经办	王辉	核准	李玲玲	拟定	卢旭
试用	试用日期	从2020年7月1日至2020年7月31日				

图 2-65

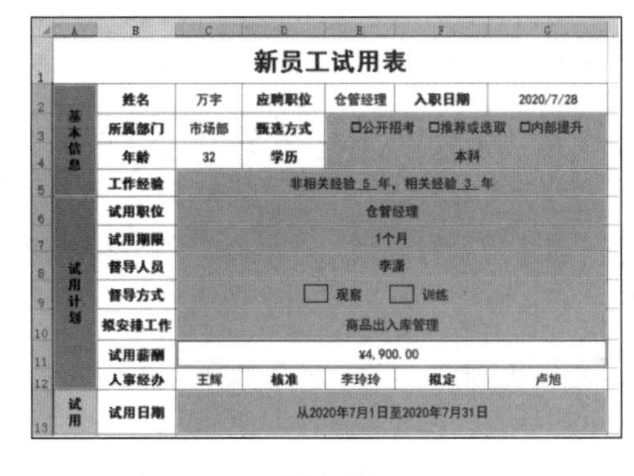

新员工试用表						
基本信息	姓名	万宇	应聘职位	仓管经理	入职日期	2020/7/28
	所属部门	市场部	甄选方式	□公开招考 □推荐或选取 □内部提升		
	年龄	32	学历	本科		
	工作经验	非相关经验 5 年，相关经验 3 年				
试用计划	试用职位	仓管经理				
	试用期限	1个月				
	督导人员	李潇				
	督导方式	□观察 □训练				
	拟安排工作	商品出入库管理				
	试用薪酬	¥4,900.00				
	人事经办	王辉	核准	李玲玲	拟定	卢旭
试用	试用日期	从2020年7月1日至2020年7月31日				

图 2-66

2.10 自动设置表格样式

为了让 Excel 表格美观又实用，让表格数据的展示更加清晰明了，可以为指定单元格区域应用样式，前面介绍了多种美化单元格的技巧，比如修改字体格式、添加边框、设置边框样式以及添加底纹等。如果觉得逐步设置样式很浪费时间，或者想要在后面的表格中都统一应用相同的单元格样式，那么就可以使用 Excel 2019 中的表格样式功能。

2.10.1 套用内置表格样式

本例中需要为表格添加边框线、填充单元格，可以快速套用指定的表格样式。

❶ 打开工作表并选中任意单元格，单击“开始”→“样式”选项组中的“套用表格格式”按钮右侧的向下箭头，在展开的下拉列表中单击“红色，表样式中等深浅 3”（见图 2-67），打开“套用表格式”对话框。

❷ 该对话框中的“默认表数据的来源”保持不变即可，如图 2-68 所示。

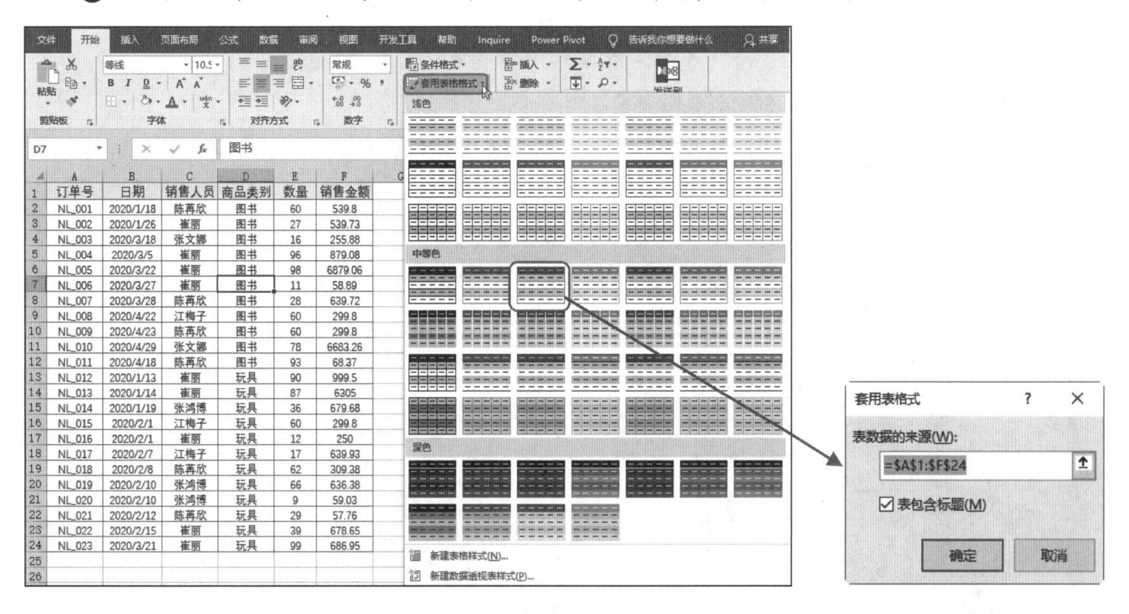

图 2-67

图 2-68

❸ 设置完成后单击“确定”按钮返回表格，即可看到套用了表样式的效果，如图 2-69 所示。

	A	B	C	D	E	F
1	订单号	日期	销售人员	商品类别	数量	销售金额
2	NL_001	2020/1/18	陈苒欣	图书	60	539.8
3	NL_002	2020/1/26	崔丽	图书	27	539.73
4	NL_003	2020/3/18	张文娜	图书	16	255.88
5	NL_004	2020/3/5	崔丽	图书	96	879.08
6	NL_005	2020/3/22	崔丽	图书	98	6879.06
7	NL_006	2020/3/27	崔丽	图书	11	58.89
8	NL_007	2020/3/28	陈苒欣	图书	28	639.72
9	NL_008	2020/4/22	江梅子	图书	60	299.8
10	NL_009	2020/4/23	陈苒欣	图书	60	299.8
11	NL_010	2020/4/29	张文娜	图书	78	6683.26
12	NL_011	2020/4/18	陈苒欣	图书	93	68.37
13	NL_012	2020/1/13	崔丽	玩具	90	999.5
14	NL_013	2020/1/14	崔丽	玩具	87	6305
15	NL_014	2020/1/19	张鸿博	玩具	36	679.68
16	NL_015	2020/2/1	江梅子	玩具	60	299.8
17	NL_016	2020/2/1	崔丽	玩具	12	250
18	NL_017	2020/2/7	江梅子	玩具	17	639.93
19	NL_018	2020/2/8	陈苒欣	玩具	62	309.38
20	NL_019	2020/2/10	张鸿博	玩具	66	636.38
21	NL_020	2020/2/10	张鸿博	玩具	9	59.03
22	NL_021	2020/2/12	陈苒欣	玩具	29	57.76
23	NL_022	2020/2/15	崔丽	玩具	39	678.65
24	NL_023	2020/3/21	崔丽	玩具	99	686.95

图 2-69

提示注意

如果要更改套用的表格样式，可以再次打开“套用表格格式”下拉列表，在列表中直接单击其他表样式即可。

2.10.2 套用自定义表格样式

除了快速套用表格内置样式之外，也可以通过“新建表样式”对话框来自定义表格样式。

❶ 打开工作表并选中任意单元格，单击“开始”→“样式”选项组中的“套用表格格式”按钮右侧的向下箭头，在展开的下拉列表中单击“新建表格样式”命令（见图 2-70），打开“新建表样式”对话框。

❷ 在该对话框中，首先设置表名称，在“表元素”列表框中选择“第一行条纹”并单击“格式”按钮，如图 2-71 所示，打开“设置单元格格式”对话框。

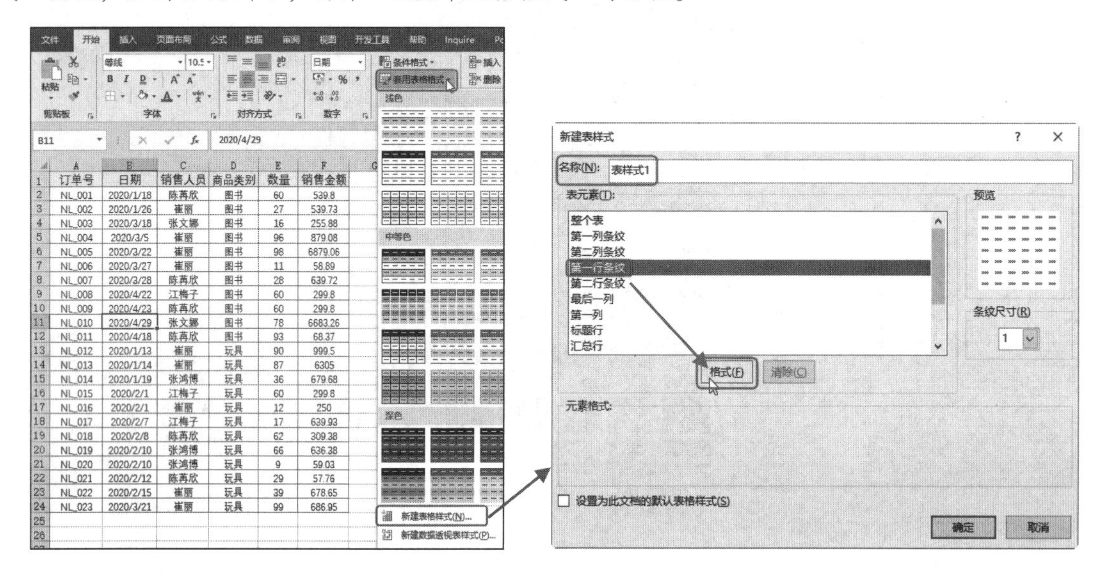

图 2-70　　图 2-71

❸ 在该对话框中设置填充底纹颜色后单击“确定”按钮，如图 2-72 所示，然后返回“新建表样式”对话框。此时可以预览自定义的表样式效果，如图 2-73 所示。

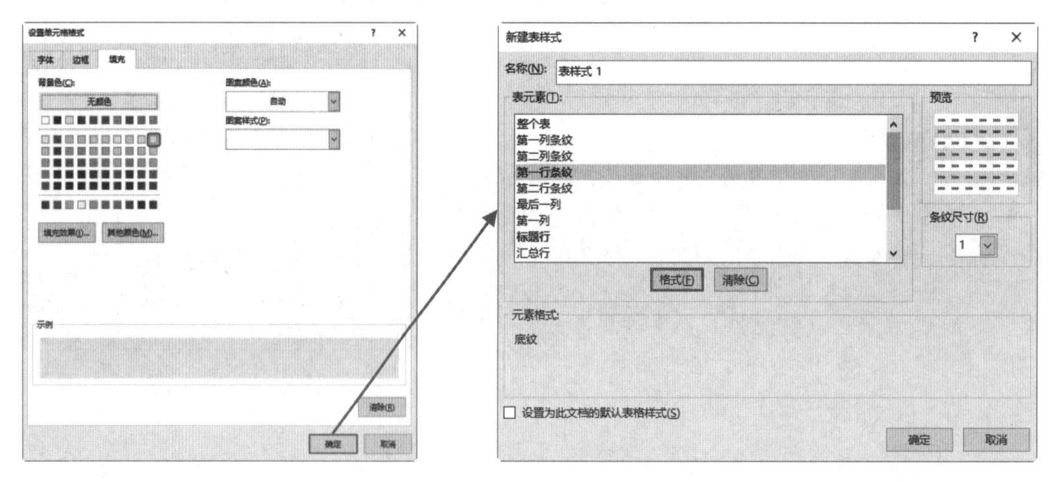

图 2-72　　图 2-73

❹ 单击“确定”按钮返回表格。单击“开始”→“样式”选项组中的“套用表格格式”按钮右侧的向下箭头，在展开的下拉列表中单击“表样式 1”(见图 2-74)，弹出“套用表格式”对话框，在该对话框中的表数据的来源保持不变，如图 2-75 所示。

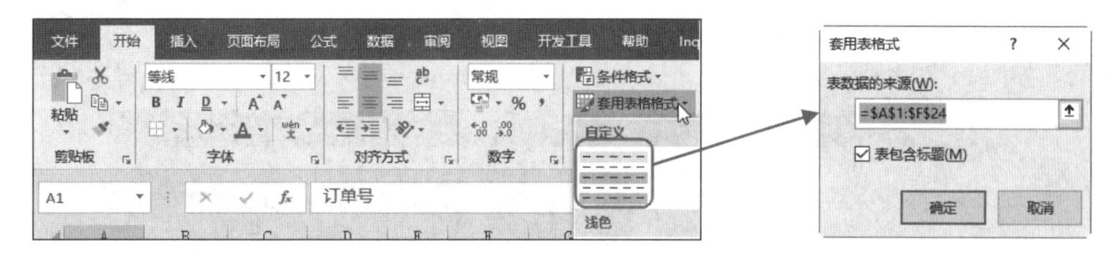

图 2-74　　　　图 2-75

❺ 设置完成后单击“确定”按钮返回表格，即可看到应用样式后的效果，如图 2-76 所示。

	A	B	C	D	E	F
1	订单号	日期	销售人员	商品类别	数量	销售金额
2	NL_001	2020/1/18	陈再欣	图书	60	539.8
3	NL_002	2020/1/26	崔丽	图书	27	539.73
4	NL_003	2020/3/18	张文娜	图书	16	255.88
5	NL_004	2020/3/5	崔丽	图书	96	879.08
6	NL_005	2020/3/22	崔丽	图书	98	6879.06
7	NL_006	2020/3/27	崔丽	图书	11	58.89
8	NL_007	2020/3/28	陈再欣	图书	28	639.72
9	NL_008	2020/4/22	江梅子	图书	60	299.8
10	NL_009	2020/4/23	陈再欣	图书	60	299.8
11	NL_010	2020/4/29	张文娜	图书	78	6683.26
12	NL_011	2020/4/18	陈再欣	图书	93	68.37
13	NL_012	2020/1/13	崔丽	玩具	90	999.5
14	NL_013	2020/1/14	崔丽	玩具	87	6305
15	NL_014	2020/1/19	张鸿博	玩具	36	679.68
16	NL_015	2020/2/1	江梅子	玩具	60	299.8
17	NL_016	2020/2/1	崔丽	玩具	12	250
18	NL_017	2020/2/7	江梅子	玩具	17	639.93
19	NL_018	2020/2/8	陈再欣	玩具	62	309.38
20	NL_019	2020/2/10	张鸿博	玩具	66	636.38
21	NL_020	2020/2/10	张鸿博	玩具	9	59.03
22	NL_021	2020/2/12	陈再欣	玩具	29	57.76
23	NL_022	2020/2/15	崔丽	玩具	39	678.65
24	NL_023	2020/3/21	崔丽	玩具	99	686.95

图 2-76

知识扩展

删除自定义表格样式

如果要删除自定义的表格样式，可以打开“套用表格样式”列表后，在“自定义”栏下找到需要删除的表样式图标后右击，在弹出的快捷菜单中单击“删除”命令即可。

2.11 清除格式

为表格设置了多种格式之后，可以根据需要清除指定单元格的格式，也可以批量快速清除多个单元格区域的格式。

2.11.1 清除单个单元格格式

如果要清除表格中指定的单元格格式，可以选中单元格后，单击“开始”→“编辑”选项组中的“清除”按钮右侧的向下箭头，在展开的下拉列表中选择“清除格式”即可，如图 2-77 所示。

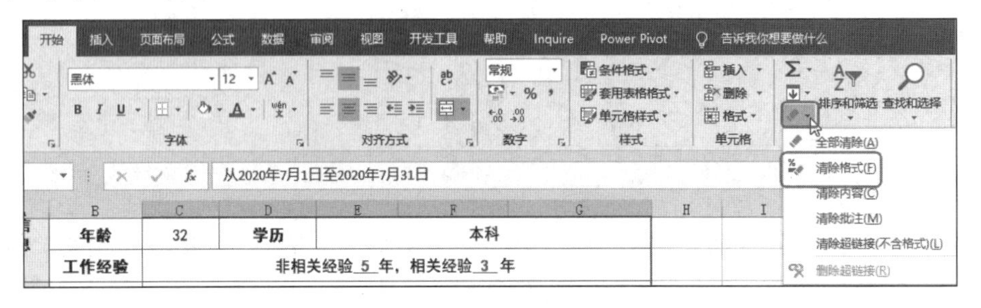

图 2-77

2.11.2 批量清除多个单元格中相同格式

如果要批量清除多个单元格中的相同格式，可以按 Ctrl 键依次选中多个单元格后，单击“开始”→“编辑”选项组中的“清除”按钮右侧的向下箭头，在展开的下拉列表中选择“清除格式”命令即可，如图 2-78 所示。

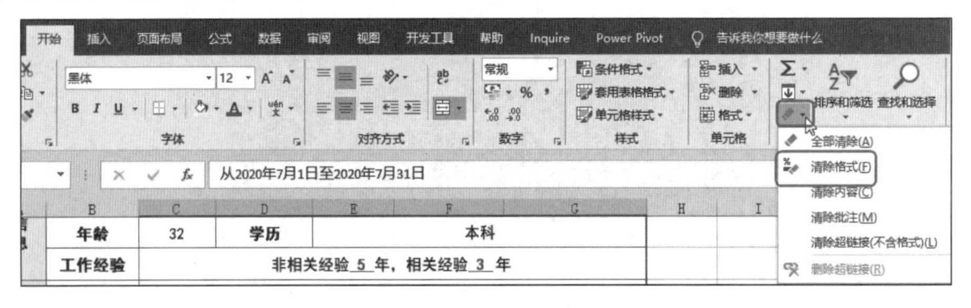

图 2-78

2.12 图形图片修饰

根据创建的表格用途和性质，用户可以在表格指定位置添加图形进行修饰，或者添加图片来丰富表格内容。下面会介绍在表格中添加图形和图片的方法。

2.12.1 添加形状装饰表格

表格中绘制图形的种类有“线条”“矩形”“基本形状”“箭头总汇”“流程图”“标注”等，用户可以根据需要选择绘制图形的类型。本例中需要在指定文字前面添加“矩形”图形。

❶ 打开工作表，单击“插入”→“插图”选项组，单击“形状”按钮的向下箭头，在展开的下拉菜单中选择“矩形”命令（见图 2-79），即可进入图表绘制状态。

❷ 按住鼠标左键不放在合适位置绘制一个大小合适的矩形即可，如图 2-80 所示。

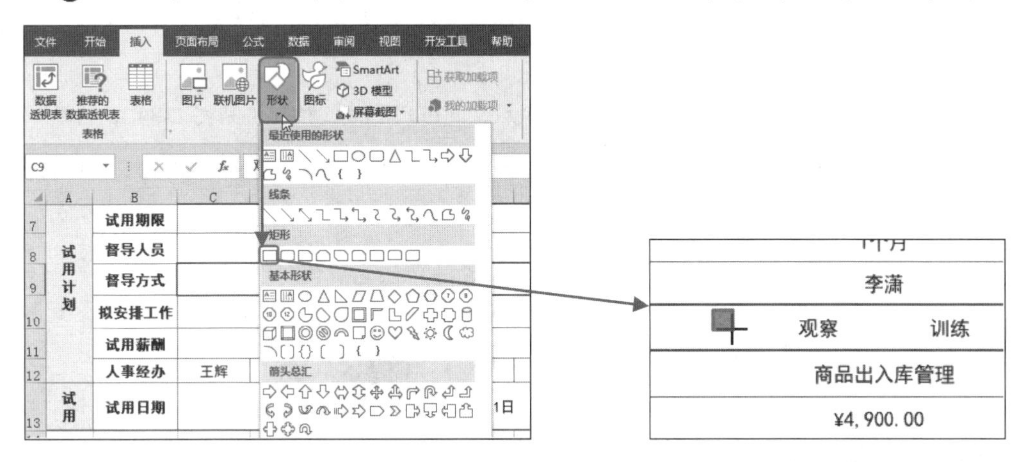

图 2-79　　　　图 2-80

❸ 绘制完毕后，单击“绘图工具”→“格式”→“形状样式”选项组中的“设置形状格式”按钮（见图 2-81），打开“设置形状格式”任务窗格。

❹ 设置填充为“无填充”，线条为“实线”并设置宽度为“0.5 磅”，如图 2-82 所示。

图 2-81　　　　图 2-82

❺ 单击任务窗格右上角的“关闭”按钮，即可完成指定形状的添加，效果如图 2-83 所示。

	A	B	C	D	E	F	G
7	试用计划	试用期限	1个月				
8		督导人员	李潇				
9		督导方式	□ 观察　□ 训练				
10		拟安排工作	商品出入库管理				
11		试用薪酬	¥4, 900. 00				
12		人事经办	王辉	核准	李玲玲	拟定	卢旭
13	试用	试用日期	从2020年7月1日至2020年7月31日				

图 2-83

2.12.2 添加图片装饰表格

除了添加图形之外，表格中还会经常用到图片。比如插入图片修饰表格页面、完善表格内容等。表格中使用的图片可以是自己拍摄的，也可以是从网上下载的适合当前表格使用的图片。

❶ 打开工作表，单击“插入”→“插图”选项组，单击“图片”按钮（见图 2-84），打开“插入图片”对话框。

❷ 在相应的文件夹内选中合适的图片并单击，如图 2-85 所示。

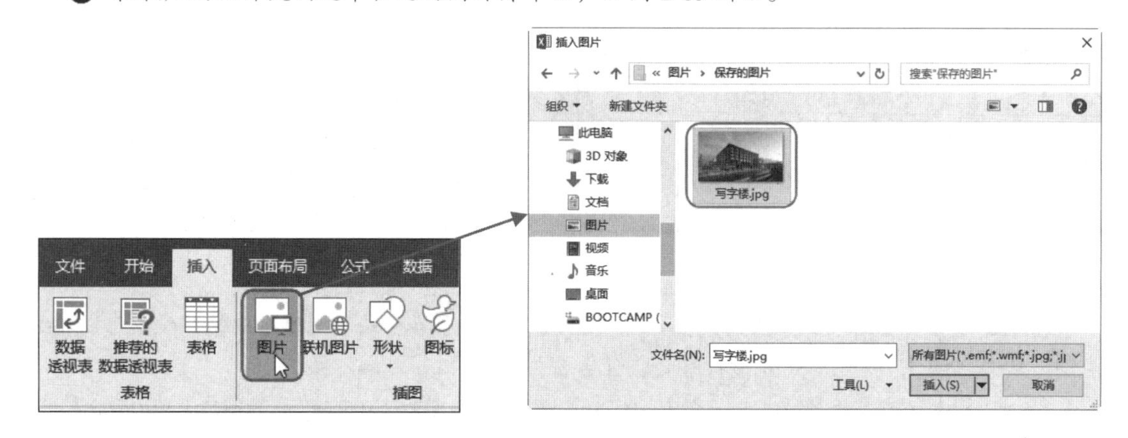

图 2-84　　图 2-85

❸ 单击“插入”按钮即可插入图片，调整图片大小并移动到合适位置即可，如图 2-86 所示。

	A	B	C	D	E	F	G
1		新员工试用表					
2	基本信息	姓名	万宇	应聘职位	仓管经理	入职日期	2020/7/20
3		所属部门	市场部	甄选方式	□公开招考	□推荐或选取	□内部提升
4		年龄	32	学历	本科		
5		工作经验	非相关经验 5 年，相关经验 3 年				
6	试用计	试用职位	仓管经理				
7		试用期限	1个月				
8		督导人员	李潇				
9		督导方式	□ 观察　□ 训练				

图 2-86

2.13 综合实例

为了方便公司对客户信息和基本财务状况的管理，可以使用本章介绍的基础知识创建“客户信息表”“招聘费用预算表”和“差旅费用报销单”。

2.13.1 案例1：编制客户信息表

客户信息表包括客户的名称、联系方式、联系地址、开户行和客户类型分析等内容（当然这些内容也不是绝对的，用户需要根据实际建表需求输入合适的列标题），下面需要使用边框、合并单元格等技巧介绍如何设计客户信息管理表。

1. 输入文本并对齐

❶ 依次在表格相应位置输入文字和标题数据，单击“开始”→“对齐方式”选项组中的“居中”对齐按钮，如图2-87所示。

	A	B	C	D	E	F	G	H	I	J	K
1	客户信息管理表										
2	公司名称：中立科技								制表人：李翔		
3	编号	客户名称	公司地址	邮编	联系人	移动电话	开户行	账号	经营范围	客户类型	受信等级
4	JX001	湛江商贸	湛江市 莲	610021	李国强	1382563XX	招商银行	********	冰箱	大客户	1
5	JX002	无锡美华百	无锡市 天	435120	张 军	1353622XX	建设银行	********	空调	大客户	1
6	JX003	杭州市百大	杭州市 美	365212	朱子进	1309656XX	中国交通银	********	热水器	中客户	2
7	JX004	合肥市邱比	合肥市 长	326152	赵庆龙	1369633XX	中国交通银	********	数码	中客户	2
8	JX005	杭州市百大	杭州市 美	365211	李华键	1309654XX	中国交通银	********	数码	中客户	2
9	JX006	芜湖市鼓楼	芜湖市 长	546521	高志敏	1379685XX	中国银行	********	传真机	中客户	2
10	JX007	合肥市瑞景	合肥市 望	230013	宋子雄	1360020XX	中国建设银	********	打印机	小客户	3
11	JX008	上海市维思	上海市 南	526412	曹正松	1326300XX	中国银行	********	彩电	大客户	1
12	JX009	南京市乐百	南京市 梅	236511	郭美玲	1396671XX	招商银行	********	空调	中客户	2
13	JX010	芜湖市鼓楼	芜湖市 长	546521	杨依娜	1309635XX	中国银行	********	健身器材	大客户	1
14	JX011	无锡市怡然	无锡市 沿	958412	王雪峰	1379631XX	中国银行	********	美容	小客户	3
15	JX012	绍兴市百家	绍兴市 太	326154	吴东梅	1360611XX	中国交通银	********	电脑	大客户	1
16											

图2-87

❷ 将所有文本居中对齐显示，效果如图2-88所示。

	A	B	C	D	E	F	G	H	I	J	K
1	户信息管理表										
2	名称：中立科技								制表人：李翔		
3	编号	客户名称	公司地址	邮编	联系人	移动电话	开户行	账号	经营范围	客户类型	受信等级
4	JX001	湛江商贸 市	莲花路	610021	李国强	382563XXX	招商银行	********	冰箱	大客户	1
5	JX002	锡美华百货	天华路	435120	张 军	353622XXX	建设银行	********	空调	大客户	1
6	JX003	州市百大百	美菱大道	365212	朱子进	309656XXX	国交通银行	********	热水器	中客户	2
7	JX004	市邱比特市	长江路	326152	赵庆龙	369633XXX	国交通银行	********	数码	中客户	2
8	JX005	州市百大百	美菱大道	365211	李华键	309654XXX	国交通银行	********	数码	中客户	2
9	JX006	湖市鼓楼商	长江东路	546521	高志敏	379685XXX	中国银行	********	传真机	中客户	2
10	JX007	肥市瑞景商	望江路	230013	宋子雄	360020XXX	国建设银行	********	打印机	小客户	3
11	JX008	市维思特市	南京路	526412	曹正松	326300XXX	中国银行	********	彩电	大客户	1
12	JX009	市乐百华市	梅南路	236511	郭美玲	396671XXX	招商银行	********	空调	中客户	2
13	JX010	湖市鼓楼商	长江东路	546521	杨依娜	309635XXX	中国银行	********	健身器材	大客户	1
14	JX011	锡市怡然商市	沿井路	958412	王雪峰	379631XXX	中国银行	********	美容	小客户	3
15	JX012	兴市百家商	太极大道	326154	吴东梅	360611XXX	国交通银行	********	电脑	大客户	1

图2-88

2. 添加边框线和字体格式

下面需要为表格添加边框线，并设置字体格式。

❶ 打开工作表选中所有单元格区域并右击，在弹出的快捷菜单中单击“设置单元格格式”命令（见图2-89），打开“设置单元格格式”对话框。

❷ 切换至“边框”选项卡，设置相应的线型以及颜色，单击“预置”栏下的“外边框”和“内部”按钮，如图2-90、图2-91所示。

❸ 单击“字体”选项卡，设置相应的字体、字体大小、字形以及字体颜色，如图2-92所示。

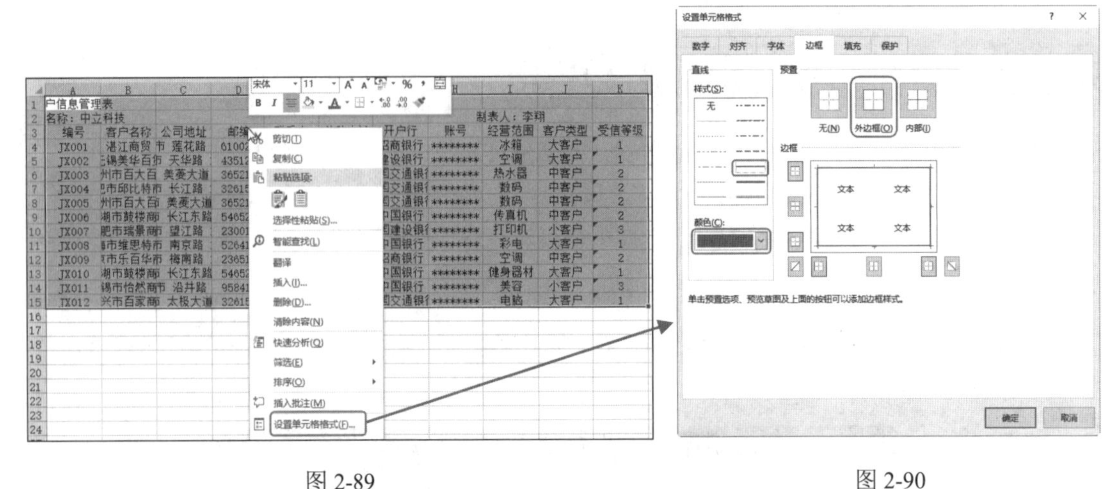

图 2-89　　　　图 2-90

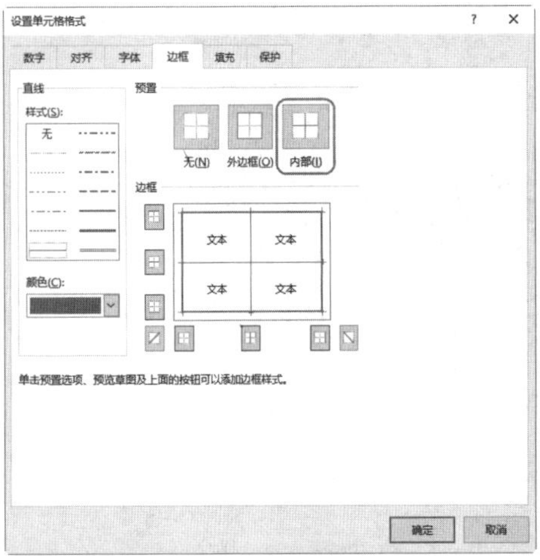

图 2-91 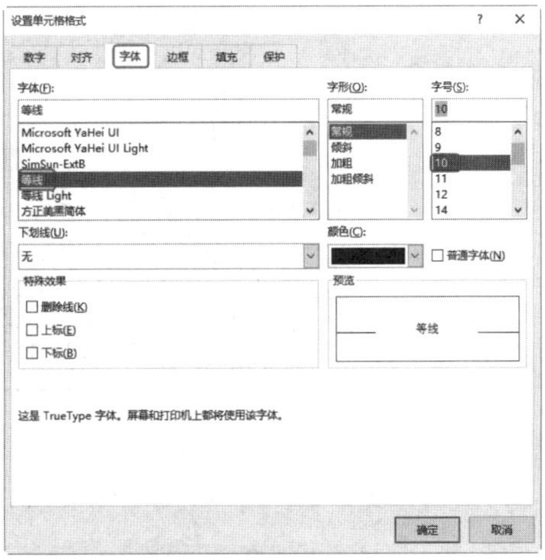　　　　图 2-92

❹ 设置完成后单击“确定”按钮返回表格中，即可为表格设置字体和边框效果，如图 2-93 所示。

	A	B	C	D	E	F	G	H	I	J	K
1	户信息管理表										
2	名称：中立科技								制表人：李翔		
3	编号	客户名称	公司地址	邮编	联系人	移动电话	开户行	账号	经营范围	客户类型	受信等级
4	JX001	湛江商贸	市 莲花路 5	610021	李国强	1382563XXXX	招商银行	********	冰箱	大客户	1
5	JX002	无锡美华百货	市 天华路 1	435120	张　军	1353622XXXX	建设银行	********	空调	大客户	1
6	JX003	州市百大百	市 美菱大道	365212	朱子进	1309656XXXX	中国交通银行	********	热水器	中客户	2
7	JX004	肥市邱比特商	市 长江路 1	326152	赵庆龙	1369633XXXX	中国交通银行	********	数码	中客户	2
8	JX005	州市百大百	市 美菱大道	365211	李华键	1309654XXXX	中国交通银行	********	数码	中客户	2
9	JX006	湖市鼓楼商	市 长江东路	546521	高志敏	1379685XXXX	中国银行	********	传真机	中客户	2
10	JX007	肥市瑞景商	市 望江路 1	230013	宋子雄	1360020XXXX	中国建设银行	********	打印机	小客户	3
11	JX008	海市维思特商	市 南京路 1	526412	曹正松	1326300XXXX	中国银行	********	彩电	大客户	1
12	JX009	京市乐百华商	市 梅南路 1	236511	郭美玲	1396671XXXX	招商银行	********	空调	中客户	2
13	JX010	湖市鼓楼商	市 长江东路	546521	杨依娜	1309635XXXX	中国银行	********	健身器材	大客户	1
14	JX011	锡市怡然商	市 沿井路 5	958412	王雪峰	1379631XXXX	中国银行	********	美容	小客户	3
15	JX012	兴市百家商	市 太极大道	326154	吴东梅	1360611XXXX	中国交通银行	********	电脑	大客户	1
16											

图 2-93

3. 合并单元格

❶ 依次选中要合并居中的单元格区域，单击“开始”→“对齐方式”选项组中的“合并后居中”按钮，如图 2-94 所示。

	A	B	C	D	E	F	G	H	I	J	K
1	户信息管理表										
2	名称：中立科技								制表人：李翔		
3	编号	客户名称	公司地址	邮编	联系人	移动电话	开户行	账号	经营范围	客户类型	受信等级
4	JX001	湛江商贸	[市 莲花路 5	610021	李国强	1382563XXX	招商银行	********	冰箱	大客户	1
5	JX002	无锡美华百货	市 天华路 1	435120	张　军	1353622XXX	建设银行	********	空调	大客户	1
6	JX003	州市百大百	市 美菱大道	365212	朱子进	1309656XXX	中国交通银行	********	热水器	中客户	2
7	JX004	肥市邱比特商	市 长江路 1	326152	赵庆龙	1369633XXX	中国交通银行	********	数码	中客户	2
8	JX005	州市百大百	市 美菱大道	365211	李华键	1309654XXX	中国交通银行	********	数码	中客户	2
9	JX006	湖市鼓楼商	市 长江东路	546521	高志敏	1379685XXX	中国银行	********	传真机	中客户	2
10	JX007	肥市瑞景商	市 望江路 1	230013	宋子雄	1360020XXX	中国建设银行	********	打印机	小客户	3
11	JX008	海市维思特商	市 南京路 1	526412	曹正松	1326300XXX	中国银行	********	彩电	大客户	1
12	JX009	京市乐百华商	市 梅南路 1	236511	郭美玲	1396671XXX	招商银行	********	空调	中客户	2
13	JX010	湖市鼓楼商	市 长江东路	546521	杨依娜	1309635XXX	中国银行	********	健身器材	大客户	1
14	JX011	锡市怡然商	市 沿井路 5	958412	王雪峰	1379631XXX	中国银行	********	美容	小客户	3
15	JX012	兴市百家商	市 太极大道	326154	吴东梅	1360611XXX	中国交通银行	********	电脑	大客户	1

图 2-94

❷ 继续单独选中标题行，在“开始”→“字体”选项组中分别设置标题文本的字号、字形，如图 2-95 所示。

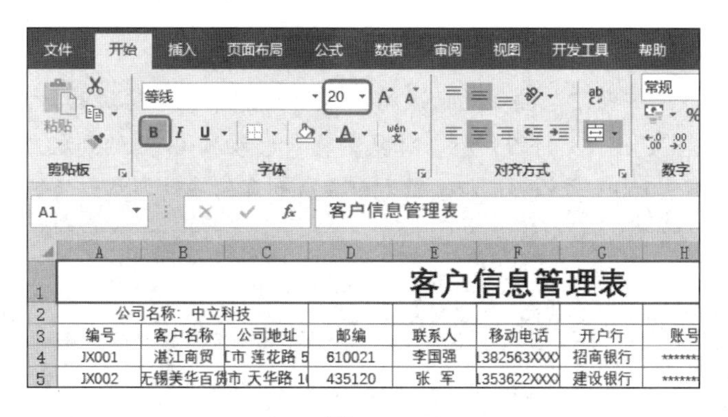

图 2-95

4．设置填充和列宽、行高

❶ 打开工作表并选中需要添加底纹的单元格区域，单击“开始”→“字体”选项组中的“填充颜色”按钮右侧的向下箭头，在展开的下拉菜单中单击“橙色、个性色 6”即可，如图 2-96 所示。

主题颜色
标准色
无填充(N)
其他颜色(M)...

	A	B	C	D	E	F	G	H	I	J	K
1	息管理表										
2	公司名称：中立科技								制表人：李翔		
3	编号	客户名称	公司地址			移动电话	开户行	账号	经营范围	客户类型	受信等级
4	JX001	湛江商贸	[市 莲花路			2563XXX	招商银行	********	冰箱	大客户	1
5	JX002	无锡美华百货	市 天华路			3622XXX	建设银行	********	空调	大客户	1
6	JX003	州市百大百	市 美菱大道	365212		1309656XXX	中国交通银行	********	热水器	中客户	2
7	JX004	肥市邱比特商	市 长江路 1	326152	赵庆龙	1369633XXX	中国交通银行	********	数码	中客户	2
8	JX005	州市百大百	市 美菱大道	365211	李华键	1309654XXX	中国交通银行	********	数码	中客户	2
9	JX006	湖市鼓楼商	市 长江东路	546521	高志敏	1379685XXX	中国银行	********	传真机	中客户	2
10	JX007	肥市瑞景商	市 望江路 1	230013	宋子雄	1360020XXX	中国建设银行	********	打印机	小客户	3
11	JX008	海市维思特商	市 南京路 1	526412	曹正松	1326300XXX	中国银行	********	彩电	大客户	1
12	JX009	京市乐百华商	市 梅南路 1	236511	郭美玲	1396671XXX	招商银行	********	空调	中客户	2
13	JX010	湖市鼓楼商	市 长江东路	546521	杨依娜	1309635XXX	中国银行	********	健身器材	大客户	1
14	JX011	锡市怡然商	市 沿井路 5	958412	王雪峰	1379631XXX	中国银行	********	美容	小客户	3
15	JX012	兴市百家商	市 太极大道	326154	吴东梅	1360611XXX	中国交通银行	********	电脑	大客户	1

图 2-96

❷ 返回表格即可看到填充效果。继续选中所有数据单元格区域（除标题行），单击“开始”→“单元格”选项组中的“格式”按钮，在展开的下拉菜单中单击“行高”命令（见图 2-97），打开“行高”对话框，并设置行高值，如图 2-98 所示。

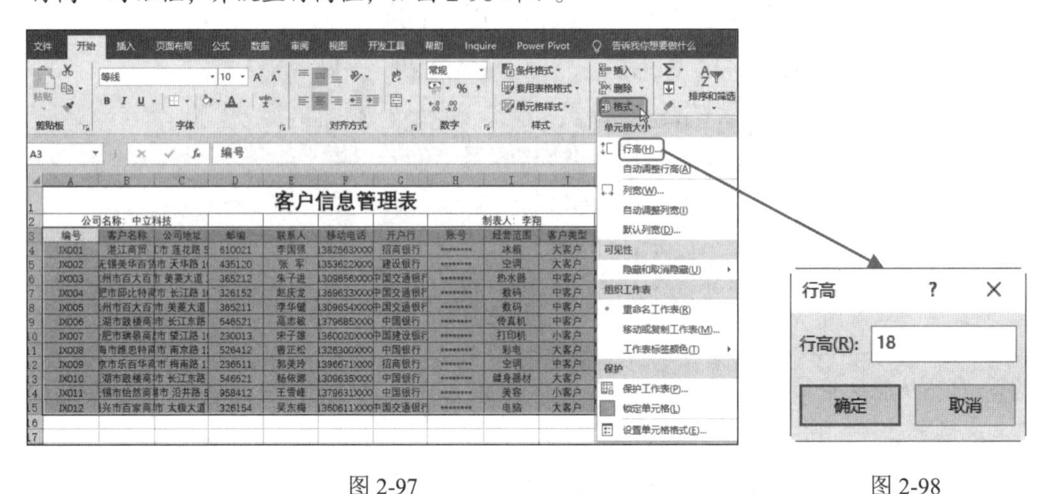

图 2-97　　图 2-98

❸ 设置完成后单击“确定”按钮返回表格，即可看到单元格区域的行高更改后的效果。

❹ 继续单击 B、C、F、G 列的列标，将鼠标指针移动到 G 列的列标上按住鼠标左键不放向右拖动（见图 2-99、图 2-100）。释放鼠标左键即可完成列宽的手动调整，效果如图 2-101 所示。

图 2-99 　　图 2-100

客户信息管理表

公司名称：中立科技　　制表人：李翔

编号	客户名称	公司地址	邮编	联系人	移动电话	开户行	账号	经营范围	客户类型	受信等级
JX001	湛江商贸	湛江市 莲花路 58号	610021	李国强	1382563XXXX	招商银行	********	冰箱	大客户	1
JX002	无锡美华百货	无锡市 天华路 108号	435120	张 军	1353622XXXX	建设银行	********	空调	大客户	1
JX003	杭州市百大百货	杭州市 美蓉大道 115号	365212	朱子进	1309656XXXX	中国交通银行	********	热水器	中客户	2
JX004	合肥市邱比特商场	合肥市 长江路 108号	326152	赵庆龙	1369633XXXX	中国交通银行	********	数码	中客户	2
JX005	杭州市百大百货	杭州市 美蓉大道 45号	365211	李华键	1309654XXXX	中国交通银行	********	数码	中客户	2
JX006	芜湖市鼓楼商场	芜湖市 长江东路 28号	546521	高志敏	1379685XXXX	中国银行	********	传真机	中客户	2
JX007	合肥市瑞景商厦	合肥市 望江路 168号	230013	宋子雄	1360020XXXX	中国建设银行	********	打印机	小客户	3
JX008	上海市维思特商场	上海市 南京路 125号	526412	曹正松	1326300XXXX	中国银行	********	彩电	大客户	1
JX009	南京市乐百华商场	南京市 梅南路 110号	236511	郭美玲	1396671XXXX	招商银行	********	空调	中客户	2
JX010	芜湖市鼓楼商场	芜湖市 长江东路 28号	546521	杨依娜	1309635XXXX	中国银行	********	健身器材	大客户	1
JX011	无锡市怡然商场	无锡市 沿井路 58号	958412	王雪峰	1379631XXXX	中国银行	********	美容	小客户	3
JX012	绍兴市百家商场	绍兴市 太极大道 58号	326154	吴东梅	1360611XXXX	中国交通银行	********	电脑	大客户	1

图 2-101

2.13.2 案例2：编制招聘费用预算表

招聘报批表通过领导审批后，人力资源部门需要按照用工量和岗位需求选择合适的方式进行招聘、拟定招聘计划并做出招聘费用的预算。常规的招聘费用包括广告宣传费、招聘场地租用费、招聘资料打印复印费，招聘人员的食宿费和交通费等。

1. 建立表格输入基本数据

❶ 新建工作簿，在 Sheet1 工作表标签上双击进入编辑状态，重新输入名称为“招聘费用预算表”。

❷ 规划好表格的主体内容，将相关数据输入到表格中，如图 2-102 所示为默认输入后的表格，可以先暂时输入，后面排版时如果发现有不妥之处可补充调整。

	A	B	C	D	E	F
1	招聘费用预算表					
2	招聘时间		2016年12月19日—2016年12月23日			
3	招聘地点		合肥市寅特人才市场			
4	负责部门		人力资源部			
5	具体负责人		陈丽 章春英 李娜			
6	招聘费用预算					
7	序号	项目		预算金额		
8	1	企业宣传海报及广告制费		1400		
9	2	招聘场地租用费		3000		
10	3	会议室租用费		500		
11	4	交通费		100		
12	5	食宿费		300		
13	6	招聘资料打印复印费		80		
14		预算审核人（签字）		公司主管领导审批（签字）		

招聘费用预算表

图 2-102

2. 合并单元格

❶ 表格标题一般需要横跨整张表格，因此选中 A1:D1 单元格区域，单击“开始”→“对齐方式”选项组中的“合并后居中”按钮，如图 2-103 所示，合并该单元格区域。

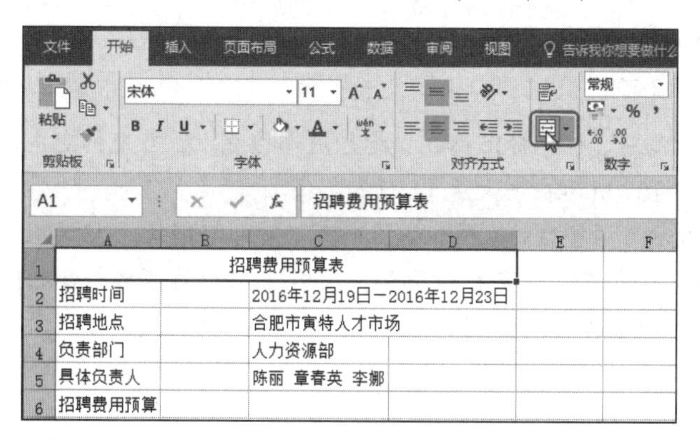

图 2-103

❷ 此表格中有多处都需要进行合并单元格的处理，操作方法都相同，图 2-104 所示中通过箭头指向了解了在哪些位置进行了合并单元格的处理。

	A	B	C	D	E
1	招聘费用预算表				
2		招聘时间	2016年12月19日—2016年12月23日		
3		招聘地点	合肥市寅特人才市场		
4		负责部门	人力资源部		
5		具体负责人	陈丽 章春英 李娜		
6	招聘费用预算				
7	序号		项目	预算金额	
8		1	企业宣传海报及广告制费	1400	
9		2	招聘场地租用费	3000	
10		3	会议室租用费	500	
11		4	交通费	100	
12		5	食宿费	300	
13		6	招聘资料打印复印费	80	
14		预算审核人（签字）		公司主管领导审批（签字）	

图 2-104

3. 按实际需要调整单元格的行高、列宽

❶ 当需要缩小列宽时，将光标定位在目标列右侧的边线上，当光标变成双向箭头形状时，按住鼠标向左拖动，如图 2-105 所示在缩小 A 列的列宽。

❷ 当需要增大列宽时，将光标定位在目标列右侧的边线上，当光标变成双向箭头形状时，按住鼠标向右拖动，如图 2-106 所示在增大 C 列的列宽。

F26 宽度: 5.00 (45 像素)

	A	B	C	D	E
1	招聘费用预算表				
2		招聘时间	2016年12月19日—2016年12月23日		
3		招聘地点	合肥市寅特人才市场		
4		负责部门	人力资源部		
5		具体负责人	陈丽 章春英 李娜		
6	招聘费用预算				
7	序号		项目	预算金额	
8		1	企业宣传海报及广告制费	1400	
9		2	招聘场地租用费	3000	
10		3	会议室租用费	500	
11		4	交通费	100	
12		5	食宿费	300	
13		6	招聘资料打印复印费	80	
14		预算审核人（签字）		公司主管领导审批（签字）	

图 2-105

F26 宽度: 26.38 (216 像素)

	A	B	C	D
1	招聘费用预算表			
2		招聘时间	2016年12月19日—2016年12月23日	
3		招聘地点	合肥市寅特人才市场	
4		负责部门	人力资源部	
5		具体负责人	陈丽 章春英 李娜	
6	招聘费用预算			
7	序号		项目	预算金额
8		1	企业宣传海报及广告制费	1400
9		2	招聘场地租用费	3000
10		3	会议室租用费	500
11		4	交通费	100
12		5	食宿费	300
13		6	招聘资料打印复印费	80
14		预算审核人（签字）		公司主管领导审批（签字）

图 2-106

❸ 当需要增大行高时，将光标定位在目标行底部边线上，当光标变成双向箭头形状时，按住鼠标向下拖动，如图 2-107 所示在增大第 14 行的行高。

❹ 如图 2-108 所示为调整后的表格，从图中可以看到 D14 单元格的数据跨列显示了，而且这个用于签字的单元格与左边“预算审核人（签字）”单元格应该保持大致相同宽度才适宜。如果单纯调整 D 列的宽度，表格整体会不协调。

4. 补充插入新列

为解决上面第❹步中所说的问题，则可以补充插入新列。

❶ 选中 D 列，在列标上右击，在弹出的快捷菜单中单击“插入”命令（见图 2-109），即可插入新列，如图 2-110 所示。

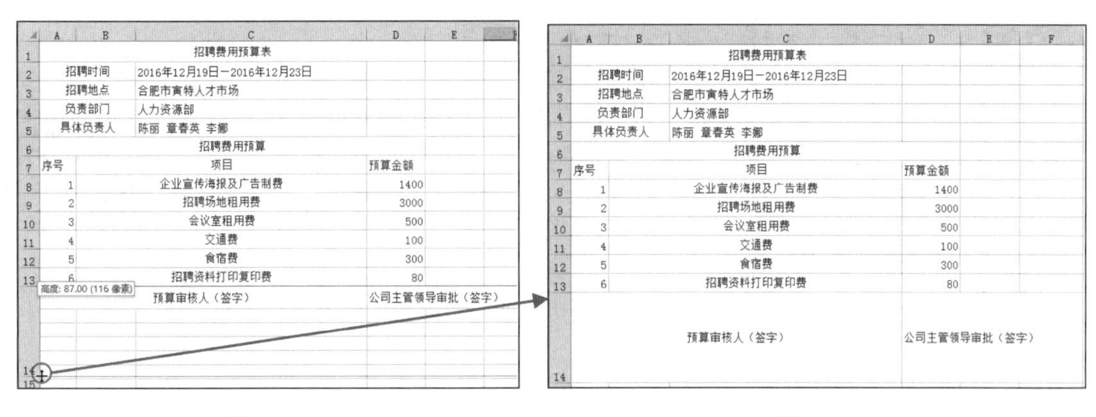

招聘费用预算表
招聘时间 2016年12月19日—2016年12月23日
招聘地点 合肥市寅特人才市场
负责部门 人力资源部
具体负责人 陈丽 章春英 李娜
招聘费用预算
序号 项目 预算金额
1 企业宣传海报及广告制费 1400
2 招聘场地租用费 3000
3 会议室租用费 500
4 交通费 100
5 食宿费 300
6 招聘资料打印复印费 80
高度: 87.00 (116 像素)
预算审核人（签字） 公司主管领导审批（签字）

图 2-107

招聘费用预算表
招聘时间 2016年12月19日—2016年12月23日
招聘地点 合肥市寅特人才市场
负责部门 人力资源部
具体负责人 陈丽 章春英 李娜
招聘费用预算
序号 项目 预算金额
1 企业宣传海报及广告制费 1400
2 招聘场地租用费 3000
3 会议室租用费 500
4 交通费 100
5 食宿费 300
6 招聘资料打印复印费 80
预算审核人（签字） 公司主管领导审批（签字）

图 2-108

招聘费用预算表
招聘时间 2016年12月19日—2016年12月23日
招聘地点 合肥市寅特人才市场
负责部门 人力资源部
具体负责人 陈丽 章春英 李娜
招聘费用预算
序号 项目 预算金额
1 企业宣传海报及广告制费
2 招聘场地租用费
3 会议室租用费
4 交通费
5 食宿费
6 招聘资料打印复印费 80
剪切(T)
复制(C)
粘贴选项:
选择性粘贴(S)...
插入(I)
删除(D)
清除内容(N)
设置单元格格式(F)...
列宽(W)...
隐藏(H)
取消隐藏(U)

图 2-109

招聘费用预算表
招聘时间 2016年12月19日—2016年12月23日
招聘地点 合肥市寅特人才市场
负责部门 人力资源部
具体负责人 陈丽 章春英 李娜
招聘费用预算
序号 项目 预算金额
1 企业宣传海报及广告制费 1400
2 招聘场地租用费 3000
3 会议室租用费 500
4 交通费 100
5 食宿费 300
6 招聘资料打印复印费 80
预算审核人（签字） 公司主管领导审批（签字）

图 2-110

❷ 插入新列后注意需要重新进行一些合并单元格的操作（因为表格的创建过程是一个不断调整的过程），表格可以呈现出如图 2-111 所示的效果。

5. 字体、字号、对齐方式、边框底纹的设置

字体、字号、对齐方式、边框底纹的设置属于表格美化的范畴，是一般表格在完成数据录入、框架规划后的操作，尤其是针对用于预备打印、最终结果展示一类的表格，这些操作显得格外重要。通过设置后可以让表格呈现如图 2-112 所示的最终效果。

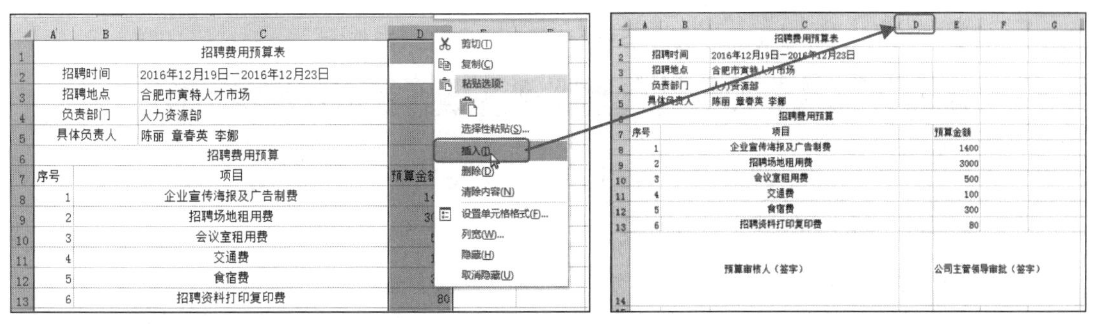

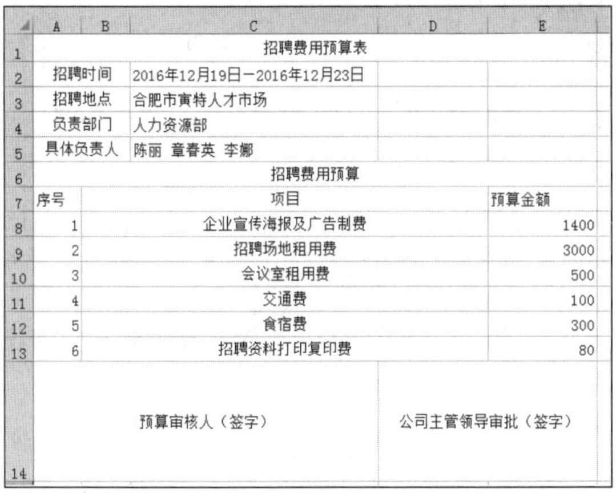

招聘费用预算表
招聘时间 2016年12月19日—2016年12月23日
招聘地点 合肥市寅特人才市场
负责部门 人力资源部
具体负责人 陈丽 章春英 李娜
招聘费用预算
序号 项目 预算金额
1 企业宣传海报及广告制费 1400
2 招聘场地租用费 3000
3 会议室租用费 500
4 交通费 100
5 食宿费 300
6 招聘资料打印复印费 80
预算审核人（签字） 公司主管领导审批（签字）

图 2-111

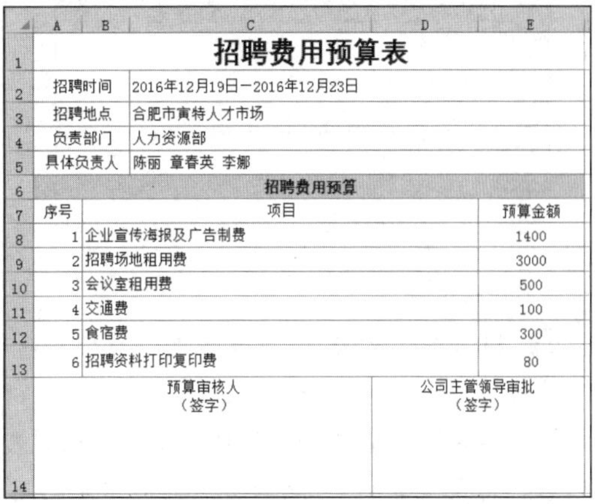

招聘费用预算表
招聘时间 2016年12月19日—2016年12月23日
招聘地点 合肥市寅特人才市场
负责部门 人力资源部
具体负责人 陈丽 章春英 李娜
招聘费用预算
序号 项目 预算金额
1 企业宣传海报及广告制费 1400
2 招聘场地租用费 3000
3 会议室租用费 500
4 交通费 100
5 食宿费 300
6 招聘资料打印复印费 80
预算审核人
（签字）
公司主管领导审批
（签字）

图 2-112

2.13.3 案例3：编制差旅费用报销单

“差旅费用报销单”是企业中常用的一种财务单据，用于差旅费用报销前对各项明细数据进行记录的表单。这种单据使用非常广泛，费用报销虽然属于财务部门的工作，但是对于小型公司而言，很多时候行政部门也会承担制作工作。

1. 建立表格输入基本数据

根据企业性质不同或个人设计思路不同，其框架结构上也会稍有不同，但一般都会包括报销项目、金额，以及提供相应的原始单据等。

❶ 新建工作簿，在“Sheet1”工作表标签上双击，输入名称为“差旅费用报销单”。

❷ 调节第一行的行高，选中A1单元格，在“开始”→“对齐方式”选项组中单击“顶端对齐”和“左对齐”按钮，并单击“合并后居中”按钮，如图2-113所示。

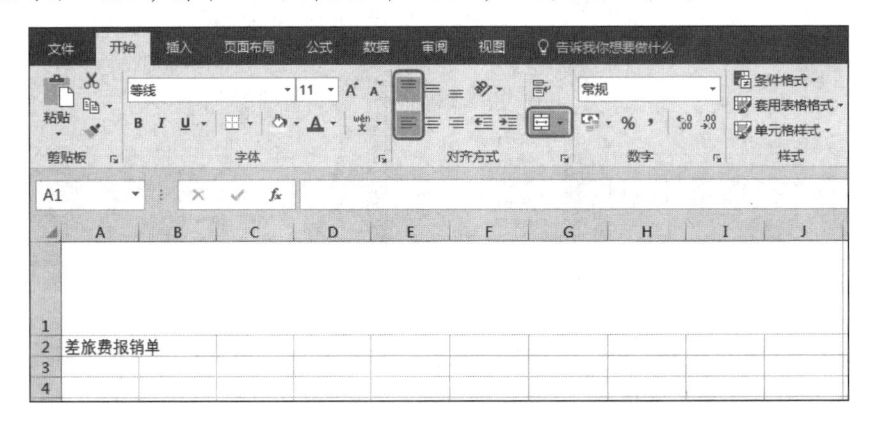

图2-113

❸ 在A1单元格中双击鼠标定位光标，输入“填写说明:”文字，如图2-114所示。需要换行时按Alt+Enter组合键，即可实现换行，如图2-115所示。

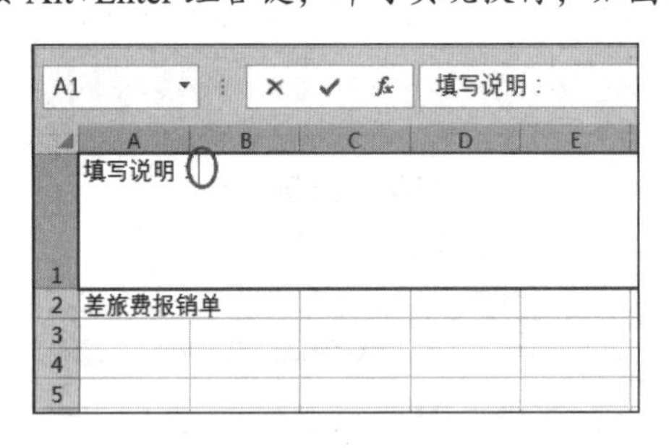

图2-114

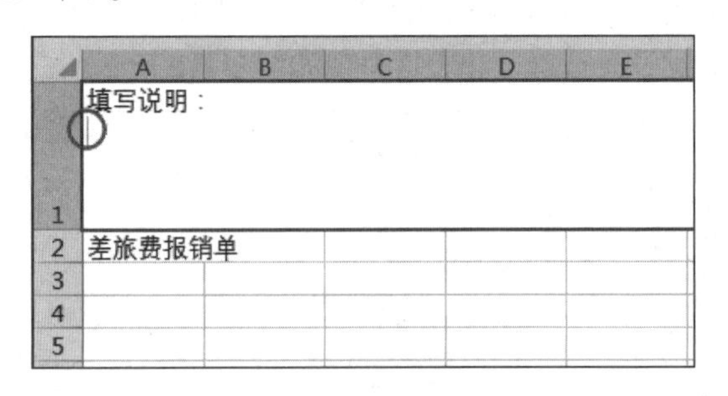

图2-115

❹ 输入第二行文字“1.本表自2017年1月1日起实行。”，如图2-116所示（后面输入需要换行时就按Alt+Enter组合键即可）。

❺ 接着按照拟订好的项目，直接输入到表格中（内容的拟订可以根据自己的需要在草稿上先规划后，再录入表格），然后对需要的单元格区域进行合并，如图2-117所示。

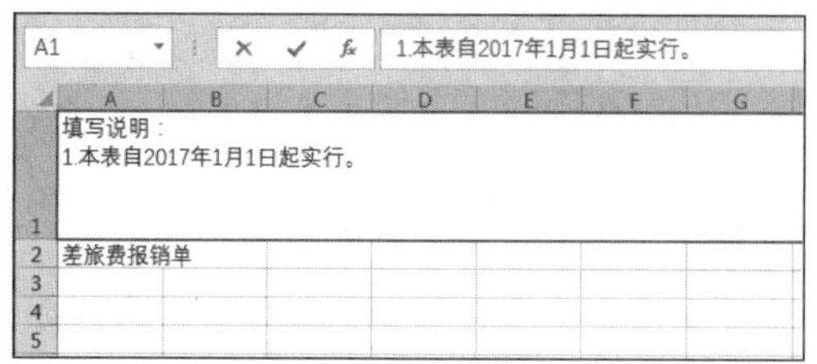

图 2-116

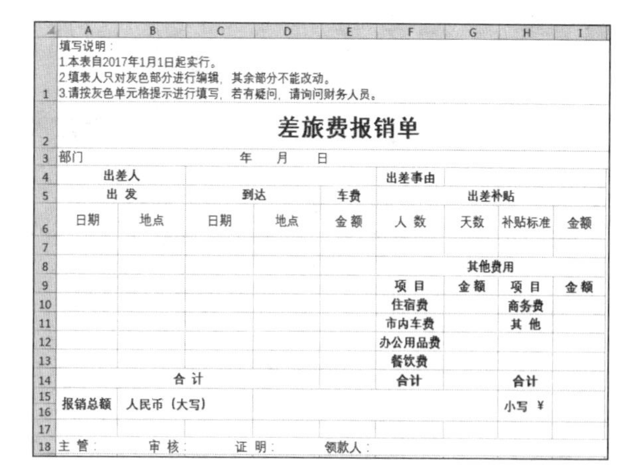

图 2-117

2. 设置边框线及底纹

❶ 选中要设置边框的单元格区域，如 A4:I16 单元格区域。

❷ 在“开始”→“字体”选项组中单击“字体格式”按钮（见图 2-118），打开“设置单元格格式”对话框。

❸ 在该对话框中单击“边框”选项卡，分别设置外边框与内部，如图 2-119 所示。

图 2-118　　　　图 2-119

❹ 设置完成后，单击“确定”按钮，选中的单元格区域即可套用设置的边框效果，如图 2-120 所示。

❺ 按 Ctrl 键选中要设置底纹的单元格，在“开始”→“字体”选项组中单击“”图标的右侧“”按钮，在其下拉菜单中选择填充色，如图 2-121 所示。

3. 竖排文字

在单元格中输入文字默认是横向显示。当该单元格行较高、列较窄，文字适合竖向输入时，可以利用“文字方向”功能，将横排文字改为竖排文字。

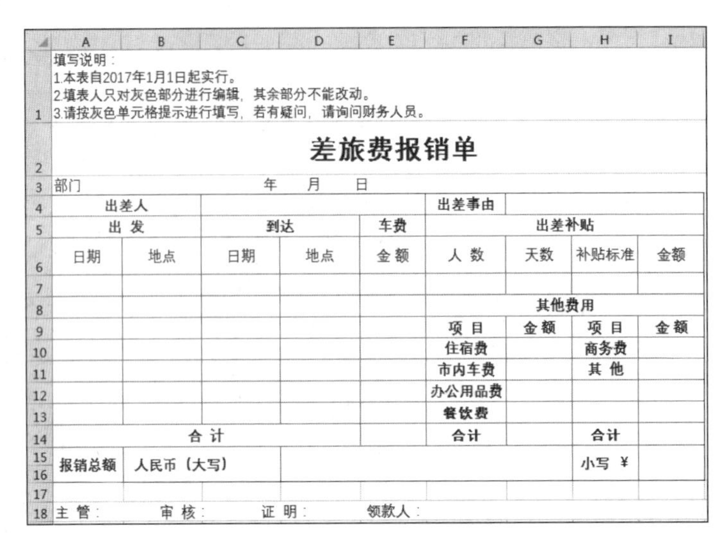

填写说明：
1.本表自2017年1月1日起实行。
2.填表人只对灰色部分进行编辑，其余部分不能改动。
3.请按灰色单元格提示进行填写，若有疑问，请询问财务人员。

差旅费报销单

部门			年 月 日					
出差人					出差事由			
出 发		到达		车费	出差补贴			
日期	地点	日期	地点	金 额	人 数	天数	补贴标准	金额
					其他费用			
					项 目	金 额	项 目	金 额
					住宿费		商务费	
					市内车费		其 他	
					办公用品费			
					餐饮费			
合 计					合计		合计	
报销总额	人民币（大写）						小写 ￥	
主 管：		审 核：		证 明：	领款人：			

图 2-120

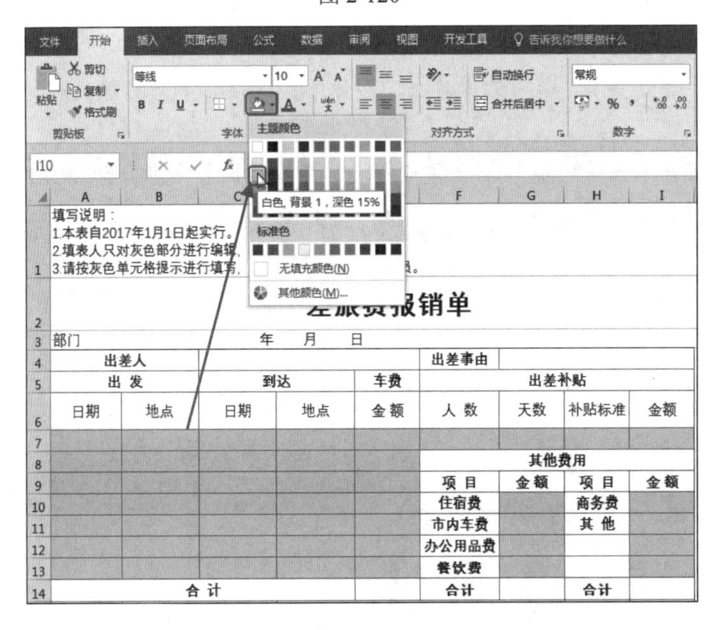

图 2-121

❶ 选中 J4:J16 单元格区域，在“开始”→“对齐方式”选项组中单击“合并后居中”按钮，如图 2-122 所示。

❷ 输入文字后，在“开始”→“对齐方式”选项组中单击“方向”按钮，在弹出的下拉菜单中单击“竖排文字”命令（见图 2-123），实现文字的竖向显示，如图 2-124 所示。

4. 打印表格

上面建立的表格，既可以作为电子文档使用，也可以在需要时打印使用。

❶ 在当前表格中，单击“文件”选项卡，在展开的菜单中单击“打印”标签，查看打印预览，如图 2-125 所示。可以看到此表以横向打印更加合适。

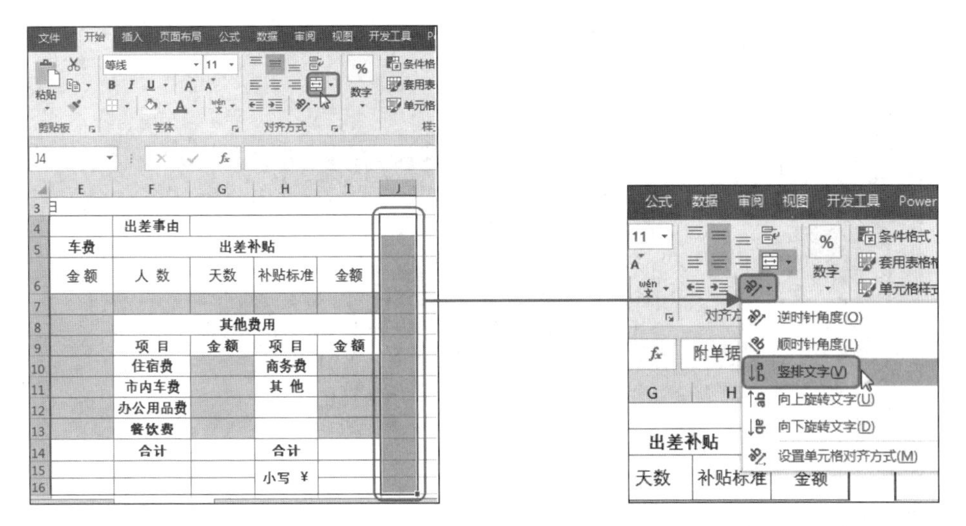

图 2-122

图 2-123

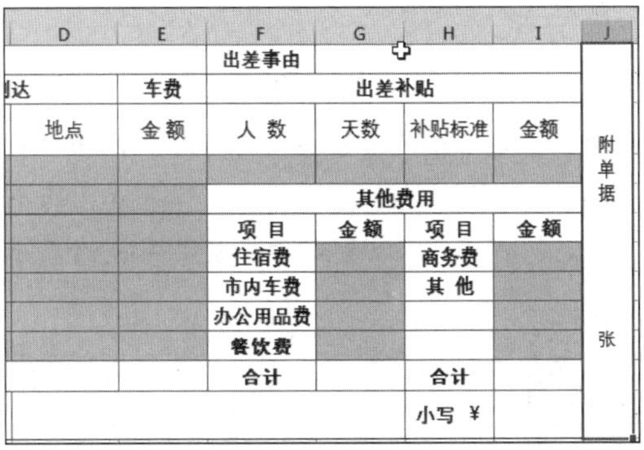

D	E	F	G	H	I	J
		出差事由				附单据 张
达	车费	出差补贴				
地点	金 额	人 数	天数	补贴标准	金额	
		其他费用				
		项 目	金 额	项 目	金 额	
		住宿费		商务费		
		市内车费		其 他		
		办公用品费				
		餐饮费				
		合计		合计		
				小写 ¥		

图 2-124

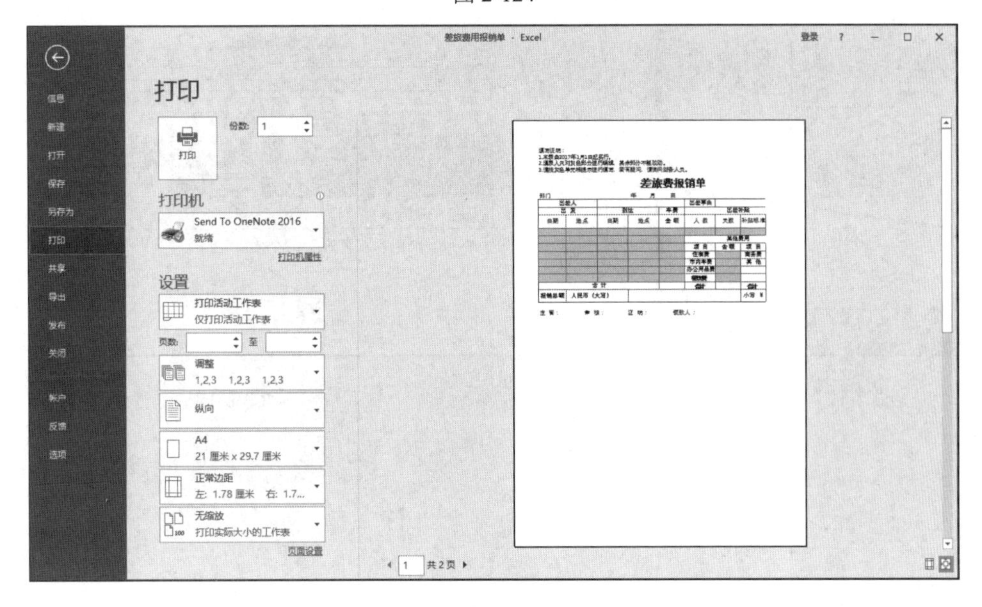

图 2-125

❷ 在“设置”选项区域单击“纵向”按钮右侧的向下箭头，在下拉列表中单击“横向”选项，表格预览如图 2-126 所示。

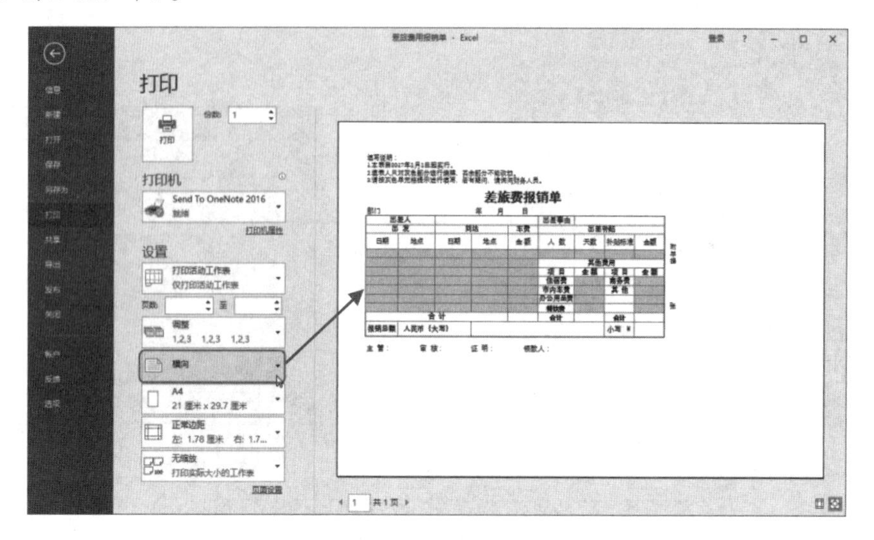

图 2-126

❸ 在“设置”选项区域中单击底部的“页面设置”链接，打开“页面设置”对话框，单击“页边距”选项卡，同时选中“居中方式”栏中的“水平”和“垂直”两个复选框，如图 2-127 所示。

❹ 设置完成后，单击“确定”按钮，可以看到预览效果中表格显示在纸张正中间，如图 2-128 所示。

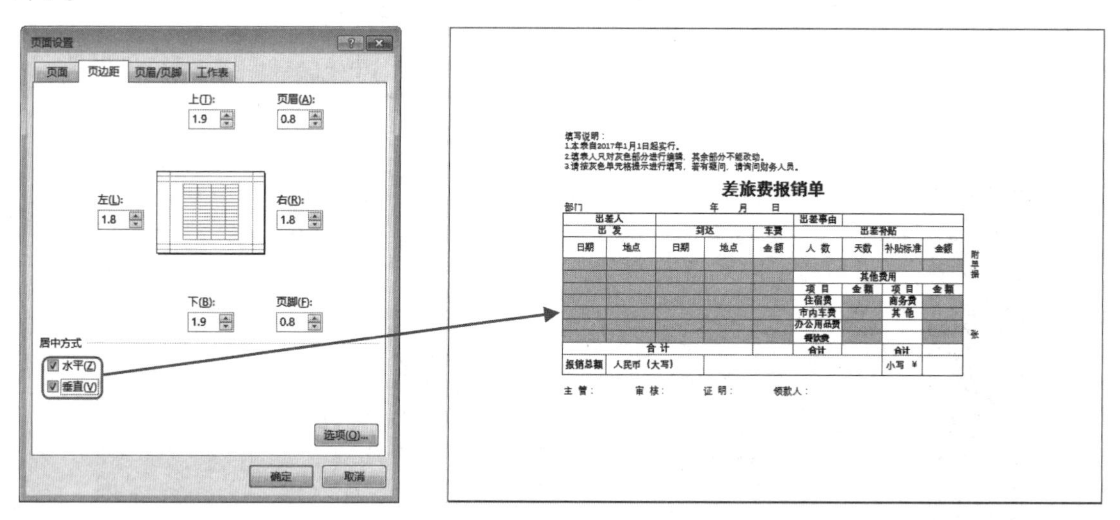

图 2-127　　图 2-128

第 3 章
表数据的录入与导入

学习导读

表格中输入的数据类型有数值型、日期时间型、文本型等，使用填充功能可以快速输入数据，如果要输入特殊格式数值则可以使用自定义数据功能。除此之外，还可以导入外部的数据到表格中。

学习要点

- 了解各类表格数据类型。
- 填充功能的应用。
- 常用数据输入技巧。
- 自定义数据输入技巧。
- 导入外部数据。

3.1 数据类型的简单认识

数据输入是日常工作学习中基本的操作，在 Excel 中输入数据的方法很多，掌握输入数据的技巧和方法，会大大提高工作效率。本节将通过几个例子来介绍一些常见的数据输入，比如文本型数据、日期数据、自定义数字格式等。除此之外，还介绍了出现错误值时的解决办法。

3.1.1 数值

数值数据也是表格编辑中经常使用的数字格式，本例将介绍如何通过功能区设置需要的数字格式，为指定数据设置为指定位数的会计专用格式，以及使用“设置单元格格式”对话框来设置任意数字格式。

❶ 选中要设置数值格式的单元格区域，单击“开始”→“数字”选项组中的“数字格式”按钮（见图 3-1），打开“设置单元格格式”对话框。

❷ 在该对话框的“数字”选项卡中设置分类为“会计专用”，小数位数为“2”，如图 3-2 所示。

图 3-1

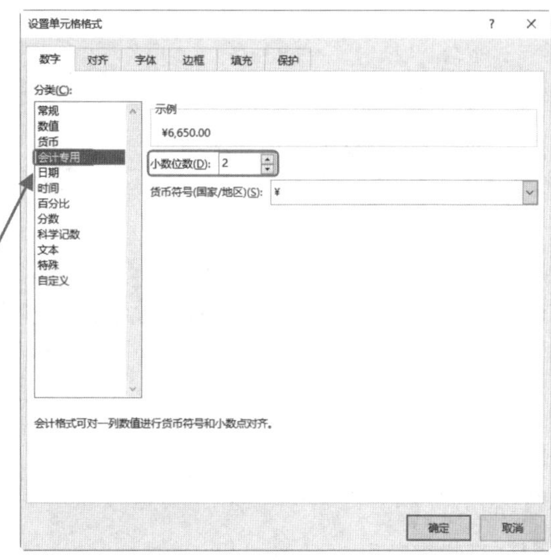

图 3-2

❸ 设置完成后，单击“确定”按钮返回表格，即可看到保留两位小数位数的会计专用数字格式，如图3-3所示。

	A	B	C	D	E	F
1	费用支出表（2020.06）					
2	部门	第1周	第2周	第3周	第4周	合计
3	销售部	¥ 6,650.00	¥ 9,250.00	¥ 9,550.00	¥ 9,800.00	¥35,250.00
4	财务部	¥ 7,350.00	¥ 9,150.00	¥ 6,450.00	¥ 9,350.00	¥32,300.00
5	设计部	¥ 7,550.00	¥ 6,250.00	¥ 8,700.00	¥ 9,450.00	¥31,950.00
6	市场部	¥ 7,950.00	¥ 9,850.00	¥ 6,800.00	¥10,000.00	¥34,600.00
7	后勤部	¥ 8,205.00	¥ 6,350.00	¥ 9,050.00	¥ 9,700.00	¥33,305.00

图 3-3

知识扩展

“数字格式”列表

单击“开始”→“数字”选项组中的“数字格式”按钮右侧的向下箭头，在展开的下拉菜单中可以直接选择合适的数字格式，如图 3-4 所示。

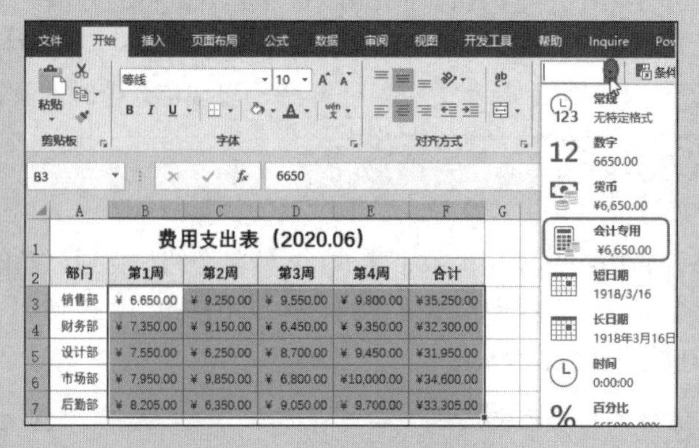

图 3-4

3.1.2 日期和时间

1. 设置日期格式

日期型数据是表示日期的数据，日期的默认格式是{mm/dd/yyyy}，其中 mm 表示月份，dd 表示日期，yyyy 表示年，固定长度为 8 位。在输入日期时可以采用程序能识别的简易格式输入，然后使用“设置单元格格式”对话框来让日期显示为所需要的格式。同时日期数据也可以通过填充的方式实现快速输入（3.2.2 小节将介绍填充日期的方法）。

❶ 选中要设置数值格式的单元格区域，单击“开始”→“数字”选项组中的“数字格式”按钮（见图 3-5），打开“设置单元格格式”对话框。

❷ 在该对话框的“数字”选项卡中设置分类为“日期”，类型为“2012 年 3 月 14 日”，如图 3-6 所示。

图 3-5

图 3-6

❸ 设置完成后，单击“确定”按钮返回表格，即可看到日期显示为指定的格式，如图 3-7 所示。

	A	B	C	D	E	F
1	姓名	性别	年龄	学历	招聘渠道	初试时间
2	应聘者1	女	21	专科	招聘网站	2020年3月14日
3	应聘者2	男	26	本科	招聘网站	2020年3月14日
4	应聘者3	女	23	高中	现场招聘	2020年3月14日
5	应聘者4	女	33	本科	猎头招聘	2020年5月14日
6	应聘者5	女	33	本科	校园招聘	2020年5月14日
7	应聘者6	女	32	专科	校园招聘	2020年3月14日
8	应聘者7	男	21	专科	校园招聘	2020年7月1日
9	应聘者8	女	21	本科	内部推荐	2020年7月2日
10	应聘者9	女	22	本科	内部推荐	2020年7月3日
11	应聘者10	男	23	本科	内部推荐	2020年7月14日
12	应聘者11	男	26	硕士	内部推荐	2020年7月14日

图 3-7

2. 设置时间格式

❶ 图 3-8 所示的 F 列为原始时间格式，选中该单元格区域，利用前面的方法打开“设置单元格格式”对话框。

❷ 在该对话框的“数字”选项卡中设置分类为“时间”，类型为“下午 1:30:55”，如图 3-9 所示。

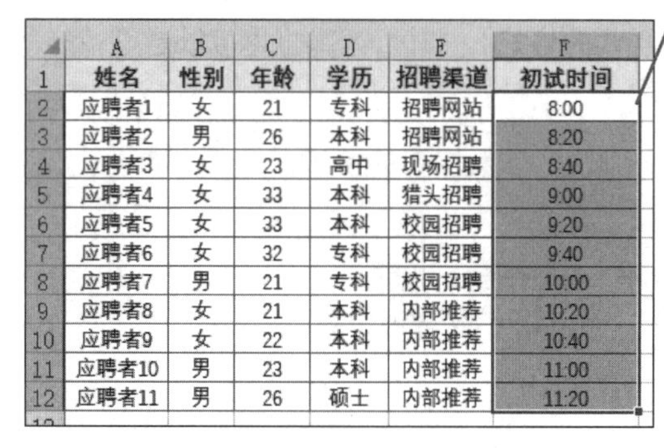

	A	B	C	D	E	F
1	姓名	性别	年龄	学历	招聘渠道	初试时间
2	应聘者1	女	21	专科	招聘网站	8:00
3	应聘者2	男	26	本科	招聘网站	8:20
4	应聘者3	女	23	高中	现场招聘	8:40
5	应聘者4	女	33	本科	猎头招聘	9:00
6	应聘者5	女	33	本科	校园招聘	9:20
7	应聘者6	女	32	专科	校园招聘	9:40
8	应聘者7	男	21	专科	校园招聘	10:00
9	应聘者8	女	21	本科	内部推荐	10:20
10	应聘者9	女	22	本科	内部推荐	10:40
11	应聘者10	男	23	本科	内部推荐	11:00
12	应聘者11	男	26	硕士	内部推荐	11:20

图 3-8

图 3-9

❸ 设置完成后，单击“确定”按钮返回表格，即可看到时间显示为指定的格式，如图 3-10 所示。

	A	B	C	D	E	F
1	姓名	性别	年龄	学历	招聘渠道	初试时间
2	应聘者1	女	21	专科	招聘网站	上午 8:00:00
3	应聘者2	男	26	本科	招聘网站	上午 8:20:00
4	应聘者3	女	23	高中	现场招聘	上午 8:40:00
5	应聘者4	女	33	本科	猎头招聘	上午 9:00:00
6	应聘者5	女	33	本科	校园招聘	上午 9:20:00
7	应聘者6	女	32	专科	校园招聘	上午 9:40:00
8	应聘者7	男	21	专科	校园招聘	上午 10:00:00
9	应聘者8	女	21	本科	内部推荐	上午 10:20:00
10	应聘者9	女	22	本科	内部推荐	上午 10:40:00
11	应聘者10	男	23	本科	内部推荐	上午 11:00:00
12	应聘者11	男	26	硕士	内部推荐	上午 11:20:00

图 3-10

3.1.3 文本

一般来说，输入到单元格中的中文汉字、字母即为文本型数据，另外，特殊的情况下还可以将输入的数字设置为文本格式。在文本单元格中显示的内容与输入的内容完全一致。本例中需要输入 18 位身份证号码，会发现数值显示科学记数法，下面介绍“文本”数据的设置技巧。

❶ 图 3-11 所示在 E 列中输入的身份证号码显示的是科学记数方式，而不是完整的 18 位数字。选中要设置数值格式的单元格区域，单击“开始”→“数字”选项组中“数字格式”按钮右侧的向下箭头，在展开的下拉菜单中选择“文本”命令。

❷ 单击后再次输入身份证号码，即可完整显示 18 位数值，如图 3-12 所示。

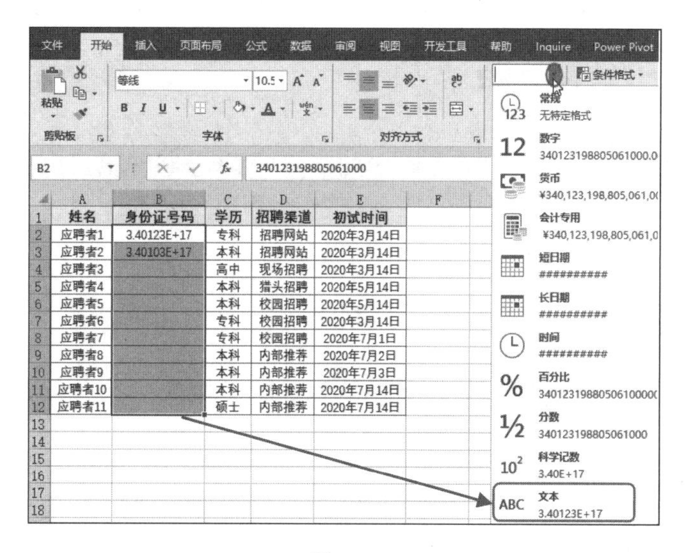

图 3-11

	A	B	C	D	E
1	姓名	身份证号码	学历	招聘渠道	初试时间
2	应聘者1	3401: **** 1052523	专科	招聘网站	2020年3月14日
3	应聘者2	3401(**** 2110206	本科	招聘网站	2020年3月14日
4	应聘者3		高中	现场招聘	2020年3月14日
5	应聘者4		本科	猎头招聘	2020年5月14日
6	应聘者5		本科	校园招聘	2020年5月14日
7	应聘者6		专科	校园招聘	2020年3月14日
8	应聘者7		专科	校园招聘	2020年7月1日
9	应聘者8		本科	内部推荐	2020年7月2日
10	应聘者9		本科	内部推荐	2020年7月3日
11	应聘者10		本科	内部推荐	2020年7月14日
12	应聘者11		硕士	内部推荐	2020年7月14日

图 3-12

知识扩展

“文本”数值输入技巧

也可以在要输入文本数据的单元格中首先输入“'”符号，再输入身份证号码，按下回车键即可输入正确格式的身份证号码，而不会返回科学记数方式。

3.1.4 错误值

Excel 中使用公式时经常会返回各种错误值，例如：# N/A!、#VALUE!、#DIV/O!等。如果公式不能计算正确的结果，Excel 将显示一个错误值，出现这些错误的原因有很多种，例如，在需要数字的公式中使用文本、删除了被公式引用的单元格，或者找不到目标值时都会返回错误值。下面介绍“######”错误值的出现原因和解决办法。

将光标定位在单元格 D5 中，在编辑栏中选中日期之前的等号（=）和负号（–），如图 3-13 所示。按 Delete 键删除即可解决“####”错误值，完整地显示正确的日期，效果如图 3-14 所示。

	A	B	C	D
1	姓名	性别	学历	入职时间
2	李青	女	本科	2011/6/12
3	王慧云	女	专科	2009/8/23
4	刘源	男	本科	2009/11/12
5	李婷婷	女	本科	###############
6	王徽音	男	专科	2013/3/16
7	张千	男	本科	###############

图 3-13

	A	B	C	D
1	姓名	性别	学历	入职时间
2	李青	女	本科	2011/6/12
3	王慧云	女	专科	2009/8/23
4	刘源	男	本科	2009/11/12
5	李婷婷	女	本科	2010/1/25
6	王徽音	男	专科	2013/3/16
7	张千	男	本科	############

图 3-14

3.2 数据填充输入

如果要实现批量数据的快速输入，可以使用“填充”功能，包括连续与不连续的数据、特殊日期的快速填充、大区域相同数据的填充等。在 Excel 表格中填写数据时，经常需要批量输入一些在结构上有规律的数据，例如 001、002、003；星期一、星期二、星期三、工作日填充等。对于此类型数据的输入可以直接使用填充功能。

填充功能是通过“填充柄”或“填充序列”来实现的，在使用鼠标单击一个单元格或拖曳鼠标选中一个连续的单元格区域时，框选的右下角会出现一个小方块，这个小方块就是“填充柄”；而填充序列是通过单击“编辑”菜单下的“填充”中的“序列”命令，实现制定数据系列的快速填充。

3.2.1 填充输入序列

在表格中使用填充柄可以实现公式快速填充，也可以实现规律数据的快速填充。本节将介绍连续数据和不连续数据的填充技巧。

1. 连续序列

❶ 首先在 B2 单元格中输入编号，将鼠标指针指向 B2 单元格右下角的填充柄，会出现黑色十字形，如图 3-15 所示。

❷ 拖动右下角的填充柄到 B12 单元格后释放鼠标，单击右下角的“填充”按钮，选择弹出列表中的“填充序列”（见图 3-16），即可填充序号。

	A	B	C	D
1	应聘者	应聘编号	学历	招聘渠道
2	应聘者1	NL001	专科	招聘网站
3	应聘者2		本科	招聘网站
4	应聘者3		高中	现场招聘
5	应聘者4		本科	猎头招聘
6	应聘者5		本科	校园招聘
7	应聘者6		专科	校园招聘
8	应聘者7		专科	校园招聘
9	应聘者8		本科	内部推荐
10	应聘者9		本科	内部推荐
11	应聘者10		本科	内部推荐
12	应聘者11		硕士	内部推荐

图 3-15

	A	B	C	D	E
1	应聘者	应聘编号	学历	招聘渠道	初试时间
2	应聘者1	NL001	专科	招聘网站	2020年3月14日
3	应聘者2	NL002	本科	招聘网站	2020年3月14日
4	应聘者3	NL003	高中	现场招聘	2020年3月14日
5	应聘者4	NL004	本科	猎头招聘	2020年5月14日
6	应聘者5	NL005	本科	校园招聘	2020年5月14日
7	应聘者6	NL006	专科	校园招聘	2020年3月14日
8	应聘者7	NL007	专科	校园招聘	2020年7月1日
9	应聘者8	NL008	本科	内部推荐	2020年7月2日
10	应聘者9	NL009	本科	内部推荐	2020年7月3日
11	应聘者10	NL010	本科	内部推荐	2020年7月14日
12	应聘者11	NL011	硕士	内部推荐	2020年7月14日

图 3-16

知识扩展

填充数据只应用格式

如果要填充时不复制数字只复制格式，可以选择列表中的“仅填充格式”；如果要仅填充数字不复制格式，可以选择列表中的“不带格式填充”。

2. 不连续序列

❶ 首先在 A2 和 A3 单元格中分别输入编号“NL001”“NL005”，将鼠标指针指向 A3 单元格右下角的填充柄，会出现十字形，如图 3-17 所示。

❷ 拖动右下角的填充柄到 A12 单元格，再释放鼠标左键，即可按指定间隔填充不连续的序列号，如图 3-18 所示。

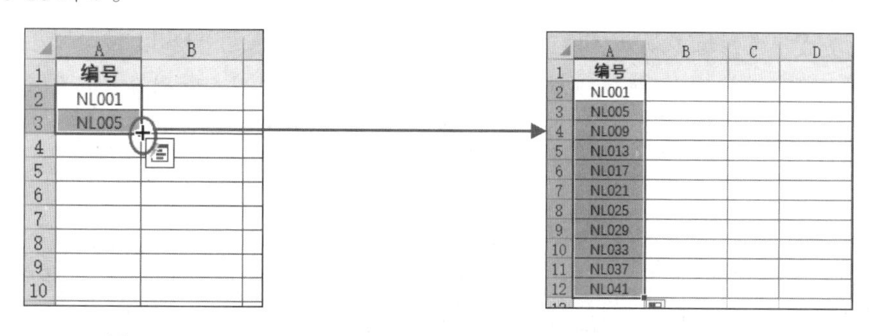

图 3-17　　图 3-18

3.2.2 填充输入日期

在表格中输入起始日期后，如果要实现递增日期的快速填充，可以直接拖动填充柄向下填充日期。当然也可以根据需要填充日期时排除周末，或者以月、年填充。

❶ 在 E2 单元格中输入日期（见图 3-19），将鼠标指针放在 E2 单元格的右下角，向下拖动填充柄。

❷ 拖动到 E12 单元格右下角后，释放鼠标左键即可看到连续的日期数据，效果如图 3-20 所示。

	A	B	C	D	E
1	应聘者	应聘编号	学历	招聘渠道	初试时间
2	应聘者1	NL001	专科	招聘网站	2020年3月14日
3	应聘者2	NL002	本科	招聘网站	
4	应聘者3	NL003	高中	现场招聘	
5	应聘者4	NL004	本科	猎头招聘	
6	应聘者5	NL005	本科	校园招聘	
7	应聘者6	NL006	专科	校园招聘	
8	应聘者7	NL007	专科	校园招聘	
9	应聘者8	NL008	本科	内部推荐	
10	应聘者9	NL009	本科	内部推荐	
11	应聘者10	NL010	本科	内部推荐	
12	应聘者11	NL011	硕士	内部推荐	

图 3-19

	A	B	C	D	E
1	应聘者	应聘编号	学历	招聘渠道	初试时间
2	应聘者1	NL001	专科	招聘网站	2020年3月14日
3	应聘者2	NL002	本科	招聘网站	2020年3月15日
4	应聘者3	NL003	高中	现场招聘	2020年3月16日
5	应聘者4	NL004	本科	猎头招聘	2020年3月17日
6	应聘者5	NL005	本科	校园招聘	2020年3月18日
7	应聘者6	NL006	专科	校园招聘	2020年3月19日
8	应聘者7	NL007	专科	校园招聘	2020年3月20日
9	应聘者8	NL008	本科	内部推荐	2020年3月21日
10	应聘者9	NL009	本科	内部推荐	2020年3月22日
11	应聘者10	NL010	本科	内部推荐	2020年3月23日
12	应聘者11	NL011	硕士	内部推荐	2020年3月24日

图 3-20

填充相同日期

日期数据在填充时默认按日递增的。如果要在连续单元格中输入相同的日期，可以在拖动填充的同时按住 Ctrl 键即可。

3.2.3 拖动填充工作日

本例需要为 7 月的值班人员安排值班日期，要求值班日期都是工作日，可以使用填充功能实现仅填充工作日。

❶ 首先在 A2 单元格中输入日期，将鼠标指针指向 A2 单元格右下角，会出现填充柄，如图 3-21 所示。

❷ 拖动右下角的填充柄到 A12 单元格，单击右下角的“填充”按钮，选择弹出列表中的“填充工作日”（见图 3-22），即可将值班日期以工作日日期填充忽略周六和周日，效果如图 3-23 所示。

图 3-21　　图 3-22　　图 3-23

填充其他日期

完成日期填充之后，可以在填充列表中“以月填充”“以年填充”“以天数填充”，如图 3-24 所示。

图 3-24

3.2.4 按指定范围填充

本例中需要在相同的单元格区域中一次性输入“合格”，首先需要定位所有空值单元格，然后执行文本输入。

❶ 首先选中要输入数据的所有单元格区域（见图 3-25），按下 F5 键后打开“定位条件”对话框，设置定位条件为“空值”，如图 3-26 所示。

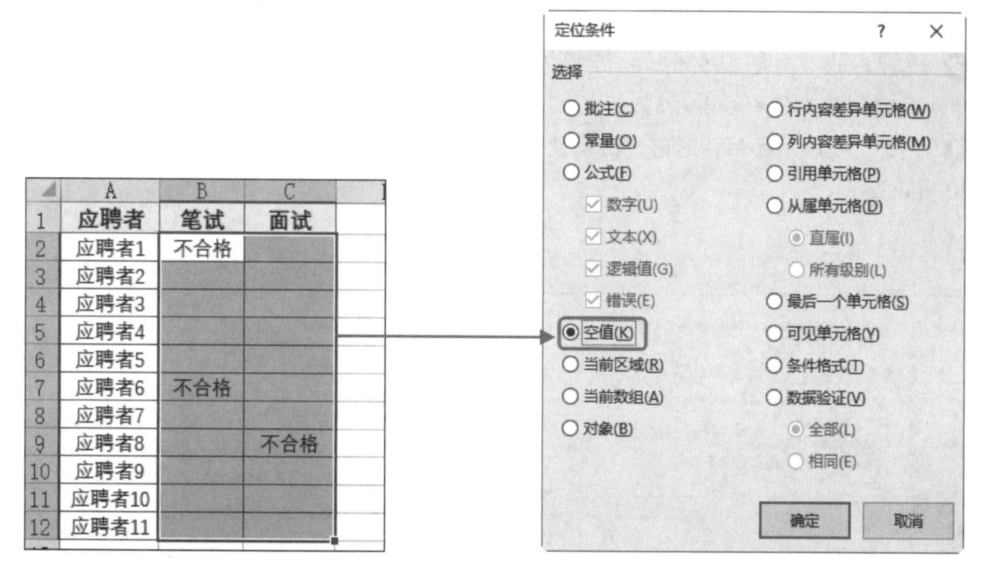

图 3-25　　　　图 3-26

❷ 设置完成后，单击“确定”按钮，即可一次性选中指定单元格区域中的所有空值单元格，并在编辑栏中输入“合格”，如图 3-27 所示。

❸ 按下 Ctrl+Enter 组合键，即可完成空值区域相同数据的填充（排除非空单元格），效果如图 3-28 所示。

B3　×　✓　fx　合格

	A	B	C	D
1	应聘者	笔试	面试	
2	应聘者1	不合格		
3	应聘者2	合格		
4	应聘者3			
5	应聘者4			
6	应聘者5			
7	应聘者6	不合格		
8	应聘者7			
9	应聘者8		不合格	
10	应聘者9			
11	应聘者10			
12	应聘者11			

图 3-27

	A	B	C
1	应聘者	笔试	面试
2	应聘者1	不合格	合格
3	应聘者2	合格	合格
4	应聘者3	合格	合格
5	应聘者4	合格	合格
6	应聘者5	合格	合格
7	应聘者6	不合格	合格
8	应聘者7	合格	合格
9	应聘者8	合格	不合格
10	应聘者9	合格	合格
11	应聘者10	合格	合格
12	应聘者11	合格	合格

图 3-28

3.2.5 序列填充

除了使用“序列”对话框填充数据之外，还可以自定义填充序列，更方便地帮助用户快速的输入特定的数据序列，如自定义产品型号数据。具体操作方法如下：

❶ 在 Excel 2019 主界面左上角单击“文件”选项卡中的“选项”命令，打开“Excel 选项”对话框。

❷ 单击左侧窗格中的“高级”分类，接着在右侧窗格中的“常规”栏中单击“编辑自定义列表”按钮，如图 3-29 所示。

❸ 在弹出的“自定义序列”对话框中的“自定义序列”列表中选中“新序列”，接着在右侧的“输入序列”列表框中输入序列。

❹ 单击“添加”按钮，则新的自定义填充序列出现在左侧“自定义序列”列表的最下方，如图 3-30 所示。

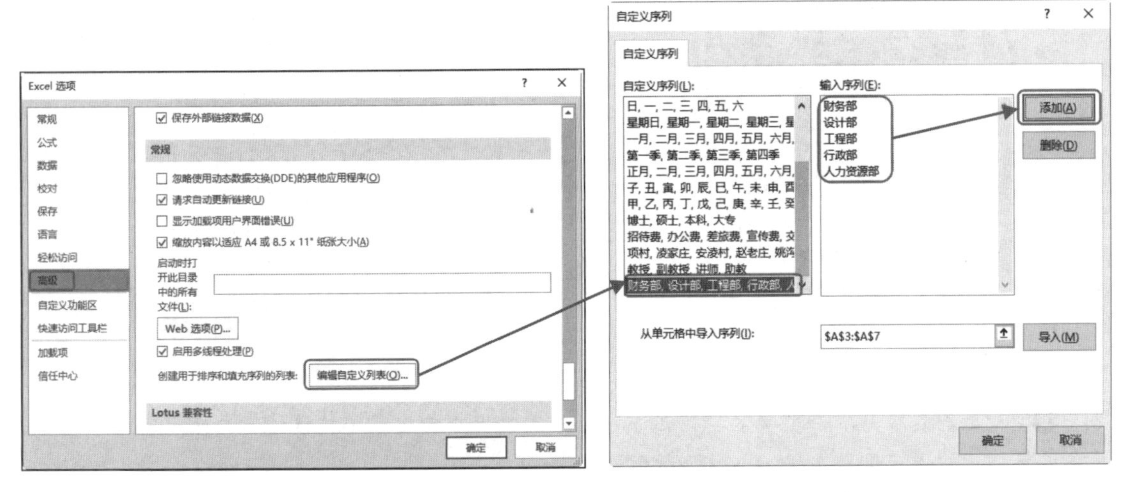

图 3-29　　　　图 3-30

❺ 设置完成后，单击“确定”按钮，返回到“Excel 选项”对话框中，再次单击“确定”按钮完成设置。

❻ 在需要输入定义序列的单元格区域的第一个单元格中，输入定义序列中定义的任意一个部门名称，比如：财务部（见图 3-31）。拖动单元格右下角的填充柄向下填充序列，得到如图 3-32 所示部门的名称。

费用支出表（2020.06）

部门	第1周	第2周	第3周	第4周	合计
财务部	¥ 6,650.00	¥ 9,250.00	¥ 9,550.00	¥ 9,800.00	¥35,250.00
	¥ 7,350.00	¥ 9,150.00	¥ 6,450.00	¥ 9,350.00	¥32,300.00
	¥ 7,550.00	¥ 6,250.00	¥ 8,700.00	¥ 9,450.00	¥31,950.00
	¥ 7,950.00	¥ 9,850.00	¥ 6,800.00	¥10,000.00	¥34,600.00
	¥ 8,205.00	¥ 6,350.00	¥ 9,050.00	¥ 9,700.00	¥33,305.00

图 3-31

费用支出表（2020.06）

部门	第1周	第2周	第3周	第4周	合计
财务部	¥ 6,650.00	¥ 9,250.00	¥ 9,550.00	¥ 9,800.00	¥35,250.00
设计部	¥ 7,350.00	¥ 9,150.00	¥ 6,450.00	¥ 9,350.00	¥32,300.00
工程部	¥ 7,550.00	¥ 6,250.00	¥ 8,700.00	¥ 9,450.00	¥31,950.00
行政部	¥ 7,950.00	¥ 9,850.00	¥ 6,800.00	¥10,000.00	¥34,600.00
人力资源部	¥ 8,205.00	¥ 6,350.00	¥ 9,050.00	¥ 9,700.00	¥33,305.00

图 3-32

3.3 数据输入实用技巧

在表格内输入数据时除了要设置好数据类型（3.1 节介绍的几种数据类型）之外，还需要掌握一些数据输入的技巧，比如：数据换行、分数与百分比数据输入、特殊符号输入、小数点自动输入以及自动键入输入过的数据等。

3.3.1 手动强制换行

在单元格中输入文本和数据之后，如果要强制在某一个数据执行换行输入，可以配合 Alt+Enter 组合键实现。具体步骤如下：

❶ 双击 A1 单元格进入数据编辑状态，将光标放在需要强制换行的位置处，如图 3-33 所示。

❷ 按 Alt+Enter 组合键，即可将光标后的内容强制换到另一行显示，效果如图 3-34 所示。

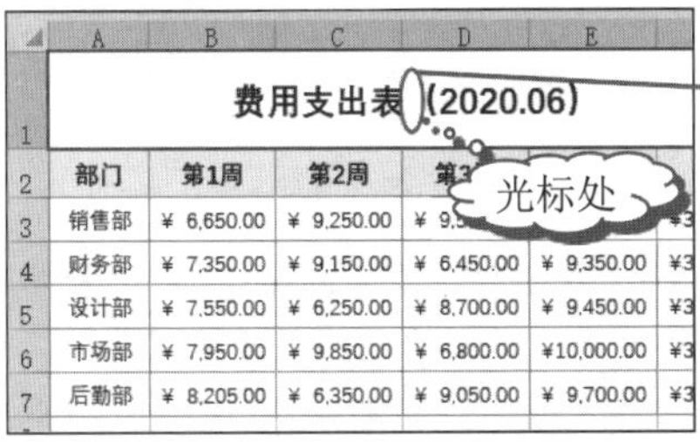

	A	B	C	D	E
1	费用支出表(2020.06)				
2	部门	第1周	第2周	第3	
3	销售部	¥ 6,650.00	¥ 9,250.00	¥ 9.	
4	财务部	¥ 7,350.00	¥ 9,150.00	¥ 6,450.00	¥ 9,350.00
5	设计部	¥ 7,550.00	¥ 6,250.00	¥ 8,700.00	¥ 9,450.00
6	市场部	¥ 7,950.00	¥ 9,850.00	¥ 6,800.00	¥10,000.00
7	后勤部	¥ 8,205.00	¥ 6,350.00	¥ 9,050.00	¥ 9,700.00

图 3-33

	A	B	C	D	E	F
1	费用支出表 (2020.06)					
2	部门	第1周	第2周	第3周	第4周	合计
3	销售部	¥ 6,650.00	¥ 9,250.00	¥ 9,550.00	¥ 9,800.00	¥35,250.00
4	财务部	¥ 7,350.00	¥ 9,150.00	¥ 6,450.00	¥ 9,350.00	¥32,300.00
5	设计部	¥ 7,550.00	¥ 6,250.00	¥ 8,700.00	¥ 9,450.00	¥31,950.00
6	市场部	¥ 7,950.00	¥ 9,850.00	¥ 6,800.00	¥10,000.00	¥34,600.00
7	后勤部	¥ 8,205.00	¥ 6,350.00	¥ 9,050.00	¥ 9,700.00	¥33,305.00

图 3-34

3.3.2 快捷键输入当前日期

如果要快速在表格指定单元格输入当前的日期，可以选中单元格后（A2 单元格），按 Ctrl+; 组合键，即可快速键入计算机当前的日期，如图 3-35 所示。

	A	B	C	D	E	F
1	费用支出表					
2	2020/7/28					
3						
4	销售部	¥ 6,650.00	¥ 9,250.00	¥ 9,550.00	¥ 9,800.00	¥35,250.00
5	财务部	¥ 7,350.00	¥ 9,150.00	¥ 6,450.00	¥ 9,350.00	¥32,300.00
6	设计部	¥ 7,550.00	¥ 6,250.00	¥ 8,700.00	¥ 9,450.00	¥31,950.00
7	市场部	¥ 7,950.00	¥ 9,850.00	¥ 6,800.00	¥10,000.00	¥34,600.00
8	后勤部	¥ 8,205.00	¥ 6,350.00	¥ 9,050.00	¥ 9,700.00	¥33,305.00

图 3-35

3.3.3 百分比输入

已知统计了各部门的费用支出合计，要求计算各部门费用占所有部门费用支出的百分比，可以使用“设置单元格格式”对话框为百分比数值设置小数位数。

❶ 选中要设置数字格式的单元格区域，单击“开始”→“数字”选项组中的“数字格式”按钮（见图 3-36），打开“设置单元格格式”对话框。

❷ 在该对话框中的“数字”选项卡中设置分类为“百分比”，小数位数为“2”，如图 3-37 所示。

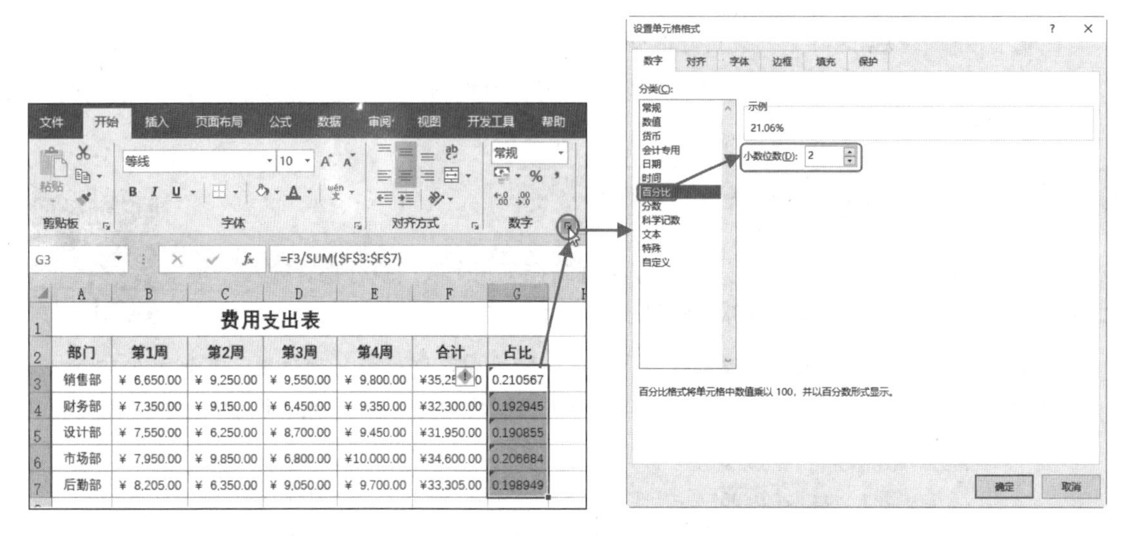

图 3-36　　　　图 3-37

❸ 设置完成后，单击“确定”按钮返回表格，即可看到保留两位小数位数的百分比数字格式，如图 3-38 所示。

	A	B	C	D	E	F	G
1	费用支出表						
2	部门	第1周	第2周	第3周	第4周	合计	占比
3	销售部	¥ 6,650.00	¥ 9,250.00	¥ 9,550.00	¥ 9,800.00	¥35,250.00	21.06%
4	财务部	¥ 7,350.00	¥ 9,150.00	¥ 6,450.00	¥ 9,350.00	¥32,300.00	19.29%
5	设计部	¥ 7,550.00	¥ 6,250.00	¥ 8,700.00	¥ 9,450.00	¥31,950.00	19.09%
6	市场部	¥ 7,950.00	¥ 9,850.00	¥ 6,800.00	¥10,000.00	¥34,600.00	20.67%
7	后勤部	¥ 8,205.00	¥ 6,350.00	¥ 9,050.00	¥ 9,700.00	¥33,305.00	19.89%

图 3-38

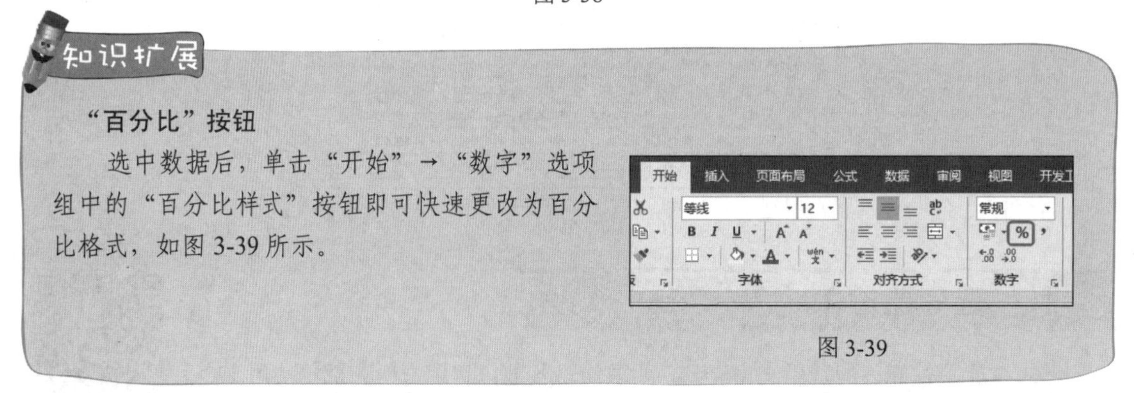

知识扩展

“百分比”按钮

选中数据后，单击“开始”→“数字”选项组中的“百分比样式”按钮即可快速更改为百分比格式，如图 3-39 所示。

图 3-39

3.3.4 分数输入

在单元格中输入 1/2、3/4 这样的分数时，会被自动替换为“1 月 2 日”“3 月 4 日”的日期形式。如果想要实现分数的输入，可以按照下面的步骤进行操作：

❶ 选中要输入分数的单元格区域，打开“设置单元格格式”对话框，在分类列表中选择“分数”选项，在“类型”列表中选择一种分数样式，如：“分母为一位数（1/4）”，如图 3-40 所示，单击“确定”按钮。

❷ 返回工作表中，在设置的单元格中输入 0.5、0.75 时，将显示分数样式为 1/2、3/4。

图 3-40

知识扩展

输入分数的其他技巧

在单元格中，先输入 0，按空格键，接着在半角状态下输入 1/5，按 Enter 键，即可将“0 1/5”转为 1/5。

3.3.5 小数位的快速增加与减少

使用“增加小数位数”和“减少小数位数”功能可以任意增加和减少输入小数的显示位数。

选中输入小数的单元格区域，单击“开始”→“数字”选项组中的“增加小数位数”按钮（见图 3-41），即可增至三位小数位数；单击“减少小数位数”按钮（见图 3-42），即可减少小数位数。

图 3-41

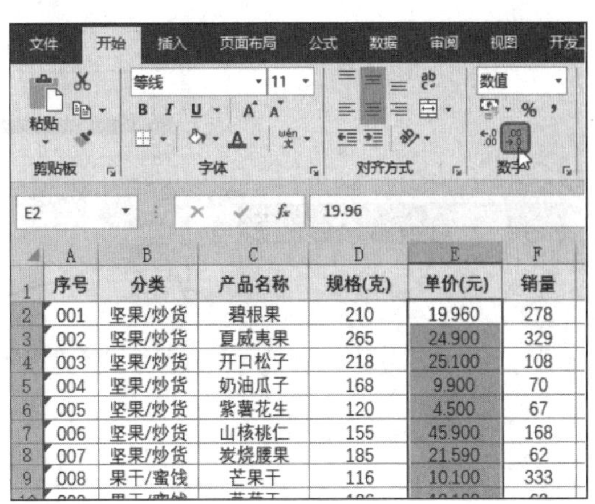

图 3-42

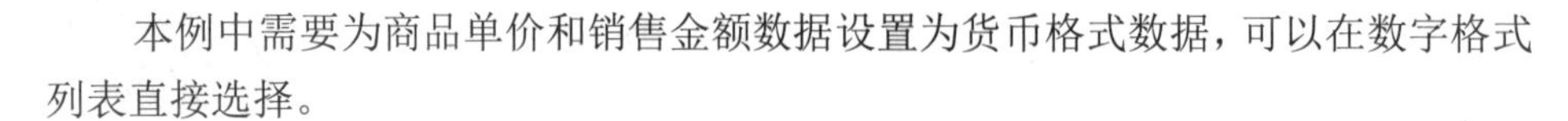

3.3.6 输入货币格式的数据

本例中需要为商品单价和销售金额数据设置为货币格式数据，可以在数字格式列表直接选择。

❶ 选中要设置数值格式的单元格区域，单击“开始”→“数字”选项组中的“数字格式”按钮右侧的向下箭头，在展开的下拉菜单中选择“货币”命令，如图3-43所示。

❷ 单击即可直接更改单元格数据为货币格式，效果如图3-44所示。

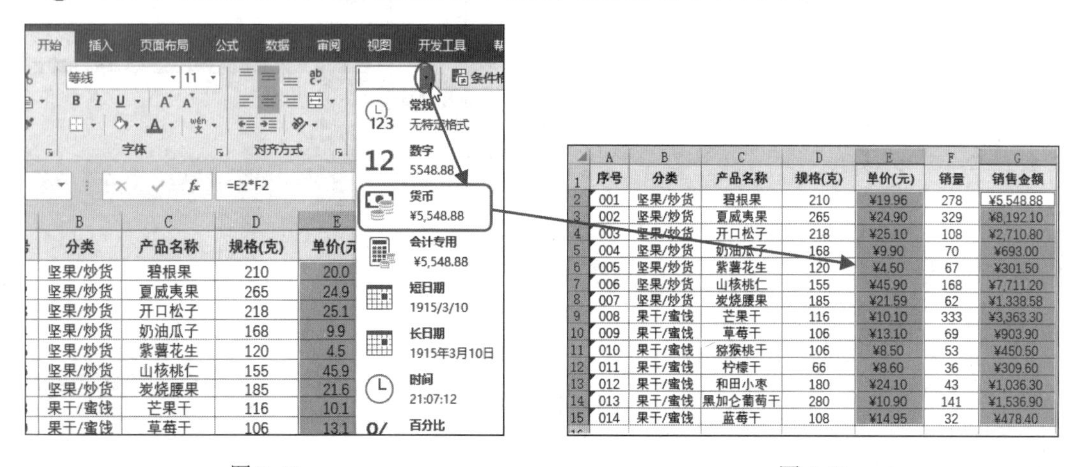

图3-43　　图3-44

3.3.7 输入指数上标

❶ 打开工作表选中需要上标的数值“2”，单击“开始”→“字体”选项组中的“字体格式”按钮，如图3-45所示，打开“设置单元格格式”对话框。

❷ 在“特殊效果”栏下勾选“上标”复选框，如图3-46所示。单击“确定”按钮返回表格，即可看到指数上标效果，如图3-47所示。

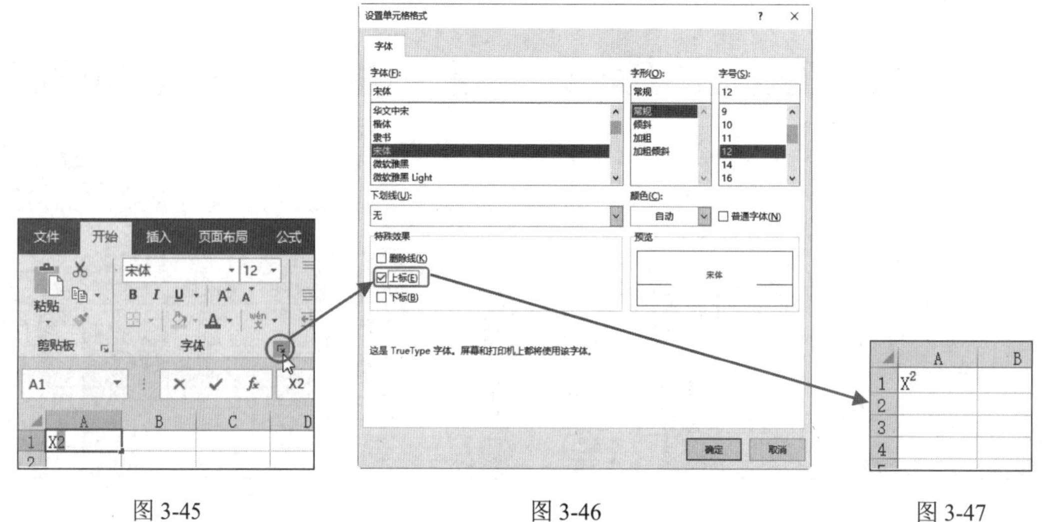

图3-45　　图3-46　　图3-47

3.3.8 输入特殊符号

如果要在表格中输入特殊符号，可以在“符号”对话框中选择相应的符号。

❶ 打开工作表双击需要输入特殊符号的单元格，如 A1，单击“插入”→“符号”选项组中的“符号”按钮（见图 3-48），打开“符号”对话框。

❷ 单击对话框中的特殊符号，如图 3-49 所示。

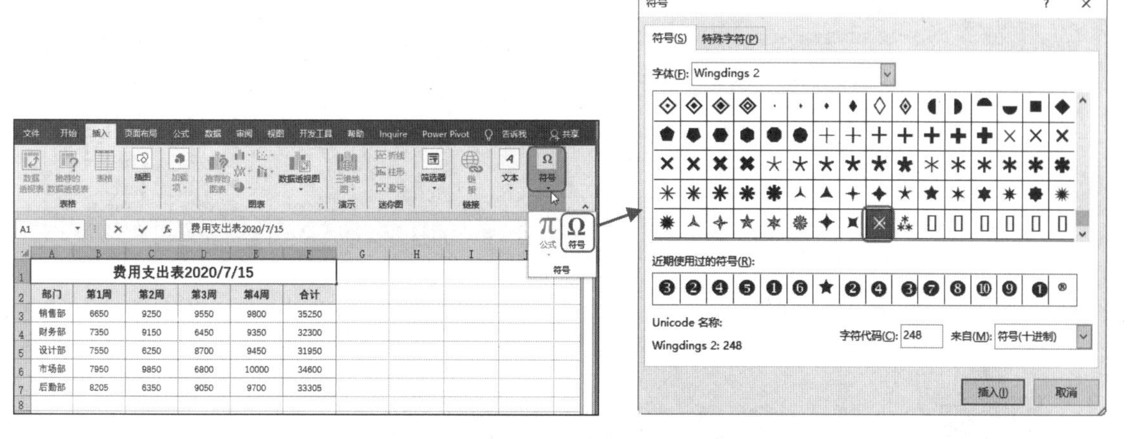

图 3-48　　　　图 3-49

❸ 单击“插入”按钮，即可在指定位置插入特殊符号，效果如图 3-50 所示。

	A	B	C	D	E
1	※费用支出表（2020/7/15）				
2	部门	第1周	第2周	第3周	第4周
3	销售部	6650	9250	9550	9800
4	财务部	7350	9150	6450	9350
5	设计部	7550	6250	8700	9450

图 3-50

3.3.9 记忆式键入

如果启用了记忆式键入功能，那么在输入之前已经输入过的内容时则会自动输入剩下的部分，直接按回车键即可快速输入数据。

❶ 打开工作表后，单击“文件”→“选项”命令，打开“Excel 选项”对话框。切换至“高级”分类，在右侧勾选“编辑选项”栏下的“为单元格值启用记忆式键入”复选框，如图 3-51 所示。

❷ 设置完成后，单击“确定”按钮返回表格中，在 C7 单元格中输入“碧”，可以看到右侧自动输入剩余的数据，效果如图 3-52 所示。按回车键即可快速键入数据。

图 3-51

	A	B	C
1	序号	分类	产品名称
2	001	坚果/炒货	碧根果
3	002	坚果/炒货	夏威夷果
4	003	坚果/炒货	开口松子
5	004	坚果/炒货	奶油瓜子
6	005	坚果/炒货	紫薯花生
7	006	坚果/炒货	碧根果
8	007	坚果/炒货	炭烧腰果
9	008	果干/蜜饯	芒果干

图 3-52

3.4 输入自定义数据

虽然 Excel 为用户提供了大量的数字格式，但是还有许多用户因为工作、学习方面的特殊要求，需要使用一些 Excel 未提供的数字格式，这时我们就利用 Excel 的自定义数字格式功能来帮助实现这些特殊要求。再运用自定义数字格式之前需要了解一下常用的占位符，如表 3-1 所示为各种占位符的具体说明。

表 3-1 各种占位符格式及具体说明

格　式	具体说明
G/通用格式	以常规的数字显示，相当于“分类”列表中的“常规”选项
#	数字占位符。它只显示有意义的零而不显示无意义的零。例如：代码“###.##”；12.1 显示为 12.10；12.1263 显示为 12.13
0	数字占位符。如果单元格的内容大于占位符，则显示实际数字，如果小于占位符的数量，则用 0 补足。代码“00000”，123 显示为 00123
@	文本占位符，如果只使用单个@，作用是引用原始文本，要在输入数字数据之后自动添加文本，使用自定义格式为：“文本内容”@；要在输入数字数据之前自动添加文本，使用自定义格式为：@“文本内容”。@符号的位置决定了 Excel 输入的数字数据相对于添加文本的位置。如果使用多个@，则可以重复文本
*	重复下一次字符，直到充满列宽。例如：代码“@*-”。“ABC”显示为“ABC------------------”，可用于仿真密码保护：代码“**;**;**;**”，123 显示为“************”

（续表）

格　　式	具体说明
,	千位分隔符
\	显示下一个字符。和"" ""用途相同都是显示输入的文本，且输入后会自动转变为双引号表达。例如代码"人民币"#,##0,,"百万""，与"\人民币 #,##0,,\百万"，输入1234567890 显示为"人民币 1,235 百万"
?	数字占位符。在小数点两边为无意义的 0 添加空格，以便当按固定宽度时，小数点可对齐，另外还用于对不等到长数字的分数
颜色	颜色：用指定的颜色显示字符。有八种颜色可选：红色、黑色、黄色，绿色、白色、蓝色、青色和洋红 例如：代码"[青色];[红色];[黄色];[蓝色]"（注意这里使用的分号分割符必须要在英文状态下输入才有效）。显示结果正数为青色，负数显示红色，0 显示黄色，文本则显示为蓝色 [颜色 N]：是调用调色板中颜色，N 是 0~56 之间的整数 例如：代码"[颜色 3]"。单元格显示的颜色为调色板上第 3 种颜色
条件	条件格式化只限于使用三个条件，其中两个条件是明确的，另一个是"所有的其他"。条件要放到方括号中。必须进行简单的比较。例如：代码"[>0]"正数"; [=0]"零"; "负数""。显示结果是单元格数值大于 0 显示正数，等于 0 显示零，小于 0 显示负数
!	显示"""。由于引号是代码常用的符号。在单元格中是无法用""""来显示""" 的。要想显示出来，必须在前面加入"!"
时间和日期代码	"YYYY"或"YY"：按四位（1900~9999）或两位（00~99）显示年；"MM"或"M"：以两位（01~12）或一位（1~12）表示月；"DD"或"D"：以两位（01~31）或一位（1-31）来表示天。例如：代码"YYYY.MM.DD"。2017 年 1 月 10 日显示为"2017.01.10"

3.4.1 为数据批量添加重量单位

本例表格统计了所有商品的规格型号，下面需要在规格数据右侧统一添加重量单位："克"。这里使用"G/通用格式"。

❶ 选中要设置数值格式的单元格区域，单击"开始"→"数字"选项组中的"数字格式"按钮（见图 3-53），打开"设置单元格格式"对话框。

❷ 在该对话框的"数字"选项卡中设置为"自定义"分类，再设置"类型"为"G/通用格式"克""，如图 3-54 所示。

❸ 设置完成后，单击"确定"按钮返回表格，即可看到统一添加的重量单位，如图 3-55 所示。

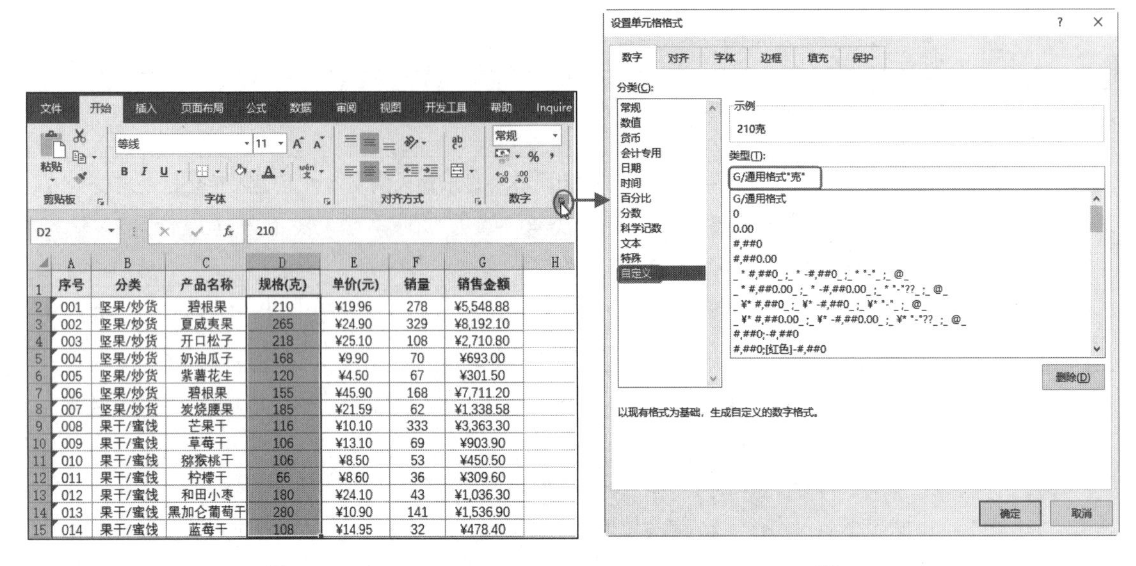

图 3-53　　　　图 3-54

	A	B	C	D
1	序号	分类	产品名称	规格(克)
2	001	坚果/炒货	碧根果	210克
3	002	坚果/炒货	夏威夷果	265克
4	003	坚果/炒货	开口松子	218克
5	004	坚果/炒货	奶油瓜子	168克
6	005	坚果/炒货	紫薯花生	120克
7	006	坚果/炒货	碧根果	155克
8	007	坚果/炒货	炭烧腰果	185克
9	008	果干/蜜饯	芒果干	116克
10	009	果干/蜜饯	草莓干	106克
11	010	果干/蜜饯	猕猴桃干	106克
12	011	果干/蜜饯	柠檬干	66克
13	012	果干/蜜饯	和田小枣	180克
14	013	果干/蜜饯	黑加仑葡萄干	280克
15	014	果干/蜜饯	蓝莓干	108克

图 3-55

3.4.2 让数据的重复部分自动输入

本例表格中在输入应聘职位编号时，前半部分的字母和符号是固定不动的，比如：NL20-，后面的数字是职位代码。为了提高职位代码的输入速度，可以设置自定义数字格式实现数据重复部分的自动输入，本例需要使用“@”文本占位符。

❶ 选中要设置数值格式的单元格区域，单击“开始”→“数字”选项组中的“数字格式”按钮（见图 3-56），打开“设置单元格格式”对话框。

❷ 在该对话框的“数字”选项卡中选择“自定义”分类，再设置“类型”为“"NL20-"@”，如图 3-57 所示。

❸ 设置完成后，单击“确定”按钮返回表格，在单元格中只需输入数字（见图 3-58）后按回车键，即可自动输入前面重复的部分，如图 3-59 所示。

图 3-56　　　　图 3-57

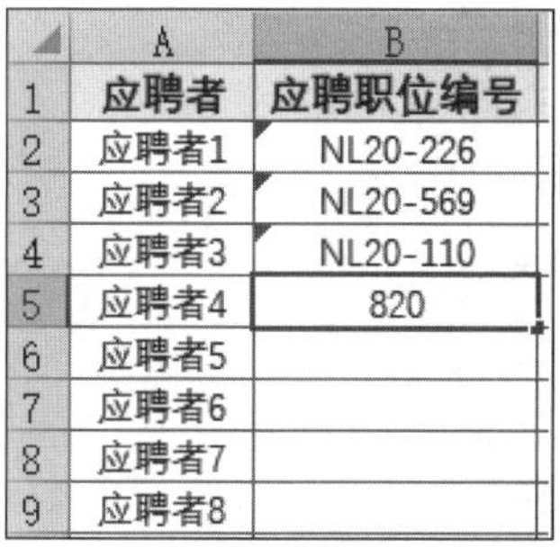

	A	B
1	应聘者	应聘职位编号
2	应聘者1	NL20-226
3	应聘者2	NL20-569
4	应聘者3	NL20-110
5	应聘者4	820
6	应聘者5	
7	应聘者6	
8	应聘者7	
9	应聘者8	

图 3-58

	A	B	C	D
1	应聘者	应聘职位编号	笔试	面试
2	应聘者1	NL20-226	不合格	合格
3	应聘者2	NL20-569	合格	合格
4	应聘者3	NL20-110	合格	合格
5	应聘者4	NL20-820	合格	合格
6	应聘者5		合格	合格
7	应聘者6		不合格	合格
8	应聘者7		合格	合格
9	应聘者8		合格	不合格
10	应聘者9		合格	合格

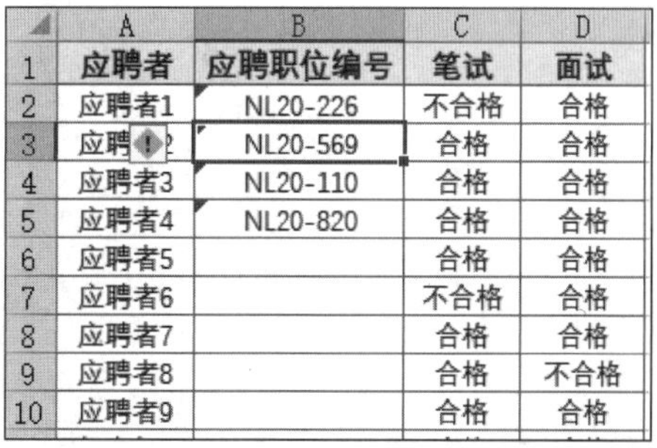

图 3-59

3.4.3 设置日期和时间同时显示的格式

本例中需要在“来访时间”列中输入指定格式的日期和时间，从而方便对来访记录的管理，具体设置步骤如下：

❶ 选中要设置数值格式的单元格区域，单击“开始”→“数字”选项组中的“数字格式”按钮（见图 3-60），打开“设置单元格格式”对话框。

❷ 在该对话框的“数字”选项卡中选择“自定义”分类，再设置“类型”为“m"月"d"日" hh:mm”，如图 3-61 所示。

❸ 设置完成后，单击“确定”按钮返回表格，输入日期和时间后按回车键，即可返回自定义的时间格式，如图 3-62 所示。

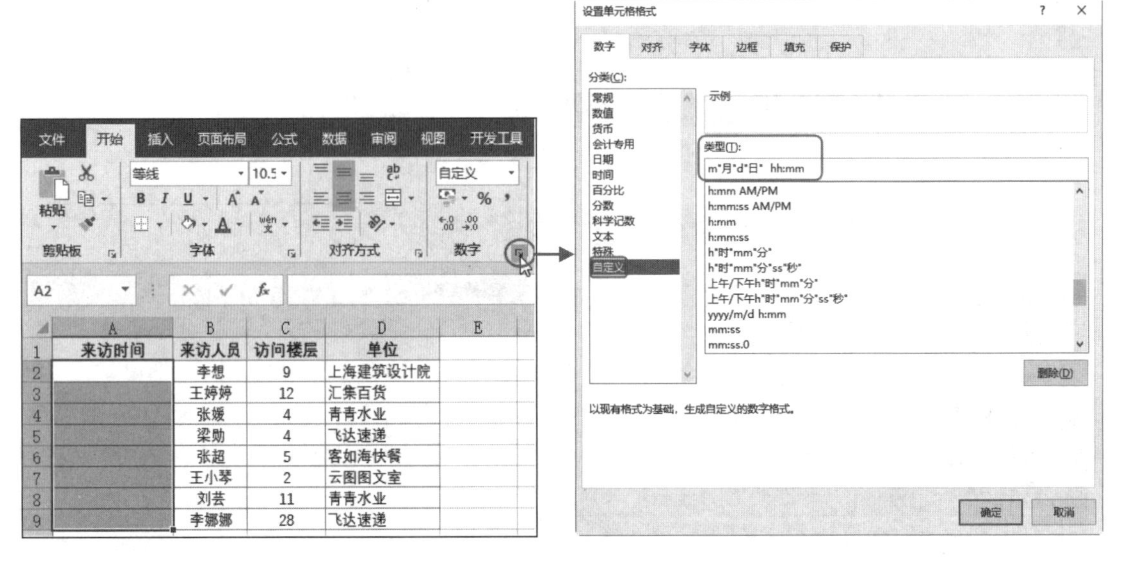

图 3-60　　　　图 3-61

A4　　2020/7/2 9:20:00

	A	B	C	D
1	来访时间	来访人员	访问楼层	单位
2	7月1日 12:00	李想	9	上海建筑设计院
3	7月2日 13:25	王婷婷	12	汇集百货
4	7月2日 09:20	张媛	4	青青水业
5	7月15日 14:00	梁勋	4	飞达速递
6	7月16日 10:00	张超	5	客如海快餐
7	7月22日 11:15	王小琴	2	云图图文室
8	7月22日 12:30	刘芸	11	青青水业
9	7月24日 17:00	李娜娜	28	飞达速递

图 3-62

3.5 导入外部数据

Excel 导入外部数据功能可以使数据的获取更加高效，Excel 2019 外部数据的几种导入类型有导入文本类数据、网站类数据、数据库类等数据。本节着重介绍如何导入文本文件数据以及从网页上导入数据。

3.5.1 导入文本数据

在日常工作中经常会遇到需要用 Excel 处理的数据被存放在其他格式的文件中，比如待处理的数据存放在文本文件中（见图 3-63）。若手动重新输入则既费时又费力。这时就可以利用 Excel 的外部数据导入功能来迅速导入这些数据，从而提高工作效率。

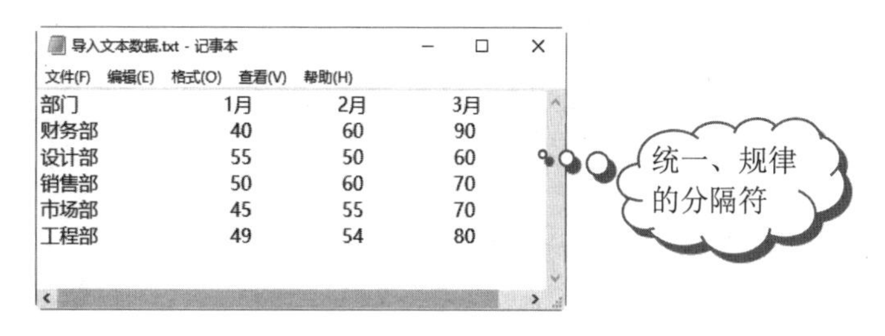

部门	1月	2月	3月
财务部	40	60	90
设计部	55	50	60
销售部	50	60	70
市场部	45	55	70
工程部	49	54	80

图 3-63

❶ 打开工作表，单击“数据”→“获取和转换数据”选项组中的“从文本/CSV”按钮（见图 3-64），打开“导入数据”对话框。

❷ 选中要导入的文本文件，如图 3-65 所示。

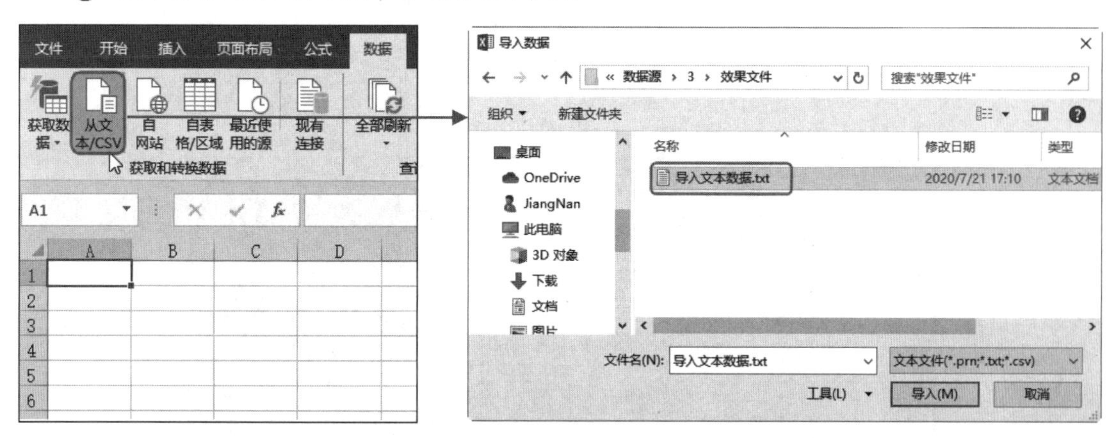

图 3-64　　　　图 3-65

❸ 单击“导入”按钮即可打开“导入文本数据”对话框。此时可以看到导入的效果，单击“转换数据”按钮即可，如图 3-66 所示。

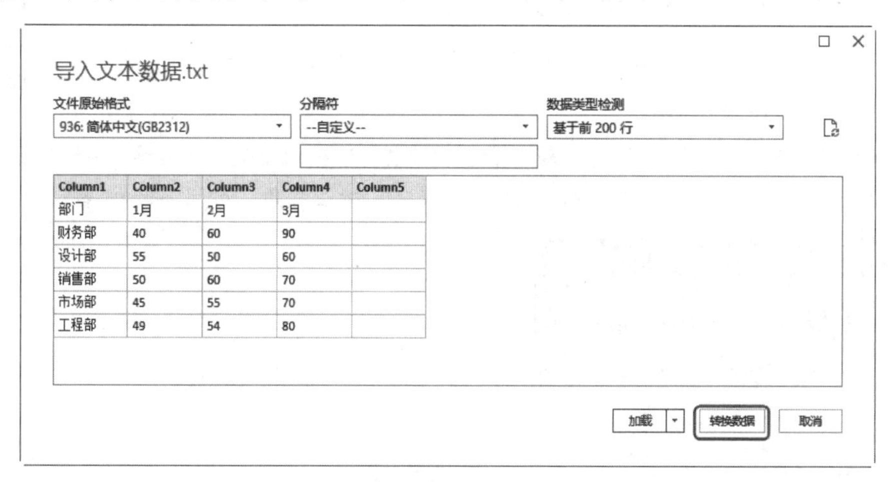

Column1	Column2	Column3	Column4	Column5
部门	1月	2月	3月	
财务部	40	60	90	
设计部	55	50	60	
销售部	50	60	70	
市场部	45	55	70	
工程部	49	54	80	

图 3-66

❹ 进入导入文本数据界面后，单击“关闭并上载”按钮，如图 3-67 所示。

❺ 完成后返回表格即可看到导入文本数据后的效果，如图 3-68 所示。

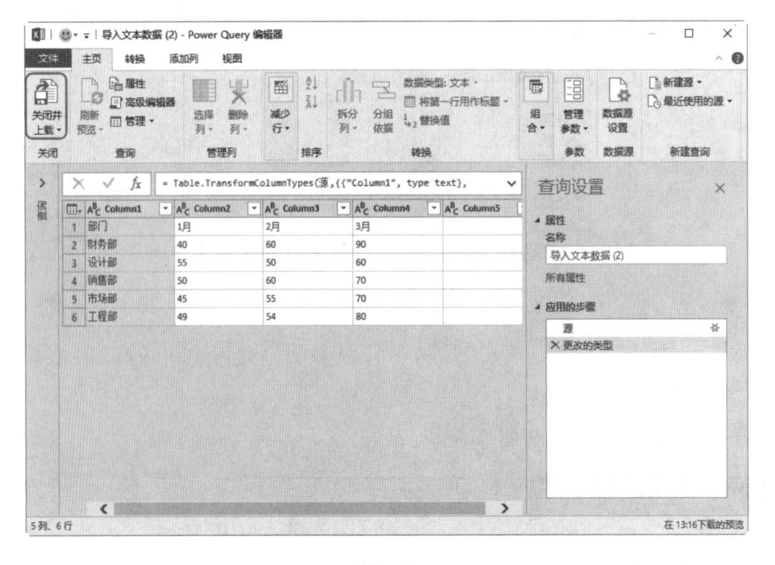

图 3-67

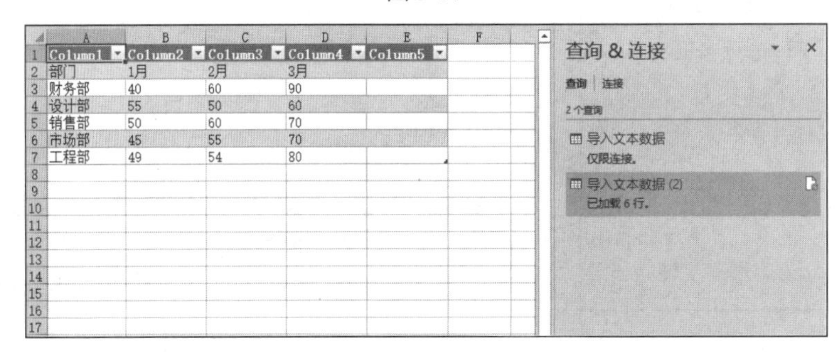

图 3-68

3.5.2 导入网页中的表格数据

在 Excel 2019 中可以直接将网页中的数据提取到表格中，下面介绍如何将网页中的表格数据导入到 Excel 中。

❶ 打开工作表，单击“数据”→“获取和转换数据”选项组中的“自网站”按钮（见图 3-69），打开“从 Web”对话框，如图 3-70 所示。单击“确定”按钮打开“访问 Web 内容”对话框。

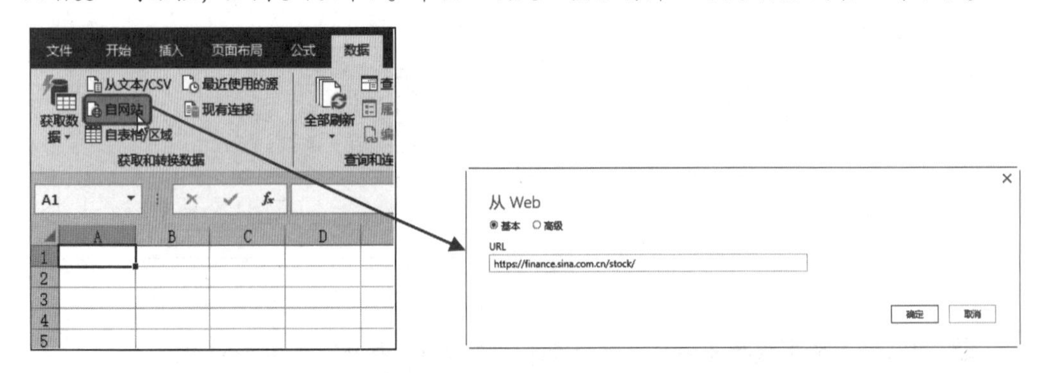

图 3-69　　图 3-70

❷ 继续单击“连接”按钮（见图 3-71），即可弹出“正在连接”提示框，如图 3-72 所示。

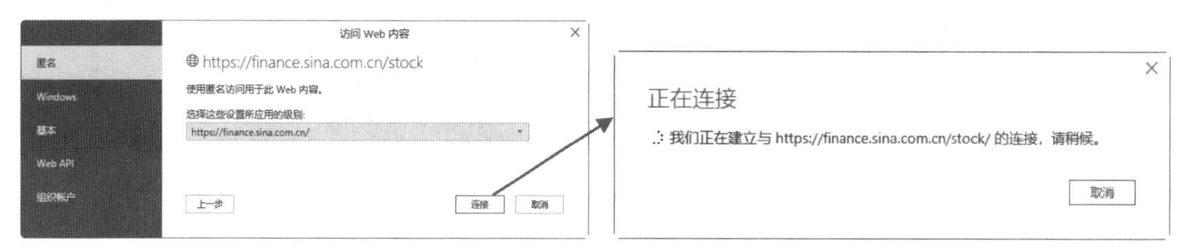

图 3-71　　　　图 3-72

❸ 稍等片刻，即可打开“导航器”对话框，在该对话框左侧列表中显示了网页中的所有表格项。单击“Document”链接即可在右侧显示该链接对应的表格，如图 3-73 所示。

图 3-73

❹ 继续单击“Table0”链接即可在右侧显示该链接对应的表格，如图 3-74 所示。

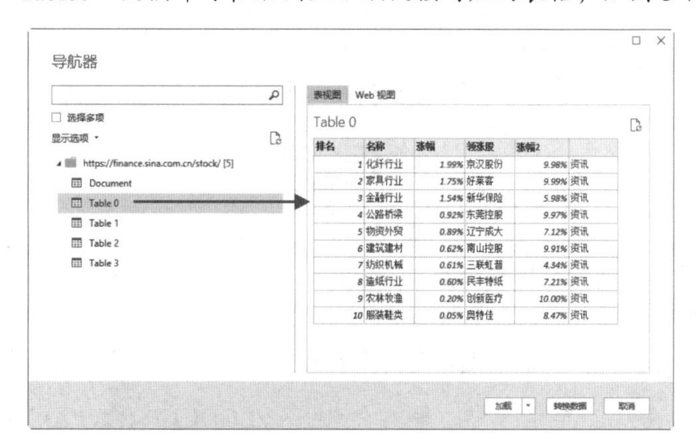

图 3-74

❺ 然后单击“转换数据”按钮返回表格中，会提示正在获取数据，如图 3-75 所示。最终导入的网页数据如图 3-76 所示。

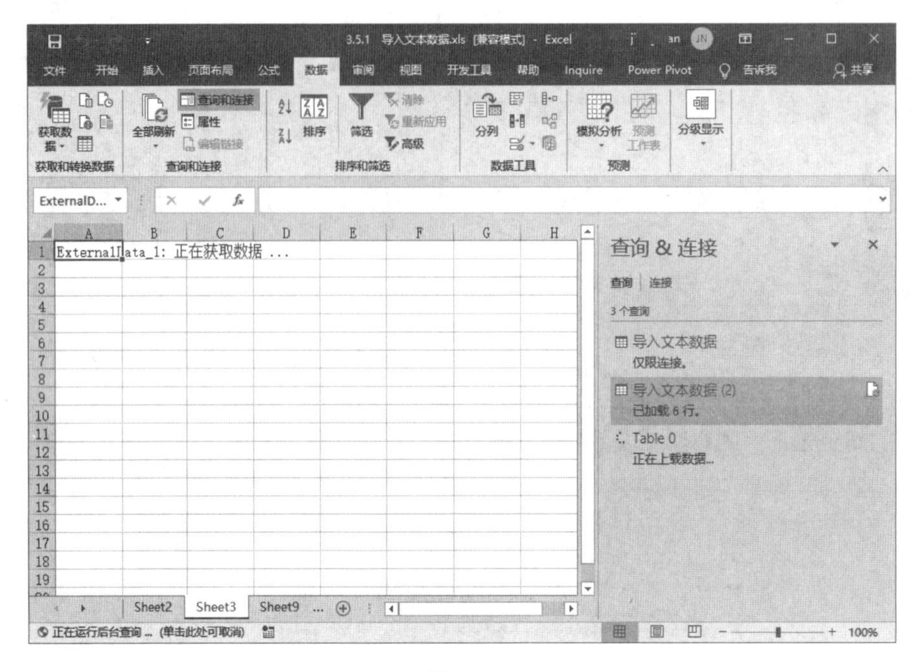

图 3-75

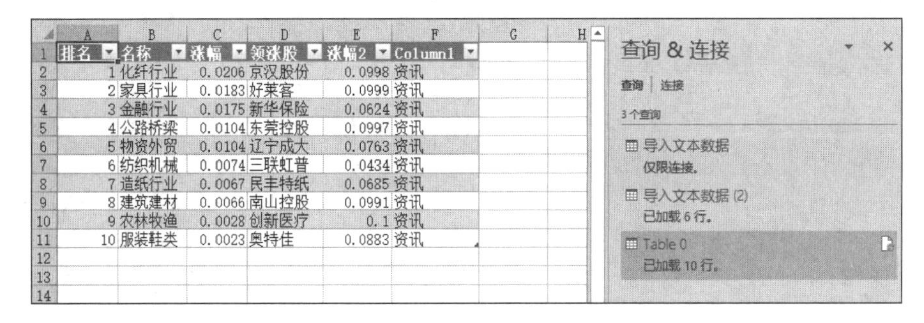

排名	名称	涨幅	领涨股	涨幅2	Column1
1	化纤行业	0.0206	京汉股份	0.0998	资讯
2	家具行业	0.0183	好莱客	0.0999	资讯
3	金融行业	0.0175	新华保险	0.0624	资讯
4	公路桥梁	0.0104	东莞控股	0.0997	资讯
5	物资外贸	0.0104	辽宁成大	0.0763	资讯
6	纺织机械	0.0074	三联虹普	0.0434	资讯
7	造纸行业	0.0067	民丰特纸	0.0685	资讯
8	建筑建材	0.0066	南山控股	0.0991	资讯
9	农林牧渔	0.0028	创新医疗	0.1	资讯
10	服装鞋类	0.0023	奥特佳	0.0883	资讯

图 3-76

3.6 使用 VLOOKUP 函数自动匹配数据

已知表格中统计了近两年商场各种商品的销售额，需要使用 VLOOKUP 函数根据指定查询条件匹配对应的数据。

在表格中输入文本之后，下面需要将所有文本设置为水平居中对齐方式。

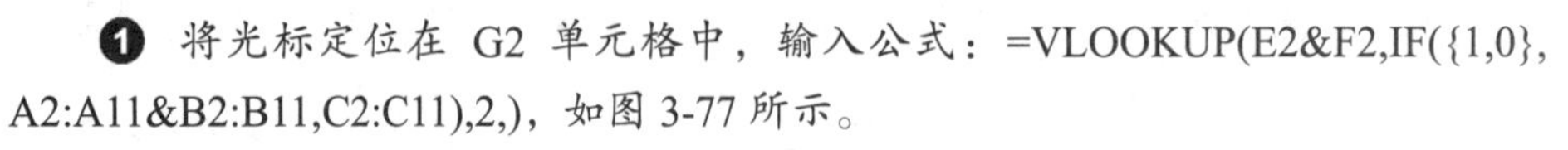

❶ 将光标定位在 G2 单元格中，输入公式：=VLOOKUP(E2&F2,IF({1,0},A2:A11&B2:B11,C2:C11),2,)，如图 3-77 所示。

❷ 按 Ctrl+Shift+Enter 组合键，即可返回匹配的销售额，如图 3-78 所示。

❸ 更改要查询的商品类目和年份，即可再次得到匹配的数据，如图 3-79 所示。

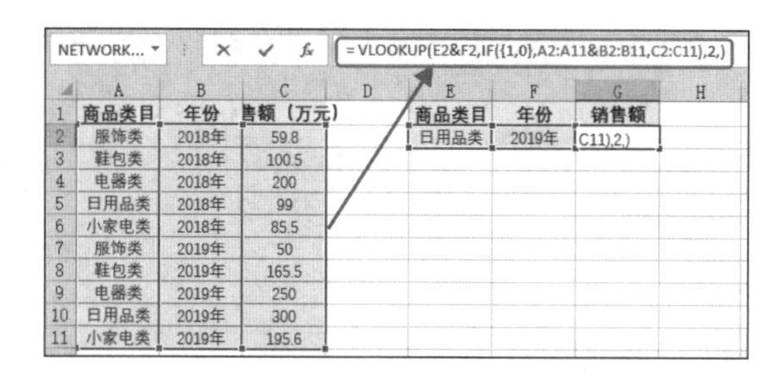

图 3-77

	A	B	C	D	E	F	G
1	商品类目	年份	售额（万元）		商品类目	年份	销售额
2	服饰类	2018年	59.8		日用品类	2019年	300
3	鞋包类	2018年	100.5				
4	电器类	2018年	200				
5	日用品类	2018年	99				
6	小家电类	2018年	85.5				
7	服饰类	2019年	50				
8	鞋包类	2019年	165.5				
9	电器类	2019年	250				
10	日用品类	2019年	300				
11	小家电类	2019年	195.6				

图 3-78

	A	B	C	D	E	F	G
1	商品类目	年份	售额（万元）		商品类目	年份	销售额
2	服饰类	2018年	59.8		电器类	2018年	200
3	鞋包类	2018年	100.5				
4	电器类	2018年	200				
5	日用品类	2018年	99				
6	小家电类	2018年	85.5				
7	服饰类	2019年	50				
8	鞋包类	2019年	165.5				
9	电器类	2019年	250				
10	日用品类	2019年	300				
11	小家电类	2019年	195.6				

图 3-79

3.7 综合实例

3.7.1 案例 4：会计报表中显示中文大写金额

❶ 打开工作表并选中 C6 单元格，单击“开始”→“数字”选项组中的“数字格式”按钮，如图 3-80 所示，打开“设置单元格格式”对话框。

❷ 在该对话框的“数字”选项卡中选择“特殊”分类，将“类型”设置为“中文大写数字”，如图 3-81 所示。

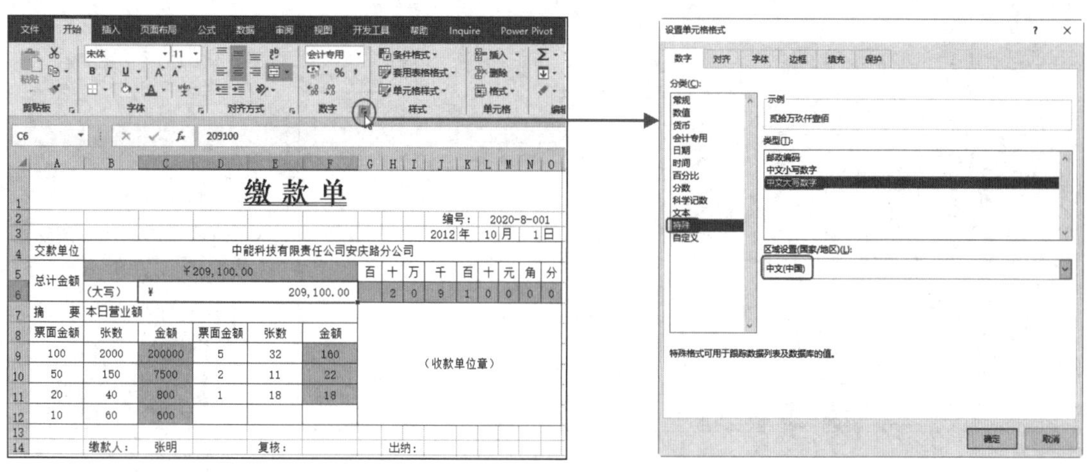

图 3-80

图 3-81

❸ 设置完成后，单击“确定”按钮返回表格，即可看到指定单元格中的金额显示为中文大写金额，如图3-82所示。

缴款单

								编号：	2020-8-001				
							2012	年	10	月	1	日	
交款单位	中能科技有限责任公司安庆路分公司												
总计金额	￥209,100.00				百	十	万	千	百	十	元	角	分
	（大写）	贰拾万玖仟壹佰				2	0	9	1	0	0	0	0
摘　　要	本日营业额												
票面金额	张数	金额	票面金额	张数	金额								
100	2000	200000	5	32	160	（收款单位章）							
50	150	7500	2	11	22								
20	40	800	1	18	18								
10	60	600											
	缴款人：	张明		复核：		出纳：							

图3-82

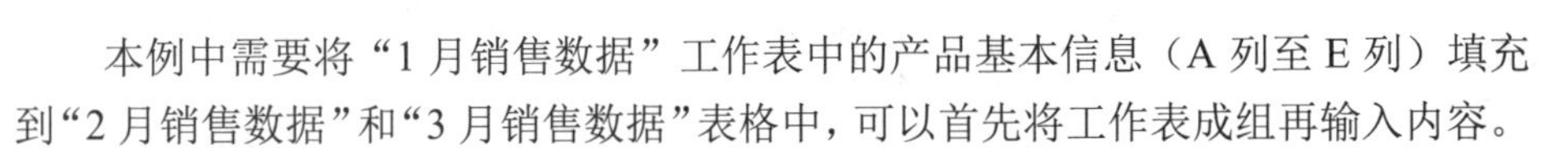

3.7.2 案例5：批量建立多表格的相同数据

本例中需要将“1月销售数据”工作表中的产品基本信息（A列至E列）填充到“2月销售数据”和“3月销售数据”表格中，可以首先将工作表成组再输入内容。

❶ 在“1月销售数据”表中选中要填充的目标数据，然后同时选中“1月销售数据”“2月销售数据”和“3月销售数据”表，然后依次单击“开始”→“编辑”→“填充”→“至同组工作表”命令（见图3-83），打开“填充成组工作表”对话框。在该对话框中单击“全部”单选按钮，如图3-84所示。

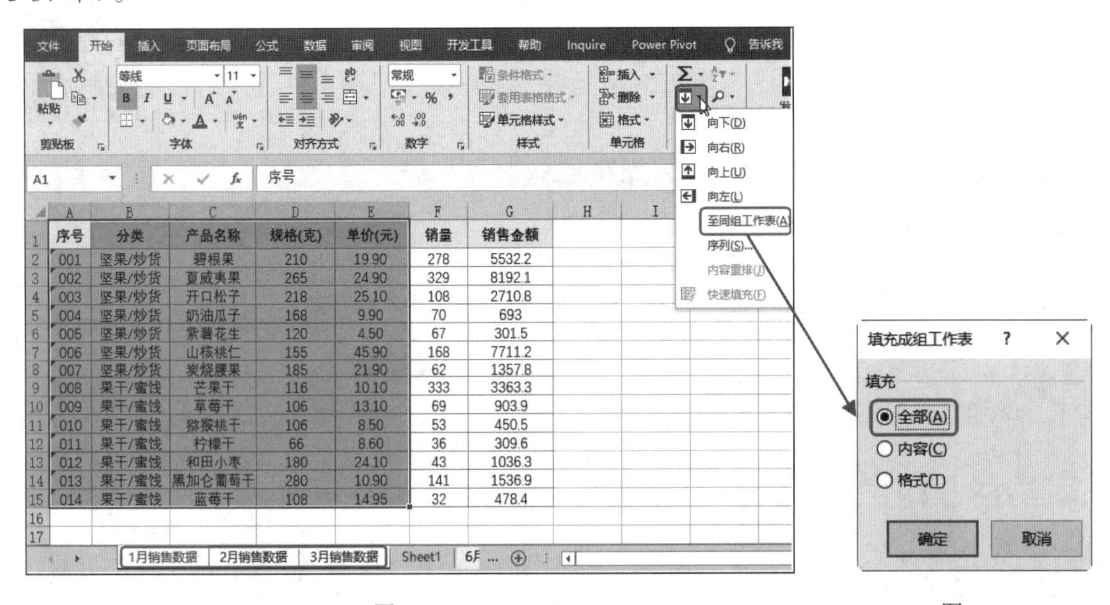

序号	分类	产品名称	规格(克)	单价(元)	销量	销售金额
001	坚果/炒货	碧根果	210	19.90	278	5532.2
002	坚果/炒货	夏威夷果	265	24.90	329	8192.1
003	坚果/炒货	开口松子	218	25.10	108	2710.8
004	坚果/炒货	奶油瓜子	168	9.90	70	693
005	坚果/炒货	紫薯花生	120	4.50	67	301.5
006	坚果/炒货	山核桃仁	155	45.90	168	7711.2
007	坚果/炒货	炭烧腰果	185	21.90	62	1357.8
008	果干/蜜饯	芒果干	116	10.10	333	3363.3
009	果干/蜜饯	草莓干	106	13.10	69	903.9
010	果干/蜜饯	猕猴桃干	106	8.50	53	450.5
011	果干/蜜饯	柠檬干	66	8.60	36	309.6
012	果干/蜜饯	和田小枣	180	24.10	43	1036.3
013	果干/蜜饯	黑加仑葡萄干	280	10.90	141	1536.9
014	果干/蜜饯	蓝莓干	108	14.95	32	478.4

图3-83　　　　　　图3-84

❷ 设置完成后，单击“确定”按钮，即可将选择的单元格区域内容复制到“2 月销售数据”和“3 月销售数据”表格中，效果如图 3-85、图 3-86 所示。

	A	B	C	D	E
1	序号	分类	产品名称	规格(克)	单价(元)
2	001	坚果/炒货	碧根果	210	19.90
3	002	坚果/炒货	夏威夷果	265	24.90
4	003	坚果/炒货	开口松子	218	25.10
5	004	坚果/炒货	奶油瓜子	168	9.90
6	005	坚果/炒货	紫薯花生	120	4.50
7	006	坚果/炒货	山核桃仁	155	45.90
8	007	坚果/炒货	炭烧腰果	185	21.90
9	008	果干/蜜饯	芒果干	116	10.10
10	009	果干/蜜饯	草莓干	106	13.10
11	010	果干/蜜饯	猕猴桃干	106	8.50
12	011	果干/蜜饯	柠檬干	66	8.60
13	012	果干/蜜饯	和田小枣	180	24.10
14	013	果干/蜜饯	加仑葡萄	280	10.90
15	014	果干/蜜饯	蓝莓干	108	14.95
16					

1月销售数据 | 2月销售数据 | 3月销售数据

图 3-85

	A	B	C	D	E
1	序号	分类	产品名称	规格(克)	单价(元)
2	001	坚果/炒货	碧根果	210	19.90
3	002	坚果/炒货	夏威夷果	265	24.90
4	003	坚果/炒货	开口松子	218	25.10
5	004	坚果/炒货	奶油瓜子	168	9.90
6	005	坚果/炒货	紫薯花生	120	4.50
7	006	坚果/炒货	山核桃仁	155	45.90
8	007	坚果/炒货	炭烧腰果	185	21.90
9	008	果干/蜜饯	芒果干	116	10.10
10	009	果干/蜜饯	草莓干	106	13.10
11	010	果干/蜜饯	猕猴桃干	106	8.50
12	011	果干/蜜饯	柠檬干	66	8.60
13	012	果干/蜜饯	和田小枣	180	24.10
14	013	果干/蜜饯	黑加仑葡萄干	280	10.90
15	014	果干/蜜饯	蓝莓干	108	14.95
16					

1月销售数据 | 2月销售数据 | 3月销售数据

图 3-86

第4章 数据的编辑与智能限制

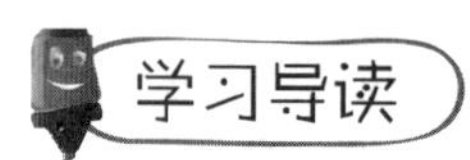

学习导读

在表格中完成数据的录入之后，下一步需要对数据进行编辑和限制输入设置。用户可以使用定位功能以及数据验证等功能实现设置。

学习要点

- 复制粘贴、选取和定位数据。
- 数据的查找和替换。
- 数据输入验证设置。

4.1 复制和粘贴数据

数据粘贴和复制在表格数据处理中的应用非常广泛，在日常工作学习中经常需要将同一工作簿之间或者不同工作簿之间的数据执行复制和粘贴。而数据粘贴选项也有很多种，比如只粘贴数据不保留原先的格式（字体格式、边框、填充效果等）；只粘贴格式不保留数据；直接将原先的数据和格式一并粘贴过来使用等。

而“选择性”粘贴不但具备这些常用的功能，而且还可以执行“加减乘除”运算（本章案例8还会介绍一个应用实例），本节都会通过例子具体介绍选择性粘贴的使用方法，让数据处理变得更简单。

4.1.1 粘贴为数值

本例中需要将指定单元格的数据全部复制到连续单元格区域中，可以设置粘贴选项为“值”。

❶ 选中B9单元格并按Ctrl+C组合键执行复制，然后选中B10:B15单元格区域并右击，在弹出的快捷菜单中单击“粘贴选项”栏下的“值”选项，如图4-1所示。

❷ 单击后即可粘贴为数值形式，实现数据的快速复制与粘贴，效果如图 4-2 所示。

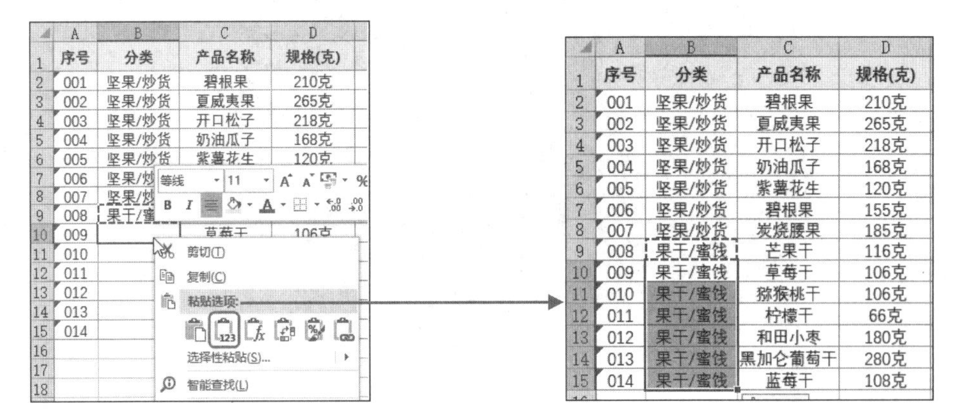

图 4-1　　　　　　　　　　　　图 4-2

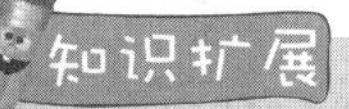

知识扩展

快捷键

执行复制后，也可以直接在需要粘贴的区域按 Ctrl+V 组合键，直接复制数据和单元格格式。

4.1.2 粘贴数据时列宽不变

表格有默认的行高和列宽，如果输入的文本数据过长，会导致无法在单元格中显示所有内容。这时会通过调整行高和列宽让表格显示更加规范，但是在执行复制和粘贴后会发现，粘贴后的内容不会应用表格原先的列宽，下面将介绍如何在粘贴数据时能保持原列宽。

❶ 选中要复制的单元格区域并执行复制命令，如图 4-3 所示。

❷ 切换至要粘贴到的工作表，在“开始”→“剪贴板”选项组中单击“粘贴”按钮的向下箭头，在展开的下拉菜单中选择“保留原列宽”命令，如图 4-4 所示。

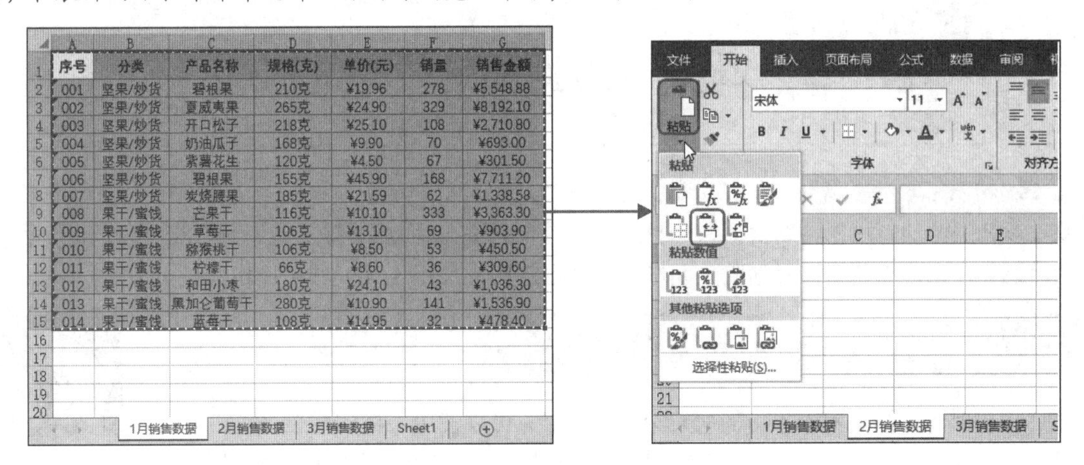

图 4-3　　　　　　　　　　　　图 4-4

❸ 单击后即可保留表格原列宽，并粘贴到新表格的指定位置，如图 4-5 所示。

序号	分类	产品名称	规格(克)	单价(元)	销量	销售金额
001	坚果/炒货	碧根果	210克	¥19.96	278	¥5,548.88
002	坚果/炒货	夏威夷果	265克	¥24.90	329	¥8,192.10
003	坚果/炒货	开口松子	218克	¥25.10	108	¥2,710.80
004	坚果/炒货	奶油瓜子	168克	¥9.90	70	¥693.00
005	坚果/炒货	紫薯花生	120克	¥4.50	67	¥301.50
006	坚果/炒货	碧根果	155克	¥45.90	168	¥7,711.20
007	坚果/炒货	炭烧腰果	185克	¥21.59	62	¥1,338.58
008	果干/蜜饯	芒果干	116克	¥10.10	333	¥3,363.30
009	果干/蜜饯	草莓干	106克	¥13.10	69	¥903.90
010	果干/蜜饯	猕猴桃干	106克	¥8.50	53	¥450.50
011	果干/蜜饯	柠檬干	66克	¥8.60	36	¥309.60
012	果干/蜜饯	和田小枣	180克	¥24.10	43	¥1,036.30
013	果干/蜜饯	黑加仑葡萄干	280克	¥10.90	141	¥1,536.90
014	果干/蜜饯	蓝莓干	108克	¥14.95	32	¥478.40

1月销售数据　2月销售数据　3月销售数据　Sheet1

图 4-5

4.1.3 粘贴数据时去掉边框线条

如果需要在粘贴表格数据时去掉边框线，可以使用“无边框”粘贴选项。

选中要复制的单元格区域并执行复制命令，切换至要粘贴的工作表，在“开始”→“剪贴板”选项组中单击“粘贴”按钮的向下箭头，在展开的下拉菜单中选择“无边框”命令即可，如图 4-6 所示。

图 4-6

4.2 数据的定位与选取

编辑表格时经常需要选取部分数据单独操作，或者快速定位某些连续或者不连续的单元格区域。Excel 定位功能可以帮助我们快速找到想要的单元格，从而显著提高效率和数据处理的准确性，除此之外，还可以使用鼠标选取单元格、名称框选取大片不连续区域单元格。

4.2.1 一次性定位所有空白单元格

如果要一次性选中表格中的所有空白单元格，可以使用表格的定位功能。定位空白单元格后，可以一次性删除空格，也可以一次性在空白单元格中输入相同内容。

❶ 打开工作表，单击“开始”→“编辑”选项组中“查找和选择”按钮的向下箭头，在展开的下拉菜单中选择“定位条件”命令（见图 4-7），打开“定位条件”对话框。

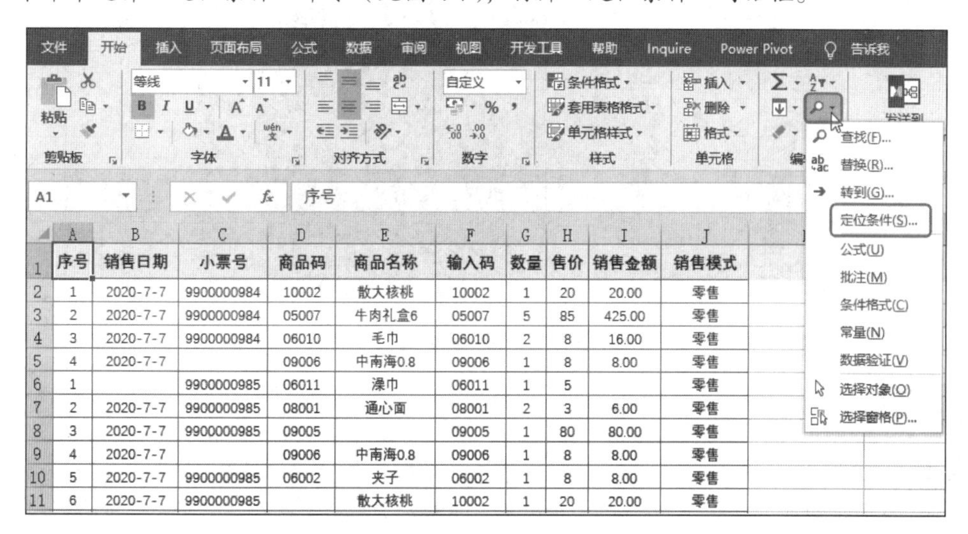

序号	销售日期	小票号	商品码	商品名称	输入码	数量	售价	销售金额	销售模式
1	2020-7-7	9900000984	10002	散大核桃	10002	1	20	20.00	零售
2	2020-7-7	9900000984	05007	牛肉礼盒6	05007	5	85	425.00	零售
3	2020-7-7	9900000984	06010	毛巾	06010	2	8	16.00	零售
4	2020-7-7		09006	中南海0.8	09006	1	8	8.00	零售
1		9900000985	06011	澡巾	06011	1	5		零售
2	2020-7-7	9900000985	08001	通心面	08001	2	3	6.00	零售
3	2020-7-7	9900000985	09005		09005	1	80	80.00	零售
4	2020-7-7		09006	中南海0.8	09006	1	8	8.00	零售
5	2020-7-7	9900000985	06002	夹子	06002	1	8	8.00	零售
6	2020-7-7	9900000985		散大核桃	10002	1	20	20.00	零售

图 4-7

❷ 在该对话框中单击“空值”单选按钮，如图 4-8 所示。然后单击“确定”按钮返回工作表，可以看到所有空白单元格全部被选中，如图 4-9 所示。

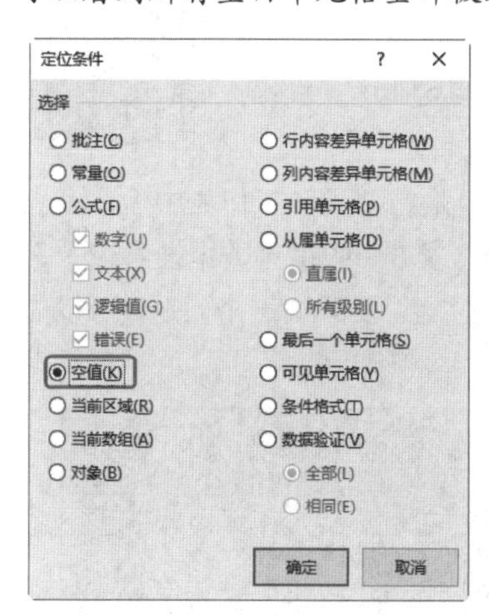

图 4-8

序号	销售日期	小票号	商品码	商品名称	输入码	数量	售价	销售金额	销售模式
1	2020-7-7	9900000984	10002	散大核桃	10002	1	20	20.00	零售
2	2020-7-7	9900000984	05007	牛肉礼盒6	05007	5	85	425.00	零售
3	2020-7-7	9900000984	06010	毛巾	06010	2	8	16.00	零售
4	2020-7-7		09006	中南海0.8	09006	1	8	8.00	零售
1		9900000985	06011	澡巾	06011	1	5		零售
2	2020-7-7	9900000985	08001	通心面	08001	2	3	6.00	零售
3	2020-7-7	9900000985	09005		09005	1	80	80.00	零售
4	2020-7-7		09006	中南海0.8	09006	1	8	8.00	零售
5	2020-7-7	9900000985	06002	夹子	06002	1	8	8.00	零售
6	2020-7-7	9900000985		散大核桃	10002	1	20	20.00	零售
7			10003	散核桃仁	10003	1	40	40.00	零售
8	2020-7-7	9900000985	06023	安利香皂	06023	1	18	18.00	零售
9		9900000985	03022		03022	1	30	30.00	零售
1	2020-7-7	9900000986	08001	通心面	08001	1	3	3.00	
2	2020-7-7	9900000986	08002	苦荞挂面	08002	1	3	3.00	零售
3	2020-7-7	9900000986	08003	苦荞银耳面	08003	1	5	5.00	零售
4	2020-7-7	9900000986	08005	莜麦面	08005	1	15	15.00	零售

图 4-9

4.2.2 定位选取超大数据区域

名称框位于表格最左上角的位置，用户可以使用名称框定位单元格区域，也可以使用名称框定义名称，在表格设置公式计算时直接应用定义的名称。

❶ 单击左上角名称框进入编辑状态，直接在名称框中输入单元格区域，如图 4-10 所示。

❷ 输入完成后，按回车键即可快速选取定位的数据区域，如图 4-11 所示。

A1:D20　序号

	A	B	C	D	E
1	序号	销售日期	小票号	商品码	商品名称
2	1	2020-7-7	9900000984	10002	散大核桃
3	2	2020-7-7	9900000984	05007	牛肉礼盒6
4	3	2020-7-7	9900000984	06010	毛巾
5	4	2020-7-7	9900000984	09006	中南海0.8
6	1	2020-7-7	9900000985	06011	澡巾
7	2	2020-7-7	9900000985	08001	通心面
8	3	2020-7-7	9900000985	09005	软中华
9	4	2020-7-7	9900000985	09006	中南海0.8
10	5	2020-7-7	9900000985	06002	夹子
11	6	2020-7-7	9900000985	10002	散大核桃
12	7	2020-7-7	9900000985	10003	散核桃仁
13	8	2020-7-7	9900000985	06023	安利香皂

图 4-10

	A	B	C	D	E	F	G	H	I
1	序号	销售日期	小票号	商品码	商品名称	输入码	数量	售价	销售金额
2	1	2020-7-7	9900000984	10002	散大核桃	10002	1	20	20.00
3	2	2020-7-7	9900000984	05007	牛肉礼盒6	05007	5	85	425.00
4	3	2020-7-7	9900000984	06010	毛巾	06010	2	8	16.00
5	4	2020-7-7	9900000984	09006	中南海0.8	09006	1	8	8.00
6	1	2020-7-7	9900000985	06011	澡巾	06011	1	5	5.00
7	2	2020-7-7	9900000985	08001	通心面	08001	2	3	6.00
8	3	2020-7-7	9900000985	09005	软中华	09005	1	80	80.00
9	4	2020-7-7	9900000985	09006	中南海0.8	09006	1	8	8.00
10	5	2020-7-7	9900000985	06002	夹子	06002	1	8	8.00
11	6	2020-7-7	9900000985	10002	散大核桃	10002	1	20	20.00
12	7	2020-7-7	9900000985	10003	散核桃仁	10003	1	40	40.00
13	8	2020-7-7	9900000985	06023	安利香皂	06023	1	18	18.00
14	9	2020-7-7	9900000985	03022	散中骏枣	03022	1	30	30.00
15	1	2020-7-7	9900000986	08001	通心面	08001	1	3	3.00
16	2	2020-7-7	9900000986	08002	苦荞挂面	08002	1	3	3.00

图 4-11

知识扩展

不连续大范围数据定位

如果要定位的大范围区域数据是不连续的，可以在“名称框”中输入多个单元格区域后，使用“,”分隔即可。

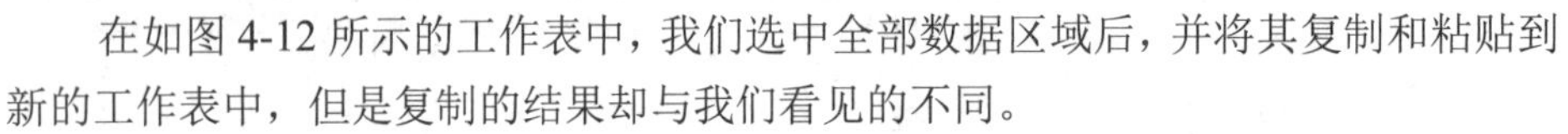

4.2.3 定位可见单元格

在如图 4-12 所示的工作表中，我们选中全部数据区域后，并将其复制和粘贴到新的工作表中，但是复制的结果却与我们看见的不同。

比如在 Sheet1 工作表中只看见了“坚果/炒货”的销售数据，但是粘贴到新工作表中后，多出了隐藏的“果干/蜜饯”的销售数据，如图 4-13 所示。这是因为“果干/蜜饯”的销售数据被隐藏了，所以即使在看不见的情况下，我们也能将被隐藏的数据粘贴到其他位置。要解决这个问题，可以先定位可见单元格，然后执行复制的操作。

	A	B	C	D	E	F
1	分类	产品名称	规格(克)	单价(元)	销量	销售金额
2	坚果/炒货	碧根果	210克	¥19.96	278	¥5,548.88
4	坚果/炒货	夏威夷果	265克	¥24.90	329	¥8,192.10
6	坚果/炒货	开口松子	218克	¥25.10	108	¥2,710.80
8	坚果/炒货	奶油瓜子	168克	¥9.90	70	¥693.00
10	坚果/炒货	紫薯花生	120克	¥4.50	67	¥301.50
12	坚果/炒货	碧根果	155克	¥45.90	168	¥7,711.20
14	坚果/炒货	炭烧腰果	185克	¥21.59	62	¥1,338.58
16						
17						

图 4-12

	A	B	C	D	E	F
1	分类	产品名称	规格(克)	单价(元)	销量	销售金额
2	坚果/炒货	碧根果	210克	¥19.96	278	¥5,548.88
3	果干/蜜饯	芒果干	116克	¥10.10	333	¥3,363.30
4	坚果/炒货	夏威夷果	265克	¥24.90	329	¥8,192.10
5	果干/蜜饯	草莓干	106克	¥13.10	69	¥903.90
6	坚果/炒货	开口松子	218克	¥25.10	108	¥2,710.80
7	果干/蜜饯	猕猴桃干	106克	¥8.50	53	¥450.50
8	坚果/炒货	奶油瓜子	168克	¥9.90	70	¥693.00
9	果干/蜜饯	柠檬干	66克	¥8.60	36	¥309.60
10	坚果/炒货	紫薯花生	120克	¥4.50	67	¥301.50
11	果干/蜜饯	和田小枣	180克	¥24.10	43	¥1,036.30
12	坚果/炒货	碧根果	155克	¥45.90	168	¥7,711.20
13	果干/蜜饯	加仑葡萄	280克	¥10.90	141	¥1,536.90
14	坚果/炒货	炭烧腰果	185克	¥21.59	62	¥1,338.58
15						
16						
17						

图 4-13

❶ 打开工作表，按 F5 键，打开“定位”对话框，单击“定位条件”按钮，打开“定位条件”对话框。在对话框中单击“可见单元格”单选按钮，如图 4-14 所示。

❷ 然后单击“确定”按钮返回到工作表中，即可选中工作表中可见的单元格区域。

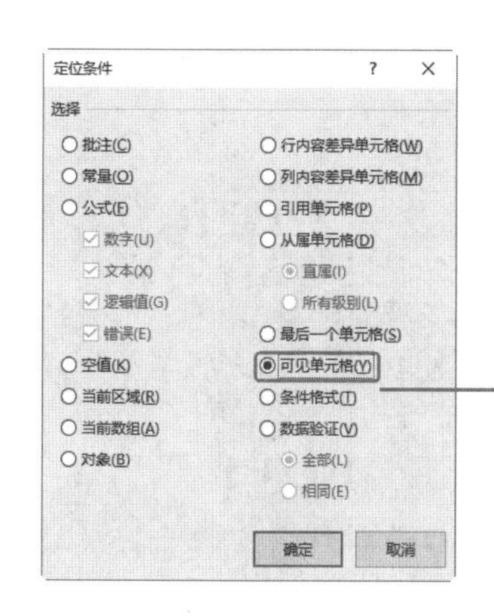

图 4-14

❸ 按 Ctrl+C 组合键复制选中的单元格，如图 4-15 所示。

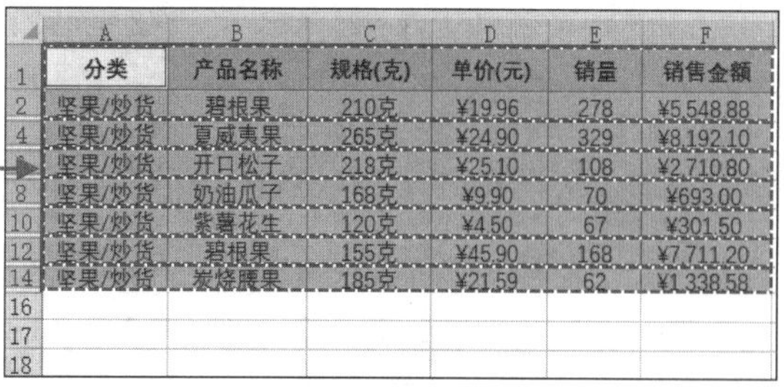

分类	产品名称	规格(克)	单价(元)	销量	销售金额
坚果/炒货	碧根果	210克	¥19.96	278	¥5,548.88
坚果/炒货	夏威夷果	265克	¥24.90	329	¥8,192.10
坚果/炒货	开口松子	218克	¥25.10	108	¥2,710.80
坚果/炒货	奶油瓜子	168克	¥9.90	70	¥693.00
坚果/炒货	紫薯花生	120克	¥4.50	67	¥301.50
坚果/炒货	碧根果	155克	¥45.90	168	¥7,711.20
坚果/炒货	炭烧腰果	185克	¥21.59	62	¥1,338.58

图 4-15

❹ 切换到新的工作表，并选中 A1 单元格作为粘贴的起始位置。按 Ctrl+V 组合键粘贴，即可实现复制粘贴可见单元格，如图 4-16 所示。

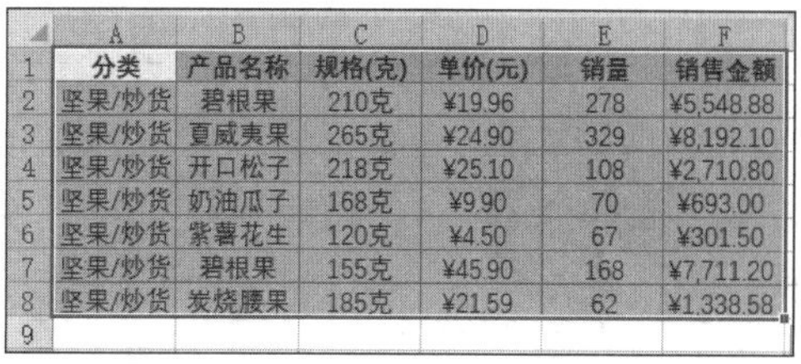

分类	产品名称	规格(克)	单价(元)	销量	销售金额
坚果/炒货	碧根果	210克	¥19.96	278	¥5,548.88
坚果/炒货	夏威夷果	265克	¥24.90	329	¥8,192.10
坚果/炒货	开口松子	218克	¥25.10	108	¥2,710.80
坚果/炒货	奶油瓜子	168克	¥9.90	70	¥693.00
坚果/炒货	紫薯花生	120克	¥4.50	67	¥301.50
坚果/炒货	碧根果	155克	¥45.90	168	¥7,711.20
坚果/炒货	炭烧腰果	185克	¥21.59	62	¥1,338.58

图 4-16

4.2.4 定位设置了公式的单元格

已知表格中对销售金额列数据使用了公式计算，下面需要使用“定位”功能快速选中所有设置了公式的单元格区域。

❶ 打开工作表，单击“开始”→“编辑”选项组中“查找和选择”按钮的向下箭头，在展开的下拉菜单中选择“公式”命令，如图 4-17 所示。

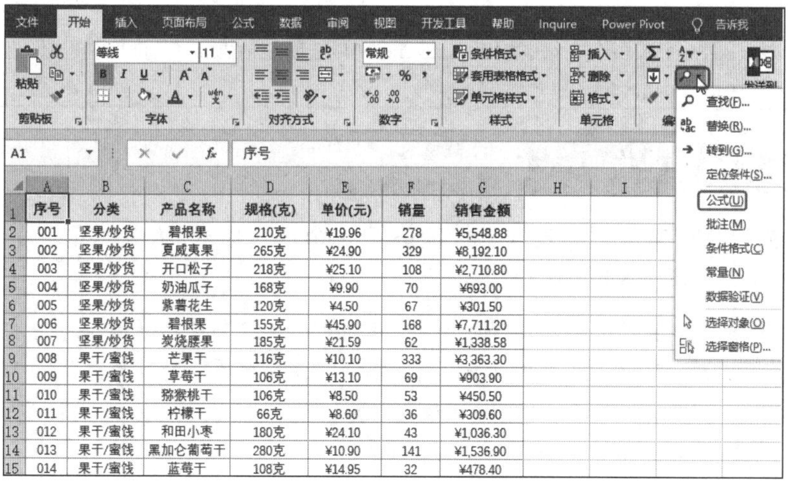

序号	分类	产品名称	规格(克)	单价(元)	销量	销售金额
001	坚果/炒货	碧根果	210克	¥19.96	278	¥5,548.88
002	坚果/炒货	夏威夷果	265克	¥24.90	329	¥8,192.10
003	坚果/炒货	开口松子	218克	¥25.10	108	¥2,710.80
004	坚果/炒货	奶油瓜子	168克	¥9.90	70	¥693.00
005	坚果/炒货	紫薯花生	120克	¥4.50	67	¥301.50
006	坚果/炒货	碧根果	155克	¥45.90	168	¥7,711.20
007	坚果/炒货	炭烧腰果	185克	¥21.59	62	¥1,338.58
008	果干/蜜饯	芒果干	116克	¥10.10	333	¥3,363.30
009	果干/蜜饯	草莓干	106克	¥13.10	69	¥903.90
010	果干/蜜饯	猕猴桃干	106克	¥8.50	53	¥450.50
011	果干/蜜饯	柠檬干	66克	¥8.60	36	¥309.60
012	果干/蜜饯	和田小枣	180克	¥24.10	43	¥1,036.30
013	果干/蜜饯	黑加仑葡萄干	280克	¥10.90	141	¥1,536.90
014	果干/蜜饯	蓝莓干	108克	¥14.95	32	¥478.40

图 4-17

❷ 单击后即可看到设置了公式的单元格全部被选中，如图 4-18 所示。

G2 =E2*F2

	A	B	C	D	E	F	G
1	序号	分类	产品名称	规格(克)	单价(元)	销量	销售金额
2	001	坚果/炒货	碧根果	210克	¥19.96	278	¥5,548.88
3	002	坚果/炒货	夏威夷果	265克	¥24.90	329	¥8,192.10
4	003	坚果/炒货	开口松子	218克	¥25.10	108	¥2,710.80
5	004	坚果/炒货	奶油瓜子	168克	¥9.90	70	¥693.00
6	005	坚果/炒货	紫薯花生	120克	¥4.50	67	¥301.50
7	006	坚果/炒货	碧根果	155克	¥45.90	168	¥7,711.20
8	007	坚果/炒货	炭烧腰果	185克	¥21.59	62	¥1,338.58
9	008	果干/蜜饯	芒果干	116克	¥10.10	333	¥3,363.30
10	009	果干/蜜饯	草莓干	106克	¥13.10	69	¥903.90
11	010	果干/蜜饯	猕猴桃干	106克	¥8.50	53	¥450.50
12	011	果干/蜜饯	柠檬干	66克	¥8.60	36	¥309.60
13	012	果干/蜜饯	和田小枣	180克	¥24.10	43	¥1,036.30
14	013	果干/蜜饯	黑加仑葡萄干	280克	¥10.90	141	¥1,536.90
15	014	果干/蜜饯	蓝莓干	108克	¥14.95	32	¥478.40

图 4-18

4.3 数据的查找与替换

在使用 Excel 的过程中，有时工作表的内容很多，如果需要查找或者替换多处数据，用肉眼观察和手动修改是非常烦琐的，这时就可以使用 Excel 提供的查找和替换功能，方便用户批量查找或者替换错误的数据。

数据查找还可以使用通配符，下面介绍这些通配符的用法（见表 4-1）。

表 4-1　通配符的用法

通　配　符	具体说明
?	与任何单个字符匹配
#	与任何单个数字匹配。例如，7#与包括 7 且其后跟随另一数字的数字匹配，例如 71，但不能是 17
*	与任何一个或多个字符匹配。例如，new*与任何包括“new”的文本匹配，例如 newfile.txt
[ ]	与在集合中指定的任一字符匹配

4.3.1 查找目标数据

已知表格统计了所有商品的销售情况，下面需要查找“碧根果”的销售记录，可以使用“查找”功能快速查找。

❶ 打开工作表，单击“开始”→“编辑”选项组中“查找和选择”按钮的向下箭头，在展开的下拉菜单中选择“查找”命令（见图 4-19），打开“查找和替换”对话框。

❷ 在该对话框的“查找内容”文本框中输入“碧根果”，并单击“查找全部”按钮，如图 4-20 所示，打开隐藏的查找内容列表。

❸ 按住 Ctrl 键依次单击列表中的选项，如图 4-21 所示。

	A	B	C	D	E	F	G
1	序号	分类	产品名称	规格(克)	单价(元)	销量	销售金额
2	001	坚果/炒货	碧根果	210克	¥19.96	278	¥5,548.88
3	002	坚果/炒货	夏威夷果	265克	¥24.90	329	¥8,192.10
4	003	坚果/炒货	开口松子	218克	¥25.10	108	¥2,710.80
5	004	坚果/炒货	奶油瓜子	168克	¥9.90	70	¥693.00
6	005	坚果/炒货	紫薯花生	120克	¥4.50	67	¥301.50
7	006	坚果/炒货	碧根果	155克	¥45.90	168	¥7,711.20
8	007	坚果/炒货	炭烧腰果	185克	¥21.59	62	¥1,338.58
9	008	果干/蜜饯	芒果干	116克	¥10.10	333	¥3,363.30
10	009	果干/蜜饯	草莓干	106克	¥13.10	69	¥903.90
11	010	果干/蜜饯	猕猴桃干	106克	¥8.50	53	¥450.50
12	011	果干/蜜饯	柠檬干	66克	¥8.60	36	¥309.60

图 4-19

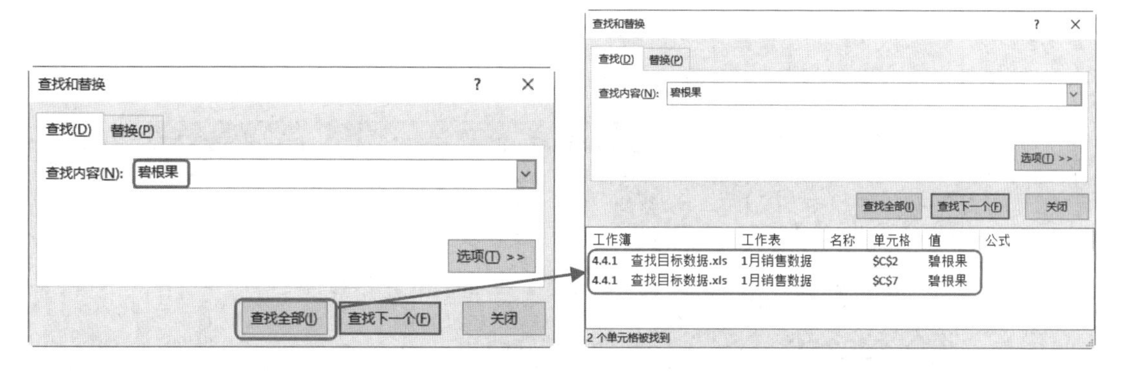

图 4-20

图 4-21

❹ 关闭对话框返回工作表，可以看到要查找的内容所在的单元格全部被选中，如图 4-22 所示。

	A	B	C	D	E
1	序号	分类	产品名称	规格(克)	单价(元
2	001	坚果/炒货	碧根果	210克	¥19.96
3	002	坚果/炒货	夏威夷果	265克	¥24.90
4	003	坚果/炒货	开口松子	218克	¥25.10
5	004	坚果/炒货	奶油瓜子	168克	¥9.90
6	005	坚果/炒货	紫薯花生	120克	¥4.50
7	006	坚果/炒货	碧根果	155克	¥45.90
8	007	坚果/炒货	炭烧腰果	185克	¥21.59
9	008	果干/蜜饯	芒果干	116克	¥10.10

图 4-22

4.3.2 完全匹配的查找

Excel 默认的查找方式是模糊查找，比如要查找表格中会有“45”的单元格，再执行查找命令后会发现所有包含“45”这两个数字的单元格都会被找到，比如“452”“45220”“4453”等这些数据都会被查找出来。这时就需要运用到精确查找，只查找表格中是“45”的所有单元格。

本例中需要查找姓名是“张欣”的员工工资记录，如果使用前面介绍的模糊查找和通配符查找数据，就可能会把“李张欣然”“张欣然”这一类的姓名都查找出来了，如图 4-23 所示。下面介绍完全匹配的查找技巧。

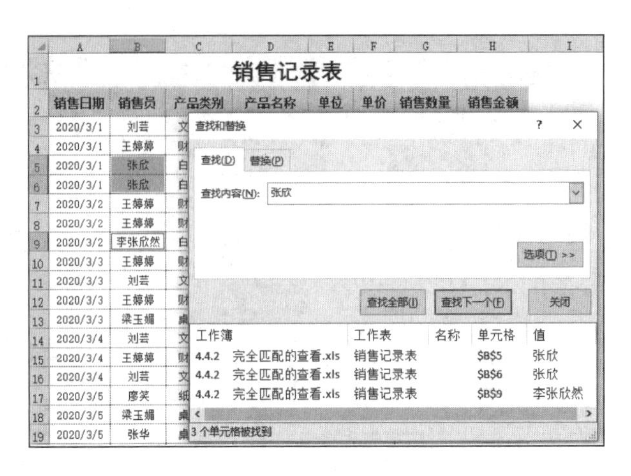

图 4-23

❶ 打开工作表，单击“开始”→“编辑”选项组中“查找和选择”按钮的向下箭头，在展开的下拉菜单中选择“查找”命令，如图 4-24 所示，打开“查找和替换”对话框。

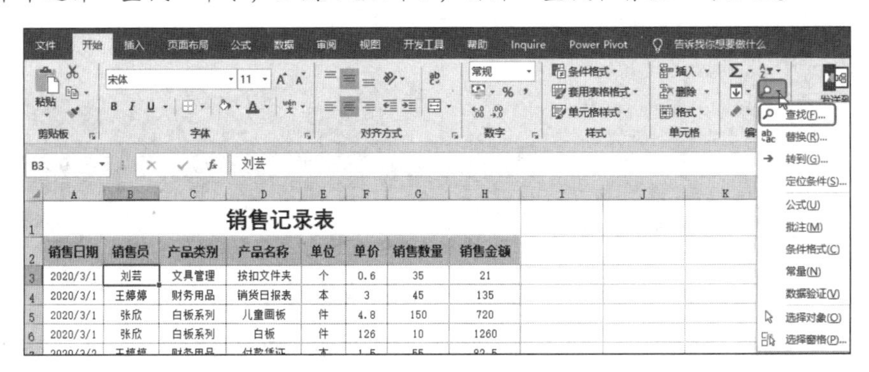

图 4-24

❷ 在该对话框的“查找内容”文本框中输入“张欣”，并单击“选项”按钮（见图 4-25），打开隐藏的选项。

❸ 勾选“单元格匹配”复选框，再单击“查找全部”按钮并按住 Ctrl 键依次单击列表中的选项，如图 4-26 所示。

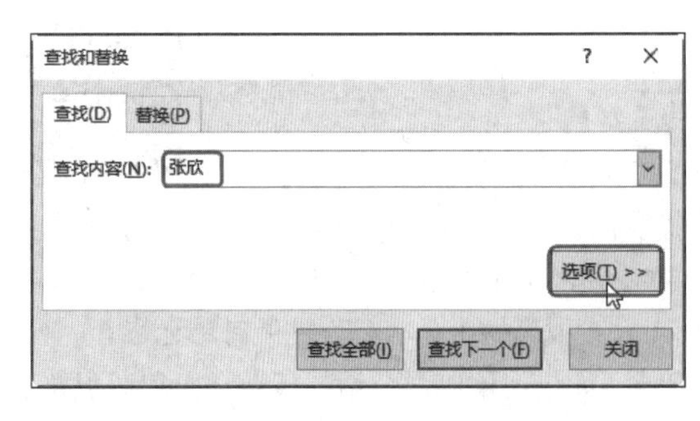

图 4-25

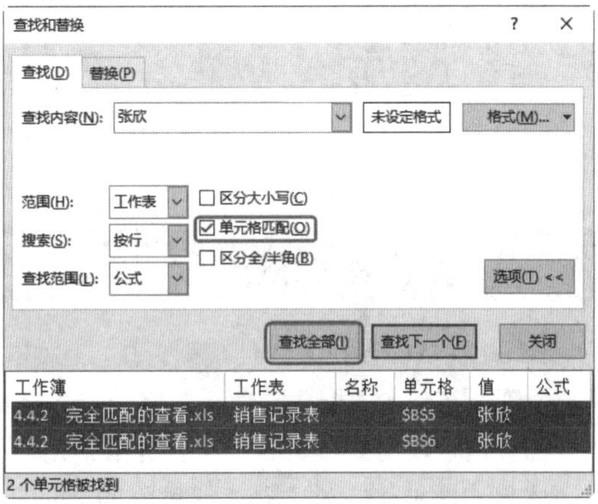

图 4-26

❹ 关闭对话框并返回表格中，即可看到只有完全匹配的数据被选中，如图 4-27 所示。

	A	B	C	D	E	F	G
1	销售记录表						
2	销售日期	销售员	产品类别	产品名称	单位	单价	销售数量
3	2020/3/1	刘芸	文具管理	按扣文件夹	个	0.6	35
4	2020/3/1	王婷婷	财务用品	销货日报表	本	3	45
5	2020/3/1	张欣	白板系列	儿童画板	件	4.8	150
6	2020/3/1	张欣	白板系列	白板	件	126	10
7	2020/3/2	王婷婷	财务用品	付款凭证	本	1.5	55
8	2020/3/2	王婷婷	财务用品	销货日报表	本	3	50
9	2020/3/2	李张欣然	白板系列	儿童画板	件	4.8	35
10	2020/3/3	王婷婷	财务用品	付款凭证	本	1.5	30

图 4-27

4.3.3 替换数据并特殊显示

本例需要将“文具管理”类别名称统一更改为“文具用品”，并用特殊格式标记。可以使用“替换”功能为替换后的内容设置特殊显示格式。

❶ 打开工作表，单击“开始”→“编辑”选项组中“查找和选择”按钮的向下箭头，在展开的下拉菜单中选择“替换”命令（见图 4-28），打开“查找和替换”对话框。

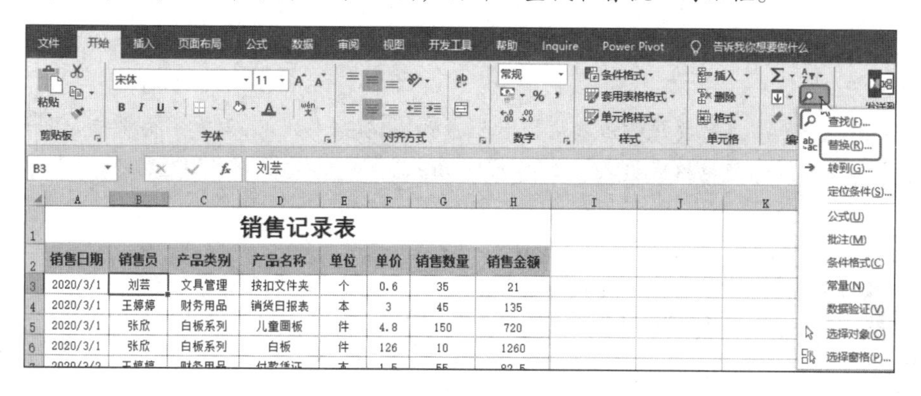

图 4-28

❷ 在该对话框的“查找内容”文本框中输入“文具管理”，“替换为”文本框中输入“文具用品”并单击“选项”按钮（见图 4-29），打开隐藏的选项。

❸ 单击“替换为”选项后的“格式”按钮（见图 4-30），打开“替换格式”对话框。

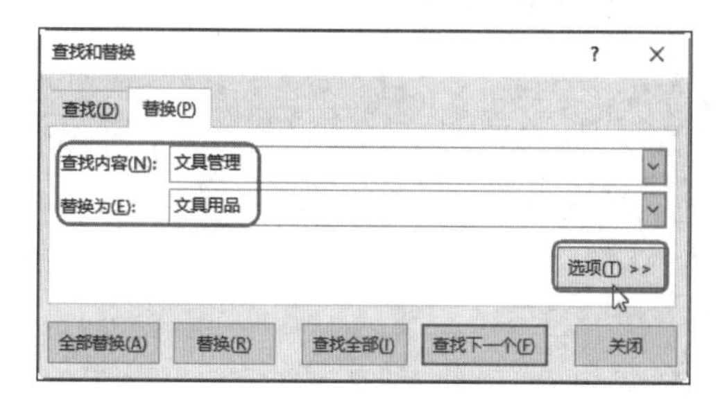

图 4-29

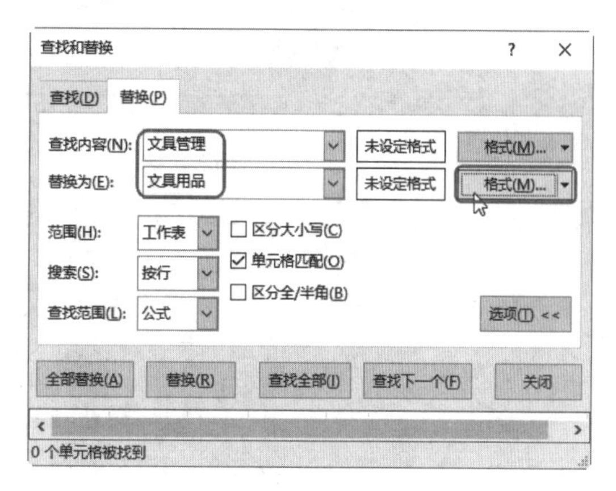

图 4-30

❹ 在该对话框中切换至“填充”选项卡并设置填充颜色（见图 4-31），再切换至“字体”选项卡并设置“加粗”格式，如图 4-32 所示。

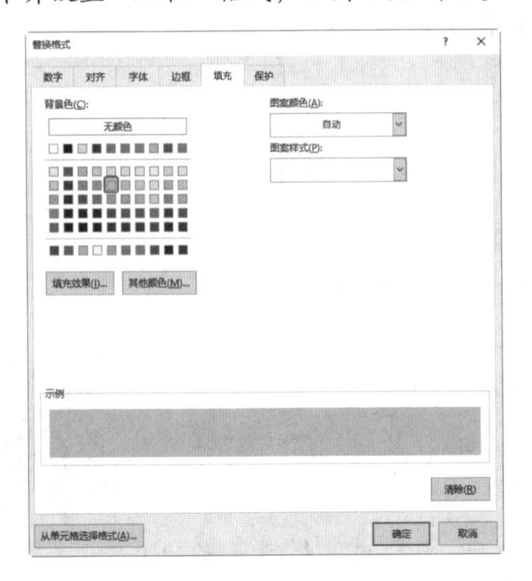

图 4-31

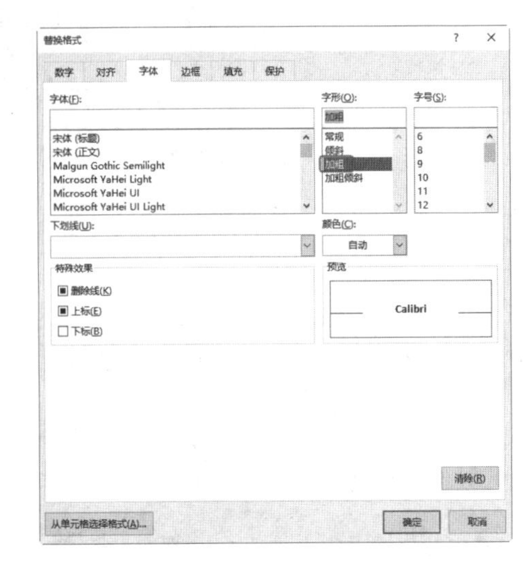

图 4-32

❺ 设置完成后，单击“确定”按钮返回“查找和替换”对话框，可以看到替换后的格式预览，如图 4-33 所示。

❻ 单击“全部替换”按钮弹出确认提示框，如图 4-34 所示。再次单击“确定”按钮返回表格，即可看到替换后的数据格式效果，如图 4-35 所示。

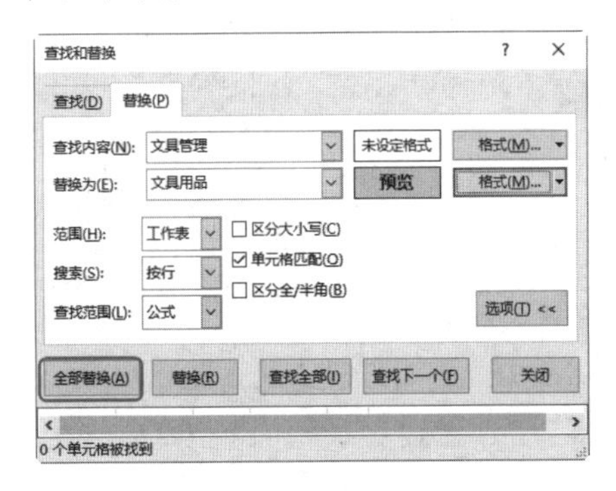

图 4-33

Microsoft Excel

全部完成。完成 23 处替换。

确定

图 4-34

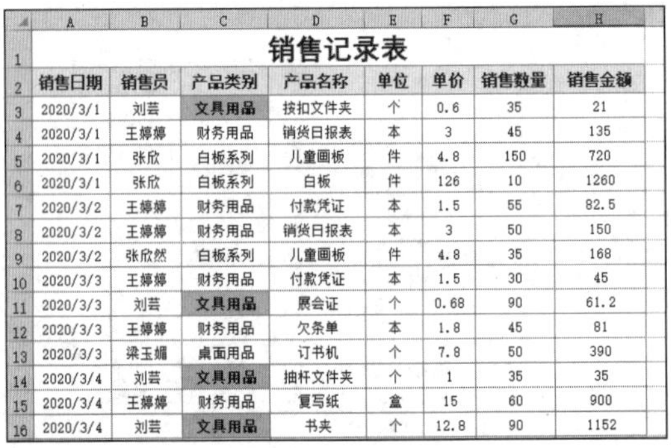

	A	B	C	D	E	F	G	H
1	销售记录表							
2	销售日期	销售员	产品类别	产品名称	单位	单价	销售数量	销售金额
3	2020/3/1	刘芸	文具用品	按扣文件夹	个	0.6	35	21
4	2020/3/1	王婷婷	财务用品	销货日报表	本	3	45	135
5	2020/3/1	张欣	白板系列	儿童画板	件	4.8	150	720
6	2020/3/1	张欣	白板系列	白板	件	126	10	1260
7	2020/3/2	王婷婷	财务用品	付款凭证	本	1.5	55	82.5
8	2020/3/2	王婷婷	财务用品	销货日报表	本	3	50	150
9	2020/3/2	张欣然	白板系列	儿童画板	件	4.8	35	168
10	2020/3/3	王婷婷	财务用品	付款凭证	本	1.5	30	45
11	2020/3/3	刘芸	文具用品	展会证	个	0.68	90	61.2
12	2020/3/3	王婷婷	财务用品	欠条单	本	1.8	45	81
13	2020/3/3	梁玉媚	桌面用品	订书机	个	7.8	50	390
14	2020/3/4	刘芸	文具用品	抽杆文件夹	个	1	35	35
15	2020/3/4	王婷婷	财务用品	复写纸	盒	15	60	900
16	2020/3/4	刘芸	文具用品	书夹	个	12.8	90	1152

图 4-35

4.3.4 查找和替换时使用通配符

使用查找和替换功能不但可以根据用户输入的内容进行精确查找，还可以使用包含通配符的模糊查找，Excel 支持的通配符包括两个：星号“*”和问号“？”，其中“*”可代替任意数目的字符，可以是单个字符也可以是多个字符。比如要查找表格中所有姓“王”的员工，就可以设置查找条件为“王*”。

“？”可代替任何单个字符。比如说要在一张员工通信录表格中查找所有名字是两个字的员工，可以在查找条件中设置为“？？”，表示查找只有两个字的数据。本例中需要在销售记录表格中查找所有包含“笔”的商品记录，可以使用“*”通配符。

❶ 打开工作表，单击“开始”→“编辑”选项组中“查找和选择”按钮的向下箭头，在展开的下拉菜单中选择“查找”命令（见图 4-36），打开“查找和替换”对话框。

图 4-36

❷ 在该对话框中的“查找内容”文本框中输入“*笔”，并单击“查找全部”按钮（见图 4-37），打开隐藏的查找内容列表。

❸ 按住 Ctrl 键依次单击列表中的选项，如图 4-38 所示。

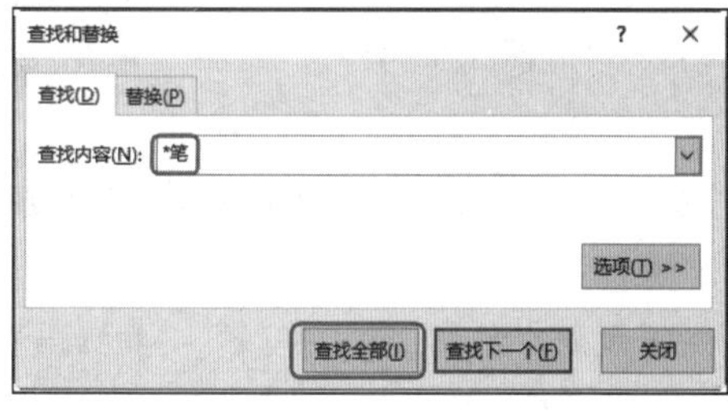

图 4-37

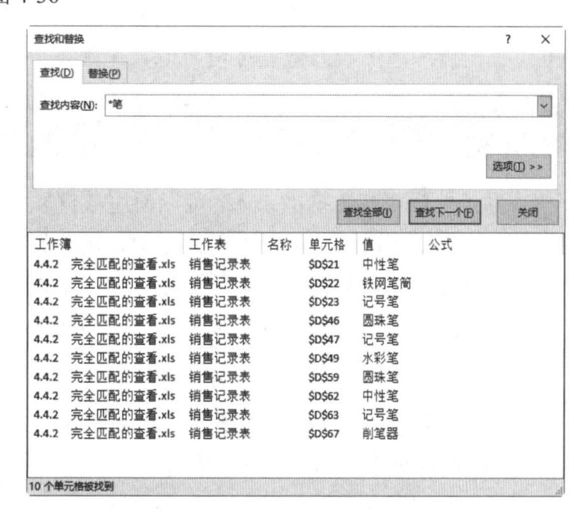

图 4-38

❹ 关闭对话框并返回表格，即可看到指定查找的数据全部被选中，如图 4-39 所示。

	A	B	C	D	E	F	G	H
21	2020/3/7	黄小仙	书写工具	中性笔	只	3.5	100	350
22	2020/3/7	丁俊华	文具管理	铁网笔筒	个	9.9	100	990
23	2020/3/8	黄小仙	书写工具	记号笔	个	0.8	80	64
24	2020/3/8	张华	桌面用品	美工刀	把	1	95	95
25	2020/3/8	廖笑	纸张制品	记事本	本	5	55	275
26	2020/3/8	张华	桌面用品	大号书立架	个	10	75	750
27	2020/3/10	高君	文具管理	悬挂式收纳盒	个	12.8	15	192
28	2020/3/10	吴鹏	财务用品	请假条	本	2.2	125	275
29	2020/3/10	张华	桌面用品	订书机	个	7.8	55	429
30	2020/3/10	高君	文具管理	杂志格	个	8.88	55	488.4
31	2020/3/12	廖笑	纸张制品	奖状	张	0.5	12	6
32	2020/3/12	高君	文具管理	资料袋	个	2	55	110
33	2020/3/12	刘军	白板系列	儿童画板	件	4.8	30	144
34	2020/3/13	吴莉莉	财务用品	湿手气	个	2	40	80
35	2020/3/13	吴莉莉	财务用品	印油	个	3.6	65	234
36	2020/3/14	吴莉莉	财务用品	销货日报表	本	3	40	120
37	2020/3/14	刘军	白板系列	白板	件	126	20	2520
38	2020/3/15	廖笑	纸张制品	奖状	张	0.5	35	17.5
39	2020/3/15	高君	文具管理	按扣文件袋	个	0.6	40	24
40	2020/3/15	王海燕	文具管理	资料袋	个	2	80	160
41	2020/3/16	王海燕	文具管理	硬胶套	个	10	100	1000
42	2020/3/17	张华	桌面用品	美工刀	把	1	70	70
43	2020/3/17	廖笑	纸张制品	华丽活页芯	本	7	50	350
44	2020/3/17	张华	桌面用品	订书机	个	7.8	45	351
45	2020/3/17	廖笑	纸张制品	电脑打印纸	包	40	60	2400
46	2020/3/18	黄小仙	书写工具	圆珠笔	只	0.8	45	36
47	2020/3/18	陆羽	书写工具	记号笔	个	0.8	60	48
48	2020/3/18	高君	文具管理	展会证	个	0.68	100	68
49	2020/3/18	黄小仙	书写工具	水彩笔	套	5.8	18	104.4

图 4-39

4.4 数据输入验证设置

为了在输入数据时尽量少出错，可以通过使用 Excel 的“数据验证”来设置单元格中允许输入的数据类型或有效数据的取值范围。“数据验证”是指让指定单元格中输入的数据要满足指定的要求，比如只能输入指定范围的整数、小数、只能从给出的序列中选择输入等。默认情况下，输入单元格的有效数据为任意值，但是在一些数据处理分析使用比较多的工作岗位，数据验证功能就至关重要了，熟练掌握数据验证技巧可以大大提高办公效率。

4.4.1 限定数据的输入范围

为了规范表格数据的录入，可以使用数据验证功能设置只能够输入指定范围的数据，比如只能输入 1～10 以内的整数、规定日期段内的日期。一旦输入范围之外的数据时会自动弹出错误提示警告框，提示重新录入符合要求的数据。本例中需要限制输入商品的规格在 500 克以下，并且必须是整数。

❶ 选中要设置输入范围的单元格区域，单击“数据”→“数据工具”选项组中的“数据验证”按钮（见图 4-40），打开“数据验证”对话框。

❷ 在该对话框的“设置”选项卡中“验证条件”栏下设置“允许”为“整数”，“数据”为“小于或等于”，“最大值”为“500”，如图 4-41 所示。

❸ 设置完成后，单击“确定”按钮返回表格，在 D 列中输入数据，如果输入的数据大于 500，则会弹出如图 4-42 所示的提示框，重新修改数据即可。

图 4-40

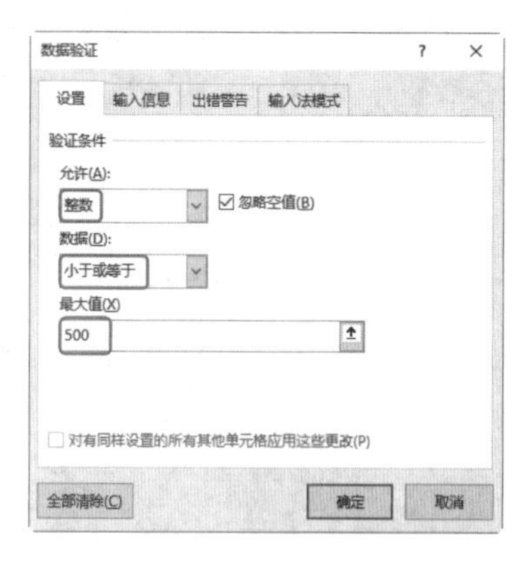

图 4-41

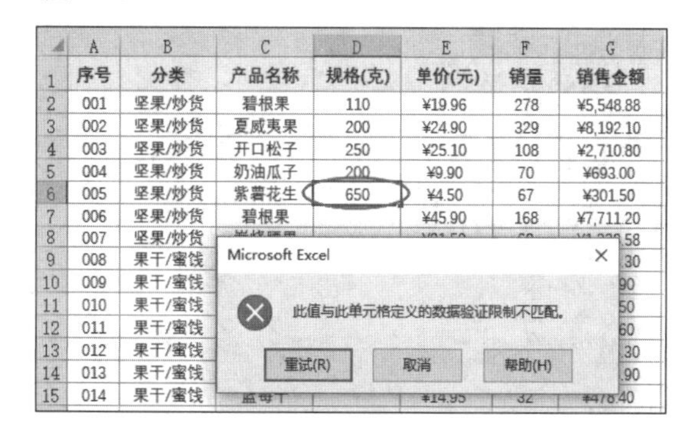

图 4-42

知识扩展

小数的限制输入

如果单元格中既允许输入整数又允许输入小数，则需要设置“允许”条件为“小数”。如果设置“允许”条件为“整数”，那么当输入“9.5”这样的小数时则会禁止输入。

4.4.2 制作可选择输入的下拉列表

“序列”是数据验证设置的一个非常重要的验证条件，设置好序列可以提高工作效率，方便在单元格中输入相同的数据。本例中需要建立序列快速输入产品系列名称。

❶ 选中要设置可选择输入序列的单元格区域，单击“数据”→“数据工具”选项组中的“数据验证”按钮（见图 4-43），打开“数据验证”对话框。

❷ 在该对话框的“设置”选项卡中的“验证条件”栏下设置“允许”为“序列”，在“来源”文本框中输入“文具用品,财务用品,桌面用品,纸张制品”（注意这里的分隔符号是英文状态下输入的），如图 4-44 所示。

❸ 设置完成后，单击“确定”按钮返回表格，此时可以看到 C 列单元格右侧出现下拉按钮，单击下拉按钮可以在下拉列表中看到可选择序列名称（见图 4-45），根据需要选择相应的名称即可，如图 4-46 所示。

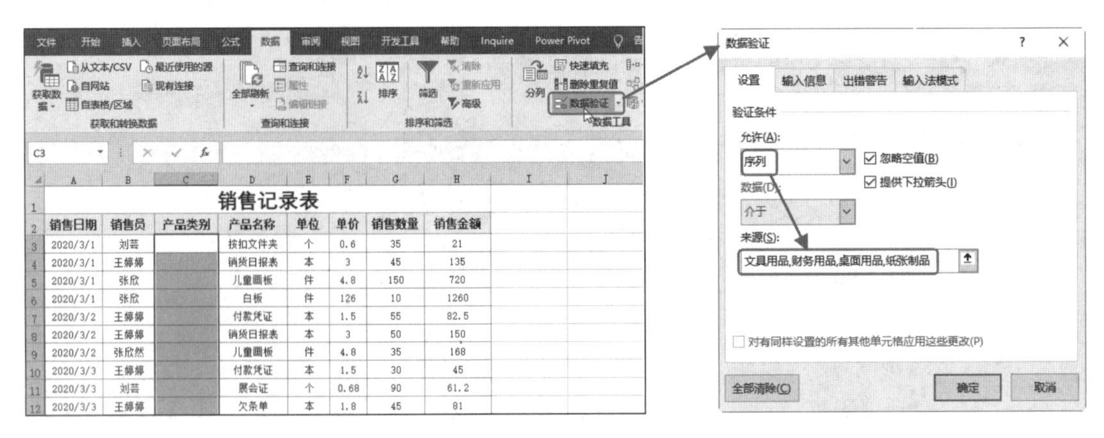

销售日期	销售员	产品类别	产品名称	单位	单价	销售数量	销售金额
2020/3/1	刘芸		按扣文件夹	个	0.6	35	21
2020/3/1	王婷婷		销货日报表	本	3	45	135
2020/3/1	张欣		儿童画板	件	4.8	150	720
2020/3/1	张欣		白板	件	126	10	1260
2020/3/2	王婷婷		付款凭证	本	1.5	55	82.5
2020/3/2	王婷婷		销货日报表	本	3	50	150
2020/3/2	张欣然		儿童画板	件	4.8	35	168
2020/3/3	王婷婷		付款凭证	本	1.5	30	45
2020/3/3	刘芸		展会证	个	0.68	90	61.2
2020/3/3	王婷婷		欠条单	本	1.8	45	81

图 4-43　　图 4-44

销售记录表

销售日期	销售员	产品类别	产品名称	单位
2020/3/1	刘芸		按扣文件夹	个
2020/3/1	王婷婷	文具用品	销货日报表	本
2020/3/1	张欣	财务用品	儿童画板	件
2020/3/1	张欣	桌面用品	白板	件
2020/3/2	王婷婷	纸张制品	付款凭证	本
2020/3/2	王婷婷		销货日报表	本
2020/3/2	张欣然		儿童画板	件

图 4-45

销售记录表

销售日期	销售员	产品类别	产品名称	单位
2020/3/1	刘芸	文具用品	按扣文件夹	个
2020/3/1	王婷婷	财务用品	销货日报表	本
2020/3/1	张欣	白板系列	儿童画板	件
2020/3/1	张欣	白板系列	白板	件
2020/3/2	王婷婷	财务用品	付款凭证	本
2020/3/2	王婷婷	财务用品	销货日报表	本
2020/3/2	张欣然	白板系列	儿童画板	件
2020/3/3	王婷婷	财务用品	付款凭证	本
2020/3/3	刘芸	文具用品	展会证	个

图 4-46

知识扩展

可选择序列

除了直接在“数据验证”对话框的“来源”文本框中输入序列名称，还可以直接在表格空白处事先输入好产品类别名称，然后使用“来源”文本框右侧的拾取器拾取这些单元格区域即可。

4.4.3 添加录入限制的提示

如果表格数据输入有一定的要求，比如说只能输入指定范围的数据，可以在“数据验证”对话框中设置“输入信息”，在鼠标指针指向设置了输入提示的单元格后，会自动在下方显示提示。输入信息包括标题和具体提示内容。

本例中需要为表格的商品规格设置限制输入 500 以下的整数，可以在“数据验证”对话框中为其设置限制输入的提示，以防用户输入不符合要求的数据。

❶ 选中要设置数据验证的单元格区域，单击“数据”→“数据工具”选项组中的“数据验证”按钮，打开“数据验证”对话框。

❷ 在该对话框中切换至“输入信息”选项卡，在“标题”文本框中输入“请输入商品规格”，在“输入信息”文本框中输入提示文字为“只能输入 500 以下的整数!”，如图 4-47 所示。

❸ 设置完成后，单击“确定”按钮返回表格中，此时可以看到 D 列单元格旁会显示指定提示内容的提示框，如图 4-48 所示。

	A	B	C	D	E	F
1	序号	分类	产品名称	规格(克)	单价(元)	销量
2	001	坚果/炒货	碧根果	110	¥19.96	278
3	002	坚果/炒货	夏威夷果	200	¥24.90	329
4	003	坚果/炒货	开口松子	250	¥25.10	108
5	004	坚果/炒货	奶油瓜子	200	¥9.90	70
6	005	坚果/炒货	紫薯花生		¥4.50	67
7	006	坚果/炒货	碧根果			168
8	007	坚果/炒货	炭烧腰果			62
9	008	果干/蜜饯	芒果干			333
10	009	果干/蜜饯	草莓干			69
11	010	果干/蜜饯	猕猴桃干		[illegible]	53
12	011	果干/蜜饯	柠檬干		¥8.60	36
13	012	果干/蜜饯	和田小枣		¥24.10	43
14	013	果干/蜜饯	黑加仑葡萄干		¥10.90	141
15	014	果干/蜜饯	蓝莓干		¥14.95	32

图 4-47　　　　图 4-48

4.4.4 添加录入错误的警告

假设公司在月末要编辑产品库存表，其中已记录了上月的结余量和本月的入库量，当产品要出库时，显然出库数量应当小于库存数量。为了保证可以及时发现错误，需要设置数据验证，禁止输入的出库数量大于库存数量。

❶ 选中要设置数据验证的单元格区域，单击“数据”→“数据工具”选项组中的“数据验证”按钮，打开“数据验证”对话框。

❷ 在该对话框中“设置”选项卡的“验证条件”栏下设置“允许”条件为“自定义”，在“公式”文本框中输入公式：=C2+D2>E2，如图 4-49 所示。

❸ 单击“出错警告”选项卡，在“输入无效数据时显示下列出错警告”栏下的“样式”列表中选择“停止”，再设置错误信息内容，如图 4-50 所示。

图 4-49　　　　图 4-50

❹ 设置完成后，单击“确定”按钮。当在 E4 单元格中输入的出库数量小于库存数量时，允许输入。当在 E4 单元格中输入的出库数量大于库存数量时（上月结余与本月入库之和），系统弹出提示框，如图 4-51 所示。

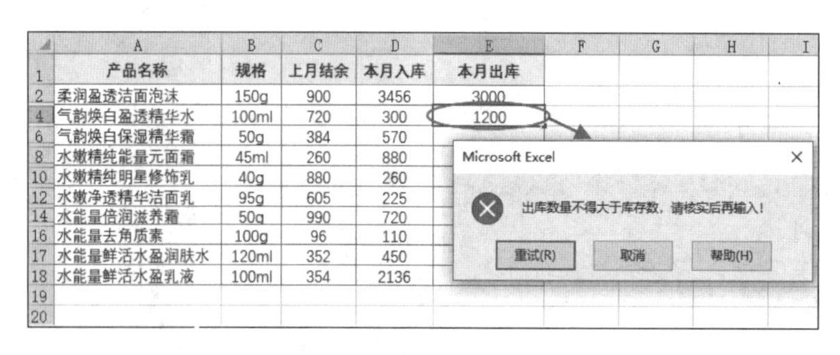

	产品名称	规格	上月结余	本月入库	本月出库
2	柔润盈透洁面泡沫	150g	900	3456	3000
4	气韵焕白盈透精华水	100ml	720	300	1200
6	气韵焕白保湿精华霜	50g	384	570	
8	水嫩精纯能量元面霜	45ml	260	880	
10	水嫩精纯明星修饰乳	40g	880	260	
12	水嫩净透精华洁面乳	95g	605	225	
14	水能量倍润滋养霜	50g	990	720	
16	水能量去角质素	100g	96	110	
17	水能量鲜活水盈润肤水	120ml	352	450	
18	水能量鲜活水盈乳液	100ml	354	2136	

图 4-51

提示注意

“=C2+D2>E2”该公式表示上月结余库存和本月入库量相加要大于本月出库量。

4.4.5 圈释无效数据

如果表格在大范围区域中输入了不符合要求的数据，后期也可以再次使用“数据验证”功能将这些数据圈释出来方便查看和编辑。本例表格可以按照 4.4.1 小节的步骤设置好商品规格的数据输入限定，然后将规格大于 500 的数据圈释出来。

❶ 选中要圈释无效数据的单元格区域，单击“数据”→“数据工具”选项组中的“数据验证”按钮右侧的向下箭头，在展开的下拉菜单中单击“圈释无效数据”命令，如图 4-52 所示。

	分类	产品名称	规格(克)	单价(元)	销量	销售金额
2	坚果/炒货	碧根果	110	¥19.96	278	¥5,548.88
3	坚果/炒货	夏威夷果	200	¥24.90	329	¥8,192.10
4	坚果/炒货	开口松子	1000	¥25.10	108	¥2,710.80
5	坚果/炒货	奶油瓜子	200	¥9.90	70	¥693.00
6	坚果/炒货	紫薯花生	100	¥4.50	67	¥301.50
7	坚果/炒货	碧根果	600	¥45.90	168	¥7,711.20
8	坚果/炒货	炭烧腰果	250	¥21.59	62	¥1,338.58
9	果干/蜜饯	芒果干	200	¥10.10	333	¥3,363.30
10	果干/蜜饯	草莓干	180	¥13.10	69	¥903.90
11	果干/蜜饯	猕猴桃干	550	¥8.50	53	¥450.50
12	果干/蜜饯	柠檬干	120	¥8.60	36	¥309.60
13	果干/蜜饯	和田小枣	180	¥24.10	43	¥1,036.30
14	果干/蜜饯	黑加仑葡萄干	100	¥10.90	141	¥1,536.90
15	果干/蜜饯	蓝莓干	110	¥14.95	32	¥478.40

图 4-52

❷ 由结果可以看到大于 500 的数据都以红色椭圆形图形圈释出来了，如图 4-53 所示。

提示注意

“圈释无效数据”功能只有在已经输入了数据，后期再添加“数据验证”之后才可以使用。因为如果数据未输入前就设置了验证条件，那么在输入时就会被阻止了。

	A	B	C	D	E	F
1	分类	产品名称	规格(克)	单价(元)	销量	销售金额
2	坚果/炒货	碧根果	110	¥19.96	278	¥5,548.88
3	坚果/炒货	夏威夷果	200	¥24.90	329	¥8,192.10
4	坚果/炒货	开口松子	1000	¥25.10	108	¥2,710.80
5	坚果/炒货	奶油瓜子	200	¥9.90	70	¥693.00
6	坚果/炒货	紫薯花生	100	¥4.50	67	¥301.50
7	坚果/炒货	碧根果	600	¥45.90	168	¥7,711.20
8	坚果/炒货	炭烧腰果	250	¥21.59	62	¥1,338.58
9	果干/蜜饯	芒果干	200	¥10.10	333	¥3,363.30
10	果干/蜜饯	草莓干	180	¥13.10	69	¥903.90
11	果干/蜜饯	猕猴桃干	550	¥8.50	53	¥450.50
12	果干/蜜饯	柠檬干	120	¥8.60	36	¥309.60
13	果干/蜜饯	和田小枣	180	¥24.10	43	¥1,036.30
14	果干/蜜饯	黑加仑葡萄干	100	¥10.90	141	¥1,536.90
15	果干/蜜饯	蓝莓干	110	¥14.95	32	¥478.40

图 4-53

知识扩展

清除验证标识圈

如果要清除添加的圈释无效数据标识圈，可以在“数据验证”菜单中单击“清除验证标识圈”命令即可。

4.4.6 删除数据验证

如果要清除之前设置的数据验证条件，可以在打开“数据验证”对话框后，单击下方的“全部清除”按钮（见图 4-54），即可删除验证条件。

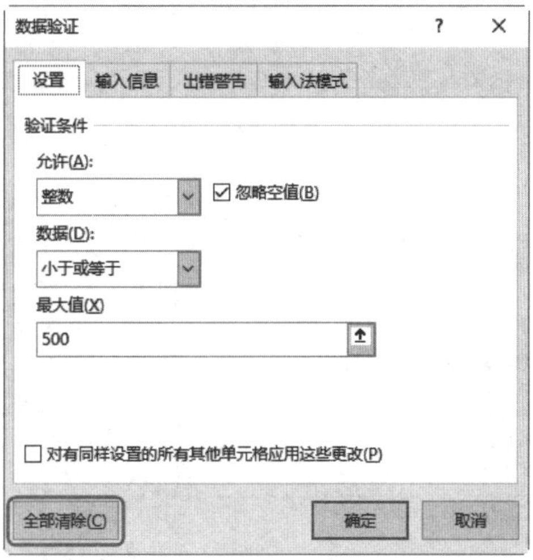

图 4-54

4.5 综合实例

4.5.1 案例 6：批量填充上方非空单元格数据

如果已经在多个不连续的单元格中输入了数据，并且希望该单元格数据下方所有空白单元格能自动填充和该单元格中相同的数据，可以首先定位空值，然后引用上方的单元格，完成相同数据的快速填充。本例中需要在空白单元格中快速填充和上方一致的日期。

❶ 选中 A 列单元格区域，单击“开始”→“编辑”选项组中“查找和选择”按钮的向下箭头，在展开的下拉菜单中单击“定位条件”命令（见图 4-55），打开“定位条件”对话框。

图 4-55

❷ 在该对话框中单击“空值”单选按钮，如图 4-56 所示，即可选中 A 列中的所有空白单元格。然后在编辑栏中输入“=A3”，如图 4-57 所示。

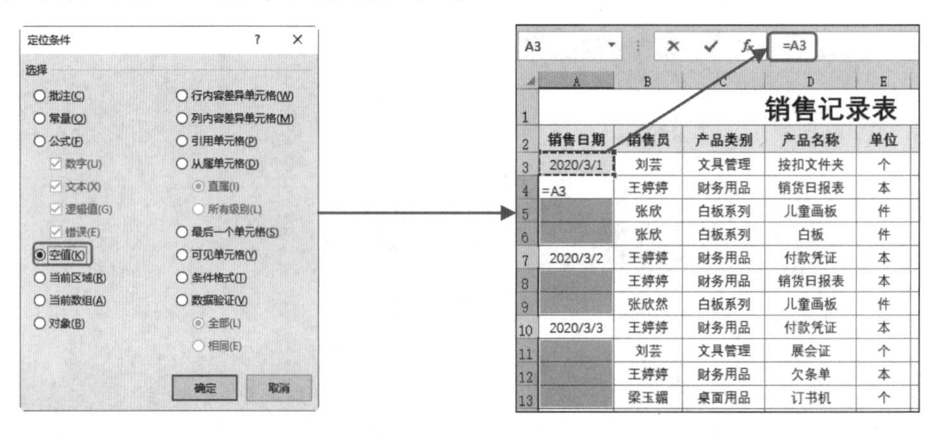

图 4-56　　图 4-57

❸ 按 Ctrl+Enter 组合键后完成设置，此时可以看到所有选中的空白单元格都自动填充和上一个单元格相同的日期，如图 4-58 所示。

销售记录表

销售日期	销售员	产品类别	产品名称	单位	单价	销售数量	销售金额
2020/3/1	刘芸	文具管理	按扣文件夹	个	0.6	35	21
2020/3/1	王婷婷	财务用品	销货日报表	本	3	45	135
2020/3/1	张欣	白板系列	儿童画板	件	4.8	150	720
2020/3/1	张欣	白板系列	白板	件	126	10	1260
2020/3/2	王婷婷	财务用品	付款凭证	本	1.5	55	82.5
2020/3/2	王婷婷	财务用品	销货日报表	本	3	50	150
2020/3/2	张欣然	白板系列	儿童画板	件	4.8	35	168
2020/3/3	王婷婷	财务用品	付款凭证	本	1.5	30	45
2020/3/3	刘芸	文具管理	展会证	个	0.68	90	61.2
2020/3/3	王婷婷	财务用品	欠条单	本	1.8	45	81
2020/3/3	梁玉媚	桌面用品	订书机	个	7.8	50	390
2020/3/4	刘芸	文具管理	抽杆文件夹	个	1	35	35
2020/3/4	王婷婷	财务用品	复写纸	盒	15	60	900
2020/3/4	刘芸	文具管理	文具管理	个	12.8	90	1152
2020/3/5	廖笑	纸张制品	A4纸张	张	0.5	90	45
2020/3/5	梁玉媚	桌面用品	修正液	个	3.5	35	122.5
2020/3/5	张华	桌面用品	订书机	个	7.8	50	390

图 4-58

4.5.2 案例 7：二级联动验证，根据省份选择城市

本例为员工籍贯登记表，在 B 列和 C 列中需要录入每一位员工的省市名称。为了让录入更方便、快捷提高准确率，可以实现建立数据验证序列，比如将省/直辖市建立一个序列，再将市/区建立一个序列。

制作二级下拉菜单需要涉及自定义公式以及名称定义，方便数据来源的正确引用。

1. 批量定义名称

❶ 在新建表格的任意区域中建立辅助表格（见图 4-59）。按 F5 键快速打开“定位条件”对话框，在“选择”栏下单击“常量”单选按钮，如图 4-60 所示。

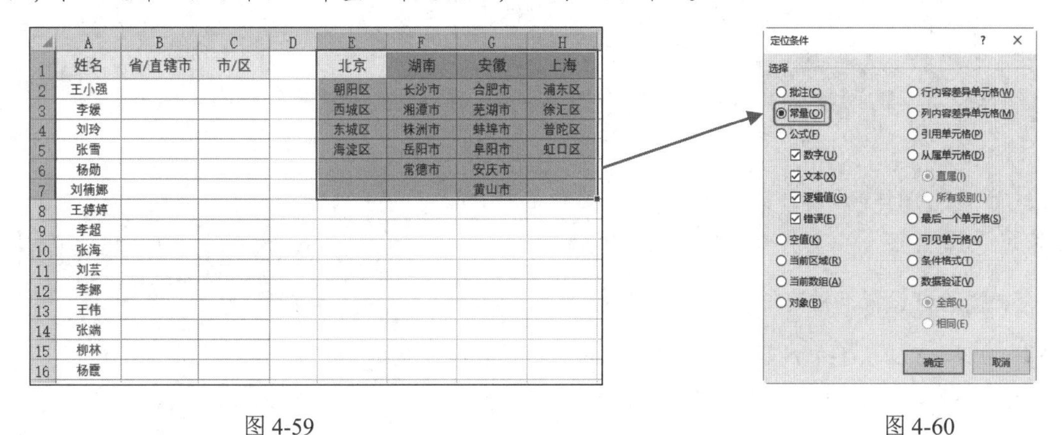

姓名	省/直辖市	市/区		北京	湖南	安徽	上海
王小强				朝阳区	长沙市	合肥市	浦东区
李媛				西城区	湘潭市	芜湖市	徐汇区
刘玲				东城区	株洲市	蚌埠市	普陀区
张雪				海淀区	岳阳市	阜阳市	虹口区
杨勋					常德市	安庆市	
刘楠娜						黄山市	
王婷婷							
李超							
张海							
刘芸							
李娜							
王伟							
张端							
柳林							
杨霞							

图 4-59　　图 4-60

❷ 此时可以选中所有包含文本的单元格区域。单击“公式”→“定义的名称”选项组中的“根据所选内容创建”按钮（见图 4-61），打开“根据所选内容创建名称”对话框，然后勾选“首行”复选框，如图 4-62 所示。

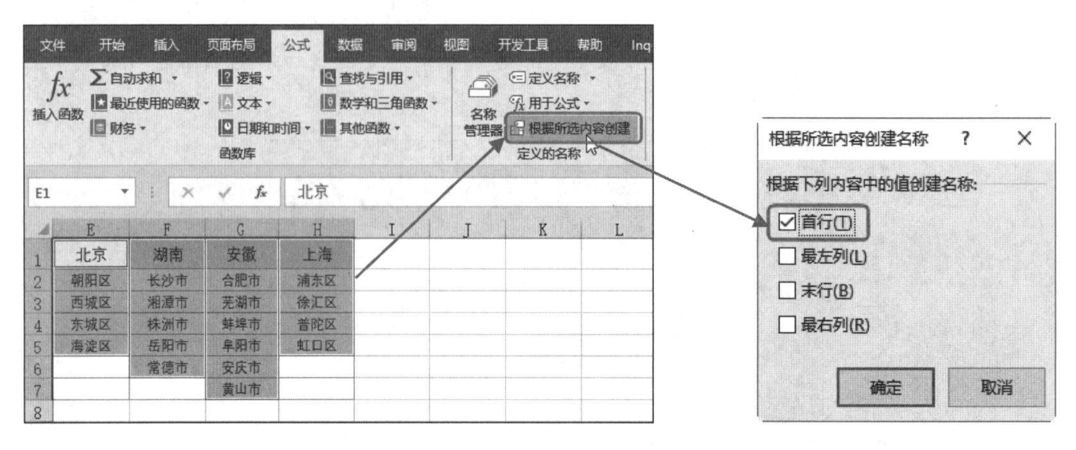

图 4-61　　　　　　　　　　图 4-62

❸ 设置完成后，单击“确定”按钮即可为所有文本建立指定的名称，也就是按照首行的省市名称定义不同的名称。

❹ 单击“公式”→“定义的名称”选项组中的“名称管理器”按钮（见图 4-63），打开“名称管理器”对话框。在该对话框的列表中可以看到命名的四个名称（方便后期设置数据验证中公式对名称的引用），如图 4-64 所示。

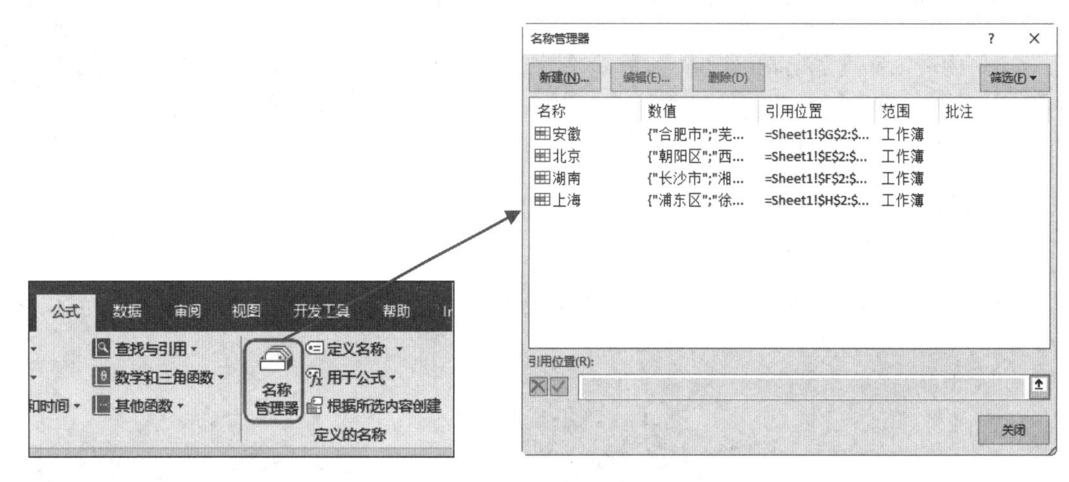

图 4-63　　　　　　　　　　图 4-64

❺ 选中 E1:H1 单元格区域，在左上角的名称框中输入“省市”（见图 4-65），按回车键后即可完成名称的定义。

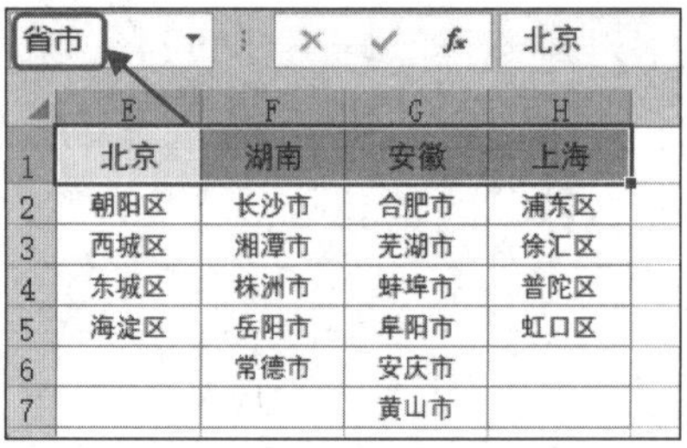

名称框：省市　　编辑栏：北京

	E	F	G	H
1	北京	湖南	安徽	上海
2	朝阳区	长沙市	合肥市	浦东区
3	西城区	湘潭市	芜湖市	徐汇区
4	东城区	株洲市	蚌埠市	普陀区
5	海淀区	岳阳市	阜阳市	虹口区
6		常德市	安庆市	
7			黄山市	

图 4-65

2. 数据验证设置下拉菜单

❶ 选中 B2:B16 单元格区域，单击“数据”→“数据工具”选项组中的“数据验证”按钮（见图 4-66），打开“数据验证”对话框。

❷ 在该对话框中“设置”选项卡的“验证条件”栏下设置“允许”条件为“序列”，在“来源”文本框中输入“=省市”，如图 4-67 所示。

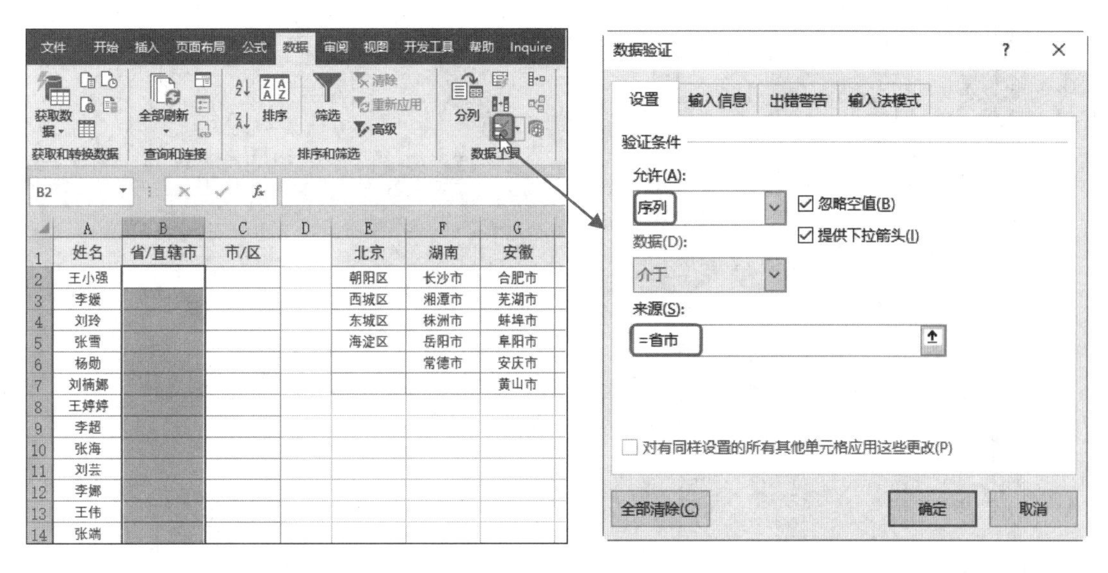

图 4-66　　　　图 4-67

❸ 设置完成后，单击“确定”按钮，再次选中 C2:C16 单元格区域，单击“数据”→“数据工具”选项组中的“数据验证”按钮（见图 4-68），打开“数据验证”对话框。

❹ 在该对话框中“设置”选项卡的“验证条件”栏下设置“允许”条件为“序列”，在“公式”文本框中输入“=INDIRECT(B2)”，如图 4-69 所示。

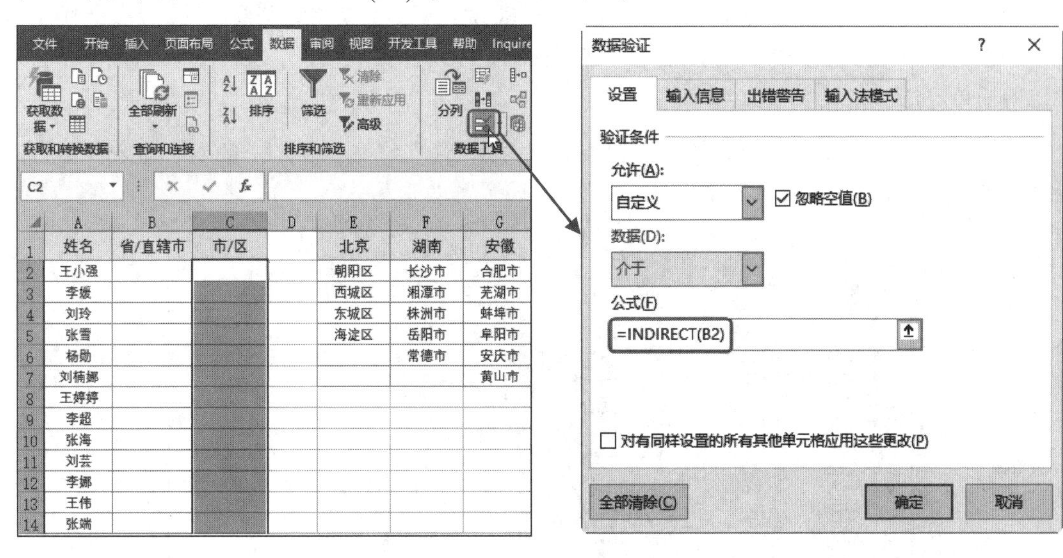

图 4-68　　　　图 4-69

❺ 设置完成后，单击“确定”按钮，当单击 B2 单元格右侧的下拉按钮时，可以在打开的下拉列表中选择一个省或直辖市名称（见图 4-70），再次单击市/区下方单元格右侧的下拉按钮，可以在下拉列表中选择省/直辖市对应的市/区名称，如图 4-71 所示。

❻ 当选择“湖南”省后，会在市区列表中显示湖南省的市/区，如图 4-72 所示。选择“北京”市后，会在市区列表中显示北京市的相关市区名称，如图 4-73 所示。

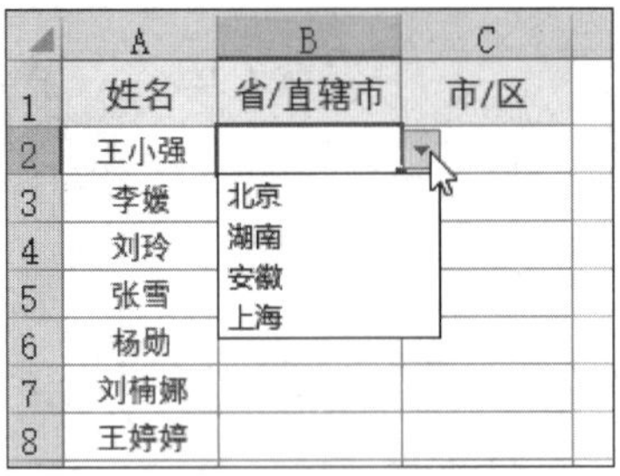

	A	B	C
1	姓名	省/直辖市	市/区
2	王小强		
3	李媛		
4	刘玲		
5	张雪		
6	杨勋		
7	刘楠娜		
8	王婷婷		

北京
湖南
安徽
上海

图 4-70

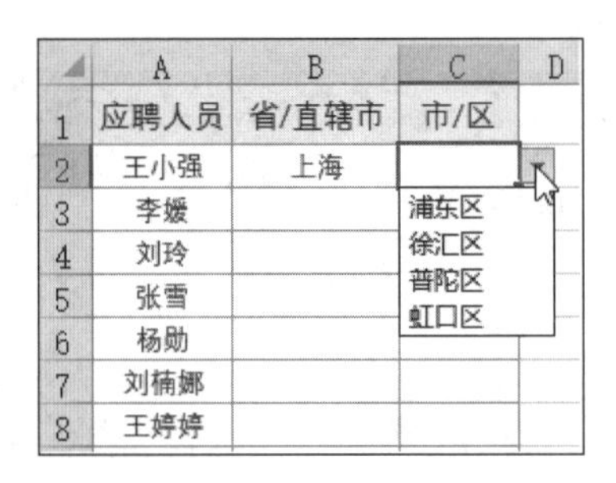

	A	B	C	D
1	应聘人员	省/直辖市	市/区	
2	王小强	上海		
3	李媛			
4	刘玲			
5	张雪			
6	杨勋			
7	刘楠娜			
8	王婷婷			

浦东区
徐汇区
普陀区
虹口区

图 4-71

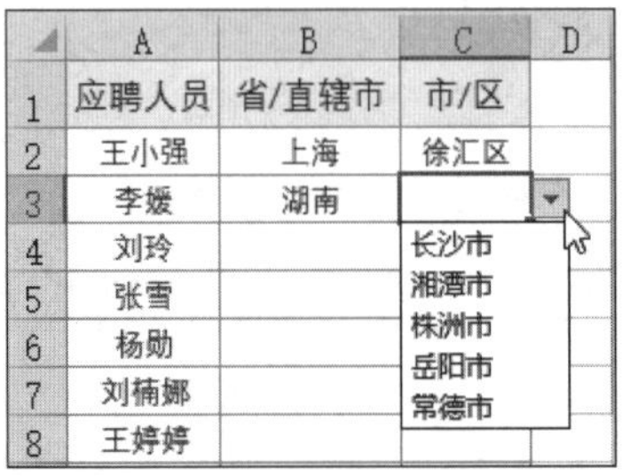

	A	B	C	D
1	应聘人员	省/直辖市	市/区	
2	王小强	上海	徐汇区	
3	李媛	湖南		
4	刘玲			
5	张雪			
6	杨勋			
7	刘楠娜			
8	王婷婷			

长沙市
湘潭市
株洲市
岳阳市
常德市

图 4-72

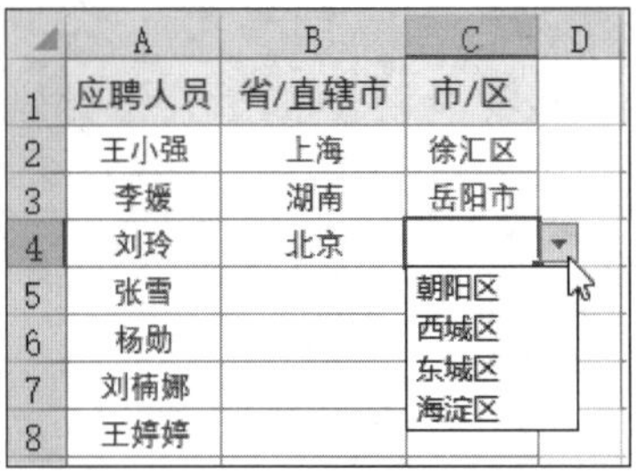

	A	B	C	D
1	应聘人员	省/直辖市	市/区	
2	王小强	上海	徐汇区	
3	李媛	湖南	岳阳市	
4	刘玲	北京		
5	张雪			
6	杨勋			
7	刘楠娜			
8	王婷婷			

朝阳区
西城区
东城区
海淀区

图 4-73

4.5.3 案例 8：对某一规格产品统一调价

本例表格为商品销售表，所有产品的规格都是 500 克，下面需要将这些商品的单价统一上调 5 元得到新的单价可以使用“选择性粘贴”功能实现数据的加、减、乘、除等简单算法。

❶ 在空白单元格 H2 中输入数字“5”（辅助数字），选中该单元格，按 Ctrl+C 组合键复制，然后选中单价所在的 D2:D15 单元格区域，如图 4-74 所示。

	A	B	C	D	E	F	G	H
1	分类	产品名称	规格(克)	单价(元)	销量	销售金额		
2	坚果/炒货	碧根果	500	¥19.96	278	¥5,548.88		5
3	坚果/炒货	夏威夷果	500	¥24.90	329	¥8,192.10		
4	坚果/炒货	开口松子	500	¥25.10	108	¥2,710.80		
5	坚果/炒货	奶油瓜子	500	¥9.90	70	¥693.00		
6	坚果/炒货	紫薯花生	500	¥4.50	67	¥301.50		
7	坚果/炒货	碧根果	500	¥45.90	168	¥7,711.20		
8	坚果/炒货	炭烧腰果	500	¥21.59	62	¥1,338.58		
9	果干/蜜饯	芒果干	500	¥10.10	333	¥3,363.30		
10	果干/蜜饯	草莓干	500	¥13.10	69	¥903.90		
11	果干/蜜饯	猕猴桃干	500	¥8.50	53	¥450.50		
12	果干/蜜饯	柠檬干	500	¥8.60	36	¥309.60		
13	果干/蜜饯	和田小枣	500	¥24.10	43	¥1,036.30		
14	果干/蜜饯	黑加仑葡萄干	500	¥10.90	141	¥1,536.90		
15	果干/蜜饯	蓝莓干	500	¥14.95	32	¥478.40		

图 4-74

❷ 单击“开始”→“剪贴板”选项组中“粘贴”按钮的向下箭头，在展开的下拉菜单中单击“选择性粘贴”命令（见图 4-75），打开“选择性粘贴”对话框。在该对话框“运算”栏中单击“加”单选按钮，如图 4-76 所示。

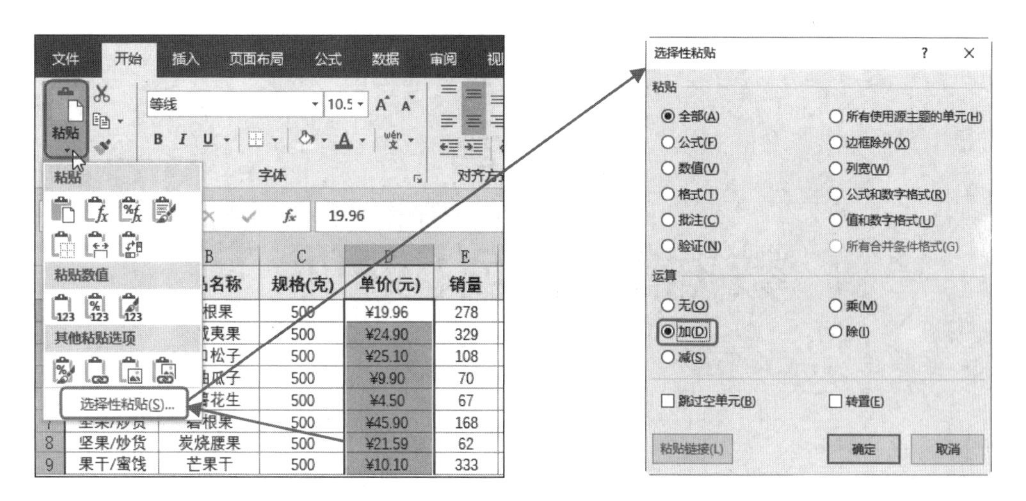

图 4-75　　图 4-76

❸ 设置完成后，单击“确定”按钮返回工作表，可以看到所有被选中的单元格的单价同时加上数字 5，上调后的最终价格如图 4-77 所示。

	A	B	C	D	E	F
1	分类	产品名称	规格(克)	单价(元)	销量	销售金额
2	坚果/炒货	碧根果	500	24.96	278	¥6,938.88
3	坚果/炒货	夏威夷果	500	29.9	329	¥9,837.10
4	坚果/炒货	开口松子	500	30.1	108	¥3,250.80
5	坚果/炒货	奶油瓜子	500	14.9	70	¥1,043.00
6	坚果/炒货	紫薯花生	500	9.5	67	¥636.50
7	坚果/炒货	碧根果	500	50.9	168	¥8,551.20
8	坚果/炒货	炭烧腰果	500	26.59	62	¥1,648.58
9	果干/蜜饯	芒果干	500	15.1	333	¥5,028.30
10	果干/蜜饯	草莓干	500	18.1	69	¥1,248.90
11	果干/蜜饯	猕猴桃干	500	13.5	53	¥715.50
12	果干/蜜饯	柠檬干	500	13.6	36	¥489.60
13	果干/蜜饯	和田小枣	500	29.1	43	¥1,251.30
14	果干/蜜饯	黑加仑葡萄干	500	15.9	141	¥2,241.90
15	果干/蜜饯	蓝莓干	500	19.95	32	¥638.40

图 4-77

第 5 章
数据的规范化处理

学习导读

如果表格数据杂乱无章，无法根据数据得到分析结果，可以使用一些基础功能将这些数据重新规范化处理，方便我们后期对数据执行筛选、排序、分类汇总等操作。

学习要点

- 数据分列。
- 处理重复值。
- 处理各类不规范数据的技巧。
- 处理空白单元格。

5.1 数据分列

有时需要对数据进行拆分，比如将收货地址和邮政编码写在一列，需要使用“分列”将这两项信息分为两列显示。数据拆分时需要选择正确的分隔符号，比如空格、分号、逗号等；如果没有分隔符号，可以设置固定列宽，手动调整分列的位置。

5.1.1 分隔符号

本例销售统计表中将商品类别和商品名称记录在 A 列，要求使用数据分列功能将类别和名称（以空格为分隔符号）显示在两列中。

❶ 在 A 列后插入空列（即 B 列），选中要分列的数据区域，单击“数据”→“数据工具”选项组中的“分列”按钮（见图 5-1），打开“文本分列向导 - 第 1 步，共 3 步”对话框。

❷ 在该对话框中保持默认选项并单击“下一步”按钮（见图 5-2），进入“文本列向导 - 第 2 步，共 3 步”设置对话框，设置分隔符号为“空格”，如图 5-3 所示。

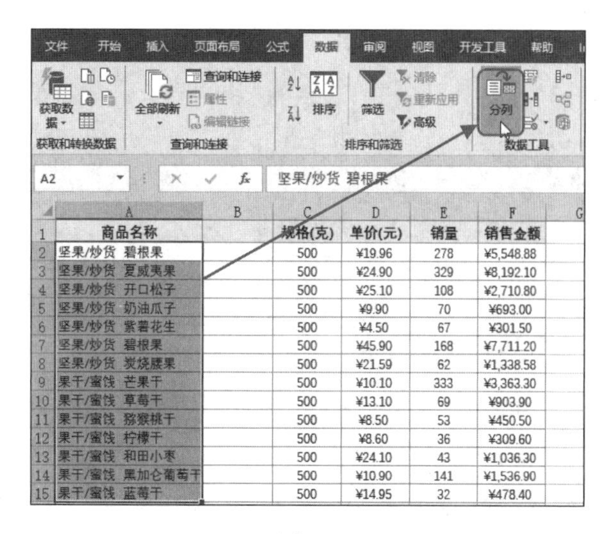

	A	B	C	D	E	F
1	商品名称		规格(克)	单价(元)	销量	销售金额
2	坚果/炒货 碧根果		500	¥19.96	278	¥5,548.88
3	坚果/炒货 夏威夷果		500	¥24.90	329	¥8,192.10
4	坚果/炒货 开口松子		500	¥25.10	108	¥2,710.80
5	坚果/炒货 奶油瓜子		500	¥9.90	70	¥693.00
6	坚果/炒货 紫薯花生		500	¥4.50	67	¥301.50
7	坚果/炒货 碧根果		500	¥45.90	168	¥7,711.20
8	坚果/炒货 炭烧腰果		500	¥21.59	62	¥1,338.58
9	果干/蜜饯 芒果干		500	¥10.10	333	¥3,363.30
10	果干/蜜饯 草莓干		500	¥13.10	69	¥903.90
11	果干/蜜饯 猕猴桃干		500	¥8.50	53	¥450.50
12	果干/蜜饯 柠檬干		500	¥8.60	36	¥309.60
13	果干/蜜饯 和田小枣		500	¥24.10	43	¥1,036.30
14	果干/蜜饯 黑加仑葡萄干		500	¥10.90	141	¥1,536.90
15	果干/蜜饯 蓝莓干		500	¥14.95	32	¥478.40

图 5-1

文本分列向导 - 第 1 步，共 3 步

文本分列向导判定您的数据具有分隔符。

若一切设置无误，请单击"下一步"，否则请选择最合适的数据类型。

原始数据类型

请选择最合适的文件类型:

分隔符号(D) - 用分隔字符，如逗号或制表符分隔每个字段

固定宽度(W) - 每列字段加空格对齐

预览选定数据:

2 坚果/炒货 碧根果
3 坚果/炒货 夏威夷果
4 坚果/炒货 开口松子
5 坚果/炒货 奶油瓜子
6 坚果/炒货 紫薯花生
7 坚果/炒货 碧根果

取消 < 上一步(B) 下一步(N) > 完成(F)

图 5-2

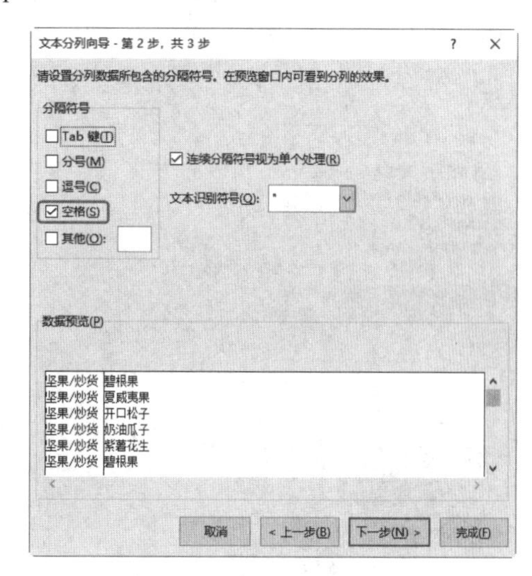

图 5-3

❸ 最后单击"完成"按钮弹出提示框（见图 5-4），单击"确定"按钮返回表格，即可看到类别名称和商品名称分为两列显示，如图 5-5 所示。

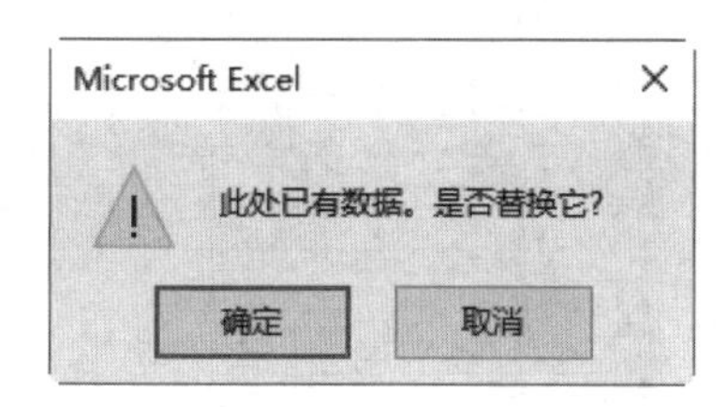

图 5-4

	A	B	C	D	E	F
1	商品类别	商品名称	规格(克)	单价(元)	销量	销售金额
2	坚果/炒货	碧根果	500	¥19.96	278	¥5,548.88
3	坚果/炒货	夏威夷果	500	¥24.90	329	¥8,192.10
4	坚果/炒货	开口松子	500	¥25.10	108	¥2,710.80
5	坚果/炒货	奶油瓜子	500	¥9.90	70	¥693.00
6	坚果/炒货	紫薯花生	500	¥4.50	67	¥301.50
7	坚果/炒货	碧根果	500	¥45.90	168	¥7,711.20
8	坚果/炒货	炭烧腰果	500	¥21.59	62	¥1,338.58
9	果干/蜜饯	芒果干	500	¥10.10	333	¥3,363.30
10	果干/蜜饯	草莓干	500	¥13.10	69	¥903.90
11	果干/蜜饯	猕猴桃干	500	¥8.50	53	¥450.50
12	果干/蜜饯	柠檬干	500	¥8.60	36	¥309.60
13	果干/蜜饯	和田小枣	500	¥24.10	43	¥1,036.30
14	果干/蜜饯	黑加仑葡萄	500	¥10.90	141	¥1,536.90
15	果干/蜜饯	蓝莓干	500	¥14.95	32	¥478.40

图 5-5

知识扩展

自定义分隔符

在设置分隔符号时是区分全半角的。如果选择分号或逗号复选框时，只能识别半角状态的分号与逗号。如果数据中使用的恰巧是中文状态下的逗号与分号应该怎么办呢？这时可以选择“其他”复选框，手动输入全角状态的符号即可实现分列了。

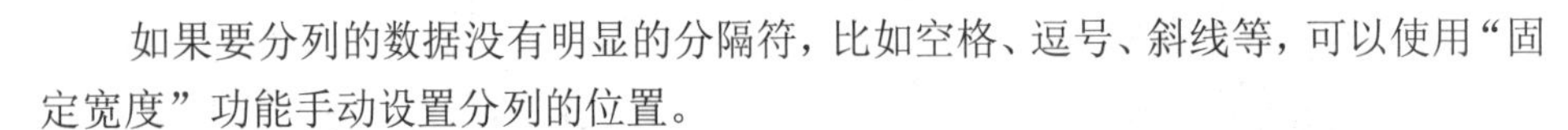

5.1.2 固定宽度

如果要分列的数据没有明显的分隔符，比如空格、逗号、斜线等，可以使用“固定宽度”功能手动设置分列的位置。

❶ 在A列后插入空列，选中要分列的数据区域，单击“数据”→“数据工具”选项组中的“分列”按钮，打开“文本分列向导－第1步，共3步”对话框。

❷ 在该对话框中单击“固定宽度”单选按钮并单击“下一步”按钮（见图5-6），进入“文本分列向导－第1步，共3步”对话框，在“数据预览”栏下合适位置处单击，如图5-7所示。

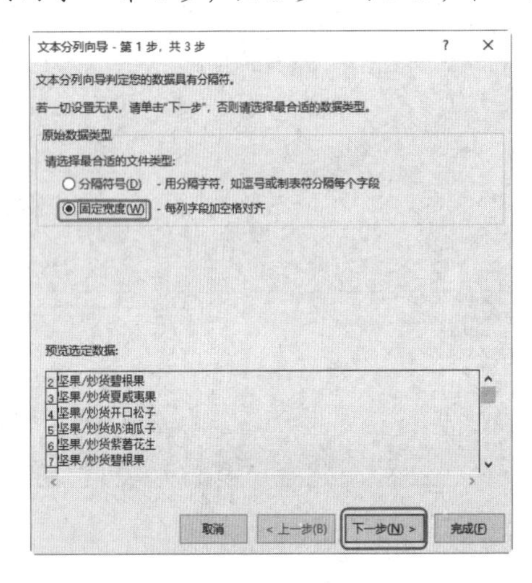

图 5-6

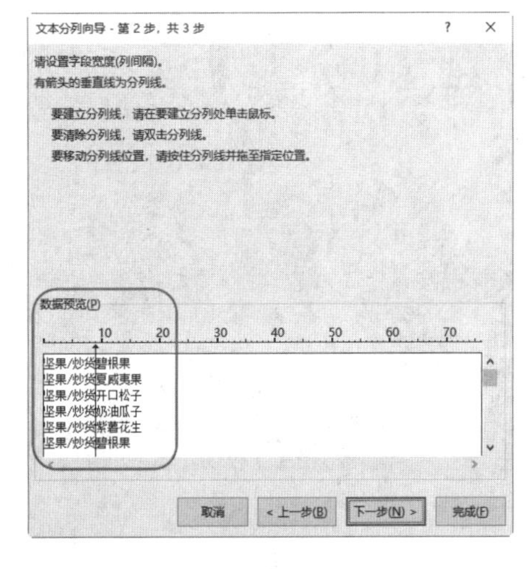

图 5-7

❸ 单击“完成”按钮弹出提示框（见图5-8），单击“确定”按钮返回表格中，即可看到类别名称和商品名称分为两列显示，如图5-9所示。

图 5-8

	A	B	C	D	E	F
1	商品类别	商品名称	规格(克)	单价(元)	销量	销售金额
2	坚果/炒货	碧根果	500	¥19.96	278	¥5,548.88
3	坚果/炒货	夏威夷果	500	¥24.90	329	¥8,192.10
4	坚果/炒货	开口松子	500	¥25.10	108	¥2,710.80
5	坚果/炒货	奶油瓜子	500	¥9.90	70	¥693.00
6	坚果/炒货	紫薯花生	500	¥4.50	67	¥301.50
7	坚果/炒货	碧根果	500	¥45.90	168	¥7,711.20
8	坚果/炒货	炭烧腰果	500	¥21.59	62	¥1,338.58
9	果干/蜜饯	芒果干	500	¥10.10	333	¥3,363.30
10	果干/蜜饯	草莓干	500	¥13.10	69	¥903.90
11	果干/蜜饯	猕猴桃干	500	¥8.50	53	¥450.50
12	果干/蜜饯	柠檬干	500	¥8.60	36	¥309.60
13	果干/蜜饯	和田小枣	500	¥24.10	43	¥1,036.30
14	果干/蜜饯	黑加仑葡萄	500	¥10.90	141	¥1,536.90
15	果干/蜜饯	蓝莓干	500	¥14.95	32	¥478.40

图 5-9

5.2 重复数据处理

日常工作中经常需要处理 Excel 的重复数据，例如在一个表格中有两行的数据是相同的，或者有某一列的数据是相同的。如果数量少就可以手动清除重复项，如果重复数据多就需要使用快速删除重复项的技巧。

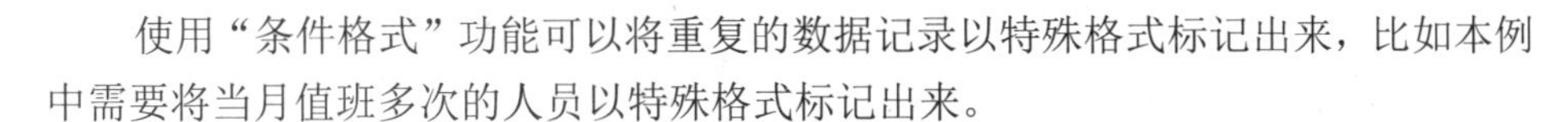

5.2.1 标记重复值

使用“条件格式”功能可以将重复的数据记录以特殊格式标记出来，比如本例中需要将当月值班多次的人员以特殊格式标记出来。

❶ 选中要设置条件格式的单元格区域，单击“开始”→“样式”选项组中的“条件格式”下拉按钮，在展开的下拉菜单中单击“突出显示单元格规则”→“重复值”命令，如图 5-10 所示，打开“重复值”对话框。

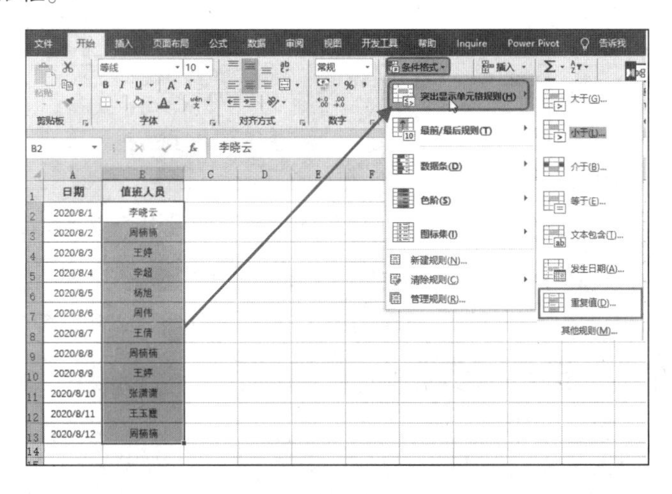

图 5-10

❷ 在该对话框中设置“重复”值的单元格显示格式如“浅红填充色深红色文本”，如图 5-11 所示。

❸ 设置完成后，单击“确定”按钮返回工作表中，即可看到重复出现的值班人员姓名被特殊标记，效果如图 5-12 所示。

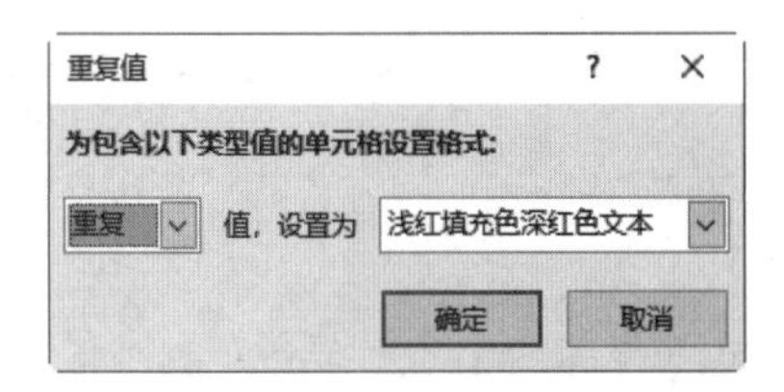

图 5-11

日期	值班人员
2020/8/1	李晓云
2020/8/2	周楠楠
2020/8/3	王婷
2020/8/4	李超
2020/8/5	杨旭
2020/8/6	周伟
2020/8/7	王倩
2020/8/8	周楠楠
2020/8/9	王婷
2020/8/10	张潇潇
2020/8/11	王玉霞
2020/8/12	周楠楠

图 5-12

标记唯一的值

如果要标记唯一的值，可以在“重复值”对话框中单击“重复”按钮的向下箭头，在下拉列表中选择“唯一”即可。

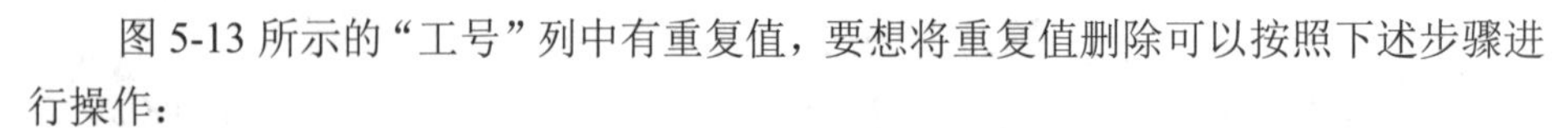

5.2.2 删除重复值

图5-13所示的“工号”列中有重复值，要想将重复值删除可以按照下述步骤进行操作：

工号	岗位名称	工龄	学历	专业	其他
NL-001	区域经理	2	本科及以上	市场营销	有两年或以上工作经验
NL-002	渠道/分销专员	3	专科以上	电子商务/市场营销	有两年或以上工作经验
NL-003	客户经理	1	本科及以上	企业管理	有两年或以上工作经验
NL-004	客户专员	4	专科以上	企业管理专	25周岁以下
NL-005	文案策划	2	专科以上	中文、新闻	有两年或以上工作经验
NL-003	美术指导	2	专科以上	广告、设计	有两年或以上工作经验
NL-007	财务经理	1	本科及以上	财务	有两年或以上工作经验
NL-008	会计师	2	本科及以上	财务	有一年或以上工作经验
NL-001	出纳员	3	专科以上	财务	有一年或以上工作经验
NL-010	生产主管	1	专科以上	化工	有三年或以上工作经验
NL-011	采购员	4	专科以上	市场营销	22周岁以上
NL-012	制造工程师	5	本科及以上	化工专业	有三年或以上工作经验

图5-13

❶ 选中表格中的数据区域，单击“数据”→“数据工具”选项组中的“删除重复项”按钮（见图5-14），打开“删除重复值”对话框。按照如图5-15所示勾选“工号”复选框。

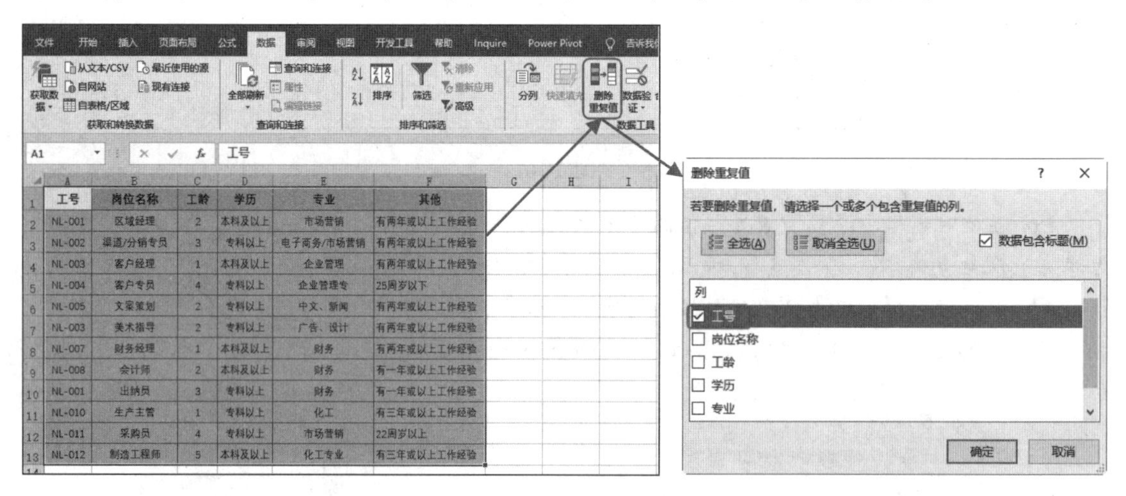

图5-14　　　　图5-15

❷ 设置完成后，单击“确定”按钮弹出提示框（见图5-16），再次单击“确定”按钮，即可删除工号列中的重复值，如图5-17所示。

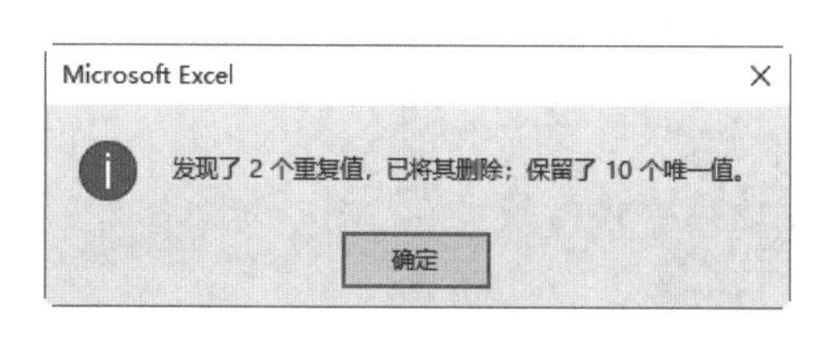

图 5-16

工号	岗位名称	工龄	学历	专业	其他
NL-001	区域经理	2	本科及以上	市场营销	有两年或以上工作经验
NL-002	渠道/分销专员	3	专科以上	电子商务/市场营销	有两年或以上工作经验
NL-003	客户经理	1	本科及以上	企业管理	有两年或以上工作经验
NL-004	客户专员	4	专科以上	企业管理专	25周岁以下
NL-005	文案策划	2	专科以上	中文、新闻	有两年或以上工作经验
NL-007	财务经理	1	本科及以上	财务	有两年或以上工作经验
NL-008	会计师	2	本科及以上	财务	有一年或以上工作经验
NL-010	生产主管	1	专科以上	化工	有三年或以上工作经验
NL-011	采购员	4	专科以上	市场营销	22周岁以上
NL-012	制造工程师	5	本科及以上	化工专业	有三年或以上工作经验

图 5-17

知识扩展

删除重复记录

如果有完全相同的行内容需要删除，假设本例的工号、岗位名称等列标题对应的信息有完全重复的记录，可以在打开的“删除重复值”对话框中勾选“列”中的所有名称前面的复选框，再执行删除即可。

5.3 处理不规范的数据格式

由于数据来源的不同，有时拿到的数据表存在许多不规范的数据，这样的表格投入使用时会给数据计算分析带来很多障碍。例如，不规范的数字会造成数据无法计算、不规范的日期会造成创建日期无法计算无法查询、不规划的文本会给查找带来不便等。另外，如果表格中存在空白单元格、空行、重复数据、不可见的字符等都会影响对数据的统计分析，因此拿到表格后需要对数据进行整理，从而形成规范的数据表。

5.3.1 处理不规范的日期

输入日期数据或通过其他途径导入数据时，经常会产生文本型的日期的情况，如果只是浏览数据，那么这种格式的日期没有什么影响。但是当我们要对这些数据进行与日期相关的计算时将无法进行，或者对日期数据进行筛选时也无法被识别，如图 5-18 所示。如果是正常的日期格式，在执行筛选时会出现“日期筛选”选项。

在 Excel 中必须按指定的格式输入日期，才会把它当作日期型数值，否则会视为不可计算的文本，输入以下四种日期格式的日期 Excel 均可识别：

- 使用短横线“-”分隔的日期，如“2020-5-1”“2020-5”。
- 使用斜杠“/”分隔的日期，如“2020/4/1”“2020/5”。
- 使用中文年月日输入的日期，如“2020 年 4 月 1 日”“2020 年 5 月”。
- 使用包含英文月份或英文月份缩写输入的日期。如“April-1”、“May-17”。

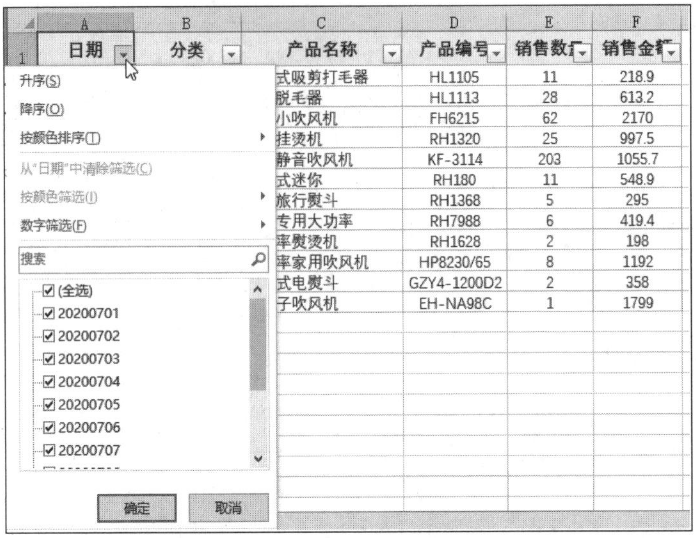

图 5-18

使用其他符号间隔的日期或数字形式输入的日期时，如“2020.4.1”“20\4\1”“20200401”等，Excel 无法自动识别为日期数据，而将其视为文本数据。对于这种不规则的文本日期可以利用分列功能将其转换为标准日期格式。

❶ 选中目标单元格区域，单击“数据”→“数据工具”选项组中的“分列”按钮（见图 5-19），打开“文本分列向导-第 1 步，共 3 步”对话框。

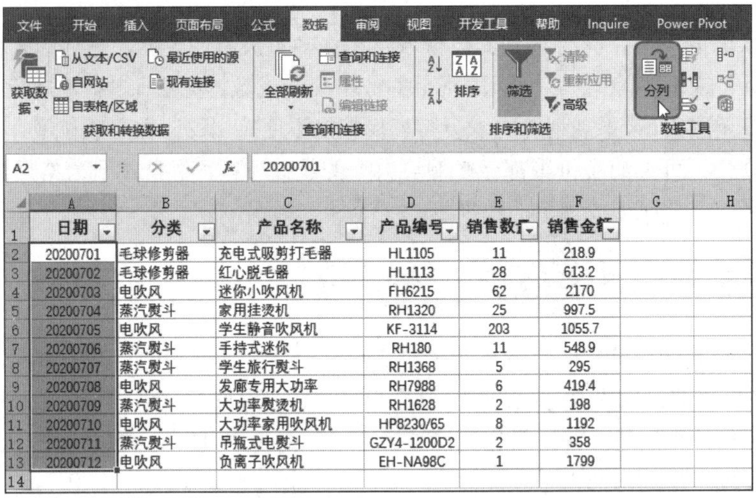

图 5-19

❷ 在该对话框中保持默认选项并单击“下一步”按钮（见图 5-20），直接进入“文本分列向导-第 3 步，共 3 步”对话框，选中“日期”数据格式，如图 5-21 所示。

❸ 设置完成后，单击“完成”按钮，即可把所有文本日期转换为规范的标准日期，效果如图 5-22 所示。单击“日期”列标题右侧的下拉按钮，则能出现专门针对日期筛选的设置项了，如图 5-23 所示。

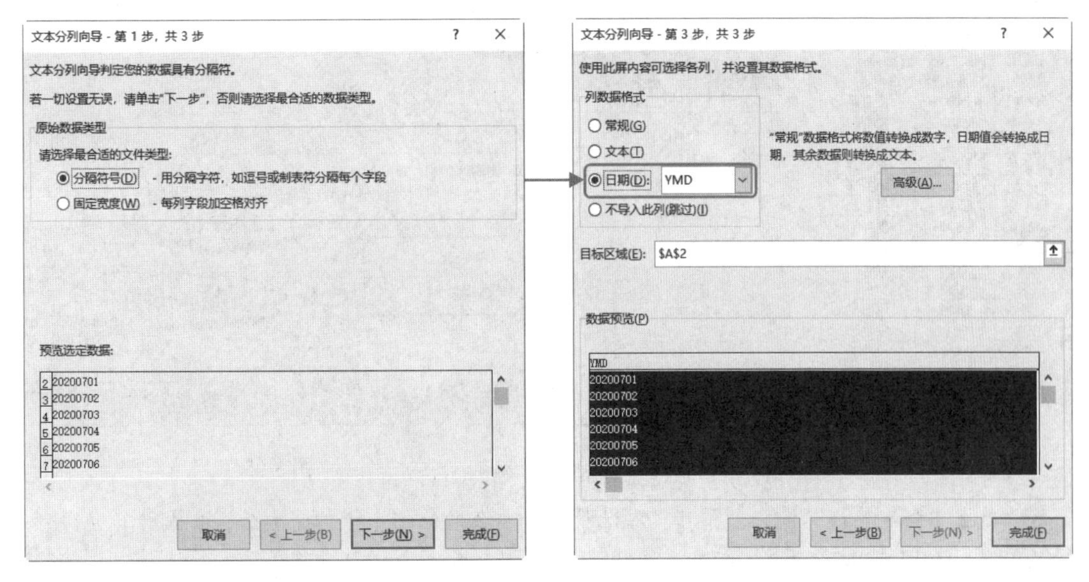

图 5-20

图 5-21

	A	B	C	D	E	F
1	日期	分类	产品名称	产品编号	销售数量	销售金额
2	2020/7/1	毛球修剪器	充电式吸剪打毛器	HL1105	11	218.9
3	2020/7/2	毛球修剪器	红心脱毛器	HL1113	28	613.2
4	2020/7/3	电吹风	迷你小吹风机	FH6215	62	2170
5	2020/7/4	蒸汽熨斗	家用挂烫机	RH1320	25	997.5
6	2020/7/5	电吹风	学生静音吹风机	KF-3114	203	1055.7
7	2020/7/6	蒸汽熨斗	手持式迷你	RH180	11	548.9
8	2020/7/7	蒸汽熨斗	学生旅行熨斗	RH1368	5	295
9	2020/7/8	电吹风	发廊专用大功率	RH7988	6	419.4
10	2020/7/9	蒸汽熨斗	大功率熨烫机	RH1628	2	198
11	2020/7/10	电吹风	大功率家用吹风机	HP8230/65	8	1192
12	2020/7/11	蒸汽熨斗	吊瓶式电熨斗	GZY4-1200D2	2	358
13	2020/7/12	电吹风	负离子吹风机	EH-NA98C	1	1799

图 5-22

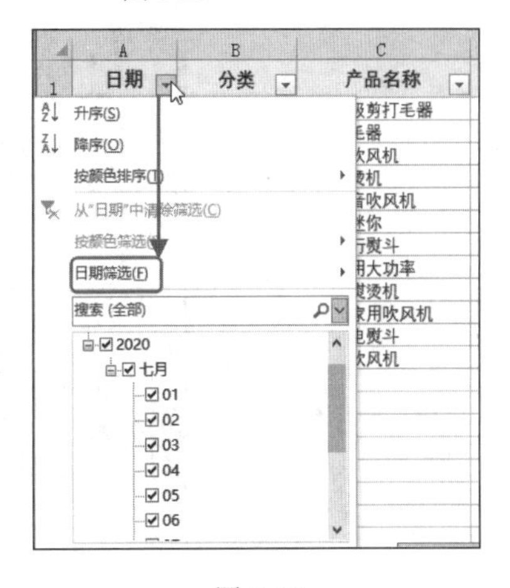

图 5-23

5.3.2 处理不规范的文本

不规范文本的表现形式有：文本中含有空格、不可见字符、分行符等，由于这些字符的存在将导致数据无法正确处理。下面具体介绍如何处理不规范的文本的操作步骤。

❶ 本例需要查询"张欣"的应发工资，却出现无法查询到的情况。双击 A4 单元格查看源数据，在编辑栏可发现光标所处的位置与数字最后一位之间有距离，即为不可见的空格，所以才导致公式返回错误值，如图 5-24 所示。

❷ 使用鼠标选中不可见字符并复制。按 Ctrl+H 组合键，打开"查找和替换"对话框，将光标定位到"查找内容"框中，按 Ctrl+V 组合键粘贴，将不可见字符粘贴到"查找内容"框中，"替换为"框中不输入任何内容，如图 5-25 所示。

图 5-24　　　　图 5-25

❸ 单击“全部替换”按钮，即可实现批量删除多余的空格，操作完成后，公式计算也得到了正确的结果，如图 5-26 所示。

	A	B	C	D	E	F
1	姓名	应发工资	部门		查询对象	应发工资
2	崔娜	2400	财务部		张欣	7472
3	方婷婷	2300	财务部			
4	张欣	7472	销售部			
5	郝艳艳	1700	财务部			
6	何开运	3400	销售部			
7	黎小健	6720	销售部			
8	刘丽	2500	财务部			
9	彭华	1700	设计部			
10	钱丽	3550	设计部			
11	王芬	8060	销售部			
12	王海燕	8448	财务部			
13	王青	10312	设计部			
14	王雨虹	4495	设计部			
15	吴银花	2400	销售部			
16	武杰	3100	财务部			
17	张燕	12700	销售部			

图 5-26

知识扩展

使用 Word 删除不可见字符

除了上述方法外，还可以借助 Word 软件实现删除不可见字符。将 Excel 表格中目标数据复制，然后粘贴到 Word 文档中（可以建立一个空白文档），再将其复制粘贴回 Excel 表格中，即可整理成标准的数字格式。

5.3.3 处理文本型数字

本例表格中显示的是数字，却无法进行求和运算，出现这种情况是因为数据的格式不正确（见图 5-27）。Excel 中不允许文本型的数字被计算，因此应当检查当前的数字是否是文本型的数字，只需将数据的格式进行转换即可正确计算。

C14 =SUM(C2:C13)

	A	B	C
1	产品名称	销售数量	销售金额
2	充电式吸剪打毛器	11	218.9
3	红心脱毛器	28	613.2
4	迷你小吹风机	62	2170
5	家用挂烫机	25	997.5
6	学生静音吹风机	203	1055.7
7	手持式迷你	11	548.9
8	学生旅行熨斗	5	295
9	发廊专用大功率	6	419.4
10	大功率熨烫机	2	198
11	大功率家用吹风机	8	1192
12	吊瓶式电熨斗	2	358
13	负离子吹风机	1	1799
14	总金额		0

图 5-27

❶ 选中 C2:C13 单元格区域，然后单击右上角的“ ”按钮，在弹出的菜单中单击“转换为数字”命令，如图 5-28 所示。

❷ 完成上面的操作后，即可将文本型数据转换为数字，并且公式中自动返回正确的计算结果，如图 5-29 所示。

	A	B	C	D
1	产品名称	销售数量	销售金额	
2	充电式吸剪打毛器	11	218.9	
3	红心脱毛器	28		
4	迷你小吹风机	62		
5	家用挂烫机	25		
6	学生静音吹风机	203		
7	手持式迷你	11		
8	学生旅行熨斗	5		
9	发廊专用大功率	6		
10	大功率熨烫机	2		
11	大功率家用吹风机	8	1192	
12	吊瓶式电熨斗	2	358	
13	负离子吹风机	1	1799	
14	总金额		0	
15				

以文本形式存储的数字
转换为数字(C)
关于此错误的帮助(H)
忽略错误(I)
在编辑栏中编辑(F)
错误检查选项(O)...

图 5-28

	A	B	C
1	产品名称	销售数量	销售金额
2	充电式吸剪打毛器	11	218.9
3	红心脱毛器	28	613.2
4	迷你小吹风机	62	2170
5	家用挂烫机	25	997.5
6	学生静音吹风机	203	1055.7
7	手持式迷你	11	548.9
8	学生旅行熨斗	5	295
9	发廊专用大功率	6	419.4
10	大功率熨烫机	2	198
11	大功率家用吹风机	8	1192
12	吊瓶式电熨斗	2	358
13	负离子吹风机	1	1799
14	总金额		9865.6

图 5-29

5.4 处理空白单元格

打开数据表或从其他地方复制、下载过来的表格时，经常会发现有多余的空白单元格和空白行，它们会破坏数据的连续性，从而影响数据的运算和分析。这时可配合定位功能对空白单元格、空白行进行处理。

5.4.1 一次性填充空白单元格

本例表格中包含大量的空白单元格，现在需要将这些空白单元格中输入符号“/”，可以首先查找并定位这些空白单元格，然后在这些单元格中一次性输入符号“/”。

❶ 打开工作表，单击“开始”→“编辑”选项组中的“查找和选择”按钮右侧的向下箭头，在展开的下拉菜单中选择“定位条件”命令（见图 5-30），打开“定位条件”对话框。

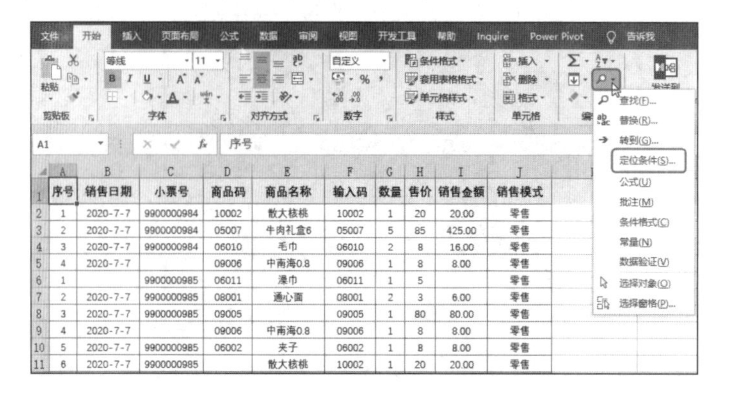

图 5-30

❷ 在该对话框中单击“空值”单选按钮，如图 5-31 所示。单击“确定”按钮返回工作表中，可以看到所有空格都被选中，如图 5-32 所示。

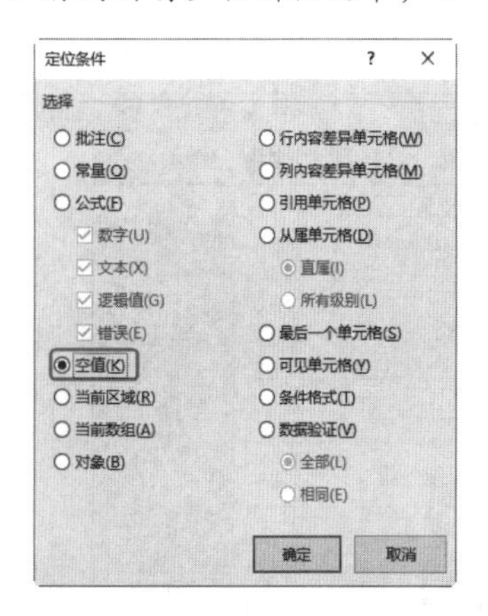

图 5-31

序号	销售日期	小票号	商品码	商品名称	输入码	数量	售价	销售金额	销售模式
1	2020-7-7	9900000984	10002	散大核桃	10002	1	20	20.00	零售
2	2020-7-7	9900000984	05007	牛肉礼盒6	05007	5	85	425.00	零售
3	2020-7-7	9900000984	06010	毛巾	06010	2	8	16.00	零售
4	2020-7-7		09006	中南海0.8	09006	1	8	8.00	零售
1		9900000985	06011	澡巾	06011	1	5		零售
2	2020-7-7	9900000985	08001	通心面	08001	2	3	6.00	零售
3	2020-7-7	9900000985	09005		09005	1	80	80.00	零售
4	2020-7-7		09006	中南海0.8	09006	1	8	8.00	零售
5	2020-7-7	9900000985	06002	夹子	06002	1	8	8.00	零售
6	2020-7-7	9900000985		散大核桃	10002	1	20	20.00	零售
7			10003	散核桃仁	10003	1	40	40.00	零售
8	2020-7-7	9900000985	06023	安利香皂	06023	1	18	18.00	零售
9		9900000985	03022		03022	1	30	30.00	零售
1	2020-7-7	9900000986	08001	通心面	08001	1	3	3.00	
2	2020-7-7	9900000986	08002	苦荞挂面	08002	1	3	3.00	零售
3	2020-7-7	9900000986	08003	苦荞银耳面	08003	1	5	5.00	零售
4	2020-7-7	9900000986	08005	莜麦面	08005	1	15	15.00	零售

图 5-32

❸ 在编辑栏中输入“/”，然后按下 Ctrl+Enter 组合键，即可将所有选中的单元格内容填充符号“/”，效果如图 5-33 所示。

J15　/

序号	销售日期	小票号	商品码	商品名称	输入码	数量	售价	销售金额	销售模式
1	2020-7-7	9900000984	10002	散大核桃	10002	1	20	20.00	零售
2	2020-7-7	9900000984	05007	牛肉礼盒6	05007	5	85	425.00	零售
3	2020-7-7	9900000984	06010	毛巾	06010	2	8	16.00	零售
4	2020-7-7	/	09006	中南海0.8	09006	1	8	8.00	零售
1	/	9900000985	06011	澡巾	06011	1	5	/	零售
2	2020-7-7	9900000985	08001	通心面	08001	2	3	6.00	零售
3	2020-7-7	9900000985	09005	/	09005	1	80	80.00	零售
4	2020-7-7	/	09006	中南海0.8	09006	1	8	8.00	零售
5	2020-7-7	9900000985	06002	夹子	06002	1	8	8.00	零售
6	2020-7-7	9900000985	/	散大核桃	10002	1	20	20.00	零售
7	/	/	10003	散核桃仁	10003	1	40	40.00	零售
8	2020-7-7	9900000985	06023	安利香皂	06023	1	18	18.00	零售
9	/	9900000985	03022	/	03022	1	30	30.00	零售
1	2020-7-7	9900000986	08001	通心面	08001	1	3	3.00	/
2	2020-7-7	9900000986	08002	苦荞挂面	08002	1	3	3.00	零售

图 5-33

5.4.2 快速删除空白行、空白列

在日常表格编辑中会经常使用清单型表格。在清单型表格中不应该插入空白行、空白列，因为这会极大破坏数据的完整性，影响我们使用公式、筛选、排序、数据透视表等功能对数据进行分析。使用定位功能可快速删除大量空白行和空白列。

❶ 如图 5-34 所示的表格中包含空白单元格也包含空白行。按键盘上的 F5 键，打开“定位”对话框，单击“定位条件”按钮，打开“定位条件”对话框。在该对话框的“选择”栏中单击“空值”单选按钮，如图 5-35 所示。

	A	B	C	D	E	F	G	H	I	J
1	序号	销售日期	小票号	商品码	商品名称	输入码	数量	售价	销售金额	销售模式
2	1	2020-7-7	9900000984	10002	散大核桃	10002	1	20	20.00	零售
3	2	2020-7-7	9900000984	05007	牛肉礼盒6	05007	5	85	425.00	零售
4	3	2020-7-7	9900000984	06010	毛巾	06010	2	8	16.00	零售
5	4	2020-7-7		09006	中南海0.8	09006	1	8	8.00	零售
6	1									
7	2	2020-7-7	9900000985	08001	通心面	08001	2	3	6.00	零售
8	3	2020-7-7	9900000985	09005		09005	1	80	80.00	零售
9	4	2020-7-7		09006	中南海0.8	09006	1	8	8.00	零售
10	5	2020-7-7	9900000985	06002	夹子	06002	1	8	8.00	零售
11	6	2020-7-7	9900000985		散大核桃	10002	1	20	20.00	零售
12	7			10003	散核桃仁	10003	1	40	40.00	零售
13	8	2020-7-7	9900000985	06023	安利香皂	06023	1	18	18.00	零售
14										
15	1	2020-7-7	9900000986	08001	通心面	08001	1	3	3.00	
16	2	2020-7-7	9900000986	08002	苦荞挂面	08002	1	3	3.00	零售
17	3	2020-7-7	9900000986	08003	苦荞银耳面	08003	1	5	5.00	零售
18	4	2020-7-7	9900000986	08005	莜麦面	08005	1	15	15.00	零售
19	5	2020-7-7	9900000986	08006	荞麦面	08006	1	15	15.00	零售
20	6	2020-7-7	9900000986	07002	西瓜	07002	1	1.5	1.50	零售
21	7	2020-7-7	9900000986	07004	水晶梨	07004	1	2	2.00	零售
22	1	2020-7-7	9900000987	06001	洗发水(小	06001	1	15	15.00	零售
23	2	2020-7-7	9900000987	06002	夹子	06002	1	8	8.00	零售
24	3	2020-7-7	9900000987	06003	蜻蜓扑克	06003	2	3	6.00	零售
25	4	2020-7-7	9900000987		洗发水(大)	06004	1	28	28.00	零售

图 5-34

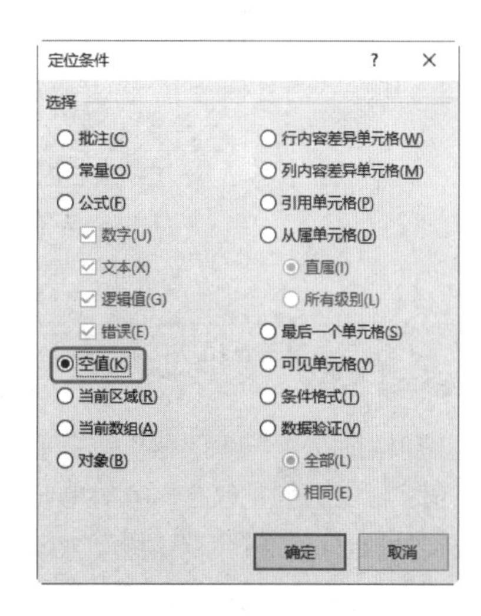

图 5-35

❷ 设置完成后，单击“确定”按钮回到工作表中，可以看到表格中的所有空白单元格都被选中了。在选中的任意空白单元格上右击，在打开的快捷菜单中单击“删除”命令（见图 5-36），打开“删除”对话框，单击“整行”单选按钮，如图 5-37 所示。

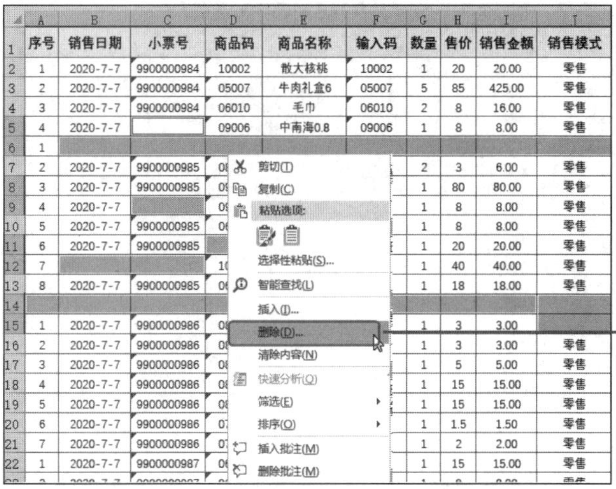

图 5-36

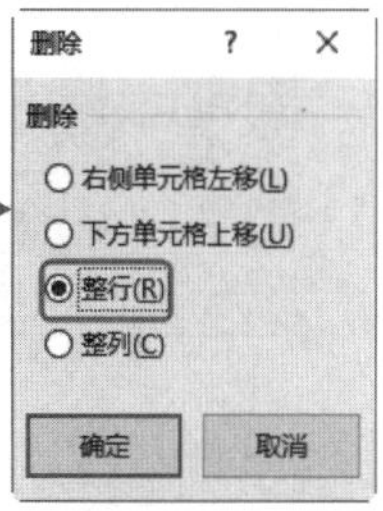

图 5-37

❸ 设置完成后，单击“确定”按钮，此时可以看到所有的空白单元格所在行全部被删除，如图 5-38 所示。

	A	B	C	D	E	F	G	H	I	J
1	序号	销售日期	小票号	商品码	商品名称	输入码	数量	售价	销售金额	销售模式
2	1	2020-7-7	9900000984	10002	散大核桃	10002	1	20	20.00	零售
3	2	2020-7-7	9900000984	05007	牛肉礼盒6	05007	5	85	425.00	零售
4	3	2020-7-7	9900000984	06010	毛巾	06010	2	8	16.00	零售
5	2	2020-7-7	9900000985	08001	通心面	08001	2	3	6.00	零售
6	5	2020-7-7	9900000985	06002	夹子	06002	1	8	8.00	零售
7	8	2020-7-7	9900000985	06023	安利香皂	06023	1	18	18.00	零售
8	2	2020-7-7	9900000986	08002	苦荞挂面	08002	1	3	3.00	零售
9	3	2020-7-7	9900000986	08003	苦荞银耳面	08003	1	5	5.00	零售
10	4	2020-7-7	9900000986	08005	莜麦面	08005	1	15	15.00	零售
11	5	2020-7-7	9900000986	08006	荞麦面	08006	1	15	15.00	零售
12	6	2020-7-7	9900000986	07002	西瓜	07002	1	1.5	1.50	零售
13	7	2020-7-7	9900000986	07004	水晶梨	07004	1	2	2.00	零售
14	1	2020-7-7	9900000987	06001	洗发水(小	06001	1	15	15.00	零售
15	2	2020-7-7	9900000987	06002	夹子	06002	1	8	8.00	零售
16	3	2020-7-7	9900000987	06003	蜻蜓扑克	06003	2	3	6.00	零售
17	5	2020-7-7	9900000987	06007	卫生纸	06007	1	5	5.00	零售
18	6	2020-7-7	9900000987	07003	鸭梨	07003	1	2	2.00	零售
19	7	2020-7-7	9900000987	07004	水晶梨	07004	1	2	2.00	零售
20	1	2020-7-7	9900000988	02001	10年45°老白汾	02001	1	98	98.00	零售
21	2	2020-7-7	9900000988	05003	牛肉118g	05003	1	10	10.00	零售

图 5-38

5.4.3 谨防空值陷阱

空值陷阱是指一些“假”空白单元格，这些单元格看起来没有数值，是空白状态，但实际上它们是包含内容的单元格，并非真正意义上的空白单元格。我们在进行数据处理时，经常会被“假”空白单元格蒙蔽，导致数据运算时出现错误。

1. 公式返回空值

一些由公式返回的空字符串，当在设置公式需要引用这些单元格时就会导致返回错误值。

❶ 选中存在问题的空白单元格（如本例的 C7:C8 单元格），单击“开始”→“编辑”选项组中的“清除”按钮右侧的向下箭头，在展开的下拉菜单中单击“全部清除”命令，如图 5-39 所示。

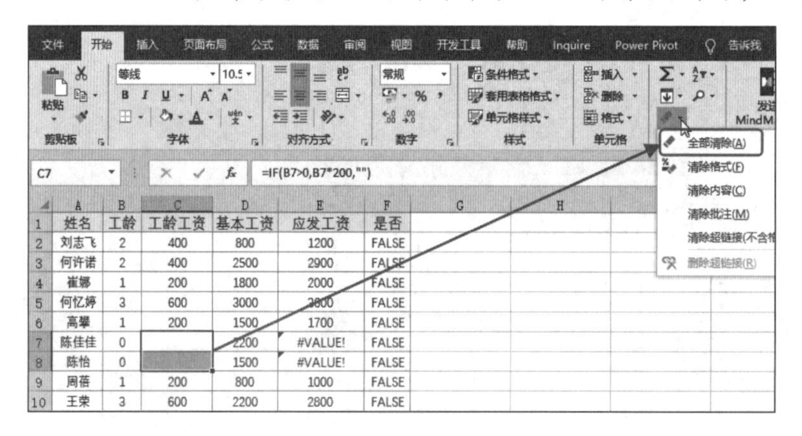

图 5-39

❷ 如果是大数据表，单个手动处理会造成效率低下，可以选中这一列，将数据复制到 Word 文档中（见图 5-40），然后重新复制回来即可解决计算错误问题，效果如图 5-41 所示。

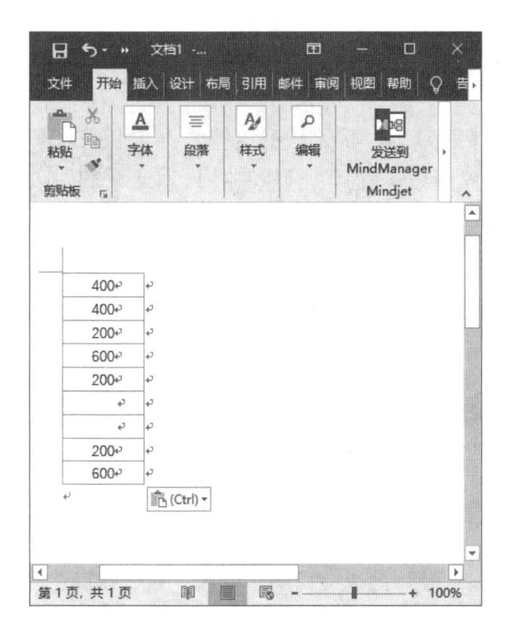

图 5-40

	A	B	C	D	E	F
1	姓名	工龄	工龄工资	基本工资	应发工资	是否
2	刘志飞	2	400	800	1200	FALSE
3	何许诺	2	400	2500	2900	FALSE
4	崔娜	1	200	1800	2000	FALSE
5	何忆婷	3	600	3000	3600	FALSE
6	高攀	1	200	1500	1700	FALSE
7	陈佳佳	0		2200	2200	TRUE
8	陈怡	0		1500	1500	TRUE
9	周蓓	1	200	800	1000	FALSE
10	王荣	3	600	2200	2800	FALSE

图 5-41

2．空值包含字符

图 5-42 所示单元格中仅包含一个英文单引号（由于 C3 单元格中包含一个英文单引号，在 C10 单元格中使用公式“=C3+C7”求和时出现错误值）。

直接将 C3 单元格中的字符删除，即可得到正确的计算结果，如图 5-43 所示。

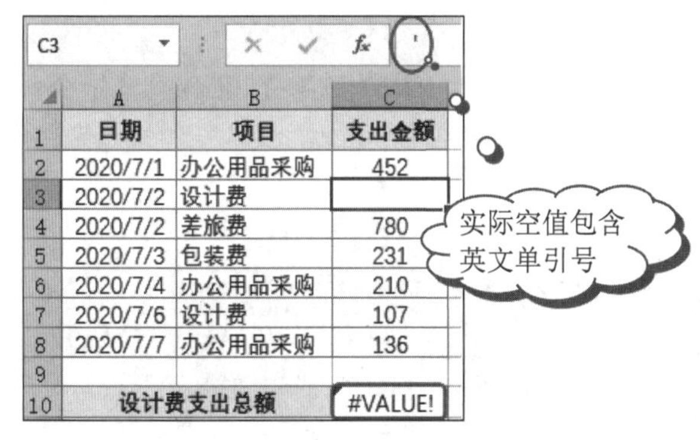

C3 '

	A	B	C
1	日期	项目	支出金额
2	2020/7/1	办公用品采购	452
3	2020/7/2	设计费	
4	2020/7/2	差旅费	780
5	2020/7/3	包装费	231
6	2020/7/4	办公用品采购	210
7	2020/7/6	设计费	107
8	2020/7/7	办公用品采购	136
9			
10	设计费支出总额		#VALUE!

图 5-42

C10 =C3+C7

	A	B	C	D
1	日期	项目	支出金额	
2	2020/7/1	办公用品采购	452	
3	2020/7/2	设计费		
4	2020/7/2	差旅费	780	
5	2020/7/3	包装费	231	
6	2020/7/4	办公用品采购	210	
7	2020/7/6	设计费	107	
8	2020/7/7	办公用品采购	136	
9				
10	设计费支出总额		107	

图 5-43

5.5 综合实例

如果在销售报表中想要将单价数据中的文本单位删除，可以使用本节介绍的“分列”功能实现；如果要把单个单元格中的多项数据（有规律的使用分隔符分开）分列显示在多个单元格区域，也可以使用分列功能。用户还可以使用分列功能将单列多种数据类型显示为多列。

5.5.1 案例 9：分列巧妙批量删除数据单位

有时工作中需要处理大量的数据，但是数据后面带有单位，就无法把这些数据当作数值来处理，而且这个单位是无法被复制和粘贴的，所以无法用“查找和替换”功能将其替换。数值后面有单位会导致无法正常计算，如图 5-44 所示。这时可以利用“分列”功能批量删除数据后的单位。

❶ 在 D 列后插入空列，选中要分列的数据区域，单击“数据”→“数据工具”选项组中的“分列”按钮（见图 5-45），打开“文本分列向导 – 第 1 步，共 3 步”对话框。

F2 =#REF!*E2

	A	B	C	D	E	F
1	类别名称	商品名称	规格(克)	单价	销量	销售金额
2	坚果/炒货	碧根果	500	19.96元	278	#REF!
3	坚果/炒货	夏威夷果	500	24.9元	329	#REF!
4	坚果/炒货	开口松子	500	25.1元	108	#REF!
5	坚果/炒货	奶油瓜子	500	9.9元	70	#REF!
6	坚果/炒货	紫薯花生	500	4.5元	67	#REF!
7	坚果/炒货	碧根果	500	45.9元	168	#REF!
8	坚果/炒货	炭烧腰果	500	21.59元	62	#REF!
9	果干/蜜饯	芒果干	500	10.1元	333	#REF!
10	果干/蜜饯	草莓干	500	13.1元	69	#REF!
11	果干/蜜饯	猕猴桃干	500	8.5元	53	#REF!
12	果干/蜜饯	柠檬干	500	8.6元	36	#REF!
13	果干/蜜饯	和田小枣	500	24.1元	43	#REF!
14	果干/蜜饯	黑加仑葡萄干	500	10.9元	141	#REF!
15	果干/蜜饯	蓝莓干	500	14.95元	32	#REF!

图 5-44

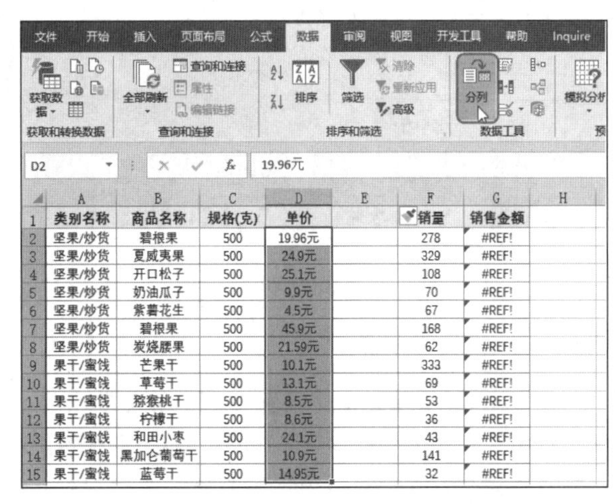

图 5-45

❷ 在该对话框中保持默认选项并单击“下一步”按钮（见图 5-46），进入“文本分列向导-第 2 步，共 3 步”对话框。在该对话框的“分隔符号”栏中勾选“其他”复选框，并在其后的文本框中输入“元”，如图 5-47 所示。

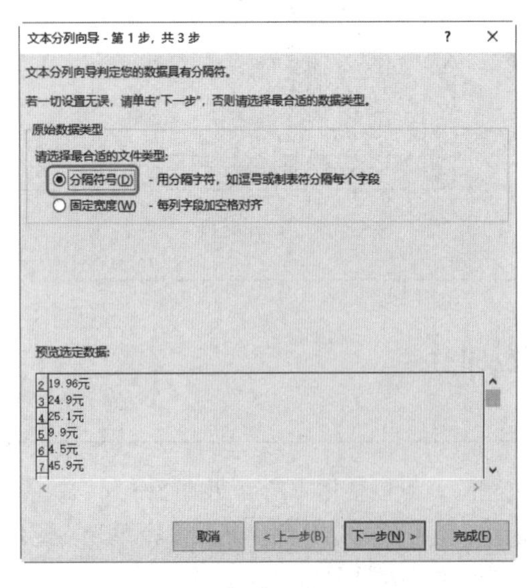

图 5-46

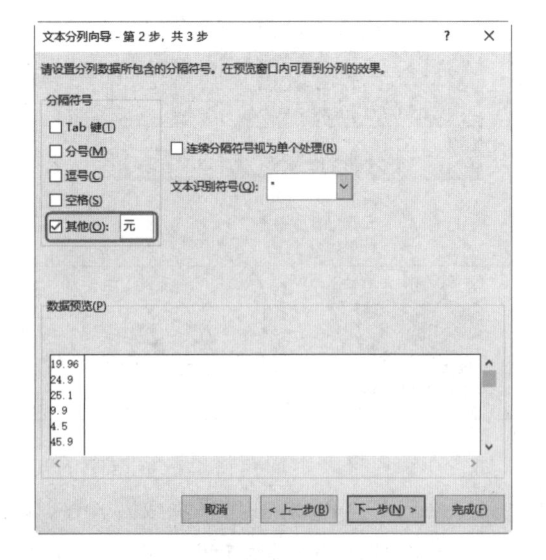

图 5-47

❸ 设置完成后，单击“完成”按钮弹出提示框（见图 5-48），单击“确定”按钮返回表格中，即可看到单价后的“元”被统一删除，公式返回正确的计算结果，如图 5-49 所示。

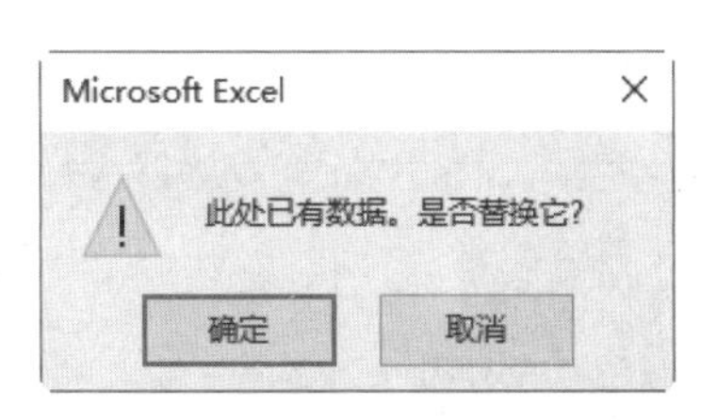

图 5-48

	A	B	C	D	E	F
1	类别名称	商品名称	规格(克)	单价	销量	销售金额
2	坚果/炒货	碧根果	500	19.96	278	¥5,548.88
3	坚果/炒货	夏威夷果	500	24.9	329	¥8,192.10
4	坚果/炒货	开口松子	500	25.1	108	¥2,710.80
5	坚果/炒货	奶油瓜子	500	9.9	70	¥693.00
6	坚果/炒货	紫薯花生	500	4.5	67	¥301.50
7	坚果/炒货	碧根果	500	45.9	168	¥7,711.20
8	坚果/炒货	炭烧腰果	500	21.59	62	¥1,338.58
9	果干/蜜饯	芒果干	500	10.1	333	¥3,363.30
10	果干/蜜饯	草莓干	500	13.1	69	¥903.90
11	果干/蜜饯	猕猴桃干	500	8.5	53	¥450.50
12	果干/蜜饯	柠檬干	500	8.6	36	¥309.60
13	果干/蜜饯	和田小枣	500	24.1	43	¥1,036.30
14	果干/蜜饯	黑加仑葡萄干	500	10.9	141	¥1,536.90
15	果干/蜜饯	蓝莓干	500	14.95	32	¥478.40

图 5-49

5.5.2 案例 10：文本数据拆分为多行明细数据

不规范的数据展现形式多种多样，例如众多数据显示在一个单元格中。本例中假设公司生产部提交上来的各个原材料的数量和金额显示在同一单元格中，这样的表格显然不便于统计。可以通过分列功能配合其他功能经过多次整理来获取规范数据，整理后的数据可以重新设置格式从而得到完整的表格。

❶ 选中 A1 单元格，单击“数据”→“数据工具”选项组中的“分列”按钮（见图 5-50），打开“文本分列向导 – 第 1 步，共 3 步”对话框。

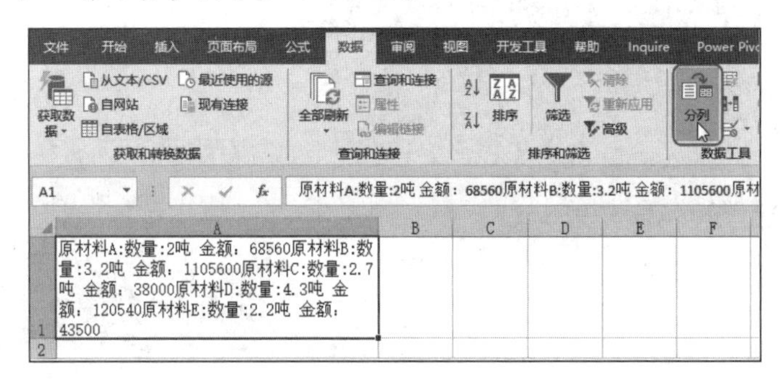

图 5-50

❷ 在该对话框中单击“分隔符号”按钮，如图 5-51 所示，然后单击“下一步”按钮，打开“文本分列向导 – 第 2 步，共 3 步”对话框，在该对话框的“分隔符号”栏中勾选“空格”复选框，如图 5-52 所示。

❸ 设置完成后，单击“完成”按钮，可以看到 A1 单元格中的数据以空格为分隔符号分布于各个不同列中如图 5-53 所示。

❹ 选中 A1:E1 单元格区域，并按 Ctrl+C 组合键进行复制，然后选中 A2 单元格，单击“开始”→“剪贴板”选项组中的“粘贴”按钮向下的箭头，在展开的下拉菜单中单击“转置”命令（见图 5-54），即可得到如图 5-55 所示的粘贴结果。

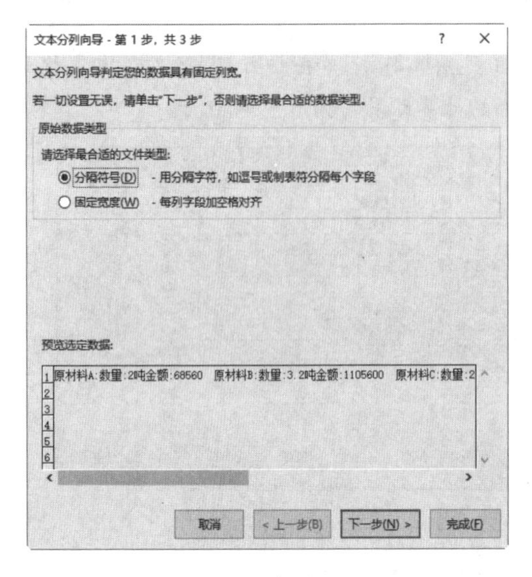

图 5-51

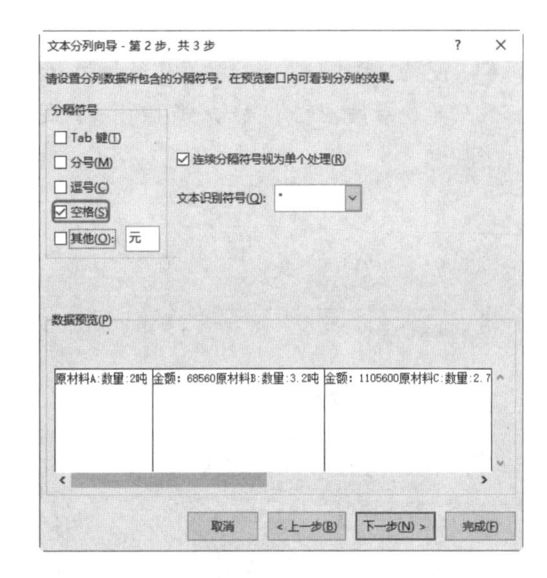

图 5-52

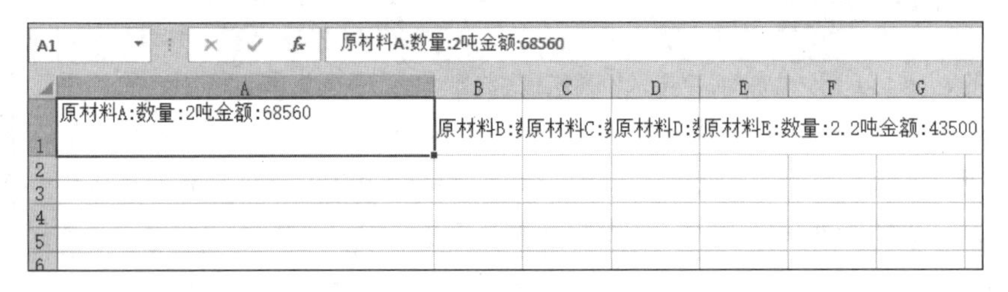

图 5-53

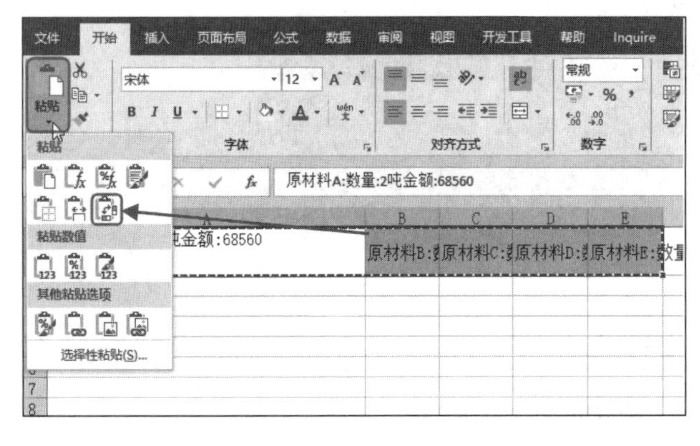

图 5-54

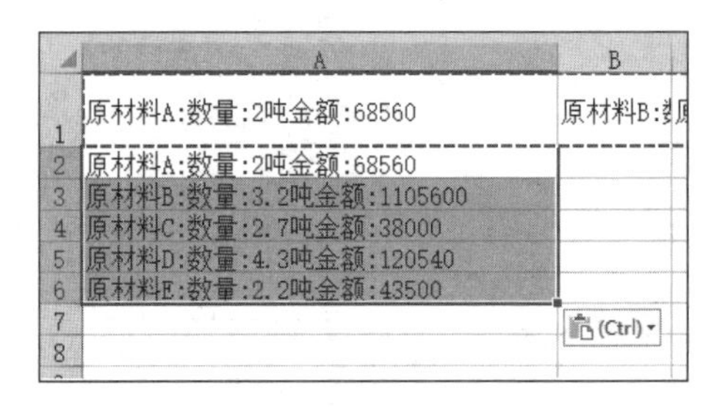

图 5-55

❺ 选中 A2:A6 单元格区域，再次打开“文本分列向导 – 第 1 步，共 3 步”对话框。保持默认选项，单击“下一步”按钮进入“文本分列向导 - 第 2 步，共 3 步”对话框（见图 5-56），在该对话框的“分隔符号”栏中勾选“其他”复选框，并在其后的文本框中输入“:”，如图 5-57 所示。

❻ 设置完成后，单击“完成”按钮得到如图 5-58 所示的表格。在 C 列右侧插入一个空白列，选中 C2:C6 单元格区域，再次打开“文本分列向导 - 第 1 步，共 3 步”对话框。保持默认选项，单击“下一步”按钮进入“文本分列向导 - 第 2 步，共 3 步”对话框，在该对话框的“分隔符号”栏中勾选“其他”复选框，并在其后的文本框中输入“吨”，如图 5-59 所示。

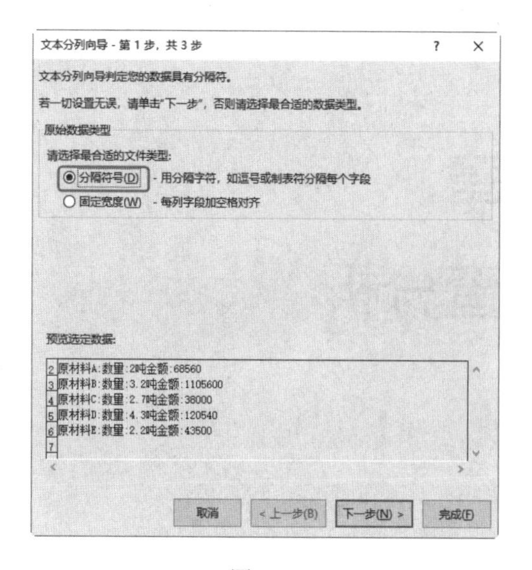

图 5-56

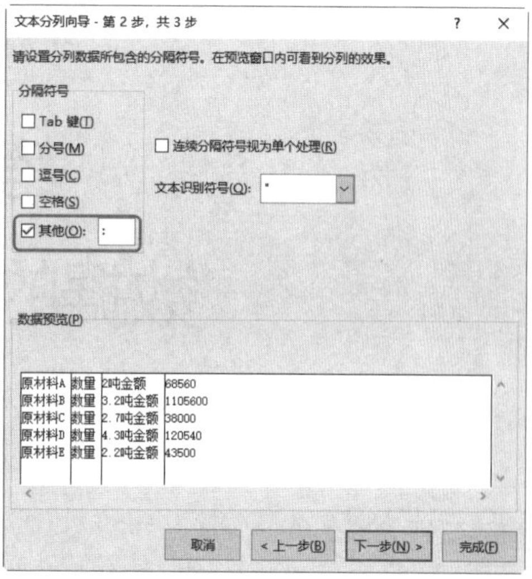

文本分列向导 - 第 2 步，共 3 步

请设置分列数据所包含的分隔符号。在预览窗口内可看到分列的效果。

分隔符号

- ☐ Tab 键(T)
- ☐ 分号(M)
- ☐ 逗号(C)
- ☐ 空格(S)
- ☑ 其他(O)：:

☐ 连续分隔符号视为单个处理(R)

文本识别符号(Q)："

数据预览(P)

原材料A	数量	2吨金额	68560
原材料B	数量	3.2吨金额	1105600
原材料C	数量	2.7吨金额	38000
原材料D	数量	4.3吨金额	120540
原材料E	数量	2.2吨金额	43500

取消　< 上一步(B)　下一步(N) >　完成(F)

图 5-57

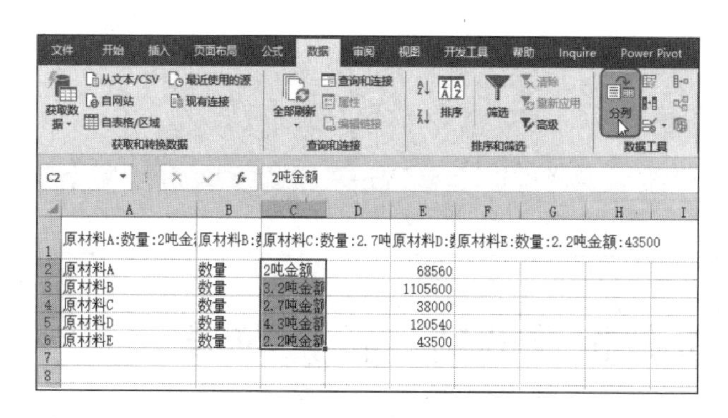

图 5-58

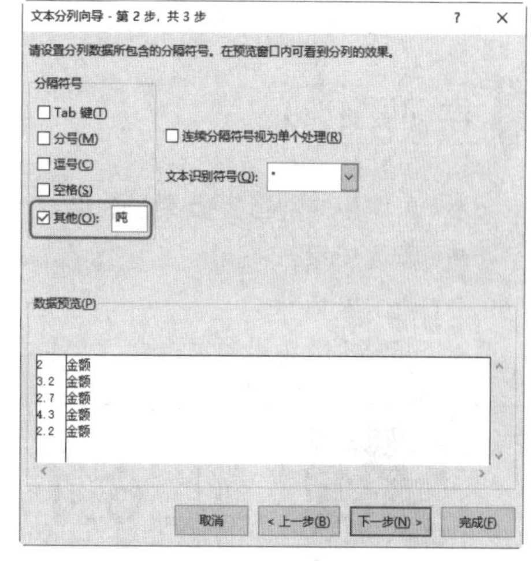

图 5-59

❼ 设置完成后，单击“完成”按钮，得到的分列效果如图 5-60 所示。后期为表格重新设置格式和列标题即可，效果如图 5-61 所示。

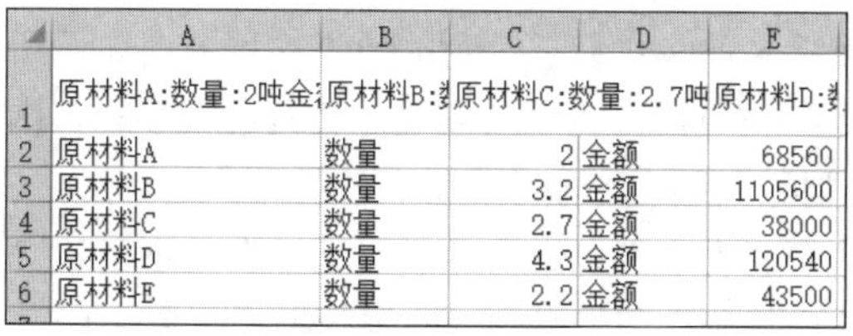

	A	B	C	D	E
1	原材料A:数量:2吨金:	原材料B:数	原材料C:数量:2.7吨	原材料D:数	
2	原材料A	数量	2	金额	68560
3	原材料B	数量	3.2	金额	1105600
4	原材料C	数量	2.7	金额	38000
5	原材料D	数量	4.3	金额	120540
6	原材料E	数量	2.2	金额	43500

图 5-60

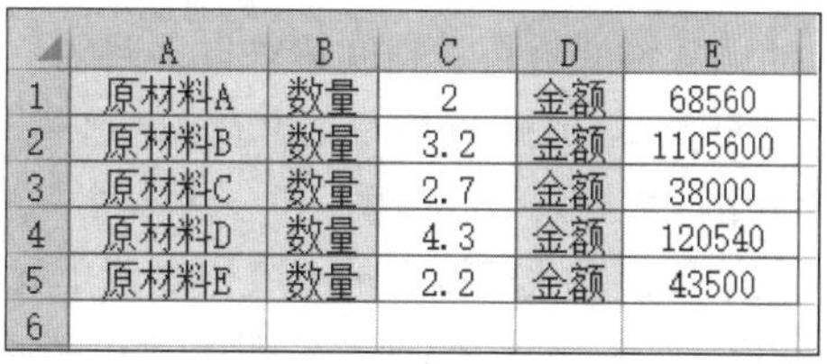

	A	B	C	D	E
1	原材料A	数量	2	金额	68560
2	原材料B	数量	3.2	金额	1105600
3	原材料C	数量	2.7	金额	38000
4	原材料D	数量	4.3	金额	120540
5	原材料E	数量	2.2	金额	43500
6					

图 5-61

第 6 章 数据的筛查分析

学习导读

使用数据筛选功能可以将满足条件的数据单独筛选出来显示。用户可以按分析目的使用条件格式突出显示数据或筛选出目标数据。

学习要点

- 条件格式功能突出显示数据。
- 筛选按钮。
- 高级筛选。
- 编制招聘费用预算表。

6.1 按分析目的特殊标记数据

在对数据透视表使用条件格式时，需要了解一些重要的区别。在分析数据时，经常会遇到一些实际问题：比如这个月谁的销售额超过 50,000 元？雇员的总体学历分布情况如何？哪些产品的年收入增长幅度大于 10%？以及在应聘人员表格中，谁的成绩最好，谁的成绩最差，等等。

“条件格式”可以帮助解答以上问题，因为采用这种格式易于达到的效果如：突出显示所关注的单元格或单元格区域（突出显示单元格规则）；强调异常值；为了直观表达数据的大小和范围，可以使用“数据条”和“图标”来根据数据大小绘制微型图表方便数据分析和比较。

在“条件格式规则”的“突出显示单元格规则”列表中可以设置数据“大于”“小于”“介于”“等于”以及“文本包含”等规则；在“项目选取规则”列表中可以设置数据“前 10 项”“后 10 项”以及“高于平均值”和“低于平均值”等规则。下面通过几个实际应用来介绍如何灵活运用这类条件格式规则类型。

6.1.1 突出显示区域数据

如果要突出显示数据表区域或者某行、某列数据中的重要数据，可以使用“突出显示单元格规则”。比如设置数据“大于”“小于”以及“发生日期”等规则，下面通过一些实例来实际体验如何应用条件格式。

1. 突出显示大于指定值的数据

❶ 打开工作表，选中“总分”列数据（如选中 F2:F22 单元格区域），单击“开始”→“样式”选项组中“条件格式”按钮右侧的向下箭头，在展开的下拉菜单中依次选择“突出显示单元格规则”→“大于”命令（见图 6-1），弹出“大于”对话框。

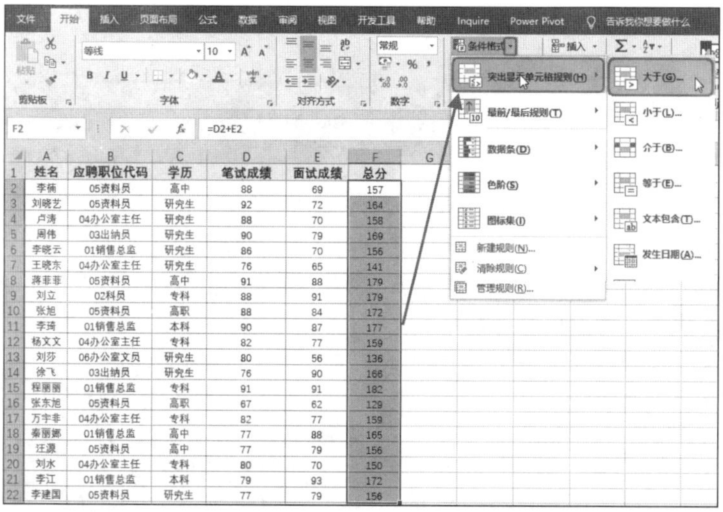

图 6-1

❷ 在该对话框的“为大于以下值的单元格设置格式”文本框中输入“170”，并在右侧列表中设置为“浅红填充色深红色文本”，如图 6-2 所示。

❸ 设置完成后，单击“确定”按钮，即可将应聘人员分数在 170 分以上的数据以红色底纹突出标记，如图 6-3 所示。

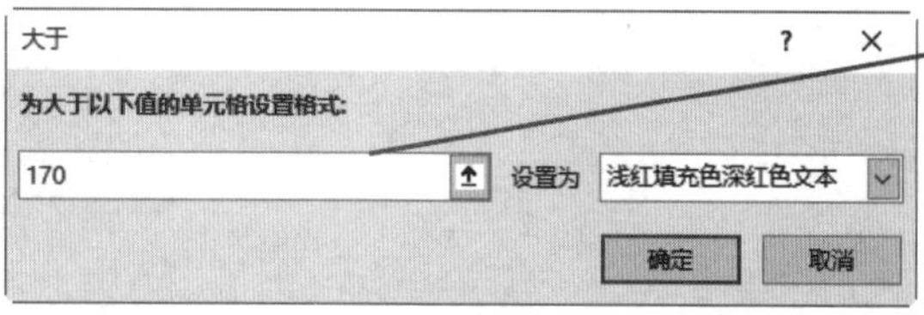

图 6-2

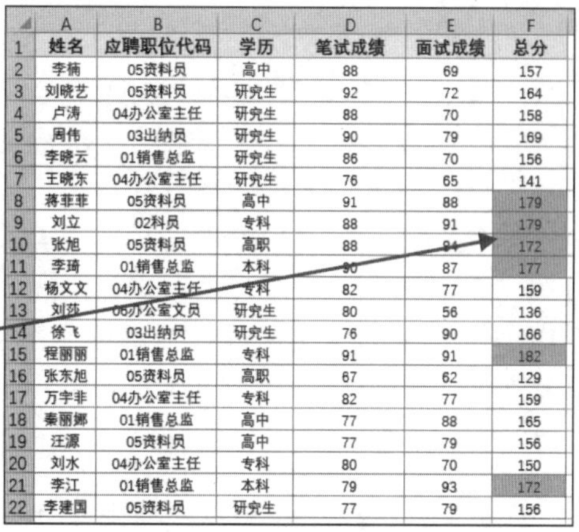

	A	B	C	D	E	F
1	姓名	应聘职位代码	学历	笔试成绩	面试成绩	总分
2	李楠	05资料员	高中	88	69	157
3	刘晓艺	05资料员	研究生	92	72	164
4	卢涛	04办公室主任	研究生	88	70	158
5	周伟	03出纳员	研究生	90	79	169
6	李晓云	01销售总监	研究生	86	70	156
7	王晓东	04办公室主任	研究生	76	65	141
8	蒋菲菲	05资料员	高中	91	88	179
9	刘立	02科员	专科	88	91	179
10	张旭	05资料员	高职	88	84	172
11	李琦	01销售总监	本科	90	87	177
12	杨文文	04办公室主任	专科	82	77	159
13	刘莎	06办公室文员	研究生	80	56	136
14	徐飞	03出纳员	研究生	76	90	166
15	程丽丽	01销售总监	专科	91	91	182
16	张东旭	05资料员	高职	67	62	129
17	万宇非	04办公室主任	专科	82	77	159
18	秦丽娜	01销售总监	高中	77	88	165
19	汪源	05资料员	高中	77	79	156
20	刘水	04办公室主任	专科	80	70	150
21	李江	01销售总监	本科	79	93	172
22	李建国	05资料员	研究生	77	79	156

图 6-3

提示注意

在设置条件格式之前，必须选中要分析的数据区域，可以是一个单元格区域，也可以是一列或者一行。如果要设置小于指定数值的条件格式，可以选择“突出显示单元格规则”→“小于”命令，在打开的“小于”对话框中设置指定数值以及突出显示格式效果，如图 6-4 所示。

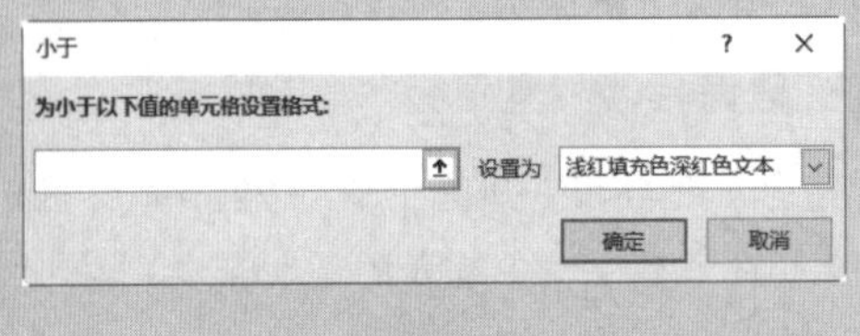

图 6-4

知识扩展

自定义格式

如果不想使用默认的突出显示格式效果，可以单击“大于”对话框中“设置为”向下箭头，在打开的下拉列表中选择“自定义格式”命令（见图 6-5）。在打开的“设置单元格格式”对话框中的“字体”选项卡下设置字体格式（见图 6-6），在“填充”选项卡下设置突出显示数据的单元格填充格式等，如图 6-7 所示。

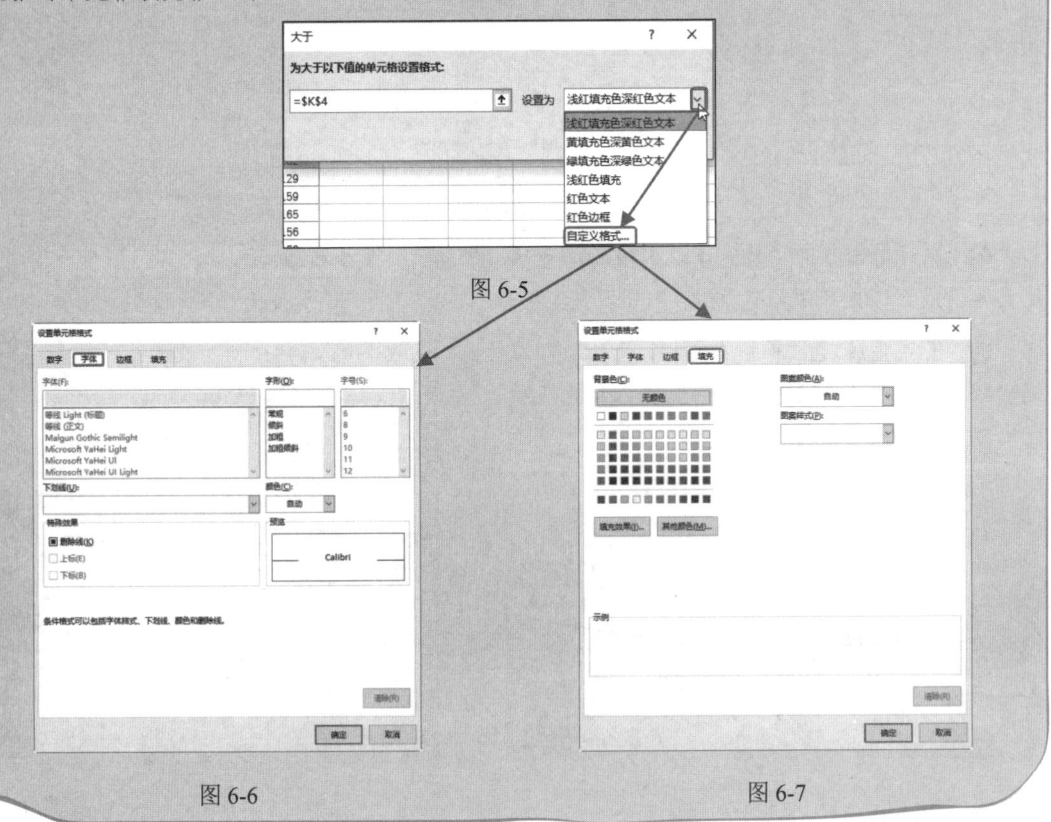

图 6-5

图 6-6

图 6-7

2. 突出显示介于指定值的数据

❶ 打开工作表，选中“平均分”列中的数据，如选中 E2:E19 单元格区域，单击到“开始”→“样式”选项组中“条件格式”按钮右侧的向下箭头，在展开的下拉菜单中依次选择“突出显示单元格规则”→“介于”命令（见图 6-8），弹出“介于”对话框。

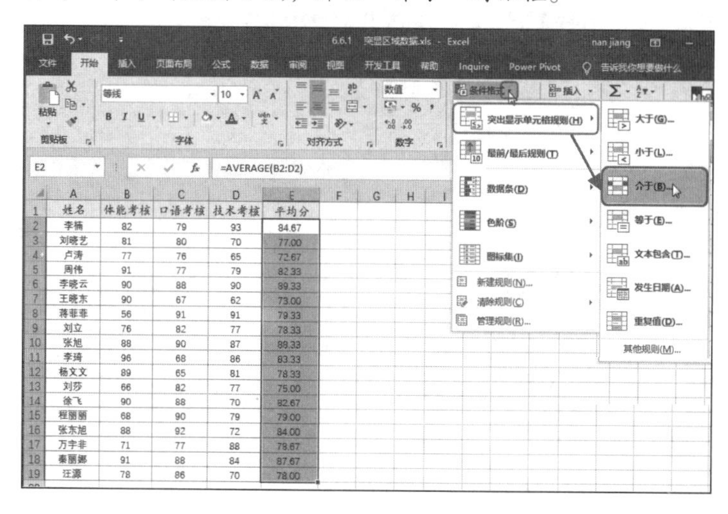

图 6-8

❷ 在该对话框中的“为介于以下值之间的单元格设置格式”下方的文本框中分别输入“80”“90”，并在右侧下拉列表中选择“浅红填充色深红色文本”，如图 6-9 所示。

❸ 设置完成后，单击“确定”按钮，即可将平均分在 80 分到 90 分的数据以浅红色底纹突出标记，如图 6-10 所示。

图 6-9

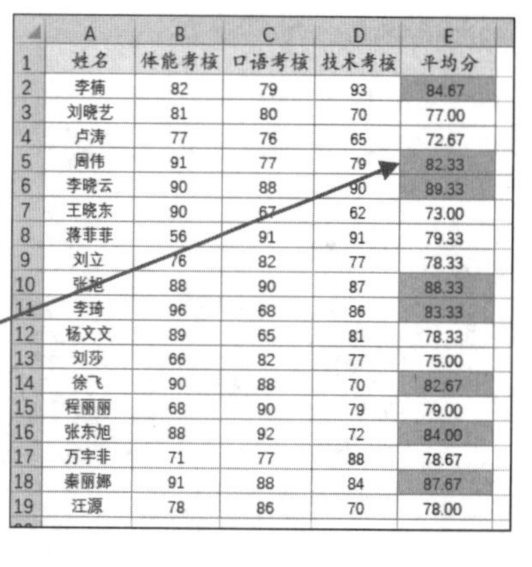

	A	B	C	D	E
1	姓名	体能考核	口语考核	技术考核	平均分
2	李楠	82	79	93	84.67
3	刘晓艺	81	80	70	77.00
4	卢涛	77	76	65	72.67
5	周伟	91	77	79	82.33
6	李晓云	90	88	90	89.33
7	王晓东	90	67	62	73.00
8	蒋菲菲	56	91	91	79.33
9	刘立	76	82	77	78.33
10	张旭	88	90	87	88.33
11	李琦	96	68	86	83.33
12	杨文文	89	65	81	78.33
13	刘莎	66	82	77	75.00
14	徐飞	90	88	70	82.67
15	程丽丽	68	90	79	79.00
16	张东旭	88	92	72	84.00
17	万宇非	71	77	88	78.67
18	秦丽娜	91	88	84	87.67
19	汪源	78	86	70	78.00

图 6-10

知识扩展

清除条件格式规则

如果要快速清除表格中的条件格式规则，可以打开“条件格式”菜单，选择“清除规则”命令即可；如果表格设置了多个条件格式规则，可以事先选中需要清除格式的单元格区域，再执行“清除规则”命令，如图 6-11 所示。

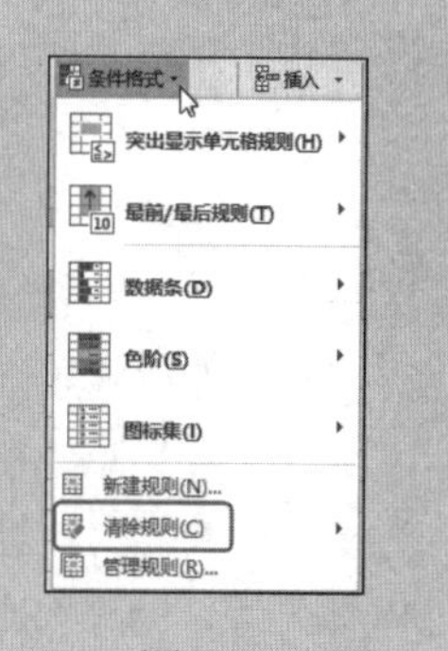

图 6-11

3．突出显示指定发生日期的数据

❶ 打开工作表，选中“预约日期”列中的数据（如选中 B2:B12 单元格区域），单击“开始”→“样式”选项组中“条件格式”按钮右侧的向下箭头，在展开的下拉菜单中依次选择“突出显示单元格规则”→“发生日期”命令（见图 6-12），弹出“发生日期”对话框。

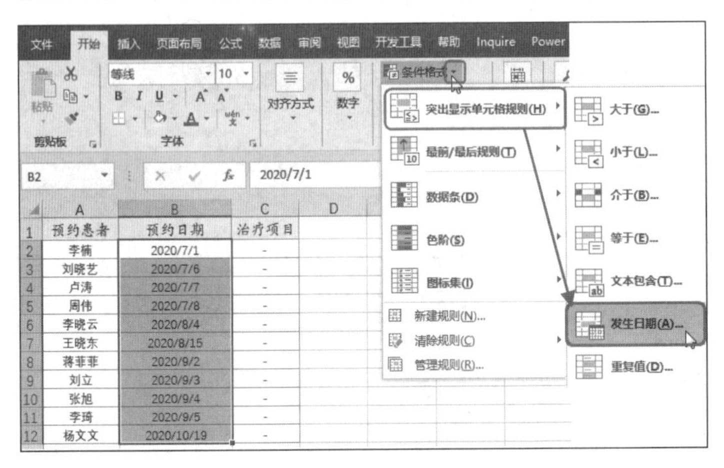

图 6-12

❷ 在该对话框中的“为包含以下日期的单元格设置格式”下拉列表中选择“下周”，并在右侧列表设置“浅红填充色深红色文本”，如图 6-13 所示。

❸ 设置完成后，单击“确定”按钮，即可将预约在下周的日期数据以红色底纹突出标记，如图 6-14 所示。

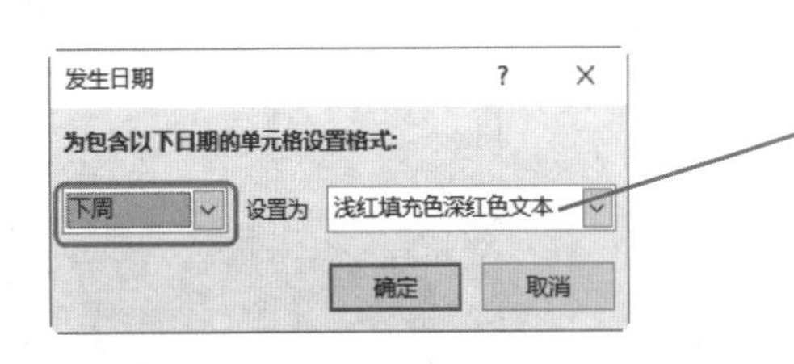

图 6-13

	A	B	C
1	预约患者	预约日期	治疗项目
2	李楠	2020/7/1	-
3	刘晓艺	2020/7/6	-
4	卢涛	2020/7/7	-
5	周伟	2020/7/8	-
6	李晓云	2020/8/4	-
7	王晓东	2020/8/15	-
8	蒋菲菲	2020/9/2	-
9	刘立	2020/9/3	-
10	张旭	2020/9/4	-
11	李琦	2020/9/5	-
12	杨文文	2020/10/19	-

图 6-14

提示注意

“发生日期”还可以设置“上周”“昨天”“今天”“本月”等格式规则，只需根据实际工作需要设置发生日期即可。

知识扩展

复制条件格式规则

如果要复制条件格式到其他单元格，可以首先选中已经设置好条件格式的单元格区域，再单击“开始”→“剪贴板”选项组中的“格式刷”按钮（见图 6-15），在需要应用相同条件格式的单元格区域单击刷取指定区域即可。

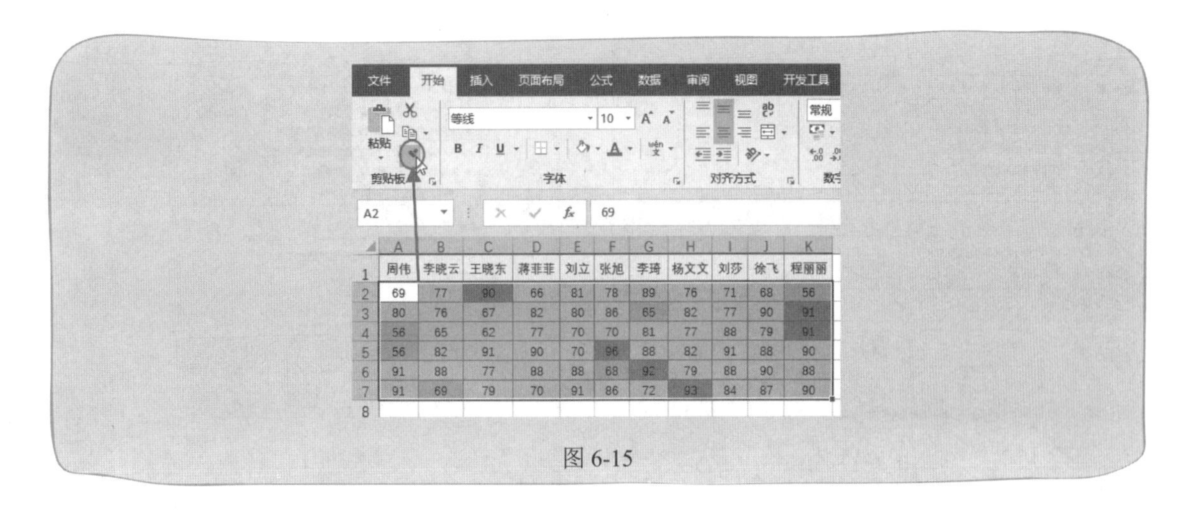

图 6-15

4．将空值显示特殊格式

本例表格统计了每日的销售记录，其中有些销售数据所在的单元格为空值，下面需要将这些空值以特殊格式显示。

❶ 打开工作表，选中所有数据单元格区域，单击“开始”→“样式”选项组中“条件格式”按钮右侧的向下箭头，在展开的下拉菜单中单击“新建规则”命令（见图 6-16），弹出“新建规则”对话框。

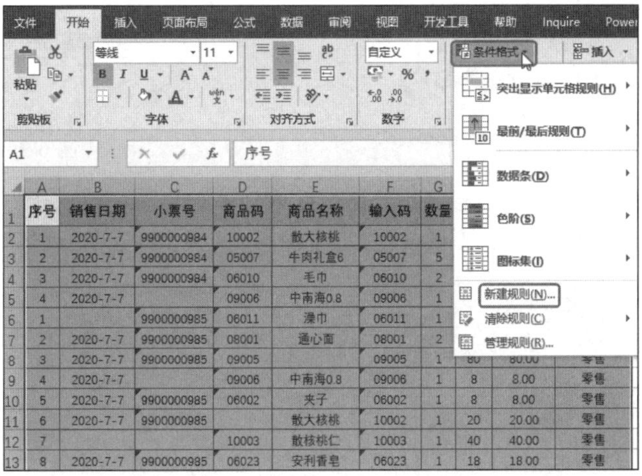

图 6-16

❷ 在该对话框的“选择规则类型”栏下的列表框中单击“只为包含以下内容的单元格设置格式”选项，再单击“编辑规则说明”栏下的下拉按钮，在打开的下拉列表中单击“空值”选项，如图 6-17 所示。然后单击下方的“格式”按钮（见图 6-18），打开“设置单元格格式”对话框。

❸ 在该对话框中单击“填充”选项卡，在“图案颜色”下拉列表中单击“橙色”，继续在“图案样式”下拉列表中单击“细，对角线，条纹”，如图 6-19 所示。

❹ 设置完成后，单击“确定”按钮返回“新建格式规则”对话框。此时可以看到格式预览效果，如图 6-20 所示。

图 6-17

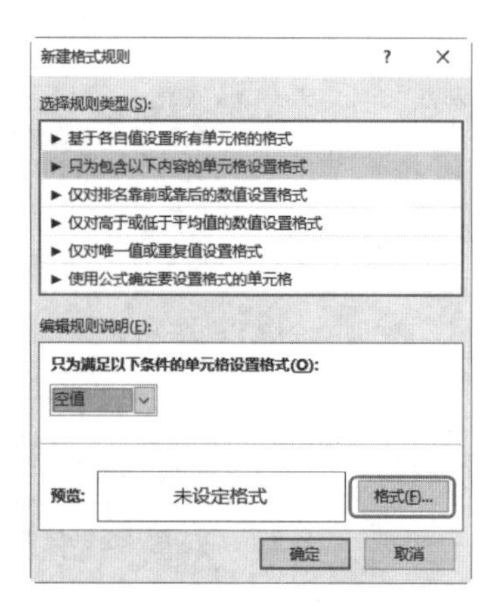

图 6-18

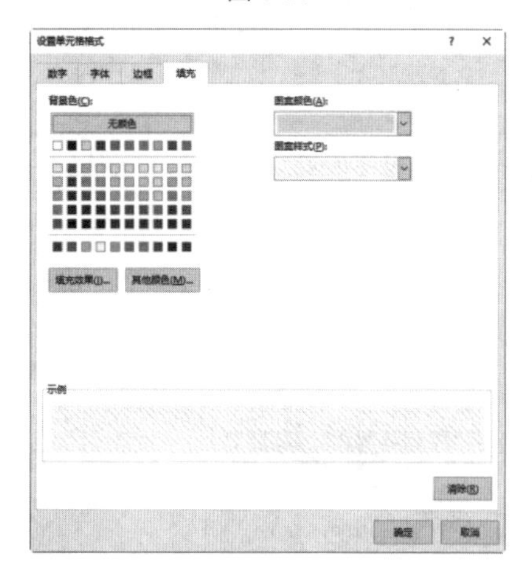

图 6-19

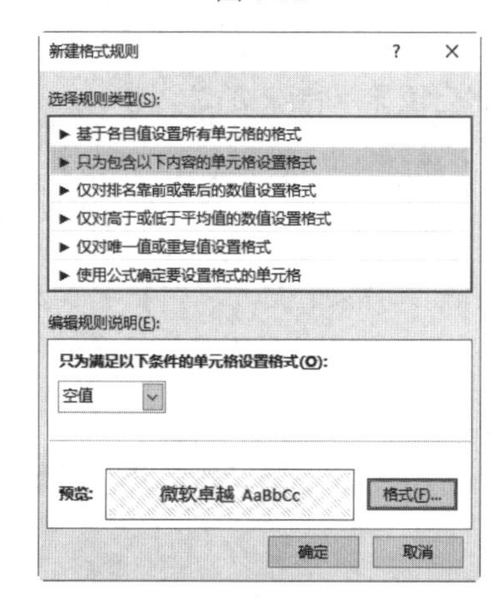

图 6-20

❺ 最后单击“确定”按钮完成设置，此时可以看到单元格区域中的所有空值显示为指定颜色的图案样式填充效果，如图 6-21 所示。

	A	B	C	D	E	F	G	H	I	J
1	序号	销售日期	小票号	商品码	商品名称	输入码	数量	售价	销售金额	销售模式
2	1	2020-7-7	9900000984	10002	散大核桃	10002	1	20	20.00	零售
3	2	2020-7-7	9900000984	05007	牛肉礼盒6	05007	5	85	425.00	零售
4	3	2020-7-7	9900000984	06010	毛巾	06010	2	8	16.00	零售
5	4	2020-7-7		09006	中南海0.8	09006	1	8	8.00	零售
6	1		9900000985	06011	澡巾	06011	1	5		零售
7	2	2020-7-7	9900000985	08001	通心面	08001	2	3	6.00	零售
8	3	2020-7-7	9900000985	09005		09005	1	80	80.00	零售
9	4	2020-7-7		09006	中南海0.8	09006	1	8	8.00	零售
10	5	2020-7-7	9900000985	06002	夹子	06002	1	8	8.00	零售
11	6	2020-7-7	9900000985		散大核桃	10002	1	20	20.00	零售
12	7			10003	散核桃仁	10003	1	40	40.00	零售
13	8	2020-7-7	9900000985	06023	安利香皂	06023	1	18	18.00	零售
14	9		9900000985	03022		03022	1	30	30.00	零售
15	1	2020-7-7	9900000986	08001	通心面	08001	1	3	3.00	
16	2	2020-7-7	9900000986	08002	苦荞挂面	08002	1	3	3.00	零售
17	3	2020-7-7	9900000986	08003	苦荞银耳面	08003	1	5	5.00	零售
18	4	2020-7-7	9900000986	08005	莜麦面	08005	1	15	15.00	零售

图 6-21

5．使用公式突出显示数据 1

报表中统计出每位员工两个月的销售数量，为了便于查看哪位销售的销售数量增长最多，可以通过设置条件格式让其突出显示出来。

❶ 打开工作表，选中“姓名”列中的数据（如选中 A2:A16 单元格区域），单击“开始”→“样式”选项组中“条件格式”按钮右侧的向下箭头，在展开的下拉菜单中选择“新建规则”命令（见图 6-22），弹出“新建格式规则”对话框。

❷ 在该对话框的“选择规则类型”列表框中选择“使用公式确定要设置格式的单元格”，在“编辑规格说明”栏下输入公式“=C2-B2=MAX(C$2:C$16-B$2:B$16)”，单击“格式”按钮（见图 6-23），弹出“设置单元格格式”对话框。

图 6-22　　图 6-23

❸ 在该对话框中可以设置字体、数字格式、边框、填充等格式效果，如图 6-24 所示设置了字体格式。

❹ 然后单击“确定”按钮返回“新建格式规则”对话框，再次单击“确定”按钮，即可将销售增长最多的销售员姓名以红色字体突出标记，如图 6-25 所示。

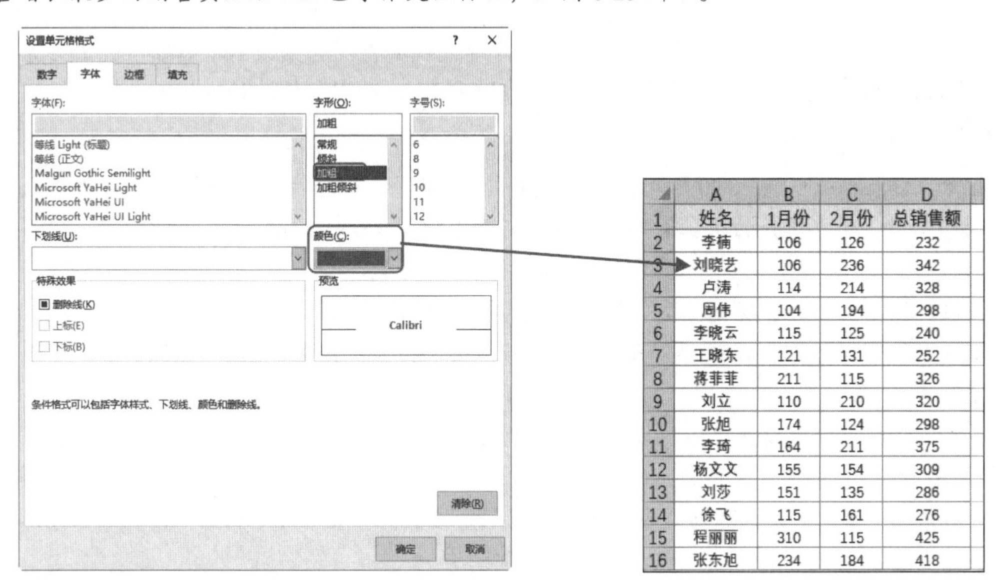

	A	B	C	D
1	姓名	1月份	2月份	总销售额
2	李楠	106	126	232
3	刘晓艺	106	236	342
4	卢涛	114	214	328
5	周伟	104	194	298
6	李晓云	115	125	240
7	王晓东	121	131	252
8	蒋菲菲	211	115	326
9	刘立	110	210	320
10	张旭	174	124	298
11	李琦	164	211	375
12	杨文文	155	154	309
13	刘莎	151	135	286
14	徐飞	115	161	276
15	程丽丽	310	115	425
16	张东旭	234	184	418

图 6-24　　图 6-25

提示注意

公式：=C2-B2=MAX(C$2:C$16-B$2:B$16)

解析：判断 2 月份的业绩和 1 月份业绩之差是否是最大值，这里使用 MAX 函数计算最大值。

知识扩展

管理规则

如果要对设置好的单元格条件格式规则进行编辑修改、删除等操作，可以在“条件格式规则管理器”中进行。单击“开始”→“样式”选项组中“条件格式”按钮右侧的向下箭头，在展开的下拉菜单中选择“管理规则”命令（见图 6-26），弹出“条件格式规则管理器”对话框，如图 6-27 所示。在这里可以修改、删除指定条件格式。

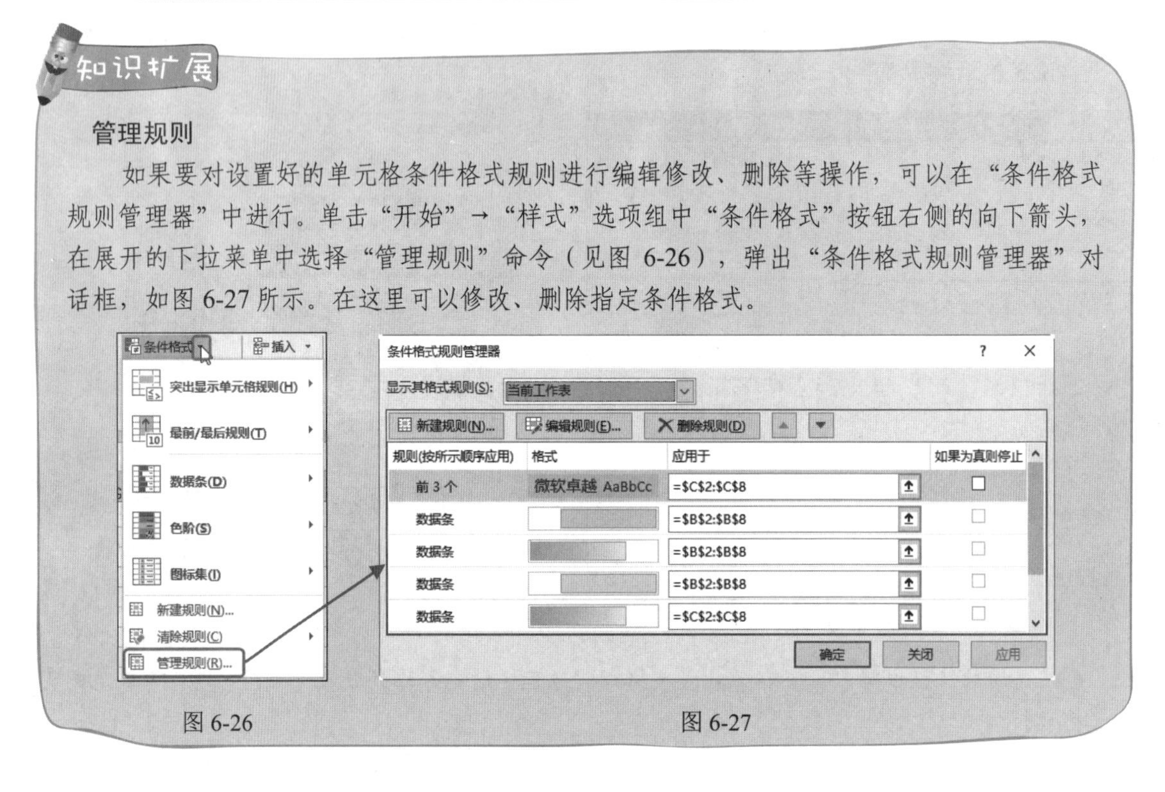

图 6-26　　　　图 6-27

6. 使用公式突出显示数据 2

本例中要实现通过查询条件在报表中找到的统计结果数据整行高亮显示。例如本例中首先在 C1 单元格中设置查询人的姓名。当数据内容比较多的情况下，可以使用这种标记方法快速找到自己想要查询的人员成绩记录。

❶ 打开工作表，选中 A3:C20 单元格区域，单击“开始”→“样式”选项组中“条件格式”按钮右侧的向下箭头，在展开的下拉菜单中选择“新建规则”命令（见图 6-28），弹出“新建格式规则”对话框。

❷ 在该对话框的“选择规则类型”列表框中选择“使用公式确定要设置格式的单元格”，在“编辑规则说明”栏下输入公式“=A3=$C$1”，然后单击“格式”按钮（见图 6-29），弹出“设置单元格格式”对话框。

❸ 在该对话框中可以设置字体、数字格式、边框和填充等格式效果，如图 6-30 所示设置了字体格式。

❹ 然后单击“确定”按钮返回“新建格式规则”对话框，再次单击“确定”按钮即可标记出查询人的姓名，如图 6-31、图 6-32 所示。

图 6-28　　　　　　　　　　　　　　　　图 6-29

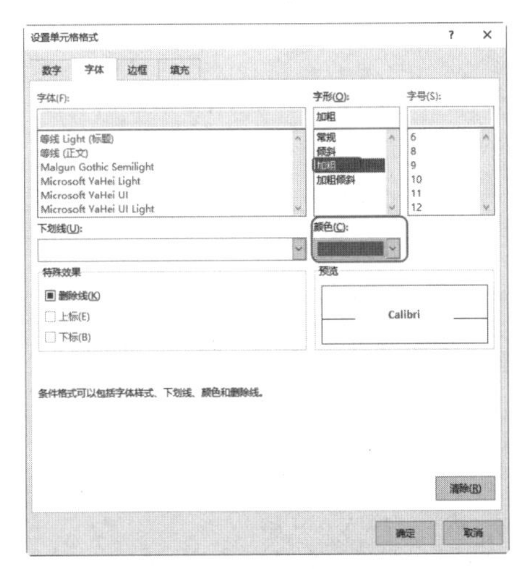

图 6-30

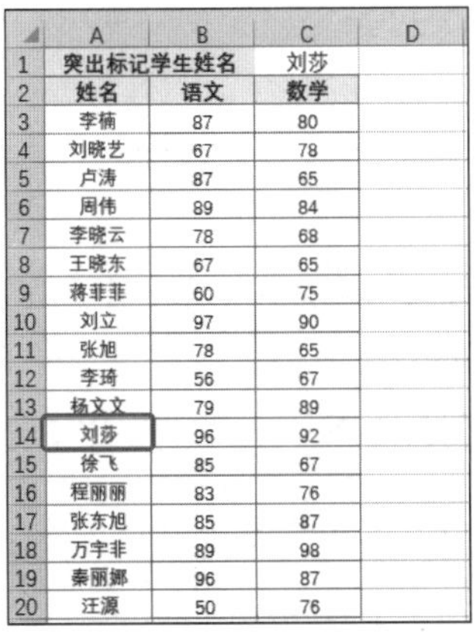

	A	B	C	D
1	突出标记学生姓名		刘莎	
2	姓名	语文	数学	
3	李楠	87	80	
4	刘晓艺	67	78	
5	卢涛	87	65	
6	周伟	89	84	
7	李晓云	78	68	
8	王晓东	67	65	
9	蒋菲菲	60	75	
10	刘立	97	90	
11	张旭	78	65	
12	李琦	56	67	
13	杨文文	79	89	
14	刘莎	96	92	
15	徐飞	85	67	
16	程丽丽	83	76	
17	张东旭	85	87	
18	万宇非	89	98	
19	秦丽娜	96	87	
20	汪源	50	76	

图 6-31

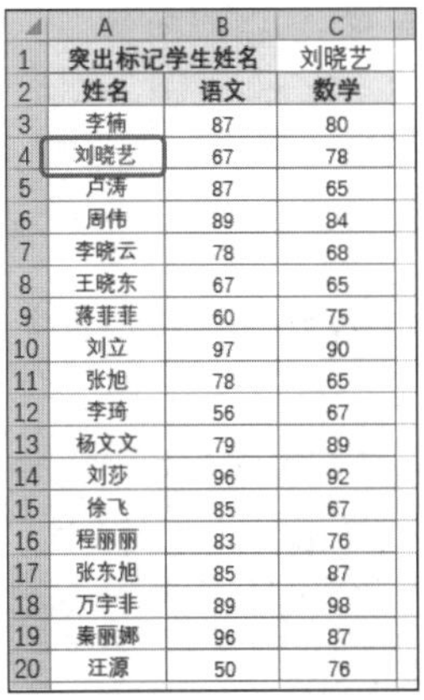

	A	B	C
1	突出标记学生姓名		刘晓艺
2	姓名	语文	数学
3	李楠	87	80
4	刘晓艺	67	78
5	卢涛	87	65
6	周伟	89	84
7	李晓云	78	68
8	王晓东	67	65
9	蒋菲菲	60	75
10	刘立	97	90
11	张旭	78	65
12	李琦	56	67
13	杨文文	79	89
14	刘莎	96	92
15	徐飞	85	67
16	程丽丽	83	76
17	张东旭	85	87
18	万宇非	89	98
19	秦丽娜	96	87
20	汪源	50	76

图 6-32

提示注意

公式：= A3=$C$1

解析：判断 A3 中的姓名是否与 C1 单元格中指定的姓名一致，如果一致的话则以突出格式标记。

7. 使用公式突出显示数据 3

本例表格中统计了员工的加班日期，下面需要将加班日期为“周末”的数据以特殊格式标记出来。

❶ 打开工作表，选中“加班日期”列中的数据，单击“开始”→“样式”选项组中的“条件

格式”按钮右侧的向下箭头，在展开的下拉菜单中选择“新建规则”命令（见图6-33），弹出“新建格式规则”对话框。

❷ 在该对话框的“选择规则类型”列表框中选择“使用公式确定要设置格式的单元格”，在“编辑规则说明”栏下输入公式“=WEEKDAY(B2,2)>5”，然后单击“格式”按钮（见图6-34），弹出“设置单元格格式”对话框。

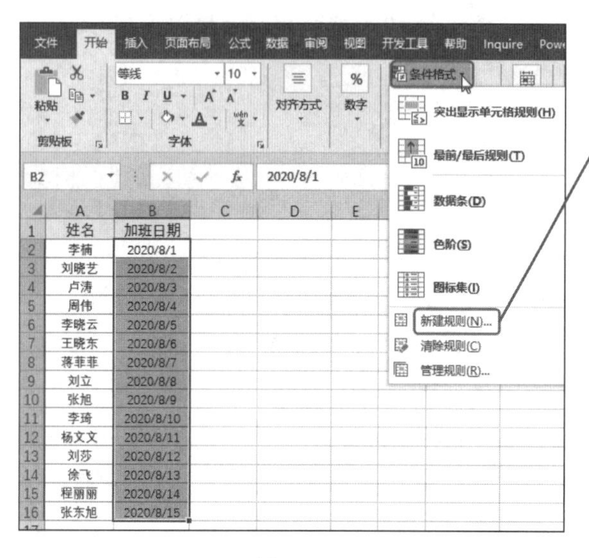

图6-33

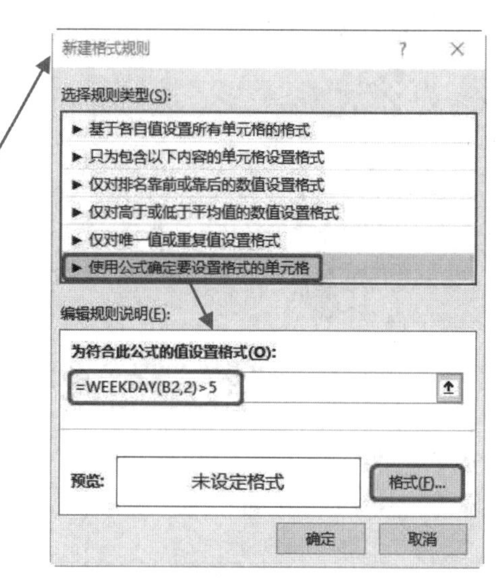

图6-34

❸ 在该对话框中可以设置填充格式效果，如图6-35所示。

❹ 然后单击“确定”按钮返回“新建格式规则”对话框，再次单击“确定”按钮，即可将加班日期为周末的单元格以突出格式标记，如图6-36所示。

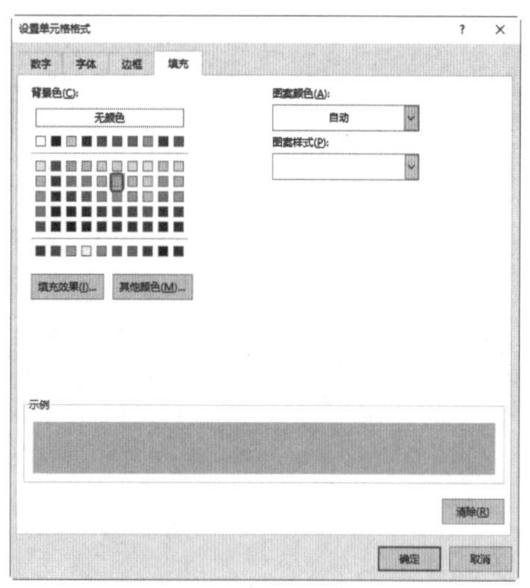

图6-35

	A	B	C
1	姓名	加班日期	
2	李楠	2020/8/1	
3	刘晓艺	2020/8/2	
4	卢涛	2020/8/3	
5	周伟	2020/8/4	
6	李晓云	2020/8/5	
7	王晓东	2020/8/6	
8	蒋菲菲	2020/8/7	
9	刘立	2020/8/8	
10	张旭	2020/8/9	
11	李琦	2020/8/10	
12	杨文文	2020/8/11	
13	刘莎	2020/8/12	
14	徐飞	2020/8/13	
15	程丽丽	2020/8/14	
16	张东旭	2020/8/15	

图6-36

WEEKDAY函数用于判断C列中的日期是否大于5，即是否为周六和周日。

8. 使用公式突出显示数据 4

本例表格中统计了学生各科目的成绩，下面希望突出显示每行中的最大值和最小值（最大值为橙色，最小值为浅绿色）。本例中的公式可以搭配 MIN 和 MAX 函数。

❶ 打开工作表，选中数据区域，单击“开始”→“样式”选项组中“条件格式”按钮右侧的向下箭头，在展开的下拉菜单中选择“新建规则”命令（见图 6-37），弹出“新建格式规则”对话框。

图 6-37

❷ 在该对话框的“选择规则类型”列表框中选择“使用公式确定要设置格式的单元格”，在“编辑规则说明”栏下输入公式“=A2=MAX($A2:$K2)”，然后单击“格式”按钮（见图 6-38），弹出“设置单元格格式”对话框。

❸ 在该对话框中可以设置填充等格式效果，如图 6-39 所示。

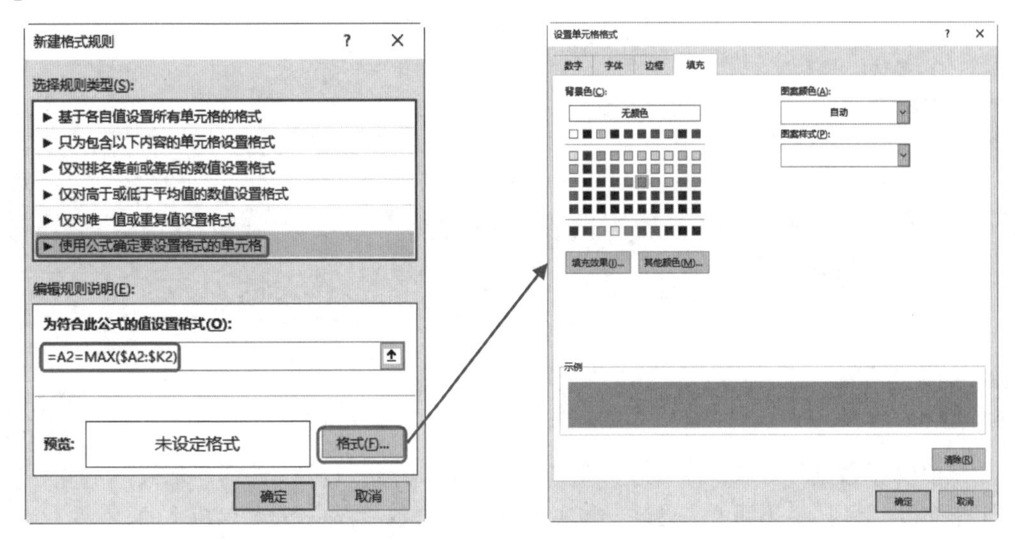

图 6-38　　图 6-39

❹ 然后单击“确定”按钮返回“新建格式规则”对话框中，再次输入公式“=A2=MIN($A2:$K2)”，单击“格式”按钮（见图 6-40），弹出“设置单元格格式”对话框。

❺ 在该对话框中设置填充等格式效果，如图 6-41 所示。

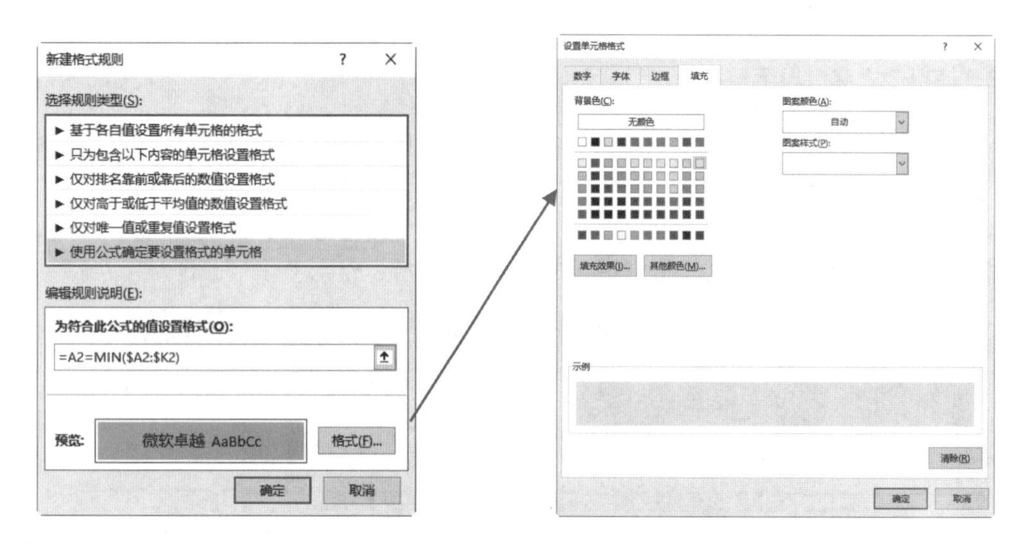

图 6-40　　　　　　　　　　　　　　图 6-41

❻ 设置完成后，单击“确定”按钮返回“新建格式规则”对话框中，再次单击“确定”按钮返回工作表中，即可看到每一行的最大值和最小值分别显示指定的填充格式，效果如图 6-42 所示。

	A	B	C	D	E	F	G	H	I	J	K
1	周伟	李晓云	王晓东	蒋菲菲	刘立	张旭	李琦	杨文文	刘莎	徐飞	程丽丽
2	69	77	90	66	81	78	89	76	71	68	56
3	80	76	67	82	80	86	65	82	77	90	91
4	56	65	62	77	70	70	81	77	88	79	91
5	56	82	91	90	70	96	88	82	91	88	90
6	91	88	77	88	88	68	92	79	88	90	88
7	91	69	79	70	91	86	72	93	84	87	90

图 6-42

提示注意

本例的难点是绝对引用和相对引用的使用("$")，由于是多行突出显示，所以公式中“A2”的行和列都是相对引用；由于是对比行的最大值、最小值，所以公式中“$A2:$K2”的列是绝对引用、行是相对引用。

6.1.2 突出显示项目数据

“最前/最后规则”可以设置数据“前 10 项”“后 10 项”以及“高于平均值”“低于平均值”等规则，下面就来通过一些实例来实际体验条件格式是如何应用的。

1. 突出显示前 5 项数据

❶ 打开工作表，选中“总销售额”列数据（如选中 D2:D16 单元格区域），单击“开始”→“样式”选项组中的“条件格式”右侧的向下箭头，在展开的下拉菜单中依次选择“最前/最后规则”→“前 10 项”命令（见图 6-43），弹出“前 10 项”对话框。

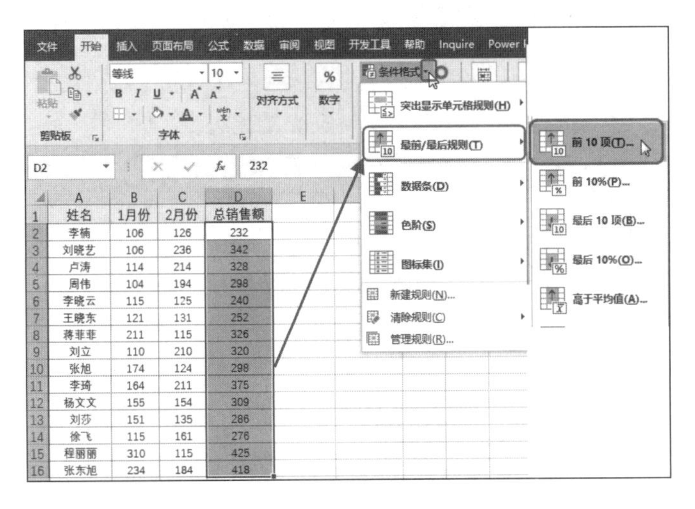

图 6-43

❷ 在该对话框的“为值最大的那些单元格设置格式”下方的文本框中输入“5”，并在右侧列表中选择“浅红填充色深红色文本”格式，如图 6-44 所示。

❸ 设置完成后，单击“确定”按钮，即可将排名前五的数据以红色底纹突出标记，如图 6-45 所示。

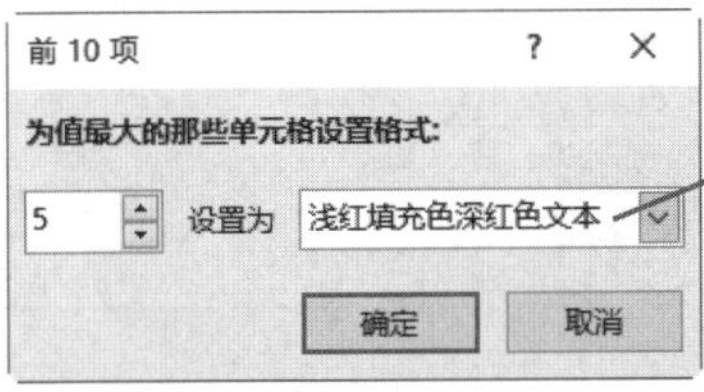

前 10 项 ? ×

为值最大的那些单元格设置格式:

5 设置为 浅红填充色深红色文本

确定 取消

图 6-44

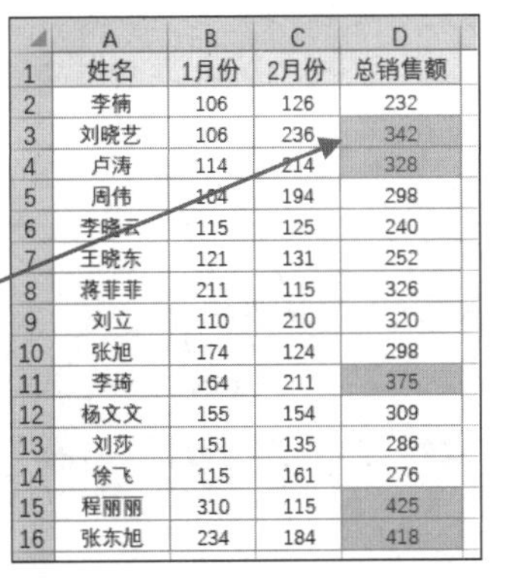

	A	B	C	D
1	姓名	1月份	2月份	总销售额
2	李楠	106	126	232
3	刘晓艺	106	236	342
4	卢涛	114	214	328
5	周伟	104	194	298
6	李晓云	115	125	240
7	王晓东	121	131	252
8	蒋菲菲	211	115	326
9	刘立	110	210	320
10	张旭	174	124	298
11	李琦	164	211	375
12	杨文文	155	154	309
13	刘莎	151	135	286
14	徐飞	115	161	276
15	程丽丽	310	115	425
16	张东旭	234	184	418

图 6-45

后 10 项

如果要突出显示后 10 项数据，可以选择“最前/最后规则”→“最后 10 项”命令，在打开的“最后 10 项”对话框中设置数据要显示的格式，如图 6-46 所示。

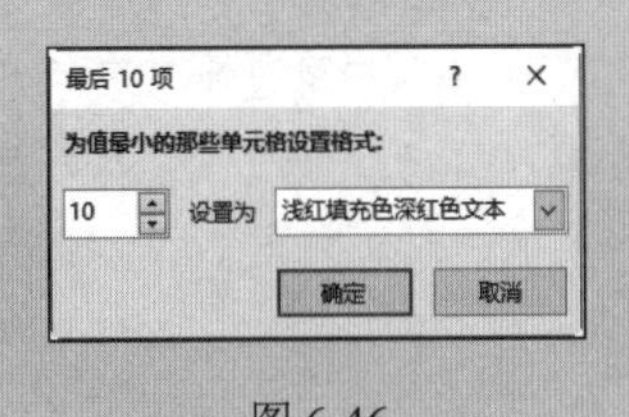

图 6-46

2. 突出显示高于平均值的数据

❶ 打开工作表，选中“平均分”列中的数据（如选中 E2:E19 单元格区域），单击“开始”→“样式”选项组中的“条件格式”按钮右侧的向下箭头，在展开的下拉菜单中依次选择“最前/最后规则”→“高于平均值”命令（见图 6-47），弹出“高于平均值”对话框。

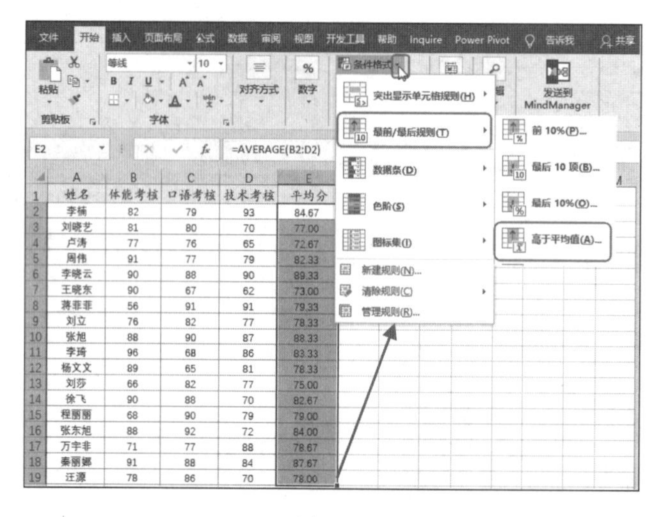

图 6-47

❷ 在该对话框中设置高于平均值单元格的数据格式，如图 6-48 所示。

❸ 设置完成后，单击“确定”按钮，即可将高于平均值的数据以红色底纹突出标记，如图 6-49 所示。

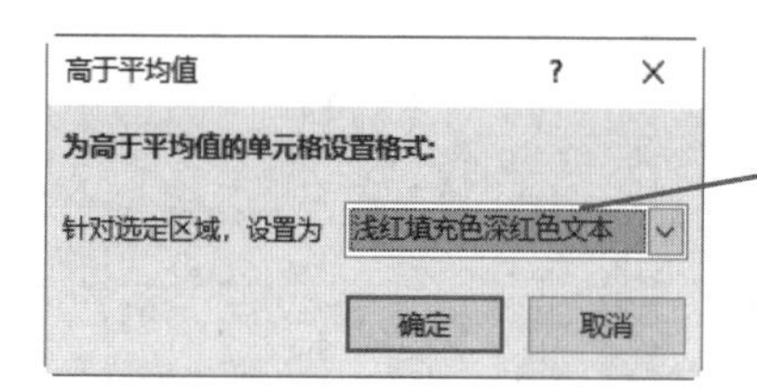

图 6-48

	A	B	C	D	E
1	姓名	体能考核	口语考核	技术考核	平均分
2	李楠	82	79	93	84.67
3	刘晓艺	81	80	70	77.00
4	卢涛	77	76	65	72.67
5	周伟	91	77	79	82.33
6	李晓云	90	88	90	89.33
7	王晓东	90	67	62	73.00
8	蒋菲菲	56	91	91	79.33
9	刘立	76	82	77	78.33
10	张旭	88	90	87	88.33
11	李琦	96	68	86	83.33
12	杨文文	89	65	81	78.33
13	刘莎	66	82	77	75.00
14	徐飞	90	88	70	82.67
15	程丽丽	68	90	79	79.00
16	张东旭	88	92	72	84.00
17	万宇非	71	77	88	78.67
18	秦丽娜	91	88	84	87.67
19	汪源	78	86	70	78.00

图 6-49

低于平均值

如果要突出显示低于平均值的数据，可以选择“最前/最后规则”→“低于平均值”命令，在打开的“低于平均值”对话框中设置数据格式，如图 6-50 所示。

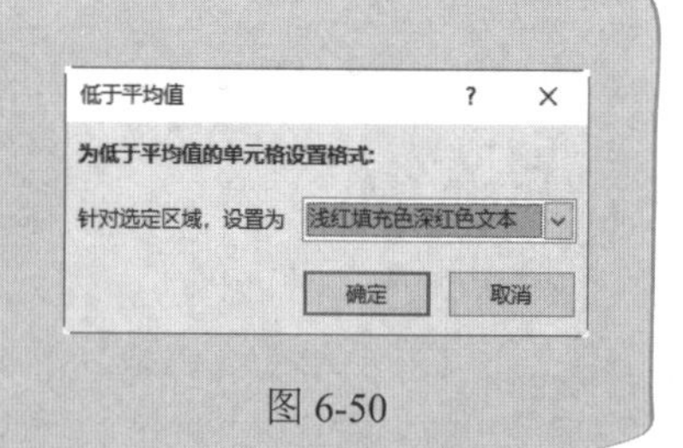

图 6-50

6.1.3 突出显示包含指定文本的数据

使用“突出显示单元格规则”可以突出显示包含指定文本的数据，比如显示包含指定文本的数据、排除某文本时显示特殊格式，以及设定以某文本结尾时显示特殊格式等。

1. 显示包含指定文本的数据

❶ 打开工作表，选中“应聘职位代码”列数据（如选中 B2:B22 单元格区域），单击“开始”→“样式”选项组中“条件格式”按钮的向下箭头，在展开的下拉菜单中依次选择“突出显示单元格规则”→“文本包含”命令（见图 6-51），弹出“文本中包含”对话框。

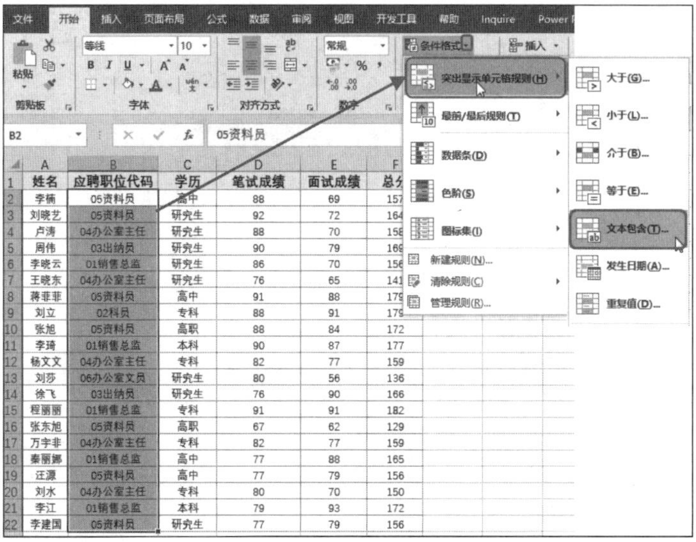

图 6-51

❷ 在该对话框中的“为包含以下文本的单元格设置格式”下方的文本框中输入“总监”，并在右侧的列表中选择“浅红填充色深红色文本”，如图 6-52 所示。

❸ 设置完成后，单击“确定”按钮，即可将文本中包含“总监”的数据以红色底纹突出标记，如图 6-53 所示。

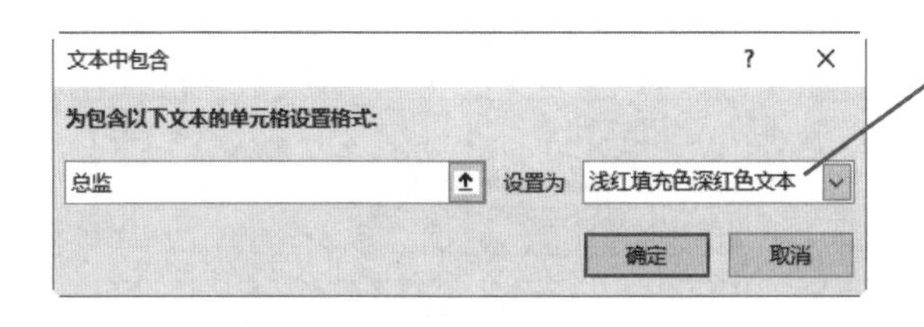

图 6-52

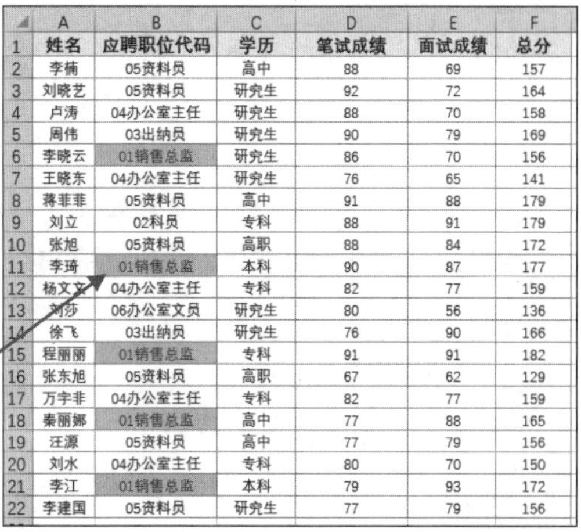

姓名	应聘职位代码	学历	笔试成绩	面试成绩	总分
李楠	05资料员	高中	88	69	157
刘晓艺	05资料员	研究生	92	72	164
卢涛	04办公室主任	研究生	88	70	158
周伟	03出纳员	研究生	90	79	169
李晓云	01销售总监	研究生	86	70	156
王晓东	04办公室主任	研究生	76	65	141
蒋菲菲	05资料员	高中	91	88	179
刘立	02科员	专科	88	91	179
张旭	05资料员	高职	88	84	172
李琦	01销售总监	本科	90	87	177
杨文文	04办公室主任	专科	82	77	159
刘莎	06办公室文员	研究生	80	56	136
徐飞	03出纳员	研究生	76	90	166
程丽丽	01销售总监	专科	91	91	182
张东旭	05资料员	高职	67	62	129
万宇非	04办公室主任	专科	82	77	159
秦丽娜	01销售总监	高中	77	88	165
汪源	05资料员	高中	77	79	156
刘水	04办公室主任	专科	80	70	150
李江	01销售总监	本科	79	93	172
李建国	05资料员	研究生	77	79	156

图 6-53

2. 设置排除某文本时显示特殊格式

本例表格中统计了招聘职位和成绩，下面需要将招聘职位名称中不带“员”的记录以特殊格式显示。要达到这一目的，需要使用文本筛选中的排除文本的规则，这里需要在“新建格式规则”对话框中设置。

❶ 打开工作表，选中“应聘职位代码”列中的数据（如选中B2:B22单元格区域），单击“开始”→“样式”选项组中“条件格式”按钮右侧的向下箭头，在展开的下拉菜单中选择“新建规则”命令（见图6-54），弹出“新建格式规则”对话框。

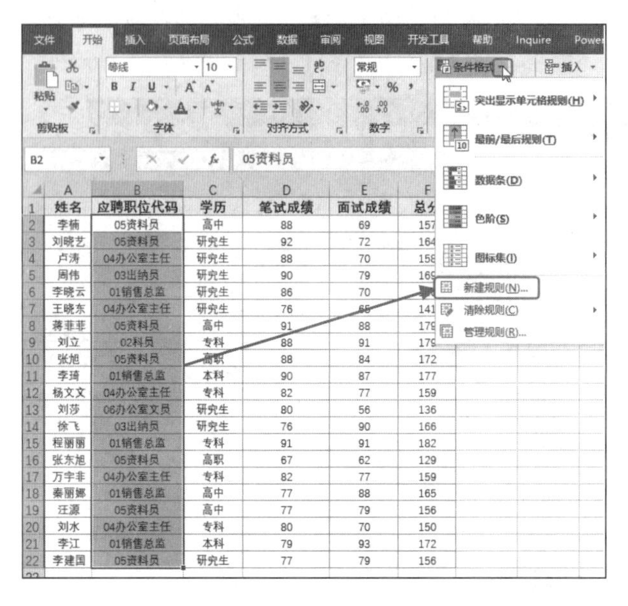

图 6-54

❷ 在该对话框的“选择规则类型”列表框中选择“只为包含以下内容的单元格设置格式”选项，再单击“编辑规则说明”栏下的下拉按钮，在打开的下拉列表中选择“特定文本”选项，如图6-55所示。

❸ 继续单击“包含”右侧的下拉按钮，在打开的下拉列表中选择“不包含”选项，并在右侧文本框中输入要排除的文本为“员”，并单击下方的“格式”按钮，打开“设置单元格格式”对话框，如图6-56所示。

图 6-55

图 6-56

❹ 在该对话框的“字体”选项卡下设置字体格式和颜色（见图6-57），再单击“填充”选项卡，设置单元格的填充颜色，如图6-58所示。

图 6-57

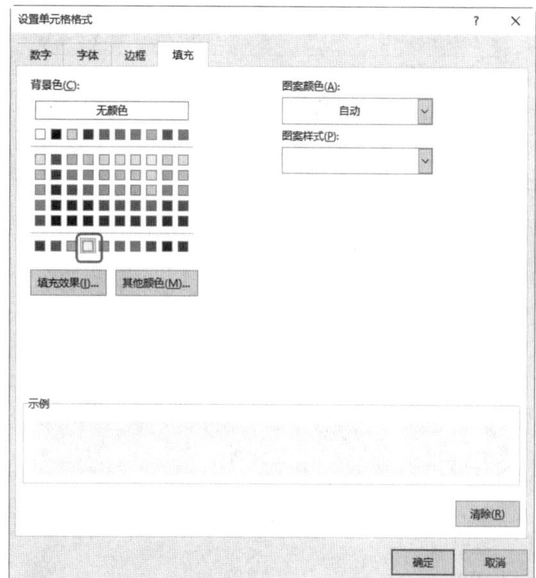

图 6-58

❺ 设置完成后，依次单击“确定”按钮返回“新建格式规则”对话框中，可以看到格式的预览效果。再次单击“确定”按钮，即可看到不包含“员”的文本所在的单元格都被标记为指定格式，如图 6-59 所示。

	A	B	C	D	E	F
1	姓名	应聘职位代码	学历	笔试成绩	面试成绩	总分
2	李楠	05资料员	高中	88	69	157
3	刘晓艺	05资料员	研究生	92	72	164
4	卢涛	04办公室主任	研究生	88	70	158
5	周伟	03出纳员	研究生	90	79	169
6	李晓云	01销售总监	研究生	86	70	156
7	王晓东	04办公室主任	研究生	76	65	141
8	蒋菲菲	05资料员	高中	91	88	179
9	刘立	02科员	专科	88	91	179
10	张旭	05资料员	高职	88	84	172
11	李琦	01销售总监	本科	90	87	177
12	杨文文	04办公室主任	专科	82	77	159
13	刘莎	06办公室文员	研究生	80	56	136
14	徐飞	03出纳员	研究生	76	90	166
15	程丽丽	01销售总监	专科	91	91	182
16	张东旭	05资料员	高职	67	62	129
17	万宇非	04办公室主任	专科	82	77	159
18	秦丽娜	01销售总监	高中	77	88	165
19	汪源	05资料员	高中	77	79	156
20	刘水	04办公室主任	专科	80	70	150
21	李江	01销售总监	本科	79	93	172
22	李建国	05资料员	研究生	77	79	156

图 6-59

3. 设置以某文本结尾时显示特殊格式

上一个技巧用排除文本的方式将不包含指定文本的数据以特殊格式显示。沿用上面的表格为例，如果希望应聘职位名称中以“员”结尾的所有记录以特殊格式显示，可以设置数据以特定文本开头时就显示特殊格式。

❶ 选中 B2:B22 单元格区域，利用上面相同方法打开“新建格式规则”对话框。

❷ 在该对话框的“选择规则类型”列表框中选择“只为包含以下内容的单元格设置格式”选项，再在“编辑规则说明”栏下分别设置规则为“特定文本”“止于”“员”，单击下方的“格式”按钮，打开“设置单元格格式”对话框，如图 6-60 所示。

❸ 在该对话框的“字体”选项卡下设置字体格式和颜色，如图 6-61 所示，再切换至“填充”选项卡，设置单元格填充颜色，如图 6-62 所示。

❹ 设置完成后，依次单击“确定”按钮返回“新建格式规则”对话框，可以看到格式的预览效果。再次单击“确定”按钮，即可看到以“员”结尾的文本所在单元格都标记为指定格式，如图 6-63 所示。

图 6-60

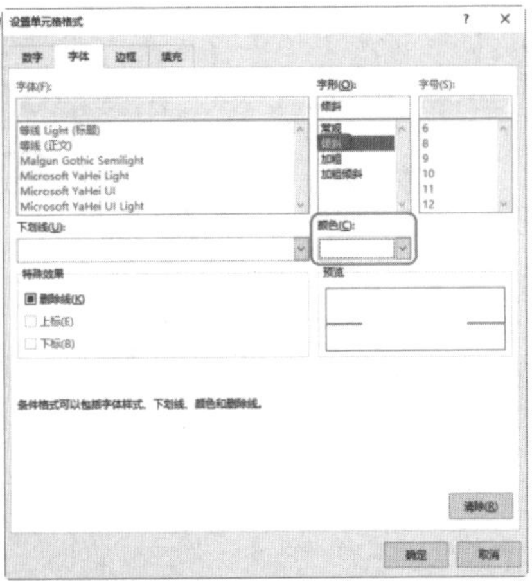

图 6-61

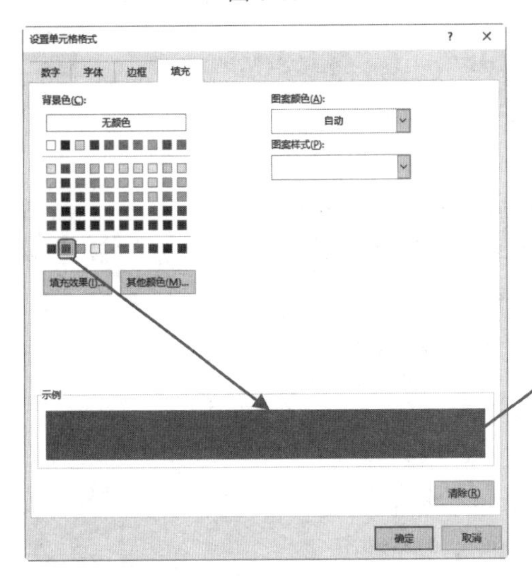

图 6-62

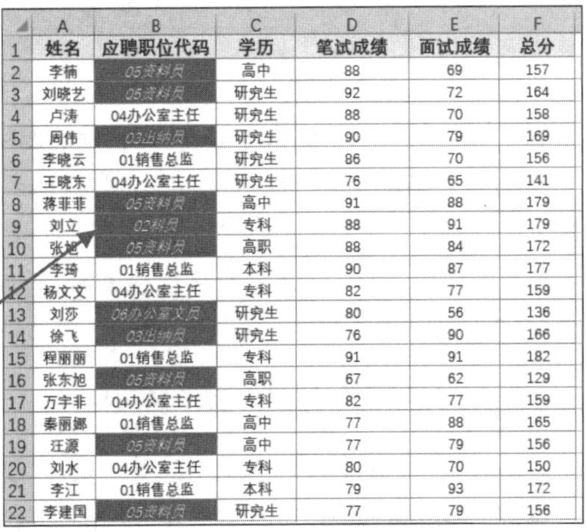

	A	B	C	D	E	F
1	姓名	应聘职位代码	学历	笔试成绩	面试成绩	总分
2	李楠	05资料员	高中	88	69	157
3	刘晓艺	05资料员	研究生	92	72	164
4	卢涛	04办公室主任	研究生	88	70	158
5	周伟	03出纳员	研究生	90	79	169
6	李晓云	01销售总监	研究生	86	70	156
7	王晓东	04办公室主任	研究生	76	65	141
8	蒋菲菲	05资料员	高中	91	88	179
9	刘立	02科员	专科	88	91	179
10	张旭	05资料员	高职	88	84	172
11	李琦	01销售总监	本科	90	87	177
12	杨文文	04办公室主任	专科	82	77	159
13	刘莎	06办公室文员	研究生	80	56	136
14	徐飞	03出纳员	研究生	76	90	166
15	程丽丽	01销售总监	专科	91	91	182
16	张东旭	05资料员	高职	67	62	129
17	万宇非	04办公室主任	专科	82	77	159
18	秦丽娜	01销售总监	高中	77	88	165
19	汪源	05资料员	高中	77	79	156
20	刘水	04办公室主任	专科	80	70	150
21	李江	01销售总监	本科	79	93	172
22	李建国	05资料员	研究生	77	79	156

图 6-63

设置以某文本开头时显示特殊格式

如果要设置以某文本开头时显示特殊格式，可以在“编辑规则说明”中选择“始于”选项，如图 6-64 所示。

图 6-64

6.1.4 使用数据条比较数据大小

“条件格式”中除了可以使用各种规则突出显示某些数据，还能够根据这些数据大小绘制“数据条”，这是一种微型的绘制在单元格内的条形图图表，“数据条”可以帮助查看各个单元格相对于其他单元格的值，用数据条的长度代表单元格中值的大小。在观察大量数据中的较高值和较低值时（如节假日销售报表中最畅销和最滞销的玩具），可以使用“数据条”条件格式。

1. 使用数据条比较数据大小

❶ 打开工作表，选中“总销售额”列数据（如选中 D2:D16 单元格区域），单击“开始”→“样式”选项组中“条件格式”按钮右侧的向下箭头，在展开的下拉菜单中依次选择“数据条”→“浅蓝色数据条”命令，如图 6-65 所示。

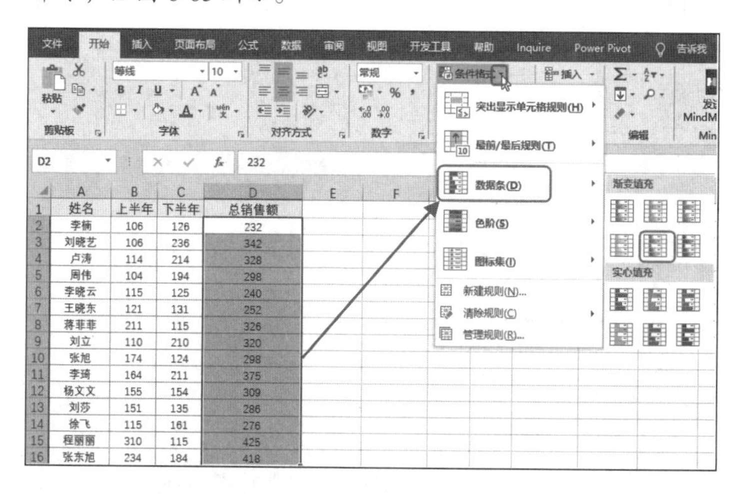

图 6-65

❷ 单击后可以看到根据已知数据大小绘制的长度不一的数据条，如图 6-66 所示。

	A	B	C	D
1	姓名	上半年	下半年	总销售额
2	李楠	106	126	232
3	刘晓艺	106	236	342
4	卢涛	114	214	328
5	周伟	104	194	298
6	李晓云	115	125	240
7	王晓东	121	131	252
8	蒋菲菲	211	115	326
9	刘立	110	210	320
10	张旭	174	124	298
11	李琦	164	211	375
12	杨文文	155	154	309
13	刘莎	151	135	286
14	徐飞	115	161	276
15	程丽丽	310	115	425
16	张东旭	234	184	418

图 6-66

2. 使用数据条实现旋风图效果

旋风图通常用于两组数据之间的对比，它的展示效果非常直观，两组数据孰强孰弱一眼就能够看出来。本例中统计了最近几年公司的出口额和内销额，下面需要使用 Excel 条件格式功能实现旋风图设计。

❶ 按照前面介绍的方法为表格的“出口额”列和“内销额”列数据添加渐变数据条效果，然后选中 B2:B8 单元格区域，单击“开始”→“样式”选项组中“条件格式”按钮右侧的向下箭头，在展开的下拉菜单中依次选择“数据条”→“其他规则”命令（见图 6-67），弹出“新建格式规则”对话框。

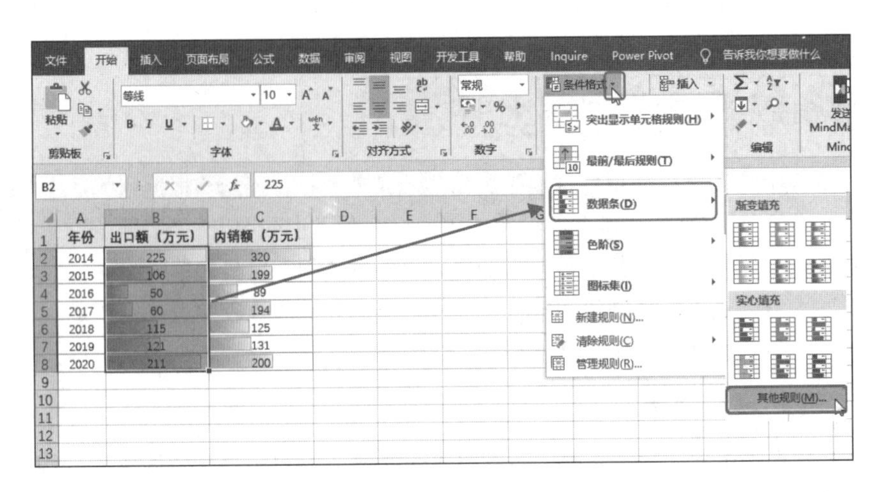

图 6-67

❷ 在该对话框中单击“条形图方向”下拉按钮，在打开的下拉列表中单击“从右到左”选项（见图 6-68），即可更改数据条的方向，其他选项保持默认，设置完成后，单击“确定”按钮，得到旋风图效果，如图 6-69 所示。

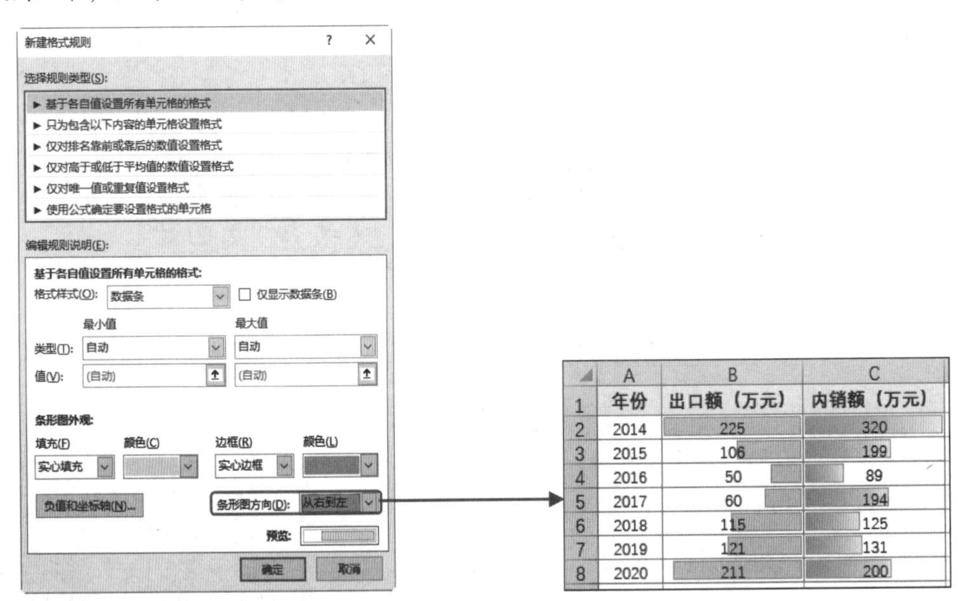

	A	B	C
1	年份	出口额（万元）	内销额（万元）
2	2014	225	320
3	2015	106	199
4	2016	50	89
5	2017	60	194
6	2018	115	125
7	2019	121	131
8	2020	211	200

图 6-68　　　　图 6-69

6.1.5 使用图标展示数据状态

图标可以实现对数据进行注释，并可以按阈值将数据分为 3~5 个类别。每个图标代表一个值的范围，比如使用“三色灯”图标，通过设置可以让绿灯表示库存充足，红灯表示库存紧缺，从而起到警示的作用。

本例中统计了一段时间内每日的库存量和出库量，为了能够及时对库存情况进行提醒，可以设置库存量低于 500 时亮起红灯警示，并且库存大于 1000 时显示绿色安全灯，500～1000 之间显示黄色灯。

❶ 打开工作表，选中“库存量”列数据（如选中 B2:B13 单元格区域），单击“开始”→“样式”选项组中“条件格式”按钮右侧的向下箭头，在展开的下拉菜单中选择“新建规则”命令（见图 6-70），弹出“新建格式规则”对话框。

图 6-70

❷ 首先设置图标样式为“三色灯”，然后在“图标”栏下设置第一个三色灯为绿色，并在“当值是”“>=”后的文本框中输入“1000”，再单击“类型”设置框右侧的下拉按钮，在打开的列表中选择“数字”选项，继续设置“黄灯”的条件格式为数值大于等于 500 小于 1000，最后设置“红灯”的条件格式为数值小于 500，如图 6-71 所示。

❸ 单击“确定”按钮即可根据库存量数据标记出三色灯图标，如图 6-72 所示。

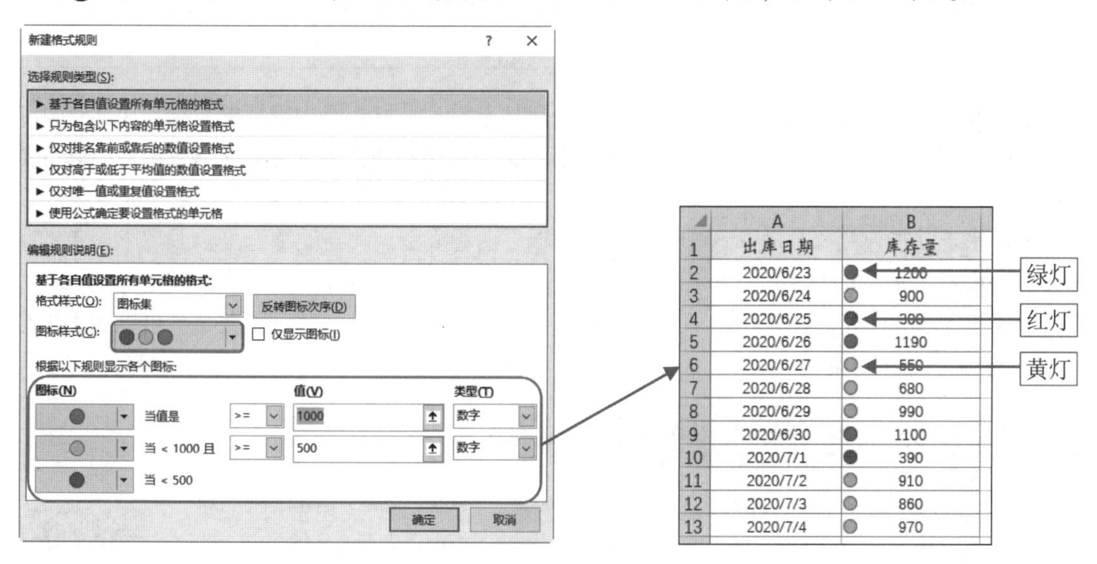

图 6-71　　　　图 6-72

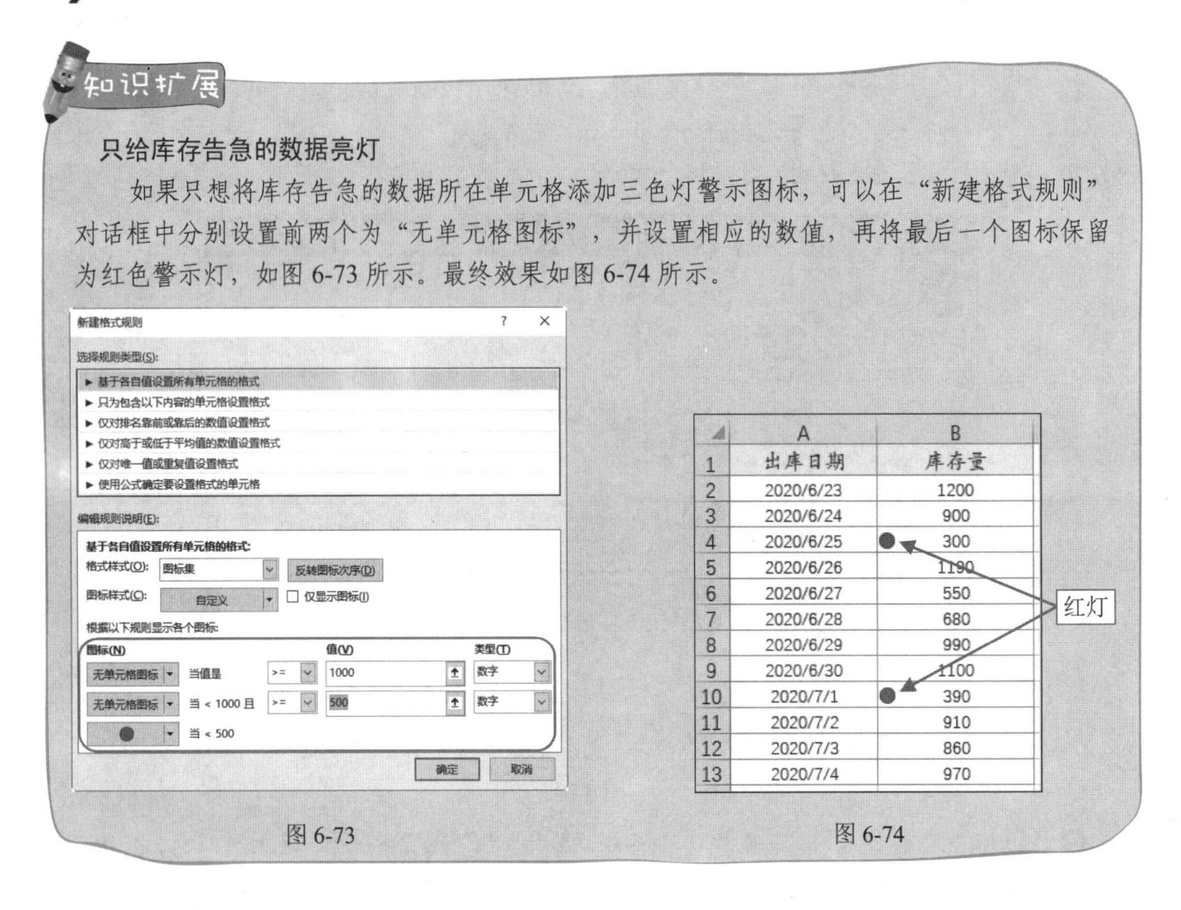

知识扩展

只给库存告急的数据亮灯

如果只想将库存告急的数据所在单元格添加三色灯警示图标，可以在“新建格式规则”对话框中分别设置前两个为“无单元格图标”，并设置相应的数值，再将最后一个图标保留为红色警示灯，如图 6-73 所示。最终效果如图 6-74 所示。

图 6-73

	A	B
1	出库日期	库存量
2	2020/6/23	1200
3	2020/6/24	900
4	2020/6/25	300
5	2020/6/26	1190
6	2020/6/27	550
7	2020/6/28	680
8	2020/6/29	990
9	2020/6/30	1100
10	2020/7/1	390
11	2020/7/2	910
12	2020/7/3	860
13	2020/7/4	970

图 6-74

6.2 按照分析目的筛选目标数据

使用 Excel 的“自动筛选”工具，可以实现快捷地查看、选取表格中需要的数据。比如在某年的指定月份的所有销售记录、满足指定条件的分数记录、满足指定数量的库存记录、满足招聘分数的记录等。

Excel 筛选功能包括“自动筛选”和“高级筛选”两种类型，“自动筛选”一般用于简单的条件筛选，为表格添加“自动筛选”后，会自动在列标题中的每个单元格右下角添加一个“自动筛选”按钮，用户可以通过单击这些按钮，在打开的列表中实现数据的筛选。“高级筛选”可以根据指定的多个条件筛选数据结果。

6.2.1 筛选满足条件的数据

数字筛选是表格中进行数据分析时常用的筛选方式，比如针对支出费用、成绩、销售额等。数字筛选的类型有“等于”“不等于”“大于”“大于或等于”“小于”“小于或等于”“介于”等，不同的筛选类型可以得到不同的筛选结果。

1. 筛选大于指定数值的记录

❶ 打开工作表，选中 A1:E1 区域任意单元格，单击“数据”→“排序和筛选”选项组中的“筛选”按钮（见图 6-75），即可为表格添加自动筛选按钮。

❷ 单击“平均分”右侧的自动筛选按钮，在打开的下拉列表中依次单击“数字筛选”→“大于”命令选项（见图 6-76），打开“自定义自动筛选方式”对话框。

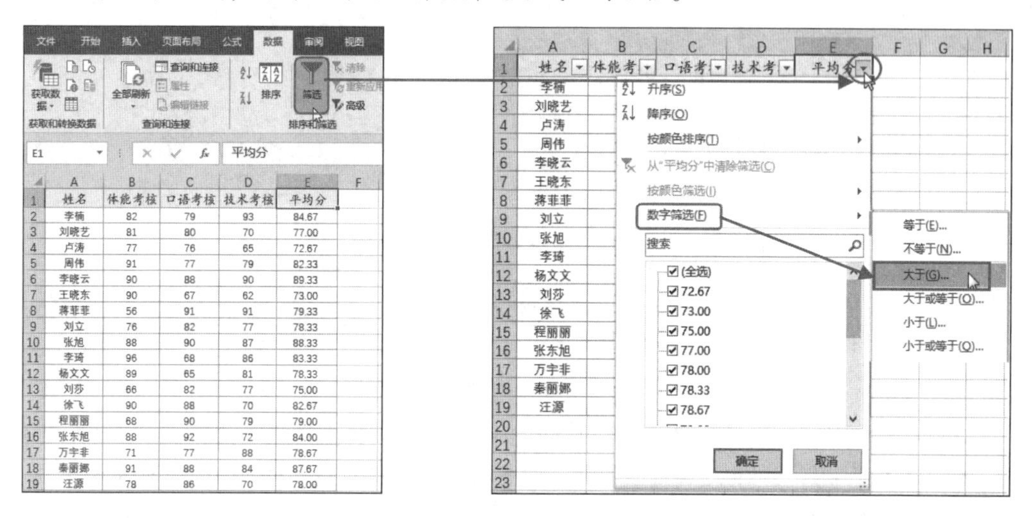

姓名	体能考核	口语考核	技术考核	平均分
李楠	82	79	93	84.67
刘晓艺	81	80	70	77.00
卢涛	77	76	65	72.67
周伟	91	77	79	82.33
李晓云	90	88	90	89.33
王晓东	90	67	62	73.00
蒋菲菲	56	91	91	79.33
刘立	76	82	77	78.33
张旭	88	90	87	88.33
李琦	96	68	86	83.33
杨文文	89	65	81	78.33
刘莎	66	82	77	75.00
徐飞	90	88	70	82.67
程丽丽	68	90	79	79.00
张东旭	88	92	72	84.00
万宇非	71	77	88	78.67
秦丽娜	91	88	84	87.67
汪源	78	86	70	78.00

图 6-75　　图 6-76

❸ 在该对话框中设置平均分大于“80”，如图 6-77 所示。

❹ 设置完成后，单击“确定”按钮返回表格中，即可看到表格中自动筛选出大于 80 分的成绩记录，如图 6-78 所示。

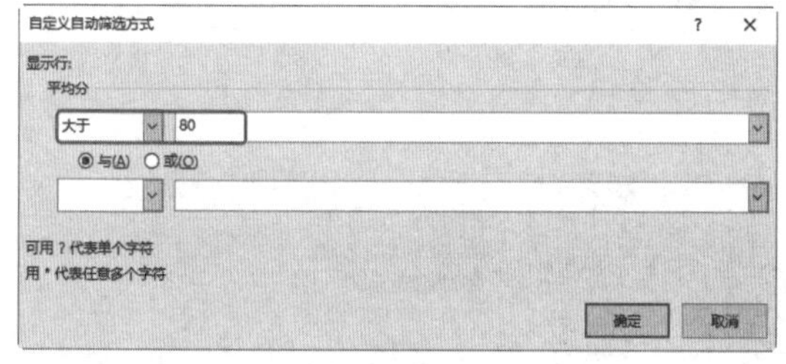

图 6-77

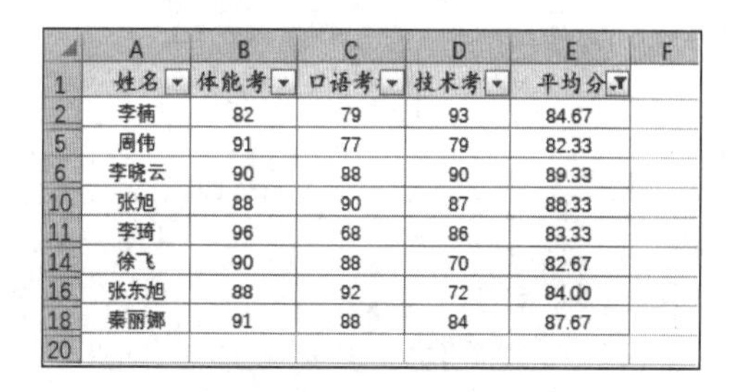

姓名	体能考	口语考	技术考	平均分
李楠	82	79	93	84.67
周伟	91	77	79	82.33
李晓云	90	88	90	89.33
张旭	88	90	87	88.33
李琦	96	68	86	83.33
徐飞	90	88	70	82.67
张东旭	88	92	72	84.00
秦丽娜	91	88	84	87.67

图 6-78

知识扩展

清除筛选结果

如果不再需要表格中的筛选结果，可以打开表格后，单击“数据”→“排序和筛选”选项组中的“清除”按钮，如图 6-79 所示，即可清除工作表中的所有筛选结果。

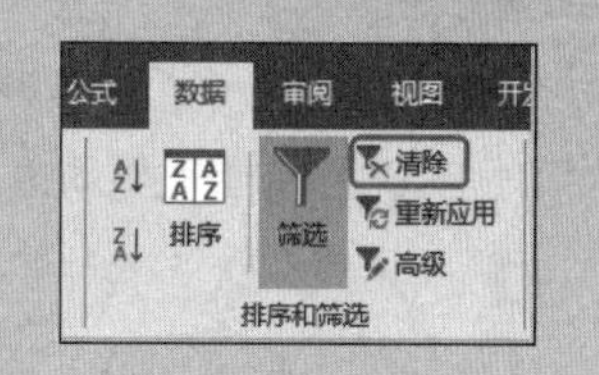

图 6-79

2. 筛选排名前 3 项的数据记录

❶ 打开工作表，选中 A1:F1 区域任意单元格，单击“数据”→“排序和筛选”选项组中的“筛选”按钮，即可为表格添加自动筛选按钮。

❷ 单击“总分”右侧的自动筛选按钮，在打开的下拉列表依次单击“数字筛选”→“前 10 项”选项（见图 6-80），打开“自动筛选前 10 个”对话框。

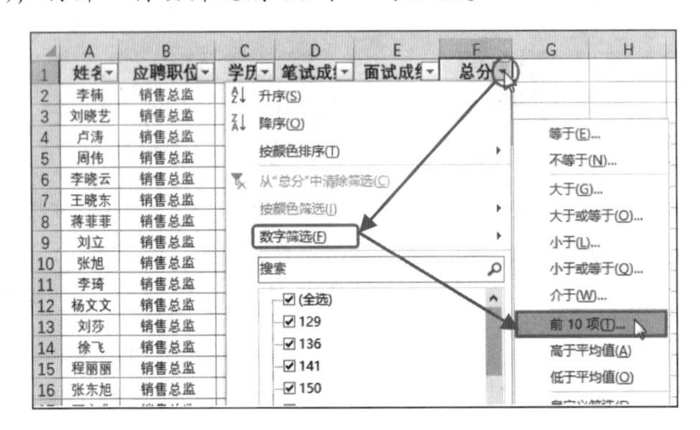

图 6-80

❸ 在该对话框中设置仅显示最大的前 3 项，如图 6-81 所示。

❹ 设置完成后，单击“确定”按钮返回表格中，即可看到表格中自动筛选出排名前 3 的成绩记录，如图 6-82 所示。

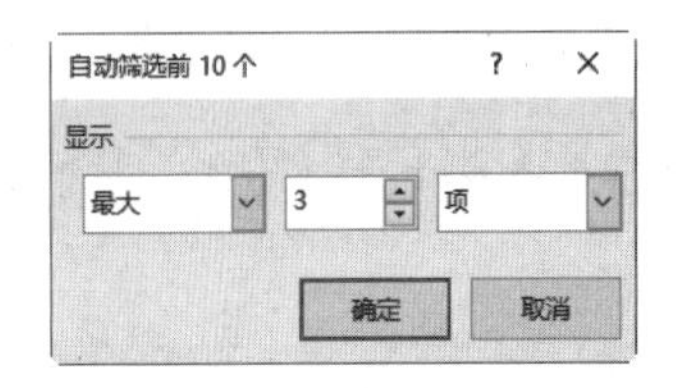

图 6-81

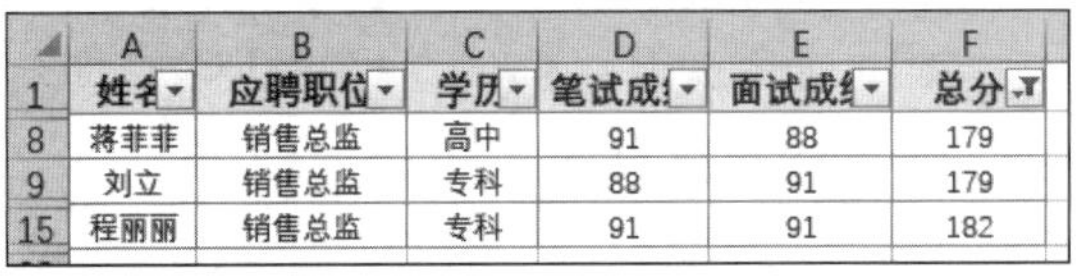

	A	B	C	D	E	F
1	姓名	应聘职位	学历	笔试成绩	面试成绩	总分
8	蒋菲菲	销售总监	高中	91	88	179
9	刘立	销售总监	专科	88	91	179
15	程丽丽	销售总监	专科	91	91	182

图 6-82

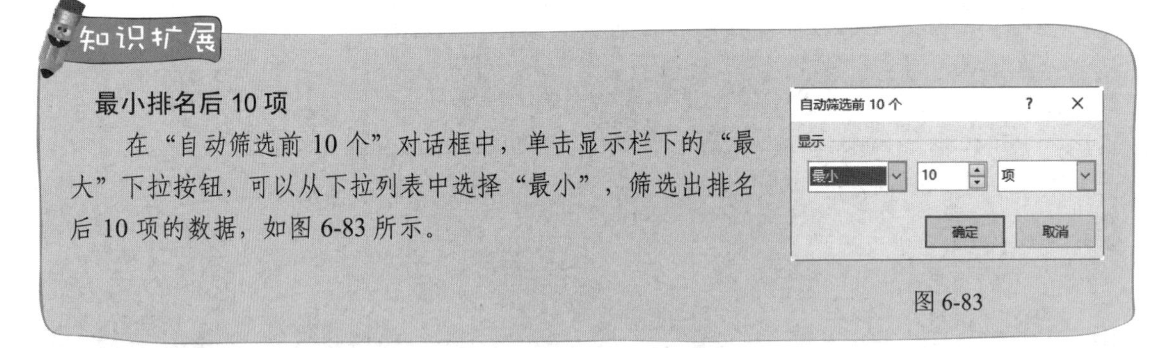

最小排名后 10 项

在“自动筛选前 10 个”对话框中，单击显示栏下的“最大”下拉按钮，可以从下拉列表中选择“最小”，筛选出排名后 10 项的数据，如图 6-83 所示。

图 6-83

3. 筛选业绩高于平均值的记录

❶ 打开工作表，选中 A1:D1 区域任意单元格，单击“数据”→“排序和筛选”选项组中的“筛选”按钮，即可为表格添加自动筛选按钮。

❷ 单击“总销售额”右侧的自动筛选按钮，在打开的下拉列表中依次单击“数字筛选”→“高于平均值”选项，如图 6-84 所示。

❸ 设置完成后，单击“确定”按钮返回表格中，即可看到筛选出高于平均值的所有记录，如图 6-85 所示。

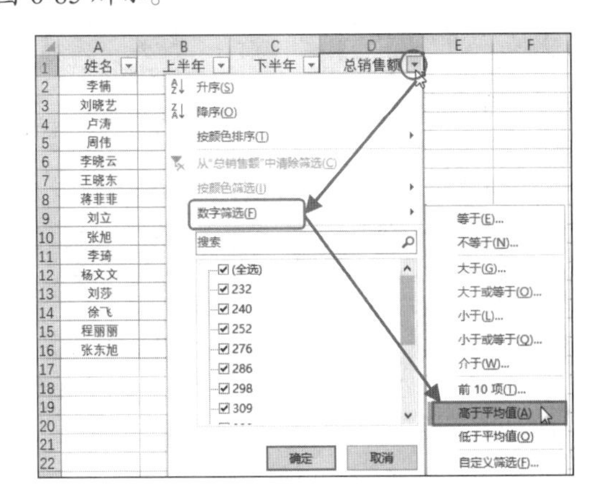

图 6-84

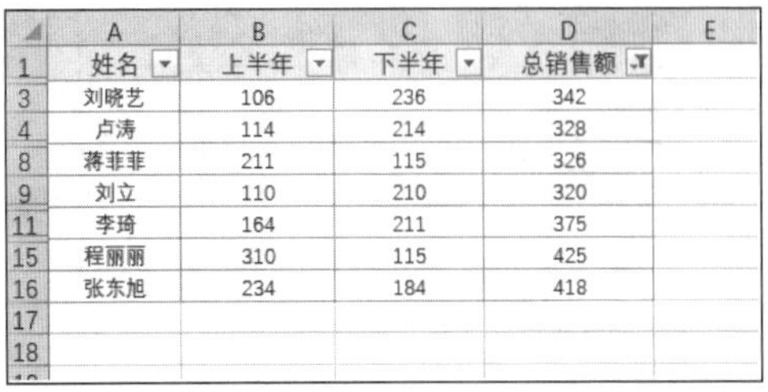

	A	B	C	D	E
1	姓名	上半年	下半年	总销售额	
3	刘晓艺	106	236	342	
4	卢涛	114	214	328	
8	蒋菲菲	211	115	326	
9	刘立	110	210	320	
11	李琦	164	211	375	
15	程丽丽	310	115	425	
16	张东旭	234	184	418	
17					
18					

图 6-85

知识扩展

低于平均值

如果要筛选低于平均值的所有数据记录，可以在“数字筛选”下拉列表中选择“低于平均值”选项即可。

4. 筛选包含指定文本的记录

已知表格中统计了各类图书信息，下面需要筛选出图书分类为“小说”的所有图书记录，可以使用文本筛选功能。

❶ 打开工作表，选中 A1:E1 区域任意单元格，单击“数据”→“排序和筛选”选项组中的“筛选”按钮，即可为表格添加自动筛选按钮。

❷ 单击“图书分类”右侧的自动筛选按钮，直接在筛选搜索框中输入“小说”，如图 6-86 所示。

❸ 单击“确定”按钮返回表格中，即可看到所有“小说”类图书被筛选出来，如图 6-87 所示。

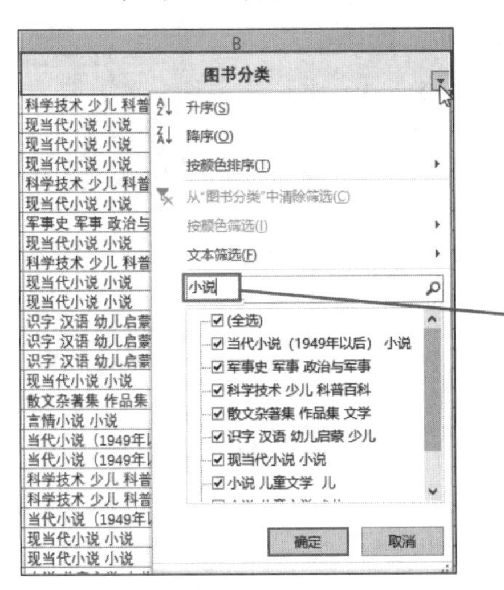

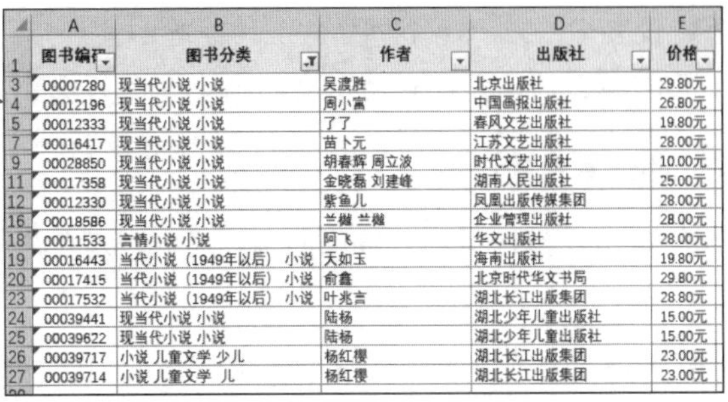

图 6-86

	A	B	C	D	E
1	图书编码	图书分类	作者	出版社	价格
3	00007280	现当代小说 小说	吴渡胜	北京出版社	29.80元
4	00012196	现当代小说 小说	周小富	中国画报出版社	26.80元
5	00012333	现当代小说 小说	了了	春风文艺出版社	19.80元
7	00016417	现当代小说 小说	苗卜元	江苏文艺出版社	28.00元
9	00028850	现当代小说 小说	胡春辉 周立波	时代文艺出版社	10.00元
11	00017358	现当代小说 小说	金晓磊 刘建峰	湖南人民出版社	25.00元
12	00012330	现当代小说 小说	紫鱼儿	凤凰出版传媒集团	28.00元
16	00018586	现当代小说 小说	兰樾 兰樾	企业管理出版社	28.00元
18	00011533	言情小说 小说	阿飞	华文出版社	28.00元
19	00016443	当代小说（1949年以后） 小说	天如玉	海南出版社	19.80元
20	00017415	当代小说（1949年以后） 小说	俞鑫	北京时代华文书局	29.80元
23	00017532	当代小说（1949年以后） 小说	叶兆言	湖北长江出版集团	28.80元
24	00039441	现当代小说 小说	陆杨	湖北少年儿童出版社	15.00元
25	00039622	现当代小说 小说	陆杨	湖北少年儿童出版社	15.00元
26	00039717	小说 儿童文学 少儿	杨红樱	湖北长江出版集团	23.00元
27	00039714	小说 儿童文学 儿	杨红樱	湖北长江出版集团	23.00元

图 6-87

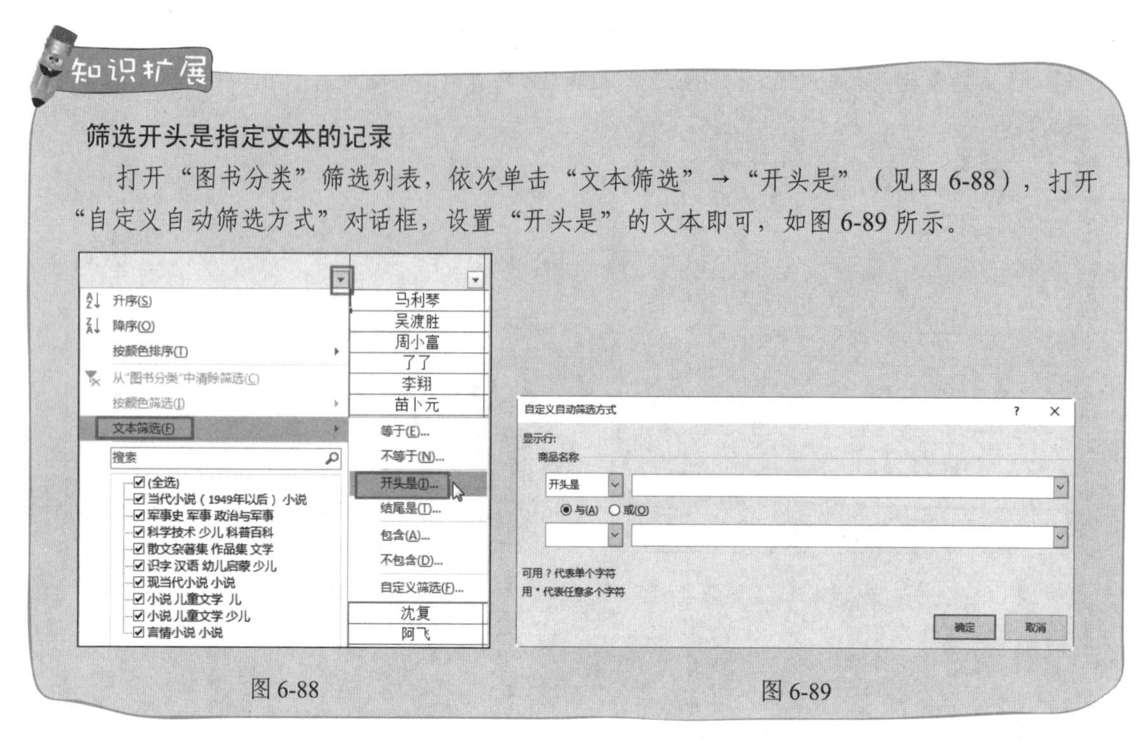

知识扩展

筛选开头是指定文本的记录

打开“图书分类”筛选列表，依次单击“文本筛选”→“开头是”（见图 6-88），打开“自定义自动筛选方式”对话框，设置“开头是”的文本即可，如图 6-89 所示。

图 6-88　　　　图 6-89

5. 筛选不包含指定文本的记录

本例表格中统计了各类图书信息，下面需要筛选出图书分类不是“小说”的所有图书记录，可以使用文本筛选功能。

❶ 打开工作表，选中标题行区域任意单元格，单击“数据”→“排序和筛选”选项组中的“筛选”按钮，即可为表格添加自动筛选按钮。

❷ 单击“图书分类”右侧的自动筛选按钮，在打开的下拉列表中依次单击“文本筛选”→“不包含”选项，如图 6-90 所示，打开“自定义自动筛选方式”对话框。

❸ 在该对话框中设置“不包含”的文本内容为“小说”，如图 6-91 所示。

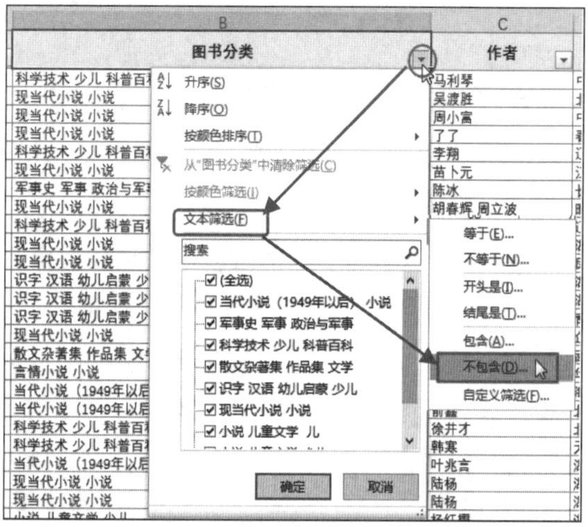

❹ 设置完成后，单击“确定”按钮返回表格中，即可看到将不是小说的所有图书记录都筛选出来了，如图 6-92 所示。

图 6-90

6. 筛选本月的记录

本例表格中统计了患者复诊的预约时间，要求筛选出本月复诊的记录，可以使用“日期筛选”功能。

❶ 打开工作表，选中 A1:C1 区域任意单元格，单击“数据”→“排序和筛选”选项组中的“筛选”按钮，即可为表格添加自动筛选按钮。

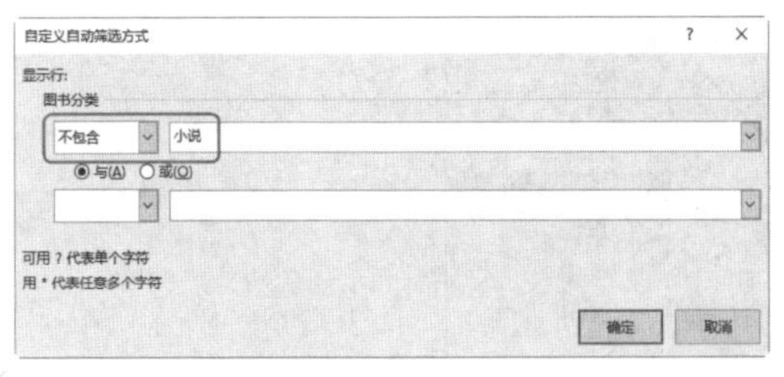

图 6-91

	A	B	C	D	E
1	图书编码	图书分类	作者	出版社	价格
2	00009574	科学技术 少儿 科普百科	马利琴	中国画报出版社	22.00元
6	00018496	科学技术 少儿 科普百科	李翔	辽宁少年儿童出版社	23.80元
8	00017478	军事史 军事 政治与军事	陈冰	长城出版社	38.00元
10	00018583	科学技术 少儿 科普百科	冯秋明 杨宁松 徐永康	辽宁少年儿童出版社	23.80元
13	00039702	识字 汉语 幼儿启蒙 少儿	郭美佳	湖北长江出版集团	18.80元
14	00039705	识字 汉语 幼儿启蒙 少儿	王俭亮	湖北长江出版集团	18.80元
15	00016452	识字 汉语 幼儿启蒙 少儿	朱自强	青岛出版社	17.80元
17	00017493	散文杂著集 作品集 文学	沈复	武汉出版社	21.80元
21	00018385	科学技术 少儿 科普百科	徐井才	北京教育出版社	23.80元
22	00017354	科学技术 少儿 科普百科	韩寒	天津人民出版社	36.00元
28					

图 6-92

❷ 单击“预约日期”右侧的自动筛选按钮，在打开的下拉列表中依次单击“日期筛选”→“本月”选项，如图 6-93 所示。

❸ 单击后返回表格中，即可看到筛选出本月预约复诊的患者记录，如图 6-94 所示。

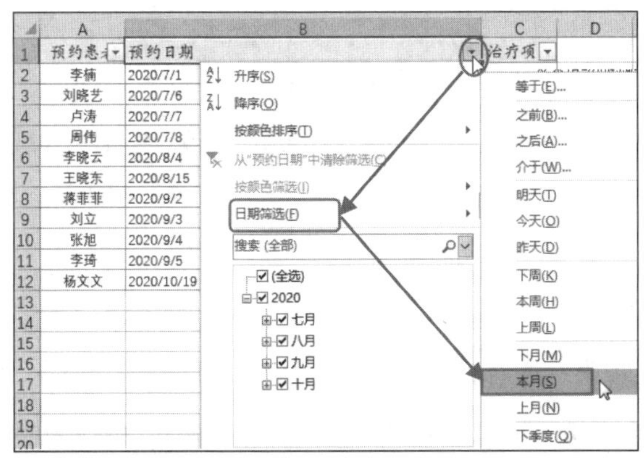

图 6-93

	A	B	C
1	预约患者	预约日期	治疗项
2	李楠	2020/7/1	-
3	刘晓艺	2020/7/6	-
4	卢涛	2020/7/7	-
5	周伟	2020/7/8	-

图 6-94

知识扩展

按周、季度、天筛选记录

在“日期筛选”列表中，可以根据需要按照“本周”“下周”“上周”“季度”“今天”“明天”“昨天”等时间筛选数据记录。

7. 筛选指定日期之间的记录

本例已知表格按销售日期统计了商品的销售情况，下面需要筛选出 6 月 30 日到 7 月 16 日之间的所有销售记录（即 7 月上半个月的销售记录）。

❶ 打开工作表，选中 A1:D1 区域任意单元格，单击“数据”→“排序和筛选”选项组中的“筛选”按钮，即可为表格添加自动筛选按钮。

❷ 单击“销售日期”右侧的自动筛选按钮，在打开的下拉列表中依次单击“日期筛选”→“之后”选项（见图 6-95），打开“自定义自动筛选方式”对话框。

❸ 在该对话框中分别设置两个日期值为“2020/6/30”和“2020/7/16”，如图 6-96 所示。

❹ 设置完成后，单击“确定”按钮返回表格中，即可看到筛选出指定销售日期的所有记录，如图 6-97 所示。

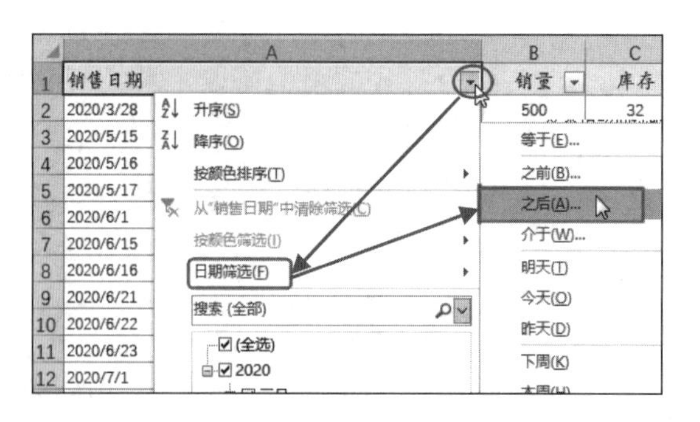

图 6-95

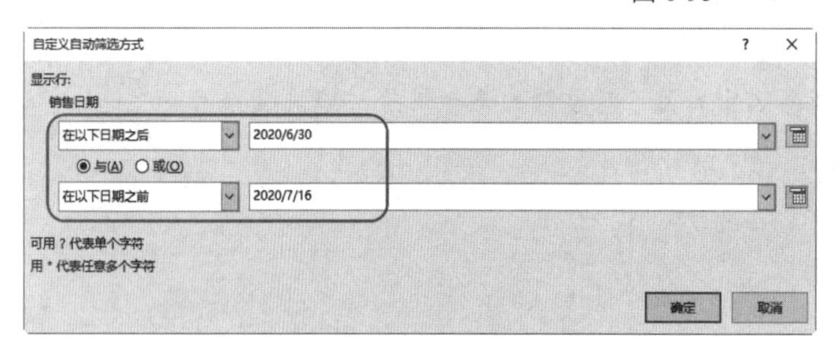

图 6-96

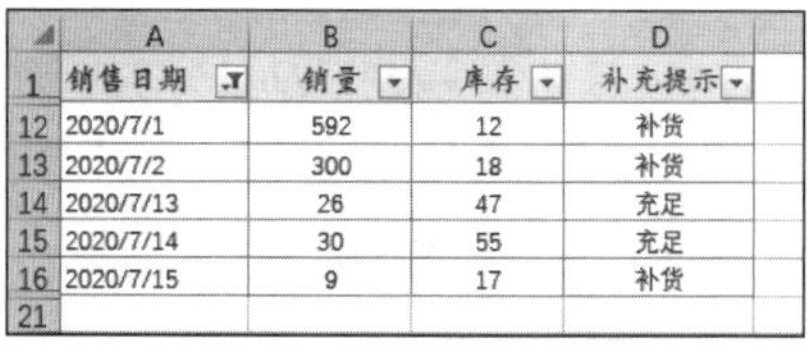

	A	B	C	D
1	销售日期	销量	库存	补充提示
12	2020/7/1	592	12	补货
13	2020/7/2	300	18	补货
14	2020/7/13	26	47	充足
15	2020/7/14	30	55	充足
16	2020/7/15	9	17	补货
21				

图 6-97

8. 按季度筛选记录

本例沿用上例的表格，但是需要按照季度来筛选所有销售记录。

❶ 打开工作表，选中 A1:D1 区域任意单元格，单击“数据”→“排序和筛选”选项组中的“筛选”按钮，即可为表格添加自动筛选按钮。

❷ 单击“销售日期”右侧的自动筛选按钮，在打开的下拉列表中依次单击“日期筛选”→“期间所有日期”→“第 3 季度”选项，如图 6-98 所示。

❸ 单击后返回表格中，即可看到将第 3 季度的销售记录全部筛选出来，如图 6-99 所示。

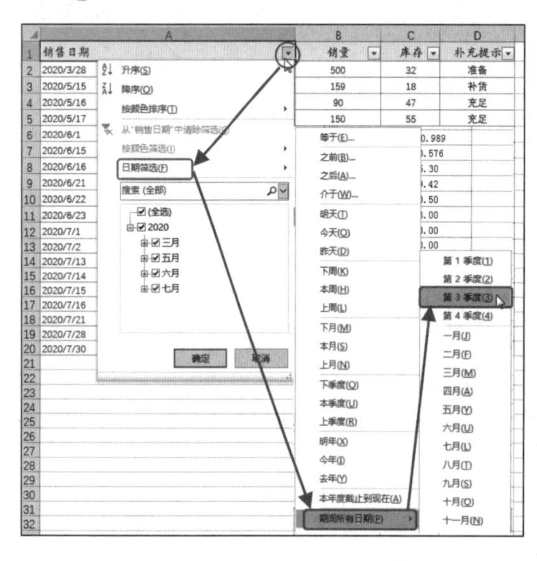

图 6-98

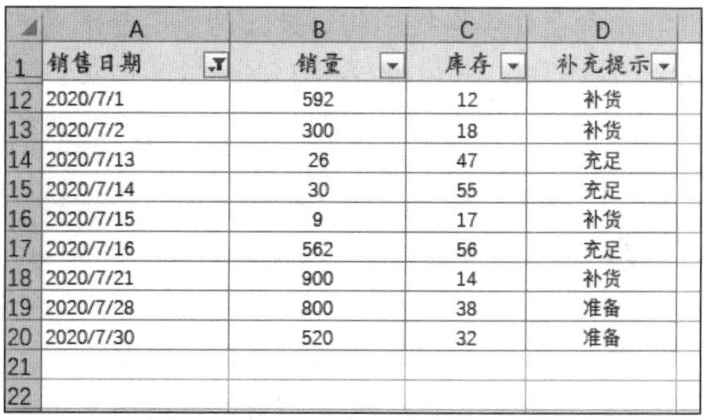

	A	B	C	D
1	销售日期	销量	库存	补充提示
12	2020/7/1	592	12	补货
13	2020/7/2	300	18	补货
14	2020/7/13	26	47	充足
15	2020/7/14	30	55	充足
16	2020/7/15	9	17	补货
17	2020/7/16	562	56	充足
18	2020/7/21	900	14	补货
19	2020/7/28	800	38	准备
20	2020/7/30	520	32	准备
21				
22				

图 6-99

6.2.2 筛选满足多个条件的数据

本例表格中统计了 6 月份的所有销售记录，要求筛选出指定品牌指定颜色的商品记录，可以在筛选品牌之后再次按颜色筛选。

❶ 打开工作表，选中 A1:H1 区域任意单元格，单击“数据”→“排序和筛选”选项组中的“筛选”按钮，即可为表格添加自动筛选按钮。

❷ 单击“品牌”右侧的自动筛选按钮（见图 6-100），在打开的下拉列表中勾选需要筛选的品牌名称，如图 6-101 所示。

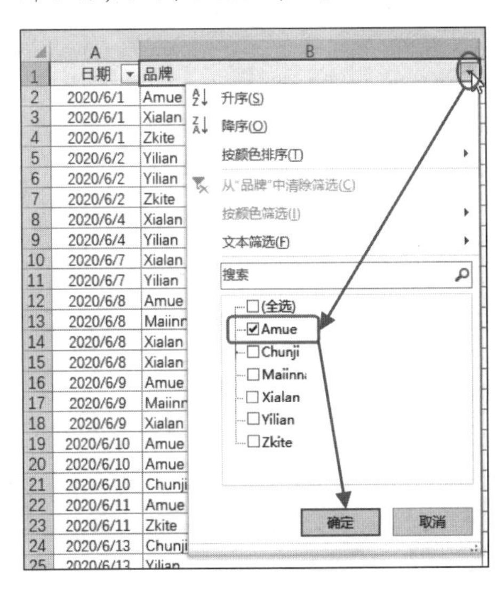

图 6-100

	A	B	C	D	E	F	G	H
1	日期	品牌	产品名称	颜色	单位	销售数	单价	销售金
2	2020/6/1	Amue	霓光幻影网眼两件套T恤	卡其	件	1	89	89
12	2020/6/8	Amue	时尚基本款印花T	蓝灰	件	4	49	196
16	2020/6/9	Amue	霓光幻影网眼两件套T恤	白色	件	3	89	267
19	2020/6/10	Amue	华丽蕾丝亮面衬衫	黑白	件	1	259	259
20	2020/6/10	Amue	时尚基本款印花T	蓝灰	件	5	49	245
22	2020/6/11	Amue	花园派对绣花衬衫	白色	件	2	59	118
36								
37								
38								

图 6-101

❸ 单击“确定”按钮即可筛选出指定品牌的销售记录。再次单击“颜色”自动筛选按钮，在打开的下拉列表中勾选需要筛选的商品颜色，如图 6-102 所示。

❹ 单击“确定”按钮返回表格中，即可看到按多条件筛选出来的销售记录，如图6-103所示。

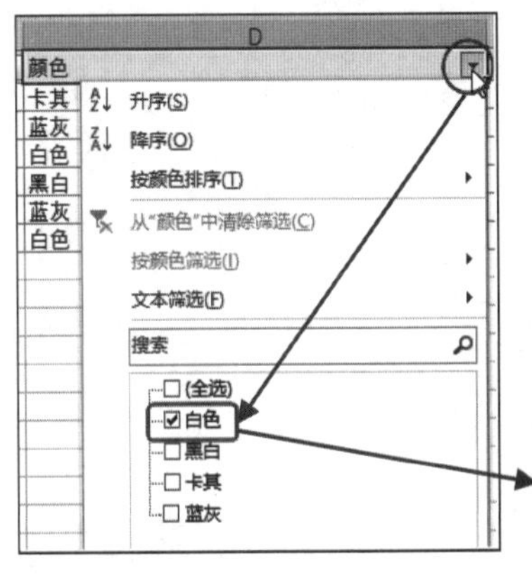

图 6-102

	A	B	C	D	E	F	G	H
1	日期	品牌	产品名称	颜色	单位	销售数	单价	销售金
16	2020/6/9	Amue	霓光幻影网眼两件套T恤	白色	件	3	89	267
22	2020/6/11	Amue	花园派对绣花衬衫	白色	件	2	59	118
36								
37								
38								

图 6-103

6.2.3 解决日期不能筛选问题

在为“竣工日期”添加筛选按钮后，可以在筛选下拉列表中显示按年月自动分组的筛选列表（见图6-104），如果在筛选时发现不再分组显示（见图6-105），可以按照本例介绍的方法重新显示分组。

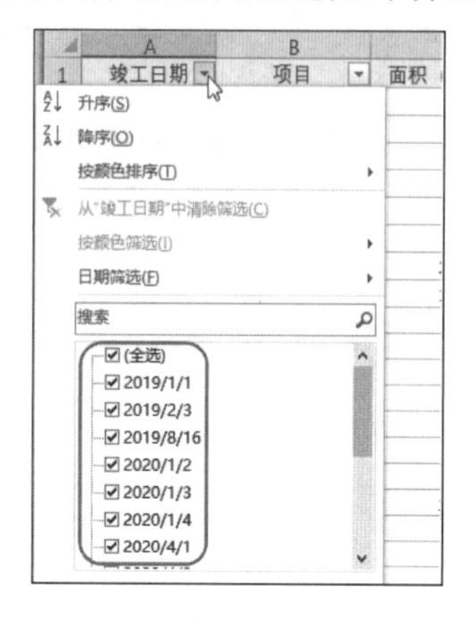

图6-104

图6-105

❶ 打开工作表，单击“文件”→“选项”命令，打开“Excel选项”对话框。

❷ 单击“高级”分类，在右侧“此工作簿的显示选项”栏下勾选“使用‘自动筛选’菜单分组日期”复选框，如图6-106所示。

❸ 设置完成后，单击“确定”按钮即可恢复设置。

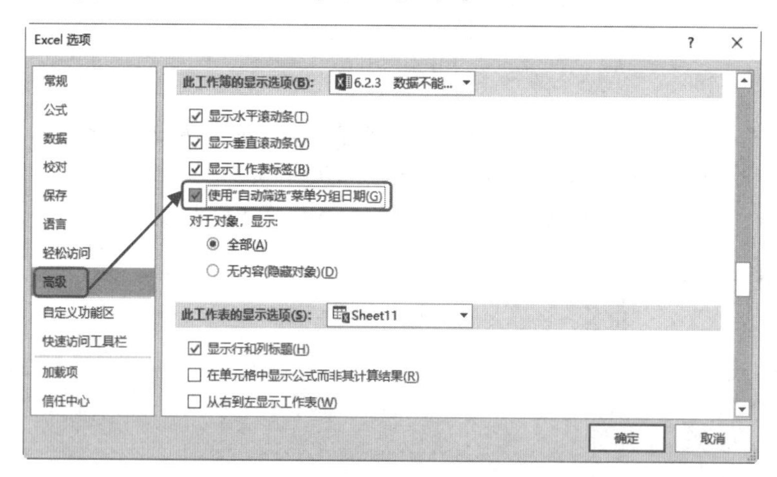

图6-106

6.2.4 数据筛选的结果缺失

如图6-107所示的C列单元格被设置为合并，如果对该列执行筛选后，可以看到筛选出的数据得不到正确的结果，如图6-108所示筛选“上海公司”，却只得到了一条数据，数据在筛选时缺失了，下面介绍解决结果缺失的方法。

	A	B	C	D
1	工号	姓名	分公司	考核成绩
2	HK-001	李楠		330
3	HK-002	刘晓艺		500
4	HK-003	卢涛	上海公司	298
5	HK-004	周伟		311
6	HK-005	李晓云		312
7	HK-006	王晓东		500
8	HK-007	蒋菲菲	北京公司	290
9	HK-008	刘立		390
10	HK-009	张旭		400
11	HK-010	李琦		388
12	HK-011	杨文文	广州公司	500
13	HK-012	刘莎		430
14	HK-013	徐飞		500

图 6-107

	A	B	C	D
1	工号	姓名	分公司	考核成绩
2	HK-001	李楠		330

升序(S)
降序(O)
按颜色排序(T)
从"分公司"中清除筛选(C)
按颜色筛选(I)
文本筛选(F)
搜索
■(全选)
☐北京公司
☐广州公司
☑上海公司

图 6-108

❶ 选中工作表中的合并单元格区域，在“开始”选项卡的“剪贴板”组中单击“格式刷”按钮（见图 6-109），此时鼠标指针旁会出现一个刷子形状。

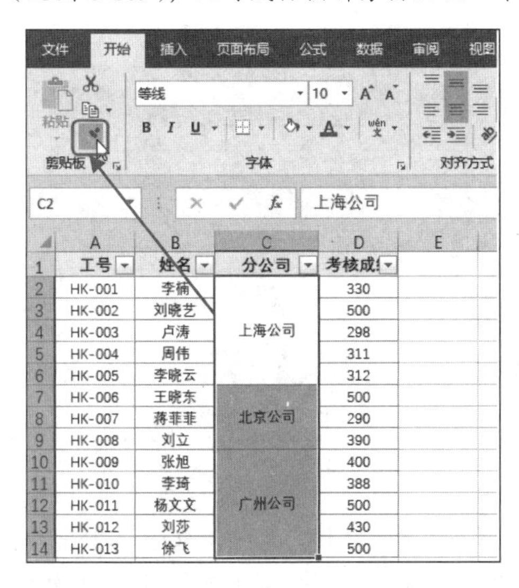

图 6-109

❷ 选中 F2:F14 单元格区域（一个空白的区域均可），即可获取与 C 列相同的合并单元格格式，如图 6-110 所示。

	A	B	C	D	E	F
1	工号	姓名	分公司	考核成绩		
2	HK-001	李楠		330		
3	HK-002	刘晓艺		500		
4	HK-003	卢涛	上海公司	298		
5	HK-004	周伟		311		
6	HK-005	李晓云		312		
7	HK-006	王晓东		500		
8	HK-007	蒋菲菲	北京公司	290		
9	HK-008	刘立		390		
10	HK-009	张旭		400		
11	HK-010	李琦		388		
12	HK-011	杨文文	广州公司	500		
13	HK-012	刘莎		430		
14	HK-013	徐飞		500		

图 6-110

❸ 再次选中 C2:C14 单元格区域，单击“开始”→“对齐方式”选项组中的“合并后居中”按钮（见图 6-111），即可取消该单元格区域的合并格式。

❹ 保持 C2:C14 单元格区域的选中状态，单击“开始”→“编辑”选项组中的“查找和选择”按钮右侧的向下箭头，在展开的下拉菜单中单击“定位条件”命令（见图 6-112），打开“定位条件”对话框。

❺ 在该对话框中单击“空值”单选按钮（见图 6-113），再单击“确定”按钮返回表格中，即可看到选中了所有空白单元格，然后在编辑栏中输入公式“=C2”，如图 6-114 所示。

	A	B	C	D	E	F
1	工号	姓名	分公司	考核成绩		
2	HK-001	李楠	上海公司	330		
3	HK-002	刘晓艺		500		
4	HK-003	卢涛		298		
5	HK-004	周伟		311		
6	HK-005	李晓云		312		
7	HK-006	王晓东	北京公司	500		
8	HK-007	蒋菲菲		290		
9	HK-008	刘立		390		
10	HK-009	张旭	广州公司	400		
11	HK-010	李琦		388		
12	HK-011	杨文文		500		
13	HK-012	刘莎		430		
14	HK-013	徐飞		500		

图 6-111

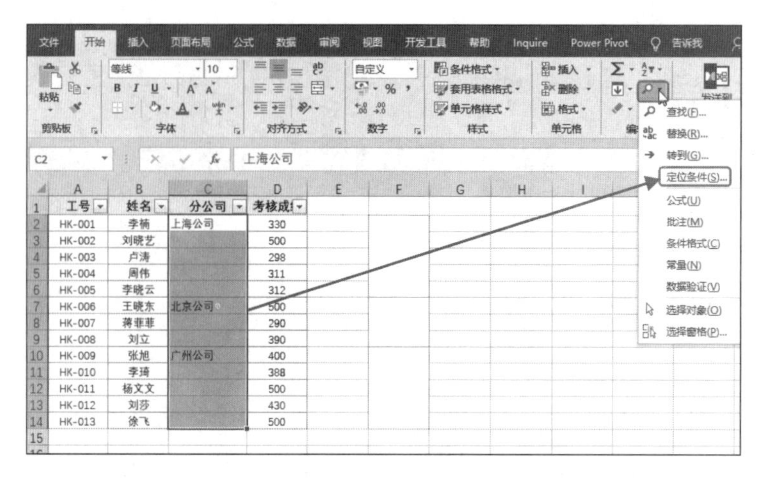

图 6-112

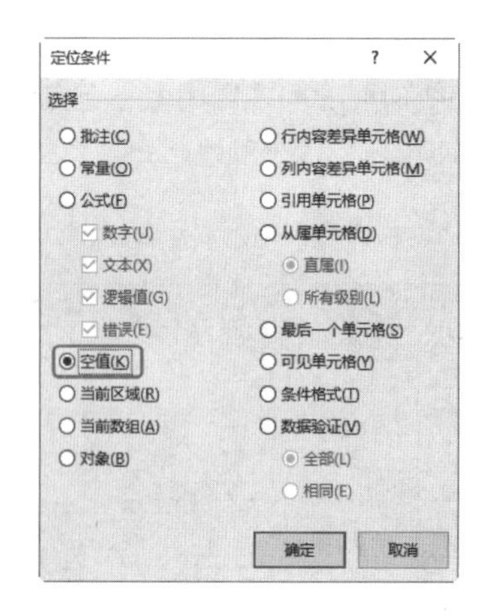

图 6-113

C3 =C2

	A	B	C	D
1	工号	姓名	分公司	考核成绩
2	HK-001	李楠	上海公司	330
3	HK-002	刘晓艺	=C2	500
4	HK-003	卢涛		298
5	HK-004	周伟		311
6	HK-005	李晓云		312
7	HK-006	王晓东	北京公司	500
8	HK-007	蒋菲菲		290
9	HK-008	刘立		390
10	HK-009	张旭	广州公司	400
11	HK-010	李琦		388
12	HK-011	杨文文		500
13	HK-012	刘莎		430
14	HK-013	徐飞		500

图 6-114

❻ 输入完成后，按 Ctrl+Enter 组合键即可填充和上一个单元格相同的内容，如图 6-115 所示。

❼ 选中 F2:F14 单元格区域，单击“开始”→“剪贴板”选项组中的“格式刷”按钮，如图 6-116 所示，激活格式刷。

	A	B	C	D
1	工号	姓名	分公司	考核成绩
2	HK-001	李楠	上海公司	330
3	HK-002	刘晓艺	上海公司	500
4	HK-003	卢涛	上海公司	298
5	HK-004	周伟	上海公司	311
6	HK-005	李晓云	上海公司	312
7	HK-006	王晓东	北京公司	500
8	HK-007	蒋菲菲	北京公司	290
9	HK-008	刘立	北京公司	390
10	HK-009	张旭	广州公司	400
11	HK-010	李琦	广州公司	388
12	HK-011	杨文文	广州公司	500
13	HK-012	刘莎	广州公司	430
14	HK-013	徐飞	广州公司	500

图 6-115

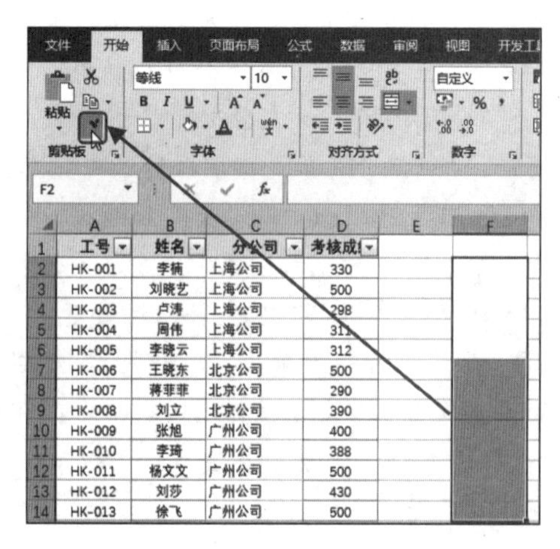

图 6-116

❽ 在 C2:C14 单元格区域上拖动重新刷回格式，如图 6-117 所示。完成上述操作后，再次进行筛选时则可以得到正确的结果了。如“分公司”筛选条件为“北京公司”（见图 6-118），得到的结果如图 6-119 所示。

	A	B	C	D	E	F
1	工号	姓名	分公司	考核成绩		
2	HK-001	李楠	上海公司	330		
3	HK-002	刘晓艺		500		
4	HK-003	卢涛		298		
5	HK-004	周伟		311		
6	HK-005	李晓云		312		
7	HK-006	王晓东	北京公司	500		
8	HK-007	蒋菲菲		290		
9	HK-008	刘立		390		
10	HK-009	张旭	广州公司	400		
11	HK-010	李琦		388		
12	HK-011	杨文文		500		
13	HK-012	刘莎		430		
14	HK-013	徐飞		500		
15						

图 6-117

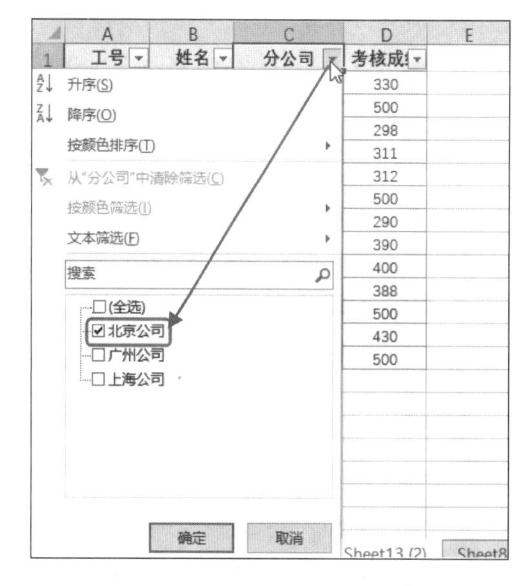

图 6-118

	A	B	C	D	E
1	工号	姓名	分公司	考核成绩	
7	HK-006	王晓东	北京公司	500	
8	HK-007	蒋菲菲		290	
9	HK-008	刘立		390	
15					
16					
17					

图 6-119

6.2.5 将筛选数据独立存放的两种操作

完成表格数据筛选之后，默认是显示在当前的原始表格中的。也可以使用相关技巧将筛选结果单独存放。

1. 复制粘贴功能

❶ 选中完成筛选后的结果区域，按 Ctrl+C 组合键执行复制操作，如图 6-120 所示。

	A	B	C	D	E	F	G	H
1	日期	品牌	产品名称	颜色	单位	销售数量	单价	销售金额
2	2020/6/1	Amue	霓光幻影网眼两件套T恤	卡其	件	1	89	89
12	2020/6/8	Amue	时尚基本款印花T	蓝灰	件	4	49	196
13	2020/6/8	Maiinna	针织烂花开衫	蓝色	件	7	29	203
16	2020/6/9	Amue	霓光幻影网眼两件套T恤	白色	件	3	89	267
17	2020/6/9	Maiinna	不规则蕾丝外套	白色	件	3	99	297
19	2020/6/10	Amue	华丽蕾丝亮面衬衫	黑白	件	1	259	259
20	2020/6/10	Amue	时尚基本款印花T	蓝灰	件	5	49	245
21	2020/6/10	Chunji	假日质感珠绣层叠吊带衫	草绿	件	1	99	99
22	2020/6/11	Amue	花园派对绣花衬衫	白色	件	2	59	118
24	2020/6/13	Chunji	宽松舒适五分牛仔裤	蓝	条	1	199	199
29	2020/6/15	Chunji	宽松舒适五分牛仔裤	蓝	条	2	199	398
30	2020/6/15	Chunji	假日质感珠绣层叠吊带衫	黑色	件	1	99	99
31	2020/6/15	Maiinna	不规则蕾丝外套	白色	件	1	99	99
33	2020/6/16	Maiinna	印花雪纺连衣裙	印花	件	1	149	149
34	2020/6/16	Maiinna	针织烂花开衫	蓝色	件	5	29	145
36								
37								
38								

图 6-120

❷ 新建工作表，选中单元格后按 Ctrl+V 组合键即可将筛选结果复制到指定位置。重新为表格添加标题并设置格式即可，效果如图 6-121 所示。

2．高级筛选功能

❶ 打开工作表，在相应区域设置高级筛选条件，选中数据区域任意单元格，单击“数据”→“排序和筛选”选项组中的“高级”按钮，弹出“高级筛选”对话框。

❷ 在该对话框的“方式”栏下单击“将筛选结果复制到其他位置”单选按钮，在“复制到”文本框中设置放置的单元格地址，如图 6-122 所示。

	A	B	C	D	E	F	G	H
1	指定品牌销售记录筛选结果							
2	日期	品牌	产品名称	颜色	单位	销售数量	单价	销售金额
3	2020/6/1	Amue	霓光幻影网眼两件套T恤	卡其	件	1	89	89
4	2020/6/8	Amue	时尚基本款印花T	蓝灰	件	4	49	196
5	2020/6/8	Maiinna	针织烂花开衫	蓝色	件	7	29	203
6	2020/6/9	Amue	霓光幻影网眼两件套T恤	白色	件	3	89	267
7	2020/6/9	Maiinna	不规则蕾丝外套	白色	件	3	99	297
8	2020/6/10	Amue	华丽蕾丝亮面衬衫	黑白	件	1	259	259
9	2020/6/10	Amue	时尚基本款印花T	蓝灰	件	5	49	245
10	2020/6/10	Chunji	假日质感珠绣层叠吊带衫	草绿	件	1	99	99
11	2020/6/11	Amue	花园派对绣花衬衫	白色	件	2	59	118
12	2020/6/13	Chunji	宽松舒适五分牛仔裤	蓝	条	1	199	199
13	2020/6/15	Chunji	宽松舒适五分牛仔裤	蓝	条	2	199	398
14	2020/6/15	Chunji	假日质感珠绣层叠吊带衫	黑色	件	1	99	99
15	2020/6/15	Maiinna	不规则蕾丝外套	白色	件	1	99	99
16	2020/6/16	Maiinna	印花雪纺连衣裙	印花	件	1	149	149
17	2020/6/16	Maiinna	针织烂花开衫	蓝色	件	5	29	145

图 6-121

高级筛选 ? ×
方式
○ 在原有区域显示筛选结果(F)
◉ 将筛选结果复制到其他位置(O)
列表区域(L): $A$1:$H$35
条件区域(C):
复制到(T): 'Sheet1 (2)'!$A$11
☐ 选择不重复的记录(R)
确定 取消

图 6-122

6.2.6 高级筛选条件的“与”与“或”

前面介绍了各种类型的自动筛选方法，相信一定帮助大家轻松解决了很多数据分析问题。但是如果在一张成绩统计表格中想要筛选出各科目成绩都在 90 分以上的记录，或者各科成绩中有一门达到 90 分的所有记录，使用“自动筛选”就无法实现了，这时必须使用高级筛选。在使用“高级筛选”之前必须指定一个条件区域，以便显示符合条件的行。这个条件区域的设置是至关重要的，它决定了筛选出的数据记录是否符合要求。

用好高级筛选必须要掌握“与”条件筛选和“或”条件筛选，本小节将通过两个实例介绍“与”条件和“或”条件的用法。

1．“与”条件筛选

本例表格中统计了各部门员工的基本工资、奖金和满勤奖，下面需要筛选基本工资大于等于 4000 元、奖金大于等于 600 元、满勤奖大于等于 500 元的员工。

❶ 打开工作表，在空白区域设置高级筛选条件（基本工资>=4000，奖金>=600，满勤奖>=500），选中数据区域中的任意单元格，单击“数据”→“排序和筛选”选项组中的“高级”按钮（见图 6-123），弹出“高级筛选”对话框。

❷ 分别按照图 6-124 所示设置各项该对话框中的“列表区域”“条件区域”以及“复制到”区域。

❸ 设置完成后，单击“确定”按钮返回表格中，即可看到高级筛选后结果，如图 6-125 所示。

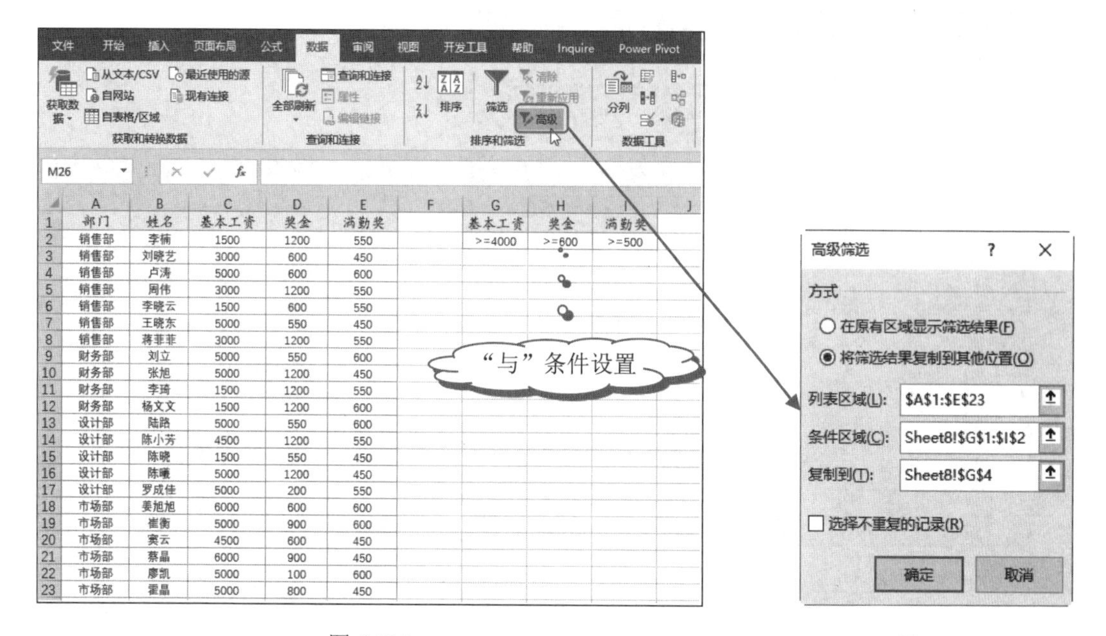

图 6-123　　　　　　　　图 6-124

	A	B	C	D	E	F	G	H	I	J	K
1	部门	姓名	基本工资	奖金	满勤奖		基本工资	奖金	满勤奖		
2	销售部	李楠	1500	1200	550		>=4000	>=600	>=500		
3	销售部	刘晓艺	3000	600	450						
4	销售部	卢涛	5000	600	600		部门	姓名	基本工资	奖金	满勤奖
5	销售部	周伟	3000	1200	550		销售部	卢涛	5000	600	600
6	销售部	李晓云	1500	600	550		设计部	陈小芳	4500	1200	550
7	销售部	王晓东	5000	550	450		市场部	姜旭旭	6000	600	600
8	销售部	蒋菲菲	3000	1200	550		市场部	崔衡	5000	900	600
9	财务部	刘立	5000	550	600						
10	财务部	张旭	5000	1200	450						
11	财务部	李琦	1500	1200	550						
12	财务部	杨文文	1500	1200	600						
13	设计部	陆路	5000	550	600						
14	设计部	陈小芳	4500	1200	550						
15	设计部	陈晓	1500	550	450						
16	设计部	陈曦	5000	1200	450						
17	设计部	罗成佳	5000	200	550						
18	市场部	姜旭旭	6000	600	600						
19	市场部	崔衡	5000	900	600						
20	市场部	窦云	4500	600	450						
21	市场部	蔡晶	6000	900	450						
22	市场部	廖凯	5000	100	600						
23	市场部	霍晶	5000	800	450						

图 6-125

2.“或”条件筛选

本例表格中统计了员工的各项考核成绩，下面需要筛选体能考核、口语考核或者技术考核三项中有一项在 90 分以上的所有记录。

❶ 打开工作表，在空白区域设置高级筛选条件（体能考核>=90，口语考核>=90，技术考核>=90），选中数据区域中的任意单元格，单击“数据”→“排序和筛选”选项组中的“高级”按钮（见图 6-126），弹出“高级筛选”对话框。

❷ 分别按图 6-127 所示设置该对话框中的“列表区域”“条件区域”以及“复制到”区域。

❸ 设置完成后，单击“确定”按钮返回表格中，即可看到高级筛选后的结果，如图 6-128 所示。

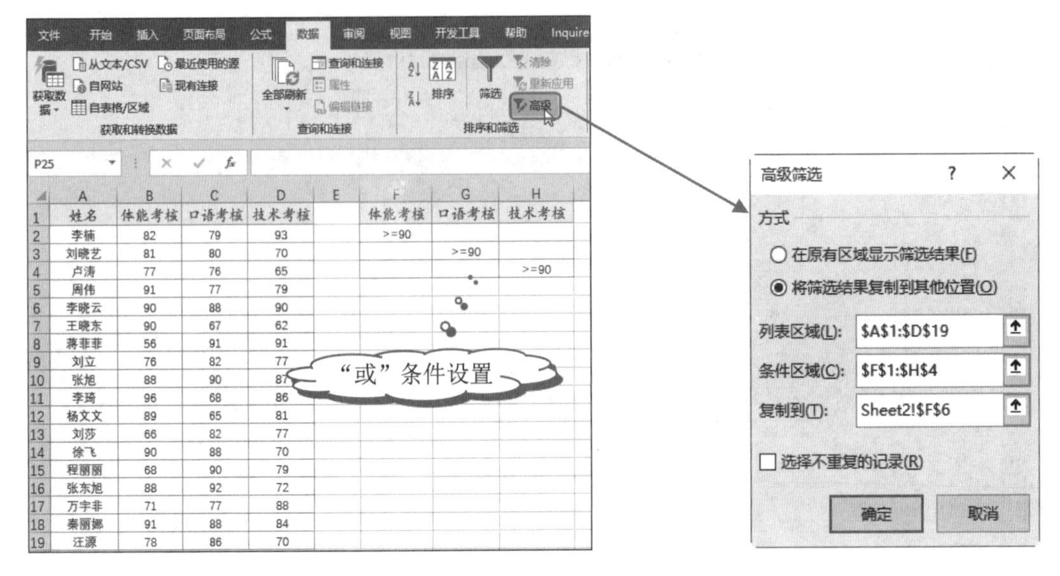

	A	B	C	D	E	F	G	H
1	姓名	体能考核	口语考核	技术考核		体能考核	口语考核	技术考核
2	李楠	82	79	93		>=90		
3	刘晓艺	81	80	70			>=90	
4	卢涛	77	76	65				>=90
5	周伟	91	77	79				
6	李晓云	90	88	90				
7	王晓东	90	67	62				
8	蒋菲菲	56	91	91				
9	刘立	76	82	77				
10	张旭	88	90	87				
11	李琦	96	68	86				
12	杨文文	89	65	81				
13	刘莎	66	82	77				
14	徐飞	90	88	70				
15	程丽丽	68	90	79				
16	张东旭	88	92	72				
17	万宇非	71	77	88				
18	秦丽娜	91	88	84				
19	汪源	78	86	70				

图 6-126　　图 6-127

	A	B	C	D	E	F	G	H	I	J
1	姓名	体能考核	口语考核	技术考核		体能考核	口语考核	技术考核		
2	李楠	82	79	93		>=90				
3	刘晓艺	81	80	70			>=90			
4	卢涛	77	76	65				>=90		
5	周伟	91	77	79						
6	李晓云	90	88	90		姓名	体能考核	口语考核	技术考核	
7	王晓东	90	67	62		李楠	82	79	93	
8	蒋菲菲	56	91	91		周伟	91	77	79	
9	刘立	76	82	77		李晓云	90	88	90	
10	张旭	88	90	87		王晓东	90	67	62	
11	李琦	96	68	86		蒋菲菲	56	91	91	
12	杨文文	89	65	81		张旭	88	90	87	
13	刘莎	66	82	77		李琦	96	68	86	
14	徐飞	90	88	70		徐飞	90	88	70	
15	程丽丽	68	90	79		程丽丽	68	90	79	
16	张东旭	88	92	72		张东旭	88	92	72	
17	万宇非	71	77	88		秦丽娜	91	88	84	
18	秦丽娜	91	88	84						
19	汪源	78	86	70						

图 6-128

6.3 综合实例

6.3.1 案例 11：销售目标达成可视化

本例表格中统计了公司每月的目标销售额和实际销售额，下面需要使用 Excel 条件格式功能根据数据大小绘制数据条。通过数据条的长短直观查看每月销售目标的达成情况。

❶ 选中 B3:C14 单元格区域，单击“开始”→“样式”选项组中的“条件格式”按钮右侧的向下箭头，在展开的下拉菜单中选择“新建规则”命令（见图 6-129），弹出“新建格式规则”对话框。

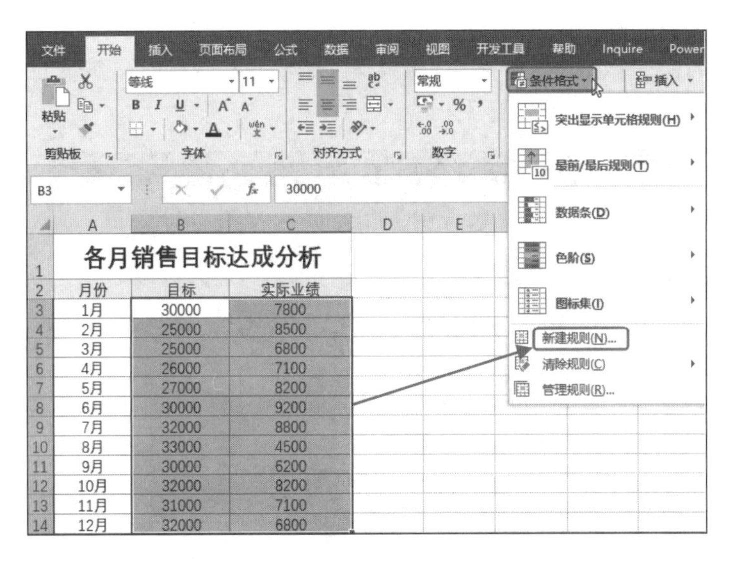

图 6-129

❷ 在该对话框中的“格式样式”右侧的下拉列表中选择“数据条”选项，在“条形图外观”栏下设置实心填充、实心边框。然后在“条形图方向”下拉列表中选择“从左到右”选项（见图 6-130），设置完成后即可更改数据条的方向，得到如图 6-131 所示的数据条效果。

图 6-130　　图 6-131

6.3.2 案例 12：月末给统计表中优秀数据插红旗

本例中需要使用图标集功能在销售统计报表中优秀的单元格内添加小旗帜，假设销售业绩在 35 万元以上为优秀，可以按照下面介绍的方法设置条件格式。

❶ 打开工作表，选中“营销额（万）”列中的数据，单击“开始”→“样式”选项组中的“条件格式”按钮右侧的向下箭头，在展开的下拉菜单中选择“新建规则”命令（见图 6-132），弹出“新建格式规则”对话框。

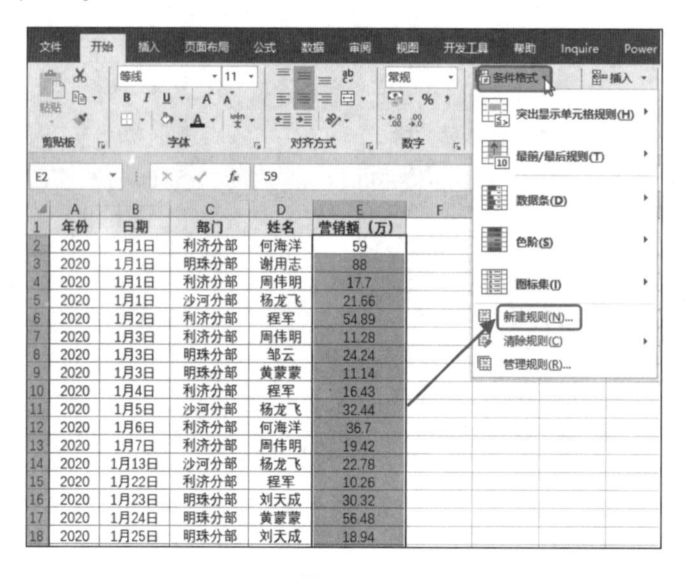

	A	B	C	D	E
1	年份	日期	部门	姓名	营销额（万）
2	2020	1月1日	利济分部	何海洋	59
3	2020	1月1日	明珠分部	谢用志	88
4	2020	1月1日	利济分部	周伟明	17.7
5	2020	1月1日	沙河分部	杨龙飞	21.66
6	2020	1月2日	利济分部	程军	54.89
7	2020	1月3日	利济分部	周伟明	11.28
8	2020	1月3日	明珠分部	邹云	24.24
9	2020	1月3日	明珠分部	黄蒙蒙	11.14
10	2020	1月4日	利济分部	程军	16.43
11	2020	1月5日	沙河分部	杨龙飞	32.44
12	2020	1月6日	利济分部	何海洋	36.7
13	2020	1月7日	利济分部	周伟明	19.42
14	2020	1月13日	沙河分部	杨龙飞	22.78
15	2020	1月22日	利济分部	程军	10.26
16	2020	1月23日	明珠分部	刘天成	30.32
17	2020	1月24日	明珠分部	黄蒙蒙	56.48
18	2020	1月25日	明珠分部	刘天成	18.94

图 6-132

❷ 在该对话框中首先设置图标样式为“三色旗”，然后在“图标”栏下设置默认的第一个三色旗为红色，并在“当值是”“>=”后的文本框中输入“35”，再单击“类型”设置框右侧的下拉按钮，在打开的列表中单击“数字”选项，继续设置“黄色旗”和“绿色旗”的条件格式为“无单元格图标”，如图 6-133 所示。

❸ 设置完成后，单击“确定”按钮，即可看到销售业绩为 35 万元以上的单元格中添加了红色旗帜作为优秀标记，如图 6-134 所示。

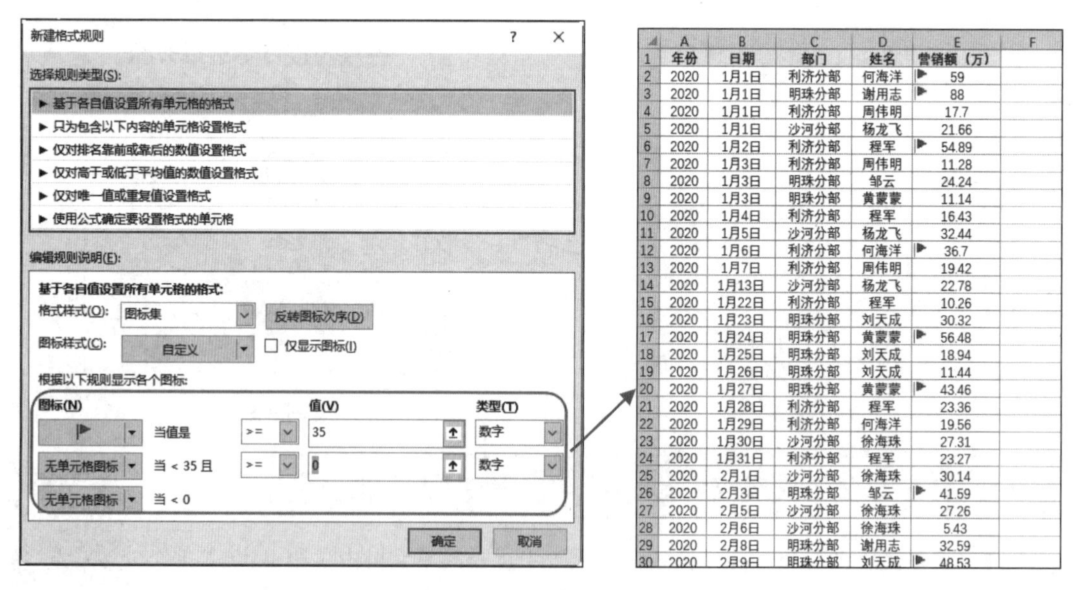

	A	B	C	D	E
1	年份	日期	部门	姓名	营销额（万）
2	2020	1月1日	利济分部	何海洋	59
3	2020	1月1日	明珠分部	谢用志	88
4	2020	1月1日	利济分部	周伟明	17.7
5	2020	1月1日	沙河分部	杨龙飞	21.66
6	2020	1月2日	利济分部	程军	54.89
7	2020	1月3日	利济分部	周伟明	11.28
8	2020	1月3日	明珠分部	邹云	24.24
9	2020	1月3日	明珠分部	黄蒙蒙	11.14
10	2020	1月4日	利济分部	程军	16.43
11	2020	1月5日	沙河分部	杨龙飞	32.44
12	2020	1月6日	利济分部	何海洋	36.7
13	2020	1月7日	利济分部	周伟明	19.42
14	2020	1月13日	沙河分部	杨龙飞	22.78
15	2020	1月22日	利济分部	程军	10.26
16	2020	1月23日	明珠分部	刘天成	30.32
17	2020	1月24日	明珠分部	黄蒙蒙	56.48
18	2020	1月25日	明珠分部	刘天成	18.94
19	2020	1月26日	明珠分部	刘天成	11.44
20	2020	1月27日	明珠分部	黄蒙蒙	43.46
21	2020	1月28日	利济分部	程军	23.36
22	2020	1月29日	利济分部	何海洋	19.56
23	2020	1月30日	沙河分部	徐海珠	27.31
24	2020	1月31日	利济分部	程军	23.27
25	2020	2月1日	沙河分部	徐海珠	30.14
26	2020	2月3日	明珠分部	邹云	41.59
27	2020	2月5日	沙河分部	徐海珠	27.26
28	2020	2月6日	沙河分部	徐海珠	5.43
29	2020	2月8日	明珠分部	谢用志	32.59
30	2020	2月9日	明珠分部	刘天成	48.53

图 6-133　　图 6-134

第 7 章 数据排序及分类汇总统计

学习导读

除了前面介绍的筛选功能，用户还可以使用排序、分类汇总和合并计算功能对大范围表格数据实现更精确的分析。

学习要点

- 数据排序与分类汇总。
- 多表数据的合并计算。

7.1 排序表格数据

日常工作学习中经常会使用一些数据庞大的表格，为了能够准确地分析表格内的数据，比如对成绩或者销售额排序、快速查看最高分和最高销售额等，都可以使用“排序”功能。除了简单的“降序”和“升序”执行单一字段排序之外，还可以通过设置主要关键字和次要关键字实现不同字段数据的排序。对于无法直接排序的数据，还可以自己设置自定义排序规则，比如按指定的学历、班级、部门、职位等设置自定义排序。

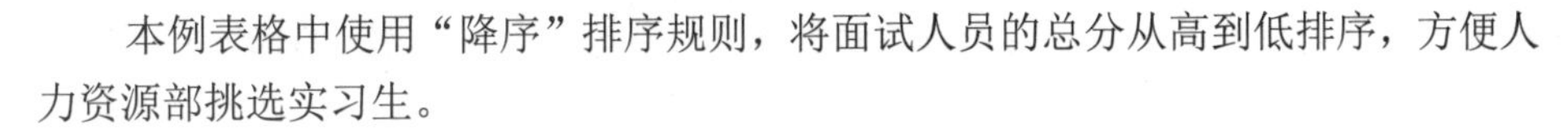

7.1.1 按单一关键字段排序

本例表格中使用“降序”排序规则，将面试人员的总分从高到低排序，方便人力资源部挑选实习生。

❶ 打开工作表，选中“总分”列中的任意单元格，单击“数据”→“排序和筛选”选项组中的“降序”按钮，如图 7-1 所示。

❷ 单击后，即可看到总分按照从高到低重新排序，如图 7-2 所示。

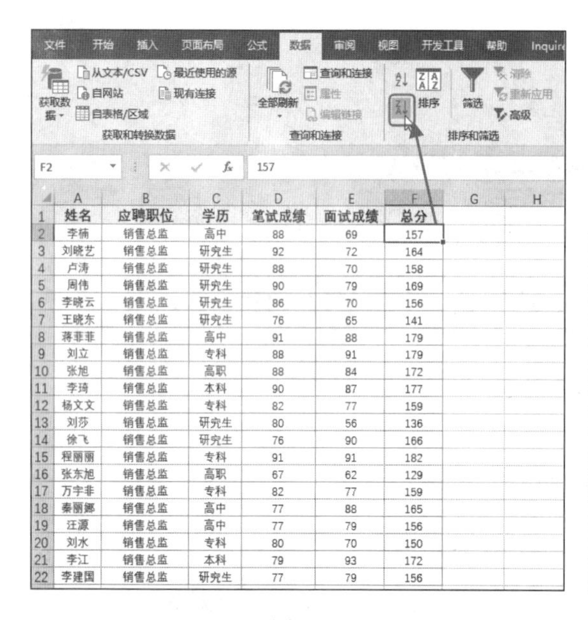

	A	B	C	D	E	F
1	姓名	应聘职位	学历	笔试成绩	面试成绩	总分
2	李楠	销售总监	高中	88	69	157
3	刘晓艺	销售总监	研究生	92	72	164
4	卢涛	销售总监	研究生	88	70	158
5	周伟	销售总监	研究生	90	79	169
6	李晓云	销售总监	研究生	86	70	156
7	王晓东	销售总监	研究生	76	65	141
8	蒋菲菲	销售总监	高中	91	88	179
9	刘立	销售总监	专科	88	91	179
10	张旭	销售总监	高职	88	84	172
11	李琦	销售总监	本科	90	87	177
12	杨文文	销售总监	专科	82	77	159
13	刘莎	销售总监	研究生	80	56	136
14	徐飞	销售总监	研究生	76	90	166
15	程丽丽	销售总监	专科	91	91	182
16	张东旭	销售总监	高职	67	62	129
17	万宇非	销售总监	专科	82	77	159
18	秦丽娜	销售总监	高中	77	88	165
19	汪源	销售总监	高中	77	79	156
20	刘水	销售总监	专科	80	70	150
21	李江	销售总监	本科	79	93	172
22	李建国	销售总监	研究生	77	79	156

图 7-1

	A	B	C	D	E	F
1	姓名	应聘职位	学历	笔试成绩	面试成绩	总分
2	程丽丽	销售总监	专科	91	91	182
3	蒋菲菲	销售总监	高中	91	88	179
4	刘立	销售总监	专科	88	91	179
5	李琦	销售总监	本科	90	87	177
6	张旭	销售总监	高职	88	84	172
7	李江	销售总监	本科	79	93	172
8	周伟	销售总监	研究生	90	79	169
9	徐飞	销售总监	研究生	76	90	166
10	秦丽娜	销售总监	高中	77	88	165
11	刘晓艺	销售总监	研究生	92	72	164
12	杨文文	销售总监	专科	82	77	159
13	万宇非	销售总监	专科	82	77	159
14	卢涛	销售总监	研究生	88	70	158
15	李楠	销售总监	高中	88	69	157

图 7-2

提示注意

如果想要在数据排序之后迅速恢复到表格原始数据状态，可以在执行排序之前为数据表格首列添加数据序列，对数据序列重新按照从低到高排序后，即可恢复表格的原始状态。

知识扩展

升序

单击“数据”→“排序和筛选”选项组中的“升序”按钮，可以对数据执行从低到高排序。

7.1.2 按多个关键字段排序

本例表格中按部门统计了面试人员的考核成绩和总分，下面需要按照应聘部门对面试人员分数从高到低排列。这里需要设置主要关键字和次要关键字，按顺序对数据执行排序，需要使用“排序”对话框设置关键字段。

❶ 打开工作表，选中“总分”列中的任意单元格，单击“数据”→“排序和筛选”选项组中的“排序”按钮（见图 7-3），打开“排序”对话框。

❷ 在该对话框中设置主要关键字为“部门”，设置排序规则为“升序”（见图 7-4），单击“添加条件”按钮，激活“次要关键字”。

❸ 设置次要关键字为“总分”，设置排序规则为“降序”，如图 7-5 所示。

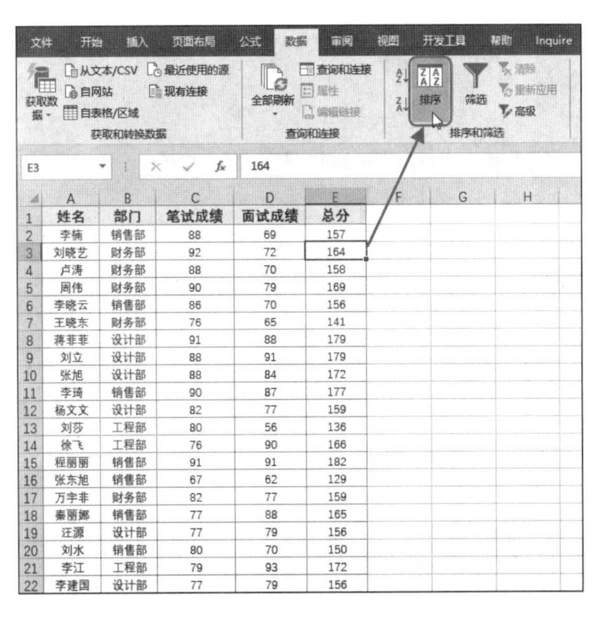

	A	B	C	D	E
1	姓名	部门	笔试成绩	面试成绩	总分
2	李楠	销售部	88	69	157
3	刘晓艺	财务部	92	72	164
4	卢涛	财务部	88	70	158
5	周伟	财务部	90	79	169
6	李晓云	销售部	86	70	156
7	王晓东	财务部	76	65	141
8	蒋菲菲	设计部	91	88	179
9	刘立	设计部	88	91	179
10	张旭	设计部	88	84	172
11	李琦	销售部	90	87	177
12	杨文文	设计部	82	77	159
13	刘莎	工程部	80	56	136
14	徐飞	工程部	76	90	166
15	程丽丽	销售部	91	91	182
16	张东旭	销售部	67	62	129
17	万宇非	财务部	82	77	159
18	秦丽娜	销售部	77	88	165
19	汪源	设计部	77	79	156
20	刘水	销售部	80	70	150
21	李江	工程部	79	93	172
22	李建国	设计部	77	79	156

图 7-3

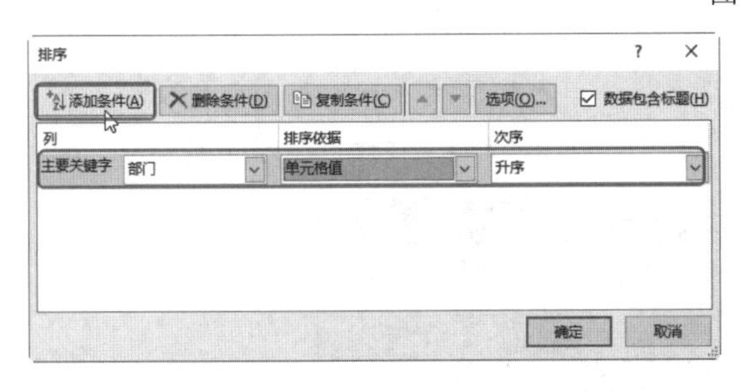

图 7-4

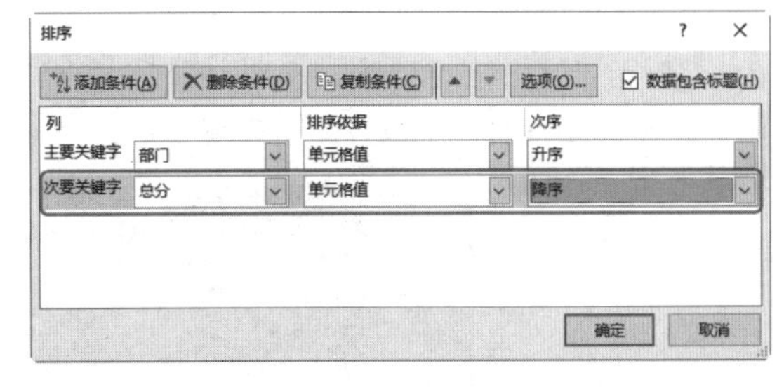

图 7-5

❹ 设置完成双关键字排序后单击“确定”按钮返回表格，可以看到先按部门排序，再将相同部门的总分按照从高到低降序排列，效果如图 7-6 所示。

	A	B	C	D	E
1	姓名	部门	笔试成绩	面试成绩	总分
2	周伟	财务部	90	79	169
3	刘晓艺	财务部	92	72	164
4	万宇非	财务部	82	77	159
5	卢涛	财务部	88	70	158
6	王晓东	财务部	76	65	141
7	李江	工程部	79	93	172
8	徐飞	工程部	76	90	166
9	刘莎	工程部	80	56	136
10	蒋菲菲	设计部	91	88	179
11	刘立	设计部	88	91	179
12	张旭	设计部	88	84	172
13	杨文文	设计部	82	77	159
14	汪源	设计部	77	79	156
15	李建国	设计部	77	79	156
16	程丽丽	销售部	91	91	182
17	李琦	销售部	90	87	177
18	秦丽娜	销售部	77	88	165
19	李楠	销售部	88	69	157
20	李晓云	销售部	86	70	156
21	刘水	销售部	80	70	150
22	张东旭	销售部	67	62	129

图 7-6

提示注意

如果还有更多关键字需要排序，可以依次单击“排序”对话框中的“添加条件”按钮，添加更多的次要关键字并设置次序即可。

知识扩展

删除条件

如果不再需要次要关键字排序设置，可以在“排序”对话框中选中“次要关键字”，再单击“删除条件”按钮即可。

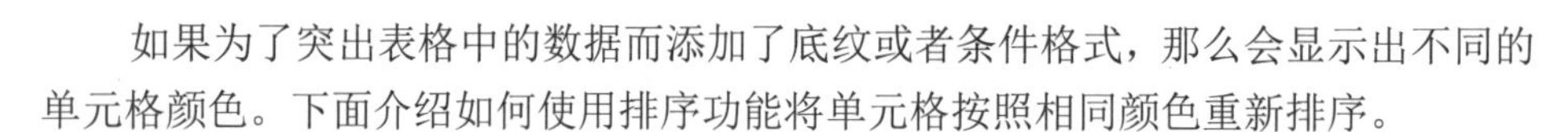

7.1.3 按底纹颜色排序

如果为了突出表格中的数据而添加了底纹或者条件格式，那么会显示出不同的单元格颜色。下面介绍如何使用排序功能将单元格按照相同颜色重新排序。

❶ 打开工作表，选中“平均分”列中的任意单元格（单元格区域中有不同颜色底纹设置），单击“数据”→“排序和筛选”选项组中的“排序”按钮（见图7-7），打开“排序”对话框。

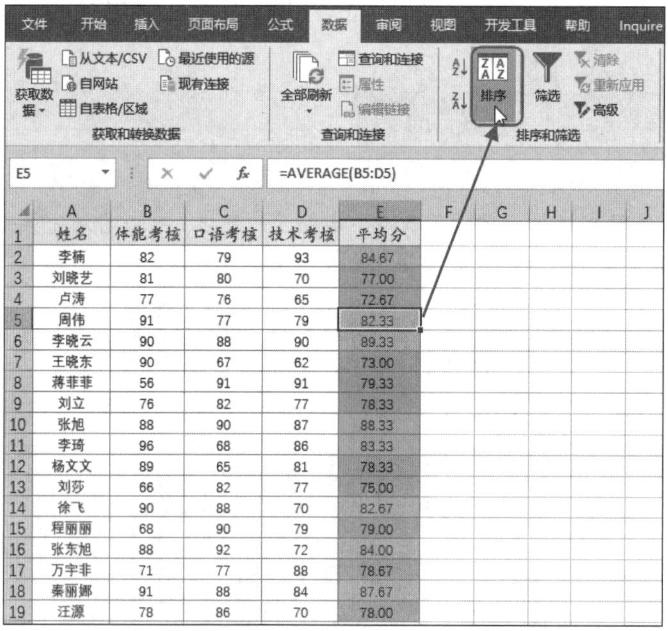

E5　=AVERAGE(B5:D5)

	A	B	C	D	E
1	姓名	体能考核	口语考核	技术考核	平均分
2	李楠	82	79	93	84.67
3	刘晓艺	81	80	70	77.00
4	卢涛	77	76	65	72.67
5	周伟	91	77	79	82.33
6	李晓云	90	88	90	89.33
7	王晓东	90	67	62	73.00
8	蒋菲菲	56	91	91	79.33
9	刘立	76	82	77	78.33
10	张旭	88	90	87	88.33
11	李琦	96	68	86	83.33
12	杨文文	89	65	81	78.33
13	刘莎	66	82	77	75.00
14	徐飞	90	88	70	82.67
15	程丽丽	68	90	79	79.00
16	张东旭	88	92	72	84.00
17	万宇非	71	77	88	78.67
18	秦丽娜	91	88	84	87.67
19	汪源	78	86	70	78.00

图 7-7

❷ 在该对话框中设置主要关键字为“平均分”，排序依据为“单元格颜色”，次序选择“黄色底纹效果”，设置显示位置为“在顶端”，如图7-8所示。

❸ 设置完成后，单击“确定”按钮，即可将黄色底纹的单元格区域显示在顶端，如图7-9所示。

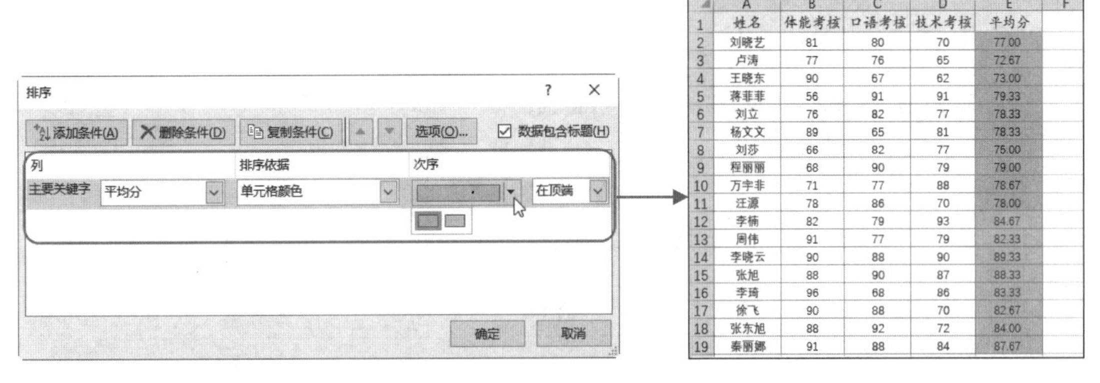

图 7-8

姓名	体能考核	口语考核	技术考核	平均分
刘晓艺	81	80	70	77.00
卢涛	77	76	65	72.67
王晓东	90	67	62	73.00
蒋菲菲	56	91	91	79.33
刘立	76	82	77	78.33
杨文文	89	65	81	78.33
刘莎	66	82	77	75.00
程丽丽	68	90	79	79.00
万宇非	71	77	88	78.67
汪源	78	86	70	78.00
李楠	82	79	93	84.67
周伟	91	77	79	82.33
李晓云	90	88	90	89.33
张旭	88	90	87	88.33
李琦	96	68	86	83.33
徐飞	90	88	70	82.67
张东旭	88	92	72	84.00
秦丽娜	91	88	84	87.67

图 7-9

7.1.4 按图标排序

“条件格式”中经常会使用图标集为不同范围的数据单元格添加相应的图标，本例表格中是将优秀业绩数据添加红色旗帜图标。下面需要使用排序功能将旗帜所在单元格显示在区域顶端以便突出显示优秀数据。

❶ 打开工作表，选中“销量”列中的任意单元格（单元格区域中有红色旗帜图标），单击“数据”→“排序和筛选”选项组中的“排序”按钮（见图 7-10），打开“排序”对话框。

销售日期	销量	库存	补充提示
2020/7/1	500	32	准备
2020/7/2	159	18	补货
2020/7/3	90	47	充足
2020/7/4	150	55	充足
2020/7/5	98	17	补货
2020/7/6	805	56	充足
2020/7/7	60	14	补货
2020/7/8	189	38	准备
2020/7/9	265	32	准备
2020/7/10	900	55	充足
2020/7/11	592	12	补货
2020/7/12	300	18	补货
2020/7/13	26	47	充足
2020/7/14	30	55	充足
2020/7/15	90	17	补货
2020/7/16	562	56	充足
2020/7/17	900	14	补货
2020/7/18	800	38	准备
2020/7/19	520	32	准备

图 7-10

❷ 在该对话框中设置主要关键字为“销量”，排序依据为“条件格式图标”，次序为红色旗帜图标，再设置排序规则为“在顶端”，如图 7-11 所示。

❸ 设置完成后，单击“确定”按钮，即可将带有红色旗帜图标的单元格显示在顶端，如图 7-12 所示。

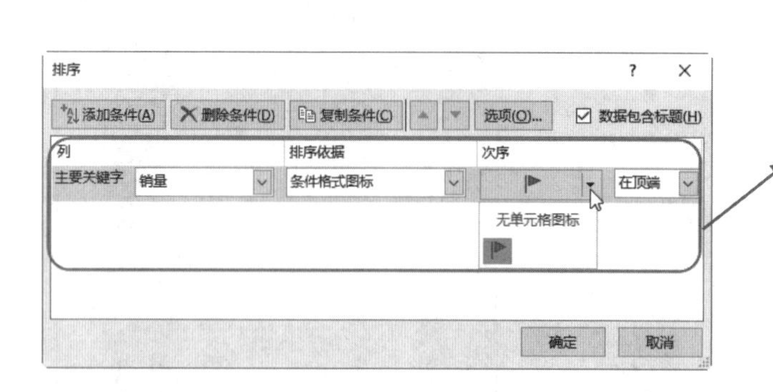

图 7-11

	A	B	C	D
1	销售日期	销量	库存	补充提示
2	2020/7/10	900	55	充足
3	2020/7/17	900	14	补货
4	2020/7/1	500	32	准备
5	2020/7/2	159	18	补货
6	2020/7/3	90	47	充足
7	2020/7/4	150	55	充足
8	2020/7/5	98	17	补货
9	2020/7/6	805	56	充足
10	2020/7/7	60	14	补货
11	2020/7/8	189	38	准备
12	2020/7/9	265	32	准备
13	2020/7/11	592	12	补货
14	2020/7/12	300	18	补货
15	2020/7/13	26	47	充足

图 7-12

7.1.5 自定义排序

有些数据无法执行升序和降序排列，比如员工职位、学历等信息。下面需要将各系中“教授”“副教授”“讲师”和“助教”按照职称高低排序，可以在“自定义序列”对话框中设置。

❶ 打开工作表，选中“职称”列中的任意单元格，单击“数据”→“排序和筛选”选项组中的“排序”按钮（见图 7-13），打开“排序”对话框。

	A	B	C
1	系名	职称	人数
2	物理系	教授	19
3	物理系	副教授	10
4	物理系	讲师	18
5	物理系	助教	13
6	化学系	教授	12
7	化学系	副教授	14
8	化学系	讲师	15
9	生物系	教授	11
10	生物系	副教授	16
11	生物系	讲师	20
12	生物系	助教	22
13	数学系	教授	16
14	数学系	副教授	12
15	数学系	讲师	23
16	数学系	助教	26

图 7-13

❷ 在该对话框中设置主要关键字为“职称”，排序依据为“单元格值”，设置次序为“自定义序列”（见图 7-14），打开“自定义序列”对话框。

❸ 在该对话框的“输入序列”文本框中输入“教授 副教授 讲师 助教”（按照执行的序列顺序输入，每输入一个名称需要另起一行），在单击“添加”按钮即可添加到左侧的“自定义序列”列表框中，如图 7-15 所示。

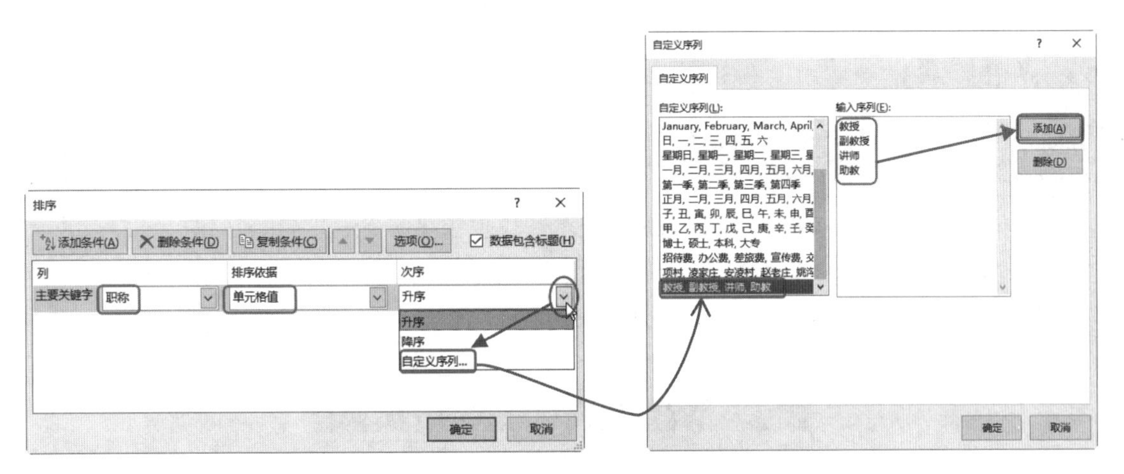

图 7-14　　　　　　　　　　图 7-15

❹ 然后单击“确定”按钮返回“排序”对话框中，并在“次序”列表中选择自定义的职位名称，如图 7-16 所示。单击“确定”按钮返回表格，即可将 B 列的职称按照指定自定义序列重新排列，如图 7-17 所示。

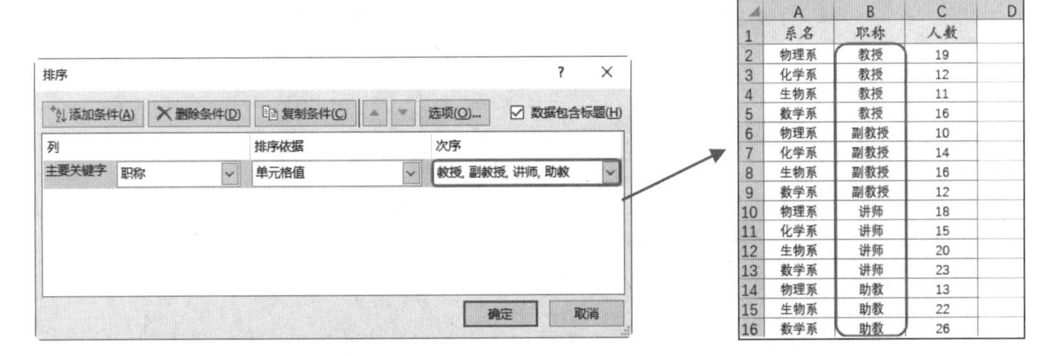

	A	B	C	D
1	系名	职称	人数	
2	物理系	教授	19	
3	化学系	教授	12	
4	生物系	教授	11	
5	数学系	教授	16	
6	物理系	副教授	10	
7	化学系	副教授	14	
8	生物系	副教授	16	
9	数学系	副教授	12	
10	物理系	讲师	18	
11	化学系	讲师	15	
12	生物系	讲师	20	
13	数学系	讲师	23	
14	物理系	助教	13	
15	生物系	助教	22	
16	数学系	助教	26	

图 7-16　　　　　　　　　　图 7-17

知识扩展

删除自定义序列

打开“自定义序列”对话框后，在左侧的“自定义序列”列表框中选择需要删除的职位序列后单击“删除”按钮，即可删除设置好的自定义序列。

7.2 分类汇总表格数据

分类汇总可以为同一类别的记录自动添加合计或小计，如计算同一类数据的总和、平均值、最大值等，从而得到分散记录的合计数据。因此这项功能是数据分析（特别是大数据分析）中常用的功能之一。

本节将介绍一些分类汇总的基本设置方法，比如更改分类汇总的函数，创建多级分类汇总以及多种统计的分类汇总等。

7.2.1 单层分类汇总

本例表格中列出了各供应商一段时期的账款情况，要求快速统计出各供应商的已付款总金额。可以使用“分类汇总”方法按照“供应商”字段统计分析。

❶ 打开工作表，选中“供应商”列的任意单元格，单击“数据”→“排序和筛选”选项组中的“降序”按钮，如图 7-18 所示，即可将相同的供应商汇总在一起。

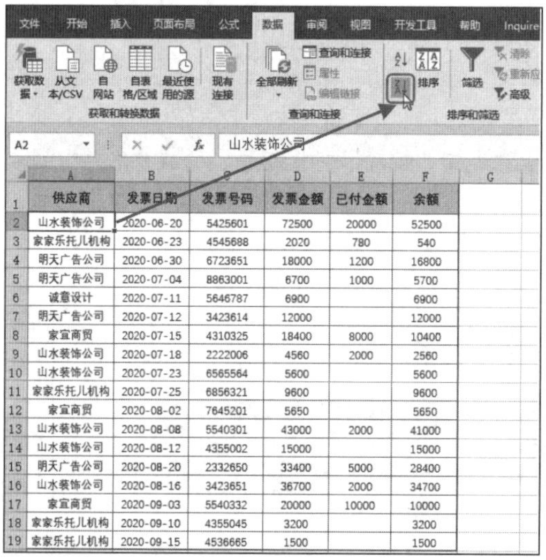

图 7-18

供应商	发票日期	发票号码	发票金额	已付金额	余额
山水装饰公司	2020-06-20	5425601	72500	20000	52500
家家乐托儿机构	2020-06-23	4545688	2020	780	540
明天广告公司	2020-06-30	6723651	18000	1200	16800
明天广告公司	2020-07-04	8863001	6700	1000	5700
诚意设计	2020-07-11	5646787	6900		6900
明天广告公司	2020-07-12	3423614	12000		12000
家宜商贸	2020-07-15	4310325	18400	8000	10400
山水装饰公司	2020-07-18	2222006	4560	2000	2560
山水装饰公司	2020-07-23	6565564	5600		5600
家家乐托儿机构	2020-07-25	6856321	9600		9600
家宜商贸	2020-08-02	7645201	5650		5650
山水装饰公司	2020-08-08	5540301	43000	2000	41000
山水装饰公司	2020-08-12	4355002	15000		15000
明天广告公司	2020-08-20	2332650	33400	5000	28400
山水装饰公司	2020-08-16	3423651	36700	2000	34700
家宜商贸	2020-09-03	5540332	20000	10000	10000
家家乐托儿机构	2020-09-10	4355045	3200		3200
家家乐托儿机构	2020-09-15	4536665	1500		1500

❷ 选中“供应商”列中的任意单元格，单击“数据”→“分级显示”选项组中的“分类汇总”按钮（见图 7-19），打开“分类汇总”对话框。

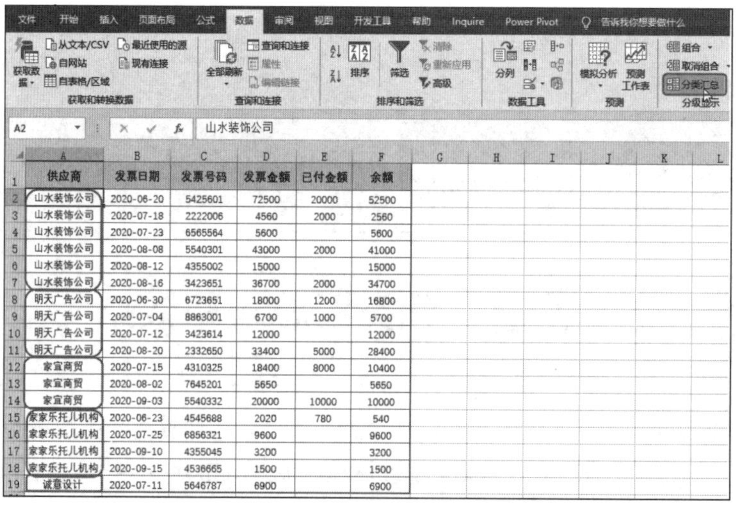

图 7-19

供应商	发票日期	发票号码	发票金额	已付金额	余额
山水装饰公司	2020-06-20	5425601	72500	20000	52500
山水装饰公司	2020-07-18	2222006	4560	2000	2560
山水装饰公司	2020-07-23	6565564	5600		5600
山水装饰公司	2020-08-08	5540301	43000	2000	41000
山水装饰公司	2020-08-12	4355002	15000		15000
山水装饰公司	2020-08-16	3423651	36700	2000	34700
明天广告公司	2020-06-30	6723651	18000	1200	16800
明天广告公司	2020-07-04	8863001	6700	1000	5700
明天广告公司	2020-07-12	3423614	12000		12000
明天广告公司	2020-08-20	2332650	33400	5000	28400
家宜商贸	2020-07-15	4310325	18400	8000	10400
家宜商贸	2020-08-02	7645201	5650		5650
家宜商贸	2020-09-03	5540332	20000	10000	10000
家家乐托儿机构	2020-06-23	4545688	2020	780	540
家家乐托儿机构	2020-07-25	6856321	9600		9600
家家乐托儿机构	2020-09-10	4355045	3200		3200
家家乐托儿机构	2020-09-15	4536665	1500		1500
诚意设计	2020-07-11	5646787	6900		6900

❸ 在该对话框中设置分类字段为“供应商”、汇总方式为“求和”，设置选定汇总项为“已付金额”，如图 7-20 所示。设置完成后，单击“确定”按钮，即可得到分类汇总结果，如图 7-21 所示。

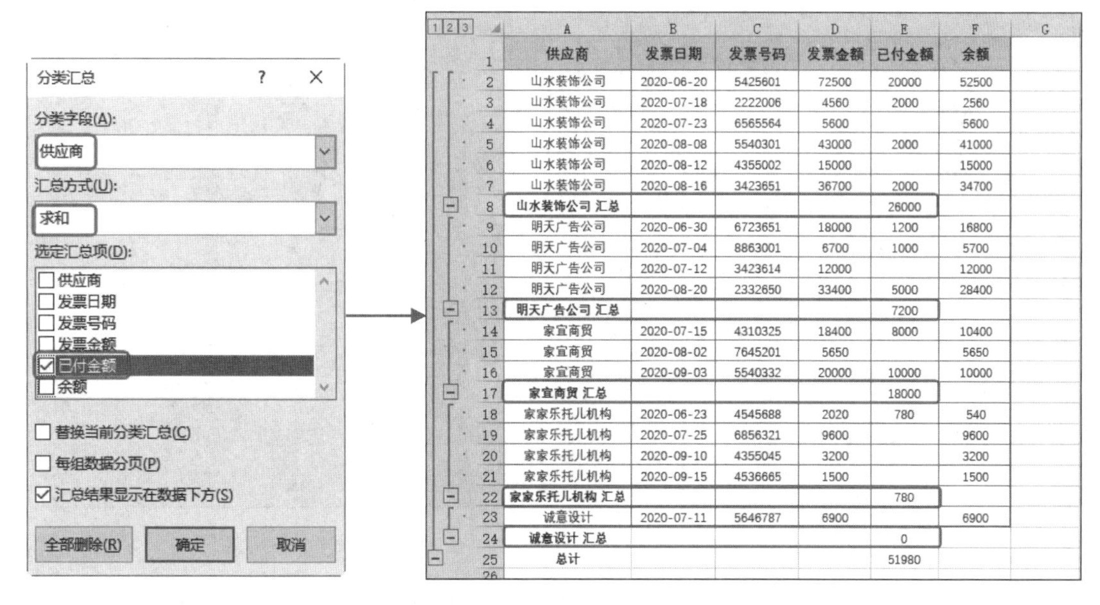

	A	B	C	D	E	F
1	供应商	发票日期	发票号码	发票金额	已付金额	余额
2	山水装饰公司	2020-06-20	5425601	72500	20000	52500
3	山水装饰公司	2020-07-18	2222006	4560	2000	2560
4	山水装饰公司	2020-07-23	6565564	5600		5600
5	山水装饰公司	2020-08-08	5540301	43000	2000	41000
6	山水装饰公司	2020-08-12	4355002	15000		15000
7	山水装饰公司	2020-08-16	3423651	36700	2000	34700
8	山水装饰公司 汇总				26000	
9	明天广告公司	2020-06-30	6723651	18000	1200	16800
10	明天广告公司	2020-07-04	8863001	6700	1000	5700
11	明天广告公司	2020-07-12	3423614	12000		12000
12	明天广告公司	2020-08-20	2332650	33400	5000	28400
13	明天广告公司 汇总				7200	
14	家宜商贸	2020-07-15	4310325	18400	8000	10400
15	家宜商贸	2020-08-02	7645201	5650		5650
16	家宜商贸	2020-09-03	5540332	20000	10000	10000
17	家宜商贸 汇总				18000	
18	家家乐托儿机构	2020-06-23	4545688	2020	780	540
19	家家乐托儿机构	2020-07-25	6856321	9600		9600
20	家家乐托儿机构	2020-09-10	4355045	3200		3200
21	家家乐托儿机构	2020-09-15	4536665	1500		1500
22	家家乐托儿机构 汇总				780	
23	诚意设计	2020-07-11	5646787	6900		6900
24	诚意设计 汇总				0	
25	总计				51980	

图 7-20　　　　图 7-21

提示注意

在执行分类汇总之前，一定要先对相关字段执行排序，否则得出的分类汇总结果是没有任何意义的。

知识扩展

选定汇总项

在“选定汇总项”列表中可以根据实际分析需要选择其他的汇总项名称。

7.2.2 多层分类汇总

本例中需要先按照系列求和汇总，再按照商品对销量求和汇总。先对系列和商品名称字段执行排序，再打开“分类汇总”对话框执行汇总统计。

❶ 打开工作表，选中“系列”列中的任意单元格，单击“数据”→“排序和筛选”选项组中的“降序”按钮，如图 7-22 所示，即可将相同的系列名称汇总在一起。

❷ 继续选中“商品”列中的任意单元格，单击“数据”→“排序和筛选”选项组中的“降序”按钮，如图 7-23 所示，即可将相同的商品名称汇总在一起。

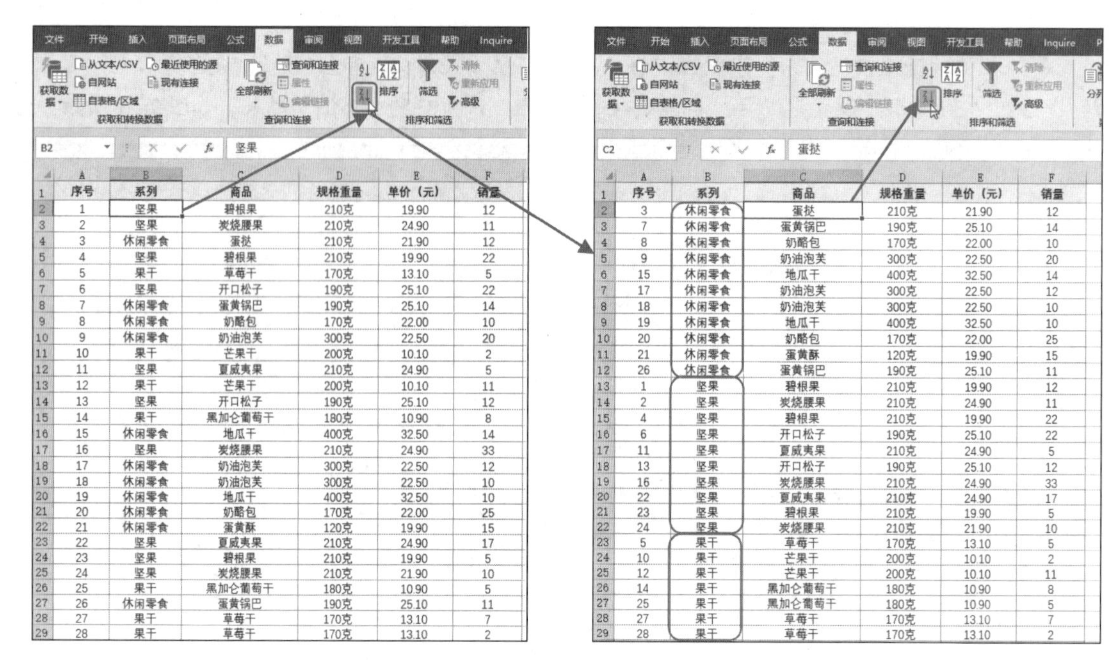

序号	系列	商品	规格重量	单价（元）	销量
1	坚果	碧根果	210克	19.90	12
2	坚果	炭烧腰果	210克	24.90	11
3	休闲零食	蛋挞	210克	21.90	12
4	坚果	碧根果	210克	19.90	22
5	果干	草莓干	170克	13.10	5
6	坚果	开口松子	190克	25.10	22
7	休闲零食	蛋黄锅巴	190克	25.10	14
8	休闲零食	奶酪包	170克	22.00	10
9	休闲零食	奶油泡芙	300克	22.50	20
10	果干	芒果干	200克	10.10	2
11	坚果	夏威夷果	210克	24.90	5
12	果干	芒果干	200克	10.10	11
13	坚果	开口松子	190克	25.10	12
14	果干	黑加仑葡萄干	180克	10.90	8
15	休闲零食	地瓜干	400克	32.50	14
16	坚果	炭烧腰果	210克	24.90	33
17	休闲零食	奶油泡芙	300克	22.50	12
18	休闲零食	奶油泡芙	300克	22.50	10
19	休闲零食	地瓜干	400克	32.50	10
20	休闲零食	奶酪包	170克	22.00	25
21	休闲零食	蛋黄酥	120克	19.90	15
22	坚果	夏威夷果	210克	24.90	17
23	坚果	碧根果	210克	19.90	5
24	坚果	炭烧腰果	210克	21.90	10
25	果干	黑加仑葡萄干	180克	10.90	5
26	休闲零食	蛋黄锅巴	190克	25.10	11
27	果干	草莓干	170克	13.10	7
28	果干	草莓干	170克	13.10	2

图 7-22

序号	系列	商品	规格重量	单价（元）	销量
3	休闲零食	蛋挞	210克	21.90	12
7	休闲零食	蛋黄锅巴	190克	25.10	14
8	休闲零食	奶酪包	170克	22.00	10
9	休闲零食	奶油泡芙	300克	22.50	20
15	休闲零食	地瓜干	400克	32.50	14
17	休闲零食	奶油泡芙	300克	22.50	12
18	休闲零食	奶油泡芙	300克	22.50	10
19	休闲零食	地瓜干	400克	32.50	10
20	休闲零食	奶酪包	170克	22.00	25
21	休闲零食	蛋黄酥	120克	19.90	15
26	休闲零食	蛋黄锅巴	190克	25.10	11
1	坚果	碧根果	210克	19.90	12
2	坚果	炭烧腰果	210克	24.90	11
4	坚果	碧根果	210克	19.90	22
6	坚果	开口松子	190克	25.10	22
11	坚果	夏威夷果	210克	24.90	5
13	坚果	开口松子	190克	25.10	12
16	坚果	炭烧腰果	210克	24.90	33
22	坚果	夏威夷果	210克	24.90	17
23	坚果	碧根果	210克	19.90	5
24	坚果	炭烧腰果	210克	21.90	10
5	果干	草莓干	170克	13.10	5
10	果干	芒果干	200克	10.10	2
12	果干	芒果干	200克	10.10	11
14	果干	黑加仑葡萄干	180克	10.90	8
25	果干	黑加仑葡萄干	180克	10.90	5
27	果干	草莓干	170克	13.10	7
28	果干	草莓干	170克	13.10	2

图 7-23

❸ 最终数据排序结果如图 7-24 所示。选中“销量”列中的任意单元格，单击“数据”→“分类显示”选项组中的“分类汇总”按钮，打开“分类汇总”对话框，在其中设置分类字段为“系列”，汇总方式为“求和”，选定汇总项为“销量”，如图 7-25 所示。

❹ 设置完成后，单击“确定”按钮，即可按系列名称汇总销量值，如图 7-26 所示。

序号	系列	商品	规格重量	单价（元）	销量
7	休闲零食	蛋黄锅巴	190克	25.10	14
26	休闲零食	蛋黄锅巴	190克	25.10	11
21	休闲零食	蛋黄酥	120克	19.90	15
3	休闲零食	蛋挞	210克	21.90	12
15	休闲零食	地瓜干	400克	32.50	14
19	休闲零食	地瓜干	400克	32.50	10
8	休闲零食	奶酪包	170克	22.00	10
20	休闲零食	奶酪包	170克	22.00	25
9	休闲零食	奶油泡芙	300克	22.50	20
17	休闲零食	奶油泡芙	300克	22.50	12
18	休闲零食	奶油泡芙	300克	22.50	10
1	坚果	碧根果	210克	19.90	12
4	坚果	碧根果	210克	19.90	22
23	坚果	碧根果	210克	19.90	5
6	坚果	开口松子	190克	25.10	22
13	坚果	开口松子	190克	25.10	12
2	坚果	炭烧腰果	210克	24.90	11
16	坚果	炭烧腰果	210克	24.90	33
24	坚果	炭烧腰果	210克	21.90	10
11	坚果	夏威夷果	210克	24.90	5
22	坚果	夏威夷果	210克	24.90	17
5	果干	草莓干	170克	13.10	5
27	果干	草莓干	170克	13.10	7
28	果干	草莓干	170克	13.10	2
14	果干	黑加仑葡萄干	180克	10.90	8
25	果干	黑加仑葡萄干	180克	10.90	5
10	果干	芒果干	200克	10.10	2
12	果干	芒果干	200克	10.10	11

图 7-24

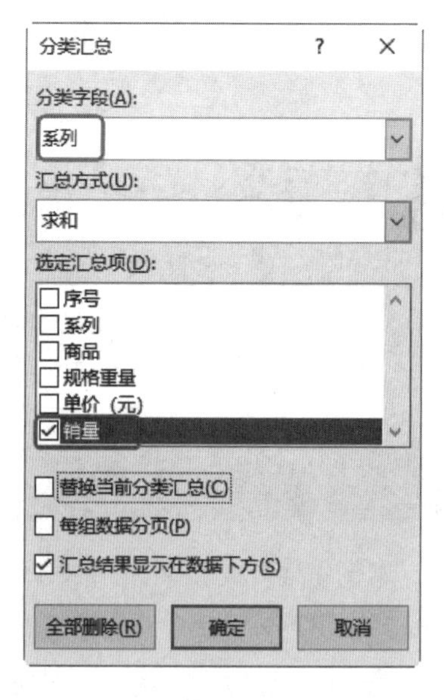

图 7-25

❺ 再次用步骤❸方法打开“分类汇总”对话框，设置二级分类字段为“商品”，汇总方式为“求和”，选定汇总项为“销量”，取消勾选“替换当前分类汇总”复选框（见图 7-27），然后单击“确定”按钮，即可按商品名称再次汇总销量值，如图 7-28 所示。

	A	B	C	D	E	F
1	序号	系列	商品	规格重量	单价（元）	销量
2	11	坚果	夏威夷果	210克	24.90	5
3	22	坚果	夏威夷果	210克	24.90	17
4	2	坚果	炭烧腰果	210克	24.90	11
5	16	坚果	炭烧腰果	210克	24.90	33
6	24	坚果	炭烧腰果	210克	21.90	10
7		坚果 汇总				76
8	9	休闲零食	奶油泡芙	300克	22.50	20
9	17	休闲零食	奶油泡芙	300克	22.50	12
10	18	休闲零食	奶油泡芙	300克	22.50	10
11	8	休闲零食	奶酪包	170克	22.00	10
12	20	休闲零食	奶酪包	170克	22.00	25
13		休闲零食 汇总				77
14	10	果干	芒果干	200克	10.10	2
15	12	果干	芒果干	200克	10.10	11
16		果干 汇总				13
17	6	坚果	开口松子	190克	25.10	22
18	13	坚果	开口松子	190克	25.10	12
19		坚果 汇总				34
20	14	果干	黑加仑葡萄干	180克	10.90	8
21	25	果干	黑加仑葡萄干	180克	10.90	5
22		果干 汇总				13
23	15	休闲零食	地瓜干	400克	32.50	14
24	19	休闲零食	地瓜干	400克	32.50	10
25	3	休闲零食	蛋挞	210克	21.90	12
26	21	休闲零食	蛋黄酥	120克	19.90	15
27	7	休闲零食	蛋黄锅巴	190克	25.10	14
28	26	休闲零食	蛋黄锅巴	190克	25.10	11
29		休闲零食 汇总				76

图 7-26

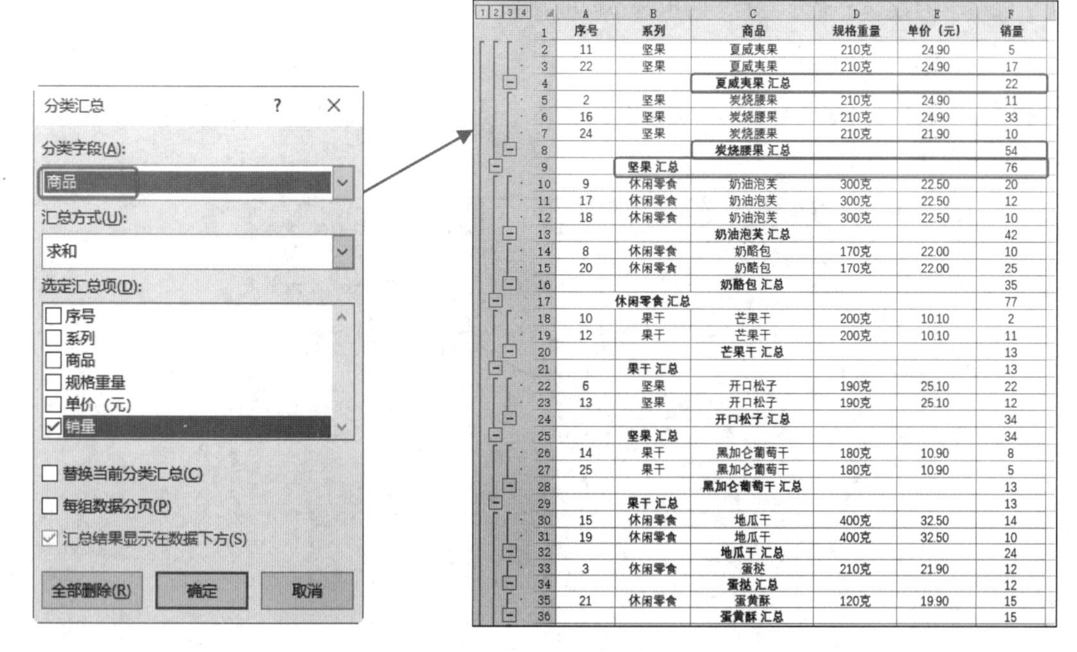

图 7-27

	A	B	C	D	E	F
1	序号	系列	商品	规格重量	单价（元）	销量
2	11	坚果	夏威夷果	210克	24.90	5
3	22	坚果	夏威夷果	210克	24.90	17
4			夏威夷果 汇总			22
5	2	坚果	炭烧腰果	210克	24.90	11
6	16	坚果	炭烧腰果	210克	24.90	33
7	24	坚果	炭烧腰果	210克	21.90	10
8			炭烧腰果 汇总			54
9		坚果 汇总				76
10	9	休闲零食	奶油泡芙	300克	22.50	20
11	17	休闲零食	奶油泡芙	300克	22.50	12
12	18	休闲零食	奶油泡芙	300克	22.50	10
13			奶油泡芙 汇总			42
14	8	休闲零食	奶酪包	170克	22.00	10
15	20	休闲零食	奶酪包	170克	22.00	25
16			奶酪包 汇总			35
17		休闲零食 汇总				77
18	10	果干	芒果干	200克	10.10	2
19	12	果干	芒果干	200克	10.10	11
20			芒果干 汇总			13
21		果干 汇总				13
22	6	坚果	开口松子	190克	25.10	22
23	13	坚果	开口松子	190克	25.10	12
24			开口松子 汇总			34
25		坚果 汇总				34
26	14	果干	黑加仑葡萄干	180克	10.90	8
27	25	果干	黑加仑葡萄干	180克	10.90	5
28			黑加仑葡萄干 汇总			13
29		果干 汇总				13
30	15	休闲零食	地瓜干	400克	32.50	14
31	19	休闲零食	地瓜干	400克	32.50	10
32			地瓜干 汇总			24
33	3	休闲零食	蛋挞	210克	21.90	12
34			蛋挞 汇总			12
35	21	休闲零食	蛋黄酥	120克	19.90	15
36			蛋黄酥 汇总			15

图 7-28

提示注意

如果要替换第一次的分类汇总执行新的分类汇总计算，可以勾选“替换当前分类汇总”复选框。

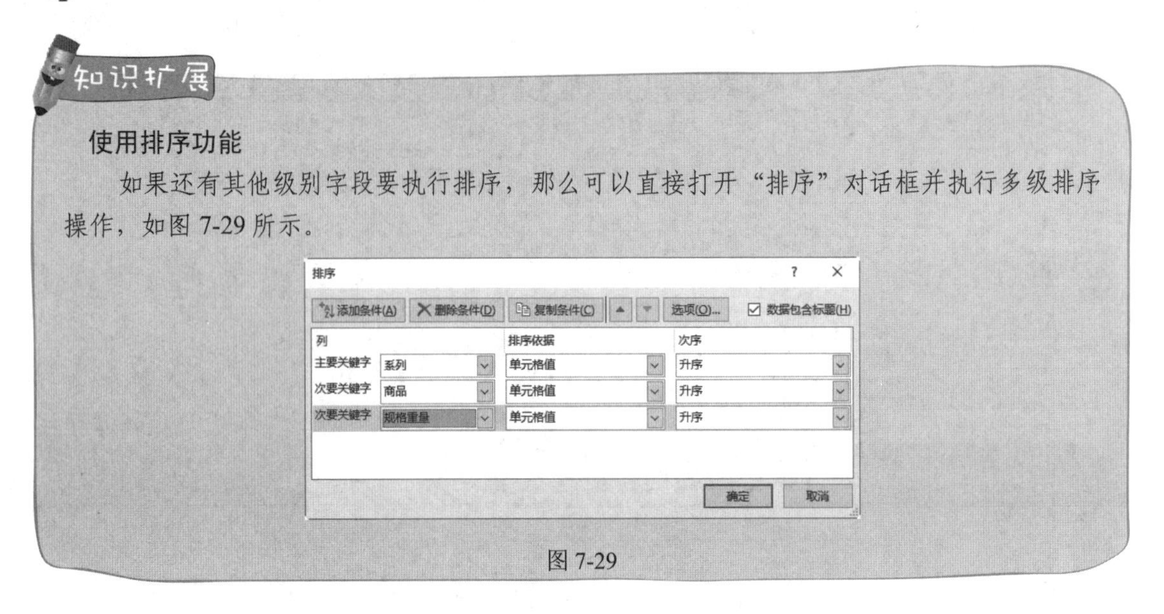

使用排序功能

如果还有其他级别字段要执行排序，那么可以直接打开“排序”对话框并执行多级排序操作，如图 7-29 所示。

图 7-29

7.2.3 同一字段的多种不同计算

分类汇总的方式有“求和”“计数”“最大值”“最小值”等，下面根据不同情况对表格中的数据设置分类汇总时指定不同的汇总方式。

1. 按计数项分类汇总

❶ 打开工作表，选中“品牌”列中的任意单元格，单击“数据”→“排序和筛选”选项组中的“降序”按钮，如图 7-30 所示，即可将品牌列数据排序。

文件 开始 插入 页面布局 公式 数据 审阅 视图 开发工具 帮助

获取数据 从文本/CSV 自网站 自表格/区域 最近使用的源 现有连接 获取和转换数据 全部刷新 查询和连接 属性 编辑链接 查询和连接 排序 筛选 排序和筛选

B2 Amue

	A	B	C	D	E	F
1	日期	品牌	产品名称	颜色	单位	销售数量
2	2020/6/1	Amue	霓光幻影网眼两件套T恤	卡其	件	1
3	2020/6/1	Xialan	气质连衣裙	黑	件	1
4	2020/6/1	Zkite	纯真年代牛仔系结短衬衫	蓝	件	2
5	2020/6/2	Yilian	欧美风尚百搭T恤	粉色	件	2
6	2020/6/2	Yilian	休闲百搭针织中裤	黑	条	3
7	2020/6/2	Zkite	果色缤纷活力短裤	明黄	条	2
8	2020/6/4	Xialan	薰衣草飘袖雪纺连衣裙	淡蓝	件	1
9	2020/6/4	Yilian	梦幻蕾丝边无袖T恤	蓝色	件	1
10	2020/6/7	Xialan	修身短袖外套	淡蓝	件	1
11	2020/6/7	Yilian	吊带蓬蓬连衣裙	藏青色	件	2
12	2020/6/8	Amue	时尚基本款印花T	蓝灰	件	4
13	2020/6/8	Maiinna	针织烂花开衫	蓝色	件	7
14	2020/6/8	Xialan	热卖混搭超值三件套	烟灰	套	2

图 7-30

❷ 单击“数据”→“分级显示”选项组中的“分类汇总”按钮（见图 7-31），打开“分类汇总”对话框。

❸ 在该对话框中设置分类字段为“品牌”，“汇总方式”为计数（默认是“求和”），选定汇总项为“销售金额”如图 7-32 所示。

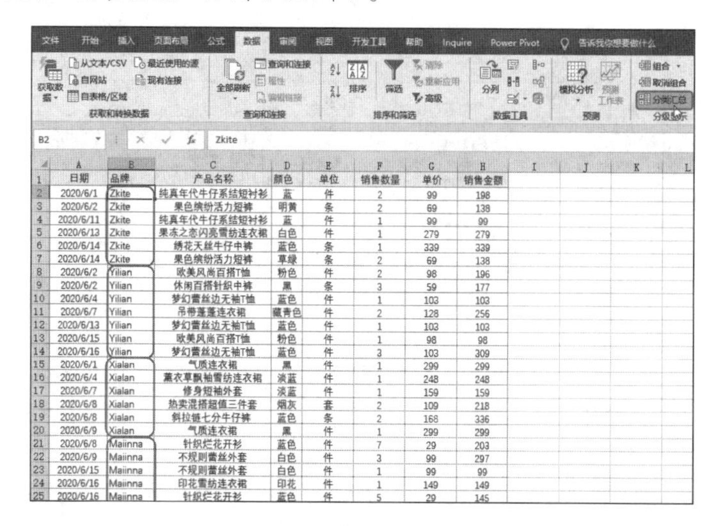

	A	B	C	D	E	F	G	H
1	日期	品牌	产品名称	颜色	单位	销售数量	单价	销售金额
2	2020/6/1	Zkite	纯真年代牛仔系结短衬衫	蓝	件	2	99	198
3	2020/6/2	Zkite	果色缤纷活力短裤	明黄	条	2	69	138
4	2020/6/11	Zkite	纯真年代牛仔系结短衬衫	蓝	件	1	99	99
5	2020/6/13	Zkite	果冻之恋闪亮雪纺连衣裙	白色	件	1	279	279
6	2020/6/14	Zkite	绣花天丝牛仔中裤	蓝色	条	1	339	339
7	2020/6/14	Zkite	果色缤纷活力短裤	草绿	条	2	69	138
8	2020/6/2	Yilian	欧美风尚百搭T恤	粉色	件	2	98	196
9	2020/6/2	Yilian	休闲百搭针织中裤	黑	条	3	59	177
10	2020/6/4	Yilian	梦幻蕾丝边无袖T恤	蓝色	件	1	103	103
11	2020/6/7	Yilian	吊带蓬蓬连衣裙	藏青色	件	2	128	256
12	2020/6/13	Yilian	梦幻蕾丝边无袖T恤	蓝色	件	1	103	103
13	2020/6/15	Yilian	欧美风尚百搭T恤	粉色	件	1	98	98
14	2020/6/16	Yilian	梦幻蕾丝边无袖T恤	蓝色	件	3	103	309
15	2020/6/1	Xialan	气质连衣裙	黑	件	1	299	299
16	2020/6/4	Xialan	薰衣草飘袖雪纺连衣裙	淡蓝	件	1	248	248
17	2020/6/7	Xialan	修身短袖外套	淡蓝	件	1	159	159
18	2020/6/8	Xialan	热卖混搭超值三件套	烟灰	套	2	109	218
19	2020/6/8	Xialan	斜拉链七分牛仔裤	蓝色	条	2	168	336
20	2020/6/9	Xialan	气质连衣裙	黑	件	1	299	299
21	2020/6/8	Maiinna	针织烂花开衫	蓝色	件	7	29	203
22	2020/6/9	Maiinna	不规则蕾丝外套	白色	件	3	99	297
23	2020/6/15	Maiinna	不规则蕾丝外套	白色	件	1	99	99
24	2020/6/16	Maiinna	印花雪纺连衣裙	印花	件	1	149	149
25	2020/6/16	Maiinna	针织烂花开衫	蓝色	件	5	29	145

图 7-31

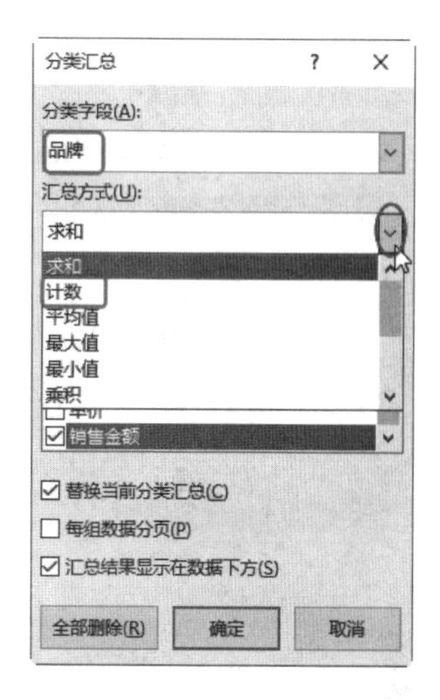

图 7-32

❹ 设置完成后，单击“确定”按钮，即可按品牌统计商品的销售记录条数，如图 7-33 所示。

	A	B	C	D	E	F	G	H
1	日期	品牌	产品名称	颜色	单位	销售数量	单价	销售金额
2	2020/6/1	Zkite	纯真年代牛仔系结短衬衫	蓝	件	2	99	198
3	2020/6/2	Zkite	果色缤纷活力短裤	明黄	条	2	69	138
4	2020/6/11	Zkite	纯真年代牛仔系结短衬衫	蓝	件	1	99	99
5	2020/6/13	Zkite	果冻之恋闪亮雪纺连衣裙	白色	件	1	279	279
6	2020/6/14	Zkite	绣花天丝牛仔中裤	蓝色	条	1	339	339
7	2020/6/14	Zkite	果色缤纷活力短裤	草绿	条	2	69	138
8		**Zkite 计数**						6
9	2020/6/2	Yilian	欧美风尚百搭T恤	粉色	件	2	98	196
10	2020/6/2	Yilian	休闲百搭针织中裤	黑	条	3	59	177
11	2020/6/4	Yilian	梦幻蕾丝边无袖T恤	蓝色	件	1	103	103
12	2020/6/7	Yilian	吊带蓬蓬连衣裙	藏青色	件	2	128	256
13	2020/6/13	Yilian	梦幻蕾丝边无袖T恤	蓝色	件	1	103	103
14	2020/6/15	Yilian	欧美风尚百搭T恤	粉色	件	1	98	98
15	2020/6/16	Yilian	梦幻蕾丝边无袖T恤	蓝色	件	3	103	309
16		**Yilian 计数**						7
17	2020/6/1	Xialan	气质连衣裙	黑	件	1	299	299
18	2020/6/4	Xialan	薰衣草飘袖雪纺连衣裙	淡蓝	件	1	248	248
19	2020/6/7	Xialan	修身短袖外套	淡蓝	件	1	159	159
20	2020/6/8	Xialan	热卖混搭超值三件套	烟灰	套	2	109	218
21	2020/6/8	Xialan	斜拉链七分牛仔裤	蓝色	条	2	168	336
22	2020/6/9	Xialan	气质连衣裙	黑	件	1	299	299
23		**Xialan 计数**						6

图 7-33

2. 按平均值分类汇总

❶ 沿用上例表格，用相同方法打开“分类汇总”对话框，并设置分类字段为“品牌”，汇总方式为“平均值”，取消勾选“替换当前分类汇总”，如图 7-34 所示。

❷ 单击“确定”按钮，即可按品牌统计销售的平均值，如图 7-35 所示。

3. 按最大值分类汇总

❶ 继续沿用上例表格，用相同方法打开“分类汇总”对话框，并设置分类字段为“品牌”，汇总方式为“最大值”，取消勾选“替换当前分类汇总”，如图 7-36 所示。

❷ 单击“确定”按钮，即可按照品牌统计销量的最大值，如图 7-37 所示。

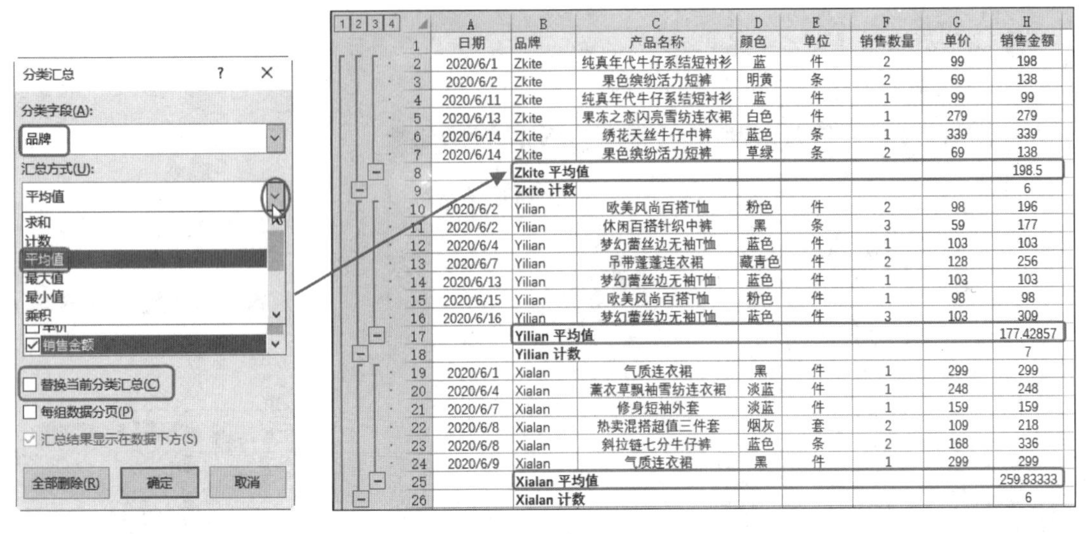

	A	B	C	D	E	F	G	H
1	日期	品牌	产品名称	颜色	单位	销售数量	单价	销售金额
2	2020/6/1	Zkite	纯真年代牛仔系结短衬衫	蓝	件	2	99	198
3	2020/6/2	Zkite	果色缤纷活力短裤	明黄	条	2	69	138
4	2020/6/11	Zkite	纯真年代牛仔系结短衬衫	蓝	件	1	99	99
5	2020/6/13	Zkite	果冻之恋闪亮雪纺连衣裙	白色	件	1	279	279
6	2020/6/14	Zkite	绣花天丝牛仔中裤	蓝色	条	1	339	339
7	2020/6/14	Zkite	果色缤纷活力短裤	草绿	条	2	69	138
8		Zkite 平均值						198.5
9		Zkite 计数						6
10	2020/6/2	Yilian	欧美风尚百搭T恤	粉色	件	2	98	196
11	2020/6/2	Yilian	休闲百搭针织中裤	黑	条	3	59	177
12	2020/6/4	Yilian	梦幻蕾丝边无袖T恤	蓝色	件	1	103	103
13	2020/6/7	Yilian	吊带蓬蓬连衣裙	藏青色	件	2	128	256
14	2020/6/13	Yilian	梦幻蕾丝边无袖T恤	蓝色	件	1	103	103
15	2020/6/15	Yilian	欧美风尚百搭T恤	粉色	件	1	98	98
16	2020/6/16	Yilian	梦幻蕾丝边无袖T恤	蓝色	件	3	103	309
17		Yilian 平均值						177.42857
18		Yilian 计数						7
19	2020/6/1	Xialan	气质连衣裙	黑	件	1	299	299
20	2020/6/4	Xialan	薰衣草飘袖雪纺连衣裙	淡蓝	件	1	248	248
21	2020/6/7	Xialan	修身短袖外套	淡蓝	件	1	159	159
22	2020/6/8	Xialan	热卖混搭超值三件套	烟灰	套	2	109	218
23	2020/6/8	Xialan	斜拉链七分牛仔裤	蓝色	条	2	168	336
24	2020/6/9	Xialan	气质连衣裙	黑	件	1	299	299
25		Xialan 平均值						259.83333
26		Xialan 计数						6

图 7-34　　　　图 7-35

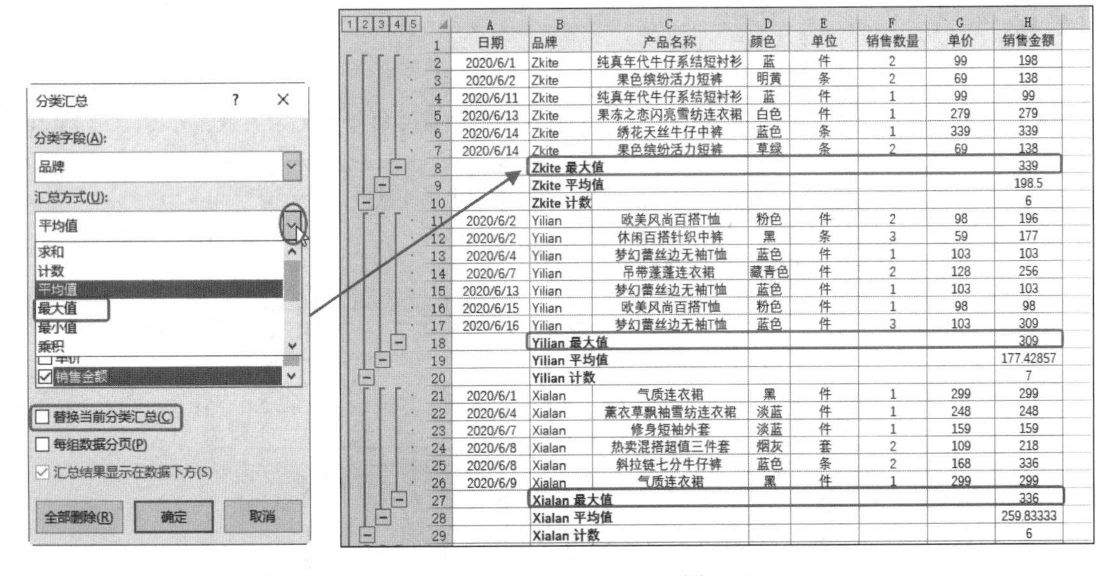

	A	B	C	D	E	F	G	H
1	日期	品牌	产品名称	颜色	单位	销售数量	单价	销售金额
2	2020/6/1	Zkite	纯真年代牛仔系结短衬衫	蓝	件	2	99	198
3	2020/6/2	Zkite	果色缤纷活力短裤	明黄	条	2	69	138
4	2020/6/11	Zkite	纯真年代牛仔系结短衬衫	蓝	件	1	99	99
5	2020/6/13	Zkite	果冻之恋闪亮雪纺连衣裙	白色	件	1	279	279
6	2020/6/14	Zkite	绣花天丝牛仔中裤	蓝色	条	1	339	339
7	2020/6/14	Zkite	果色缤纷活力短裤	草绿	条	2	69	138
8		Zkite 最大值						339
9		Zkite 平均值						198.5
10		Zkite 计数						6
11	2020/6/2	Yilian	欧美风尚百搭T恤	粉色	件	2	98	196
12	2020/6/2	Yilian	休闲百搭针织中裤	黑	条	3	59	177
13	2020/6/4	Yilian	梦幻蕾丝边无袖T恤	蓝色	件	1	103	103
14	2020/6/7	Yilian	吊带蓬蓬连衣裙	藏青色	件	2	128	256
15	2020/6/13	Yilian	梦幻蕾丝边无袖T恤	蓝色	件	1	103	103
16	2020/6/15	Yilian	欧美风尚百搭T恤	粉色	件	1	98	98
17	2020/6/16	Yilian	梦幻蕾丝边无袖T恤	蓝色	件	3	103	309
18		Yilian 最大值						309
19		Yilian 平均值						177.42857
20		Yilian 计数						7
21	2020/6/1	Xialan	气质连衣裙	黑	件	1	299	299
22	2020/6/4	Xialan	薰衣草飘袖雪纺连衣裙	淡蓝	件	1	248	248
23	2020/6/7	Xialan	修身短袖外套	淡蓝	件	1	159	159
24	2020/6/8	Xialan	热卖混搭超值三件套	烟灰	套	2	109	218
25	2020/6/8	Xialan	斜拉链七分牛仔裤	蓝色	条	2	168	336
26	2020/6/9	Xialan	气质连衣裙	黑	件	1	299	299
27		Xialan 最大值						336
28		Xialan 平均值						259.83333
29		Xialan 计数						6

图 7-36　　　　图 7-37

7.2.4 切换汇总数据的分级显示

为表格设置分类汇总之后，表格的左侧会出现几个分级显示按钮，设置的分级越多则按钮越多。通过单击相应的按钮可以切换至指定的汇总显示结果。

❶ 打开分类汇总数据表格，单击“数字 1”按钮（见图 7-38），可以看到只显示最终的汇总结果。

	A	B	C	D	E	F	G
1	序号	品牌	系列	商品	规格重量	单价（元）	销量
2	1	每日坚果	坚果	碧根果	210克	19.90	12
3	2	每日坚果	坚果	炭烧腰果	210克	24.90	11
4	4	每日坚果	坚果	碧根果	210克	19.90	22
5			坚果 汇总				45
6	20	每日坚果	休闲零食	奶酪包	170克	22.00	25
7			休闲零食 汇总				25
8	23	每日坚果	坚果	碧根果	210克	19.90	5
9	24	每日坚果	坚果	炭烧腰果	210克	21.90	10
10			坚果 汇总				15
11	25	每日坚果	果干	黑加仑葡萄干	180克	10.90	5
12	28	每日坚果	果干	草莓干	170克	13.10	2
13			果干 汇总				7
14		每日坚果 汇总					92
15	3	七种坚果	休闲零食	蛋挞	210克	21.90	12
16			休闲零食 汇总				12

显示分级明细数据

图 7-38

❷ 单击“数字 2”按钮（见图 7-39），可以看到只显示总计。

	A	B	C	D	E	F	G
1	序号	品牌	系列	商品	规格重量	单价（元）	销量
51		总计					342
52							
53							
54							
55							

总计值

图 7-39

❸ 单击“数字 3”按钮（见图 7-40），可以看到只显示按品牌汇总的统计结果。

	A	B	C	D	E	F	G
1	序号	品牌	系列	商品	规格重量	单价（元）	销量
14		每日坚果 汇总					92
37		七种坚果 汇总					176
50		沃隆 汇总					74
51		总计					342
52							
53							
54							

品牌汇总数据

图 7-40

❹ 单击“数字 4”按钮（见图 7-41），可以看到显示了品牌各系列商品的明细销量数据。

	A	B	C	D	E	F	G	H
1	序号	品牌	系列	商品	规格重量	单价（元）	销量	
5			坚果 汇总				45	
7			休闲零食 汇总				25	
10			坚果 汇总				15	
13			果干 汇总				7	
14		每日坚果 汇总					92	
16			休闲零食 汇总				12	
18			果干 汇总				5	
20			坚果 汇总				22	
24			休闲零食 汇总				44	
27			果干 汇总				13	
29			坚果 汇总				12	
31			休闲零食 汇总				14	
33			坚果 汇总				33	
36			休闲零食 汇总				21	
37		七种坚果 汇总					176	
39			坚果 汇总				5	
41			果干 汇总				8	
45			休闲零食 汇总				37	
47			坚果 汇总				17	
49			果干 汇总				7	
50		沃隆 汇总					74	
51		总计					342	

系列汇总数据

图 7-41

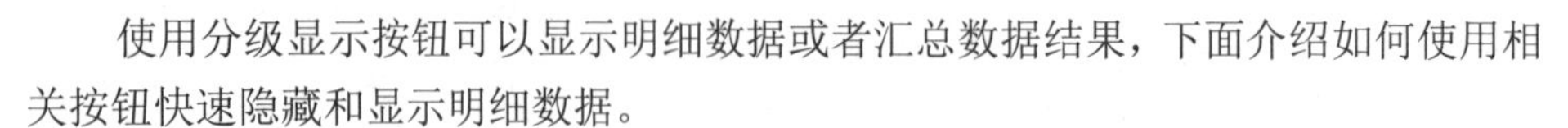

7.2.5 隐藏指定汇总明细数据

使用分级显示按钮可以显示明细数据或者汇总数据结果，下面介绍如何使用相关按钮快速隐藏和显示明细数据。

打开分类汇总结果表格，在左侧单击“▭”按钮（见图 7-42），即可隐藏分类汇总明细数据，如图 7-43 所示。单击“⊞”按钮，可以再次展开明细数据。

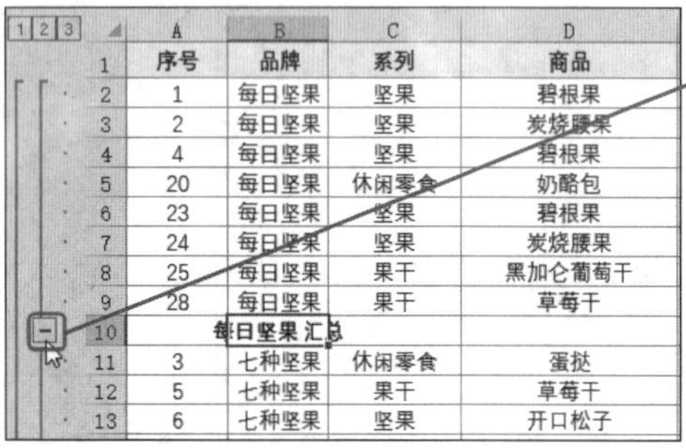

	A	B	C	D
1	序号	品牌	系列	商品
2	1	每日坚果	坚果	碧根果
3	2	每日坚果	坚果	炭烧腰果
4	4	每日坚果	坚果	碧根果
5	20	每日坚果	休闲零食	奶酪包
6	23	每日坚果	坚果	碧根果
7	24	每日坚果	坚果	炭烧腰果
8	25	每日坚果	果干	黑加仑葡萄干
9	28	每日坚果	果干	草莓干
10		每日坚果 汇总		
11	3	七种坚果	休闲零食	蛋挞
12	5	七种坚果	果干	草莓干
13	6	七种坚果	坚果	开口松子

图 7-42

	A	B	C	D	E	F
1	序号	品牌	系列	商品	规格重量	单价（元）
10		每日坚果 汇总				
11	3	七种坚果	休闲零食	蛋挞	210克	21.90
12	5	七种坚果	果干	草莓干	170克	13.10
13	6	七种坚果	坚果	开口松子	190克	25.10
14	7	七种坚果	休闲零食	蛋黄锅巴	190克	25.10
15	8	七种坚果	休闲零食	奶酪包	170克	22.00
16	9	七种坚果	休闲零食	奶油泡芙	300克	22.50
17	10	七种坚果	果干	芒果干	200克	10.10
18	12	七种坚果	果干	芒果干	200克	10.10
19	13	七种坚果	坚果	开口松子	190克	25.10
20	15	七种坚果	休闲零食	地瓜干	400克	32.50
21	16	七种坚果	坚果	炭烧腰果	210克	24.90
22	19	七种坚果	休闲零食	地瓜干	400克	32.50
23	26	七种坚果	休闲零食	蛋黄锅巴	190克	25.10
24		七种坚果 汇总				
25	11	沃隆	坚果	夏威夷果	210克	24.90
26	14	沃隆	果干	黑加仑葡萄干	180克	10.90
27	17	沃隆	休闲零食	奶油泡芙	300克	22.50

图 7-43

知识扩展

使用功能按钮

单击“数据”→“分级显示”选项组中的“显示明细数据”按钮，可以打开隐藏的明细数据；单击“隐藏明细数据”按钮可以隐藏明细数据，如图 7-44 所示。

图 7-44

7.2.6 删除分类汇总

如果要一次性清除表格中的分类汇总结果，可以在“分类汇总”对话框中设置。

打开“分类汇总”对话框，单击左下方的“全部删除”按钮，如图 7-45 所示，即可清除表格分类汇总结果。

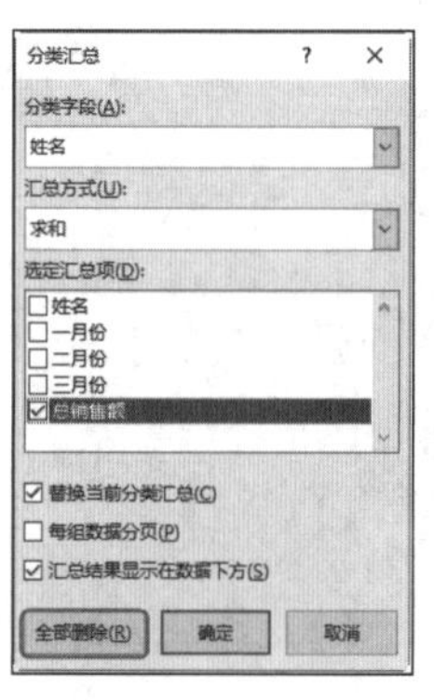

图 7-45

7.3 多表数据的合并计算

“合并计算”功能能够帮助用户将指定单元格区域中的数据按照项目的匹配，对同类数据进行汇总。数据汇总的方式包括求和、计数、平均值、最大值、最小值等。

7.3.1 多表汇总求和计算

在 Excel 工作表中，如果需要汇总多个单独单元格中的结果，可以将这些单元格中的数据合并到一个主工作表中。这些工作表可以与主工作表在同一个工作簿中，也可以分别位于不同的工作簿。数据的合并计算就是数据的组合过程，下面介绍 Excel 汇总多个数据表中的数据的具体操作方法。

当需要合并计算的数据存放的位置相同（顺序和位置均相同）时，则可以按位置进行合并计算。

如图 7-46、图 7-47、图 7-48 所示分别为三个不同部门全年各季度的费用支出表（各部门每季度的费用支出情况分别记录在多张结构相同的表格中），现在我们需要根据现有的数据，建立一张汇总表格，得到每个季度所有部门的总支出额，此时可以使用合并计算功能来完成。

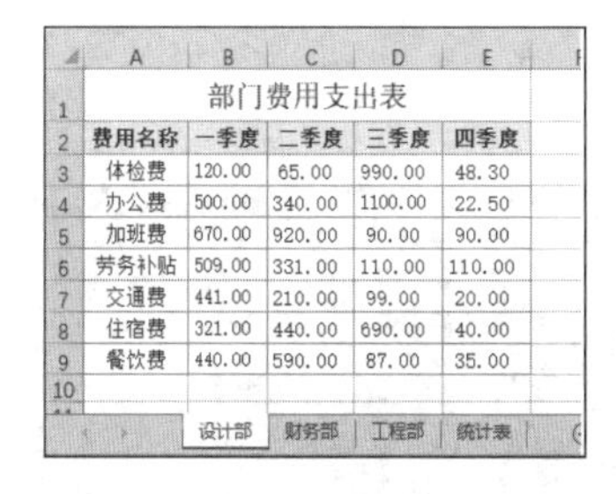

部门费用支出表

费用名称	一季度	二季度	三季度	四季度
体检费	120.00	65.00	990.00	48.30
办公费	500.00	340.00	1100.00	22.50
加班费	670.00	920.00	90.00	90.00
劳务补贴	509.00	331.00	110.00	110.00
交通费	441.00	210.00	99.00	20.00
住宿费	321.00	440.00	690.00	40.00
餐饮费	440.00	590.00	87.00	35.00

设计部 | 财务部 | 工程部 | 统计表

图 7-46

部门费用支出表

费用名称	一季度	二季度	三季度	四季度
体检费	90.00	113.00	221.00	909.00
办公费	119.00	210.00	190.00	99.00
加班费	65.00	990.00	90.00	190.00
劳务补贴	340.00	1100.00	1100.00	219.00
交通费	920.00	90.00	900.00	243.00
住宿费	331.00	110.00	700.00	441.00
餐饮费	200.00	100.00	300.00	500.00

设计部 | 财务部 | 工程部 | 统计表

图 7-47

部门费用支出表

费用名称	一季度	二季度	三季度	四季度
体检费	90.00	133.00	411.00	88.00
办公费	99.00	129.00	409.00	92.00
加班费	81.00	93.00	89.00	218.00
劳务补贴	90.00	190.00	93.00	331.00
交通费	1100.00	219.00	118.00	609.00
住宿费	900.00	243.00	170.00	98.00
餐饮费	321.00	440.00	280.00	800.00

设计部 | 财务部 | 工程部 | 统计表

图 7-48

❶ 新建一张工作表，将其重命名为“统计表”，在其中建立基本数据。选中 B3 单元格，单击“数据”→“数据工具”选项组中的“合并计算”按钮（见图 7-49），打开“合并计算”对话框。按如图 7-50 所示设置合并计算函数，并单击“引用位置”右侧的拾取器按钮。

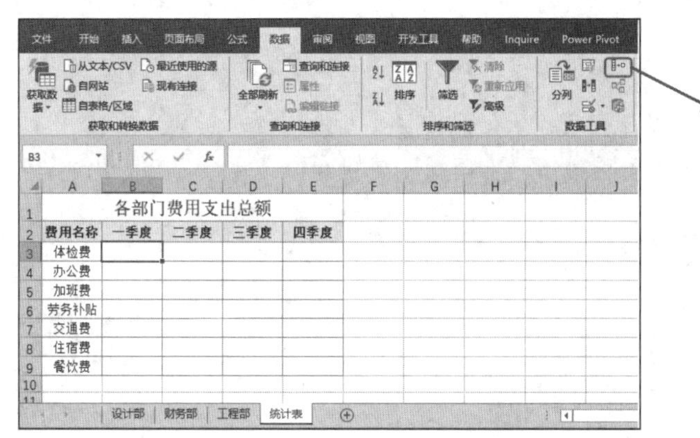

图 7-49

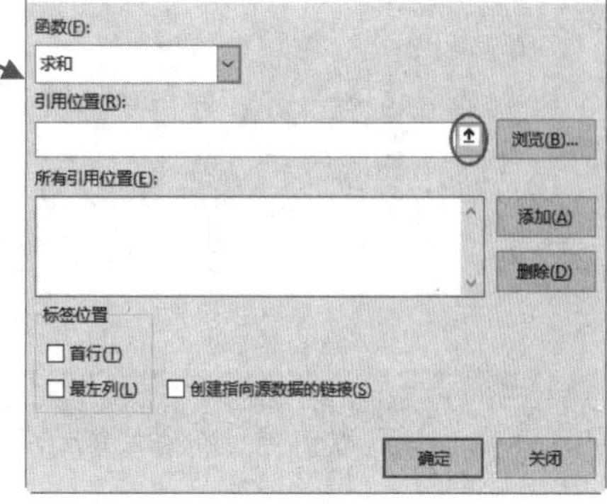

图 7-50

❷ 单击“设计部”工作表选择待计算的区域 B3:E9 单元格区域（注意不要选中列标题），如图 7-51 所示。

❸ 单击右侧的拾取器按钮返回“合并计算”对话框。单击“添加”按钮即可添加到“所有引用位置”列表框中，如图 7-52 所示。

	A	B	C	D	E
1	部门费用支出表				
2	费用名称	一季度	二季度	三季度	四季度
3	体检费	120.00	65.00	990.00	48.30
4	办公费	500.00	340.00	1100.00	22.50
5	加班费	670.00	920.00	90.00	90.00
6	劳务补贴	509.00	331.00	110.00	110.00
7	交通费	441.00	210.00	99.00	20.00
8	住宿费	321.00	440.00	690.00	40.00
9	餐饮费	440.00	590.00	87.00	35.00

图 7-51

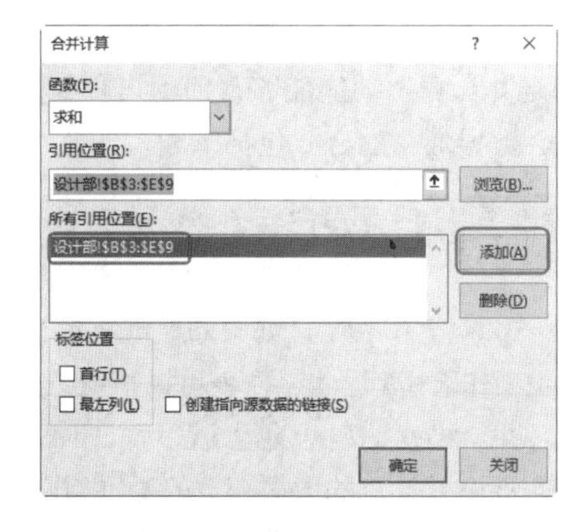

图 7-52

❹ 按照相同的方法依次添加其他两张工作表中的数据区域（见图 7-53），单击“确定”按钮返回表格中，即可看到按季度统计了所有部门的费用支出总额，如图 7-54 所示。

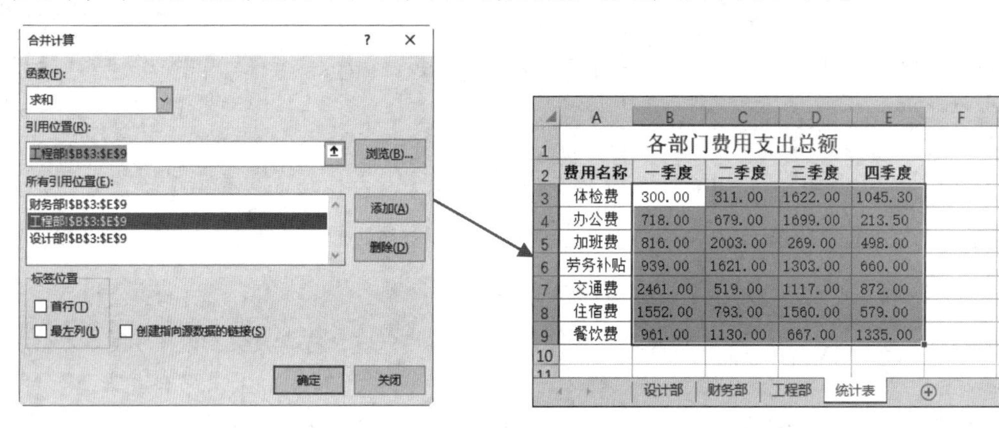

	A	B	C	D	E
1	各部门费用支出总额				
2	费用名称	一季度	二季度	三季度	四季度
3	体检费	300.00	311.00	1622.00	1045.30
4	办公费	718.00	679.00	1699.00	213.50
5	加班费	816.00	2003.00	269.00	498.00
6	劳务补贴	939.00	1621.00	1303.00	660.00
7	交通费	2461.00	519.00	1117.00	872.00
8	住宿费	1552.00	793.00	1560.00	579.00
9	餐饮费	961.00	1130.00	667.00	1335.00

图 7-53　　图 7-54

提示注意

使用按位置合并计算需要确保每个数据区域都采用列表格式，以便每列的第一行都有一个标签，列中包含相似的数据，并且列表中没有空白的行或列，确保每个区域都具有相同的布局。

7.3.2 多表汇总计数计算

本例表格中统计了 1 月、2 月、3 月每名员工的值班安排（见图 7-55、图 7-56、图 7-57），下面需要使用“合并计算”功能统计出每位员工在第一季度值班的总次数。

值班人员	值班日期
张泽宇	1月1日
李德印	1月2日
陈曦	1月3日
陈曦	1月4日
李德印	1月5日
张泽宇	1月6日
陈曦	1月7日
刘小龙	1月8日
陈曦	1月9日
王一帆	1月10日
陈曦	1月11日
陈曦	1月12日

图 7-55

值班人员	值班日期
张泽宇	2月1日
李德印	2月2日
陈曦	2月3日
陈曦	2月4日
李德印	2月5日
张泽宇	2月6日
陈曦	2月7日
刘小龙	2月8日
陈曦	2月9日
王一帆	2月10日
陈曦	2月11日
陈曦	2月12日

图 7-56

值班人员	值班日期
张泽宇	3月1日
李德印	3月2日
陈曦	3月3日
陈曦	3月4日
李德印	3月5日
张泽宇	3月6日
陈曦	3月7日
刘小龙	3月8日
陈曦	3月9日
王一帆	3月10日
陈曦	3月11日
陈曦	3月12日

图 7-57

❶ 新建一张工作表，将其重命名为“一季度值班次数统计”，选中 A1 单元格，单击“数据”→“数据工具”选项组中的“合并计算”按钮（见图 7-58），打开“合并计算”对话框。按照如图 7-59 所示设置合并计算函数为“计数”，并单击“引用位置”右侧的拾取器按钮。

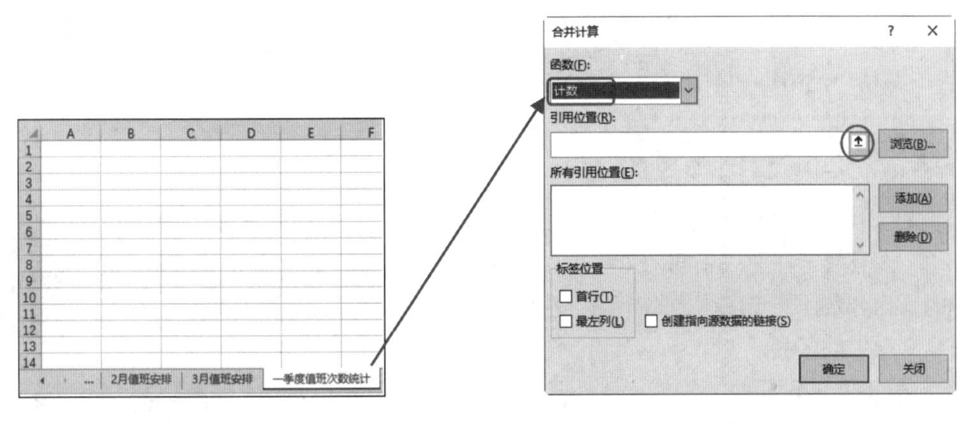

图 7-58

图 7-59

❷ 单击“1 月值班安排”工作表选择待计算的区域 A1:B13 单元格区域，如图 7-60 所示。

❸ 单击右侧的拾取器按钮返回“合并计算”对话框。单击“添加”按钮即可添加到“所有引用位置”列表框中，如图 7-61 所示。

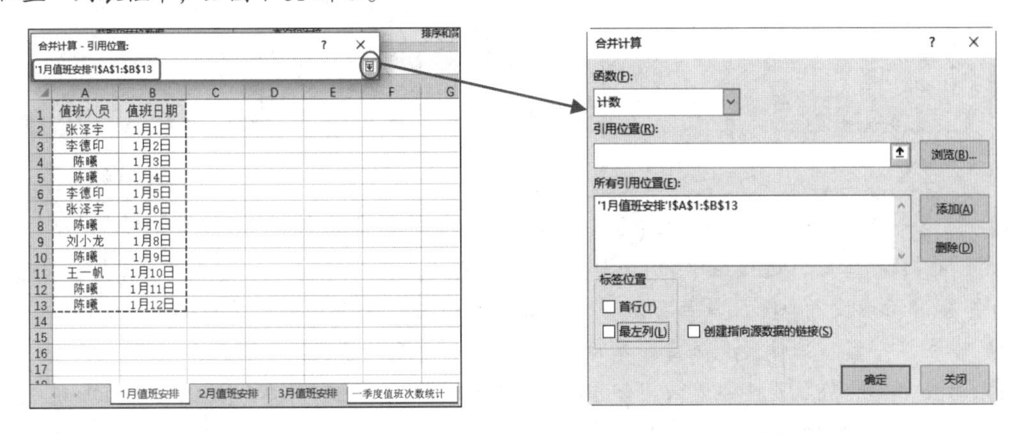

图 7-60

图 7-61

❹ 按照相同的方法依次添加“2 月值班安排”和“3 月值班安排”工作表中的数据区域（见图 7-62），然后勾选“最左列”复选框，再单击“确定”按钮返回表格中，即可看到按季度统计了所有值班人员的值班总次数，如图 7-63 所示。

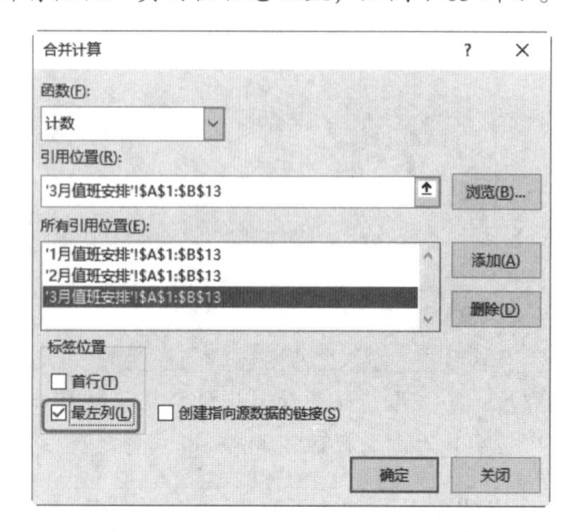

图 7-62

	A	B	C
1	值班人员	值班次数	
2	张泽宇	6	
3	李德印	6	
4	陈曦	18	
5	刘小龙	3	
6	王一帆	3	
7			
8			
9			

一季度值班次数统计

图 7-63

7.3.3 多表汇总求平均分计算

本例的工作簿中分别统计了每位学生三次模拟考试的分数（见图 7-64、图 7-65、图 7-66），并且显示在三张不同的工作表中。下面需要统计出每位学生在三次模拟考试中的平均分数，由于三张表格中的学生姓名和顺序是完全一致的，可以先在汇总表中建立学生姓名列。

	A	B	C
1	姓名	分数	
2	张泽宇	668	
3	姜旭旭	685	
4	庄美尔	584	
5	陈小芳	480	
6	李德印	587	
7	张奎	590	
8	吕梁	491	
9	刘小龙	593	
10	陈曦	469	
11			

一模 二模

图 7-64

	A	B	C
1	姓名	分数	
2	张泽宇	700	
3	姜旭旭	680	
4	庄美尔	500	
5	陈小芳	500	
6	李德印	500	
7	张奎	600	
8	吕梁	500	
9	刘小龙	600	
10	陈曦	499	

一模 二模

图 7-65

	A	B	C
1	姓名	分数	
2	张泽宇	711	
3	姜旭旭	599	
4	庄美尔	553	
5	陈小芳	551	
6	李德印	554	
7	张奎	611	
8	吕梁	475	
9	刘小龙	630	
10	陈曦	453	

一模 二模 三模

图 7-66

❶ 新建一张工作表，将其重命名为“平均分”，在其中建立基本数据。选中 B2 单元格，单击“数据”→“数据工具”选项组中的“合并计算”按钮（见图 7-67），打开“合并计算”对话框。按照如图 7-68 所示设置合并计算函数为“平均值”，并单击“引用位置”右侧的拾取器按钮。

❷ 单击“一模”工作表选择待计算的区域 B2:B10 单元格区域，如图 7-69 所示。

❸ 单击右侧的拾取器按钮返回“合并计算”对话框中，单击“添加”按钮即可添加到“所有引用位置”列表框中，如图 7-70 所示。

图 7-67

图 7-68

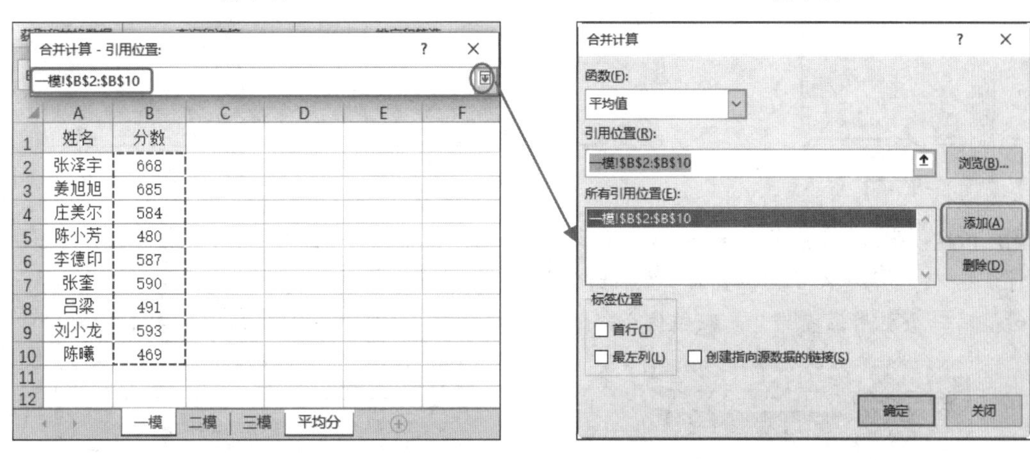

图 7-69

图 7-70

❹ 按照相同的方法依次添加"二模"和"三模"工作表中的数据区域（见图 7-71），单击"确定"按钮返回表格中，即可看到统计表中计算了每位学生三次模拟考试的平均分，如图 7-72 所示。

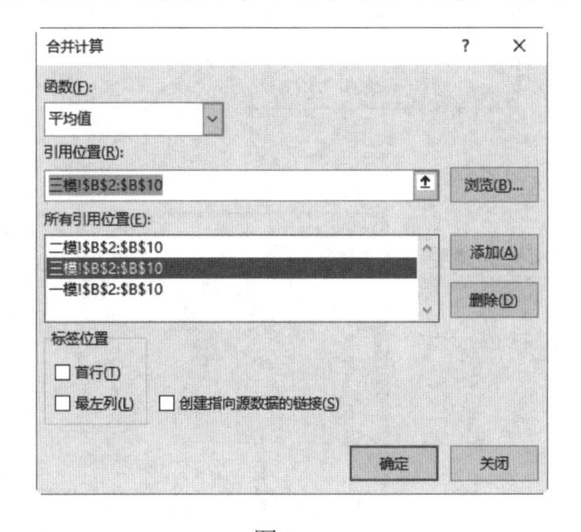

图 7-71

	A	B	C	D
1	姓名	平均分		
2	张泽宇	693		
3	姜旭旭	654.6667		
4	庄美尔	545.6667		
5	陈小芳	510.3333		
6	李德印	547		
7	张奎	600.3333		
8	吕梁	488.6667		
9	刘小龙	607.6667		
10	陈曦	473.6667		

一模 二模 三模 平均分

图 7-72

7.3.4 表格结构不同的合并计算

本例表格中统计了各个分部不同商品的销售额，下面需要将各个分部的销售额汇总在一张表格中（也就是既显示各分部名称又显示对应的销售额）。因为表格具有相同的列标题，直接合并会将两个表格的数据按照最左侧数据合并出金额，因此要想显示出各分部商品销售额的汇总，需要对原表数据的列标题进行处理。依次将各个表中B2单元格的列标题更改为“上海-销售额（万元）”、“南京-销售额（万元）”、“合肥-销售额（万元）”（见图7-73、图7-74、图7-75），再进行分类汇总时就可以正确实现了，可以通过如下操作步骤进行合并计算。

商品	上海-销售额（万元）
A商品	78
B商品	90
C商品	12.6
D商品	33
E商品	45
F商品	76
G商品	88.9

图7-73

商品	南京-销售额（万元）
B商品	21
A商品	88
D商品	22.8
E商品	61.3
F商品	29.4

图7-74

商品	合肥-销售额（万元）
B商品	77
F商品	45.9
G商品	55
C商品	80
D商品	90.5
E商品	22.8

图7-75

❶ 新建一张工作表，将其重命名为“统计表”，在“统计表”中选中A1单元格，打开“合并计算”对话框，设置第一个引用位置为“上海销售分部”工作表中的A1:B8单元格区域（见图7-76），继续设置第二个引用位置为“南京销售分部”工作表中的A1:B6单元格区域，如图7-77所示。

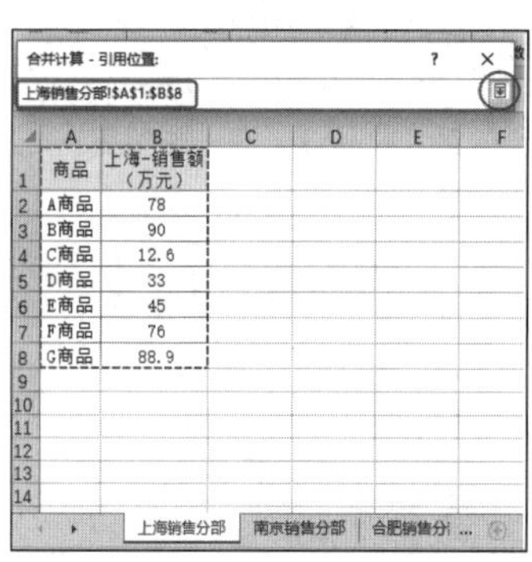

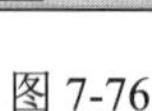

图7-76

图7-77

❷ 设置最后一个引用位置为“合肥销售分部”工作表中的A1:B7单元格区域（见图7-78），即可得到所有合并计算需要应用的区域。

❸ 设置完成后返回“合并计算”对话框后，勾选“首行”和“最左列”复选框，如图7-79所示。

❹ 单击“确定”按钮完成合并计算，在“统计表”中可以看到各商品在各分部的总销售额，如图7-80所示。

图7-78

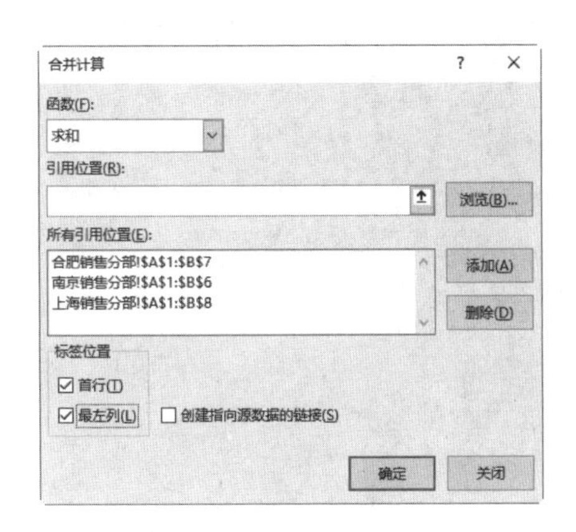

图 7-79

商品	合肥-销售额(万元)	南京-销售额(万元)	上海-销售额(万元)
B商品	77	21	90
F商品	45.9	29.4	76
G商品	55		88.9
C商品	80		12.6
A商品		88	78
D商品	90.5	22.8	33
E商品	22.8	61.3	45

图 7-80

7.4 综合实例

7.4.1 案例 13：月末各类别费用支出统计报表

本例表格中统计了公司 7 月份各种费用类别的支出金额，下面需要使用“分类汇总”功能按费用类别统计出总支出额。

❶ 打开工作表，选中“费用类别”列中的任意单元格，单击“数据”→“排序和筛选”选项组中的“降序”按钮，如图 7-81 所示，即可将相同的费用类别汇总在一起。

序号	日期	费用类别	产生部门	支出金额	负责人
001	2020/7/1	差旅费	研发部	8200	周光华
002	2020/7/2	差旅费	销售部	1500	周光华
003	2020/7/3	差旅费	销售部	1050	周光华
004	2020/7/4	差旅费	研发部	550	周光华
005	2020/7/5	差旅费	行政部	560	周光华
006	2020/7/6	差旅费	销售部	1200	周光华
007	2020/7/7	差旅费	行政部	5400	周光华
008	2020/7/8	会务费	销售部	2800	周光华
009	2020/7/9	餐饮费	销售部	58	周光华
010	2020/7/10	交通费	行政部	200	周光华
011	2020/7/11	会务费	研发部	100	周光华
012	2020/7/12	办公用品采购费	人事部	1600	周光华
013	2020/7/13	差旅费	行政部	500	周光华
014	2020/7/14	办公用品采购费	行政部	1400	周光华
015	2020/7/15	办公用品采购费	人事部	1000	周光华
016	2020/7/16	办公用品采购费	生产部	3200	周光华
017	2020/7/17	餐饮费	销售部	1200	周光华
018	2020/7/18	差旅费	研发部	2120	王正波

图 7-81

❷ 选中“费用类别”列中的任意单元格，单击“数据”→“分级显示”选项组中的“分类汇总”按钮（见图 7-82），打开“分类汇总”对话框。

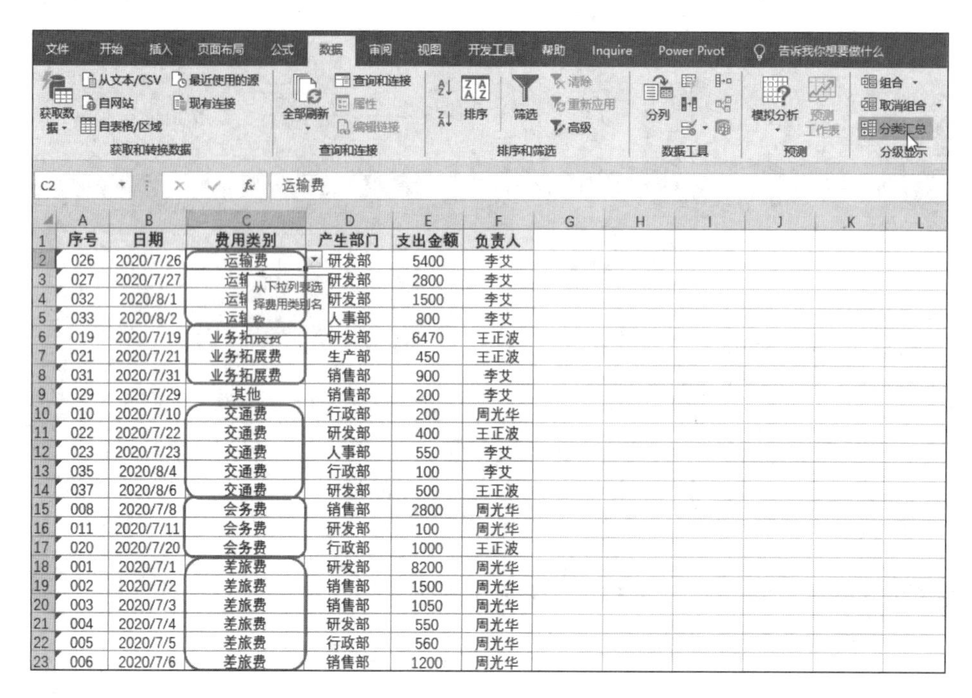

图 7-82

❸ 在该对话框中设置“分类字段”为“费用类别”、“汇总方式”为“求和”，“选定汇总项”为“支出金额”，如图 7-83 所示，单击“确定”按钮即可得到分类汇总结果，如图 7-84 所示。

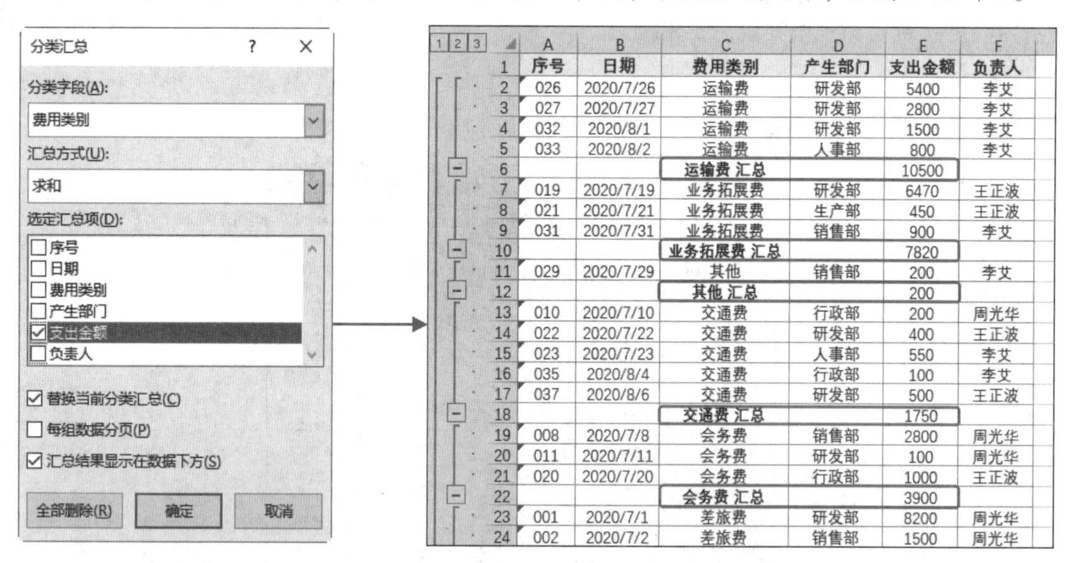

图 7-83　　图 7-84

7.4.2 案例 14：企业员工全年出差天数统计报表

本例表格中统计了全年每个季度出差人员姓名和出差天数（见图 7-85、图 7-86、图 7-87、图 7-88），要求使用合并计算功能分别统计出每位出差人员的全年出差总天数。

	A	B
1	出差人员	出差天数
2	李翔	10
3	万云	32
4	李婷婷	5
5	王丽娜	1
6	詹坤	35
7	杨洋	9
8	杨霞	11
9	李玉兰	7
10		

图 7-85

	A	B
1	出差人员	出差天数
2	李翔	11
3	万云	9
4	李婷婷	50
5	王丽娜	3
6	詹坤	35
7	杨洋	9
8	杨霞	11
9	李玉兰	7
10	陈曦	5
11	王一帆	11
12	张海	8
13	刘鑫	1

图 7-86

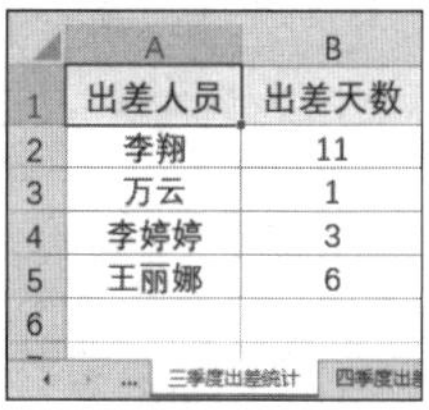

	A	B
1	出差人员	出差天数
2	李翔	11
3	万云	1
4	李婷婷	3
5	王丽娜	6
6		

图 7-87

	A	B
1	出差人员	出差天数
2	李翔	10
3	万云	46
4	李婷婷	4
5	江心	22
6		

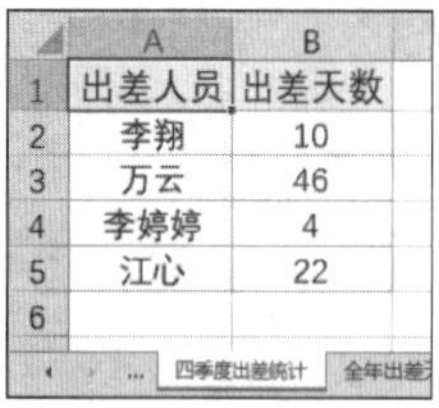

图 7-88

❶ 新建一张工作表，将其重命名为“全年出差天数统计”，选中 A1 单元格，单击“数据”→“数据工具”选项组中的“合并计算”按钮（见图 7-89），打开“合并计算”对话框，按照如图 7-90 所示设置合并计算函数为“求和”，并单击“引用位置”右侧的拾取器按钮。

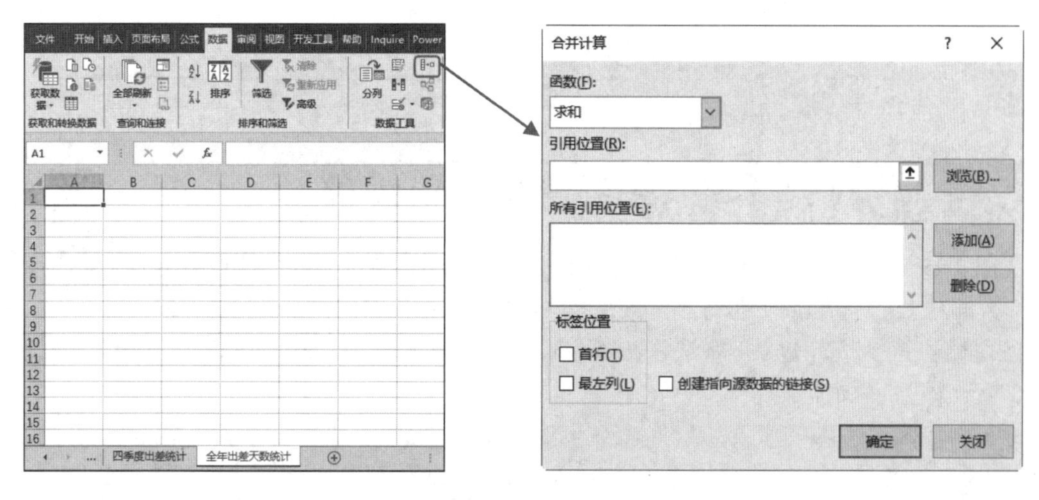

图 7-89　　图 7-90

❷ 单击“一季度出差统计”工作表选择待计算的区域 A1:B9 单元格区域，如图 7-91 所示。

❸ 单击右侧的拾取器按钮返回“合并计算”对话框并单击“添加”按钮即可添加到“所有引用位置”列表框中，如图 7-92 所示。

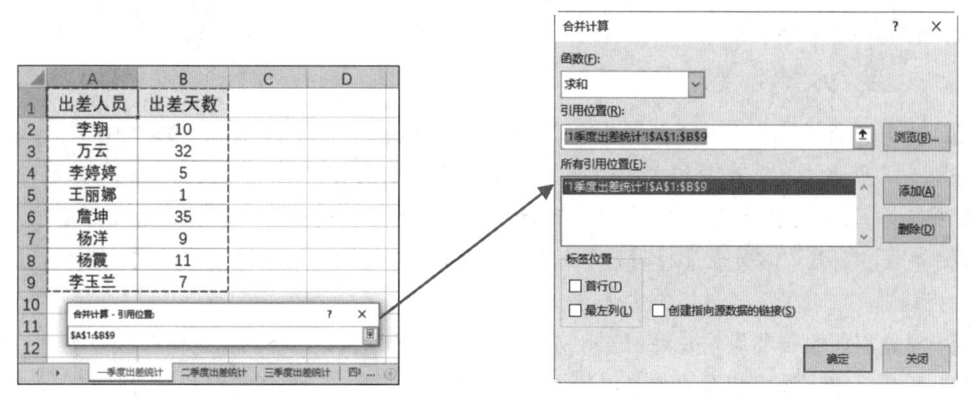

图 7-91　　图 7-92

❹ 按照相同的方法依次添加“二季度出差统计”、“三季度出差统计”和“四季度出差统计”工作表中的数据区域（见图 7-93），然后在“合并计算”对话框的“标签位置”处勾选“首行”和“最左列”复选框，单击“确定”按钮返回表格中，即可看到统计了每位出差人员的全年出差总天数，如图 7-94 所示。

图 7-93

	A	B	C	D	E
1	出差人员	出差天数			
2	李翔	42			
3	万云	88			
4	李婷婷	62			
5	王丽娜	10			
6	詹坤	70			
7	杨洋	18			
8	杨霞	22			
9	李玉兰	14			
10	陈曦	5			
11	王一帆	11			
12	张海	8			
13	刘鑫	1			
14	江心	22			
15					
16					

四季度出差统计 | 全年出差天数统计

图 7-94

7.4.3 案例 15：多表汇总生成销售额汇总报表

图 7-95、图 7-96、图 7-97 所示分别为 1 月、2 月和 3 月 3 个月份每位业务员的业绩数据表（各月份业绩数据分别记录在多张结构相同的表格中），现在我们根据现有的数据进行计算，建立一张汇总表格，将 3 张表格中的业绩汇总为统计表，从而得到每位业务员在第一季度的总销售额。

1月业绩表

姓名	业绩
刘晓	120.00
张辉	500.00
李婷婷	670.00
王超	509.00
张端	441.00
杨凯雯	321.00
刘鑫	440.00

1月 | 2月 | 3月 | 统计表

图 7-95

2月业绩表

姓名	业绩
刘晓	90.00
张辉	119.00
李婷婷	65.00
王超	340.00
张端	920.00
杨凯雯	331.00
刘鑫	200.00

1月 | 2月

图 7-96

3月业绩表

姓名	业绩
刘晓	90.00
张辉	99.00
李婷婷	81.00
王超	90.00
张端	1100.00
杨凯雯	900.00
刘鑫	321.00

1月 | 2月 | 3月

图 7-97

❶ 新建一张工作表，将其重命名为“统计表”，在表中建立基本数据。选中 B3 单元格，单击“数据”→“数据工具”选项组中的“合并计算”按钮（见图 7-98），打开“合并计算”对话框。按照如图 7-99 所示设置合并计算函数为“求和”，并单击“引用位置”右侧的拾取器按钮。

❷ 单击“1 月”工作表选择待计算的区域 B3:B9 单元格区域（注意不要选中列标题），如图 7-100 所示。

❸ 单击右侧的拾取器按钮返回“合并计算”对话框。单击“添加”按钮即可添加至“所有引用位置”列表框中，按照相同的方法依次添加“2 月”和“3 月”工作表中的数据区域，如图 7-101 所示。

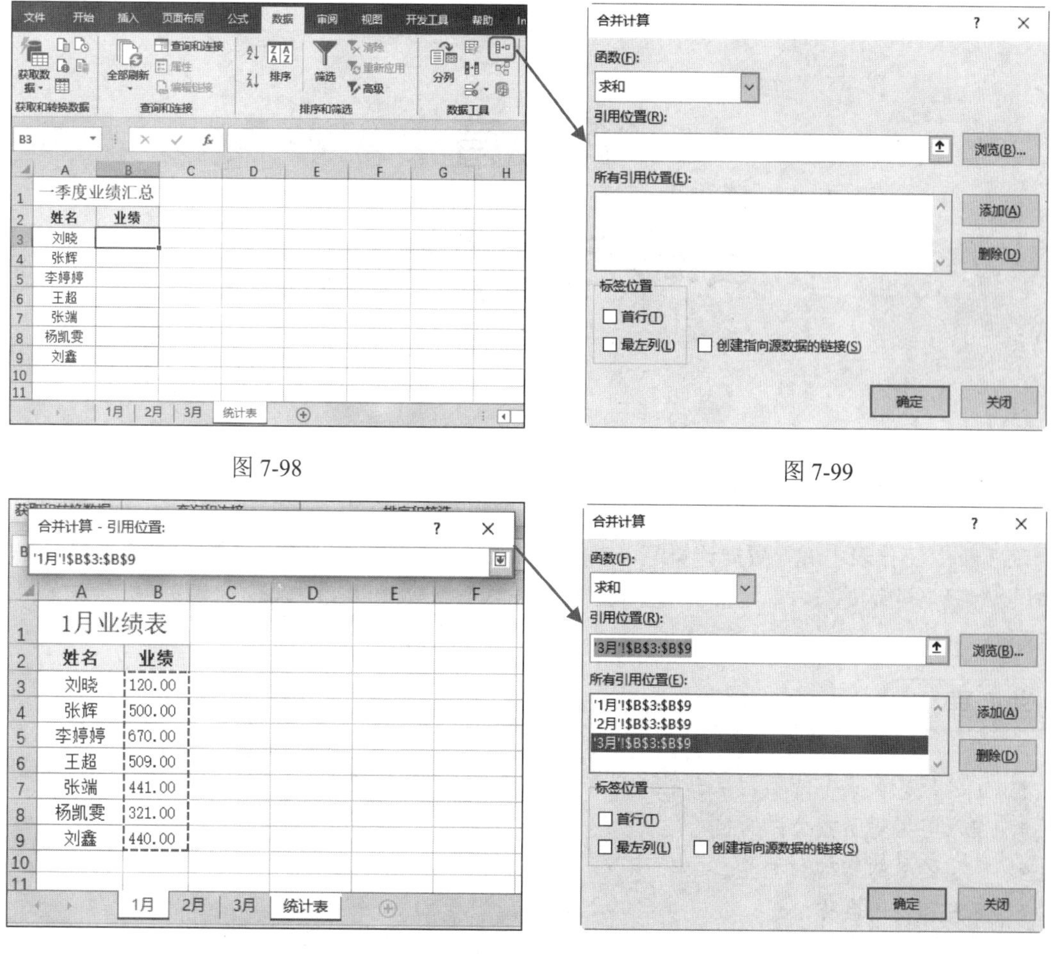

图 7-98　　　　图 7-99

图 7-100　　　　图 7-101

❹ 添加完成后单击“确定”按钮返回表格中，即可看到统计了每位业务员在一季度的业绩汇总，如图 7-102 所示。

一季度业绩汇总	
姓名	业绩
刘晓	300.00
张辉	718.00
李婷婷	816.00
王超	939.00
张端	2461.00
杨凯雯	1552.00
刘鑫	961.00

图 7-102

第 8 章
公式与函数基础

学习导读

在 Excel 工作表中进行数据计算，可以加入函数设置公式。本章介绍函数公式需要掌握的基础知识：包括各类运算符、单元格引用方式、如何输入编辑公式以及函数的结构和种类、定义和使用名称等。

学习要点

- 了解公式设置中的单元格引用、运算符。
- 输入与编辑函数公式的技巧。
- 了解函数的结构和种类。
- 定义和使用名称。

8.1 认识公式与函数

公式是为了解决某个计算问题而设定的计算式，例如“=1+2+3+4”是公式，“=（3+5）×8”也是公式。在 Excel 表中设定某个公式后，并非只是常量间的运算了，它会涉及对数据源的引用（8.2 节会介绍各种数据引用方式和应用场合），还会引入函数完成特定的数据计算。如果只是常量的加、减、乘、除，那么就与使用计算器来运算无任何区别了。因此公式计算是 Excel 中的一项非常重要的功能，在公式中使用函数不但可以简化公式运算，还可以进行大量更加复杂的数据运算。

8.1.1 认识公式

公式的正确输入顺序是：首先输入“=”，再输入函数（也可以没有函数），然后在输入公式表达式（左括号和右括号、运算符、引用单元格），最后按下回车键实现公式计算结果，如图 8-1 所示。完成第一个单元格的公式输入并得到结果后，可以直接拖动填充柄实现公式的快速向右、向下的复制，即可依次计算出所有公式的结果。

SUMIF | =SUM(B2:C2)

	A	B	C	D	E
1	姓名	体能考核	技术考核	总分	
2	李楠	82	93	C2)	
3	刘晓艺	81	70	151.00	

图 8-1

8.1.2 认识函数

在表格中应用公式可以减少数据运算的麻烦，如果需要引用的数据和运算符比较多，最终设置出来的公式会非常复杂，难度也非常大。这时可以在公式运算中使用合适的函数，从而达到简化公式提高公式运算效率的目的。函数是通过特定值（称为参数）按照特定顺序或结构执行计算的预定义公式。函数可用于执行简单或复杂的计算，可在功能区的“公式”选项卡上找到 Excel 中的所有函数，如图 8-2 所示。

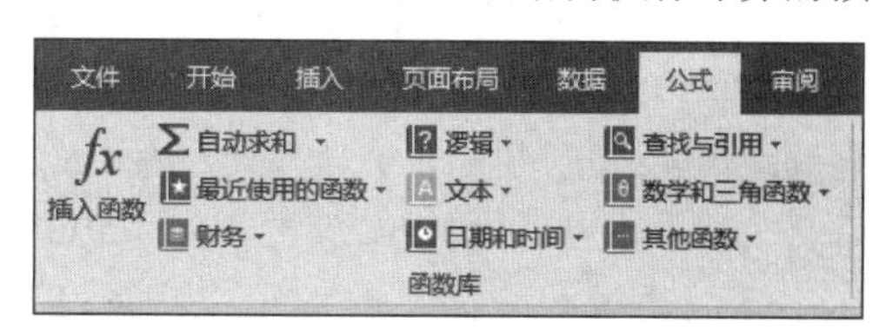

图 8-2

如果函数要以公式的形式出现，它必须由两个组成部分，一个是函数名称前面的等号，另一个是函数本身。

函数与公式既有区别又相互联系。如果说函数是Excel中预先定义好的特殊公式，那么公式就是由用户自行设计对工作表进行计算和处理的公式。以公式“=SUM(A1:H1)*C1+33”为例，它要以等号“=”开始，其内部可以包括函数、引用、运算符和常量，式中的“=SUM(A1:H1)”是函数，“C1”是对C1单元格的引用（使用其中单元格的数据），“33”是常量，“*”和“+”是算术运算符。

8.2 单元格的引用

正确输入公式还有重要的一步就是对单元格的引用，单元格引用的作用在于标识工作表上的单元格或单元格区域，并通知 Excel 在何处查找要在公式中使用的值或数据。用户可以使用引用在一个公式中使用工作表不同单元格中包含的数据，或者在多个公式中使用同一个单元格的数据。还可以引用同一个工作簿中其他工作表中的单元格和其他工作簿中的数据。引用其他工作簿中的单元格被称为链接或外部引用。

默认情况下，Excel 表使用 A1 引用样式，此样式引用字母标识列（从 A 到 XFD，共 16,384 列）以及数字标识行（从 1 到 1,048,576）。这些字母和数字被称为行号和列标。若要引用某个单元格，则输入后跟行号的列标。例如，B2 引用列 B 和行 2 交叉处的单元格（见表 8-1）。

表 8-1　A1 引用样式

示　例	结　果
列 A 和行 10 交叉处的单元格	A10
在列 A 和行 10 到行 20 之间的单元格区域	A10:A20

（续表）

示　例	结　果
在行 15 和列 B 到列 E 之间的单元格区域	B15:E15
行 5 中的全部单元格	5:5
行 5 到行 10 之间的全部单元格	5:10
列 H 中的全部单元格	H:H
列 H 到列 J 之间的全部单元格	H:J
列 A 到列 E 和行 10 到行 20 之间的单元格区域	A10:E20

8.2.1 相对引用

公式中的相对单元格引用（如 A1）是基于包含公式和单元格引用的单元格的相对位置。如果公式所在单元格的位置改变，引用也随之改变。如果多行或多列地复制或填充公式，引用也会自动调整。比如将 C2 单元格中的相对引用复制或填充到 C3 单元格中，那么公式中将自动从“=B2”更新到“=B3”。

下面通过一个简单的例子来理解相对引用的意义。

❶ 选中 E2 单元格，在公式编辑栏中可以看到该单元格的公式为“=AVERAGE(B2:D2)”，如图 8-3 所示。

❷ 利用填充柄功能并向下复制公式到 E19 单元格。当选中 E10 单元格时，在公式编辑栏中可以看到该单元格的公式为“=AVERAGE(B10:D10)”（见图 8-4）；选中 E19 单元格，在公式编辑栏中可以看到该单元格的公式为“=AVERAGE(B19:D19)”，如图 8-5 所示。

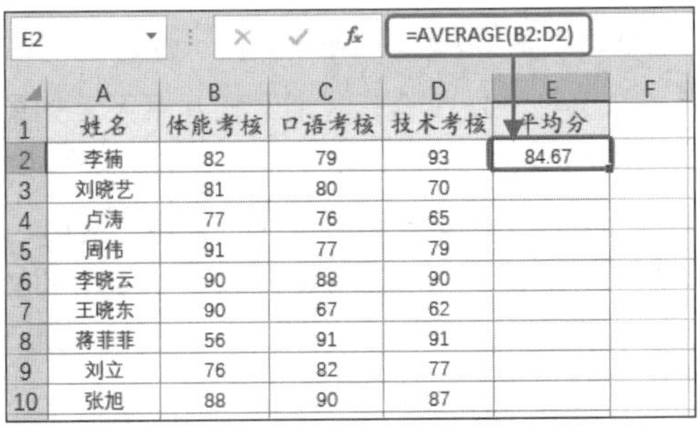

E2　=AVERAGE(B2:D2)

	A	B	C	D	E	F
1	姓名	体能考核	口语考核	技术考核	平均分	
2	李楠	82	79	93	84.67	
3	刘晓艺	81	80	70		
4	卢涛	77	76	65		
5	周伟	91	77	79		
6	李晓云	90	88	90		
7	王晓东	90	67	62		
8	蒋菲菲	56	91	91		
9	刘立	76	82	77		
10	张旭	88	90	87		

图 8-3

E10　=AVERAGE(B10:D10)

	A	B	C	D	E
1	姓名	体能考核	口语考核	技术考核	平均分
2	李楠	82	79	93	84.67
3	刘晓艺	81	80	70	77.00
4	卢涛	77	76	65	72.67
5	周伟	91	77	79	82.33
6	李晓云	90	88	90	89.33
7	王晓东	90	67	62	73.00
8	蒋菲菲	56	91	91	79.33
9	刘立	76	82	77	78.33
10	张旭	88	90	87	88.33
11	李琦	96	68	86	83.33
12	杨文文	89	65	81	78.33
13	刘莎	66	82	77	75.00
14	徐飞	90	88	70	82.67

图 8-4

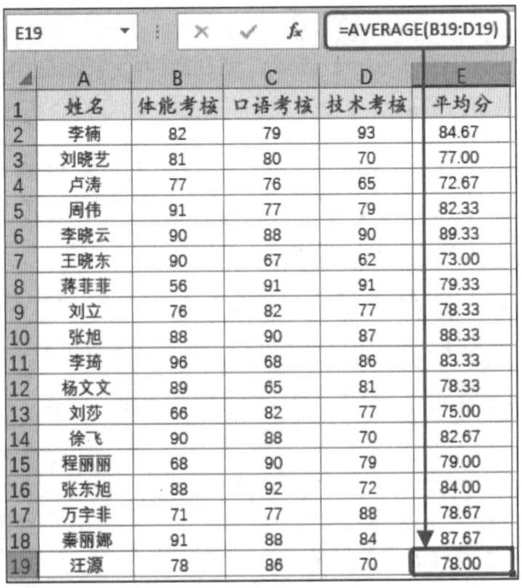

E19　=AVERAGE(B19:D19)

	A	B	C	D	E
1	姓名	体能考核	口语考核	技术考核	平均分
2	李楠	82	79	93	84.67
3	刘晓艺	81	80	70	77.00
4	卢涛	77	76	65	72.67
5	周伟	91	77	79	82.33
6	李晓云	90	88	90	89.33
7	王晓东	90	67	62	73.00
8	蒋菲菲	56	91	91	79.33
9	刘立	76	82	77	78.33
10	张旭	88	90	87	88.33
11	李琦	96	68	86	83.33
12	杨文文	89	65	81	78.33
13	刘莎	66	82	77	75.00
14	徐飞	90	88	70	82.67
15	程丽丽	68	90	79	79.00
16	张东旭	88	92	72	84.00
17	万宇非	71	77	88	78.67
18	秦丽娜	91	88	84	87.67
19	汪源	78	86	70	78.00

图 8-5

8.2.2 绝对引用

公式中的绝对单元格引用（如 $A$2）总是在特定位置引用单元格。如果公式所在单元格的位置发生改变，绝对引用将保持不变。如果多行或多列复制或填充公式，绝对引用将不作调整。默认情况下，新公式使用相对引用，所以需要将它们转换为绝对引用。例如，如果将 B2 单元格中的绝对引用复制或填充到 B3 单元格，则该绝对引用在两个单元格中一样，都是“=$A$2”，不会随着公式向下或者向右复制而发生引用的变化，前面介绍的相对引用则是随着公式向下复制而变换引用位置。

C2 =B2/SUM($B$2:$B$8)

	A	B	C	D	E
1	姓名	业绩	占总业绩的比		
2	李楠	85.2	14.92%		
3	刘晓艺	81.3			
4	卢涛	77.3			
5	周伟	91			
6	李晓云	90.4			
7	王晓东	90			
8	蒋菲菲	56			

图 8-6

❶ 选中 C2 单元格，在公式编辑栏中可以看到该单元格的公式为“=B2/SUM($B$2:$B$8)”，如图 8-6 所示。

❷ 利用填充柄功能向下复制公式到 C8 单元格。当选中 C5 单元格时，在公式编辑栏中可以看到该单元格的公式为“=B5/SUM($B$2:$B$8)”（见图 8-7）；选中 C8 单元格，在公式编辑栏中可以看到该单元格的公式为“=B8/SUM($B$2:$B$8)”，如图 8-8 所示。

C5 =B5/SUM($B$2:$B$8)

	A	B	C	D	E
1	姓名	业绩	占总业绩的比		
2	李楠	85.2	14.92%		
3	刘晓艺	81.3	14.23%		
4	卢涛	77.3	13.53%		
5	周伟	91	15.93%		
6	李晓云	90.4	15.83%		
7	王晓东	90	15.76%		
8	蒋菲菲	56	9.80%		

图 8-7

C8 =B8/SUM($B$2:$B$8)

	A	B	C	D	E	F
1	姓名	业绩	占总业绩的比			
2	李楠	85.2	14.92%			
3	刘晓艺	81.3	14.23%			
4	卢涛	77.3	13.53%			
5	周伟	91	15.93%			
6	李晓云	90.4	15.83%			
7	王晓东	90	15.76%			
8	蒋菲菲	56	9.80%			

图 8-8

8.2.3 混合引用

混合引用单元格的书写方式为“$A1”“A$1”，也就是说引用单元格的行和列时，一个是相对的，另一个是绝对的。混合引用有两种：一种是行绝对，列相对，如 A$1；另一种是行相对，列绝对，如$A1。

❶ 将光标定位在 B5 单元格中，输入公式“=$A5*B$4”（即$A5 表示列为绝对引用，行为相对引用；B$4 表示列为相对引用，行为绝对引用），如图 8-9 所示，利用填充柄功能向右再向下复制公式，得到如图 8-10 所示的结果。

❷ 选中 C5 单元格，可以看到公式为“=$A5*C$4”，如图 8-11 所示。销售额 6000 元和销售地区为二线城市提成率 5%的乘积。引用 A5 单元格的销售额保持不变。

❸ 选中 D6 单元格，可以看到公式为“=$A6*D$4”，如图 8-12 所示。销售额 9800 元和销售地区为三线城市提成率 3%的乘积。引用 A6 单元格的销售额保持不变。

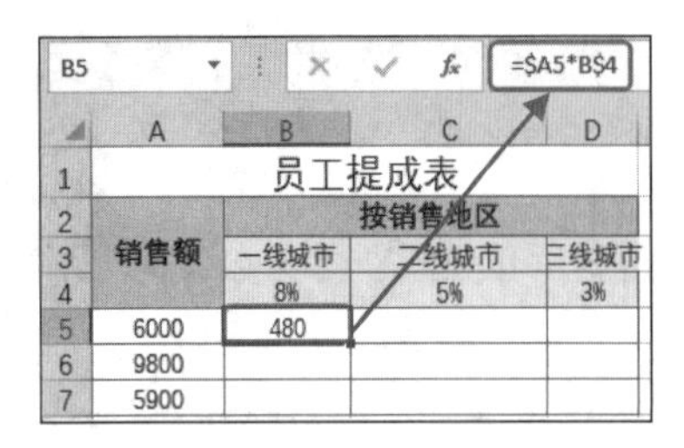

图 8-9

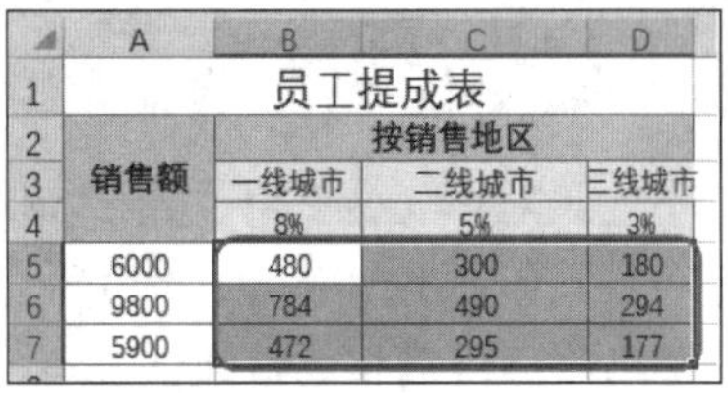

图 8-10

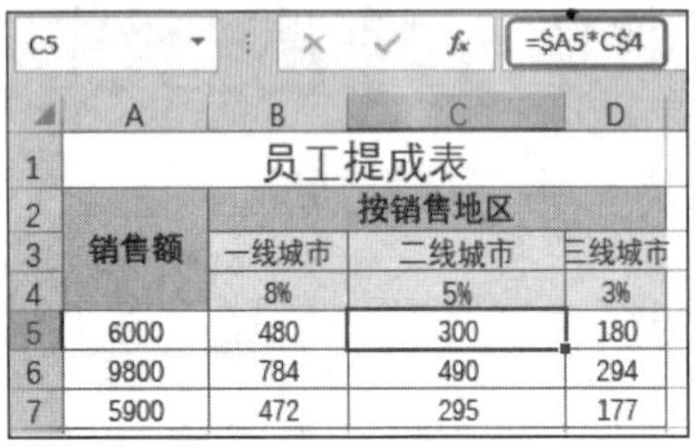

图 8-11

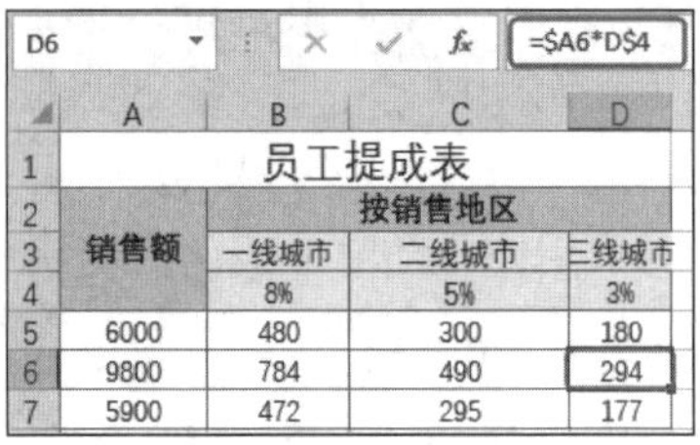

图 8-12

8.3 公式中的运算符及其优先级

在表格中输入公式包含的元素除了函数、引用方式之外，还需要了解各种运算符的运用及其优先级顺序。运算符可指定要对公式元素执行的计算类型。Excel 表遵循常规数学规则进行计算，即括号、指数、加、减、乘、除，可使用括号更改计算次序。公式运算中用得最多的就是算术运算符，其次是比较运算符和引用运算符。本节会具体介绍这些运算符的概念及使用方式。

8.3.1 算术运算符

算术运算符即算术运算符号，是完成基本的算术运算符号，就是用来处理四则运算的符号，比如“加”“减”“乘”“除”“百分比”“乘幂”等这类运算，如表 8-2 所示。

表 8-2 算术运算符

算术运算符	含　义	示　例
+	加法运算	=3+3 或 A1+B1
-	减法、负数	+8-3 或 A1-B1 或 -A1
*	乘法运算	=3*3 或 A1*B1
/	除法运算	=3/3 或 A1/B1
%	百分比运算	=33.3%
^	乘幂运算	3^3

如图 8-13 所示的表格对 B1 和 C1 单元格内的数值使用了“+”（加法）运算，设置的公式为“=B1+C1”；D2 单元格中的公式运用了“*”（乘法）运算，即“=B2*C2”，如图 8-14 所示。

图 8-13

图 8-14

8.3.2 比较运算符

比较运算符用于比较两个值，比较结果会返回一个逻辑值：即 TRUE（真）或 FALSE（假）。若返回 TRUE 表示结果为真；若返回 FALSE 则表示结果为假。如果要将结果返回文字说明，可以在公式基础上嵌套使用 IF 函数，根据真假值返回对应的文本，表 8-3 所示为比较运算符用法说明。

表 8-3　比较运算符

比较运算符	含　　义	示　　例
=	等于运算	A1=B1
>	大于运算	A1>B1
<	小于运算	A1<B1
>=	大于或等于运算	A1>=B1
<=	小于或等于运算	A1<=B1
<>	不等于运算	A1<>B1

如图 8-15 所示的 B2 单元格中的公式为“=IF(A2>100,"合格","不合格")”，这里使用了比较运算符中的“>”（大于）运算，将 A2 单元格中的产量数据和标准产量数据“100”进行比较，如果大于标准产量则表示“合格”，否则为“不合格”。

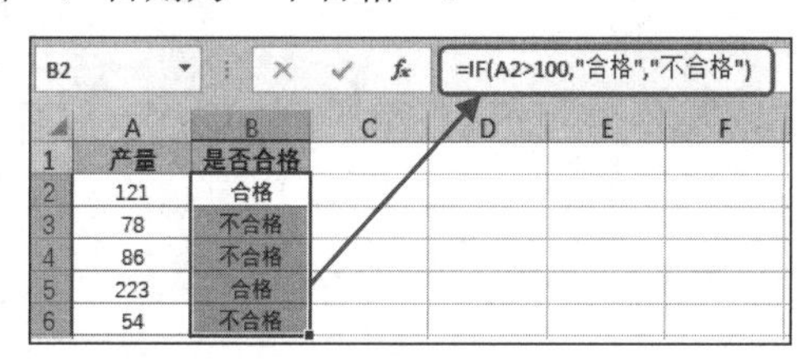

图 8-15

8.3.3 文本运算符

文本连接运算符可以使用与号（&）连接（联接）一个或多个文本字符串，以生成一段文本，如表 8-4 所示。

表 8-4　文本运算符

文本运算符	含　　义	示　　例
&（与号）	将两个值连接（或串联）起来产生一个连续的文本值	="North"&"wind" 的结果为 "Northwind"。其中 A1 代表 "Last name"，B1 代表 "First name"，则“=A1&", "&B1”的结果为 “Last name, First name”

如图 8-16 所示，还可以设置公式中间使用“-”符号，同样是使用连接符号将其连接。

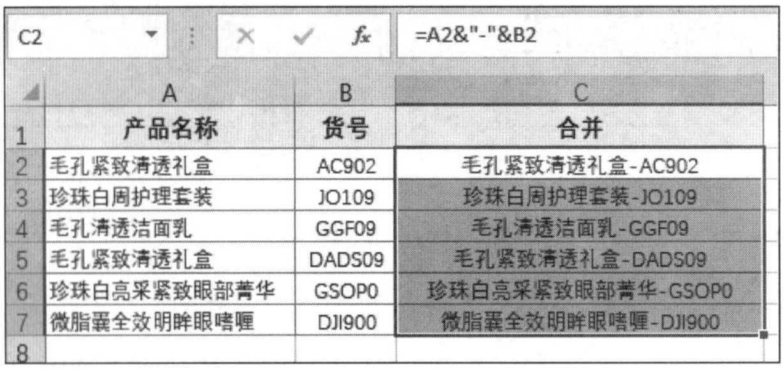

C2 =A2&"-"&B2

	A	B	C
1	产品名称	货号	合并
2	毛孔紧致清透礼盒	AC902	毛孔紧致清透礼盒-AC902
3	珍珠白周护理套装	JO109	珍珠白周护理套装-JO109
4	毛孔清透洁面乳	GGF09	毛孔清透洁面乳-GGF09
5	毛孔紧致清透礼盒	DADS09	毛孔紧致清透礼盒-DADS09
6	珍珠白亮采紧致眼部菁华	GSOP0	珍珠白亮采紧致眼部菁华-GSOP0
7	微脂囊全效明眸眼啫喱	DJI900	微脂囊全效明眸眼啫喱-DJI900
8			

图 8-16

8.3.4 引用运算符

引用运算符是指可以将单元格区域引用合并计算的运算符号。引用运算符有：冒号、逗号、空格 3 种运算符，如表 8-5 所示。

表 8-5 引用运算符

引用运算符	含 义	示 例
:（冒号）	特定区域引用运算	A1:D8
,（逗号）	联合多个特定区域引用运算	SUM(A1:C2,C2:D10)
（空格）	交叉运算，即对 2 个共引用区域中共有的单元格进行运算	A1:B8 B1:D8

如图 8-17 所示的 C2 单元格中的公式为“=SUM(B2:C2)”，这里使用了引用运算符中的“:（冒号）”，将 B2:C2 单元格区域中的所有数据使用 SUM 函数进行求和运算。

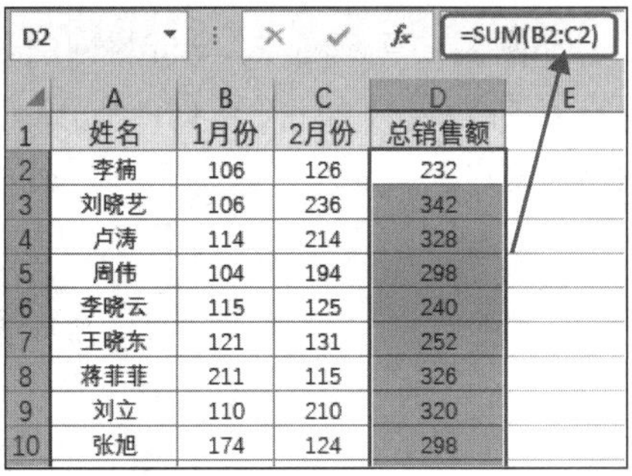

D2 =SUM(B2:C2)

	A	B	C	D	E
1	姓名	1月份	2月份	总销售额	
2	李楠	106	126	232	
3	刘晓艺	106	236	342	
4	卢涛	114	214	328	
5	周伟	104	194	298	
6	李晓云	115	125	240	
7	王晓东	121	131	252	
8	蒋菲菲	211	115	326	
9	刘立	110	210	320	
10	张旭	174	124	298	

图 8-17

8.3.5 运算符的优先级顺序

在 Excel 公式中包含很多的运算符，而运算符计算的优先顺序也各不相同，各种运算符计算的优先顺序及其作用如表 8-6 所示。

表 8-6 运算符的优先及顺序

顺 序	运 算 符	说 明
1	:（冒号） （空格） ,（逗号）	引用运算符
2	-	负号运算

（续表）

顺　序	运　算　符	说　明
3	%	百分比运算
4	^	乘幂运算
5	*（乘）　　/（除）	乘除运算
6	+（加）　－（减）	加减运算
7	&	连接运算
8	=、<、>=、<=、<>	比较运算

在实际运用中，为满足特定的运算，经常需要改变运算符的默认优先级顺序。这里可以通过如下方式来更改运算符的默认运算顺序。

用户可将公式中需要优先计算的部分用括号括起来。例如公式“=A2+A3+A4+A5+A6/5*0.2”，如图 8-18 所示，更改优先级后的公式为“=（A2+A3+A4+A5+A6）/5*0.2”，如图 8-19 所示，此时先将 A2、A3、A4、A5、A6 相加，再除以 5 乘以 0.2。

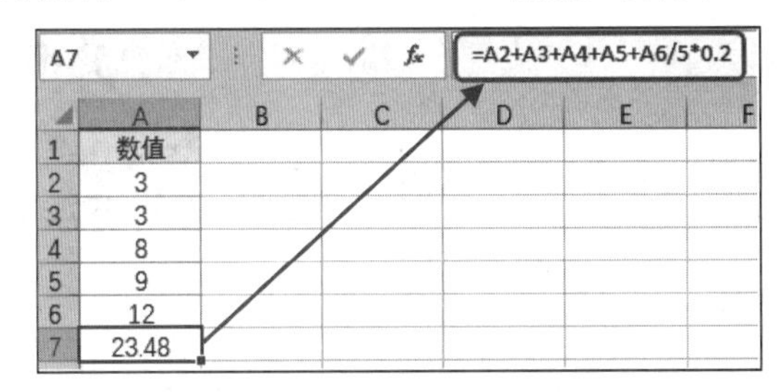

图 8-18

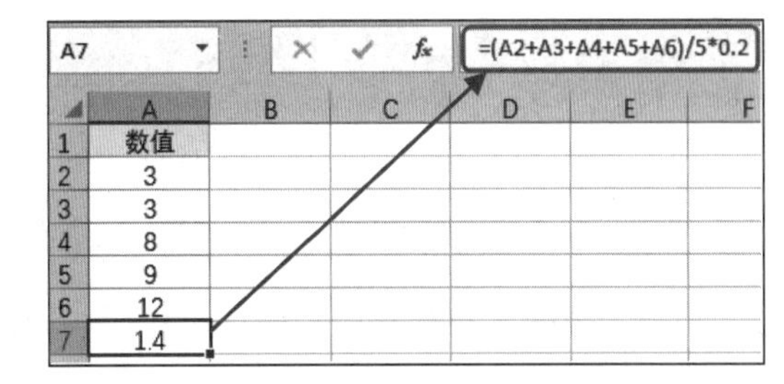

图 8-19

8.4 输入与编辑公式

用户可以手动输入公式，也可以通过直接单击相应的单元格来实现数据的快速引用。如果需要修改公式，可以直接激活公式进入公式编辑状态后直接修改即可。

在首个单元格输入公式之后，下一步就是在需要输入相同公式的大量单元格内复制公式，一共有两种方法：第一种方法是使用填充柄（可以拖动填充柄向下或者向右复制）；第二种方法就是在大范围单元格区域填充公式，可以配合使用快捷键提高填充速度。本节将介绍一些公式操作的基本技巧。

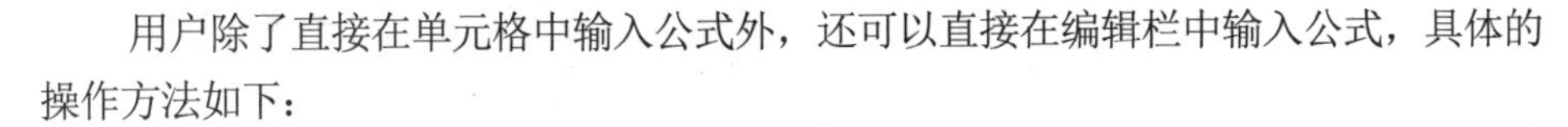

8.4.1 输入公式

用户除了直接在单元格中输入公式外，还可以直接在编辑栏中输入公式，具体的操作方法如下：

❶ 选中要输入公式的单元格，即 D2，然后将鼠标指针置于编辑栏中，如图 8-20 所示，在编辑栏中输入“=”，如图 8-21 所示，单击需要引用数据的单元格，如 B2，可以看到编辑栏中自动输入“=B2”，如图 8-22 所示。

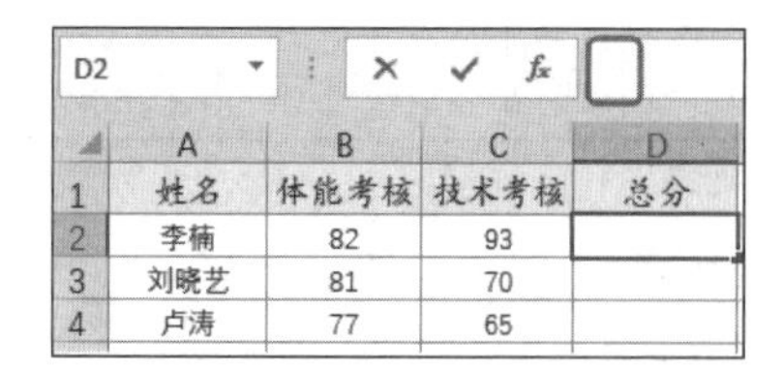

图 8-20

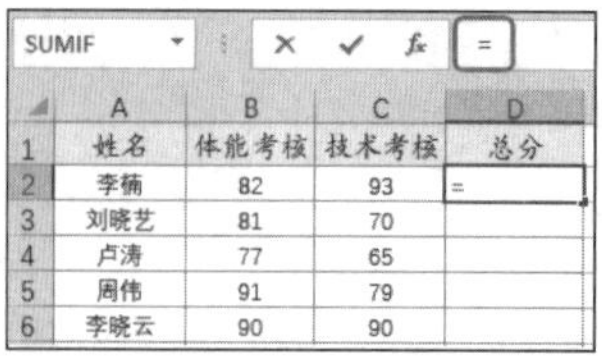

图 8-21

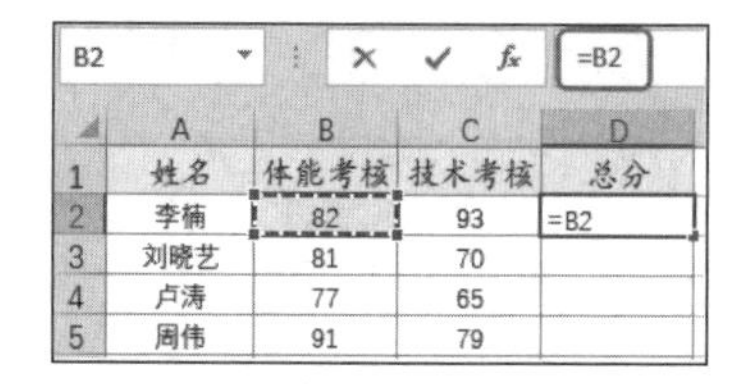

图 8-22

❷ 继续输入运算符“+”，如图 8-23 所示，然后单击引用的 C2 单元格，如图 8-24 所示，按下回车键即可得到公式计算结果，如图 8-25 所示。

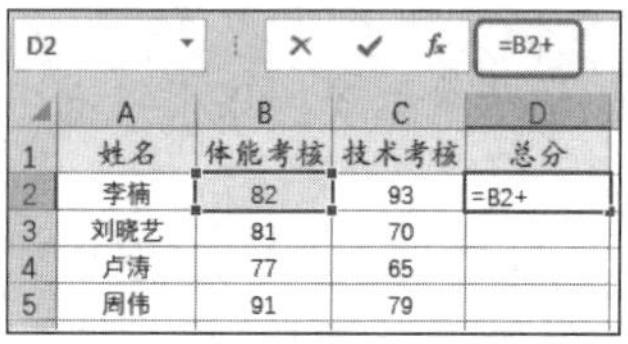

图 8-23

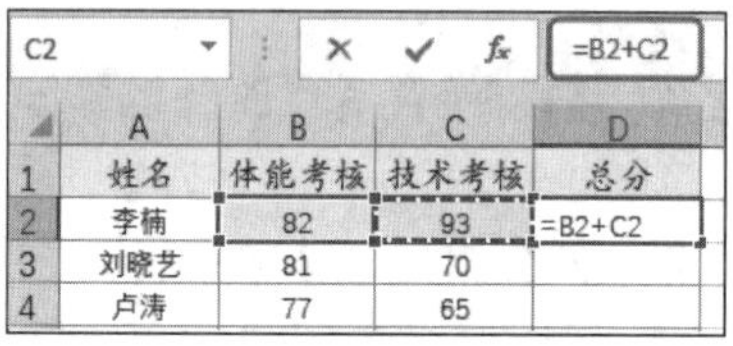

图 8-24

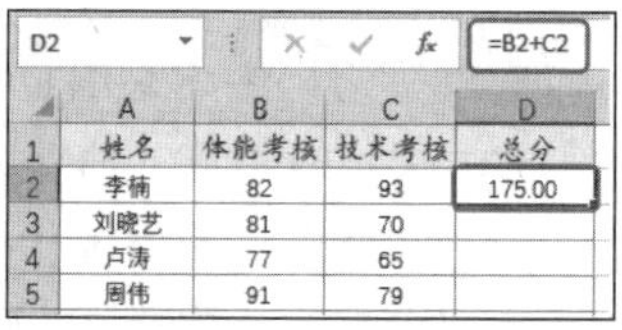

图 8-25

8.4.2 修改公式

输入公式后，如果要对公式进行修改，既可以直接选中输入了公式的单元格在编辑栏中修改，也可以直接双击单元格直接修改公式。

1. 利用编辑栏修改公式

单击设置了公式的 D2 单元格，将光标移至编辑栏中，如图 8-26 所示，在编辑栏中选中 C5，如图 8-27 所示，直接修改为“C2”即可，如图 8-28 所示。

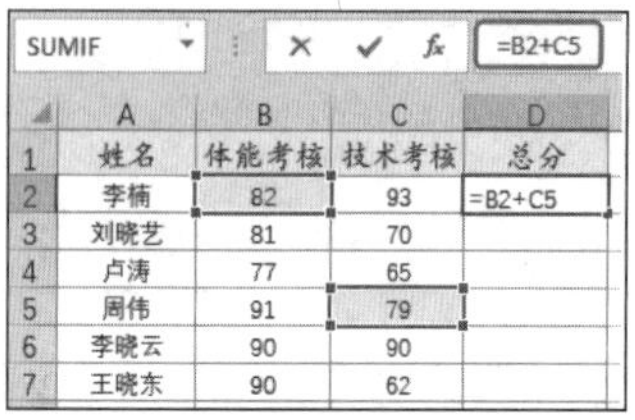

图 8-26

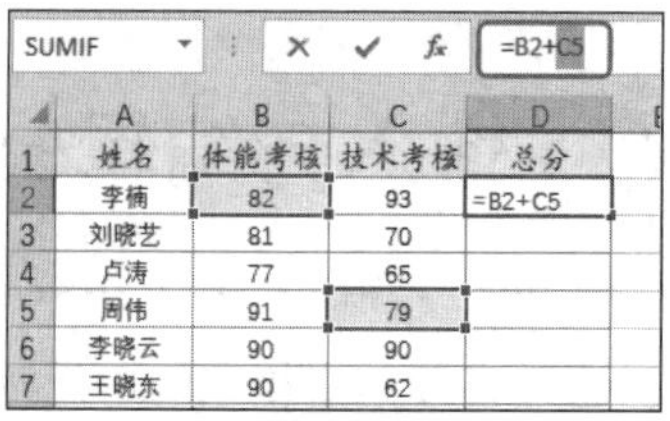

图 8-27

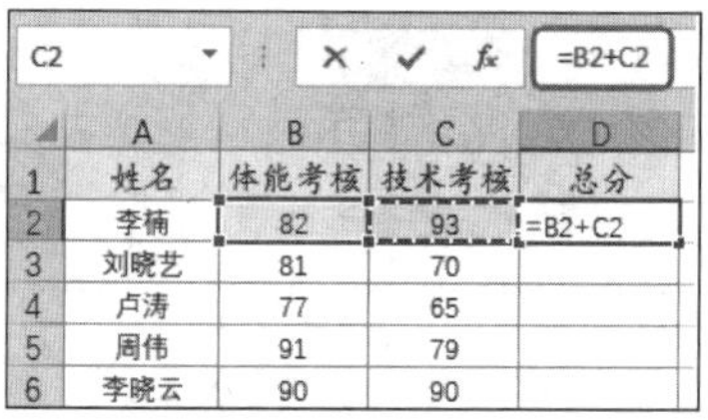

图 8-28

2. 双击修改公式

双击设置了公式的 D2 单元格，即可进入公式编辑状态，如图 8-29 所示，直接在单元格中选中要修改的部分并重新编辑即可，如图 8-30 所示。

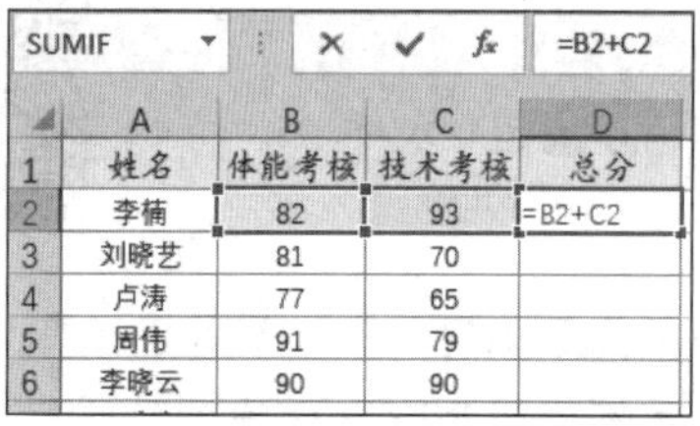

图 8-29

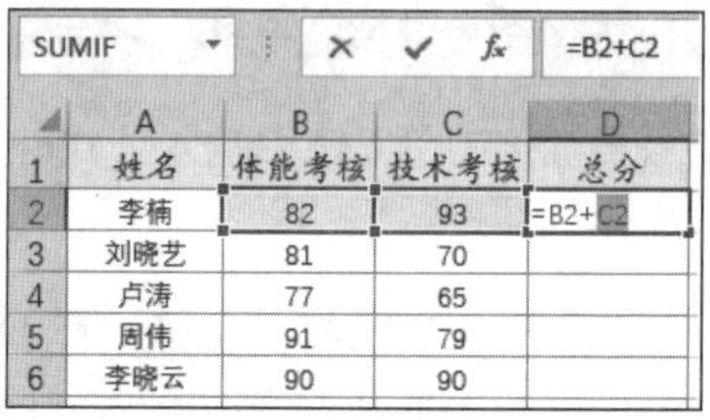

图 8-30

8.4.3 公式的复制与移动

输入公式之后可以使用填充柄快速向下或向右复制公式，如果每次都通过拖动单元格右下角的填充柄来复制公式，不仅容易出错也比较麻烦，尤其是针对一些大范围区域的公式复制。这时就可以以本例介绍的操作方法进行设置，从而完成对公式快速准确地复制。除此之外，还需要在多个不连续单元格中填充公式。

如果要将指定单元格中的公式移动到其他位置，可以使用剪切与粘贴功能实现。

1. 小范围复制公式

打开工作表，在 D2 单元格中输入公式，按回车键后得到计算结果，再将鼠标指针放在 D2 单元格右下角的填充柄上，如图 8-31 所示，按住鼠标左键不放向下复制公式，结果如图 8-32 所示。

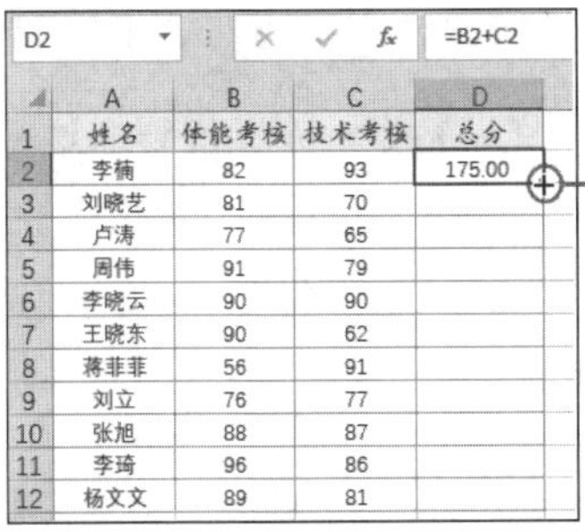

图 8-31

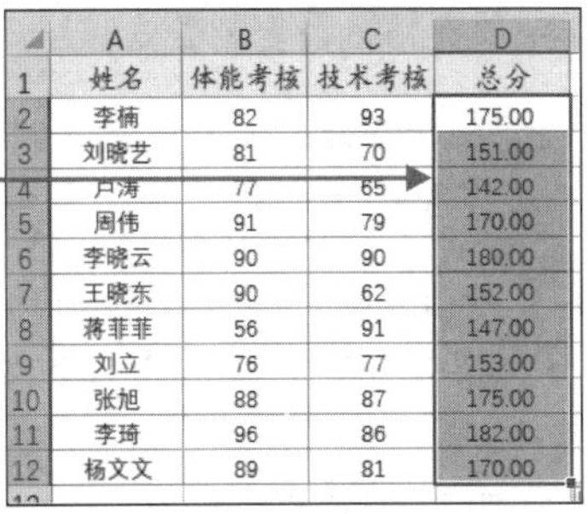

图 8-32

知识扩展

双击填充柄

也可以在公式输入完成后，双击单元格右下角的填充柄，公式会自动填充到数据结束处对应的单元格。

2. 大范围复制公式

❶ 选中输入公式的D2单元格，在左上角的名称框中输入“D12”（要复制公式的最后一个单元格），如图8-33所示，按Shift+Enter组合键选中要复制公式的D2:D12单元格区域，如图8-34所示。

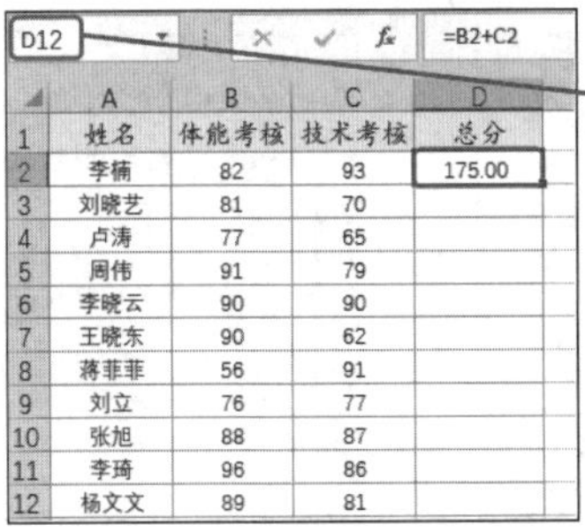

图 8-33

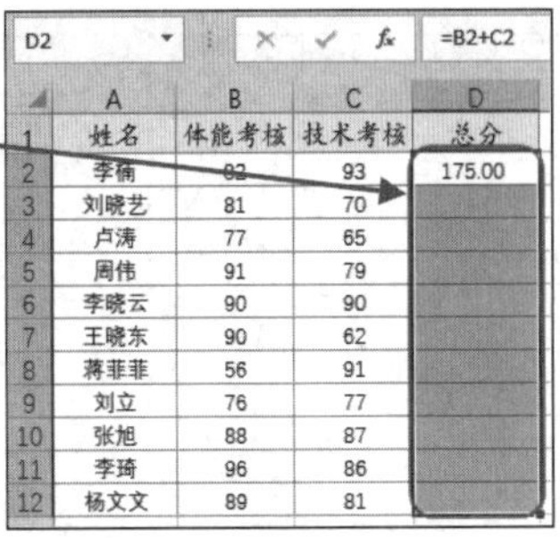

图 8-34

❷ 保持要输入公式的单元格区域的选中状态，将光标放在编辑栏中，如图 8-35 所示，按 Ctrl+Enter 组合键，就可以一次性复制公式到 D2:D12 单元格区域了，如图 8-36 所示。

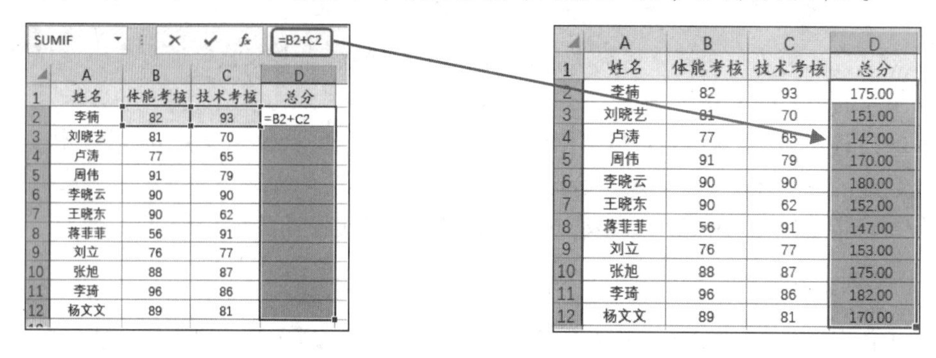

	A	B	C	D
1	姓名	体能考核	技术考核	总分
2	李楠	82	93	=B2+C2
3	刘晓艺	81	70	
4	卢涛	77	65	
5	周伟	91	79	
6	李晓云	90	90	
7	王晓东	90	62	
8	蒋菲菲	56	91	
9	刘立	76	77	
10	张旭	88	87	
11	李琦	96	86	
12	杨文文	89	81	

图 8-35

	A	B	C	D
1	姓名	体能考核	技术考核	总分
2	李楠	82	93	175.00
3	刘晓艺	81	70	151.00
4	卢涛	77	65	142.00
5	周伟	91	79	170.00
6	李晓云	90	90	180.00
7	王晓东	90	62	152.00
8	蒋菲菲	56	91	147.00
9	刘立	76	77	153.00
10	张旭	88	87	175.00
11	李琦	96	86	182.00
12	杨文文	89	81	170.00

图 8-36

3. 非空单元格批量复制公式

本例表格在需要建立公式的列中，有部分单元格已经填充了数据，下面需要在这些非空单元格中一次性填充公式。

❶ 打开如图 8-37 所示的表格，按 F5 键打开“定位”对话框，在该对话框中单击“定位条件”按钮（见图 8-38），打开“定位条件”对话框，如图 8-39 所示。

	A	B	C	D
1	姓名	体能考核	技术考核	总分
2	李楠	82	93	
3	刘晓艺	81	70	
4	卢涛	77	65	
5	周伟	91	79	
6	李晓云	缺考	90	无
7	王晓东	90	62	
8	蒋菲菲	56	91	
9	刘立	缺考	77	无
10	张旭	88	87	
11	李琦	96	86	
12	杨文文	89	81	

图 8-37

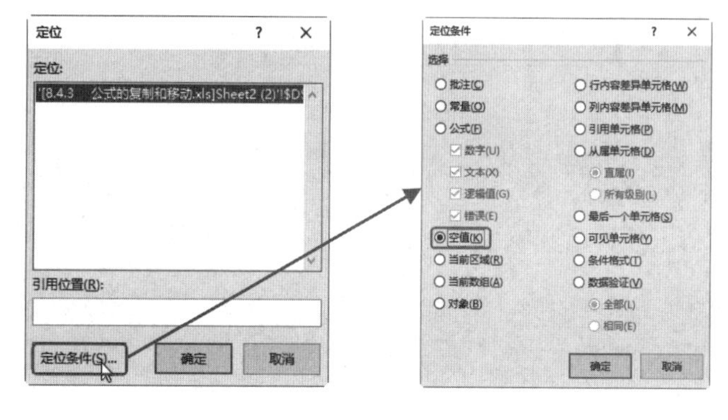

图 8-38　　图 8-39

❷ 在“定位条件”对话框中单击“空值”单选按钮即可选中所有空白单元格，如图 8-40 所示，然后选中 D2 单元格，将光标放在编辑栏中输入公式并按 Ctrl+Enter 组合键（见图 8-41），即可看到在非空单元格复制公式的结果，如图 8-42 所示。

	A	B	C	D
1	姓名	体能考核	技术考核	总分
2	李楠	82	93	
3	刘晓艺	81	70	
4	卢涛	77	65	
5	周伟	91	79	
6	李晓云	缺考	90	无
7	王晓东	90	62	
8	蒋菲菲	56	91	
9	刘立	缺考	77	无
10	张旭	88	87	
11	李琦	96	86	
12	杨文文	89	81	

图 8-40

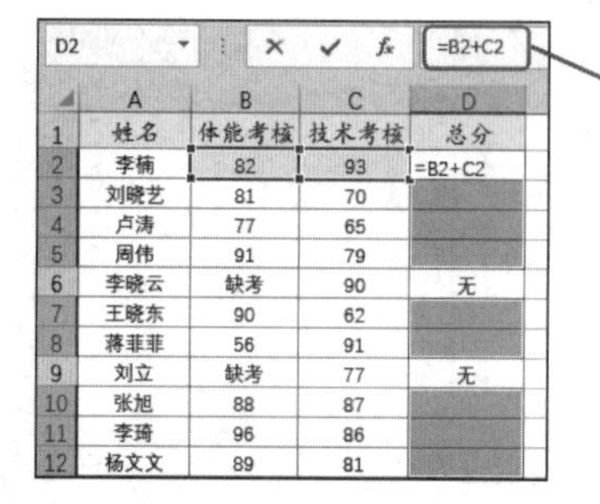

	A	B	C	D
1	姓名	体能考核	技术考核	总分
2	李楠	82	93	=B2+C2
3	刘晓艺	81	70	
4	卢涛	77	65	
5	周伟	91	79	
6	李晓云	缺考	90	无
7	王晓东	90	62	
8	蒋菲菲	56	91	
9	刘立	缺考	77	无
10	张旭	88	87	
11	李琦	96	86	
12	杨文文	89	81	

图 8-41

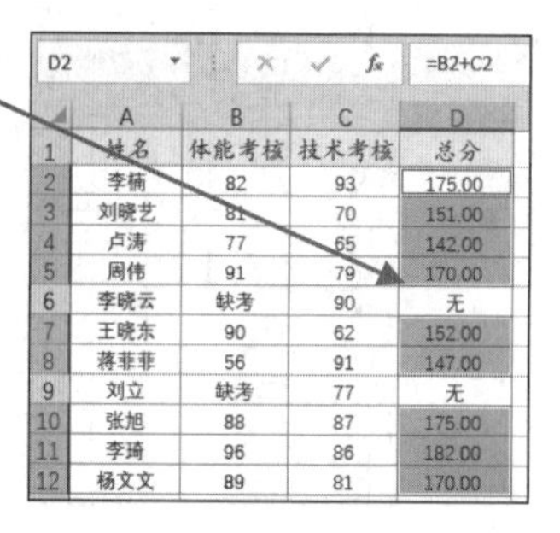

	A	B	C	D
1	姓名	体能考核	技术考核	总分
2	李楠	82	93	175.00
3	刘晓艺	81	70	151.00
4	卢涛	77	65	142.00
5	周伟	91	79	170.00
6	李晓云	缺考	90	无
7	王晓东	90	62	152.00
8	蒋菲菲	56	91	147.00
9	刘立	缺考	77	无
10	张旭	88	87	175.00
11	李琦	96	86	182.00
12	杨文文	89	81	170.00

图 8-42

8.4.4 公式的显示与隐藏

在工作表中设置了公式后，为了避免其他用户对公式进行修改，可以设置隐藏公式以加强保护。

❶ 打开工作表，选中所有的数据区域并右击，在弹出的快捷菜单中单击“设置单元格格式”命令（见图 8-43），打开“设置单元格格式”对话框。

❷ 在该对话框中单击“保护”选项卡，取消勾选“锁定”复选框，如图 8-44 所示。

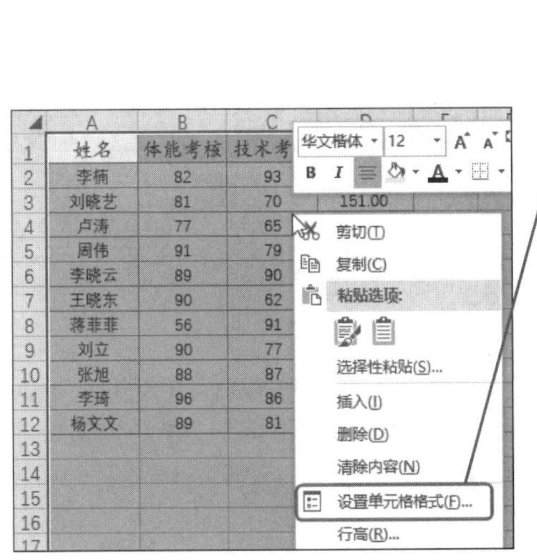

图 8-43

图 8-44

❸ 单击“确定”按钮返回工作表中。按 F5 键，打开“定位”对话框，单击“定位条件”按钮，如图 8-45 所示，打开“定位条件”对话框，单击“公式”单选按钮（默认会勾选上数字、文本、逻辑值、错误的复选框），如图 8-46 所示。

❹ 单击“确定”按钮返回工作表中，可以看到设置了公式的单元格被选中了，如图 8-47 所示。

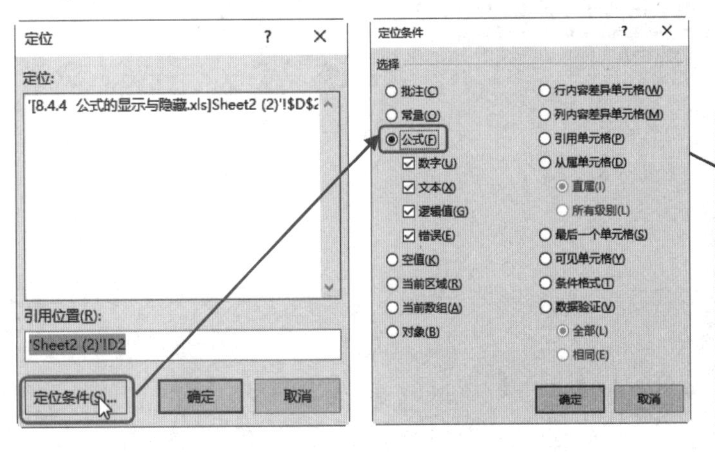

图 8-45　　图 8-46　　图 8-47

❺ 再次打开“设置单元格格式”对话框，单击“保护”选项卡，勾选“隐藏”复选框（见图8-48），单击“确定”按钮后返回工作表中。单击“审阅”→“保护”选项组中的“保护工作表”按钮（见图8-49），打开“保护工作表”对话框。

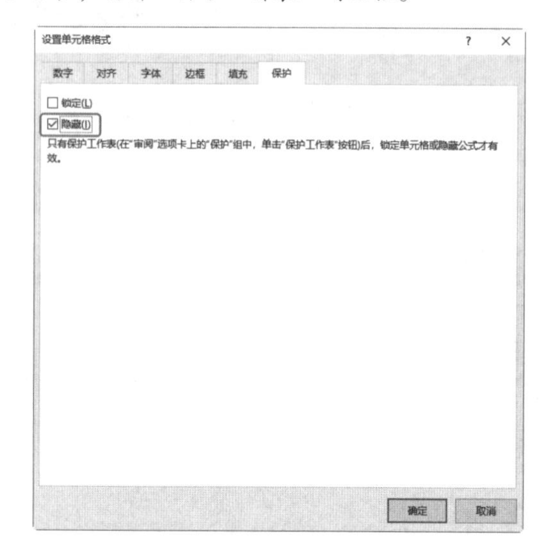

图8-48

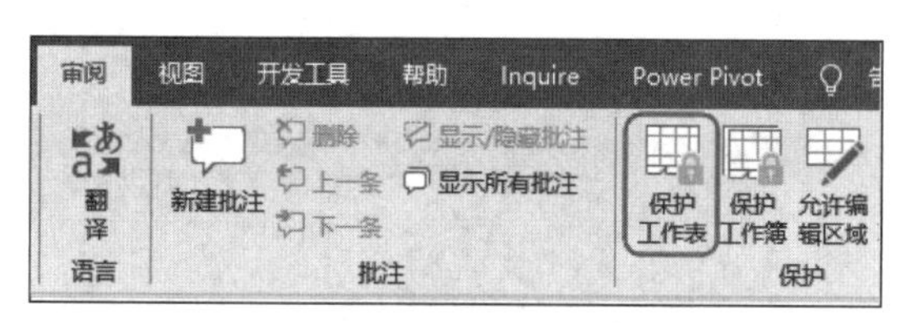

图8-49

❻ 在“取消工作表保护时使用的密码”文本框中输入需要设置的密码（见图8-50）。单击“确定”按钮，打开“确认密码”对话框并在此输入密码（见图8-51），再次单击“确定”按钮返回工作表中，即可看到单元格中的公式被隐藏了，如图8-52所示。

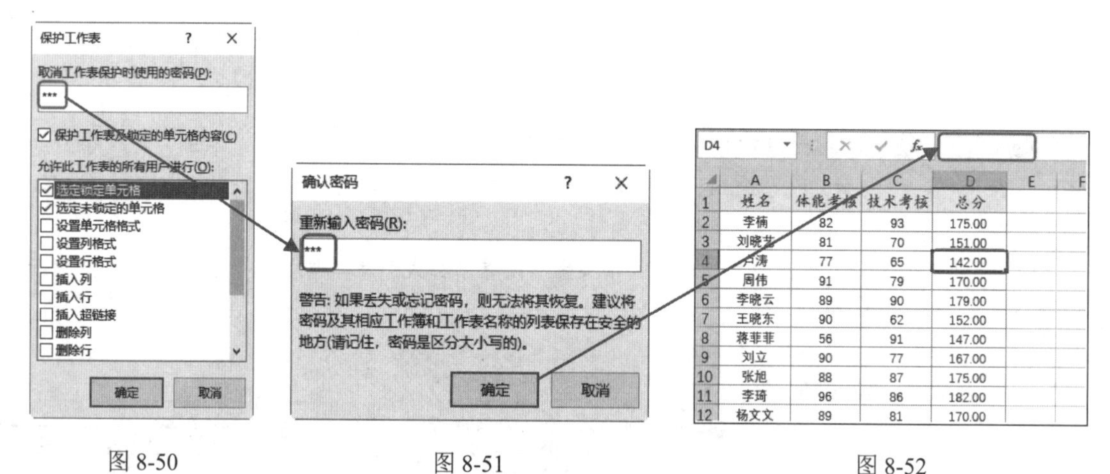

图8-50　　图8-51　　图8-52

知识扩展

重新显示公式

如果要重新显示公式，可以单击“审阅”→“保护”选项组中的“撤销工作表保护”按钮（见图8-53）。在打开的“撤销工作表保护”对话框中输入密码，如图8-54所示。

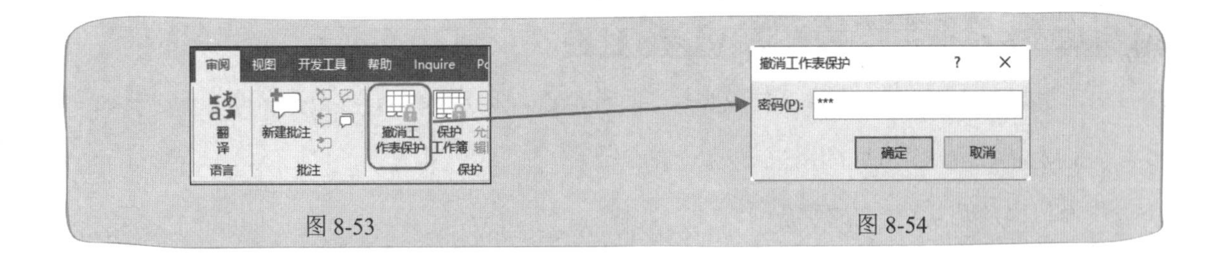

图 8-53　　图 8-54

8.4.5 删除公式

删除公式的方法非常简单，选中要删除的公式所在单元格，然后按键盘上的 Delete 键删除即可。

8.5 函数的结构和种类

我们在输入包含函数的公式时，除了按 8.4 节介绍的方式输入公式之外，还需要在“=”之后输入函数名，然后输入“(”，再输入公式，最后以“)”结尾。Excel 中的函数就好比一个积木，根据需要搭建出不同效果的建筑，可以选择用不同的积木搭建同一个建筑，即是预先定义，执行计算、分析等处理数据任务的特殊公式。以常用的求和函数 SUM 为例，它的语法是“SUM(number1,number2,……)”。其中“SUM”称为函数名，一个函数只有唯一的一个名称，它决定了函数的功能和用途。函数名后紧跟左括号，接着是用逗号分隔的称为参数的内容，最后用一个右括号表示函数结束，如图 8-55 所示。

参数是函数中复杂的组成部分，规定了函数的运算对象、顺序或结构等。使得用户可以对某个单元格或区域进行处理，如分析存款利息、确定成绩名次以及统计数据等。本节着重介绍内置函数的种类和结构。初学者可以通过 Excel 帮助功能自学函数功能和参数以及函数设置技巧。

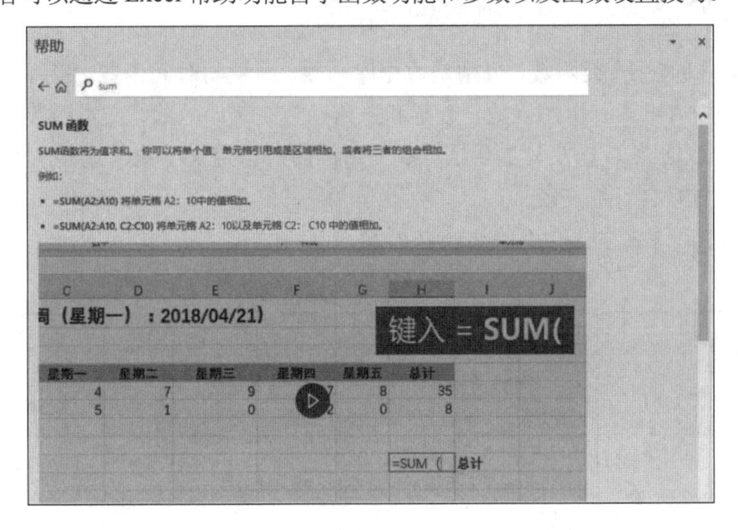

图 8-55

8.5.1 函数的结构

一个典型的函数一般包括 4 个构成要素，即函数名、括号、参数、参数分隔符（,）。比如：

=SUMIF(A2:A16,E2,C2:C16)

下面具体介绍这 4 个构成要素：

1. 函数名（如 SUMIF）

函数名代表了该函数具有的功能，例如：SUM(A1:A5)实现将 A1:A5 单元格区域中的数值求和功能。Max(A1:A5)实现找出 A1:A5 单元格中的最大数值。

2. 参数（如 A2:A16、E2、C2:C16）

不同类型的函数要求给定不同类型的参数，可以是数字、文本、逻辑值（真或假）、数组或单元格地址等，给定的参数必须能产生有效数值，例如：SUM(A1:A5)要求 A1:A5 单元格区域存放的是数值数据，LEN（"这句话由几个词汇组成"）要求判断的参数必须是一个文本数据，其结果值为 10。

在 Excel 函数中，一般可以有 0～255 个参数，有些函数没有参数，如 Today()；而绝大多数函数拥有不超过 255 个的参数。要注意的是，Excel 函数中的参数个数与数据个数是两回事，比如 SUM(A1:A3,C2)，该函数中有 2 个参数，但是实际上它是对 4 个数字求和（A1、A2、A3、C2）。

3. 括号

任何一个函数都是用括号把参数括起来的。也就是不管是否有参数，函数的括号是必不可少的。如 TODAY()，表示取今天的日期值，该函数没有参数，但是括号必不可少，否则将会报“#NAME?”错误。

4. 参数分隔符（,）

Excel 函数的参数之间是用逗号（,）分隔的，并且是英文逗号。

8.5.2 函数的种类

Excel 函数中共包含 14 类函数，分别是数据库函数、日期与时间函数、工程函数、财务函数、信息函数、逻辑函数、查询和引用函数、数学和三角函数、统计函数、文本函数、兼容性函数、多维数据集函数、Web 函数、以及与加载项一起使用的用户自定义函数。这些函数可以帮助我们处理日常工作中的多种数据计算与统计。

Excel 2019 具体函数类型与功能如表 8-7 所示。

表 8-7 函数的类型与功能

序　号	函数种类	描　述	常用函数
1	逻辑函数	用于判断真假值，或进行复合检验的函数	If、Or、And、Not、Iferror
2	日期与时间函数	分析处理日期值和时间值，并进行计算	Now、Today、Time、Date、Year、Month、Day、Edate、Eomonth、Workday、Datedif、Days360、Networkdays

（续表）

序　号	函数种类	描　述	常用函数
3	数学和三角函数	对现有数据进行数字取整、求和、求平均值以及复杂运算的函数	Abs、Sum、Sumif、Sumifs、Sumproduct、Mod、Ceiling、Round、Rand
4	查询和引用函数	在现有数据中查找特定数值和单元格的引用函数	Choose、Hlookup、Lookup、Vlookup、Match、Index、Address、Column、Row、Offset
5	信息函数	用于返回存储在单元格中的数据类型信息的函数	N、Isblank、Isnumber、Istext、Iseven、Isodd、Iserror
6	财务函数	进行财务运算的函数，如确定贷款的支付额、投资的未来值、债券价值等	Cumprinc、Pmt、Ipmt、Ppmt、Ispmt、Rate、Fv、Pv、Npv、Xnpv、Nper、Irr、Mirr、Db、Ddb
7	统计函数	用于对当前数据区域进行统计分析的函数，如数目统计、最大最小值、回归分析、概率分布	Average、Averagea、Averageif、Averageifs、Count、Counta、Countif、Countifs、Countblank、Min、Max、Large、Small、Rank.eq
8	文本函数	按条件对字符串进行提取、转换等的函数	Mid、Find、Left、Concatenate、Replace、Search、Substitute、Text、T
9	数据库函数	按照给定的条件对现有的数据进行分析的函数，如求和、求平均值、数目统计	Dsum、Daverage、Dmin、Dmax、Dcount、Dcounta
10	工程函数	用于工程分析的函数	Delta、Complex、Imabs、Imreal
11	多维数据集函数	用于联机分析处理（OLAP）数据库的函数	Cubekpimember、Cubememberproperty、Cuberankedmember、Cubeset、Cubesetcount、Cubevalue
12	加载宏函数	用于加载宏、自定义函数	Call、Euroconvert、Register.id、Sql.request
13	兼容性函数	新函数可以提供改进的精确度可以兼容以前版本的函数	Rank、Mode、Covar、Fdist、Percentile、Stdev、Var
14	Web 函数	Web 函数在 Excel Online 中不可用	Encodeurl、Filterxml 、Webservice

8.6 输入函数的方法

根据前面的介绍了解函数的构成要素、类别以及用法帮助之后，接下来就可以根据需要在表格中将函数应用于公式计算了。用户可以直接在编辑栏中输入函数，也可以使用“插入函数”对话框选择合适的函数根据提示设置参数值。

8.6.1 直接输入函数

在公式中加入函数的方法非常简单，用户可以直接在编辑栏中输入函数。对于熟悉的函数，建议读者多尝试直接输入函数的操作，这样可以加深对函数，尤其是函数结构的理解。

❶ 打开表格并选择要输入公式的 D2 单元格，在编辑栏中输入“=AV”，此时会在下方打开以“AV”开头的所有函数名，如图 8-56 所示。

❷ 直接双击列表中的“AVERAGE”函数名即可自动在编辑栏中输入“=AVERAGE(”，如图 8-57 所示。

SUMIF　=AV

AVEDEV
AVERAGE
AVERAGEA
AVERAGEIF
AVERAGEIFS

	A	B	C
1	姓名	体能考核	技术考核
2	李楠	82	93
3	刘晓艺	81	70
4	卢涛	77	65
5	周伟	91	79
6	李晓云	90	90
7	王晓东	90	62
8	蒋菲菲	56	91
9	刘立	76	77
10	张旭	88	87
11	李琦	96	86
12	杨文文	89	81

图 8-56

SUMIF　=AVERAGE(

AVERAGE(number1, [number2], ...)

	A	B	C	D
1	姓名	体能考核	技术考核	平均分
2	李楠	82	93	=AVERAGE(
3	刘晓艺	81	70	
4	卢涛	77	65	
5	周伟	91	79	
6	李晓云	90	90	
7	王晓东	90	62	
8	蒋菲菲	56	91	

图 8-57

❸ 继续在编辑栏中输入公式的余下部分“=AVERAGE(B2:C2”，如图 8-58 所示。

❹ 最后输入右括号“)”，按回车键后，即可根据输入的公式得到计算结果，如图 8-59 所示。

B2　=AVERAGE(B2:C2

AVERAGE(number

	A	B	C	D
1	姓名	体能考核	技术考核	平均分
2	李楠	82	93	B2:C2
3	刘晓艺	81	70	
4	卢涛	77	65	
5	周伟	91	79	
6	李晓云	90	90	
7	王晓东	90	62	

图 8-58

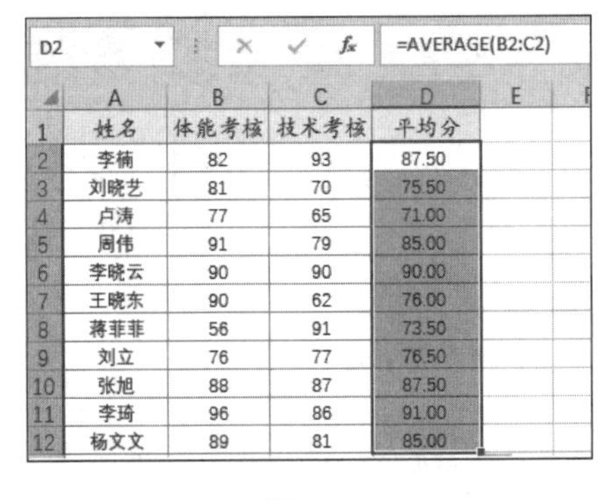

D2　=AVERAGE(B2:C2)

	A	B	C	D
1	姓名	体能考核	技术考核	平均分
2	李楠	82	93	87.50
3	刘晓艺	81	70	75.50
4	卢涛	77	65	71.00
5	周伟	91	79	85.00
6	李晓云	90	90	90.00
7	王晓东	90	62	76.00
8	蒋菲菲	56	91	73.50
9	刘立	76	77	76.50
10	张旭	88	87	87.50
11	李琦	96	86	91.00
12	杨文文	89	81	85.00

图 8-59

8.6.2 通过“插入函数”对话框输入

除了直接输入函数外，Excel 还提供了利用“插入函数”对话框来输入函数的方法，这种方法可以降低用户使用函数和公式的出错率。下面介绍如何配合使用插入函数向导来正确输入公式。

❶ 打开表格并选中 F2 单元格，单击编辑栏左侧的“插入函数”按钮（见图 8-60），打开“插入函数”对话框，在“选择函数”列表框中选择“SUMIF”函数（见图 8-61），打开“函数参数”对话框。

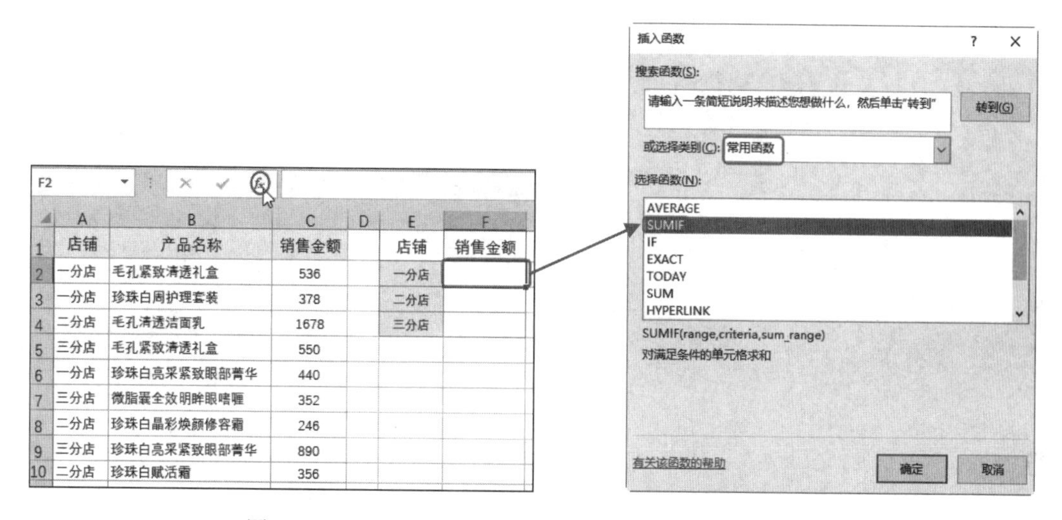

图 8-60　　　　图 8-61

❷ 在该对话框中单击第一个参数值右侧的拾取器按钮（见图 8-62）后，返回表格中拾取“店铺”列的单元格区域（即 A2:A16），如图 8-63 所示。

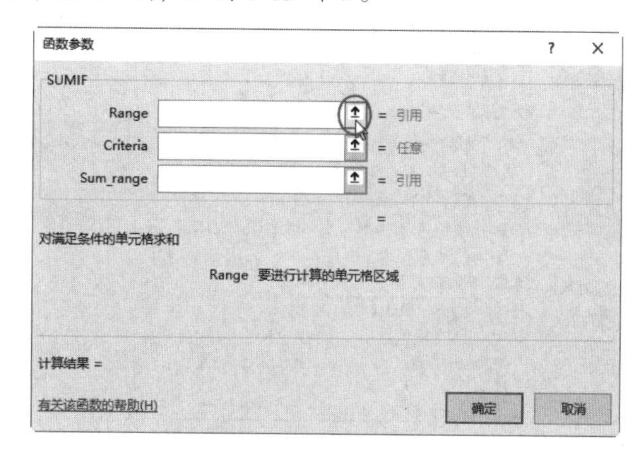

图 8-62

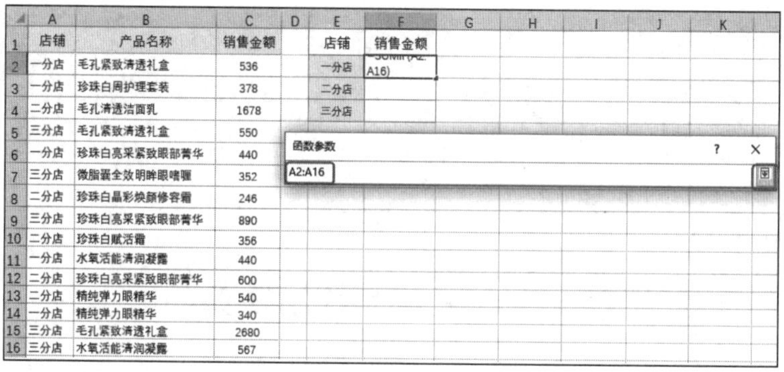

	A	B	C	D	E	F
1	店铺	产品名称	销售金额		店铺	销售金额
2	一分店	毛孔紧致清透礼盒	536		一分店	=SUMIF(A2:A16)
3	一分店	珍珠白周护理套装	378		二分店	
4	二分店	毛孔清透洁面乳	1678		三分店	
5	三分店	毛孔紧致清透礼盒	550			
6	一分店	珍珠白亮采紧致眼部菁华	440			
7	三分店	微脂囊全效明眸眼啫喱	352			
8	二分店	珍珠白晶彩焕颜修容霜	246			
9	三分店	珍珠白亮采紧致眼部菁华	890			
10	二分店	珍珠白赋活霜	356			
11	一分店	水氧活能清润凝露	440			
12	二分店	珍珠白亮采紧致眼部菁华	600			
13	二分店	精纯弹力眼精华	540			
14	一分店	精纯弹力眼精华	340			
15	三分店	毛孔紧致清透礼盒	2680			
16	三分店	水氧活能清润凝露	567			

函数参数
A2:A16

图 8-63

❸ 再次单击第二个参数右侧的拾取器按钮，返回表格中拾取 E2 单元格，如图 8-64 所示。按照相同的方法，在第三个参数文本框中拾取 C2:C16 单元格区域，如图 8-65 所示。

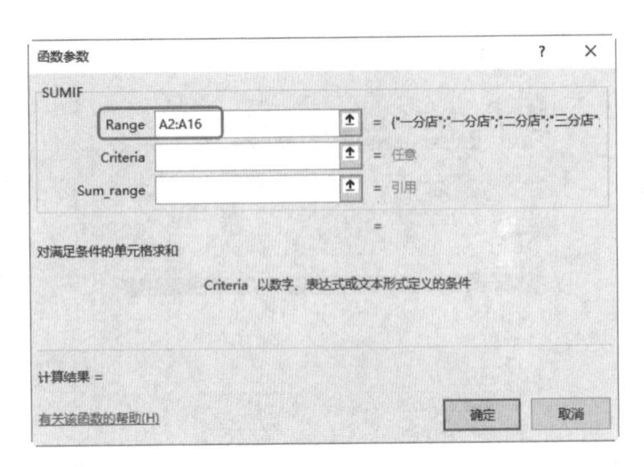

图 8-64

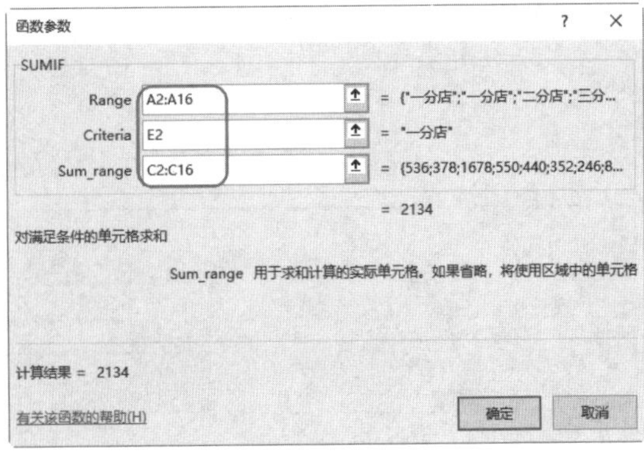

图 8-65

❹ 完成后单击“确定”按钮返回表格中，可以看到 F2 单元格中输入的公式为“=SUMIF(A2:A16,E2,C2:C16)”，按回车键后即可计算出指定店铺的总销售金额，如图 8-66 所示。

F2 =SUMIF(A2:A16,E2,C2:C16)

	A	B	C	D	E	F
1	店铺	产品名称	销售金额		店铺	销售金额
2	一分店	毛孔紧致清透礼盒	536		一分店	2134
3	一分店	珍珠白周护理套装	378		二分店	
4	二分店	毛孔清透洁面乳	1678		三分店	
5	三分店	毛孔紧致清透礼盒	550			
6	一分店	珍珠白亮采紧致眼部菁华	440			
7	三分店	微脂囊全效明眸眼啫喱	352			
8	二分店	珍珠白晶彩焕颜修容霜	246			
9	三分店	珍珠白亮采紧致眼部菁华	890			
10	二分店	珍珠白赋活霜	356			
11	一分店	水氧活能清润凝露	440			
12	二分店	珍珠白亮采紧致眼部菁华	600			
13	二分店	精纯弹力眼精华	540			
14	一分店	精纯弹力眼精华	340			
15	三分店	毛孔紧致清透礼盒	2680			
16	三分店	水氧活能清润凝露	567			

图 8-66

提示注意

如果要获得有关该函数更多的解释说明和用法，可以在“函数参数”对话框中单击下方的“有关该函数的帮助”链接即可。

8.7 定义和使用名称

使用名称可以让公式更加容易理解和维护，用户可以为单元格区域、函数、常量或表格定义名称。名称是一种有意义的简写形式，它更便于用户了解单元格引用、常量、公式或表的用途。

用户可以创建和使用的名称类型有如下两种：

- 已定义名称：表示单元格、单元格区域、公式或常量值的名称。可以创建自己的已定义名称，有时 Excel 也会为用户创建已定义名称（例如设置打印区域时）。
- 表名称：即 Excel 表的名称，Excel 表是有关存储在记录（行）和字段（列）中特定对象的数据集合。Excel 会在每次插入 Excel 表格时创建一个默认的 Excel 表格名，如“Table1”“Table2”等，用户可以根据自己的需求更改表格的名称。

8.7.1 命名名称

定义名称的方法主要有两种，第一种是使用名称框，也就是本例中介绍的操作方法；第二种是在“新建名称”对话框中设置名称和区域范围。

❶ 打开工作表并选中 A2:A16 单元格区域，再将鼠标指针定位到左上角的名称框中，单击进入编辑状态后，输入名称为“店铺”（见图 8-67），按回车键即可完成名称的定义。

❷ 继续选中 C2:C16 单元格区域，然后将鼠标指针定位到左上角的名称框中，单击进入编辑状态后，输入名称为“销售金额”（见图 8-68），按回车键即可完成名称的定义。

店铺 | 一分店

	A	B	C
1	店铺	产品名称	销售金额
2	一分店	毛孔紧致清透礼盒	536
3	一分店	珍珠白周护理套装	378
4	二分店	毛孔清透洁面乳	1678
5	三分店	毛孔紧致清透礼盒	550
6	一分店	珍珠白亮采紧致眼部菁华	440
7	三分店	微脂囊全效明眸眼啫喱	352
8	二分店	珍珠白晶彩焕颜修容霜	246
9	三分店	珍珠白亮采紧致眼部菁华	890
10	二分店	珍珠白赋活霜	356
11	一分店	水氧活能清润凝露	440
12	二分店	珍珠白亮采紧致眼部菁华	600
13	二分店	精纯弹力眼精华	540
14	一分店	精纯弹力眼精华	340
15	三分店	毛孔紧致清透礼盒	2680
16	三分店	水氧活能清润凝露	567

图 8-67

销售金额 | 536

	A	B	C
1	店铺	产品名称	销售金额
2	一分店	毛孔紧致清透礼盒	536
3	一分店	珍珠白周护理套装	378
4	二分店	毛孔清透洁面乳	1678
5	三分店	毛孔紧致清透礼盒	550
6	一分店	珍珠白亮采紧致眼部菁华	440
7	三分店	微脂囊全效明眸眼啫喱	352
8	二分店	珍珠白晶彩焕颜修容霜	246
9	三分店	珍珠白亮采紧致眼部菁华	890
10	二分店	珍珠白赋活霜	356
11	一分店	水氧活能清润凝露	440
12	二分店	珍珠白亮采紧致眼部菁华	600
13	二分店	精纯弹力眼精华	540
14	一分店	精纯弹力眼精华	340
15	三分店	毛孔紧致清透礼盒	2680
16	三分店	水氧活能清润凝露	567

图 8-68

提示注意

设置名称时一定要确保定义的单元格区域准确无误，否则后期在公式引用名称时会造成计算错误。

知识扩展

名称管理器

如果要查看或者管理当前工作簿的所有名称，可以在“公式”选项卡的“定义的名称”选项组中单击“名称管理器”按钮（见图 8-69），打开“名称管理器”对话框，如图 8-70 所示。

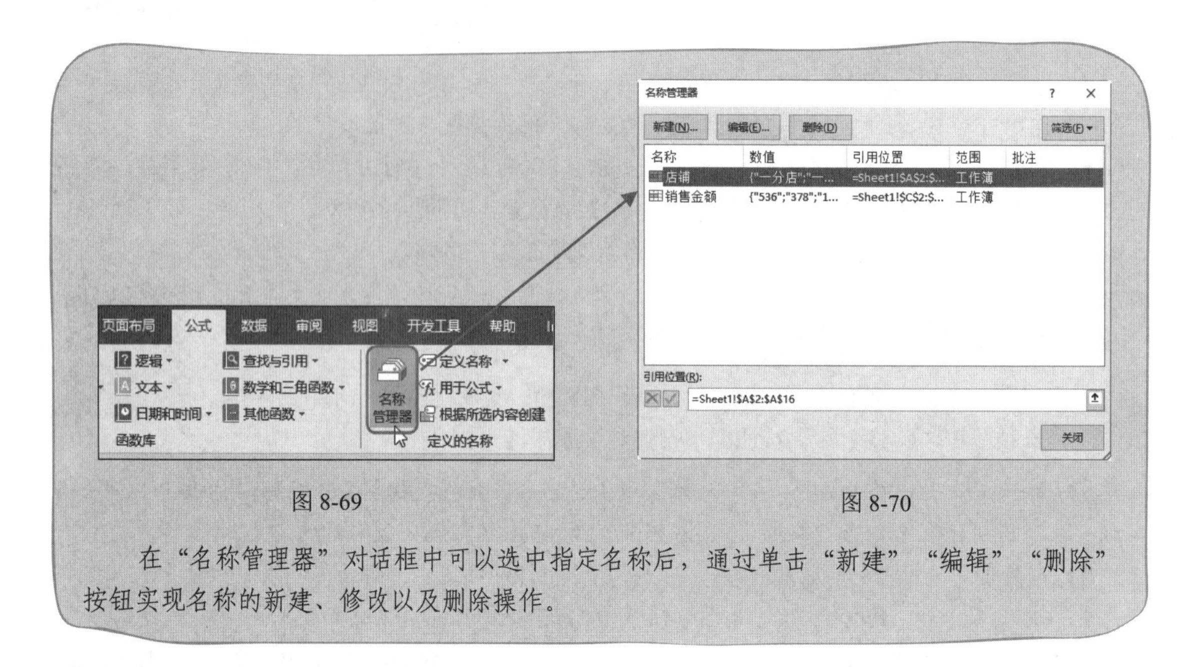

图 8-69　　　　图 8-70

在“名称管理器”对话框中可以选中指定名称后，通过单击“新建”“编辑”“删除”按钮实现名称的新建、修改以及删除操作。

8.7.2 使用名称

在上小一节中介绍了为指定单元格区域定义名称，本节会介绍如何在日常工作中灵活使用“名称”功能提高工作效率。

在为单元格区域定义名称后，在其他工作表中可以直接使用定义的名称来替代单元格区域。比如本例可以事先在人事信息管理表中设置员工工号，并定义为名称，再制作员工信息查询表中的员工工号时，引用定义好的“员工工号”名称即可。

❶ 打开工作表，选中 A3:A16 单元格区域，在左上角的名称框中输入“员工工号”，如图 8-71 所示，按回车键即可定义名称。

员工工号　JY003

人事信息数据表					
员工工号	部门	姓名	性别	出生日期	学历
JY003	人事部	马同燕	女	1982-03-08	大专
[illegible]	[illegible]	张点点	男	1985-02-13	本科
[illegible]	[illegible]	徐宏	女	1984-02-28	大专
[illegible]	[illegible]	秦福马	男	1986-03-05	本科
JY013	财务部	邓兰兰	男	1982-10-16	本科
JY014	行政部	郑淑娟	女	1968-02-13	初中
JY015	人事部	李琪	女	1976-05-16	硕士
JY016	人事部	陶佳佳	女	1980-11-20	本科
JY017	财务部	于青青	女	1978-03-17	本科
JY020	财务部	罗羽	女	1985-06-10	硕士
JY021	客服一部	蔡明	男	1985-06-10	本科
JY022	客服一部	陈芳	男	1975-03-24	大专
JY023	行政部	陈潇	女	1983-11-04	硕士
JY024	客服一部	陈曦	男	1970-02-17	本科

输入工号
请输入员工工号!

图 8-71

❷ 新建员工信息查询表，并选中 D2 单元格，单击“数据”→“数据工具”选项组中的“数据验证”按钮（见图 8-72），打开“数据验证”对话框。

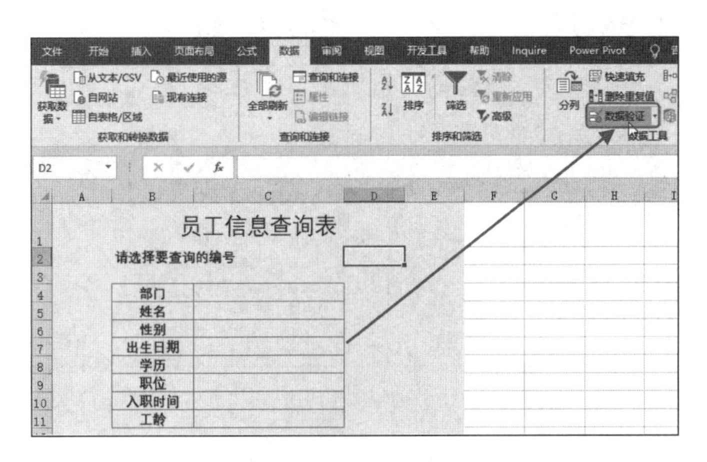

图 8-72

❸ 在该对话框中的“允许”栏下选择“序列”，“来源”栏下拾取为“=员工工号”（见图 8-73），单击“确定”按钮返回表格中。单击 D2 单元格右侧的下拉按钮，即可在下拉列表中看到所有员工工号，如图 8-74 所示。

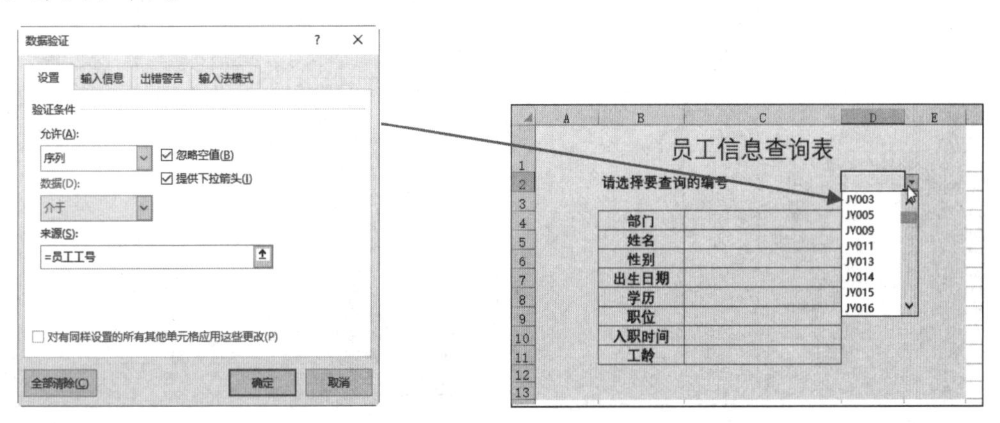

图 8-73　　　　图 8-74

8.7.3 在公式中使用区域名称

在 8.7.1 小节中为指定单元格区域定义名称后，本节将介绍如何使用这些已经定义好的名称来简化公式。实际上除了在公式中应用定义名称之外，还可以使用动态名称实现统计结果的实时更新。

1. 公式中使用名称

❶ 打开工作表并选中 E2 单元格，首先输入公式前半部分“=SUMIF(”，单击“公式”→“定义的名称”选项组中的“用于公式”按钮右侧的向下箭头，在下拉菜单中单击“店铺”（定义好的名称）命令，如图 8-75 所示。

❷ 此时可以看到输入的“店铺”名称，继续在编辑栏中输入“=SUMIF(店铺,E2,”，再单击“公式”→“定义的名称”选项组中的“用于公式”按钮右侧的向下箭头，在下拉菜单中单击“销售金额”命令（定义好的名称），如图 8-76 所示。

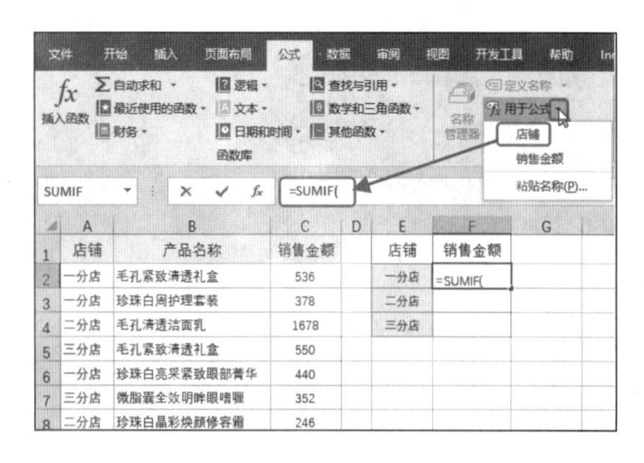

	A	B	C	D	E	F
1	店铺	产品名称	销售金额		店铺	销售金额
2	一分店	毛孔紧致清透礼盒	536		一分店	=SUMIF(
3	一分店	珍珠白周护理套装	378		二分店	
4	二分店	毛孔清透洁面乳	1678		三分店	
5	三分店	毛孔紧致清透礼盒	550			
6	一分店	珍珠白亮采紧致眼部菁华	440			
7	三分店	微脂囊全效明眸眼啫喱	352			
8	二分店	珍珠白晶彩焕颜修容霜	246			

图 8-75

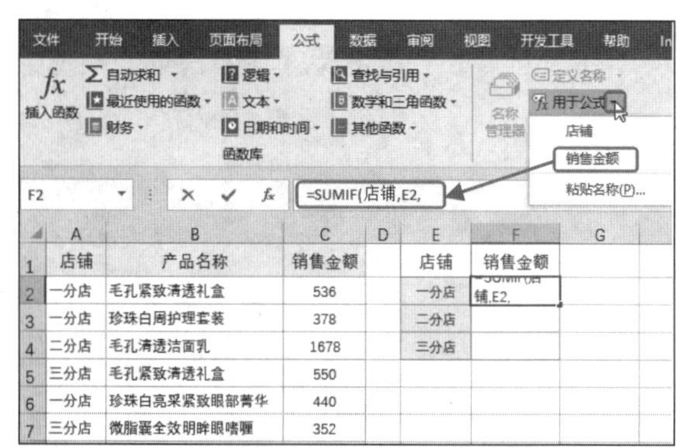

	A	B	C	D	E	F
1	店铺	产品名称	销售金额		店铺	销售金额
2	一分店	毛孔紧致清透礼盒	536		一分店	=SUMIF(店铺,E2,
3	一分店	珍珠白周护理套装	378		二分店	
4	二分店	毛孔清透洁面乳	1678		三分店	
5	三分店	毛孔紧致清透礼盒	550			
6	一分店	珍珠白亮采紧致眼部菁华	440			
7	三分店	微脂囊全效明眸眼啫喱	352			

图 8-76

❸ 此时可以看到编辑栏中显示公式为“=SUMIF(店铺,E2,销售金额”，再输入右括号完成公式的输入（见图8-77），按回车键完成后并利用填充柄功能向下填充公式，即可得到各个分店铺的销售总金额，如图8-78所示。

F2 =SUMIF(店铺,E2,销售金额)

	A	B	C	D	E	F
1	店铺	产品名称	销售金额		店铺	销售金额
2	一分店	毛孔紧致清透礼盒	536		一分店	铺,E2,销售金额)
3	一分店	珍珠白周护理套装	378		二分店	
4	二分店	毛孔清透洁面乳	1678		三分店	
5	三分店	毛孔紧致清透礼盒	550			
6	一分店	珍珠白亮采紧致眼部菁华	440			
7	三分店	微脂囊全效明眸眼啫喱	352			
8	二分店	珍珠白晶彩焕颜修容霜	246			
9	三分店	珍珠白亮采紧致眼部菁华	890			
10	二分店	珍珠白赋活霜	356			
11	一分店	水氧活能清润凝露	440			
12	二分店	珍珠白亮采紧致眼部菁华	600			
13	二分店	精纯弹力眼精华	540			
14	一分店	精纯弹力眼精华	340			
15	三分店	毛孔紧致清透礼盒	2680			
16	三分店	水氧活能清润凝露	567			

图 8-77

	A	B	C	D	E	F
1	店铺	产品名称	销售金额		店铺	销售金额
2	一分店	毛孔紧致清透礼盒	536		一分店	2134
3	一分店	珍珠白周护理套装	378		二分店	3420
4	二分店	毛孔清透洁面乳	1678		三分店	5039
5	三分店	毛孔紧致清透礼盒	550			
6	一分店	珍珠白亮采紧致眼部菁华	440			
7	三分店	微脂囊全效明眸眼啫喱	352			
8	二分店	珍珠白晶彩焕颜修容霜	246			
9	三分店	珍珠白亮采紧致眼部菁华	890			
10	二分店	珍珠白赋活霜	356			
11	一分店	水氧活能清润凝露	440			
12	二分店	珍珠白亮采紧致眼部菁华	600			
13	二分店	精纯弹力眼精华	540			
14	一分店	精纯弹力眼精华	340			
15	三分店	毛孔紧致清透礼盒	2680			
16	三分店	水氧活能清润凝露	567			

图 8-78

2．动态表名称

本例中需要根据各店铺上半年和下半年的销售额统计出总销售额。如果使用公式返回总销售额的话，当添加了新开店铺的业绩数据时，计算结果将无法自动扩展更新数据引用区域，从而无法查询最新的销售额。为了解决这个问题，可以先将数据引用区域定义为名称，然后通过创建表来实现数据的动态查询。

❶ 打开工作表并选中B2:C7单元格区域，并在左上角名称框中输入“销售额”（见图8-79），按回车键后完成名称的定义。接下来选中整张表，依次单击“插入”→“表格”选项组中的“表格”按钮（见图8-80），打开“创建表”对话框，保持默认选项不变，如图8-81所示。

❷ 单击“确定”按钮即可创建整个表，并在 E2 单元格中输入公式“=SUM（销售额）”（引用了“销售额”），如图 8-82 所示。

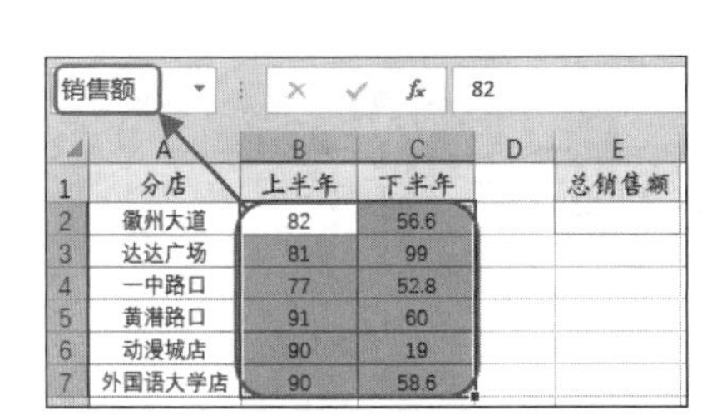

	A	B	C	D	E
1	分店	上半年	下半年		总销售额
2	徽州大道	82	56.6		
3	达达广场	81	99		
4	一中路口	77	52.8		
5	黄潜路口	91	60		
6	动漫城店	90	19		
7	外国语大学店	90	58.6		

图 8-79

	A	B	C
1	分店	上半年	下半年
2	徽州大道	82	56.6
3	达达广场	81	99
4	一中路口	77	52.8
5	黄潜路口	91	60
6	动漫城店	90	19
7	外国语大学店	90	58.6

图 8-80

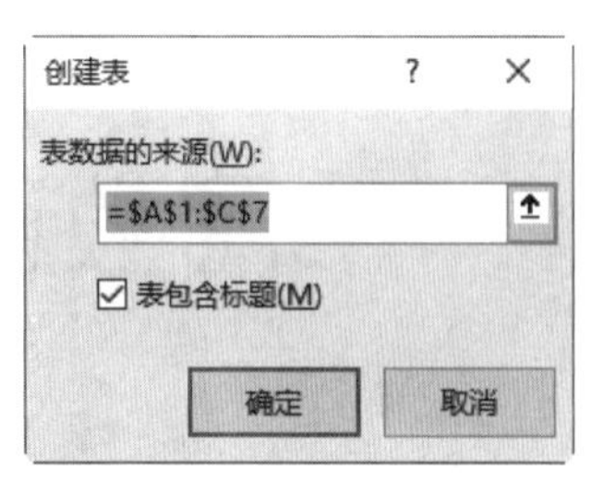

图 8-81

E2 =SUM(销售额)

	A	B	C	D	E
1	分店	上半年	下半年		总销售额
2	徽州大道	82	56.6		额)
3	达达广场	81	99		
4	一中路口	77	52.8		
5	黄潜路口	91	60		
6	动漫城店	90	19		
7	外国语大学店	90	58.6		

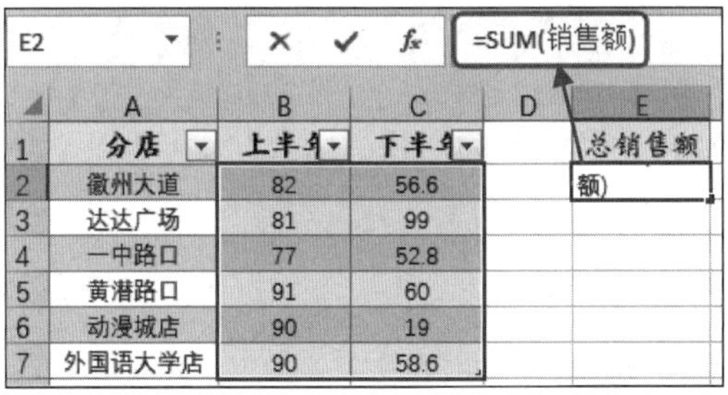

图 8-82

❸ 然后拖动表右下角的控制点即可新建一行空行，如图8-83所示。在新的一行中添加数据后，可以看到E2单元格中的公式进行了重新计算并得到新的总销售额数据（自动加上第8行的数据），如图8-84所示。

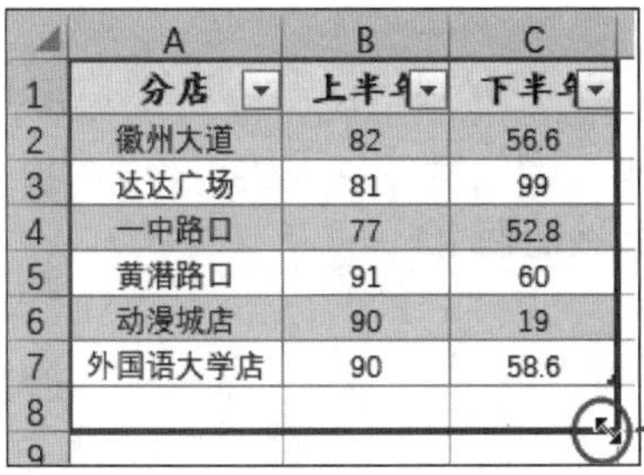

	A	B	C
1	分店	上半年	下半年
2	徽州大道	82	56.6
3	达达广场	81	99
4	一中路口	77	52.8
5	黄潜路口	91	60
6	动漫城店	90	19
7	外国语大学店	90	58.6
8			

图 8-83

E2 =SUM(销售额)

	A	B	C	D	E
1	分店	上半年	下半年		总销售额
2	徽州大道	82	56.6		1085.00
3	达达广场	81	99		
4	一中路口	77	52.8		
5	黄潜路口	91	60		
6	动漫城店	90	19		
7	外国语大学店	90	58.6		
8	滨湖新区店	100	128		

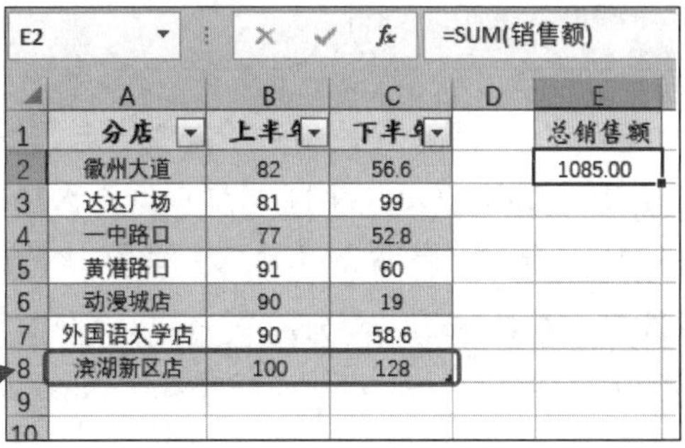

图 8-84

第9章
函数运算——关于逻辑判断

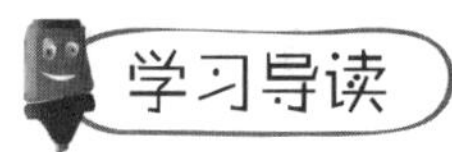

逻辑判断函数主要有 AND、OR、NOT、IF，以及 Excel 2019 新增的 IFS 函数。

- 判断真假值的逻辑判断函数。
- IF 函数根据条件判断数值。
- IFS 函数多条件判断。

9.1 判断真假值的逻辑函数

逻辑判断函数就是用于对数据或给定的条件判断其真假。逻辑判断有 AND、OR、NOT 和 IF、IFS 函数，AND、OR、NOT 只能根据逻辑判断的“真”或“假”来返回 TRUE 或 FALSE 值，而 IF 函数可以根据逻辑值 TRUE 或 FALSE，再指定函数的最终返回值。

9.1.1 应用 AND 函数进行交集运算

AND 函数一般用来检验一组数据是否都满足条件。比如，一组学生的成绩是否都合格、一组产品检查结果是否都合格等。

函数功能： AND 函数用于当所有的条件均为“真”（TRUE）时，返回的运算结果为“真”（TRUE）；反之，返回的运算结果为“假”（FALSE），一般用来检验一组数据是否都满足条件。

函数语法： AND(logical1,logical2,logical3…)

参数解析： logical1,logical2,logical3…：表示测试条件值或表达式，不过最多有 30 个条件值或表达式。

1. 判断笔试和面试是否都大于 80 分

本例表格中统计了应聘人员所属部门以及面试和笔试成绩，判断这两项是否都大于 80 分，如果是则予以录取，只要有一项未达到 80 分则不予录取。

❶ 打开表格并将光标定位在 E2 单元格中，输入公式“=AND(C2>80,D2>80)”，如图 9-1 所示。

❷ 按回车键后并利用填充柄功能向下填充公式，即可得到判断结果（TRUE 值代表满足条件；FALSE 值代表不满足条件），如图 9-2 所示。

SUM =AND(C2>80,D2>80)

	A	B	C	D	E
1	姓名	部门	笔试成绩	面试成绩	是否录取
2	周伟	财务部	90	79	),D2>80)
3	刘晓艺	财务部	79	72	
4	万宇非	财务部	82	77	
5	卢涛	财务部	88	70	
6	王晓东	财务部	76	65	
7	李江	工程部	79	93	
8	徐飞	工程部	76	90	
9	刘莎	工程部	80	56	
10	蒋菲菲	设计部	91	88	
11	刘立	设计部	88	91	

图 9-1

	A	B	C	D	E
1	姓名	部门	笔试成绩	面试成绩	是否录取
2	周伟	财务部	90	79	FALSE
3	刘晓艺	财务部	79	72	FALSE
4	万宇非	财务部	82	77	FALSE
5	卢涛	财务部	88	70	FALSE
6	王晓东	财务部	76	65	FALSE
7	李江	工程部	79	93	FALSE
8	徐飞	工程部	76	90	FALSE
9	刘莎	工程部	80	56	FALSE
10	蒋菲菲	设计部	91	88	TRUE
11	刘立	设计部	88	91	TRUE
12	张旭	设计部	88	84	TRUE
13	杨文文	设计部	82	77	FALSE
14	汪源	设计部	77	79	FALSE

图 9-2

提示注意

AND 函数用于判断面试和笔试成绩是否都大于 80 分，只要有一个条件不满足，都会返回 FALSE 值，两个条件都满足才会返回 TRUE 值。

2. 判断是否录取应聘者

本例表格中统计了应聘者的考试分数和工作经验情况，下面需要判断考试分数是否在 75 分以上，以及是否有工作经验。

❶ 打开表格并将光标定位在 D2 单元格中，输入公式“=AND(B2>75,C2="是")”，如图 9-3 所示。

❷ 按回车键后并利用填充柄功能向下填充公式，即可得到判断结果（TRUE 值代表满足条件；FALSE 值代表不满足条件），如图 9-4 所示。

SUMIF =AND(B2>75,C2="是")

	A	B	C	D	E
1	应聘者	分数	有无工作经验	是否录取	
2	李楠	80	是	="是")	
3	刘晓艺	78	无		
4	卢涛	91	是		
5	周伟	90	无		
6	李晓云	58	是		
7	王晓东	69	是		

图 9-3

	A	B	C	D
1	应聘者	分数	有无工作经验	是否录取
2	李楠	80	是	TRUE
3	刘晓艺	78	无	FALSE
4	卢涛	91	是	TRUE
5	周伟	90	无	FALSE
6	李晓云	58	是	FALSE
7	王晓东	69	是	FALSE
8	蒋菲菲	79	无	FALSE
9	刘立	88	是	TRUE

图 9-4

提示注意

AND 函数用于判断分数是否大于 80 分，以及是否有工作经验，只要有一个条件不满足，都会返回 FALSE 值，两个条件都满足时才会返回 TRUE 值。

9.1.2 应用 OR 函数进行并集运算

OR 函数用于在其参数中，任意一个参数逻辑值为 TRUE，即返回 TRUE；但所有参数与的逻辑值均为 FALSE，即返回 FALSE。比如在一组样品抽查中，如果有一种产品的检测值达到 0.76，则该组产品都为合格等。

函数功能：OR 函数用于在其参数组中，任意一个参数逻辑值为 TRUE，即返回 TRUE；任意一个参数的逻辑值为 FALSE，即返回 FALSE。

函数语法：OR(logical1, [logical2],...)

参数解析：logical1,logical2,logical3...：logical1 是必需的，后续逻辑值是可选的。这些是 1～255 个需要进行测试的条件，测试结果可以为 TRUE 或 FALSE。

1. 判断笔试成绩和面试成绩中是否有一项大于 80 分

本例表格中统计了应聘人员的面试成绩和笔试成绩，使用 OR 函数判断这两项成绩是否有一项大于 80 分，如果是则予以录取，如果两项都没有达到 80 分则不予以录取。

❶ 打开表格并将光标定位在 D2 单元格中，输入公式“=OR(B2>80,C2>80)”，如图 9-5 所示。

❷ 按回车键后并利用填充柄功能向下填充公式，即可得到判断结果（TRUE 值代表满足条件；FALSE 值代表不满足条件），如图 9-6 所示。

SUMIF =OR(B2>80,C2>80)

	A	B	C	D	E
1	姓名	笔试成绩	面试成绩	是否录取	
2	周伟	90	79	C2>80)	
3	刘晓艺	79	72		
4	万宇非	82	77		
5	卢涛	88	70		
6	王晓东	76	65		
7	李江	79	93		
8	徐飞	76	90		

图 9-5

	A	B	C	D
1	姓名	笔试成绩	面试成绩	是否录取
2	周伟	90	79	TRUE
3	刘晓艺	79	72	FALSE
4	万宇非	82	77	TRUE
5	卢涛	88	70	TRUE
6	王晓东	76	65	FALSE
7	李江	79	93	TRUE
8	徐飞	76	90	TRUE
9	刘莎	80	56	FALSE
10	蒋菲菲	91	88	TRUE
11	刘立	88	91	TRUE
12	张旭	88	84	TRUE
13	杨文文	82	77	TRUE
14	汪源	77	79	FALSE

图 9-6

提示注意

OR 函数用于判断面试成绩和笔试成绩是否有一项大于 80 分，只要两个条件都不满足，就会返回 FALSE 值，如果有一个条件满足则会返回 TRUE 值。

2. 判断是否给员工提薪

本例表格中统计了员工的工龄和职位，下面需要判断工龄是否在 5 年以上（不包括 5 年）或者职位是否为“科长”，满足其中一个条件则给予涨薪的福利。

❶ 打开表格并将光标定位在 D2 单元格中，输入公式“=OR(B2>5,C2="科长")”，如图 9-7 所示。

❷ 按回车键后并利用填充柄功能向下填充公式，即可得到判断结果（TRUE 值代表满足条件；FALSE 值代表不满足条件），如图 9-8 所示。

SUMIF | =OR(B2>5,C2="科长")

	A	B	C	D	E
1	员工	工龄	职位	是否提薪	
2	李楠	5	办事员	C2="科长")	
3	刘晓艺	1	科长		
4	卢涛	2	办事员		
5	周伟	1	办事员		
6	李晓云	6	办事员		
7	王晓东	8	科长		
8	蒋菲菲	4	科长		

图 9-7

	A	B	C	D
1	员工	工龄	职位	是否提薪
2	李楠	5	办事员	FALSE
3	刘晓艺	1	科长	TRUE
4	卢涛	2	办事员	FALSE
5	周伟	1	办事员	FALSE
6	李晓云	6	办事员	TRUE
7	王晓东	8	科长	TRUE
8	蒋菲菲	4	科长	TRUE
9	刘立	3	办事员	FALSE

图 9-8

9.1.3 应用 NOT 函数计算反函数

函数功能：NOT 函数用于对参数值求反。当要确保一个值不等于某一特定值时，可以使用 NOT 函数。

函数语法：NOT(logical)

参数解析：logical：表示一个计算结果可以为 TRUE 或 FALSE 的值或表达式。

1. 判断员工是否符合评级要求

本例表格中统计了员工的工龄和职位，要求判断工龄是否在 5 年以上，只有工龄达到 5 年以上才有评级的资格。

❶ 打开表格并将光标定位在 D2 单元格中，输入公式“=NOT(B2<=5)”，如图 9-9 所示。

❷ 按回车键后并利用填充柄功能向下填充公式，即可得到判断结果（TRUE 值代表符合评级要求；FALSE 值代表不符合评级要求），如图 9-10 所示。

SUMIF | =NOT(B2<=5)

	A	B	C	D
1	员工	工龄	职位	是否符合评级要求
2	李楠	5	办事员	=NOT(B2<=5)
3	刘晓艺	1	科长	
4	卢涛	2	办事员	
5	周伟	1	办事员	
6	李晓云	6	办事员	
7	王晓东	8	科长	

图 9-9

	A	B	C	D
1	员工	工龄	职位	是否符合评级要求
2	李楠	5	办事员	FALSE
3	刘晓艺	1	科长	FALSE
4	卢涛	2	办事员	FALSE
5	周伟	1	办事员	FALSE
6	李晓云	6	办事员	TRUE
7	王晓东	8	科长	TRUE
8	蒋菲菲	4	科长	FALSE
9	刘立	3	办事员	FALSE

图 9-10

2．剔除无工作经验的应聘者

本例表格中统计了应聘者的工作经验情况，要求使用 NOT 函数淘汰无工作经验的应聘者。

❶ 打开表格并将光标定位在 D2 单元格中，输入公式“=NOT(C2="无")”，如图 9-11 所示。

❷ 按回车键后并利用填充柄功能向下填充公式，即可得到判断结果（TRUE 值代表满足应聘条件；FALSE 值代表不满足应聘条件，应该剔除），如图 9-12 所示。

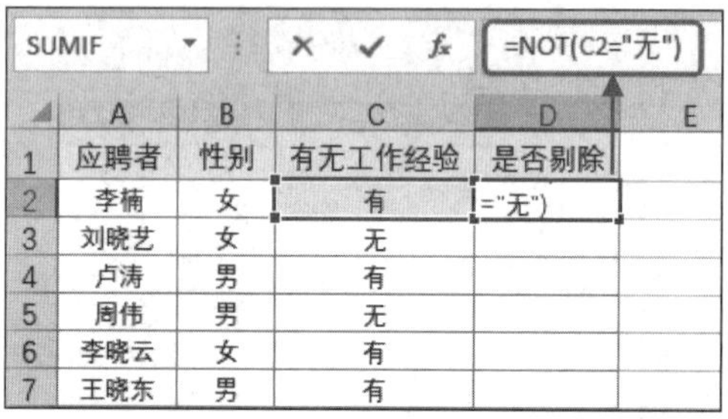

SUMIF | =NOT(C2="无")

	A	B	C	D	E
1	应聘者	性别	有无工作经验	是否剔除	
2	李楠	女	有	="无")	
3	刘晓艺	女	无		
4	卢涛	男	有		
5	周伟	男	无		
6	李晓云	女	有		
7	王晓东	男	有		

图 9-11

	A	B	C	D
1	应聘者	性别	有无工作经验	是否剔除
2	李楠	女	有	TRUE
3	刘晓艺	女	无	FALSE
4	卢涛	男	有	TRUE
5	周伟	男	无	FALSE
6	李晓云	女	有	TRUE
7	王晓东	男	有	TRUE
8	蒋菲菲	女	无	FALSE
9	刘立	男	有	TRUE

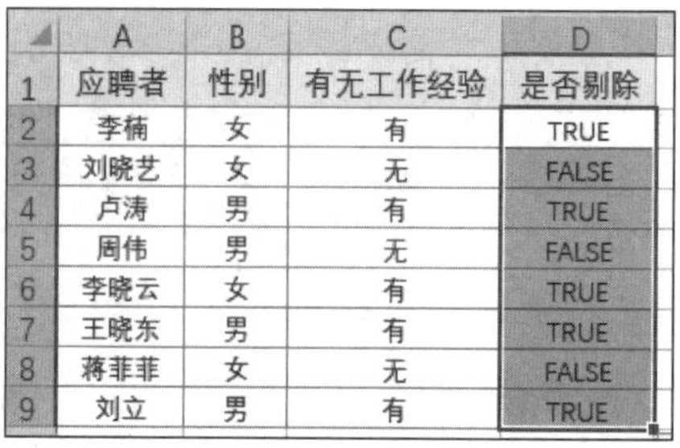

图 9-12

9.2 复合检验的逻辑函数

前面介绍的逻辑判断函数只能返回 TRUE 或 FALSE 的逻辑值，为了返回更加直观的结果，通常要根据真假值再为其指定返回不同的值。IF 函数可实现先进行逻辑判断，再根据判断结果返回指定的值。Excel 2019 中还新增了 IFS 函数，可以进行多条件判断，简化了 IF 函数的多层嵌套公式。

9.2.1 应用 IF 函数对真假函数进行判断

除了前面介绍的单独使用 AND 或者 OR 函数设置条件之外，经常使用的就是和 IF 函数嵌套使用，将同时满足多个条件的值进行计算，或者将只满足指定多个条件中的一个条件的值进行计算。9.1 节中的表格数据只是根据判断条件依次返回 TRUE 值和 FALSE 值，如果事先学习了 IF 函数，则可以在这些函数之前嵌套使用 IF 函数，将这些逻辑值直接以更直观的文本表示出数据分析结果，在实际应用中会更加广泛有效。

IF 函数是 Excel 中常用的函数之一，IF 函数允许通过测试某个条件并返回 TRUE 或 FALSE 的结果，从而对某个值和预期值进行逻辑比较。IF 函数简单的表示形式是如果内容为 TRUE，则执行某些操作，否则就执行其他操作。

IF 函数语法的形式如下：

IF（内容为 TRUE，则执行某些操作，否则就执行其他操作）

IF 函数可用于计算文本和数值，不仅可以检查一项内容是否等于另一项内容并返回单个结果，而且可以根据需要使用数学运算符并执行其他计算。另外，还可以将多个 IF 函数嵌套在一起来执行多个比较。虽然 Excel 中允许嵌套最多 64 个不同的 IF 函数，但是不建议大家这样做，实际应用起来会非常复杂又有难度，本章将介绍一些常用的有实际意义的 IF 函数嵌套实例。比如根据分数判断“优良”等级；根据业绩数据判断提成率并计算出奖金；根据面试成绩和笔试成绩判断是否符合录取要求等。

函数功能：IF 函数是 Excel 中最常用的函数之一，它可以对值和期待值进行逻辑比较。

因此 IF 语句可能有两个结果。第一个结果比较结果为 TRUE，第二个结果比较结果为 FALSE。例如，=IF(C2="Yes",1,2)表示 IF(C2 = Yes, 则返回 1, 否则返回 2)。IF 函数用于根据指定的条件判断其“真”（TRUE）、“假”（FALSE），从而返回其相对应的内容。

函数语法：IF(logical_test,value_if_true,value_if_false)

参数解析：

- logical_test：表示逻辑判断表达式。
- value_if_true：表示当判断条件为逻辑“真”（TRUE）时，显示该处给定的内容。
- value_if_false：表示当判断的条件为逻辑“假”（FALSE）时，显示该处给定的内容。IF 函数可嵌套 7 层关系式，这样可以构造复杂的判断条件，从而进行综合测评。

1．根据应聘者成绩判断是否录取

本例表格中统计了应聘人员的面试成绩和笔试成绩，判断这两项是否都大于 80 分，如果是则予以录取，只要有一项未达到 80 分则不予录取。

❶ 打开表格并将光标定位在 D2 单元格中，输入公式“=IF(AND(B2>80,C2>80),"是","否")”，如图 9-13 所示。

❷ 按回车键后并利用填充柄功能向下填充公式，即可根据两项成绩判断出是否录取应聘者，如图 9-14 所示。

SUMIF | =IF(AND(B2>80,C2>80),"是","否")

	A	B	C	D	E	F
1	姓名	笔试成绩	面试成绩	是否录取		
2	周伟	90	79	"是","否")		
3	刘晓艺	79	72			
4	万宇非	82	77			
5	卢涛	88	70			
6	王晓东	76	65			
7	李江	79	93			
8	徐飞	76	90			
9	刘莎	80	56			
10	蒋菲菲	91	88			

图 9-13

	A	B	C	D
1	姓名	笔试成绩	面试成绩	是否录取
2	周伟	90	79	否
3	刘晓艺	79	72	否
4	万宇非	82	77	否
5	卢涛	88	70	否
6	王晓东	76	65	否
7	李江	79	93	否
8	徐飞	76	90	否
9	刘莎	80	56	否
10	蒋菲菲	91	88	是
11	刘立	88	91	是
12	张旭	88	84	是
13	杨文文	82	77	否
14	汪源	77	79	否

图 9-14

提示注意

使用 AND 函数判断笔试成绩和面试成绩是否都大于 80 分，再使用 IF 函数根据判断结果的 TRUE 和 FALSE 值返回对应的“是”和“否”。

2．根据总分划分成绩所属区间（IF）

本例表格中统计了学生的三门主科成绩，并且计算了总分。下面要求根据不同的分数区间来判断成绩属于“优秀”（260 分以上）；“合格”（180～200 分）；“良好”（200～260 分）；还是“不合格”（0～180 分）。本例可以使用 IF 函数的多层嵌套。

❶ 打开表格并将光标定位在 F2 单元格中，输入公式“=IF(E2>=260,"优秀",IF(E2>=200,"良好", IF(E2>=180,"合格","不合格")))”，如图 9-15 所示。

SUMIF　=IF(E2>=260,"优秀",IF(E2>=200,"良好",IF(E2>=180,"合格","不合格")))

	A	B	C	D	E	F	G	H	I	J	K
1	姓名	语文	数学	英语	总分	成绩评定					
2	李楠	90	85	90	265	格")))					
3	刘晓艺	55	85	90	230						
4	卢涛	55	58	50	163						
5	周伟	90	90	66	246						
6	李晓云	91	75	55	221						
7	王晓东	59	50	80	189						
8	蒋菲菲	90	85	88	263						
9	刘立	88	58	91	237						
10											

图 9-15

❷ 按回车键后并利用填充柄功能向下填充公式，即可根据总分对每一名学生的成绩进行评定，如图 9-16 所示。

	A	B	C	D	E	F
1	姓名	语文	数学	英语	总分	成绩评定
2	李楠	90	85	90	265	优秀
3	刘晓艺	55	85	90	230	良好
4	卢涛	55	58	50	163	不合格
5	周伟	90	90	66	246	良好
6	李晓云	91	75	55	221	良好
7	王晓东	59	50	80	189	合格
8	蒋菲菲	90	85	88	263	优秀
9	刘立	88	58	91	237	良好

图 9-16

3．满足双条件筛选数据

本例表格中统计了某公司对部门员工进行年度考核的分数，如果职位为“专员”的考核分数大于 75 分则考核通过；如果职位为“总监”的考核分数大于 80 分则考核通过。本例可以使用 IF 函数配合 OR 函数、AND 函数来设置公式进行判断。

❶ 打开表格并将光标定位在 D2 单元格中，输入公式“=IF(OR(AND(B2="专员",C2>75), AND(B2="总监",C2>80)),"是","否")”，如图 9-17 所示。

D2　=IF(OR(AND(B2="专员",C2>75),AND(B2="总监",C2>80)),"是","否")

	A	B	C	D	E	F	G	H	I
1	姓名	职位	考核分数	是否考核通过					
2	李楠	专员	85	是					
3	刘晓艺	总监	90						
4	卢涛	专员	68						
5	周伟	专员	78						
6	李晓云	专员	70						
7	王晓东	总监	81						
8	蒋菲菲	总监	93						
9	刘立	专员	75						

图 9-17

❷ 按回车键后并利用填充柄功能向下填充公式，即可根据职位和考核分数判断出每一位员工是否考核通过，如图 9-18 所示。

	A	B	C	D
1	姓名	职位	考核分数	是否考核通过
2	李楠	专员	85	是
3	刘晓艺	总监	90	是
4	卢涛	专员	68	否
5	周伟	专员	78	是
6	李晓云	专员	70	否
7	王晓东	总监	81	是
8	蒋菲菲	总监	93	是
9	刘立	专员	75	否
10	王婷	总监	69	否

图 9-18

4．判断产品数据是否通过检测

本例表格中统计了几种产品的检测数据，如果检测结果大于 9，则表示该产品检测合格。

❶ 打开表格并将光标定位在 C2 单元格中，输入公式“=IF(B2>9,"通过","")”，如图 9-19 所示。

❷ 按回车键后并利用填充柄功能向下填充公式，即可判断出所有产品是否通过检测，如图 9-20 所示。

SUMIF =IF(B2>9,"通过","")

	A	B	C	D	E
1	产品序号	数据	是否通过检测		
2	1	10.9	"")		
3	2	9.9			
4	3	7.8			
5	4	10			
6	5	8.9			
7	6	9.4			

图 9-19

	A	B	C
1	产品序号	数据	是否通过检测
2	1	10.9	通过
3	2	9.9	通过
4	3	7.8	
5	4	10	通过
6	5	8.9	
7	6	9.4	通过
8	7	6.5	
9	8	8.8	
10	9	7.9	

图 9-20

5．只为满足条件的商品提价

本例表格中统计了各种商品的详细规格和定价，由于外贸运输成本上涨，需要统一为国外进口的商品定价上调 5 元，本例可以使用 IF 函数和 RIGHT 函数结合设置公式。

❶ 打开表格并将光标定位在 E2 单元格中，输入公式“=IF(RIGHT(A2,6)="(国外进口)",D2+5,D2)”，如图 9-21 所示。

SUMIF =IF(RIGHT(A2,6)="（国外进口）",D2+5,D2)

	A	B	C	D	E	F
1	产品名称	耐寒区域	规格	定价	调后价格	
2	四季樱草	3-8区	裸根	19	+5,D2)	
3	白芨4芽点（国外进口）	6-9区	P9	22		
4	球花 报春	1-10区	P9	25		
5	姜荷花（国外进口）	2-9区	裸根	19		
6	耳轮报春	2-9区	P9	35		
7	唐菖蒲	2-9区	裸根	3		

图 9-21

❷ 按回车键后并利用填充柄功能向下填充公式，即可先判断商品是否为“国外进口”，然后再上调价格 5 元得到新的价格，如图 9-22 所示。

	A	B	C	D	E	F
1	产品名称	耐寒区域	规格	定价	调后价格	
2	四季樱草	3-8区	裸根	19	19	
3	白芨4芽点（国外进口）	6-9区	P9	22	27	
4	球花 报春	1-10区	P9	25	25	
5	姜荷花（国外进口）	2-9区	裸根	19	24	
6	耳轮报春	2-9区	P9	35	35	
7	唐菖蒲	2-9区	裸根	3	3	
8	重瓣百合（国外进口）	2-8区	裸根	5	10	
9	巧克力秋英（国外进口）	2-9区	裸根	6	11	
10	花韭	2-9区	裸根	5	5	
11	重瓣风铃草（国外进口）	2-9区	一加仑	25	30	

E2: =IF(RIGHT(A2,6)="（国外进口）",D2+5,D2)

图 9-22

9.2.2 IFS 函数多条件判断

函数功能：检查 IFS 函数的一个或多个条件是否满足，并返回到第一个条件相对应的值。IFS 函数可以进行多个嵌套 IF 语句，并可以更加轻松地使用多个条件。

函数语法：IFS(logical_test1, value_if_true1, [logical_test2, value_if_true2], [logical_test3, value_if_true3],…)

参数解析：

- logical_test1（必需）：计算结果为 TRUE 或 FALSE 的条件。
- value_if_true1（必需）：当 logical_test1 的计算结果为 TRUE 时要返回结果，可以为空。
- logical_test2…logical_test127（可选）：计算结果为 TRUE 或 FALSE 的条件。
- value_if_true2…value_if_true127（可选）：当 logical_testN 的计算结果为 TRUE 时要返回结果。每个 value_if_trueN 对应于一个条件 logical_testN，可以为空。

1. 根据总分划分成绩所属区间

本例表格中统计了学生的三门主科成绩，并且计算了总分。下面要求根据不同的分数区间来判断成绩属于“优秀”（260 分以上）；“合格”（180～200 分）；“良好”（200～260 分）；还是“不合格”（0～180 分）。本例可以使用 IFS 函数实现多条件判断，避免使用 IF 函数设置多层嵌套，也比较容易出错。

❶ 打开表格并将光标定位在 F2 单元格中，输入公式“=IFS(E2>260,"优秀",E2>200,"良好",E2>180,"合格",E2>0,"不合格")”，如图 9-23 所示。

SUMIF: =IFS(E2>260,"优秀",E2>200,"良好",E2>180,"合格",E2>0,"不合格")

	A	B	C	D	E	F	G	H	I	J
1	姓名	语文	数学	英语	总分	成绩评定				
2	李楠	90	85	90	265	合格")				
3	刘晓艺	55	85	90	230					
4	卢涛	55	58	50	163					
5	周伟	90	90	66	246					
6	李晓云	91	75	55	221					
7	王晓东	59	50	80	189					
8	蒋菲菲	90	85	88	263					
9	刘立	88	58	91	237					

图 9-23

❷ 按回车键后并利用填充柄功能向下填充公式，即可根据总分对每一名学生的成绩进行评定，如图 9-24 所示。

	A	B	C	D	E	F
1	姓名	语文	数学	英语	总分	成绩评定
2	李楠	90	85	90	265	优秀
3	刘晓艺	55	85	90	230	良好
4	卢涛	55	58	50	163	不合格
5	周伟	90	90	66	246	良好
6	李晓云	91	75	55	221	良好
7	王晓东	59	50	80	189	合格
8	蒋菲菲	90	85	88	263	优秀
9	刘立	88	58	91	237	良好

图 9-24

2. 计算销售人员的提成奖金

本例规定，如果销售人员的销售量大于 1000 吨，则提成奖金为 2000 元；销售量 500～1000 吨，则提成奖金为 1000 元；销售量 300～1000 吨，则提成奖金为 500 元；销售量 0～300 吨，则提成奖金为 0 元；根据这些条件可以使用 IFS 函数设置不同条件以计算出各销售人员的提成奖金。

❶ 打开表格并将光标定位在 D2 单元格中，输入公式“=IFS(C2>1000,2000,C2>500,1000, C2>300,500,C2 <200,0)”，如图 9-25 所示。

❷ 按回车键后并利用填充柄功能向下填充公式，即可根据销售量计算出所有销售人员的提成奖金，如图 9-26 所示。

SUMIF　=IFS(C2>1000,2000,C2>500,1000,C2>300,500,C2<200,0)

	A	B	C	D	E	F	G	H
1	姓名	职位	销售（吨）	提成				
2	李楠	销售员	1000	C2<200,0)				
3	刘晓艺	销售总监	500					
4	卢涛	销售员	600					
5	周伟	销售总监	1000					
6	李晓云	销售总监	190					
7	王晓东	销售员	500					
8	蒋菲菲	销售员	1500					
9	刘立	销售员	650					

图 9-25

	A	B	C	D
1	姓名	职位	销售（吨）	提成
2	李楠	销售员	1000	1000
3	刘晓艺	销售总监	500	500
4	卢涛	销售员	600	1000
5	周伟	销售总监	1000	1000
6	李晓云	销售总监	190	0
7	王晓东	销售员	500	500
8	蒋菲菲	销售员	1500	2000
9	刘立	销售员	650	1000
10	王婷	销售总监	150	0

图 9-26

9.3 综合实例

9.3.1 案例 16：个人所得税核算

由于个人所得税的计算要根据应发工资先计算税率、速算扣除数才能得出最终的应缴税额，计算步骤较多，因此我们可以单独创建一张表格进行计算，最终计算出应缴所得税额，再将这个应缴所得税额匹配到最终的工资表中即可。

用 IF 函数配合其他函数计算个人所得税。相关规则如下：

- 起征点为 5000。
- 税率及速算扣除数如表 9-1 所示。

表 9-1　个人所得税税率表

应纳税所得额（元）	税率（%）	速算扣除数（元）
不超过 3000	3	0
3001～12000	10	210
12001～25000	20	1410
25001～35000	25	2660
35001～55000	30	4410
55001～80000	35	7160
超过 80001	45	15160

❶ 新建工作表，设置标题为“个人所得税计算表”，在表格中建立相应的列标题，并建立工号、姓名、部门、应发工资等基本数据，如图 9-27 所示。

个人所得税计算表

工号	姓名	性别	部门	应发工资	应缴税所得额	税率	速算扣除数	应缴所得税
A001	李楠	男	财务部	4100				
A002	刘晓艺	女	设计部	8800				
A003	卢涛	男	设计部	2700				
A004	周伟	女	财务部	12652				
A005	李晓云	女	工程部	8936.8				
A006	王晓东	女	设计部	2800				
A007	蒋菲菲	女	工程部	4145				
A008	刘立	女	设计部	18540				
A009	王婷	女	财务部	8768				
A010	何艳红	女	业务员	6131				
A011	胡平	女	设计部	8724.8				
A012	何浩成	女	财务部	6000				
A013	李苏	男	财务部	7200				
A014	余一燕	女	业务员	3000				
A015	刘杰	男	财务部	8206.4				
A016	刘成杰	女	业务员	5600				
A017	李萍	男	财务部	4800				
A018	彭丽	女	工程部	1400				
A019	杨海洋	女	财务部	3000				
A020	肖沼阳	女	设计部	2700				
A021	胡光霞	女	工程部	1800				

图 9-27

❷ 将光标定位在 F3 单元格中，输入公式“=IF(E3>5000,E3-5000,0)”，按回车键即可返回应缴税所得额，如图 9-28 所示。

F3　=IF(E3>5000,E3-5000,0)

个人所得税计算表

工号	姓名	性别	部门	应发工资	应缴税所得额	税率
A001	李楠	男	财务部	4100	0	
A002	刘晓艺	女	设计部	8800		
A003	卢涛	男	设计部	2700		
A004	周伟	女	财务部	12652		
A005	李晓云	女	工程部	8936.8		
A006	王晓东	女	设计部	2800		
A007	蒋菲菲	女	工程部	4145		
A008	刘立	女	设计部	18540		
A009	王婷	女	财务部	8768		
A010	何艳红	女	业务员	6131		

图 9-28

❸ 将光标定位在 G3 单元格中，输入公式“=IF(F3<=3000,0.03,IF(F3<=12000,0.1,IF(F3<=25000,0.2,IF(F3<= 35000,0.25,IF(F3<=55000,0.3,IF(F3<=80000,0.35,0.45))))))”，按回车键即可返回税率，如图 9-29 所示。

G3 =IF(F3<=3000,0.03,IF(F3<=12000,0.1,IF(F3<=25000,0.2,IF(F3<= 35000,0.25,IF(F3<=55000,0.3,IF(F3<=80000,0.35,0.45))))))

个人所得税计算表

工号	姓名	性别	部门	应发工资	应缴税所得额	税率	速算扣除数	应缴所得税
A001	李楠	男	财务部	4100	0	0.03		
A002	刘晓艺	女	设计部	8800				
A003	卢涛	男	设计部	2700				
A004	周伟	女	财务部	12652				
A005	李晓云	女	工程部	8936.8				
A006	王晓东	女	设计部	2800				
A007	蒋菲菲	女	工程部	4145				
A008	刘立	女	设计部	18540				
A009	王婷	女	财务部	8768				
A010	何艳红	女	业务员	6131				
A011	胡平	女	设计部	8724.8				
A012	何浩成	女	财务部	6000				
A013	李苏	男	财务部	7200				

图 9-29

❹ 将光标定位在 H3 单元格中，输入公式“=VLOOKUP(G3,{0.03,0;0.1,210;0.2,1410;0.25,2660;0.3,4410;0.35,7160;0.45,15160},2,)”，按回车键即可返回速算扣除数，如图 9-30 所示。

H3 =VLOOKUP(G3,{0.03,0;0.1,210;0.2,1410;0.25,2660;0.3,4410;0.35,7160;0.45,15160},2,)

个人所得税计算表

工号	姓名	性别	部门	应发工资	应缴税所得额	税率	速算扣除数	应缴所得税
A001	李楠	男	财务部	4100	0	0.03	0	
A002	刘晓艺	女	设计部	8800				
A003	卢涛	男	设计部	2700				
A004	周伟	女	财务部	12652				
A005	李晓云	女	工程部	8936.8				
A006	王晓东	女	设计部	2800				
A007	蒋菲菲	女	工程部	4145				
A008	刘立	女	设计部	18540				
A009	王婷	女	财务部	8768				
A010	何艳红	女	业务员	6131				
A011	胡平	女	设计部	8724.8				
A012	何浩成	女	财务部	6000				

图 9-30

❺ 将光标定位在 I3 单元格中，输入公式“=F3*G3-H3”，按回车键即可计算出应缴所得税额，如图 9-31 所示。

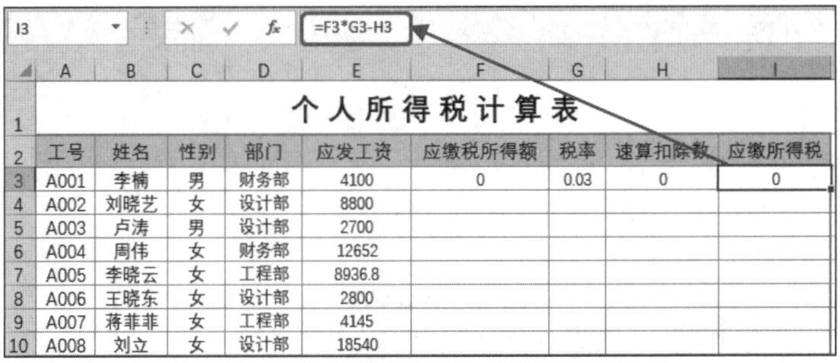

I3 =F3*G3-H3

个人所得税计算表

工号	姓名	性别	部门	应发工资	应缴税所得额	税率	速算扣除数	应缴所得税
A001	李楠	男	财务部	4100	0	0.03	0	0
A002	刘晓艺	女	设计部	8800				
A003	卢涛	男	设计部	2700				
A004	周伟	女	财务部	12652				
A005	李晓云	女	工程部	8936.8				
A006	王晓东	女	设计部	2800				
A007	蒋菲菲	女	工程部	4145				
A008	刘立	女	设计部	18540				

图 9-31

❻ 选中 F3:I3 单元格区域并向下复制公式，即可分别计算出所有员工的个人应缴所得税额，如图 9-32 所示。

工号	姓名	性别	部门	应发工资	应缴税所得额	税率	速算扣除数	应缴所得税
个人所得税计算表								
A001	李楠	男	财务部	4100	0	0.03	0	0
A002	刘晓艺	女	设计部	8800	3800	0.1	210	170
A003	卢涛	男	设计部	2700	0	0.03	0	0
A004	周伟	女	财务部	12652	7652	0.1	210	555.2
A005	李晓云	女	工程部	8936.8	3936.8	0.1	210	183.68
A006	王晓东	女	设计部	2800	0	0.03	0	0
A007	蒋菲菲	女	工程部	4145	0	0.03	0	0
A008	刘立	女	设计部	18540	13540	0.2	1410	1298
A009	王婷	女	财务部	8768	3768	0.1	210	166.8
A010	何艳红	女	业务员	6131	1131	0.03	0	33.93
A011	胡平	女	设计部	8724.8	3724.8	0.1	210	162.48
A012	何浩成	女	财务部	6000	1000	0.03	0	30
A013	李苏	男	财务部	7200	2200	0.03	0	66
A014	余一燕	女	业务员	3000	0	0.03	0	0
A015	刘杰	男	财务部	8206.4	3206.4	0.1	210	110.64
A016	刘成杰	女	业务员	5600	600	0.03	0	18
A017	李沣	男	财务部	4800	0	0.03	0	0
A018	彭丽	女	工程部	1400	0	0.03	0	0
A019	杨海洋	女	财务部	3000	0	0.03	0	0
A020	肖沼阳	女	设计部	2700	0	0.03	0	0
A021	胡光霞	女	工程部	1800	0	0.03	0	0

图 9-32

9.3.2 案例 17：按会员卡级别派发赠品

某商店周年庆，为了回馈新老客户，制定了获得赠品的规则：持金卡、银卡以及没有会员卡的顾客，各根据消费金额不同可获得不同的赠品。可以使用 IF 函数多层嵌套设置公式进行判断。

❶ 打开表格并将光标定位在 D2 单元格中，输入公式 “=IF(AND(B2="",C2<2888),"",IF(B2="金卡",IF(C2<2888,"电饭煲",IF(C2<3888,"电磁炉","微波炉")),IF(B2="银卡",IF(C2<2888,"夜间灯",IF(C2<3888,"雨伞","摄像头")),"浴巾")))”，如图 9-33 所示。

❷ 按回车键后并利用填充柄功能向下填充公式，即可根据持卡种类和消费金额判断出派发的赠品，如图 9-34 所示。

=IF(AND(B2="",C2<2888),"",IF(B2="金卡",IF(C2<2888,"电饭煲",IF(C2<3888,"电磁炉","微波炉")),IF(B2="银卡",IF(C2<2888,"夜间灯",IF(C2<3888,"雨伞","摄像头")),"浴巾")))

用户	持卡种类	消费额	派发赠品
王先生	金卡	4058	巾")))
李小姐		5099	
王小姐	银卡	2589	
姜先生		4402	
张先生	金卡	5092	
王小姐	金卡	4500	
杨小姐	银卡	2987	
李先生	银卡	3000	
周小姐	银卡	3050	
施先生	银卡	8000	
聂先生	金卡	1050	

图 9-33

用户	持卡种类	消费额	派发赠品
王先生	金卡	4058	微波炉
李小姐		5099	浴巾
王小姐	银卡	2589	夜间灯
姜先生		4402	浴巾
张先生	金卡	5092	微波炉
王小姐	金卡	4500	微波炉
杨小姐	银卡	2987	雨伞
李先生	银卡	3000	雨伞
周小姐	银卡	3050	雨伞
施先生	银卡	8000	摄像头
聂先生	金卡	1050	电饭煲

图 9-34

9.3.3 案例 18：按职位和工龄调整工资

本例表格中统计了员工的职位、工龄以及基本工资，现在公司规定对具有高级工程师职位的员工进行调薪，其他职位工资暂时不变。加薪规则：工龄大于 5 年的高级工程师工资上调 1500 元，其他工龄的高级工程师工资上调 800 元。

❶ 打开表格将光标定位在 E2 单元格中，输入公式“=IF(NOT(D2="高级工程师"),"不变",IF(AND(D2="高级工程师",B2>5),C2+1500,C2+800))”，如图 9-35 所示。

SUMIF　=IF(NOT(D2="高级工程师"),"不变",IF(AND(D2="高级工程师",B2>5),C2+1500,C2+800))

	A	B	C	D	E
1	姓名	工龄	基本工资	职位	是否调薪
2	李楠	2	9000	高级工程师	C2+800))
3	刘晓艺	7	5000	产品经理	
4	卢涛	2	3000	研发员	
5	周伟	5	5000	研发员	
6	李晓云	2	9000	高级工程师	
7	王晓东	7	3500	研发员	
8	蒋菲菲	6	3000	研发员	
9	刘立	6	8000	高级工程师	
10	王婷	5	9000	产品经理	
11					
12					

图 9-35

❷ 按回车键后并利用填充柄功能向下填充公式，即可根据职位判断出是否调薪，如图 9-36 所示。

	A	B	C	D	E
1	姓名	工龄	基本工资	职位	是否调薪
2	李楠	2	9000	高级工程师	9800
3	刘晓艺	7	5000	产品经理	不变
4	卢涛	2	3000	研发员	不变
5	周伟	5	5000	研发员	不变
6	李晓云	2	9000	高级工程师	9800
7	王晓东	7	3500	研发员	不变
8	蒋菲菲	6	3000	研发员	不变
9	刘立	6	8000	高级工程师	9500
10	王婷	5	9000	产品经理	不变

图 9-36

第 10 章 函数运算——关于日期与时间核算

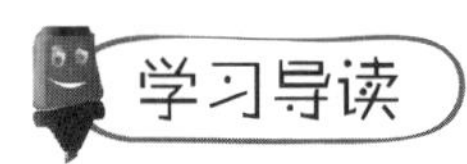

对于数据表格中涉及日期与星期、时间的函数计算，可以使用 DATE、DATEDIF 、WORKDAY、HOUR 等函数设置公式。

- 构建与提取日期函数。
- 工作日计算函数。
- 时间函数。

10.1 构建与提取日期函数

构建日期是指将年份、月份、日这 3 类数据组合在一起，形成标准的日期数据，构建日期的函数为 DATE、YEAR、MONTH、DAY、WEEKDAY 函数。提取日期的函数如 YEAR、MONTH、DAY 等，它们用于从给定的日期数据中提取年、月、日等信息，并且提取后的数据还可以进行数据计算。用来提取小时、分钟和秒数的时间函数分别是 HOUR、MINUTE、SECOND 3 个函数。

10.1.1 应用 DATE 函数构建标准日期

函数功能：DATE 函数返回表示特定日期的连续序列号。

函数语法：DATE(year,month,day)

参数解析：

- year：为指定的年份数值，参数的值可以包含 1 到 4 位数字。
- month：为指定的月份数值，一个正整数或负整数，表示一年中从 1 月到 12 月的各个月。
- day：为指定的天数，一个正整数或负整数，表示一个月中从 1 日到 31 日的各天。

1. 合并年、月、日规范日期格式

本例表格给出了年、月、日数据，要求使用函数合并年、月、日并得到完整的日期。

❶ 打开表格并将光标定位在D2单元格中，输入公式“=DATE(A2,B2,C2)”，如图10-1所示。

❷ 按回车键后并利用填充柄功能向下填充公式，即可提取已知的年、月、日，并且合并成规范格式的日期格式，如图10-2所示。

SUMIF　×　✓　fx　=DATE(A2,B2,C2)

	A	B	C	D	E
1	年	月	日	合并日期格式	
2	2020	1	15	=DATE(A2,B2,C2)	
3	2020	3	5		
4	2020	5	40		
5	2020	10	8		

图10-1

	A	B	C	D
1	年	月	日	合并日期格式
2	2020	1	15	2020/1/15
3	2020	3	5	2020/3/5
4	2020	5	40	2020/6/9
5	2020	10	8	2020/10/8

图10-2

2. 统一替换日期为正确格式

本例表格中统计了每位值班人员的值班日期，但是日期值格式不规范，下面要求使用函数将值班日期转换为正确的日期格式。

❶ 打开表格并将光标定位在C2单元格中，输入公式“=DATE(MID(B2,1,4),MID(B2,5,2),MID(B2,7,2))”，如图10-3所示。

❷ 按回车键后并利用填充柄功能向下填充公式，即可将不规范的值班日期替换为正确日期格式，如图10-4所示。

SUMIF　×　✓　fx　=DATE(MID(B2,1,4),MID(B2,5,2),MID(B2,7,2))

	A	B	C	D	E	F
1	值班人员	值班日期	标准日期			
2	廖晓	20200104	1,4),MID(B2,5,2), MID(B2,7,2))			
3	李婷婷	20200111				
4	王娜	20200304				
5	杨倩	20201204				
6	刘玲	20201225				
7	张端端	20201106				

图10-3

	A	B	C
1	值班人员	值班日期	标准日期
2	廖晓	20200104	2020/1/4
3	李婷婷	20200111	2020/1/11
4	王娜	20200304	2020/3/4
5	杨倩	20201204	2020/12/4
6	刘玲	20201225	2020/12/25
7	张端端	20201106	2020/11/6
8	李渡	20200104	2020/1/4

图10-4

10.1.2 应用YEAR函数计算年份

函数功能： YEAR函数返回某日期对应的年份，返回值为1900到9999之间的整数。

函数语法： YEAR(serial_number)

参数解析： serial_number：表示要查找的年份的日期。可以使用DATE函数输入日期，或者将日期作为其他公式或函数的结果输入。

计算员工年龄

本例表格中统计了员工的出生日期，要求根据出生日期和当前的日期计算出每一位员工的年龄。

❶ 打开表格并将光标定位在D2单元格中，输入公式“=YEAR(TODAY())-YEAR(C2)”，如图10-5所示。

❷ 按回车键计算出年龄（这里返回的是日期值），选中D2单元格并单击“开始”→“数字”选项组中的“数字格式”按钮右侧的向下箭头，在展开的下拉菜单中单击“常规”命令，如图10-6所示。

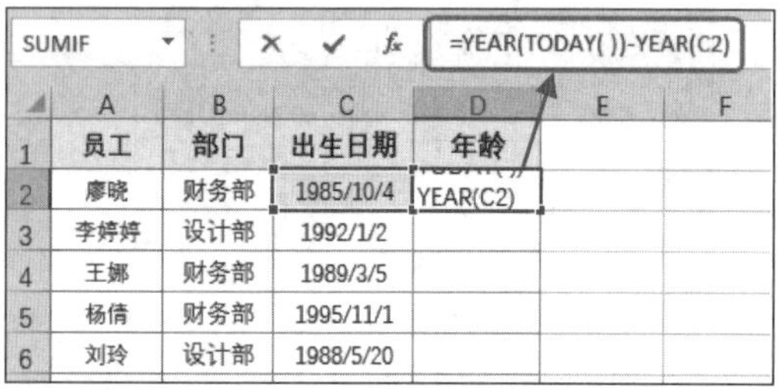

SUMIF =YEAR(TODAY( ))-YEAR(C2)

	A	B	C	D	E	F
1	员工	部门	出生日期	年龄		
2	廖晓	财务部	1985/10/4	YEAR(C2)		
3	李婷婷	设计部	1992/1/2			
4	王娜	财务部	1989/3/5			
5	杨倩	财务部	1995/11/1			
6	刘玲	设计部	1988/5/20			

图10-5

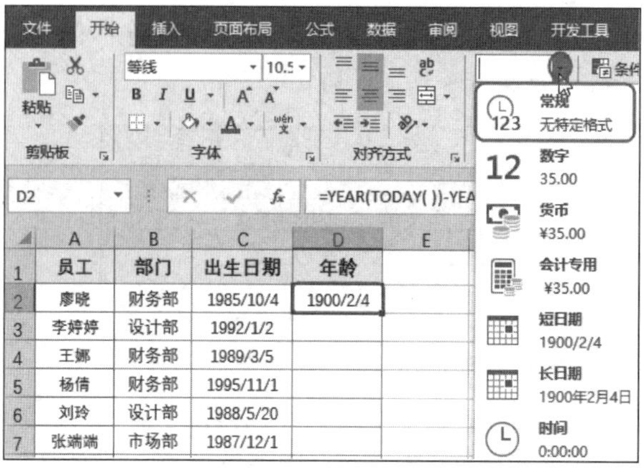

D2 =YEAR(TODAY( ))-YEA

	A	B	C	D	E
1	员工	部门	出生日期	年龄	
2	廖晓	财务部	1985/10/4	1900/2/4	
3	李婷婷	设计部	1992/1/2		
4	王娜	财务部	1989/3/5		
5	杨倩	财务部	1995/11/1		
6	刘玲	设计部	1988/5/20		
7	张端端	市场部	1987/12/1		

常规 无特定格式；数字 35.00；货币 ¥35.00；会计专用 ¥35.00；短日期 1900/2/4；长日期 1900年2月4日；时间 0:00:00

图10-6

❸ 此时可以看到日期值转换为正确的数字格式。按回车键后并利用填充柄功能向下填充公式，即可根据每一位员工的出生日期计算出年龄，如图10-7所示。

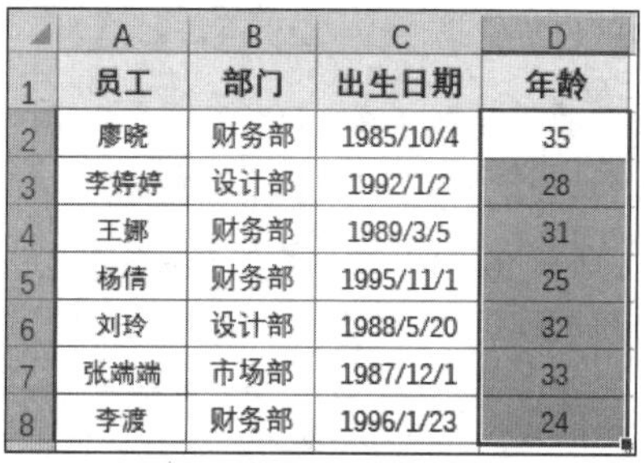

	A	B	C	D
1	员工	部门	出生日期	年龄
2	廖晓	财务部	1985/10/4	35
3	李婷婷	设计部	1992/1/2	28
4	王娜	财务部	1989/3/5	31
5	杨倩	财务部	1995/11/1	25
6	刘玲	设计部	1988/5/20	32
7	张端端	市场部	1987/12/1	33
8	李渡	财务部	1996/1/23	24

图10-7

10.1.3 应用MONTH函数计算日期中的月份

函数功能：MONTH函数表示返回以序列号表示的日期中的月份。月份是介于1（一月）到12（十二月）之间的整数。

函数语法：MONTH(serial_number)

参数解析：serial_number：必需。表示要查找的月份日期。可以使用DATE函数输入日期，或将日期作为其他公式或函数的结果输入。例如，使用函数DATE(2008,5,23)输入2008年5月23日。

1．统计指定月份费用支出额

本例表格中按日期统计了公司各部门的费用支出额，下面需要统计指定月份的费用支出总额，使用SUM函数可以将满足指定月份的费用支出总额进行求和。

❶ 打开表格并将光标定位在F2单元格中，输入公式“=SUM(IF(MONTH(A2:A8)=MONTH(TODAY()), C2:C8))”，如图10-8所示。

❷ 按 Ctrl+Shift+Enter 组合键，即可统计出 7 月份各部门的费用总支出额，如图 10-9 所示。

SUMIF　=SUM(IF(MONTH(A2:A8)=MONTH(TODAY()),C2:C8))

	A	B	C	D	E	F	G	H
1	日期	部门	费用支出		月份	费用支出		
2	2020/6/15	财务部	5900		7	C2:C8))		
3	2020/6/23	设计部	900					
4	2020/7/1	财务部	500					
5	2020/7/1	财务部	1500					
6	2020/7/3	设计部	3600					
7	2020/7/13	市场部	980					
8	2020/7/22	财务部	450					

图 10-8

	A	B	C	D	E	F
1	日期	部门	费用支出		月份	费用支出
2	2020/6/15	财务部	5900		7	7030
3	2020/6/23	设计部	900			
4	2020/7/1	财务部	500			
5	2020/7/1	财务部	1500			
6	2020/7/3	设计部	3600			
7	2020/7/13	市场部	980			
8	2020/7/22	财务部	450			

图 10-9

更改查询月份为“6”，可以返回 6 月份的总费用支出额。

2. 判断员工是否本月值班

本例表格中统计了本年度员工的值班日期安排，下面需要判断员工是否是系统当前月份值班，如果是的话显示“本月值班”；不是则返回空白。

❶ 打开表格并将光标定位在 D2 单元格中，输入公式“=IF(MONTH(C2)=MONTH(TODAY()),"本月值班","")”，如图 10-10 所示。

❷ 按回车键后并利用填充柄功能向下填充公式，即可根据 C 列的值班日期判断出所有员工是否在本月值班，如图 10-11 所示。

SUMIF　=IF(MONTH(C2)=MONTH(TODAY()),"本月值班","")

	A	B	C	D	E	F	G
1	员工	部门	值班日期	是否本月值班			
2	廖晓	财务部	2020/3/15	"本月值班","")			
3	李婷婷	设计部	2020/6/9				
4	王娜	财务部	2020/7/7				
5	杨倩	财务部	2020/9/15				
6	刘玲	设计部	2020/10/5				
7	张端端	市场部	2020/7/19				

图 10-10

	A	B	C	D
1	员工	部门	值班日期	是否本月值班
2	廖晓	财务部	2020/3/15	
3	李婷婷	设计部	2020/6/9	
4	王娜	财务部	2020/7/7	本月值班
5	杨倩	财务部	2020/9/15	
6	刘玲	设计部	2020/10/5	
7	张端端	市场部	2020/7/19	本月值班
8	李渡	财务部	2020/6/14	

图 10-11

10.1.4 应用 DAY 函数计算某日期天数

函数功能：DAY函数返回以序列号表示的某日期的天数，用整数1到31表示。

函数语法：DAY(serial_number)

参数解析：serial_number：表示要查找的那一天的日期。

统计本月上旬出库数量

本例表格中统计了每日商店的出库量，下面需要根据日期数据将本月上旬的出库总量计算出来，可以使用DAY函数判断符合条件的日期，再使用SUM函数配合IF函数将满足条件的数据求和运算。

❶ 打开表格并将光标定位在D2单元格中，输入公式"=SUM(IF(DAY(A2:A10)<10,B2:B10))"，如图10-12所示。

❷ 按Ctrl+Shift+Enter组合键，即可计算出上旬出库总数量，如图10-13所示。

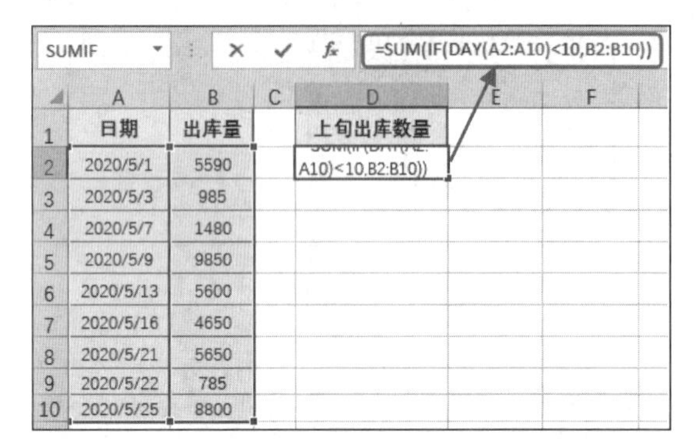

图 10-12

	A	B	C	D	E
1	日期	出库量		上旬出库数量	
2	2020/5/1	5590		17905	
3	2020/5/3	985			
4	2020/5/7	1480			
5	2020/5/9	9850			
6	2020/5/13	5600			
7	2020/5/16	4650			
8	2020/5/21	5650			
9	2020/5/22	785			
10	2020/5/25	8800			

图 10-13

10.1.5 应用WEEKDAY函数计算日期为星期几

函数功能： WEEKDAY函数表示返回某日期为星期几。默认情况下，其值为1（星期天）到7（星期日）之间的整数。

函数语法： WEEKDAY(serial_number,[return_type])

参数解析：

- serial_number：表示一个序列号，代表查找的那一天的日期。应使用DATE函数输入日期，或者将日期作为其他公式或函数的结果输入。
- return_type：可选。用于确定返回值类型的数字（见表10-1）。

表10-1 return_type可返回的数字

return_type	返回的数字
1或省略	数字1（星期日）到7（星期六）
2	数字1（星期一）到7（星期日）
3	数字0（星期一）到6（星期日）
11	数字1（星期一）到7（星期日）
12	数字1（星期二）到数字7（星期一）
13	数字1（星期三）到数字7（星期二）
14	数字1（星期四）到数字7（星期三）
15	数字1（星期五）到数字7（星期四）
16	数字1（星期六）到数字7（星期五）
17	数字1（星期日）到7（星期六）

1. 判断值班日期星期值

本例表格中统计了值班人员的值班日期，要求使用WEEKDAY函数将日期转换为星期值。

❶ 打开表格并将光标定位在D2单元格中，输入公式"=WEEKDAY(C2,2)"，如图10-14所示。

❷ 按回车键后并利用填充柄功能向下填充公式，即可根据值班日期转换为星期值（数字 1～7 分别代表星期一到星期日），如图 10-15 所示。

SUMIF =WEEKDAY(C2,2)

	A	B	C	D	E
1	员工	部门	值班日期	值班星期	
2	廖晓	财务部	2020/3/15	C2,2)	
3	李婷婷	设计部	2020/6/9		
4	王娜	财务部	2020/6/17		
5	杨倩	财务部	2020/9/15		
6	刘玲	设计部	2020/10/12		
7	张端端	市场部	2020/7/19		

图 10-14

	A	B	C	D
1	员工	部门	值班日期	值班星期
2	廖晓	财务部	2020/3/15	7
3	李婷婷	设计部	2020/6/9	2
4	王娜	财务部	2020/6/17	3
5	杨倩	财务部	2020/9/15	2
6	刘玲	设计部	2020/10/12	1
7	张端端	市场部	2020/7/19	7
8	李渡	财务部	2020/6/20	6

图 10-15

2. 判断员工加班类型

本例表格沿用了上一个例子，将值班日期修改为加班日期，要求使用 WEEKDAY 函数配合 IF 和 OR 函数判断加班日期是工作日还是周末。

❶ 打开表格并将光标定位在 D2 单元格中，输入公式“=IF(OR(WEEKDAY(C2,2)=6, WEEKDAY(C2,2)=7),"周末加班","工作日加班")”，如图 10-16 所示。

❷ 按回车键后并利用填充柄功能向下填充公式，即可根据每一位员工的加班日期判断出是“工作日加班”还是“周末加班”，如图 10-17 所示。

D2 =IF(OR(WEEKDAY(C2,2)=6,WEEKDAY(C2,2)=7),"周末加班","工作日加班")

	A	B	C	D	E	F	G	H
1	员工	部门	加班日期	星期数				
2	廖晓	财务部	2020/3/15	周末加班				
3	李婷婷	设计部	2020/6/9					
4	王娜	财务部	2020/6/17					
5	杨倩	财务部	2020/9/15					
6	刘玲	设计部	2020/10/12					
7	张端端	市场部	2020/7/19					
8	李渡	财务部	2020/6/20					

图 10-16

	A	B	C	D
1	员工	部门	加班日期	星期数
2	廖晓	财务部	2020/3/15	周末加班
3	李婷婷	设计部	2020/6/9	工作日加班
4	王娜	财务部	2020/6/17	工作日加班
5	杨倩	财务部	2020/9/15	工作日加班
6	刘玲	设计部	2020/10/12	工作日加班
7	张端端	市场部	2020/7/19	周末加班
8	李渡	财务部	2020/6/20	周末加班

图 10-17

提示注意

公式中先用 WEEKDAY 函数判断日期返回数字 1（星期一）到 7（星期日），再结合 OR 函数判断是星期六（6）还是星期日（7），只要满足其中一个条件则返回“周末加班”，两个条件都不满足则返回“工作日加班”。

10.1.6 应用 WEEKNUM 函数计算某星期在一年中的星期数

函数功能：返回特定日期的周数。例如，包含 1 月 1 日的周为该年的第 1 周，其编号为第 1 周。

此函数可采用两种机制：

机制 1：包含 1 月 1 日的周为该年的第 1 周，其编号为第 1 周。

机制 2：包含该年的第一个星期四的周为该年的第 1 周，其编号为第 1 周。此机制是 ISO 8601 指定的方法，通常称为欧洲周编号机制。

函数语法：WEEKNUM(serial_number,[return_type])

参数解析：

- serial_number：必需。代表一周中的日期。应使用 date 函数输入日期，或者将日期作为其他公式或函数的结果输入。例如，使用函数 date(2008,5,23) 输入 2008 年 5 月 23 日。如果日期以文本形式输入，则会出现问题。
- return_type：可选。确定星期从哪一天开始，默认值为 1（见表 10-2）。

表 10-2　return_type 的机制

return_type	一周的第一天为	机　制
1 或省略	星期日	1
2	星期一	1
11	星期一	1
12	星期二	1
13	星期三	1
14	星期四	1
15	星期五	1
16	星期六	1
17	星期日	1
21	星期一	2

计算员工总培训期数（按周）

本例表格中统计了公司本年度参加培训的员工，包括培训开始日期和培训结束日期，要求使用 WEEKNUM 函数根据开始日期和结束日期计算培训总周数。

❶ 打开表格并将光标定位在 D2 单元格中，输入公式"=WEEKNUM(C2,2)-WEEKNUM(B2,2)"，如图 10-18 所示。

❷ 按回车键后并利用填充柄功能向下填充公式，即可根据员工的培训开始日期和结束日期计算出培训的总天数（按周计），如图 10-19 所示。

SUMIF　=WEEKNUM(C2,2)-WEEKNUM(B2,2)

	A	B	C	D	E
1	员工	培训开始日期	培训结束日期	培训期数(周)	
2	廖晓	2020/2/15	2020/2/22	=WEEKNUM(C2,2)-WEEKNUM(B2,2)	
3	李婷婷	2020/5/18	2020/6/9		
4	王娜	2020/6/13	2020/6/17		
5	杨倩	2020/8/16	2020/9/15		
6	刘玲	2020/10/2	2020/10/12		
7	张端端	2020/6/16	2020/7/19		

图 10-18

	A	B	C	D
1	员工	培训开始日期	培训结束日期	培训期数(周)
2	廖晓	2020/2/15	2020/2/22	1
3	李婷婷	2020/5/18	2020/6/9	3
4	王娜	2020/6/13	2020/6/17	1
5	杨倩	2020/8/16	2020/9/15	5
6	刘玲	2020/10/2	2020/10/12	2
7	张端端	2020/6/16	2020/7/19	4
8	李渡	2020/4/25	2020/6/20	8
9				

图 10-19

10.1.7 应用 EOMONTH 函数计算数月之前或之后的月末序列号

函数功能：EOMONTH 函数表示返回某个月份最后一天的序列号。可以用第二个参数指定间隔月份数，可以计算在特定月份中或间隔指定月数后最后一天到期的到期日。例如公式：“=EOMONTH(DATE(2020,10,11),0)”返回的日期则是“2020/10/31”。

函数语法：EOMONTH(start_date, months)

参数解析：

- start_date：表示开始日期的日期。应使用 date 函数输入日期，或者将日期作为其他公式或函数的结果输入。
- months：表示 start_date 之前或之后的月份数。months 为正值将生成未来日期；为负值将生成过去日期。如果 months 不是整数，将截尾取整。

1. 根据培训周期（按月）计算培训结束时间

本例表格中统计了员工的培训开始日期和培训时长（按月统计），下面需要使用 EOMONTH 函数计算员工培训的结束日期。

❶ 打开表格并将光标定位在 D2 单元格中，输入公式“=EOMONTH(B2,C2)”，如图 10-20 所示。

❷ 按回车键后并利用填充柄功能向下填充公式，即可根据每位员工的培训时长计算出培训结束日期，如图 10-21 所示。

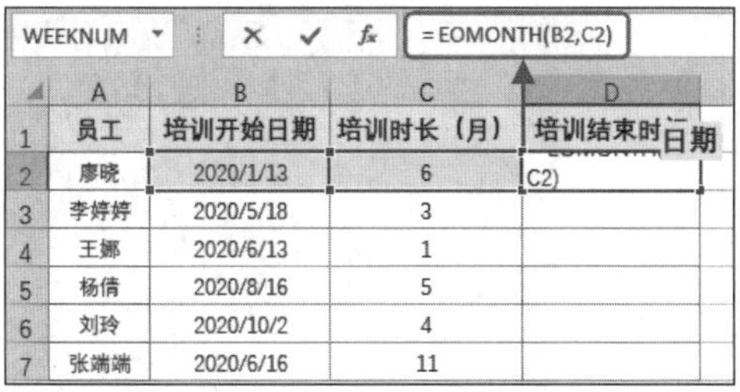

WEEKNUM　=EOMONTH(B2,C2)

	A	B	C	D
1	员工	培训开始日期	培训时长（月）	培训结束日期
2	廖晓	2020/1/13	6	=EOMONTH(B2,C2)
3	李婷婷	2020/5/18	3	
4	王娜	2020/6/13	1	
5	杨倩	2020/8/16	5	
6	刘玲	2020/10/2	4	
7	张端端	2020/6/16	11	

图 10-20

	A	B	C	D
1	员工	培训开始日期	培训时长（月）	培训结束日期
2	廖晓	2020/1/13	6	2020/7/31
3	李婷婷	2020/5/18	3	2020/8/31
4	王娜	2020/6/13	1	2020/7/31
5	杨倩	2020/8/16	5	2021/1/31
6	刘玲	2020/10/2	4	2021/2/28
7	张端端	2020/6/16	11	2021/5/31
8	李渡	2020/4/25	9	2021/1/31

图 10-21

2. 根据培训开始日期计算培训天数（至本月末）

本例表格中统计了公司在 7 月份参加技能提升培训的员工，下面需要根据每位员工的培训开始日期，以 7 月 31 日为结束日期计算出总培训天数。

❶ 打开表格并将光标定位在 C2 单元格中，输入公式“=EOMONTH(B2,0)-B2”如图 10-22 所示。

❷ 按回车键并返回一个日期值，保持 C2 单元格选中状态，单击“开始”→“数字”选项组中的“数字格式”按钮右侧的向下箭头，在展开的下拉菜单中单击“常规”命令，如图 10-23 所示。

WEEKNUM　=EOMONTH(B2,0)-B2

	A	B	C	D
1	员工	培训开始日期	培训天数	
2	廖晓	2020/7/1		
3	李婷婷	2020/7/5		
4	王娜	2020/7/11		
5	杨倩	2020/7/14		
6	刘玲	2020/7/25		
7	张端端	2020/7/27		

图 10-22

❸ 单击后将日期值转换为常规数字。利用填充柄功能向下填充公式，即可依次计算出其他员工的本月培训总天数，如图 10-24 所示。

	A	B	C
1	员工	培训开始日期	培训天数
2	廖晓	2020/7/1	1900/1/30
3	李婷婷	2020/7/5	
4	王娜	2020/7/11	
5	杨倩	2020/7/14	
6	刘玲	2020/7/25	
7	张端端	2020/7/27	

图 10-23

	A	B	C
1	员工	培训开始日期	培训天数
2	廖晓	2020/7/1	30
3	李婷婷	2020/7/5	26
4	王娜	2020/7/11	20
5	杨倩	2020/7/14	17
6	刘玲	2020/7/25	6
7	张端端	2020/7/27	4
8	李渡	2020/7/29	2

图 10-24

3. 计算离职员工工资结算日期

本例表格中统计了员工的离职时间，可以使用 EOMONTH 配合 TEXT 函数计算工资结算时间。

❶ 打开表格并将光标定位在 D2 单元格中，输入公式“=TEXT(EOMONTH(C2,0)+1,"yyyy 年 m 月 d 日")”，如图 10-25 所示。

❷ 按回车键后并利用填充柄功能向下填充公式，即可得出每位离职员工的工资结算日期，如图 10-26 所示。

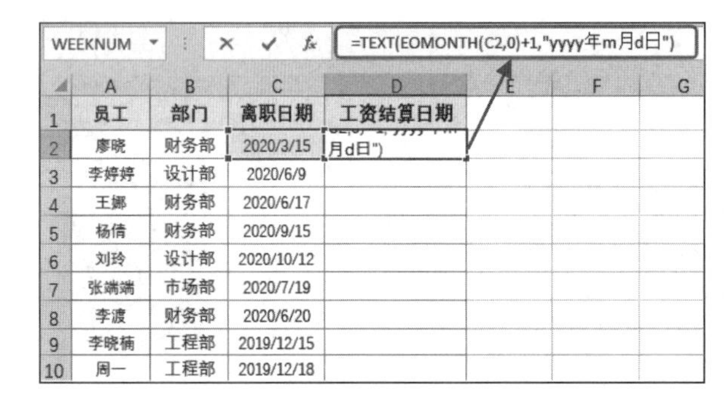

	A	B	C	D	E	F	G
1	员工	部门	离职日期	工资结算日期			
2	廖晓	财务部	2020/3/15	月d日")			
3	李婷婷	设计部	2020/6/9				
4	王娜	财务部	2020/6/17				
5	杨倩	财务部	2020/9/15				
6	刘玲	设计部	2020/10/12				
7	张端端	市场部	2020/7/19				
8	李渡	财务部	2020/6/20				
9	李晓楠	工程部	2019/12/15				
10	周一	工程部	2019/12/18				

图 10-25

	A	B	C	D
1	员工	部门	离职日期	工资结算日期
2	廖晓	财务部	2020/3/15	2020年4月1日
3	李婷婷	设计部	2020/6/9	2020年7月1日
4	王娜	财务部	2020/6/17	2020年7月1日
5	杨倩	财务部	2020/9/15	2020年10月1日
6	刘玲	设计部	2020/10/12	2020年11月1日
7	张端端	市场部	2020/7/19	2020年8月1日
8	李渡	财务部	2020/6/20	2020年7月1日
9	李晓楠	工程部	2019/12/15	2020年1月1日
10	周一	工程部	2019/12/18	2020年1月1日
11	李黎明	工程部	2020/1/11	2020年2月1日
12	杨雪	工程部	2020/7/7	2020年8月1日

图 10-26

提示注意

使用“EOMONTH(C2,0)”返回 C2 单元格日期的月末日期，加 1 处理则是返回下月的第一天的日期；使用 TEXT 函数返回指定日期格式为“yyyy 年 m 月 d 日”。

10.2 日期计算函数

用于日期计算的函数有 DATEDIF、DAYS360、YEARFARC、EDATE。

10.2.1 应用 DATEDIF 函数计算起始日和结束日之间的天数

函数功能：DATEDIF 函数用于计算两个日期之间的年数、月数和天数。

函数语法：DATEDIF(date1,date2,code)

参数解析：

- date1：表示起始日期。
- date2：表示结束日期。
- code：表示要返回两个日期的参数代码（见表 10-3）。

表 10-3　参数所对应的返回值

参　数	函数返回值
"Y"	返回两个日期值间隔的整年数
"M"	返回两个日期值间隔的整月数
"D"	返回两个日期值间隔的天数
"MD"	返回两个日期值间隔的天数（忽略日期中的年和月）
"YM"	返回两个日期值间隔的月数（忽略日期中的年和日）
"YD"	返回两个日期值间隔的天数（忽略日期中的年）

1．计算员工年龄

本例根据员工的出生日期，要想快速计算年龄，可以使用 DATEDIF 函数进行计算。

❶ 打开表格并将光标定位在 C2 单元格中，输入公式“=DATEDIF(B2,TODAY(),"Y")”，如图 10-27 所示。

❷ 按回车键后并利用填充柄功能向下填充公式，即可根据员工的出生日期和系统当前的日期计算出年龄，如图 10-28 所示。

=DATEDIF(B2,TODAY(),"Y")

	A	B	C	D	E
1	员工	出生日期	年龄		
2	廖晓	1985/11/12	"Y")		
3	李婷婷	1988/11/20			
4	王娜	1995/2/5			
5	杨倩	1997/12/5			
6	刘玲	1989/5/9			
7	张端端	1983/11/15			
8	李渡	1991/12/15			

图 10-27

	A	B	C
1	员工	出生日期	年龄
2	廖晓	1985/11/12	34
3	李婷婷	1988/11/20	31
4	王娜	1995/2/5	25
5	杨倩	1997/12/5	22
6	刘玲	1989/5/9	31
7	张端端	1983/11/15	36
8	李渡	1991/12/15	28

图 10-28

2．动态生日提醒

公司有在员工生日时赠送生日礼品的福利，为了方便人事部的工作，保证每位员工及时收到生日礼物，即可使用 DATEDIF 函数来设置公式，以实现判断近几日内是否有员工过生日，以便及时给予提醒。

❶ 打开表格并将光标定位在 C2 单元格中，输入公式“=IF(DATEDIF($B2-7,TODAY(),"YD")0020<=7,"即将生日","")”，如图 10-29 所示。

❷ 按回车键后并利用填充柄功能向下填充公式，即可根据出生日期判断是否即将过生日，如图 10-30 所示。

SUM | =IF(DATEDIF($B2-7,TODAY(),"YD")<=7,"即将生日","")

	A	B	C	D	E	F	G	H
1	员工	出生日期	生日提醒					
2	廖晓	1985/11/12	"")					
3	李婷婷	1988/11/20						
4	王娜	1995/2/5						
5	杨倩	1997/8/1						
6	刘玲	1989/5/9						
7	张端端	1983/11/15						
8	李渡	1991/8/5						
9								

图 10-29

	A	B	C
1	员工	出生日期	生日提醒
2	廖晓	1985/11/12	
3	李婷婷	1988/11/20	
4	王娜	1995/2/5	
5	杨倩	1997/8/1	即将生日
6	刘玲	1989/5/9	
7	张端端	1983/11/15	
8	李渡	1991/8/5	即将生日

图 10-30

10.2.2 应用 DAYS360 函数计算日期间相差的天数

函数功能：DAYS360 函数按照一年 360 天的算法（每个月以 30 天计，一年共计 12 个月），返回两日期间相差的天数，这在一些会计计算中将会用到。

函数语法：DAYS360(start_date,end_date,[method])

参数解析：

- start_date：表示计算的起始日期。
- end_date：表示计算的终止日期。如果 start_date 在 end_date 之后，则 days360 将返回一个负数。应使用 date 函数来输入日期，或者将日期作为其他公式或函数的结果输入。
- method：可选。逻辑值，用于指定在计算中是采用欧洲方法还是美国方法。

计算员工劳务合同到期剩余天数

本例表格中统计了公司近年来新进员工的劳动合同签订日期，劳动合同每 3 年一签。下面要求使用 DAYS360 函数快速计算出每一位员工的合同到期剩余天数，从而方便公司管理员工劳务合同。

❶ 打开表格并将光标定位在 D2 单元格中，输入公式“=DAYS360(TODAY(),B2+C2)”，如图 10-31 所示。

❷ 按回车键后并利用填充柄功能向下填充公式，即可依次计算出每位员工的劳务合同到期剩余天数，如图 10-32 所示。

WEEKNUM | =DAYS360(TODAY(),B2+C2)

	A	B	C	D
1	员工	签订日期	合同周期（天）	到期剩余天数
2	廖晓	2020/1/13	1095	TODAY(),B2+C2)
3	李婷婷	2019/5/18	1095	
4	王娜	2020/6/13	1095	
5	杨倩	2018/8/16	1095	
6	刘玲	2017/10/2	1095	
7	张端端	2019/6/16	1095	

图 10-31

	A	B	C	D
1	员工	签订日期	合同周期（天）	到期剩余天数
2	廖晓	2020/1/13	1095	903
3	李婷婷	2019/5/18	1095	668
4	王娜	2020/6/13	1095	1054
5	杨倩	2018/8/16	1095	396
6	刘玲	2017/10/2	1095	82
7	张端端	2019/6/16	1095	696
8	李渡	2020/4/25	1095	1006

图 10-32

10.2.3 应用 YEARFRAC 函数计算天数占全年天数的百分比

函数功能：YEARFRAC 函数可计算两个日期（start_date 和 end_date）之间的天数（取整天数）占一年的百分比。例如，可使用 YEARFRAC 函数确定某一特定条件下全年效益或债务的比例。

函数语法：YEARFRAC(start_date, end_date, [basis])

参数解析：

- start_date：必需。表示开始日期。
- end_date：必需。表示终止日期。
- basis：可选。要使用的日计数基准类型，如表 10-4 所示。

表 10-4 basis 使用的日计数基准类型

basis	日计数基准
0 或省略	US (NASD) 30/360
1	实际/实际
2	实际/360
3	实际/365
4	欧洲 30/360

计算请假天数占全年百分比

本例表格中统计了员工的请假起始日期和结束日期，下面需要计算出请假总天数占全年请假天数的百分比值。

❶ 打开表格并将光标定位在 D2 单元格中，输入公式“=YEARFRAC(B2,C2,3)”，如图 10-33 所示。

❷ 按回车键计算出小数值，单击“开始”→“数字”选项组中的“数字格式”按钮右侧的向下箭头，在展开的下拉菜单中单击“百分比”命令，如图 10-34 所示。

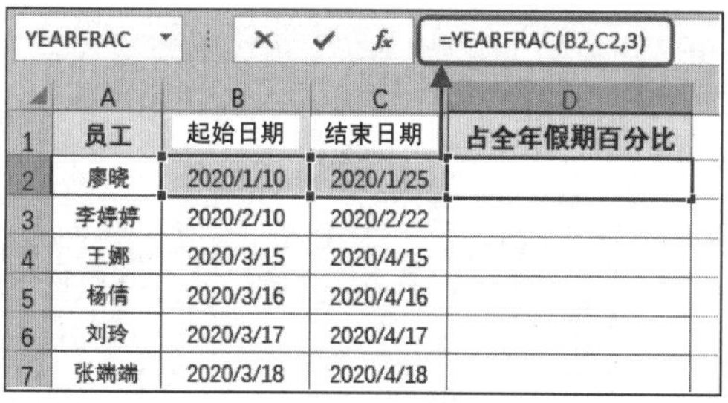

图 10-33

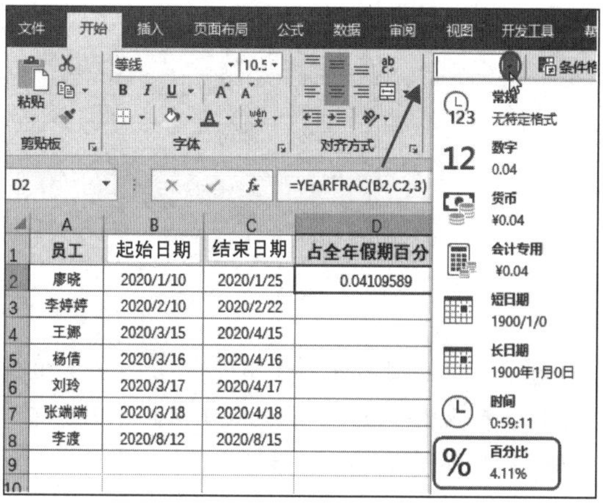

图 10-34

❸ 此时可以更改小数格式为百分比格式。利用填充柄功能向下填充公式，即可依次计算出每位员工的请假天数占全年假期的百分比值，如图 10-35 所示。

	A	B	C	D
1	员工	起始日	结束日	占全年假期百分比
2	廖晓	2020/1/10	2020/1/25	4.11%
3	李婷婷	2020/2/10	2020/2/22	3.29%
4	王娜	2020/3/15	2020/4/15	8.49%
5	杨倩	2020/3/16	2020/4/16	8.49%
6	刘玲	2020/3/17	2020/4/17	8.49%
7	张端端	2020/3/18	2020/4/18	8.49%
8	李渡	2020/8/12	2020/8/15	0.82%

图 10-35

10.2.4 应用 EDATE 函数计算间隔指定月份数后的日期

函数功能：EDATE 函数返回表示某个日期的序列号，该日期与指定日期（start_date）相隔（之前或之后）指示的月份数。

函数语法：EDATE(start_date, months)

参数解析：

- start_date：表示开始日期。可以使用 date 函数输入日期，或者将日期作为其他公式或函数的结果输入。
- months：表示 start_date 之前或之后的月份数。months 为正值将生成未来日期；为负值将生成过去日期。

1. 提示劳务合同是否到期

本例表格中统计了公司员工的劳务合同签订起始日期，下面需要根据劳务合同签订期限（按年），判断每一位员工的劳务合同是否即将到期或者已经到期需要续签。

❶ 打开表格并将光标定位在 D2 单元格中，输入公式“=TEXT(EDATE(B2,C2*12)-TODAY(),"[<0]合同过期;[<=10]即将到期;;")”，如图 10-36 所示。

DATE　=TEXT(EDATE(B2,C2*12)-TODAY(),"[<0]合同过期;[<=10]即将到期;;")

	A	B	C	D	E	F	G	H
1	员工	合同订立日	合同期限（年）	是否到期				
2	廖晓	2017/1/10	3	10]即将到期;;")				
3	李婷婷	2018/2/10	3					
4	王娜	2017/7/15	3					
5	杨倩	2019/12/16	5					
6	刘玲	2020/3/17	3					
7	张端端	2017/3/18	3					

图 10-36

❷ 按回车键后并利用填充柄功能向下填充公式，即可根据劳务合同订立日期和合同期限提示劳务合同是否到期，如图 10-37 所示。

	A	B	C	D
1	员工	合同订立日	合同期限（年）	是否到期
2	廖晓	2017/1/10	3	合同过期
3	李婷婷	2018/2/10	3	
4	王娜	2017/7/15	3	即将到期
5	杨倩	2019/12/16	5	
6	刘玲	2020/3/17	3	
7	张端端	2017/3/18	3	合同过期
8	李渡	2015/7/12	5	即将到期

图 10-37

2. 计算员工退休日期

本例表格中统计了员工的性别和出生日期，要求根据男性和女性的退休年龄计算退休日期，假设男员工退休年龄是 65 岁，女员工退休年龄是 60 岁。

❶ 打开表格并将光标定位在 E2 单元格中，输入公式“=IF(C2="男",EDATE(D2,65*12),EDATE(D2,60*12))”，如图 10-38 所示。

❷ 按回车键后并利用填充柄功能向下填充公式，即可根据性别和出生日期计算出员工的退休日期，如图 10-39 所示。

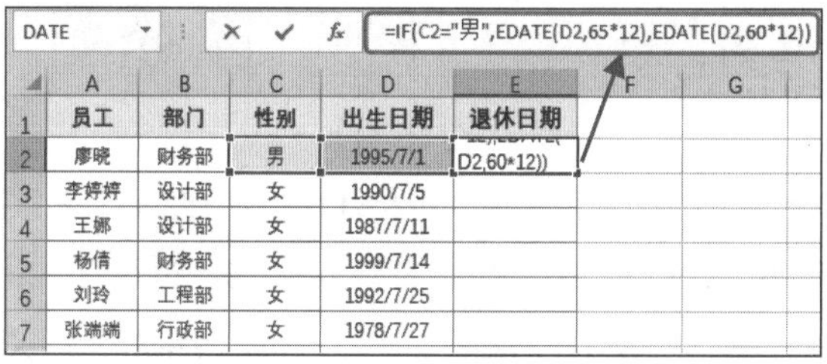

DATE　=IF(C2="男",EDATE(D2,65*12),EDATE(D2,60*12))

	A	B	C	D	E	F	G
1	员工	部门	性别	出生日期	退休日期		
2	廖晓	财务部	男	1995/7/1	D2,60*12))		
3	李婷婷	设计部	女	1990/7/5			
4	王娜	设计部	女	1987/7/11			
5	杨倩	财务部	女	1999/7/14			
6	刘玲	工程部	女	1992/7/25			
7	张端端	行政部	女	1978/7/27			

图 10-38

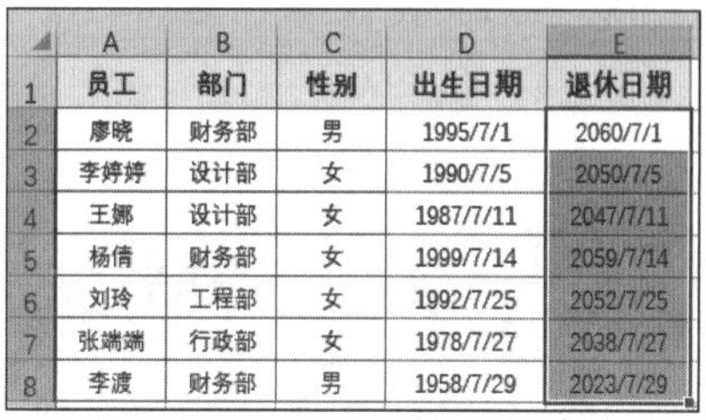

	A	B	C	D	E
1	员工	部门	性别	出生日期	退休日期
2	廖晓	财务部	男	1995/7/1	2060/7/1
3	李婷婷	设计部	女	1990/7/5	2050/7/5
4	王娜	设计部	女	1987/7/11	2047/7/11
5	杨倩	财务部	女	1999/7/14	2059/7/14
6	刘玲	工程部	女	1992/7/25	2052/7/25
7	张端端	行政部	女	1978/7/27	2038/7/27
8	李渡	财务部	男	1958/7/29	2023/7/29

图 10-39

10.3 工作日的计算函数

有关工作日的计算函数有 WORKDAY、WORKDAY.INTL、NETWORKDAYS、NETWORKDAYS.INTL。

10.3.1 应用 WORKDAY 函数获取间隔若干工作日后的日期

函数功能：WORKDAY 函数返回在某日期（起始日期）之前或之后、与该日期相隔指定工作日的某一日期的日期值。工作日不包括周末和法定节假日。在计算发票到期日、预期交货时间或工作天数时，可以使用 WORKDAY 函数来扣除周末或节假日。

函数语法：WORKDAY(start_date, days, [holidays])

参数解析：

- start_date：表示开始日期。
- days：表示 start_date 之前或之后不含周末和节假日的天数。days 为正值时将生成未来日期；为负值时生成过去日期。
- holidays：可选。一个可选列表，其中包含需要从工作日历中排除的一个或多个日期。

计算项目结束时间

本例表格中统计了公司上半年各个项目的开始时间，下面需要根据每个项目的规定工期（按天），计算出每一个项目的结束时间。

❶ 打开表格并将光标定位在 D2 单元格中，输入公式“=WORKDAY(B2,C2)”，如图 10-40 所示。

❷ 按回车键后并利用填充柄功能向下填充公式，即可根据项目工期和开始时间计算出项目结束时间，如图 10-41 所示。

DATE　=WORKDAY(B2,C2)

	A	B	C	D
1	项目负责人	开始时间	工期（天）	项目结束时间
2	廖晓	2020/2/15	60	C2)
3	李婷婷	2020/1/19	110	
4	王娜	2020/3/18	200	
5	杨倩	2020/3/22	90	
6	刘玲	2020/4/7	15	
7	张端端	2020/5/18	10	

图 10-40

	A	B	C	D
1	项目负责人	开始时间	工期（天）	项目结束时间
2	廖晓	2020/2/15	60	2020/5/8
3	李婷婷	2020/1/19	110	2020/6/19
4	王娜	2020/3/18	200	2020/12/23
5	杨倩	2020/3/22	90	2020/7/24
6	刘玲	2020/4/7	15	2020/4/28
7	张端端	2020/5/18	10	2020/6/1
8	李渡	2020/7/1	60	2020/9/23

图 10-41

10.3.2 应用 WORKDAY.INTL 函数获取间隔若干工作日后的日期

函数功能：WORKDAY.INTL 函数返回指定的若干个工作日之前或之后的日期的序列号（使用自定义周末参数）。周末参数是指周末有几天以及是哪几天。工作日不包括周末和专门指定的假日。

函数语法：WORKDAY.INTL(start_date, days, [weekend], [holidays])

参数解析：

- start_date：表示开始日期（将被截尾取整）。
- days：表示 start_date 之前或之后的工作日的天数。
- weekend：可选。指一周中属于周末的日期和不作为工作日的日期（见表 10-5）。
- holidays：可选。一个可选列表，其中包含需要从工作日历中排除的一个或多个日期。

表 10-5　weekend 参数返回值

参　数	函数返回值
1 或省略	星期六、星期日
2	星期日、星期一
3	星期一、星期二
4	星期二、星期三
5	星期三、星期四
6	星期四、星期五
7	星期五、星期六
11	仅星期日
12	仅星期一
13	……

根据项目各流程所需要工作日计算项目执行日期

一个项目的完成在各个流程上需要一定的工作日，并且该企业约定每周只有周日是休息日，周六算正常工作日。要求根据整个流程计算项目的大概结束时间。

❶ 打开表格并将光标定位在 C3 单元格中，输入公式“=WORKDAY.INTL(C2,B3,11,$E$2:$E$4)”，如图 10-42 所示。

❷ 按回车键后并利用填充柄功能向下填充公式，即可计算出其他各项目执行日期，如图 10-43 所示。

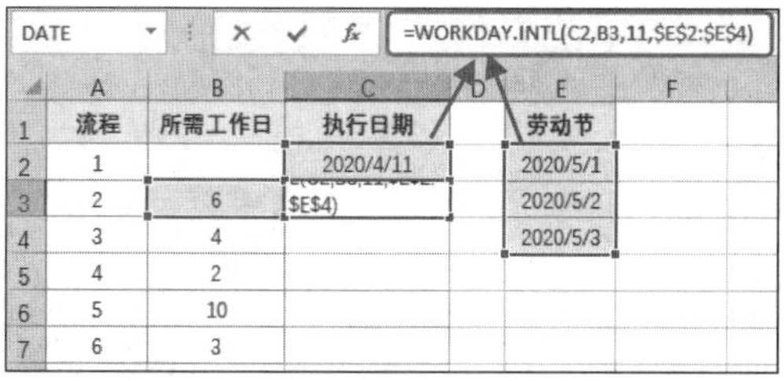

DATE　=WORKDAY.INTL(C2,B3,11,$E$2:$E$4)

	A	B	C	D	E	F
1	流程	所需工作日	执行日期		劳动节	
2	1		2020/4/11		2020/5/1	
3	2	6	$E$4)		2020/5/2	
4	3	4			2020/5/3	
5	4	2				
6	5	10				
7	6	3				

图 10-42

	A	B	C	D	E
1	流程	所需工作日	执行日期		劳动节
2	1		2020/4/11		2020/5/1
3	2	6	2020/4/18		2020/5/2
4	3	4	2020/4/23		2020/5/3
5	4	2	2020/4/25		
6	5	10	2020/5/9		
7	6	3	2020/5/13		

图 10-43

10.3.3 应用 NETWORKDAYS 函数计算两个日期间的工作日数

函数功能：NETWORKDAYS 函数表示返回参数 start_date 和 end_date 之间完整的工作日数值。工作日不包括周末和节假日。可以使用 NETWORKDAYS 函数，根据某一特定时期内雇员的工作天数，计算其应计的报酬。

函数语法：NETWORKDAYS(start_date, end_date, [holidays])

参数解析：

- start_date：表示开始日期。
- end_date：表示终止日期。
- holidays：可选。不在工作日中的一个或多个日期所构成的可选区域。

1. 根据假期起始日计算占全年假期百分比

本例表格中统计了每位员工的年假假期起始日和结束日，要求根据假期天数计算出员工假期占全年工作日的百分比。

❶ 打开表格并将光标定位在 D2 单元格中，输入公式“=NETWORKDAYS(B2,C2)/NETWORKDAYS("2019-01-01","2020-01-01")”，如图 10-44 所示。

SUM　=NETWORKDAYS(B2,C2)/NETWORKDAYS("2019-01-01","2020-01-01")

	A	B	C	D	E	F
1	姓名	假期起始日	假期结束日	占全年工作日的百分比		
2	廖晓	2020/2/9	2020/2/15	-01","2020-01-01")		
3	李婷婷	2020/4/4	2020/4/6			
4	王娜	2020/4/29	2020/5/1			
5	杨倩	2020/6/10	2020/6/12			
6	刘玲	2020/10/1	2020/10/7			
7	张端端	2020/5/18	2020/5/20			
8	李渡	2020/7/1	2020/7/7			

图 10-44

❷ 按回车键后返回小数值，保持选中状态，单击“开始”→“数字”选项组中的“数字格式”按钮右侧的向下箭头，在展开的下拉菜单中单击“百分比”命令，如图 10-45 所示。

❸ 此时可以看到正确的百分比数值，向下复制公式，依次计算出其他员工的假期占全年工作日的百分比数值，如图 10-46 所示。

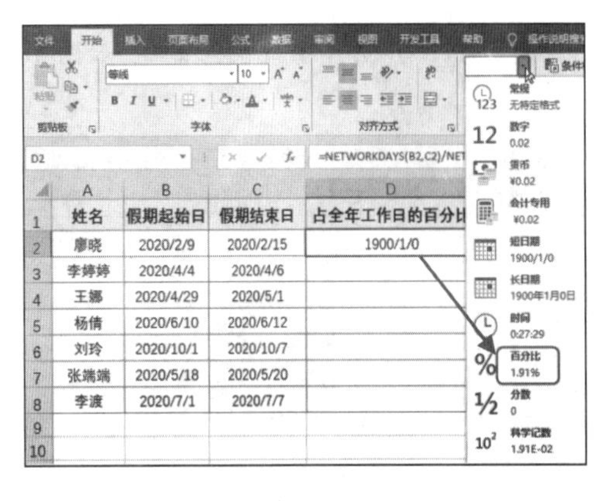

图 10-45

	A	B	C	D
1	姓名	假期起始日	假期结束日	占全年工作日的百分比
2	廖晓	2020/2/9	2020/2/15	1.91%
3	李婷婷	2020/4/4	2020/4/6	0.38%
4	王娜	2020/4/29	2020/5/1	1.15%
5	杨倩	2020/6/10	2020/6/12	1.15%
6	刘玲	2020/10/1	2020/10/7	1.91%
7	张端端	2020/5/18	2020/5/20	1.15%
8	李渡	2020/7/1	2020/7/7	1.91%

图 10-46

2. 计算临时工实际工作天数

假设企业在某一段时间聘用一批临时工，根据聘用开始日期与结束日期计算出每位临时工的实际工作天数，以方便对他们工资的进行核算。

❶ 打开表格并将光标定位在 D2 单元格中，输入公式“=NETWORKDAYS(B2,C2,$F$2:$F$4)”，如图 10-47 所示。

❷ 按回车键后并利用填充柄功能向下填充公式，即可计算出每位临时工的工作天数，如图 10-48 所示。

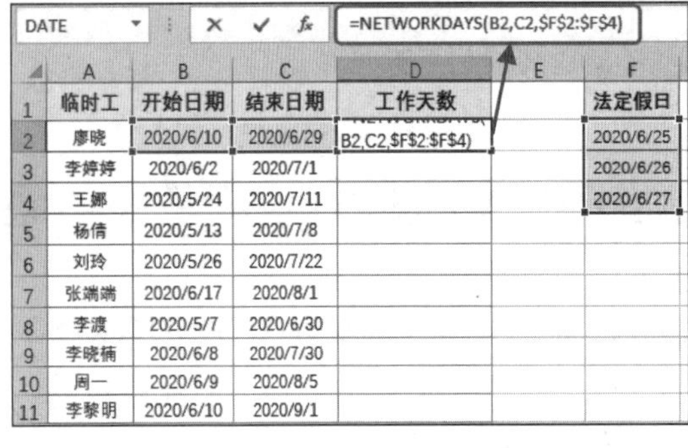

图 10-47

	A	B	C	D	E	F
1	临时工	开始日期	结束日期	工作天数		法定假日
2	廖晓	2020/6/10	2020/6/29	12		2020/6/25
3	李婷婷	2020/6/2	2020/7/1	20		2020/6/26
4	王娜	2020/5/24	2020/7/11	33		2020/6/27
5	杨倩	2020/5/13	2020/7/8	39		
6	刘玲	2020/5/26	2020/7/22	40		
7	张端端	2020/6/17	2020/8/1	31		
8	李渡	2020/5/7	2020/6/30	37		
9	李晓楠	2020/6/8	2020/7/30	37		
10	周一	2020/6/9	2020/8/5	40		
11	李黎明	2020/6/10	2020/9/1	58		
12	杨雪	2020/6/11	2020/7/7	17		

图 10-48

10.3.4 应用 NETWORKDAYS.INTL 函数计算两个日期间的工作日天数

函数功能：返回两个日期之间的所有工作日天数，使用参数指示哪些天是周末，以及有多少天是周末。周末和任何指定为假期的日期不被视为工作日。

函数语法：NETWORKDAYS.INTL(start_date, end_date, [weekend], [holidays])

参数解析：

- start_date 和 end_date：必需。要计算其差值的日期。start_date 可以早于或晚于 end_date，也可以与它相同。

- weekend：可选。表示介于 start_date 和 end_date 之间但又不包括所有工作日天数中的周末。
- holidays：可选。一组可选的日期，表示要从工作日日历中排除的一个或多个日期。holidays 应是一个包含相关日期的单元格区域，或者是一个由表示这些日期的序列值构成的数组常量。holidays 中的日期或序列值的顺序可以是任意的。

weekend 是一个用于指定周末日的周末数字或字符串。weekend 数值表示以下周末日，如表 10-6 所示。

表 10-6 weekend 的数值表示

周 末 数	周 末 日
1 或省略	星期六、星期日
2	星期日、星期一
3	星期一、星期二
4	星期二、星期三
5	星期三、星期四
6	星期四、星期五
7	星期五、星期六
11	星期六、星期日
12	仅星期一
13	仅星期二
14	仅星期三
15	仅星期四
16	仅星期五
17	仅星期六

计算临时工的实际工作天数（指定只有周一为休息日）

沿用上面的例子，要求根据临时工的开始工作日期和结束日期计算工作天数，但此时要求指定每周只有周一为休息日，此时可以使用 NETWORKDAYS.INTL 函数来建立公式。

❶ 打开表格并将光标定位在 D2 单元格中，输入公式“=NETWORKDAYS.INTL(B2,C2,12,$F$2)”，如图 10-49 所示。

❷ 按回车键后并利用填充柄功能向下填充公式，依次计算出每位临时工在指定期间的工作天数（这期间只有周一为休息日），如图 10-50 所示。

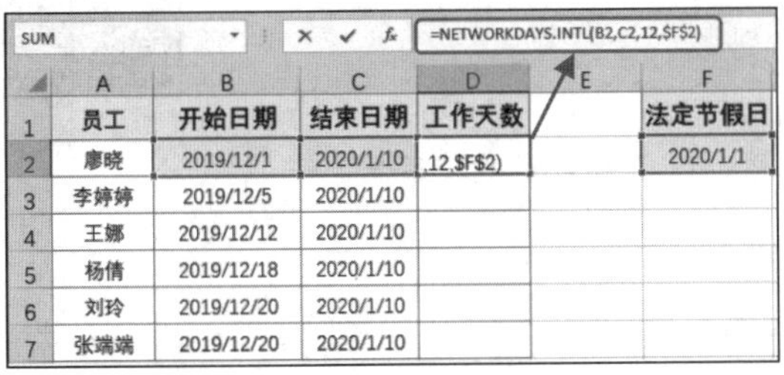

SUM　=NETWORKDAYS.INTL(B2,C2,12,$F$2)

	A	B	C	D	E	F
1	员工	开始日期	结束日期	工作天数		法定节假日
2	廖晓	2019/12/1	2020/1/10	,12,$F$2)		2020/1/1
3	李婷婷	2019/12/5	2020/1/10			
4	王娜	2019/12/12	2020/1/10			
5	杨倩	2019/12/18	2020/1/10			
6	刘玲	2019/12/20	2020/1/10			
7	张端端	2019/12/20	2020/1/10			

图 10-49

	A	B	C	D	E	F
1	员工	开始日期	结束日期	工作天数		法定节假日
2	廖晓	2019/12/1	2020/1/10	34		2020/1/1
3	李婷婷	2019/12/5	2020/1/10	31		
4	王娜	2019/12/12	2020/1/10	25		
5	杨倩	2019/12/18	2020/1/10	20		
6	刘玲	2019/12/20	2020/1/10	18		
7	张端端	2019/12/20	2020/1/10	18		

图 10-50

10.4 时间函数

时间函数有 HOUR 函数、MINUTE 函数、SECOND 函数。这 3 个函数可以单独使用，也可以根据需要嵌套使用，将时间转换为小时、分钟和秒数。

10.4.1 应用 HOUR 函数计算时间值的小时数

函数功能： HOUR 函数表示返回时间值的小时数。

函数语法： HOUR(serial_number)

参数解析： serial_number：表示一个时间值，其中包含要查找的小时数。

统计时间区间（按时）

本例表格中统计了某写字楼来访登记人员的姓名和登记时间，为了方便管理，下面需要根据登记时间统计出其所在时间区域（按小时计）。

❶ 打开表格并将光标定位在 C2 单元格中，输入公式"=HOUR(B2)&":00–"&HOUR(B2)+1&":00""，如图 10-51 所示。

❷ 按回车键后并利用填充柄功能向下填充公式，即可根据登记时间返回时间区域，如图 10-52 所示。

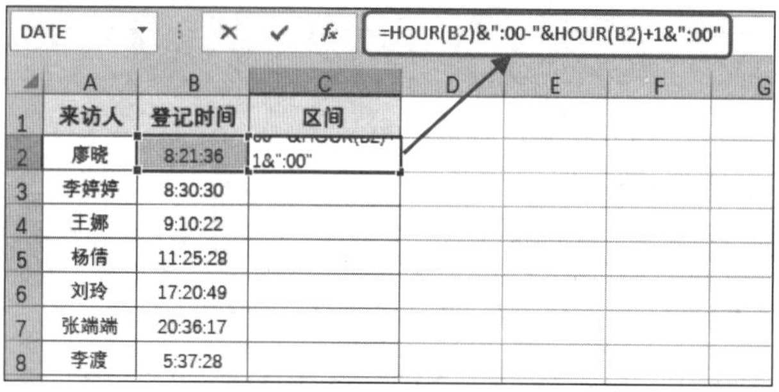

DATE　=HOUR(B2)&":00-"&HOUR(B2)+1&":00"

	A	B	C
1	来访人	登记时间	区间
2	廖晓	8:21:36	1&":00"
3	李婷婷	8:30:30	
4	王娜	9:10:22	
5	杨倩	11:25:28	
6	刘玲	17:20:49	
7	张端端	20:36:17	
8	李渡	5:37:28	

图 10-51

	A	B	C
1	来访人	登记时间	区间
2	廖晓	8:21:36	8:00-9:00
3	李婷婷	8:30:30	8:00-9:00
4	王娜	9:10:22	9:00-10:00
5	杨倩	11:25:28	11:00-12:00
6	刘玲	17:20:49	17:00-18:00
7	张端端	20:36:17	20:00-21:00
8	李渡	5:37:28	5:00-6:00

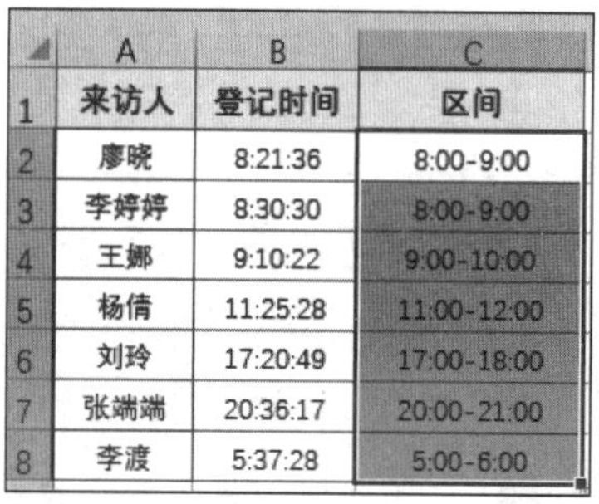

图 10-52

10.4.2 应用 MINUTE 函数计算时间值的分钟数

函数功能： MINUTE 函数表示返回时间值的分钟数。

函数语法： MINUTE(serial_number)

参数解析： serial_number：表示一个时间值，其中包含要查找的分钟数。

计算比赛分钟数

本例表格中统计了每位参赛者的姓名，参赛开始时间和结束时间，下面需要计算出每位参赛者的总分钟数，可以使用 MINUTE 函数将小时数转换为分钟数。

❶ 打开表格并将光标定位在 D2 单元格中，输入公式“=(HOUR(C2)*60+MINUTE(C2)–HOUR(B2)*60–MINUTE(B2))”，如图 10-53 所示。

❷ 按回车键后并利用填充柄功能向下填充公式，即可计算出所有参赛者比赛总分钟数，如图 10-54 所示。

DATE =(HOUR(C2)*60+MINUTE(C2)-HOUR(B2)*60-MINUTE(B2))

	A	B	C	D	E	F	G	H
1	参赛人	开始时间	结束时间	总分钟数				
2	廖晓	10:12:35	11:22:14	MINUTE(B2))				
3	李婷婷	10:12:35	11:20:37					
4	王娜	10:12:35	11:10:26					
5	杨倩	10:12:35	11:27:58					
6	刘玲	10:12:35	11:14:15					
7	张端端	10:12:35	11:05:41					

图 10-53

	A	B	C	D
1	参赛人	开始时间	结束时间	总分钟数
2	廖晓	10:12:35	11:22:14	70
3	李婷婷	10:12:35	11:20:37	68
4	王娜	10:12:35	11:10:26	58
5	杨倩	10:12:35	11:27:58	75
6	刘玲	10:12:35	11:14:15	62
7	张端端	10:12:35	11:05:41	53
8	李渡	10:12:35	11:06:22	54

图 10-54

10.4.3 应用 SECOND 函数计算时间值的秒数

函数功能： SECOND 函数表示返回时间值的秒数。

函数语法： SECOND(serial_number)

参数解析： serial_number：表示一个时间值，其中包含要查找的秒数。

计算比赛总秒数

本例表格中统计了每位参赛者的姓名，参赛开始时间和结束时间，下面需要计算出每位参赛者的总秒数，可以使用 SECOND 函数将小时数和分钟数分别转换为秒数。

❶ 打开表格并将光标定位在 D2 单元格中，输入公式“=HOUR(C2–B2)*60*60+MINUTE(C2–B2)*60+SECOND(C2–B2)”，如图 10-55 所示。

DATE =HOUR(C2-B2)*60*60+MINUTE(C2-B2)*60+SECOND(C2-B2)

	A	B	C	D	E	F	G	H
1	参赛人	开始时间	结束时间	总秒数				
2	廖晓	10:00:00	11:00:12	C2-B2)				
3	李婷婷	10:00:00	11:09:12					
4	王娜	10:00:00	11:21:09					
5	杨倩	10:00:00	11:01:03					
6	刘玲	10:00:00	11:00:45					
7	张端端	10:00:00	11:00:17					

图 10-55

❷ 按回车键后返回时间值，保持选中状态，单击“开始”→“数字”选项组中的“数字格式”按钮右侧的向下箭头，在展开的下拉菜单中单击“常规”命令，如图 10-56 所示。

❸ 此时可以看到常规数值格式，向下复制公式，依次计算出其他参赛人员的总秒数，如图 10-57 所示。

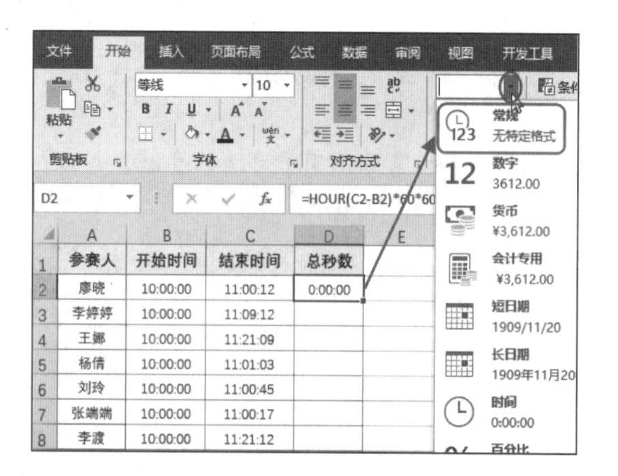

图 10-56

	A	B	C	D
1	参赛人	开始时间	结束时间	总秒数
2	廖晓	10:00:00	11:00:12	3612
3	李婷婷	10:00:00	11:09:12	4152
4	王娜	10:00:00	11:21:09	4869
5	杨倩	10:00:00	11:01:03	3663
6	刘玲	10:00:00	11:00:45	3645
7	张端端	10:00:00	11:00:17	3617
8	李渡	10:00:00	11:21:12	4872

图 10-57

10.5 综合实例

为了更好地管理公司员工，可以建立公司人事档案管理表，记录员工的基本信息（包括姓名、部门、出生日期、工龄等），也可以制作临时工工资核算表以及制作自动化月考勤表表头。

10.5.1 案例 19：人事档案管理

人事档案通常包括员工工号、姓名、性别、所属部门、出生日期、身份证号、学历、入职时间、工龄等基本信息，因此在建立档案管理表之前将该张表格需要包含的要素拟订出来，以完成表格框架的创建。

1. 建立人事档案管理表格框架

首先建立新工作表，将其标题命名为“员工人事档案管理表”，设置各项列标题并手动输入员工基本信息，如图 10-58 所示。

	A	B	C	D	E	F	G	H	I	J
1	员工人事档案管理表（2020.7.5更新）									
2	工号	部门	姓名	性别	年龄	出生日期	身份证号码	学历	入职时间	工龄
3	001	人事部	廖晓		28	1992-03-08	3400011992030	本科	2007/2/2	
4	002	市场部	李婷婷		35	1985-02-13	3400251985021	大专	2010/4/5	
5	003	行政部	王娜		36	1984-02-28	3400251984022	本科	2011/5/6	
6	004	人事部	杨倩		34	1986-02-16	3402221986021	大专	2014/1/1	
7	005	行政部	刘玲		34	1986-03-05	3400251986030	本科	2013/2/5	
8	006	人事部	张端端		32	1988-05-06	3402221988050	大专	2015/2/15	
9	007	财务部	李渡		37	1982-10-16	3400421982101	本科	2010/6/18	
10	008	行政部	李晓楠		52	1968-02-13	3400251968021	大专	2015/9/6	
11	009	人事部	周一		44	1976-05-16	3400251976051	硕士	2010/6/7	
12	010	人事部	王琴		39	1980-11-20	3420011980112	大专	2013/3/5	
13	011	财务部	李娜娜		42	1978-03-17	3400251978031	本科	2010/5/10	
14	012	财务部	李依晓		35	1985-06-10	3400251985061	本科	2014/7/18	
15	013	设计部	刘玲		35	1985-06-10	3400251985061	硕士	2008/7/5	
16	014	设计部	李萌		45	1975-03-24	3400251975032	大专	2011/5/4	
17	015	行政部	张东升		36	1983-11-04	3400251983110	硕士	2011/5/10	
18	016	设计部	李梦		50	1970-02-17	3427011970021	本科	2015/5/3	
19	017	行政部	王菲菲		37	1983-03-02	3400311983030	本科	2011/5/14	
20	018	行政部	李晓云		41	1979-02-28	3400251979022	本科	2010/9/8	
21	019	设计部	万茜		38	1982-02-14	3427011982021	大专	2010/11/5	
22	020	设计部	刘芸		35	1985-04-01	3427011985040	本科	2011/7/1	

图 10-58

2. 判断性别

将光标定位在 D3 单元格中，输入公式“=IF(LEN(G3)=15,IF(MOD(MID(G3,15,1),2)=1,"男","女"),IF(MOD(MID(G3,17,1),2)=1,"男","女"))”，按回车键即可根据身份证号码判断出员工性别，如图 10-59 所示。

D3　=IF(LEN(G3)=15,IF(MOD(MID(G3,15,1),2)=1,"男","女"),IF(MOD(MID(G3,17,1),2)=1,"男","女"))

员工人事档案管理表（2020.7.5更新）

工号	部门	姓名	性别	年龄	出生日期	身份证号码	学历	入职时间	工龄
001	人事部	廖晓	女	28	1992-03-08	340001199203082[illegible]	本科	2007/2/2	
002	市场部	李婷婷		35	1985-02-13	340025198502138[illegible]	大专	2010/4/5	
003	行政部	王娜		36	1984-02-28	340025198402288[illegible]	本科	2011/5/6	
004	人事部	杨倩		34	1986-02-16	340222198602165[illegible]	大专	2014/1/1	
005	行政部	刘玲		34	1986-03-05	340025198603058[illegible]	本科	2013/2/5	
006	人事部	张端端		32	1988-05-06	340222198805065[illegible]	大专	2015/2/15	
007	财务部	李渡		37	1982-10-16	340042198210160[illegible]	本科	2010/6/18	
008	行政部	李晓楠		52	1968-02-13	340025196802138[illegible]	大专	2015/9/6	
009	人事部	周一		44	1976-05-16	340025197605162[illegible]	硕士	2010/6/7	
010	人事部	王琴		39	1980-11-20	342001198011202[illegible]	大专	2013/3/5	
011	财务部	李娜娜		42	1978-03-17	340025197803170[illegible]	本科	2010/5/10	
012	财务部	李依晓		35	1985-06-10	340025198506100[illegible]	本科	2014/7/18	
013	设计部	刘玲		35	1985-06-10	340025198506100[illegible]	硕士	2008/7/5	
014	设计部	李萌		45	1975-03-24	340025197503240[illegible]	大专	2011/5/4	
015	行政部	张东升		36	1983-11-04	340025198311043[illegible]	硕士	2011/5/10	
016	设计部	李梦		50	1970-02-17	342701197002178[illegible]	本科	2015/5/3	
017	行政部	王菲菲		37	1983-03-02	340031198303026[illegible]	本科	2011/5/14	
018	行政部	李晓云		41	1979-02-28	340025197902281[illegible]	本科	2010/9/8	
019	设计部	万茜		38	1982-02-14	342701198202148[illegible]	大专	2010/11/5	
020	设计部	刘芸		35	1985-04-01	342701198504018[illegible]	本科	2011/7/1	

图 10-59

3. 计算工龄

将光标定位在 J3 单元格中，输入公式“=DATEDIF(I3,TODAY(),"Y")”，按回车键即可根据入职时间计算出工龄，如图 10-60 所示。

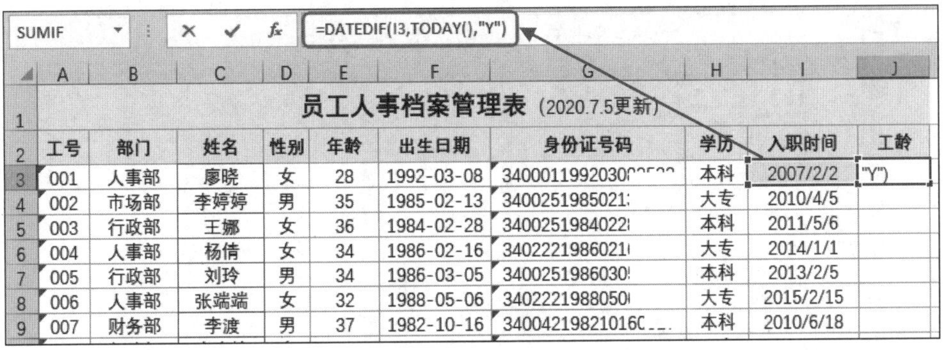

SUMIF　=DATEDIF(I3,TODAY(),"Y")

员工人事档案管理表（2020.7.5更新）

工号	部门	姓名	性别	年龄	出生日期	身份证号码	学历	入职时间	工龄
001	人事部	廖晓	女	28	1992-03-08	34000119920308[illegible]	本科	2007/2/2	"Y")
002	市场部	李婷婷	男	35	1985-02-13	3400251985021[illegible]	大专	2010/4/5	
003	行政部	王娜	女	36	1984-02-28	3400251984022[illegible]	本科	2011/5/6	
004	人事部	杨倩	女	34	1986-02-16	3402221986021[illegible]	大专	2014/1/1	
005	行政部	刘玲	男	34	1986-03-05	3400251986030[illegible]	本科	2013/2/5	
006	人事部	张端端	女	32	1988-05-06	3402221988050[illegible]	大专	2015/2/15	
007	财务部	李渡	男	37	1982-10-16	340042198210160[illegible]	本科	2010/6/18	

图 10-60

分别向下复制性别公式和工龄公式，即可依次计算出每位员工的工龄并判断出性别，如图 10-61 所示。

	A	B	C	D	E	F	G	H	I	J
1	员工人事档案管理表（2020.7.5更新）									
2	工号	部门	姓名	性别	年龄	出生日期	身份证号码	学历	入职时间	工龄
3	001	人事部	廖晓	女	28	1992-03-08	3400011992030825	本科	2007/2/2	13
4	002	市场部	李婷婷	男	35	1985-02-13	3400251985021385	大专	2010/4/5	10
5	003	行政部	王娜	女	36	1984-02-28	3400251984022885	本科	2011/5/6	9
6	004	人事部	杨倩	女	34	1986-02-16	3402221986021654	大专	2014/1/1	6
7	005	行政部	刘玲	男	34	1986-03-05	3400251986030585	本科	2013/2/5	7
8	006	人事部	张端端	女	32	1988-05-06	3402221988050650	大专	2015/2/15	5
9	007	财务部	李渡	男	37	1982-10-16	3400421982101605	本科	2010/6/18	10
10	008	行政部	李晓楠	女	52	1968-02-13	3400251968021385	大专	2015/9/6	4
11	009	人事部	周一	女	44	1976-05-16	3400251976051625	硕士	2010/6/7	10
12	010	人事部	王琴	女	39	1980-11-20	3420011980112025	大专	2013/3/5	7
13	011	财务部	李娜娜	女	42	1978-03-17	3400251978031705	本科	2010/5/10	10
14	012	财务部	李依晓	男	35	1985-06-10	3400251985061002	本科	2014/7/18	5
15	013	设计部	刘玲	男	35	1985-06-10	3400251985061002	硕士	2008/7/5	12
16	014	设计部	李萌	女	45	1975-03-24	3400251975032406	大专	2011/5/4	9
17	015	行政部	张东升	女	36	1983-11-04	3400251983110432	硕士	2011/5/10	9
18	016	设计部	李梦	男	50	1970-02-17	3427011970021785	本科	2015/5/3	5
19	017	行政部	王菲菲	男	37	1983-03-02	3400311983030262	本科	2011/5/14	9
20	018	行政部	李晓云	女	41	1979-02-28	3400251979022812	本科	2010/9/8	9
21	019	设计部	万茜	女	38	1982-02-14	3427011982021485	大专	2010/11/5	9
22	020	设计部	刘芸	男	35	1985-04-01	3427011985040185	本科	2011/7/1	9

图 10-61

10.5.2 案例 20：月考勤表的自动化表头

企业员工在上班、下班时都会打卡，用打卡机记录每位员工上下班的具体时间。人力资源部门在每月月初会制作考勤登记表，登记员工上个月的考勤情况。考勤表的基本元素包括员工的工号、部门、姓名和整月的考勤日期及对应的星期数，我们把这些信息称之为考勤表的表头信息。下面介绍如何运用本章前面介绍的函数设计公式并制作自动化的月考勤表表头。

1. 返回年份和月份

❶ 建立新工作表，将其标题命名为“考勤表”，设置各项列标题并手动输入员工基本信息以及考勤情况，如图 10-62 所示。

	A	B	C	D	E	F	G	H	I	J	K	L	M	N	O	P	Q	R	S	T	U	V	W	X	Y	Z	AA	AB	AC	AD	AE	AF	AG
1											年						月		考勤表														
2-3	工号	姓名	部门																														
4	NL001	章晔	行政部			休	休	迟到			早退		休	休		早退	旷工			休	休						休	休			迟到		
5	NL002	姚磊	人事部			休	休						休	休						休	休						休	休					
6	NL003	闫绍红	行政部			休	休						休	休						休	休						休	休					
7	NL004	焦文雷	设计部	旷(半		休	休						休	休	迟到					休	休			事假			休	休				早退	
8	NL005	魏义成	行政部			休	休						休	休						休	休						休	休					
9	NL006	李秀秀	人事部			休	休						休	休	旷(半					休	休						休	休					
10	NL007	焦文全	市场部			休	休						休	休						休	休						休	休					
11	NL008	郑立媛	设计部	迟到		休	休						休	休						休	休						休	休					
12	NL009	马同燕	设计部			休	休	迟到					休	休						休	休						休	休					
13	NL010	莫云	行政部			休	休						休	休	迟到					休	休						休	休					
14	NL011	陈芳	行政部			休	休						休	休						休	休						休	休					
15	NL012	钟华	行政部			休	休		事假				休	休	迟到					休	休						休	休	迟到				
16	NL013	张燕	人事部		早退	休	休						休	休					早退	休	休		出差	出差		迟到	休	休					
17	NL014	柳小续	研发部			休	休						休	休				出差	出差	休	休						休	休					
18	NL015	许开	行政部			休	休						休	休	迟到					休	休						休	休					
19	NL016	陈建	市场部			休	休						休	休						休	休			旷工	旷工		休	休					
20	NL017	万茜	财务部			休	休						休	休						休	休	病假					休	休					
21	NL018	张亚明	市场部			休	休						休	休						休	休						休	休					
22	NL019	张华	财务部			休	休						休	休						休	休						休	休					
23	NL020	郝亮	市场部			休	休						休	休						休	休						休	休					
24	NL021	穆宇飞	研发部	迟到		休	休						休	休						休	休						休	休					
25	NL022	于青青	研发部	迟到		休	休						休	休						休	休						休	休					
26	NL023	吴小华	销售部			休	休						休	休						休	休						休	休					

图 10-62

❷ 将光标定位在 D1 单元格中，输入公式“=YEAR(TODAY())”，按回车键即可返回年份值，如图 10-63 所示。

A1 =YEAR(TODAY( ))

	A	B	C	D	E	F	G	H	I	J	K	L	M	N	O	P	Q	R	S	T	U
1				2020							年						月		考勤表		
2-3	工号	姓名	部门																		
4	NL001	章晔	行政部			休	休	迟到			早退		休	休		早退	旷工			休	休
5	NL002	姚磊	人事部			休	休						休	休						休	休
6	NL003	闫绍红	行政部			休	休						休	休						休	休
7	NL004	焦文雷	设计部	旷(半		休	休						休	休	迟到					休	休
8	NL005	魏义成	行政部			休	休						休	休						休	休
9	NL006	李秀秀	人事部			休	休						休	休	旷(半					休	休
10	NL007	焦文全	市场部			休	休						休	休						休	休
11	NL008	郑立媛	设计部	迟到		休	休						休	休						休	休
12	NL009	马同燕	设计部			休	休	迟到					休	休						休	休
13	NL010	莫云	行政部			休	休						休	休	迟到					休	休
14	NL011	陈芳	行政部			休	休						休	休						休	休
15	NL012	钟华	行政部			休	休		事假				休	休	迟到					休	休

图 10-63

❸ 将光标定位在 M1 单元格中，输入公式“=MONTH(TODAY( ))”，按回车键即可返回月份值，如图 10-64 所示。

M1 =MONTH(TODAY( ))

	A	B	C	D	E	F	G	H	I	J	K	L	M	N	O	P	Q	R	S	T	U
1				2020							年		7				月	考勤表			
2-3	工号	姓名	部门																		
4	NL001	章晔	行政部			休	休	迟到			早退		休	休		早退	旷工			休	休
5	NL002	姚磊	人事部			休	休						休	休						休	休
6	NL003	闫绍红	行政部			休	休						休	休						休	休
7	NL004	焦文雷	设计部	旷(半		休	休						休	休	迟到					休	休
8	NL005	魏义成	行政部			休	休						休	休						休	休
9	NL006	李秀秀	人事部			休	休						休	休	旷(半					休	休
10	NL007	焦文全	市场部			休	休						休	休						休	休
11	NL008	郑立媛	设计部	迟到		休	休						休	休						休	休

图 10-64

2. 输入日期和星期

❶ 沿用上例表，在 D2 单元格中输入“2020/7/1”，单击“开始”→“数字”选项组中的“数字格式”按钮右侧的向下箭头（见图 10-65），打开“设置单元格格式”对话框。在“分类”列表框中选择“自定义”选项，设置“类型”为“d”，表示只显示日，如图 10-66 所示。

图 10-65

图 10-66

❷ 单击“确定”按钮返回表格中，即可看到只显示日的日期，如图 10-67 所示。

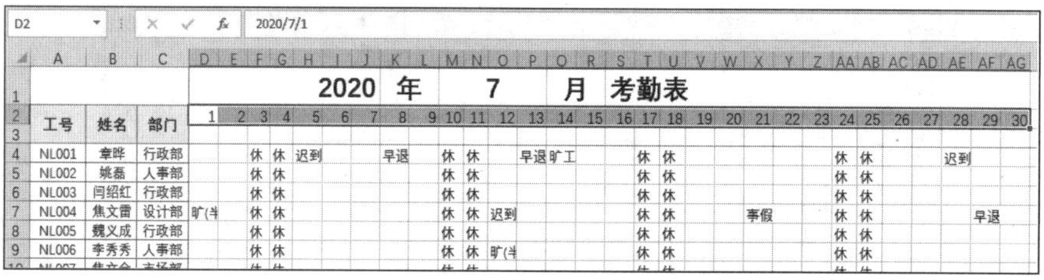

D2　2020/7/1

2020 年 7 月 考勤表

工号	姓名	部门	1	2	3	4	5	6	7	8	9	10	11	12	13	14	15	16	17	18	19	20	21	22	23	24	25	26	27	28	29	30
NL001	章晔	行政部			休	休	迟到			早退		休	休		早退	旷工			休	休						休	休			迟到		
NL002	姚磊	人事部			休	休						休	休						休	休						休	休					
NL003	闫绍红	行政部			休	休						休	休						休	休						休	休					
NL004	焦文雷	设计部	旷(半		休	休						休	休	迟到					休	休			事假			休	休				早退	
NL005	魏义成	行政部			休	休						休	休						休	休						休	休					
NL006	李秀秀	人事部			休	休						休	休	旷(半					休	休						休	休					

图 10-67

❸ 将光标定位在 D3 单元格中，输入公式“=TEXT(D2,"AAA")”，如图 10-68 所示。

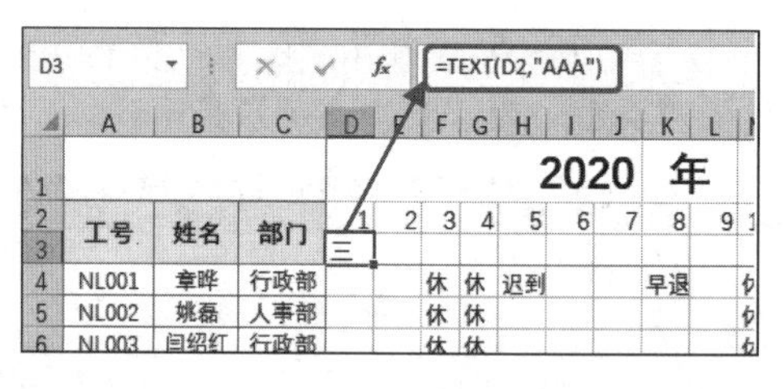

图 10-68

❹ 按回车键确认并向右复制公式，即可依次根据日期返回对应的星期，如图 10-69 所示。

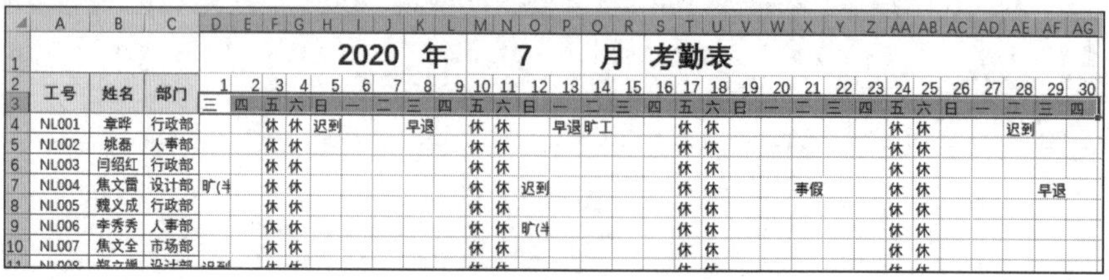

2020 年 7 月 考勤表

工号	姓名	部门	1	2	3	4	5	6	7	8	9	10	11	12	13	14	15	16	17	18	19	20	21	22	23	24	25	26	27	28	29	30
			三	四	五	六	日	一	二	三	四	五	六	日	一	二	三	四	五	六	日	一	二	三	四	五	六	日	一	二	三	四
NL001	章晔	行政部			休	休	迟到			早退		休	休		早退	旷工			休	休						休	休			迟到		
NL002	姚磊	人事部			休	休						休	休						休	休						休	休					
NL003	闫绍红	行政部			休	休						休	休						休	休						休	休					
NL004	焦文雷	设计部	旷(半		休	休						休	休	迟到					休	休			事假			休	休				早退	
NL005	魏义成	行政部			休	休						休	休						休	休						休	休					
NL006	李秀秀	人事部			休	休						休	休	旷(半					休	休						休	休					
NL007	焦文全	市场部			休	休						休	休						休	休						休	休					

图 10-69

3. 标记出周末

接下来需要使用条件格式功能，通过设置公式将周六周日的星期和日期所在的单元格以特定底纹突出标记出来。可以使用 WEEKDAY 函数来实现。

❶ 选中 D2:AG2 单元格区域，单击“开始”→“样式”选项组中的“条件格式”按钮，在展开的下拉菜单中单击“新建规则”命令（见图 10-70），打开“新建格式规则”对话框。

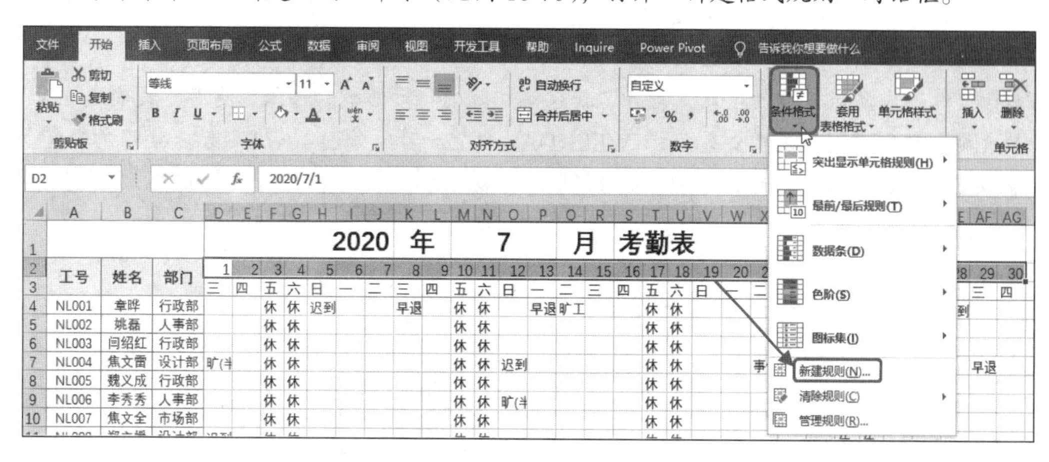

图 10-70

❷ 在该对话框的选择规则类型列表中选择“使用公式确定要设置格式的单元格”，设置公式为“=WEEKDAY(D2，2)=6”，如图 10-71 所示。

❸ 单击“格式”按钮，打开“设置单元格格式”对话框，单击“填充”选项卡，设置背景色为绿色，如图 10-72 所示。

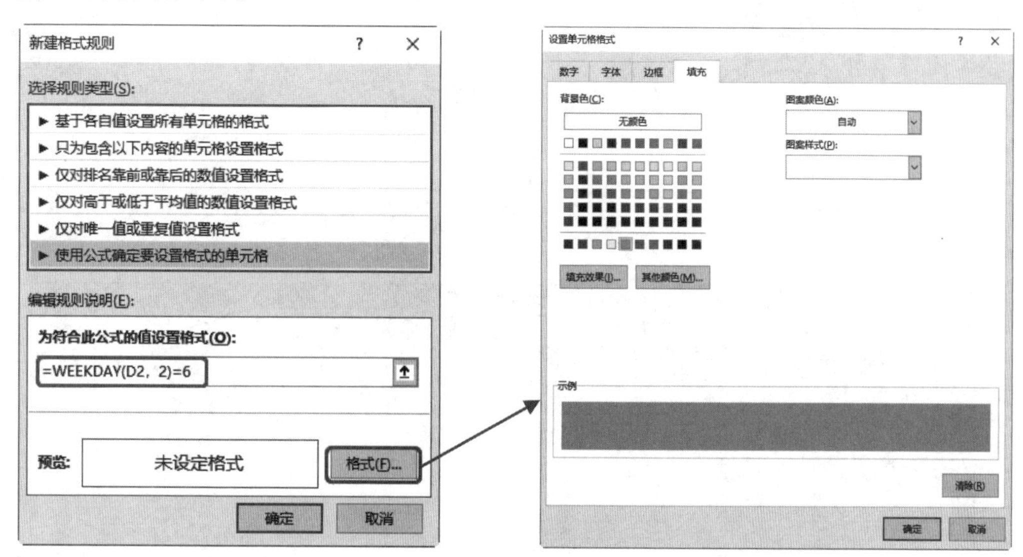

图 10-71　　　　　　图 10-72

❹ 设置完成后依次单击“确定”按钮返回工作表中，可以看到所有“周六”都显示为绿色，如图 10-73 所示。

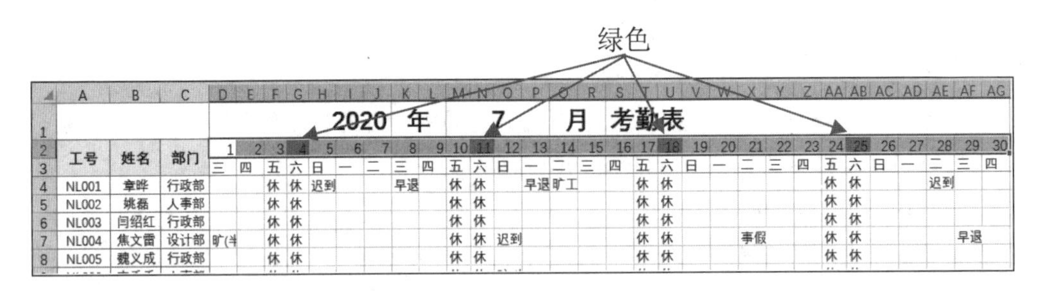

2020 年 7 月 考勤表

工号	姓名	部门	1	2	3	4	5	6	7	8	9	10	11	12	13	14	15	16	17	18	19	20	21	22	23	24	25	26	27	28	29	30
			三	四	五	六	日	一	二	三	四	五	六	日	一	二	三	四	五	六	日	一	二	三	四	五	六	日	一	二	三	四
NL001	章晔	行政部			休	休	迟到			早退		休	休		早退	旷工			休	休						休	休			迟到		
NL002	姚磊	人事部			休	休						休	休						休	休						休	休					
NL003	闫绍红	行政部			休	休						休	休						休	休						休	休					
NL004	焦文雷	设计部	旷(半		休	休						休	休	迟到					休	休			事假			休	休				早退	
NL005	魏义成	行政部			休	休						休	休						休	休						休	休					

图 10-73

❺ 继续选中显示日期的区域，打开“新建格式规则”对话框。选择“使用公式确定要设置格式的单元格”规则类型，设置公式为“=WEEKDAY(D2,2)=7”，如图 10-74 所示。按照步骤❸相同的方法设置背景色为蓝色即可，如图 10-75 所示。

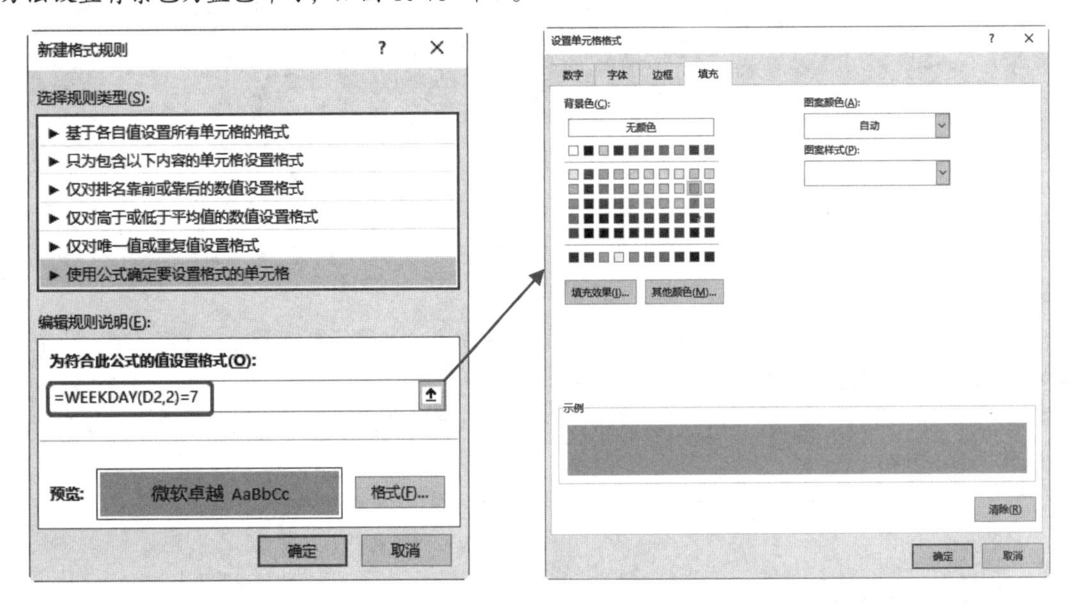

图 10-74

图 10-75

❻ 设置完成后，即可看到所有“周日”都显示为蓝色，如图 10-76 所示。

蓝色

2020 年 7 月 考勤表

工号	姓名	部门	1	2	3	4	5	6	7	8	9	10	11	12	13	14	15	16	17	18	19	20	21	22	23	24	25	26	27	28	29	30
			三	四	五	六	日	一	二	三	四	五	六	日	一	二	三	四	五	六	日	一	二	三	四	五	六	日	一	二	三	四
NL001	章晔	行政部			休	休	迟到			早退		休	休		早退	旷工			休	休						休	休			迟到		
NL002	姚磊	人事部			休	休						休	休						休	休						休	休					
NL003	闫绍红	行政部			休	休						休	休						休	休						休	休					
NL004	焦文雷	设计部	旷(半		休	休						休	休	迟到					休	休			事假			休	休				早退	
NL005	魏义成	行政部			休	休						休	休						休	休						休	休					
NL006	李秀秀	人事部			休	休						休	休	旷(半					休	休						休	休					
NL007	焦文全	市场部			休	休						休	休						休	休						休	休					
NL008	郑立媛	设计部	迟到		休	休						休	休						休	休						休	休					
NL009	马同燕	设计部			休	休	迟到					休	休						休	休						休	休					
NL010	莫云	行政部			休	休						休	休	迟到					休	休						休	休					
NL011	陈芳	行政部			休	休						休	休						休	休						休	休					
NL012	钟华	行政部			休	休		事假				休	休	迟到					休	休						休	休	迟到				

图 10-76

第 11 章
函数运算——关于求和与统计

学习导读

使用求和函数可以对各类数据进行求和，为满足单个或多个条件的数据求和；也可以使用极值函数计算一组数据中的最大、最小值等。

学习要点

- 按条件统计求和以及求平均值函数。
- 统计单元格个数。
- 极值函数。
- 数据集中趋势、离散趋势统计函数。

11.1 SUM 系列函数

SUM 函数可以对任意数据区域快速求和。如果要对满足单个或多个条件的数据求和，还可以使用 SUMIF 函数和 SUMIFS 函数。而 SUMPRODUCT 函数可以求出数组间对应的元素乘积的和，利用此函数还可以实现按条件求和运算与按条件计数统计。这些函数都是 Excel 表中进行数据计算较为重要的函数。

11.1.1 应用 SUM 函数求和

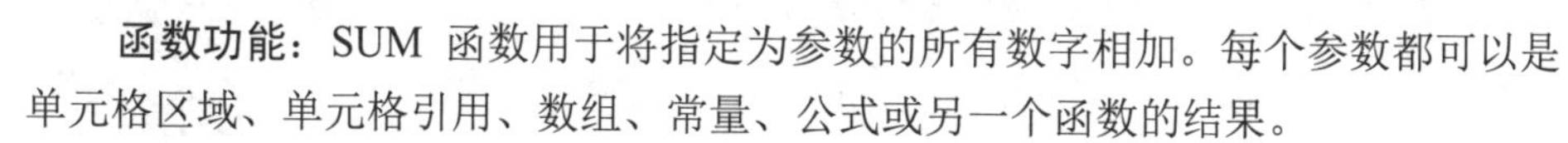

函数功能：SUM 函数用于将指定为参数的所有数字相加。每个参数都可以是单元格区域、单元格引用、数组、常量、公式或另一个函数的结果。

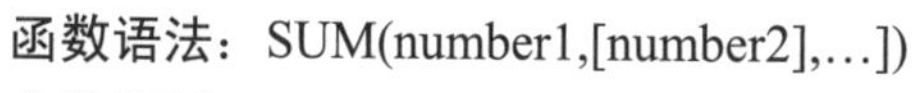

函数语法：SUM(number1,[number2],…])

参数解析：

- number1：必需。想要相加的第一个数值参数。
- number2…：可选。想要相加的 2 到 255 个数值参数。

1. 计算 7 月份总营业额

本例表格中统计了 7 月份每日的店铺营业额，要求将每日的营业额相加计算得出总营业额。

❶ 打开表格并将光标定位在 C2 单元格中，输入公式“=SUM(B2:B15)”，如图 11-1 所示。

❷ 按回车键，即可将当月每日的营业额求和计算出总营业额，如图 11-2 所示。

SUMIF | =SUM(B2:B15)

	A	B		C	D
1	日期	营业额		总营业额	
2	2020/7/2	¥	2,215.00	=SUM(B2:B15)	
3	2020/7/3	¥	546.00		
4	2020/7/4	¥	1,590.00		
5	2020/7/5	¥	6,990.00		
6	2020/7/6	¥	2,506.00		
7	2020/7/7	¥	1,582.00		
8	2020/7/8	¥	9,980.00		
9	2020/7/9	¥	4,568.00		
10	2020/7/10	¥	743.50		
11	2020/7/11	¥	256.00		
12	2020/7/12	¥	284.50		
13	2020/7/13	¥	78.00		
14	2020/7/14	¥	1,230.00		
15	2020/7/15	¥	459.50		

图 11-1

	A	B		C
1	日期	营业额		总营业额
2	2020/7/2	¥	2,215.00	¥ 33,028.50
3	2020/7/3	¥	546.00	
4	2020/7/4	¥	1,590.00	
5	2020/7/5	¥	6,990.00	
6	2020/7/6	¥	2,506.00	
7	2020/7/7	¥	1,582.00	
8	2020/7/8	¥	9,980.00	
9	2020/7/9	¥	4,568.00	
10	2020/7/10	¥	743.50	
11	2020/7/11	¥	256.00	
12	2020/7/12	¥	284.50	
13	2020/7/13	¥	78.00	
14	2020/7/14	¥	1,230.00	
15	2020/7/15	¥	459.50	

图 11-2

2. 统计商品总营业额

本例表格中统计了各种商品的单价和销量，下面需要统计出所有商品的总营业额。

❶ 打开表格并将光标定位在 C10 单元格中，输入公式“=SUM(B2:B9*C2:C9)”，如图 11-3 所示。

❷ 按 Shift+Ctrl+Enter 组合键（从数组的方式输入），即可分别统计出每种商品的营业额，再将营业额相加得到所有商品的总营业额，如图 11-4 所示。

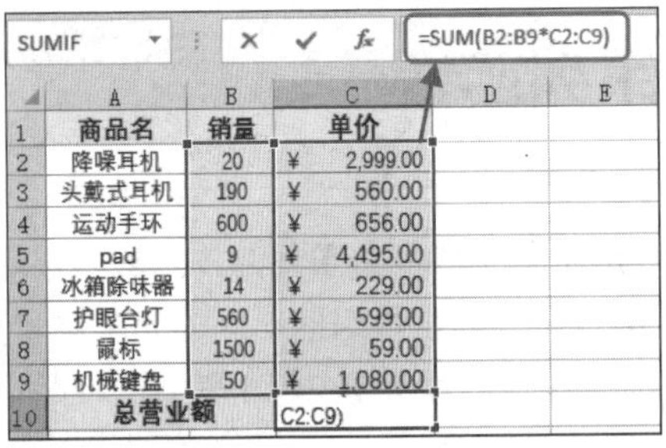

SUMIF | =SUM(B2:B9*C2:C9)

	A	B	C		D	E
1	商品名	销量	单价			
2	降噪耳机	20	¥	2,999.00		
3	头戴式耳机	190	¥	560.00		
4	运动手环	600	¥	656.00		
5	pad	9	¥	4,495.00		
6	冰箱除味器	14	¥	229.00		
7	护眼台灯	560	¥	599.00		
8	鼠标	1500	¥	59.00		
9	机械键盘	50	¥	1,080.00		
10	总营业额		C2:C9)			

图 11-3

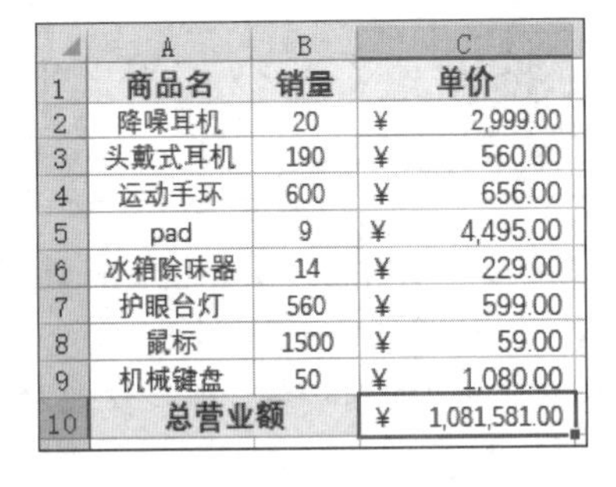

	A	B	C	
1	商品名	销量	单价	
2	降噪耳机	20	¥	2,999.00
3	头戴式耳机	190	¥	560.00
4	运动手环	600	¥	656.00
5	pad	9	¥	4,495.00
6	冰箱除味器	14	¥	229.00
7	护眼台灯	560	¥	599.00
8	鼠标	1500	¥	59.00
9	机械键盘	50	¥	1,080.00
10	总营业额		¥	1,081,581.00

图 11-4

11.1.2 应用 SUMIF 函数按条件求和

函数功能： SUMIF 函数可以对给定区域中符合指定条件的值进行求和。

函数语法： SUMIF(range, criteria, [sum_range])

参数解析：

- range：必需。用于条件计算的单元格区域。每个区域中的单元格都必须是数字或名称、数组或包含数字的引用。空值和文本值将被忽略。

- criteria：必需。用于确定对哪些单元格求和的条件，其形式可以为数字、表达式、单元格引用、文本或函数。
- sum_range：表示根据条件判断的结果要进行计算的单元格区域。如果 sum_range 参数被省略，Excel 会对在 range 参数中指定的单元格区域中符合条件的单元格进行求和。

1. 统计当月各部门报销总额

本例表格中统计了报销日期以及各部门的报销支出额，要求按部门统计总报销金额，可以使用 SUMIF 函数按条件统计总和。

❶ 打开表格并将光标定位在 F2 单元格中，输入公式“=SUMIF($B$2:$B$13,E2,$C$2:$C$13)”，如图 11-5 所示。

❷ 按回车键后并利用填充柄功能向下填充公式，即可按部门统计出总报销金额，如图 11-6 所示。

SUMIF =SUMIF($B$2:$B$13,E2,$C$2:$C$13)

	A	B	C	D	E	F
1	日期	报销部门	支出额		统计各部门报销总额	
2	2020/7/2	设计部	4434		设计部	$C$13)
3	2020/7/3	财务部	3655		财务部	
4	2020/7/4	销售部	4508		销售部	
5	2020/7/5	设计部	3907			
6	2020/7/6	销售部	4170			
7	2020/7/7	设计部	4234			
8	2020/7/8	财务部	5900			
9	2020/7/9	财务部	9000			
10	2020/7/10	销售部	500			
11	2020/7/11	财务部	1289			
12	2020/7/12	销售部	2000			
13	2020/7/13	设计部	9000			

图 11-5

	A	B	C	D	E	F
1	日期	报销部门	支出额		统计各部门报销总额	
2	2020/7/2	设计部	4434		设计部	21575
3	2020/7/3	财务部	3655		财务部	19844
4	2020/7/4	销售部	4508		销售部	11178
5	2020/7/5	设计部	3907			
6	2020/7/6	销售部	4170			
7	2020/7/7	设计部	4234			
8	2020/7/8	财务部	5900			
9	2020/7/9	财务部	9000			
10	2020/7/10	销售部	500			
11	2020/7/11	财务部	1289			
12	2020/7/12	销售部	2000			
13	2020/7/13	设计部	9000			

图 11-6

2. 统计某时段费用支出总额

本例表格中按当月日期统计了各部门的费用支出额，下面需要分别统计 7 月上半月的总支出额以及 7 月下半月的总支出额。

❶ 打开表格并将光标定位在 E2 单元格中，输入公式“=SUMIF(A2:A13,"<=2020-7-15",C2:C13)”，如图 11-7 所示。

❷ 按回车键，即可统计出所有部门 7 月上半月的总支出额，如图 11-8 所示。

SUM =SUMIF(A2:A13,"<=2020-7-15",C2:C13)

	A	B	C	D	E	F
1	日期	部门	支出额		上半月	下半月
2	2020/7/2	设计部	4434		",C2:C13)	
3	2020/7/3	财务部	3655			
4	2020/7/6	销售部	4508			
5	2020/7/14	设计部	3907			
6	2020/7/16	销售部	4170			
7	2020/7/17	设计部	4234			
8	2020/7/18	财务部	5900			
9	2020/7/19	财务部	9000			
10	2020/7/20	销售部	500			
11	2020/7/21	财务部	1289			
12	2020/7/22	销售部	2000			
13	2020/7/23	设计部	9000			

图 11-7

	A	B	C	D	E
1	日期	部门	支出额		上半月
2	2020/7/2	设计部	4434		16504
3	2020/7/3	财务部	3655		
4	2020/7/6	销售部	4508		
5	2020/7/14	设计部	3907		
6	2020/7/16	销售部	4170		
7	2020/7/17	设计部	4234		
8	2020/7/18	财务部	5900		
9	2020/7/19	财务部	9000		
10	2020/7/20	销售部	500		
11	2020/7/21	财务部	1289		
12	2020/7/22	销售部	2000		
13	2020/7/23	设计部	9000		

图 11-8

❸ 将光标定位在 F2 单元格中，输入公式“=SUMIF(A2:A13,">2020-7-15",C2:C13)”，如图 11-9 所示。

❹ 按回车键，即可统计出 7 月下半月的总支出额，如图 11-10 所示。

SUM　=SUMIF(A2:A13,">2020-7-15",C2:C13)

	A	B	C	D	E	F
1	日期	部门	支出额		上半月	下半月
2	2020/7/2	设计部	4434		16504	=SUMIF(A2:
3	2020/7/3	财务部	3655			
4	2020/7/6	销售部	4508			
5	2020/7/14	设计部	3907			
6	2020/7/16	销售部	4170			
7	2020/7/17	设计部	4234			
8	2020/7/18	财务部	5900			
9	2020/7/19	财务部	9000			
10	2020/7/20	销售部	500			
11	2020/7/21	财务部	1289			
12	2020/7/22	销售部	2000			
13	2020/7/23	设计部	9000			

图 11-9

	A	B	C	D	E	F
1	日期	部门	支出额		上半月	下半月
2	2020/7/2	设计部	4434		16504	36093
3	2020/7/3	财务部	3655			
4	2020/7/6	销售部	4508			
5	2020/7/14	设计部	3907			
6	2020/7/16	销售部	4170			
7	2020/7/17	设计部	4234			
8	2020/7/18	财务部	5900			
9	2020/7/19	财务部	9000			
10	2020/7/20	销售部	500			
11	2020/7/21	财务部	1289			
12	2020/7/22	销售部	2000			
13	2020/7/23	设计部	9000			

图 11-10

3. 使用通配符“*”（任意字符）

本例表格中统计了商品名称、商品销量、单价及销售额，下面需要统计出所有耳机商品的销售额。

❶ 打开表格并将光标定位在F2单元格中，输入公式“=SUMIF(A2:A9,"*耳机",D2:D9)”，如图11-11所示。

❷ 按回车键，即可统计出耳机的总销售额，如图 11-12 所示。

SUMIF　=SUMIF(A2:A9,"*耳机",D2:D9)

	A	B	C	D	E	F
1	商品名	销量	单价	销售额		耳机销售额
2	降噪耳机	20	2999	59980		"*耳机",D2:D9)
3	头戴式耳机	190	560	106400		
4	戴尔笔记本	5	5999	29995		
5	pad	9	4495	40455		
6	冰箱除味器	14	229	3206		
7	护眼台灯	560	599	335440		
8	联想笔记本	20	3999	79980		
9	机械键盘	50	1080	54000		
10						

图 11-11

	A	B	C	D	E	F
1	商品名	销量	单价	销售额		耳机销售额
2	降噪耳机	20	2999	59980		166380
3	头戴式耳机	190	560	106400		
4	戴尔笔记本	5	5999	29995		
5	pad	9	4495	40455		
6	冰箱除味器	14	229	3206		
7	护眼台灯	560	599	335440		
8	联想笔记本	20	3999	79980		
9	机械键盘	50	1080	54000		

图 11-12

11.1.3 应用 SUMIFS 函数按多条件求和

函数功能：SUMIFS 函数用于对给定区域中满足多个条件的单元格求和。

函数语法：SUMIFS(sum_range, criteria_range1, criteria1, [criteria_range2, criteria2],…)

参数解析：

- sum_range：必需。对一个或多个单元格求和，包括数字或包含数字的名称、区域或单元格引用。忽略空白和文本值。

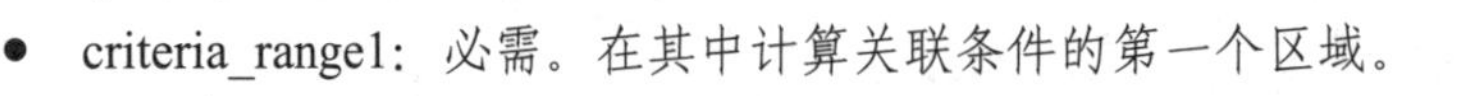

- criteria_range1：必需。在其中计算关联条件的第一个区域。

- criteria1：必需。条件的形式为数字、表达式、单元格引用或文本，可用来定义将对 criteria_range1 参数中的哪些单元格求和。例如，条件可以表示为 32、">32"、B4、"苹果" 或 "32"。
- criteria_range2, criteria2,…：可选。附加的区域及其关联条件，最多允许 127 个区域/条件。

1. 统计上半月总支出额

本例表格中按日期统计了公司各部门的费用支出额，下面需要统计出 7 月份上半月的总支出额。

❶ 打开表格并将光标定位在 E2 单元格中，输入公式“= SUMIFS(C2:C13,A2:A13,">=2020-7-01", A2:A13, "<=2020-7-15")”，如图 11-13 所示。

❷ 按回车键，即可统计出 7 月份上半月的总支出额，如图 11-14 所示。

SUMIF =SUMIFS(C2:C13,A2:A13,">=2020-7-01",A2:A13,"<=2020-7-15")

	A	B	C	D	E
1	日期	报销部门	支出额		统计上半月总支出额
2	2020/7/2	设计部	4434		15")
3	2020/7/3	财务部	3655		
4	2020/7/6	销售部	4508		
5	2020/7/14	设计部	3907		
6	2020/7/16	销售部	4170		
7	2020/7/17	设计部	4234		
8	2020/7/18	财务部	5900		
9	2020/7/19	财务部	9000		
10	2020/7/20	销售部	500		
11	2020/7/21	财务部	1289		
12	2020/7/22	销售部	2000		
13	2020/7/23	设计部	9000		

图 11-13

	A	B	C	D	E
1	日期	报销部门	支出额		统计上半月总支出额
2	2020/7/2	设计部	4434		16504
3	2020/7/3	财务部	3655		
4	2020/7/6	销售部	4508		
5	2020/7/14	设计部	3907		
6	2020/7/16	销售部	4170		
7	2020/7/17	设计部	4234		
8	2020/7/18	财务部	5900		
9	2020/7/19	财务部	9000		
10	2020/7/20	销售部	500		
11	2020/7/21	财务部	1289		
12	2020/7/22	销售部	2000		
13	2020/7/23	设计部	9000		

图 11-14

2. 多条件求和运算实例

本例表格中统计了各部门员工的职位和产量数据，下面需要使用 SUMIF 函数多条件求和计算部门为“一车间”“二车间”的“初级技工”总产量值。

❶ 打开表格并将光标定位在 H2 单元格中，输入公式“=SUMIFS($E$2:$E$13,$A$2:$A$13,G2, $D$2:$D$13, "初级技工")”，如图 11-15 所示。

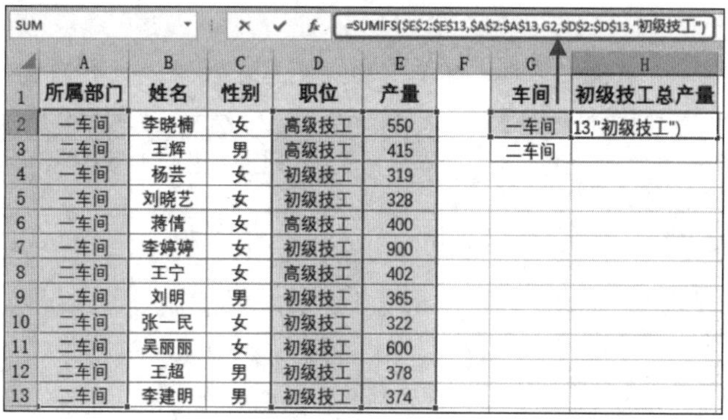

SUM =SUMIFS($E$2:$E$13,$A$2:$A$13,G2,$D$2:$D$13,"初级技工")

	A	B	C	D	E	F	G	H
1	所属部门	姓名	性别	职位	产量		车间	初级技工总产量
2	一车间	李晓楠	女	高级技工	550		一车间	13,"初级技工")
3	二车间	王辉	男	高级技工	415		二车间	
4	一车间	杨芸	女	初级技工	319			
5	一车间	刘晓艺	女	初级技工	328			
6	一车间	蒋倩	女	高级技工	400			
7	一车间	李婷婷	女	初级技工	900			
8	二车间	王宁	女	高级技工	402			
9	一车间	刘明	男	初级技工	365			
10	二车间	张一民	女	初级技工	322			
11	二车间	吴丽丽	女	初级技工	600			
12	二车间	王超	男	初级技工	378			
13	二车间	李建明	男	初级技工	374			

图 11-15

❷ 按回车键后并利用填充柄功能向下填充公式，即可统计出一车间和二车间的初级技工总产量值，如图 11-16 所示。

	A	B	C	D	E	F	G	H
1	所属部门	姓名	性别	职位	产量		车间	初级技工总产量
2	一车间	李晓楠	女	高级技工	550		一车间	1912
3	二车间	王辉	男	高级技工	415		二车间	1674
4	一车间	杨芸	女	初级技工	319			
5	一车间	刘晓艺	女	初级技工	328			
6	一车间	蒋倩	女	高级技工	400			
7	一车间	李婷婷	女	初级技工	900			
8	二车间	王宁	女	高级技工	402			
9	一车间	刘明	男	初级技工	365			
10	二车间	张一民	女	初级技工	322			
11	二车间	吴丽丽	女	初级技工	600			
12	二车间	王超	男	初级技工	378			
13	二车间	李建明	男	初级技工	374			

图 11-16

11.1.4 应用 DSUM 函数对列表或数据库求和

函数功能： 返回列表或数据库中满足指定条件的记录字段（列）中的数字之和。

函数语法： DSUM(database, field, criteria)

参数解析：

- database：必需。构成列表或数据库的单元格区域。数据库是包含一组相关数据的列表，其中包含相关信息的行为记录，而包含数据的列为字段。列表的第一行包含每一列的标签。
- field：必需。指定函数所使用的列。输入两端带双引号的列标签，如 "使用年数" 或 "产量"；或是代表列表中列位置的数字（不带引号）：1 表示第一列，2 表示第二列，以此类推。
- criteria：必需。为包含指定条件的单元格区域。可以为参数指定 criteria 任意区域，只要此区域包含至少一个列标签，并且列标签下至少有一个在其中为列指定条件的单元格。

返回指定员工的实发工资

本例表格中统计了员工的各项工资和考勤奖金，下面需要使用 DSUM 函数根据指定的员工姓名，查询该员工对应的实发工资数据。

❶ 打开表格并将光标定位在 B15 单元格中，输入公式“=DSUM(A1:F12,6,A14:A15)”，如图 11-17 所示。

❷ 按回车键，即可返回指定员工“杨慧”的实发工资数据，如图 11-18 所示。

NETWORK... =DSUM(A1:F12,6,A14:A15)

	A	B	C	D	E	F
1	部门	姓名	基本工资	奖金	考勤奖	实发工资
2	销售部	王云	3200	9000	200	12400
3	销售部	李晓娜	3200	10000	200	13400
4	设计部	张海	4200	9000	200	13400
5	销售部	杨慧	3200	20000	200	23400
6	设计部	李辉	4200	1200	200	5600
7	财务部	张倩倩	2800	900	200	3900
8	销售部	刘鑫	3200	500	200	3900
9	财务部	蒋娜娜	2800	600	200	3600
10	销售部	张端至	3200	3000	200	6400
11	设计部	吴旭	4200	1200	200	5600
12	设计部	李蓉蓉	4200	900	200	5300
13						
14	姓名	实发工资				
15	杨慧	A15)				

图 11-17

	A	B	C	D	E	F
1	部门	姓名	基本工资	奖金	考勤奖	实发工资
2	销售部	王云	3200	9000	200	12400
3	销售部	李晓娜	3200	10000	200	13400
4	设计部	张海	4200	9000	200	13400
5	销售部	杨慧	3200	20000	200	23400
6	设计部	李辉	4200	1200	200	5600
7	财务部	张倩倩	2800	900	200	3900
8	销售部	刘鑫	3200	500	200	3900
9	财务部	蒋娜娜	2800	600	200	3600
10	销售部	张端至	3200	3000	200	6400
11	设计部	吴旭	4200	1200	200	5600
12	设计部	李蓉蓉	4200	900	200	5300
13						
14	姓名	实发工资				
15	杨慧	23400				

图 11-18

11.2 AVERAGE 系列函数

前面介绍的 SUM 函数是对满足各种条件的数据求和，下面介绍一些求平均值的函数。既可以单一对数据集求平均值，也可以对满足条件的数据求平均值。

11.2.1 应用 AVERAGE 函数计算平均值

函数功能： AVERAGE 函数用于计算所有参数的算术平均值。

函数语法： AVERAGE(number1,number2,…)

参数解析：

- number1,number2,…：表示要计算平均值的 1～30 个参数。

1．统计平均销售额

本例表格中统计了各种商品的销售额，现在需要使用 AVERAGE 函数计算出所有商品的平均销售额是多少。

❶ 打开表格并将光标定位在 F2 单元格中，输入公式“=AVERAGE(D2:D9)”，如图 11-19 所示。

❷ 按回车键，即可计算出所有商品的平均销售额，如图 11-20 所示。

DSUM　=AVERAGE(D2:D9)

	A	B	C	D	E	F
1	商品名	销量	单价	销售额		平均销售额
2	降噪耳机	20	2999	59980		D2:D9)
3	头戴式耳机	190	560	106400		
4	戴尔笔记本	5	5999	29995		
5	pad	9	4495	40455		
6	冰箱除味器	14	229	3206		
7	护眼台灯	560	599	335440		
8	联想笔记本	20	3999	79980		
9	机械键盘	50	1080	54000		

图 11-19

	A	B	C	D	E	F
1	商品名	销量	单价	销售额		平均销售额
2	降噪耳机	20	2999	59980		88682
3	头戴式耳机	190	560	106400		
4	戴尔笔记本	5	5999	29995		
5	pad	9	4495	40455		
6	冰箱除味器	14	229	3206		
7	护眼台灯	560	599	335440		
8	联想笔记本	20	3999	79980		
9	机械键盘	50	1080	54000		

图 11-20

2．统计大于平均业绩的总人数

本例表格中统计了公司所有业务员本周的销售业绩，要求使用 AVERAGE 函数统计出平均业绩数据，再使用 COUNTIF 函数将大于平均业绩的总人数统计出来。

❶ 打开表格并将光标定位在 D2 单元格中，输入公式“=COUNTIF(B2:B13,">="&AVERAGE(B2:B13))”，如图 11-21 所示。

❷ 按回车键，即可统计出大于平均业绩的总人数，如图 11-22 所示。

DSUM | =COUNTIF(B2:B13,">="&AVERAGE(B2:B13))

	A	B	C	D
1	业务员	业绩		大于平均业绩人数
2	李晓楠	4434		AVERAGE(B2:B13))
3	万倩倩	3655		
4	刘芸	4508		
5	王婷婷	3907		
6	李娜	4170		
7	张旭	4234		
8	刘玲玲	5900		
9	章涵	9000		
10	刘琦	500		
11	王源	1289		
12	马楷	2000		
13	李希阳	9000		

图 11-21

	A	B	C	D
1	业务员	业绩		大于平均业绩人数
2	李晓楠	4434		5
3	万倩倩	3655		
4	刘芸	4508		
5	王婷婷	3907		
6	李娜	4170		
7	张旭	4234		
8	刘玲玲	5900		
9	章涵	9000		
10	刘琦	500		
11	王源	1289		
12	马楷	2000		
13	李希阳	9000		

图 11-22

11.2.2 应用 AVERAGEA 函数计算平均值

函数功能：AVERAGEA 函数返回其参数（包括数字、文本和逻辑值）的平均值。AVERAGEA 函数与 AVERAGE 函数的区别仅在于：AVERAGE 函数不计算文本值。

函数语法：AVERAGEA(value1,value2,…)

参数解析：

- value1,value2,…：表示为需要计算平均值的 1 ~ 30 个单元格、单元格区域或数值。

包含文本值时计算平均分

本例表格中统计了各毕业班学生的三次模拟考试的总分，由于特殊原因有些考生缺考，下面需要使用 AVERAGEA 函数计算平均分（数据中包含文本）。

❶ 打开表格并将光标定位在 F2 单元格中，输入公式“=AVERAGEA(C2:E2)”，如图 11-23 所示。

❷ 按回车键后并利用填充柄功能向下填充公式，即可依次计算出每名学生三次模拟考试的平均分（包含文本值），如图 11-24 所示。

DSUM | =AVERAGEA(C2:E2)

	A	B	C	D	E	F
1	姓名	班级	一模	二模	三模	平均分
2	李晓楠	高三（1）班	559	600	633	C2:E2)
3	万倩倩	高三（2）班	701	699	650	
4	刘芸	高三（1）班	550	521	559	
5	王婷婷	高三（1）班	600	559	664	
6	李娜	高三（3）班	520	缺考	516	
7	张旭	高三（1）班	700	725	731	
8	刘玲玲	高三（3）班	699	711	706	
9	章涵	高三（2）班	556	498	516	
10	刘琦	高三（2）班	缺考	669	679	

图 11-23

	A	B	C	D	E	F
1	姓名	班级	一模	二模	三模	平均分
2	李晓楠	高三（1）班	559	600	633	597.33
3	万倩倩	高三（2）班	701	699	650	683.33
4	刘芸	高三（1）班	550	521	559	543.33
5	王婷婷	高三（1）班	600	559	664	607.67
6	李娜	高三（3）班	520	缺考	516	345.33
7	张旭	高三（1）班	700	725	731	718.67
8	刘玲玲	高三（3）班	699	711	706	705.33
9	章涵	高三（2）班	556	498	516	523.33
10	刘琦	高三（2）班	缺考	669	679	449.33
11	王源	高三（2）班	498	458	502	486.00
12	马楷	高三（3）班	633	701	684	672.67

图 11-24

11.2.3 应用 AVERAGEIF 函数计算平均值

函数功能：AVERAGEIF 函数返回某个区域内满足给定条件的所有单元格的平均值（算术平均值）。

函数语法： AVERAGEIF(range,criteria,average_range)

参数解析：

- range：表示要计算平均值的一个或多个单元格，其中包括数字或包含数字的名称、数组或引用。
- criteria：表示数字、表达式、单元格引用或文本形式的条件，用于定义要对哪些单元格计算平均值。例如：条件可以表示为 32、"32"、">32"、"apples"或 B4。
- average_range：表示要计算平均值的实际单元格集。如果忽略，则使用 range。

计算指定班级的平均分

本例表格中统计了各班学生的模拟考试总分数，下面需要按指定班级统计平均分。

❶ 打开表格并将光标定位在 F2 单元格中，输入公式“=AVERAGEIF($B$2:$B$12,E2,$C$2:$C$12)”，如图 11-25 所示。

❷ 按回车键后并利用填充柄功能向下填充公式，即可计算出指定两个班级的平均分，如图 11-26 所示。

DSUM　=AVERAGEIF($B$2:$B$12,E2,$C$2:$C$12)

	A	B	C	D	E	F	G
1	姓名	班级	总分		班级	平均分	
2	李晓楠	高三（1）班	559		高三（1）班	$C$12)	
3	万倩倩	高三（2）班	701		高三（2）班		
4	刘芸	高三（1）班	550				
5	王婷婷	高三（1）班	600				
6	李娜	高三（3）班	520				
7	张旭	高三（1）班	700				
8	刘玲玲	高三（3）班	699				
9	章涵	高三（2）班	556				
10	刘琦	高三（2）班	缺考				
11	王源	高三（2）班	498				
12	马楷	高三（3）班	633				
13							

图 11-25

	A	B	C	D	E	F
1	姓名	班级	总分		班级	平均分
2	李晓楠	高三（1）班	559		高三（1）班	602.25
3	万倩倩	高三（2）班	701		高三（2）班	585
4	刘芸	高三（1）班	550			
5	王婷婷	高三（1）班	600			
6	李娜	高三（3）班	520			
7	张旭	高三（1）班	700			
8	刘玲玲	高三（3）班	699			
9	章涵	高三（2）班	556			
10	刘琦	高三（2）班	缺考			
11	王源	高三（2）班	498			
12	马楷	高三（3）班	633			

图 11-26

11.2.4 应用 DAVERAGE 函数计算平均值

函数功能： DAVERAGE 函数是对列表或数据库中满足指定条件的记录字段（列）中的数值求平均值。

函数语法： DAVERAGE(database, field, criteria)

参数解析：

- database：构成列表或数据库的单元格区域。数据库是包含一组相关数据的列表，其中包含相关信息的行为记录，而包含数据的列为字段。列表的第一行包含每一列的标签。
- field：指定函数所使用的列。输入两端带双引号的列标签，如“使用年数”或“产量”；或是代表列表中列位置的数字（不带引号）：1 表示第一列，2 表示第二列，以此类推。
- criteria：为包含指定条件的单元格区域。可以为参数指定 criteria 任意区域，只要此区域包含至少一个列标签，并且列标签下至少有一个在其中为列指定条件的单元格。

1．统计指定班级平均分

本例沿用 11.2.3 小节中的表格，根据各个班级学生模拟考的总分数，使用 DAVERAGE 函数按照设定好的条件计算出指定班级的平均分。

❶ 打开表格并将光标定位在 B15 单元格中，输入公式“=DAVERAGE(A1:C12,3,A14:A15)”，如图 11-27 所示。

DSUM　=DAVERAGE(A1:C12,3,A14:A15)

	A	B	C
1	姓名	班级	总分
2	李晓楠	高三（1）班	559
3	万倩倩	高三（2）班	701
4	刘芸	高三（1）班	550
5	王婷婷	高三（1）班	600
6	李娜	高三（3）班	520
7	张旭	高三（1）班	700
8	刘玲玲	高三（3）班	699
9	章涵	高三（2）班	556
10	刘琦	高三（2）班	缺考
11	王源	高三（2）班	498
12	马楷	高三（3）班	633
13			
14	班级	平均分	
15	高三（2）班	A15)	

图 11-27

❷ 按回车键，即可返回指定班级平均分，如图 11-28 所示。要更改计算的指定班级为“高三（1）班”，可以看到重新统计了平均分，如图 11-29 所示。

	A	B	C
1	姓名	班级	总分
2	李晓楠	高三（1）班	559
3	万倩倩	高三（2）班	701
4	刘芸	高三（1）班	550
5	王婷婷	高三（1）班	600
6	李娜	高三（3）班	520
7	张旭	高三（1）班	700
8	刘玲玲	高三（3）班	699
9	章涵	高三（2）班	556
10	刘琦	高三（2）班	缺考
11	王源	高三（2）班	498
12	马楷	高三（3）班	633
13			
14	班级	平均分	
15	高三（2）班	585	

图 11-28

B15　=DAVERAGE(A1:C12,3,A14:A15)

	A	B	C
1	姓名	班级	总分
2	李晓楠	高三（1）班	559
3	万倩倩	高三（2）班	701
4	刘芸	高三（1）班	550
5	王婷婷	高三（1）班	600
6	李娜	高三（3）班	520
7	张旭	高三（1）班	700
8	刘玲玲	高三（3）班	699
9	章涵	高三（2）班	556
10	刘琦	高三（2）班	缺考
11	王源	高三（2）班	498
12	马楷	高三（3）班	633
13			
14	班级	平均分	
15	高三（1）班	602.25	

图 11-29

2．查询各班级各科目的平均分数

本例表格中统计了两个班级学生的各科成绩和总分数，要求根据指定的查询班级名称快速返回各科目的平均分。

❶ 打开表格并在 A11 单元格中输入要查询的班级名称，然后将光标定位在 B11 单元格中，输入公式“=DAVERAGE($A$1:$F$8,COLUMN(C1),$A$10:$A$11)”，如图 11-30 所示。

❷ 按回车键并向右复制公式，即可得到指定班级所有科目的平均分，如图 11-31 所示。更改其他查询班级，得到如图 11-32 所示新的查询结果。

DSUM | =DAVERAGE($A$1:$F$8,COLUMN(C1),$A$10:$A$11)

	A	B	C	D	E	F
1	班级	姓名	语文	数学	英语	总分
2	1	李晓楠	132	149	116	397
3	2	万倩倩	133	116	136	385
4	1	刘芸	90	96	143	329
5	2	王婷婷	109	89	110	308
6	1	李娜	115	106	98	319
7	1	张旭	123	114	128	365
8	2	刘玲玲	117	124	120	361
9						
10	班级	平均分（语文）	平均分（数学）	平均分（英语）	平均分（总分）	
11	1	$A$10:$A$11)				

图 11-30

	A	B	C	D	E	F
1	班级	姓名	语文	数学	英语	总分
2	1	李晓楠	132	149	116	397
3	2	万倩倩	133	116	136	385
4	1	刘芸	90	96	143	329
5	2	王婷婷	109	89	110	308
6	1	李娜	115	106	98	319
7	1	张旭	123	114	128	365
8	2	刘玲玲	117	124	120	361
9						
10	班级	平均分（语文）	平均分（数学）	平均分（英语）	平均分（总分）	
11	1	115	116	121	353	

图 11-31

	A	B	C	D	E	F
1	班级	姓名	语文	数学	英语	总分
2	1	李晓楠	132	149	116	397
3	2	万倩倩	133	116	136	385
4	1	刘芸	90	96	143	329
5	2	王婷婷	109	89	110	308
6	1	李娜	115	106	98	319
7	1	张旭	123	114	128	365
8	2	刘玲玲	117	124	120	361
9						
10	班级	平均分（语文）	平均分（数学）	平均分（英语）	平均分（总分）	
11	2	120	110	122	351	

图 11-32

11.3 COUNT 系列函数

如果要统计符合指定条件的单元格个数，可以使用 COUNT、COUNTIF、COUNTIFS 函数。

11.3.1 应用 COUNT 函数统计个数

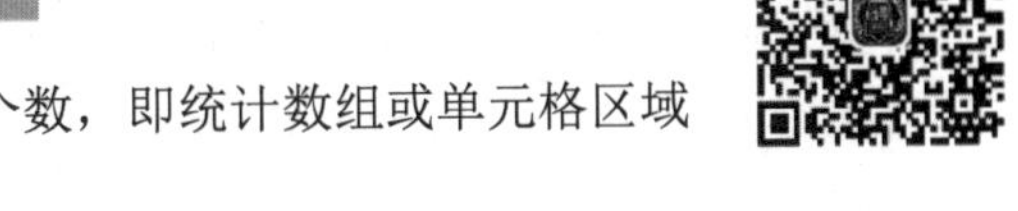

函数功能：COUNT 函数用于返回数字参数的个数，即统计数组或单元格区域中含有数字的单元格个数。

函数语法：COUNT(value1,value2,…)

参数解析：value1,value2,…：表示包含或引用各种类型数据的参数（1～30 个），其中只有数字类型的数据才能被统计。

1. 统计参加考试的人数

本例表格中统计了某班级学生的考试总分数，其中有些学生没有到场考试并标注为“缺考”，要求统计参加考试的总人数。

❶ 打开表格并将光标定位在D2单元格中，输入公式“=COUNT(B2:B12)”，如图11-33所示。

❷ 按回车键，即可统计出参加考试的总人数，如图11-34所示。

DSUM　=COUNT(B2:B12)

	A	B	C	D	E	F
1	姓名	总分		考试人数		
2	李晓楠	559				
3	万倩倩	701				
4	刘芸	550				
5	王婷婷	600				
6	李娜	520				
7	张旭	700				
8	刘玲玲	699				
9	章涵	556				
10	刘琦	缺考				
11	王源	498				
12	马楷	633				

图11-33

	A	B	C	D
1	姓名	总分		考试人数
2	李晓楠	559		10
3	万倩倩	701		
4	刘芸	550		
5	王婷婷	600		
6	李娜	520		
7	张旭	700		
8	刘玲玲	699		
9	章涵	556		
10	刘琦	缺考		
11	王源	498		
12	马楷	633		

图11-34

2. 统计“耳机”销售条数

本例表格中统计了当日各类商品的销售记录，下面需要统计出“耳机”类商品的种类。

❶ 打开表格并将光标定位在E2单元格中，输入公式“=COUNT(SEARCH("耳机",A2:A9))”，如图11-35所示。

❷ 按Ctrl+Shift+Enter组合键，即可统计出耳机商品的种类，如图11-36所示。

SUM　=COUNT(SEARCH("耳机",A2:A9))

	A	B	C	D	E	F
1	商品名	销量	单价		耳机销售种类	
2	降噪耳机	20	2999		耳机",A2:A9))	
3	头戴式耳机	190	560			
4	戴尔笔记本	5	5999			
5	蓝牙耳机	9	4495			
6	冰箱除味器	14	229			
7	护眼台灯	560	599			
8	联想笔记本	20	3999			
9	机械键盘	50	1080			

图11-35

	A	B	C	D	E
1	商品名	销量	单价		耳机销售种类
2	降噪耳机	20	2999		3
3	头戴式耳机	190	560		
4	戴尔笔记本	5	5999		
5	蓝牙耳机	9	4495		
6	冰箱除味器	14	229		
7	护眼台灯	560	599		
8	联想笔记本	20	3999		
9	机械键盘	50	1080		

图11-36

11.3.2 应用COUNTIF函数单条件统计数据个数

函数功能： COUNTIF函数计算区域中满足给定条件的单元格个数。

函数语法： COUNTIF(range,criteria)

参数解析：

- range：表示为需要计算其中满足条件的单元格数目的单元格区域。
- criteria：表示为确定哪些单元格将被计算在内的条件，其形式可以为数字、表达式或文本。

1. 统计报名指定课程的总人数

本例表格中统计了某培训班各类培训课程的报名时间和报名人员以及课程费用，下面需要统计出报名“水墨画”课程的总人数。

❶ 打开表格并将光标定位在 G2 单元格中，输入公式“=COUNTIF(D2:D18,"水墨画")”，如图 11-37 所示。

DSUM　=COUNTIF(D2:D18,"水墨画")

	A	B	C	D	E	F	G
1	序号	报名时间	姓名	所报课程	学费		水墨画报名人数
2	1	2020/3/2	刘鑫磊	轻粘土手工	780		D18,"水墨画")
3	2	2020/3/1	王倩	线描画	980		
4	3	2020/3/6	李晓彤	剪纸手工	1080		
5	4	2020/3/7	汪洋	轻粘土手工	780		
6	5	2020/3/7	李阳	水墨画	980		
7	6	2020/3/8	张婷婷	剪纸手工	1080		
8	7	2020/3/15	李涛	水墨画	780		
9	8	2020/3/1	王辉	轻粘土手工	780		
10	9	2020/3/1	姜蕙	线描画	980		
11	10	2020/3/2	李晓楠	水墨画	980		
12	11	2020/3/4	梁美娟	轻粘土手工	780		
13	12	2020/3/5	章凯	水墨画	980		
14	13	2020/3/5	刘梦凡	线描画	980		
15	14	2020/3/9	刘萌	水墨画	980		
16	15	2020/3/9	张梦云	水墨画	980		
17	16	2020/3/9	张春阳	剪纸手工	1080		
18	17	2020/3/11	杨一帆	轻粘土手工	780		

图 11-37

❷ 按回车键，即可统计出报名“水墨画”的总人数，如图 11-38 所示。

	A	B	C	D	E	F	G
1	序号	报名时间	姓名	所报课程	学费		水墨画报名人数
2	1	2020/3/2	刘鑫磊	轻粘土手工	780		6
3	2	2020/3/1	王倩	线描画	980		
4	3	2020/3/6	李晓彤	剪纸手工	1080		
5	4	2020/3/7	汪洋	轻粘土手工	780		
6	5	2020/3/7	李阳	水墨画	980		
7	6	2020/3/8	张婷婷	剪纸手工	1080		
8	7	2020/3/15	李涛	水墨画	780		
9	8	2020/3/1	王辉	轻粘土手工	780		
10	9	2020/3/1	姜蕙	线描画	980		
11	10	2020/3/2	李晓楠	水墨画	980		
12	11	2020/3/4	梁美娟	轻粘土手工	780		
13	12	2020/3/5	章凯	水墨画	980		
14	13	2020/3/5	刘梦凡	线描画	980		
15	14	2020/3/9	刘萌	水墨画	980		
16	15	2020/3/9	张梦云	水墨画	980		
17	16	2020/3/9	张春阳	剪纸手工	1080		
18	17	2020/3/11	杨一帆	轻粘土手工	780		

图 11-38

2. 统计分数大于 700 分的人数

本例表格中统计了高三各班学生某次模拟考试的总分数，下面需要统计总分大于等于 700 分的总人数。

❶ 打开表格并将光标定位在 E2 单元格中，输入公式“=COUNTIF(C2:C17,">=700")”，如图 11-39 所示。

❷ 按回车键，即可统计出分数在700分以上的总人数，如图11-40所示。

DSUM | =COUNTIF(C2:C17,">=700")

	A	B	C	D	E	F
1	姓名	班级	总分		>700分人数	
2	李晓楠	高三（1）班	559		C17,">=700")	
3	万倩倩	高三（2）班	701			
4	刘芸	高三（1）班	550			
5	王婷婷	高三（1）班	600			
6	李娜	高三（3）班	520			
7	张旭	高三（1）班	721			
8	刘玲玲	高三（3）班	699			
9	章涵	高三（2）班	556			
10	刘琦	高三（2）班	711			
11	王源	高三（2）班	498			
12	马楷	高三（3）班	633			
13	刘晓伟	高三（1）班	756			
14	李薇薇	高三（3）班	688			
15	刘娜	高三（1）班	587			
16	杨勋	高三（3）班	603			
17	李雪	高三（1）班	554			

图11-39

	A	B	C	D	E
1	姓名	班级	总分		>700分人数
2	李晓楠	高三（1）班	559		4
3	万倩倩	高三（2）班	701		
4	刘芸	高三（1）班	550		
5	王婷婷	高三（1）班	600		
6	李娜	高三（3）班	520		
7	张旭	高三（1）班	721		
8	刘玲玲	高三（3）班	699		
9	章涵	高三（2）班	556		
10	刘琦	高三（2）班	711		
11	王源	高三（2）班	498		
12	马楷	高三（3）班	633		
13	刘晓伟	高三（1）班	756		
14	李薇薇	高三（3）班	688		
15	刘娜	高三（1）班	587		
16	杨勋	高三（3）班	603		
17	李雪	高三（1）班	554		

图11-40

11.3.3 应用COUNTIFS函数多条件统计数据个数

函数功能： COUNTIFS函数计算某个区域中满足多重条件的单元格数目。

函数语法： COUNTIFS(range1, criteria1,range2,criteria2,…)

参数解析：

- range1, range2,…：表示计算关联条件的1~127个区域。每个区域中的单元格必须是数字或包含数字的名称、数组或引用。空值和文本值会被忽略。
- criteria1, criteria2,…：表示数字、表达式、单元格引用或文本形式的1~127个条件，用于定义要对哪些单元格进行计算。例如：条件可以表示为32、"32"、">32"、"apples"或B4。

统计指定班级大于700分的人数

本例表格中统计了各个高三班级学生的某次模拟考试总分数，下面需要统计"高三（1）班"中总分大于700分的总人数，可以使用COUNTIFS函数设置满足多条件的单元格来设置公式。

❶ 打开表格并将光标定位在E2单元格中，输入公式"=COUNTIFS(B2:B17,"高三（1）班",C2:C17,">700")"，如图11-41所示。

❷ 按回车键后，即可统计出高三（1）班总分在700分以上的人数，如图11-42所示。

DSUM | =COUNTIFS(B2:B17,"高三（1）班",C2:C17,">700")

	A	B	C	D	E	F	G
1	姓名	班级	总分		高三（1）班 >700分人数		
2	李晓楠	高三（1）班	559		">700")		
3	万倩倩	高三（2）班	701				
4	刘芸	高三（1）班	550				
5	王婷婷	高三（1）班	600				
6	李娜	高三（3）班	520				
7	张旭	高三（1）班	721				
8	刘玲玲	高三（3）班	699				
9	章涵	高三（2）班	556				
10	刘琦	高三（2）班	711				
11	王源	高三（2）班	498				
12	马楷	高三（3）班	633				
13	刘晓伟	高三（1）班	756				
14	李薇薇	高三（3）班	688				
15	刘娜	高三（1）班	587				
16	杨勋	高三（3）班	603				
17	李雪	高三（1）班	554				

图11-41

	A	B	C	D	E
1	姓名	班级	总分		高三（1）班 >700分人数
2	李晓楠	高三（1）班	559		2
3	万倩倩	高三（2）班	701		
4	刘芸	高三（1）班	550		
5	王婷婷	高三（1）班	600		
6	李娜	高三（3）班	520		
7	张旭	高三（1）班	721		
8	刘玲玲	高三（3）班	699		
9	章涵	高三（2）班	556		
10	刘琦	高三（2）班	711		
11	王源	高三（2）班	498		
12	马楷	高三（3）班	633		
13	刘晓伟	高三（1）班	756		
14	李薇薇	高三（3）班	688		
15	刘娜	高三（1）班	587		
16	杨勋	高三（3）班	603		
17	李雪	高三（1）班	554		

图11-42

11.4 极值函数

使用 MAX 和 MIN 函数可以在一组数据集中返回最大值和最小值。如果要按条件统计最大值和最小值，可以使用 Excel 2019 新增的 MAXIF 和 MINIF 函数设置公式。

11.4.1 应用 MAX 函数统计最大值

函数功能：MAX 函数用于返回数据集中的最大数值。

函数语法：MAX(number1,number2,…)

参数解析：number1,number2,…：要从中查找最大值的 1 到 255 个数字。

1. 统计最高分数

本例表格中统计了各个班级学生的模拟考试总分数，要求快速统计最高分数值。

❶ 打开表格并将光标定位在 E2 单元格中，输入公式“=MAX(C2:C17)”，如图 11-43 所示。

❷ 按回车键，即可统计出最高分数值，如图 11-44 所示。

DSUM | =MAX(C2:C17)

	A	B	C	D	E
1	姓名	班级	总分		最高分
2	李晓楠	高三（1）班	559		=MAX(C2:C17)
3	万倩倩	高三（2）班	701		
4	刘芸	高三（1）班	550		
5	王婷婷	高三（1）班	600		
6	李娜	高三（3）班	520		
7	张旭	高三（1）班	721		
8	刘玲玲	高三（3）班	699		
9	章涵	高三（2）班	556		
10	刘琦	高三（2）班	711		
11	王源	高三（2）班	498		
12	马楷	高三（3）班	633		
13	刘晓伟	高三（1）班	756		

图 11-43

	A	B	C	D	E
1	姓名	班级	总分		最高分
2	李晓楠	高三（1）班	559		756
3	万倩倩	高三（2）班	701		
4	刘芸	高三（1）班	550		
5	王婷婷	高三（1）班	600		
6	李娜	高三（3）班	520		
7	张旭	高三（1）班	721		
8	刘玲玲	高三（3）班	699		
9	章涵	高三（2）班	556		
10	刘琦	高三（2）班	711		
11	王源	高三（2）班	498		
12	马楷	高三（3）班	633		
13	刘晓伟	高三（1）班	756		
14	李薇薇	高三（3）班	688		
15	刘娜	高三（1）班	587		
16	杨励	高三（3）班	603		
17	李雪	高三（1）班	554		

图 11-44

2. 统计指定班级最高分数

本例表格中统计了各个高三班级学生的某次模拟考试总分数，下面需要统计出“高三（1）班”中的最高分数。

❶ 打开表格并将光标定位在 E2 单元格中，输入公式“=MAX(IF(B2:B17="高三(1)班",C2:C17))”，如图 11-45 所示。

❷ 按 Ctrl+Shift+Enter 组合键后，即可统计出高三（1）班的最高分数，如图 11-46 所示。

DSUM | =MAX(IF(B2:B17="高三（1）班",C2:C17))

	A	B	C	D	E
1	姓名	班级	总分		高三（1）班最高分
2	李晓楠	高三（1）班	559		C2:C17))
3	万倩倩	高三（2）班	701		
4	刘芸	高三（1）班	550		
5	王婷婷	高三（1）班	600		
6	李娜	高三（3）班	520		
7	张旭	高三（1）班	721		
8	刘玲玲	高三（3）班	699		
9	章涵	高三（2）班	556		
10	刘琦	高三（2）班	711		
11	王源	高三（2）班	498		
12	马楷	高三（3）班	633		
13	刘晓伟	高三（1）班	756		
14	李薇薇	高三（3）班	688		
15	刘娜	高三（1）班	587		
16	杨勋	高三（3）班	603		
17	李雪	高三（1）班	554		

图 11-45

	A	B	C	D	E
1	姓名	班级	总分		高三（1）班最高分
2	李晓楠	高三（1）班	559		756
3	万倩倩	高三（2）班	701		
4	刘芸	高三（1）班	550		
5	王婷婷	高三（1）班	600		
6	李娜	高三（3）班	520		
7	张旭	高三（1）班	721		
8	刘玲玲	高三（3）班	699		
9	章涵	高三（2）班	556		
10	刘琦	高三（2）班	711		
11	王源	高三（2）班	498		
12	马楷	高三（3）班	633		
13	刘晓伟	高三（1）班	756		
14	李薇薇	高三（3）班	688		
15	刘娜	高三（1）班	587		
16	杨勋	高三（3）班	603		
17	李雪	高三（1）班	554		

图 11-46

11.4.2 应用 MAXIFS 函数统计满足所有条件的最大值

函数功能：MAXIFS 函数返回一组给定条件或标准指定的单元格中的最大（小）值。

函数语法：MAXIFS(max_range, criteria_range1, criteria1, [criteria_range2, criteria2],…)

参数解析：

- max_range：确定最大值的实际单元格区域。
- criteria_range1：是一组用于条件计算的单元格（min_range 和 criteria_rangeN 参数的大小和形状必须相同，否则这些函数会返回#VALUE!错误）。
- criteria1：用于确定哪些单元格是最大值的条件，格式为数字、表达式或文本。
- criteria_range2,criteria2,…：附加区域及其关联条件。最多可以输入 126 个区域/条件对。

统计指定品牌指定商品的最高销售额

本例表格中统计了各种品牌商品的销售额，要求统计出“索尼”品牌的耳机最高销售额是多少。

❶ 打开表格并将光标定位在 F2 单元格中，输入公式“=MAXIFS(D2:D9,C2:C9,"索尼",B2:B9,"耳机")”，如图 11-47 所示。

❷ 按回车键，即可统计出“索尼”品牌耳机的最高销售额，如图 11-48 所示。

DSUM | =MAXIFS(D2:D9,C2:C9,"索尼",B2:B9,"耳机")

	A	B	C	D	E	F
1	商品货号	商品名	品牌	销售额		索尼耳机最高销售额
2	SN092	耳机	索尼	59980		"索尼",B2:B9,"耳机")
3	DE34	耳机	戴尔	106400		
4	DE221	戴尔笔记本	戴尔	29995		
5	SN091	耳机	索尼	40455		
6	GY78	冰箱除味器	根元	3206		
7	SN098	护眼台灯	索尼	335440		
8	LX001	联想笔记本	联想	79980		
9	SN110	机械键盘	索尼	54000		

图 11-47

	A	B	C	D	E	F
1	商品货号	商品名	品牌	销售额		索尼耳机最高销售额
2	SN092	耳机	索尼	59980		59980
3	DE34	耳机	戴尔	106400		
4	DE221	戴尔笔记本	戴尔	29995		
5	SN091	耳机	索尼	40455		
6	GY78	冰箱除味器	根元	3206		
7	SN098	护眼台灯	索尼	335440		
8	LX001	联想笔记本	联想	79980		
9	SN110	机械键盘	索尼	54000		
10						

图 11-48

11.4.3 应用 MIN 函数统计最小值

函数功能： MIN 函数用于返回数据集中的最小数值。

函数语法： MIN(number1,number2,…)

参数解析： number1,number2,…：要从中查找最小值的 1 到 255 个数字。

统计最低分（忽略 0 值）

本例表格中统计了高三各班级学生成绩的总分数（其中有些单元格内显示的是 0 分），下面需要忽略其中的 0 值计算出最低分数值，可以使用 MIN 函数和 IF 函数来实现。

❶ 打开表格并将光标定位在 E2 单元格中，输入公式“=MIN(IF(C2:C17<>0,C2:C17))”，如图 11-49 所示。

❷ 按 Ctrl+Shift+Enter 组合键后，即可返回最低分数值，如图 11-50 所示。

DSUM ✕ ✓ fx =MIN(IF(C2:C17<>0,C2:C17))

	A	B	C	D	E	F
1	姓名	班级	总分		最低分	
2	李晓楠	高三（1）班	559		C17))	
3	万倩倩	高三（2）班	701			
4	刘芸	高三（1）班	550			
5	王婷婷	高三（1）班	600			
6	李娜	高三（3）班	520			
7	张旭	高三（1）班	0			
8	刘玲玲	高三（3）班	699			
9	章涵	高三（2）班	556			
10	刘琦	高三（2）班	711			
11	王源	高三（2）班	498			
12	马楷	高三（3）班	633			
13	刘晓伟	高三（1）班	756			
14	李薇薇	高三（3）班	688			
15	刘娜	高三（1）班	0			
16	杨勋	高三（3）班	603			
17	李雪	高三（1）班	554			

图 11-49

	A	B	C	D	E
1	姓名	班级	总分		最低分
2	李晓楠	高三（1）班	559		498
3	万倩倩	高三（2）班	701		
4	刘芸	高三（1）班	550		
5	王婷婷	高三（1）班	600		
6	李娜	高三（3）班	520		
7	张旭	高三（1）班	0		
8	刘玲玲	高三（3）班	699		
9	章涵	高三（2）班	556		
10	刘琦	高三（2）班	711		
11	王源	高三（2）班	498		
12	马楷	高三（3）班	633		
13	刘晓伟	高三（1）班	756		
14	李薇薇	高三（3）班	688		
15	刘娜	高三（1）班	0		
16	杨勋	高三（3）班	603		
17	李雪	高三（1）班	554		

图 11-50

11.4.4 应用 MINIFS 函数统计满足所有条件的最小值

函数功能： MINIFS 函数返回一组给定条件或标准指定的单元格中的小值。

函数语法： MINIFS(min_range, criteria_range1, criteria1, [criteria_range2, criteria2], …)

参数解析：

- min_range：确定最小值的实际单元格区域。
- criteria_range1：表示一组用于条件计算的单元格。
- criteria1：用于确定哪些单元格是最小值的条件，格式为数字、表达式或文本。
- criteria_range2,criteria2,…：附加区域及其关联条件。最多可以输入 126 个区域/条件对。

统计指定区域指定商品的最低销售额

本例表格中统计了各个地区各类商品当月的销售额数据，要求统计出上海地区女装类商品的最低销售额，可以使用 MINIFS 函数设置满足多条件的最小值。

❶ 打开表格并将光标定位在 F2 单元格中，输入公式“=MINIFS(D2:D14,C2:C14,"女装",B2:B14,"上海")”，如图 11-51 所示。

❷ 按回车键后，即可统计出上海地区女装类的最低销售额，如图 11-52 所示。

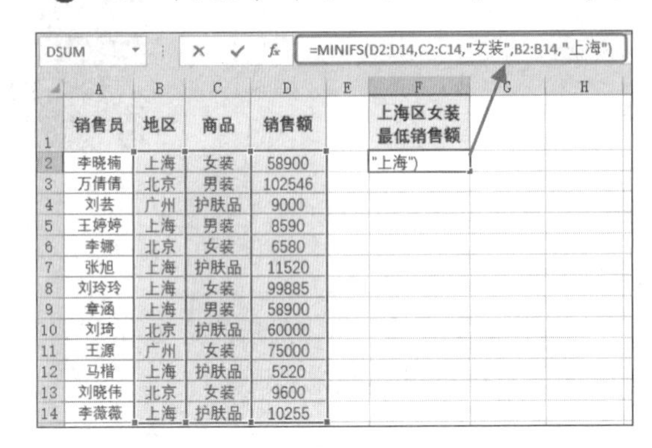
DSUM =MINIFS(D2:D14,C2:C14,"女装",B2:B14,"上海")

	A	B	C	D	E	F	G	H
1	销售员	地区	商品	销售额		上海区女装最低销售额		
2	李晓楠	上海	女装	58900		"上海")		
3	万倩倩	北京	男装	102546				
4	刘芸	广州	护肤品	9000				
5	王婷婷	上海	男装	8590				
6	李娜	北京	女装	6580				
7	张旭	上海	护肤品	11520				
8	刘玲玲	上海	女装	99885				
9	章涵	上海	男装	58900				
10	刘琦	北京	护肤品	60000				
11	王源	广州	女装	75000				
12	马楷	上海	护肤品	5220				
13	刘晓伟	北京	女装	9600				
14	李薇薇	上海	护肤品	10255				

图 11-51

	A	B	C	D	E	F
1	销售员	地区	商品	销售额		上海区女装最低销售额
2	李晓楠	上海	女装	58900		58900
3	万倩倩	北京	男装	102546		
4	刘芸	广州	护肤品	9000		
5	王婷婷	上海	男装	8590		
6	李娜	北京	女装	6580		
7	张旭	上海	护肤品	11520		
8	刘玲玲	上海	女装	99885		
9	章涵	上海	男装	58900		
10	刘琦	北京	护肤品	60000		
11	王源	广州	女装	75000		
12	马楷	上海	护肤品	5220		
13	刘晓伟	北京	女装	9600		
14	李薇薇	上海	护肤品	10255		

图 11-52

11.5 数据集趋势统计函数

11.5.1 应用 GEOMEAN 函数计算几何平均值

函数功能：GEOMEAN 函数用于返回正数数组或数据区域的几何平均值。

函数语法：GEOMEAN(number1,number2,...)

参数解析：number1,number2,...：表示需要计算其平均值的 1～30 个参数。也可以不使用这种用逗号分隔参数的形式，而用单个数组或数组引用的形式。

判断两组数据的稳定性

本例表格中统计了检测单位对两家提供设备的制造商样品进行了抽检，要求使用 GEOMEAN 函数计算出两组数据的几何平均值，并最终比较哪家的产品检测质量数据最稳定。

❶ 打开表格并将光标定位在 F1 单元格中，输入公式“=GEOMEAN(B2:B7)”，按回车键后，即可计算出“中远制造”的产品检测数据几何平均值，如图 11-53 所示。

❷ 将光标定位在 F2 单元格中，输入公式“=GEOMEAN(C2:C7)”。按回车键即可计算出“培松制造”的产品检测数据几何平均值，如图 11-54 所示。由结果得知，“中远制造”的六次质量检测几何平均值大于“培松制造”的六次质量检测几何平均值。几何平均值越大表示其值更加稳定，因此“中远制造”的几次质量检测结果更加稳定。

F1 =GEOMEAN(B2:B7)

	A	B	C	D	E	F
1	检测次数	中远制造	培松制造		中远制造（几何平均值）	0.886773746
2	1	0.87	0.77		培松制造（几何平均值）	
3	2	0.91	0.91			
4	3	0.88	0.9			
5	4	0.79	0.7			
6	5	0.93	0.8			
7	6	0.95	0.88			

图 11-53

F2 =GEOMEAN(C2:C7)

	A	B	C	D	E	F
1	检测次数	中远制造	培松制造		中远制造（几何平均值）	0.886773746
2	1	0.87	0.77		培松制造（几何平均值）	0.823014628
3	2	0.91	0.91			
4	3	0.88	0.9			
5	4	0.79	0.7			
6	5	0.93	0.8			
7	6	0.95	0.88			

图 11-54

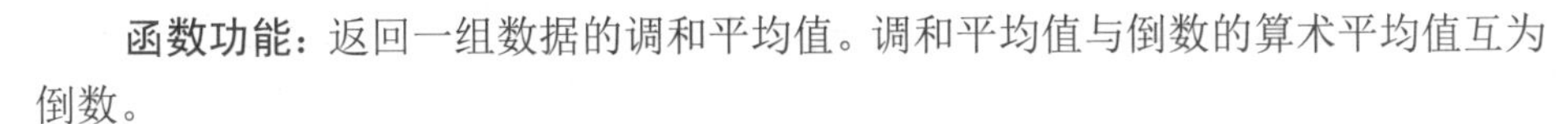

11.5.2 应用 HARMEAN 函数计算调和平均值

函数功能：返回一组数据的调和平均值。调和平均值与倒数的算术平均值互为倒数。

函数语法：HARMEAN(number1, [number2],…)

参数解析：number1, number2,…：number1 是必需的，后续数字是可选的。用于计算平均值的 1 到 255 个参数。也可以用单一数组或对某个数组的引用来代替用逗号分隔的参数。

按月统计平均业绩

本例表格中统计了 2019 年全年每个月的销售业绩数据，要求使用 HARMEAN 函数快速计算出每月的平均业绩数据。

❶ 打开表格并将光标定位在 D2 单元格中，输入公式“=HARMEAN(B2:B13)”，如图 11-55 所示。

❷ 按回车键，即可计算出调和平均值，即按月统计平均业绩，如图 11-56 所示。

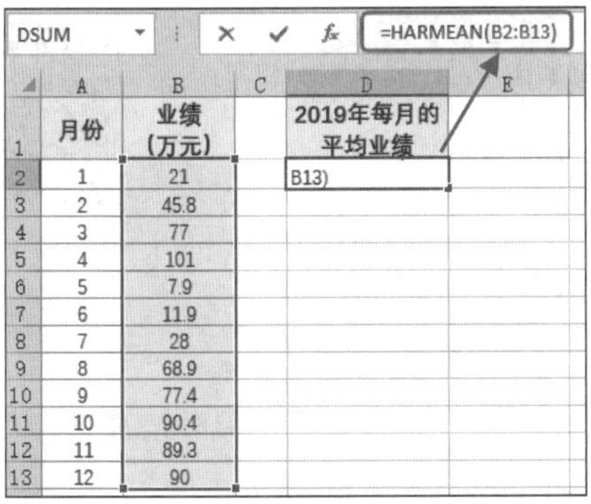

DSUM　=HARMEAN(B2:B13)

	A	B	C	D	E
1	月份	业绩（万元）		2019年每月的平均业绩	
2	1	21		B13)	
3	2	45.8			
4	3	77			
5	4	101			
6	5	7.9			
7	6	11.9			
8	7	28			
9	8	68.9			
10	9	77.4			
11	10	90.4			
12	11	89.3			
13	12	90			

图 11-55

	A	B	C	D
1	月份	业绩（万元）		2019年每月的平均业绩
2	1	21		30.03933346
3	2	45.8		
4	3	77		
5	4	101		
6	5	7.9		
7	6	11.9		
8	7	28		
9	8	68.9		
10	9	77.4		
11	10	90.4		
12	11	89.3		
13	12	90		

图 11-56

11.5.3 应用 MODE.SNGL 函数计算数据集中的众数

函数功能：MODE.SNGL 函数表示返回在某一数组或数据区域中出现频率最多的数值。

函数语法：MODE.SNGL(number1,[number2],…)

参数解析：

- number1：必需。要计算其众数中的第一个参数。
- number2,…：可选。要计算其众数的 2 到 254 个参数。也可以用单一数组或对某个数组的引用来代替用逗号分隔的参数。

返回最高气温的众数

本例表格中统计了 7 月中每日的最高气温，要求快速返回这一组气温值中的众数（也就是出现频率最高的温度值）。

❶ 打开表格并将光标定位在 D2 单元格中，输入公式“=MODE.SNGL(B2:B16)”，如图 11-57 所示。

❷ 按回车键后，即可返回最高气温众数，如图 11-58 所示。

DSUM　×　✓　fx　=MODE.SNGL(B2:B16)

	A	B	C	D	E	F
1	日期	最高气温		最高气温众数		
2	2020/7/1	28		B16)		
3	2020/7/2	29				
4	2020/7/3	27				
5	2020/7/4	30				
6	2020/7/5	28				
7	2020/7/6	24				
8	2020/7/7	27				
9	2020/7/8	29				
10	2020/7/9	26				
11	2020/7/10	30				
12	2020/7/11	29				
13	2020/7/12	29				
14	2020/7/13	27				
15	2020/7/14	29				
16	2020/7/15	30				

图 11-57

	A	B	C	D	E
1	日期	最高气温		最高气温众数	
2	2020/7/1	28		29	
3	2020/7/2	29			
4	2020/7/3	27			
5	2020/7/4	30			
6	2020/7/5	28			
7	2020/7/6	24			
8	2020/7/7	27			
9	2020/7/8	29			
10	2020/7/9	26			
11	2020/7/10	30			
12	2020/7/11	29			
13	2020/7/12	29			
14	2020/7/13	27			
15	2020/7/14	29			
16	2020/7/15	30			

图 11-58

11.5.4 应用 MEDIAN 函数计算数据集中的中位数

函数功能：MEDIAN 函数用于返回给定数值集合的中位数。

函数语法：MEDIAN(number1,number2,…)

参数解析：number1,number2,…：表示要找出中位数的 1～30 个数字参数。

返回身高的中间值

本例表格中统计了新进员工的身高数据，要求快速返回处于中间位置的具体身高值，可以使用 MEDIAN 函数来实现。

❶ 打开表格并将光标定位在 D2 单元格中，输入公式“=MEDIAN(B2:B15)”，如图 11-59 所示。

❷ 按回车键后，即可返回中间值身高，如图 11-60 所示。

DSUM　×　✓　fx　=MEDIAN(B2:B15)

	A	B	C	D	E
1	编号	身高		中间值	
2	GF20190	170.0		B15)	
3	GF20191	167.0			
4	GF20192	170.0			
5	GF20193	166.5			
6	GF20194	177.5			
7	GF20195	180.0			
8	GF20196	167.0			
9	GF20197	161.0			
10	GF20198	163.5			
11	GF20199	159.0			
12	GF20200	160.0			
13	GF20201	162.0			
14	GF20202	166.0			
15	GF20203	160.0			

图 11-59

	A	B	C	D
1	编号	身高		中间值
2	GF20190	170.0		166.3
3	GF20191	167.0		
4	GF20192	170.0		
5	GF20193	166.5		
6	GF20194	177.5		
7	GF20195	180.0		
8	GF20196	167.0		
9	GF20197	161.0		
10	GF20198	163.5		
11	GF20199	159.0		
12	GF20200	160.0		
13	GF20201	162.0		
14	GF20202	166.0		
15	GF20203	160.0		

图 11-60

11.5.5 应用 QUARTILE.INC 函数返回一组数据的四分位数

函数功能：根据 0 到 1 之间的百分点值（包含 0 和 1）返回数据集的四分位数。四分位点通常用于销售和调查数据，以对总体进行分组。比如可以使用 QUARTILE.INC 函数查找总体中前 25%的收入值。

函数语法：QUARTILE.INC(array,quart)

参数解析：

- array：必需。要求得四分位数值的数组或数字型单元格区域。
- quart：必需。指定返回哪一个值（见表 11-1）。

表 11-1　quart 返回值

如果 quart 等于	函数 QUARTILE.INC 返回
0	最小值
1	第一个四分位数（第 25 个百分点值）
2	中分位数（第 50 个百分点值）
3	第三个四分位数（第 75 个百分点值）
4	最大值

在一组身高数据中求四分位数

本例表格中统计了员工的身高，要求使用 QUARTILE.INC 函数分别查找最小、最大身高值、25%、50%以及 75%处的身高是多少。

❶ 打开表格并将光标定位在 F5 单元格中，输入公式“=QUARTILE.INC(C2:C13,0)”，按回车键后返回身高最小值，如图 11-61 所示。

❷ 将光标定位在 F6 单元格中，输入公式“=QUARTILE.INC(C2:C13,1)”，按回车键后返回身高 25%处值，如图 11-62 所示。

F5　=QUARTILE.INC(C2:C13,0)

	A	B	C	D	E	F
1	姓名	性别	身高			
2	刘晓丽	女	161			
3	万茜	女	158			
4	李娜	男	172			
5	刘玲	女	168		最小值	156
6	王超	女	165		25%处值	
7	李建	男	178		50%处值	
8	杨慧慧	女	172		75%处值	
9	江心	男	180		最大值	
10	刘丽娜	男	178			
11	杨梅	女	156			
12	李倩	男	175			
13	刘琦	男	172			

图 11-61

F6　=QUARTILE.INC(C2:C13,1)

	A	B	C	D	E	F
1	姓名	性别	身高			
2	刘晓丽	女	161			
3	万茜	女	158			
4	李娜	男	172			
5	刘玲	女	168		最小值	156
6	王超	女	165		25%处值	164
7	李建	男	178		50%处值	
8	杨慧慧	女	172		75%处值	
9	江心	男	180		最大值	
10	刘丽娜	男	178			
11	杨梅	女	156			
12	李倩	男	175			
13	刘琦	男	172			

图 11-62

❸ 将光标定位在 F7 单元格中，输入公式“=QUARTILE.INC(C2:C13,2)”，按回车键后返回身高 50%处值，如图 11-63 所示。

❹ 将光标定位在 F8 单元格中，输入公式“=QUARTILE.INC(C2:C13,3)”，按回车键后返回身高 75%处值，如图 11-64 所示。

F7 =QUARTILE.INC(C2:C13,2)

	A	B	C	D	E	F
1	姓名	性别	身高			
2	刘晓丽	女	161			
3	万茜	女	158			
4	李娜	男	172			
5	刘玲	女	168		最小值	156
6	王超	女	165		25%处值	164
7	李建	男	178		50%处值	172
8	杨慧慧	女	172		75%处值	
9	江心	男	180		最大值	
10	刘丽娜	男	178			
11	杨梅	女	156			
12	李倩	男	175			
13	刘琦	男	172			

图 11-63

F8 =QUARTILE.INC(C2:C13,3)

	A	B	C	D	E	F
1	姓名	性别	身高			
2	刘晓丽	女	161			
3	万茜	女	158			
4	李娜	男	172			
5	刘玲	女	168		最小值	156
6	王超	女	165		25%处值	164
7	李建	男	178		50%处值	172
8	杨慧慧	女	172		75%处值	175.75
9	江心	男	180		最大值	
10	刘丽娜	男	178			
11	杨梅	女	156			
12	李倩	男	175			
13	刘琦	男	172			

图 11-64

❺ 将光标定位在 F9 单元格中，输入公式“=QUARTILE.INC(C2:C13,4)”，按回车键后返回身高最大值，如图 11-65 所示。

F9 =QUARTILE.INC(C2:C13,4)

	A	B	C	D	E	F
1	姓名	性别	身高			
2	刘晓丽	女	161			
3	万茜	女	158			
4	李娜	男	172			
5	刘玲	女	168		最小值	156
6	王超	女	165		25%处值	164
7	李建	男	178		50%处值	172
8	杨慧慧	女	172		75%处值	175.75
9	江心	男	180		最大值	180
10	刘丽娜	男	178			
11	杨梅	女	156			
12	李倩	男	175			
13	刘琦	男	172			

图 11-65

11.6 数据离散趋势统计函数

根据样本数据，可以使用统计函数计算各种基于样本的方差值、标准偏差值、协方差、平均值偏差的平方和平均绝对偏差。这些可以帮助我们对样本数据进一步分析。

11.6.1 应用 VAR.S 函数计算基于样本的方差

函数功能：VAR.S 函数用于估算基于样本的方差（忽略样本中的逻辑值和文本）。

函数语法：VAR.S(number1,[number2],…])

参数解析：

- number1：表示对应于样本总体的第一个数值参数。
- number2,…：可选。对应于样本总体的 2 ~254 个数值参数。

计算产品质量的方差值

本例要考察一台机器的生产能力，利用抽样程序来检验生产出来的产品质量，假设提取 9 个值（由于特殊原因机器检测，所以其中有一项没有数据，显示“机器检测”）。根据行业通用法则：如果一个样本中的 9 个数据项的方差大于 0.005，则该机器必须关闭待修。

❶ 打开表格并将光标定位在 C2 单元格中，输入公式“=VARA(A2:A13)”，如图 11-66 所示。

❷ 按回车键即可计算出方差值，如图 11-67 所示。计算出的方差值越小越稳定，表示数据间差别小。

DSUM　=VARA(A2:A13)

	A	B	C
1	产品质量数据		方差
2	3.33		=VARA(A2:A13)
3	3.45		
4	3.32		
5	3.42		
6	3.41		
7	3.4		
8	机器检测		
9	3.35		
10	3.32		
11	3.32		
12	3.35		
13	3.36		

图 11-66

	A	B	C
1	产品质量数据		方差
2	3.33		0.946299242
3	3.45		
4	3.32		
5	3.42		
6	3.41		
7	3.4		
8	机器检测		
9	3.35		
10	3.32		
11	3.32		
12	3.35		
13	3.36		

图 11-67

11.6.2 应用 VAR.P 函数计算基于样本总体的方差

函数功能：VAR.P 函数用于计算基于样本总体的方差（忽略逻辑值和文本）。
函数语法：VAR.P(number1,[number2],…])
参数解析：

- number1：表示对应于样本总体的第一个数值参数。
- number2,…：可选。对应于样本总体的 2 到 254 个数值参数。

以样本值估算总体的方差

本例要考察一台机器的生产能力，利用抽样程序来检验生产出来的产品质量，假设提取 14 个值。想通过这个样本数据估计总体的方差。

❶ 打开表格并将光标定位在 B2 单元格中，输入公式“=VAR.P(A2:A15)”，如图 11-68 所示。

❷ 按回车键即可计算出方差值，如图 11-69 所示。

B2 | =VAR.P(A2:A15)

	A	B	C
1	产品质量的14个数据	方差	
2	3.52	A15)	
3	3.49		
4	3.38		
5	3.45		
6	3.47		
7	3.45		
8	3.48		
9	3.49		
10	3.5		
11	3.45		
12	3.38		
13	3.51		
14	3.55		
15	3.41		

图 11-68

	A	B
1	产品质量的14个数据	方差
2	3.52	0.00236582
3	3.49	
4	3.38	
5	3.45	
6	3.47	
7	3.45	
8	3.48	
9	3.49	
10	3.5	
11	3.45	
12	3.38	
13	3.51	
14	3.55	
15	3.41	

图 11-69

11.6.3 应用 STDEV.S 函数计算基于样本估算标准偏差

函数功能：STDEV.S 函数用于计算基于样本估算标准偏差（忽略样本中的逻辑值和文本）。

函数语法：STDEV.S(number1,[number2],…])

参数解析：

- number1：表示对应于总体样本的第一个数值参数。也可以用单一数组或对某个数组的引用来代替用逗号分隔的参数。
- number2,…：可选。对应于总体样本的 2 到 254 个数值参数。也可以用单一数组或对某个数组的引用来代替用逗号分隔的参数。

估算班级女生的平均身高和标准偏差

例如要考察一个班级女生的身高情况，随机抽样抽取 14 人的身高数据，要求基于此样本估算出平均身高和标准偏差。

❶ 打开表格并将光标定位在 B2 单元格中，输入公式“=AVERAGE(A2:A15)”，按回车键即可估算出平均身高，如图 11-70 所示。

❷ 将光标定位在 C2 单元格中，输入公式“=STDEV.S(A2:A15)”，按回车键即可估算出标准偏差，如图 11-71 所示。

B2 | =AVERAGE(A2:A15)

	A	B	C	D
1	身高数据	平均身高	标准偏差	
2	1.70	1.63		
3	1.65			
4	1.58			
5	1.63			
6	1.62			
7	1.60			
8	1.55			
9	1.72			
10	1.66			
11	1.59			
12	1.60			
13	1.61			
14	1.62			
15	1.63			

图 11-70

C2 | =STDEV.S(A2:A15)

	A	B	C
1	身高数据	平均身高	标准偏差
2	1.70	1.63	0.045525
3	1.65		
4	1.58		
5	1.63		
6	1.62		
7	1.60		
8	1.55		
9	1.72		
10	1.66		
11	1.59		
12	1.60		
13	1.61		
14	1.62		
15	1.63		

图 11-71

11.6.4 应用 STDEV.P 函数计算样本总体的标准偏差

函数功能：STDEV.P函数计算样本总体的标准偏差（忽略逻辑值和文本）。对于大样本来说，STDEV.S函数与STDEV.P函数的计算结果大致相等，但对于小样本来说，二者计算结果差别会很大。STDEV.S与STDEV.P的区别可以描述为：假设总体数量是100，样本数量是20，当要计算20个样本的标准偏差时使用STDEV.S函数，如果要根据20个样本值估算总体100的标准偏差则使用STDEV.P函数。

函数语法：STDEV.P(number1,[number2],…)

参数解析：

- number1：必需。对应于总体的第一个数值参数。
- number2,…：可选。对应于总体的 2 到 254 个数值参数。也可以用单一数组或对某个数组引用来代替用逗号分隔的参数。

以样本值估算总体的标准偏差

本例考察班级女生的身高情况，随机抽样抽取 14 人的身高数据，要求基于此样本算总体的标准偏差。

❶ 打开表格并将光标定位在 B2 单元格中，输入公式“=STDEV.P(A2:A15)”，如图 11-72 所示。

❷ 按回车键，即可估算出身高的标准偏差值，如图 11-73 所示。

DSUM =STDEV.P(A2:A15)

	A	B	C	D
1	身高数据	标准偏差		
2	1.70	A2:A15)		
3	1.65			
4	1.58			
5	1.63			
6	1.62			
7	1.60			
8	1.55			
9	1.72			
10	1.66			
11	1.59			
12	1.60			
13	1.61			
14	1.62			
15	1.63			

图 11-72

	A	B
1	身高数据	标准偏差
2	1.70	0.043869
3	1.65	
4	1.58	
5	1.63	
6	1.62	
7	1.60	
8	1.55	
9	1.72	
10	1.66	
11	1.59	
12	1.60	
13	1.61	
14	1.62	
15	1.63	

图 11-73

11.6.5 应用 COVARIANCE.P 函数计算总体协方差

函数功能：COVARIANCE.P 函数表示返回总体协方差，即两个数据集中每对数据点的偏差乘积的平均数。COVARIANCE.S 函数与 COVARIANCE.P 函数的区别可以描述为：假设总体数量是 100，样本数量是 20，当要计算 20 个样本的协方差时使用 COVARIANCE.S 函数，如果要根据 20 个样本值估算总体 100 的协方差，则使用 COVARIANCE.P 函数。

函数语法：COVARIANCE.P(array1,array2)

参数解析：

- array1：表示第一个所含数据为整数的单元格区域。
- array2：表示第二个所含数据为整数的单元格区域。

以样本值估算总体的协方差

本例表格是以 16 个调查地点的地方性甲状腺肿患病量与其食品、水中含碘量的调查数据，现在要求基于此样本估算总体的协方差。

❶ 打开表格并将光标定位在 E2 单元格中，输入公式“=COVARIANCE.P(B2:B17,C2:C17)”，如图 11-74 所示。

❷ 按回车键后，即可估算出该组样本的协方差，如图 11-75 所示。

DSUM　=COVARIANCE.P(B2:B17,C2:C17)

	A	B	C	D	E	F
1	序号	患病量	含碘量		协方差	
2	1	300	0.1		C17)	
3	2	310	0.05			
4	3	98	1.8			
5	4	285	0.2			
6	5	126	1.19			
7	6	80	2.1			
8	7	155	0.8			
9	8	50	3.2			
10	9	220	0.28			
11	10	120	1.25			
12	11	40	3.45			
13	12	210	0.32			
14	13	180	0.6			
15	14	56	2.9			
16	15	145	1.1			
17	16	35	4.65			

图 11-74

	A	B	C	D	E
1	序号	患病量	含碘量		协方差
2	1	300	0.1		-107.7
3	2	310	0.05		
4	3	98	1.8		
5	4	285	0.2		
6	5	126	1.19		
7	6	80	2.1		
8	7	155	0.8		
9	8	50	3.2		
10	9	220	0.28		
11	10	120	1.25		
12	11	40	3.45		
13	12	210	0.32		
14	13	180	0.6		
15	14	56	2.9		
16	15	145	1.1		
17	16	35	4.65		

图 11-75

11.6.6 应用 COVARIANCE.S 函数计算样本协方差

函数功能：COVARIANCE.S 函数表示返回样本协方差，即两个数据集中每对数据点的偏差乘积的平均值。如果协方差值结果为正值，则说明两者是正相关的，结果为负值就说明负相关的，如果为 0，也就是统计上说的“相互独立”。

函数语法：COVARIANCE.S(array1,array2)

参数解析：

- array1：表示第一个所含数据为整数的单元格区域。
- array2：表示第二个所含数据为整数的单元格区域。

计算甲状腺与碘食用量的协方差

本例表格为 16 个调查地点的地方性甲状腺肿患病量与其食品、水中含碘量的调查数据，现在通过计算协方差可判断甲状腺肿与含碘量是否存在显著的关系。

❶ 打开表格并将光标定位在 E2 单元格中，输入公式“=COVARIANCE.S(B2:B17,C2:C17)”，如图 11-76 所示。

❷ 按回车键后，即可估算出该组样本的协方差，如图 11-77 所示。

DSUM　=COVARIANCE.S(B2:B17,C2:C17)

	A	B	C	D	E	F
1	序号	患病量	含碘量		协方差	
2	1	300	0.1		C2:C17)	
3	2	310	0.05			
4	3	98	1.8			
5	4	285	0.2			
6	5	126	1.19			
7	6	80	2.1			
8	7	155	0.8			
9	8	50	3.2			
10	9	220	0.28			
11	10	120	1.25			
12	11	40	3.45			
13	12	210	0.32			
14	13	180	0.6			
15	14	56	2.9			
16	15	145	1.1			
17	16	35	4.65			

图 11-76

	A	B	C	D	E
1	序号	患病量	含碘量		协方差
2	1	300	0.1		-114.88
3	2	310	0.05		
4	3	98	1.8		
5	4	285	0.2		
6	5	126	1.19		
7	6	80	2.1		
8	7	155	0.8		
9	8	50	3.2		
10	9	220	0.28		
11	10	120	1.25		
12	11	40	3.45		
13	12	210	0.32		
14	13	180	0.6		
15	14	56	2.9		
16	15	145	1.1		
17	16	35	4.65		

图 11-77

11.7 综合实例

学习了各种统计求和函数之后，下面可以使用相关函数对销售数据报表、员工加班计算表以及分组数据的频数进行统计。

11.7.1 案例 21：销售数据月底核算

商品销售一般按日期进行记录，在填入各销售单据的销售数量与销售单价后，需要计算出各条记录的销售金额、折扣金额（是否存在此项，可以根据实际情况而定）以及最终的交易金额。为了让单笔购买金额达到一定金额时给予相应的折扣。这里假设一个单号的总金额小于 1000 元无折扣，1000～2000 元给予 95 折，2000 元以上给予 9 折。

1. 建立销售报表框架

建立新工作表，将其标题命名为“2020 年 7 月份销货记录”，设置各项列标题并手动输入基本信息，如图 11-78 所示。

2020年7月份销货记录

销售日期	销售单号	货品名称	类别	数量	单价	金额	商业折扣	交易金额	经办人
7/1	0800001	五福金牛 荣耀系列大包围全包围双层皮	脚垫	1	980				林玲
7/2	0800002	北极绒（Bejirong）U型枕护颈枕	头腰靠枕	4	19.9				林玲
7/2	0800002	途雅（ETONNER）汽车香水 车载座式	香水/空气净化	2	199				李晶晶
7/3	0800003	卡莱饰（Car lives）CLS-201608 新车空	香水/空气净化	2	69				李晶晶
7/4	0800004	GREAT LIFE 汽车脚垫丝圈	脚垫	3	199				胡成芳
7/4	0800004	五福金牛 汽车脚垫 迈畅全包围脚垫 黑	脚垫	1	499				张军
7/5	0800005	牧宝(MUBO)冬季纯羊毛汽车坐垫	座垫/座套	1	980				胡成芳
7/6	0800006	洛克（ROCK）车载手机支架 重力支架	功能小件	1	39				刘慧
7/7	0800007	尼罗河（nile）四季通用汽车坐垫	座垫/座套	1	680				刘慧
7/8	080008	COMFIER汽车座垫按摩坐垫	座垫/座套	2	169				胡成芳
7/8	080008	COMFIER汽车座垫按摩坐垫	座垫/座套	1	169				刘慧
7/8	080008	康车宝 汽车香水 空调出风口香水夹	香水/空气净化	4	68				刘慧
7/9	080009	牧宝(MUBO)冬季纯羊毛汽车坐垫	座垫/座套	2	980				刘慧
7/7	080010	南极人（nanJiren）汽车头枕腰靠	头腰靠枕	4	179				林玲
7/11	080011	康车宝 汽车香水 空调出风口香水夹	香水/空气净化	2	68				林玲
7/12	080012	毕亚兹 车载手机支架 C20 中控台磁吸式	功能小件	1	39				林玲
7/13	080013	倍逸舒 EBK-标准版 汽车腰靠办公腰垫	头腰靠枕	5	198				张军
7/14	080014	快美特（CARMATE）空气科学 II 汽车	香水/空气净化	2	39				张军
7/15	080015	固特异（Goodyear）丝圈汽车脚垫 飞	脚垫	1	410				李晶晶
7/16	080016	绿联 车载手机支架 40808 银色	功能小件	1	45				李晶晶
7/17	080017	洛克（ROCK）车载手机支架 重力支架	功能小件	1	39				李晶晶
7/18	080018	南极人（nanJiren）皮革汽车座垫	座垫/座套	1	468				刘慧
7/19	080019	卡饰社（CarSetCity）汽车头枕 便携式	头腰靠枕	2	79				张军
7/20	080020	卡饰社（CarSetCity）汽车头枕 便携式	头腰靠枕	2	79				张军
7/21	080021	香木町 shamood 汽车香水	功能小件	2	39.8				张军
7/22	080022	北极绒（Bejirong）U型枕护颈枕	头腰靠枕	2	19.9				张军
7/23	080023	固特异（Goodyear）丝圈汽车脚垫 飞	脚垫	1	410				刘慧
7/24	080024	绿联 车载手机支架 40998	功能小件	1	59				李晶晶

图 11-78

2. 销售数据核算

❶ 在新建的工作表中将光标定位在 G3 单元格中，输入公式“=E3*F3”，按回车键即可计算出销售金额，如图 11-79 所示。

G3 =E3*F3

销售日期	销售单号	货品名称	类别	数量	单价	金额	商业折扣
7/1	0800001	五福金牛 荣耀系列大包围全包围双层皮	脚垫	1	980	980	
7/2	0800002	北极绒（Bejirong）U型枕护颈枕	头腰靠枕	4	19.9		
7/2	0800002	途雅（ETONNER）汽车香水 车载座式香	香水/空气净化	2	199		
7/3	0800003	卡莱饰（Car lives）CLS-201608 新车空	香水/空气净化	2	69		
7/4	0800004	GREAT LIFE 汽车脚垫丝圈	脚垫	3	199		
7/4	0800004	五福金牛 汽车脚垫 迈畅全包围脚垫 黑	脚垫	1	499		
7/5	0800005	牧宝(MUBO)冬季纯羊毛汽车坐垫	座垫/座套	1	980		
7/6	0800006	洛克（ROCK）车载手机支架 重力支架	功能小件	1	39		
7/7	0800007	尼罗河（nile）四季通用汽车坐垫	座垫/座套	1	680		
7/8	080008	COMFIER汽车座垫按摩坐垫	座垫/座套	2	169		
7/8	080008	COMFIER汽车座垫按摩坐垫	座垫/座套	1	169		
7/8	080008	康车宝 汽车香水 空调出风口香水夹	香水/空气净化	4	68		
7/9	080009	牧宝(MUBO)冬季纯羊毛汽车坐垫	座垫/座套	2	980		
7/7	080010	南极人（nanJiren）汽车头枕腰靠	头腰靠枕	4	179		

图 11-79

❷ 将光标定位在 H3 单元格中，输入公式“=LOOKUP(SUMIF($B:$B,$B3,$G:$G),{0,1000,2000},{1,0.95,0.9})”，按回车键即可根据销售额计算出商业折扣，如图 11-80 所示。

H3 =LOOKUP(SUMIF($B:$B,$B3,$G:$G),{0,1000,2000},{1,0.95,0.9})

销售日期	销售单号	货品名称	类别	数量	单价	金额	商业折扣	交易金额
7/1	0800001	五福金牛 荣耀系列大包围全包围双层皮	脚垫	1	980	980	1	
7/2	0800002	北极绒（Bejirong）U型枕护颈枕	头腰靠枕	4	19.9			
7/2	0800002	途雅（ETONNER）汽车香水 车载座式香	香水/空气净化	2	199			
7/3	0800003	卡莱饰（Car lives）CLS-201608 新车空	香水/空气净化	2	69			
7/4	0800004	GREAT LIFE 汽车脚垫丝圈	脚垫	3	199			
7/4	0800004	五福金牛 汽车脚垫 迈畅全包围脚垫 黑	脚垫	1	499			
7/5	0800005	牧宝(MUBO)冬季纯羊毛汽车坐垫	座垫/座套	1	980			
7/6	0800006	洛克（ROCK）车载手机支架 重力支架	功能小件	1	39			
7/7	0800007	尼罗河（nile）四季通用汽车坐垫	座垫/座套	1	680			
7/8	080008	COMFIER汽车座垫按摩坐垫	座垫/座套	2	169			
7/8	080008	COMFIER汽车座垫按摩坐垫	座垫/座套	1	169			
7/8	080008	康车宝 汽车香水 空调出风口香水夹	香水/空气净化	4	68			
7/9	080009	牧宝(MUBO)冬季纯羊毛汽车坐垫	座垫/座套	2	980			
7/7	080010	南极人（nanJiren）汽车头枕腰靠	头腰靠枕	4	179			
7/11	080011	康车宝 汽车香水 空调出风口香水夹	香水/空气净化	2	68			
7/12	080012	毕亚兹 车载手机支架 C20 中控台磁吸式	功能小件	1	39			
7/13	080013	倍逸舒 EBK-标准版 汽车腰靠办公腰垫	头腰靠枕	5	198			

图 11-80

❸ 将光标定位在 I3 单元格中，输入公式“=G3*H3”，按回车键即可计算出最终的交易金额，如图 11-81 所示。

I3 =G3*H3

销售日期	销售单号	货品名称	类别	数量	单价	金额	商业折扣	交易金额
7/1	0800001	五福金牛 荣耀系列大包围全包围双层皮	脚垫	1	980	980	1	980
7/2	0800002	北极绒（Bejirong）U型枕护颈枕	头腰靠枕	4	19.9			
7/2	0800002	途雅（ETONNER）汽车香水 车载座式香	香水/空气净化	2	199			
7/3	0800003	卡莱饰（Car lives）CLS-201608 新车空	香水/空气净化	2	69			
7/4	0800004	GREAT LIFE 汽车脚垫丝圈	脚垫	3	199			
7/4	0800004	五福金牛 汽车脚垫 迈畅全包围脚垫 黑	脚垫	1	499			
7/5	0800005	牧宝(MUBO)冬季纯羊毛汽车坐垫	座垫/座套	1	980			
7/6	0800006	洛克（ROCK）车载手机支架 重力支架	功能小件	1	39			
7/7	0800007	尼罗河（nile）四季通用汽车坐垫	座垫/座套	1	680			
7/8	080008	COMFIER汽车座垫按摩坐垫	座垫/座套	2	169			
7/8	080008	COMFIER汽车座垫按摩坐垫	座垫/座套	1	169			

图 11-81

❹ 选中 G3:I3 单元格区域，向下复制公式即可依次计算出所有商品的销售数据，如图 11-82 所示。

	A	B	C	D	E	F	G	H	I	J
1	2020年7月份销货记录									
2	销售日期	销售单号	货品名称	类别	数量	单价	金额	商业折扣	交易金额	经办人
3	7/1	0800001	五福金牛 荣耀系列大包围全包围双层皮	脚垫	1	980	980	1	980	林玲
4	7/2	0800002	北极绒（Bejirong）U型枕护颈枕	头腰靠枕	4	19.9	79.6	1	79.6	林玲
5	7/2	0800002	途雅（ETONNER）汽车香水 车载座式香	香水/空气净化	2	199	398	1	398	李晶晶
6	7/3	0800003	卡莱饰（Car lives）CLS-201608 新车空	香水/空气净化	2	69	138	1	138	李晶晶
7	7/4	0800004	GREAT LIFE 汽车脚垫丝圈	脚垫	3	199	597	0.95	567.15	胡成芳
8	7/4	0800004	五福金牛 汽车脚垫 迈畅全包围脚垫 黑色	脚垫	1	499	499	0.95	474.05	张军
9	7/5	0800005	牧宝(MUBO)冬季纯羊毛汽车坐垫	座垫/座套	1	980	980	1	980	胡成芳
10	7/6	0800006	洛克（ROCK）车载手机支架 重力支架	功能小件	1	39	39	1	39	刘慧
11	7/7	0800007	尼罗河（nile）四季通用汽车坐垫	座垫/座套	1	680	680	1	680	刘慧
12	7/8	080008	COMFIER汽车座垫按摩坐垫	座垫/座套	2	169	338	1	338	胡成芳
13	7/8	080008	COMFIER汽车座垫按摩坐垫	座垫/座套	1	169	169	1	169	刘慧
14	7/8	080008	康车宝 汽车香水 空调出风口香水夹	香水/空气净化	4	68	272	1	272	刘慧
15	7/9	080009	牧宝(MUBO)冬季纯羊毛汽车坐垫	座垫/座套	2	980	1960	0.95	1862	刘慧
16	7/7	080010	南极人（nanJiren）汽车头枕腰靠	头腰靠枕	4	179	716	1	716	林玲
17	7/11	080011	康车宝 汽车香水 空调出风口香水夹	香水/空气净化	2	68	136	1	136	林玲
18	7/12	080012	毕亚兹 车载手机支架 C20 中控台磁吸式	功能小件	1	39	39	1	39	林玲
19	7/13	080013	倍逸舒 EBK-标准版 汽车腰靠办公腰垫靠	头腰靠枕	5	198	990	1	990	张军
20	7/14	080014	快美特（CARMATE）空气科学 II 汽车车	香水/空气净化	2	39	78	1	78	张军
21	7/15	080015	固特异（Goodyear）丝圈汽车脚垫 飞足	脚垫	1	410	410	1	410	李晶晶
22	7/16	080016	绿联 车载手机支架 40808 银色	功能小件	1	45	45	1	45	李晶晶
23	7/17	080017	洛克（ROCK）车载手机支架 重力支架	功能小件	1	39	39	1	39	李晶晶
24	7/18	080018	南极人（nanJiren）皮革汽车座垫	座垫/座套	1	468	468	1	468	刘慧
25	7/19	080019	卡饰社（CarSetCity）汽车头枕 便携式记	头腰靠枕	2	79	158	1	158	张军
26	7/20	080020	卡饰社（CarSetCity）汽车头枕 便携式记	头腰靠枕	2	79	158	1	158	张军
27	7/21	080021	香木町 shamood 汽车香水	功能小件	2	39.8	79.6	1	79.6	张军
28	7/22	080022	北极绒（Bejirong）U型枕护颈枕	头腰靠枕	2	19.9	39.8	1	39.8	张军
29	7/23	080023	固特异（Goodyear）丝圈汽车脚垫 飞足	脚垫	1	410	410	1	410	刘慧
30	7/24	080024	绿联 车载手机支架 40998	功能小件	1	59	59	1	59	晶晶

图 11-82

11.7.2 案例 22：计算员工加班费

为了方便管理加班员工，需要统计出每位员工的加班日期以及加班开始时间和结束时间。同时不同的加班类型其对应的加班工资也有所不同。因此，在完成了加班记录表的建立后，可以建立一张表统计每位员工的加班时长并计算加班费。本例中规定：如果加班类型是“工作日加班”，则加班费是每小时 50 元；如果加班类型是“周末加班”，则加班费是每小时 80 元。

1. 建立加班表格框架

双击工作表标签，将其重新输入名称为“加班费计算表”。输入表格的基本数据，规划好应包含的列标题，并对表格进行文字格式、边框底纹等的美化设置，设置后表格如图 11-83 所示。

	A	B	C	D	E	F	G	H	I	J
1	加班费计算表									
2	加班人	加班日期	加班类型	开始时间	结束时间	加班小时数	周末加班时数	工作日加班时数	加班费	处理结果
3	胡雨薇	2020/7/2		17:30	21:30					付加班工资
4	章俊	2020/7/2		18:00	22:00					付加班工资
5	程鹏飞	2020/7/3		17:30	22:30					付加班工资
6	郝亚丽	2020/7/4		17:30	22:00					付加班工资
7	马童颜	2020/7/4		17:30	21:00					付加班工资
8	孙俪	2020/7/5		9:00	17:30					补休
9	左名扬	2020/7/6		9:00	17:30					付加班工资
10	童小超	2020/7/7		17:30	20:00					付加班工资
11	张丽丽	2020/7/8		18:30	22:00					付加班工资
12	魏林	2020/7/9		17:30	22:00					付加班工资
13	杨吉秀	2020/7/10		17:30	22:00					付加班工资
14	魏娟	2020/7/10		17:30	21:00					付加班工资
15	张茹	2020/7/11		17:30	21:30					付加班工资
16	唐晓燕	2020/7/12		9:00	17:30					补休
17	陈家乐	2020/7/13		9:00	17:30					付加班工资
18	陈建	2020/7/14		17:30	20:00					付加班工资
19	万茜	2020/7/15		18:00	22:00					付加班工资
20	张亚明	2020/7/15		17:30	22:00					付加班工资
21	张华	2020/7/16		17:30	22:00					付加班工资
22	郝亮	2020/7/17		18:00	21:00					付加班工资
23	穆宇飞	2020/7/18		18:00	21:30					付加班工资
24	于青青	2020/7/19		9:00	17:30					补休
25	吴小华	2020/7/20		9:00	17:30					付加班工资

图 11-83

2．统计加班类型

❶ 将光标定位在 C3 单元格中，输入公式“=IF(WEEKDAY(B3,2)>=6,"公休日","平常日")”，如图 11-84 所示。

❷ 按回车键后向下复制公式，即可依次根据加班日期判断出是平常日还是公休日加班，如图 11-85 所示。

C3 =IF(WEEKDAY(B3,2)>=6,"公休日","平常日")

	A	B	C	D	E	F	G
1	加班费计算表						
2	加班人	加班日期	加班类型	开始时间	结束时间	加班小时数	周末加班
3	胡雨薇	2020/7/2	DAY(B3,2)	17:30	21:30		
4	章俊	2020/7/2		18:00	22:00		
5	程鹏飞	2020/7/3		17:30	22:30		
6	郝亚丽	2020/7/4		17:30	22:00		
7	马童颜	2020/7/4		17:30	21:00		
8	孙俪	2020/7/5		9:00	17:30		
9	左名扬	2020/7/6		9:00	17:30		
10	童小超	2020/7/7		17:30	20:00		
11	张丽丽	2020/7/8		18:30	22:00		

图 11-84

	A	B	C	D	E	F	G
1	加班费计算表						
2	加班人	加班日期	加班类型	开始时间	结束时间	加班小时数	周末加班时数
3	胡雨薇	2020/7/2	平常日	17:30	21:30		
4	章俊	2020/7/2	平常日	18:00	22:00		
5	程鹏飞	2020/7/3	平常日	17:30	22:30		
6	郝亚丽	2020/7/4	公休日	17:30	22:00		
7	马童颜	2020/7/4	公休日	17:30	21:00		
8	孙俪	2020/7/5	公休日	9:00	17:30		
9	左名扬	2020/7/6	平常日	9:00	17:30		
10	童小超	2020/7/7	平常日	17:30	20:00		
11	张丽丽	2020/7/8	平常日	18:30	22:00		
12	魏林	2020/7/9	平常日	17:30	22:00		
13	杨吉秀	2020/7/10	平常日	17:30	22:00		
14	魏娟	2020/7/10	平常日	17:30	21:00		
15	张茹	2020/7/11	公休日	17:30	21:30		
16	唐晓燕	2020/7/12	公休日	9:00	17:30		
17	陈家乐	2020/7/13	平常日	9:00	17:30		
18	陈建	2020/7/14	平常日	17:30	20:00		
19	万茜	2020/7/15	平常日	18:00	22:00		
20	张亚明	2020/7/15	平常日	17:30	22:00		
21	张华	2020/7/16	平常日	17:30	22:00		
22	郝亮	2020/7/17	平常日	18:00	21:00		
23	穆宇飞	2020/7/18	公休日	18:00	21:30		
24	于青青	2020/7/19	公休日	9:00	17:30		
25	吴小华	2020/7/20	平常日	9:00	17:30		

图 11-85

3．计算加班小时数

❶ 将光标定位在 F3 单元格中，输入公式“=(HOUR(E3)+MINUTE(E3)/60)-(HOUR(D3)+MINUTE(D3)/60)”，如图 11-86 所示。

NETWORK... =(HOUR(E3)+MINUTE(E3)/60)-(HOUR(D3)+MINUTE(D3)/60)

	A	B	C	D	E	F	G
1	加班费计算表						
2	加班人	加班日期	加班类型	开始时间	结束时间	加班小时数	周末加班时数	工作日
3	胡雨薇	2020/7/2	平常日	17:30	21:30	D3)/60)	
4	章俊	2020/7/2	平常日	18:00	22:00		
5	程鹏飞	2020/7/3	平常日	17:30	22:30		
6	郝亚丽	2020/7/4	公休日	17:30	22:00		
7	马童颜	2020/7/4	公休日	17:30	21:00		
8	孙俪	2020/7/5	公休日	9:00	17:30		
9	左名扬	2020/7/6	平常日	9:00	17:30		
10	童小超	2020/7/7	平常日	17:30	20:00		
11	张丽丽	2020/7/8	平常日	18:30	22:00		
12	魏林	2020/7/9	平常日	17:30	22:00		
13	杨吉秀	2020/7/10	平常日	17:30	22:00		
14	魏娟	2020/7/10	平常日	17:30	21:00		

图 11-86

❷ 按回车键后向下复制公式，即可依次根据加班开始时间和结束时间计算出加班总小时数，如图 11-87 所示。

4．定义名称

在计算加班费时需要引用加班小时数、加班类型以及处理结果列中的数据，为了简化公式，可以事先使用定义名称功能定义这些单元格区域。

	A	B	C	D	E	F	G
1	加班费计算表						
2	加班人	加班日期	加班类型	开始时间	结束时间	加班小时数	周末加班时数
3	胡雨薇	2020/7/2	平常日	17:30	21:30	4	
4	章俊	2020/7/2	平常日	18:00	22:00	4	
5	程鹏飞	2020/7/3	平常日	17:30	22:30	5	
6	郝亚丽	2020/7/4	公休日	17:30	22:00	4.5	
7	马童颜	2020/7/4	公休日	17:30	21:00	3.5	
8	孙俪	2020/7/5	公休日	9:00	17:30	8.5	
9	左名扬	2020/7/6	平常日	9:00	17:30	8.5	
10	童小超	2020/7/7	平常日	17:30	20:00	2.5	
11	张丽丽	2020/7/8	平常日	18:30	22:00	3.5	
12	魏林	2020/7/9	平常日	17:30	22:00	4.5	
13	杨吉秀	2020/7/10	平常日	17:30	22:00	4.5	
14	魏娟	2020/7/10	平常日	17:30	21:00	3.5	
15	张茹	2020/7/11	公休日	17:30	21:30	4	
16	唐晓燕	2020/7/12	公休日	9:00	17:30	8.5	
17	陈家乐	2020/7/13	平常日	9:00	17:30	8.5	
18	陈建	2020/7/14	平常日	17:30	20:00	2.5	
19	万茜	2020/7/15	平常日	18:00	22:00	4	
20	张亚明	2020/7/15	平常日	17:30	22:00	4.5	
21	张华	2020/7/16	平常日	17:30	22:00	4.5	
22	郝亮	2020/7/17	平常日	18:00	21:00	3	
23	穆宇飞	2020/7/18	公休日	18:00	21:30	3.5	
24	于青青	2020/7/19	公休日	9:00	17:30	8.5	
25	吴小华	2020/7/20	平常日	9:00	17:30	8.5	

图 11-87

❶ 选中 C 列中的加班类型数据，在名称框中输入“加班类型”（见图 11-88），按回车键即可完成该名称的定义。

❷ 按照相同的方法依次定义其他名称，然后打开“名称管理器”对话框，可以看到当前工作表定义的所有名称，如图 11-89 所示。

加班类型　=IF(WEEKDAY(B3,2)>=6,"公休日","平常日")

	A	B	C	D	E	F	
1	加班费计算表						
2	加班人	加班日期	加班类型	开始时间	结束时间	加班小时数	周末加
3	胡雨薇	2020/7/2	平常日	17:30	21:30	4	
4	章俊	2020/7/2	平常日	18:00	22:00	4	
5	程鹏飞	2020/7/3	平常日	17:30	22:30	5	
6	郝亚丽	2020/7/4	公休日	17:30	22:00	4.5	
7	马童颜	2020/7/4	公休日	17:30	21:00	3.5	
8	孙俪	2020/7/5	公休日	9:00	17:30	8.5	
9	左名扬	2020/7/6	平常日	9:00	17:30	8.5	
10	童小超	2020/7/7	平常日	17:30	20:00	2.5	
11	张丽丽	2020/7/8	平常日	18:30	22:00	3.5	
12	魏林	2020/7/9	平常日	17:30	22:00	4.5	
13	杨吉秀	2020/7/10	平常日	17:30	22:00	4.5	
14	魏娟	2020/7/10	平常日	17:30	21:00	3.5	
15	张茹	2020/7/11	公休日	17:30	21:30	4	
16	唐晓燕	2020/7/12	公休日	9:00	17:30	8.5	
17	陈家乐	2020/7/13	平常日	9:00	17:30	8.5	
18	陈建	2020/7/14	平常日	17:30	20:00	2.5	
19	万茜	2020/7/15	平常日	18:00	22:00	4	
20	张亚明	2020/7/15	平常日	17:30	22:00	4.5	
21	张华	2020/7/16	平常日	17:30	22:00	4.5	
22	郝亮	2020/7/17	平常日	18:00	21:00	3	

图 11-88

名称管理器

新建(N)...　编辑(E)...　删除(D)　筛选(F)

名称	数值	引用位置	范围	批注
处理结果	{"付加班工资";...	=加班记录表!$...	工作簿	
加班类型	{"平常日";"平...	=加班记录表!$...	工作簿	
加班人	{"胡雨薇";"章...	=加班记录表!$...	工作簿	
加班小时数	{"4";"4";"5";"4....	=加班记录表!$...	工作簿	

引用位置(R):
=加班记录表!$J$3:$J$32

关闭

图 11-89

5. 计算加班费

❶ 将光标定位在 G3 单元格中，输入公式“=SUMIFS(加班小时数,加班类型,"公休日",处理结果,"付加班工资",加班人,A3)”，按回车键，即可计算出第一位加班人周末加班时数，如图 11-90 所示。

❷ 将光标定位在 H3 单元格中，输入公式“=SUMIFS(加班小时数,加班类型,"平常日",处理结果,"付加班工资",加班人,A3)”，按回车键，即可计算出第一位加班人平日加班时数，如图 11-91 所示。

G3 =SUMIFS(加班小时数,加班类型,"公休日",处理结果,"付加班工资",加班人,A3)

	A	B	C	D	E	F	G	H	I
1	加班费计算表								
2	加班人	加班日期	加班类型	开始时间	结束时间	加班小时数	周末加班时数	工作日加班时数	加班费
3	胡雨薇	2020/7/2	平常日	17:30	21:30	4	0		
4	章俊	2020/7/2	平常日	18:00	22:00	4			
5	程鹏飞	2020/7/3	平常日	17:30	22:30	5			
6	郝亚丽	2020/7/4	公休日	17:30	22:00	4.5			
7	马童颜	2020/7/4	公休日	17:30	21:00	3.5			
8	孙俪	2020/7/5	公休日	9:00	17:30	8.5			
9	左名扬	2020/7/6	平常日	9:00	17:30	8.5			
10	童小超	2020/7/7	平常日	17:30	20:00	2.5			
11	张丽丽	2020/7/8	平常日	18:30	22:00	3.5			

图 11-90

H3 =SUMIFS(加班小时数,加班类型,"平常日",处理结果,"付加班工资",加班人,A3)

	A	B	C	D	E	F	G	H	I
1	加班费计算表								
2	加班人	加班日期	加班类型	开始时间	结束时间	加班小时数	周末加班时数	工作日加班时数	加班费
3	胡雨薇	2020/7/2	平常日	17:30	21:30	4	0	4	
4	章俊	2020/7/2	平常日	18:00	22:00	4			
5	程鹏飞	2020/7/3	平常日	17:30	22:30	5			
6	郝亚丽	2020/7/4	公休日	17:30	22:00	4.5			
7	马童颜	2020/7/4	公休日	17:30	21:00	3.5			
8	孙俪	2020/7/5	公休日	9:00	17:30	8.5			
9	左名扬	2020/7/6	平常日	9:00	17:30	8.5			
10	童小超	2020/7/7	平常日	17:30	20:00	2.5			
11	张丽丽	2020/7/8	平常日	18:30	22:00	3.5			
12	魏林	2020/7/9	平常日	17:30	22:00	4.5			
13	杨吉秀	2020/7/10	平常日	17:30	22:00	4.5			
14	魏娟	2020/7/10	平常日	17:30	21:00	3.5			
15	张茹	2020/7/11	公休日	17:30	21:30	4			

图 11-91

❸ 将光标定位在 I3 单元格中，输入公式“=G3*80+H3*50”，按回车键，即可计算出第一位加班人总加班费，如图 11-92 所示。

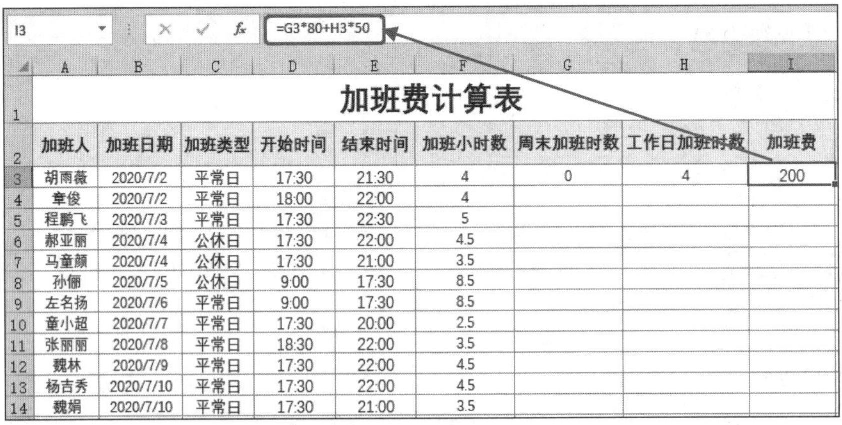

I3 =G3*80+H3*50

	A	B	C	D	E	F	G	H	I
1	加班费计算表								
2	加班人	加班日期	加班类型	开始时间	结束时间	加班小时数	周末加班时数	工作日加班时数	加班费
3	胡雨薇	2020/7/2	平常日	17:30	21:30	4	0	4	200
4	章俊	2020/7/2	平常日	18:00	22:00	4			
5	程鹏飞	2020/7/3	平常日	17:30	22:30	5			
6	郝亚丽	2020/7/4	公休日	17:30	22:00	4.5			
7	马童颜	2020/7/4	公休日	17:30	21:00	3.5			
8	孙俪	2020/7/5	公休日	9:00	17:30	8.5			
9	左名扬	2020/7/6	平常日	9:00	17:30	8.5			
10	童小超	2020/7/7	平常日	17:30	20:00	2.5			
11	张丽丽	2020/7/8	平常日	18:30	22:00	3.5			
12	魏林	2020/7/9	平常日	17:30	22:00	4.5			
13	杨吉秀	2020/7/10	平常日	17:30	22:00	4.5			
14	魏娟	2020/7/10	平常日	17:30	21:00	3.5			

图 11-92

❹ 选中 G3:I3 单元格区域，向下复制公式，即可依次计算出每一位加班人的周末加班时数、工作日加班时数以及总加班费，如图 11-93 所示。

加班费计算表

加班人	加班日期	加班类型	开始时间	结束时间	加班小时数	周末加班时数	工作日加班时数	加班费	处理结果
胡雨薇	2020/7/2	平常日	17:30	21:30	4	0	4	200	付加班工资
章俊	2020/7/2	平常日	18:00	22:00	4	0	4	200	付加班工资
程鹏飞	2020/7/3	平常日	17:30	22:30	5	0	5	250	付加班工资
郝亚丽	2020/7/4	公休日	17:30	22:00	4.5	4.5	0	360	付加班工资
马童颜	2020/7/4	公休日	17:30	21:00	3.5	3.5	0	280	付加班工资
孙俪	2020/7/5	公休日	9:00	17:30	8.5	0	0	0	补休
左名扬	2020/7/6	平常日	9:00	17:30	8.5	0	8.5	425	付加班工资
童小超	2020/7/7	平常日	17:30	20:00	2.5	0	2.5	125	付加班工资
张丽丽	2020/7/8	平常日	18:30	22:00	3.5	0	3.5	175	付加班工资
魏林	2020/7/9	平常日	17:30	22:00	4.5	0	4.5	225	付加班工资
杨吉秀	2020/7/10	平常日	17:30	22:00	4.5	0	4.5	225	付加班工资
魏娟	2020/7/10	平常日	17:30	21:00	3.5	0	3.5	175	付加班工资
张茹	2020/7/11	公休日	17:30	21:30	4	4	0	320	付加班工资
唐晓燕	2020/7/12	公休日	9:00	17:30	8.5	0	0	0	补休
陈家乐	2020/7/13	平常日	9:00	17:30	8.5	0	8.5	425	付加班工资
陈建	2020/7/14	平常日	17:30	20:00	2.5	0	2.5	125	付加班工资
万茜	2020/7/15	平常日	18:00	22:00	4	0	4	200	付加班工资
张亚明	2020/7/15	平常日	17:30	22:00	4.5	0	4.5	225	付加班工资
张华	2020/7/16	平常日	17:30	22:00	4.5	0	4.5	225	付加班工资
郝亮	2020/7/17	平常日	18:00	21:00	3	0	3	150	付加班工资
穆宇飞	2020/7/18	公休日	18:00	21:30	3.5	3.5	0	280	付加班工资
于青青	2020/7/19	公休日	9:00	17:30	8.5	0	0	0	补休
吴小华	2020/7/20	平常日	9:00	17:30	8.5	0	8.5	425	付加班工资
刘平	2020/7/20	平常日	9:00	17:30	8.5	0	8.5	425	付加班工资
韩学平	2020/7/21	平常日	18:00	20:00	2	0	2	100	付加班工资

图 11-93

11.7.3 案例 23：分组数据的频数统计

在统计分组中，分布在不同小组中的数据个数为改组的频数，各组的频数之和等于该组数据的总数。通过对每组频数的统计，可以看出数据的答题分布情况，根据分组标志的特点，还可以通过频数统计进行比较分析等方式认识数据。

1. 建立表格框架

如图 11-94 所示，记录了某次驾校交通规则考试中 80 名学员的考试成绩，需要计算其频数。从图中可以看出表格中成绩变化幅度不大，所以应该采用单项式分组法计算其频数，可以将成绩分为 6 组，分别为“95”“96”“97”“98”“99”“100”。在工作表空白部分添加分组结果表格，并设置表格格式。

驾校交通规则考试成绩表

95	99	99	98
97	100	96	96
100	95	95	96
99	97	100	98
99	97	97	96
96	99	99	98
97	98	95	98
99	96	97	96
99	100	98	98
96	99	97	96
97	96	95	97
98	96	98	99
97	97	95	100
100	99	99	98
99	100	96	99
95	97	97	100
96	97	95	96
99	95	96	96
97	97	97	100
96	97	96	1855

分组结果

成绩	频数
95	
96	
97	
98	
99	
100	

图 11-94

2. 计算频数

❶ 将光标定位在 H3 单元格中，输入公式“=COUNTIF(B$2:E$21,G3)”，如图 11-95 所示。

NETWORK... =COUNTIF(B$2:E$21,G3)

	A	B	C	D	E	F	G	H
1		驾校交通规则考试成绩表					分组结果	
2		95	99	99	98		成绩	频数
3		97	100	96	96		95	B$2:E$21,G3)
4		100	95	95	96		96	
5		99	97	100	98		97	
6		99	97	97	96		98	
7		96	99	99	98		99	
8		97	98	95	98		100	
9		99	96	97	96			
10		99	100	98	98			
11		96	99	97	96			
12		97	96	95	97			
13		98	96	98	99			
14		97	97	95	100			
15		100	99	99	98			
16		99	100	96	99			
17		95	97	97	100			
18		96	97	95	96			
19		99	95	96	96			
20		97	97	97	100			
21		96	97	96	1855			

图 11-95

❷ 按回车键后并向下复制公式，即可依次根据其他成绩计算出频数，如图 11-96 所示。

	A	B	C	D	E	F	G	H
1		驾校交通规则考试成绩表					分组结果	
2		95	99	99	98		成绩	频数
3		97	100	96	96		95	9
4		100	95	95	96		96	18
5		99	97	100	98		97	18
6		99	97	97	96		98	10
7		96	99	99	98		99	15
8		97	98	95	98		100	9
9		99	96	97	96			
10		99	100	98	98			
11		96	99	97	96			
12		97	96	95	97			
13		98	96	98	99			
14		97	97	95	100			
15		100	99	99	98			
16		99	100	96	99			
17		95	97	97	100			
18		96	97	95	96			
19		99	95	96	96			
20		97	97	97	100			
21		96	97	96	1855			

图 11-96

第 12 章
函数运算——关于数据匹配与查找

学习导读

在表格中使用查找和匹配函数可以根据指定数据源，快速查找并匹配到指定的数据内容，常用函数有：ROW、 COLUMN、 LOOK 类函数以及 INDEX+MATCH 函数。

学习要点

- ROW 与 COLUMN 函数。
- “LOOK” 类函数。
- INDEX+MATCH 函数组合应用。

12.1 用于辅助的 ROW 与 COLUMN 函数

数据的引用函数包括对行号、列号、单元格地址等的引用，它们多数属于辅助性的函数，除 OFFSET 函数外，其他函数一般不单独使用，大多数用于作为其他函数的参数。ROW 函数和 COLUMN 函数通常会和 VLOOKUP（12.2 节介绍）查找函数一起使用，方便公式复制时自动引用要查找的数据所在行或列。

12.1.1 应用 ROW 函数返回引用的行号

函数功能：ROW 函数用于返回引用的行号。

函数语法：ROW (reference)

参数解析：reference：表示为需要得到其行号的单元格或单元格区域。如果省略 reference，则假定是对 ROW 函数所在单元格的引用。如果 reference 为一个单元格区域，并且 ROW 函数作为垂直数组输入，则 ROW 函数将 reference 的行号以垂直数组的形式返回。reference 不能引用多个区域（如果无参数，则返回函数所在单元格的行号；如果参数是单个单元格，则返回的是给定引用的行号；如果参数是一个单元格区域，则必须纵向选择连续的单元格区域再输入公式）。

1．自动生成大批量序号

本例表格中需要统计店铺各种商品的编号、单价、库存量等信息，由于货品数量庞大，需要使用 ROW 函数批量快速设置指定格式规则的大范围商品编号，即类似“ZYZ-1”这种格式。

❶ 打开工作表选中 A2:A101 单元格区域（见图 12-1），然后将光标置于公式编辑栏中，输入公式“="ZYZ-"&ROW()-1”，如图 12-2 所示。

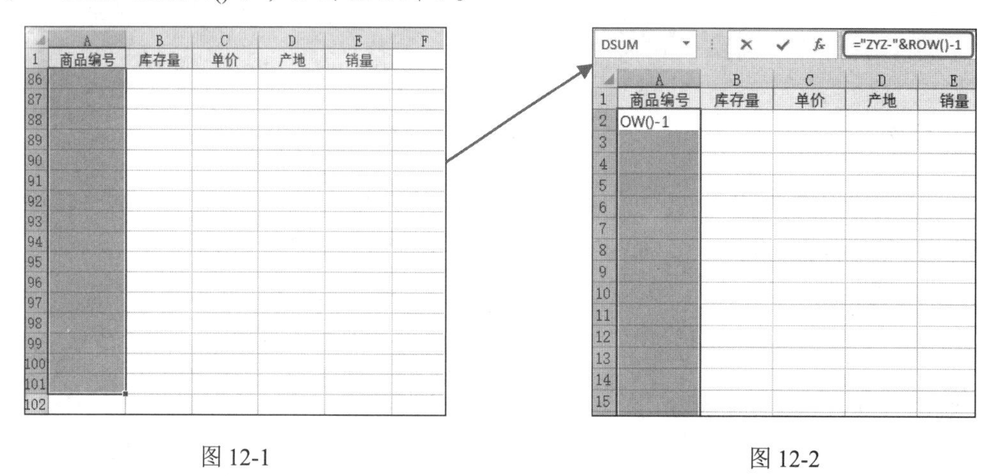

图 12-1　　图 12-2

❷ 按 Ctrl+Shift+Enter 组合键，即可自动填写大范围指定格式的商品编号，如图 12-3、图 12-4 所示。

	A	B	C	D
1	商品编号	库存量	单价	产地
2	ZYZ-1			
3	ZYZ-2			
4	ZYZ-3			
5	ZYZ-4			
6	ZYZ-5			
7	ZYZ-6			
8	ZYZ-7			
9	ZYZ-8			
10	ZYZ-9			
11	ZYZ-10			
12	ZYZ-11			
13	ZYZ-12			
14	ZYZ-13			
15	ZYZ-14			
16	ZYZ-15			
17	ZYZ-16			

图 12-3

	A	B	C	D
1	商品编号	库存量	单价	产地
86	ZYZ-85			
87	ZYZ-86			
88	ZYZ-87			
89	ZYZ-88			
90	ZYZ-89			
91	ZYZ-90			
92	ZYZ-91			
93	ZYZ-92			
94	ZYZ-93			
95	ZYZ-94			
96	ZYZ-95			
97	ZYZ-96			
98	ZYZ-97			
99	ZYZ-98			
100	ZYZ-99			
101	ZYZ-100			

图 12-4

2．按年份统计总业绩（隔行）

本例表格中统计了最近两年每位业务员的业绩数据，并且是将 2018 年与 2019 年两个年份统计在一列中，如果想按年份统计总业绩就无法直接求取了，此时可以使用 ROW 函数辅助，以使公式能自动判断奇偶行，从而完成只对目标数据计算。

❶ 打开表格并将光标定位在 F2 单元格中，输入公式“=SUM(IF(MOD(ROW(B2:B15),2)=0,C2:C15))”，如图 12-5 所示。

❷ 按 Shift+Ctrl+Enter 组合键，即可统计出 2018 年所有业务员的业绩总额，如图 12-6 所示。

DSUM　=SUM(IF(MOD(ROW(B2:B15),2)=0,C2:C15))

	A	B	C	D	E	F	G
1	业务员	年份	业绩（万元）				
2	刘媛	2018	88		2018年总业绩	=0,C2:C15))	
3		2019	102		2019年总业绩		
4	李星星	2018	67.7				
5		2019	89				
6	张涛	2018	90.5				
7		2019	120				
8	王婷婷	2018	39				
9		2019	66.9				
10	刘鑫	2018	90				
11		2019	87.7				
12	李娜	2018	55.6				
13		2019	119				
14	杨芸	2018	91.4				
15		2019	89				

图 12-5

	A	B	C	D	E	F
1	业务员	年份	业绩（万元）			
2	刘媛	2018	88		2018年总业绩	522.2
3		2019	102		2019年总业绩	
4	李星星	2018	67.7			
5		2019	89			
6	张涛	2018	90.5			
7		2019	120			
8	王婷婷	2018	39			
9		2019	66.9			
10	刘鑫	2018	90			
11		2019	87.7			
12	李娜	2018	55.6			
13		2019	119			
14	杨芸	2018	91.4			
15		2019	89			

图 12-6

❸ 将光标定位在 F3 单元格中，输入公式“=SUM(IF(MOD(ROW(B2:B15)+1,2)=0,C2:C15))”，如图 12-7 所示。

❹ 按 Shift+Ctrl+Enter 组合键，即可统计出所有业务员 2019 年的业绩总额，如图 12-8 所示。

DSUM　=SUM(IF(MOD(ROW(B2:B15)+1,2)=0,C2:C15))

	A	B	C	D	E	F	G
1	业务员	年份	业绩（万元）				
2	刘媛	2018	88		2018年总业绩	522.2	
3		2019	102		2019年总业绩	1,2)=0,C2:C15))	
4	李星星	2018	67.7				
5		2019	89				
6	张涛	2018	90.5				
7		2019	120				
8	王婷婷	2018	39				
9		2019	66.9				
10	刘鑫	2018	90				
11		2019	87.7				
12	李娜	2018	55.6				
13		2019	119				
14	杨芸	2018	91.4				
15		2019	89				

图 12-7

	A	B	C	D	E	F
1	业务员	年份	业绩（万元）			
2	刘媛	2018	88		2018年总业绩	522.2
3		2019	102		2019年总业绩	673.6
4	李星星	2018	67.7			
5		2019	89			
6	张涛	2018	90.5			
7		2019	120			
8	王婷婷	2018	39			
9		2019	66.9			
10	刘鑫	2018	90			
11		2019	87.7			
12	李娜	2018	55.6			
13		2019	119			
14	杨芸	2018	91.4			
15		2019	89			

图 12-8

12.1.2 应用 ROWS 函数返回引用中的行数

函数功能： ROWS 函数用于返回引用或数组的行数。

函数语法： ROWS(array)

参数解析： array：必需。需要得到其行数的数组、数组公式或对单元格区域的引用。

统计当月拜访总人数

本例表格中统计了当月每日来访者姓名和去往楼层的记录信息，下面需要使用 ROWS 函数统计总共拜访人数。

❶ 打开表格并将光标定位在 E3 单元格中，输入公式“=ROWS(3:15)”，如图 12-9 所示。

❷ 按回车键，即可统计出总拜访人数，如图 12-10 所示。

DSUM | × ✓ fx | =ROWS(3:15)

	A	B	C	D	E
1	7月来访者登记				
2	日期	拜访人	楼层		拜访人数
3	20/7/1	李晓楠	2F		15)
4	20/7/1	王辉	11F		
5	20/7/1	杨芸	2F		
6	20/7/2	刘晓艺	2F		
7	20/7/3	蒋倩	2F		
8	20/7/4	李婷婷	11F		
9	20/7/5	王宁	2F		
10	20/7/6	刘明	6F		
11	20/7/6	张一民	10F		
12	20/7/7	吴丽丽	11F		
13	20/7/8	王超	22F		
14	20/7/9	李建明	11F		
15	20/7/10	刘云云	30F		

图 12-9

	A	B	C	D	E
1	7月来访者登记				
2	日期	拜访人	楼层		拜访人数
3	20/7/1	李晓楠	2F		13
4	20/7/1	王辉	11F		
5	20/7/1	杨芸	2F		
6	20/7/2	刘晓艺	2F		
7	20/7/3	蒋倩	2F		
8	20/7/4	李婷婷	11F		
9	20/7/5	王宁	2F		
10	20/7/6	刘明	6F		
11	20/7/6	张一民	10F		
12	20/7/7	吴丽丽	11F		
13	20/7/8	王超	22F		
14	20/7/9	李建明	11F		
15	20/7/10	刘云云	30F		

图 12-10

12.1.3 应用 COLUMN 函数返回引用的列号

函数功能：COLUMN 函数用于返回引用的列号（用法与 ROW()函数一样，可以返回当前列的列号、指定列的列号或通过数组公式返回一组列号）。

函数语法：COLUMN([reference])

参数解析：

- reference：可选。要返回其列号的单元格或单元格区域。如果省略参数 reference 或该参数为一个单元格区域，并且 COLUMN 函数是以水平数组公式的形式输入的，则 COLUMN 函数将以水平数组的形式返回参数 reference 的列号。

隔列求费用总支出（按奇偶数月）

由于 COLUMN 函数用于返回指定引用的列号，如果只是单一使用这个函数意义不大（和 ROW 函数是一样的），因此需要配合其他函数，本例表格是按照月份统计了各个费用类别的支出金额，下面需要将偶数月的支出金额求和，涉及隔列求和计算，需要嵌套使用 SUM 和 IF 函数。

❶ 打开表格并将光标定位在 H2 单元格中，输入公式“=SUM(IF(MOD(COLUMN($A2:$G2),2)=0,$B2:$G2))”，如图 12-11 所示。

DSUM | × ✓ fx | =SUM(IF(MOD(COLUMN($A2:$G2),2)=0,$B2:$G2))

	A	B	C	D	E	F	G	H
1	费用类别	1月	2月	3月	4月	5月	6月	2\4\6月总支出
2	出差费	20000	20333	20100	23000	15782	9500	$G2))
3	日用办公费	21000	35000	21300	56900	23600	26548	
4	培训费	69800	25630	11250	23510	25000	21000	
5	员工福利费	9800	56900	26000	27140	28100	69800	

图 12-11

❷ 按 Ctrl+Shift+Enter 组合键，即可统计出偶数月各费用类别的总支出，如图 12-12 所示。

	A	B	C	D	E	F	G	H
1	费用类别	1月	2月	3月	4月	5月	6月	2\4\6月总支出
2	出差费	20000	20333	20100	23000	15782	9500	52833
3	日用办公费	21000	35000	21300	56900	23600	26548	118448
4	培训费	69800	25630	11250	23510	25000	21000	70140
5	员工福利费	9800	56900	26000	27140	28100	69800	153840

图 12-12

12.1.4 应用 COLUMNS 函数返回引用中包含的列数

函数功能： 返回数组或引用的列数。

函数语法： COLUMNS(array)

参数解析：

- array：必需。要计算列数的数组、数组公式或是对单元格区域的引用。

统计扣款条数（按列）

本例表格中统计了员工的各项扣款金额，下面需要统计扣款的项目数量。

❶ 打开表格并将光标定位在 H2 单元格中，输入公式“=COLUMNS(B:F)”，如图 12-13 所示。

DSUM　=COLUMNS(B:F)

	A	B	C	D	E	F	G	H
1	姓名	迟到早退	缺勤	住房公积金	三险	个人所得税		扣款的项目数量
2	李晓楠		100	287	357	574		=COLUMNS(B:F)
3	王辉	50		300	278	280		
4	杨芸	50		505	286	564		
5	刘晓艺		50	515	268	178		
6	蒋倩	30		451	296	451		
7	李婷婷		100	328	264	460		
8	王宁			487	198	259		
9	刘明		200	326	178	278		
10	张一民	60		256	152	356		
11								
12								

图 12-13

❷ 按回车键即可统计出扣款的项目数量，如图 12-14 所示。

	A	B	C	D	E	F	G	H
1	姓名	迟到早退	缺勤	住房公积金	三险	个人所得税		扣款的项目数量
2	李晓楠		100	287	357	574		5
3	王辉	50		300	278	280		
4	杨芸	50		505	286	564		
5	刘晓艺		50	515	268	178		
6	蒋倩	30		451	296	451		
7	李婷婷		100	328	264	460		
8	王宁			487	198	259		
9	刘明		200	326	178	278		
10	张一民	60		256	152	356		

图 12-14

12.2 “LOOK”类函数

本节将介绍“LOOK”类查找函数中的VLOOKUP、LOOKUP和HLOOKUP函数。它们可以单独使用，也可以与其他函数嵌套使用。

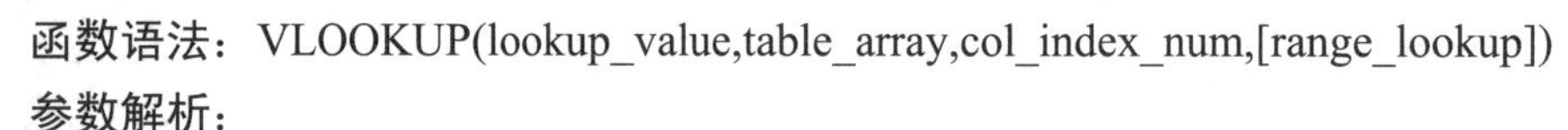

12.2.1 应用VLOOKUP函数查找并返回指定列中同一位置的值

函数功能：VLOOKUP函数在表格或数值数组的第一列中查找指定的数值，并由此返回表格或数组当前行中指定列处的值。

函数语法：VLOOKUP(lookup_value,table_array,col_index_num,[range_lookup])

参数解析：

- lookup_value：必需。要查找的值。该值位于table-array中指定的单元格区域的第一列中。
- table_array：必需。VLOOKUP函数在其中搜索lookup_value和返回值的单元格区域，即用于查找的区域。（注意查找目标一定要在该区域的第一列，并且该区域中一定要包含要返回值所在的列。）
- col_index_num：必需。表示table_array参数中必须返回的匹配值的列号，即要返回哪一列上的值。
- range_lookup：可选。一个逻辑值，指定希望VLOOKUP函数查找精确匹配值还是近似匹配值。指定值是0或FALSE就表示精确查找，而值为1或TRUE（假定表中的第一列按数字或字母排序，然后搜索最接近的值，这是未指定值时的默认方法）时则表示模糊。

1. 根据指定学号查询成绩

本例表格中统计了各班级学生的模拟考试总分数，下面需要通过只输入学号就自动返回对应的学生姓名和考试分数。

❶ 打开工作表在F2单元格中输入要查看的学生学号“2020003”，然后将光标定位在G2单元格中，输入公式“=VLOOKUP(F2,A2:D12,2,0)”（第三个参数代表“姓名”位于第三列），按回车键即可返回对应学生姓名，如图12-15所示。

G2 =VLOOKUP(F2,A2:D12,2,0)

	A	B	C	D	E	F	G
1	学号	姓名	班级	总分		学号	姓名
2	2020001	李晓楠	高三（1）班	633		2020003	刘芸
3	2020002	万倩倩	高三（2）班	650			
4	2020003	刘芸	高三（1）班	559			
5	2020004	王婷婷	高三（1）班	664			
6	2020005	李娜	高三（3）班	516			
7	2020006	张旭	高三（1）班	731			
8	2020007	刘玲玲	高三（3）班	706			
9	2020008	章涵	高三（2）班	516			
10	2020009	刘琦	高三（2）班	679			
11	2020010	王源	高三（2）班	502			
12	2020011	马楷	高三（3）班	684			

图12-15

❷ 再将光标定位在 H2 单元格中，输入公式“=VLOOKUP(F2,A2:D12,4,0)”（第三个参数代表“总分”位于第四列），按回车键返回对应学生的总分数，如图 12-16 所示。

H2 =VLOOKUP(F2,A2:D12,4,0)

	A	B	C	D	E	F	G	H
1	学号	姓名	班级	总分		学号	姓名	总分
2	2020001	李晓楠	高三（1）班	633		2020003	刘芸	559
3	2020002	万倩倩	高三（2）班	650				
4	2020003	刘芸	高三（1）班	559				
5	2020004	王婷婷	高三（1）班	664				
6	2020005	李娜	高三（3）班	516				
7	2020006	张旭	高三（1）班	731				
8	2020007	刘玲玲	高三（3）班	706				
9	2020008	章涵	高三（2）班	516				
10	2020009	刘琦	高三（2）班	679				
11	2020010	王源	高三（2）班	502				
12	2020011	马楷	高三（3）班	684				

图 12-16

❸ 更改 F2 单元格中的学号为“2020010”即可更新对应的姓名和总分数，如图 12-17 所示。继续更改 F2 单元格中的学号为“2020002”即可再次更新对应的姓名和总分数，如图 12-18 所示。

	A	B	C	D	E	F	G	H
1	学号	姓名	班级	总分		学号	姓名	总分
2	2020001	李晓楠	高三（1）班	633		2020010	王源	502
3	2020002	万倩倩	高三（2）班	650				
4	2020003	刘芸	高三（1）班	559				
5	2020004	王婷婷	高三（1）班	664				
6	2020005	李娜	高三（3）班	516				
7	2020006	张旭	高三（1）班	731				
8	2020007	刘玲玲	高三（3）班	706				
9	2020008	章涵	高三（2）班	516				
10	2020009	刘琦	高三（2）班	679				
11	2020010	王源	高三（2）班	502				
12	2020011	马楷	高三（3）班	684				

图 12-17

	A	B	C	D	E	F	G	H
1	学号	姓名	班级	总分		学号	姓名	总分
2	2020001	李晓楠	高三（1）班	633		2020002	万倩倩	650
3	2020002	万倩倩	高三（2）班	650				
4	2020003	刘芸	高三（1）班	559				
5	2020004	王婷婷	高三（1）班	664				
6	2020005	李娜	高三（3）班	516				
7	2020006	张旭	高三（1）班	731				
8	2020007	刘玲玲	高三（3）班	706				
9	2020008	章涵	高三（2）班	516				
10	2020009	刘琦	高三（2）班	679				
11	2020010	王源	高三（2）班	502				
12	2020011	马楷	高三（3）班	684				

图 12-18

2. 跨表格查询相关信息

前面介绍了在同一工作表中设置指定学号查询相关信息的方法，如果需要查询的“学生成绩表”是单独创建的一张新表格，那么可以使用 VLOOKUP 函数实现跨表查询指定数据，需要配合 COLUMN 函数依次返回对应的列数据。

❶ 如图 12-19 所示为创建好的“学生成绩表”，其中包含了学生的学号、姓名、班级和总分数。

❷ 在“学生成绩表”后建立“查询表”工作表，然后在 A2 单元格中输入要查询的学生学号为“2020007”，将光标定位在 B2 单元格中，输入公式“=VLOOKUP($A2,学生成绩表!$A$2:$D$12,COLUMN(学生成绩表!B1),FALSE)”，如图 12-20 所示。

❸ 按回车键后向右复制公式，即可根据指定学号返回姓名、班级和总分数，如图 12-21 所示。更改 A2 单元格中的学号为“202006”，即可更新学生信息，如图 12-22 所示。

学号	姓名	班级	总分
2020001	李晓楠	高三（1）班	633
2020002	万倩倩	高三（2）班	650
2020003	刘芸	高三（1）班	559
2020004	王婷婷	高三（1）班	664
2020005	李娜	高三（3）班	516
2020006	张旭	高三（1）班	731
2020007	刘玲玲	高三（3）班	706
2020008	章涵	高三（2）班	516
2020009	刘琦	高三（2）班	679
2020010	王源	高三（2）班	502
2020011	马楷	高三（3）班	684

图 12-19

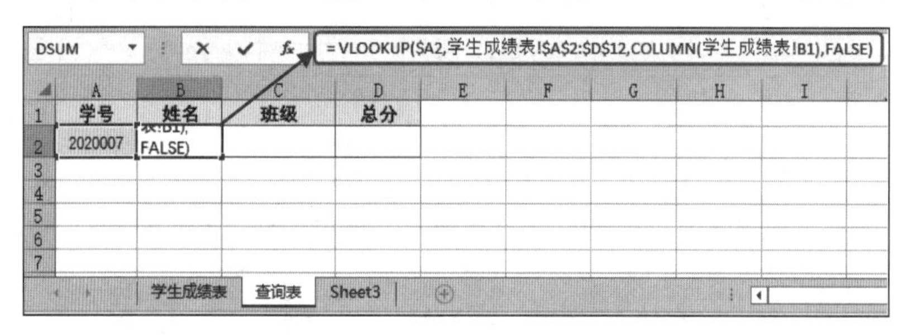

图 12-20

学号	姓名	班级	总分
2020007	刘玲玲	高三（3）班	706

图 12-21

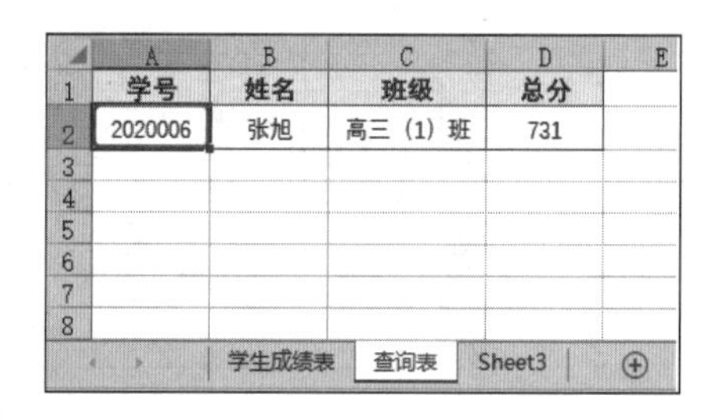

学号	姓名	班级	总分
2020006	张旭	高三（1）班	731

图 12-22

3. 代替 IF 函数的多层嵌套（模糊匹配）

VLOOKUP 函数具有模糊匹配的属性，即由 VLOOKUP 函数的第 4 个可选参数决定。当要实现精确的查询时，第 4 个参数必须要指定为 FLASE，表示精确匹配。如果设置此参数为 TRUE，或省略此参数则表示模糊匹配。本例中规定：工龄 1 年以下工龄工资为 0 元；1～5 年为 500 元；5～9 年为 1200 元；9～12 年为 2000 元；12 年及以上的工龄工资为 5000 元。

❶ 打开表格并将光标定位在H3单元格中，输入公式“=VLOOKUP(G3,$A$3:$B$7,2)”，如图 12-23 所示。

❷ 按回车键后并利用填充柄功能向下填充公式，即可依次计算出其他员工的工龄工资，如图 12-24 所示。

=VLOOKUP(G3,$A$3:$B$7,2)

工龄工资标准			员工基本工资表				
工龄	工龄工资		员工	部门	基本工资	工龄	工龄工资
0	0		李晓楠	设计部	3500	8	$B$7,2)
1	500		万倩倩	财务部	2500	7	
5	1200		刘芸	设计部	3500	10	
9	2000		王婷婷	设计部	3800	15	
12	5000		李娜	财务部	2800	12	
			张旭	市场部	2500	1	
			刘玲玲	销售部	1600	5	
			章涵	研发部	2800	0	
			刘琦	设计部	3500	4	

图 12-23

	A	B	C	D	E	F	G	H
1	工龄工资标准			员工基本工资表				
2	工龄	工龄工资		员工	部门	基本工资	工龄	工龄工资
3	0	0		李晓楠	设计部	3500	8	1200
4	1	500		万倩倩	财务部	2500	7	1200
5	5	1200		刘芸	设计部	3500	10	2000
6	9	2000		王婷婷	设计部	3800	15	5000
7	12	5000		李娜	财务部	2800	12	5000
8				张旭	市场部	2500	1	500
9				刘玲玲	销售部	1600	5	1200
10				章涵	研发部	2800	0	0
11				刘琦	设计部	3500	4	500

图 12-24

4．查找并返回符合条件的多条记录

在使用 VLOOKUP 函数查询时，如果同时有多条满足条件的记录，默认只能查找出第一条满足条件的记录。比如本例中需要查找指定读者借阅卡的所有借阅记录（一个读者可能在不同的日期借阅多次）。要解决此问题可以借助辅助列，在辅助列中为每条记录添加一个唯一的、用于区分不同记录的字符来解决，具体操作如下：

❶ 打开表格，选中 A 列并右击，在弹出的快捷菜单中单击“插入”命令，如图 12-25 所示，即可插入新的空白列作为辅助列。

	A	B	C	D
1	借阅卡	借阅日期	图书名称	出版社
2	NL191021024	2019/2/1	小阳台大园艺	安徽文艺出版社
3	NL191021023	2019/2/1	你曾经来过	黄山书社
4	NL191021023	2019/2/2	明代历史	安徽文艺出版社
5	NL191021026	2019/2/3	致青春	春风出版社
6	NL191021023	2019/2/3	家庭简单医疗	春风出版社
7	NL191021028	2019/2/6	植物手绘大全	黄山书社
8	NL191021029	2019/2/7	办公手册	春风出版社
9	NL191021030	2019/2/8	昆虫世界	安徽文艺出版社
10	NL191021031	2019/2/9	时间简史	黄山书社
11	NL191021029	2019/2/10	三体	青年书局
12	NL191021033	2019/2/11	活着	青年书局

剪切(T)
复制(C)
粘贴选项:
选择性粘贴(S)...
插入(I)
删除(D)
清除内容(N)
设置单元格格式(F)...
列宽(W)...
隐藏(H)
取消隐藏(U)

图 12-25

❷ 将光标定位在 A2 单元格中，输入公式“=COUNTIF(B$2:B2,$G$2)”，如图 12-26 所示。

❸ 按回车键后并利用填充柄功能向下填充公式，即可得到辅助列数字，如图 12-27 所示。

DSUM　=COUNTIF(B$2:B2,$G$2)

	A	B	C	D	E	F	G
1		借阅卡	借阅日期	图书名称	出版社		借阅卡
2	$G$2)	NL191021024	2019/2/1	小阳台大园艺	安徽文艺出版社		
3		NL191021023	2019/2/1	你曾经来过	黄山书社		
4		NL191021023	2019/2/2	明代历史	安徽文艺出版社		
5		NL191021026	2019/2/3	致青春	春风出版社		
6		NL191021023	2019/2/3	家庭简单医疗	春风出版社		
7		NL191021028	2019/2/6	植物手绘大全	黄山书社		
8		NL191021029	2019/2/7	办公手册	春风出版社		
9		NL191021030	2019/2/8	昆虫世界	安徽文艺出版社		
10		NL191021031	2019/2/9	时间简史	黄山书社		
11		NL191021029	2019/2/10	三体	青年书局		
12		NL191021033	2019/2/11	活着	青年书局		

图 12-26

	A	B	C	D
1		借阅卡	借阅日期	图书名称
2	0	NL191021024	2019/2/1	小阳台大园艺
3	0	NL191021023	2019/2/1	你曾经来过
4	0	NL191021023	2019/2/2	明代历史
5	0	NL191021026	2019/2/3	致青春
6	0	NL191021023	2019/2/3	家庭简单医疗
7	0	NL191021028	2019/2/6	植物手绘大全
8	0	NL191021029	2019/2/7	办公手册
9	0	NL191021030	2019/2/8	昆虫世界
10	0	NL191021031	2019/2/9	时间简史
11	0	NL191021029	2019/2/10	三体
12	0	NL191021033	2019/2/11	活着

图 12-27

❹ 在 G2 单元格中填写要查阅的借阅卡卡号“NL191021023”，再将光标定位在 H2 单元格中，输入公式 “=VLOOKUP(ROW(1:1),$A:$E,COLUMN(C:C),FALSE)”，如图 12-28 所示。

DSUM　=VLOOKUP(ROW(1:1),$A:$E,COLUMN(C:C),FALSE)

	A	B	C	D	E	F	G	H
1		借阅卡	借阅日期	图书名称	出版社		借阅卡	借阅日期
2	0	NL191021024	2019/2/1	小阳台大园艺	安徽文艺出版社		NL191021023	C:C),FALSE)
3	1	NL191021023	2019/2/1	你曾经来过	黄山书社			
4	2	NL191021023	2019/2/2	明代历史	安徽文艺出版社			
5	2	NL191021026	2019/2/3	致青春	春风出版社			
6	3	NL191021023	2019/2/3	家庭简单医疗	春风出版社			
7	3	NL191021028	2019/2/6	植物手绘大全	黄山书社			
8	3	NL191021029	2019/2/7	办公手册	春风出版社			
9	3	NL191021030	2019/2/8	昆虫世界	安徽文艺出版社			
10	3	NL191021031	2019/2/9	时间简史	黄山书社			
11	3	NL191021029	2019/2/10	三体	青年书局			
12	3	NL191021033	2019/2/11	活着	青年书局			
13								
14								

图 12-28

❺ 按回车键并向右复制公式，即可统计出对应的第一条记录，如图 12-29 所示。继续向下复制公式，即可统计出该借阅卡对应的所有记录，如图 12-30 所示。

	A	B	C	D	E	F	G	H	I	J
1		借阅卡	借阅日期	图书名称	出版社		借阅卡	借阅日期	图书名称	出版社
2	0	NL191021024	2019/2/1	小阳台大园艺	安徽文艺出版社		NL191021023	2019/2/1	你曾经来过	黄山书社
3	1	NL191021023	2019/2/1	你曾经来过	黄山书社					
4	2	NL191021023	2019/2/2	明代历史	安徽文艺出版社					
5	2	NL191021026	2019/2/3	致青春	春风出版社					
6	3	NL191021023	2019/2/3	家庭简单医疗	春风出版社					
7	3	NL191021028	2019/2/6	植物手绘大全	黄山书社					
8	3	NL191021029	2019/2/7	办公手册	春风出版社					
9	3	NL191021030	2019/2/8	昆虫世界	安徽文艺出版社					
10	3	NL191021031	2019/2/9	时间简史	黄山书社					
11	3	NL191021029	2019/2/10	三体	青年书局					
12	3	NL191021033	2019/2/11	活着	青年书局					

图 12-29

	A	B	C	D	E	F	G	H	I	J
1		借阅卡	借阅日期	图书名称	出版社		借阅卡	借阅日期	图书名称	出版社
2	0	NL191021024	2019/2/1	小阳台大园艺	安徽文艺出版社		NL191021023	2019/2/1	你曾经来过	黄山书社
3	1	NL191021023	2019/2/1	你曾经来过	黄山书社			2019/2/2	明代历史	安徽文艺出版社
4	2	NL191021023	2019/2/2	明代历史	安徽文艺出版社			2019/2/3	家庭简单医疗	春风出版社
5	2	NL191021026	2019/2/3	致青春	春风出版社			#N/A	#N/A	#N/A
6	3	NL191021023	2019/2/3	家庭简单医疗	春风出版社			#N/A	#N/A	#N/A
7	3	NL191021028	2019/2/6	植物手绘大全	黄山书社			#N/A	#N/A	#N/A
8	3	NL191021029	2019/2/7	办公手册	春风出版社			#N/A	#N/A	#N/A
9	3	NL191021030	2019/2/8	昆虫世界	安徽文艺出版社			#N/A	#N/A	#N/A
10	3	NL191021031	2019/2/9	时间简史	黄山书社					
11	3	NL191021029	2019/2/10	三体	青年书局					
12	3	NL191021033	2019/2/11	活着	青年书局					
13										
14										
15										

图 12-30

❻ 更改 G2 单元格中要查询的借阅卡卡号，即可得到新的借阅记录，如图 12-31 所示。

	A	B	C	D	E	F	G	H	I	J
1		借阅卡	借阅日期	图书名称	出版社		借阅卡	借阅日期	图书名称	出版社
2	0	NL191021024	2019/2/1	小阳台大园艺	安徽文艺出版社		NL191021029	2019/2/7	办公手册	春风出版社
3	0	NL191021023	2019/2/1	你曾经来过	黄山书社			2019/2/10	三体	青年书局
4	0	NL191021023	2019/2/2	明代历史	安徽文艺出版社			#N/A	#N/A	#N/A
5	0	NL191021026	2019/2/3	致青春	春风出版社			#N/A	#N/A	#N/A
6	0	NL191021023	2019/2/3	家庭简单医疗	春风出版社			#N/A	#N/A	#N/A
7	0	NL191021028	2019/2/6	植物手绘大全	黄山书社			#N/A	#N/A	#N/A
8	1	NL191021029	2019/2/7	办公手册	春风出版社			#N/A	#N/A	#N/A
9	1	NL191021030	2019/2/8	昆虫世界	安徽文艺出版社			#N/A	#N/A	#N/A
10	1	NL191021031	2019/2/9	时间简史	黄山书社					
11	2	NL191021029	2019/2/10	三体	青年书局					
12	2	NL191021033	2019/2/11	活着	青年书局					

图 12-31

5．VLOOKUP 函数应对多条件匹配

VLOOKUP 函数一般情况下只能实现单条件查找。在实际工作中，很多时候也需要返回满足多个条件的对应值，本例将介绍如何使用 VLOOKUP 函数设置公式实现双条件的匹配查找。本例中需要查询指定学生在录取考试入学摸底测试中的成绩。

❶ 打开表格并将光标定位在 G2 单元格中，输入公式“=VLOOKUP(E2&F2,IF({1,0},A2:A13&B2:B13,C2:C13),2,)”，如图 12-32 所示。

DSUM　=VLOOKUP(E2&F2,IF({1,0},A2:A13&B2:B13,C2:C13),2,)

	A	B	C	D	E	F	G
1	姓名	考试类型	总分		姓名	考试类型	总分
2	李晓楠	录取成绩	720		王婷婷	入学摸底测试	C13),2,)
3	万倩倩	录取成绩	699				
4	刘芸	录取成绩	701				
5	王婷婷	录取成绩	670				
6	李娜	录取成绩	557				
7	张旭	录取成绩	600				
8	李晓楠	入学摸底测试	698				
9	万倩倩	入学摸底测试	657				
10	刘芸	入学摸底测试	670				
11	王婷婷	入学摸底测试	701				
12	李娜	入学摸底测试	647				
13	张旭	入学摸底测试	655				
14							

图 12-32

❷ 按 Ctrl+Shift+Enter 组合键，即可查询学生“王婷婷”的入学摸底测试总分数，如图 12-33 所示。

	A	B	C	D	E	F	G
1	姓名	考试类型	总分		姓名	考试类型	总分
2	李晓楠	录取成绩	720		王婷婷	入学摸底测试	701
3	万倩倩	录取成绩	699				
4	刘芸	录取成绩	701				
5	王婷婷	录取成绩	670				
6	李娜	录取成绩	557				
7	张旭	录取成绩	600				
8	李晓楠	入学摸底测试	698				
9	万倩倩	入学摸底测试	657				
10	刘芸	入学摸底测试	670				
11	王婷婷	入学摸底测试	701				
12	李娜	入学摸底测试	647				
13	张旭	入学摸底测试	655				
14							

图 12-33

❸ 更改查询条件中的姓名和考试类型，即可更新总分数，如图 12-34 所示。

	A	B	C	D	E	F	G
1	姓名	考试类型	总分		姓名	考试类型	总分
2	李晓楠	录取成绩	720		万倩倩	录取成绩	699
3	万倩倩	录取成绩	699				
4	刘芸	录取成绩	701				
5	王婷婷	录取成绩	670				
6	李娜	录取成绩	557				
7	张旭	录取成绩	600				
8	李晓楠	入学摸底测试	698				
9	万倩倩	入学摸底测试	657				
10	刘芸	入学摸底测试	670				
11	王婷婷	入学摸底测试	701				
12	李娜	入学摸底测试	647				
13	张旭	入学摸底测试	655				

图 12-34

6．根据销售区域判断提成率

本例中需要根据销售地区判断对应业绩的提成率，判断的第一个条件是销售地区是“华南”还是“华东”，不同地区不同的业绩又对应不同的提成率，可以使用嵌套 IF 函数来实现。

❶ 打开表格并将光标定位在 D9 单元格中，输入公式“=VLOOKUP(B9,IF(C9="华南",$A$3:$B$6,$C$3:$D$6),2)”，如图 12-35 所示。

❷ 按回车键后并利用填充柄功能向下填充公式，即可根据计算规则统计出提成率，如图 12-36 所示。

DSUM　=VLOOKUP(B9,IF(C9="华南",$A$3:$B$6,$C$3:$D$6),2)

	A	B	C	D	E	F	G	H
1	提成率计算规则（单位：万元）							
2	华南		华东					
3	0	0	0	0				
4	1	1%	1	2%				
5	100	3%	100	3%				
6	5000	5%	5000	6%				
7								
8	业务员	业绩（万元）	销售地区	提成率	奖金（万元）			
9	李晓楠	15	华东	2)				
10	万倩倩	150	华南					
11	刘芸	5012.6	华东					
12	王婷婷	45	华南					
13	李娜	256	华东					
14	张旭	0.8	华南					
15	刘玲玲	680	华南					
16	章涵	16.5	华东					
17	刘琦	45	华东					

图 12-35

	A	B	C	D
1	提成率计算规则（单位：万元）			
2	华南		华东	
3	0	0	0	0
4	1	1%	1	2%
5	100	3%	100	3%
6	5000	5%	5000	6%
7				
8	业务员	业绩（万元）	销售地区	提成率
9	李晓楠	15	华东	0.02
10	万倩倩	150	华南	0.03
11	刘芸	5012.6	华东	0.06
12	王婷婷	45	华南	0.01
13	李娜	256	华东	0.03
14	张旭	0.8	华南	0
15	刘玲玲	680	华南	0.03
16	章涵	16.5	华东	0.02
17	刘琦	45	华东	0.02
18	吴军	1200	华东	0.03

图 12-36

❸ 将光标定位在 E9 单元格中，输入公式“=B9*D9”，如图 12-37 所示。

❹ 按回车键后并利用填充柄功能向下填充公式，即可统计出所有业务员的奖金，如图 12-38 所示。

DSUM　=B9*D9

	A	B	C	D	E
1	提成率计算规则（单位：万元）				
2	华南		华东		
3	0	0	0	0	
4	1	1%	1	2%	
5	100	3%	100	3%	
6	5000	5%	5000	6%	
7					
8	业务员	业绩（万元）	销售地区	提成率	奖金（万元）
9	李晓楠	15	华东	0.02	=B9*D9
10	万倩倩	150	华南	0.03	
11	刘芸	5012.6	华东	0.06	
12	王婷婷	45	华南	0.01	
13	李娜	256	华东	0.03	
14	张旭	0.8	华南	0	
15	刘玲玲	680	华南	0.03	
16	章涵	16.5	华东	0.02	

图 12-37

	A	B	C	D	E
1	提成率计算规则（单位：万元）				
2	华南		华东		
3	0	0	0	0	
4	1	1%	1	2%	
5	100	3%	100	3%	
6	5000	5%	5000	6%	
7					
8	业务员	业绩（万元）	销售地区	提成率	奖金（万元）
9	李晓楠	15	华东	0.02	0.3
10	万倩倩	150	华南	0.03	4.5
11	刘芸	5012.6	华东	0.06	300.756
12	王婷婷	45	华南	0.01	0.45
13	李娜	256	华东	0.03	7.68
14	张旭	0.8	华南	0	0
15	刘玲玲	680	华南	0.03	20.4
16	章涵	16.5	华东	0.02	0.33
17	刘琦	45	华东	0.02	0.9
18	吴军	1200	华东	0.03	36

图 12-38

12.2.2 应用 LOOKUP 函数查找并返回同一位置的值

函数功能：LOOKUP 函数可从单行或单列区域或者从一个数组返回值。LOOKUP 函数具有两种语法形式：向量形式和数组形式。LOOKUP 函数的向量形式语法是在单行区域或单列区域（称为“向量”）中查找值，然后返回第二个单行区域或单列区域中相同位置的值。LOOKUP 的数组形式在数组的第一行或第一列中查找指定的值，并返回数组最后一行或最后一列内同一位置的值。

函数语法 1（向量型）：LOOKUP(lookup_value, lookup_vector, [result_vector])

参数解析：

- lookup_value：必需。表示 LOOKUP 函数在第一个向量中搜索的值。Lookup_value 可以是数字、文本、逻辑值、名称或对值的引用。
- lookup_vector：必需。表示只包含一行或一列的区域。lookup_vector 中的值可以是文本、数字或逻辑值。
- result_vector：可选。只包含一行或一列的区域。result_vector 参数必须与 lookup_vector 大小相同。

函数语法 2（数组型）：LOOKUP(lookup_value, array)

参数解析：

- lookup_value：必需。LOOKUP 函数在数组中搜索的值。lookup_value 参数可以是数字、文本、逻辑值、名称或对值的引用。
- array：必需。包含要与 lookup_value 进行比较的文本、数字或逻辑值的单元格区域。

1. LOOKUP 函数的模糊查找应用

前面介绍的 VLOOKUP 函数可以通过设置第 4 个参数为 TRUE 时实现模糊查找，而 LOOKUP 函数本身就具有模糊查找的属性，即如果 LOOKUP 函数找不到所设置的目标值，则会寻找小于或等于目标值的最大数值。利用这个特性可以实现模糊匹配。本例继续沿用 12.2.1 小节中的示例，使用 LOOKUP 函数也可以很便捷地解决问题。

❶ 打开表格并将光标定位在 H3 单元格中，输入公式“=LOOKUP(G3,$A$3:$B$7)”，如图 12-39 所示。

DSUM　=LOOKUP(G3,$A$3:$B$7)

	A	B	C	D	E	F	G	H
1	工龄工资标准			员工基本工资表				
2	工龄	工龄工资		员工	部门	基本工资	工龄	工龄工资
3	0	0		李晓楠	设计部	3500	8	$B$7)
4	1	500		万倩倩	财务部	2500	7	
5	5	1200		刘芸	设计部	3500	10	
6	9	2000		王婷婷	设计部	3800	15	
7	12	5000		李娜	财务部	2800	12	
8				张旭	市场部	2500	1	
9				刘玲玲	销售部	1600	5	
10				章涵	研发部	2800	0	
11				刘琦	设计部	3500	4	

图 12-39

❷ 按回车键后并利用填充柄功能向下填充公式，即可计算出每位员工的工龄工资，如图 12-40 所示。

	A	B	C	D	E	F	G	H
1	工龄工资标准			员工基本工资表				
2	工龄	工龄工资		员工	部门	基本工资	工龄	工龄工资
3	0	0		李晓楠	设计部	3500	8	1200
4	1	500		万倩倩	财务部	2500	7	1200
5	5	1200		刘芸	设计部	3500	10	2000
6	9	2000		王婷婷	设计部	3800	15	5000
7	12	5000		李娜	财务部	2800	12	5000
8				张旭	市场部	2500	1	500
9				刘玲玲	销售部	1600	5	1200
10				章涵	研发部	2800	0	0
11				刘琦	设计部	3500	4	500

图 12-40

2．通过简称或关键字模糊匹配

本例表格中给出了各个银行对应的利率（名称是银行简称），而在实际查询匹配时使用的银行是全称（如某某路某某支行），现在要求根据全称能自动从 A、B 两列中匹配相应的利率。

❶ 打开表格并将光标定位在 G2 单元格中，输入公式“=LOOKUP(1,0/FIND($A$2:$A$6,D2),$B$2:$B$6)”，如图 12-41 所示。

DSUM　=LOOKUP(1,0/FIND($A$2:$A$6,D2),$B$2:$B$6)

	A	B	C	D	E	F	G
1	银行	利率		借款银行	借入日期	借款额度	利率
2	工商银行	5.59%		农业银行花园路支行	2020/1/1	￥58,000.00	$B$6)
3	建设银行	5.24%		工商银行习友路支行	2020/2/3	￥56,000.00	
4	中国银行	5.87%		中国银行南村路储蓄所	2020/1/20	￥100,000.00	
5	招商银行	5.02%		中国银行大钟楼支行	2018/12/20	￥115,000.00	
6	农业银行	5.33%		招商银行和平路支行	2020/2/1	￥75,000.00	
7				农业银行红村储蓄所	2020/3/5	￥15,000.00	
8				建设银行大钟楼支行	2018/12/15	￥45,000.00	
9				工商银行高新区支行	2018/12/12	￥150,000.00	

图 12-41

❷ 按回车键后并利用填充柄功能向下填充公式，即可计算出每个借款银行的利率，如图 12-42 所示。

	A	B	C	D	E	F	G
1	银行	利率		借款银行	借入日期	借款额度	利率
2	工商银行	5.59%		农业银行花园路支行	2020/1/1	￥58,000.00	5.33%
3	建设银行	5.24%		工商银行习友路支行	2020/2/3	￥56,000.00	5.59%
4	中国银行	5.87%		中国银行南村路储蓄所	2020/1/20	￥100,000.00	5.87%
5	招商银行	5.02%		中国银行大钟楼支行	2018/12/20	￥115,000.00	5.87%
6	农业银行	5.33%		招商银行和平路支行	2020/2/1	￥75,000.00	5.02%
7				农业银行红村储蓄所	2020/3/5	￥15,000.00	5.33%
8				建设银行大钟楼支行	2018/12/15	￥45,000.00	5.24%
9				工商银行高新区支行	2018/12/12	￥150,000.00	5.59%

图 12-42

3．LOOKUP 函数满足多条件查找

本例中需要根据指定姓名指定考试类型来查询对应的总分数，可以使用 LOOKUP 函数通用公式“=LOOKUP(1,0/(条件),引用区域)”实现同时满足多条件的查找。

❶ 打开表格并将光标定位在 G2 单元格中，输入公式“=LOOKUP(1,0/((E2=A2:A13)*(F2=B2:B13)),C2:C13)”，如图 12-43 所示。

DSUM　=LOOKUP(1,0/((E2=A2:A13)*(F2=B2:B13)),C2:C13)

	A	B	C	D	E	F	G
1	姓名	考试类型	总分		姓名	考试类型	总分
2	李晓楠	录取成绩	720		万倩倩	录取成绩	
3	万倩倩	录取成绩	699				
4	刘芸	录取成绩	701				
5	王婷婷	录取成绩	670				
6	李娜	录取成绩	557				
7	张旭	录取成绩	600				
8	李晓楠	入学摸底测试	698				
9	万倩倩	入学摸底测试	657				
10	刘芸	入学摸底测试	670				
11	王婷婷	入学摸底测试	701				
12	李娜	入学摸底测试	647				
13	张旭	入学摸底测试	655				

图 12-43

❷ 按回车键，即可查询指定姓名指定考试类型对应的总分数，如图 12-44 所示。

	A	B	C	D	E	F	G
1	姓名	考试类型	总分		姓名	考试类型	总分
2	李晓楠	录取成绩	720		万倩倩	录取成绩	699
3	万倩倩	录取成绩	699				
4	刘芸	录取成绩	701				
5	王婷婷	录取成绩	670				
6	李娜	录取成绩	557				
7	张旭	录取成绩	600				
8	李晓楠	入学摸底测试	698				
9	万倩倩	入学摸底测试	657				
10	刘芸	入学摸底测试	670				
11	王婷婷	入学摸底测试	701				
12	李娜	入学摸底测试	647				
13	张旭	入学摸底测试	655				

图 12-44

❸ 重新更改查询的姓名和考试类型，即可查询对应的总分数，如图 12-45 所示。

	A	B	C	D	E	F	G
1	姓名	考试类型	总分		姓名	考试类型	总分
2	李晓楠	录取成绩	720		李娜	入学摸底测试	647
3	万倩倩	录取成绩	699				
4	刘芸	录取成绩	701				
5	王婷婷	录取成绩	670				
6	李娜	录取成绩	557				
7	张旭	录取成绩	600				
8	李晓楠	入学摸底测试	698				
9	万倩倩	入学摸底测试	657				
10	刘芸	入学摸底测试	670				
11	王婷婷	入学摸底测试	701				
12	李娜	入学摸底测试	647				
13	张旭	入学摸底测试	655				

图 12-45

12.2.3 应用 HLOOKUP 函数查找数组的首行并返回指定单元格的值

函数功能：HLOOKUP 函数用于在表格的首行或数值数组中搜索值，然后返回表格或数组中指定行的所在列中的值。当比较值位于数据表格的首行时，如果要向下查看指定的行数，则可使用 HLOOKUP 函数。当比较值位于所需查找的数据的左边一列时，则可使用 VLOOKUP 函数。

函数语法：HLOOKUP(lookup_value, table_array, row_index_num, [range_lookup])

参数解析：

- lookup_value：必需。要在表格的第一行中查找的值。Lookup_value 可以是数值、引用或文本字符串。
- table_array：必需。在其中查找数据的信息表。使用对区域或区域名称的引用。
- w_index_num：必需。table_array 中将返回匹配值的行号。row_index_num 为 1 时，返回 table_array 的第一行的值；row_index_num 为 2 时，返回 table_array 第二行中的值，以此类推。
- range_lookup：可选。一个逻辑值，指定希望 HLOOKUP 函数查找精确匹配值还是近似匹配值。如果为 TRUE 或省略，则返回近似匹配值。换句话说，如果找不到精确匹配值，则返回小于 lookup_value 的最大值。

根据不同的提成率计算业务员的奖金

本例需要根据建立好的不同业绩对应提成率查询表格，将每位业务员的奖金计算出来。这里规定：业绩在 0～50000 之间时提成率为 0，业绩在 50000～100000 之间时提成率为 3%，业绩在 100000 元以上时提成率为 6%，可以使用 HLOOKUP 函数查询提成率。

❶ 打开表格并将光标定位在 D5 单元格中，输入公式“=C5*HLOOKUP(C5,$A$1:$D$2,2)”，如图 12-46 所示。

❷ 按回车键后并利用填充柄功能向下填充公式，即可计算出所有员工的奖金，如图 12-47 所示。

DSUM　=C5*HLOOKUP(C5,$A$1:$D$2,2)

	A	B	C	D	E	F
1	业绩	0	50000	100000		
2	提成率	0.0%	3.0%	6.00%		
3						
4	员工编号	姓名	业绩	奖金		
5	NL-001	李晓楠	98000	$D$2,2)		
6	NL-002	张虎	89000			
7	NL-003	吴一帆	10000			
8	NL-004	李倩	77800			
9	NL-005	张涛	156000			
10	NL-006	王婷婷	108880			
11	NL-007	李超	256000			
12	NL-008	杨德	45000			

图 12-46

	A	B	C	D
1	业绩	0	50000	100000
2	提成率	0.0%	3.0%	6.00%
3				
4	员工编号	姓名	业绩	奖金
5	NL-001	李晓楠	98000	2940.00
6	NL-002	张虎	89000	2670.00
7	NL-003	吴一帆	10000	0.00
8	NL-004	李倩	77800	2334.00
9	NL-005	张涛	156000	9360.00
10	NL-006	王婷婷	108880	6532.80
11	NL-007	李超	256000	15360.00
12	NL-008	杨德	45000	0.00

图 12-47

12.3 经典函数组合 INDEX+MATCH

除了 12.2 节介绍的 VLOOKUP、LOOKUP、HLOOKUP 函数之外，数据查找函数还有 INDEX、MATCH，通常 INDEX 可以和 MATCH 函数嵌套使用。利用它们可以设置按条件查找并返回指定的数据。

12.3.1 应用 MATCH 函数查找并返回值所在位置

函数功能：MATCH 函数用于返回在指定方式下与指定数值匹配的数组中元素的相应位置。

函数语法：MATCH(lookup_value,lookup_array,match_type)

参数解析：

- lookup_value：必需。为需要在数据表中查找的数值。
- lookup_array：必需。要搜索的单元格区域。注意用于查找值的区域也如同 LOOKUP 函数一样要进行升序排序。
- match_type：可选。为数字–1、0 或 1，指明如何在 lookup_array 中查找 lookup_value。当 match_type 为 1 或省略时，函数查找小于或等于 lookup_value 的最大数值，lookup_array 必须按升序排列；如果 match_type 为 0，函数查找等于 lookup_value 的第一个数值，lookup_array 可以按任何顺序排列；如果 match_type 为–1，函数查找大于或等于 lookup_value 的最小值，lookup_array 必须按降序排列。

判断某数据是否包含在另一组数据中

本例表格中统计了本年度 10 月份的所有值班人员名单，下面需要判断国庆假期的值班人员是否包含在已经排好的 10 月值班名单中。

❶ 打开表格并将光标定位在 D2 单元格中，输入公式"=IF(ISNA(MATCH(C2,$A$2:$A$17,0)),"否","是")"，如图 12-48 所示。

❷ 按回车键后并利用填充柄功能向下填充公式，即可判断出所有人员是否包含在 10 月值班名单中，如图 12-49 所示。

DSUM =IF(ISNA(MATCH(C2,$A$2:$A$17,0)),"否","是")

	A	B	C	D
1	10月值班人员	值班日期	值班人员	是否在10月值班名单中
2	刘凯	2020/10/1	周宁	$A$17,0)),"否","是")
3	李欣然	2020/10/2	李晓楠	
4	张倩	2020/10/3	万倩	
5	刘伟	2020/10/4	莉莉	
6	李丽丽	2020/10/5	吴唯	
7	万倩	2020/10/6	王婷	
8	王婷	2020/10/7	梁辉	
9	王超			
10	李建国			
11	刘慧			
12	周慧慧			
13	杨勋			
14	吴唯			
15	王海			
16	李艳			
17	刘燕燕			

图 12-48

	A	B	C	D
1	10月值班人员	值班日期	值班人员	是否在10月值班名单中
2	刘凯	2020/10/1	周宁	否
3	李欣然	2020/10/2	李晓楠	否
4	张倩	2020/10/3	万倩	是
5	刘伟	2020/10/4	莉莉	否
6	李丽丽	2020/10/5	吴唯	是
7	万倩	2020/10/6	王婷	是
8	王婷	2020/10/7	梁辉	否
9	王超			否
10	李建国			否
11	刘慧			否
12	周慧慧			否
13	杨勋			否
14	吴唯			否
15	王海			否
16	李艳			否
17	刘燕燕			否

图 12-49

12.3.2 应用 INDEX 函数从引用或数组中返回指定位置处的值

函数功能：INDEX 函数返回表格或区域中的值或值的引用。INDEX 函数有两种形式：INDEX 函数引用形式通常返回引用；INDEX 函数的数组形式通常返回数值或数值数组。当 INDEX 函数的第一个参数为数组常数时，使用数组形式。

函数语法 1（引用型）：INDEX(reference, row_num, [column_num], [area_num])

参数解析：

- reference：表示对一个或多个单元格区域的引用。
- row_num：表示引用中某行的行号，函数从该行返回一个引用。
- column_num：可选。引用中某列的列标，函数从该列返回一个引用。
- area_num：可选。选择引用中的一个区域，以从中返回 row_num 和 column_num 的交叉区域。选中或输入的第一个区域序号为 1，第二个为 2，以此类推。如果省略 area_num，则函数 index 使用区域 1。

函数语法 2（数组型）：INDEX(array, row_num, [column_num])

参数解析：

- array：表示单元格区域或数组常量。
- row_num：表示选择数组中的某行，函数从该行返回数值。
- column_num：可选。选择数组中的某列，函数从该列返回数值。

1．查找指定学生指定科目及成绩

本例表格中统计了学生的语文、数学和英语成绩，要求根据指定姓名和科目名称查询成绩。现在的查询条件有两个（姓名和科目名称），查询对象行的位置与列的位置都要判断，因此需要在 INDEX 函数中嵌套使用两次 MATCH 函数。

❶ 打开表格并将光标定位在 C15 单元格中，输入公式“=INDEX(B2:D12,MATCH(A15,A2:A12,0),MATCH(B15,B1:D1,0))”，如图 12-50 所示。

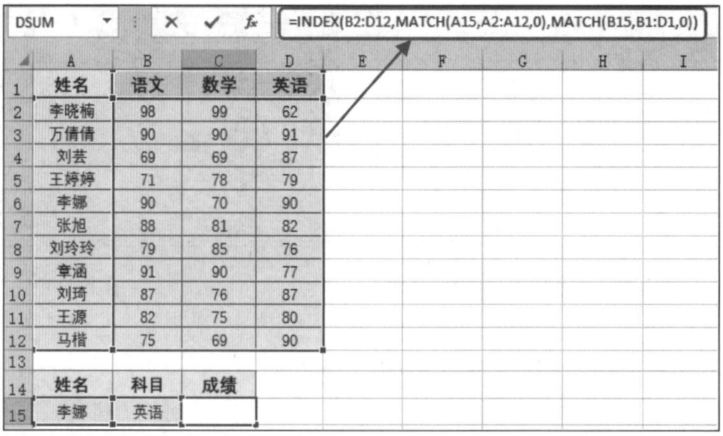

DSUM　=INDEX(B2:D12,MATCH(A15,A2:A12,0),MATCH(B15,B1:D1,0))

	A	B	C	D
1	姓名	语文	数学	英语
2	李晓楠	98	99	62
3	万倩倩	90	90	91
4	刘芸	69	69	87
5	王婷婷	71	78	79
6	李娜	90	70	90
7	张旭	88	81	82
8	刘玲玲	79	85	76
9	章涵	91	90	77
10	刘琦	87	76	87
11	王源	82	75	80
12	马楷	75	69	90
13				
14	姓名	科目	成绩	
15	李娜	英语		

图 12-50

❷ 按回车键即可返回指定学生指定科目成绩，如图 12-51 所示。更改要查询的学生姓名和科目名称，即可返回如图 12-52 所示更新的结果。

	A	B	C	D
1	姓名	语文	数学	英语
2	李晓楠	98	99	62
3	万倩倩	90	90	91
4	刘芸	69	69	87
5	王婷婷	71	78	79
6	李娜	90	70	90
7	张旭	88	81	82
8	刘玲玲	79	85	76
9	章涵	91	90	77
10	刘琦	87	76	87
11	王源	82	75	80
12	马楷	75	69	90
13				
14	姓名	科目	成绩	
15	李娜	英语	90	

图 12-51

	A	B	C	D
1	姓名	语文	数学	英语
2	李晓楠	98	99	62
3	万倩倩	90	90	91
4	刘芸	69	69	87
5	王婷婷	71	78	79
6	李娜	90	70	90
7	张旭	88	81	82
8	刘玲玲	79	85	76
9	章涵	91	90	77
10	刘琦	87	76	87
11	王源	82	75	80
12	马楷	75	69	90
13				
14	姓名	科目	成绩	
15	章涵	语文	91	

图 12-52

2. 反向查询实例

本例沿用上一张表格，要求使用反向查询方法，结合 MAX 函数统计出数学成绩最高分的学生姓名。

❶ 将光标定位在 D14 单元格中，输入公式“=INDEX(A2:A12,MATCH(MAX(C2:C12),C2:C12,))”，如图 12-53 所示。

❷ 按回车键，即可返回数学成绩最高分的学生姓名，如图 12-54 所示。

DSUM =INDEX(A2:A12,MATCH(MAX(C2:C12),C2:C12,))

	A	B	C	D
1	姓名	语文	数学	英语
2	李晓楠	98	99	62
3	万倩倩	90	90	91
4	刘芸	69	69	87
5	王婷婷	71	78	79
6	李娜	90	70	90
7	张旭	88	100	82
8	刘玲玲	79	85	76
9	章涵	91	90	77
10	刘琦	87	76	87
11	王源	82	75	80
12	马楷	75	69	90
13				
14	数学最高分学生		C12),C2:C12,))	

图 12-53

	A	B	C	D
1	姓名	语文	数学	英语
2	李晓楠	98	99	62
3	万倩倩	90	90	91
4	刘芸	69	69	87
5	王婷婷	71	78	79
6	李娜	90	70	90
7	张旭	88	100	82
8	刘玲玲	79	85	76
9	章涵	91	90	77
10	刘琦	87	76	87
11	王源	82	75	80
12	马楷	75	69	90
13				
14	数学最高分学生		张旭	

图 12-54

❸ 更改 D14 单元格中的公式“=INDEX(A2:A12,MATCH(MAX(D2:D12),D2:D12,))”，按回车键后，即可返回英语成绩最高分的学生姓名，如图 12-55 所示。

3. 返回值班次数最多的员工姓名

本例表格中统计了值班日期和值班人姓名，要求根据 B 列值班人员出现的次数，统计值班次数最多的员工姓名，可以使用 INDEX 函数配合 MATCH 函数。

❶ 打开表格并将光标定位在 D2 单元格中，输入公式“=INDEX(B2:B12,MODE(MATCH(B2:B12,B2:B12,0)))”，如图 12-56 所示。

C14 =INDEX(A2:A12,MATCH(MAX(D2:D12),D2:D12,))

	A	B	C	D
1	姓名	语文	数学	英语
2	李晓楠	98	99	62
3	万倩倩	90	90	91
4	刘芸	69	69	87
5	王婷婷	71	78	79
6	李娜	90	70	90
7	张旭	88	100	82
8	刘玲玲	79	85	76
9	章涵	91	90	77
10	刘琦	87	76	87
11	王源	82	75	80
12	马楷	75	69	90
13				
14	英语最高分学生		万倩倩	

图 12-55

❷ 按回车键，即可返回值班次数最多的员工姓名，如图 12-57 所示。

DSUM =INDEX(B2:B12,MODE(MATCH(B2:B12,B2:B12,0)))

	A	B	C	D
1	值班日期	值班人员		值班次数最多
2	2020/3/1	李晓楠		B2:B12,B2:B12,0)))
3	2020/3/2	张倩倩		
4	2020/3/3	周亮		
5	2020/3/4	张倩倩		
6	2020/3/5	李德伟		
7	2020/3/6	梁美娟		
8	2020/3/7	万惠		
9	2020/3/8	李晓楠		
10	2020/3/9	周慧		
11	2020/3/10	周慧		
12	2020/3/11	李晓楠		

图 12-56

	A	B	C	D
1	值班日期	值班人员		值班次数最多
2	2020/3/1	李晓楠		李晓楠
3	2020/3/2	张倩倩		
4	2020/3/3	周亮		
5	2020/3/4	张倩倩		
6	2020/3/5	李德伟		
7	2020/3/6	梁美娟		
8	2020/3/7	万惠		
9	2020/3/8	李晓楠		
10	2020/3/9	周慧		
11	2020/3/10	周慧		
12	2020/3/11	李晓楠		

图 12-57

12.4 综合实战

12.4.1 案例 24：建立员工档案查询系统

当员工人数较多时，想实现快速查看任意员工的明细档案，可以建立一张查询表，实现只要输入员工的编号或姓名就可以快速查询。当然查询表中需要使用公式来返回数据。本例的员工档案查询表在前面介绍名称定义时，已经事先建立了“员工工号”序列，下面需要使用 VLOOKUP 函数通过一个查询对象查找匹配的数据，使用此函数根据查询编号来匹配其各项明细档案数据。

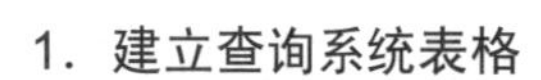

1. 建立查询系统表格

❶ 新建表格并设置标题为“人事信息数据表”，设置各项列标题并手动输入员工基本信息，如图 12-58 所示。

❷ 新建表格并设置标题为“员工信息查询表”，设置查询工号和查询明细框架，如图 12-59 所示。

员工工号	部门	姓名	性别	出生日期	学历	职位	入职时间	工龄
人事信息数据表								
JY003	人事部	马同燕	女	1982-03-08	大专	HR专员	2019/2/2	1
JY005	行政部	张点点	男	1985-02-13	本科	销售内勤	2009/4/5	11
JY009	行政部	徐宏	女	1984-02-28	大专	网管	2008/5/6	12
JY011	行政部	秦福马	男	1986-03-05	本科	网管	2009/2/5	11
JY013	财务部	邓兰兰	男	1982-10-16	本科	会计	2010/6/18	10
JY014	行政部	郑淑娟	女	1968-02-13	初中	保洁	2008/9/6	11
JY015	人事部	李琪	女	1976-05-16	硕士	HR经理	2010/6/7	10
JY016	人事部	陶佳佳	女	1980-11-20	本科	HR专员	2009/3/5	11
JY017	财务部	于青青	女	1978-03-17	本科	主办会计	2010/5/10	10
JY020	财务部	罗羽	女	1985-06-10	硕士	会计	2010/7/18	10
JY021	客服一部	蔡明	男	1985-06-10	本科	客服	2008/7/5	12
JY022	客服一部	陈芳	男	1975-03-24	大专	客服	2011/5/4	9
JY023	行政部	陈潇	女	1983-11-04	硕士	行政副总	2011/5/10	9
JY024	客服一部	陈曦	男	1970-02-17	本科	客服	2010/5/3	10
JY025	行政部	陈风	女	1983-03-02	本科	行政文员	2011/5/14	9
JY026	行政部	杨浪	男	1979-02-28	本科	主管	2010/9/8	9
JY027	客服一部	陆路	女	1982-02-14	大专	客服	2010/11/5	9
JY028	客服一部	吕梁	女	1985-04-01	本科	客服	2011/7/1	9
JY029	客服一部	王晓宇	男	1982-02-13	大专	客服	2011/4/8	9
JY030	客服一部	张鑫	男	1983-02-13	本科	客服	2011/7/8	9
JY031	客服二部	丁一	女	1983-02-13	大专	客服	2009/5/8	11

图 12-58

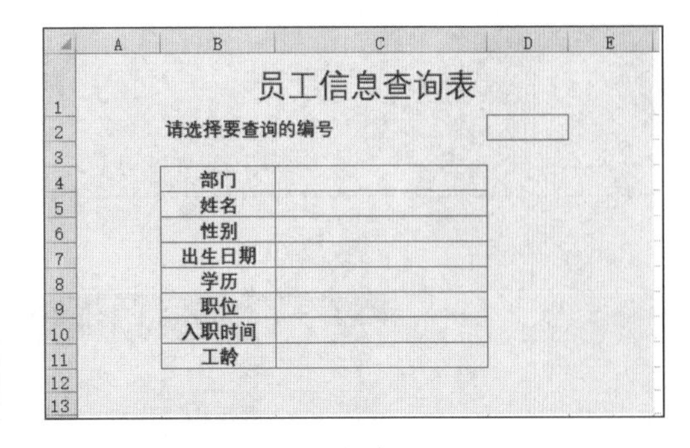

图 12-59

2. 定义名称

在人事信息数据表中选择所有数据区域，在左上角的名称框中输入“人事信息表”，按回车键即可定义名称，如图 12-60 所示。

人事信息表 | 员工工号

员工工号	部门	姓名	性别	出生日期	学历	职位	入职时间	工龄
人事信息数据表								
JY003	人事部	马同燕	女	1982-03-08	大专	HR专员	2019/2/2	1
JY005	行政部	张点点	男	1985-02-13	本科	销售内勤	2009/4/5	11
JY009	行政部	徐宏	女	1984-02-28	大专	网管	2008/5/6	12
JY011	行政部	秦福马	男	1986-03-05	本科	网管	2009/2/5	11
JY013	财务部	邓兰兰	男	1982-10-16	本科	会计	2010/6/18	10
JY014	行政部	郑淑娟	女	1968-02-13	初中	保洁	2008/9/6	11
JY015	人事部	李琪	女	1976-05-16	硕士	HR经理	2010/6/7	10
JY016	人事部	陶佳佳	女	1980-11-20	本科	HR专员	2009/3/5	11
JY017	财务部	于青青	女	1978-03-17	本科	主办会计	2010/5/10	10
JY020	财务部	罗羽	女	1985-06-10	硕士	会计	2010/7/18	10
JY021	客服一部	蔡明	男	1985-06-10	本科	客服	2008/7/5	12
JY022	客服一部	陈芳	男	1975-03-24	大专	客服	2011/5/4	9
JY023	行政部	陈潇	女	1983-11-04	硕士	行政副总	2011/5/10	9
JY024	客服一部	陈曦	男	1970-02-17	本科	客服	2010/5/3	10
JY025	行政部	陈风	女	1983-03-02	本科	行政文员	2011/5/14	9
JY026	行政部	杨浪	男	1979-02-28	本科	主管	2010/9/8	9
JY027	客服一部	陆路	女	1982-02-14	大专	客服	2010/11/5	9
JY028	客服一部	吕梁	女	1985-04-01	本科	客服	2011/7/1	9
JY029	客服一部	王晓宇	男	1982-02-13	大专	客服	2011/4/8	9

图 12-60

3. VLOOKUP 函数查询员工信息

❶ 在 D2 单元格输入要查询的员工工号，将光标定位在 C4 单元格中，输入公式“=VLOOKUP($D$2,人事信息表,ROW(A2))”，如图 12-61 所示。

❷ 按回车键即可根据员工工号返回部门名称，如图 12-62 所示。

❸ 向下复制公式，依次返回按指定工号对应的员工信息，此时可以看到“入职时间”返回不规范的日期格式。选中 C10 单元格，单击“开始”→“数字”选项组中的“数字格式”右侧的下拉按钮，在展开的下拉菜单中单击“短日期”命令，如图 12-63 所示。

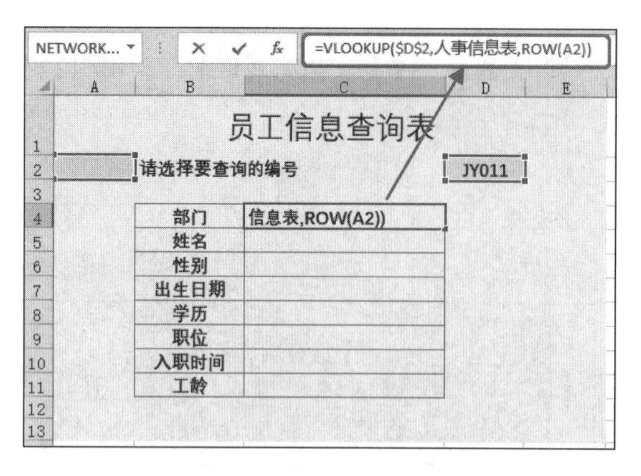

图 12-61

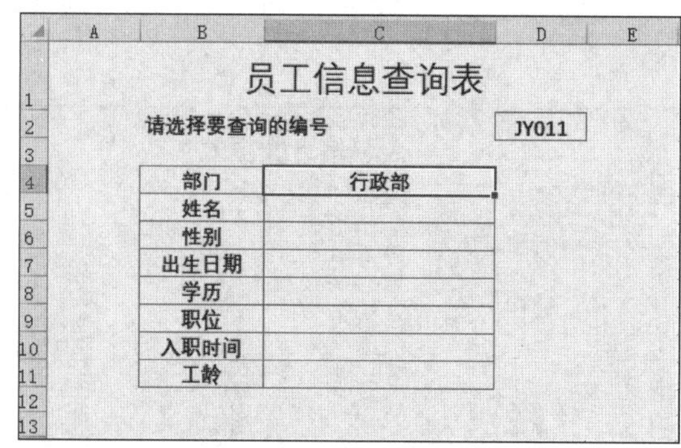

图 12-62

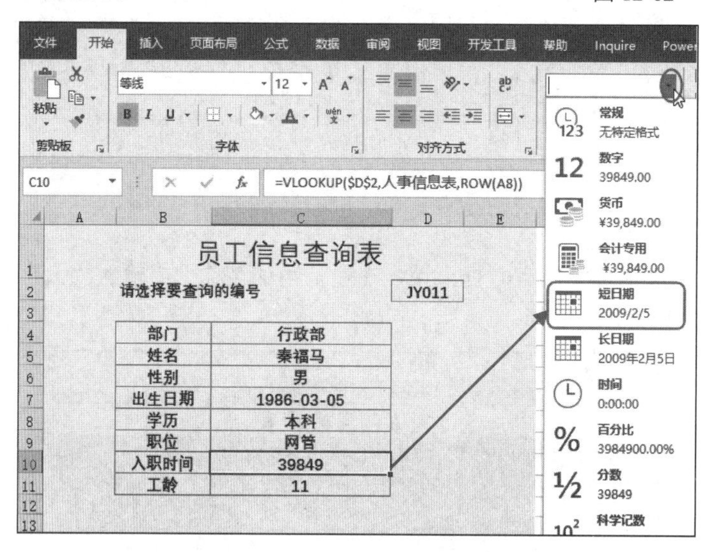

图 12-63

❹ 单击后即可看到入职时间显示为正确的日期格式，如图 12-64 所示。

❺ 更改 D2 单元格中的查询工号为“JY050”，此时可以看到其他单元格区域自动更新为对应的员工信息，如图 12-65 所示。

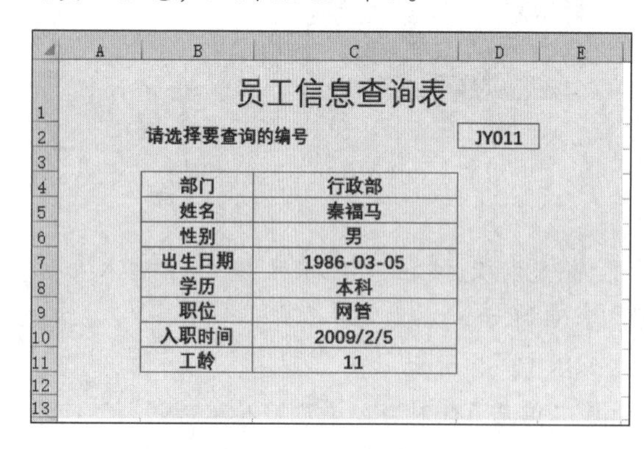

图 12-64

图 12-65

12.4.2 案例 25：根据多条件派发赠品

某商店周年庆时为了回馈新老客户，满足条件即可得到精美礼品一份，要求参与者的条件为：持金卡并且消费金额达到不同范围可获得不同的赠品，或者持银卡消费金额达到不同范围可获得不同的赠品。可以使用 IF 函数配合 VLOOKUP 函数设置公式进行判断。

❶ 新建表格并设置标题为“赠品发放规则”，在下方建立计算表格，输入消费金额和卡种，如图 12-66 所示。

❷ 将光标定位在 D8 单元格中，输入公式“=VLOOKUP(B8,IF(C8="金卡",$A$3:$B$5,$C$3:$D$5),2)”，如图 12-67 所示。

	A	B	C	D
1	赠品发放规则			
2	金卡		银卡	
3	0	电水壶	0	雨伞
4	2999	空调扇	2999	空气净化器
5	3999	微波炉	3999	茶具套
6				
7	用户ID	消费金额	卡种	赠品
8	SL10800101	2689	金卡	
9	SL20800212	3680	金卡	
10	SL20800002	5210	金卡	
11	SL20800469	2100	银卡	
12	SL10800567	2300	金卡	
13	SL10800325	5200	银卡	
14	SL20800722	2145	银卡	
15	SL20800321	4562	银卡	
16	SL10800711	5800	金卡	
17	SL20800798	7142	银卡	

图 12-66

SUM　=VLOOKUP(B8,IF(C8="金卡",$A$3:$B$5,$C$3:$D$5),2)

	A	B	C	D	E	F	G	H
1	赠品发放规则							
2	金卡		银卡					
3	0	电水壶	0	雨伞				
4	2999	空调扇	2999	空气净化器				
5	3999	微波炉	3999	茶具套				
6								
7	用户ID	消费金额	卡种	赠品				
8	SL10800101	2689	金卡	2)				
9	SL20800212	3680	金卡					
10	SL20800002	5210	金卡					
11	SL20800469	2100	银卡					
12	SL10800567	2300	金卡					
13	SL10800325	5200	银卡					
14	SL20800722	2145	银卡					
15	SL20800321	4562	银卡					
16	SL10800711	5800	金卡					
17	SL20800798	7142	银卡					

图 12-67

❸ 按回车键后并利用填充柄功能向下填充公式，即可根据消费金额及卡的种类判断出所获得的赠品，如图 12-68 所示。

	A	B	C	D	E
1	赠品发放规则				
2	金卡		银卡		
3	0	电水壶	0	雨伞	
4	2999	空调扇	2999	空气净化器	
5	3999	微波炉	3999	茶具套	
6					
7	用户ID	消费金额	卡种	赠品	
8	SL10800101	2689	金卡	电水壶	
9	SL20800212	3680	金卡	空调扇	
10	SL20800002	5210	金卡	微波炉	
11	SL20800469	2100	银卡	雨伞	
12	SL10800567	2300	金卡	电水壶	
13	SL10800325	5200	银卡	茶具套	
14	SL20800722	2145	银卡	雨伞	
15	SL20800321	4562	银卡	茶具套	
16	SL10800711	5800	金卡	微波炉	
17	SL20800798	7142	银卡	茶具套	

图 12-68

第 13 章
创建与编辑图表

学习导读

图表是将工作表中的数据用图形表示出来，能让用户更清晰、更有效地处理数据。图表是日常商务办公中常用的数据分析工具之一。

学习要点

- 了解各种图表类型。
- 创建并应有图表模板。
- 编辑图表元素、添加数据标签。
- 坐标轴设置。

13.1 Excel 2019 的图表类型

前面几章介绍了函数公式、数据输入、排序和筛选等功能在 Excel 数据分析中的应用，但是这些应用效果都比较数据化，如果想要将数据结果以图形的方式来表达，则可以使用 Excel 2019 的图表功能。图表可以直观地展示统计信息属性（时间性、数量性等），是一种可将对象属性数据、形象地“可视化”的手段。图表的用途非常广泛，在很多领域都可以使用，因此学会制作图表非常重要。但是对于初学者来说，很难有专业分析人员的水平，无论是从操作、技巧还是整体布局上，和专业人员相比都有很大的差距。本章将通过一些实用的例子帮助大家理解图表中的基础知识，经过多操作、多积累、多学习、多思考，自然会设计出令自己满意的图表。

常用的图表类型有“柱形图”“折线图”“饼图”“条形图”“面积图”“直方图”等，除此之外，还有雷达图、箱型图、瀑布图和漏斗图，用户需要根据不同的数据分析目的选择合适的图表。无论选择哪种类型的图表，都需要了解图表包含哪些元素，比如标题、坐标轴、图例、绘图区等，设计图表时为了让其更加专业、数据表达更加清晰，需要尽量完善图表中的必要元素。

在 Excel 2019 中，都可以通过打开“插入图表”对话框（见图 13-1），在左侧列表中选择图表类型，在右侧列表中选择子图表类型，如图 13-2 所示。

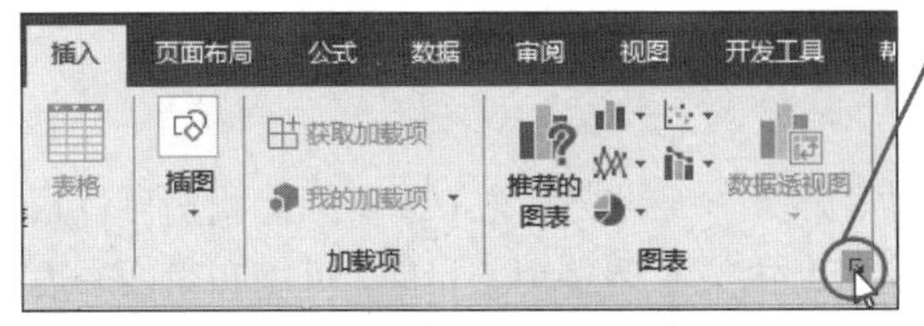

图 13-1

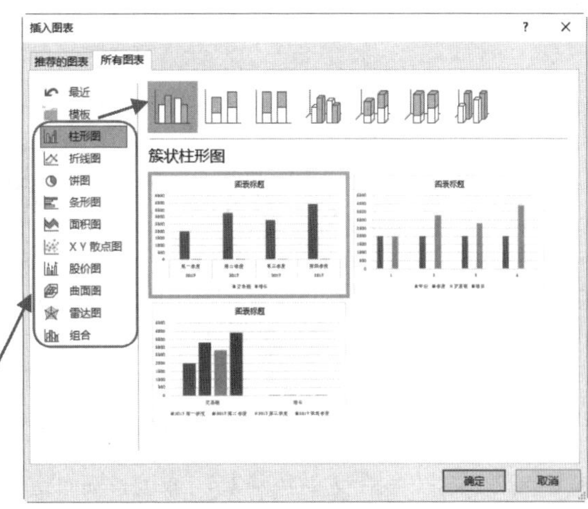

图 13-2

13.1.1 柱形图

柱形图是用来比较数据大小的图表，将数据转化为图表后对数据的大小进行比较，就转换为了对柱子高度的直观比较。柱形图又分为簇状、堆积状、百分比状，而这些又统统归为二维图表。与此对应的，如果柱子使用立体柱状，则称为三维图表，实际办公中常用的是二维图表。

如图 13-3 所示的图表将定价和平均售价以柱形图展示，通过高低比较可以明显看到蓝色的平均售价都是低于红色的定价数据的，因此得出结论是：产品的平均售价均低于定价。

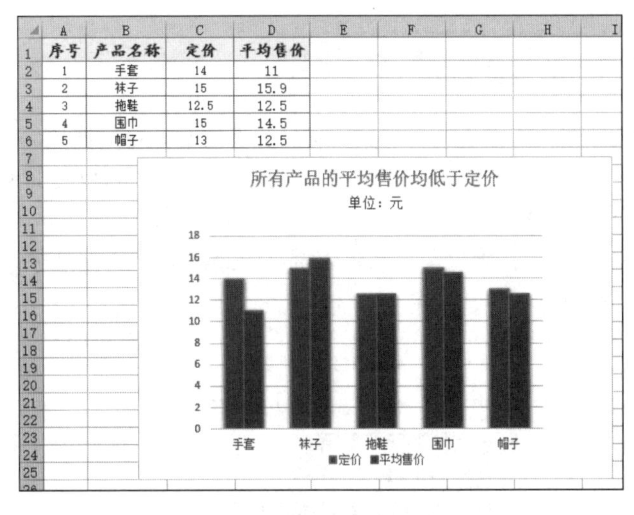

序号	产品名称	定价	平均售价
1	手套	14	11
2	袜子	15	15.9
3	拖鞋	12.5	12.5
4	围巾	15	14.5
5	帽子	13	12.5

图 13-3

柱形图中的子图表类型也分为簇状、堆积状、百分比状。如图 13-4 所示为簇状柱形图，而如图 13-5 所示为堆积柱形图，虽然都是柱形图，但两者表达的意思又是不同的。如图 13-4 所示的簇状柱形图明确地表达了在 2018 和 2019 两个年份中，2019 年各季度的交易额明显更高一截，可见在 2019 年所做的销售决策和努力达到了明显的效果。

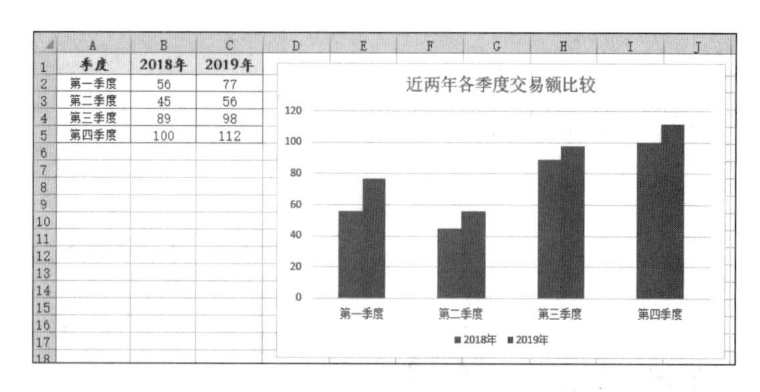

图 13-4

如图 13-5 所示的簇状柱形图明确地表达了这两年第四季度的交易额最高，因此我们可以根据这个结果分析在冬季交易额最高的原因，从而更好地帮助决策者调整销售策略，可以在第四季度加大宣传力度和投放策略，让下一个第四季度的交易额创新高。

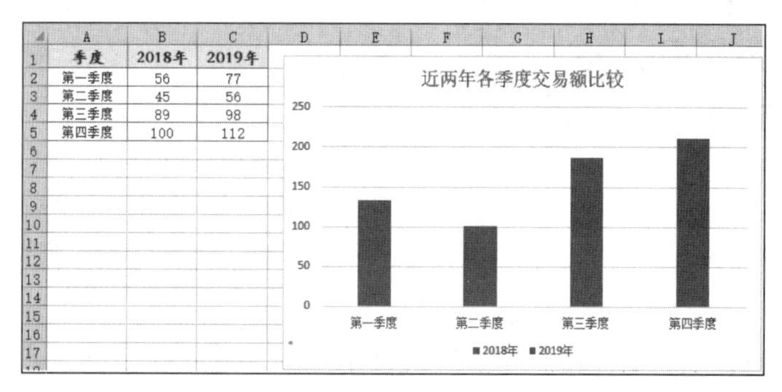

图 13-5

13.1.2 条形图

条形图是用来比较数据大小的图表，将数据转换为图表后，对数据的大小进行比较，就转换为了对柱子长度的直观比较。在条形图类型中，又分为簇状、堆积状、百分比状，而这些又统称为二维图表。

如图 13-6 所示的条形图中，根据图形的长短可以比较每个月男装和女装的销售情况，从总体来看，基本上每个月女装的销量都是高于男装的销量的。

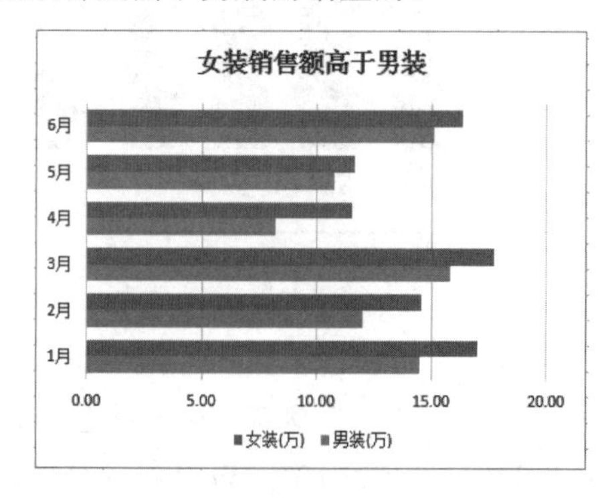

图 13-6

13.1.3 折线图

表达随时间变化的波动、变动趋势的图表一般采用折线图。折线图是以时间序列为依据，表达一段时间内事物的走势情况。

如图 13-7 所示是在柱形图的基础上添加了折线图，即可让四个季度的交易额走向趋势展示得更加明显，可以看到基本上是呈现上升趋势的。这里的交易额和增长率是两种数据形式，如果全部使用柱形图来表达和分析数据，那么增长率会无法显示在图表中，折线图的高低走向就可以明确地表达全年各季度业绩是增长的还是降低的。

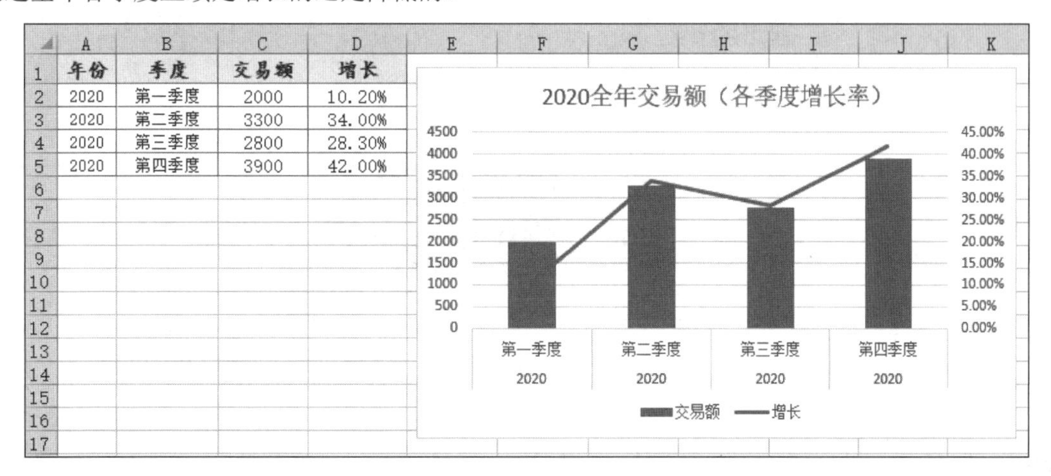

年份	季度	交易额	增长
2020	第一季度	2000	10.20%
2020	第二季度	3300	34.00%
2020	第三季度	2800	28.30%
2020	第四季度	3900	42.00%

图 13-7

13.1.4 饼图

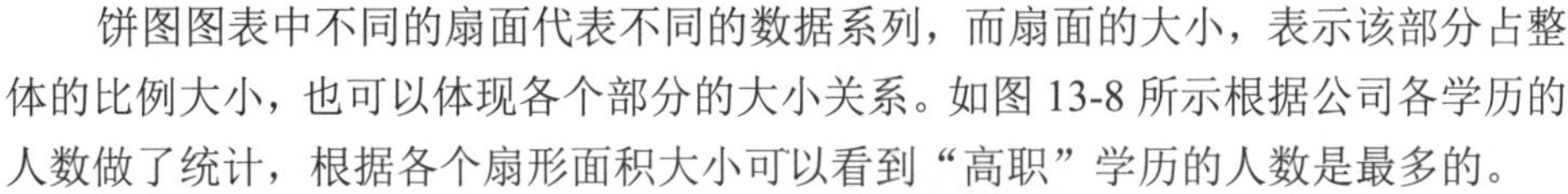

饼图图表中不同的扇面代表不同的数据系列，而扇面的大小，表示该部分占整体的比例大小，也可以体现各个部分的大小关系。如图 13-8 所示根据公司各学历的人数做了统计，根据各个扇形面积大小可以看到“高职”学历的人数是最多的。

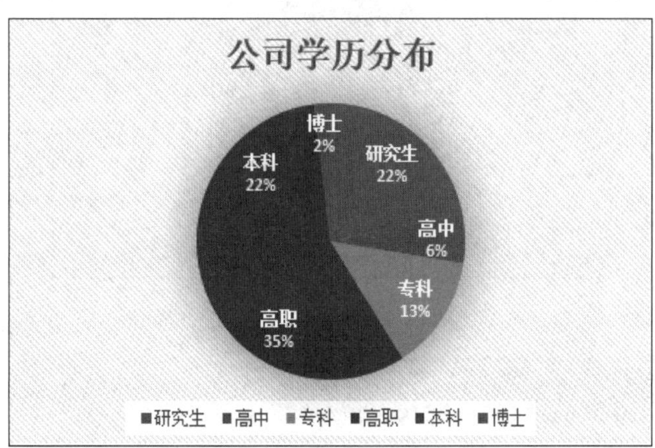

图 13-8

13.1.5 面积图

13.1.3 小节中的折线图图表也可以用面积图表示，它可以强调数据随时间变化的趋势和幅度。如图 13-9 所示的面积图中，既可以观察顶部的趋势线，也可以观察图表的面积大小直观判断数据大小。从面积图中可以观察到全年交易额呈缓慢增长的幅度，第四季度达到最高。

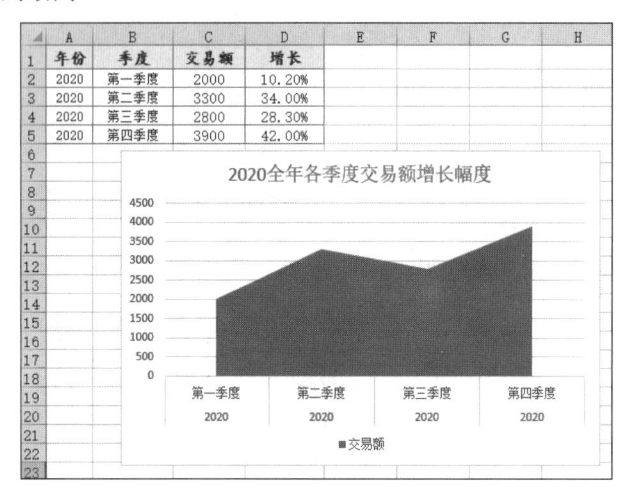

年份	季度	交易额	增长
2020	第一季度	2000	10.20%
2020	第二季度	3300	34.00%
2020	第三季度	2800	28.30%
2020	第四季度	3900	42.00%

图 13-9

13.1.6 圆环图

除了饼图外，圆环图也可以表示局部整体的关系。如图 13-10 所示圆环图中也可以根据各个环状图形的面积大小表达占比最大的数据和最小的数据。

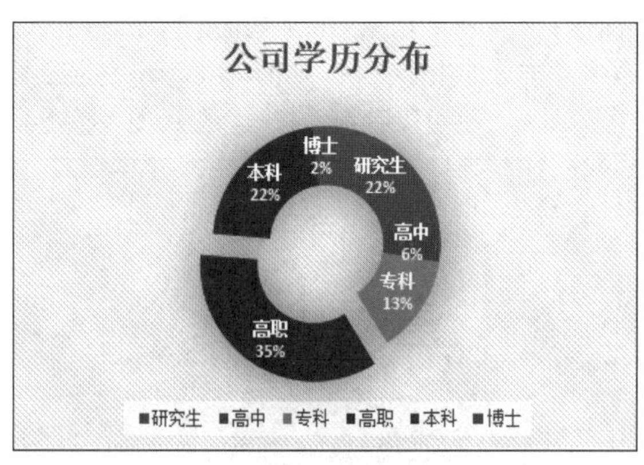

图 13-10

13.1.7 散点图

散点图是对所选变量之间相关关系的一种直观描述。在 Excel 中首先要绘制出变量的散点图，然后才能在散点图的基础上添加对应的趋势线。

❶ 打开表格并选中 B3:C11 单元格区域，单击“插入”→“图表”选项组中的“插入散点图或气泡图”右侧的下拉按钮，在展开的下拉菜单中单击“散点图”命令（见图 13-11），即可插入默认格式的散点图，如图 13-12 所示。

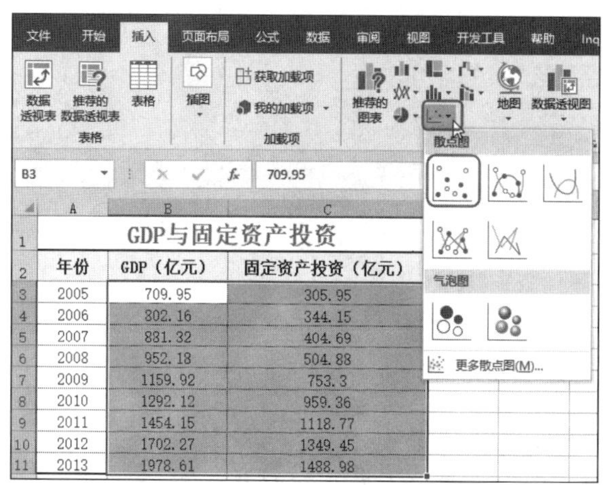

年份	GDP（亿元）	固定资产投资（亿元）
2005	709.95	305.95
2006	802.16	344.15
2007	881.32	404.69
2008	952.18	504.88
2009	1159.92	753.3
2010	1292.12	959.36
2011	1454.15	1118.77
2012	1702.27	1349.45
2013	1978.61	1488.98

图 13-11

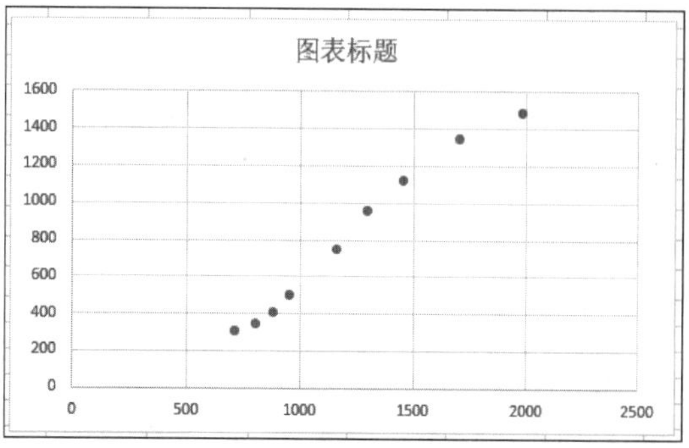

图 13-12

❷ 重新设置图表的样式和颜色并添加标题，其效果如图 13-13 所示。图表是根据 2005 年至 2013 年 GDP 与固定资产投资的数据建立的，散点图可以帮助分析 GDP 与固定资产之间是否存在线性相关关系。

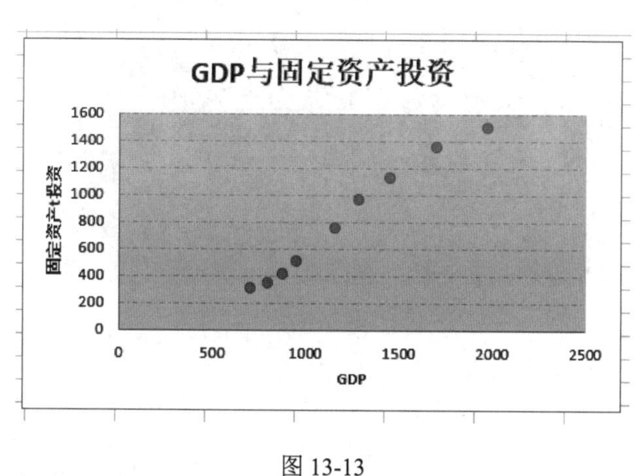

图 13-13

13.1.8 雷达图

雷达图是以从同一点开始的轴上表示的三个或更多个定量变量的二维图表。轴的相对位置和角度通常是无信息的。它相当于平行坐标图，轴径向排列。雷达图主要应用于企业经营状况——收益性、生产性、流动性、安全性和成长性的评价。

❶ 打开工作表，选中 A1:D4 单元格区域，单击“插入”→“图表”选项组中的“插入瀑布图、漏斗图”下拉按钮，在展开的下拉菜单中单击“雷达图”命令（见图 13-14），即可插入默认格式的雷达图，如图 13-15 所示。

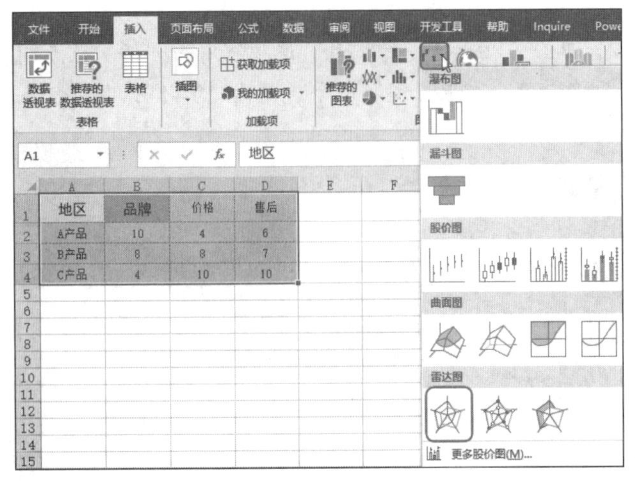

图 13-14

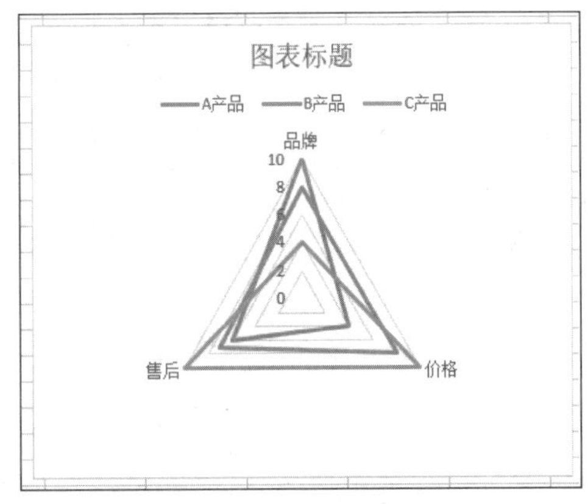

图 13-15

❷ 重新设置图表的样式和颜色并添加标题，效果如图 13-16 所示。图表是从品牌、价格和售后三方面来分析 3 种产品，从雷达图可以观察到品牌对 A 产品和 B 产品的影响最大；售后和价格对 C 产品的影响基本持平。

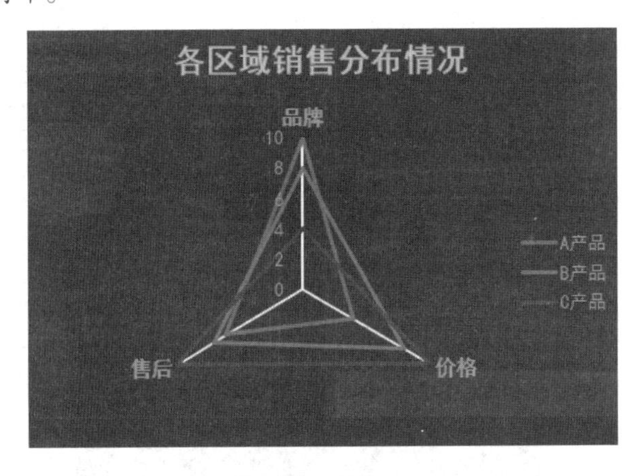

图 13-16

13.1.9 直方图

直方图是分析数据分布比重和分布频率的利器。为了更加简便的分析数据的分布区域，Excel 2016 版本中已经新增了直方图类型的图表，利用此图表可以让看似找寻不到规律的数据或大数据能在瞬间得出分析结果，从图表中可以很直观地看到这批数据的分布区间。

❶ 打开工作表，选中 A1:B17 单元格区域，单击“插入”→“图表”选项组中的“插入统计图表”右侧的下拉按钮，在展开的下拉菜单中单击“直方图”命令（见图 13-17），即可插入默认格式的直方图，如图 13-18 所示。

❷ 双击水平轴，打开“设置坐标轴格式”窗格，依次如图 13-19 所示设置“箱”选项下的各个参数值。完成设置后返回到工作表中，即可得到如图 13-20 所示的统计结果。

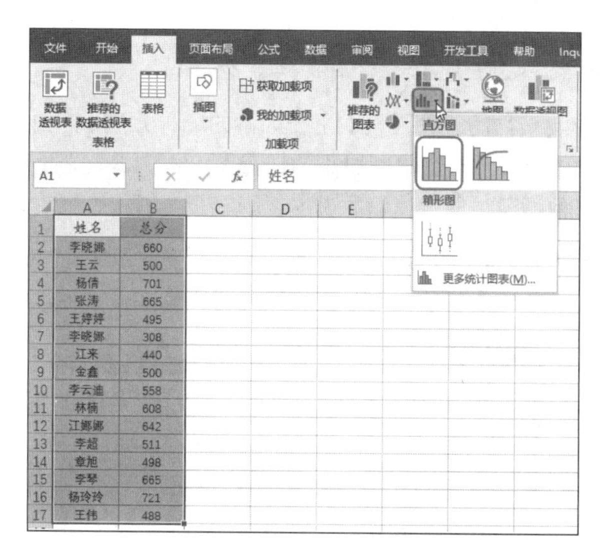

图 13-17

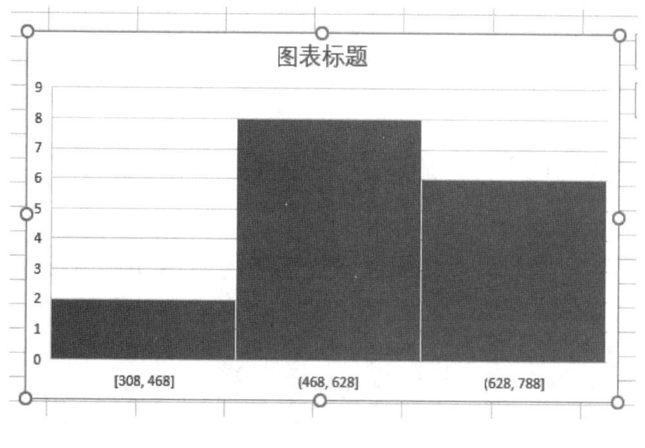

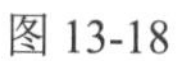

图 13-18

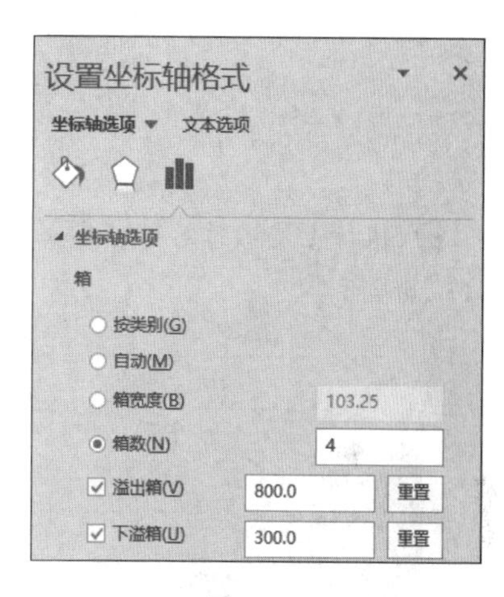

图 13-19

❸ 对图表进一步美化设置，即可得到如图 13-21 所示的效果。通过这个直方图，可以帮助用户从庞大的数据区域中找寻到相关的规律，例如本例中就可以直接判断出分布在 411 到 514 的这个分数段的人数最多。

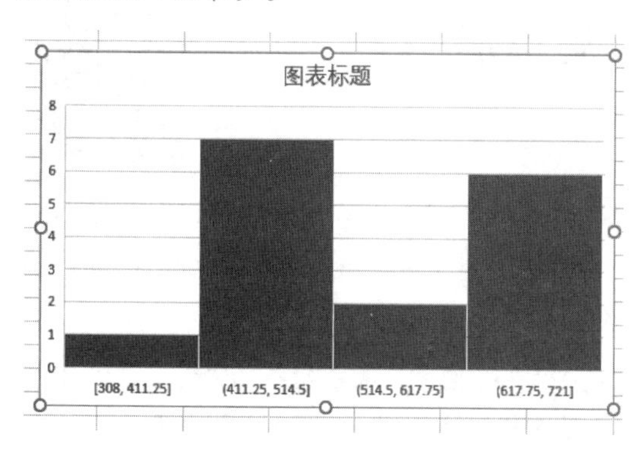

图 13-20

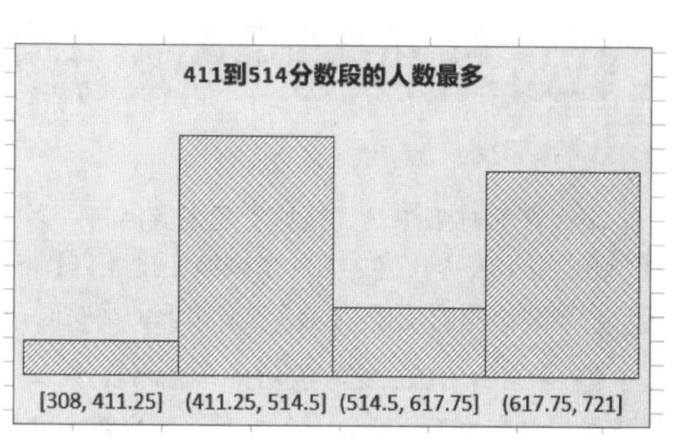

图 13-21

13.1.10 排列图

排列图是用来找出影响事物的各种因素中主要因素的一种方法，比如要分析某种因素导致产品销售下滑的调查、员工离职原因的调查等。本例需要根据员工离职人数和原因统计、分析哪种原因是导致离职的最主要因素。

❶ 打开工作表，选中 A1:B6 单元格区域，单击“插入”→“图表”选项组中的“插入统计图表”右侧的下拉按钮，在展开的下拉菜单中单击“排列图”命令，如图 13-22 所示。

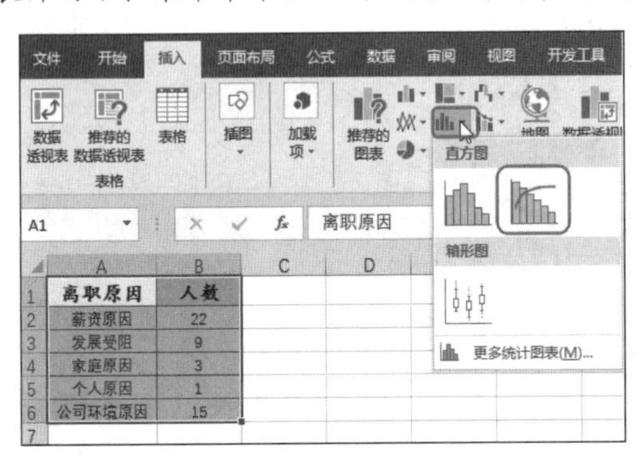

图 13-22

❷ 执行上述操作后即可建立排列图（见图 13-23），为图表修改标题并设置样式，最终效果如图 13-24 所示。

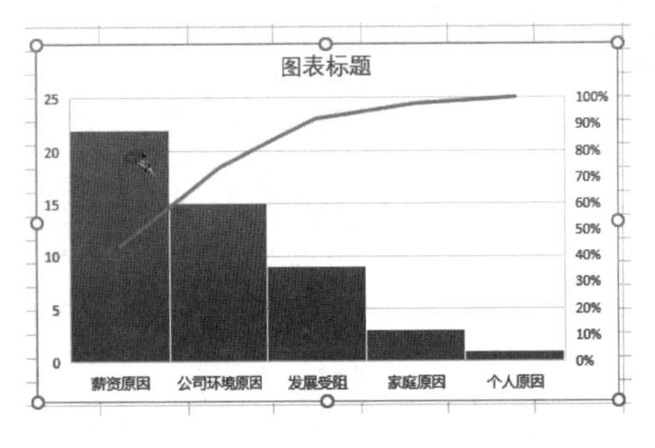

图 13-23

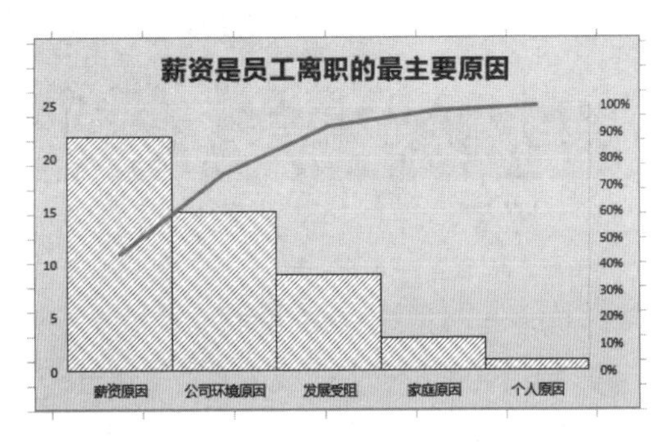

图 13-24

13.1.11 瀑布图与漏斗图

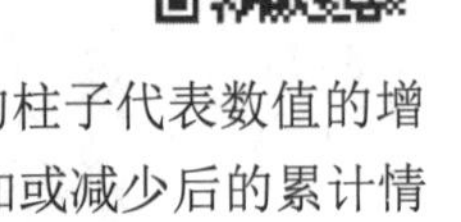

1. 瀑布图

瀑布图名称来源是其外观看起来像瀑布，瀑布图是柱形图的变形，悬空的柱子代表数值的增减，通常用于表达数值之间的增减演变过程。瀑布图可以很直观地显示数据增加或减少后的累计情况。在理解一系列正值和负值对初始值的影响时，这种图表非常有用。

❶ 打开工作表，选中 A1:B6 单元格区域，单击“插入”→“图表”选项组中的“插入瀑布图、漏斗图”右侧的下拉按钮，在展开的下拉菜单中单击“瀑布图”命令（见图 13-25），即可插入默认格式的瀑布图，如图 13-26 所示。

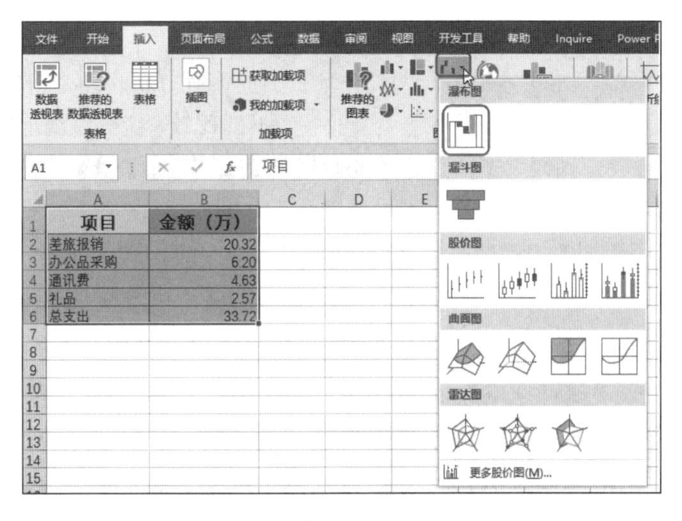

图 13-25

❷ 选中数据系列，然后在目标数据点“总支出”上单击选中该数据点并右击，在弹出的下拉菜单中选择“设置为汇总”命令（见图 13-27），即可得到如图 13-28 所示的效果。

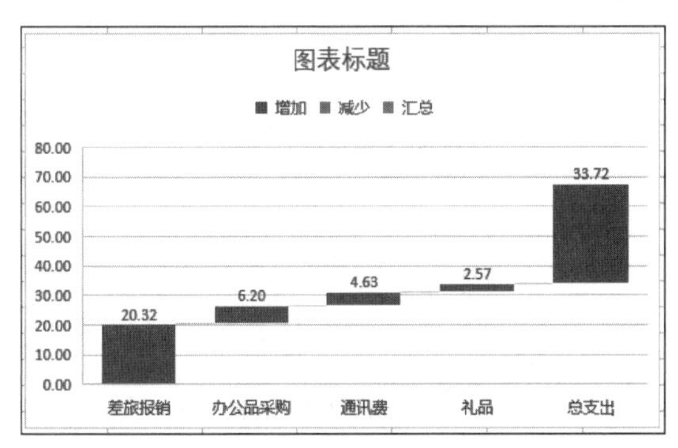

图 13-26

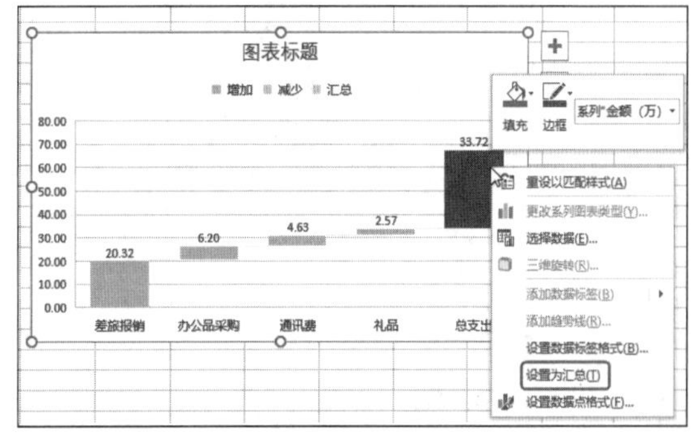

图 13-27

❸ 对图表进一步美化设置，为图表添加标题并对字体、布局等美化设置，即可得到如图 13-29 所示的效果。从图表中可以看到差旅报销费用最高，“总支出”柱形图是所有费用类别支出额的总高度。

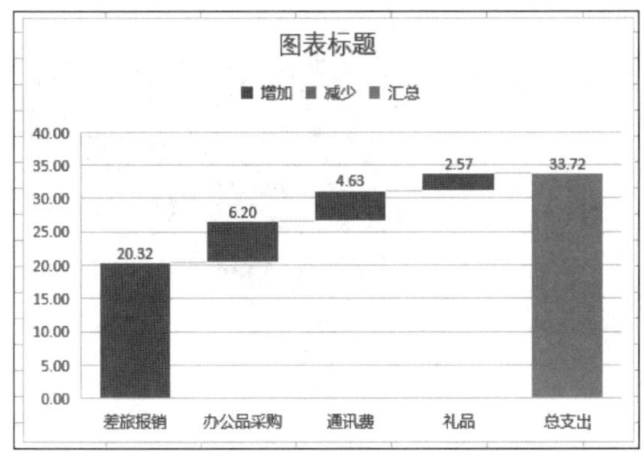

图 13-28

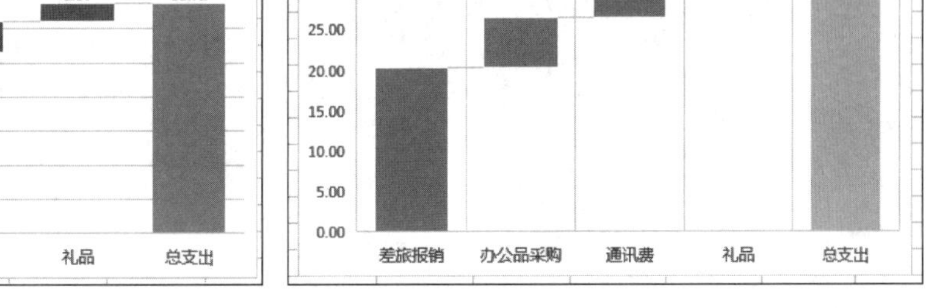

图 13-29

2．漏斗图

漏斗图适用于业务流程比较规范、周期长、环节多的流程分析，通常情况下，值逐渐减小，从而使条形图呈现出漏斗形状。通过漏斗各环节业务数据的比较，能够直观地发现问题所在。在旧版本中，要想创建漏斗图，则需要多步创建辅助数据才能实现，而在 Excel 2019 版本中内置了此图表，可以一键创建。

本例中需要将招聘中的简历、面试等总数量进行汇总，从而得到招聘各环节的数据比较。

❶ 打开工作表，选中 A2:B8 单元格区域，单击“插入”→“图表”选项组中的“插入瀑布图、漏斗图”右侧的下拉按钮，在展开的下拉菜单中单击“漏斗图”命令（见图 13-30），即可插入默认格式的漏斗图，如图 13-31 所示。

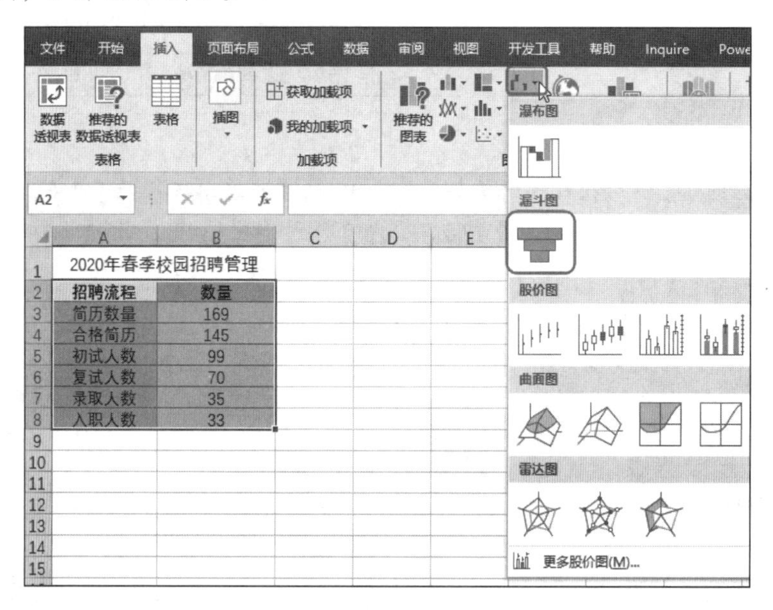

图 13-30

❷ 对图表进一步美化设置，为图表添加标题并对字体、布局等美化设置，即可得到如图 13-32 所示的效果。

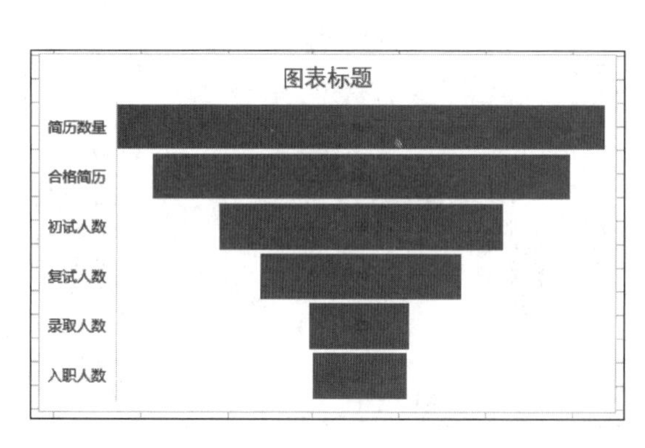

图 13-31

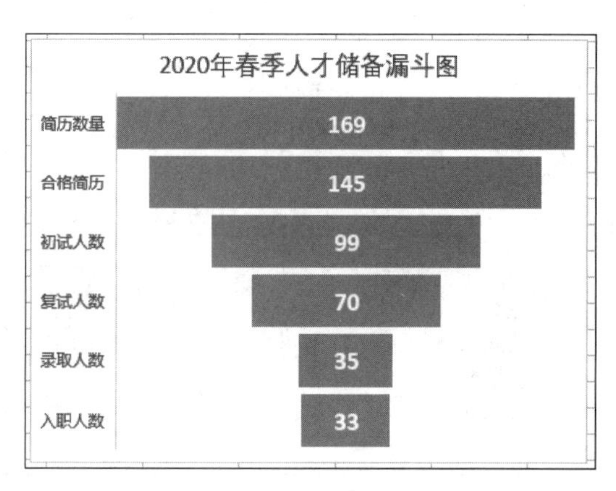

图 13-32

13.1.12 应用组合图表

Excel 表格不但可以显示单一的图表类型，还可以创建组合图表，使得数据的显示更加科学有序。一般常见的组合图表类型有“簇状柱形图-折线图”“簇状柱形图-次坐标轴上的折线图”“堆积面积图-簇状柱形图”以及“自定义组合”。本例中需要将实际支出显示为面积图、计划支出显示为柱形图，通过查看柱形图是否包含在面积图内部，来查看实际支出是高于还是低于计划支出。

❶ 打开工作表，选中 A1:C6 单元格区域，单击“插入”→“图表”选项组中的“插入组合图”右侧的下拉按钮，在展开的下拉菜单中单击“创建自定义组合图”命令（见图 13-33），打开“插入图表”对话框。

❷ 在该对话框中设置“实际支出”数据系列为“面积图”，计划支出设置为“簇状柱形图”，如图 13-34 所示。

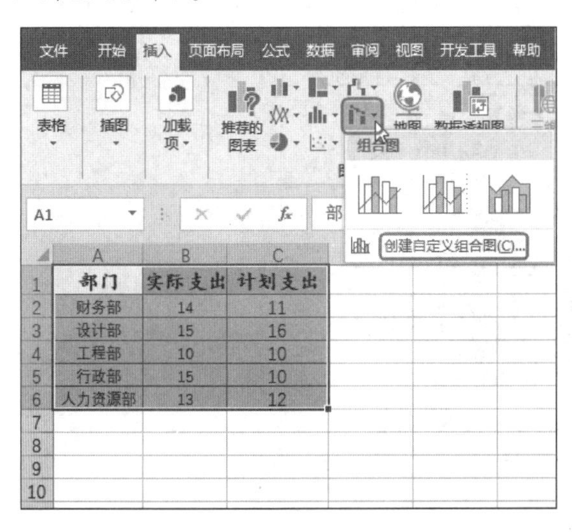

图 13-33

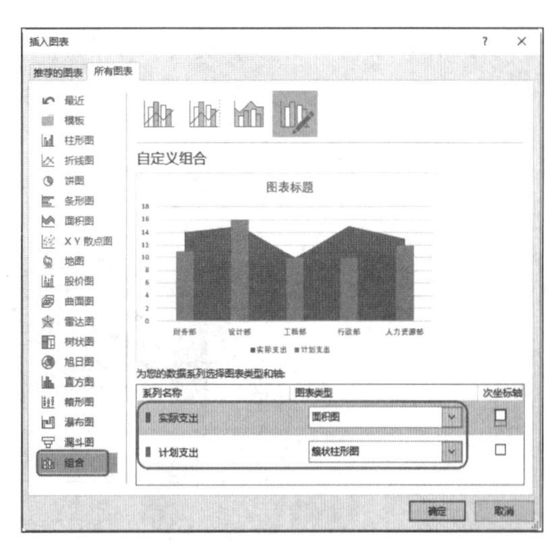

图 13-34

❸ 单击“确定”按钮返回图表创建默认格式的组合图表（见图 13-35），修改图表的标题并设置样式和颜色，最终效果如图 13-36 所示。从图表中可以看到各部门的实际支出额基本都高于计划支出额。

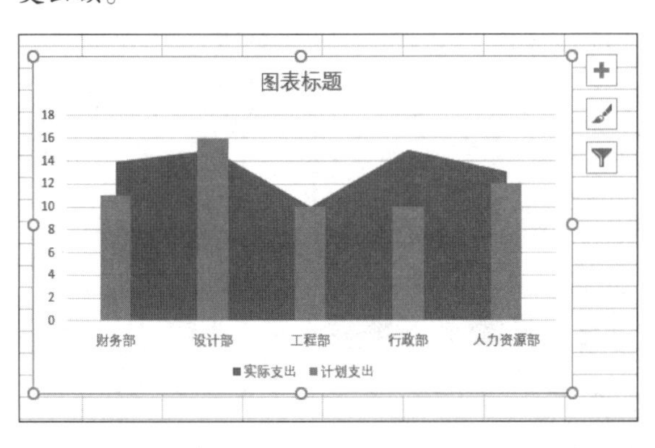

图 13-35

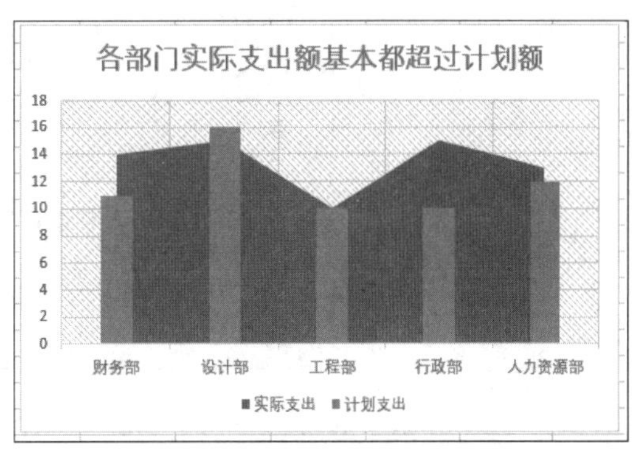

图 13-36

13.2 自定义图表类型

如果我们在网上下载了好看的图表，而这种图表类型也经常需要使用，那么可以将其保存为“模板”，从而方便下次直接套用该图表样式。

13.2.1 创建图表模板

本例中需要把设置好样式的柱形图图表保存为模板，当需要使用该图表样式时可以直接套用。

❶ 打开工作表，选中设计好的图表并右击，在弹出的快捷菜单中单击“另存为模板”命令（见图 13-37），打开“保存图表模板”对话框。

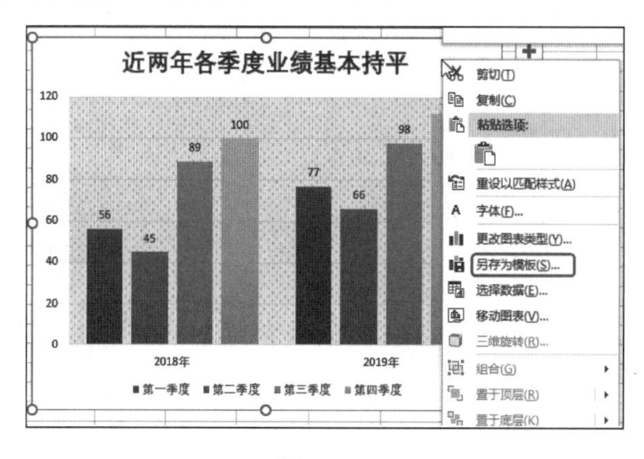

图 13-37

❷ 保持默认保存路径文件夹不变，设置文件名为默认的“图表 1”即可，如图 13-38 所示。

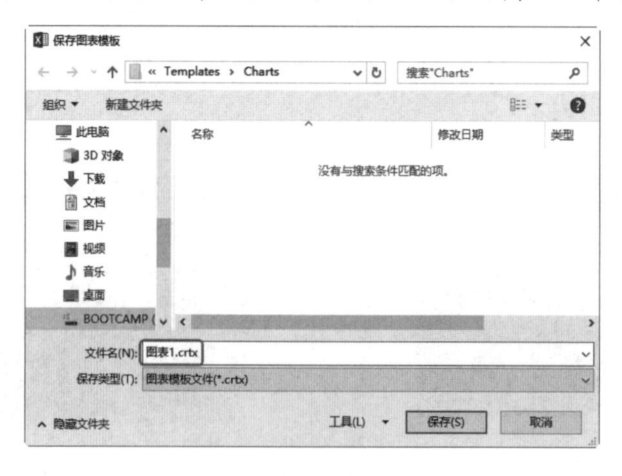

图 13-38

❸ 单击“确定”按钮即可将指定图表样式保存为模板。

提示注意

这里的文件夹是系统默认的图表模板保存路径，因此不用更改直接保存即可。

13.2.2 应用图表模板

在上一节中将建立好的图表样式保存为模板后，下面介绍如何在其他图表中应用创建好的自定义模板样式。

❶ 打开工作表，选中饼图图表并右击，在弹出的快捷菜单中单击“更改图表类型”命令（见图 13-39），打开“更改图表类型”对话框。

❷ 在该对话框的左侧列表中选中“模板”，在右侧单击之前保存的“图表 1”模板，如图 13-40 所示。单击“确定”按钮，即可将饼状图更改为柱形图并且应用图表的样式，效果如图 13-41 所示。

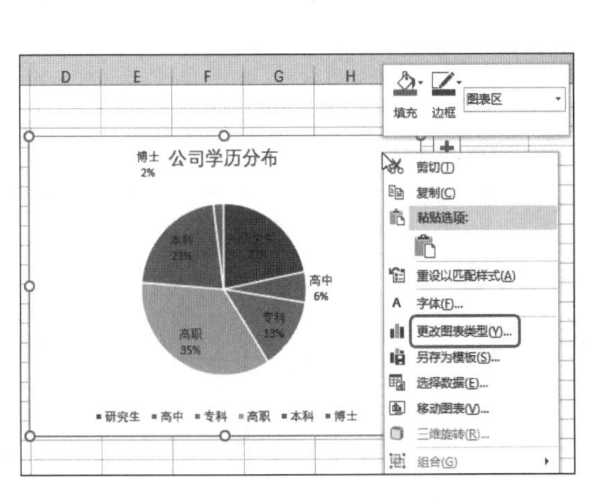

图 13-39

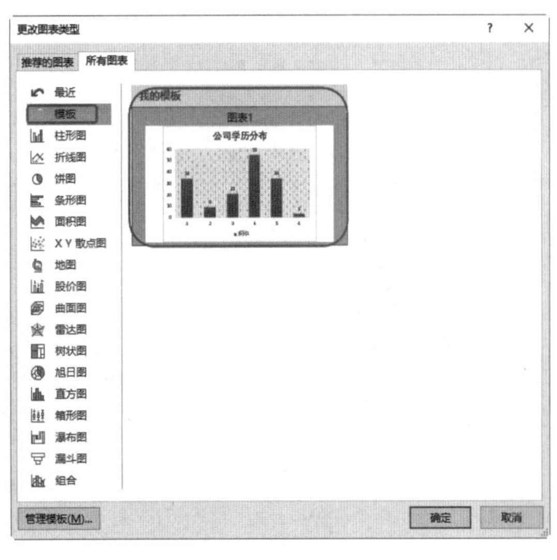

图 13-40

提示注意

如果要删除设置好的图表模板，可以在“更改图表类型”对话框中单击左下角的“管理模板”按钮，即可打开文件夹，直接删除不需要的图表模板即可。

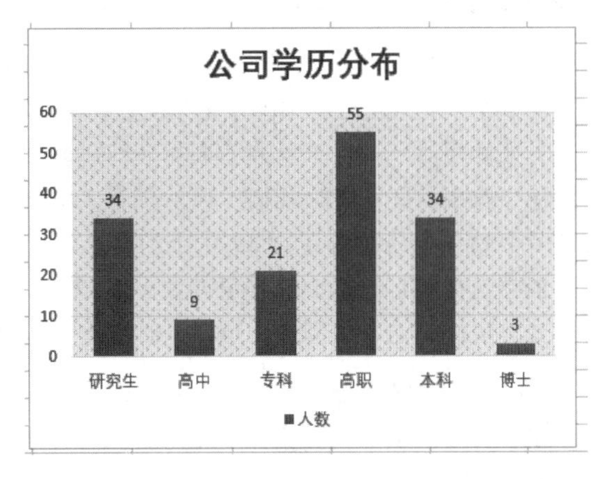

图 13-41

知识扩展

设置为默认图表

如果想要将自定义图表模板设置为默认图表样式，可以在“更改图表类型”对话框中选中“图表1”并右击，在弹出的快捷菜单中单击“设置为默认图表”命令即可，如图13-42所示。

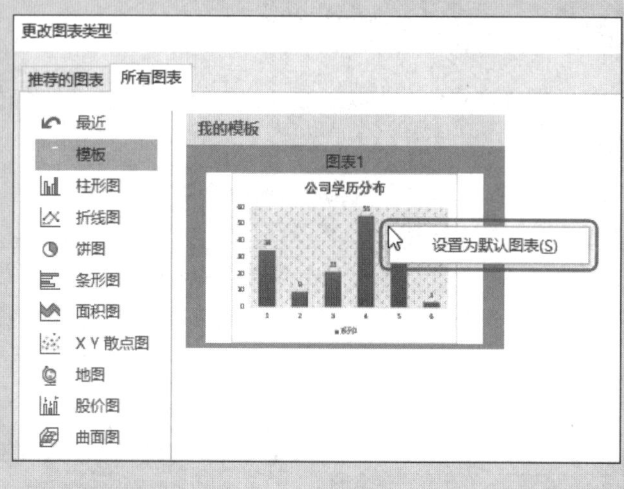

图 13-42

13.3 创建图表

了解各种类型的图表之后，下一步需要创建合理的数据源表格，选择合适的图表类型创建并美化图表，新用户可以使用“推荐的图表”功能创建符合数据分析需求的图表。

13.3.1 应用推荐的图表

图表在日常的很多领域中都可以使用到，因此学会制作图表非常重要。但是对于初学者来说，无论是从操作、技巧还是整体布局上都有很大的难度。从 Excel 2013 版本开始新增了一项“推荐的图表”功能，即 Excel 中会根据当前选择数据源的特征给出一些推荐提示，让我们可以从推荐的图表中去选择想要的图表。

比如本例表格中统计了 2019 年和 2018 年各季度的业绩并且计算了各个季度的业绩增长率，由于业绩数据和百分比数值差距过大，直接建立柱形图会导致增长率数据无法显示图形，对于初学者来说，可能无法考虑到这一点，这时单击使用“推荐的图表”功能就可以轻松解决这个问题。

❶ 打开工作表并选中数据区域任意单元格，单击“插入”→“图表”选项组中的“推荐的图表”按钮（见图 13-43），打开“插入图表”对话框。

❷ 在“推荐的图表”选项卡下单击“簇状柱形图”类型，如图 13-44 所示。

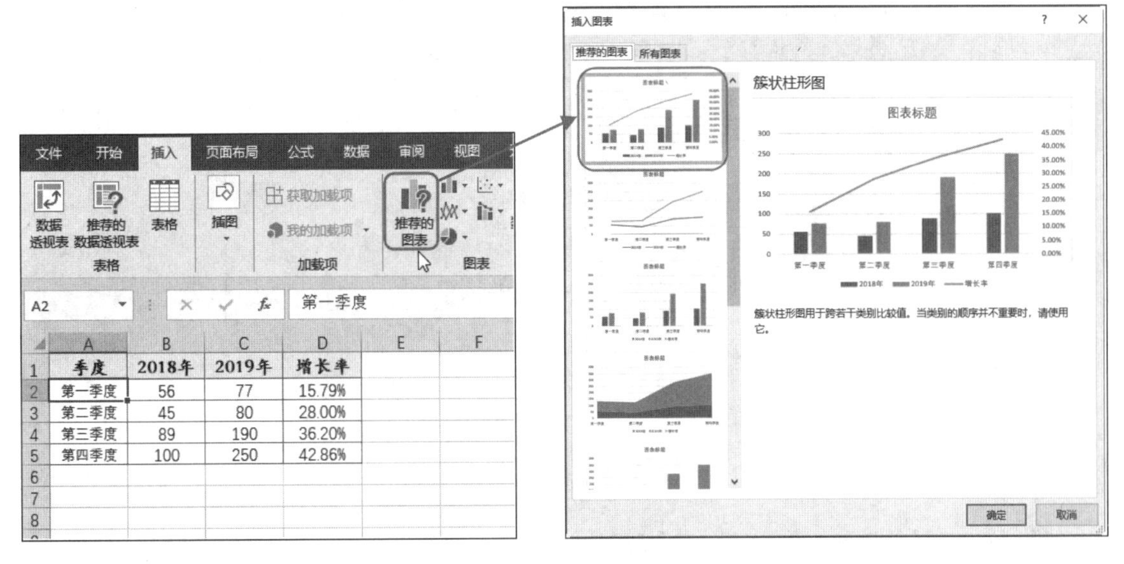

图 13-43　　　　图 13-44

❸ 单击“确定”按钮，可以看到增长率数据被设置为折线图图表类型，如图 13-45 所示。然后设置样式和颜色并编辑图表标题即可，如图 13-46 所示。

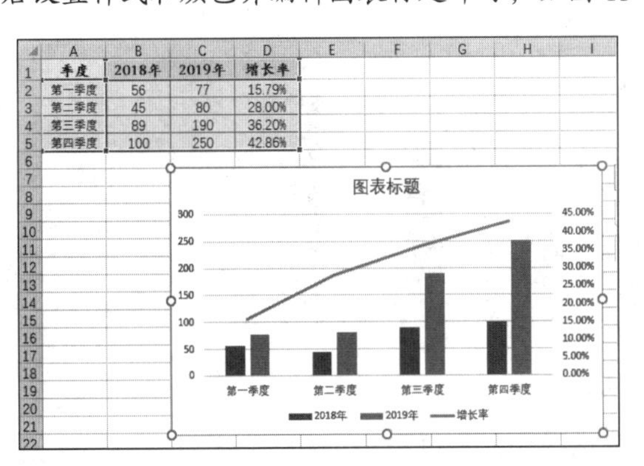

图 13-45

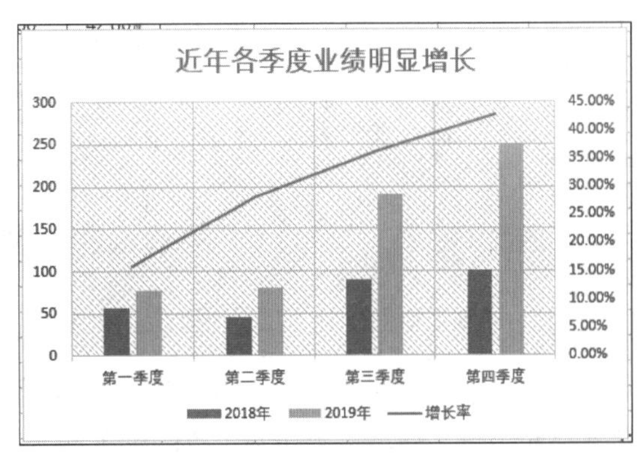

图 13-46

提示注意

如果对推荐的图表类型不满意，后期还可以对某一项数据系列重新更改图表类型。

13.3.2 不连续数据的图表

如果要在工作表中根据部分不连续区域的数据创建图表，可以使用 Ctrl 键配合选中不连续区域即可。

❶ 沿用上例表格，打开表格后按住 Ctrl 键依次选中表格中的不连续区域，单击“插入”→“图表”选项组中的“柱形图”右侧的下拉按钮，在展开的下拉菜单中选择“簇状柱形图”命令，如图 13-47 所示。

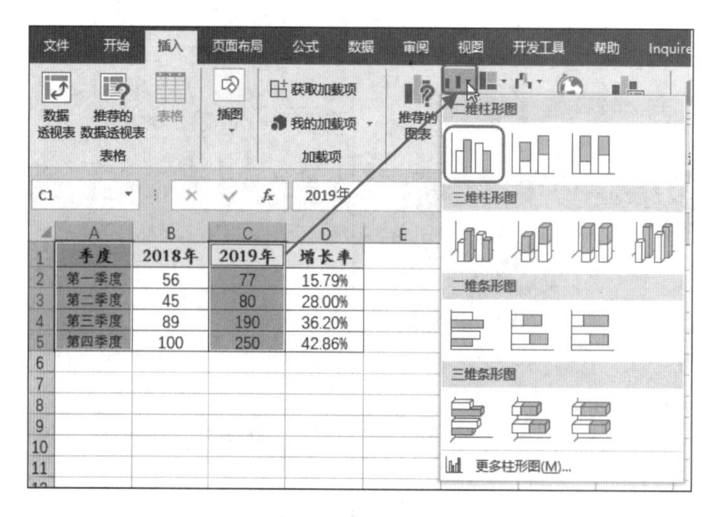

图 13-47

❷ 按回车键后返回工作表，即可看到创建的默认格式的图表，如图 13-48 所示。

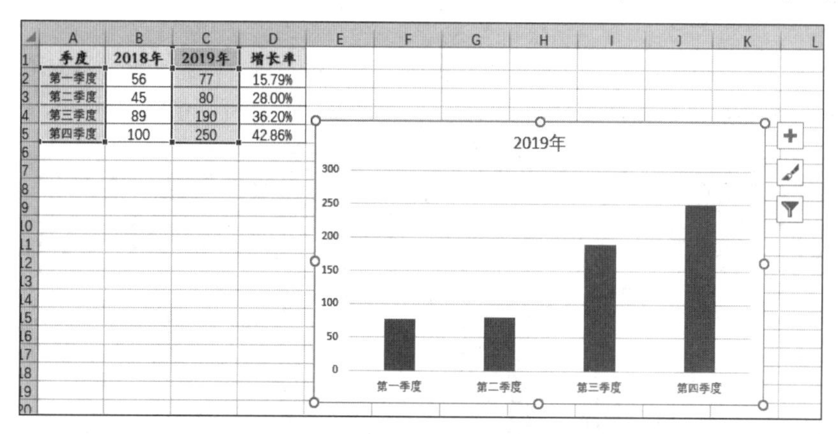

图 13-48

❸ 为图表添加标题并设置颜色和样式即可，效果如图 13-49 所示。

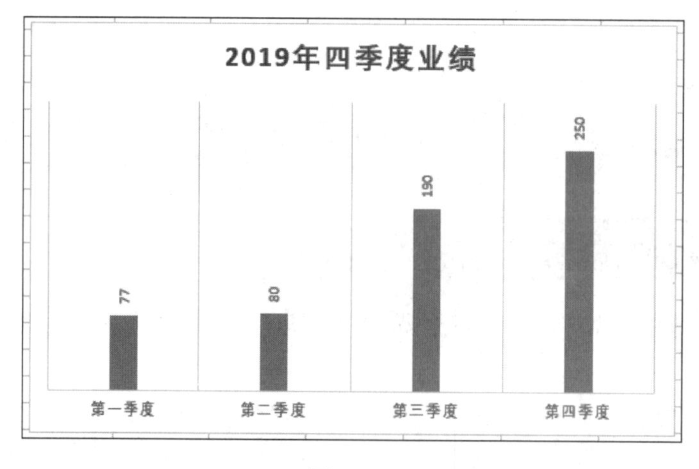

图 13-49

提示注意

除了直接选取不连续区域创建图表，还可以打开“选择数据源”对话框来选取不连续的数据区域，如图 13-50 所示。

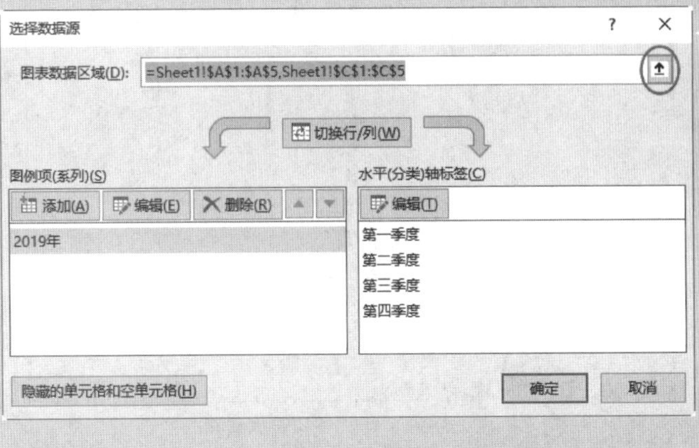

图 13-50

13.4 编辑图表

图表的主要作用是以更直观可见的方式来描述和展现数据。由于数据的关系和特性总是多样的，有时我们做出来的图表并不能很直观地展现出要表达意图，或者说默认的图表设置掩盖和隐藏了图表中的一些特性，在这种情况下就需要借助一些编辑功能或手段来进行处理，让图表能够提供更有价值的数据信息。

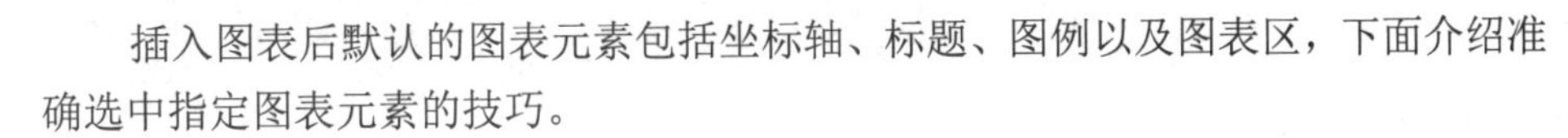

13.4.1 图表元素的准确选择

插入图表后默认的图表元素包括坐标轴、标题、图例以及图表区，下面介绍准确选中指定图表元素的技巧。

❶ 打开工作表并选中图表，单击“格式”→“当前所选内容”选项组中的“图表元素”右侧的下拉按钮(列表中显示了当前图表中的所有图表元素名称)，在展开的下拉菜单中单击“系列 2019 年”命令，如图 13-51 所示。

❷ 单击后，即可单独选中指定图表元素，其效果如图 13-52 所示。

提示注意

如果要准确选中“2019 年”数据系列的第三季度的数据，可以在选中“2019 年”数据系列的基础上，再次在“第三季度”对应的数据系列柱形图上单击即可。

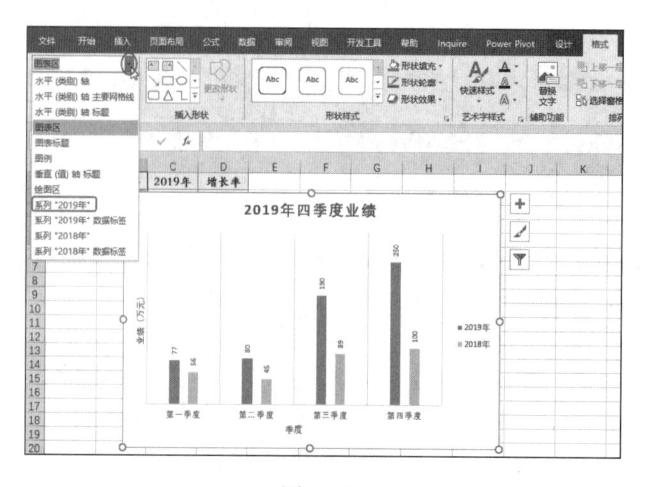

图 13-51

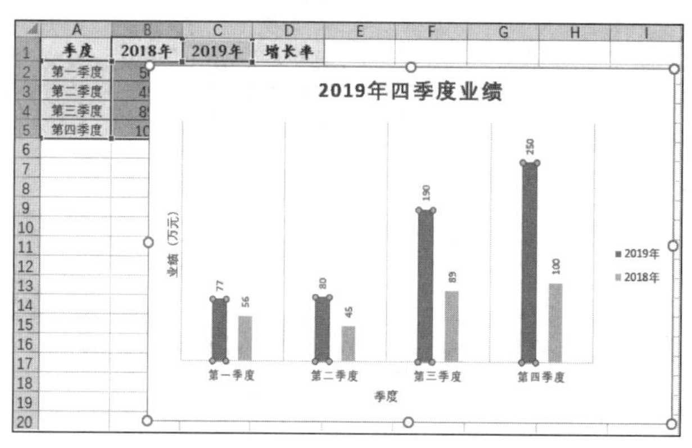

图 13-52

知识扩展

直接在图表中选中元素

将鼠标指针放在图表中的某个图表元素中悬停不动会出现提示文字，比如如图 13-53 所示的“水平（类别）轴 主要网格线”提示文字，直接单击即可选中该元素，如图 13-54 所示为“系列‘2019 年’点‘第三季度’数据标签”图表元素。

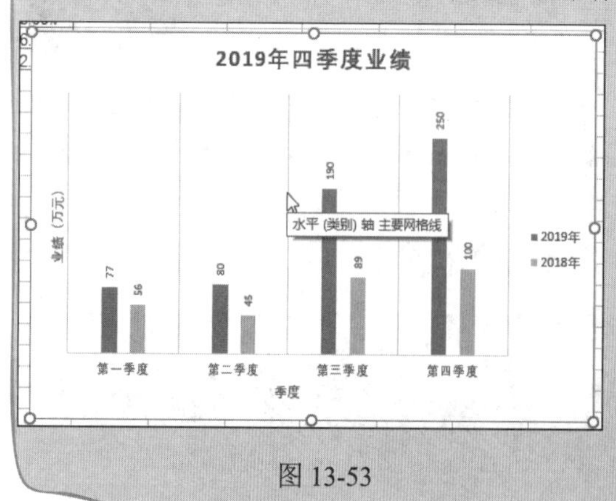

图 13-53

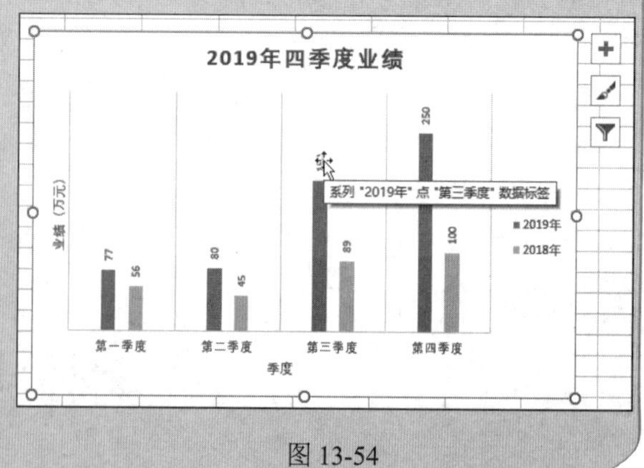

图 13-54

13.4.2 调整图表大小

根据数据源创建的图表有其默认的长度和宽度以及格式，下面介绍调整图表大小的技巧。

打开工作表并选中图表，单击“格式”选项卡中“大小”选项组，在“形状高度”文本框可以设置图表的高度，在“形状宽度”文本框可以设置图表的宽度，如图 13-55 所示。

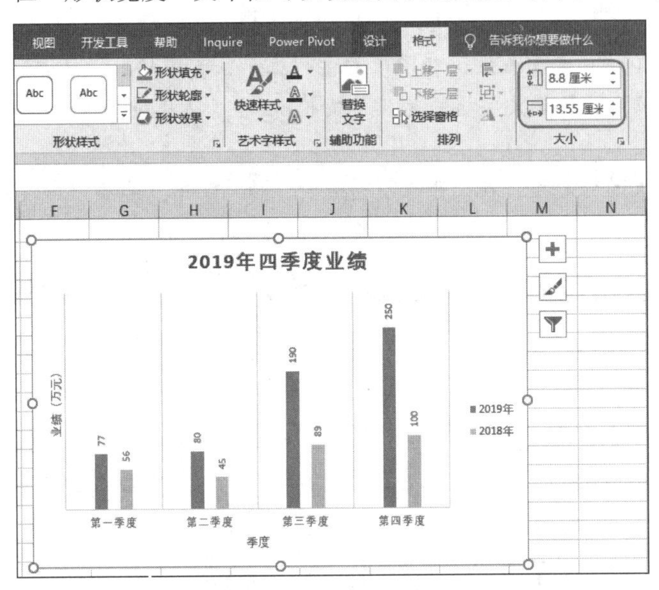

图 13-55

知识扩展

手动调整图表大小

如果对调整图表的大小没有精确要求，可以直接将鼠标指针指向图表的右下角控点，当出现双向箭头时（见图 13-56），按住鼠标左键不放向上或者向下拖动，如图 13-57 所示，即可快速调整图表的宽度和高度。

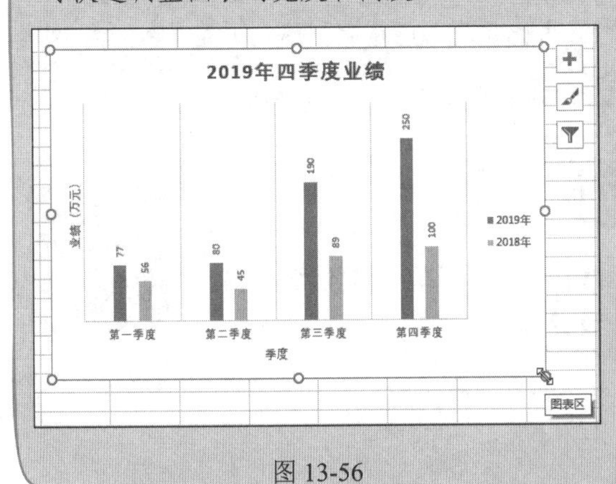

图 13-56

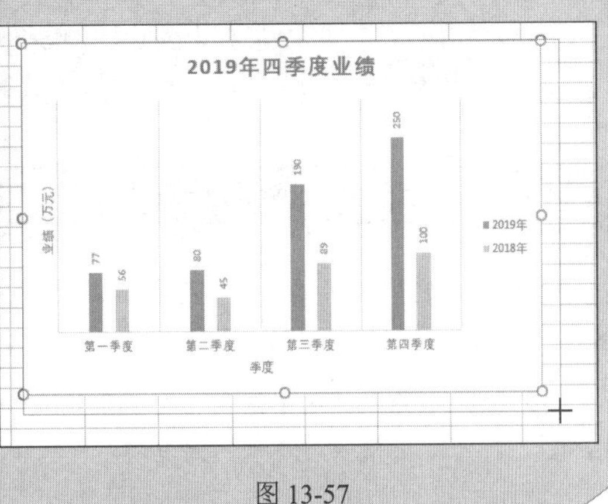

图 13-57

13.4.3 设置图表区字体

图表的标题与文档、表格的标题一样，是用来阐明图表分析目的的。为了让人能够一眼就获取图表的重要信息，标题区需要鲜明突出，一般通过文字格式来突出标题区。图表的主标题有专用的占位符，一般我们将标题放在图表的最上方。

图表文字格式的设置也应当和图表的主题色和主题字体相符合，让标题和图表整体给人更统一、更专业的感觉。本例中需要首先为图表区设置文字格式，然后单独为标题文字进行单项修改。

❶ 选中图表区（注意是图表区，在图表的边框上单击选中的就是图表区），单击“开始”选项卡中的“字体”选项组，设置文字格式为“等线”，此时可以看到全部字体统一更改，如图 13-58 所示。

❷ 单独选中图表的标题框，在“开始”选项卡中的“字体”选项组中设置图表标题文字的颜色为“橙色”、字号为“24”号、字体为“加粗”，如图 13-59 所示。

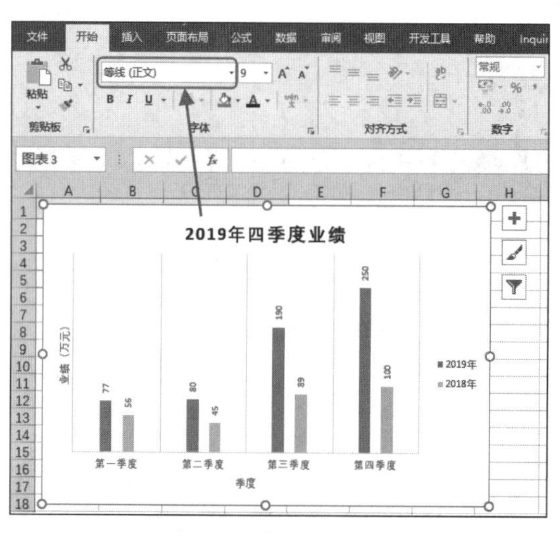

图 13-58

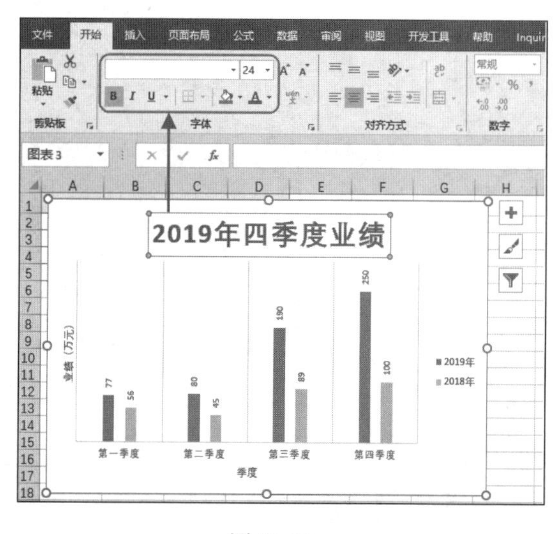

图 13-59

提示注意

如果要单独为其他某个图表元素设置不同的字体格式，可以按照相同的方法单独选中这些元素，接着在“字体”选项组中单独设置即可。

13.4.4 更改图表类型

创建图表之后如果要重新更改图表的类型，不需要重新选择单元格数据并创建图表，可以直接打开“更改图表类型”对话框进行设置就可以了。

❶ 打开工作表并选中图表，在“设计”→“类型”选项组中的“更改图表类型”按钮（见图 13-60），打开“更改图表类型”对话框。

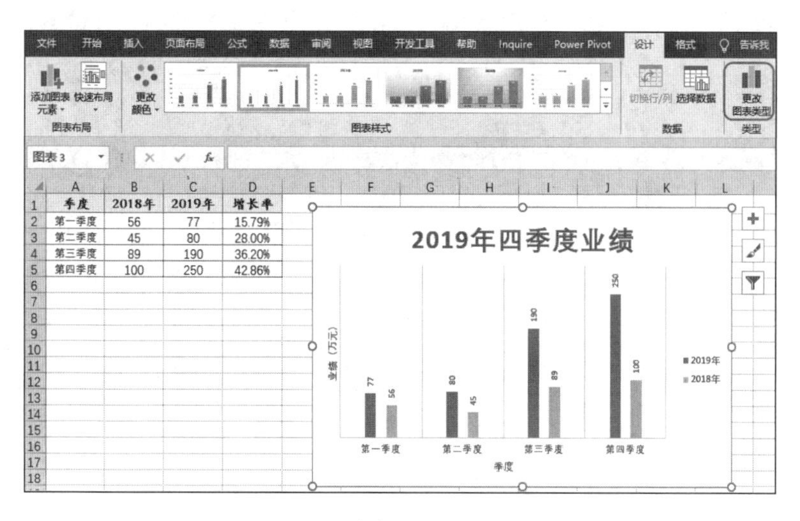

图 13-60

❷ 在该对话框中设置类型为“条形图”，再设置子图表类型为“堆积条形图”，如图 13-61 所示。

❸ 单击“确定”按钮返回图表，即可快速更改簇状柱形图为堆积条形图，效果如图 13-62 所示。

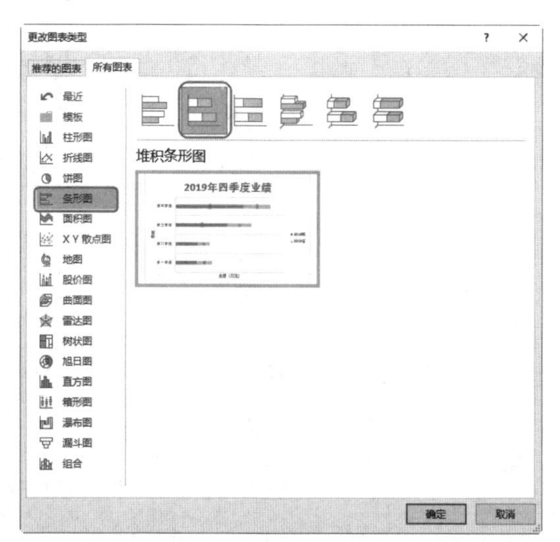

图 13-61

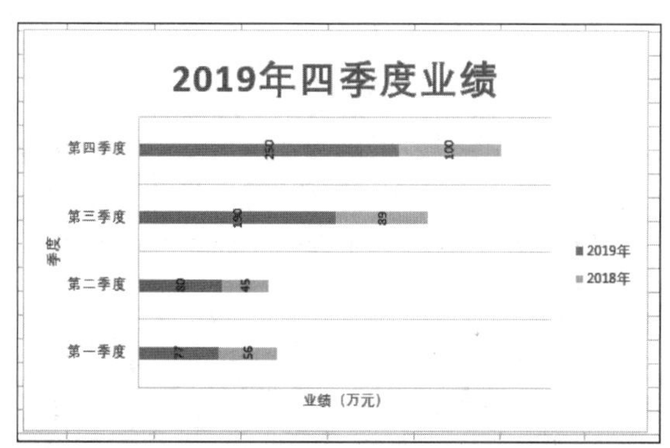

图 13-62

13.4.5 更改图表数据源

如果要重新设置图表引用的数据源，可以直接使用图表工具修改数据源引用区域即可，图表会自动刷新新的数据源快速创建图表。

❶ 打开工作表并选中图表，单击“设计”→“数据”选项组中的“选择数据”按钮（见图 13-63），打开“选择数据源”对话框。

❷ 在该对话框中单击“图表数据区域”右侧的拾取器按钮（见图 13-64），进入数据源拾取状态。

❸ 在表格区域中选取 A1:C5 单元格区域，如图 13-65 所示。

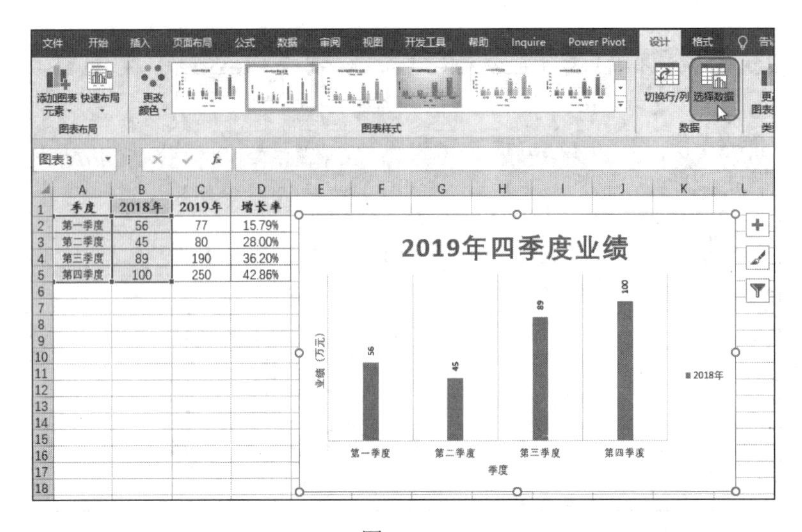

图 13-63

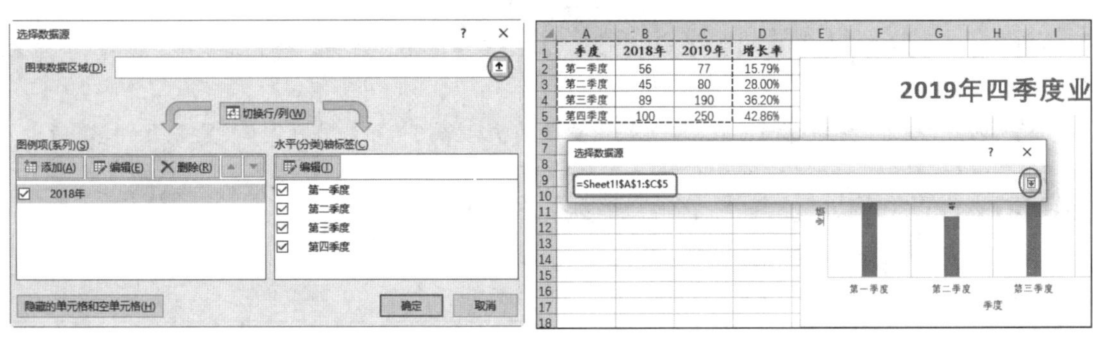

图 13-64　　　　　　　　　　　　图 13-65

❹ 再次单击右侧拾取器按钮返回“选择数据源”对话框，即可看到新数据源区域。再单击“切换行/列”按钮，如图 13-66 所示。

❺ 此时可以看到下方列表的图例项（系列）和水平（分类）轴标签的位置发生了改变，效果如图 13-67 所示。

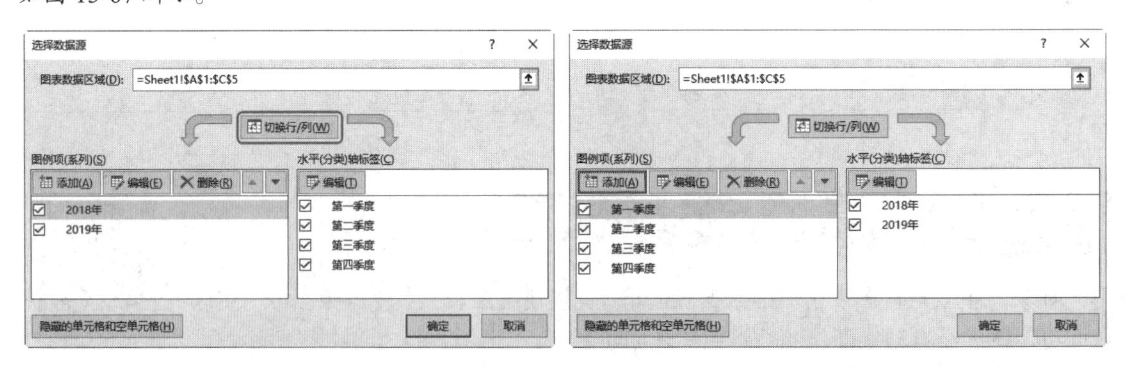

图 13-66　　　　　　　　　　　　图 13-67

❻ 单击“确定”按钮返回图表中，即可看到更改数据源、切换行/列效果后的新图表，如图 13-68 所示。

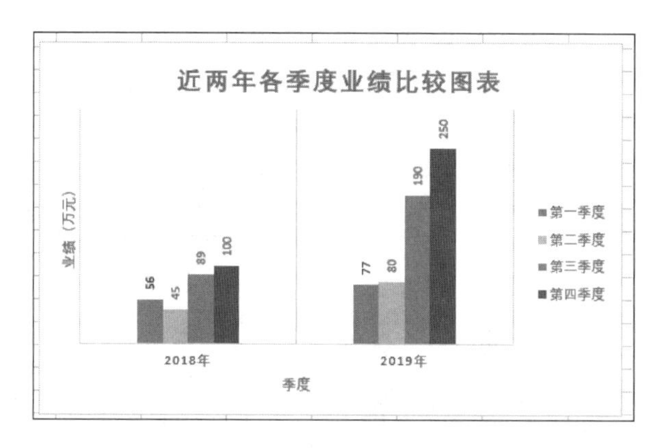

图 13-68

提示注意

这里的“切换行/列”功能可以根据实际的数据分析需求来选择，如果本例没有使用该功能，那么图表是用来分析统计近两年每个季度的业绩。使用该功能后，就会统计每年内各个季度的业绩。

知识扩展

区域数据源更改

直接将鼠标指针放在数据源表格的指定位置（见图 13-69），按住鼠标左键向 C5 单元格拖动，即可快速更改数据源，同时图表也会自动更新，如图 13-70 所示。

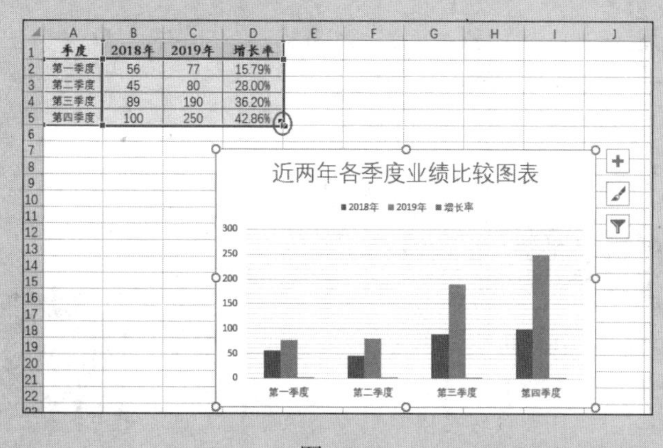

图 13-69

	A	B	C	D
1	季度	2018年	2019年	增长率
2	第一季度	56	77	15.79%
3	第二季度	45	80	28.00%
4	第三季度	89	190	36.20%
5	第四季度	100	250	42.86%
6				

图 13-70

13.4.6 图表中对象的显示或隐藏

13.4.1 小节中介绍了准确选中某个图表元素的技巧，下面介绍如果对图表中的指定对象执行隐藏或者显示设置。比如本例需要将显示数值的水平轴隐藏起来，让图表更加简洁一些。

❶ 选中图表，单击右上角的“图表元素”按钮，在打开的下拉列表中单击“坐标轴”右侧三角形，在子列表中取消勾选“主要横坐标轴”复选框（见图 13-71），再取消勾选“图例”复选框，可以看到横坐标轴和图例项被隐藏了，如图 13-72 所示。

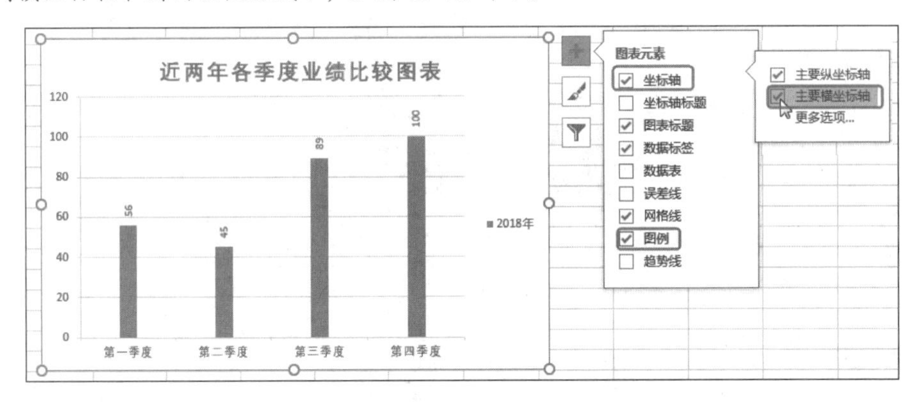

图 13-71

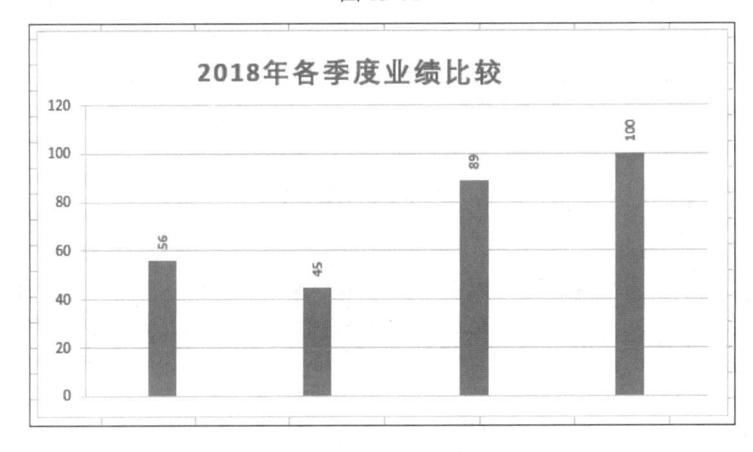

图 13-72

❷ 对于已隐藏的元素，要想重新显示出来，只需恢复对它们前面复选框的选中状态即可。

13.4.7 复制图表

设计好图表之后，除了可以使用模板功能应用到其他图表之外，还可以使用复制图表功能将图表格式应用到其他图表，也可以将图表直接复制到其他工作簿或者其他应用程序中。

1. 复制到其他位置

直接使用快捷键 Ctrl+C 和 Ctrl+V 可以将图表复制粘贴到任意位置，可以是其他工作簿也可以是其他程序（比如 Word 或者 PPT）。

选中图表，按 Ctrl+C 组合键复制图表（见图 13-73），打开 Word 空白文档，按 Ctrl+V 组合键即可将图表粘贴到 Word 文档中，如图 13-74 所示。

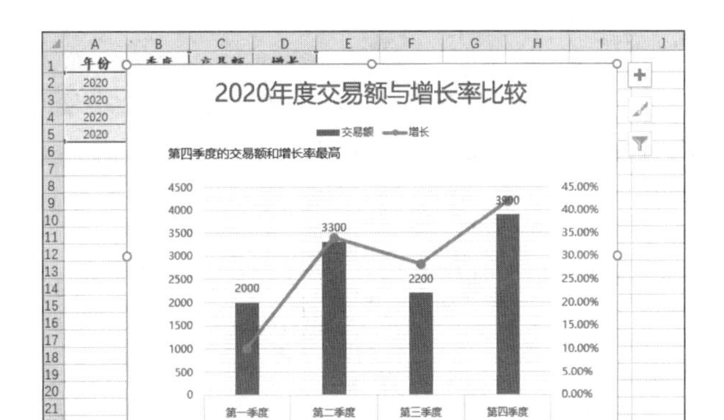

图 13-73

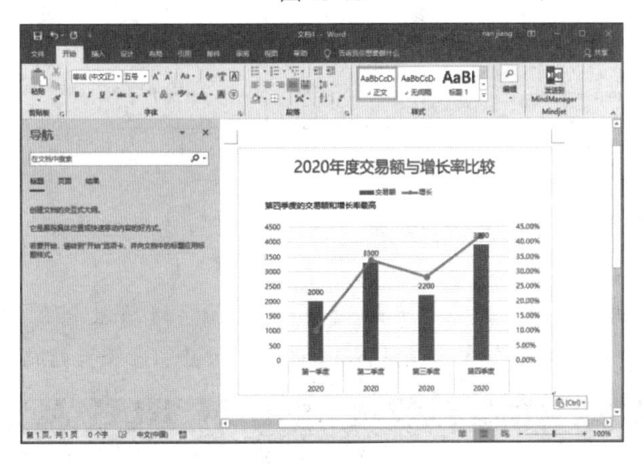

图 13-74

知识扩展

复制为图片格式

复制图表之后，在新工作表右击，在弹出的快捷菜单中单击“图片”命令（见图 13-75），即可将图表复制粘贴为图片格式，效果如图 13-76 所示。

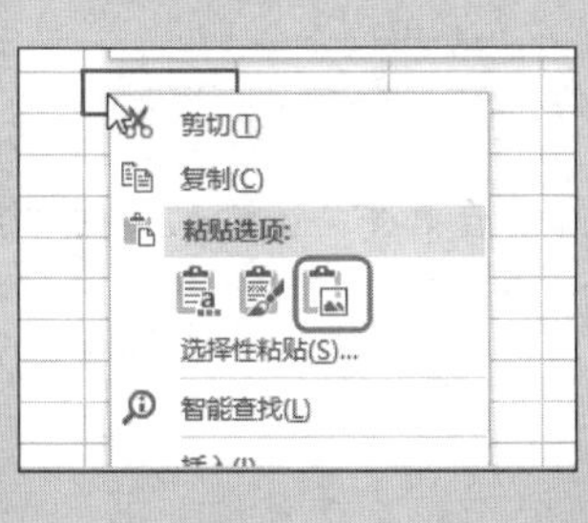

图 13-75

图 13-76

2. 仅复制图表格式

如图 13-77 所示表格为簇状柱形图，由于增长率数据和交易额数据差距过大导致无法显示，如图 13-78 所示组合型图表将百分比数据设置为折线图会更加合理，下面介绍如何将右侧的图表格式复制到左侧图表中使用。

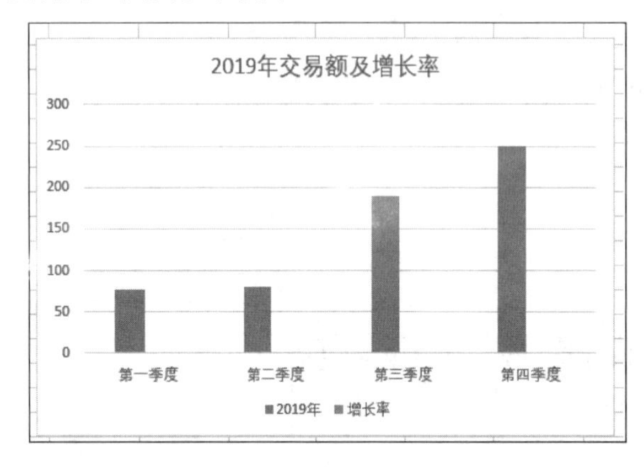

图 13-77

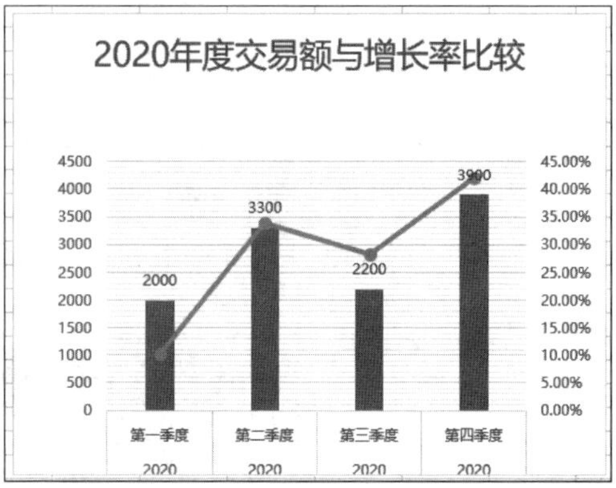

图 13-78

❶ 打开工作表并选中图表，单击“开始”→“剪贴板”选项组中的“复制”按钮，如图 13-79 所示，即可复制图表。

❷ 选中要复制格式的图表，单击“开始”→“剪贴板”选项组中的“粘贴”下拉按钮，在展开的下拉菜单中单击“选择性粘贴”命令（见图 13-80），打开“选择性粘贴”对话框。

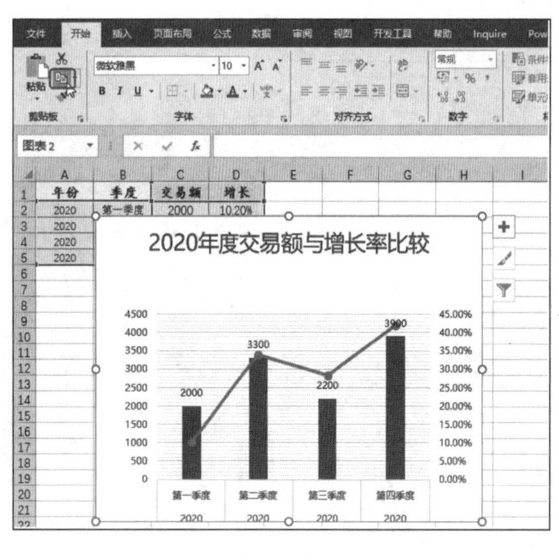

图 13-79

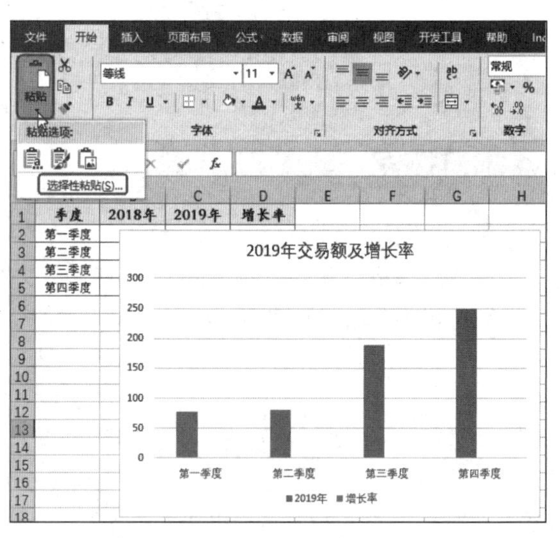

图 13-80

❸ 在该对话框中单击“格式”单选按钮（见图 13-81），然后单击“确定”按钮即可仅复制图表格式，可以看到增长率引用了折线图图表类型，如图 13-82 所示。

图 13-81

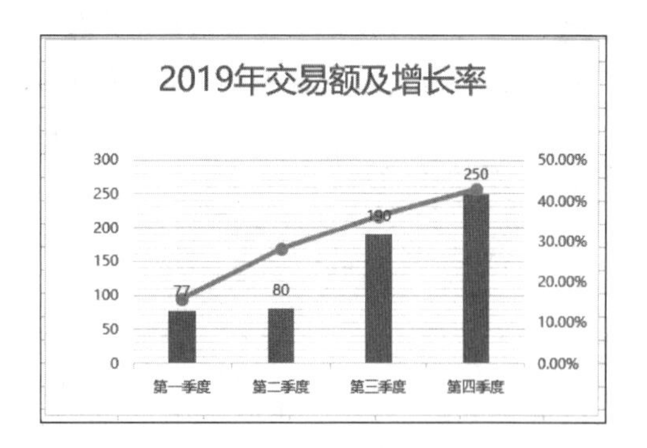

图 13-82

13.5 图表坐标轴的自定义设置

有时我们做出来的图表并不能十分真实而客观地表达出数据应有的特性，或者说默认的图表设置掩盖和隐藏了图表中的一些特性，在这种情况下就需要借助一些工具或手段来进行处理，让图表能够提供更有价值的数据展现。其中有一个直接的调整手段就是重新编辑图表的坐标轴，通过更改坐标轴的刻度让数据显示更加清晰合理。

图表坐标轴分为横坐标轴和纵坐标轴，通过调换其交叉位置也可以得到另一种数据分析结果，总而言之，这些操作都是为了帮助用户获得更直观地数据分析结果。

13.5.1 重新调整刻度

创建图表后，横、纵坐标轴刻度范围及刻度值的取法很大程度上取决于数据的分布。一般系统都会根据实际数据创建默认的刻度值。本例中介绍如何更改坐标轴的最大值。

❶ 打开图表并选中，单击右上角的“图表元素”按钮，在打开的下拉列表中单击“坐标轴”右侧三角形，在子列表中选择“更多选项”选项（见图 13-83），打开“设置坐标轴格式”窗格。

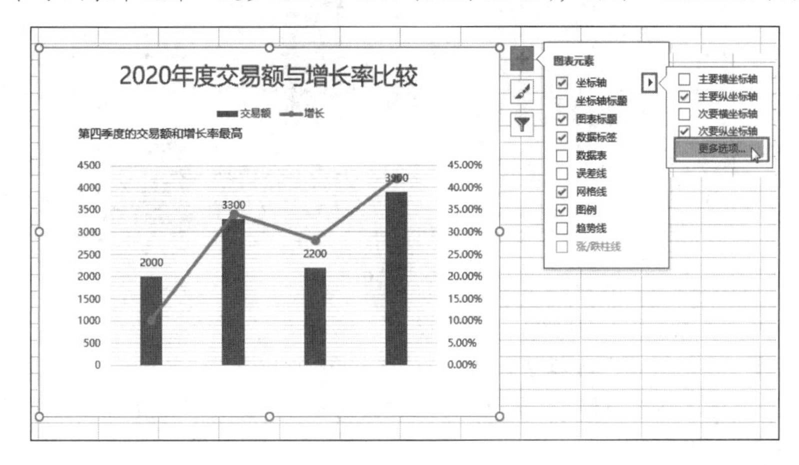

图 13-83

❷ 在“坐标轴选项”栏下编辑最大值为“5500”即可，如图 13-84 所示。

❸ 关闭窗格并返回图表，即可看到重新调整刻度后的图表，效果如图 13-85 所示。

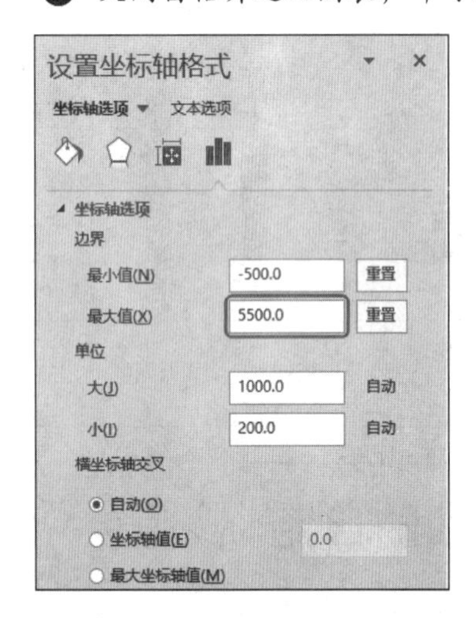

图 13-84

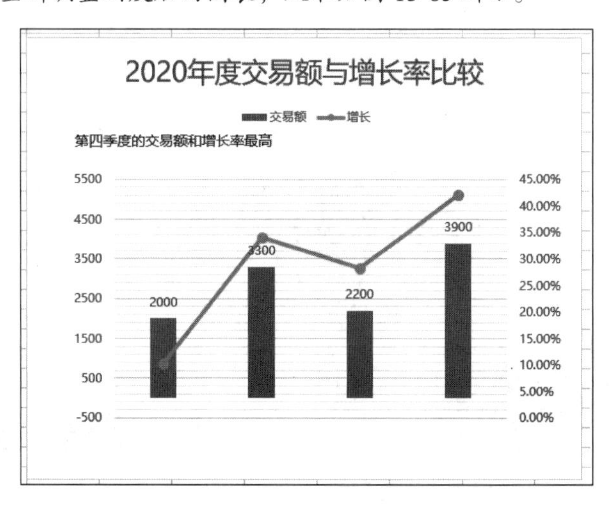

图 13-85

13.5.2 设置分类间距

创建图表后，数据系列之间的间距是默认的，下面介绍如果调整分类间距，得到自己想要的图表效果。

❶ 打开图表选中并单击数据系列，再右击，在弹出的快捷菜单中单击“设置数据系列格式”命令（见图 13-86），打开“设置数据系列格式”窗格。

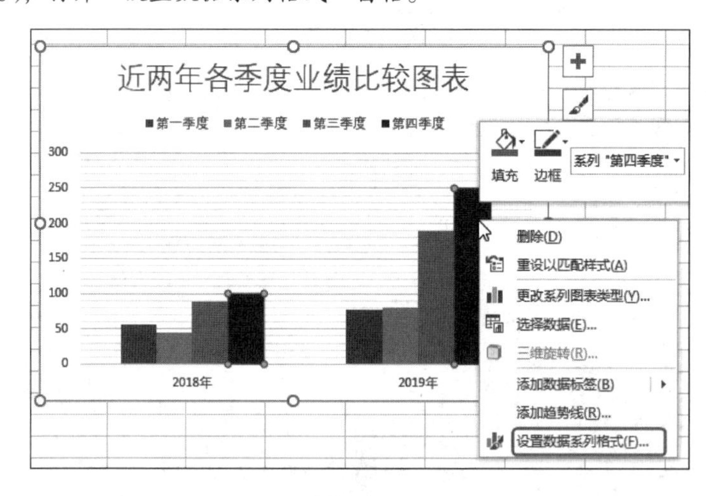

图 13-86

❷ 设置“间隙宽度”为“500%”，如图 13-87 所示。

❸ 返回图表可以看到各个数据系列之间的间距变小，如图 13-88 所示。

❹ 继续在“设置数据系列格式”窗格中调整“系列重叠”数值为“-56%”，即可得到如图 13-89 所示的图表效果。

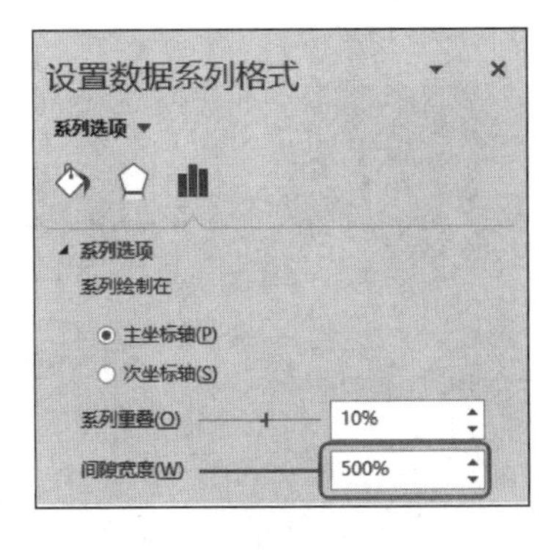

图 13-87

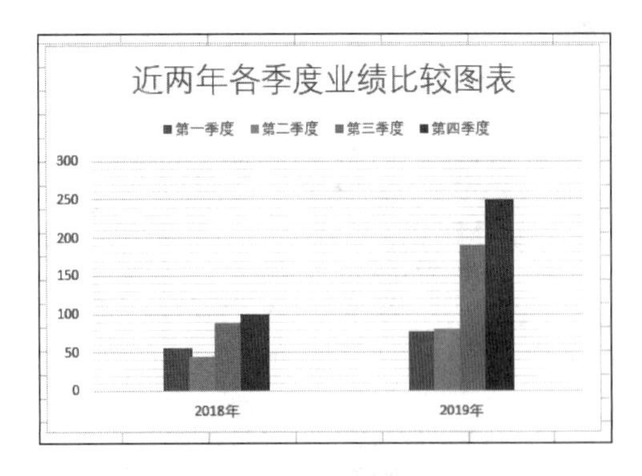

图 13-88

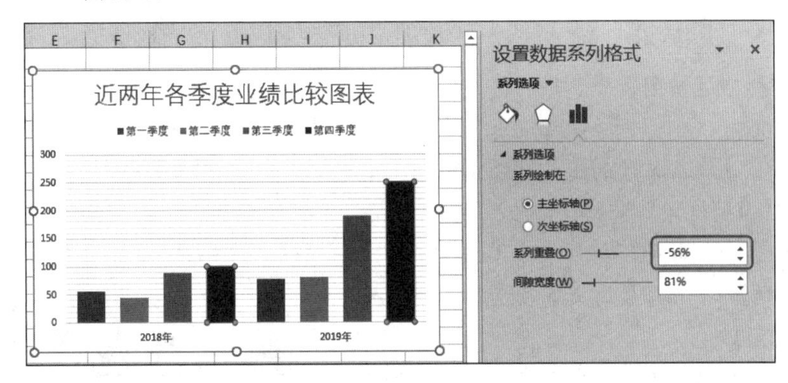

图 13-89

13.5.3 更改水平轴与垂直轴的交叉位置

图表的垂直轴默认显示在最左侧，如果当前的数据源具有明显的期间性，则可以通过操作将垂直轴移到分隔点显示，以得到分割图表的效果，这样的图表对比效果会很强烈。本例中需要将两个年度的各季度业绩分割为两部分，此时可将垂直轴移至两个年份之间。

❶ 根据表格数据源创建柱形图，如图 13-90 所示。双击水平轴后打开“设置坐标轴格式”窗格。

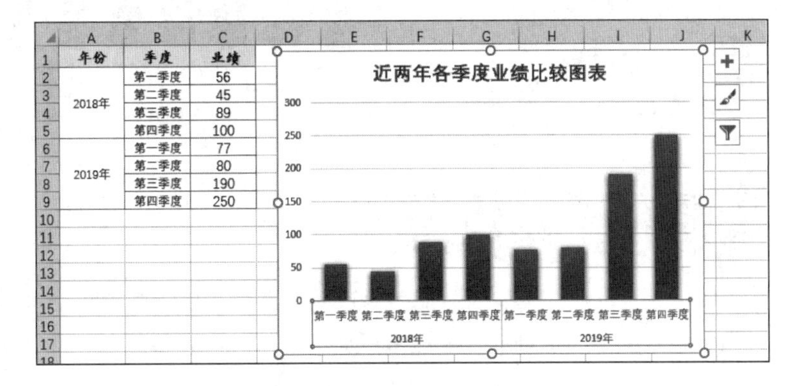

图 13-90

❷ 在“分类编号”文本框中输入“5”（第 5 个分类后就是 2019 年的数据了），如图 13-91 所示。

❸ 继续在“线条”栏下设置实线的颜色和宽度，如图 13-92 所示。

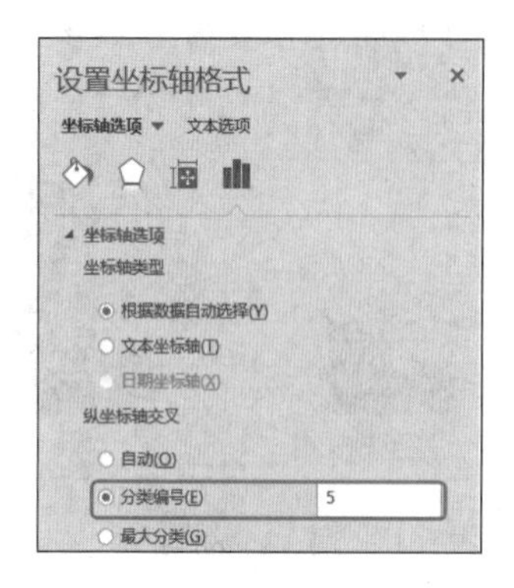

图 13-91

图 13-92

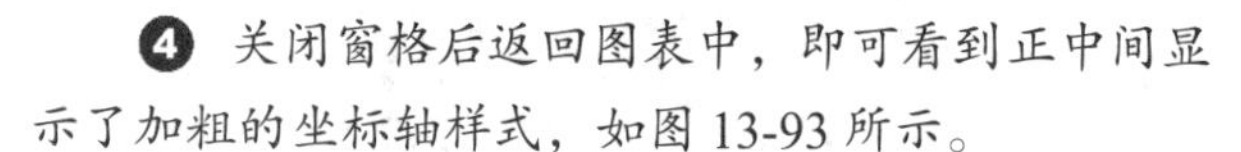

❹ 关闭窗格后返回图表中，即可看到正中间显示了加粗的坐标轴样式，如图 13-93 所示。

❺ 保持垂直轴数值标签的选中状态并双击，再次打开“设置坐标轴格式”窗格，单击“标签位置”右侧的下拉按钮，在打开的下拉列表中单击“低”选项，如图 13-94 所示。（此项操作是将垂直轴的标签移至图外显示）。

❻ 关闭窗格并单击图表，即可看到最终的图表效果，如图 13-95 所示。

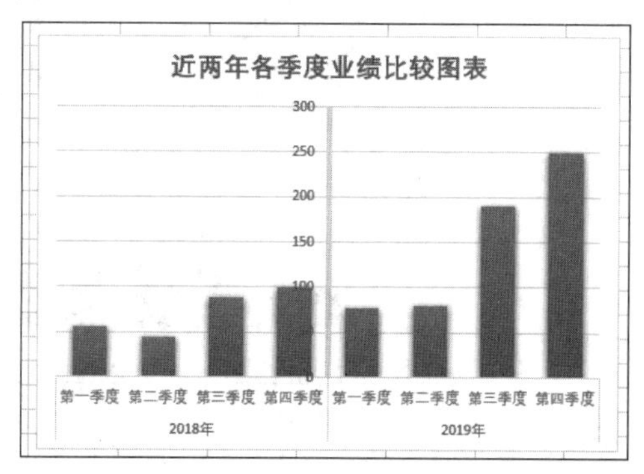

图 13-93

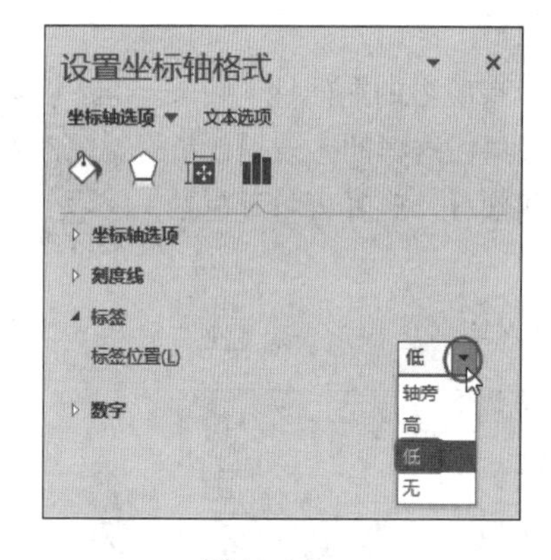

图 13-94

图 13-95

13.5.4 反转条形图的分类次序

在 Excel 中制作条形图时，默认生成的条形图的日期标签总是与数据源顺序相反，从而造成了时间顺序的颠倒。这种情况一般按照如下操作进行调整。

❶ 打开并选中图表中的垂直轴（日期）双击鼠标（见图 13-96），打开“设置坐标轴格式”窗格。

❷ 在“坐标轴位置”选项卡下勾选“逆序类别”复选框即可，如图 13-97 所示。

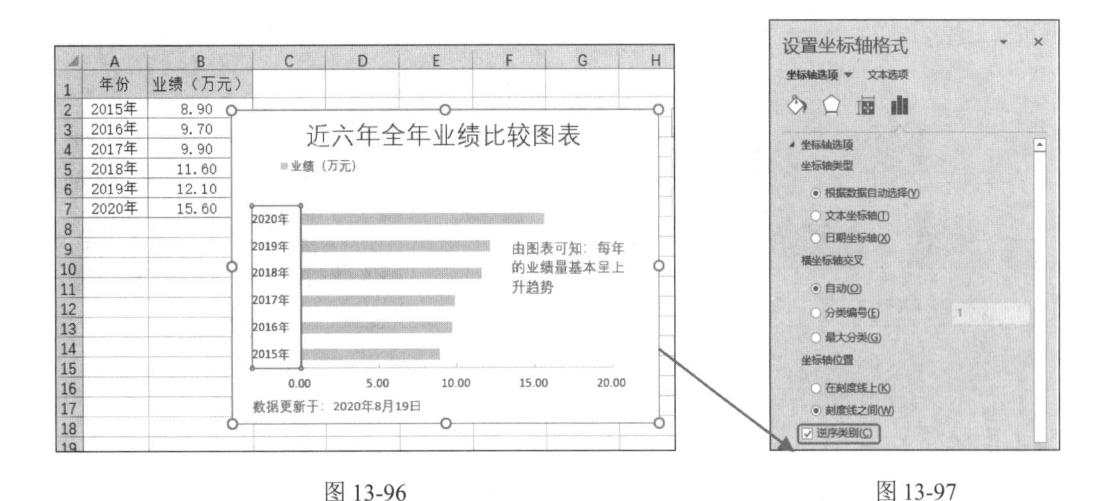

图 13-96　　图 13-97

❸ 返回图表后，此时可以看到条形图垂直轴上的日期按照原始表格中的日期顺序显示了（2015 年到 2020 年），如图 13-98 所示。

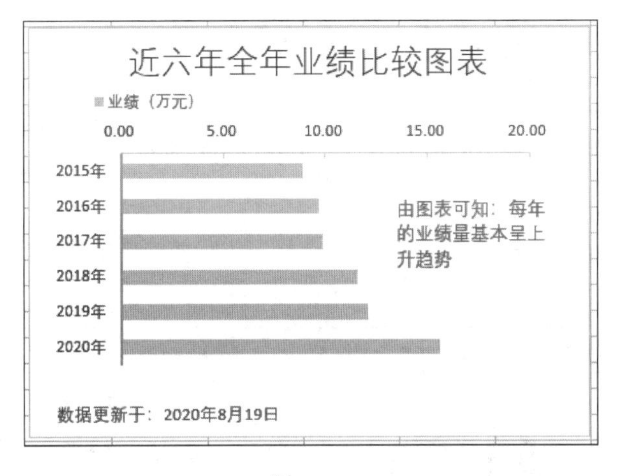

图 13-98

13.6 添加数据标签

创建好图表之后，接下来需要对数据系列和数据标签进行进一步的优化，让数据分析结果更加一目了然。

13.6.1 添加值数据标签

选中图表后，在右侧的“图表元素”下拉列表中勾选“数据标签”复选框，如图 13-99 所示。此时可以看到数据系列上方添加了默认格式的数据标签，如图 13-100 所示。

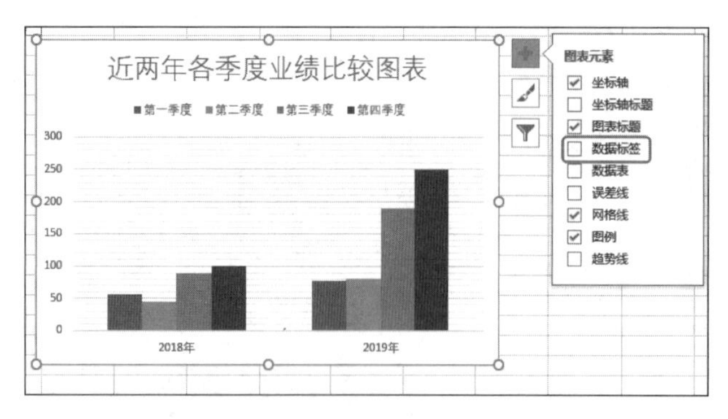

图 13-99

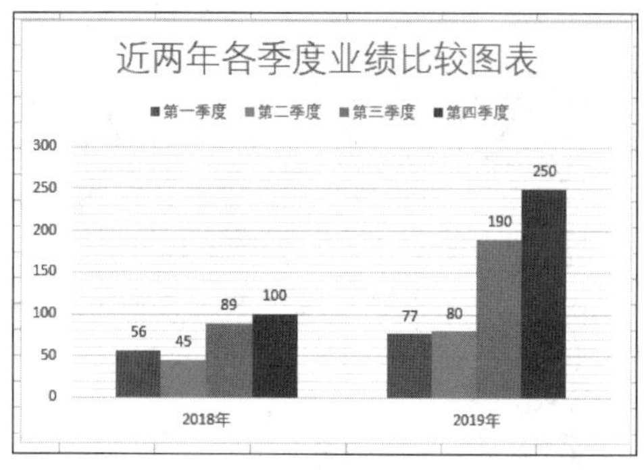

图 13-100

提示注意

在“数据标签”右侧的下拉子列表中可以根据需要将数据标签显示在图形的底部、内侧、外侧或居中位置。

13.6.2 显示更加详细的数据标签

为图表快速添加数据标签后，默认仅显示数值。为了让表格数据展示更加清晰，可以在添加数字标签的同时显示系列名称。本例想要设置数据标签为保留两位小数的百分比格式。

❶ 选中图表，单击右上角的“图表元素”按钮，在打开的下拉列表中单击“数据标签”右侧三角形，在子列表中单击“更多选项”选项（见图 13-101），打开“设置数据标签格式”窗格。

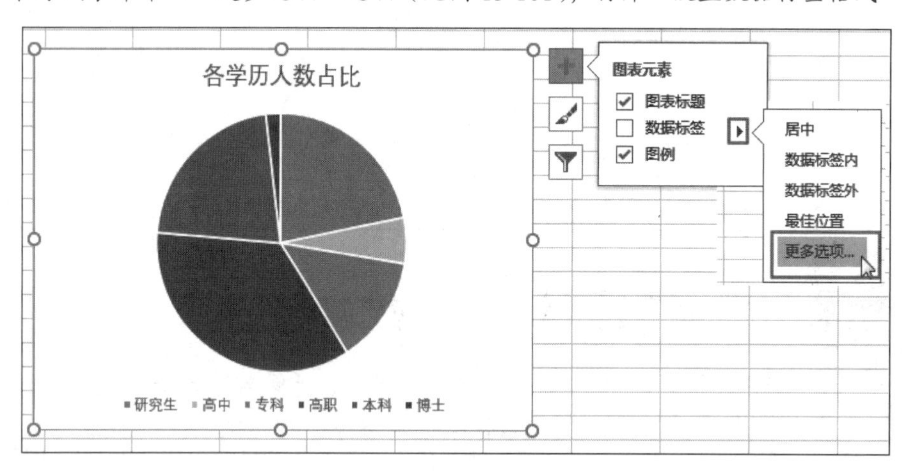

图 13-101

❷ 在“标签选项”栏下勾选“类别名称”和“百分比”复选框，如图 13-102 所示。在“数字”栏下设置类别为“百分比”，再设置小数位数为“2”，如图 13-103 所示。

❸ 关闭窗格并返回图表中，即可看到饼图图表添加了类别名称，且显示两位小数位数的百分比数据标签，效果如图 13-104 所示。

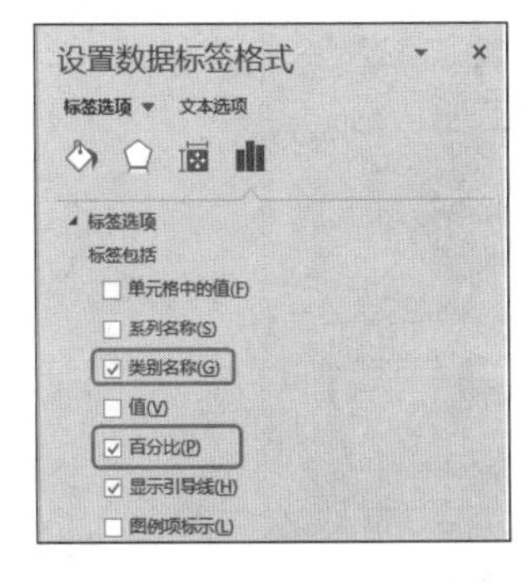

图 13-102

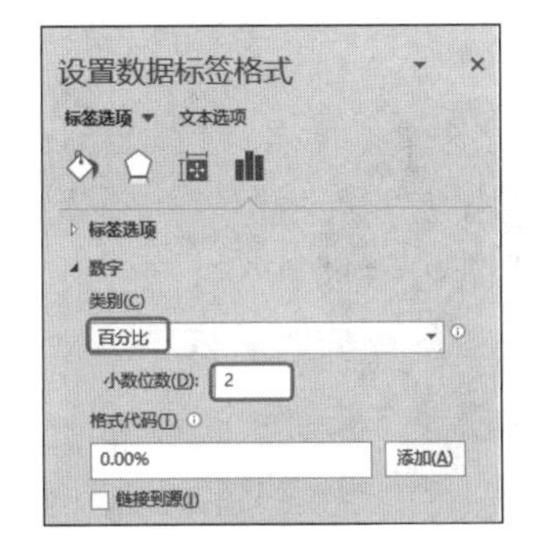

图 13-103

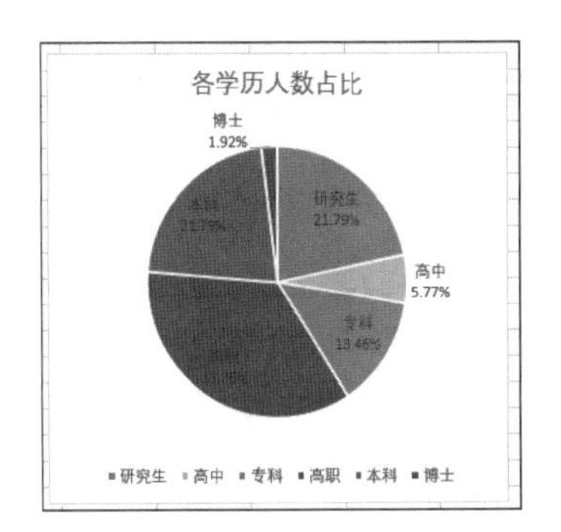

图 13-104

13.7 综合实例

13.7.1 案例 26：分析市场主导品牌的饼形图

1. 创建饼图

❶ 打开工作表选中品牌和销售金额列数据，单击“插入”→“图表”选项组中的“插入饼图或圆环图”下拉按钮，在展开的下拉菜单中单击“饼图”，如图 13-105 所示。

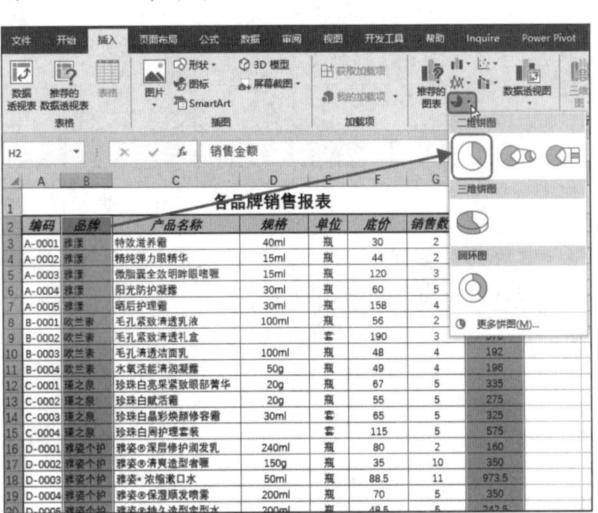

图 13-105

❷ 单击后即可创建默认格式饼图。为图表设置“样式 2”格式，如图 13-106 所示。

2. 添加数据标签

❶ 选中图表数据系列，单击“图表元素”按钮，在打开的下拉列表中勾选“数据标签”复选框，如图 13-107 所示。

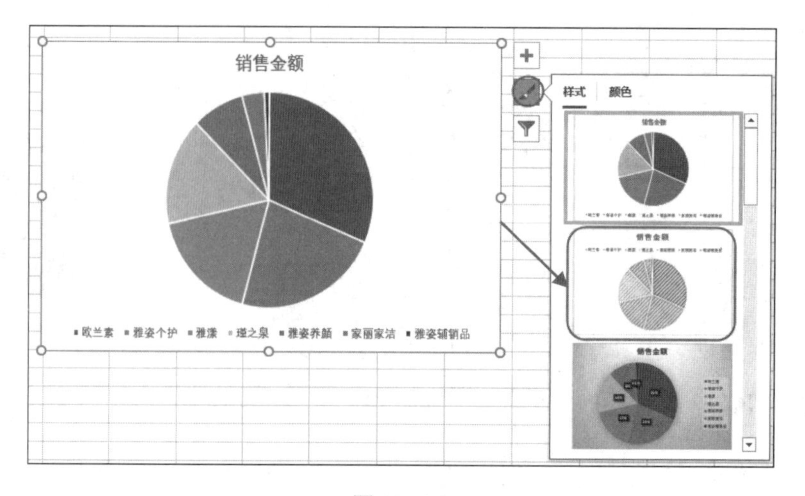

图 13-106

❷ 选中添加的数据标签，并右击，在弹出的快捷菜单中单击“设置数据标签格式”命令，如图 13-108 所示，打开“设置数据标签格式”窗格。

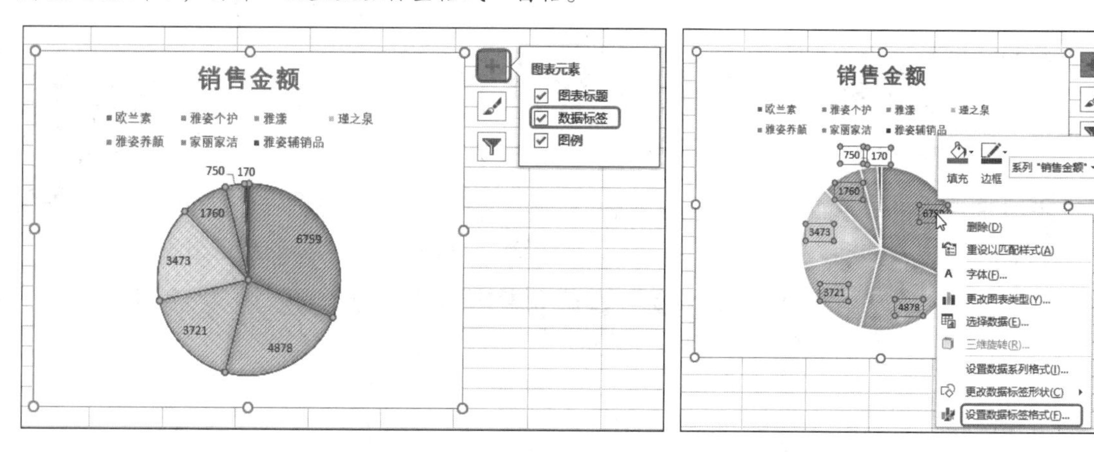

图 13-107　　图 13-108

❸ 在“标签选项”栏下勾选“类别名称”和“百分比”复选框，如图 13-109 所示。

❹ 继续打开“数字”选项卡，设置数字类别为“百分比”，小数位数为“2”，如图 13-110 所示。

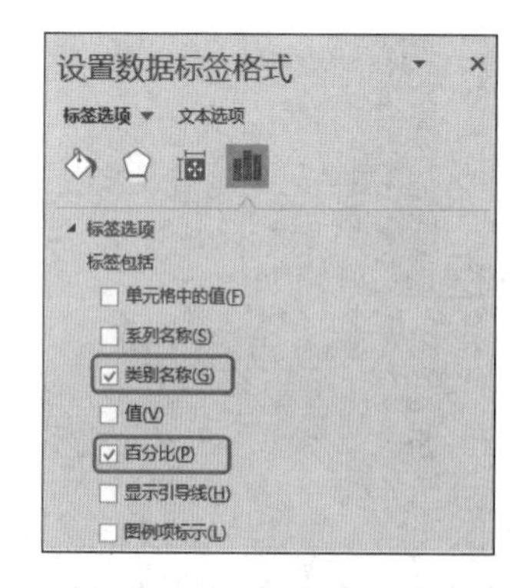

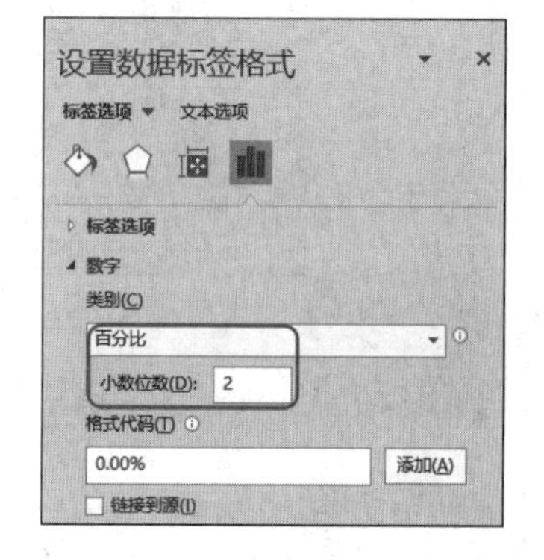

图 13-109　　图 13-110

❺ 关闭“设置数据标签格式”窗格返回图表中，此时可以看到最终的图表效果，重新输入图表标题。从饼形图中可以看到欧兰素的市场销售额占比最高，如图 13-111 所示。

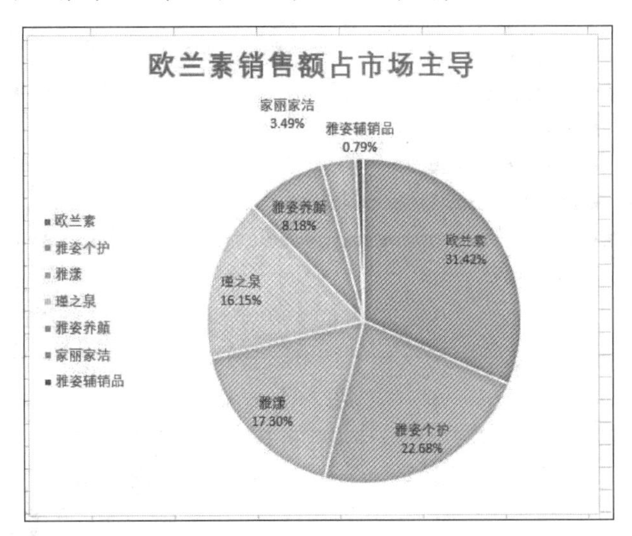

图 13-111

13.7.2 案例 27：用条形图分析上半年销售利润

1. 创建条形图

打开工作表选中月份和销售利润列数据，单击“插入”→“图表”选项组中的“条形图”下拉按钮（见图 13-112），在展开的下拉菜单中单击“簇状条形图”，如图 13-113 所示。

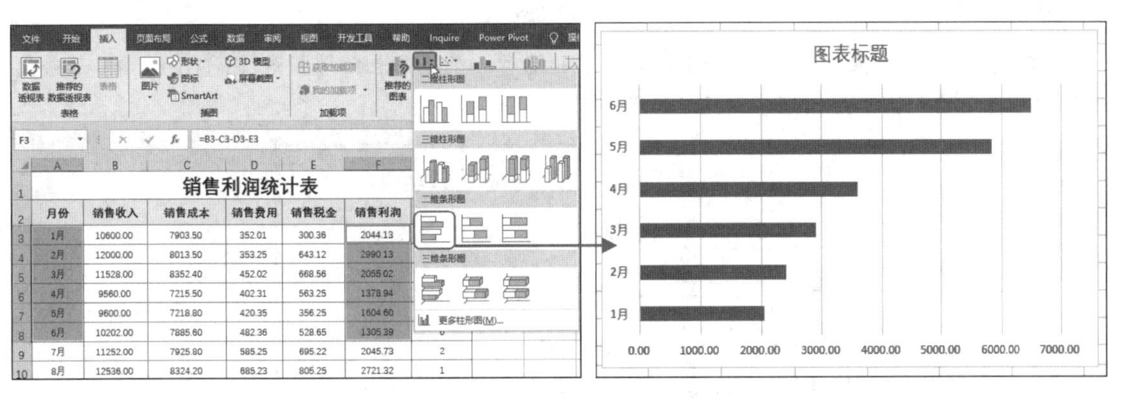

图 13-112　　　　图 13-113

2. 图表美化

❶ 选中图表垂直轴并双击，打开“设置坐标轴格式”窗格，勾选“坐标轴位置”栏下的“逆序类别”复选框，如图 13-114 所示。

❷ 单击后返回图表中，即可看到月份按照表格中的顺序排列。单击图表右侧的“图表元素”按钮，在弹出的下拉列表中勾选“数据标签”复选框，如图 13-115 所示。

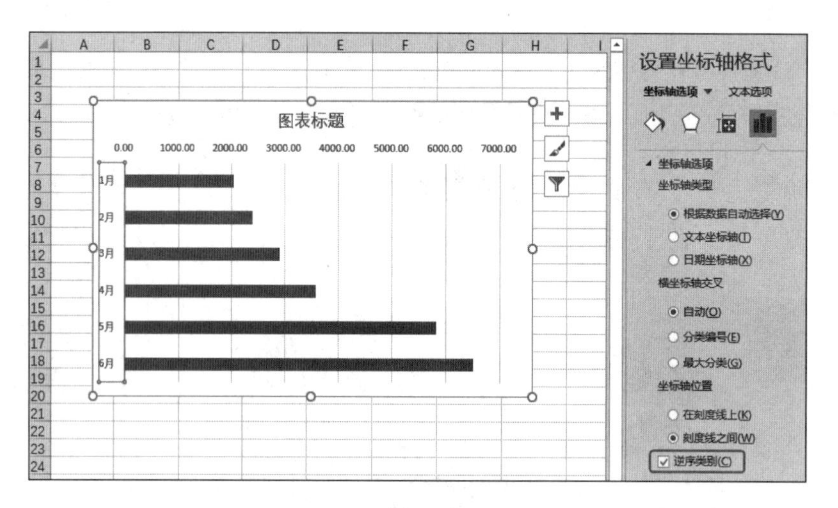

图 13-114

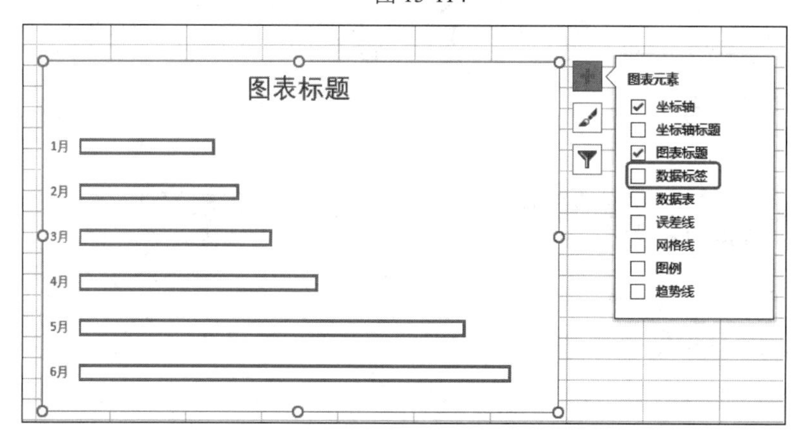

图 13-115

❸ 为图表设置样式和颜色，并重命名图表的名称，最终图表效果如图 13-116 所示。从条形图图表中可以看到上半年的销售利润呈增长趋势。

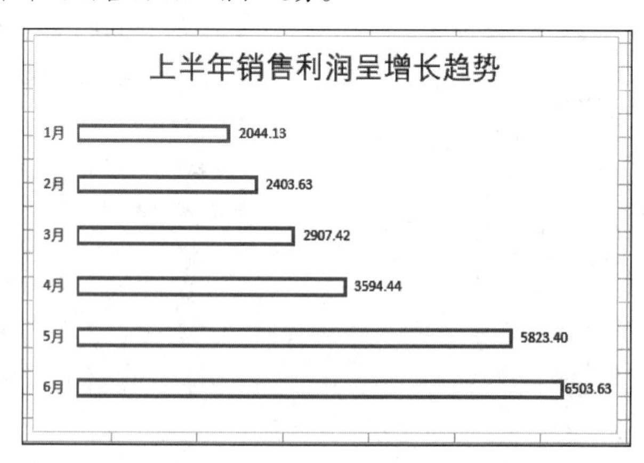

图 13-116

第 14 章
格式化与自定义图表

学习导读

创建好图表后，下一步需要对图表整体布局和局部元素进行美化。

学习要点

- 图表美化的原则。
- 设置图表布局样式、以及美化图表对象。

14.1 图表美化的三大原则

外观粗劣的图表虽然也能表达数据，但是视觉效果不够好，表达也不够直观。因此当图表需要对外展示时，图表的美化效果就显得尤其重要了。实践表明，设计精良的图表能给观众带来愉悦的体验，向对方传达着专业、敬业的职业形象。设计精良的图表在商务沟通中也扮演着越来越重要的角色。

图表美化的过程中可遵循最大化墨水比、突出对比以及细节决定专业这三个原则。

14.1.1 最大化墨水比

这里所说的设计精良并非是指一味追求复杂的图表，与之相反，越简单的图表越能让人快速易懂地理解数据，这是数据可视化重要的目的和追求。太过复杂的图表会造成信息读取上的障碍。所以图表在美化时，首先就是简约的原则。

简约的原则也可以理解为设计中常说的最大化数据墨水原则，将其应用到图表中时，是指一幅图表的绝大部分笔墨应该用于展示数据信息，每一点笔墨都要有其存在的理由。具体我们可以从以下几个方面把握这一原则。

- 背景填充色因图而异，需要时使用淡色

- 网格线有时不需要，需要时使用淡色
- 坐标轴有时不需要，需要时使用淡色
- 图例有时不需要
- 慎用渐变色
- 不需要应用3D效果

如图14-1所示的图表是著名的麦肯锡图表，这张图表直接反映了问题，并且在整体和局部上都设置将非常合理、恰到好用。图表并不复杂，但该有的元素都有，可以当作模板学习。

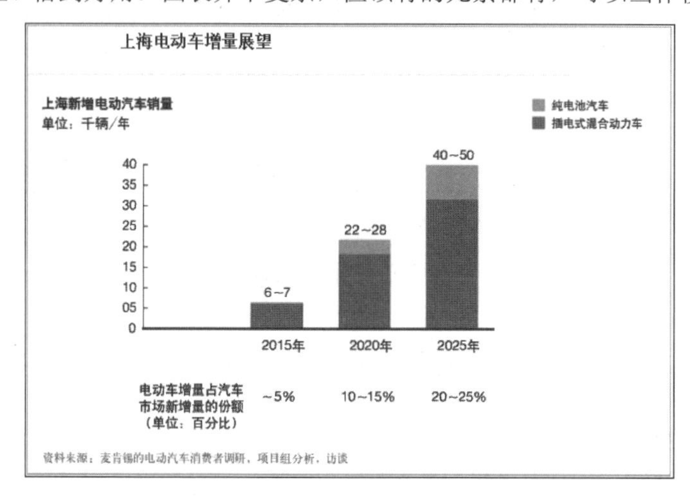

图14-1

14.1.2 突出对比

在介绍最大化墨水比原则时强调了简约的设计原则，那么在弱化非数据元素的同时也即增强和突出了数据元素。

如图14-2所示的图表，对重要的数据点设置了颜色强调，并且设置了发光效果，突出了夏季销售最高的信息。而图14-3所示的图表，通过对数据点分离扇面、颜色对比等操作，强调了空调在秋季销量最低的信息。

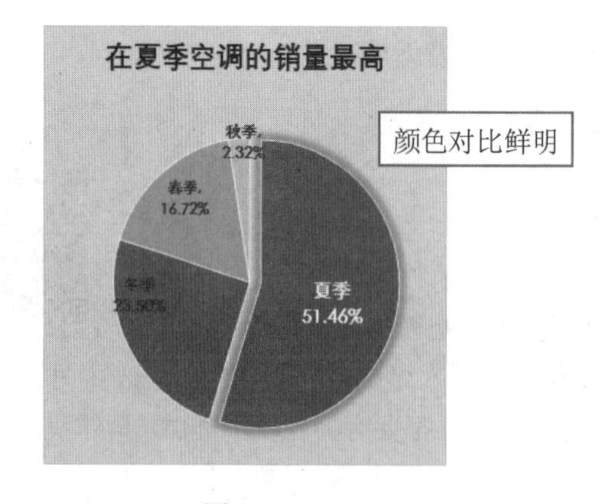

图14-2

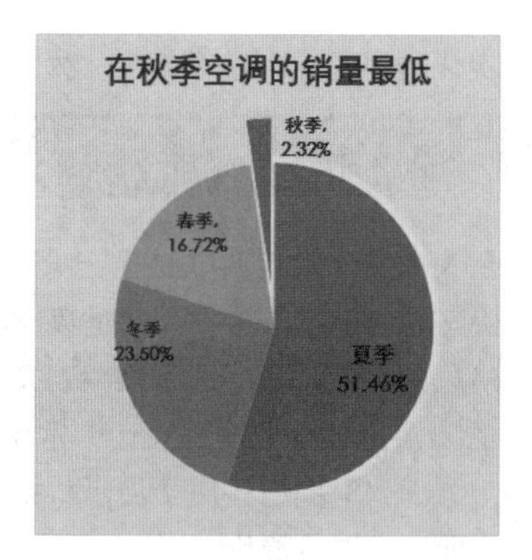

图14-3

由此可见，对图表中非常重要的信息，可以采取对比强调的原则展现。

我们可以通过以下方法达到强调的效果：数据点的字体（大小、粗细）、数据点的颜色（冷暖、深浅或明暗等）、设置不同的填充效果等。

14.1.3 细节决定专业

为了创建出合理规范的图表，需要着重注意数据源表格中的细节。数据源表格应当事先整理好，如果图表数据来源于大数据中，可以先将数据提取出来单独放置，不要输入与表格无关的内容。日常学习和工作中千万不要轻视数据源的整理与规范，如果在制作图表的过程中犯错，很可能会让正确的数据传达出错误的信息。轻则让人不明白，重则还有可能会做出错误的决策。选择了不规范的数据表格，会导致图表设计不专业，也不会让别人信服你的数据分析能力。

下面介绍整理图表数据源表格的一些基本规则：

- 表格、行、列标题要清晰，如果数据源未使用单位，在图表中一定要补充标注。例如如图 14-4 所示的图表，一没标题，不明白它想表达什么；二没图例，分不清不同颜色的柱子指的是什么项目；三没金额单位，试想，“元”与“万元”差别可就大了。
- 不同的数据系列要分行、分列输入，避免混淆在一起。如图 14-5 所示的图表数据源表格中既有季度名称又有部门名称，虽然可以创建图表，但是得到的图表分析结果没有任何意义，因为不同部门在不同季度的支出额是无法比较的。

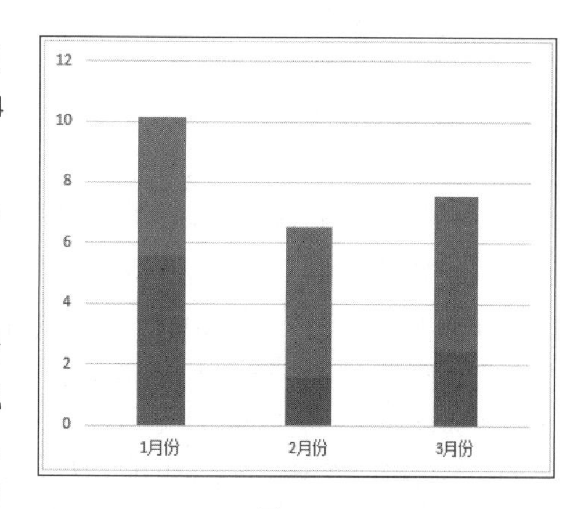

图 14-4

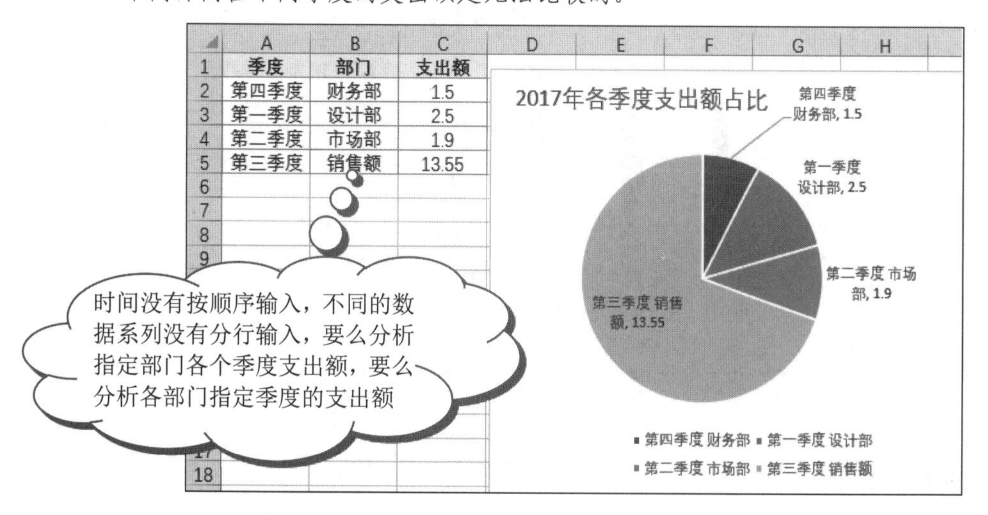

图 14-5

如果按图 14-6 所示整理图表数据源表格，将设计 1 部和设计 2 部按照不同季度的支出额进行汇总，就可以得到这两个设计分部门在各个季度的支出额比较。

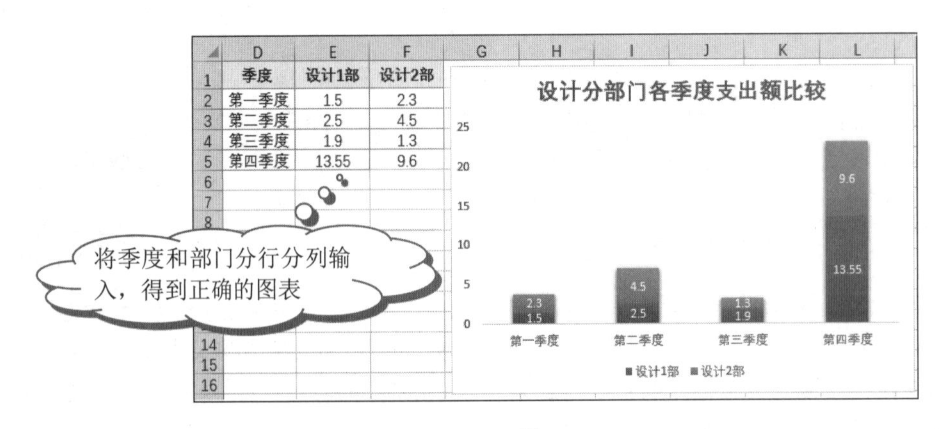

图 14-6

- 数据变化趋势不明显的数据源不适合创建图表。图表最终的目的就是为了分析比较数据，既然每种数据大小都差不多，那么就没有必要使用图表比较了。如图 14-7 所示中的图表展示了应聘人员的面试成绩，可以看到这一组数据的变化微弱，通过建立图表比较数据是没有任何意义的。

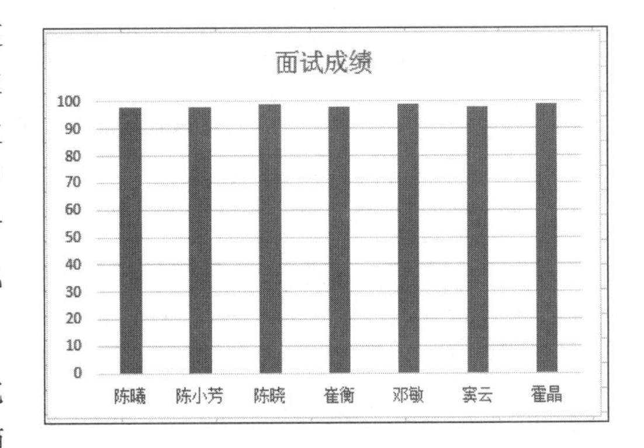

图 14-7

不要把不同类型的数据放在一起创建图表来比较分析。如图 14-8 所示的“医疗零售价”和“装箱数量”是两种不同类型的数据，没有可比性。需要将同样是价格或者同样是数量的同类型数据放在一起创建图表并比较。

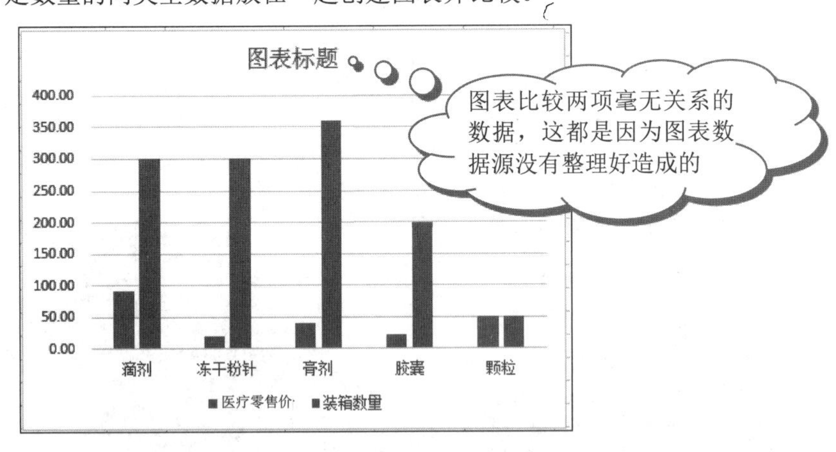

图 14-8

不要把众多的数据写入图表中，图表本身不具有数据分析的功能，它只是服务于数据的，因此要学会提炼分析数据，将数据分析的结果用图表来展现才是最终目的。如图 14-9 所示为一个数据明细表，利用其创建的图表数据过多，没有分析出重点，如图 14-10 所示。

如果我们把药品按剂型分类，将相同剂型的总箱数统计出来，就可以得到简洁的表格数据源，再用图表展示数据分析结果时也会更清晰明了，如图 14-11 所示。

剂型	产品名称	产品编码	规格	单位	医院零售价	装箱数量
滴剂	氨碘肽滴眼液(舒视明)	CADT01	5ml*2支/盒	盒	48.30	100
滴剂	色甘酸钠滴眼液(宁敏)	CSGSN02	0.8ml:16mg*10支/盒	盒	22.50	300
滴剂	双氯芬酸钠滴眼液	CFSN01	0.4ml:0.4mg*10支/盒	盒	90.00	300
冻干粉针	注射用盐酸尼莫司汀	ANMST01	25mg	瓶	110.00	150
冻干粉针	注射用鼠神经生长因子(金路捷)	ASSJ01	20μg	支	20.00	300
膏剂	环吡酮胺软膏(环利)	CHBTA01	15g:0.15g(1%)	支	40.00	360
胶囊	奥沙拉秦钠胶囊(帕斯坦)	BASLQ01	0.25g*24粒	盒	35.00	100
胶囊	保胃胶囊	DBWJN01	0.4g*12粒*2板/盒	盒	65.00	200
胶囊	促肝细胞生长素肠溶胶囊(福锦)	BCGJN01	50mg*12粒	盒	60.00	300
胶囊	调经养颜胶囊	DTJYY01	0.5g*24粒	盒	90.00	120
胶囊	妇必舒胶囊	DFBS01	0.35g*12粒/盒	盒	9.00	300
胶囊	美他多辛胶囊(欣立得)	BMTDX01	0.25g*8粒	盒	35.00	200
胶囊	盐酸芦氟沙星胶囊(欧力康)	BLFSX01	0.1g*6粒	盒	21.00	240
胶囊	益气增乳胶囊	DYQZR01	0.3g*12粒*2板/盒	盒	19.00	120
胶囊	孕妇金花胶囊	DYFJH01	0.34g*12粒*2板/盒	盒	22.00	200
颗粒	白苓健脾颗粒	CBLJP01	10g*10袋/盒	盒	50.00	50
颗粒	柴石退热颗粒-6	DCSTR02	8g*6袋	盒	12.00	100
颗粒	肝达康颗粒	DGDK01	4g*9袋	盒	9.00	200
颗粒	排石利胆颗粒	DPSLD01	10g*12袋	盒	7.00	120
凝胶剂	盐酸环丙沙星凝胶(达维邦)	CHBSX01	10g:30mg(以环丙沙星	支	16.00	320
片剂	非洛地平缓释片(立方)	BFLDP01	5mg*10片	盒	90.00	240
片剂	复方甘草酸苷片(帅能)	BGCSG01	25mg*30片/盒	盒	45.00	300
片剂	美他多辛片(甘忻)	BMTDX02	0.5g*8片/盒	盒	120.00	240
片剂	头孢泊肟脂片(敏新)	BBWZ01	0.1g*6粒	盒	200.00	200

图 14-9

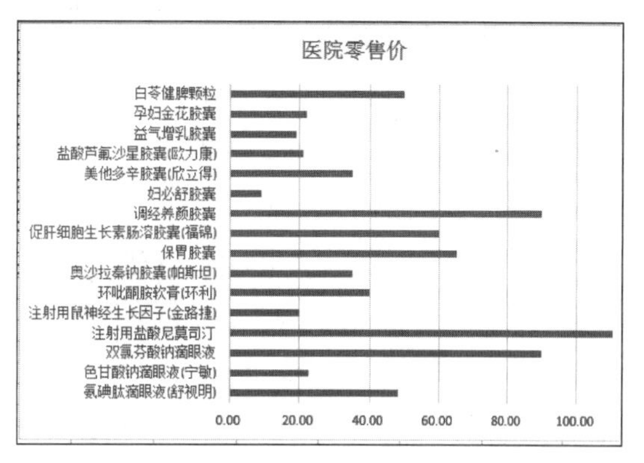

图 14-10

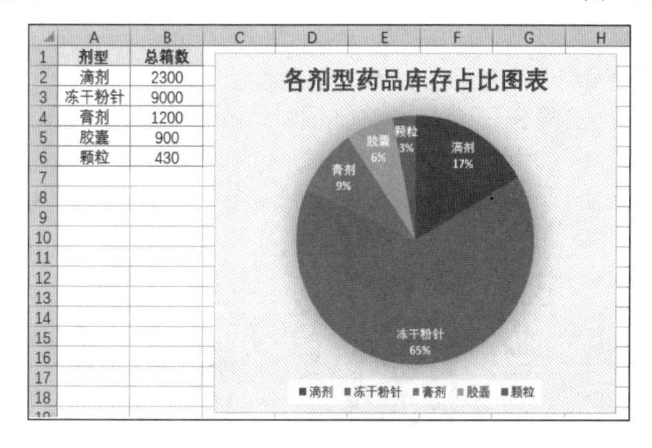

图 14-11

14.2 图表的布局与样式

从 Excel 2013 版本开始，Excel 软件对图表样式库进行了大幅度提升，它融合了布局样式及外观效果两大部分，即通过套用样式可以同时更改图表的布局样式及外观效果。这给初学者带来了很大的便利性，当建立默认图表后，只需通过简单的样式套用即可瞬间投入使用。而对于有更高要求的用户而言，也可以先选择套用大致合适的样式，然后再对不满意的部分做局部的调整编辑。

14.2.1 使用预定义图表布局

根据表格数据创建的图表布局是默认的，后期可以根据需要重新布局图表，新手可以使用“快速布局”功能为图表一键应用布局。

❶ 打开图表，单击“图表工具”中的“设计”选项卡中的“图表布局”选项组中的“快速布局”下拉按钮，在展开的下拉菜单中单击“布局 5”命令，如图 14-12 所示。

❷ 此时可以看到一键应用的图表布局样式，效果如图 14-13 所示。

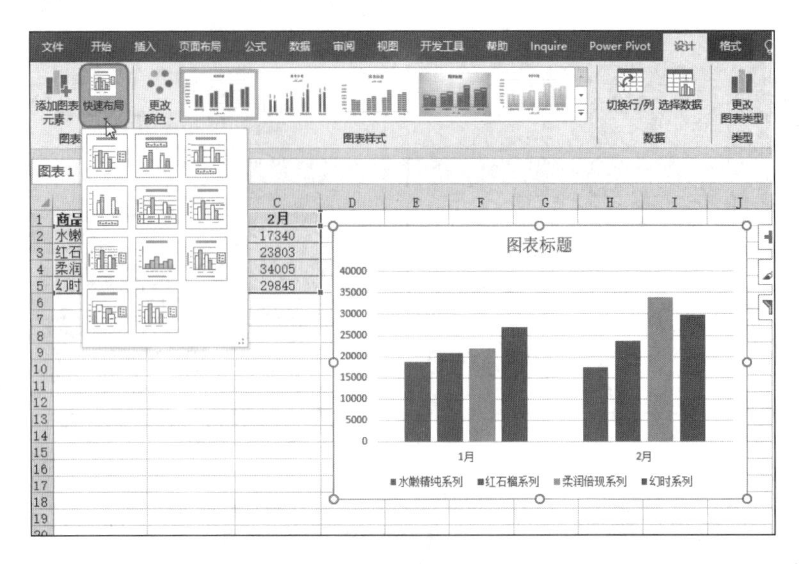

图 14-12

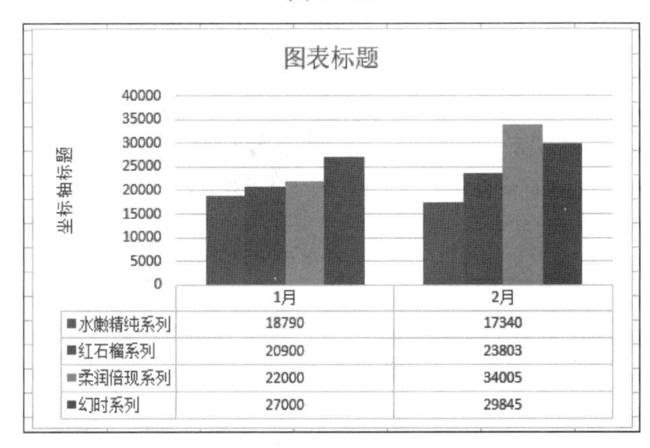

图 14-13

提示注意

如果不需要布局中的某个图表元素，可以单独选中该元素后，按 Delete 键将其删除。

14.2.2 使用预定义图表样式

默认的图表样式是蓝色底纹填充，并且有些图表元素是不显示的，使用“图表样式”功能按钮可以为图表一键指定样式（包括了数据系列填充设置、标题文本格式等）。

❶ 选中图表，单击其右侧的“图表样式”按钮，在展开的下拉列表中单击“样式 3”选项，如图 14-14 所示。

❷ 此时可以看到一键应用的图表样式（包括数据系列的填充、轮廓效果等），效果如图 14-15 所示。

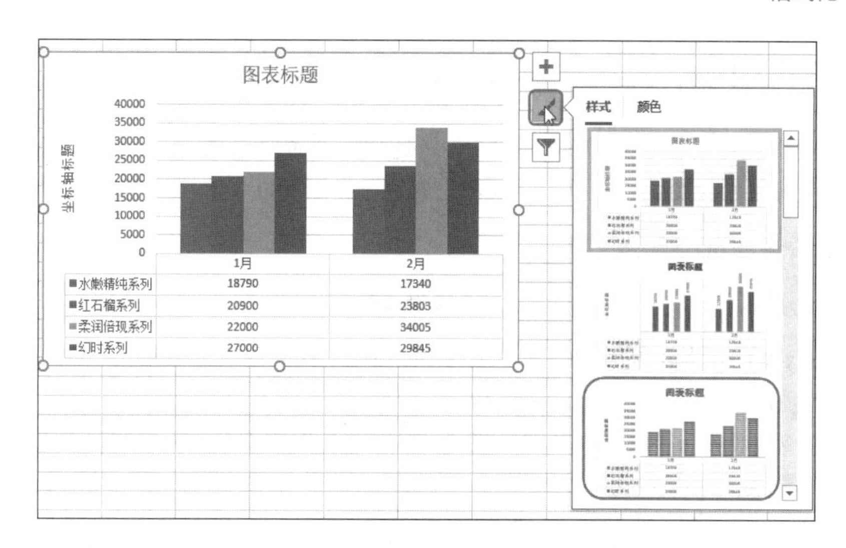

图 14-14

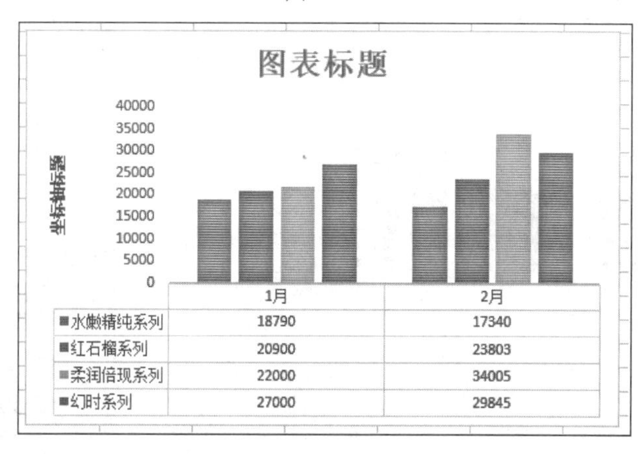

图 14-15

提示注意

在应用图表样式时，如果之前对图表做了格式设置，其格式都将会被覆盖，而且布局样式也有可能被更改，因此可以先选择套用格式，然后再单独对某一个对象进行格式调整以达到自己满意的效果。

14.3 图表中对象的填充及线条美化

选择数据源创建图表后，其默认是一种简易的格式。为了让图表的外观效果更美观、更具辨识度，在创建图表后可以根据设计需要重新修改图表中对象的填充色、边框效果、线条格式等，也可以从改变默认布局、隐藏不必要的元素、重设文字字体等方面对图表进行调整。

14.3.1 设置图表区背景

图表区格式默认是白色底纹无边框效果，为了达到特殊的设计效果，可以在“设置图表区格式”窗格中对图表的边框和底纹，设置纯色、渐变以及图片填充效果。

1. 设置背景

可以在“设置图表区格式”窗格中为图表区设置渐变填充效果。

❶ 打开图表，选中并右击，在展开的快捷菜单中单击“设置图表区域格式”命令（见图 14-16），打开“设置图表区格式”窗格。

❷ 单击“渐变填充”单选按钮，然后单击“预设渐变”右侧的下拉按钮，在展开的列表中选择一种渐变样式即可，如图 14-17 所示。

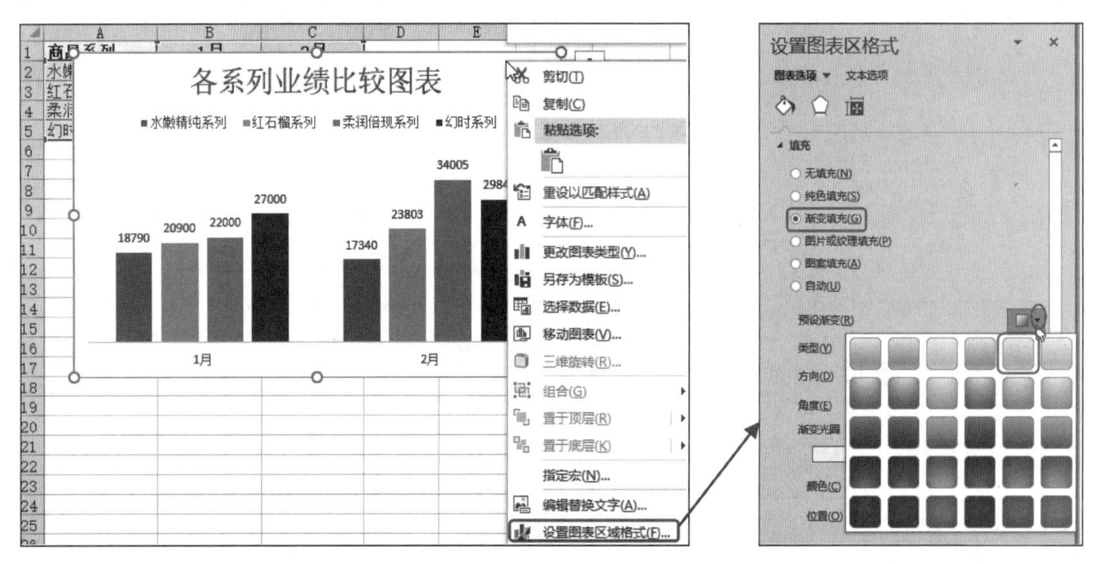

图 14-16　　　　图 14-17

❸ 在“渐变光圈”栏下单击第三个滑块，再单击右侧的“删除渐变光圈”按钮（见图 14-18），再单击“类型”栏右侧的下拉按钮，在展开的下拉列表中单击“射线”选项，如图 14-19 所示。

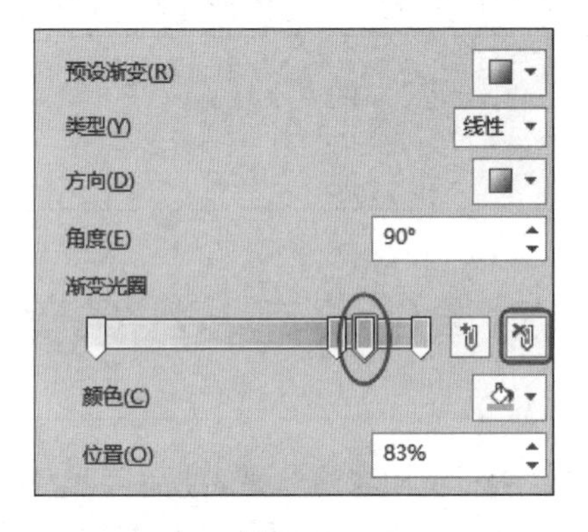

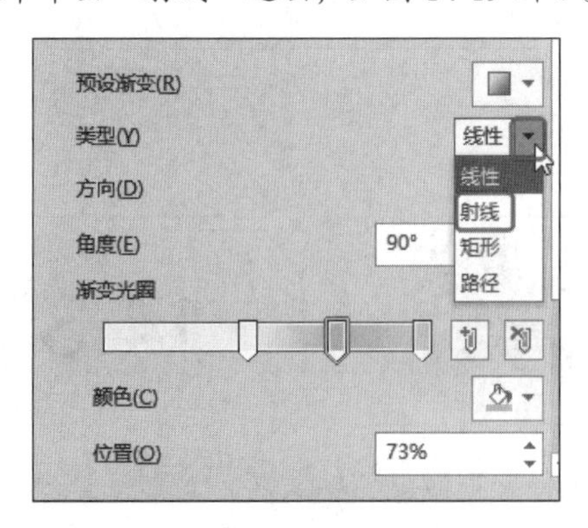

图 14-18　　　　图 14-19

❹ 设置完成后关闭“设置图表区格式”窗格，即可完成图表区背景的设置，如图 14-20 所示。

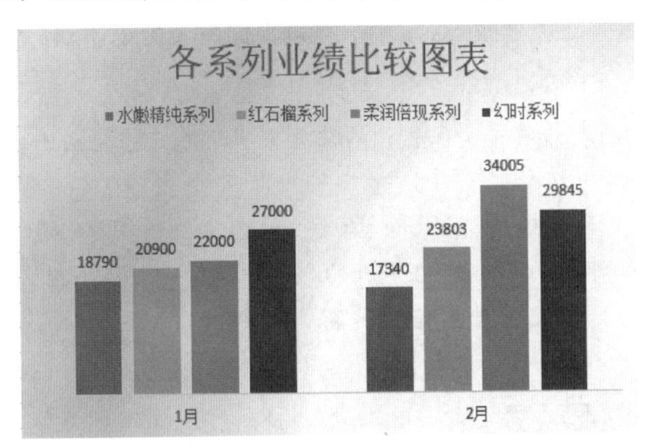

图 14-20

知识扩展

设置纯色和图案填充

打开“设置图表区格式”窗格，在“填充”栏下单击“纯色填充”单选按钮（见图 14-21），可以更改图表区的颜色。单击“图案填充”单选按钮，可以设置图案的类型、背景色和前景色，如图 14-22 所示。

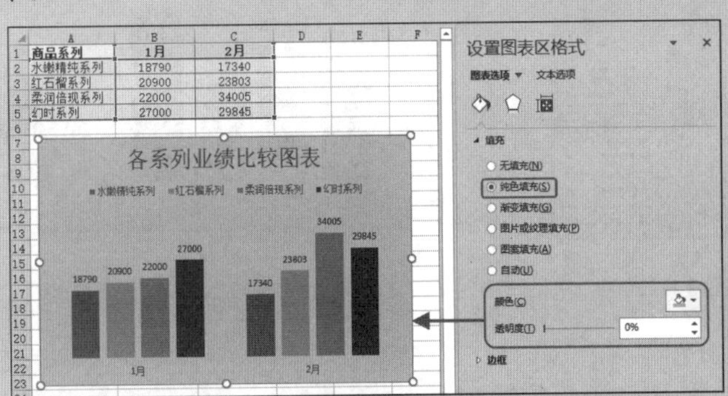

图 14-21

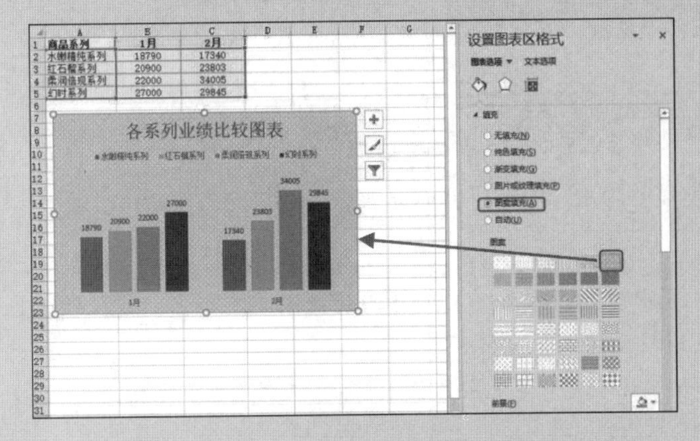

图 14-22

2. 设置边框

默认的图表区是没有外部边框效果的，用户可以根据图表美化需求，为图表区添加纯色线条、渐变线条等效果。

❶ 打开图表，选中图表并右击，在展开的快捷菜单中单击“设置图表区域格式”命令，打开“设置图表区格式”窗格。

❷ 首先在“边框”栏下单击“实线”单选按钮，再设置线条颜色、透明度、宽度和复合类型，最后单击“短划线类型”右侧的下拉按钮，在展开的列表中选择一种线型样式即可，如图 14-23 所示。

❸ 设置完成后关闭“设置图表区格式”窗格，即可看到图表区背景的边框效果设置，如图 14-24 所示。

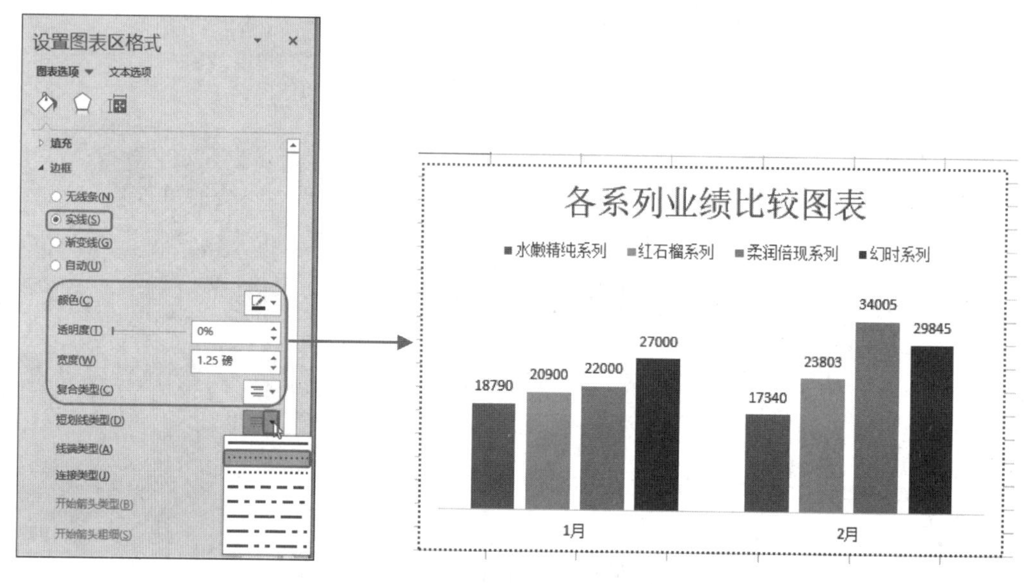

图 14-23　　　　图 14-24

提示注意

在“设置图表区格式”窗格的“边框”栏下还可以设置渐变线效果，设置方法和“实线”效果相同。

14.3.2 设置绘图区背景

绘图区比图表区的范围小，用户可以根据需要为绘图区添加纯色、渐变、以及图片填充效果。

❶ 打开图表，选中图表并右击，在展开的快捷菜单中单击“设置绘图区格式”命令（见图 14-25），打开“设置绘图区格式”窗格。

❷ 单击“图片或纹理填充”单选按钮，再单击“文件”按钮（见图 14-26），打开“插入图片”对话框。

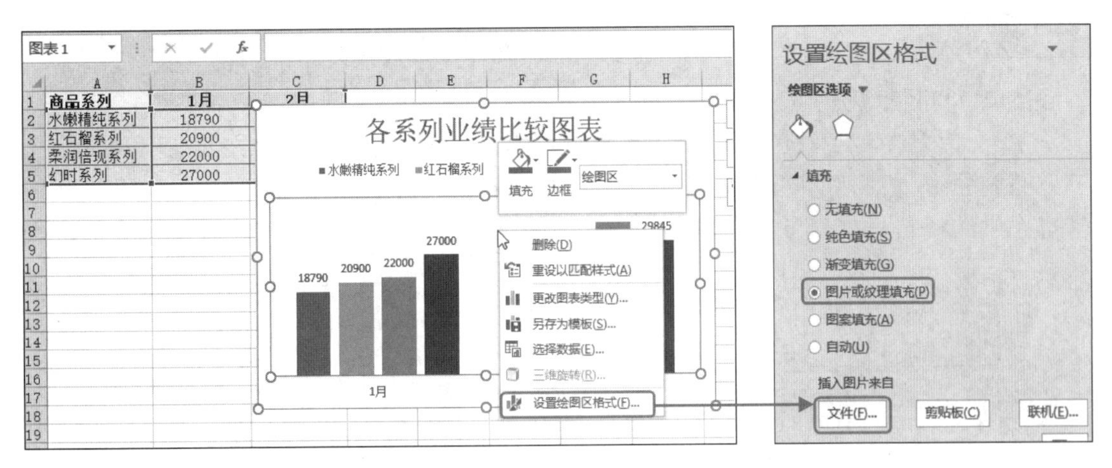

图 14-25　　　　图 14-26

❸ 找到文件夹路径并选中图片（见图 14-27），单击“插入”按钮返回“设置绘图区格式”窗格。设置图片的透明度为“82%”，如图 14-28 所示。

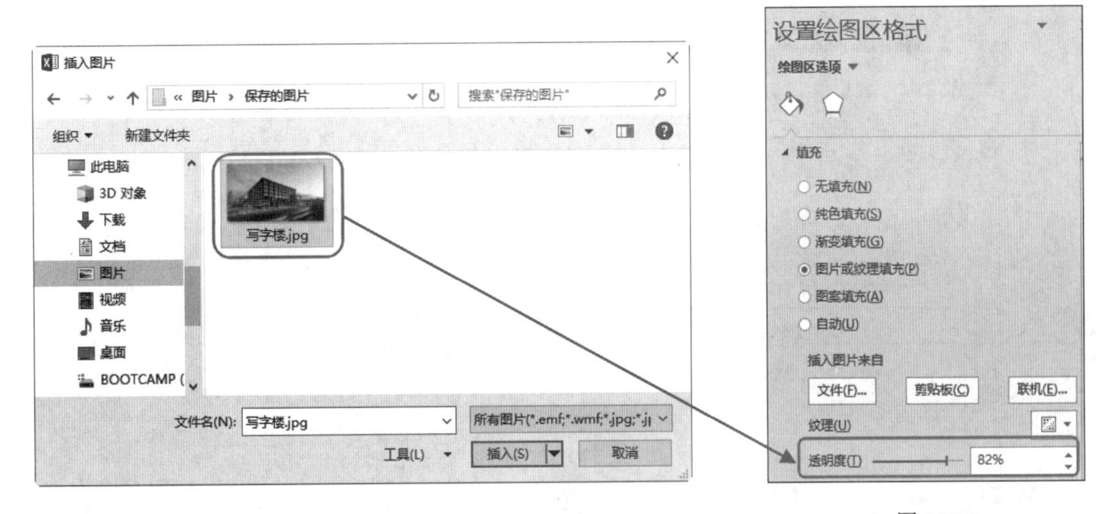

图 14-27　　　　图 14-28

❹ 关闭“设置绘图区格式”窗格，即可完成绘图区背景的设置，如图 14-29 所示。

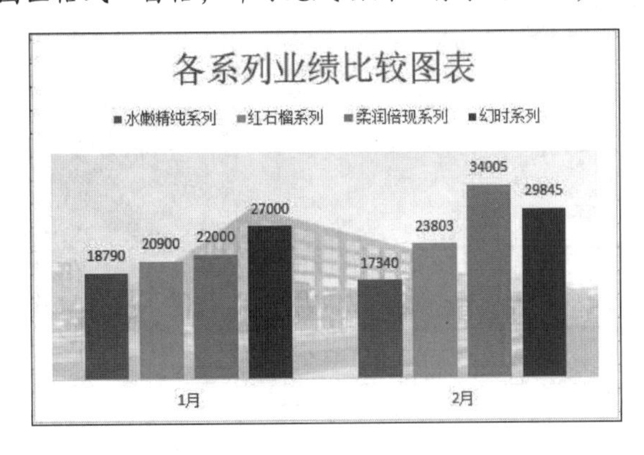

图 14-29

设置纯色和图案填充

打开“设置绘图区格式”窗格，在“填充”栏下单击“纯色填充”单选按钮（见图 14-30），可以更改图表区的颜色。单击“图案填充”单选按钮，可以设置图案的类型以及背景色和前景色，如图 14-31 所示。

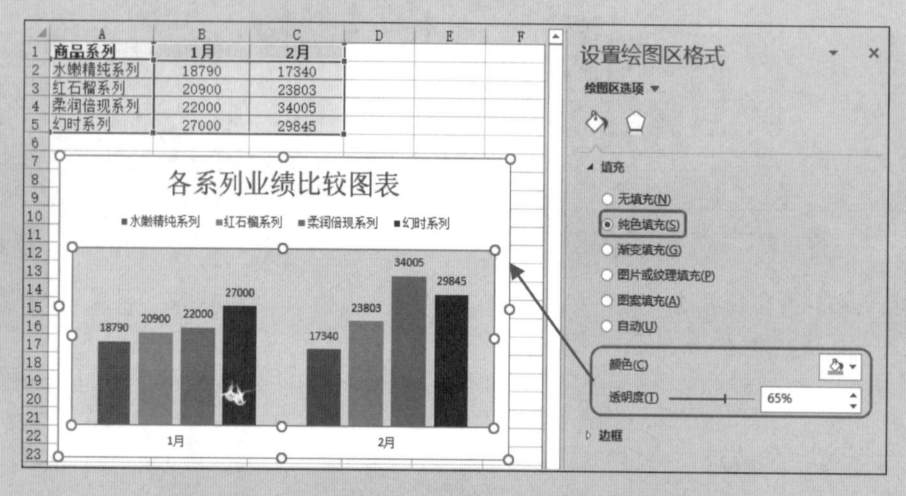

图 14-30

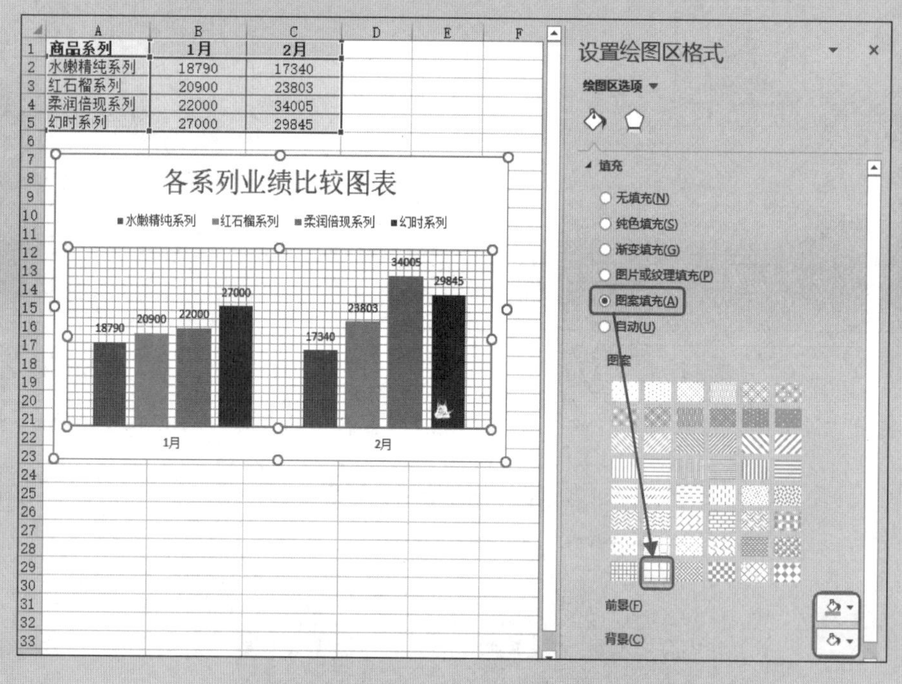

图 14-31

14.3.3 网格线的虚线条效果

图表中的网格线包括纵向网格线和横向网格线、主要网格线和次要网格线。网格线可以辅助我们更准确地读取数据系列对应的数值，不同的图表样式可以任意隐藏和显示网格线。下面需要将横向网格线设置为虚线条效果。

❶ 打开图表，选中图表并右击，在弹出的快捷菜单中单击“设置网格线格式”命令（见图 14-32），打开“设置主要网格线格式”窗格。

❷ 首先在“线条”栏下单击“实线”单选按钮，再设置线条颜色、透明度和宽度，最后单击“短划线类型”右侧的下拉按钮，在展开的列表中选择一种虚线样式即可，如图 14-33 所示。

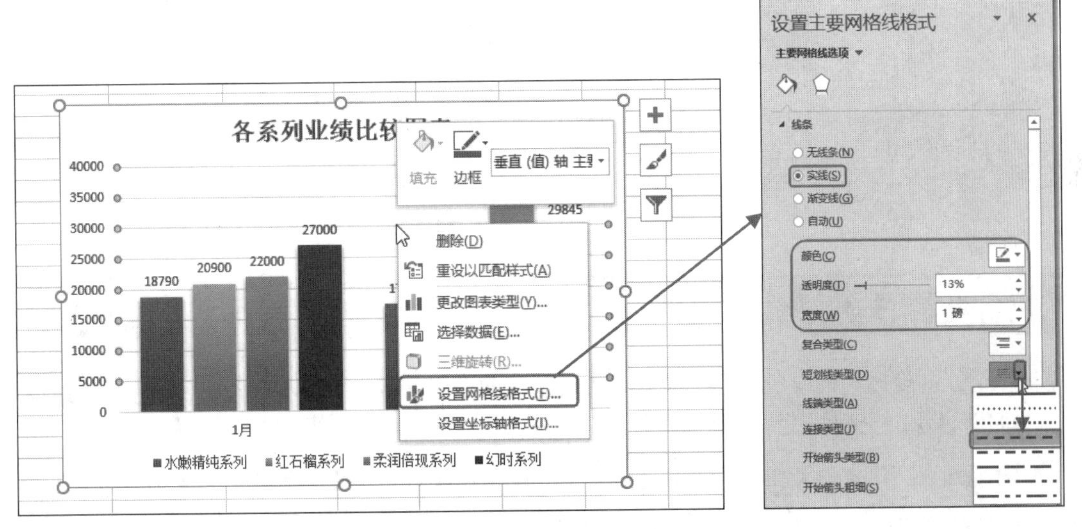

图 14-32　　　　图 14-33

❸ 设置完成后关闭“设置主要网格线格式”窗格，即可完成图表网格线的虚线效果设置，如图 14-34 所示。

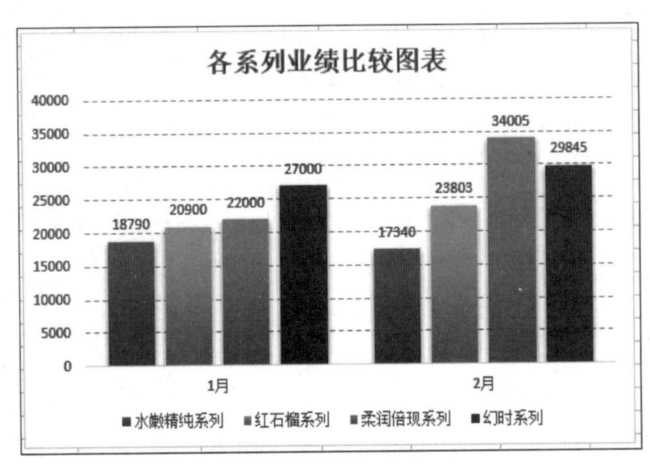

图 14-34

知识扩展

显示和隐藏网格线

如果要隐藏图表中的网格线，可以先选中指定类型的网格线，再按 Delete 键即可隐藏网格线；如果要再次显示网格线，可以选中图表后单击右侧的“图表元素”按钮，并在打开的列表中勾选“网格线”复选框（见图 14-35），即可再次显示网格线。

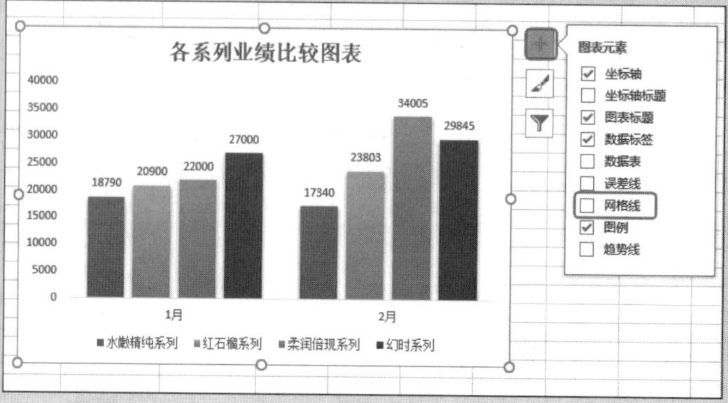

图 14-35

14.3.4 坐标轴的粗线条效果

创建图表后，坐标轴的线条有的不显示有的是默认的细线条显示（默认隐藏），本例介绍如何显示出坐标轴线条或重新进行线条格式设置。

❶ 打开图表，选中图表坐标轴对象并右击，在弹出的快捷菜单中单击“设置坐标轴格式”命令（见图 14-36），打开“设置坐标轴格式”窗格。

❷ 首先在“线条”栏下单击“实线”单选按钮，再设置线条颜色、透明度和宽度，如图 14-37 所示。

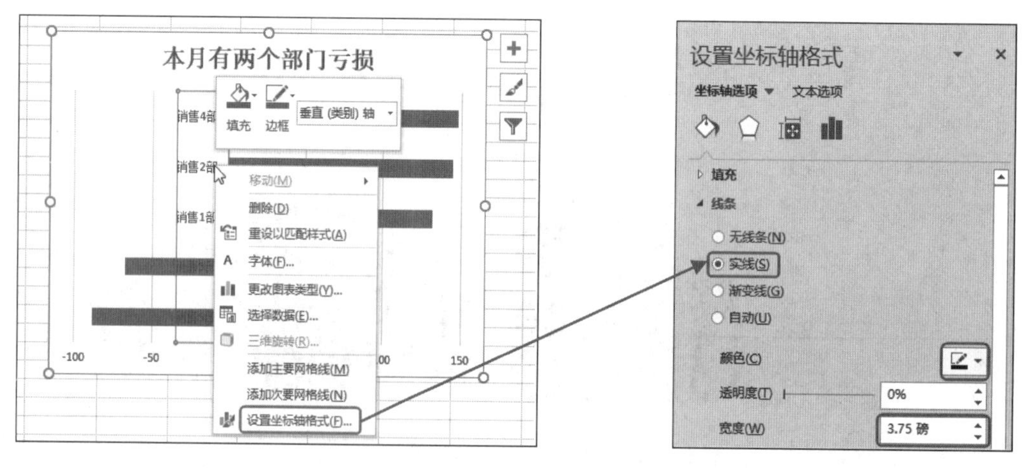

图 14-36

图 14-37

❸ 设置完成后关闭“设置坐标轴格式”窗格，即可将坐标轴设置为粗线条效果，如图 14-38 所示。

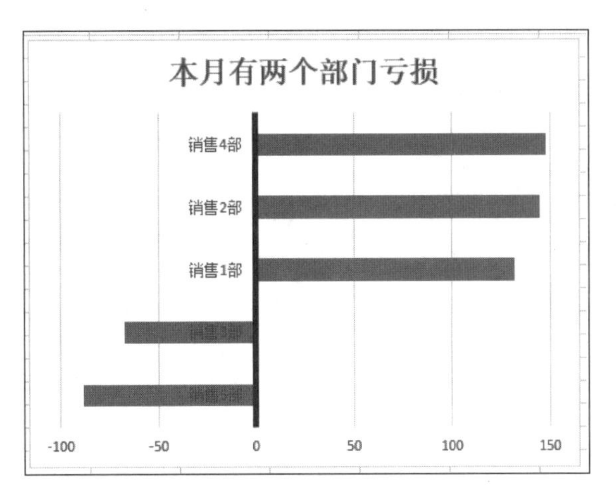

图 14-38

14.3.5 折线图线条及数据标记点格式设置

创建折线图图表后，其轮廓和标记点样式效果是默认的，下面介绍如何设置折线图线条效果，以及为数据标记点设置类型和大小。

❶ 打开图表，选中图表并右击，在弹出的快捷菜单中单击“设置数据系列格式”命令（见图 14-39），打开“设置数据系列格式”窗格。

❷ 首先在“线条”栏下单击“实线”单选按钮，再设置线条颜色、透明度和宽度，在“短划线类型”下拉列表中选择一种虚线样式即可，如图 14-40 所示。

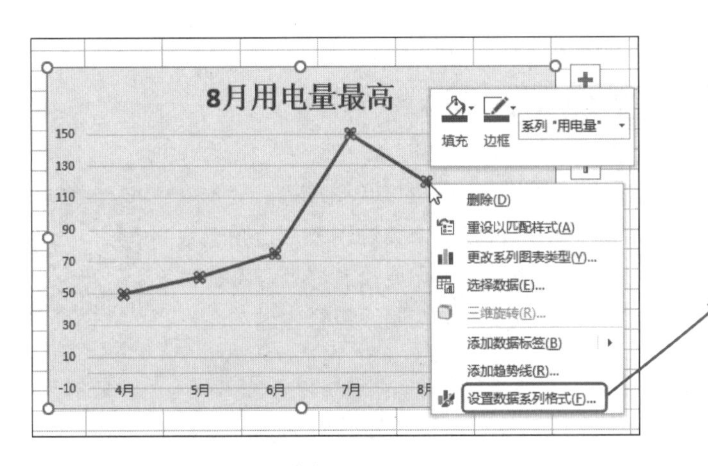

图 14-39

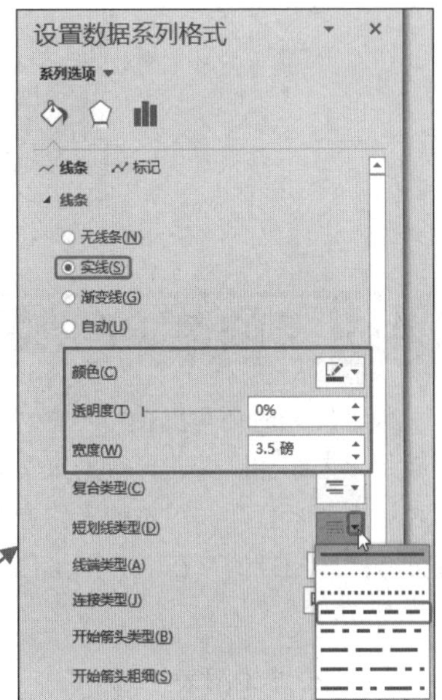

图 14-40

❸ 返回图表中，即可看到加粗的虚线折线图，如图 14-41 所示。

❹ 在“设置数据系列格式”窗格中继续切换到“标记”选项卡，设置数据标记类型为“菱形”，大小为“9”，最后设置颜色为“纯色填充”，如图 14-42 所示。

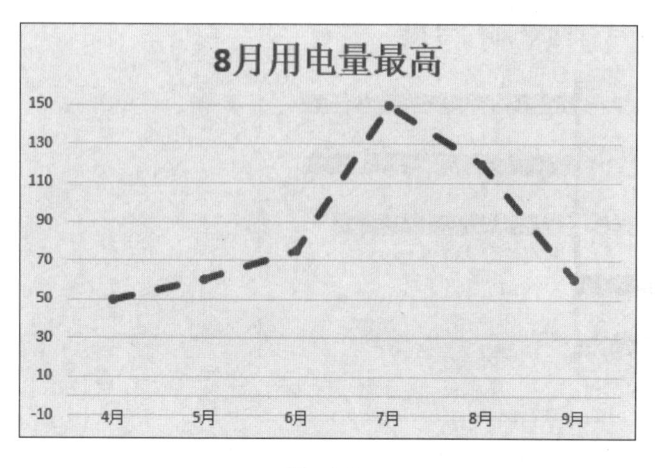

图 14-41

图 14-42

❺ 设置完成后关闭窗格并返回图表中，可以看到折线图的线条样式和数据标记点样式，效果如图 14-43 所示。

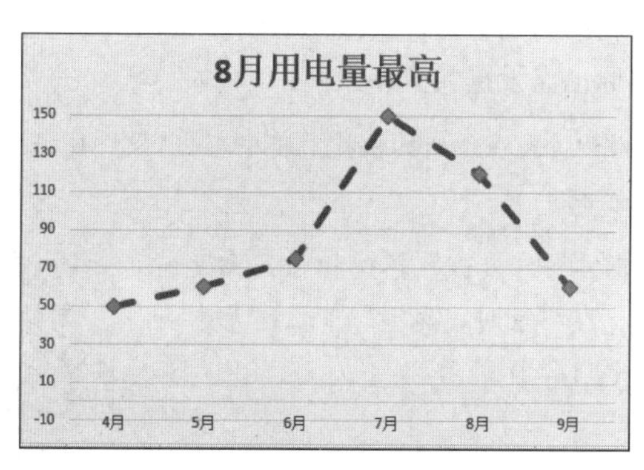

图 14-43

14.3.6 利用图形图片增强表现力

设计图表时还可以使用一些外部元素，比如文本框、图形以及图片等。文本框一般是用来添加副标题、数据来源等信息，图形图片可以用来修饰图表，让图表数据表达更清晰直观。图表的美化原则是图表要保持简洁、美化要恰到好处，不建议过分夸张。同样的，在选择图形图片修饰图表时，也要避免花哨不符合主题的图形图片对象。

1．图形修饰图表

❶ 打开图表，单击“插入”→“插图”选项组中的“形状”右侧的下拉按钮，在展开的下拉列表中选择“标注-线型”，如图 14-44 所示。

图 14-44

❷ 单击后即可按住鼠标左键绘制一个大小合适的图形。选中图表后右击，在弹出的快捷菜单中单击“编辑文字”命令（见图 14-45），进入文字编辑状态。

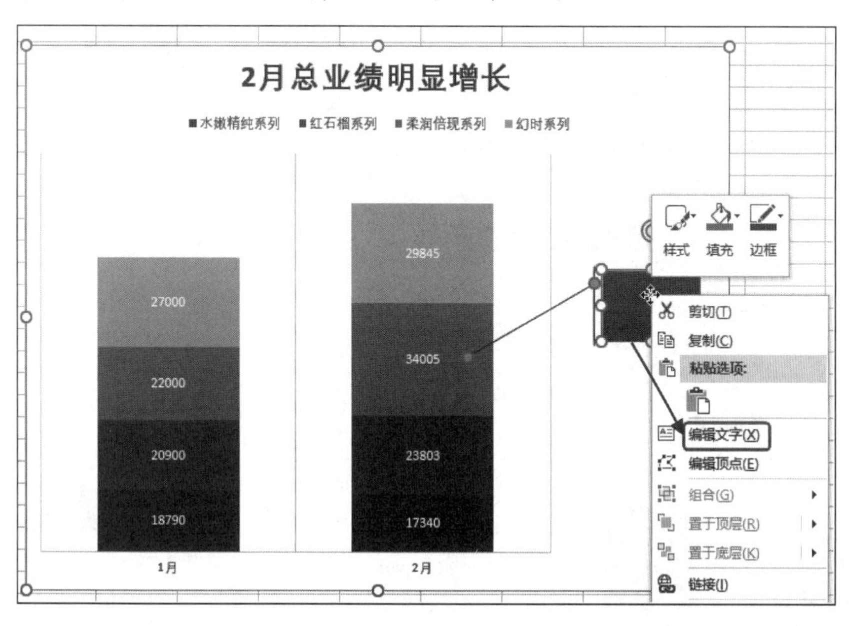

图 14-45

❸ 在绘制的图形中直接输入文本即可，选中图形，单击“格式”→“形状样式”选项组中的“其他”下拉按钮，在展开的下拉列表中选择“细微效果-金色，强调颜色 4”，如图 14-46 所示。

❹ 单击后即可看到应用的图形效果，如图 14-47 所示。

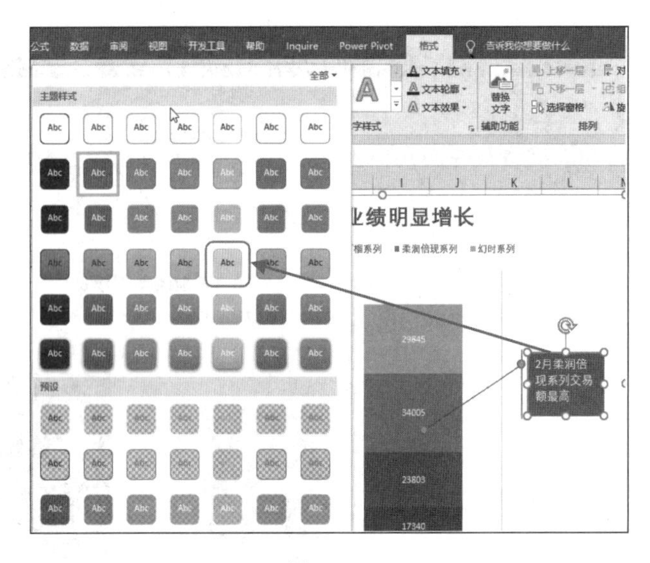

图 14-46

2. 图片修饰图表

❶ 打开图表，单击“插入”→“插图”选项组中的“图片”按钮（见图 14-48），打开“插入图片”对话框。

❷ 打开文件夹并选中图片，如图 14-49 所示。

❸ 单击“插入”按钮即可插入图片。选中图片，单击“图片工具”→“格式”→“调整”选项组中的“删除背景”按钮（见图 14-50），进入图片编辑状态。

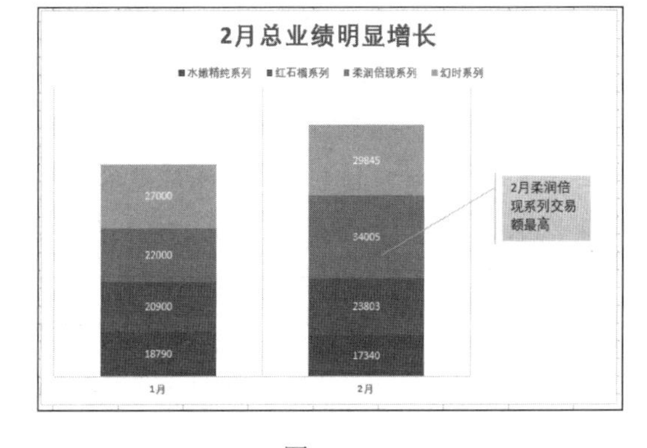

图 14-47

图 14-48

图 14-49

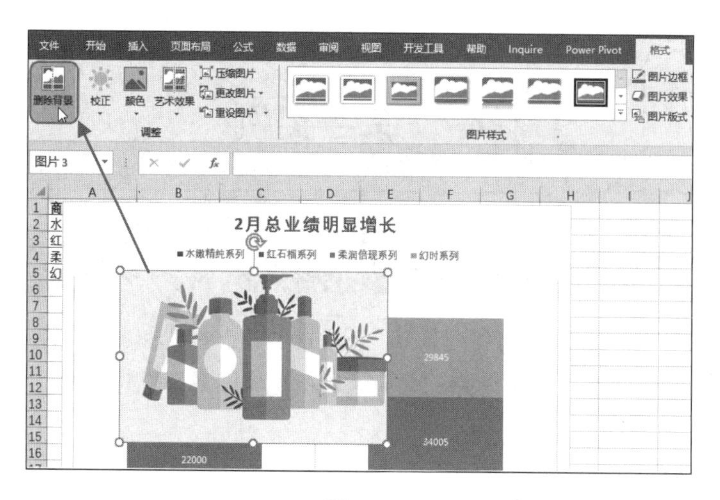

图 14-50

❹ 此时可以看到红色阴影区域代表即将被删除的背景区域。继续单击“背景消除”→的“关闭”选项组中的“保留更改”按钮（见图 14-51），即可删除图片背景区域，如图 14-52 所示。

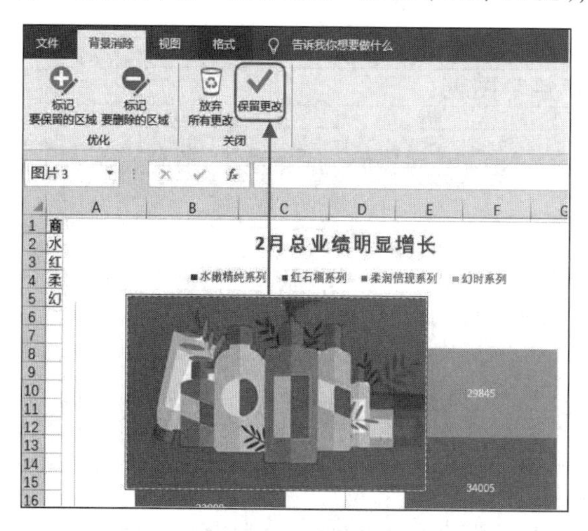

图 14-51

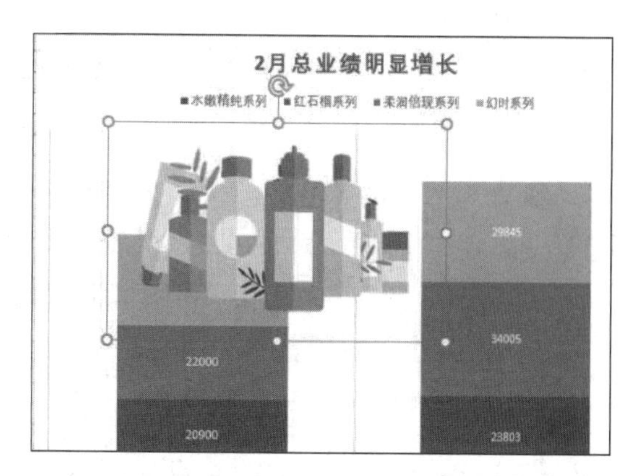

图 14-52

❺ 最后调整图片的位置和大小即可，效果如图 14-53 所示。

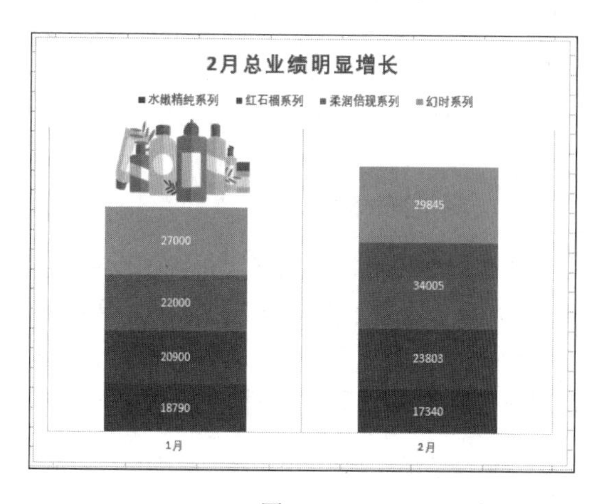

图 14-53

14.4 综合实例

14.4.1 案例 28：自动标记最高点和最低点的折线图

本例表格中统计了全年各月份的利润数据，下面需要建立折线图图表，能够自动标记最大利润和最小利润值。随着数据的更新变化，图表的最高点和最低点也能自动标记。

1. 公式返回极值

❶ 打开表格并在第 4 行建立“最大”辅助列，在 B4 单元格中输入公式“=IF(B3=MAX($B$3:$M$3),B3,NA())”，按回车键后向右复制公式即可依次返回最大值，如图 14-54 所示。

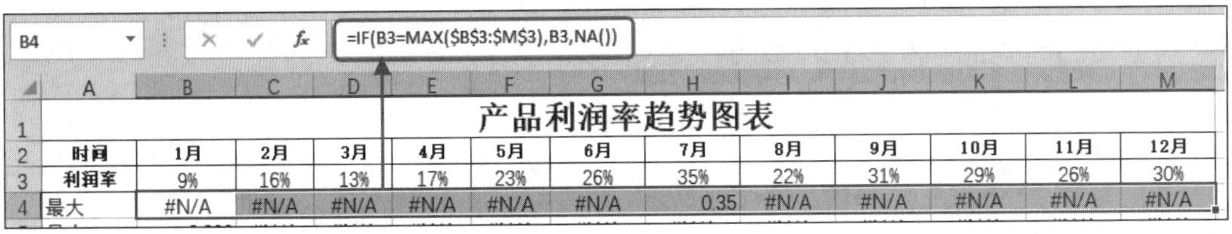

B4 =IF(B3=MAX($B$3:$M$3),B3,NA())

	A	B	C	D	E	F	G	H	I	J	K	L	M
1	产品利润率趋势图表												
2	时间	1月	2月	3月	4月	5月	6月	7月	8月	9月	10月	11月	12月
3	利润率	9%	16%	13%	17%	23%	26%	35%	22%	31%	29%	26%	30%
4	最大	#N/A	#N/A	#N/A	#N/A	#N/A	#N/A	0.35	#N/A	#N/A	#N/A	#N/A	#N/A

图 14-54

❷ 继续在表格第 5 行建立“最小”辅助列，在 B5 单元格中输入公式“=IF(B3=MIN($B$3:$M$3),B3,NA())”，按回车键后向右复制公式即可依次返回最小值，如图 14-55 所示。

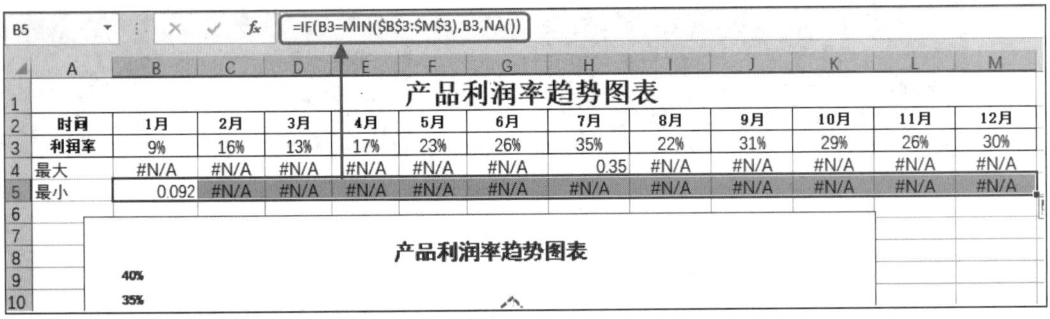

B5 =IF(B3=MIN($B$3:$M$3),B3,NA())

	A	B	C	D	E	F	G	H	I	J	K	L	M
1	产品利润率趋势图表												
2	时间	1月	2月	3月	4月	5月	6月	7月	8月	9月	10月	11月	12月
3	利润率	9%	16%	13%	17%	23%	26%	35%	22%	31%	29%	26%	30%
4	最大	#N/A	#N/A	#N/A	#N/A	#N/A	#N/A	0.35	#N/A	#N/A	#N/A	#N/A	#N/A
5	最小	0.092	#N/A	#N/A	#N/A	#N/A	#N/A	#N/A	#N/A	#N/A	#N/A	#N/A	#N/A

产品利润率趋势图表

40%

35%

图 14-55

2. 应用图表样式

创建折线图后，因为默认折线图没有数据点（“最高值”系列与“最低值”系列都只有一个值），所以暂时看不到任何显示效果。单击图表右侧的“图表样式”按钮，在打开的下拉列表中单击“样式”选项卡下的“样式 2”选项（见图 14-56），即可在套用样式的同时自动将“最高值”系列与“最低值”系列的数据点显示出来。

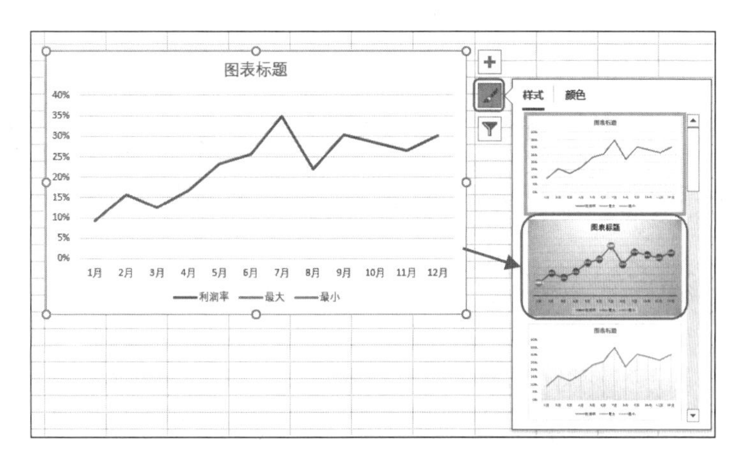

图 14-56

3. 数据标签格式设置

❶ 选中折线图中的“最高值”系列并右击，在弹出的快捷菜单中单击“设置数据标签格式”命令（见图 14-57），打开“设置数据标签格式”窗格。

❷ 在“标签包括”栏下分别勾选“系列名称”“类别名称”和“值”前面的复选框即可，如图 14-58 所示。

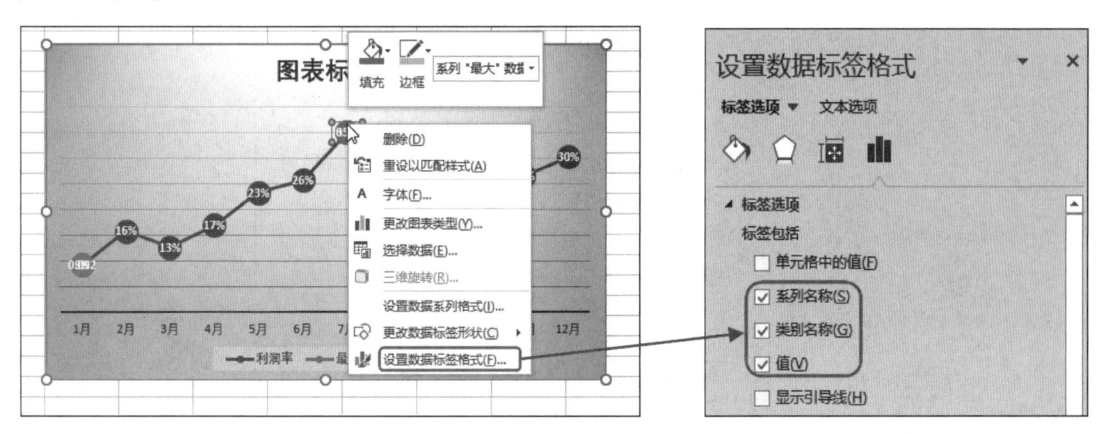

图 14-57　　图 14-58

❸ 关闭窗格后，即可显示最高值的数据标签，按照相同的方法设置“最低值”数据系列的数据标签即可，最终效果如图 14-59 所示。

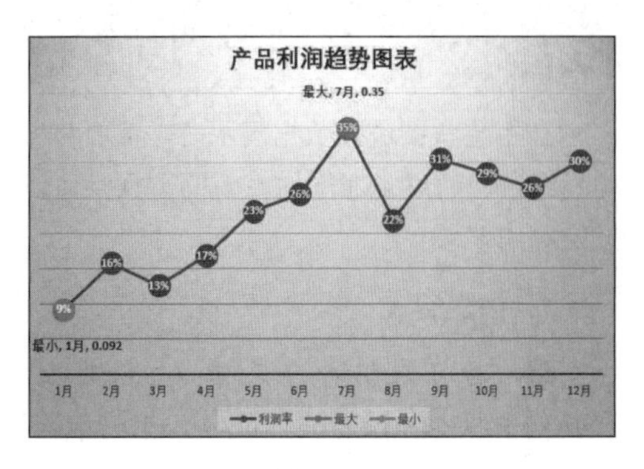

图 14-59

4. 美化图表

❶ 打开图表选中区域后右击，在弹出的快捷菜单中单击“设置图表区域格式”命令（见图 14-60），打开“设置图表区格式”窗格，在“填充”栏下单击“纯色填充”单选按钮，设置填充颜色为“白色”，如图 14-61 所示。

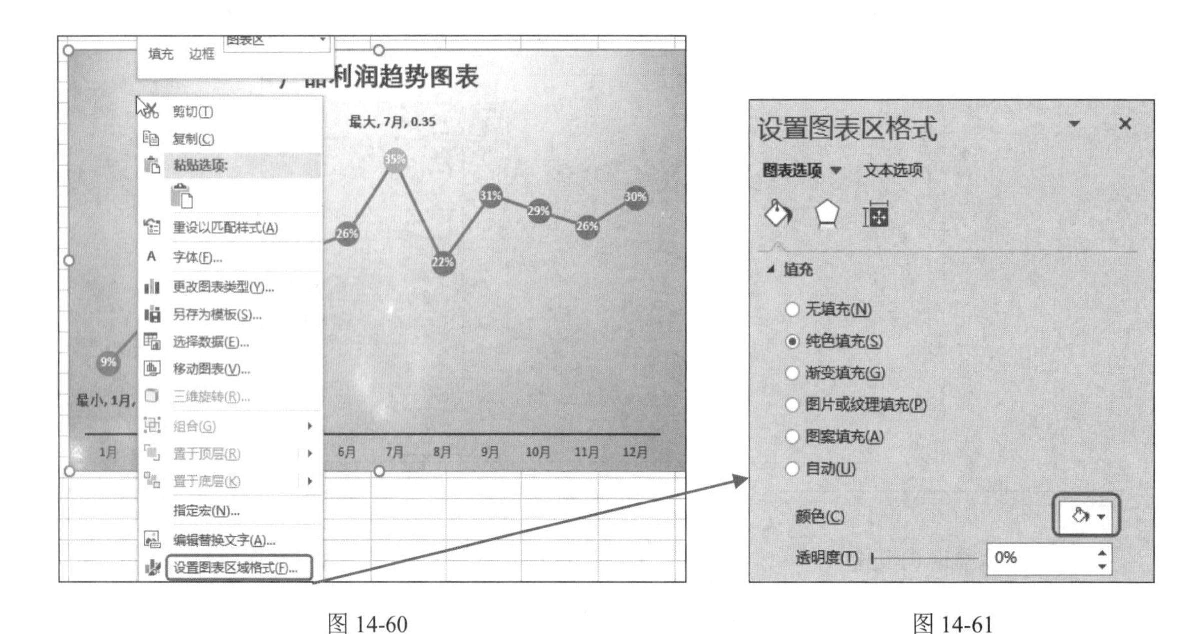

图 14-60　　　　图 14-61

❷ 设置完成后关闭窗格返回图表中，即可看到为图表设置颜色，效果如图 14-62 所示，其中自动标记了最大值和最小值。

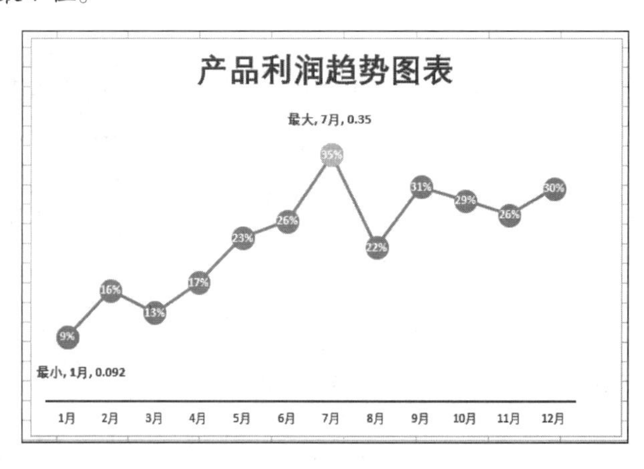

图 14-62

14.4.2 案例 29：平均销售利润参考线图表

在用柱状图进行数据展示时，需要将数据与平均值比较，可以在图表中添加平均线线条。通过添加平均值辅助数据则可以将其绘制到图表中，从而增强图表中数据的对比效果。

1. 创建图表

❶ 打开表格并在表格 C 列建立辅助列“平均利润”，在 C2 单元格中输入公式“=AVERAGE($B$2:$B$13)”，按回车键后再向下复制公式，依次得到平均值数据，如图 14-63 所示。

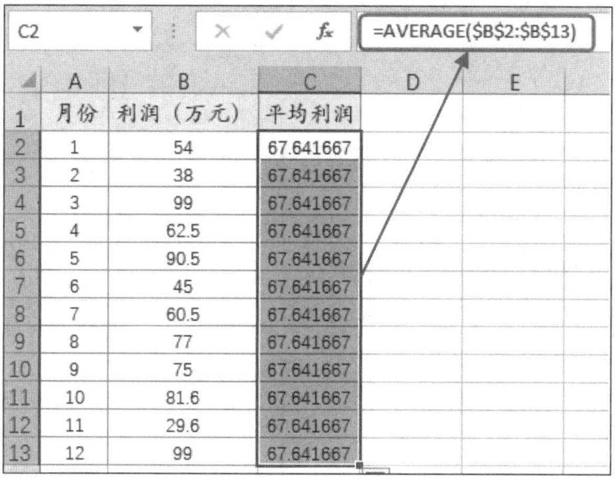

图 14-63

❷ 选中数据区域，单击“插入→“图表”选项组中的“插入柱形图”右侧的下拉按钮，在展开的下拉菜单中单击“簇状柱形图”命令，如图 14-64 所示。

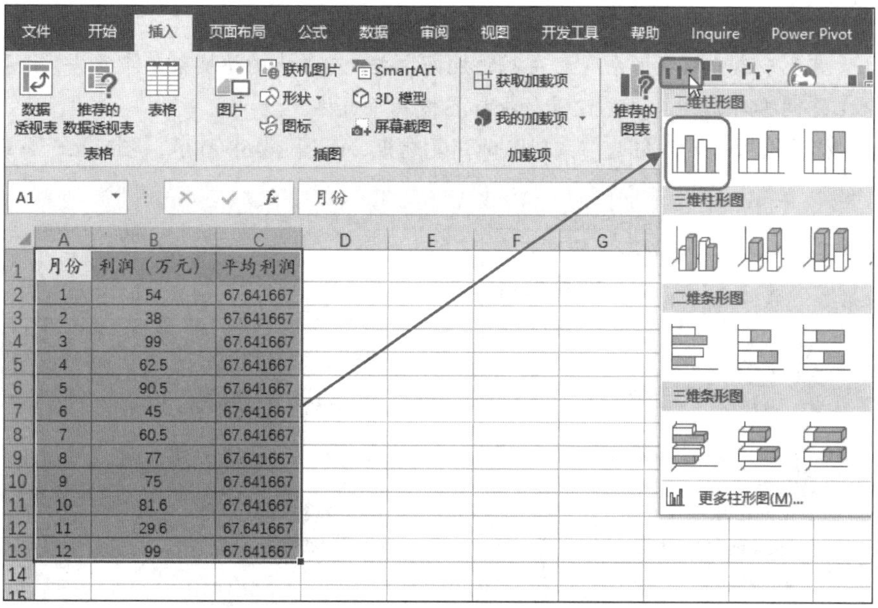

图 14-64

❸ 单击后即可创建簇状柱形图图表。

2. 更改图表类型

❶ 选中“平均利润”数据系列后右击，在弹出的快捷菜单中单击“更改系列图表类型”命令（见图 14-65），打开“更改图表类型”对话框。

❷ 在该对话框的“所有图表”选项卡下设置“平均利润”数据系列图表类型为“折线图”，如图 14-66 所示。

❸ 设置完成后单击“确定”按钮返回表格，可以看到“平均利润”系列变成一条直线。

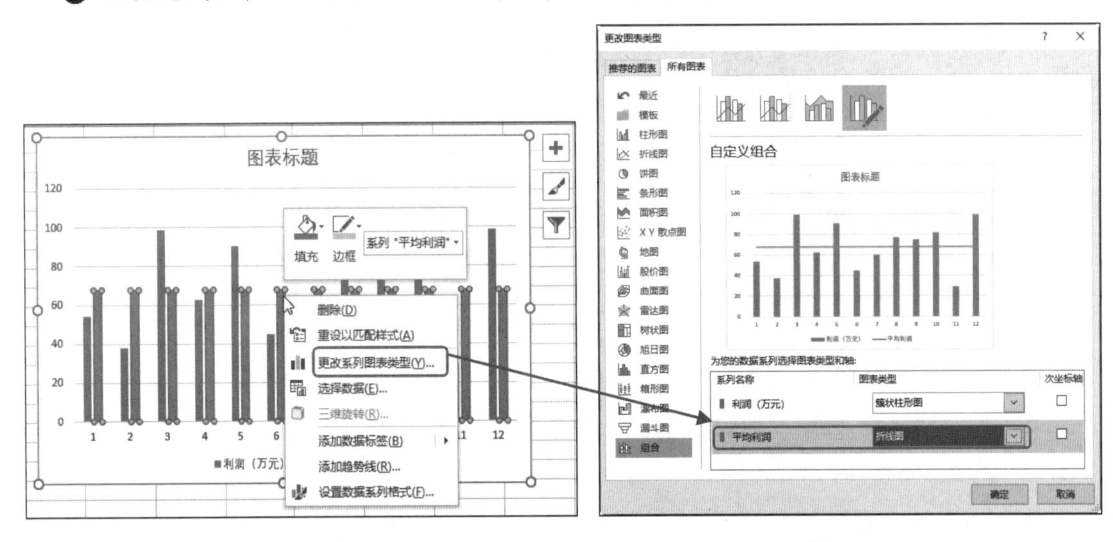

图 14-65　　　　图 14-66

3. 美化图表

❶ 打开图表并选中该数据系列最左侧的数据右击，在弹出的快捷菜单中单击“设置数据标签格式”命令（见图 14-67），打开“设置数据标签格式”窗格。

❷ 在“标签选项”栏下勾选“系列名称”复选框，如图 14-68 所示，即可显示系列名称“平均利润”。

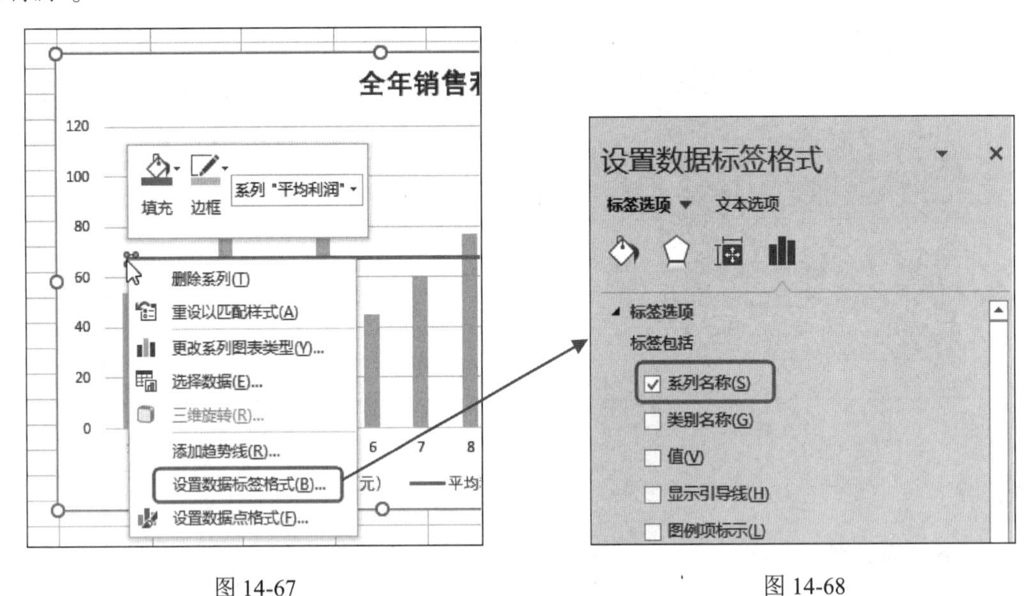

图 14-67　　　　图 14-68

❸ 关闭窗格返回图表中，为图表设置样式和颜色。可以看到“平均利润”系列变成一条直线（因为这个系列的所有值都相同），超出这条线的表示销售利润高于平均利润值，低于这条线的表示销售利润低于平均利润值，如图 14-69 所示。

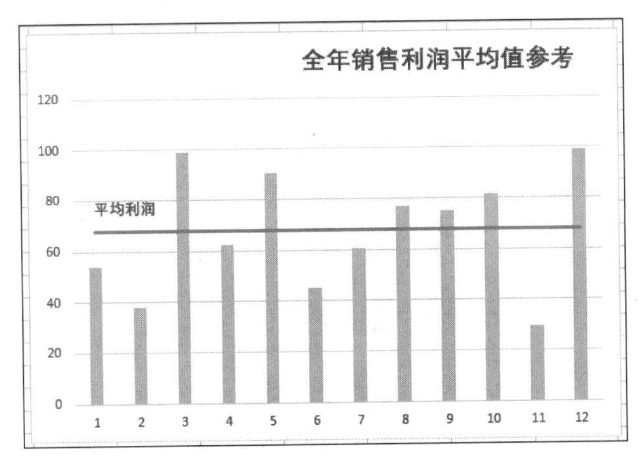

图 14-69

14.4.3 案例 30：实际与预测相比较的温度计图表

温度计图表常用于表达实际与预测、今年与往年等数据的对比效果。例如在本例中可以通过温度计图表直观看到哪一月份营业额没有达标（实际值低于计划值）。

❶ 打开表格，建立柱形图后，选中图表中的“实际值”数据系列右击（见图 14-70），在弹出的快捷菜单中单击“设置数据系列格式”命令，打开“设置数据系列格式”窗格。

❷ 在“系列绘制在”栏下单击“次坐标轴”单选按钮，并设置系列重叠和间隙宽度分别为“-27%”和“400%”，如图 14-71 所示。

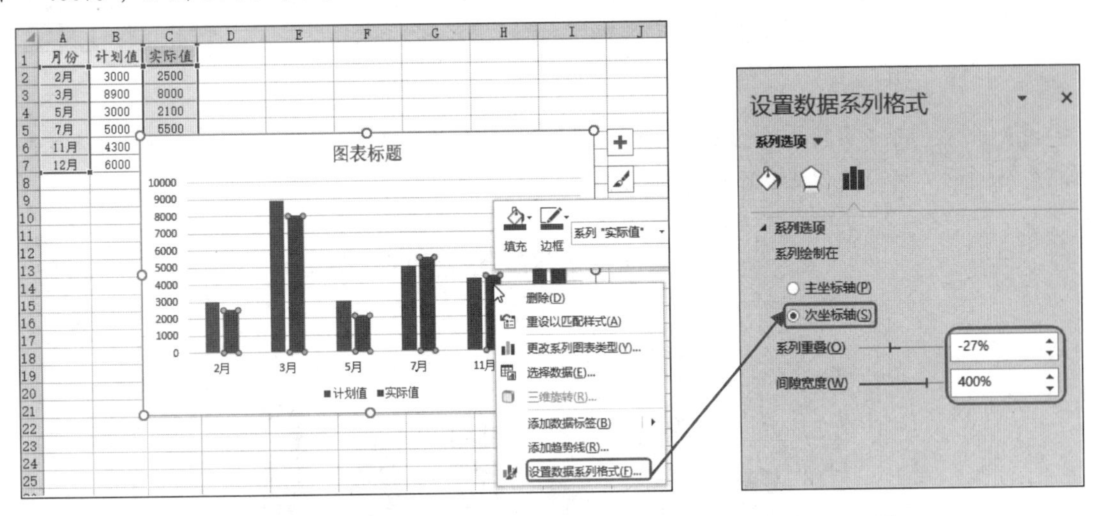

图 14-70

图 14-71

❸ 按照相同的设置方法设置“计划值”数据系列的“间隙宽度”为“110%”，如图14-72所示。

❹ 关闭“设置数据系列格式”窗格即可看到“实际值”数据系列显示在“计划值”数据系列的内部。双击图表中的垂直轴数值标签，即可打开“设置坐标轴格式”窗格。设置“坐标轴选项”标签下的最大值为“10000”（如果左侧的垂直轴数值标签刻度和右侧不一致，一定要重新设置一致的最大值和最小值），如图 14-73 所示。

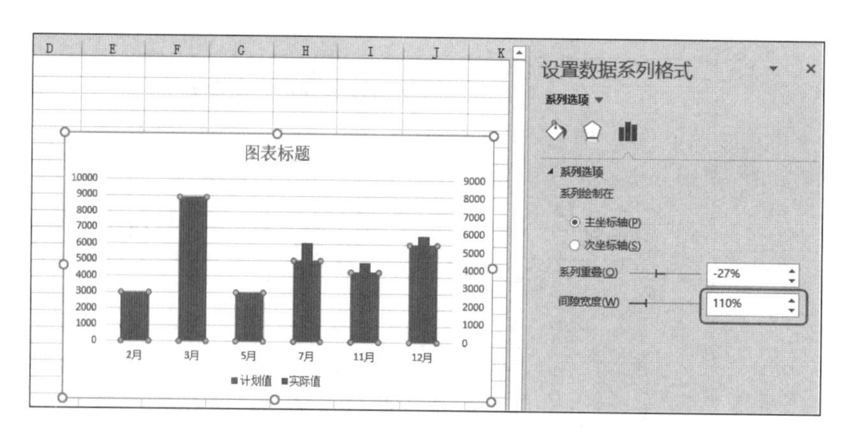

图 14-72

❺ 选中图表并单击右侧的“图表样式”按钮，在打开的下拉列表中单击“样式 4”，如图 14-74 所示。

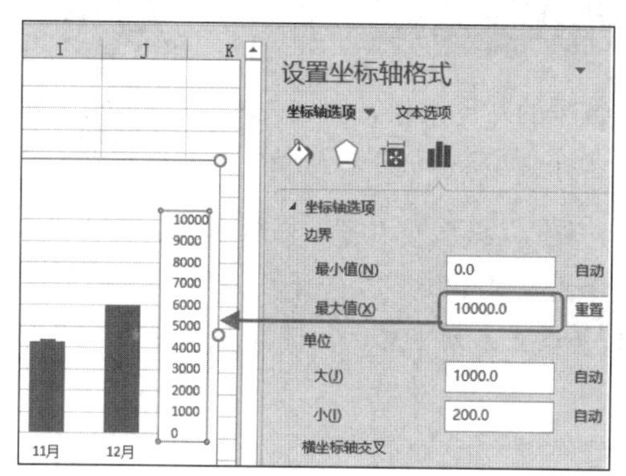

图 14-73

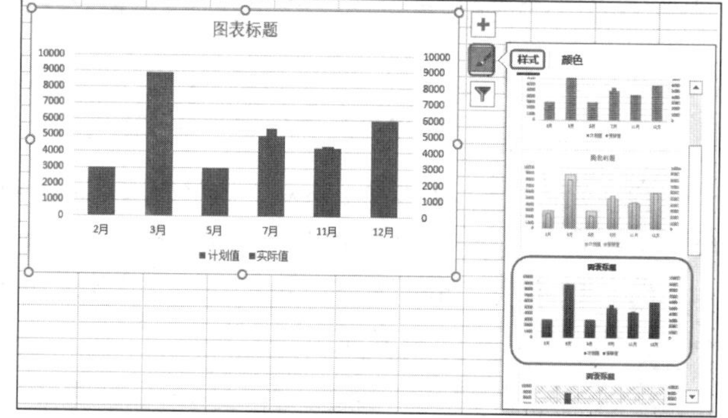

图 14-74

❻ 此时即可应用指定图表样式，重新输入图表标题并局部美化添加必要的元素，最终效果如图 14-75 所示。从温度计图中可以直观地看到计划值和实际值是否相符。

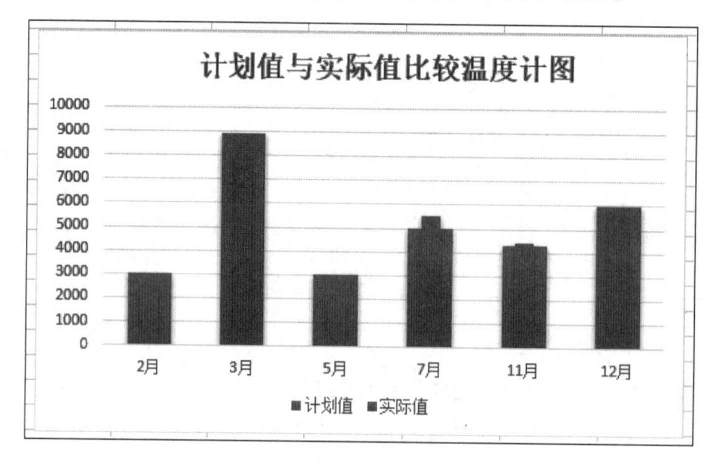

图 14-75

第 15 章
数据透视表分析

学习导读

数据透视表具有极其强大的功能，无论是人事数据、销售数据、生产数据、教育统计数据等，都可以使用它进行分类汇总的统计，并且可以通过简单地变动字段获取不同的统计结果。数据透视表是办公人员必须掌握的数据分析工具。

学习要点

- 了解并建立数据透视表。
- 设置透视表布局和值显示方式。
- 分组数据。
- 使用切片器。
- 刷新与优化数据透视表。
- 创建数据透视图。

15.1 创建数据透视表

数据透视表和前面介绍的“分类汇总”功能比较相似，都是将指定区域数据按求和、求平均值、计数等方式汇总数据，而本章介绍的数据透视表是汇总、分析、浏览和呈现数据的好工具，它可以按所设置的字段对数据表进行快速汇总统计与分析，并且根据分析目的的不同，可以任意更改字段位置来重新获取统计结果。数据透视表可以进行的数据计算方式也是多样的，如求和、求平均值、最大值以及计数等，不同的数据分析需求可以选择相应的汇总方式。创建前要懂得如何准备数据源，创建中要知道如何设置字段，创建后能够进行编辑优化等。

15.1.1 数据透视表概述

数据透视表是专门针对以下用途设计的：

- 以多种用户友好的方式查询大量数据。
- 对数值数据进行分类汇总和聚合，按分类和子分类对数据进行汇总，创建自定义计算和公式。
- 展开或折叠要关注结果的数据级别，查看感兴趣区域汇总数据的明细。
- 将行移动到列或将列移动到行（或“透视”），以查看源数据的不同汇总。
- 对有用和关注的数据子集进行筛选、排序、分组和有条件地设置格式，使用户能够关注所需的信息。
- 提供简明、有吸引力并且带有批注的联机报表或打印报表。
- 如果要分析相关的汇总值，尤其是在要合计较大的数字列表并对每个数字进行多种比较时，都可以使用数据透视表。比如在图 15-1 所示的数据透视表中，用户可以方便地看到 C6 单元格中“行政部”的“福利补贴”金额是如何与其他部门的“福利补贴”进行比较的。

	A	B	C
3		数据	
4	所属部门	求和项:工龄工资	求和项:福利补贴
5	财务部	2400	1500
6	行政部	1700	2800
7	企划部	2500	2300
8	网络安全部	3400	3700
9	销售部	3600	8300
10	总计	13600	18600

图 15-1

数据透视表的功能虽然非常强大，但是使用之前需要规范数据源表格，否则将给后期创建和使用数据透视表带来层层阻碍，甚至无法创建数据透视表。很多新手不懂得如何规范数据源，下面介绍一些创建数据透视表的表格应当避免的误区。

- 不能包含多层表头，如图 15-2 所示表格的第一行和第二行都是表头信息，这让程序无法为数据透视表创建字段。

	A	B	C	D	E	F	G	H	I
1	员工基本工资记录表								
2	员工基本信息						工资		
3	编号	姓名	部门	职务	入公司时间	工龄	基本工资	岗位工资	工龄工资
4	JX001	蔡瑞暖	销售部	经理	2002/3/1	15	2200	1400	1040
5	JX002	陈家玉	财务部	总监	1994/2/14	23	1500	200	1680
6	JX003	王莉	企划部	职员	2002/2/1	15	1500	200	1040
7	JX004	吕从英	企划部	经理	2004/3/1	13	2000	1400	880
8	JX005	邱路平	网络安全部	职员	1998/5/5	19	1500	200	1360
9	JX006	岳书焕	销售部	职员	2004/8/6	13	800	100	880

图 15-2

- 数据记录中不能带空行，如果数据源表格包含空行、数据中断、程序无法获取完整的数据源，统计结果也就不正确。如果表格包含空行，可以按照前面介绍的批量删除空行的方法整理好数据源。
- 不能输入不规范日期，不规范的日期数据会造成程序无法识别它是日期数据，自然也不能按年、月、日进行分组统计。
- 数据源中不能包含重复记录（本书前面章节也介绍了处理重复值的方法）。
- 列字段不要重复，名称要唯一，也就是当表格中多列数据使用同一个名称时，会造成数据透视表的字段混淆，无法分辨数据属性。

- 尽量不要将数据放在多个工作表中，比如说将各个季度的销售数据分别建立四个工作表，虽然可以引用多表数据创建数据透视表，但是毕竟操作步骤繁多，因此该情况下可以将数据复制与粘贴到一张表格中再创建数据透视表。

15.1.2 创建数据透视表

准备好合适的数据源表格之后，下一步需要为指定数据区域创建数据透视表，默认创建的数据透视表名称为“数据透视表 1”。创建数据透视表时默认会在新工作表中显示，但也可以根据需要将数据透视表放在源数据表格中。

1. 直接创建透视表

❶ 打开工作表，选中数据表格中的任意单元格，单击“插入”→“表格”选项组中的“数据透视表”按钮（见图 15-3），打开“创建数据透视表”对话框。

❷ 该对话框中所有选项保持默认不变(也可以根据实际需要修改放置位置和区域)，如图 15-4 所示。

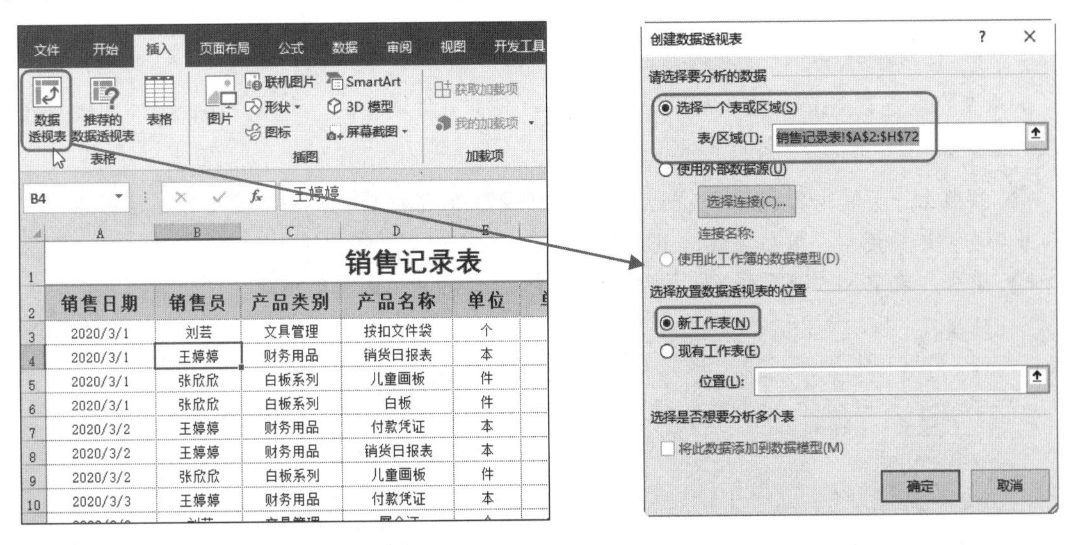

图 15-3　　　　图 15-4

❸ 单击“确定”按钮，即可新建工作表并创建空白的数据透视表，同时在右侧激活“数据透视表字段”列表框，如图 15-5 所示。

提示注意

默认情况下，文本字段可添加到“行”区域，日期和时间字段可添加到“列”区域，数值字段添加到“值”区域。也可将字段手动拖放到任意字段列表中，只需取消选中复选框或直接拖动即可。在设置字段的同时数据透视表进行相应的统计显示，若不是想要的结果，可以任意重新调整字段。

图 15-5

2. 导入外部数据创建透视表

如果要将创建数据透视表的源数据表格保存在其他文件夹中，也可以直接使用外部数据来建立数据透视表。具体操作步骤如下：

❶ 按照上一节的步骤❶打开“创建数据透视表”对话框后，单击“使用外部数据源”单选按钮并单击“选择连接”按钮（见图 15-6），打开“现有连接”对话框。

❷ 单击列表中的“浏览更多”按钮（见图 15-7），打开“选取数据源”对话框。

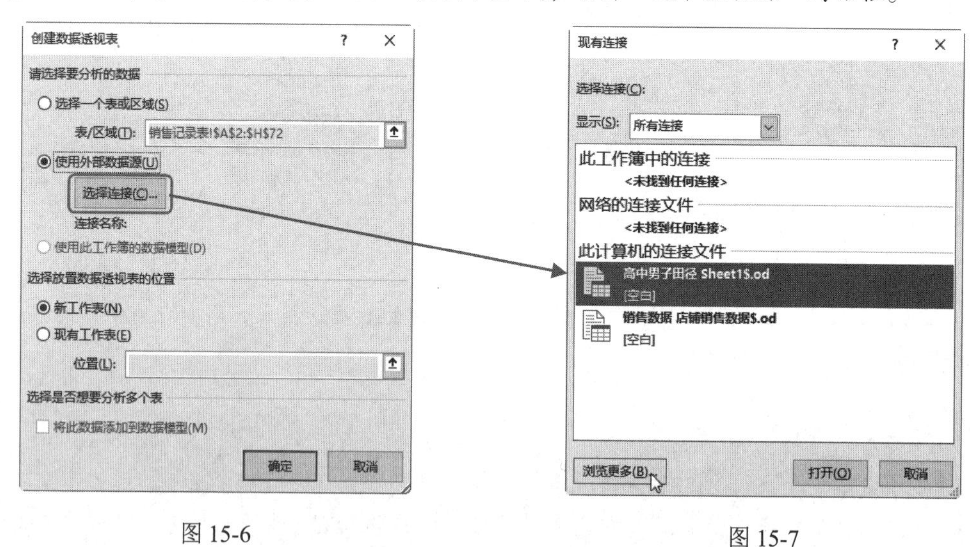

图 15-6　　　　　　　　　　图 15-7

❸ 选中文件并单击“打开”按钮（见图 15-8），打开“选择表格”对话框。

❹ 选中“销售记录表”，单击“确定”按钮返回“创建数据透视表”对话框中（见图 15-9），即可看到选择的外部数据源表格名称，并设置放置位置为新的工作表，如图 15-10 所示。

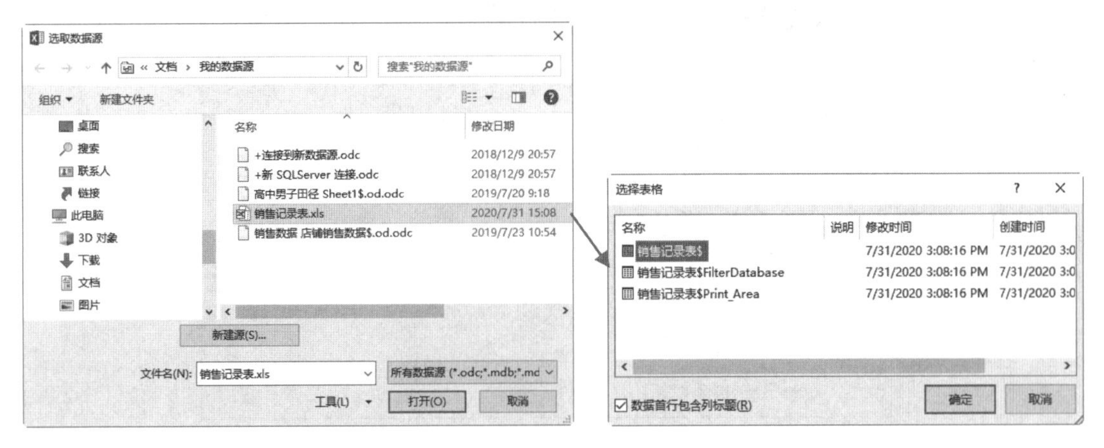

图 15-8　　　　图 15-9

❺ 继续单击“确定”按钮完成空白数据透视表的创建，依次添加相应的字段即可，如图 15-11 所示。

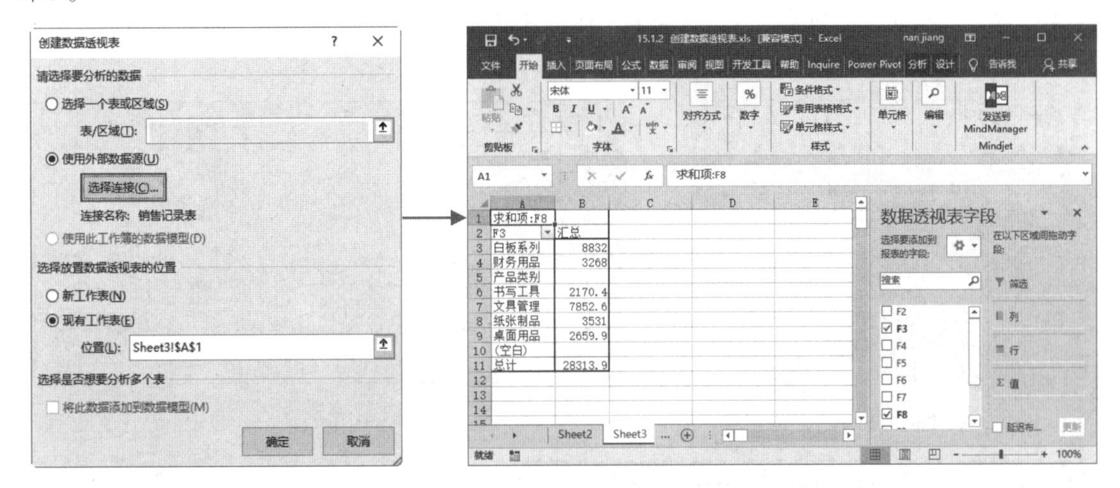

图 15-10　　　　图 15-11

提示注意

如果要使用的外部数据保存在默认的“我的数据源”文件夹中，打开“现有连接”对话框后就会直接显示在列表中，否则需要单击“浏览更多”按钮，在打开的对话框中定位要使用工作簿的保存位置并将其选中即可。

3. 更改透视表的数据源

如果需要重新选择新的数据源来创建数据透视表，则不需要重新创建，只需打开“更改数据透视表数据源”对话框进行更改。

❶ 打开表格选中透视表的任意单元格，单击“数据透视表工具”→“分析”→“数据”选项组中的“更改数据源”按钮（见图 15-12），打开“更改数据透视表数据源”对话框。

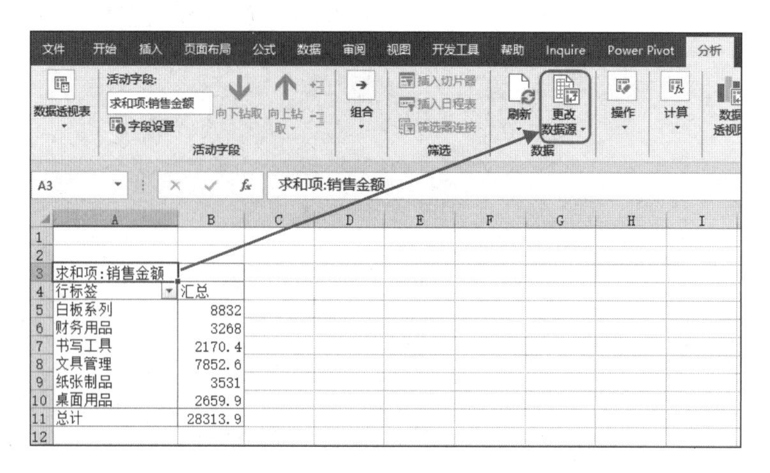

图 15-12

❷ 在该对话框中重新更改“表/区域”的引用范围为“C2:H72”（单击右侧的拾取器返回到数据源表中重新选择），如图 15-13 所示。

❸ 单击“确定”按钮返回数据透视表，此时可以看到数据透视表引用了新的数据源，如图 15-14 所示。

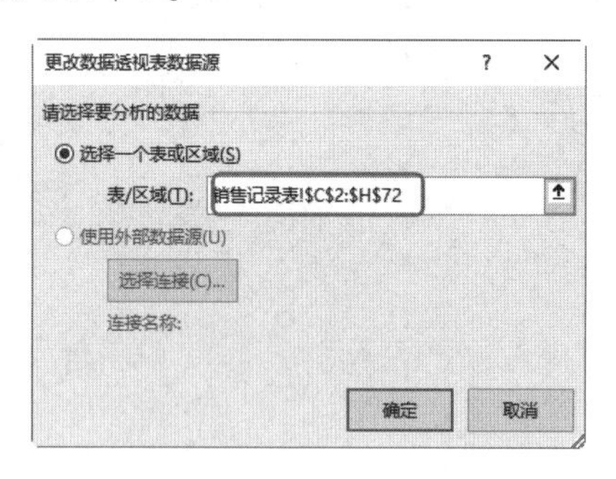

图 15-13

图 15-14

15.1.3 添加数据透视表字段

创建数据透视表后，源数据表中的列标题都会产生相应的字段，根据其设置不同又分为行字段、列字段和数值字段。

1. 拖动添加字段

❶ 打开数据透视表，在字段列表中选择字段后按住鼠标左键不放将其拖到下方的字段设置框中。本例中按住“产品类别”不放拖动到“行”区域，如图 15-15 所示。释放鼠标左键后即可添加指定的字段，如图 15-16 所示。

❷ 按照相同的方法将其他字段添加到相应的字段设置框中即可，如图 15-17 所示。

提示注意

还可以直接勾选字段前面的复选框实现字段的添加。如果要删除添加的字段，直接取消勾选字段前面的复选框即可。

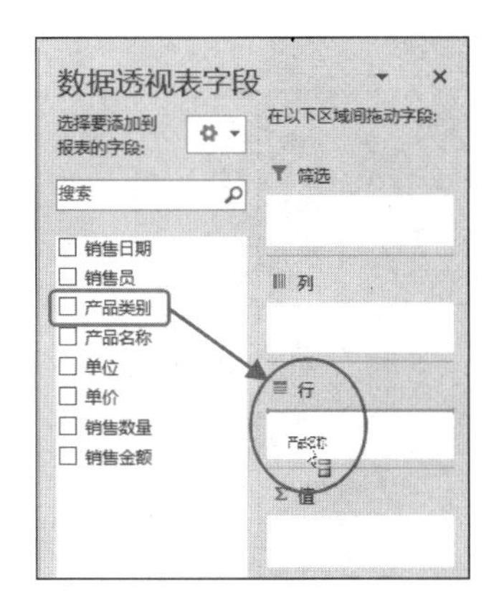

图 15-15

图 15-16

	A	B
1	将报表筛选字段拖至此处	
2		
3	求和项:销售金额	
4	产品类别	汇总
5	白板系列	8832
6	财务用品	3268
7	书写工具	2170.4
8	文具管理	7852.6
9	纸张制品	3531
10	桌面用品	2659.9
11	总计	28313.9

图 15-17

2. 调整字段顺序

在相应字段列表添加字段之后，如果要调整字段顺序得到新的数据分析结果，可以通过下拉按钮上移或者下移。

❶ 打开数据透视表，单击“产品类别”字段右侧的下拉按钮，在打开的下拉列表中单击“上移”命令，如图 15-18 所示。

	A	B	C
1	将报表筛选字段拖至此处		
2			
3	求和项:销售金额		
4	产品名称	产品类别	汇总
5	⊟A4纸张	纸张制品	45
6	A4纸张 汇总		45
7	⊟按扣文件袋	文具管理	72
8	按扣文件袋 汇总		72
9	⊟白板	白板系列	3780
10	白板 汇总		3780
11	⊟抽杆文件夹	文具管理	155
12	抽杆文件夹 汇总		155
13	⊟大号书立架	桌面用品	750
14	大号书立架 汇总		750
15	⊟电脑打印纸	纸张制品	2400
16	电脑打印纸 汇总		2400
17	⊟订书机	桌面用品	1622.4
18	订书机 汇总		1622.4
19	⊟儿童画板	白板系列	1032
20	儿童画板 汇总		1032
21	⊟付款凭证	财务用品	195
22	付款凭证 汇总		195
23	⊟复写纸	财务用品	900
24	复写纸 汇总		900
25	⊟华丽活页芯	纸张制品	630

数据透视表字段
选择要添加到报表的字段:
在以下区域间拖动字段:
搜索
筛选
销售日期
销售员
产品类别
产品名称
单位
单价
销售数量
销售金额
列
行
产品名称
产品类别
上移(U)
下移(D)
移至开头(G)
移至末尾(E)
移动到报表筛选

图 15-18

❷ 单击后即可看到调整顺序后的数据分析结果，如图 15-19 所示。

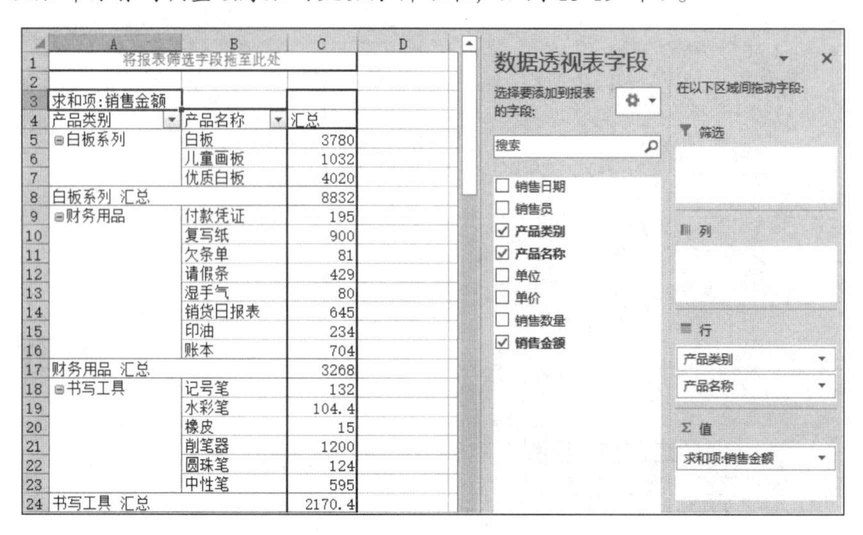

图 15-19

还可以直接在字段名称上拖动来移动显示位置。

3. 调整字段位置

下面介绍如何将“产品类别”字段移动到“列”字段列表框中。具体操作步骤如下：

❶ 打开数据透视表，单击“产品类别”字段右侧的下拉按钮，在打开的下拉列表中单击“移动到列标签”命令，如图 15-20 所示。

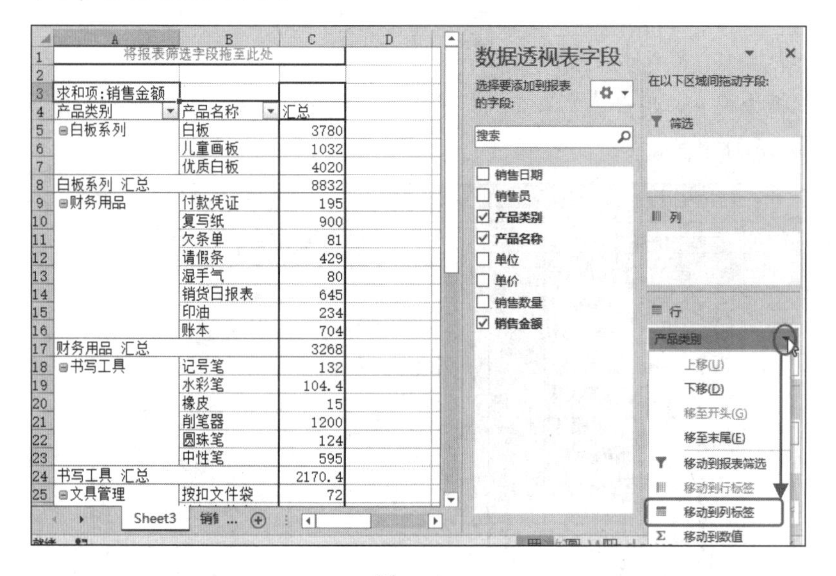

图 15-20

❷ 单击后即可看到重新调整字段位置后得到新的数据分析结果，如图 15-21 所示。

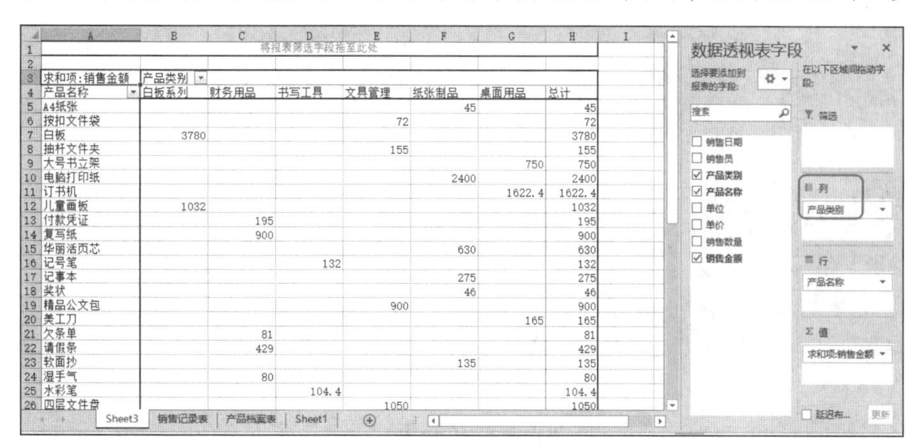

求和项:销售金额	产品类别						
产品名称	白板系列	财务用品	书写工具	文具管理	纸张制品	桌面用品	总计
A4纸张					45		45
按扣文件袋				72			72
白板	3780						3780
抽杆文件夹				155			155
大号书立架						750	750
电脑打印纸					2400		2400
订书机						1622.4	1622.4
儿童画板	1032						1032
付款凭证		195					195
复写纸		900					900
华丽活页芯					630		630
记号笔			132				132
记事本					275		275
奖状					46		46
精品公文包				900			900
美工刀						165	165
欠条单		81					81
请假条		429					429
软面抄					135		135
湿手气		80					80
水彩笔			104.4				104.4
四层文件盘				1050			1050

图 15-21

15.1.4 删除数据透视表字段

如果要删除指定数据透视表字段，可以直接在“数据透视表字段”列表框中操作。比如找到“销售数量”字段后（见图 15-22），取消勾选前面的复选框，即可删除指定的字段，如图 15-23 所示。

将报表筛选字段拖至此处

	数据	
产品类别	求和项:销售数量	求和项:销售金额
白板系列	260	8832
财务用品	830	3268
书写工具	583	2170.4
文具管理	1370	7852.6
纸张制品	432	3531
桌面用品	483	2659.9
总计	3958	28313.9

数据透视表字段
选择要添加到报表的字段:
搜索
销售日期
销售员
产品类别
产品名称
单位
单价
销售数量
销售金额

图 15-22

将报表筛选字段拖至此处

求和项:销售金额	
产品类别	汇总
白板系列	8832
财务用品	3268
书写工具	2170.4
文具管理	7852.6
纸张制品	3531
桌面用品	2659.9
总计	28313.9

数据透视表字段
选择要添加到报表的字段:
搜索
销售日期
销售员
产品类别
产品名称
单位
单价
销售数量
销售金额

图 15-23

提示注意

还可以直接将“值字段”设置框中的“销售数量”字段向左侧字段列表中拖动，也可快速删除字段。

知识扩展

一次性清除所有字段

如果要快速清除所有字段，可以在“数据透视表工具”→“分析”→“操作”选项组中单击“清除”右侧的下拉按钮，在弹出的快捷菜单中选择“全部清除”命令即可，如图 15-24 所示。

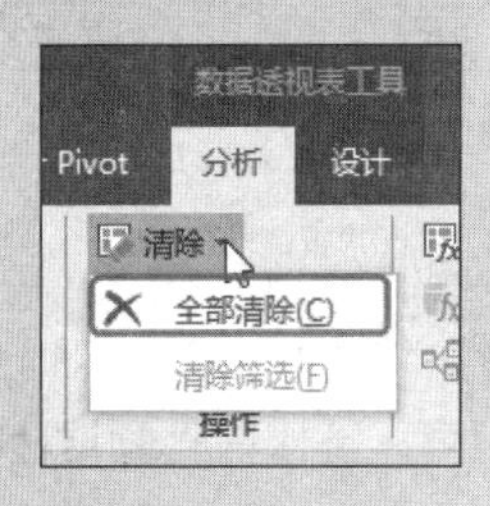

图 15-24

15.2 自定义数据透视表布局

建立数据透视表后，不但可以调整字段获取不同的统计报表，而且还可以调整结构布局，让报表的显示效果更加直观。例如调整报表的布局为表格形式、将每个项目以空行间隔、调整分类汇总的显示方式等。

15.2.1 设置数据透视表的布局

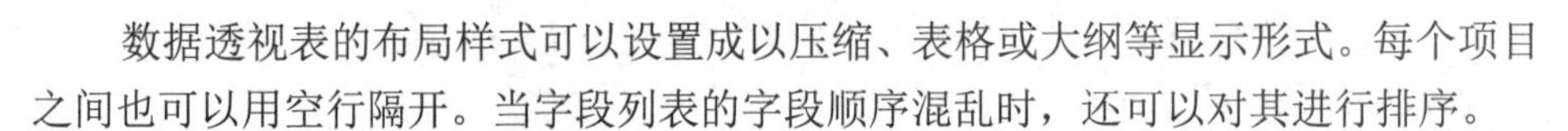

数据透视表的布局样式可以设置成以压缩、表格或大纲等显示形式。每个项目之间也可以用空行隔开。当字段列表的字段顺序混乱时，还可以对其进行排序。

1. 更改报表布局

❶ 打开工作表，选中数据透视表中的任意单元格，单击“数据透视表工具”→“设计”→“布局”选项组中的“报表布局”右侧的下拉按钮，在弹出的下拉菜单中单击“以大纲形式显示”命令，如图 15-25 所示。

❷ 此时可以看到以大纲显示效果的数据透视表样式，如图 15-26 所示。如图 15-27 所示为压缩形式布局的显示效果。

图 15-25

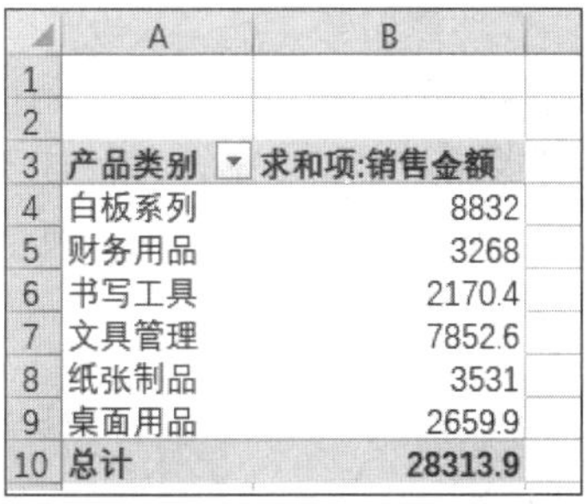

	A	B
1		
2		
3	产品类别	求和项:销售金额
4	白板系列	8832
5	财务用品	3268
6	书写工具	2170.4
7	文具管理	7852.6
8	纸张制品	3531
9	桌面用品	2659.9
10	总计	28313.9

图 15-26

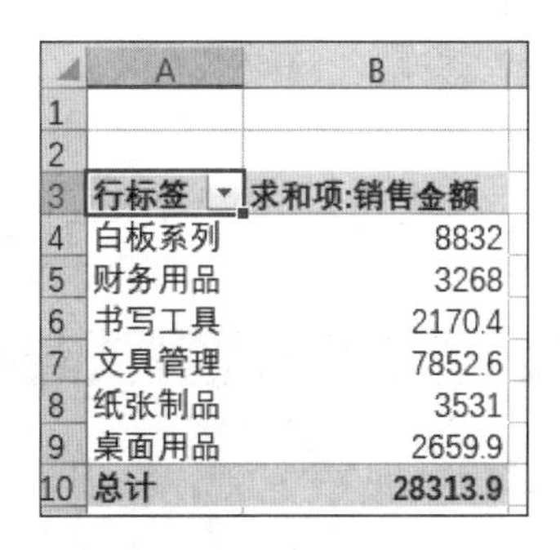

	A	B
1		
2		
3	行标签	求和项:销售金额
4	白板系列	8832
5	财务用品	3268
6	书写工具	2170.4
7	文具管理	7852.6
8	纸张制品	3531
9	桌面用品	2659.9
10	总计	28313.9

图 15-27

2. 项目间添加空行

打开工作表，选中数据透视表中的任意单元格（见图 15-28），单击“数据透视表工具”→“设计”→“布局”选项组中的“空行”右侧的下拉按钮，在弹出的下拉菜单中单击“在每个项目后插入空行”命令，单击后即可看到插入空行后的效果，如图 15-29 所示。

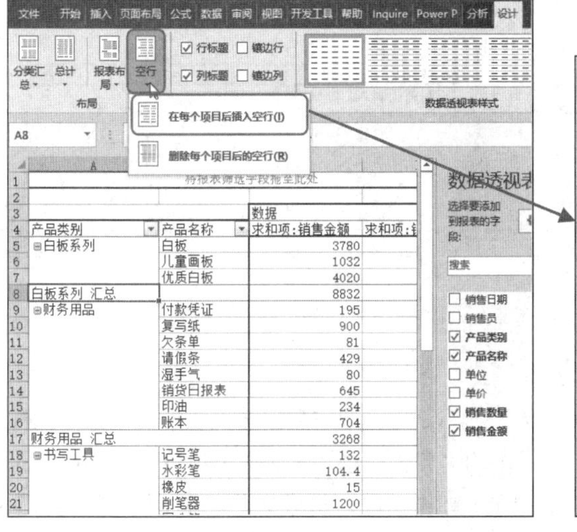

图 15-28

	A	B	C	D
4	产品类别	产品名称	求和项:销售金额	求和项:销售数量
5	⊟白板系列	白板	3780	30
6		儿童画板	1032	215
7		优质白板	4020	15
8	白板系列 汇总		8832	260
9				
10	⊟财务用品	付款凭证	195	130
11		复写纸	900	60
12		欠条单	81	45
13		请假条	429	195
14		湿手气	80	40
15		销货日报表	645	215
16		印油	234	65
17		账本	704	80
18	财务用品 汇总		3268	830
19				
20	⊟书写工具	记号笔	132	165
21		水彩笔	104.4	18
22		橡皮	15	15
23		削笔器	1200	60
24		圆珠笔	124	155
25		中性笔	595	170
26	书写工具 汇总		2170.4	583
27				

图 15-29

提示注意

如果要取消项目间添加的空行，可以在“空行”菜单中选择“删除每个项目后的空行”命令即可。

15.2.2 调整分类汇总布局

在建立数据透视表后会显示分类汇总，分类汇总的显示位置既可以按照个人操作习惯进行调整，也可以设置不显示分类汇总。

1. 设置分类汇总布局

当设置两个或两个以上字段为行标签时，数据透视表中会出现分类汇总项，默认分类汇总项显示在组的顶部，可以根据实际需要重新设置。

打开工作表，选中数据透视表中的任意单元格，单击“数据透视表工具”→“设计”→“布局”选项组中的“分类汇总”右侧的下拉按钮，在弹出的下拉菜单中单击“在组的底部显示所有分类汇总”命令，如图15-30所示。单击后即可看到分类汇总显示在底部，如图15-31所示。

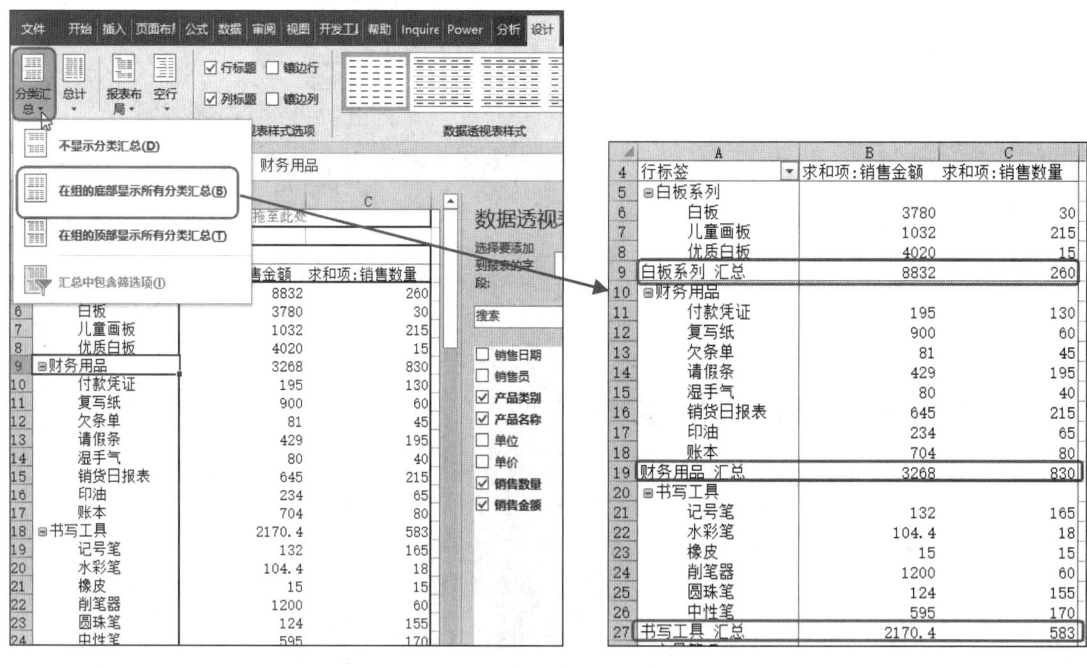

图15-30　　　　图15-31

2. 隐藏所有字段的分类汇总

如果不想使用分类汇总，可以将分类汇总结果隐藏。打开工作表，选中数据透视表中的任意单元格，单击“数据透视表工具”→“设计”→“布局”选项组中的“分类汇总”右侧的下拉按钮，在弹出的下拉菜单中单击“不显示分类汇总”命令，如图15-32所示。单击后即可隐藏分类汇总结果，如图15-33所示。

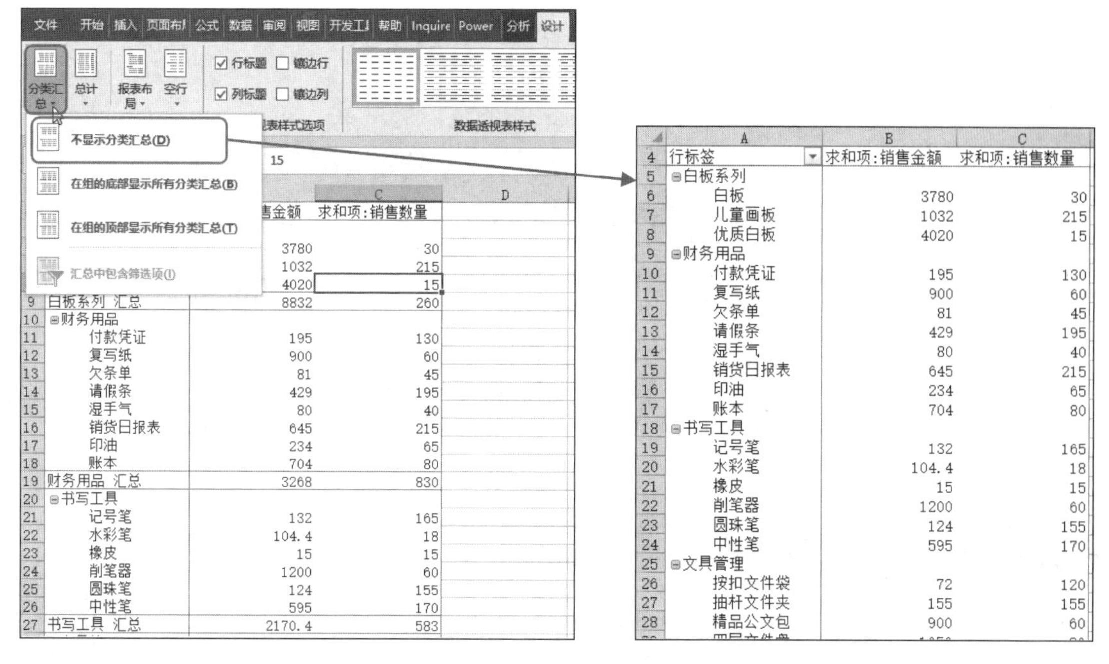

图 15-32　　　　图 15-33

15.3 更改值的显示方式

数据透视表中的数据的呈现方式很多，包括以汇总的方式呈现、以计数的方式呈现，或者计算数据中的最大值、平均值以及所占百分比等，归纳起来为两大类，就是值汇总方式和值显示方式。值汇总方式就是在添加了数值字段后，使用不同的统计方式，如求和、计数、平均值、最大值、最小值、乘积、方差等；值显示方式是用来设置统计数据如何呈现，如呈现占行汇总的百分比、占列汇总的百分比、占总计的百分比、数据累积显示等。

15.3.1 更改为总计的百分比

本例对各类别商品的销售金额进行了汇总，下面需要更改值的显示方式为总计的百分比，通过百分比数据可以查看那种类别商品的销售金额占比最高。

❶ 打开数据透视表，在“数据透视表字段”中单击“求和项：销售金额”右侧的下拉按钮，在打开的下拉菜单中单击“值字段设置”命令（见图 15-34），打开“值字段设置”对话框。

❷ 切换至“值显示方式”选项卡，单击“无计算”右侧的下拉按钮，在打开的下拉列表中单击“总计的百分比”选项，如图 15-35 所示。单击“确定”按钮返回表格中，可以看到汇总的百分比数值显示方式，如图 15-36 所示。此时可以看到“白板系列”销售额占比最高，约为“31.19%”。

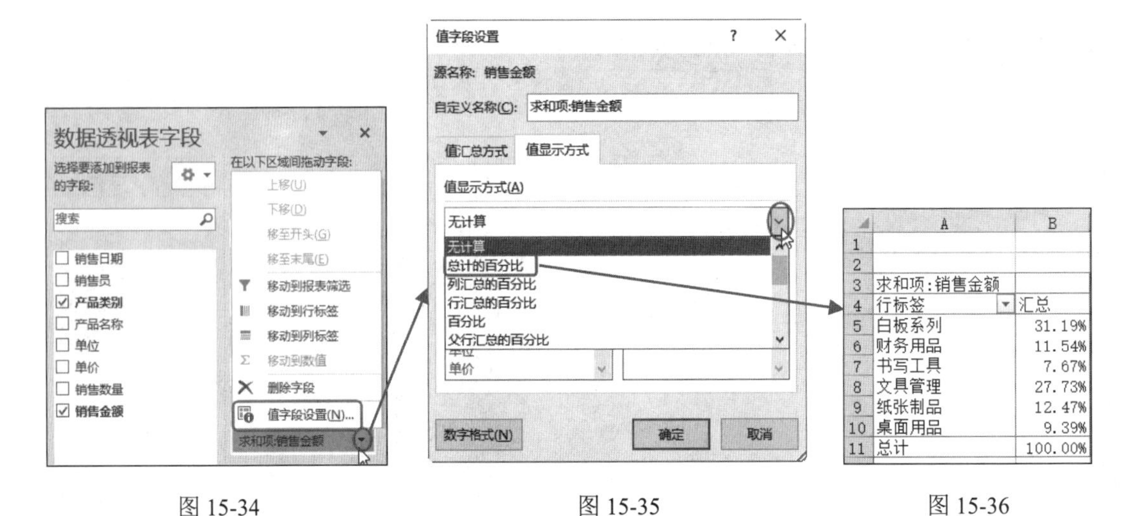

	A	B
1		
2		
3	求和项:销售金额	
4	行标签	汇总
5	白板系列	31.19%
6	财务用品	11.54%
7	书写工具	7.67%
8	文具管理	27.73%
9	纸张制品	12.47%
10	桌面用品	9.39%
11	总计	100.00%

图 15-34　　图 15-35　　图 15-36

15.3.2 更改为父级的百分比

本例表格中统计了不同类别中各种商品的销售额，下面需要统计各个商品的销售额占本系列类别的百分比情况，同时也查看各个系列类别的销售额占总销售额的百分比。可以设置“父行汇总的百分比”的值显示方式。

❶ 如图 15-37 所示为添加字段后按产品类别对各种商品的销售金额汇总结果（“无计算”值显示方式）。

❷ 利用 15.3.1 小节的方法打开“值字段设置”对话框并切换至“值显示方式”选项卡，单击“无计算”右侧的下拉按钮，在打开的下拉列表中选择“父行汇总的百分比”选项，如图 15-38 所示。

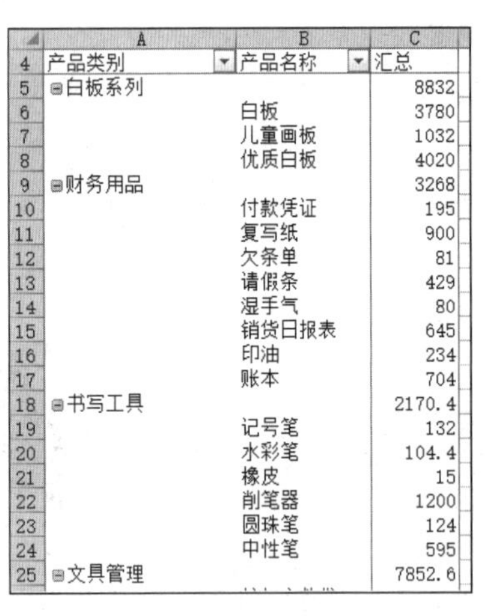
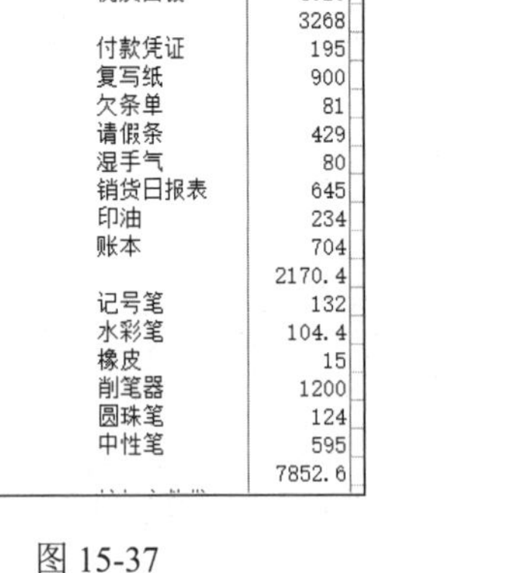

	A	B	C
4	产品类别	产品名称	汇总
5	⊟白板系列		8832
6		白板	3780
7		儿童画板	1032
8		优质白板	4020
9	⊟财务用品		3268
10		付款凭证	195
11		复写纸	900
12		欠条单	81
13		请假条	429
14		湿手气	80
15		销货日报表	645
16		印油	234
17		账本	704
18	⊟书写工具		2170.4
19		记号笔	132
20		水彩笔	104.4
21		橡皮	15
22		削笔器	1200
23		圆珠笔	124
24		中性笔	595
25	⊟文具管理		7852.6

图 15-37

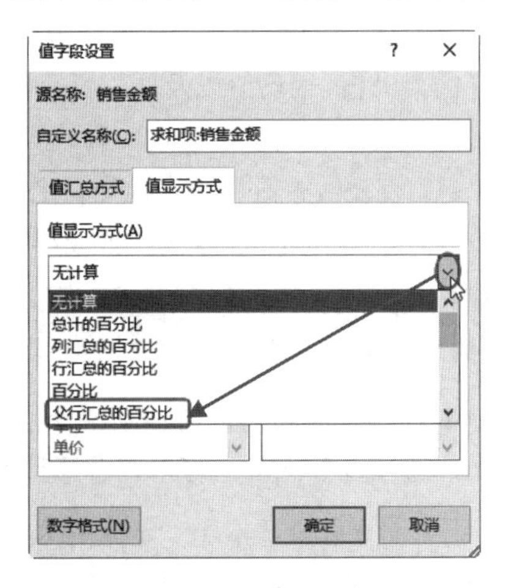

图 15-38

❸ 单击“确定”按钮返回表格中，可以看到按父行汇总的百分比效果，如图 15-39 所示。从数据结果可以看到：“白板系列”总销售额占总销售额百分比为“31.19%”；“财务用品”总销售额占总销售额百分比为“11.54%”；“书写工具”总销售额占总销售额百分比为“7.67%”；“文具管理”总销售额占总销售额百分比为“27.73%”（这里的百分比父级为所有系列商品）。

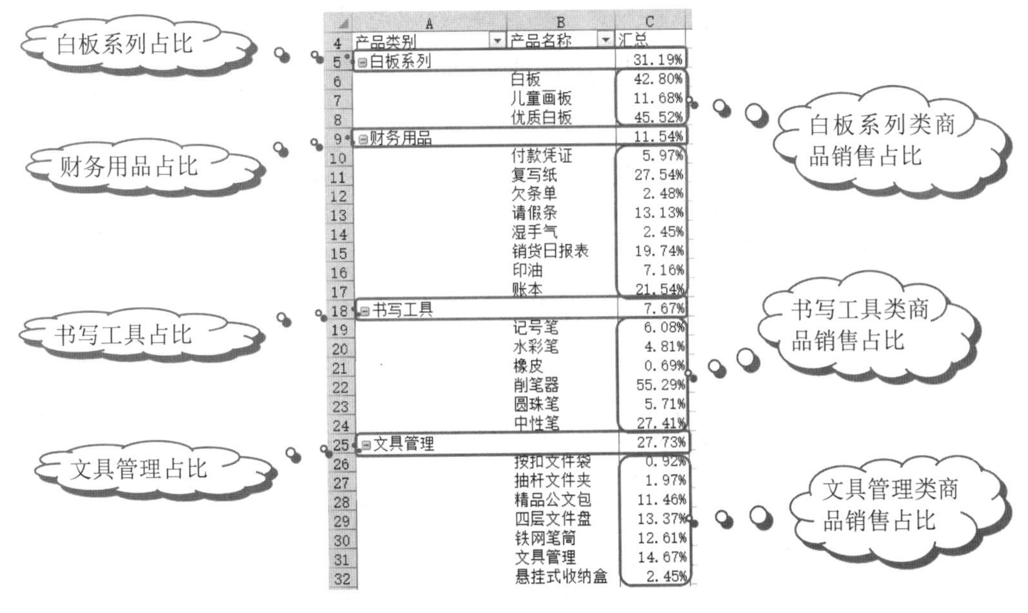

	A	B	C
4	产品类别	产品名称	汇总
5	⊟白板系列		31.19%
6		白板	42.80%
7		儿童画板	11.68%
8		优质白板	45.52%
9	⊟财务用品		11.54%
10		付款凭证	5.97%
11		复写纸	27.54%
12		欠条单	2.48%
13		请假条	13.13%
14		湿手气	2.45%
15		销货日报表	19.74%
16		印油	7.16%
17		账本	21.54%
18	⊟书写工具		7.67%
19		记号笔	6.08%
20		水彩笔	4.81%
21		橡皮	0.69%
22		削笔器	55.29%
23		圆珠笔	5.71%
24		中性笔	27.41%
25	⊟文具管理		27.73%
26		按扣文件袋	0.92%
27		抽杆文件夹	1.97%
28		精品公文包	11.46%
29		四层文件盘	13.37%
30		铁网笔筒	12.61%
31		文具管理	14.67%
32		悬挂式收纳盒	2.45%

图 15-39

15.3.3 更改为行汇总的百分比

本例表格中将各店铺中各个系列的销售额进行了汇总，下面需要按行汇总百分比，得到每个系列在各个店铺的百分比数据。可以设置“行汇总的百分比”值的显示方式。

❶ 如图 15-40 所示为添加字段后按店铺对各系列商品的销售金额汇总结果（“无计算”值显示方式）。

❷ 利用 15.3.1 小节的方法打开“值字段设置”对话框并切换到“值显示方式”选项卡，单击“无计算”右侧的下拉按钮，在打开的下拉列表中单击“行汇总的百分比”选项，如图 15-41 所示。

	A	B	C	D	E
3	求和项:销售额	系列			
4	店铺	DYFJH01	DYQZR01	DYXTZ01	总计
5	北海广场店	18000	12040	17980	48020
6	北京路店	40000	14430	17550	71980
7	东林商城店	3500	2500	3840	9840
8	黄山路店	2800	27000	14000	43800
9	宁国路店	21600	23500	26200	71300
10	万龙广场店	22500	28800	4400	55700
11	总计	108400	108270	83970	300640

图 15-40

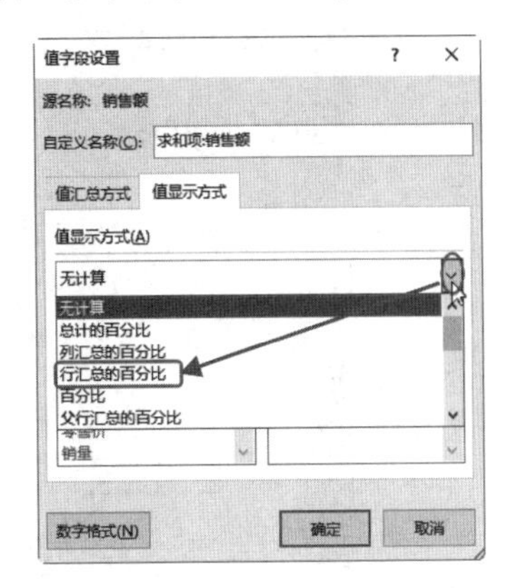

图 15-41

❸ 单击“确定”按钮返回表格中，可以看到按行汇总的百分比效果，如图 15-42 所示。从数据结果可以看到：“黄山路店”中“DYQZR01”系列的商品销售额最高。

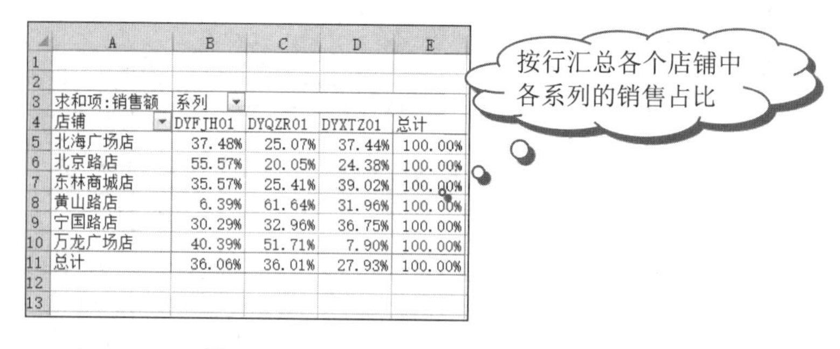

求和项:销售额	系列			
店铺	DYFJH01	DYQZR01	DYXTZ01	总计
北海广场店	37.48%	25.07%	37.44%	100.00%
北京路店	55.57%	20.05%	24.38%	100.00%
东林商城店	35.57%	25.41%	39.02%	100.00%
黄山路店	6.39%	61.64%	31.96%	100.00%
宁国路店	30.29%	32.96%	36.75%	100.00%
万龙广场店	40.39%	51.71%	7.90%	100.00%
总计	36.06%	36.01%	27.93%	100.00%

图 15-42

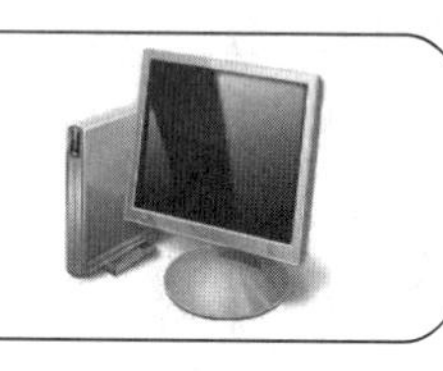

15.4 数据分组

数据透视表字段也能分组，可以设置为按数值或日期分组。对字段进行分组是指对过于分散的统计结果进行分段、分类等统计，从而获取某一类数据的统计结果。

15.4.1 按数值分组统计

在数据透视表中，按数值分组可以快速统计各个数据段的人数，例如，统计成绩表中各分数段的人数或者按工龄分组统计各工龄段的员工人数等。

1. 统计各分数段人数

数据透视表中按成绩值统计了各个分数对应的人数，这样的统计结果很分散，也无法判断出学生整体的成绩水平。因此需要对成绩分段显示，从而直观地查看各分数段的学生人数。

❶ 打开数据透视表，在“数据透视表字段”窗格中单击“计数项：班级”右侧的下拉按钮，在弹出的下拉列表中单击“值字段设置”选项，如图 15-43 所示，打开“值字段设置”对话框。

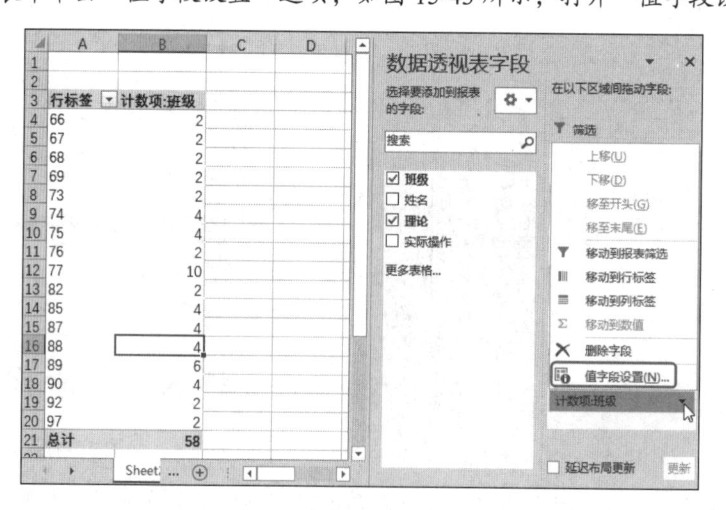

行标签	计数项:班级
66	2
67	2
68	2
69	2
73	2
74	4
75	4
76	2
77	10
82	2
85	4
87	4
88	4
89	6
90	4
92	2
97	2
总计	58

图 15-43

❷ 在该对话框中设置“自定义名称”为“人数”，重新选择计算类型为“计数”，如图 15-44 所示。

❸ 单击“确定”按钮返回表格中，选中“行标签”列下的任意单元格，单击“数据透视表工具”→“分析”→“组合”选项组中的“分组选择”按钮，如图 15-45 所示，打开“组合”对话框。

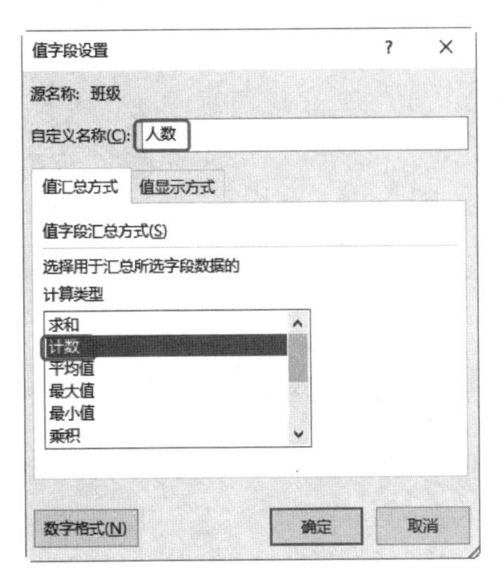

图 15-44

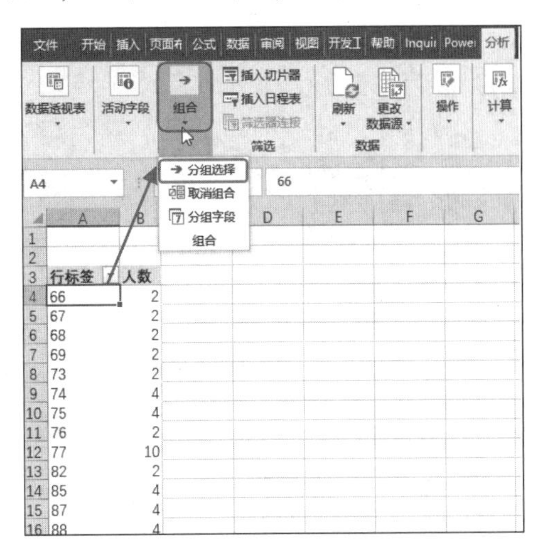

图 15-45

❹ 在“起始于”文本框中输入“60”，在“终止于”文本框中输入“100”，在“步长”文本框中输入“10”，如图 15-46 所示。

❺ 单击“确定”按钮，此时即可看到在整个成绩列表中各个分数段中的人数，如图 15-47 所示。

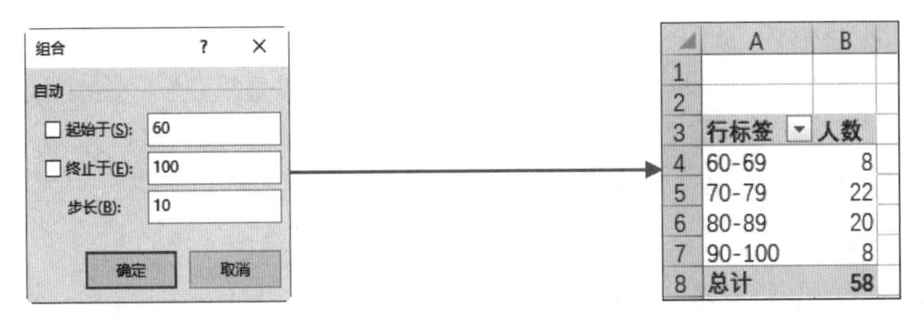

	A	B
1		
2		
3	行标签	人数
4	60-69	8
5	70-79	22
6	80-89	20
7	90-100	8
8	总计	58

图 15-46

图 15-47

2. 统计各工龄段人数

当前数据表中记录了每位员工的工龄，现在想分析该企业员工的稳定程度，即查看各个工龄段的人数。具体操作步骤如下。

❶ 打开表格，并打开“数据透视表字段”窗格，单击“求和项：工龄”右侧的下拉按钮，在打开的下拉菜单中单击“值字段设置”命令，如图 15-48 所示，打开“值字段设置”对话框。

❷ 在该对话框中设置“自定义名称”为“人数”，选择计算类型为“计数”，如图 15-49 所示。

❸ 单击“确定”按钮返回表格中，选中“行标签”列下的任意单元格，单击“数据透视表工具”→“分析”→“组合”选项组中的“分组选择”按钮，如图 15-50 所示，打开“组合”对话框。

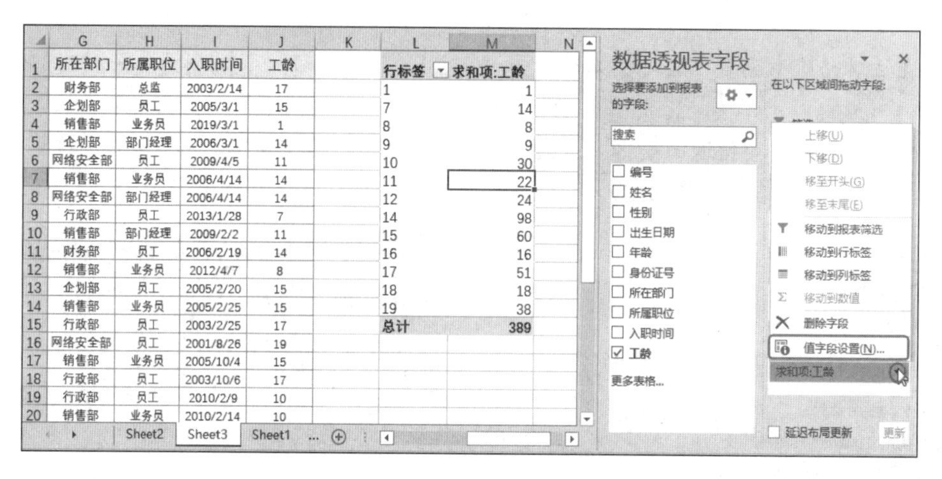

图 15-48

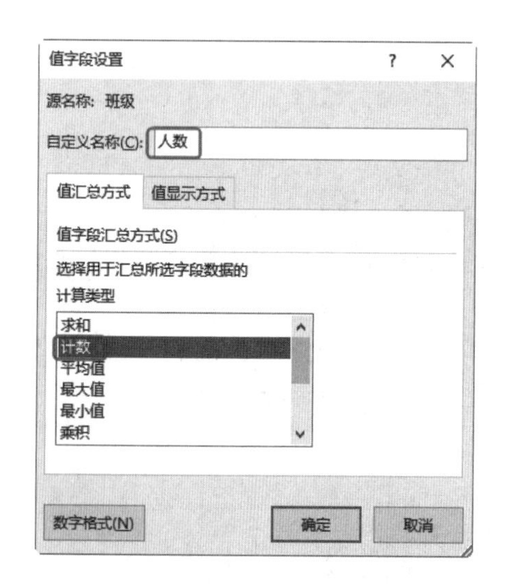

图 15-49

图 15-50

❹ 在该对话框中的“起始于”文本框中输入 1，“终止于”文本框中输入 19，“步长”文本框中输入“3”，如图 15-51 所示。

❺ 单击“确定”按钮，此时即可看到不同工龄段之间的人数汇总结果（即 13～15 年工龄的人数最多），如图 15-52 所示。

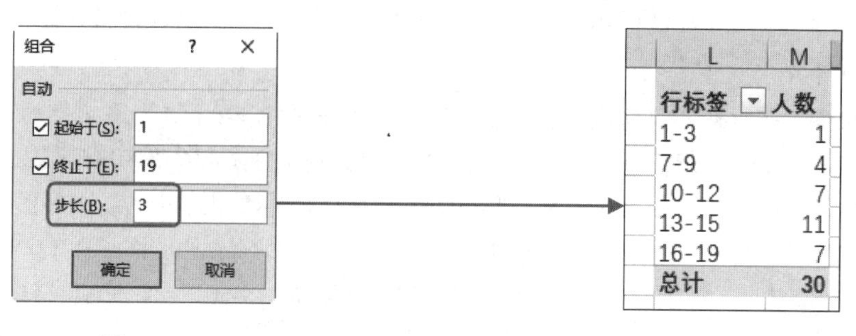

图 15-51

图 15-52

15.4.2 按日期分组统计

如果数据透视表中包含日期字段，用户可以根据实际情况将日期按月、年以及季度来分组汇总数据。

1. 按月汇总支出额

本例表格按日期统计了各费用类别的支出金额，要求按照月份统计每月的总支出额，这里可以将日期按月分组。

❶ 打开工作表，选中“日期”列中的任意单元格，单击“数据透视表工具”→“分析”→“组合”选项组中的“分组选择”按钮，如图 15-53 所示，打开“组合”对话框。

❷ 在该对话框中的“起始于”文本框中输入“2020/8/7”，在“终止于”文本框中输入“2020/12/25”，在“步长”列表框中单击“月”选项，如图 15-54 所示。

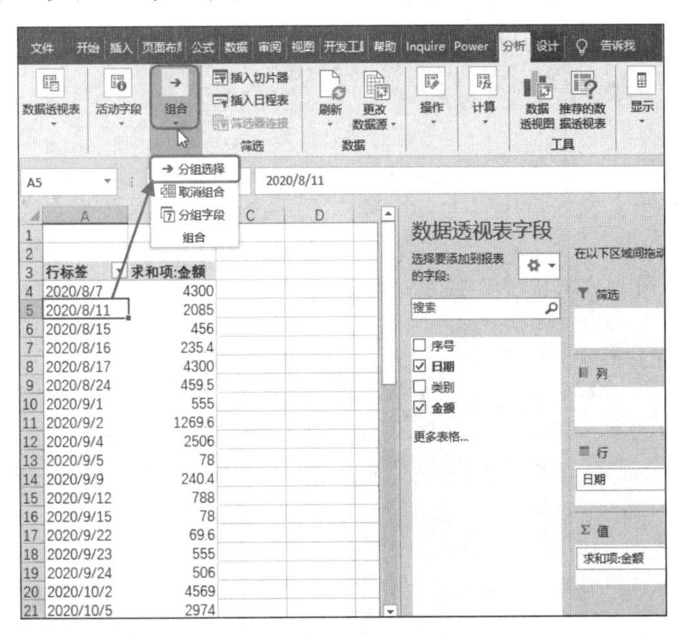

图 15-53

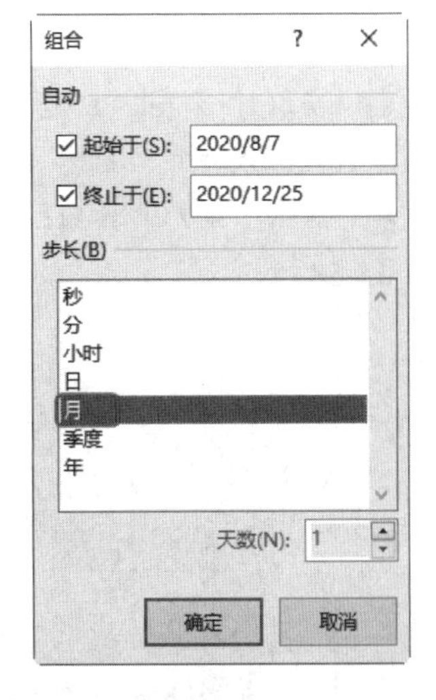

图 15-54

❸ 单击“确定”按钮返回表格中，此时可以看到按月份统计费用支出额（11 月的费用支出额最高），如图 15-55 所示。

行标签	求和项:金额
8月	11835.9
9月	6645.6
10月	15819
11月	12754.9
12月	6645.6
总计	53701

图 15-55

2. 同时按年、季度、月份分组汇总销售额

如果数据表中日期数据包含不同年份、不同季度、不同月份，可以设置同时按年、季度、月份分组，这样可以让统计数据更加便于分析查看。

❶ 打开工作表，选中“日期”列中的任意单元格，单击“数据透视表工具”→“分析”→“组合”选项组中的“分组选择”按钮，如图 15-56 所示，打开“组合”对话框。

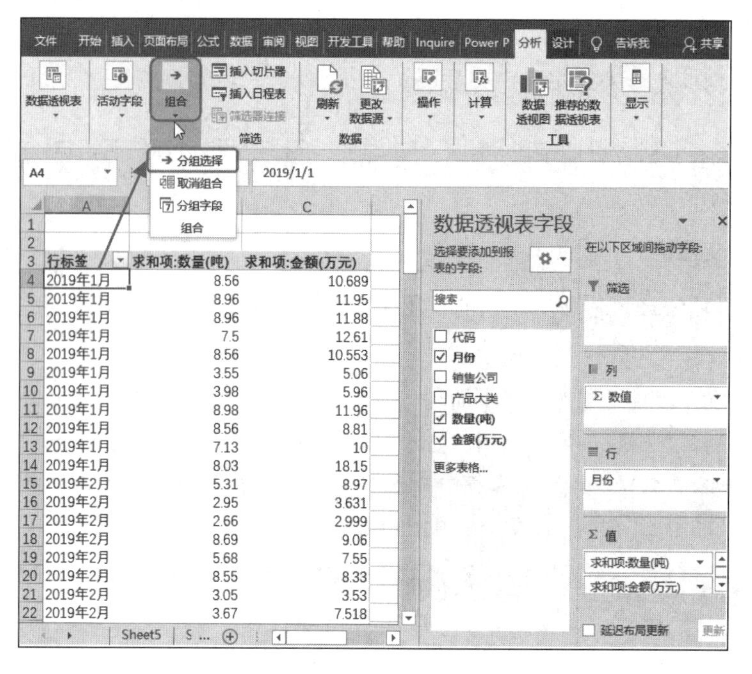

图 15-56

❷ 在该对话框中的“起始于”文本框中输入“2019/1/1”，在“终止于”文本框中输入“2020/2/12”，在“步长”列表框中分别单击“月”“季度”“年”选项，如图 15-57 所示。

❸ 单击“确定”按钮，此时即可看到分别按年、季度、月份统计的数量和销售额汇总数据，如图 15-58 所示。

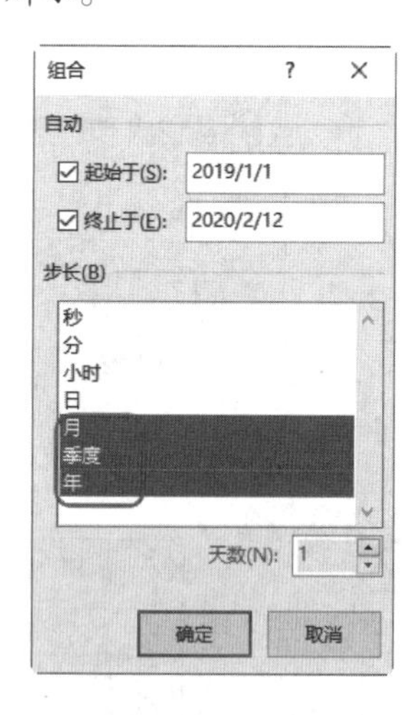

图 15-57

行标签	求和项:数量(吨)	求和项:金额(万元)
2019年	988.42	1707.706
第一季度	235.39	314.49
1月	82.77	117.622
2月	71.05	89.858
3月	81.57	107.01
第二季度	179.51	246.824
4月	53.34	75.394
5月	63.98	85.67
6月	62.19	85.76
第三季度	209.21	320.59
7月	57.4	85.34
8月	73.96	119.7
9月	77.85	115.55
第四季度	364.31	825.802
10月	154.64	400.812
11月	105.53	221.35
12月	104.14	203.64
2020年	146.91	403.68
第一季度	146.91	403.68
1月	76.33	203.6
2月	70.58	200.08
总计	1135.33	2111.386

图 15-58

15.4.3 手动分组

如果 Excel 表中默认的分组规则无法满足实际工作和学习的需求，还可以启用手动分组功能。手动分组也可以按数值、日期或文本进行分组，但分组的规则可以自己定义。

按数值手动分组

本例中要求按统计分数划分等级，以便于统计出各个等级的总人数。具体要求为：“200～160 分”标为“优秀”；“159～120 分”标为“良好”；“119～90 分”标为“合格”；“89 分及以下”之间标为“补考”，以便达到相应的手动分组效果。本例数据透视表在分组之前，首先将“总分”字段数据降序排列，报表布局为“以表格形式显示”；分类汇总形式为“不显示分类汇总”。

❶ 打开表格，在“总分”列选中大于 160 分的所有项，单击“数据透视表工具”→“分析”→“组合”选项组中的“分组选择”按钮，如图 15-59 所示。

❷ 执行步骤❶后，此时数据透视表增加了一个名称为“总分 2”的字段，并且增加了一个名为“数据组 1”的分组。按 F2 键，更改该分组名称为“优秀”，如图 15-60 所示。

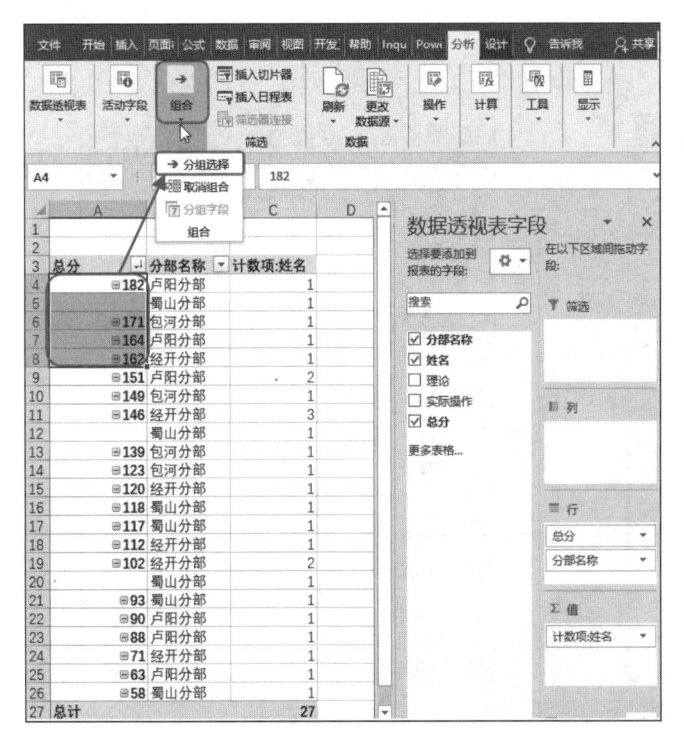

图 15-59

	A	B	C
1			
2			
3	总分2	总分	分部名称
4	⊟优秀	⊟182	卢阳分部
5			蜀山分部
6		⊟171	包河分部
7		⊟164	卢阳分部
8		⊟162	经开分部
9	⊟151	⊟151	卢阳分部
10	⊟149	⊟149	包河分部
11	⊟146	⊟146	经开分部
12			蜀山分部
13	⊟139	⊟139	包河分部
14	⊟123	⊟123	包河分部
15	⊟120	⊟120	经开分部
16	⊟118	⊟118	蜀山分部
17	⊟117	⊟117	蜀山分部
18	⊟112	⊟112	经开分部
19	⊟102	⊟102	经开分部

图 15-60

❸ 按照上面的方法按分数段进行手动分组，最终结果如图 15-61 所示。在“数据透视表字段”任务窗格的字段列表中取消勾选“总分”字段的复选框，并将“总分 2”字段名称修改为“考核评级”，如图 15-62 所示。

❹ 单击“数据透视表工具”→“设计”→“布局”选项组中的“分类汇总”右侧的下拉按钮，在弹出的下拉菜单中单击“在组的底部显示所有分类汇总”命令，执行上述操作后即可达到如图 15-63 所示的统计结果。

❺ 执行上述操作后，即可达到如图 15-64 所示的统计结果。

	A	B	C	D
2				
3	总分2	总分	分部名称	计数项:姓名
4	⊟优秀	⊟182	卢阳分部	1
5			蜀山分部	1
6		⊟171	包河分部	1
7		⊟164	卢阳分部	1
8		⊟162	经开分部	1
9	⊟良好	⊟151	卢阳分部	2
10		⊟149	包河分部	1
11		⊟146	经开分部	3
12			蜀山分部	1
13		⊟139	包河分部	1
14		⊟123	包河分部	1
15		⊟120	经开分部	1
16	⊟合格	⊟118	蜀山分部	1
17		⊟117	蜀山分部	1
18		⊟112	经开分部	1
19		⊟102	经开分部	2
20			蜀山分部	1
21		⊟93	蜀山分部	1
22		⊟90	卢阳分部	1
23	⊟补考	⊟88	卢阳分部	1
24		⊟71	经开分部	1
25		⊟63	卢阳分部	1
26		⊟58	蜀山分部	1
27	总计			27

图 15-61

	A	B	C
2			
3	考核评级	分部名称	计数项:姓名
4	⊟优秀	包河分部	1
5		经开分部	1
6		卢阳分部	2
7		蜀山分部	1
8	⊟良好	包河分部	3
9		经开分部	4
10		卢阳分部	2
11		蜀山分部	1
12	⊟合格	经开分部	3
13		卢阳分部	1
14		蜀山分部	4
15	⊟补考	经开分部	1
16		卢阳分部	2
17		蜀山分部	1
18	总计		27

图 15-62

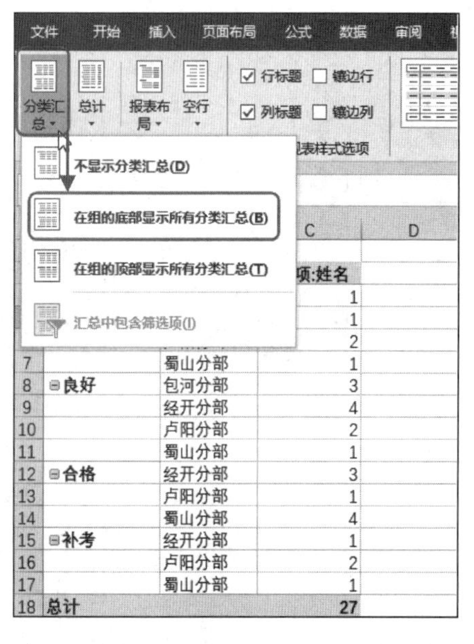

	A	B	C
7		蜀山分部	1
8	⊟良好	包河分部	3
9		经开分部	4
10		卢阳分部	2
11		蜀山分部	1
12	⊟合格	经开分部	3
13		卢阳分部	1
14		蜀山分部	4
15	⊟补考	经开分部	1
16		卢阳分部	2
17		蜀山分部	1
18	总计		27

图 15-63

	A	B	C
2			
3	考核评级	分部名称	计数项:姓名
4	⊟优秀	包河分部	1
5		经开分部	1
6		卢阳分部	2
7		蜀山分部	1
8	优秀 汇总		5
9	⊟良好	包河分部	3
10		经开分部	4
11		卢阳分部	2
12		蜀山分部	1
13	良好 汇总		10
14	⊟合格	经开分部	3
15		卢阳分部	1
16		蜀山分部	4
17	合格 汇总		8
18	⊟补考	经开分部	1
19		卢阳分部	2
20		蜀山分部	1
21	补考 汇总		4
22	总计		27

图 15-64

15.4.4 文本字段的分组

针对文本字段也可以进行手动分组，例如将以中文命名的月份分组成按季度汇总等。本例会通过按季度分组介绍文本字段的分组技巧。

设置按季度分组

如图 15-65 所示的数据透视表中设置了“月份”为列标签字段，共有 12 个月。对于标准的月份数据，程序是可以识别并按年、月、季度等自动进行分组的，但是这种中文的月份数程序是无法进行识别并判断季度的，所以无法进行自动分组。通过分组后可以得到如图 15-66 所示的统计结果。

	A	B	C	D	E	F	G	H	I	J	K	L	M	N
3	求和项:数量	列标签												
4	行标签	1月	2月	3月	4月	5月	6月	7月	8月	9月	10月	11月	12月	总计
5	陈苒欣	90	84	90	88	76	82	90	93	91	116	92	85	1077
6	崔丽	108	91	88	80	122	113	82	114	83	87	99	102	1169
7	丁红梅	84	83	102	102	82	91	76	83	81	82	119	109	1094
8	何海洋	88	84	99	88	85	90	86	81	107	96	91	95	1090
9	侯燕芝	88	88	100	77	112	80	91	83	81	97	104	88	1089
10	江梅子	94	82	88	98	92	99	117	88	89	80	95	88	1110
11	李霞	85	101	85	85	109	117	87	80	89	81	100	117	1136
12	苏瑞	79	94	79	109	77	100	82	85	116	85	88	102	1096
13	徐红	74	92	104	88	90	91	88	88	80	81	100	80	1056
14	伊一	110	87	95	103		119	105	87	116	95	109	185	1211
15	张鸿博	83	85	83	102	92	117	85	88	106	105	112	88	1146
16	张文娜	92	87	93	85	94	118	116	96	103	88	95	98	1165
17	邹丽雪	83	86	83	102	90	100	99	82	85	83	84	85	1062
18	总计	1158	1144	1189	1207	1121	1317	1204	1148	1227	1176	1288	1322	14501

图 15-65

	A	B	C	D	E	F
3	求和项:数量	列标签				
4	行标签	一季度	二季度	三季度	四季度	总计
5	陈苒欣	264	246	274	293	1077
6	崔丽	287	315	279	288	1169
7	丁红梅	269	275	240	310	1094
8	何海洋	271	263	274	282	1090
9	侯燕芝	276	269	255	289	1089
10	江梅子	264	289	294	263	1110
11	李霞	271	311	256	298	1136
12	苏瑞	252	286	283	275	1096
13	徐红	270	269	256	261	1056
14	伊一	292	222	308	389	1211
15	张鸿博	251	311	279	305	1146
16	张文娜	272	297	315	281	1165
17	邹丽雪	252	292	266	252	1062
18	总计	3491	3645	3579	3786	14501

图 15-66

❶ 选中列标签中 1 月～3 月的项，单击“数据透视表工具”→“分析”→“组合”选项组中的“分组选择”按钮，如图 15-67 所示。

❷ 此时列字段中增加一个“数据组 1”的分组，并且在字段列表中出现一个“月份 2”字段。按 F2 键，更改该分组名称为“一季度”，如图 15-68 所示。

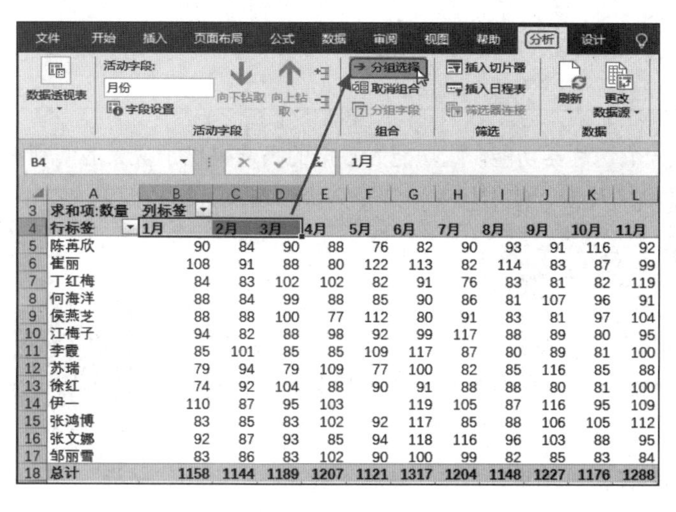

	A	B	C	D	E	F	G	H	I	J	K	L
3	求和项:数量	列标签										
4	行标签	1月	2月	3月	4月	5月	6月	7月	8月	9月	10月	11月
5	陈苒欣	90	84	90	88	76	82	90	93	91	116	92
6	崔丽	108	91	88	80	122	113	82	114	83	87	99
7	丁红梅	84	83	102	102	82	91	76	83	81	82	119
8	何海洋	88	84	99	88	85	90	86	81	107	96	91
9	侯燕芝	88	88	100	77	112	80	91	83	81	97	104
10	江梅子	94	82	88	98	92	99	117	88	89	80	95
11	李霞	85	101	85	85	109	117	87	80	89	81	100
12	苏瑞	79	94	79	109	77	100	82	85	116	85	88
13	徐红	74	92	104	88	90	91	88	88	80	81	100
14	伊一	110	87	95	103		119	105	87	116	95	109
15	张鸿博	83	85	83	102	92	117	85	88	106	105	112
16	张文娜	92	87	93	85	94	118	116	96	103	88	95
17	邹丽雪	83	86	83	102	90	100	99	82	85	83	84
18	总计	1158	1144	1189	1207	1121	1317	1204	1148	1227	1176	1288

图 15-67

	A	B	C	D
3	求和项:数量	列标签		
4		⊟一季度		
5	行标签	1月	2月	3月
6	陈苒欣	90	84	90
7	崔丽	108	91	88
8	丁红梅	84	83	102
9	何海洋	88	84	99
10	侯燕芝	88	88	100
11	江梅子	94	82	88
12	李霞	85	101	85
13	苏瑞	79	94	79
14	徐红	74	92	104
15	伊一	110	87	95
16	张鸿博	83	85	83
17	张文娜	92	87	93
18	邹丽雪	83	86	83
19	总计	1158	1144	1189

图 15-68

❸ 重复上面的步骤，选中列标签中的 4 月～6 月的项，分组为“二季度”，以此类推，得到的统计表格如图 15-69 所示。

	A	B	C	D	E	F	G	H	I	J	K	L	M	N
3	求和项:数量	列标签												
4		⊟一季度			⊟二季度			⊟三季度			⊟四季度			总计
5	行标签	1月	2月	3月	4月	5月	6月	7月	8月	9月	10月	11月	12月	
6	陈苒欣	90	84	90	88	76	82	90	93	91	116	92	85	1077
7	崔丽	108	91	88	80	122	113	82	114	83	87	99	102	1169
8	丁红梅	84	83	102	102	82	91	76	83	81	82	119	109	1094
9	何海洋	88	84	99	88	85	90	86	81	107	96	91	95	1090
10	侯燕芝	88	88	100	77	112	80	91	83	81	97	104	88	1089
11	江梅子	94	82	88	98	92	99	117	88	89	80	95	88	1110
12	李霞	85	101	85	85	109	117	87	80	89	81	100	117	1136
13	苏瑞	79	94	79	109	77	100	82	85	116	85	88	102	1096
14	徐红	74	92	104	88	90	91	88	88	80	81	100	80	1056
15	伊一	110	87	95	103		119	105	87	116	95	109	185	1211
16	张鸿博	83	85	83	102	92	117	85	88	106	105	112	88	1146
17	张文娜	92	87	93	85	94	118	116	96	103	88	95	98	1165
18	邹丽雪	83	86	83	102	90	100	99	82	85	83	84	85	1062
19	总计	1158	1144	1189	1207	1121	1317	1204	1148	1227	1176	1288	1322	14501

图 15-69

❹ 在“数据透视表字段”窗格中的字段列表中取消勾选“月份”复选框，使“月份”字段不显示在数据透视表中，就可以达到如图 15-70 所示按季度的统计效果。

	A	B	C	D	E	F	G
1							
2							
3	求和项:数量	列标签					
4	行标签	一季度	二季度	三季度	四季度	总计	
5	陈苒欣	264	246	274	293	1077	
6	崔丽	287	315	279	288	1169	
7	丁红梅	269	275	240	310	1094	
8	何海洋	271	263	274	282	1090	
9	侯燕芝	276	269	255	289	1089	
10	江梅子	264	289	294	263	1110	
11	李霞	271	311	256	298	1136	
12	苏瑞	252	286	283	275	1096	
13	徐红	270	269	256	261	1056	
14	伊一	292	222	308	389	1211	
15	张鸿博	251	311	279	305	1146	
16	张文娜	272	297	315	281	1165	
17	邹丽雪	252	292	266	252	1062	
18	总计	3491	3645	3579	3786	14501	

图 15-70

15.5 切片器筛选

Excel 针对数据的筛选专门提供了一个切片器功能，此功能为数据的筛选提供了很大的便利性。本节将详细介绍如何在数据透视表中插入切片器、使用切片器进行高级筛选及其相关设置。

15.5.1 添加切片器

本例表格中按产品系列统计了各商品的销售数量和销售金额，下面需要添加切片器功能实现多项数据筛选，比如筛选指定产品系列类别下多种指定商品的销售记录。

❶ 打开表格并选中数据透视表中的任意单元格，单击“数据透视表工具”→“分析”→“筛选”选项组中的“插入切片器”按钮，如图 15-71 所示。打开“插入切片器”对话框。

❷ 该对话框中显示了表格的所有列标题名称（可以根据需要添加几个切片器），勾选“产品类别”和“产品名称”复选框，如图 15-72 所示。

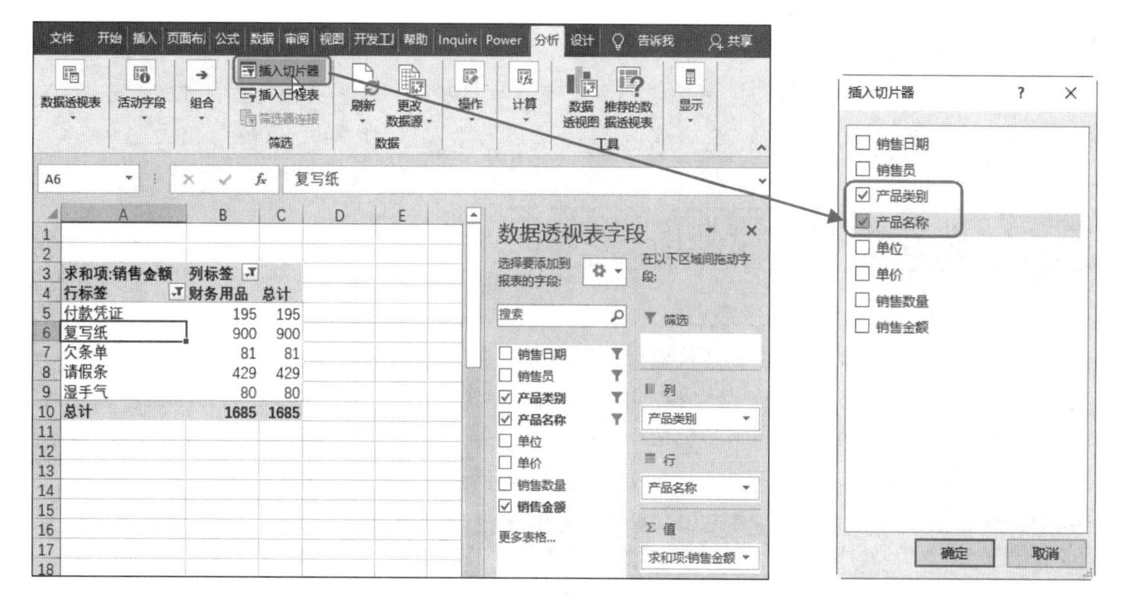

图 15-71　　　　　　　　　　　　图 15-72

❸ 单击“确定”按钮返回表格中，即可看到添加的指定字段切片器，如图 15-73 所示。

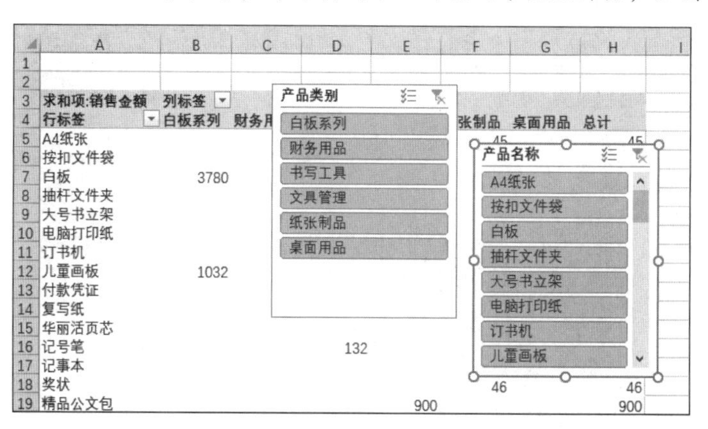

图 15-73

❹ 按住 Ctrl 键依次单击“产品类别”切片器中的“财务用品”以及“产品名称”中的相关名称即可，最终筛选效果如图 15-74 所示。

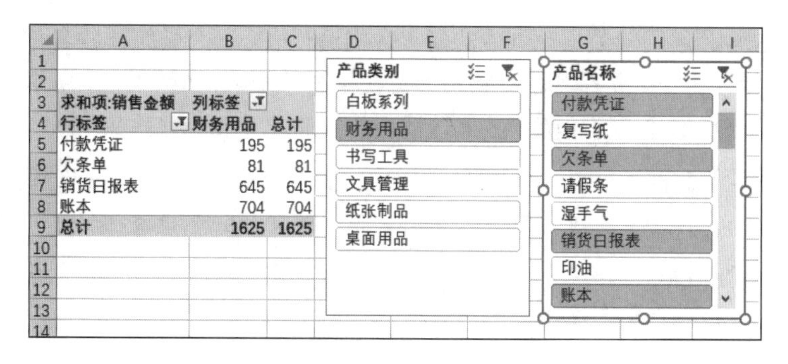

图 15-74

提示注意

如果要一次性清除所有切片器筛选结果，可以直接单击切片器右上角的“清除筛选器”按钮即可。

15.5.2 应用切片器样式

在上一小节中介绍了如何创建切片器，当创建切片器后，切片器的格式是默认的，本节将介绍如何一键应用指定切片器样式，包括切片器的边框和填充效果。

沿用上节表格，打开后选中切片器，单击“切片器工具”→“选项”→“切片器样式”选项组中的“其他”按钮，在打开的下拉菜单中单击“浅色→切片器样式浅色 6”命令，如图 15-75 所示。单击后即可快速应用切片器样式，效果如图 15-76 所示。

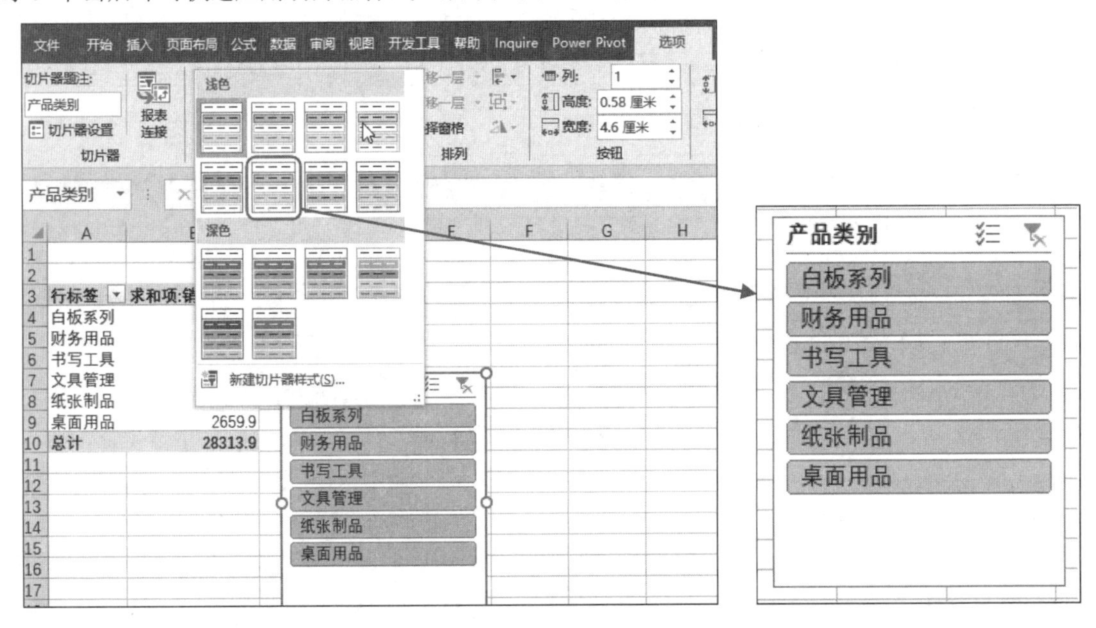

图 15-75

图 15-76

15.5.3 切片器筛选数据

当前表格中包含利用同一数据源创建的两个数据透视表，一个是统计各名称产品的总数量与总金额；另一个是统计各销售员的总数量与总金额，如图 15-77 所示。现在想添加切片器，实现同步筛选两个数据透视表的目的，其实现方法如下：

❶ 选中任意一个数据透视表，为其添加“销售部门”切片器。选中切片器，单击“切片器工具”→“选项”→“切片器”选项组中的“报表连接”按钮，如图 15-78 所示。打开“数据透视表连接（销售部门）”对话框。

❷ 将对话框中的两个复选框都选中，如图 15-79 所示。

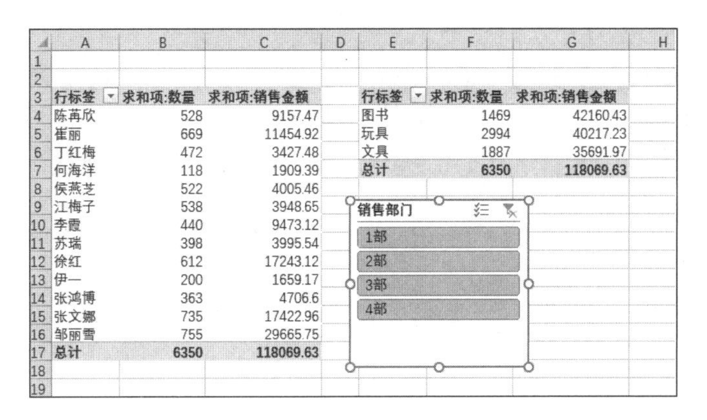

行标签	求和项:数量	求和项:销售金额
陈苒欣	528	9157.47
崔丽	669	11454.92
丁红梅	472	3427.48
何海洋	118	1909.39
侯燕芝	522	4005.46
江梅子	538	3948.65
李霞	440	9473.12
苏瑞	398	3995.54
徐红	612	17243.12
伊一	200	1659.17
张鸿博	363	4706.6
张文娜	735	17422.96
邹丽雪	755	29665.75
总计	6350	118069.63

行标签	求和项:数量	求和项:销售金额
图书	1469	42160.43
玩具	2994	40217.23
文具	1887	35691.97
总计	6350	118069.63

图 15-77

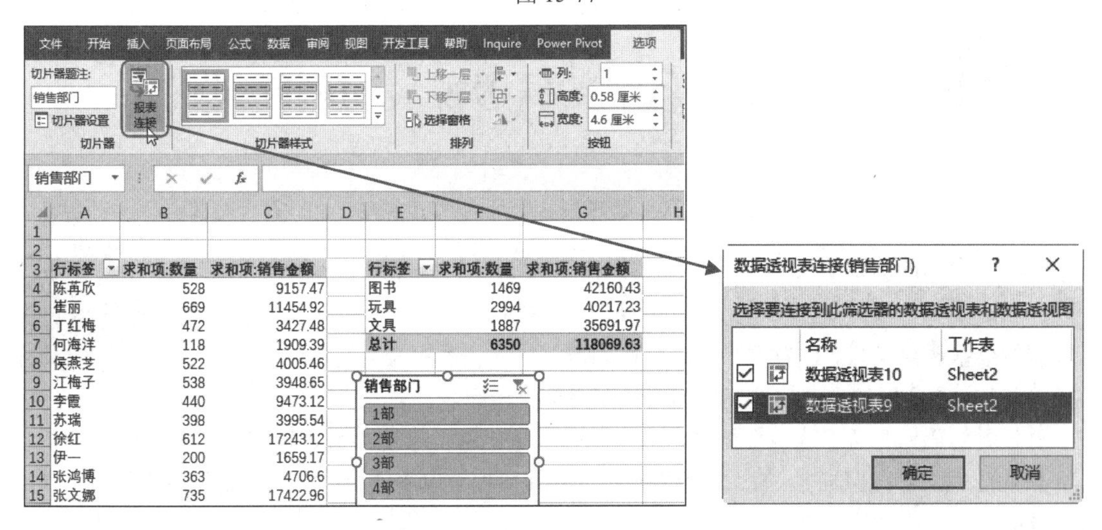

图 15-78　　　　图 15-79

❸ 单击“确定”按钮完成设置。在切片器中选中“1 部”，两个数据透视表将同步筛选，如图 15-80 所示。

行标签	求和项:数量	求和项:销售金额
崔丽	669	11454.92
丁红梅	472	3427.48
侯燕芝	522	4005.46
邹丽雪	755	29665.75
总计	2418	48553.61

行标签	求和项:数量	求和项:销售金额
图书	550	16150.36
玩具	1217	20782.76
文具	651	11620.49
总计	2418	48553.61

销售部门：1部　2部　3部　4部

图 15-80

❹ 在切片器中按住 Ctrl 键依次单击选中“1 部”和“2 部”，两个数据透视表将同步筛选，如图 15-81 所示。

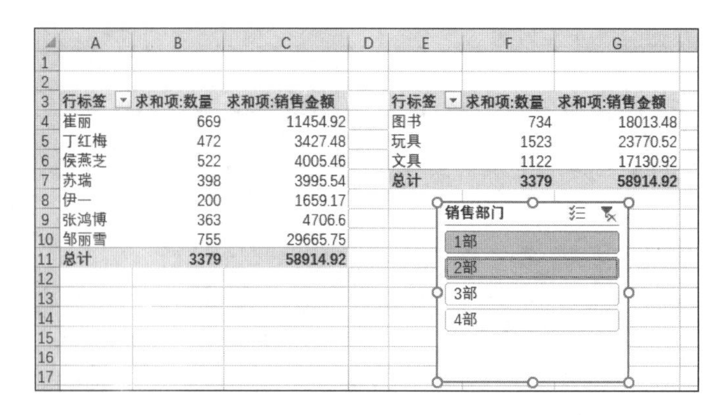

图 15-81

15.6 数据透视表的刷新与优化

当对数据透视表的数据源进行更新后，数据透视表不能同步更新，此时需要对其进行手动更新。

15.6.1 刷新数据透视表

刷新数据透视表的方法有多种，既可以刷新单张数据透视表，也可以批量刷新数据透视表，或者通过设置让程序启动自动刷新数据透视表。

重新更新数据源后，选中数据透视表中的任意单元格，单击“数据透视表工具”的“分析”选项卡中的“数据”选项组中的“刷新”按钮，从其下拉菜单中选择“全部刷新”命令即可按新数据源显示数据透视表，如图 15-82 所示。

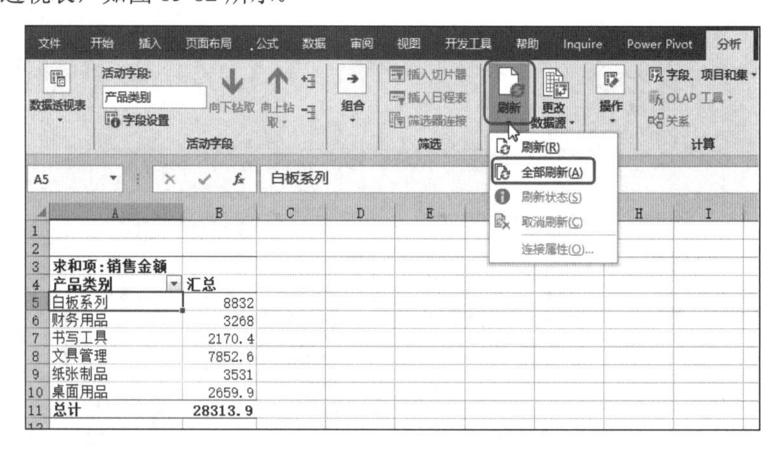

图 15-82

提示注意

普通数据更改后，单击刷新后即可重新统计。但若更改了已经添加至透视表中的字段名称，则该字段将会从透视表中自动删除，需要重新添加。

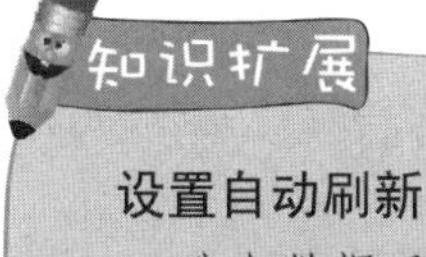

设置自动刷新

选中数据透视表，单击“数据透视表工具”的“分析”选项卡中的“数据透视表”选项组中的“选项”按钮，打开“数据透视表选项”对话框。单击“数据”选项卡，勾选“打开文件时刷新数据”复选框，如图 15-83 所示，单击“确定”按钮，再次打开工作簿即可自动刷新数据透视表。

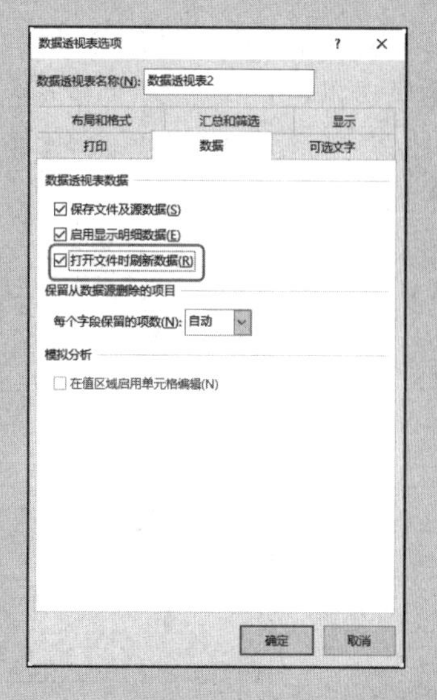

图 15-83

15.6.2 刷新数据透视表后的优化设置

刷新了数据透视表后可能会出现各种问题，例如，刷新后列宽被更改、已删除的字段没有同步删除、刷新后字段丢失等。

1. 刷新后仍然保留原格式

数据透视表建立完成后，我们会依据实际需要调整好列宽、设置字体格式、设置特殊区域的底纹等，但在执行刷新命令后，有时这些格式会自动消失，又自动恢复到默认状态。通过如下设置可以让数据透视表刷新后仍保持原格式。

❶ 打开数据透视表并右击，在弹出的快捷菜单中选择“数据透视表选项”命令，打开“数据透视表选项”对话框。

❷ 单击“布局和格式”选项卡，取消勾选“更新时自动调整列宽”复选框，勾选“更新时保留单元格格式”复选框，如图 15-84 所示。

❸ 单击“确定”按钮，即可实现数据透视表刷新后仍然保留原格式。

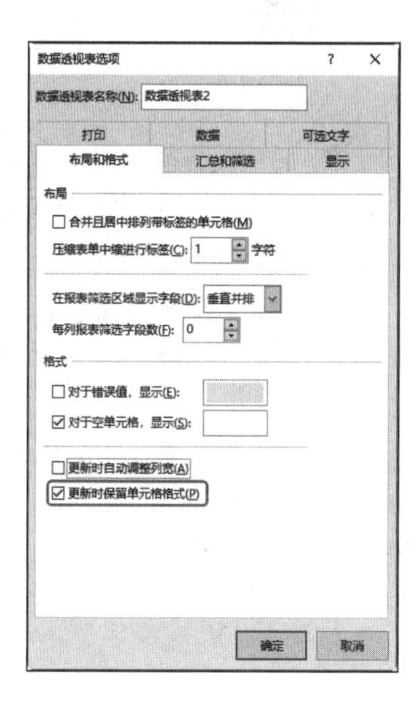

图 15-84

2. 清除字段列表中已删除的字段

当数据透视表创建完成后，如果删除了数据源中的一些数据，刷新数据透视表后，删除的数据也将从透视表中删除，但是数据透视表字段列中仍然存在被删除的数据项。

例如，本例中如图 15-85 所示为源数据表，现在删除“网络安全部”数据后进行刷新，可以看到数据透视表中不包含“网络安全部”项，如图 15-86 所示，但是字段的下拉列表中仍然显示，如图 15-87 所示。如果数据表经多次改动，这样的无用数据会越来越多，也影响表格数据的可读性。通过如下方法可以删除。

	A	B	C	D	E	F	G	H	I	J
1	编号	姓名	性别	出生日期	年龄	身份证号	所在部门	所属职位	入职时间	工龄
2	XL001	邹余洁	女	1975-04-10	43	342701197504106362	财务部	总监	2003/2/14	15
3	XL002	张瑞煊	男	1984-02-01	34	342301198402018576	企划部	员工	2005/3/1	13
4	XL003	杨佳丽	女	1987-02-13	31	342701198702138528	销售部	业务员	2012/3/1	6
5	XL004	李飞	男	1981-09-12	37	341226810912009	企划部	部门经理	2006/3/1	12
6	XL005	贝丽	女	1983-06-12	35	341270198306123241	网络安全部	员工	2009/4/5	9
7	XL006	苏维志	男	1981-03-14	37	342701810314955	销售部	业务员	2006/4/14	12
8	XL007	李玲	女	1984-10-15	34	342526198410151583	网络安全部	部门经理	2006/4/14	12
9	XL008	侯艳纯	女	1983-08-15	35	342826830815206	行政部	员工	2013/1/28	5
10	XL009	徐涛	男	1981-09-12	37	341226810912001	销售部	部门经理	2009/2/2	9
11	XL010	彭丽	女	1971-04-15	47	341226197104152025	财务部	员工	2006/2/19	12
12	XL011	梅友春	女	1988-10-10	30	342826198810102082	销售部	业务员	2012/4/7	6
13	XL012	彦丹丹	女	1985-04-12	33	341226198504122041	企划部	员工	2005/2/20	13
14	XL013	唐小军	男	1976-03-21	42	342326760321201	销售部	业务员	2005/2/25	13
15	XL014	庄文芳	女	1972-10-15	46	341226197210152042	行政部	员工	2003/2/25	15
16	XL015	曾利	男	1981-05-06	37	341228810506203	网络安全部	员工	2001/8/26	17
17	XL016	刘媛媛	女	1968-02-28	50	342801680228112	销售部	业务员	2005/10/4	13
18	XL017	王占英	女	1986-12-03	32	342622198612038624	行政部	员工	2003/10/6	15

图 15-85

	A	B	C
1			
2			
3	行标签	平均值项:工龄	平均值项:年龄
4	销售部	9	37.36
5	财务部	13	42
6	行政部	10.5	38
7	企划部	12.5	35
8	总计	10.46	37.71

图 15-86

图 15-87

❶ 选中数据透视表中的任意单元格，单击“数据透视表工具”的“分析”选项卡中的“数据透视表”选项组中的“选项”按钮，打开“数据透视表选项”对话框。

❷ 单击“数据”选项卡，在“保留从数据源删除的项目”栏下单击“每个字段保留的项数”右侧的下拉按钮，选择“无”选项，如图 15-88 所示。

❸ 单击“确定”按钮完成设置，在数据透视表的任意单元格中右击，在弹出的快捷菜单中选择“刷新”命令，即可清除删除的项，如图 15-89 所示。

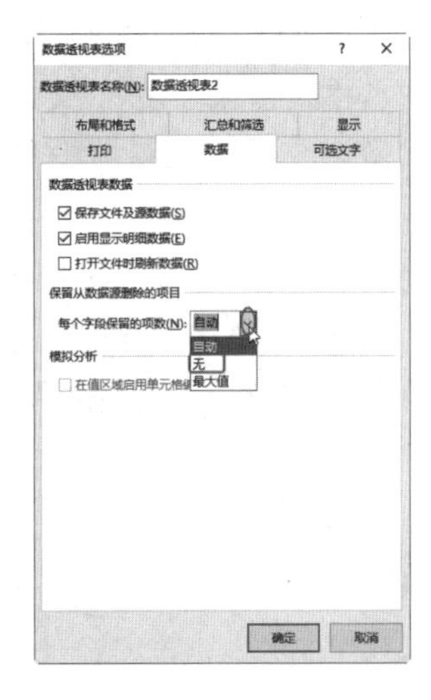

图 15-88

3．解决刷新后字段丢失问题

在刷新数据透视表时可能会出现数据丢失的情况，例如，如图 15-90 所示的数据透视表设置“金额”字段为“值”字段，当将数据表中的“金额”列标题更改为“销售金额”，刷新数据透视表时可以看到其中的数据丢失了，如图 15-91 所示。这是因为数据表中更改了已经被设置为“值”字段的字段名称，要解决这一问题，只要重新在字段列表中将字段再次拖动到“值”字段即可。

图 15-89

	A	B	C	D	E
1	日期	(全部)			
2					
3	求和项:金额	列标签			
4	行标签	图书	玩具	文具	总计
5	陈苒欣	1547.69	367.14	526.68	2441.51
6	崔丽	8356.76	8983.78	299.85	17640.39
7	江梅子	299.8	2995.4	3197.2	6492.4
8	张鸿博		2908.11	8358.27	11266.38
9	张文娜	6939.14	7808.41	8677.08	23424.63
10	总计	17143.39	23062.84	21059.08	61265.31

图 15-90

	A	B	C	D	E
1	日期	(全部)			
2					
3		列标签			
4	行标签	图书	玩具	文具	总计
5	陈苒欣				
6	崔丽				
7	江梅子				
8	张鸿博				
9	张文娜				
10	总计				

图 15-91

在“选择要添加到的报表的字段”列表中右击“销售金额”字段，在弹出的快捷菜单中选择“添加到数值”命令，如图 15-92 所示。添加后可以看到数据透视表重新得到统计数据，如图 15-93 所示。

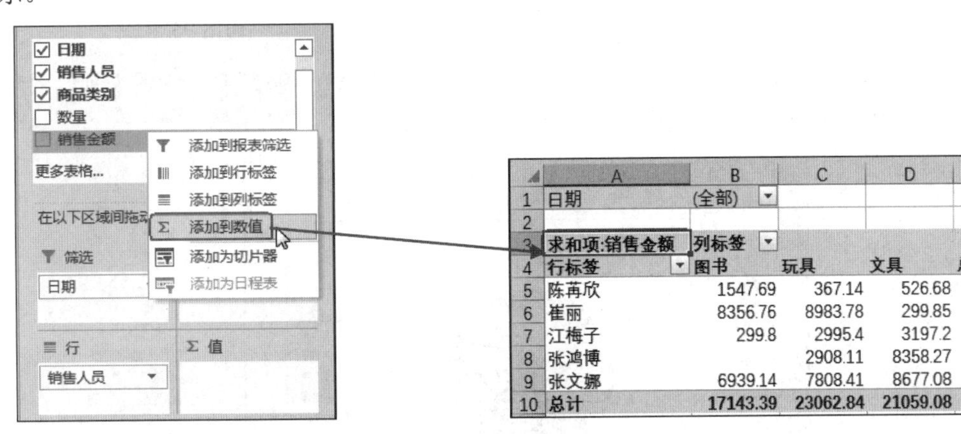

图 15-92

	A	B	C	D	E
1	日期	(全部)			
2					
3	求和项:销售金额	列标签			
4	行标签	图书	玩具	文具	总计
5	陈苒欣	1547.69	367.14	526.68	2441.51
6	崔丽	8356.76	8983.78	299.85	17640.39
7	江梅子	299.8	2995.4	3197.2	6492.4
8	张鸿博		2908.11	8358.27	11266.38
9	张文娜	6939.14	7808.41	8677.08	23424.63
10	总计	17143.39	23062.84	21059.08	61265.31

图 15-93

15.7 创建数据透视图

数据透视图可以将数据透视表中的统计数据图示化，通过数据透视图可以更便于对统计数据的查看、比较与分析等。数据透视图有很多类型，用户可以根据当前数据的实际情况选择合适的数据透视图。本节将主要介绍如何创建和编辑数据透视图。

15.7.1 在数据透视表上创建数据透视图

数据透视图建立在数据透视表基础上，既可以在源数据透视表上显示，也可以在新工作表中显示。

❶ 打开数据透视表，选中其数据中的任意单元格，单击“数据透视表工具”的“分析”选项卡中的“工具”选项组中的“数据透视图”按钮（见图 15-94），打开“插入图表”对话框。

❷ 首先选择图表类型为“饼图”，再设置子图表类型为“二维饼图”，如图 15-95 所示。

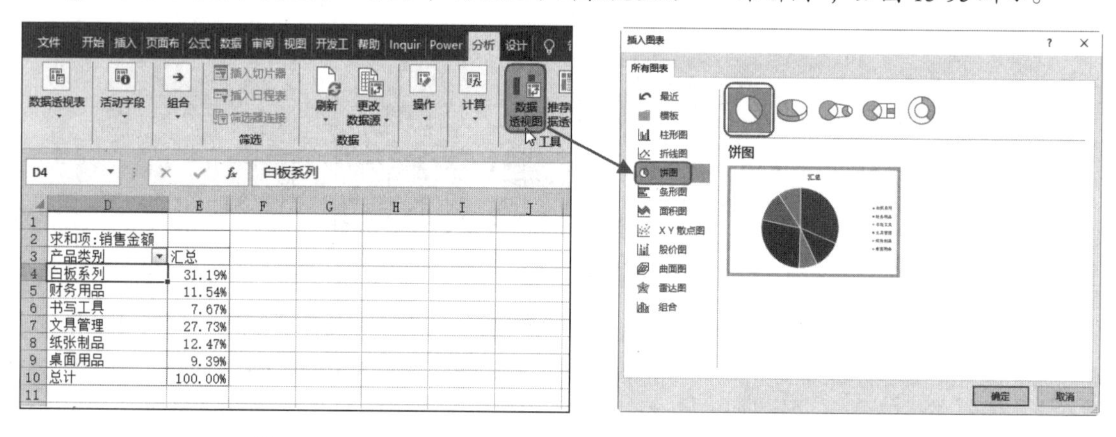

图 15-94　　　　图 15-95

❸ 单击“确定”按钮，即可创建默认格式的饼图图表，如图 15-96 所示。由图表可以看到深蓝色区域（即“白板系列”商品）销售额最高。

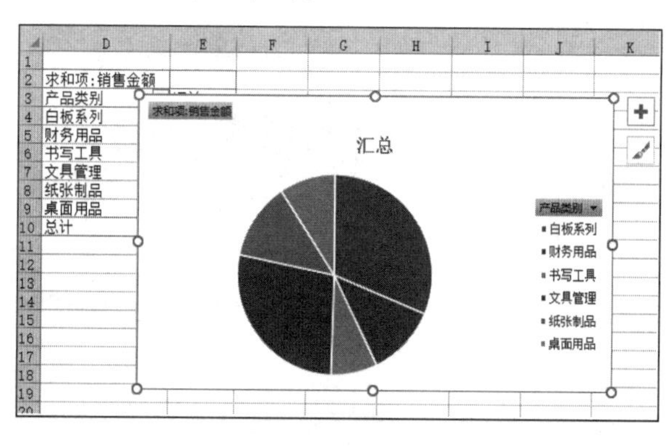

图 15-96

提示注意

新用户在初次创建图表时经常会产生困惑，不清楚一组数据到底应该选择哪种类型的图表来分析才合适。其实不同类型的图表在表达数据方面是有讲究的，有些适合做对比；有些适合用来表现趋势，那么具体应该如何选择呢？数据主要有四种关系，即构成、比较、趋势、分布及联系，理清想表达哪一种数据关系，有助于对图表类型的选择。具体可以参考本书第 13 章中介绍的“图表”类型。

15.7.2 在源数据中创建数据透视图

在“销售记录表”原始数据的表格中，可以直接根据表格数据插入指定类型的数据透视图。不需要先创建透视表再创建透视图。

❶ 打开“销售记录表”，选中数据中的任意单元格，单击“插入”选项卡中的“图表”选项组中的“数据透视图”按钮（见图 15-97），打开“创建数据透视图”对话框。

❷ 保持各个选项默认不变，如图 15-98 所示。

销售日期	销售员	产品类别	产品名称	单位	单价	销售数量	销售金额
2020/3/1	刘芸	文具管理	按扣文件袋	个	0.6	35	21
2020/3/1	王婷婷	财务用品	销货日报表	本	3	45	135
2020/3/1	张欣欣	白板系列	儿童画板	件	4.8	150	720
2020/3/1	张欣欣	白板系列	白板	件	126	10	1260
2020/3/2	王婷婷	财务用品	付款凭证	本	1.5	55	82.5
2020/3/2	王婷婷	财务用品	销货日报表	本	3	50	150
2020/3/2	张欣欣	白板系列	儿童画板	件	4.8	35	168
2020/3/3	王婷婷	财务用品	付款凭证	本	1.5	30	45
2020/3/3	刘芸	文具管理	展会证	个	0.68	90	61.2

图 15-97

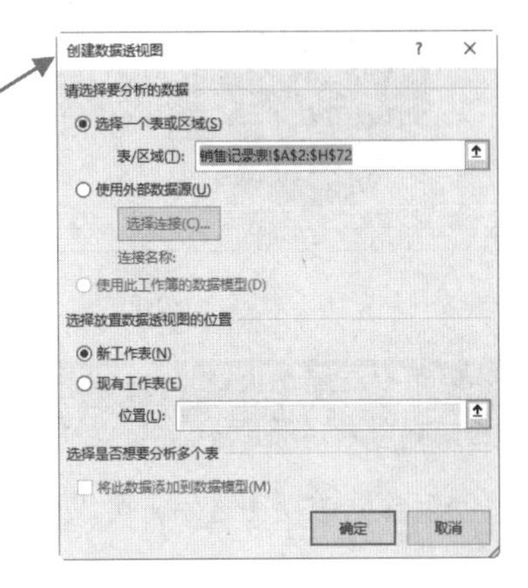

图 15-98

❸ 单击“确定”按钮，并添加相应的字段，即可创建默认格式簇状柱形图图表，如图 15-99 所示。

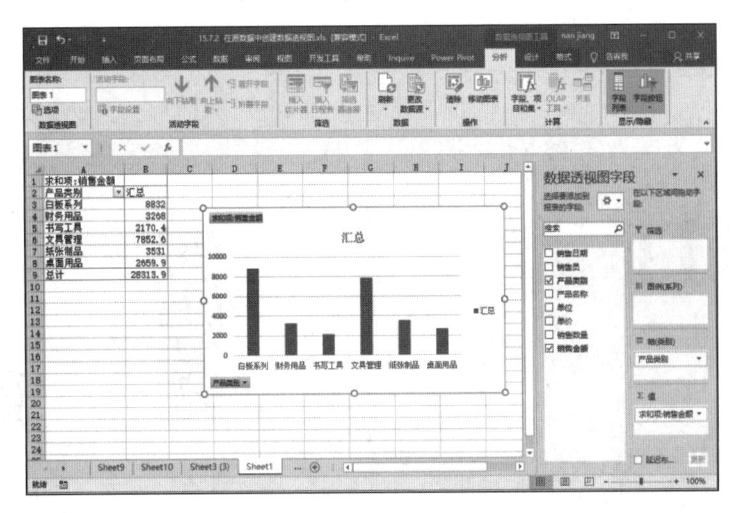

图 15-99

15.7.3 在数据透视图上添加数据标签

在数据透视图中添加数据标签是为了让系列的值更直观地显示在图表上。本例中需要在饼图图表中添加百分比数据标签。

❶ 打开工作表并选中数据透视图，单击右上角的“图表元素”按钮，在打开的下拉列表中勾选“数据标签”复选框，如图 15-100 所示。

❷ 此时可以看到饼图扇形面上添加了百分比数据标签，更改图表标题，最终效果如图 15-101 所示。

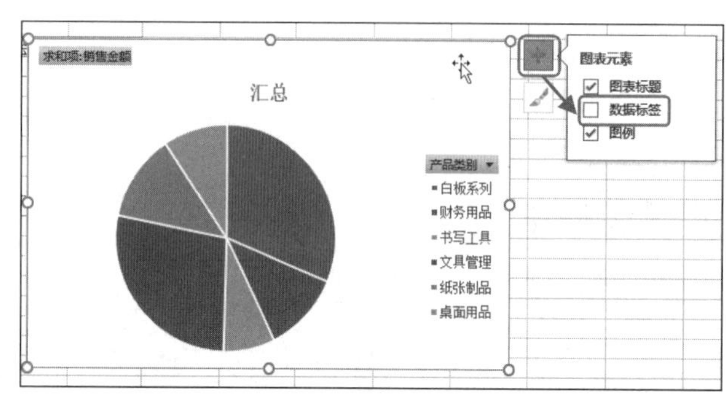

图 15-100

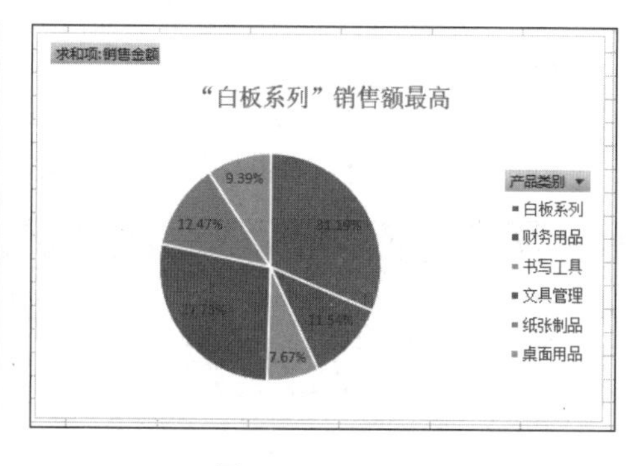

图 15-101

15.7.4 筛选查看数据透视图

创建数据透视图之后，可以使用“图表筛选器”按钮筛选查看指定的数据分析结果。

❶ 打开并选中数据透视图，单击右侧的“图表筛选器”按钮，在打开的下拉列表中勾选“白板系列”和“桌面用品”复选框，如图 15-102 所示。

❷ 单击“应用”按钮返回数据透视图，可以看到透视图仅绘制指定两个数据系列的图表，如图 15-103 所示。

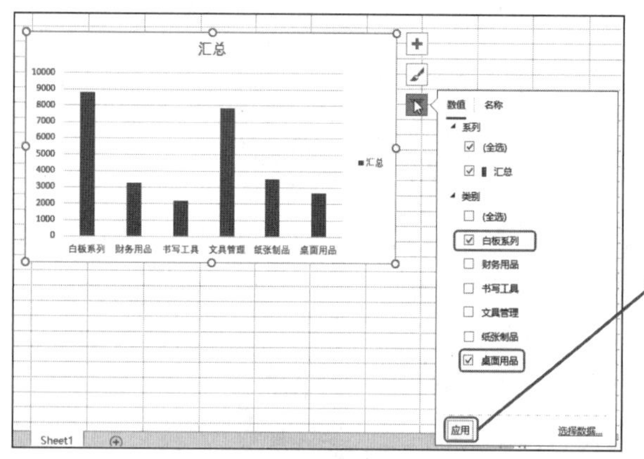

图 15-102

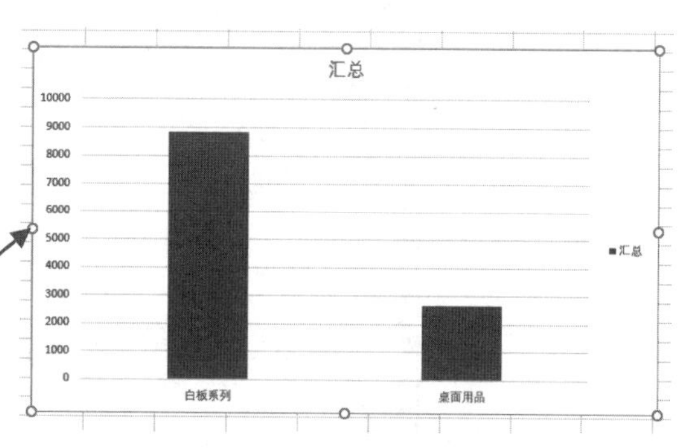

图 15-103

15.8 综合实例

15.8.1 案例 31：企业日常费用的多维度统计分析报表

为了方便对公司日常财务和月销售数据的分析管理，可以根据表格创建数据透视图或数据透视表，通过透视表可以将数据汇总分析，再创建透视图让数据分析结果展示更加直观，更利于公司调整今后的财务和销售任务。

1. 准备日常费用报表

公司日常费用报表内容包括日期、费用类型名称、报销部门以及具体的支出金额。

❶ 新建工作簿，在 Sheet1 工作表标签上双击，重新输入名称为“日常费用统计表”。

❷ 规划好表格的主体内容，将相关数据输入到表格中，最终效果如图 15-104 所示。

2020年1月费用支出统计表

月	日	费用类别	产生部门	支出金额	负责人	备注
1	2	办公用品采购费	企划部	¥8,200	彭玉	新增笔、纸等办公用品
1	3	办公用品采购费	企划部	¥1,500	郑磊	办公设备
1	4	餐饮费	销售部	¥550	何丽	与海宁商贸
1	5	餐饮费	人事部	¥1,050	李敏	与蓝天科技客户
1	6	差旅费	行政部	¥1,200	程建	到上海出差
1	7	差旅费	销售部	¥560	张海燕	出差南京
1	8	福利品采购费	企划部	¥5,400	盛易	节假日福利品
1	9	会务费	销售部	¥2,800	华强	交流会
1	10	交通费	行政部	¥1,400	李明铭	到北京出差
1	11	交通费	销售部	¥1,600	于亚丽	北京出差
1	12	交通费	销售部	¥500	陈毅强	
1	13	交通费	人事部	¥100	陈华	本市政府办
1	14	交通费	企划部	¥200	肖颖	采访
1	15	交通费	财务部	¥58	李凝	本市考查
1	16	外加工费	销售部	¥1,000	张仪	海报
1	17	外加工费	销售部	¥3,200	李逸	支付包装袋货款
1	18	业务拓展费	行政部	¥6,470	张利民	
1	19	业务拓展费	销售部	¥1,200	杨亚	公交站广告
1	20	业务拓展费	销售部	¥2,120	韩立	展位费
1	21	运输费	行政部	¥1,000	张青	办公设备运输
1	22	招聘培训费	企划部	¥400	于宝强	培训教材
1	23	招聘培训费	财务部	¥450	李辉	市人才中心招聘

图 15-104

2. 各类别费用支出统计

❶ 打开工作表，选中数据表格中的任意单元格，单击“插入”选项卡中的“表格”选项组中的“数据透视表”按钮，打开“创建数据透视表”对话框。

❷ 保持默认选项不变（也可以根据实际需要修改放置位置和区域），如图 15-105 所示。单击“确定”按钮即可创建空白数据透视表，如图 15-106 所示。

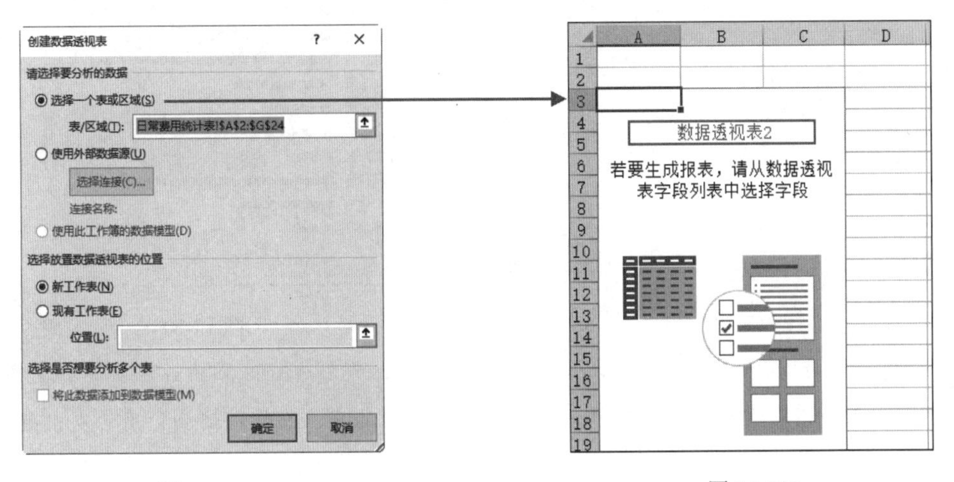

图 15-105

图 15-106

❸ 分别添加“费用类别”和“支出金额”至“行字段”和“值字段”列表，按费用类别统计费用支出金额合计值，如图 15-107 所示。

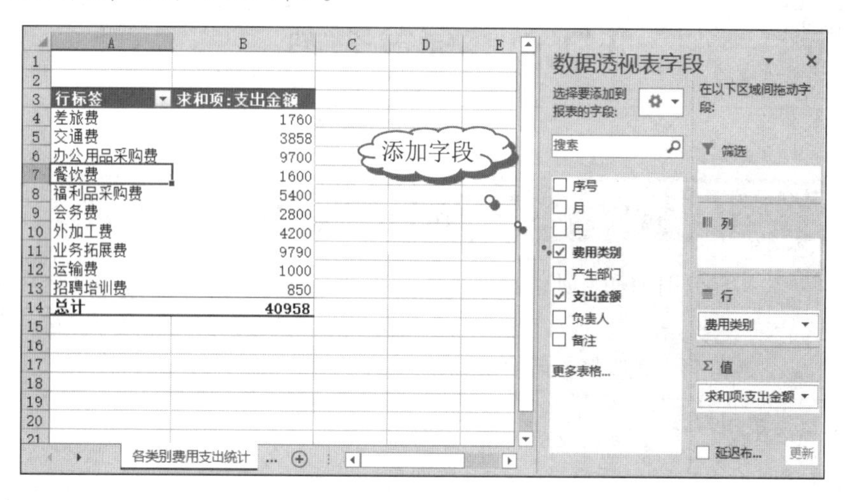

行标签	求和项:支出金额
差旅费	1760
交通费	3858
办公用品采购费	9700
餐饮费	1600
福利品采购费	5400
会务费	2800
外加工费	4200
业务拓展费	9790
运输费	1000
招聘培训费	850
总计	40958

图 15-107

3. 条形图比较各费用支出金额

❶ 打开数据透视表，选中数据中的任意单元格，单击“数据透视表工具”的“分析”选项卡中的“工具”选项组中的“数据透视图”按钮，打开“插入图表”对话框。

❷ 选择图表类型为“条形图”，再设置子图表类型为“簇状条形图”，如图 15-108 所示。单击“确定”按钮，即可创建默认格式的条形图图表，如图 15-109 所示。

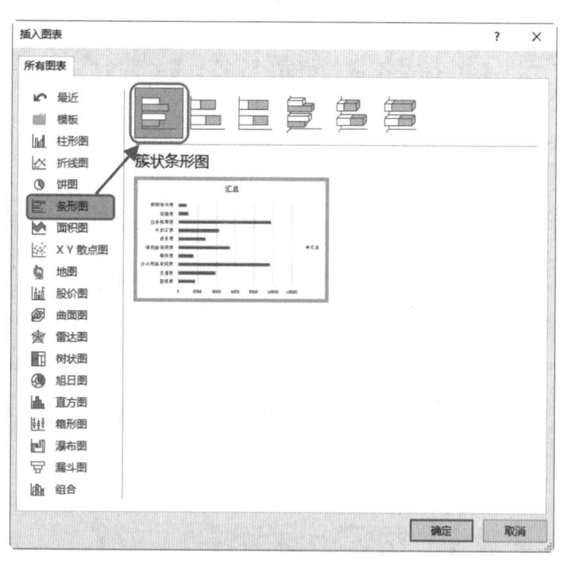

图 15-108

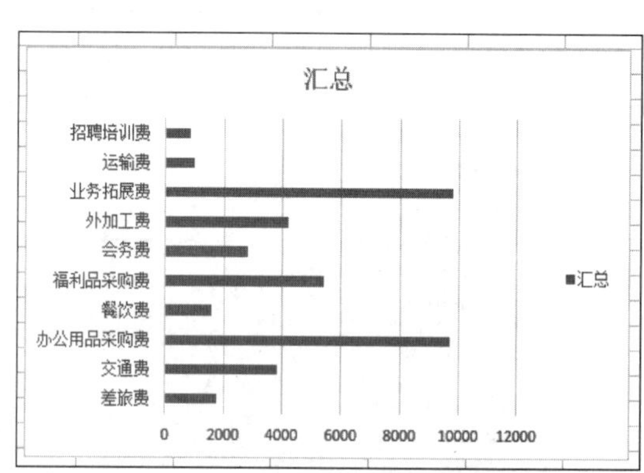

图 15-109

❸ 为图表应用样式和颜色，并重命名标题，效果如图 15-110 所示。从数据透视图中可以观察到：业务拓展费用和办公用品采购费用的支出总额基本持平，而招聘培训费用的支出最少。

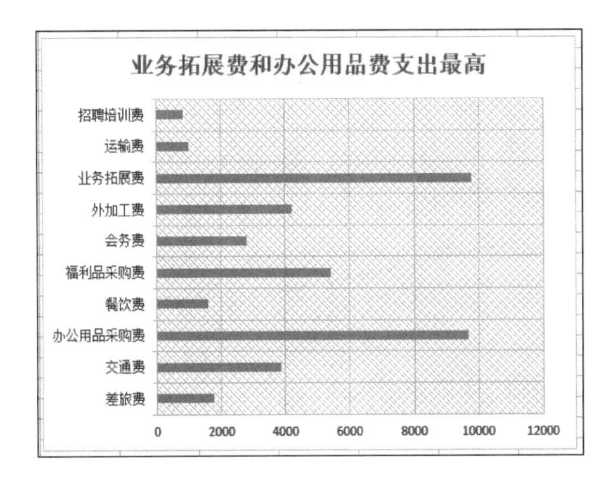

图 15-110

4. 统计各部门支出费用占总支出金额的百分比

通过设置值显示方式，例如让汇总出的支出额的值显示方式为占总支出金额的百分比，分析出哪个部门的支出费用占总支出费用比例最高。

❶ 打开数据透视表，设置“产生部门”字段为“行标签”字段，设置“支出金额”字段为“数值”字段。

❷ 在“数值”列表框中单击“求和项：支出金额”右侧的下拉按钮，在打开的下拉菜单中单击“值字段设置”命令（见图 15-111），打开“值字段设置”对话框。

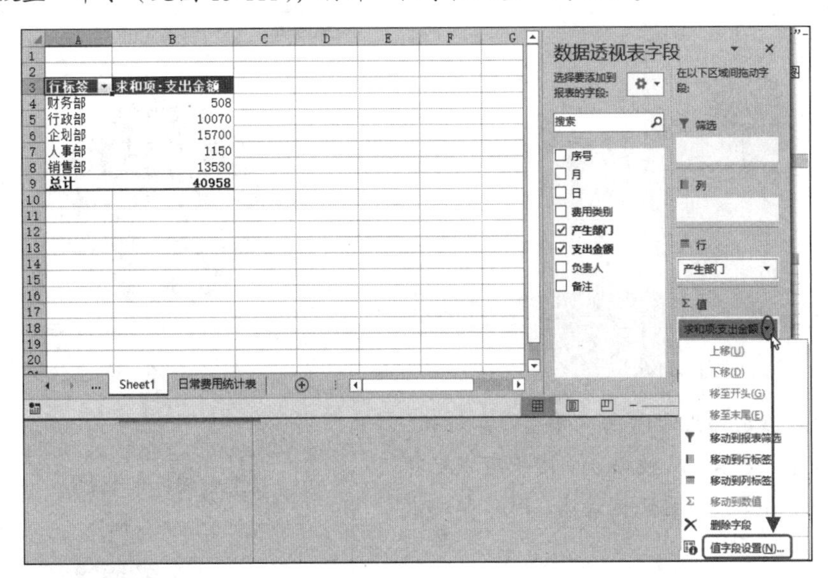

图 15-111

❸ 在该对话框中的“值显示方式”选项卡下单击“值显示方式”列表框右侧的下拉按钮，在下拉列表中选择“总计的百分比”选项，如图 15-112 所示。

❹ 单击“确定”按钮返回表中。在数据透视表中可以看到各个部门支出金额占总支出金额的百分比，如图 15-113 所示。

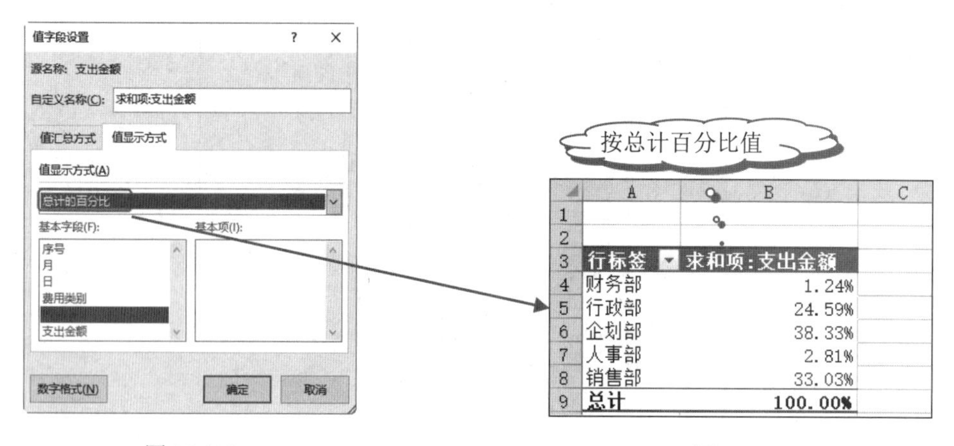

行标签	求和项:支出金额
财务部	1.24%
行政部	24.59%
企划部	38.33%
人事部	2.81%
销售部	33.03%
总计	100.00%

图 15-112　　　　图 15-113

5．饼图分析各部门支出金额

❶ 打开数据透视表，选中数据中的任意单元格，单击“数据透视表工具”的“分析”选项卡中的“工具”选项组中的“数据透视图”按钮，打开“插入图表”对话框。

❷ 首先选择图表类型为“饼图”，再设置子图表类型为“二维饼图”，如图 15-114 所示。单击“确定”按钮，即可创建默认格式的饼图图表，如图 15-115 所示。

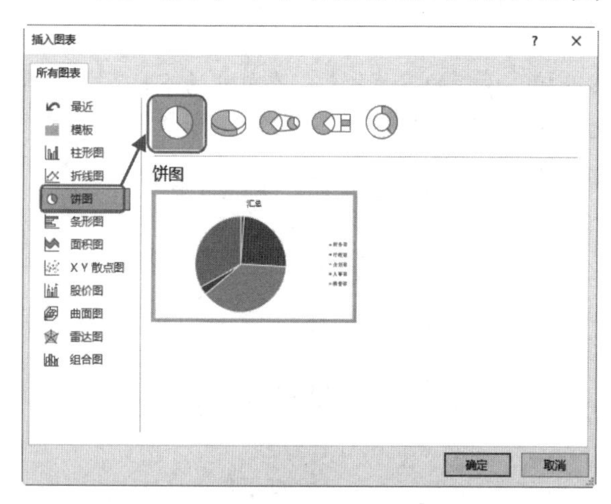

图 15-114

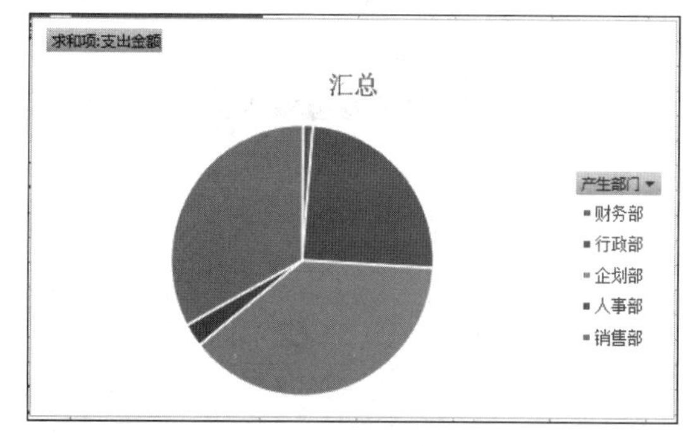

图 15-115

❸ 为图表应用样式和颜色，并重命名标题，效果如图 15-116 所示。从数据透视图中可以观察到：企划部的费用支出所占比例最高，财务部支出额占比最低。

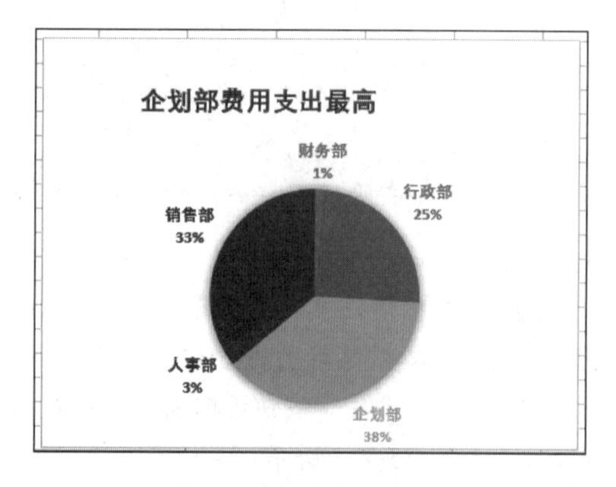

图 15-116

15.8.2 案例 32：月销售数据的多维度统计分析报表

本例表格中统计了当月各个店铺的商品销售额，下面需要使用数据透视表功能为各项数据设置不同的汇总方式（比如统计各店铺的最高销售额、总销售额以及平均销售额），对销售数据实现多维度统计分析。

1．添加销售金额字段

首先重复添加“销售金额”字段至“值字段”列表，方便后期对销售金额字段设置不同的汇总方式。

新建工作簿并创建空白数据透视表，将“店铺”添加至“行”，并分别添加三次“销售金额”至“值”字段列表，如图 15-117 所示。

图 15-117

2．汇总各店铺总销售额、最高销售额、平均销售额

❶ 打开数据透视表，选中“求和项：销售金额 2”字段，并右击，在弹出的快捷菜单中单击“值字段设置”命令（见图 15-118），打开“值字段设置”对话框。

图 15-118

❷ 在该对话框中设置自定义名称为“最高销售额”，“计算类型”列表中选择“最大值”，如图 15-119 所示。

❸ 单击“确定”按钮后再次打开“值字段设置”对话框，设置自定义名称为“平均销售额”，“计算类型”列表中选择“平均值”，如图 15-120 所示。

❹ 单击“确定”按钮返回表格中，即可看到汇总结果。选中 F3:H6 单元格区域，单击“开始”选项卡中的“数字”选项组中的“数字格式”下拉按钮，在展开的下拉菜单中单击“会计专用”命令（见图 15-121），即可更改数值的显示方式，如图 15-122 所示。从数据透视表中可以看到各个店铺的总销售额、最高销售额以及平均销售额统计数据。

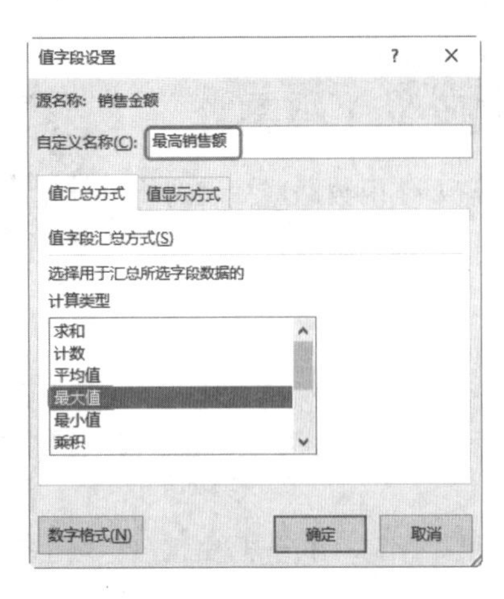

图 15-119

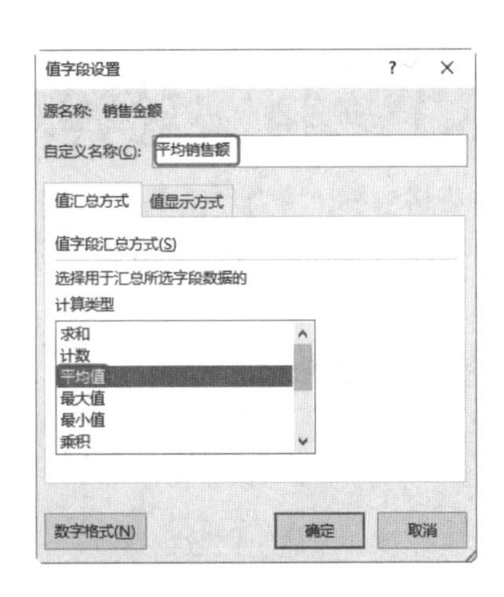

图 15-120

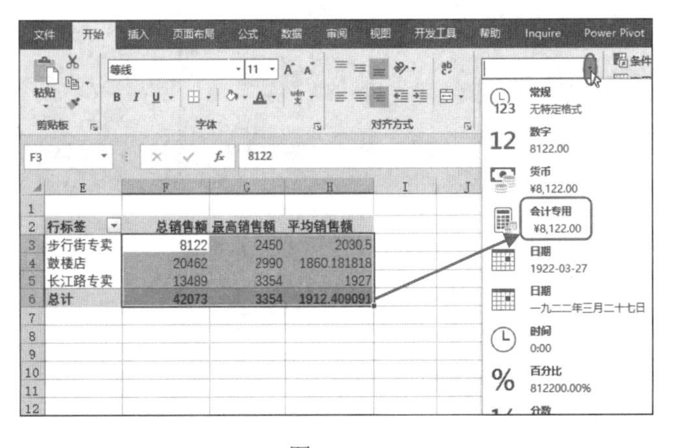

图 15-121

行标签	总销售额	最高销售额	平均销售额
步行街专卖	¥ 8,122.00	¥ 2,450.00	¥ 2,030.50
鼓楼店	¥ 20,462.00	¥ 2,990.00	¥ 1,860.18
长江路专卖	¥ 13,489.00	¥ 3,354.00	¥ 1,927.00
总计	¥ 42,073.00	¥ 3,354.00	¥ 1,912.41

图 15-122

15.8.3 案例 33：根据月报表快速汇总成季报表

如果创建多页字段多表合并数据透视表，则可以实现筛选查看年度、季度、半年度的汇总数据，这就需要使用“多重合并计算”功能。多重合并计算数据区域的数据透视表可以汇总显示所有数据源表合并计算后的结果，也可以将每个数据源表显示为页字段中的一项，通过页字段中的下拉列表可以分别显示各个数据表中的汇总数据。如图 15-123 至图 15-125 所示为一张工作簿中的多工作表，下面介绍创建多表合并数据的数据透视表的步骤。

序号	日期	类别	金额
001	1/8	办公用品采购费	342
002	1/11	差旅费	453
003	1/1	福利用品采购费	6743
004	1/15	设计稿费	4564
005	1/17	差旅费	573
006	1/21	包装费	544
007	1/26	办公用品采购费	343

1月费用　2月费用　3月费用　4月费用

图 15-123

序号	日期	类别	金额
001	2/3	差旅费	645
002	2/6	差旅费	5464
003	2/9	办公用品采购费	463
004	2/12	包装费	64
005	2/16	差旅费	365
006	2/20	包装费	576
007	2/23	福利用品采购费	7532
008	2/26	福利用品采购费	4756
009	2/28	设计稿费	974

1月费用　2月费用　3月费用　4月费用

图 15-124

序号	日期	类别	金额
001	3/2	差旅费	534
002	3/6	办公用品采购费	463
003	3/8	差旅费	756
004	3/11	福利用品采购费	567
005	3/15	福利用品采购费	4535
006	3/18	包装费	675
007	3/21	包装费	767
008	3/24	福利用品采购费	7896
009	3/26	设计稿费	974
010	3/28	设计稿费	674
011	3/30	快递费用	974

3月费用　4月费用　5月费用　6月费用

图 15-125

1. 月字段设置

❶ 单击工作簿中的任意一个工作表中的任意一个单元格，依次按下 Alt+D+P 组合键，弹出“数据透视表和数据透视图向导-步骤 1（共 3 步）”对话框，选中“多重合并计算数据区域”单选按钮，在“所需创建的报表类型”栏下选中“数据透视表”单选按钮，如图 15-126 所示。

❷ 单击“下一步”按钮，弹出“数据透视表和数据透视图向导-步骤 2a（共 3 步）”对话框，选中“自定义页字段”单选按钮，单击“下一步”按钮，如图 15-127 所示，弹出“数据透视表和数据透视图向导-第 2b 步，共 3 步”对话框，如图 15-128 所示。

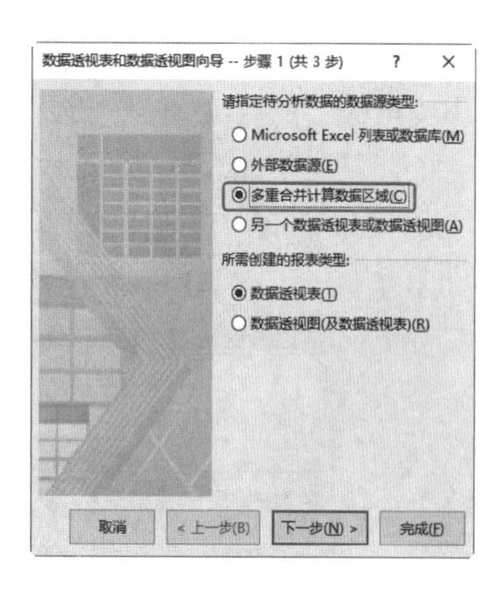

图 15-126

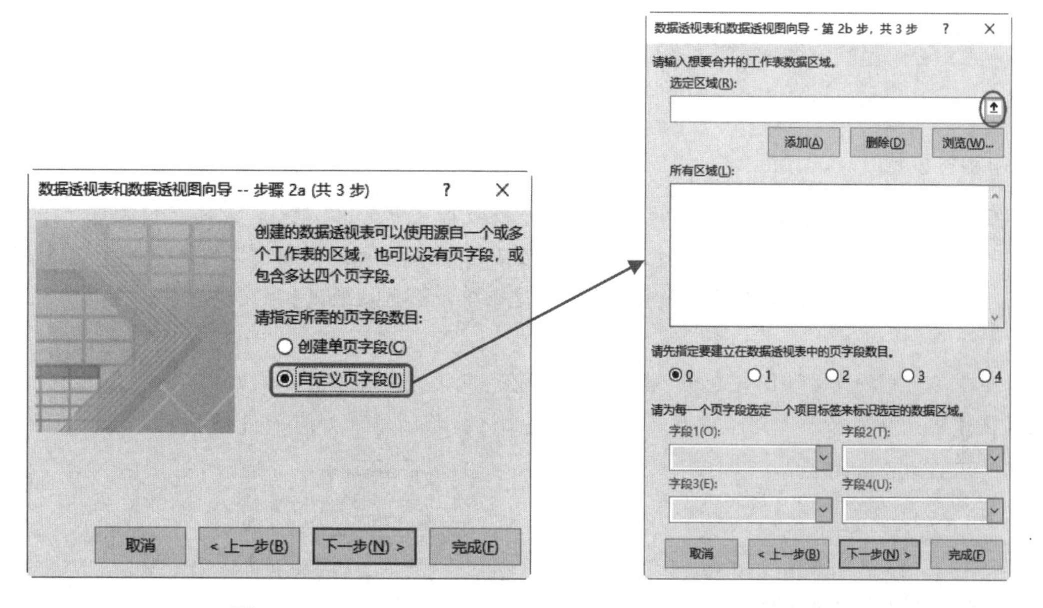

图 15-127

图 15-128

❸ 此时光标位于“选定区域”设置框中，单击右侧的拾取器按钮进入“1 月费用”表中，选中 C1:D8 单元格区域，如图 15-129 所示。

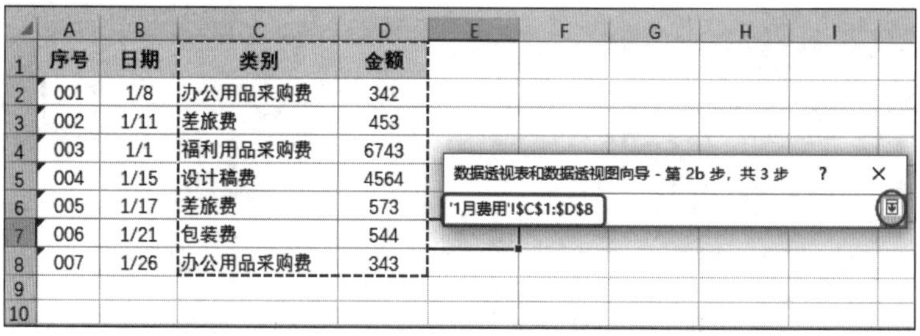

	A	B	C	D	E	F	G	H	I
1	序号	日期	类别	金额					
2	001	1/8	办公用品采购费	342					
3	002	1/11	差旅费	453					
4	003	1/1	福利用品采购费	6743					
5	004	1/15	设计稿费	4564					
6	005	1/17	差旅费	573					
7	006	1/21	包装费	544					
8	007	1/26	办公用品采购费	343					
9									
10									

数据透视表和数据透视图向导 - 第 2b 步，共 3 步

'1月费用'!$C$1:$D$8

图 15-129

❹ 单击拾取器回到“数据透视表和数据透视图向导-第 2b 步，共 3 步”对话框中，单击“添加”按钮，则选定的区域将添加到“所有区域”列表框中，如图 15-130 所示。重复上述操作，将各个表中的用于创建数据透视表的数据区域都添加到“所有区域”列表中，如图 15-131 所示。

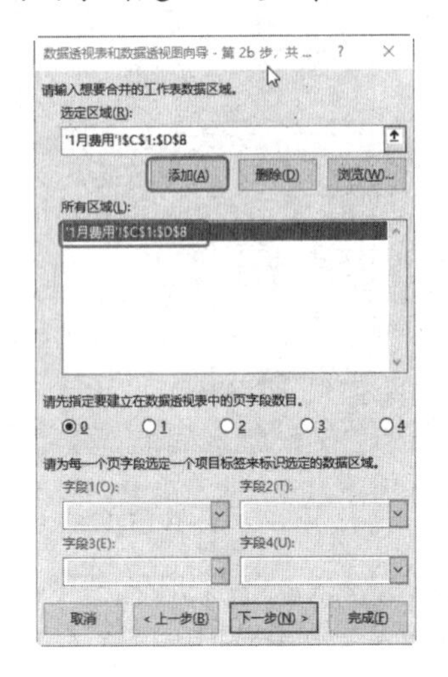

图 15-130

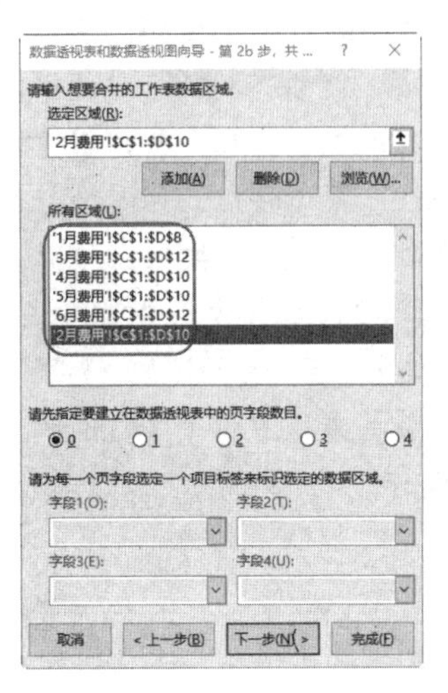

图 15-131

2. 季字段设置

❶ 在“请先指定要建立在数据透视表中的页字段数目”中选中“2”，此时“请为每一个页字段选定一个项目标签来标识选定的数据区域”被激活两个字段，在“字段1”列表中选择“1月汇总”，在“字段2”文本框中输入“一季度”（因为这个单元格区域既是1月又属于第一季度），如图15-132所示。

❷ 继续在“字段 1”列表中选择“4 月汇总”，在“字段 2”文本框中输入“二季度”（因为这个单元格区域既是 4 月又属于第二季度），依次重复上述操作，结果如图 15-133 所示。

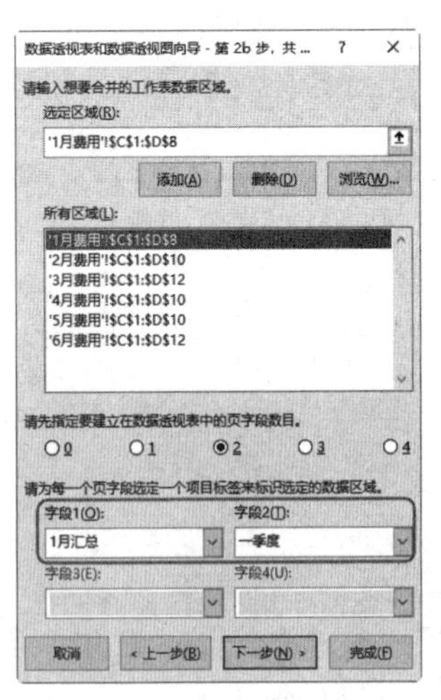

图 15-132

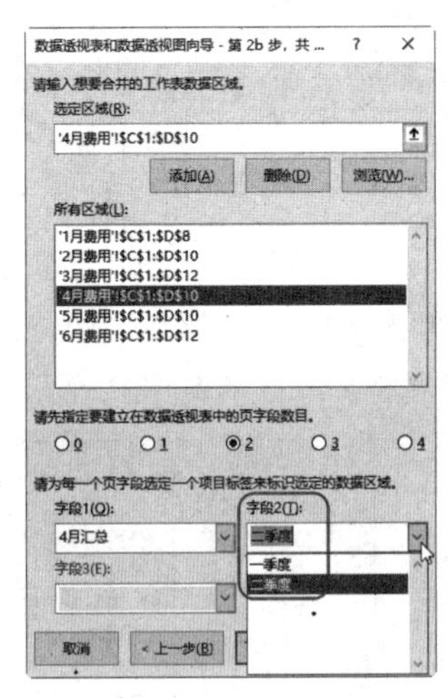

图 15-133

❸ 单击“下一步”按钮，进入“数据透视表和数据透视图向导-步骤 3（共 3 步）”对话框，选中“新工作表”单选按钮（见图 15-134），单击“完成”按钮，创建的动态数据透视表如图 15-135 所示。

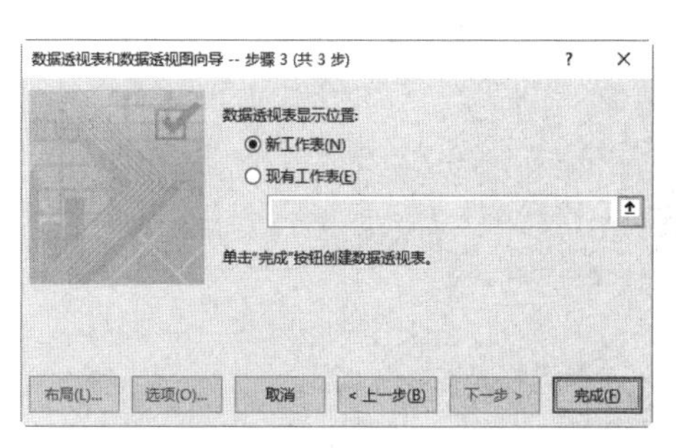

图 15-134

	A	B	C
1	页1	(全部)	
2	页2	(全部)	
3			
4	求和项:值	列标签	
5	行标签	金额	总计
6	办公用品采购费	7822	7822
7	包装费	7103	7103
8	差旅费	19261	19261
9	福利用品采购费	65151	65151
10	快递费用	2213	2213
11	设计稿费	10500	10500
12	总计	112050	112050

图 15-135

❹ 通过"页 1"和"页 2"可以实现筛选查看统计数据。例如，单击"页 1"右侧的下拉按钮，在打开的下拉菜单中通过选择月份（见图 15-136）可以实现按月份查看统计结果，如图 15-137 所示。

图 15-136

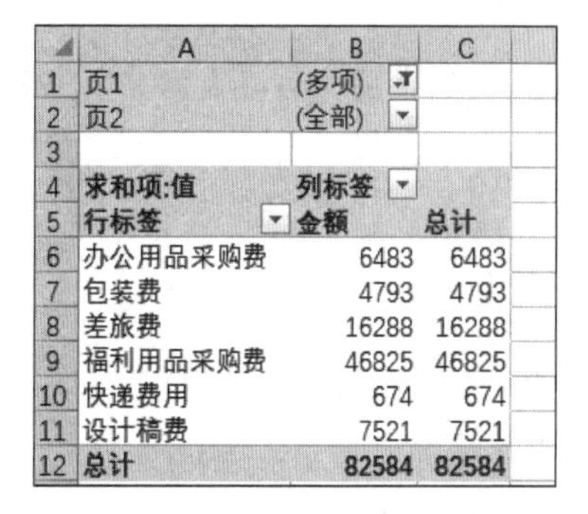

	A	B	C
1	页1	(多项)	
2	页2	(全部)	
3			
4	求和项:值	列标签	
5	行标签	金额	总计
6	办公用品采购费	6483	6483
7	包装费	4793	4793
8	差旅费	16288	16288
9	福利用品采购费	46825	46825
10	快递费用	674	674
11	设计稿费	7521	7521
12	总计	82584	82584

图 15-137

❺ 单击"页 2"右侧的下拉按钮，在打开的下拉菜单中选中"一季度"，如图 15-138 所示。单击"确定"按钮，得出的统计结果是前三张数据表的合计结果，如图 15-139 所示。

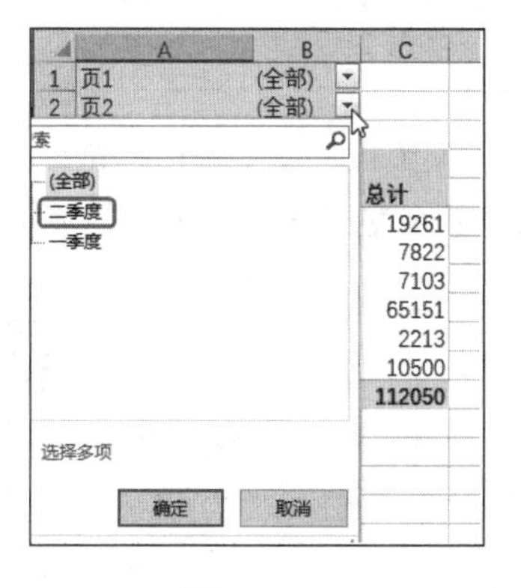

图 15-138

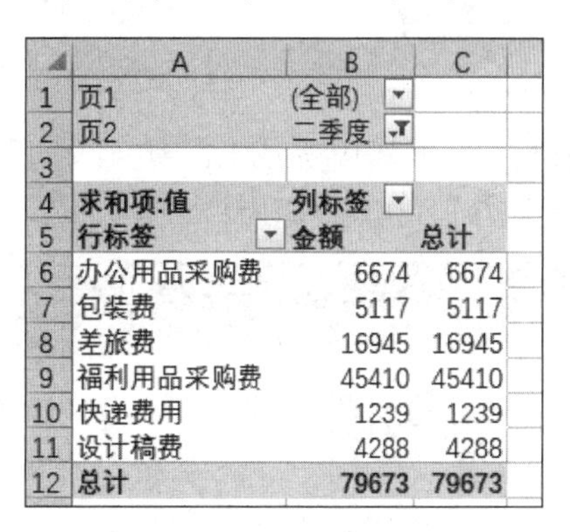

	A	B	C
1	页1	(全部)	
2	页2	二季度	
3			
4	求和项:值	列标签	
5	行标签	金额	总计
6	办公用品采购费	6674	6674
7	包装费	5117	5117
8	差旅费	16945	16945
9	福利用品采购费	45410	45410
10	快递费用	1239	1239
11	设计稿费	4288	4288
12	总计	79673	79673

图 15-139

第16章 数据安全

学习导读

创建好表格之后，可以根据需要为表格设置打开及编辑密码，并为特定表格区域添加密码保护。

学习要点

- 设置打开、修改工作表密码。
- 加密整张及部分工作表。
- 保护表格中的公式。

16.1 工作表安全设置

使用 Excel 2019 完成工作簿编辑之后，下一步需要将工作簿保护起来。用户可以根据需要为工作表设置打开密码、修改权限密码、设置只读模式或者保护工作表部分区域不被修改等安全设置。

16.1.1 设置打开密码

完成工作簿数据的编辑之后，下一步是对表格执行保存操作，在保存的过程中除了可以设置名称和保存路径之外，还可以设置工作簿的打开权限密码。

❶ 编辑好工作簿后，依次单击“文件”选项卡（见图 16-1），进入文件选项界面。

❷ 依次执行“另存为”选项卡中的“浏览”命令（见图 16-2），打开“另存为”对话框。

❸ 依次执行“工具”选项卡中的“常规选项”选项（见图 16-3），即可打开“常规选项”对话框。

❹ 设置打开权限密码并单击“确定”按钮（见图 16-4），即可打开“确认密码”对话框。再次输入密码并单击“确定”按钮（见图 16-5），即可完成打开密码的设置。

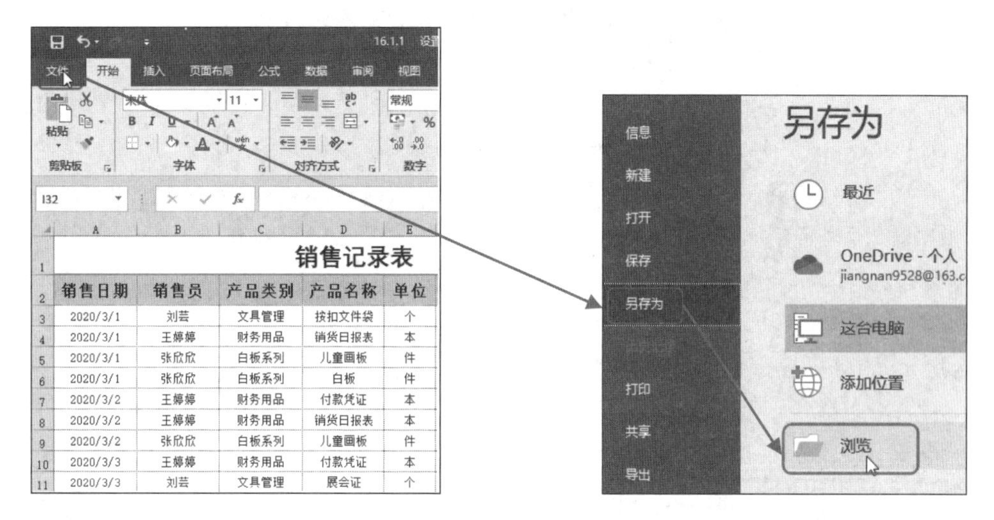

销售日期	销售员	产品类别	产品名称	单位
2020/3/1	刘芸	文具管理	按扣文件袋	个
2020/3/1	王婷婷	财务用品	销货日报表	本
2020/3/1	张欣欣	白板系列	儿童画板	件
2020/3/1	张欣欣	白板系列	白板	件
2020/3/2	王婷婷	财务用品	付款凭证	本
2020/3/2	王婷婷	财务用品	销货日报表	本
2020/3/2	张欣欣	白板系列	儿童画板	件
2020/3/3	王婷婷	财务用品	付款凭证	本
2020/3/3	刘芸	文具管理	展会证	个

图 16-1　　　　图 16-2

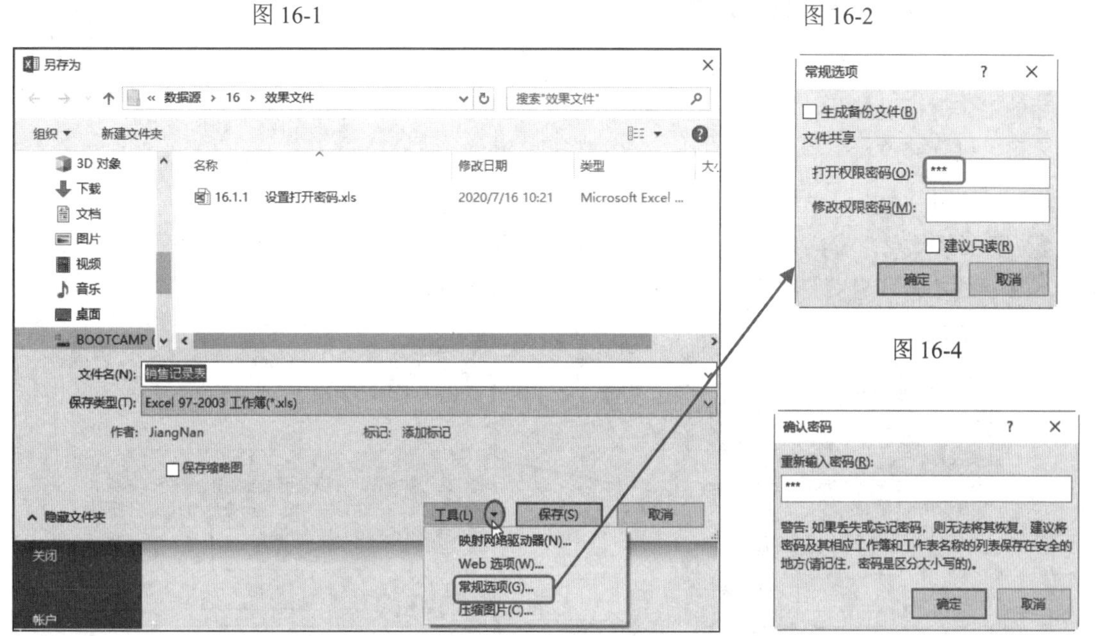

图 16-3　　　　图 16-4　　　　图 16-5

❺ 再次打开工作簿“销售记录表”后，可以看到界面中弹出“密码”对话框，如图 16-6 所示。用户需要输入密码才能打开该工作簿。

提示注意

如果要取消打开密码的设置，可以再次打开“常规选项”对话框，将“打开权限密码”文本框中的密码删除即可。

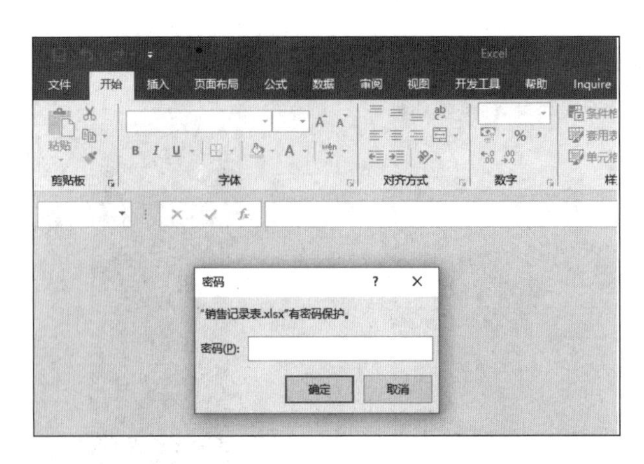

图 16-6

16.1.2 设置修改权限密码

如果工作簿中的数据可以查看但是禁止修改，可以设置工作簿的修改权限密码。设置后的工作簿可以打开，如果想修改将弹出输入密码提示框，只有输入了正确密码后才可以进行修改。

❶ 按照 16.1.1 小节中的前三步依次设置打开“常规选项”对话框。

❷ 设置修改权限密码并单击“确定”按钮（见图 16-7），即可打开“确认密码”对话框。再次输入密码并单击“确定”按钮（见图 16-8），即可完成修改权限密码的设置。

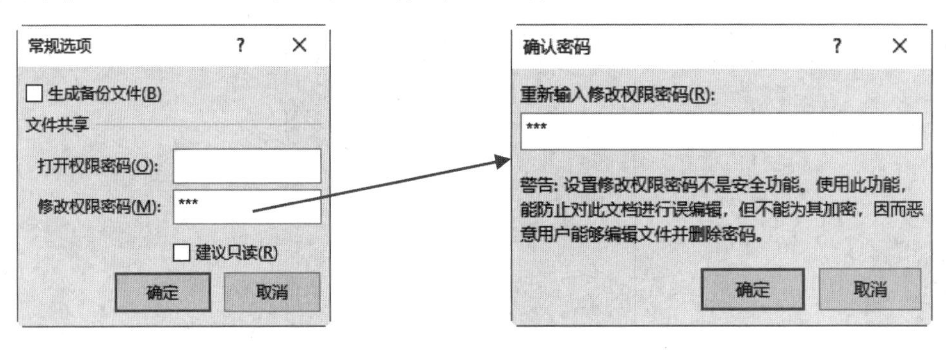

图 16-7　　图 16-8

提示注意

如果要取消打开密码的设置，可以再次打开“常规选项”对话框，将“修改权限密码”文本框中的密码删除即可。

16.1.3 限制为只读

如果在编辑好工作簿之后，只允许他人查看内容而不允许编辑并保存新的表格内容，可以为工作簿设置“只读”模式。

❶ 编辑好工作簿后，依次执行“文件”选项卡，进入文件选项界面。

❷ 依次执行“信息”选项卡中的“保护工作簿”命令，在打开的列表中单击“始终以只读方式打开”命令（见图 16-9），即可保护工作簿，如图 16-10 所示。

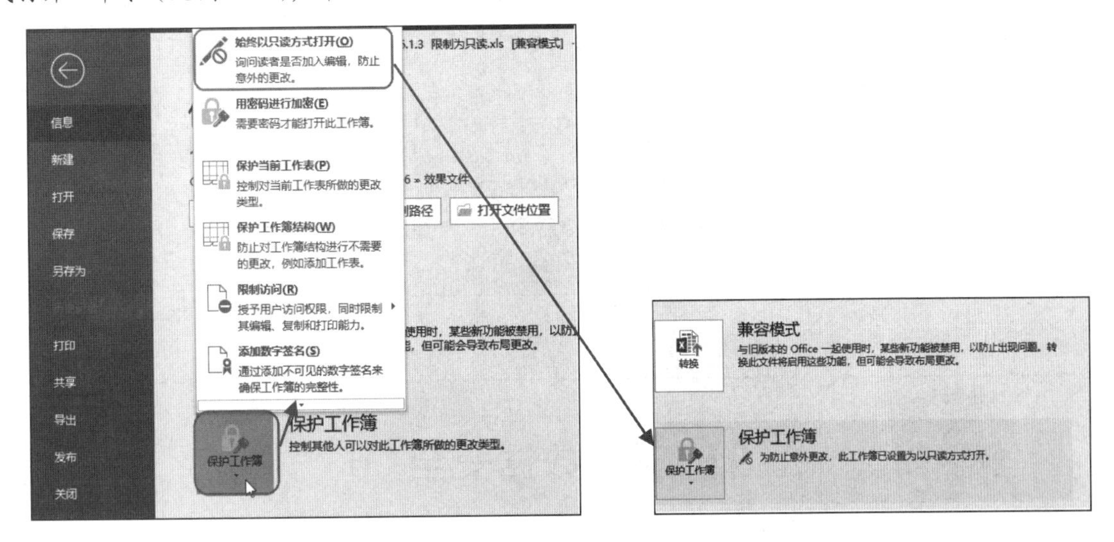

图 16-9　　　　图 16-10

❸ 打开工作簿时可以看到提示框显示是否以只读方式打开，如图 16-11 所示，如果单击“是”按钮将以只读方式打开，如图 16-12 所示（工作簿的标题标注为“只读”）。

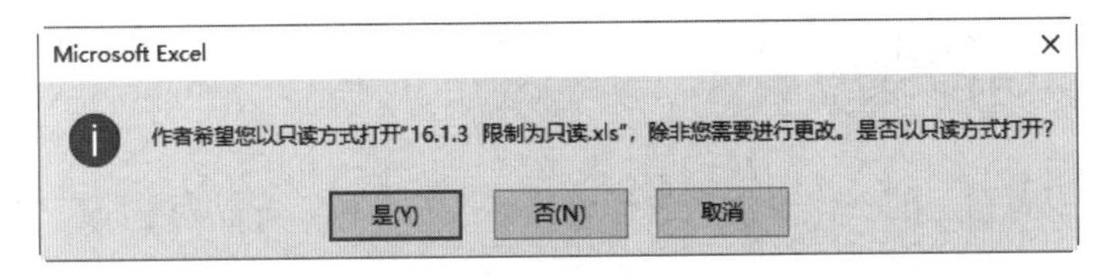

图 16-11

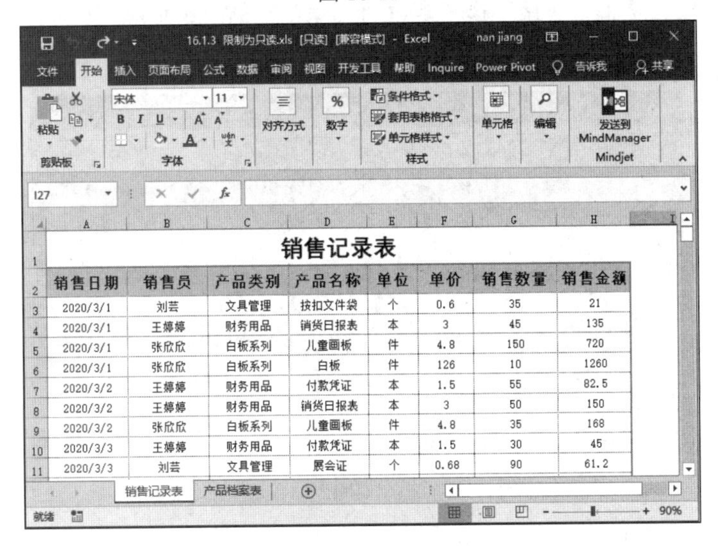

销售日期	销售员	产品类别	产品名称	单位	单价	销售数量	销售金额
2020/3/1	刘芸	文具管理	按扣文件袋	个	0.6	35	21
2020/3/1	王婷婷	财务用品	销货日报表	本	3	45	135
2020/3/1	张欣欣	白板系列	儿童画板	件	4.8	150	720
2020/3/1	张欣欣	白板系列	白板	件	126	10	1260
2020/3/2	王婷婷	财务用品	付款凭证	本	1.5	55	82.5
2020/3/2	王婷婷	财务用品	销货日报表	本	3	50	150
2020/3/2	张欣欣	白板系列	儿童画板	件	4.8	35	168
2020/3/3	王婷婷	财务用品	付款凭证	本	1.5	30	45
2020/3/3	刘芸	文具管理	展会证	个	0.68	90	61.2

图 16-12

提示注意

如果不想以只读方式查看工作簿，可以在打开的提示框中单击“否”按钮即可。

❹ 如果企图对工作簿执行编辑并保存修改后的工作簿，会弹出如图 16-13 所示的提示框，提示设置只读的工作簿将无法修改保存。

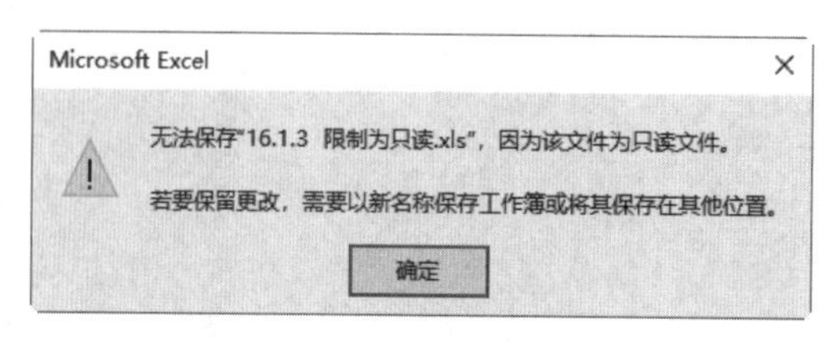

图 16-13

16.2 数据安全

上一节中介绍的是对整个工作簿执行密码保护设置，如果想要对工作簿中的单张工作表加密或者工作表指定部分区域加密以及仅保护工作表中设置了公式的区域，可以按照下面介绍的几种技巧来设置。

16.2.1 工作表加密

如果不想让他人对自己的工作表数据进行编辑修改与删除，可以为整张工作表设置密码保护。

❶ 打开工作表，单击“审阅”选项卡中的“保护”选项组中的“保护工作表”按钮（见图 16-14），打开“保护工作表”对话框。

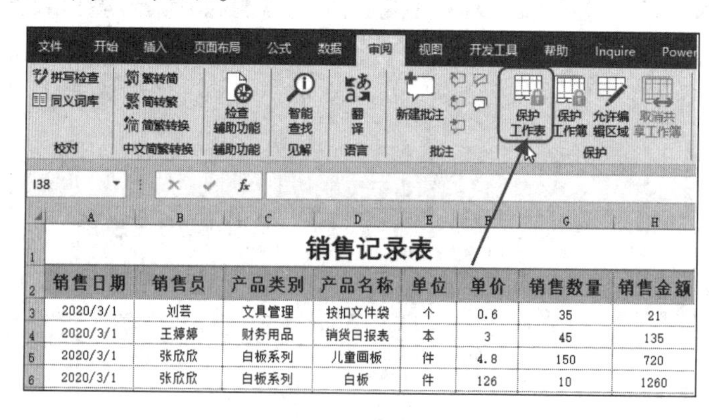

图 16-14

❷ 在“取消工作表保护时使用的密码”文本框中输入密码（见图 16-15），其他选项保持默认不变。单击“确定”按钮在弹出的“确认密码”对话框中再次输入密码，如图 16-16 所示。

❸ 单击“确定”按钮完成工作表的密码保护设置。当企图对工作表中任意单元格数据执行编辑时，会弹出如图 16-17 所示的提示框。

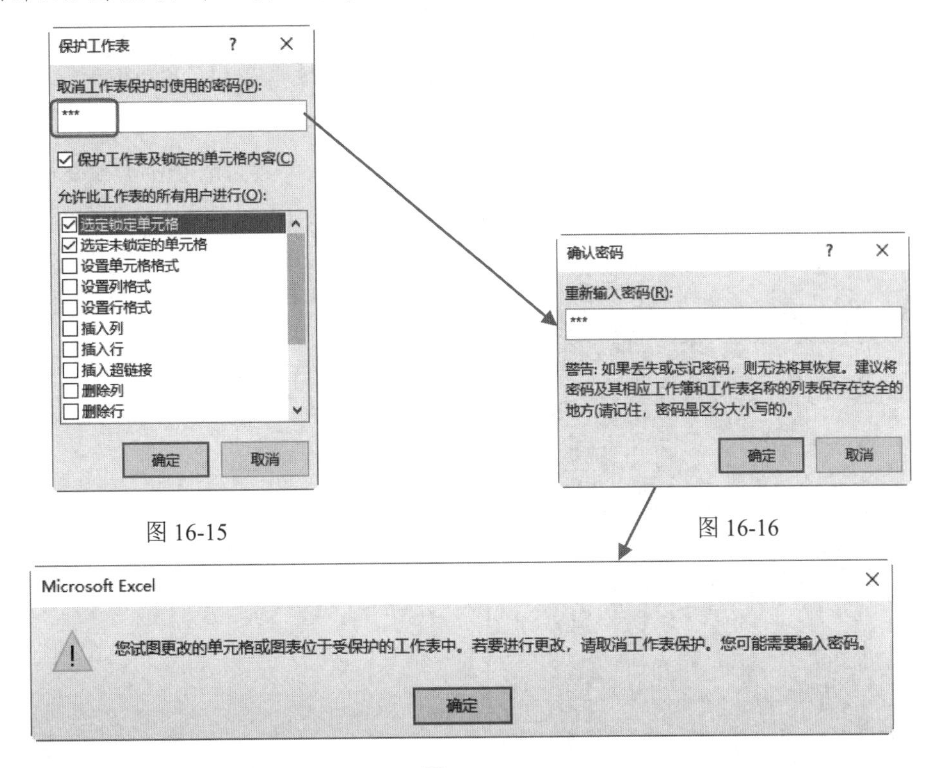

图 16-15

图 16-16

图 16-17

提示注意

在“保护工作表”对话框的“允许此工作表的所有用户进行”列表框中可以根据需要选择相应的选项来禁止其他用户对工作表的进行相关操作。

知识扩展

撤消工作表保护

打开工作簿后，单击“审阅”选项卡中的“保护”选项组中的“撤消工作表保护”按钮，即可撤销对工作表的保护，如图 16-18 所示。

图 16-18

16.2.2 区域数据加密

在 Excel 表使用过程中，为了防止他人或自己对工作表进行误操作，可以先将工作表进行锁定再设置密码保护。如果想保护工作表中的局部数据区域，可以取消这部分内容的锁定状态，再执行密码设置。

❶ 首先打开表格并选中表格中可以编辑的区域（见图 16-19），按 Ctrl+1 组合键打开“设置单元格格式”对话框，切换到“保护”选项卡，取消勾选“锁定”复选框，如图 16-20 所示。

销售记录表

销售日期	销售员	产品类别	产品名称	单位	单价
2020/3/1	刘芸	文具管理	按扣文件袋	个	0.6
2020/3/1	王婷婷	财务用品	销货日报表	本	3
2020/3/1	张欣欣	白板系列	儿童画板	件	4.8
2020/3/1	张欣欣	白板系列	白板	件	126
2020/3/2	王婷婷	财务用品	付款凭证	本	1.5
2020/3/2	王婷婷	财务用品	销货日报表	本	3
2020/3/2	张欣欣	白板系列	儿童画板	件	4.8
2020/3/3	王婷婷	财务用品	付款凭证	本	1.5
2020/3/3	刘芸	文具管理	原会证	个	0.68
2020/3/3	王婷婷	财务用品	欠条单	本	1.8
2020/3/3	梁玉媚	桌面用品	订书机	个	7.8
2020/3/4	刘芸	文具管理	抽杆文件夹	个	1
2020/3/4	王婷婷	财务用品	复写纸	盒	15
2020/3/4	刘芸	文具管理	文具管理	个	12.8
2020/3/5	廖笑	纸张制品	A4纸张	张	0.5
2020/3/5	梁玉媚	桌面用品	修正液	个	3.5
2020/3/5	张华	桌面用品	订书机	个	7.8

图 16-19

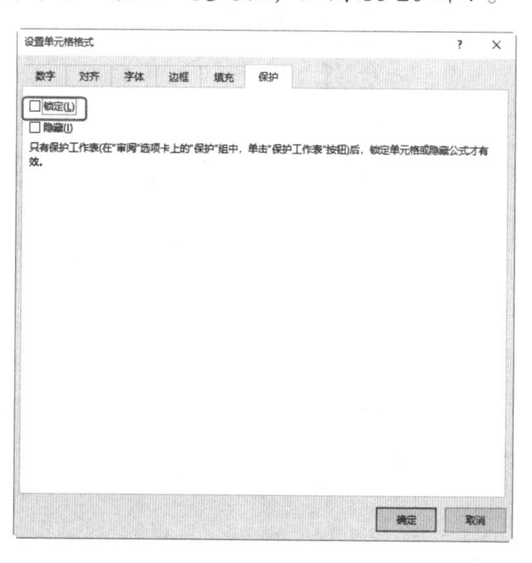

图 16-20

❷ 单击“确定”按钮返回工作表，单击“审阅”选项卡中的“保护”选项组中的“保护工作表”按钮，打开“保护工作表”对话框。

❸ 在“取消工作表保护时使用的密码”文本框中输入密码，如图 16-21 所示。单击“确定”按钮返回表格中，当对选中区域之外的数据执行编辑时（如修改 F5 单元格的单价），会弹出提示框，如图 16-22 所示。

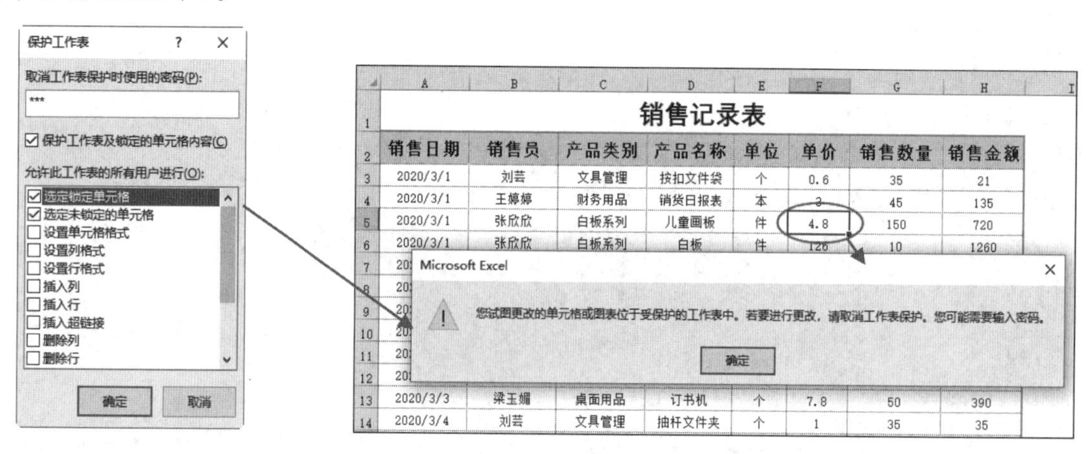

图 16-21　　图 16-22

16.2.3 保护工作表中的公式

当工作表中包含公式时，为了保护公式不被修改，可以锁定这些公式所在区域并设置加密保护。

❶ 打开工作表，按 Ctrl+1 组合键打开“设置单元格格式”对话框，切换到“保护”选项卡，取消勾选“锁定”复选框，如图 16-23 所示。

❷ 选中公式所在的单元格区域，再次打开“设置单元格格式”对话框，并勾选“锁定”和“隐藏”复选框，如图 16-24 所示。

图 16-23

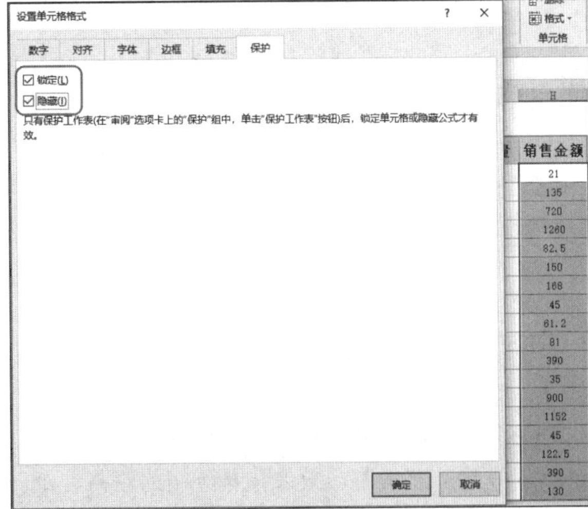

图 16-24

❸ 单击“确定”按钮后，打开“保护工作表”对话框并输入密码，如图 16-25 所示。

❹ 单击“确定”按钮完成密码保护设置，当对表格中公式所在单元格执行编辑时，会弹出提示框，如图 16-26 所示。

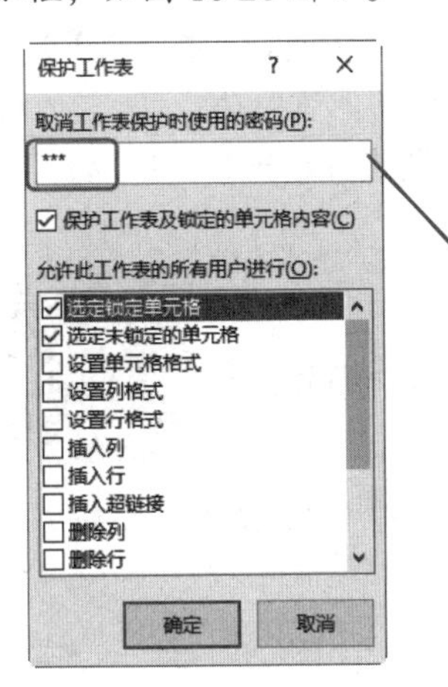

图 16-25

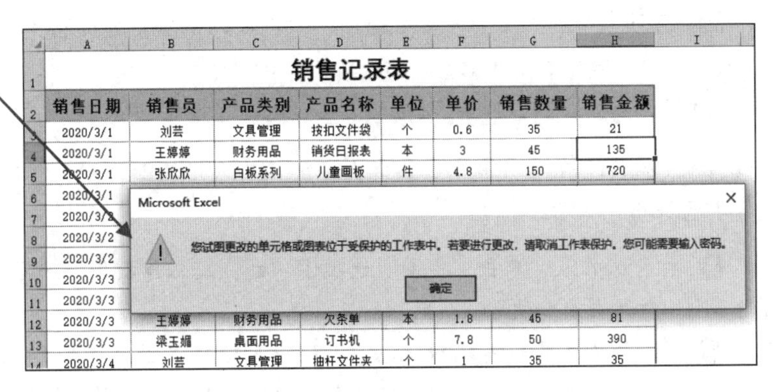

图 16-26

第 17 章
报 表 打 印

在完成表格编辑后，下一步需要将表格打印出来。可以为表格添加页眉、页脚突出表格主题，也可以设置打印的区域、标题、是否打印图表，以及打印的页码、份数、纸张格式等。

学习要点

- 设置表格页眉、页脚。
- 设置打印区域、标题、打印图表。
- 设置表格的打印效果（与纸张的距离、纸张大小、方向、打印份数及页码等）。

17.1 报表的页眉页脚

Excel 表在执行打印之前，需要事先进行页面设置。比如设置页面（纸张大小、纸张方向等）、调整页边距（页边距的大小、打印内容位置）、添加页眉和页脚等。页面设置的有关功能可以在“页面布局”选项卡中的“页面设置”选项组中查找。下面介绍页眉和页脚的设计技巧。

17.1.1 设计文字页眉

工作表的页眉有三个部分，下面介绍如何进入页眉编辑状态并在指定位置输入文字并设计页眉效果。

❶ 打开工作表，单击“视图”选项卡中的“工作簿视图”选项组中的“页面布局”按钮（见图 17-1），打开页眉和页脚。

❷ 单击页眉左侧进入编辑状态，直接输入文本即可，单击“开始”选项卡中的“字体”选项组中设置好文字格式即可（见图 17-2），设置完后在空白处单击得到如图 17-3 所示的页眉效果。

图 17-1

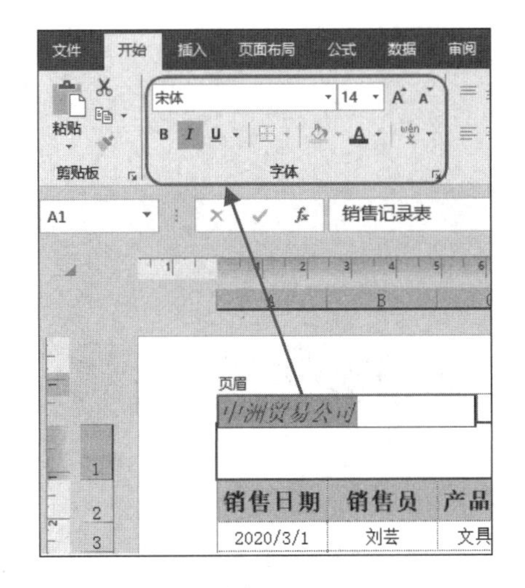

图 17-2

中洲贸易公司

销售记录表

销售日期	销售员	产品类别	产品名称	单位	单价	销售数量
2020/3/1	刘芸	文具管理	按扣文件袋	个	0.6	35
2020/3/1	王婷婷	财务用品	销货日报表	本	3	45
2020/3/1	张欣欣	白板系列	儿童画板	件	4.8	150
2020/3/1	张欣欣	白板系列	白板	件	126	10
2020/3/2	王婷婷	财务用品	付款凭证	本	1.5	55
2020/3/2	王婷婷	财务用品	销货日报表	本	3	50
2020/3/2	张欣欣	白板系列	儿童画板	件	4.8	35
2020/3/3	王婷婷	财务用品	付款凭证	本	1.5	30
2020/3/3	刘芸	文具管理	展会证	个	0.68	90
2020/3/3	王婷婷	财务用品	欠条单	本	1.8	45
2020/3/3	梁玉媚	桌面用品	订书机	个	7.8	50

图 17-3

提示注意

页眉部位有三个区域，想要在哪个区域输入文字，就要事先准确选中该区域。

知识扩展

退出页眉视图

如果要恢复工作表默认视图状态，可以依次在“视图”选项卡中的“工作簿视图”选项组中单击“普通”按钮即可。

17.1.2 设计专业的图片页眉

如果想要将公司 LOGO 或者宣传图片显示在工作表的页眉位置，可以在指定区域插入“图片域”即可。

❶ 打开工作表，选中页眉设置的最右侧区域，单击“页眉和页脚工具”选项卡中的“页眉和页脚元素”选项组中的“图片”按钮（见图 17-4），打开“插入图片”窗格。

❷ 单击“浏览”按钮（见图 17-5），打开“插入图片”对话框，并选中图片文件，单击“插入”按钮，如图 17-6 所示。返回表格中可以看到插入的图片域，保持图片域选中状态，再单击“设置图片格式”按钮（见图 17-7），打开“设置图片格式”对话框。

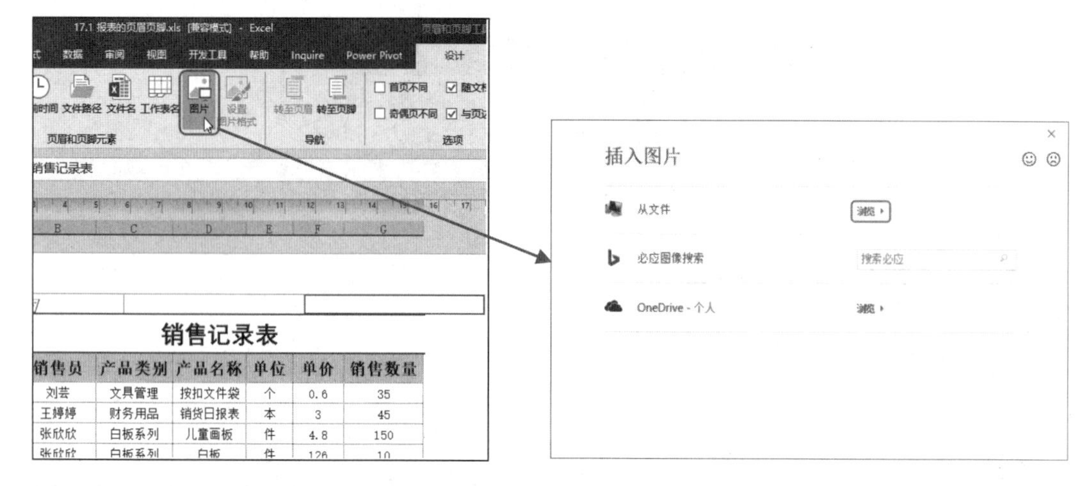

图 17-4　　　　图 17-5

图 17-6

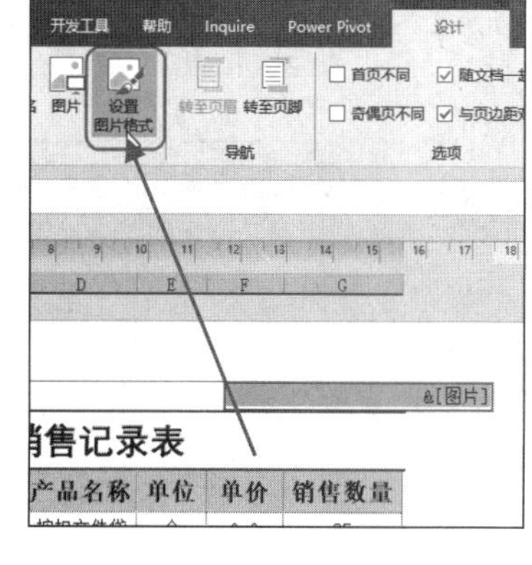

图 17-7

❸ 更改图片的比例为“50%”即可（见图 17-8）。单击“确定”按钮，即可看到页眉插入的图片效果，如图 17-9 所示。

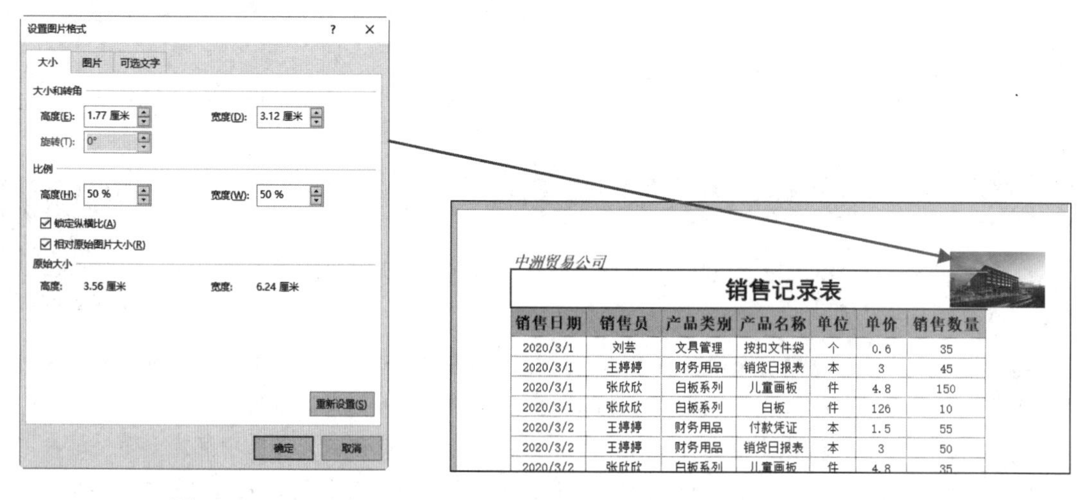

销售日期	销售员	产品类别	产品名称	单位	单价	销售数量
2020/3/1	刘芸	文具管理	按扣文件袋	个	0.6	35
2020/3/1	王婷婷	财务用品	销货日报表	本	3	45
2020/3/1	张欣欣	白板系列	儿童画板	件	4.8	150
2020/3/1	张欣欣	白板系列	白板	件	126	10
2020/3/2	王婷婷	财务用品	付款凭证	本	1.5	55
2020/3/2	王婷婷	财务用品	销货日报表	本	3	50
2020/3/2	张欣欣	白板系列	儿童画板	件	4.8	35

图 17-8　　　　图 17-9

如果要删除页眉图片效果，可以进入图片域后，直接把图片域删除即可。

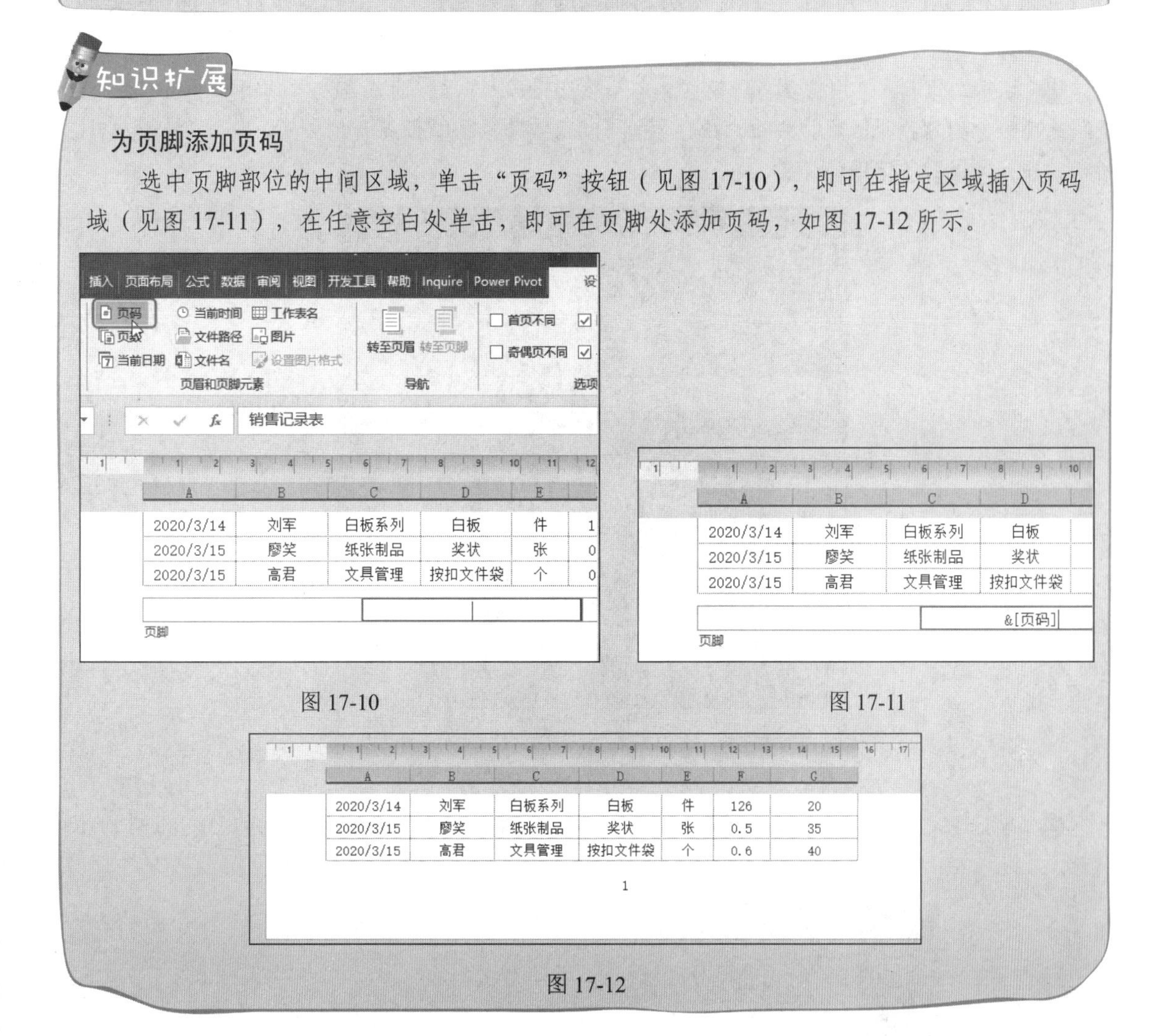

为页脚添加页码

选中页脚部位的中间区域，单击“页码”按钮（见图17-10），即可在指定区域插入页码域（见图17-11），在任意空白处单击，即可在页脚处添加页码，如图17-12所示。

图 17-10

图 17-11

图 17-12

17.2 设置打印区域

完成工作簿的编辑之后，用户可以根据实际工作需求选择打印指定页，也可以在当前工作表中指定区域范围打印数据内容。

17.2.1 指定打印区域

如果表格内容比较多，用户可以根据实际需要选择部分连续或不连续区域进行打印。

❶ 打开工作表，选中需要打印的区域（如 A2:E16），单击“页面布局”选项卡中的“页面设置”选项组中的“打印区域”按钮，在打开的下拉菜单中单击“设置打印区域”命令，如图 17-13 所示，即可完成打印范围的设置。

销售日期	销售员	产品类别	产品名称	单位	单价	销售数量
2020/3/1	刘芸	文具管理	按扣文件袋	个	0.6	35
2020/3/1	王婷婷	财务用品	销货日报表	本	3	45
2020/3/1	张欣欣	白板系列	儿童画板	件	4.8	150
2020/3/1	张欣欣	白板系列	白板	件	126	10
2020/3/2	王婷婷	财务用品	付款凭证	本	1.5	55
2020/3/2	王婷婷	财务用品	销货日报表	本	3	50
2020/3/2	张欣欣	白板系列	儿童画板	件	4.8	35
2020/3/3	王婷婷	财务用品	付款凭证	本	1.5	30
2020/3/3	刘芸	文具管理	展会证	个	0.68	90
2020/3/3	王婷婷	财务用品	欠条单	本	1.8	45
2020/3/3	梁玉媚	桌面用品	订书机	个	7.8	50
2020/3/4	刘芸	文具管理	抽杆文件夹	个	1	35
2020/3/4	王婷婷	财务用品	复写纸	盒	15	60
2020/3/4	刘芸	文具管理	文具管理	个	12.8	90
2020/3/5	廖笑	纸张制品	A4纸张	张	0.5	90

图 17-13

❷ 再次进入打印预览界面，可以看到右侧的打印预览只显示之前选中的打印区域，如图 17-14 所示。

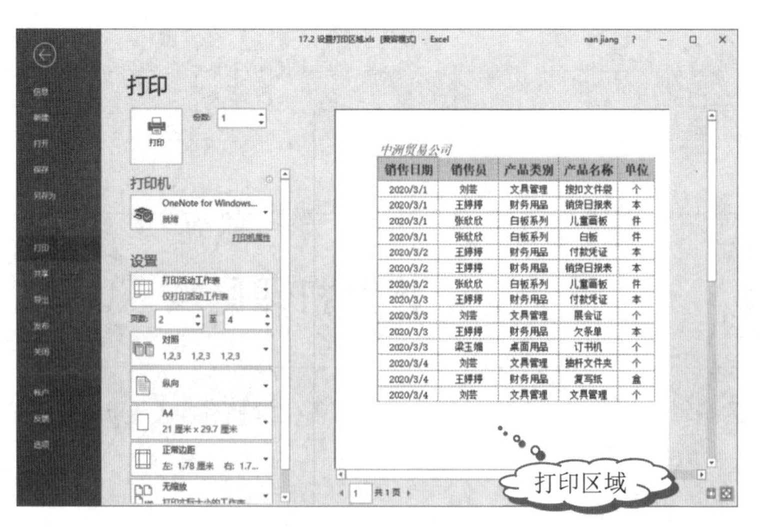

图 17-14

知识扩展

打印不连续区域

打开工作表，按住 Ctrl 键依次选中要打印的不连续区域（如 A2:B17、D2:D17、H2:H17），单击“页面布局”选项卡中的“页面设置”选项组中的“打印区域”按钮，在打开的下拉菜单中单击“设置打印区域”命令（见图 17-15），即可完成不连续打印区域的设置。

销售记录表

销售日期	销售员	产品类别	产品名称	单位	单价	销售数量	销售金额
2020/3/1	刘芸	文具管理	按扣文件袋	个	0.6	35	21
2020/3/1	王婷婷	财务用品	销货日报表	本	3	45	135
2020/3/1	张欣欣	白板系列	儿童画板	件	4.8	150	720
2020/3/1	张欣欣	白板系列	白板	件	126	10	1260
2020/3/2	王婷婷	财务用品	付款凭证	本	1.5	55	82.5
2020/3/2	王婷婷	财务用品	销货日报表	本	3	50	150
2020/3/2	张欣欣	白板系列	儿童画板	件	4.8	35	168
2020/3/3	王婷婷	财务用品	付款凭证	本	1.5	30	45
2020/3/3	刘芸	文具管理	展会证	[illegible]	0.68	90	61.2
2020/3/3	王婷婷	财务用品	欠条单	本	1.8	45	81
2020/3/3	梁玉媚	桌面用品	订书机	个	[illegible]	[illegible]	390
2020/3/4	刘芸	文具管理	抽杆文件夹	[illegible]	[illegible]	[illegible]	35
2020/3/4	王婷婷	财务用品	复写纸	[illegible]	[illegible]	[illegible]	900
2020/3/4	刘芸	文具管理	文具管理	个	[illegible]	[illegible]	1152
2020/3/5	廖笑	纸张制品	A4纸张	张	0.5	90	45
2020/3/5	梁玉媚	桌面用品	修正液	个	3.5	35	122.5

选中不连续打印区域

图 17-15

17.2.2 取消打印区域

如果要恢复默认打印全部工作表的状态，单击“页面布局”选项卡中的“页面设置”选项组中的“打印区域”按钮，在打开的下拉菜单中单击“取消打印区域”命令（见图 17-16），即可取消打印区域的设置。

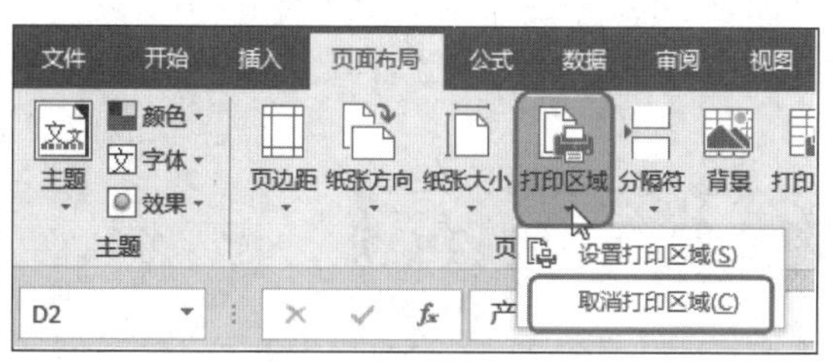

图 17-16

17.3 打印整个工作簿的数据

如果工作簿中包含多张工作表，默认仅会打印其中的一张工作表，下面介绍一次性将工作簿中所有工作表打印出来的操作技巧。

打开工作表，单击“文件”选项卡中的“打印”命令进入打印设置界面，单击“设置”栏下的“打印活动工作表”右侧的下拉按钮，在打开的下拉列表中选择“打印整个工作簿”选项即可，如图17-17所示。

图 17-17

17.4 打印指定标题

当表格中包含多种列标题时，比如多头行标题、列标题等，再执行打印后，从第二页开始会忽略行、列标题以及表格标题文本直接打印数据区域，下面将介绍如何在执行打印时自动打印表格的行标题和列标题。

17.4.1 打印指定行标题

如果工作表中有多页需要打印，那么打印时默认只会在第1页中显示表格的标题与行、列标题，第2页开始只会显示数据区域（见图17-18）。如果想要在每一页中都显示标题行，可以设置多页时始终显示标题行。

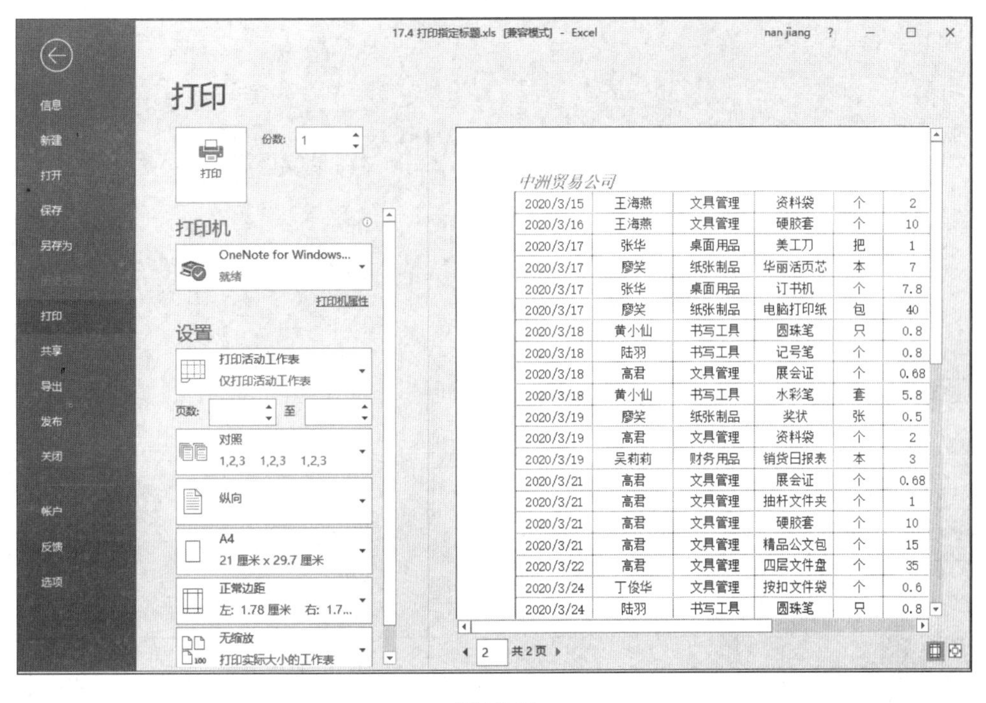

图 17-18

❶ 打开工作表，单击“页面布局”选项卡中的“页面设置”选项组中的“打印标题”按钮（见图 17-19），打开“页面设置”对话框。单击“顶端标题行”右侧的拾取器按钮（见图 17-20），返回表格进入区域拾取状态。

图 17-19

图 17-20

❷ 单击第 2 行和第 3 行行标，即可快速拾取标题行区域（见图 17-21），继续单击拾取器按钮返回“页面设置”对话框，可以看到拾取的顶端标题行区域。单击“打印预览”按钮（见图 17-22），进入表格打印预览界面。

❸ 此时可以看到在第 2 页中表格的标题行和行标题也被打印出来了，效果如图 17-23 所示。

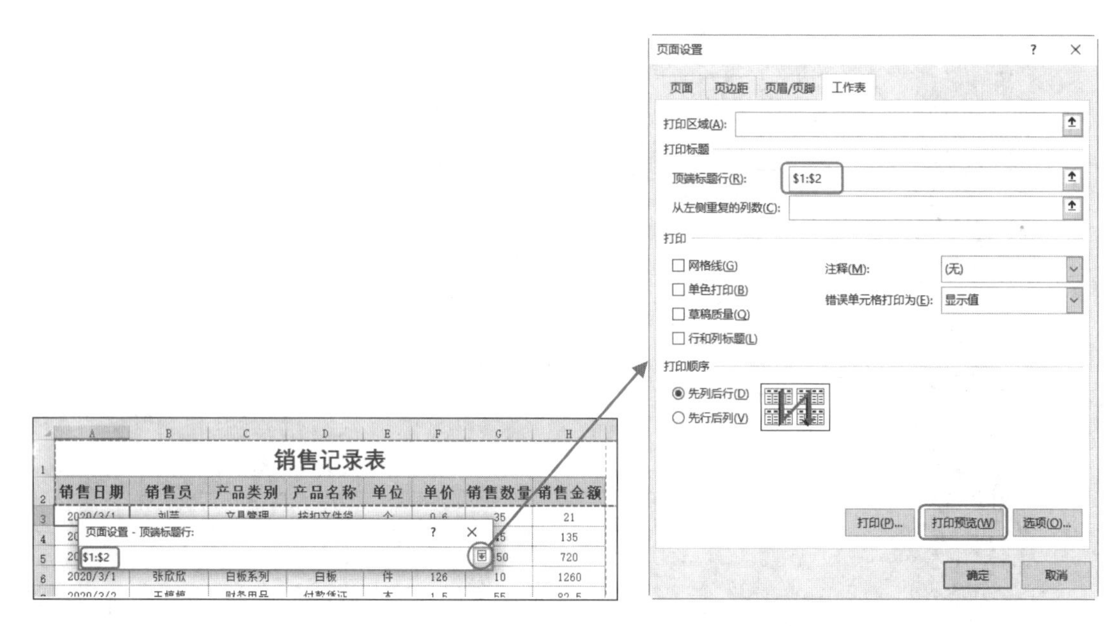

图 17-21　　　　图 17-22

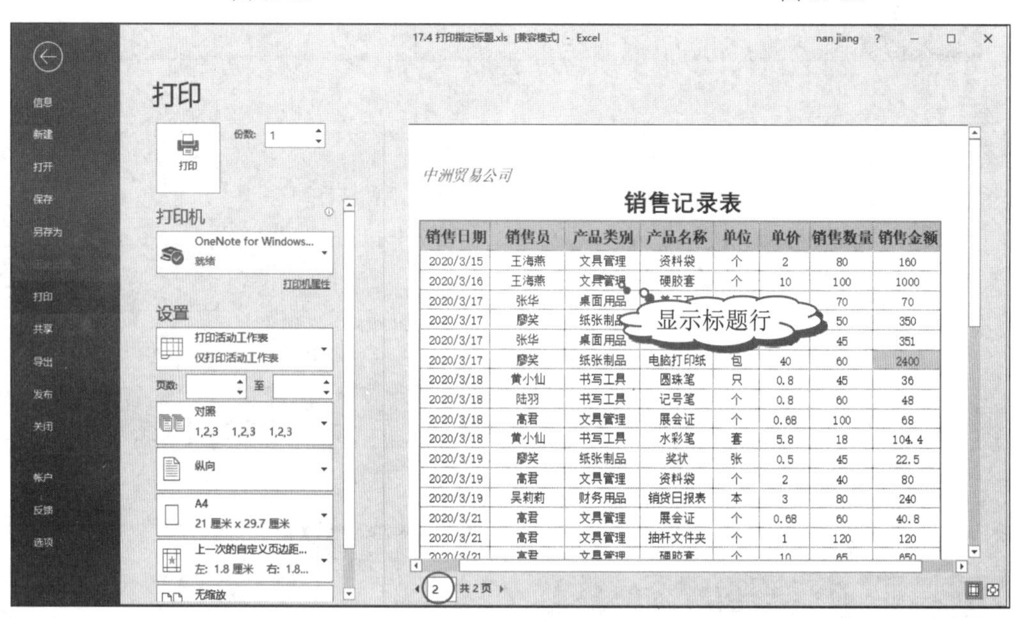

图 17-23

17.4.2 打印指定列标题

本例需要在打印表格时能够在每一页都显示最左列的内容，可以设置打印指定列标题。

❶ 打开表格并打开“页面设置”对话框，单击“从左侧重复的列数”右侧的拾取器按钮（见图 17-24），返回表格进入区域拾取状态。

❷ 按照前一节相同的操作方式拾取表格列标题区域即可。

图 17-24

17.5 打印图表

根据工作表数据创建合适的图表后，可以将图表打印为彩色或者黑白效果。

17.5.1 打印彩色图表

❶ 打开包含图表的工作表，单击图表将其选中，然后单击“文件”选项卡，如图 17-25 所示。

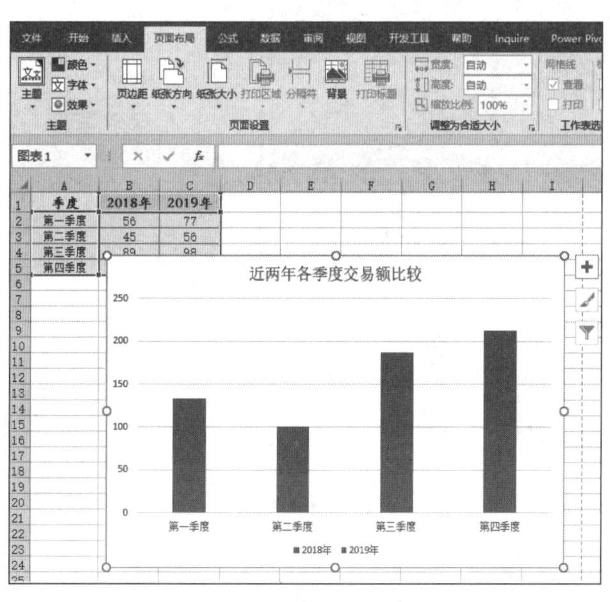

图 17-25

❷ 单击“打印”选项，可以在右侧打印预览框中看到彩色图表的打印效果，如图17-26所示。

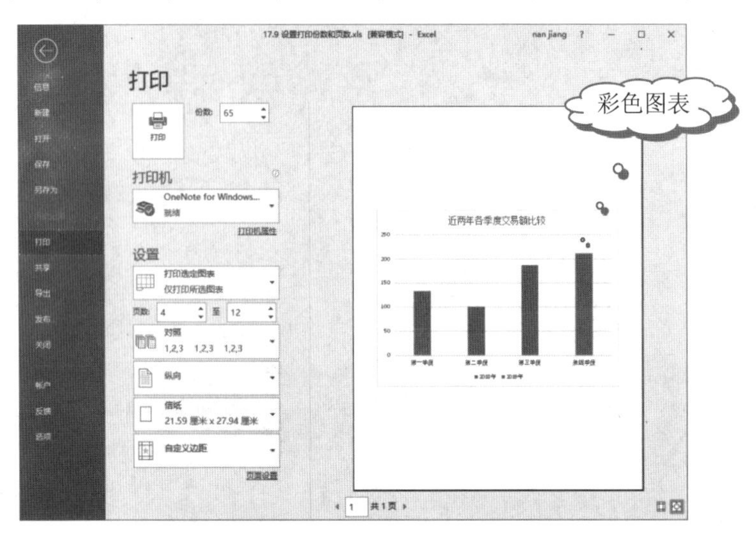

图 17-26

17.5.2 打印黑白色图表

在打印包含图表的工作表时，默认是按照图表原有的颜色打印的，如果要打印黑白色图表，可以按照下述的方法进行设置。

❶ 打开图表并单独选中要打印的图表，单击“页面布局”选项卡中的“页面设置”选项组中的“页面设置”按钮（见图17-27），打开“页面设置”对话框。切换到“图表”选项卡并勾选“按黑白方式”复选框，如图17-28所示。

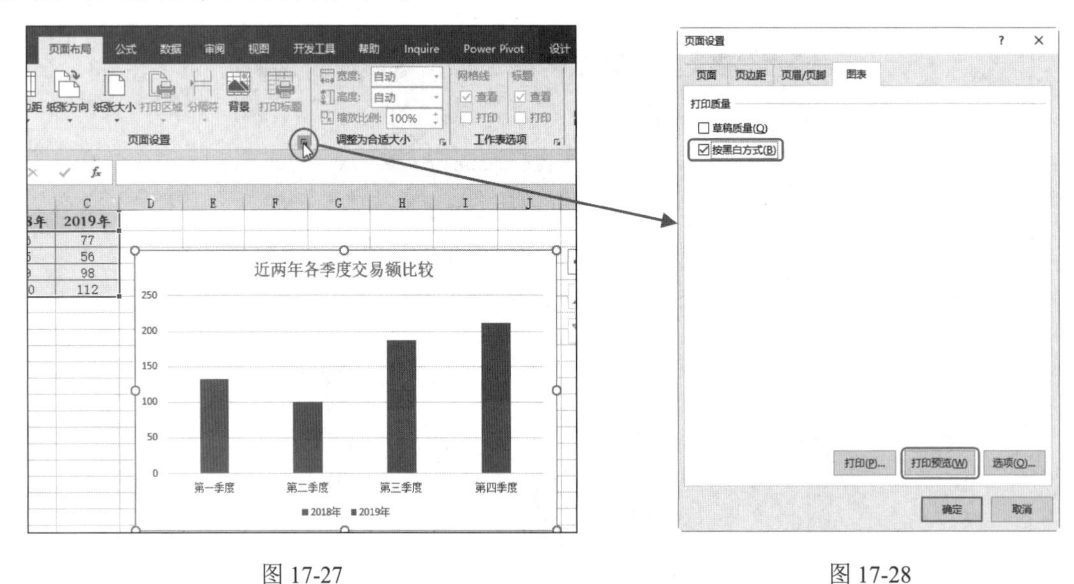

图 17-27　　　　图 17-28

❷ 单击“打印预览”按钮，即可进入打印预览界面看到图表显示黑白打印效果，如图17-29所示。

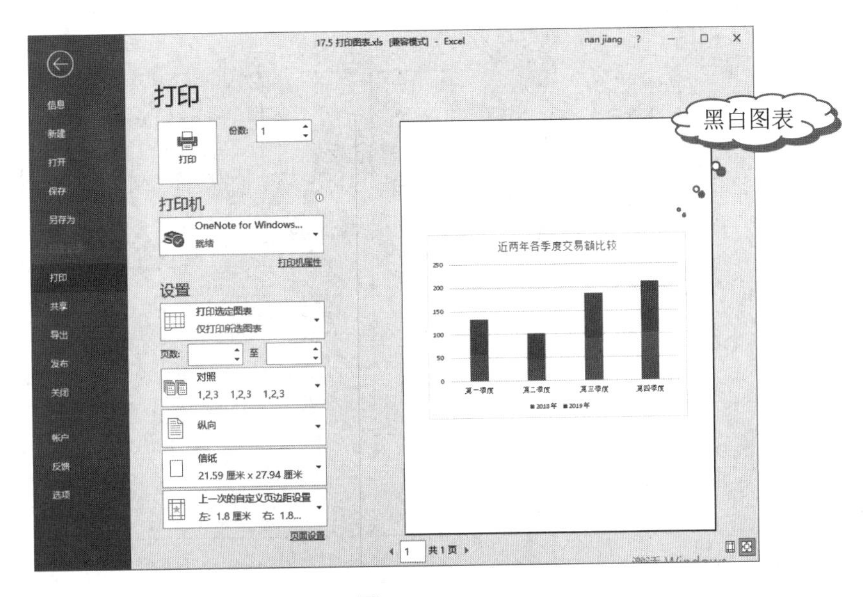

图 17-29

17.6 调整表格与纸张之间的距离

在对表格执行打印时，会发现表格四周距离纸张的距离是固定的。有时为了节省纸张或让打印的表格更加美观，可以重新手动或者精确调整表格和纸张之间的距离，即页边距的调整。

17.6.1 在打印预览区中拖动调整

如果表格比较宽导致无法完整地在打印预览界面中显示所有表格内容，此时可以直接在打印预览区域手动拖动页边距调整控点，将所有内容完整显示在打印预览界面中。使用此方法还可以调整表格和纸张各边之间的距离，以便达到满意的表格打印效果。

❶ 打开工作表并进入打印预览界面，单击右侧预览框右下角的“缩放到页面”和“显示边距”按钮，如图 17-30 所示，即可放大页面并显示边距调整控点。

❷ 将鼠标指针放在要调整边距的控点上，按住鼠标左键不放并向左拖动，直到完整显示表格所有右侧内容即可（或者按照相同的方法调整表格距离纸张四周的距离），如图 17-31 所示。调整完毕后的最终效果如图 17-32 所示。

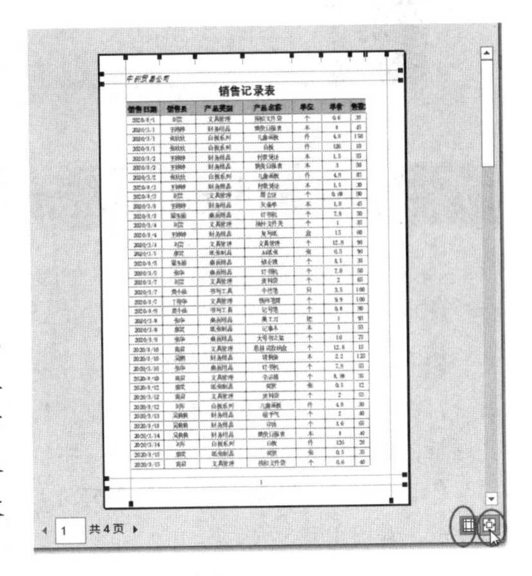

图 17-30

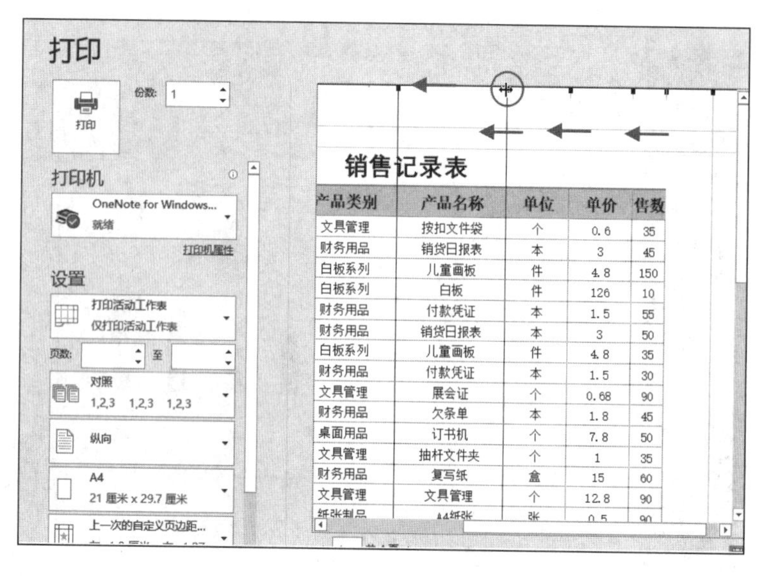

图 17-31

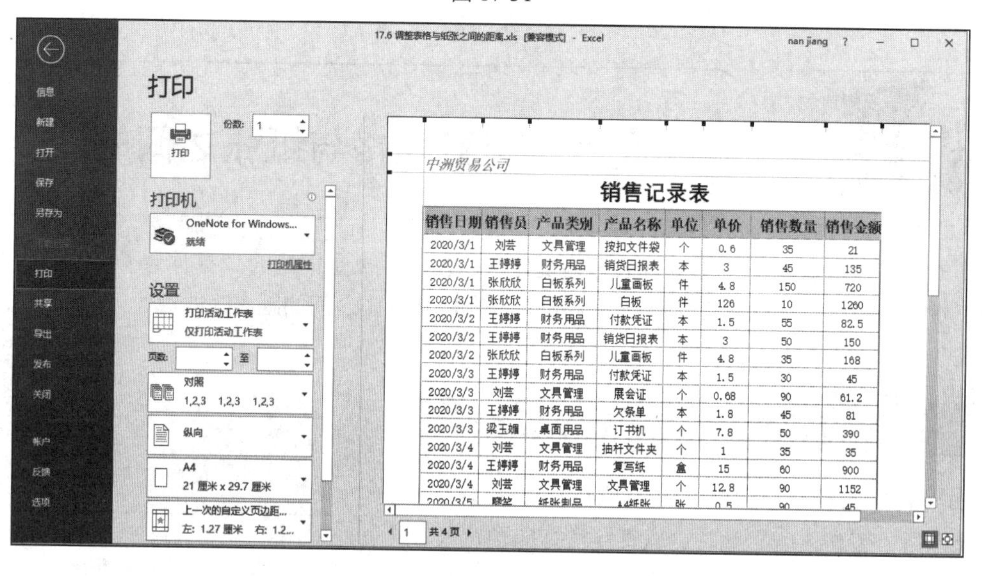

图 17-32

17.6.2 精确调整页边距

如果要精确调整表格与纸张四周的距离，可以在“页面设置”对话框的“页边距”选项卡中详细调整数值。

❶ 打开工作表，单击“页面布局”选项卡中的“页面设置”选项组中的“页面设置”按钮（见图 17-33），打开“页面设置”对话框。切换至“页边距”选项卡，分别勾选“水平”和“垂直”复选框，并自定义设置上、下、左、右边距以及页眉页脚的距离即可，如图 17-34 所示。

❷ 单击“打印预览”按钮，即可进入打印预览界面看到自定义设置的表格与纸张之间的页边距效果，如图 17-35 所示。

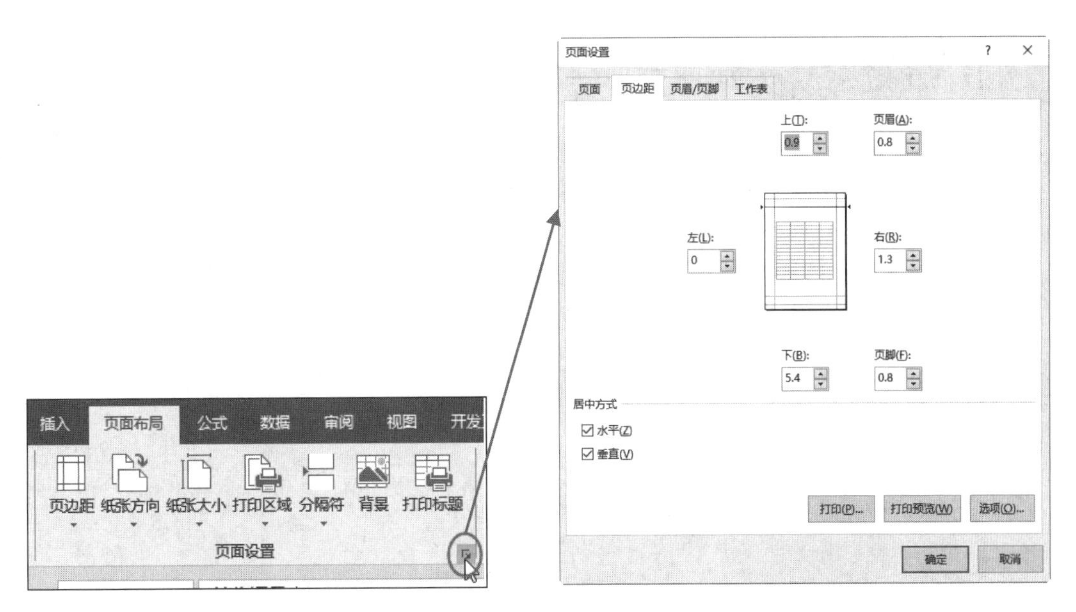

图 17-33　　　　　　　　　　图 17-34

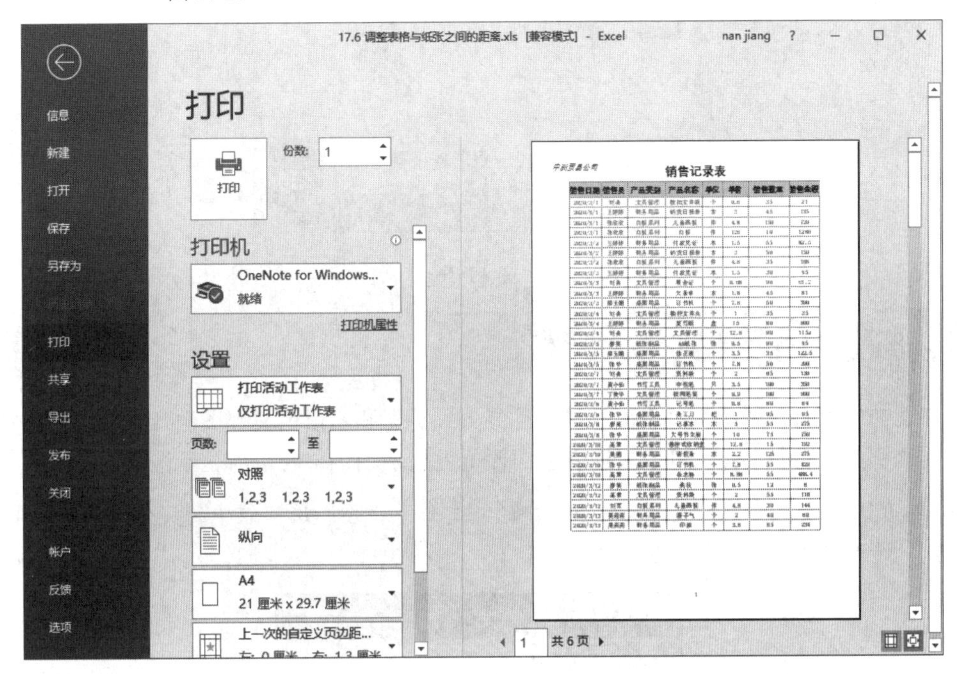

图 17-35

17.7 强制同页打印

如果表格数据较多导致默认打印时无法显示在一页中，可以通过调整表格显示比例（默认是 100%）、在分页预览视图调整表格以及通过打印选项这三种方法来实现强制同页打印。

17.7.1 通过缩放比例调整

默认表格打印的比例是 100%完整显示的，如果表格内容过多，可以在不影响阅读的情况下稍微缩小显示比例，让整张表格内容能够完整地打印在一张纸中。

打开工作表并打开“页面设置”对话框，在“缩放”栏下重新设置缩放比例为“70%”（可以直接输入百分比，也可以通过数值框右侧的上下箭头来调节），如图 17-36 所示。

图 17-36

17.7.2 通过分页预览视图调整

工作表的视图有“普通”“页面布局”“分页预览”和“自定义视图”几种类型，在“分页预览”视图中我们可以根据表格的预览效果手动调整表格的显示区域。

❶ 打开工作表，单击“视图”选项卡中的“工作簿视图”选项组中的“分页预览”按钮（见图 17-37），进入工作簿的分页预览视图状态。

图 17-37

❷ 此时可以看到上半部分的表格被分成第 1 页和第 4 页，这里只需要把第 4 页调整到第一页打印即可。将鼠标指针放在蓝色虚线上，按住鼠标左键向右拖动到与右侧重合（见图 17-38），此时可以看到原先的第 4 页被合并到第 1 页中了，如图 17-39 所示。

销售日期	销售员	产品类别	产品名称	单位	单价	销售数量	销售金额
2020/3/1	刘芸	文具管理	按扣文件袋	个	0.6	35	21
2020/3/1	王婷婷	财务用品	销货日报表	本	3	45	135
2020/3/1	张欣欣	白板系列	儿童画板	件	4.8	150	720
2020/3/1	张欣欣	白板系列	白板	件	126	10	1260
2020/3/2	王婷婷	财务用品	付款凭证	本	1.5	55	82.5
2020/3/2	王婷婷	财务用品	销货日报表	本	3	50	150
2020/3/2	张欣欣	白板系列	儿童画板	件	4.8	35	168
2020/3/3	王婷婷	财务用品	付款凭证	本	1.5	30	45
2020/3/3	刘芸	文具管理	展会证	个	0.68	90	61.2
2020/3/3	王婷婷	财务用品	欠条单	本	1.8	45	81
2020/3/3	梁玉媚	桌面用品	订书机	个	7.8	50	390
2020/3/4	刘芸	文具管理	抽杆文件夹	个	1	35	35
2020/3/4	王婷婷	财务用品	复写纸	盒	15	60	900
2020/3/4	刘芸	文具管理	文具管理	个	12.8	90	1152
2020/3/5	廖笑	纸张制品	A4纸张	张	0.5	90	45
2020/3/5	梁玉媚	桌面用品	修正液	个	3.5	35	122.5
2020/3/5	张华	桌面用品	订书机	个	7.8	50	390
2020/3/7	刘芸	文具管理	资料袋	个	2	65	130
2020/3/7	黄小仙	书写工具	中性笔	只	3.5	100	350
2020/3/7	丁俊华	文具管理	铁网笔筒	个	9.9	100	990
2020/3/8	黄小仙	书写工具	记号笔	个	0.8	80	64
2020/3/8	张华	桌面用品	美工刀	把	1	95	95
2020/3/8	廖笑	纸张制品	记事本	本	5	55	275
2020/3/8	张华	桌面用品	大号书立架	个	10	75	750
2020/3/10	高宣	文具管理	叠挂式收纳盒	个	12.8	15	192
2020/3/10	吴鹏	财务用品	请假条	本	2.2	125	275
2020/3/10	张华	桌面用品	订书机	个	7.8	55	429
2020/3/10	高宣	文具管理	杂志格	个	8.88	55	488.4
2020/3/12	廖笑	纸张制品	奖状	张	0.5	12	6
2020/3/12	高宣	文具管理	资料袋	个	2	55	110
2020/3/12	刘军	白板系列	儿童画板	件	4.8	30	144
2020/3/13	吴莉莉	财务用品	暖手气	个	2	40	80
2020/3/13	吴莉莉	财务用品	印油	个	3.6	65	234
2020/3/14	吴莉莉	财务用品	销货日报表	本	3	40	120
2020/3/14	刘军	白板系列	白板	件	126	20	2520

图 17-38

销售日期	销售员	产品类别	产品名称	单位	单价	销售数量	销售金额
2020/3/1	刘芸	文具管理	按扣文件袋	个	0.6	35	21
2020/3/1	王婷婷	财务用品	销货日报表	本	3	45	135
2020/3/1	张欣欣	白板系列	儿童画板	件	4.8	150	720
2020/3/1	张欣欣	白板系列	白板	件	126	10	1260
2020/3/2	王婷婷	财务用品	付款凭证	本	1.5	55	82.5
2020/3/2	王婷婷	财务用品	销货日报表	本	3	50	150
2020/3/2	张欣欣	白板系列	儿童画板	件	4.8	35	168
2020/3/3	王婷婷	财务用品	付款凭证	本	1.5	30	45
2020/3/3	刘芸	文具管理	展会证	个	0.68	90	61.2
2020/3/3	王婷婷	财务用品	欠条单	本	1.8	45	81
2020/3/3	梁玉媚	桌面用品	订书机	个	7.8	50	390
2020/3/4	刘芸	文具管理	抽杆文件夹	个	1	35	35
2020/3/4	王婷婷	财务用品	复写纸	盒	15	60	900
2020/3/4	刘芸	文具管理	文具管理	个	12.8	90	1152
2020/3/5	廖笑	纸张制品	A4纸张	张	0.5	90	45
2020/3/5	梁玉媚	桌面用品	修正液	个	3.5	35	122.5
2020/3/5	张华	桌面用品	订书机	个	7.8	50	390
2020/3/7	刘芸	文具管理	资料袋	个	2	65	130
2020/3/7	黄小仙	书写工具	中性笔	只	3.5	100	350
2020/3/7	丁俊华	文具管理	铁网笔筒	个	9.9	100	990
2020/3/8	黄小仙	书写工具	记号笔	个	0.8	80	64
2020/3/8	张华	桌面用品	美工刀	把	1	95	95
2020/3/8	廖笑	纸张制品	记事本	本	5	55	275
2020/3/8	张华	桌面用品	大号书立架	个	10	75	750
2020/3/10	高宣	文具管理	叠挂式收纳盒	个	12.8	15	192
2020/3/10	吴鹏	财务用品	请假条	本	2.2	125	275
2020/3/10	张华	桌面用品	订书机	个	7.8	55	429
2020/3/10	高宣	文具管理	杂志格	个	8.88	55	488.4
2020/3/12	廖笑	纸张制品	奖状	张	0.5	12	6
2020/3/12	高宣	文具管理	资料袋	个	2	55	110
2020/3/12	刘军	白板系列	儿童画板	件	4.8	30	144
2020/3/13	吴莉莉	财务用品	暖手气	个	2	40	80
2020/3/13	吴莉莉	财务用品	印油	个	3.6	65	234
2020/3/14	吴莉莉	财务用品	销货日报表	本	3	40	120

图 17-39

17.7.3 通过打印选项调整

打开工作表并进入打印预览界面，在“设置”栏下单击“自定义缩放”右侧的下拉按钮，在打开的下拉列表中单击“将工作表调整为一页”选项即可，如图 17-40 所示。

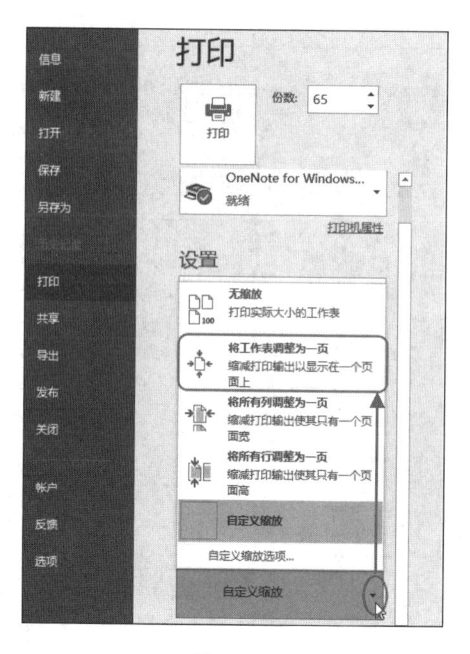

图 17-40

17.8 更改纸张方向和大小

对表格执行打印时默认的纸张是纵向 A4 大小，为了满足实际工作需求，既可以在打印预览界面重新设置打印方向，也可以在“页面设置”对话框中更改纸张大小。

17.8.1 更改纸张方向

默认的纸张打印方向是纵向，如果表格内容较多导致整张表格宽度过宽，则打印时会导致无法完整显示表格的全部内容，可以通过更改纸张方向为“横向”来显示所有数据。

打开工作表并进入打印预览界面，单击“设置”栏下的“纵向”下拉按钮，在打开的下拉列表中单击“横向”选项（见图 17-41），即可更改纸张方向为横向打印。

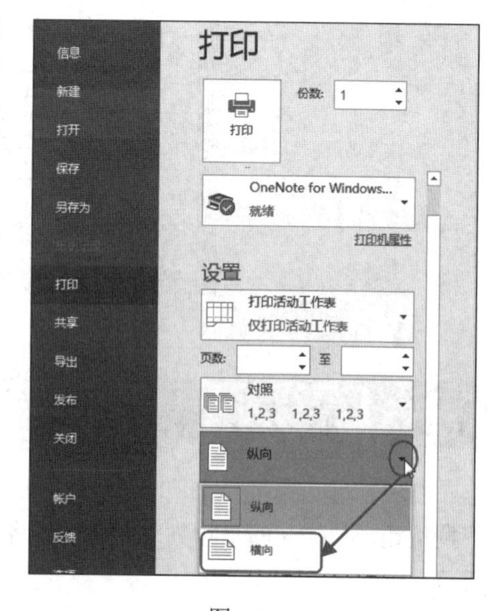

图 17-41

17.8.2 更改纸张大小

打印的默认纸张大小为“A4”，为了满足实际打印需求，可以重新设置纸张大小。调整完毕后可以在打印预览中查看打印纸张效果。

打开表格并打开“页面设置”对话框，单击“纸张大小”右侧的下拉按钮，在打开的下拉列表中可以选择需要的纸张大小（见图 17-42），直接单击需要的选项即可。

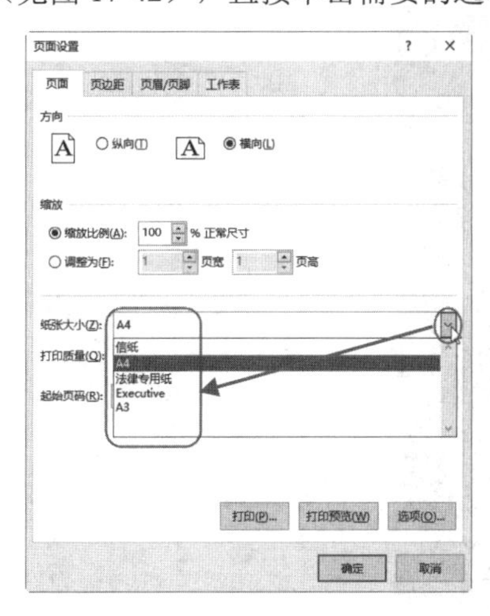

图 17-42

17.9 设置打印份数和页数

打印表格时的默认份数是 1 份，打印页码是从第 1 页一直打印到最后一页，如果要打印指定份数和打印指定页码范围，可以按照本节的方法操作。

17.9.1 设置打印份数

如果要打印多份工作表，比如 65 份，可以在打印预览界面中设置打印份数。

打开工作表并进入打印预览界面，在“打印”栏下设置份数为“65”并单击“打印”按钮即可，如图 17-43 所示。

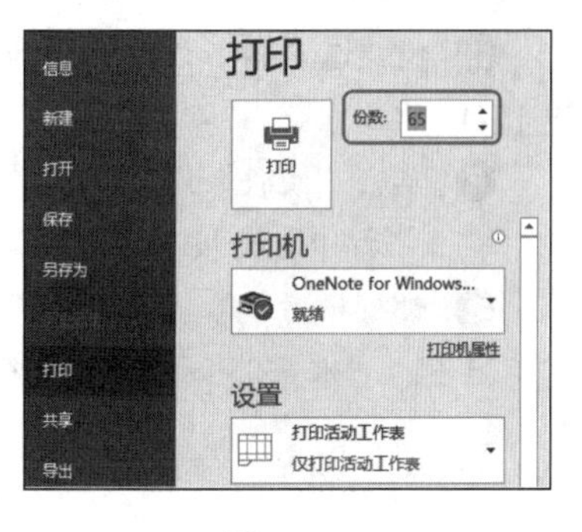

图 17-43

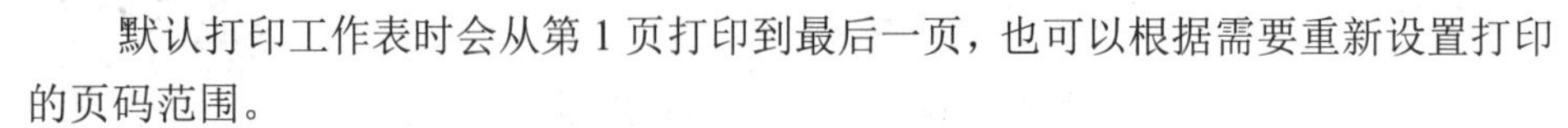

17.9.2 设置打印页数

默认打印工作表时会从第 1 页打印到最后一页，也可以根据需要重新设置打印的页码范围。

打开工作表并进入打印预览界面，在“页数”后的数值框中自定义设置页码从第“4”页打印至第“12”页即可（见图 17-44），然后单击“打印”按钮。

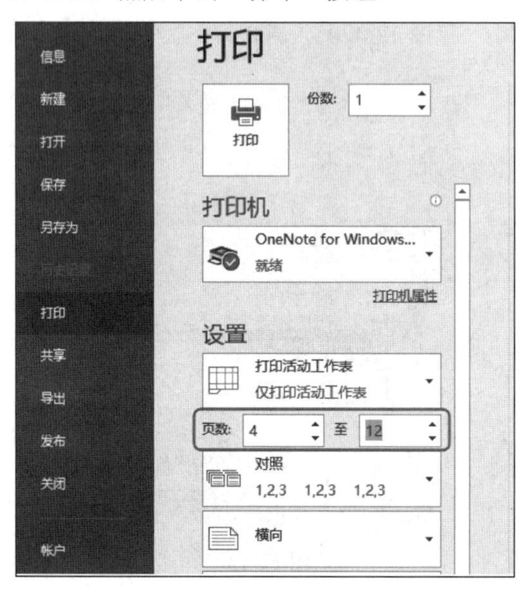

图 17-44

17.10 综合实例

“产品报价表”用来记录公司参加投标的各项产品的名称、报价以及投标人基本信息。下面需要将产品报价表格设置为横向、居中垂直对齐打印效果。

案例 34：打印专业的产品报价表

❶ 新建工作簿，设置标题为“产品报价表”，依次填写内容以及备注文本，如图 17-45 所示。

❷ 单击“文件”选项卡中的“打印”选项，打开打印预览界面。在右侧可以查看表格打印效果。单击“打印”面板下方的“页面设置”按钮（见图 17-46），打开“页面设置”对话框。

❸ 设置“方向”为“横向”（见图 17-47），再切换至“页边距”选项卡，分别勾选“居中方式”栏下的“水平”和“垂直”复选框，如图 17-48 所示。

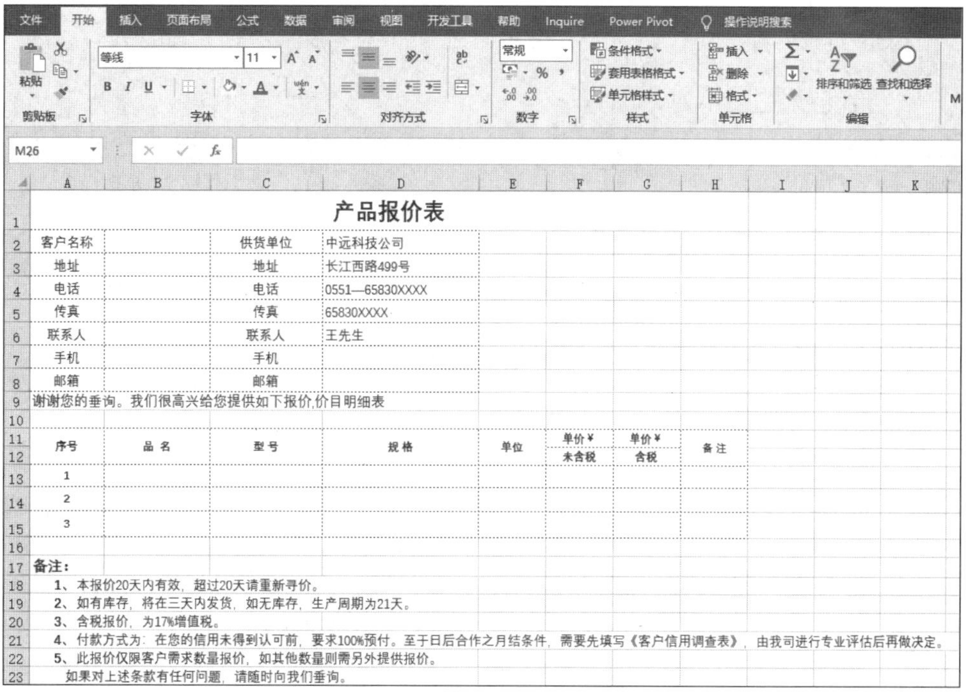

	A	B	C	D	E	F	G	H
1	产品报价表							
2	客户名称		供货单位	中远科技公司				
3	地址		地址	长江西路499号				
4	电话		电话	0551—65830XXXX				
5	传真		传真	65830XXXX				
6	联系人		联系人	王先生				
7	手机		手机					
8	邮箱		邮箱					
9	谢谢您的垂询。我们很高兴给您提供如下报价,价目明细表							
10								
11–12	序号	品 名	型 号	规 格	单位	单价￥ 未含税	单价￥ 含税	备 注
13	1							
14	2							
15	3							
16								
17	备注：							
18	1、本报价20天内有效，超过20天请重新寻价。							
19	2、如有库存，将在三天内发货，如无库存，生产周期为21天。							
20	3、含税报价，为17%增值税。							
21	4、付款方式为：在您的信用未得到认可前，要求100%预付。至于日后合作之月结条件，需要先填写《客户信用调查表》，由我司进行专业评估后再做决定。							
22	5、此报价仅限客户需求数量报价，如其他数量则需另外提供报价。							
23	如果对上述条款有任何问题，请随时向我们垂询。							

图 17-45

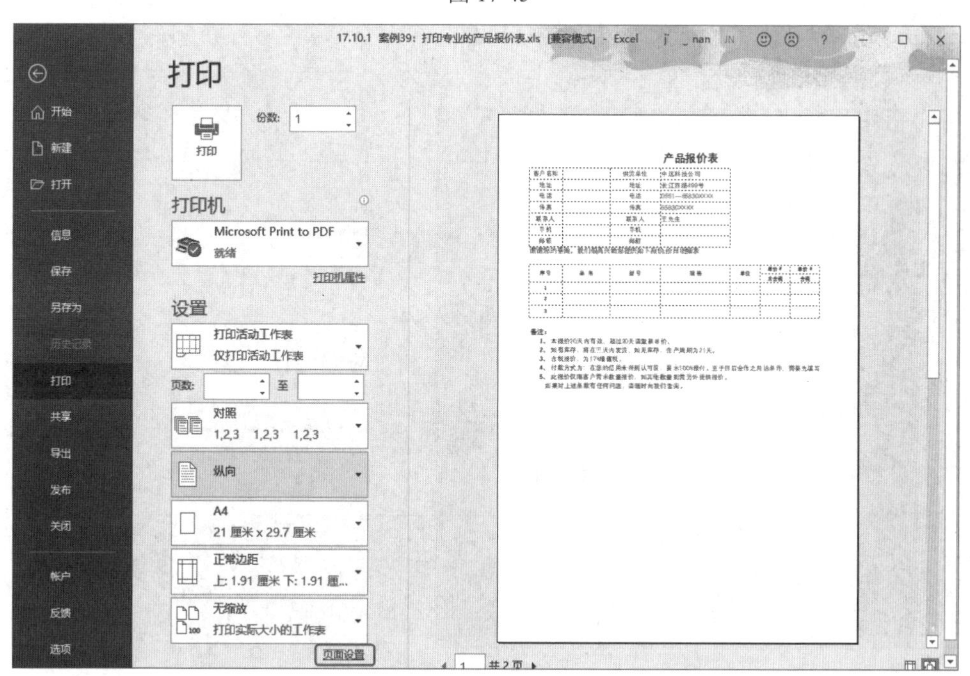

图 17-46

图 17-47

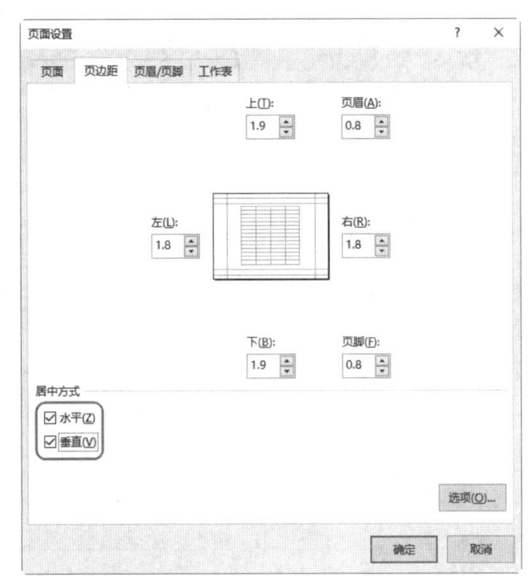

图 17-48

❹ 单击“确定”按钮返回打印预览界面，即可看到表格设置为横向居中对齐的打印效果，如图 17-49 所示。

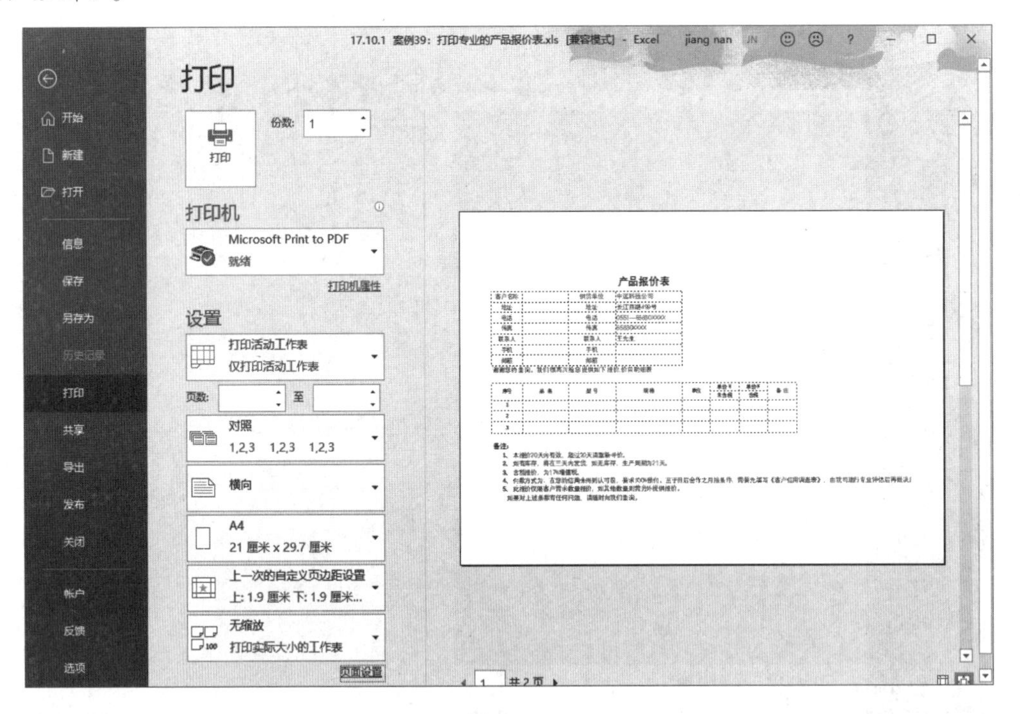

图 17-49

第 18 章 Microsoft 365 云办公

学习导读

通过将 Word、PowerPoint、Excel 和 Outlook、OneNote 等应用与 OneDrive 和 Microsoft Teams 等强大的云服务相结合，可以实现让任何人使用任何设备时，能够随时随地创建和共享内容。

学习要点

- 安装 Microsoft 365。
- 内容协作与 OneDrive 云端共享。
- Microsoft Teams 与团队及时沟通。

18.1 安装 Microsoft 365

Microsoft 365 是一种订阅式的跨平台办公软件，它基于云平台为用户提供多种服务，通过将 Word、PowerPoint、Excel、Outlook 和 OneNote 等应用与 OneDrive、Microsoft Teams 等强大的云服务相结合，让任何人使用任何设备随时随地创建和共享内容。微软宣布 Office 365 将于 2020 年 4 月 21 日正式升级为 Microsoft 365。Office 365 将 Office 桌面端应用的优势结合企业级邮件处理、文件分享、即时消息和可视网络会议（Exchange Online、SharePoint Online 和 Skype for Business）的融为一体，满足不同类型企业的办公需求。

Microsoft 365 作为 Microsoft 公司推出的软件和云服务，包含的应用归类分为如下几方面：

- 编辑与创作类，比如 Word、PowerPoint、Excel 等用来编辑、创作内容。
- 邮件、社交类，比如 Outlook、Exchange、Yammer、Teams、Office 365 微助理。
- 站点及网络内容管理类，以 SharePoint、OneDrive 产品为主，做到同步编辑、共享文件、达成协作。
- 会话、语音类，比如 Skype for Business。

- 报告和分析类，比如 Power BI、MyAnalytics 等。
- 业务规划和管理类，Microsoft Bookings、StaffHub，还有 Project Online、Visio Online，是项目管理、绘图等方面的。

在高级安全方面，Microsoft 365 支持勒索软件检测与恢复，如果检测到勒索软件攻击，Microsoft 365 将向用户发出警报，帮助还原 OneDrive，并在其后 30 天内获得文件的备份。在勒索软件等恶意攻击、文件损坏或意外删除和编辑后至少 30 天内恢复整个 OneDrive。

1. 注册 Microsoft 账户

使用 Microsoft 365 相关订阅服务，需要首先在网站注册自己的账户。

❶ 打开网页，在地址栏中输入网址“Office.com”（见图 18-1），按回车键进入首页。点击“登录”按钮，在新打开的页面中点击“创建一个”链接，如图 18-2 所示，进入创建账户页面。

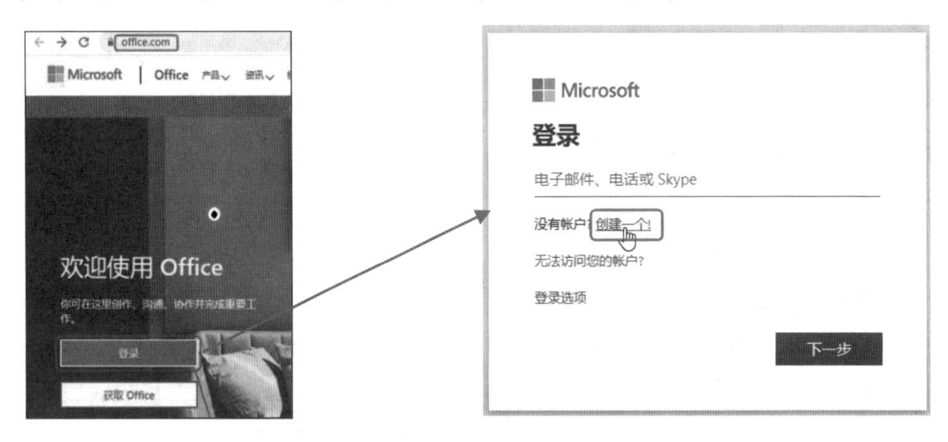

图 18-1　　图 18-2

❷ 输入邮件地址作为账户名，如图 18-3 所示，单击“下一步”按钮进入账户创建页面。根据提示一步一步设置用户基本信息，如图 18-4 所示。

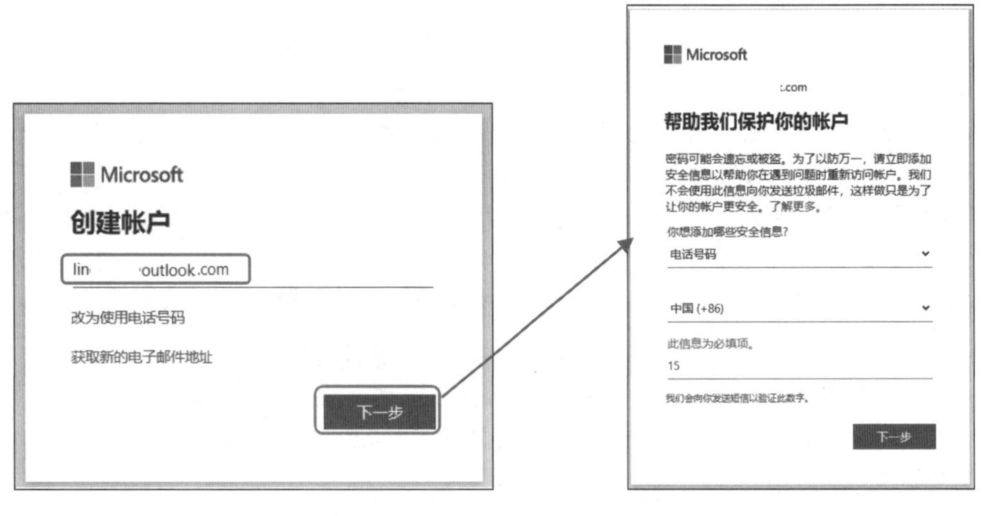

图 18-3　　图 18-4

❸ 注册完毕后，进入登录页面，输入账户名（见图 18-5），单击“下一步”按钮进入新页面，输入登录密码即可，如图 18-6 所示。

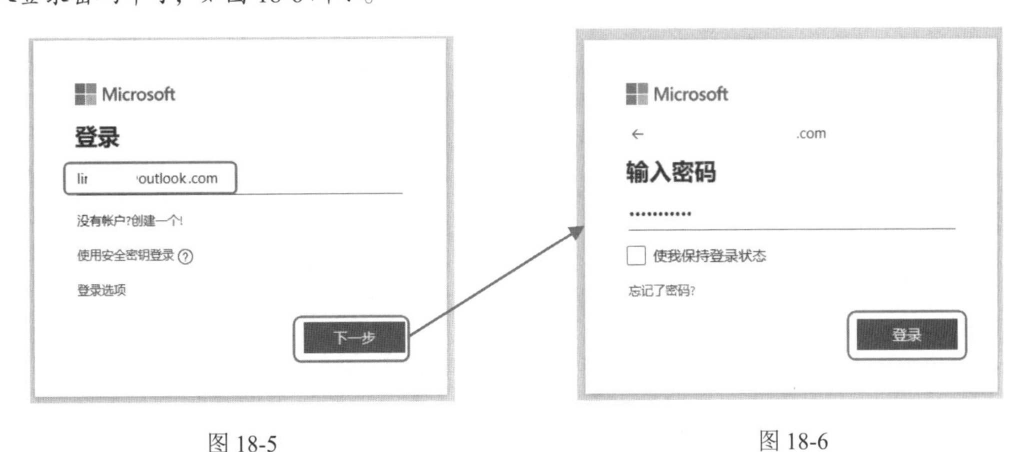

图 18-5　　　　图 18-6

2．下载并安装 Microsoft 365

❶ 用于 Microsoft 账户后，进入 Microsoft 365 下载界面，单击“安装应用”按钮（见图 18-7），进入下载安装页面。

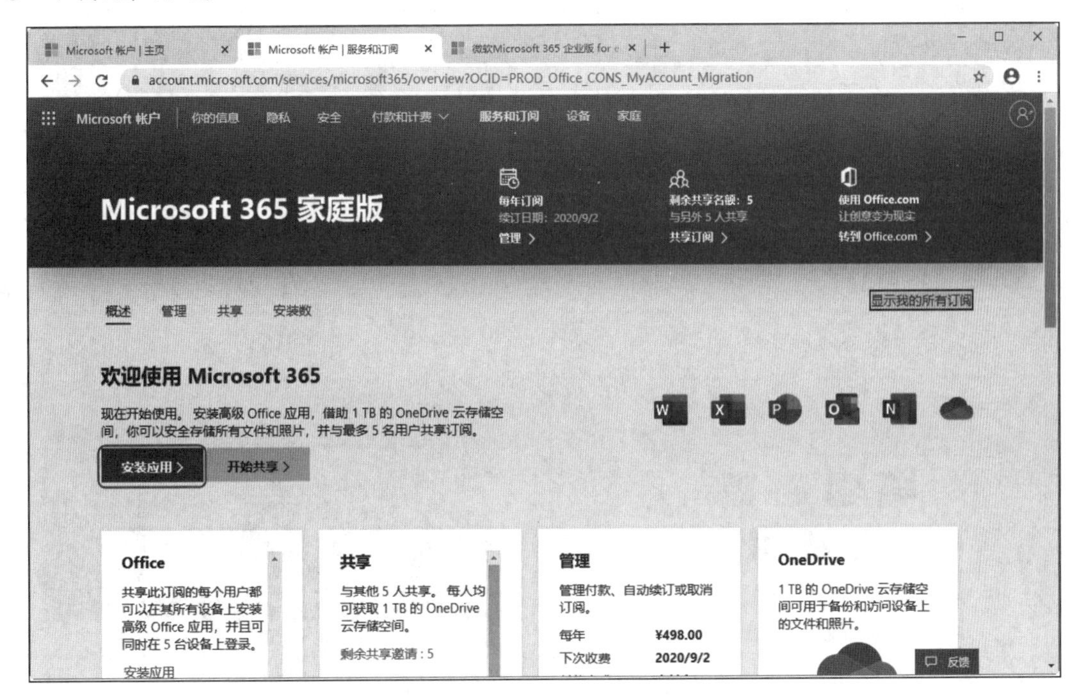

图 18-7

❷ 依次根据提示进入如图 18-8 所示的界面，单击“下一步”按钮进入下载界面。单击“安装”按钮（见图 18-9），即可下载 Microsoft 365。

❸ 下载完成后打开文件存储所在文件夹，双击安装程序图标（见图 18-10），即可进入安装界面如图 18-11、图 18-12 所示。

图 18-8

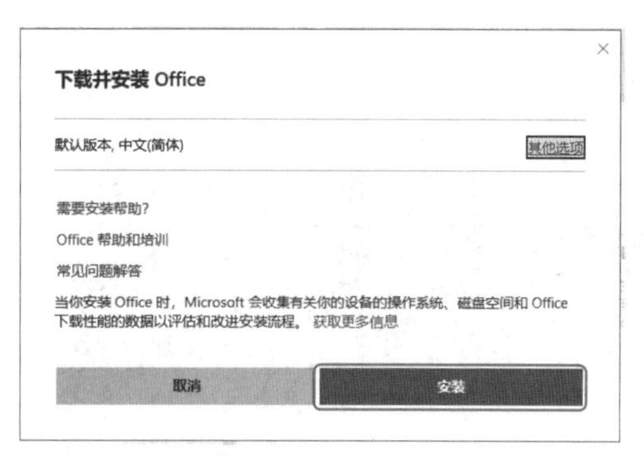

图 18-9

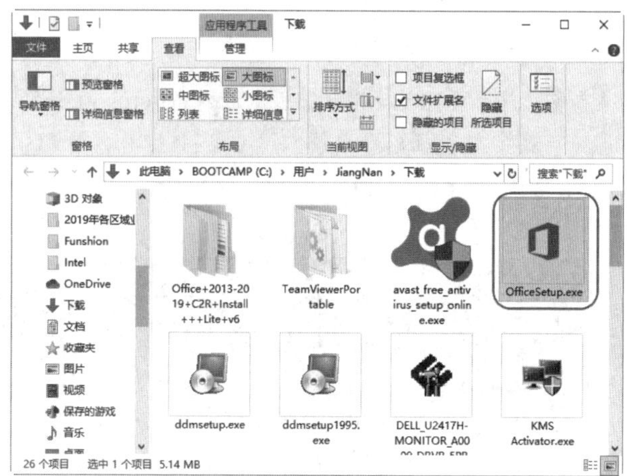

图 18-10

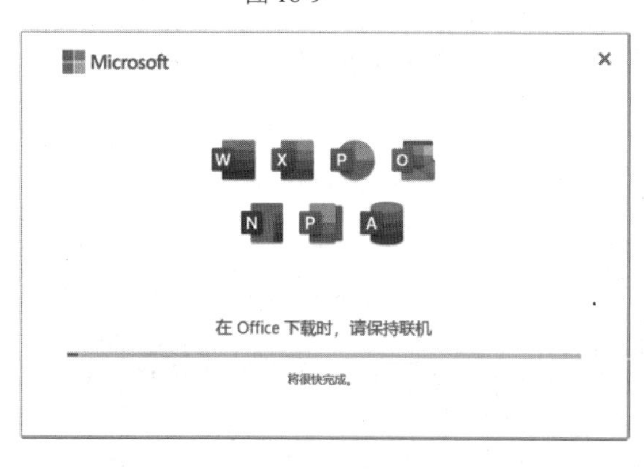

图 18-11

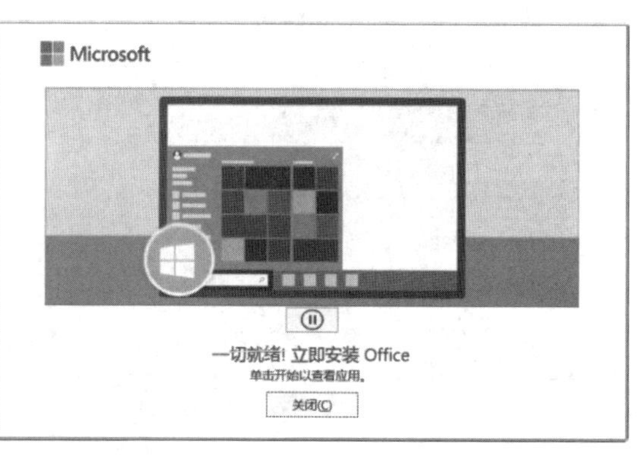

图 18-12

❹ 安装完成后依次单击“开始”菜单中的“Word”图标（见图 18-13），即可打开 Microsoft 365 Word 程序，如图 18-14 所示。

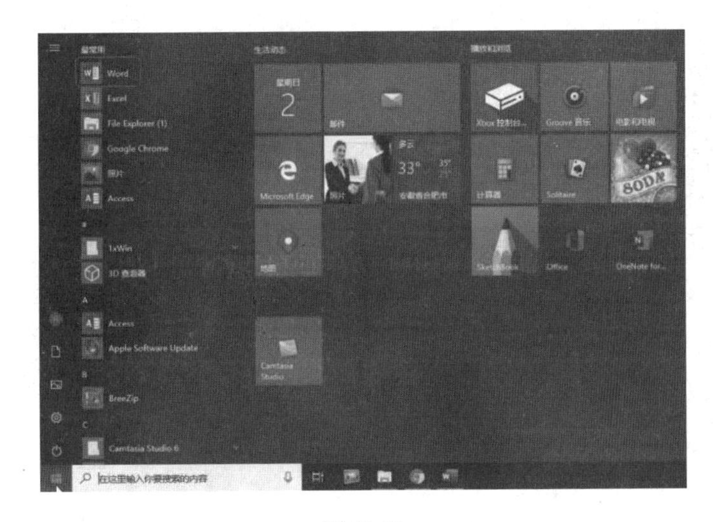

图 18-13

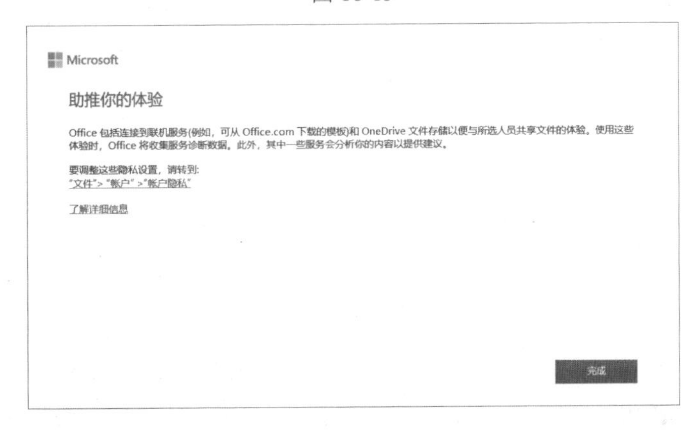

图 18-14

3. Microsoft 365 新特性

从 Office 365 升级到 Microsoft 365 之后，微软还带来了不少新的特性和功能，包括提供了 Getty Images 上 8000 多张精美图片和 175 个循环视频，以及 300 种新字体和 2800 个新图标的独家使用权限，帮助用户创造出更具影响力和视觉吸引力的文档。如图 18-15 所示是在 Word 程序中打开“联机图片”对话框后显示的各种高清图片缩略图。

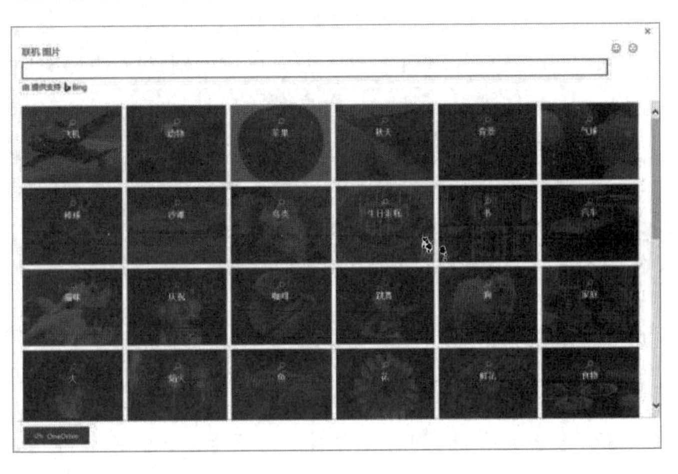

图 18-15

Microsoft 365 的订阅用户还可以在 Word、Excel 和 PowerPoint 中独家使用 200 多个新的高级模板。如图 18-16 所示为打开 Word 程序后进入新建文件页面后显示的模板缩略图。

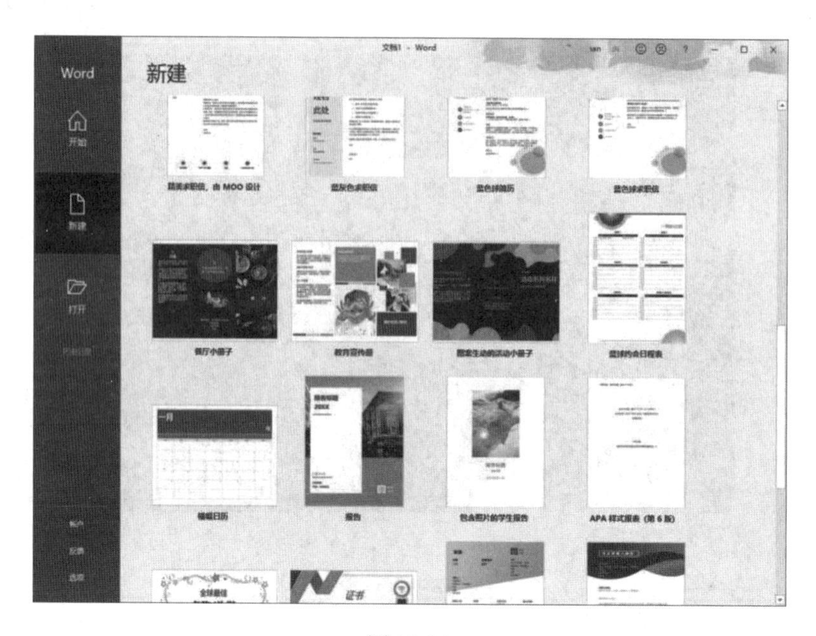

图 18-16

18.2 畅享 OneDrive 云端空间

Microsoft 365 中的 Word、Excel、PowerPoint 等 Office 文件拥有自动保存功能，这样用户就不会丢失文件了，保存的地址可以选择你的个人 OneDrive 存储。Microsoft 用户可以将文件和照片保存到 OneDrive 中，随时随地从任何设备进行访问。OneDrive 提供的功能包括：

- 相册的自动备份功能，即无须人工干预，OneDrive 自动将设备中的图片上传到云端保存，即使设备出现故障时，用户仍然可以从云端获取和查看图片。
- 在线 Office 功能，微软将万千用户使用的办公软件 Office 与 OneDrive 结合，用户可以在线创建、编辑和共享文档，而且可以和本地的文档编辑进行任意的切换，本地编辑在线保存或者在线编辑本地保存。在线编辑的文件是实时保存的，可以避免本地编辑时宕机造成的文件内容丢失，从而提高了文件的安全性。
- 分享指定的文件、照片或者整个文件夹，只需提供一个共享内容的访问链接给其他用户，其他用户就可以访问这些共享内容，但无法访问非共享内容。

18.2.1 云存储同步文件

下面介绍如何将 Excel 工作簿文件上传到云，存储至 OneDrive 实现重要文件的云存储。

1. 存储至 OneDrive

❶ 打开工作表，单击“文件”选项卡中的“另存为”→“OneDrive-个人”选项（见图 18-17），打开“另存为”对话框。

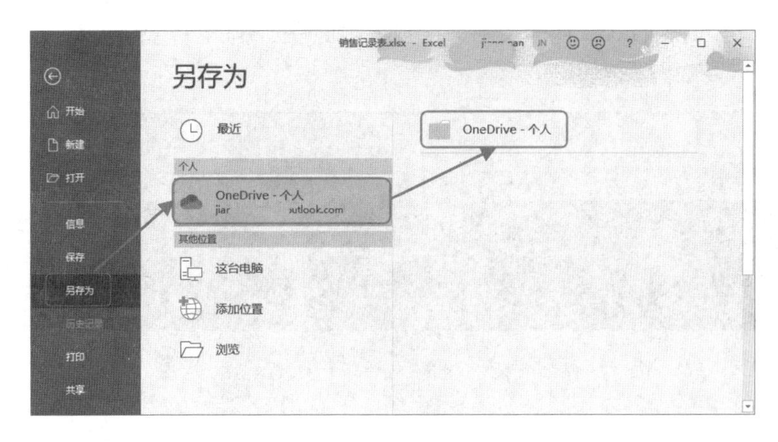

图 18-17

❷ 在打开的默认文件夹中输入文件名，如图 18-18 所示。

❸ 单击“保存”按钮返回表格中，可以看到任务栏显示“正在上传到 OneDrive”的提示文字，如图 18-19 所示。

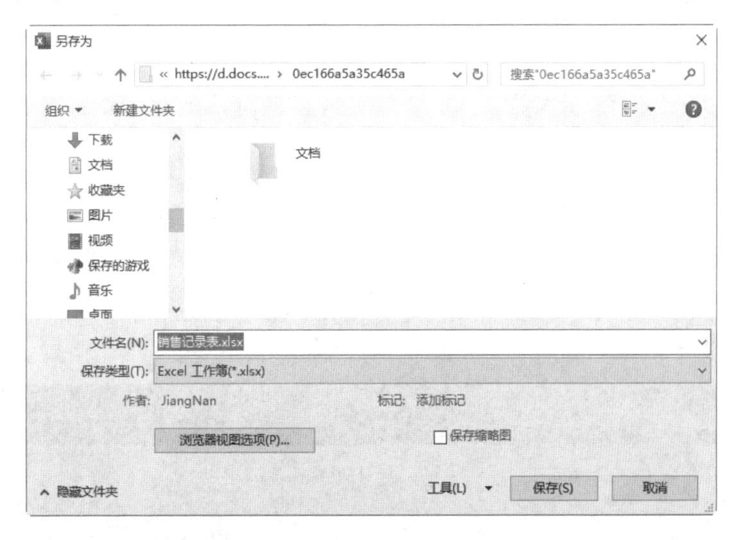

图 18-18

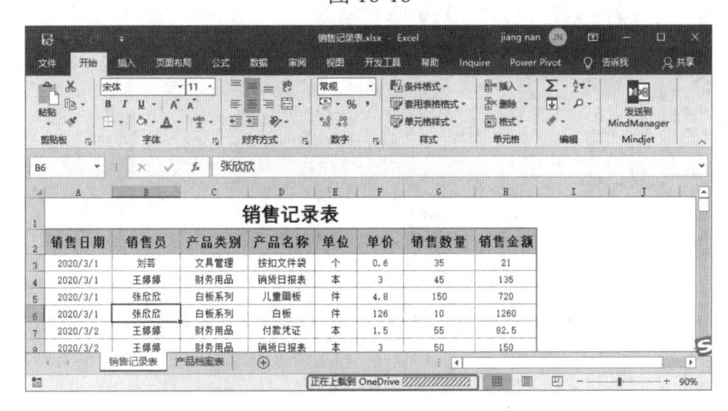

图 18-19

❹ 打开网页进入OneDrive，即可看到上传完毕同步到云端的“销售记录表”工作簿，如图18-20所示。

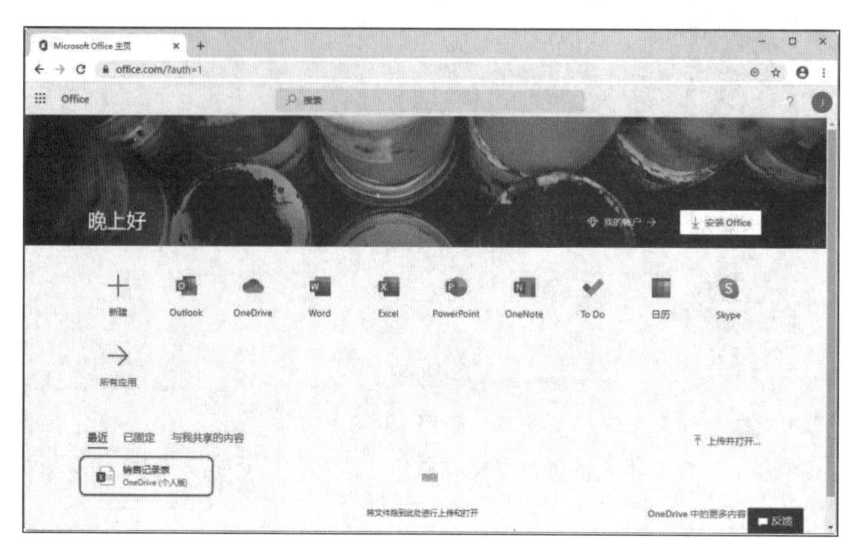

图 18-20

2. 文件共享

Microsoft 365 的 Office 中还有高级协作功能，可以让你与其他人，无论是在桌面应用程序内部还是在 Web 网页上同时处理文件。单击 Word、Excel、PowerPoint 右上角的“共享”按钮即可进行“协同合作”“资源共享”等云办公功能。用户可以直接复制与粘贴链接，或者将链接通过电子邮件发送；也可以配置允许编辑权限、设置到期日期和设置密码等。

❶ 打开工作簿，单击右上角的“共享”按钮（见图 18-21），打开“共享”窗格。

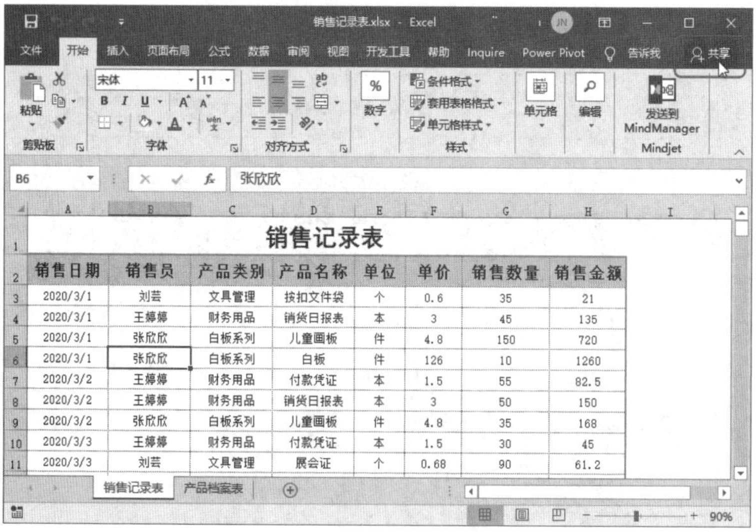

销售记录表

销售日期	销售员	产品类别	产品名称	单位	单价	销售数量	销售金额
2020/3/1	刘芸	文具管理	按扣文件袋	个	0.6	35	21
2020/3/1	王婷婷	财务用品	销货日报表	本	3	45	135
2020/3/1	张欣欣	白板系列	儿童画板	件	4.8	150	720
2020/3/1	张欣欣	白板系列	白板	件	126	10	1260
2020/3/2	王婷婷	财务用品	付款凭证	本	1.5	55	82.5
2020/3/2	王婷婷	财务用品	销货日报表	本	3	50	150
2020/3/2	张欣欣	白板系列	儿童画板	件	4.8	35	168
2020/3/3	王婷婷	财务用品	付款凭证	本	1.5	30	45
2020/3/3	刘芸	文具管理	展会证	个	0.68	90	61.2

图 18-21

❷ 设置共享方式为“可编辑”，单击“获取共享链接”（见图 18-22），进入获取共享链接界面。

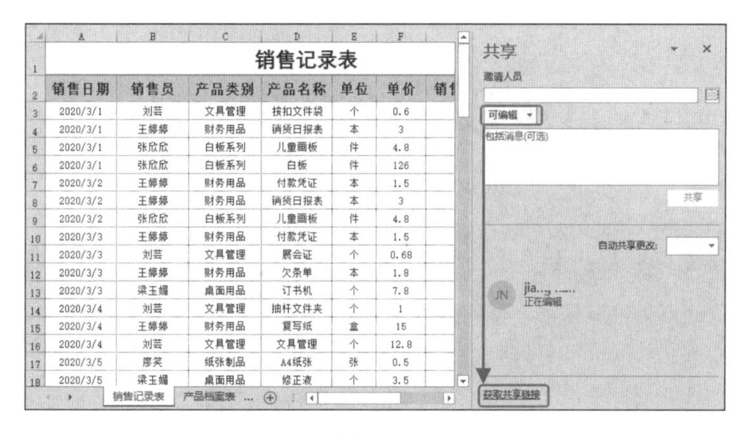

销售日期	销售员	产品类别	产品名称	单位	单价
2020/3/1	刘芸	文具管理	按扣文件袋	个	0.6
2020/3/1	王婷婷	财务用品	销货日报表	本	3
2020/3/1	张欣欣	白板系列	儿童画板	件	4.8
2020/3/1	张欣欣	白板系列	白板	件	126
2020/3/2	王婷婷	财务用品	付款凭证	本	1.5
2020/3/2	王婷婷	财务用品	销货日报表	本	3
2020/3/2	张欣欣	白板系列	儿童画板	件	4.8
2020/3/3	王婷婷	财务用品	付款凭证	本	1.5
2020/3/3	刘芸	文具管理	展会证	个	0.68
2020/3/3	王婷婷	财务用品	欠条单	本	1.8
2020/3/3	梁王娟	桌面用品	订书机	个	7.8
2020/3/4	刘芸	文具管理	抽杆文件夹	个	1
2020/3/4	王婷婷	财务用品	复写纸	盒	15
2020/3/4	刘芸	文具管理	文具管理	个	12.8
2020/3/5	廖笑	纸张制品	A4纸张	张	0.5
2020/3/5	梁王娟	桌面用品	修正液	个	3.5

图 18-22

❸ 单击“创建编辑链接”按钮（见图 18-23），即可显示工作簿链接（见图 18-24），单击“复制”按钮来复制链接，然后转发给其他用户即可。

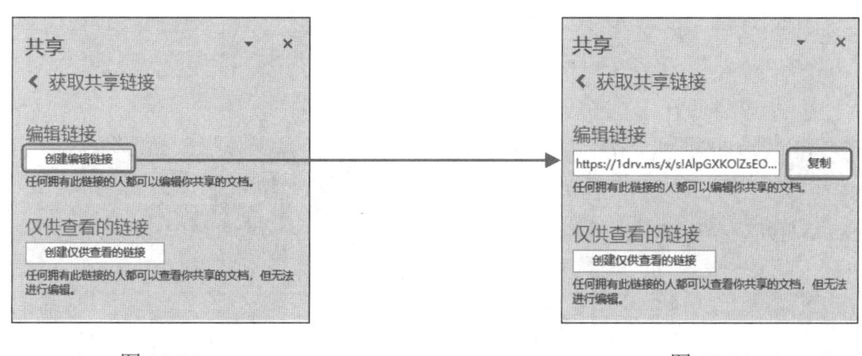

图 18-23　　　　图 18-24

18.2.2 Exchange Online 服务（托管邮件系统和日历共享服务）

Microsoft Exchange Online 是一款将 Microsoft Exchange Server 功能作为基于云的服务提供的托管消息传递解决方案。它支持用户从计算机、Web 和移动设备访问电子邮件、日历、联系人和任务。它与 Active Directory 全面集成，支持管理员使用组策略以及其他管理工具来管理整个环境中的 Exchange Online 功能。

Exchange Online 提供的邮件审批、邮件加密、数据丢失防护（DLP）、移动设备数据擦除、强大的高级威胁保护（ATP）等技术保证了邮件系统的安全性和稳定性，可避免机密信息外泄。

如图 18-25 所示是进入 Microsoft 管理后台显示的 Exchange Online 服务购买界面。

图 18-25

18.3 内容协作

使用Office的OneDrive或SharePoint，多个用户可以协作处理Word文档、Excel电子表格或PowerPoint演示文稿。当所有人都在同一时间工作，这就是所谓的共同创作。比如公司同事相互之间可打开并处理同一个Excel工作簿，称为共同创作；或者通过Office与其他人（包括没有 Microsoft Office的用户）轻松协作，用户可以发送文档的链接，而不是发送文件附件，公司同事们可以在Office网页版中查看（和编辑附件）。这样既节省了电子邮件存储，又无须协调同一文档的多个版本。

18.3.1 使用 OneDrive for Business 进行随处访问和文件共享

OneDrive 是免费的个人在线存储服务，你可以选择在家中、工作场所或学校使用它。通过访问 OneDrive 网站或使用适用于手机的 OneDrive 移动应用，用户可以从任何设备访问你的文件。而 OneDrive for Business 是面向组织，可向组织成员提供在线存储服务。它可通过任意设备在 Microsoft 365 中（包括 Microsoft Teams）轻松存储、访问，发现个人和共享工作文件，如图 18-26 所示。

图 18-26

18.3.2 使用 SharePoint Online 团队协同工作

SharePoint Online 是一种基于云的服务，由 Microsoft 托管，适用于各种规模的企业。任何企业都可以订阅 Office 365 计划或独立的 SharePoint Online 服务，从而实现共享和管理内容、知识和应用程序，加强团队合作、快速查找信息并在整个组织实现无缝协作。

通过计算机或移动设备上的 Microsoft SharePoint，用户可以实现以下操作：

- 生成 Intranet 站点，创建页面、文档库和列表。
- 添加 Web 部件以自定义内容。
- 显示重要的视觉对象、新闻以及团队或通信网站的更新。

- 发现、关注和搜索网站、文件以及公司人员。
- 使用工作流、表格和列表管理日程。
- 在云中同步和存储文件，与任何人员实现安全协作。
- 通过移动应用随时了解最新资讯。

18.4 即时沟通和联机会议

无论你在哪里工作，都能使用 Microsoft Teams 与团队保持联系。用户可以下载或者使用 Web 网页版随时随地聊天沟通与参加视频会议。向一个人或一组人发送即时消息，快速接入视频通话或通过共享屏幕来快速制定决策。在对话界面进行简单高效的即时聊天，避免烦琐低效的邮件往来。

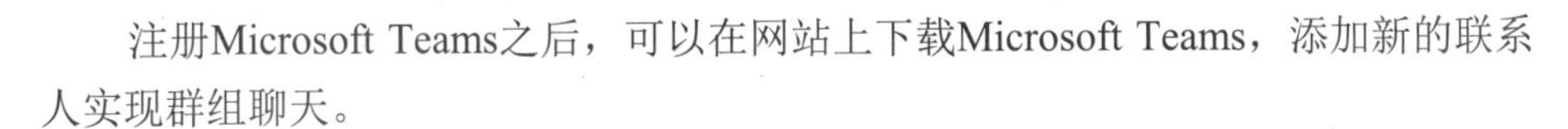

18.4.1 群组聊天

注册Microsoft Teams之后，可以在网站上下载Microsoft Teams，添加新的联系人实现群组聊天。

1. 注册 Microsoft Teams

❶ 打开 Microsoft Teams 网页，单击“免费注册”按钮，如图 18-27 所示，进入注册页面。

图 18-27

❷ 如果已经注册 office 账户，可以直接使用该账户依次登录 Microsoft Teams，如图 18-28、图 18-29、图 18-30、图 18-31 所示。

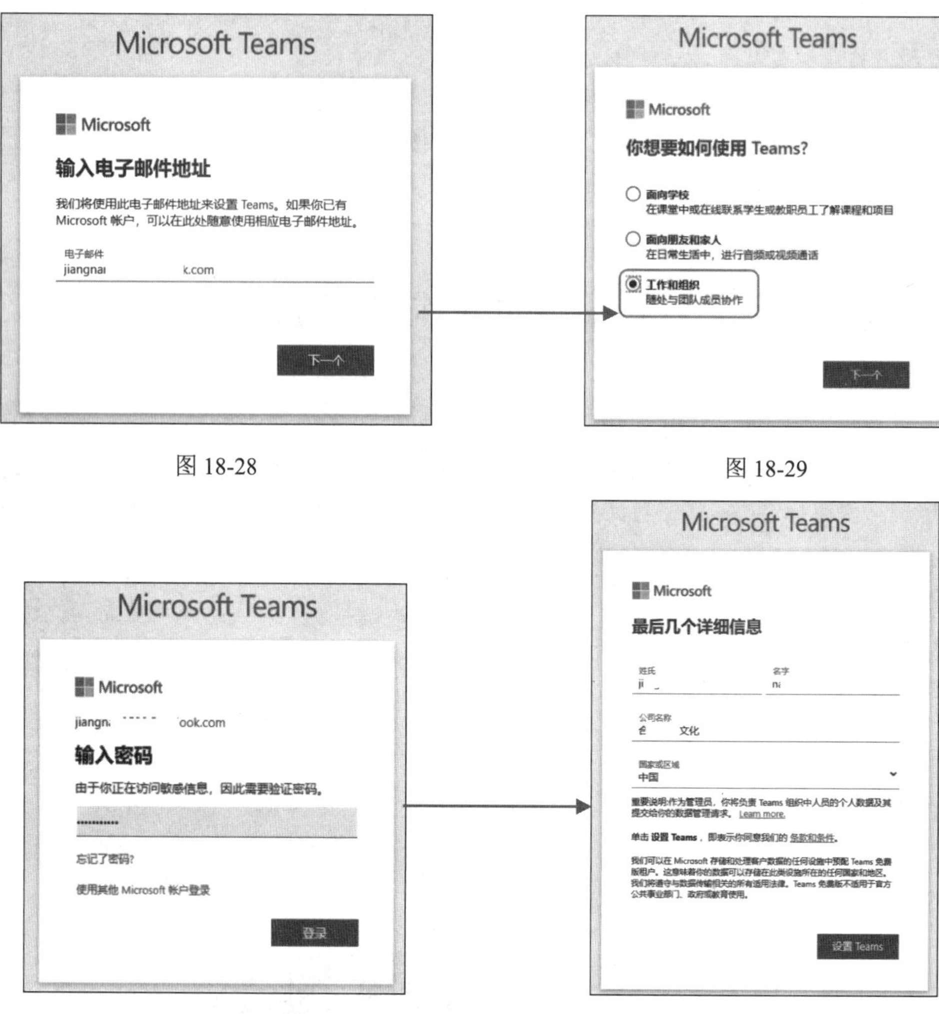

图 18-28

图 18-29

图 18-30

图 18-31

❸ 完成账户登录后，进入 Microsoft Teams 下载页面，单击“下载 Windows 应用”按钮（见图 18-32），即可下载 Microsoft Teams。

图 18-32

2. 安装使用 Microsoft Teams

❶ 打开下载后的 Microsoft Teams 程序保存文件夹，双击安装图标，如图 18-33 所示。

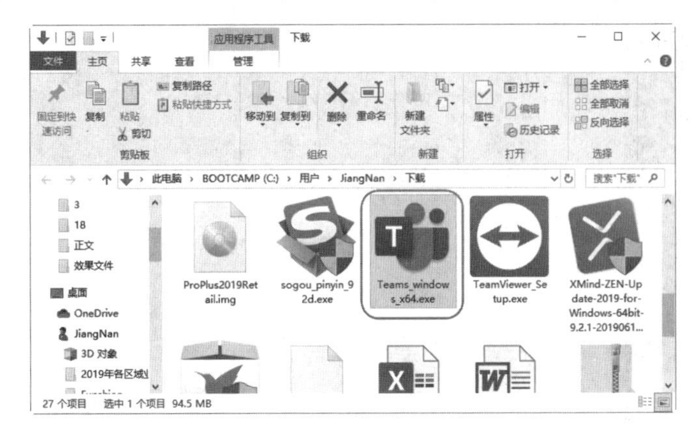

图 18-33

❷ 进入安装界面后，根据提示依次输入用户名和登录密码，如图 18-34、图 18-35、图 18-36、图 18-37 所示。

图 18-34

图 18-35

图 18-36

图 18-37

❸ 登录完毕后进入 Microsoft Teams 主界面，如图 18-38 所示。

图 18-38

提示注意

如果不想下载程序，可以在 Microsoft Teams 安装页面中选择“改用 Web 应用”。

3. 添加联系人

❶ 在 Microsoft Teams 主界面中单击左侧的“聊天”图标，然后单击左下角的“邀请联系人”，打开邀请联系人界面。继续单击“发送电子邮件邀请”链接，如图 18-39 所示。

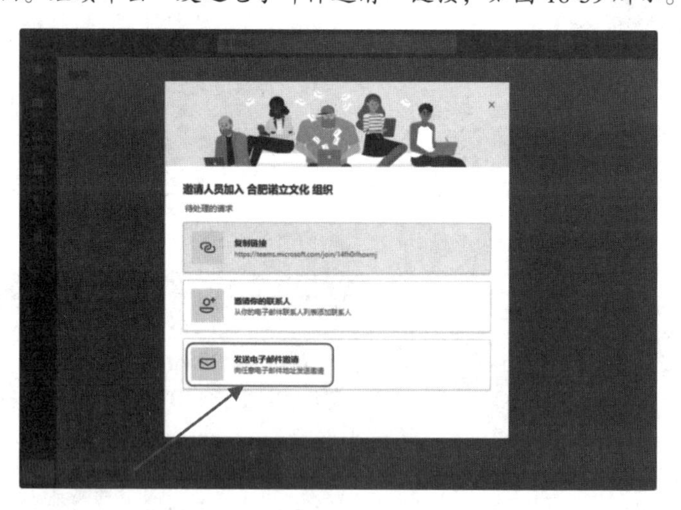

图 18-39

❷ 在打开的新界面中输入邀请的成员地址，如图 18-40 所示。单击“发送邀请”按钮即可发送邀请邮件。

❸ 被邀请人员打开邮箱后，可以看到邀请邮件，单击“加入 Teams”按钮即可，如图 18-41 所示。

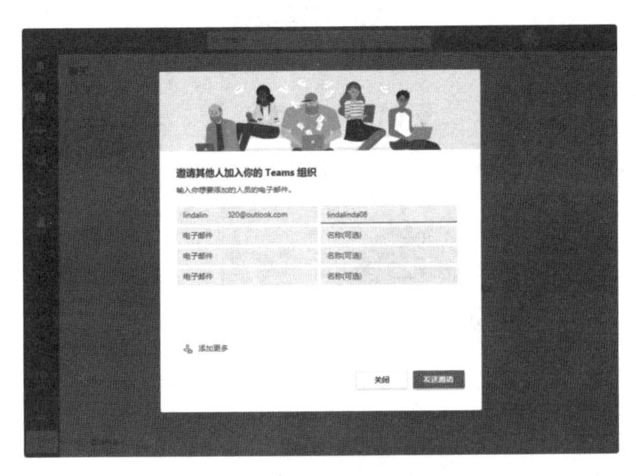

图 18-40

图 18-41

4. 开始聊天

继续在 Microsoft Teams 主界面中的文本框中输入信息，再单击右侧的“发送”按钮，即可发送指定信息实现群组聊天，如图 18-42 所示。

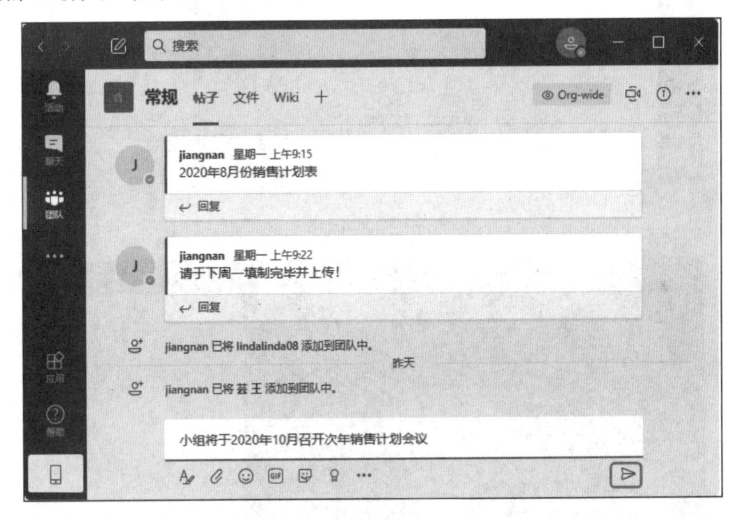

图 18-42

18.4.2 语音视频通话

除了使用文字与组员沟通聊天之外，还可以直接使用语音视频功能直接沟通工作内容。

❶ 打开 Microsoft Teams 主界面，单击左侧的“通话”图标，再单击“发起通话”按钮（见图 18-43），进入通话联系人的添加界面。

❷ 单击左下角的“语音”按钮（见图 18-44），即可进入语音通话界面，如图 18-45 所示。

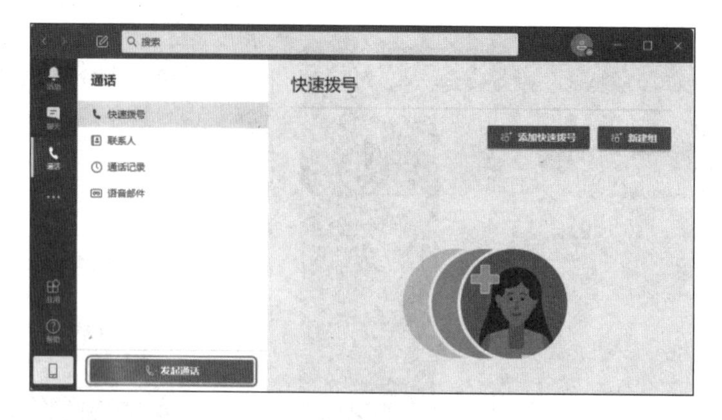

图 18-43

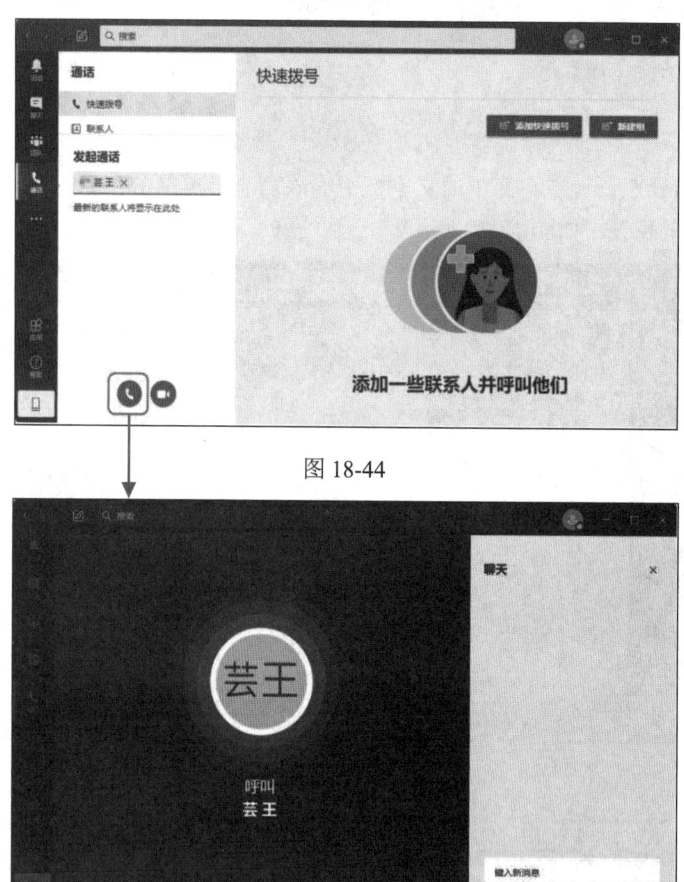

图 18-44

图 18-45

知识扩展

视频通话

在“通话”界面中单击“视频通话”按钮，即可激活计算机摄像头和麦克风与联系人进行视频通话。

18.4.3 邀请外部人员临时加入群组

如果要邀请其他外部人员加入新创建的团队，可以创建好团队之后再添加特定的联系人即可。

1. 创建团队

❶ 打开 Microsoft Teams 主界面，单击左侧的“团队”图标，进入团队创建界面。继续单击“加入或创建团队”，再单击“创建团队”按钮（见图 18-46），进入“创建你的团队”界面。

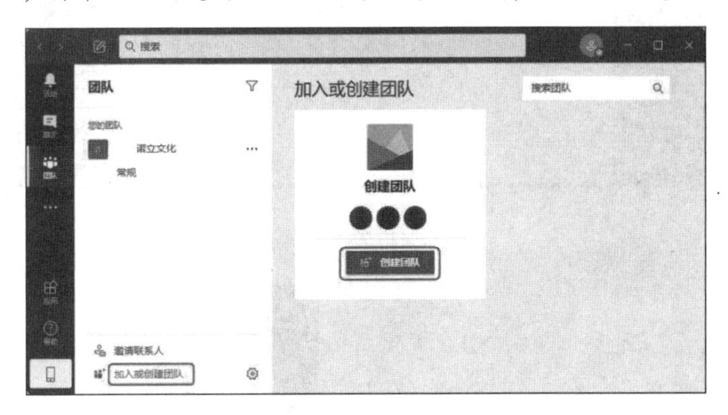

图 18-46

❷ 单击“从头开始创建团队”图标，如图 18-47 所示，进入设置类型页面。

图 18-47

❸ 单击“专用”图标（见图 18-48），继续在打开的新页面中单击“创建”按钮即可，如图 18-49 所示。

图 18-48

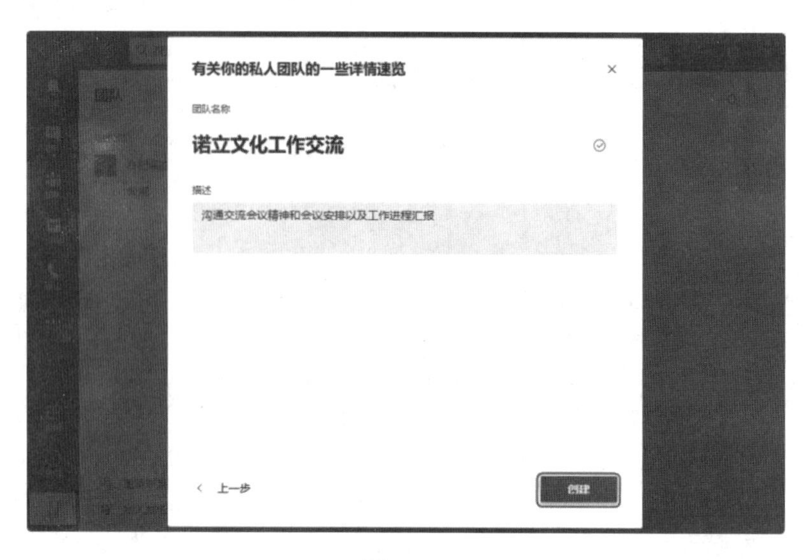

图 18-49

2. 添加新成员

❶ 进入团队设置界面后，单击“诺立文化工作交流”团队图标右侧的“更多设置”按钮，在打开的列表中单击“添加成员”选项（见图 18-50），进入添加新成员界面。

❷ 输入联系人账户名（见图 18-51），单击“添加”按钮，即可将其添加至联系人，如图 18-52 所示。

❸ 返回主界面后，可以看到添加新成员的提示，如图 18-53 所示。

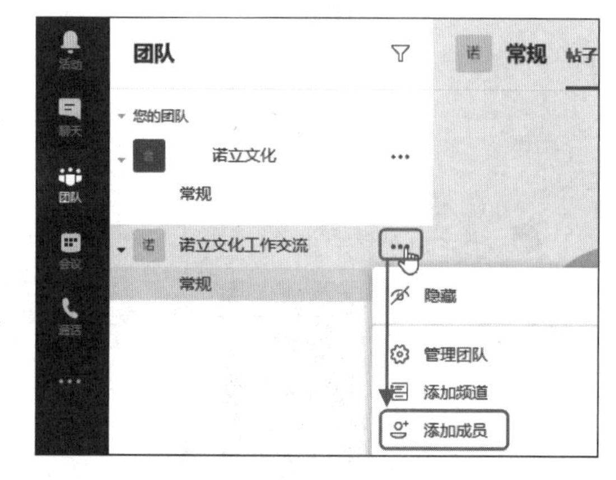

图 18-50

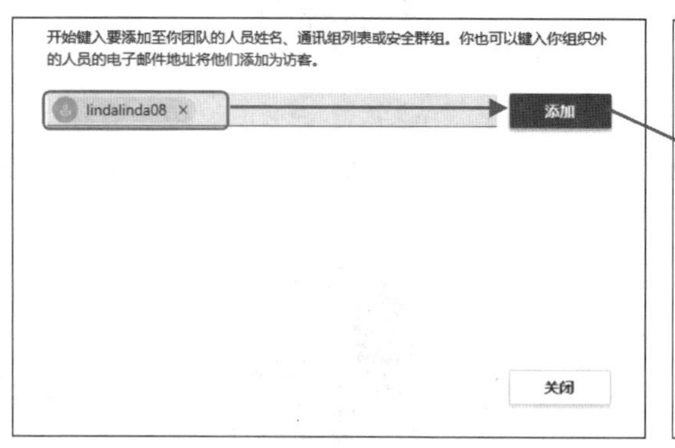

图 18-51

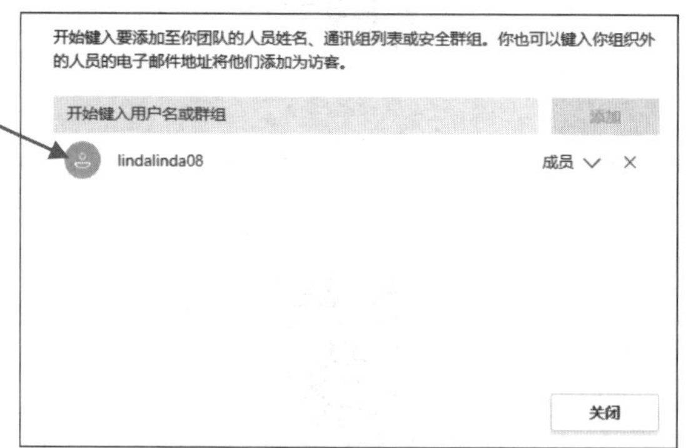

图 18-52

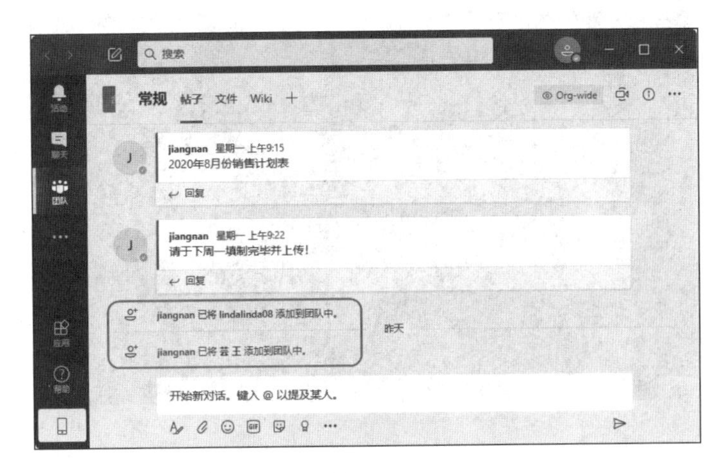

图 18-53

18.4.4 多方高清视频会议

在 Microsoft Teams 中可以邀请多方人员加入视频会议，用户可以在计算机端开展视频会议，也可以在平板电脑或者智能手机端参加多方视频会议，用户可以在任意端口随意切换及即时参加会议。

1. 添加参会人员

❶ 打开主界面后，单击左侧的“会议”图标，进入会议设置界面，继续单击“立即开会”按钮（见图 18-54），进入视频会议设置界面。

图 18-54

❷ 弹出想要使用摄像头和麦克风的提示框，单击“允许”按钮（见图 18-55），即可进入视频会议。

❸ 单击“立即加入”即可打开视频会议，如图 18-56 所示。

图 18-55

图 18-56

❹ 激活视频会议界面后，单击悬浮工具栏上的“联系人”图标（见图 18-57），打开“邀请联系人加入”设置框。

❺ 单击“通过电子邮件邀请”图标，即可添加参会人员地址。

❻ 被邀请人打开邮箱后，单击加入会议的链接即可（见图 18-58），单击打开的新页面中的“立即加入”即可，如图 18-59 所示。

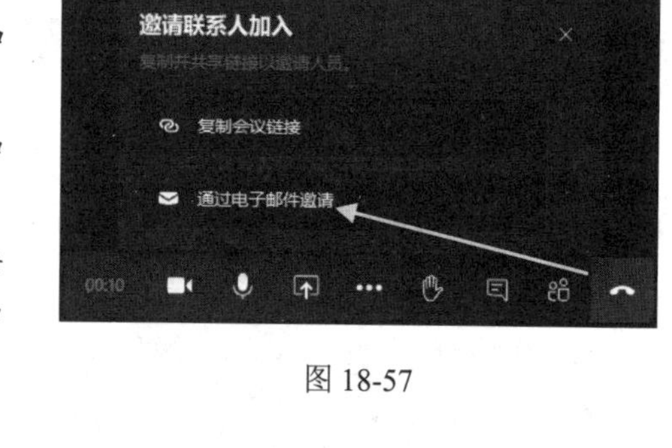

图 18-57

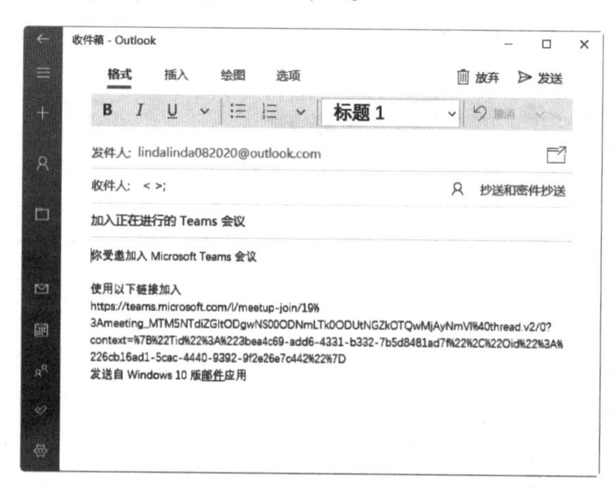

图 18-58

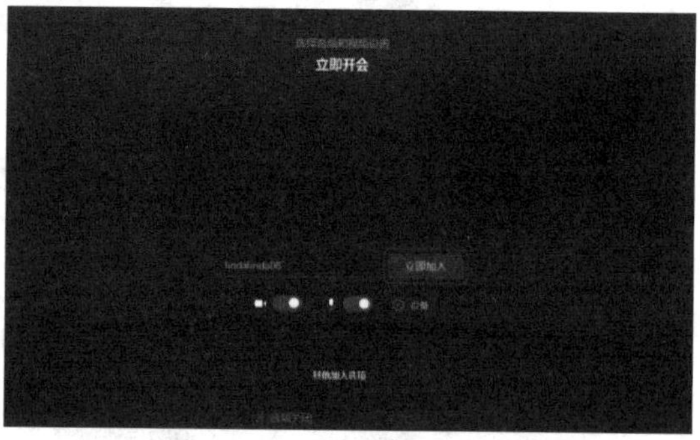

图 18-59

❼ 开通会议的主持人单击“联系人”图标后，可以看到新消息，单击“允许”按钮即可，如图 18-60 所示。此时即可看到当前参会的所有人员，如图 18-61 所示。

2. 设置会议背景

默认的视频会议背景是空白的，可以根据需要添加内置的图片作为视频会议的背景效果。

❶ 在视频会议主界面中，单击悬浮工具栏中的“更多设置”图标，在打开的列表中单击“显示背景效果”选项（见图 18-62），打开“背景设置”设置框。

图 18-60

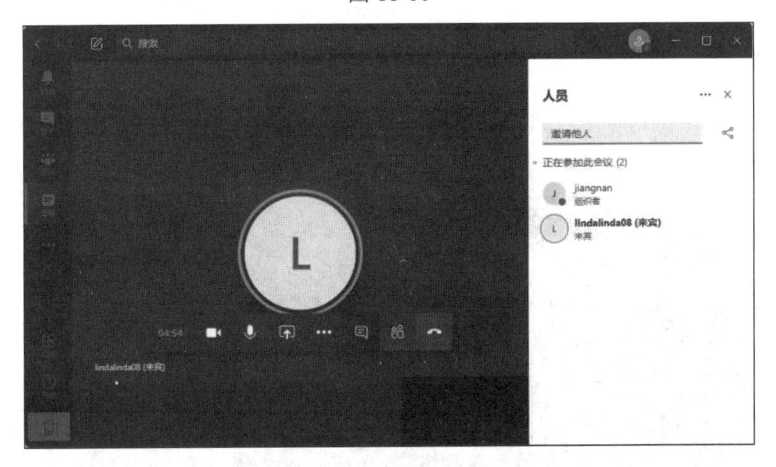

图 18-61

❷ 选择合适的图片缩略图后，单击“预览”按钮，如图 18-63 所示，即可完成背景图片的添加。

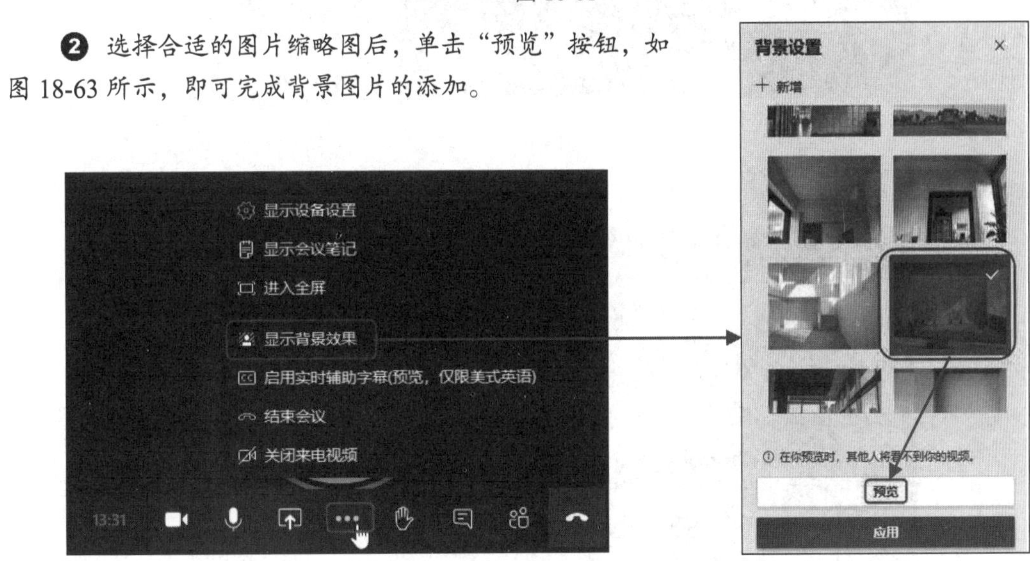

图 18-62

图 18-63

❸ 此时在被邀请人的视频会议界面中，可以看到添加图片背景的效果，如图 18-64 所示。

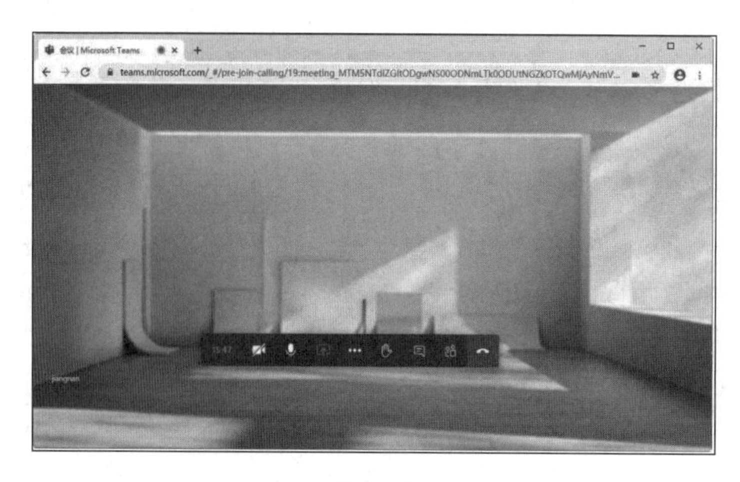

图 18-64

3. 会议中聊天

单击悬浮工具栏中的“聊天”图标，可以在右侧打开“会议聊天”窗格（见图 18-65），参会人员可以在其中输入聊天内容并查看所有聊天信息，如图 18-66 所示。

图 18-65

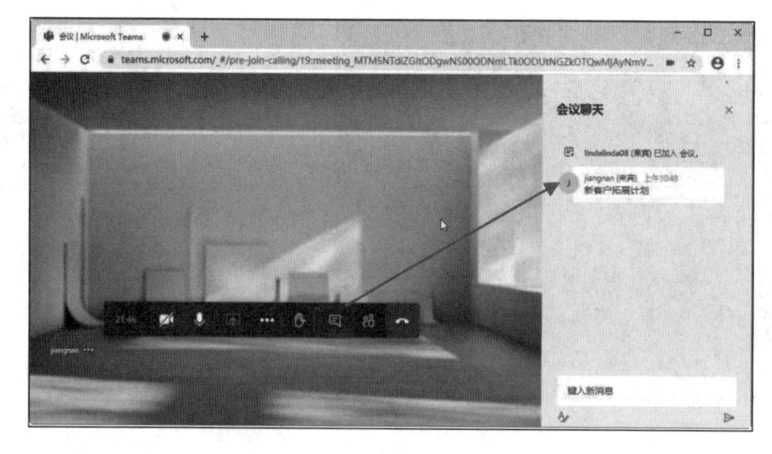

图 18-66

18.4.5 控制与会者权限

邀请新成员参加视频会议之后，可以重新设置与会者的权限，包括是否禁止与会者发言、是否将与会者设置为演示者等权限。

❶ 打开视频会议联系人界面后，单击指定与会人员右侧的“更多设置”图标（见图 18-67），打开提示框。单击“更改”按钮（见图 18-68），即可将邀请的外部人员设置为与会人员。

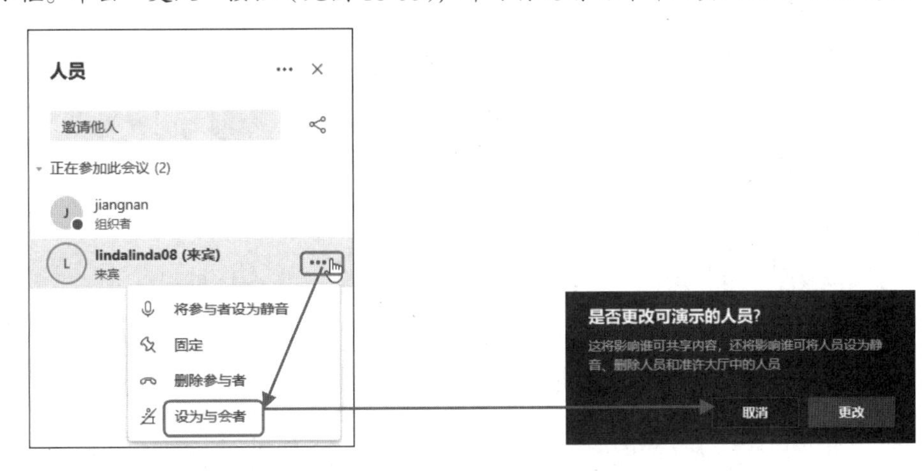

图 18-67　　　　图 18-68

❷ 继续打开权限设置列表，单击“将参与者设为静音”（见图 18-69），即可禁止其他人员在会议中发言。

❸ 在权限设置列表中单击“设为演示者”，如图 18-70 所示，即可将指定与会人员设置会演示者。

图 18-69

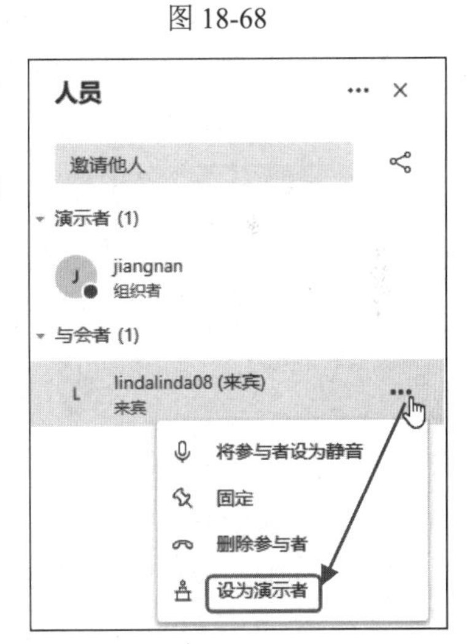

图 18-70

18.4.6 在移动设备上继续参会

使用 Microsoft Teams 程序可以实现随时随地即时沟通，用户也可以使用智能手机在任何地方实现组员交流，下面介绍如何在移动设备上继续参会。

❶ 使用智能手机进入 APP 下载界面，输入“Microsoft Teams”，如图 18-71 所示，即可搜索并获取该应用。

❷ 双击打开该应用后，输入账户名以及登录密码，如图 18-72、图 18-73 所示。

图 18-71　　图 18-72　　图 18-73

❸ 单击“登录”按钮即可登录该应用。切换至“聊天”界面后，可以看到目前正在开展的视频会议，单击该会议（见图 18-74），进入会议加入界面。

❸ 单击“加入”按钮（见图 18-75），即可打开视频会议界面，单击“立即加入”按钮即可，如图 18-76 所示。

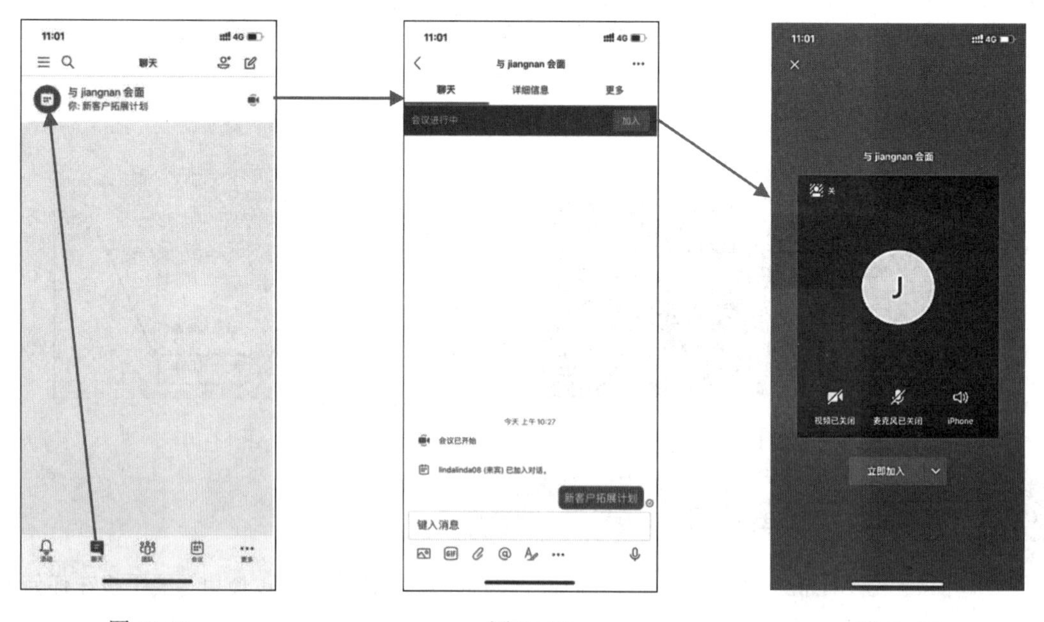

图 18-74　　图 18-75　　图 18-76

18.4.7 会议中共享其他文件

借助安全的云文件共享，即使分处两地也能协同工作。用户可以在 Teams 中存储、共享和编辑文件。下面介绍如何在视频会议中将指定的 Excel 工作簿文件共享给其他与会人员查看。

❶ 在视频会议悬浮工具栏中单击“共享”图标，打开共享设置页。单击“销售记录表”图标（见图 18-77），即可实现文件共享。

搜索
53:24
与团队共享文件 | Micros...
销售记录表.xlsx - Excel

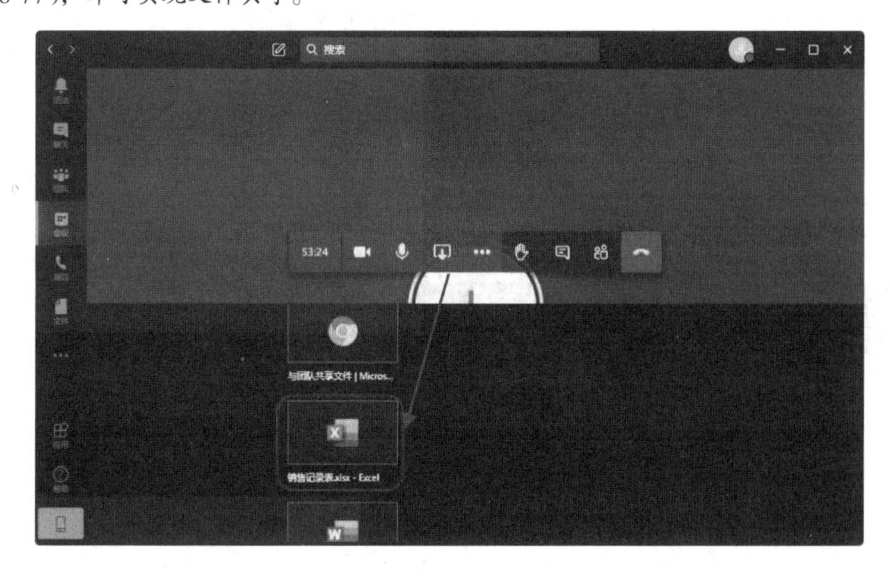

图 18-77

❷ 此时该工作簿四周会出现红色加粗实心边框，通过鼠标拖动控制点来控制红框的大小，如图 18-78 所示。

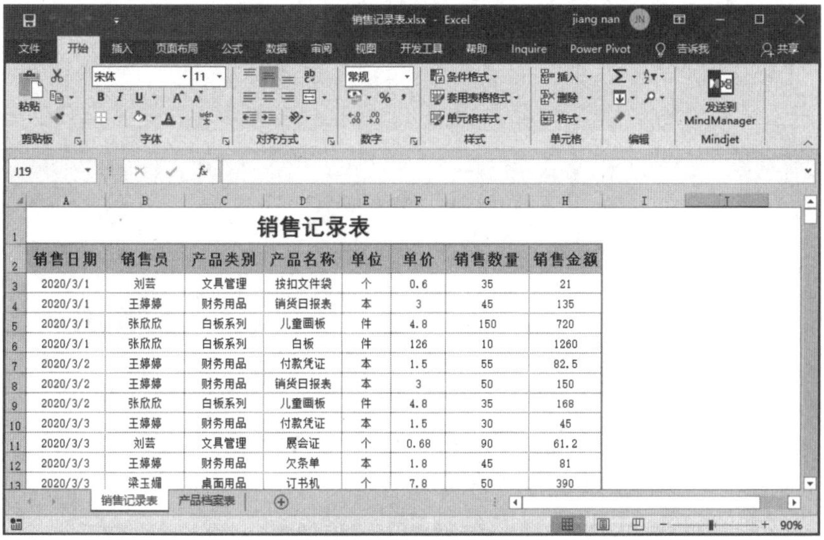

销售记录表.xlsx - Excel
jiang nan
文件 开始 插入 页面布局 公式 数据 审阅 视图 开发工具 帮助 Inquire Power Pivot 告诉我 共享
剪贴板 字体 对齐方式 数字 样式 单元格 编辑 Mindjet
条件格式 套用表格格式 单元格样式 插入 删除 格式
发送到 MindManager
J19
销售记录表
销售日期 销售员 产品类别 产品名称 单位 单价 销售数量 销售金额
2020/3/1 刘芸 文具管理 按扣文件袋 个 0.6 35 21
2020/3/1 王婷婷 财务用品 销货日报表 本 3 45 135
2020/3/1 张欣欣 白板系列 儿童画板 件 4.8 150 720
2020/3/1 张欣欣 白板系列 白板 件 126 10 1260
2020/3/2 王婷婷 财务用品 付款凭证 本 1.5 55 82.5
2020/3/2 王婷婷 财务用品 销货日报表 本 3 50 150
2020/3/2 张欣欣 白板系列 儿童画板 件 4.8 35 168
2020/3/3 王婷婷 财务用品 付款凭证 本 1.5 30 45
2020/3/3 刘芸 文具管理 展会证 个 0.68 90 61.2
2020/3/3 王婷婷 财务用品 欠条单 本 1.8 45 81
2020/3/3 梁玉媚 桌面用品 订书机 个 7.8 50 390
销售记录表 产品档案表
90%

图 18-78

❸ 参加会议的人员可以在自己的视频聊天界面中看到会议开展者共享的工作簿文件，如图 18-79 所示。

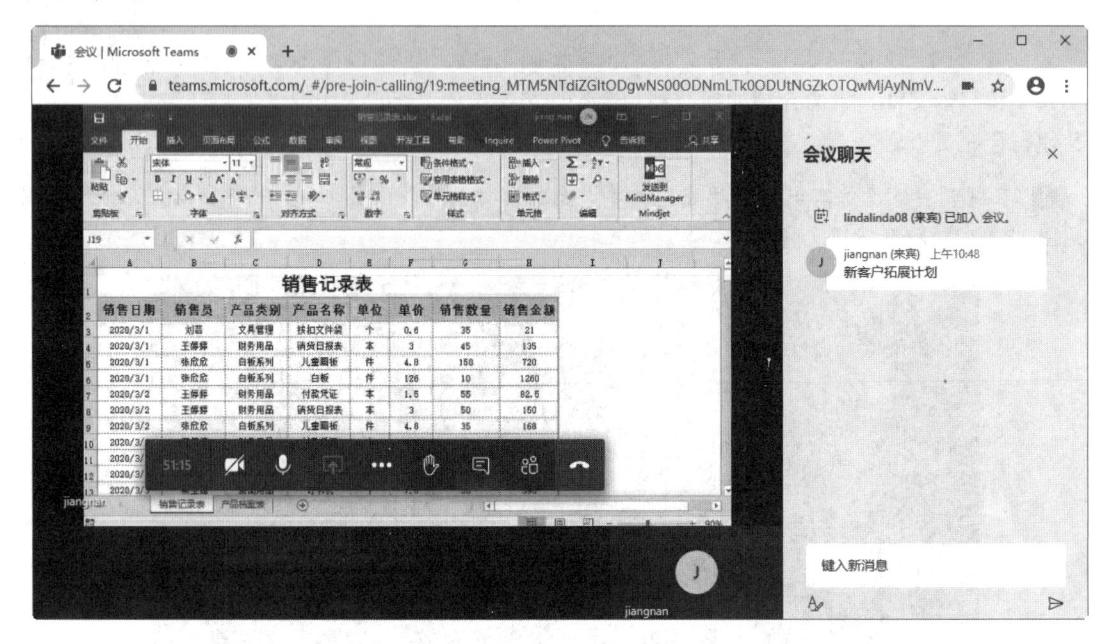

图 18-79